DICTIONNAIRE CLASS

DES ORIGINES

INVENTIONS & DÉCOUVERTES

DANS LES ARTS, LES SCIENCES ET LES LETTRES

PRÉSENTANT

UNE EXPOSITION SOMMAIRE DES GRANDES CONQUÊTES DU GÉNIE DE L'HOMME

Ouvrage destiné

AUX GENS DU MONDE ET AUX ÉLÈVES DES ÉCOLES

PAR M. MAIGNE

> Chaque invention, chaque découverte
> arrive en son temps. Le *Neuf* n'est pas
> le *Vieux*.   (HERMÈS.)

2e ÉDITION, REVUE ET AUGMENTÉE D'UN COMPLÉMENT.

PARIS

AUG. BOYER ET Cie, LIBRAIRES-ÉDITEURS

49, RUE SAINT-ANDRÉ-DES-ARTS, 49

DICTIONNAIRE

DES

ORIGINES, INVENTIONS & DÉCOUVERTES

4147-77 — CORBEIL, typ. et stér. de CRÉTÉ.

PRÉFACE

En 1855, à l'époque de l'Exposition universelle de Paris, nous fûmes chargé, par le directeur d'un journal quotidien, de faire le compte rendu de cette grande solennité industrielle.

La fête terminée, l'idée nous vint de compléter les matériaux que nous avions recueillis, et de nous en servir pour dresser le bilan des progrès réalisés par le génie de l'homme dans le domaine de la science et de l'industrie.

Mais les documents devinrent bientôt si nombreux, les sources s'ouvrirent si abondantes, parfois même si contradictoires, que nous nous vîmes entraîné bien au delà du but que nous nous étions proposé.

Au lieu d'un volume de quelques centaines de pages auquel nous avions cru pouvoir limiter notre travail, nous eûmes bientôt un manuscrit formé d'une suite de mémoires dont un seul aurait suffi pour remplir notre cadre primitif.

Diverses circonstances nous engagèrent alors à suspendre provisoirement nos recherches.

Toutefois, il nous sembla qu'un résumé des faits que nous avions réunis pourrait être de quelque utilité, et c'est ce nouveau travail que nous offrons aujourd'hui aux gens du monde et à la jeunesse des écoles.

Le *Dictionnaire classique des origines, inventions et découvertes* présente le tableau de toutes les conquêtes importantes réalisées par le génie de l'homme dans les diverses branches des connaissances humaines. Chacune des notices dont il se compose résume l'histoire d'un produit, d'une machine, d'un art, d'une branche d'industrie, signalant les savants et les inventeurs qui ont sérieusement contribué au progrès, redressant les erreurs ou les préjugés dont le champ des inventions et des découvertes est pour ainsi dire rempli. Beaucoup d'entre elles sont l'analyse de documents volumineux disséminés dans des recueils peu connus, et qu'on ne trouve guère que dans un petit nombre de dépôts publics. Quelques-unes même, malgré leur peu d'étendue, ont exigé des recherches si nombreuses, qu'elles représentent des mois entiers d'un travail assidu.

Beaucoup de personnes trouveront peut-être singulier le fréquent usage que nous avons fait de formules dubitatives en parlant de l'auteur ou de la date d'une foule d'inventions et de découvertes. On croit généralement qu'il est possible d'attribuer à coup sûr une date précise et un nom d'homme à chaque chose nouvelle; or, rien n'est plus faux dans la réalité. C'est qu'en effet, comme Vossius le disait autrefois, « il n'est aucune connaissance, aucune invention, qu'on puisse rapporter à un seul homme, pas même à un seul peuple, à un seul siècle. » De plus, chaque invention nouvelle n'arrive qu'au moment où elle est devenue nécessaire. Quand ce moment est venu, une foule d'intelligences isolées se mettent à la recherche, dans divers pays, et bientôt la lumière jaillit de plusieurs points à la fois, les mêmes besoins engendrant partout les mêmes résultats. C'est pour cela que presque toutes les grandes inventions et les grandes découvertes surgissent simultanément et comme spontanément dans le cerveau de personnes séparées souvent par de grands intervalles, et, dans tous les cas, n'ayant jamais eu connaissance de leurs travaux respectifs. C'est ce qui explique aussi pourquoi des prétentions contradictoires à la priorité se produisent à chaque invention et à chaque découverte, et comment il se fait qu'il soit, en général, si difficile de démêler la vérité au milieu des réclamations des intéressés.

Les *inventions* et les *découvertes* procèdent toujours de la même manière. Un jour, une idée vague, sans réalisation matérielle possible, surgit; elle reste à l'état de problème pendant des années et des siècles, jusqu'à ce qu'enfin des modifications successives lui permettent d'entrer dans la pratique. Des esprits ingénieux s'en emparent alors, la dirigent dans la nouvelle voie, et ils marchent de tâtonnements en tâtonnements, d'expériences en expériences, jusqu'à ce qu'un homme de génie, venu au moment même où l'invention nouvelle est réclamée par les progrès généraux des connaissances humaines, la rend industriellement applicable, en complétant les acquisitions de tous ses devanciers : c'est cet homme de génie qui est le véritable inventeur, car il a seul donné le moyen de tirer parti de ce qui était inutile avant lui. C'est pour avoir méconnu cette vérité que certains écrivains ont prétendu que le *neuf* n'est que du *vieux* renouvelé, prenant ainsi les premières tentatives de la solution d'un problème pour la solution elle-même.

Cette édition diffère de la précédente sous deux rapports. En premier lieu, un grand nombre d'articles ont été refaits ou remaniés. En second lieu, des additions très-importantes ont été réunies à la fin du volume, sous le titre commun de *Complément*, soit pour enrichir certaines notices de détails qu'il nous a été impossible de placer dans le corps de l'ouvrage, soit pour faire connaître des inventions ou des découvertes opérées, pour la plupart, dans ces dernières années. On conçoit qu'afin de ne pas trop grossir notre travail, condition indispensable pour que le prix puisse en être accessible à tous, nous avons dû abréger ou même supprimer bien des choses ; mais les personnes studieuses trouveront d'utiles indications à ce sujet en consultant notre *Histoire de l'Industrie*, 1 vol. in-12 de 622 pages, avec 148 figures dans le texte, et nos *Arts et Manufactures*, 3 vol. in-12, avec de nombreuses figures dans le texte.   M. MAIGNE.

PETIT DICTIONNAIRE

DES

INVENTIONS ET DÉCOUVERTES

DANS LES SCIENCES, LES LETTRES, LES ARTS ET L'INDUSTRIE

A

ABACA. — Plante textile de la famille des Musacées qui croît en abondance dans plusieurs parties de l'Asie orientale, surtout aux îles Philippines ; de là le nom de *Chanvre de Manille* qu'on lui donne vulgairement. Depuis une vingtaine d'années, ses filaments sont employés aux États-Unis, en Angleterre, en France, en Espagne, en Portugal, pour faire des tissus, des cordes et des paillassons. On s'en sert aussi pour la fabrication du papier. L'Abaca est le *Musa textilis* des botanistes.

ABAQUE. — 1° Les Grecs appelaient *abax*, mot dont les Romains firent *abacus*, une machine à calculer dont ils se servaient spécialement pour faire des additions et des soustractions. Cette machine consistait en une tablette divisée en compartiments par des rainures parallèles dans lesquelles on faisait glisser de petites chevilles de bois ou d'ivoire. Un instrument du même genre a existé de tout temps chez les Chinois, qui l'appellent *Souan-Pan,* et chez les paysans russes, qui le nomment *Stchote,* mais il diffère du précédent en ce que les calculs s'y font au moyen de petites boules enfilées dans des fils de métal ou dans des cordonnets. C'est de ce dernier que dérive le *Boulier* de nos salles d'asile. — 2° Vers 1835, M. Léon Lalanne, ingénieur des Ponts et Chaussées, a imaginé, sous le nom d'*Abaque* ou *Compteur universel,* un instrument très-utile avec lequel on obtient instantanément et à un deux-centième près tous les calculs que l'on effectue ordinairement avec la *Règle logarithmique.* On doit au même savant un autre instrument, dit *Abaque des équivalents chimiques,* qui sert à trouver avec une très-grande rapidité quel dosage il faut employer d'une substance pour en décomposer une autre, et quelles sont les quantités des produits auxquels donneront lieu certaines réactions chimiques.

ABATTOIR. — Jusqu'aux premières années de ce siècle, l'abatage des animaux de boucherie a eu lieu partout dans l'intérieur des villes. Cet usage existe même encore dans presque toutes les localités peu importantes, mais, partout ailleurs, on exécute cette opération dans des établissements particuliers, appelés *Abattoirs,* que l'on place toujours loin des habitations. Les établissements de ce genre ont été créés, d'un côté, dans l'intérêt de la salubrité publique, et, de l'autre, pour soustraire la population aux dangers qu'elle courait, lorsque, ce qui arrivait souvent, des animaux, rendus furieux par des coups mal portés, venaient à s'échapper. Les abattoirs de Paris ont été institués par un décret du 9 février 1810 : ce sont probablement les premiers qu'il y ait eu en France.

1

ABEILLES. — Beaucoup de moyens ont été imaginés pour soustraire les abeilles aux dangers qui les menacent pendant la saison rigoureuse. Le plus singulier, et peut-être aussi le plus efficace, est celui de l'*enfouissement hibernal*. Ce procédé paraît avoir été inventé en Allemagne, où il était assez répandu à la fin du dernier siècle. Il a même été expérimenté en France en 1789. Il était entièrement tombé dans l'oubli, lorsqu'il a été remis en lumière aux États-Unis, il y a une vingtaine d'années, et recommandé à nos agriculteurs, en 1858, par la Société d'Émulation du département de l'Ain. Il consiste à déposer, au fond d'une tranchée, les ruches préalablement entourées de paille, et à les recouvrir de planches sur lesquelles on répand, en la foulant, la terre tirée de l'excavation.

ABERRATION. — L'*Aberration astronomique* est un phénomène d'optique qui déplace les situations relatives des objets célestes, et fausse toujours jusqu'à un certain point l'aspect du ciel. Elle a été observée, pour la première fois, d'abord, en 1672, par l'astronome français Picard, qui la reconnut dans l'étoile polaire, puis, vers 1700, par l'astronome danois Horrebow, qui la remarqua dans les autres étoiles fixes ; mais c'est à l'astronome anglais Bradley, qui publia l'histoire de ses travaux dans le courant de 1728, que l'on doit la découverte des causes qui la produisent et celle des lois qui la régissent. — L'*Aberration de réfrangibilité* est un autre phénomène d'optique par suite duquel les rayons lumineux qui traversent les verres lenticulaires forment des images plus ou moins confuses. Les premières lunettes devaient de grandes imperfections à ce phénomène, et elles ne purent en être débarrassées qu'à partir de 1757, après la découverte de l'*Achromatisme*, par l'opticien anglais John Dollond.

ABLAQUE. — Voyez BYSSUS.

ABLETTE. — Les *Ables* ou *Ablettes* ont toujours été peu estimés sous le rapport alimentaire, mais ils possèdent une propriété qui les rend remarquables entre les poissons dont l'industrie de l'homme a su tirer parti. En 1680, un patenôtrier parisien, appelé Jacquin, observa que lorsqu'on les lave, l'eau se charge de particules brillantes et argentées qui se détachent des écailles. Il remarqua, en outre, que le sédiment de cette eau a le lustre des plus belles perles, ce qui lui donna l'idée de l'employer pour imiter ces dernières. Alors naquit la fabrication des perles fausses, telle qu'elle existe encore aujourd'hui. Le procédé créé par Jacquin consiste à ramollir dans l'ammoniaque les lamelles de l'ablette, à délayer de la colle de poisson dans cette liqueur, et à insuffler quelques gouttes de celle-ci dans des globules de verre. Cette liqueur d'ablette est désignée dans le commerce sous le nom d'*Essence de perles* ou *Essence d'Orient*.

ABRAXAS. — Pierres gravées qui nous viennent des sectes gnostiques, et que l'on appelle aussi *Pierres basilidiennes*, quoiqu'elles n'appartiennent pas toujours à la secte de Basilide. On croit qu'elles servaient d'Amulettes ou de Talismans.

ABRÉVIATIONS. — L'art des *Abréviations* est né du besoin de faire contenir le plus de mots dans un espace donné. Les Abréviations par *sigles*, c'est-à-dire désignant chaque mot, soit par son initiale, soit par deux ou trois lettres prises au commencement, au milieu et à la fin, paraissent les plus anciennes. Les Hébreux et, après eux, les Grecs et les Romains, en firent un très-grand usage. On les employait surtout pour les inscriptions monumentales, les sceaux et les monnaies, où leur signification n'offrait aucune difficulté, parce qu'elles représentaient toujours des mots ou des formules déterminées et connues de tout le monde. On s'en servait aussi quelquefois pour la rédaction des actes et la transcription des livres, mais elles avaient alors beaucoup d'inconvénients parce qu'elles pouvaient donner lieu à plusieurs interprétations différentes. Elles produisirent même de si grands abus dans l'empire romain que l'empereur Justinien les défendit pour la transcription des lois, et menaça les contrevenants de la peine des faussaires. Outre les sigles, il y avait d'autres Abréviations que l'on obtenait en supprimant une partie des mots et en remplaçant les lettres supprimées par des signes de convention. Ce sont les Abréviations de cette espèce qui ont été surtout employées pendant le moyen âge, et c'est en très-grande partie à l'usage immodéré qu'on en fit à diverses époques que l'on peut attribuer les difficultés de lectures que présentent les monuments écrits, chartes, diplômes, inventaires, chroniques, etc. d'un grand nombre de siècles. Les premiers imprimeurs y eurent également recours, et quelquefois même avec une si grande fureur que leurs livres ne pouvaient être lus sans le secours de clefs explicatives. Les Abréviations ne furent réellement laissées de côté qu'à partir de la fin du xvıe siècle, et l'on ne s'en est plus servi depuis que pour certains ouvrages spéciaux, où, employées avec discernement, elles n'ont cessé de rendre de grands services.

Abricotier. — Il existe, à l'état sauvage, dans les montagnes du Dauphiné, un Abricotier indigène, dit *Abricotier de Briançon*, dont les semences fournissent l'huile de marmotte, mais l'*Abricotier commun*, le *Prunus armeniacas* des botanistes, celui dont les fruits parent nos desserts, est originaire de l'Arménie, d'où il a été importé en Europe, on ne sait à quelle époque : toutefois, plusieurs auteurs croient pouvoir rapporter au xvıe siècle cette conquête précieuse de nos vergers.

Abside. — Ce mot a été introduit dans la langue archéologique pour désigner l'extrémité d'une église, d'une nef, d'un transept de forme semi circulaire ou polygonale. Dans les basiliques païennes, l'ordonnance était rectangulaire. Seulement, en face de l'allée centrale, au delà du transept, l'édifice s'arrondissait en hémicycle et formait supérieurement une tête de niche : c'est ce que l'on appelait la *voûte*, *apsis*, chez les Grecs, *concha*, chez les Romains, parce que c'était la seule partie voûtée de la construction. Là se trouvaient, au fond, le siége du juge principal, et, sur les côtés, ceux de ses assesseurs. Les mêmes dispositions furent conservées quand on transforma les basiliques en églises. L'évêque prit alors la place du juge, et les prêtres qui l'assistaient succédèrent aux assesseurs. Conformément à l'usage primitif, les basiliques élevées par les architectes chrétiens n'eurent d'abord qu'une abside. Plus tard, on en plaça une plus petite de chaque côté de la grande, à l'ex-

trémité de chaque nef collatérale. Enfin, vers le xıe siècle, quand on imagina de faire joindre les nefs collatérales derrière le chœur, l'abside centrale fut transformée en chapelle, ordinairement vouée à la Vierge, et les deux autres furent souvent transportées dans les bras du transept.

Abydos. (*Table d'*). — Célèbre inscription hiéroglyphique découverte, en 1818, par le docteur J. W. Bankes, au milieu des ruines de l'ancienne Abydos, dans la haute Égypte. Elle a été publiée, pour la première fois, en 1824, par Champollion Figeac ; mais la copie la plus complète et la plus exacte qu'on en possède est celle qui a été éditée à Paris, en 1845, par MM. Arundales et Bononi. Sous le règne de Louis-Philippe, ce monument fut détaché du mur et transporté en France par M. Mimaut, notre consul à Alexandrie. A la mort de ce diplomate, le gouvernement anglais s'en rendit acquéreur et le fit placer au British Museum, d'où il n'est plus sorti. Champollion-Figeac, qui a étudié avec soin la Table d'Abydos, y a vu une liste chronologique des ancêtres du roi Ramsès III, le Sésostris le Grand des auteurs classiques.

Acacia. — Cet arbre est originaire de l'Amérique septentrionale. Les botanistes l'appellent *Robinier*, parce qu'il a été introduit en Europe, vers 1670, par Jean Robin, professeur de botanique à Paris. Le premier pied qui arriva du nouveau monde fut planté dans le Jardin de l'archiduc à Bruxelles.

Académie. — Dans l'antiquité, on appelait *Académie*, du nom du citoyen Académus, qui en avait légué le terrain à l'Etat, une promenade d'Athènes, où, indépendamment de magnifiques allées d'arbres pour les désœuvrés, on trouvait un gymnase pour les exercices corporels des jeunes gens. Comme Platon et ses disciples venaient souvent converser dans ces allées, l'usage s'introduisit d'appliquer la dénomination de la promenade à l'école de ce grand homme, et c'est par une extension de cet usage, que les peuples de l'Europe moderne ont imaginé d'appeler *Académies* les réunions de savants, de lettrés ou d'artistes établies pour travailler au progrès des connaissances humaines. Toutefois, les réunions de ce genre ne furent pas entièrement inconnues aux anciens. Il est, en effet, prouvé que Ptolémée Soter, roi d'Égypte, en avait fondé une à Alexandrie. Des institutions analogues existèrent plus tard à Constantinople et dans les divers califats arabes. Plus tard encore, Charlemagne, au ixe siècle, et Alfred le Grand, au xe siècle, en créèrent chacun une, le premier, à Aix-la-Chapelle, et le second, à Oxford. Mais ces institutions n'eurent qu'une durée éphémère. L'Académie qu'on regarde généralement comme la mère de toutes celles qui se sont élevées dans la suite, est l'Académie des *Jeux floraux*, fondée à Toulouse en 1325 ; mais cette société, qui avait exclusivement pour objet la culture de la poésie provençale, n'exerça aucune influence sur le mouvement intellectuel de l'époque. Le premier signal du progrès fut donné par l'Italie. Dès le commencement du xvie siècle, on vit surgir dans ce pays une multitude de réunions de savants et de littérateurs qui se mirent à rivaliser d'efforts pour faire avancer les sciences, propager les langues anciennes et perfectionner la langue nationale. La première de ces réunions fut l'*Académie platonique* de Florence, qui, projetée par Cosme de Médicis, grand-duc de Toscane, fut organisée par Laurent le Magnifique : elle disparut en 1521. Les Académies se multiplièrent tellement dans les divers petits États qui se partageaient alors la péninsule, qu'en moins d'un siècle leur nombre s'éleva à cinq cent cinquante. Deux surtout sont devenues célèbres : l'Académie *del Cimento* et celle *della Crusca*, établies toutes les deux à Florence, la première, en 1582, par Antoine-François Grazzini, la seconde, en 1637, par le cardinal Léopold de Médicis. En France, la première Académie régulièrement constituée fut l'*Académie française*, fondée, en 1635, par le cardinal de Richelieu. Vinrent ensuite les *Académies de Peinture et de Sculpture* (1654), des *Inscriptions* (1663), des *Sciences* (1666), d'*Architecture* (1671), de *Chirurgie* (1731), etc. Toutefois, si ces institutions sont nées sur le sol italien, notre pays peut revendiquer une bonne part dans les développements qu'elles ont pris de nos jours, car ce n'est qu'après qu'il eut établi ses premières Académies que les divers États du nord, du centre et du sud-ouest de

l'Europe songèrent à entrer dans la même voie. La *Société royale de Londres*, une des plus célèbres qui existent encore, fut créée à Oxford, en 1645, puis transférée à Londres, en 1658. L'*Académie royale de Prusse* fut fondée à Berlin, en 1700, par le roi Frédéric Ier, et l'*Académie des Sciences de Saint-Pétersbourg*, en 1724, par Pierre le Grand. Il n'existe aujourd'hui, dans toutes les parties du monde civilisé, aucune ville un peu importante qui ne possède, sous un nom quelconque, au moins une académie littéraire, scientifique ou artistique. — L'*Académie de France à Rome* a été fondée, en 1666, par Colbert, à l'instigation du peintre Lebrun, pour recevoir quelques jeunes artistes désignés par l'Académie de peinture, qui devaient y compléter leurs études au milieu des chefs-d'œuvre de l'Italie. Elle est aujourd'hui ouverte aux jeunes gens qui ont remporté les grands prix de l'École des beaux-arts. Voyez FRANÇAISE, INSCRIPTIONS, INSTITUT, etc.

ACAJOU. — L'introduction de ce bois exotique dans l'industrie européenne ne remonte pas au delà de l'année 1720. Elle est due à deux Anglais, les frères Gibsons, l'un docteur à Londres, l'autre capitaine de la marine de commerce. Le premier meuble d'acajou fut fait par l'ébéniste Wollaston. Ce bois fut d'abord un objet du plus grand luxe, mais d'ingénieux perfectionnements apportés dans les procédés du placage, permirent bientôt de le débiter en feuilles très-minces, ce qui donna le moyen de le rendre accessible aux plus modestes fortunes. Toutefois, on ignora longtemps à quel arbre on en était redevable. On sait aujourd'hui qu'il est fourni par le *Swietenia mahogoni*, qui forme une grande partie des forêts de l'archipel des Antilles. Celui que l'on emploie le plus souvent en France vient du territoire de l'ancienne république dominicaine, dans l'île d'Haïti.

ACANTHE. — C'est, dit-on, une des deux plantes de ce nom qui a fourni au chapiteau corinthien un de ses plus gracieux ornements, mais on ne sait pas au juste si c'est l'*Acanthe molle* ou l'*Acanthe épineuse*. On ignore même jusqu'à quel point peut être vraie l'anecdote célèbre racontée par Vitruve. Une chose seule est incontestable, c'est que les artistes de l'antiquité ne se sont jamais astreints à copier servilement la feuille naturelle ; ils en ont, au contraire, toujours modifié la forme pour la mettre en harmonie avec le caractère particulier des monuments dans la décoration desquels ils la faisaient entrer.

ACCÉLÉRATION. — C'est à Galilée que l'on doit la découverte des lois de l'Accélération des corps graves, c'est-à-dire de l'accroissement de leur vitesse quand ils sont en mouvement. Il supposa que cette accélération avait lieu par degrés égaux et qu'elle était uniforme, hypothèse qui a été depuis pleinement confirmée par le calcul et l'expérience. On a reconnu, en outre, que l'espace parcouru pendant la première seconde par un corps qui tombe librement est le même pour tous les corps à la même latitude.

ACCENTS. — Ils sont originaires de la Grèce, mais les écrivains de ce pays ne songèrent à y recourir que lorsqu'ils virent que leur langue s'altérait de plus en plus au contact des étrangers. On en attribue l'invention au grammairien Aristophane de Byzance, qui florissait en Égypte 200 ans environ avant J.-C. Les Romains employèrent les Accents dès le temps d'Auguste. Toutefois, ils ne firent d'abord usage que de l'accent aigu et de l'accent grave, et encore seulement pour distinguer les mots d'orthographe semblable. Ce n'est que dans les premières années du XVIIe siècle, sous Louis XIII, que les écrivains français paraissent avoir commencé à se servir régulièrement des Accents.

ACÉTIMÈTRE. — Instrument de la famille des Aréomètres qui sert à déterminer le degré de force du vinaigre. Il paraît avoir été inventé en 18 0 par le chimiste rouennais Descroizilles.

ACCLIMATATION. — On dit qu'un animal ou un végétal est *acclimaté* quand il parvient à vivre et à se reproduire dans un pays auquel la nature ne l'a point destiné. — Il serait impossible d'énumérer toutes les espèces végétales qui ont été naturalisées dans notre pays par les soins de l'homme, soit pour son utilité, soit pour son agrément. Aussi nous bornerons-nous à citer les plus importantes. Parmi les céréales, la haute Asie paraît avoir fourni le *Froment*, l'*Épeautre*, l'*Avoine*, l'*Orge* et le *Sarrasin*.

L'Inde a donné le *Riz*, et l'Amérique le *Maïs*. Dans la section des plantes potagères, l'*Artichaut* est, dit-on, venu de la Sicile ou de l'Andalousie ; la *Betterave*, de l'Italie ; la *Carde*, de la Barbarie ; la *Citrouille*, d'Astrakan ; le *Chou-fleur*, de l'île de Chypre ; le *Cresson*, de celle de Crète ; l'*Échalotte*, de Syrie ; le *Haricot*, de l'Inde ; le *Persil*, de la Macédoine ou de la Sardaigne ; le *Raifort*, de la Chine, etc. Nous devons la *Patate*, la *Pomme de terre* et le *Topinambour* à l'Amérique ; l'*Oignon* à l'Égypte ; le *Navet* et l'*Igname* à la Chine ; le *Melon*, l'*Estragon*, la *Laitue* et la *Lentille*, au Levant, etc. Parmi les arbres à fruits, le *Citronnier*, le *Noisetier*, l'*Oranger*, le *Pêcher*, l'*Abricotier*, l'*Olivier*, et plusieurs variétés de *Prunier* et de *Cerisier*, sont originaires de l'Asie. La *Vigne* vient aussi de cette partie du monde. A l'égard des plantes d'agrément, à l'exception d'une cinquantaine d'espèces, en tête desquelles il faut placer le *Rosier*, produit de l'églantier, tout le reste est exotique. Ainsi le *Narcisse* et l'*Œillet* viennent d'Italie ; le *Lis*, de la Syrie ; la *Tulipe*, de la Cappadoce ; le *Jasmin*, de l'Inde ; la *Reine-Marguerite*, de la Chine ; le *Dahlia*, du Mexique ; l'*Hortensia*, de la Chine et du Japon ; le *Camellia*, de l'Asie méridionale ; le *Magnolia*, de l'Asie tropicale et de l'Amérique ; le *Lilas*, de la Perse, etc. Parmi les plantes industrielles, l'Amérique a donné le *Tabac*, le *Cotonnier*, le *Mahia* ; l'Asie, le *Lin*, le *Chanvre*, la *Garance*, etc. — L'acclimatation des espèces animales a fait beaucoup moins de progrès que celle des espèces végétales. En effet, on n'a guère naturalisé, depuis dix-huit cents ans, que le *Ver à soie*, le *Paon* et le *Faisan*, qui sont arrivés du Levant ; le *Cyprin doré*, qui est venu de la Chine ; le *Dindon* et le *Cochon d'Inde*, qui sont originaires de l'Amérique, et le *Serin* des Canaries, qui nous a été fourni par les îles de ce nom. C'est que la naturalisation des animaux exige une rare persévérance dont peu d'hommes sont capables, et nécessite presque toujours des dépenses considérables que de simples particuliers ne peuvent pas faire. Mais, aujourd'hui que nous sommes habitués à réunir nos capitaux et nos efforts pour des œuvres impossibles à l'homme isolé, on a eu l'idée de recourir à l'association pour entreprendre cette œuvre difficile et coûteuse, et les résultats déjà obtenus font concevoir de brillantes espérances pour l'avenir.

ACCOLADE. — Le signe orthographique ~ ce nom date du règne de l'empereur Auguste, mais il n'avait pas alors la signification qu'on lui donne aujourd'hui. Quand les copistes romains, et ils furent imités en cela par ceux du moyen âge, arrivaient à la fin d'une ligne, pour ne point porter à la ligne suivante un mot qui complétait le sens, ils le plaçaient sous le dernier mot de la ligne avec une accolade pour indiquer qu'il appartenait à la ligne supérieure. Ce n'est qu'à une époque très-moderne qu'on a eu l'idée d'employer l'Accolade pour réunir plusieurs articles en un tout, ou pour montrer, en les rapprochant, ce qu'ils ont entre eux de commun et d'analogue.

ACCORDÉON. — Cet instrument a été inventé en Allemagne vers 1815, et introduit en France vers 1830. On sait qu'il n'est qu'une ingénieuse application du système des anches libres. Quant à son nom, il vient de ce qu'étant naturellement accordé il produit constamment l'accord du ton. Les instruments appelés *Concertina*, *Flutina*, *Polka-trembleur*, *Accordéon-orgue*, etc., n'en sont que des variétés. L'*Harmoniflûte* de M. Busson est un accordéon perfectionné. Outre son maniement, qui est beaucoup plus facile que celui de l'accordéon ordinaire, il se distingue par une qualité de son qui se rapproche beaucoup de celui de la flûte. Enfin, on peut y adapter un clavier chromatique analogue à celui des orgues et des pianos.

ACÉTIQUE (Acide). — L'Acide acétique est un des acides les plus répandus dans la nature. Il existe, soit à l'état libre, soit à l'état de combinaison, dans la plupart des fruits, dans la séve des végétaux, et dans la plupart des humeurs animales. Enfin, il se produit toutes les fois qu'on décompose par la chaleur une matière animale ou végétale. Son nom vient du latin *acetum*, vinaigre, parce que c'est à sa présence que ce dernier doit sa saveur et presque toutes ses propriétés. L'Acide acétique reçoit, sous différents noms, un très-grand nombre d'applications. L'*Acide acétique concen-*

tré, appelé aussi *Vinaigre glacial* ou *radical* et *Alcool* ou *Esprit de vinaigre*, est employé journellement, comme stimulant, dans les syncopes, les migraines, les défaillances, et pour masquer les mauvaises odeurs des lieux publics. On le prépare en distillant le vinaigre ordinaire ou en décomposant un acétate par le feu. Ce produit a été connu de tous les alchimistes, mais c'est le chimiste russe Lowitz qui, le premier, en 1793, est parvenu à le faire cristalliser. L'*Acide acétique de bois*, appelé aussi *Vinaigre de bois* et *Acide pyroligneux*, s'obtient, comme produit secondaire, dans la distillation du bois. Sa fabrication a été créée, en 1785, par l'ingénieur français Philippe Lebon; mais il avait été reconnu bien avant par Boyle, qui lui avait donné le nom de *vinaigre radical*, et par Boerhaave, qui l'avait nommé *esprit acide du bois*. Plusieurs auteurs pensent même qu'il n'était pas tout à fait inconnu des anciens, et que le *cedrium* dont ils se servaient pour les embaumements n'était autre chose que de l'acide pyroligneux à l'état brut. Quoi qu'il en soit, c'est Fourcroy et Vauquelin qui ont démontré les premiers que ce produit est identique, après sa purification, avec l'Acide acétique extrait du vinaigre. L'acide pyroligneux pur reçoit les mêmes applications que ce dernier. Voyez VINAIGRE, PYROLIGNEUX, etc.

ACÉTONE. — Liquide incolore qui s'obtient en soumettant un acétate à la distillation sèche. On l'emploie pour dissoudre les résines-gommes qui servent à donner de la consistance aux chapeaux. L'Acétone a été découvert, au commencement de ce siècle, par M. Chenevix. On l'appelle aussi quelquefois *Esprit pyroligneux* ou *pyro-acétique*.

ACHÉIROPOIÈTES. — On a créé ce mot, qui signifie « non faites par la main des hommes », pour désigner certaines images de Jésus-Christ et de la Vierge dont l'origine est inconnue, et parmi lesquelles on cite surtout le portrait que le Sauveur envoya, dit-on, à Abgare, roi d'Édesse; la Sainte Face ou Véronique, représentation des traits du Fils de Dieu, empreinte sur un linge, et plusieurs figures de la Vierge, dont quelques-unes sont attribuées à l'évangéliste saint Luc. L'histoire de ces images a donné lieu à d'interminables discussions, sans qu'on ait pour cela réussi à éclaircir la question. Une chose seule est certaine, c'est que les traditions qui s'y rapportent sont un écho fidèle des croyances primitives.

ACHROMATISME. — Les premières lunettes avaient le défaut de donner aux bords des objets les couleurs de l'arc-en-ciel, ce qui rendait cette partie des images plus ou moins confuse. Ce défaut provenait du phénomène d'optique désigné sous le nom d'*aberration de réfrangibilité de la lumière*. On crut longtemps qu'il serait impossible de le faire disparaître ; Newton lui-même partagea cette erreur. Au milieu du XVIIIe siècle, Euler émit le premier une opinion contraire. Le mathématicien suédois Klingenstierna écrivit dans le même sens. Enfin, en 1757-1758, John Dollond, un des premiers opticiens de Londres, mettant à profit les travaux de ces deux savants, trouva que, pour obtenir des lunettes sans couleur, c'est-à-dire *achromatiques*, il suffisait de donner aux objectifs une courbure convenable, et de les former avec les variétés de verre dites crown-glass et flint-glass. La découverte de Dollond est un des plus grands progrès qu'ait faits la construction des instruments d'optique. Elle a permis d'y introduire des perfectionnements si considérables que nos simples lunettes de spectacle sont infiniment supérieures aux appareils avec lesquels les astronomes d'autrefois faisaient leurs observations. L'Angleterre a monopolisé la fourniture des nouvelles lentilles jusqu'aux premières années de ce siècle, parce que, jusqu'à cette époque, elle a su seule faire le flint-glass. C'est le Suisse Dunand et le Bavarois Frauenhofer qui ont introduit la fabrication de ce verre sur le continent. Voyez VERRES D'OPTIQUE.

ACIDES. — On appelle communément *acide*, du grec *akis*, aigre, tout corps composé, solide, liquide ou gazeux, qui est doué d'une saveur aigre et qui rougit la teinture de tournesol; mais cette définition n'est point exacte au point de vue rigoureusement scientifique. Aussi, les chimistes ne s'en servent-ils pas, et, à leurs yeux, pour qu'un corps mérite le nom d'Acide, il suffit qu'il ait la propriété de se combiner avec un autre corps jouant le rôle de base. Les Acides n'ont commencé à être étudiés

sérieusement qu'au XVIIIe siècle. Toutefois, dans le principe, on admit, avec Lavoisier, que l'oxygène seul pouvait les produire. Berthollet prouva plus tard que d'autres corps, tels que l'hydrogène, le brôme, le soufre, etc., pouvaient aussi leur donner naissance. — D'après leur origine, les Acides se divisent en deux grandes classes, celle des *Acides organiques* et celle des *Acides inorganiques*. Les Acides organiques sont les plus nombreux et les plus répandus. On n'en connaissait que trois ou quatre avant 1776. Depuis cette époque, les travaux des chimistes en ont porté le nombre à plus de trois cents, mais beaucoup sont de simples produits de laboratoire. Trois d'entre eux, les Acides margarique, oléique et stéarique, sont vulgairement appelés *Acides gras*, parce qu'on les extrait des huiles et des graisses. Les Acides inorganiques ou *Acides minéraux* sont beaucoup moins nombreux que les précédents, mais leur histoire est plus ancienne. Des notices particulières sont consacrées aux Acides des deux classes qui jouent un rôle très-important dans les arts industriels.

ACIER. — On ne possède aucun renseignement sur l'origine de la fabrication de l'Acier, mais il est incontestable qu'elle remonte à une époque très-reculée, quoiqu'elle soit pour nous un art tout nouveau, du moins sous le rapport de la précision théorique. Dans l'antiquité, ce sont les Indiens qui excellèrent les premiers à travailler l'Acier, et c'est de leurs usines que sortaient ces fameuses lames d'épée, appelées encore *lames damassées*, non parce qu'elles se faisaient à Damas, mais parce que c'est de cette ville que les Européens les tiraient avant la découverte du cap de Bonne-Espérance. La fabrication de l'Acier fut également très-avancée chez les Egyptiens, ainsi que le prouvent leurs monuments de granit dont les innombrables sculptures n'ont pu être exécutées qu'avec des outils d'Acier. Les Grecs regardaient l'Acier comme une invention nationale, mais il est probable qu'ils en devaient la connaissance à l'Orient ou à l'Égypte. Ils le connaissaient déjà à l'époque d'Homère, car ce poëte parle de la *trempe* dans un des chants de l'Odyssée.

Les procédés des Grecs ne paraissent pas avoir pénétré en Italie, puisque, d'après Pline, les Romains attribuaient aux Espagnols l'invention de l'Acier. Quoi qu'il en soit, on n'a dû connaître, pendant fort longtemps, que l'*Acier naturel* ou *Acier de forge*. C'est celui que l'on a dû fabriquer dès une époque immémoriale, dans toutes les contrées de l'Europe, telles que la Styrie, la Carinthie, le Tyrol, la Westphalie, la Biscaye, la Navarre, qui renferment des minerais convenables. Au XVIIe siècle, en France, suivant les uns, aux Pays-Bas, suivant les autres, on imagina d'aciérer le fer forgé. Cette innovation produisit l'*Acier cémenté*, dont la fabrication industrielle commença à Newcastle-sur-Tyne, en 1650. Un peu plus tard, en 1740, à Handsworth, près de Sheffield, Benjamin Hunstman trouva le moyen de convertir l'acier cémenté en *Acier fondu*, ou *Acier fin*. La préparation de ce nouveau métal fut introduite sur le continent en 1810, par Wolmar, de Brunswick. Malgré ces divers progrès, l'Acier était encore, il y a quarante ans, une chose assez rare, qu'on n'utilisait que pour faire des armes blanches, quelques menus outils et des objets de coutellerie. Les choses n'ont pu changer que lorsqu'on a réussi à le produire en grande quantité. Avec la houille pour combustible et des minerais manganésifères, on a d'abord obtenu une nouvelle sorte d'Acier qui a reçu le nom d'*Acier puddlé*, et dont la fabrication, essayée dès 1836 en Angleterre et sur les bords du Rhin, n'a été définitivement accomplie qu'en 1850. Vers cette même époque, Alfred Krupp, maître de forges à Essen (Prusse rhénane), prenant l'Acier puddlé pour matière première, est parvenu à faire l'Acier fondu en masses de plusieurs tonnes, tandis que le procédé Hunstman, seul usité jusqu'alors, ne pouvait en donner que 20 à 25 kilogram. Enfin, en 1856, l'ingénieur anglais Henry Bessemer a obtenu des résultats encore plus remarquables en produisant ce même Acier au moyen de fontes bien choisies. Grâce aux recherches de ces inventeurs et de beaucoup d'autres, l'Acier fondu se fabrique aujourd'hui en telle quantité et si économiquement qu'il tend à remplacer le fer, la fonte et le bronze, dans la plupart de leurs anciennes applications. C'est ainsi qu'on le fait entrer de plus en plus dans la confection des machines à vapeur, des machines-outils, des rails de chemins de fer, des navires, des bouches à feu, des ponts, des charpentes, etc., dont il diminue beaucoup le poids, tout en les rendant plus solides et plus durables. — L'*Acier damassé* n'est pas une espèce particulière d'Acier, mais un mélange intime d'Acier et de fer, ou de deux Aciers inégalement carburés. Les Orientaux l'obtiennent en juxtaposant alternativement des lames de fer doux et des lames d'une variété d'Acier cémenté qu'on nomme *Acier indien* ou *Acier woutz*. En Europe, on le prépare suivant plusieurs procédés qui, appliqués avec le soin, donnent des produits aussi bons et aussi beaux que ceux des usines asiatiques. V. FER, au *Complément*.

ACONITINE. — C'est le principe actif de l'Aconit. L'Aconitine a été découverte en 1833, par le chimiste Brandes. Le docteur Turnbull l'a quelquefois employée, sous diverses formes, contre les maladies nerveuses, le tic douloureux, les maux de dents, etc.

ACOUMÈTRE. — Instrument inventé, il y a une quarantaine d'années, par le docteur Itard, pour apprécier exactement l'affaiblissement de l'ouïe. Il sert plus particulièrement pour les individus qui ne parlent pas. L'Acoumètre consiste en un pendule muni à sa partie supérieure d'une aiguille et d'un cadran, et terminé à sa partie inférieure par une sphère métallique. Si, après avoir écarté ce pendule, on lui rend la liberté, il vient tomber sur une plaque de métal et produit un bruit plus ou moins intense. L'aiguille et le cadran indiquent d'ailleurs le degré d'écartement, et, par suite, l'intensité du bruit. Avant de se servir de l'appareil, on habitue le sujet à lever le doigt chaque fois qu'il entend le bruit; puis, diminuant peu à peu la force de celui-ci, on reconnaît à quel degré l'audition cesse d'avoir lieu, et, en répétant de temps en temps l'expérience, on apprécie les changements qui surviennent en bien ou en mal,

ACOUSTIQUE. — Branche de la physique qui s'occupe spécialement de l'étude des sons. Elle a été cultivée de très-bonne heure, mais ses grands progrès ne datent réellement que du xviie siècle. De tous les savants de l'antiquité, Pythagore de Samos, né entre 583 et 572 avant notre ère, est le seul qui l'ait étudiée avec succès : pour calculer les rapports des consonnances, il suspendit des poids différents aux mêmes cordes sonores, et détermina les rapports des divers sons sur ceux qu'il trouva entre les poids tendants ; mais plus tard, au xvie siècle, Vincent Galilée détruisit cette théorie, et prouva que les sons sont entre eux, non comme les poids tendants, mais en raison sous double de ces mêmes poids. Au xviie siècle, Gassendi, de Digne, trouva, dans le plus ou moins grand nombre de vibrations, la cause qui fait rendre aux corps sonores des sons graves ou aigus ; Otto de Guericke, bourgmestre de Magdebourg, démontra que l'air est nécessaire à la propagation du son ; le père Kircher découvrit les causes de la *réflexion du son* et des phénomènes de *l'écho ;* Huyghens fixa les rapports entre la propagation du son et celle de la lumière, en créant la *théorie des ondes ;* enfin, Joseph Sauveur, que l'on regarde comme le père de l'acoustique moderne, découvrit les *nœuds* et les *ventres de vibration,* expliqua, le premier, le phénomène des *battements,* et fit de la théorie des cordes vibrantes et de son application à la musique, une des sections les plus importantes de la physique. Au xviiie siècle, Brook Taylor étudia le problème de la vibration des cordes d'une manière plus approfondie qu'on ne l'avait fait jusqu'alors, et détermina, par le calcul, les dimensions que devaient avoir les corps sonores pour produire un son donné. Un peu plus tard Daniel Bernouilli généralisa les principes posés par Taylor. Enfin, Euler et d'Alembert, reprenant la question au point où Bernouilli l'avait laissée, en donnèrent la solution générale et rigoureuse. Au commencement de ce siècle, la découverte, due à Chladni, de la *vibration des surfaces vibrantes,* ouvrit à l'Acoustique un champ vaste et nouveau, et devint le point de départ des travaux de Savart,

de Poisson, de Cauchy et de tous les autres savants auxquels cette partie de la science est redevable de ses conquêtes les plus récentes.

ACROSTICHES. — Vers dont les premières ou les dernières lettres forment, par leur réunion, un ou plusieurs mots offrant un sens quelconque. Le plus ancien exemple d'Acrostiches se trouve dans la Bible, mais c'est dans les premiers siècles de l'ère chrétienne que ce genre détestable de poésie a été mis à la mode. On fit beaucoup d'acrostiches latins pendant le moyen âge. Quant aux Acrostiches français, les plus anciens ne paraissent pas remonter au delà du xvie siècle. Quelques mots acrostiches sont devenus célèbres. Tel est, entre autres, le mot grec *ichthus,* poisson, par lequel les premiers chrétiens désignaient le Christ, et qui se compose des initiales des mots grecs suivants : *Iésous Christos Théou Uios Sôter,* Jésus-Christ, Fils de Dieu, Sauveur.

ACUPONCTURE. — Opération chirurgicale qui consiste à introduire méthodiquement une ou plusieurs aiguilles dans certaines parties du corps pour combattre différentes maladies. Elle est originaire de la Chine, où son usage est immémorial. La première tentative pour en doter l'Europe fut faite en 1683 par le médecin hollandais Ten-Rhyne, qui ne put réussir à la mettre à la mode. Une deuxième tentative, également malheureuse, fut exécutée en 1712 par le naturaliste Kæmpfer. L'Acuponcture était totalement oubliée, lorsqu'en 1824 plusieurs expérimentateurs habiles entreprirent de la faire revivre, et parvinrent à lui donner une vogue, qui dura quelques années. L'un d'eux, le docteur Sarlandière, imagina même de combiner ses effets avec ceux de l'électricité, et la méthode ainsi modifiée reçut le nom *d'Électro-poncture* ou *Galvano-poncture.*

ADÉNISATION. — On a donné ce nom à un procédé imaginé en 1859 par le docteur Cornay, de Rochefort, et au moyen duquel on peut, dit-on, rendre comestibles une foule d'espèces animales dont la chair n'a pu jusqu'à présent faire partie de la nourriture de l'homme, à cause de l'odeur plus ou moins repoussante qu'elle exhale.

ADIPOCIRE. — Substance qui se produit quand on plonge des matières animales dans l'eau ou dans la terre humide. Elle a été étudiée, pour la première fois, en 1786, par le chimiste Fourcroy. C'est aussi ce savant qui lui a donné le nom sous lequel on l'a généralement désignée depuis, à cause de sa ressemblance avec la graisse et la cire (*adeps, cera*). On l'appelle aussi quelquefois *gras des cadavres*. Suivant M. Chevreul, qui l'a analysée avec soin en 1818, l'Adipocire est une espèce de savon animal formé d'ammoniaque, de potasse, de chaux, d'acide oléique et d'acide margarique. On peut en faire, sans la purifier, des chandelles qui sont aussi fermes, aussi blanches et aussi inodores que les bougies de cire.

ADJUDICATIONS. — L'usage de mettre en adjudication les travaux à exécuter était déjà répandu en France au XIVe siècle. Il est même probable que les Romains le connaissaient, mais les textes connus jusqu'à présent ne fournissent aucun renseignement à cet égard.

ADRESSES DES PERSONNES. — Au commencement du XVIIe siècle, les principaux marchands de Paris, et le même usage existait probablement ailleurs, distribuaient au public des *cartes* imprimées sur lesquelles se trouvaient leur nom, l'indication de leur demeure, celle de leur commerce, quelquefois même, l'image de leur enseigne. Plus tard, à partir de 1702 ou de 1703, quelques-uns imaginèrent de remplacer les cartes par ces *jetons* de cuivre dont l'emploi a pris de nos jours un si grand développement. Pour faciliter la recherche des personnes, le médecin Théophraste Renaudot fonda, en 1624, sous le nom de *Bureau d'adresses*, le premier office de publicité qu'il y ait eu en France, et Blegny publia, en 1690, son *Livre commode des adresses*, première ébauche de l'Almanach du commerce de notre époque. Toutefois, malgré ces deux innovations, les maisons des marchands furent longtemps les seules que l'on put trouver assez facilement, grâce aux enseignes séculaires qui les signalaient. Quant à celles des particuliers, leurs adresses restèrent vagues et incertaines jusqu'à l'adoption du Numérotage des maisons, en 1787. Avant ce progrès, pour indiquer ces dernières, on était obligé d'entrer dans une foule de détails en prenant pour points de repère les enseignes les plus connues des rues où elles se trouvaient. Ainsi, quand, dans sa lettre du 24 mai 1653, Patin veut donner l'adresse de son fils au père du jeune Belin, il remplace ce chiffre par ce long commentaire : « Il est logé avec une blanchisseuse, rue de la Harpe, chez un chapelier, à la Main fleurie, à la troisième chambre, vis-à-vis de la Gibecière, bien près de l'Arbalestre. » Voyez ENSEIGNES et NUMÉROTAGE DES MAISONS.

ADULÉ (*Marbre d'*). — Inscription grecque qui existait autrefois dans l'ancienne Adulé, port de la mer Rouge, et dont le moine Cosmas Indicopleustès, qui voyageait vers l'an 535 de notre ère, nous a transmis une copie. Ce monument offre deux parties, dont l'une, la plus ancienne, contient le nom, les titres et les principales actions de Ptolémée Évergète, roi d'Égypte, tandis que l'autre renferme les exploits d'un roi abyssin nommé Acizanas. Son authenticité a été longtemps contestée; mais, de nos jours, M. Letronne l'a mise hors de doute. La première partie est incontestablement ce que les Portugais appelaient une *pierre de marque*, c'est-à-dire une pierre écrite que les navigateurs dressaient dans les lieux qu'ils découvraient et dont ils prenaient possession au nom de leur souverain. Quant à la seconde, c'est un monument commémoratif destiné à faire connaître aux étrangers les victoires du prince dont le nom y est indiqué.

AÉRATEUR. — Appareil destiné à prévenir les altérations qu'éprouve la farine par l'effet des vapeurs alcooliques qui se dégagent de la mouture pendant le travail. Il a été inventé par M. Hanon-Valcke, de Paris, auquel il a valu une mention honorable à l'exposition de 1849.

AÉRIFÈRE. — Voyez CANNELLE, GRENIER et MEULES.

AÉROCLAVICORDE. — Instrument à vent et à clavier, qui a été inventé, en 1790, par les facteurs allemands Schell et Tschirski. C'était une espèce de clavecin dont les cordes étaient mises en vibration par un courant d'air. Il produisait des sons qui offraient une certaine analogie avec ceux de la voix humaine, et que l'on pouvait graduer et nuancer à volonté. L'Aéroclavicorde fut abandonné après avoir excité quelque temps la curiosité publique.

AÉROLITHES. — Les *Aérolithes* ou pierres tombées du ciel ont de tout temps attiré l'attention des hommes. Il est déjà question, dans le livre de Josué, d'une pluie de pierres qui détruisit les ennemis des Hébreux. Le premier phénomène de ce genre dont les écrivains de l'antiquité païenne nous aient conservé le souvenir, paraît se rapporter à l'an 1478 avant notre ère, époque à laquelle une pierre tomba en Crète. Au ve siècle, toujours avant notre ère, il en tomba une autre, aussi grosse qu'un char, sur les bords du fleuve Ægos-Potamos, en Thrace : elle se trouvait encore à la même place du temps de l'empereur Justinien. Dans les siècles qui suivirent, des chutes semblables eurent lieu, à diverses époques, dans presque toutes les parties de l'Europe et de l'Asie, et le souvenir s'en conserva, de génération en génération, dans la tradition de tous les peuples et dans les ouvrages d'une foule d'écrivains. Néanmoins, malgré l'accord de tant de témoignages, la science se refusa longtemps à admettre la réalité du phénomène. Ce fut seulement en 1794 que le physicien Chladni essaya de combattre l'incrédulité de ses confrères, et il avait déjà réussi à porter le doute dans l'esprit des plus récalcitrants, lorsque, le 26 avril 1803, plusieurs milliers d'Aérolithes s'abattirent en plein jour sur la petite ville de Laigle, dans notre département de l'Orne. Forcés de se rendre à l'évidence, les savants se mirent alors à rechercher la cause du phénomène, mais jusqu'à présent on n'est pas encore parvenu à des résultats bien positifs. On croit cependant, en général, que les Aérolithes sont des fragments de planètes qui, en circulant dans l'espace, entrent dans l'atmosphère terrestre, y perdent peu à peu leur vitesse par suite de la résistance de l'air, et finissent par tomber à la surface de notre globe.

AÉRONEF. — Voyez NAVIGATION AÉRIENNE.

AÉROSTAT. — Les *Aérostats* sont d'origine française et datent des dernières années du xviiie siècle. Aux frères

Étienne et Joseph Mongolfier, d'Annonay, appartient l'invention des *Ballons à feu* ou *Mongolfières*, c'est-à-dire des appareils s'élevant au moyen de l'air dilaté, et au physicien Charles, de Paris, celle des *Aérostats* proprement dits, c'est-à-dire des appareils s'élevant au moyen du gaz hydrogène. La première mongolfière fut lancée par les Mongolfier, le 5 juin 1783, sur la place publique d'Annonay, et le premier aérostat par Charles, le 27 août suivant, au Champ-de-Mars, à Paris. Le 19 septembre de la même année, Étienne Mongolfier lança, dans la cour du château de Versailles, une énorme mongolfière, à laquelle il avait attaché une cage renfermant un mouton, un coq et un canard, et la manière dont ces animaux se comportèrent fit concevoir l'idée des voyages aériens. La première ascension de ce genre fut exécutée, le 21 novembre, au château de la Muette, dans le bois de Boulogne, par Pilâtre de Rozier et le marquis d'Arlandes, qui osèrent se confier à une mongolfière et allèrent descendre à l'autre extrémité de Paris. Cette expérience fut un trait d'audace, presque un acte de folie. Il n'en fut pas de même d'une seconde qui fut faite, le 1er décembre, dans le jardin des Tuileries, par Charles lui-même et un de ses amis, Robert, le plus célèbre constructeur d'instruments de physique de l'époque. Cette ascension eut lieu avec un aérostat, et, pour en assurer le succès, Charles créa l'art aérostatique, tel qu'il existe encore aujourd'hui. C'est à lui que l'on doit, entre autres choses, les divers accessoires, nacelle, filet, soupape, lest, etc., dont on a toujours muni depuis les aérostats. A partir de ce moment, les voyages aériens devinrent assez nombreux. Lyon vit le troisième (19 janvier 1784), Milan le quatrième (25 février 1784), etc. Au douzième, qui eut encore Lyon pour théâtre, on vit, pour la première fois, une femme, madame Trible, s'élever dans les airs (4 juin 1784). Le 7 janvier 1785, le Français Blanchard et le docteur anglais Geffories effectuèrent l'ascension la plus extraordinaire qu'on eût encore vue : ils traversèrent la Manche, de Douvres à Calais. C'est en voulant faire un voyage semblable, le 16 juin de la même année, que Pilatre de Rozier et Romain périrent près de Boulogne : ils furent ainsi les premières victimes de l'art aérostatique. — Dès leur invention, on crut que les Aérostats pourraient recevoir des applications utiles, mais, à l'exception de quelques tentatives pour les employer à des reconnaissances militaires et de trois ou quatre ascensions faites dans un but scientifique, on n'a pu les faire encore servir qu'à l'amusement de la foule dans les fêtes publiques. Notons, en passant, qu'un sieur Testu Brissy est le premier qui ait effectué une ascension à cheval (16 octobre 1798). L'impossibilité de diriger les Aérostats est, aux yeux de bien des gens, la cause qui empêche de tirer un parti utile de ces appareils. Aussi, beaucoup d'inventeurs ont-ils essayé de les munir d'organes de direction, mais aucun n'a pu obtenir des résultats satisfaisants. Les esprits non prévenus pensent, du reste, que, dans l'état actuel de nos connaissances, la direction des Aérostats est un problème insoluble; ils ne voient même pas, si jamais on la trouve, quel avantage la société pourra y gagner. Voyez NAVIGATION AÉRIENNE.

AÉROTONE. — Voyez FUSIL A VENT.

AFFICHES. — Les *Affiches* constituent un mode de publicité si remarquable que leur usage doit nécessairement remonter à une époque très-reculée. Aussi l'a-t-on trouvé établi chez tous les peuples civilisés. Les Grecs et les Romains gravaient sur des panneaux de bois ou des tables de pierre, de marbre ou de bronze, les annonces d'un intérêt général, et écrivaient sur des portions de mur blanchies au plâtre ou à la chaux celles d'une importance secondaire. Les derniers connaissaient aussi les *affiches illustrées* : ils s'en servaient surtout pour annoncer les spectacles. Dans les temps modernes, c'est à son de trompe et au moyen de lectures au prône que l'on a d'abord fait connaître les avis qui pouvaient intéresser le public. Les affiches n'ont commencé à être employées, du moins en France, qu'à partir du XVe siècle. Les premières furent écrites à la main sur des feuilles de parchemin ou de papier. Les affiches imprimées vinrent plus tard. Ce ne fut cependant qu'au XVIIe siècle, sous le règne de

Louis XIII, que leur emploi commença à se généraliser, et elles devinrent en très-peu de temps ce qu'elles sont aujourd'hui. Elles finirent même par ne plus suffire, et, pour répondre aux besoins qu'elles ne pouvaient satisfaire, le médecin Renaudot fonda, en 1633, le premier journal des *Petites Affiches* qui ait peut-être existé. Il est à remarquer que, dans le principe, toute liberté fut laissée aux particuliers quant à la couleur du papier des affiches : c'est une loi du 18 juin 1791 qui a, chez nous, réservé le papier blanc aux affiches de l'autorité.

AFFINITÉ. — Ce mot paraît avoir été introduit dans la science par Barchusen, en 1703. Les chimistes l'emploient pour désigner la force qui tend à combiner et qui tient réunies les molécules de nature différente. L'Affinité n'est en réalité que l'attraction appliquée à des distances infiniment petites. En 1718, François Geoffroy publia les premières *Tables d'affinités*, c'est-à-dire des tables où tous les corps étaient rangés suivant leur facilité à se combiner entre eux. La théorie des affinités fut plus tard étudiée par une foule de chimistes, mais c'est l'illustre Berthollet, dont le travail parut en 1802, qui l'établit sur ses bases véritables. L'Affinité n'est plus regardée aujourd'hui que comme une force purement théorique, comme un terme uniquement destiné à désigner la cause, encore inconnue, qui détermine les combinaisons des divers éléments chimiques.

AGAMI. — Oiseau de l'ordre des Échassiers qui se rencontre à Cayenne et dans le reste de la Guyane, où le bruit rauque qu'il fait entendre fréquemment lui a fait donner le nom d'*Oiseau-trompette*. Parmi les oiseaux, c'est celui qui montre le plus d'instinct, et le moins d'éloignement pour l'homme, et, une fois apprivoisé, ce qui est très-facile, il s'attache à son maître avec autant de fidélité que le chien. Il arrive même, à Cayenne, qu'on lui donne à garder des troupes de canards et de dindons, et il s'en acquitte à merveille. Enfin, dans la basse-cour, il fait rentrer les oiseaux aux heures habituelles. On a regretté, pendant longtemps, que l'on n'eût pas tenté d'introduire l'Agami en Europe, où il pourrait rendre des services comme gardien de basse-cour; mais des essais ont eu lieu, dans ces dernières années, principalement en France, et les succès déjà obtenus permettent d'espérer que notre pays sera prochainement doté d'un nouvel animal auxiliaire d'une grande utilité.

AGAR-AGAR. — Sorte de gelée compacte que les peuples de la Malaisie fabriquent avec le fucus marin. Cette substance est employée en Chine, en Australie et dans les îles de l'Archipel indien, comme apprêt, dans plusieurs industries, et pour faire une confiture très-recherchée. Dans ces dernières années, les Anglais l'ont introduite en Europe, où elle a déjà reçu d'utiles applications.

AGARIC. — Trois cryptogames de ce nom sont usités en médecine. Le plus important est l'*Agaric du chêne* ou *Agaric des chirurgiens*, que l'on emploie journellement pour arrêter le sang des sangsues et des hémorrhagies légères. On attribue généralement la découverte des propriétés de ce champignon contre les hémorrhagies, à un chirurgien français du XVIIe siècle, nommé Brossard, mais il est certain qu'elles étaient déjà connues dans plusieurs pays, et qu'il ne fit qu'en vulgariser l'usage.

AGATES. — Plusieurs auteurs prétendent que ces substances ont été ainsi nommées parce que les premières furent trouvées en Sicile, sur les bords du fleuve Achatès, aujourd'hui la Drilla. Elles servent à faire des camées, des breloques, des bagues, des vases, des coffrets, des tabatières, des manches de couteaux et de cachet, des tables et des molettes à porphyriser. Afin d'augmenter leur effet ou d'obtenir des effets nouveaux, on a trouvé le moyen de les décolorer entièrement, comme aussi de les revêtir de nouvelles nuances. On fabrique également des *Agates artificielles* qui sont quelquefois aussi belles que les naturelles.

AGAVE. — Les plantes de ce nom sont originaires de l'Amérique équatoriale, d'où quelques espèces ont été introduites dans les parties chaudes de l'Europe. L'Agave dite d'*Amérique* est cultivée depuis très-longtemps en Espagne, en Portugal et dans quelques-uns de nos départements méridionaux, où on l'emploie pour former des haies impé-

nétrables. De plus, en soumettant ses feuilles et ses racines à un rouissage convenable, on en obtient des fils grossiers qui servent à faire des cordages, des filets de pêche et des tissus communs. On peut aussi les utiliser pous fabriquer du papier et du carton. Verr 1854, MM. Jean et Gaétan Perelli-Ercolini, de Turin, ont réussi à convertir les fibres de l'Agave et de plusieurs autres plantes analogues en une matière floconneuse, douce et brillante, qu'ils ont appelée *soie pérellienne*, et qui paraît propre à confectionner des tapis, des passementeries, des tentures, jusqu'à du velours.

AGENCES MATRIMONIALES. — Ces institutions singulières ne paraissent pas remonter au delà de la fin du dernier siècle. Toutefois, bien avant cette époque, on avait plusieurs fois essayé, en Angleterre, en Allemagne, même en France, de divers moyens pour faciliter les mariages. C'est ainsi qu'en 1732 un bourgeois de Hambourg avait imaginé d'ouvrir une espèce de bureau, qui ne brassait pas lui-même les unions, mais se contentait de signaler les partis disponibles. Il lançait, de temps en temps, des avis du genre de celui-ci : « Un épicier fraîchement établi, qui, par le secours de ses amis, a une boutique bien garnie et qui a fort bon air, cherche une demoiselle qui n'ait pas passé les vingt ans, qui ait les cheveux noirs, les yeux bruns, une belle taille, qui parle bon français et qui sache dessiner, broder et jouer du clavecin. » La première Agence matrimoniale régulièrement constituée qu'il y ait eu en France, a été fondée à Paris à l'époque du Directoire.

AGGLOMÉRÉS. — Espèce de combustible artificiel qui se prépare avec les menus débris auxquels donne toujours lieu l'exploitation des mines de houille. Ces menus avaient été jusqu'alors sans emploi, lorsqu'on a eu l'idée, il y a quelques années, de les utiliser en les pétrissant avec les résidus goudronneux des usines à gaz, et transformant ensuite la pâte en pains de différentes formes et dimensions. Cette invention, qui date de 1842, est due à l'ingénieur français Émile Marsais, alors directeur des mines de Saint-Etienne. Les Agglomérés sont aussi désignés sous les noms

de *houilles agglomérées*, de *péras arti-*
ficiels, de *briquettes*, etc. Leur usage
est aujourd'hui général dans une foule
d'industries, surtout dans la marine à
vapeur où la facilité de leur arrimage
les fait préférer aux combustibles ordinaires.

AGNUS DEI. — Très-anciennement,
dans les églises de Rome, on distribuait
aux fidèles ce qui restait du cierge
pascal, et le peuple croyait trouver,
dans ces fragments de cire, un préservatif contre tous les maux. Bientôt, les
cierges ne suffisant plus aux demandes
trop nombreuses, on eut l'idée de les
remplacer par des médaillons de même
matière, sur lesquels on représenta un
agneau portant l'étendard de la croix,
avec le nom du pape régnant et le millésime. Ce sont ces médaillons que l'on
appelle *Agnus Dei*, c'est-à-dire agneau
de Dieu, à cause de la figure qu'ils portent. On ignore à quelle époque on a
commencé de s'en servir, mais il est
certain que cet usage remonte au moins
au vᵉ siècle, car, en 1544, quand on
creusa les fondements de la basilique
de Saint-Pierre, on trouva, dans le
tombeau de l'impératrice Maria Augusta, femme d'Honorius, morte en 450,
un Agnus Dei admirablement conservé.

AGRAFES. — Jusqu'à ces dernières
années, ces petits objets de toilette se
sont faits exclusivement à la main, par
des procédés très-lents et très-fatigants.
Leur fabrication a été révolutionnée,
en 1843, par l'invention d'une machine
ingénieuse, due à MM. Gingembre et
Damiron, de Paris, qui exécute en une
seule passe, et avec la régularité la plus
parfaite, toutes les opérations qu'un fil
de cuivre doit subir pour être transformé
en agrafe. Cette machine, qui paraît
être la première de cette espèce, donne
de 80 à 200 agrafes par minute, suivant les dimensions. Elle a permis d'a-
baisser le prix des agrafes de 60 à 80 p.
100, tout en faisant gagner des journées
plus fortes aux ouvriers, et a créé une
nouvelle branche d'industrie, dont les
produits se répandent dans toutes les
parties du monde. Les Agrafes dites
œilletées ont été inventées, en 1841, par
M. Daudé, fabricant d'œillets métalliques à Paris.

AGRICULTURE. — L'*Agriculture* est
née à l'époque où l'homme s'est approprié le sol, c'est-à-dire où la propriété
territoriale s'est constituée. — Quant à
la date précise où elle a pris naissance,
elle est, on le comprend sans peine, impossible à fixer. Tout ce qu'il est permis de supposer, c'est qu'elle a dû
commencer en des temps différents, suivant les pays, et que, comme les autres
industries, elle a suivi le progrès général de la civilisation. Les Livres saints
nous apprennent que le travail de la
terre était l'occupation principale des
patriarches, et qu'il était déjà très-
avancé en Mésopotamie et en Palestine.
Les anciens historiens nous apprennent
aussi qu'il était très-florissant en Perse,
en Médie et en Égypte. Partout on lui
donnait une origine divine. Les Grecs,
par exemple, reconnaissaient avoir reçu
de Cérès, déesse des moissons, l'art
d'ensemencer la terre, de récolter le
blé et de faire le pain ; et de Bacchus,
dieu du vin, la culture de la vigne et
la fabrication du vin. On cite, parmi
les faits saillants de l'agriculture hellénique, l'usage des jachères, l'emploi des
engrais, les semailles à la volée, le dépiquage des grains par les pieds des
chevaux, la taille de la vigne, etc. Les
Romains regardaient l'exploitation du
sol comme une des sources les plus précieuses de la prospérité publique ; aussi
mettaient-ils tous leurs soins à la perfectionner. Ils variaient les cultures
suivant la nature des terrains, et appliquaient à ces terrains ce qu'on
appelle aujourd'hui le système bien-
nal. Ils rompaient quelquefois les
vieilles prairies pour les mettre en culture pendant trois années de suite. Au
nombre des meilleurs engrais, ils mettaient ceux que fournissaient les égouts
et les basses-cours. Ils savaient également fumer les terres, soit en faisant
parquer les troupeaux en plein air, soit
en brûlant les chaumes sur place, soit
encore en retournant les plantes légumineuses au moment de la floraison,
pour les faire pourrir dans les sillons.
Leur système d'irrigation et de desséchement était parfaitement entendu.
Enfin, ils cultivaient presque toutes les
céréales, les légumes et les fourrages
que nous possédons et ils avaient porté
à un très-haut degré l'art de former les
prairies artificielles. On ne connaît que
d'une manière très-imparfaite l'état de

l'Agriculture chez les autres peuples de l'antiquité, mais il est certain qu'elle était déjà très-avancée dans les provinces du nord de la Gaule, ainsi que dans la Grande-Bretagne, à l'époque où les Romains en firent la conquête. Le travail des champs dut se ressentir nécessairement du désordre que les invasions des Barbares introduisirent dans les diverses parties de l'Europe occidentale. Il se releva cependant un peu au VIIIe siècle, grâce aux efforts de Charlemagne; mais les troubles qui suivirent la mort de ce prince et l'établissement du régime féodal en arrêtèrent de nouveau les développements. L'affranchissement des communes et les croisades contribuèrent, à partir du XIIe siècle, à le faire sortir de son état d'abaissement. Néanmoins, les progrès ne commencèrent sérieusement qu'à l'époque de la Renaissance. Au XVIIe siècle, presque toutes les parties de l'Europe étaient entrées dans la voie des améliorations; mais ce fut surtout au siècle suivant qu'elles y marchèrent à grands pas. L'Agriculture profita nécessairement alors des découvertes de la chimie nouvelle. Elle y gagna surtout de pouvoir mieux analyser les terres et les engrais, et d'en reconnaître les différentes propriétés pour la culture de tels ou tels végétaux. Elle comprit en même temps l'importance des prairies artificielles, les mauvais effets des jachères, et la nécessité de modifier les assolements. Elle imagina de nouveaux procédés de desséchement et d'irrigation, et apprit à multiplier les récoltes en exploitant sur une grande échelle des espèces jusqu'alors négligées ou récemment importées. Enfin, pour satisfaire ses besoins nouveaux, elle comprit l'utilité d'un nouvel outillage, et créa la machinerie agricole. Grâce à ces divers perfectionnements, qui n'ont cessé de s'accroître depuis, l'Agriculture a doublé la puissance de production du sol, et, si elle n'a pu encore empêcher les retours de la cherté des subsistances, elle a du moins supprimé les disettes.

AIGLE. — Dans tous les temps, l'Aigle a été regardé comme l'emblème de la force, de la majesté et de la puissance, et c'est à ce titre qu'il a figuré et qu'il figure encore dans les symboles des peuples et des souverains. Suivant Xénophon et Quinte-Curce, cet oiseau se trouvait sur les étendards des rois de Perse; mais ce sont les armées romaines qui l'ont surtout popularisé, et à partir de Marius jusqu'à la fin de l'empire, il eut le privilége de guider les légions à la victoire. Charlemagne adopta l'Aigle pour emblème, aussitôt qu'il eut placé la couronne impériale sur sa tête, et son exemple fut suivi par les empereurs d'Allemagne. Dans le principe, l'Aigle allemande n'avait qu'une tête, mais au XIVe siècle, on commença à la faire à deux têtes, et cette forme nouvelle, dont l'origine certaine n'est pas connue, fut régulièrement adoptée au siècle suivant, sous le règne de Sigismond Ier. Vers 1475, l'Aigle à deux têtes fut introduite dans les armes de la Russie par le tzar Ivan Vassiliévitch. A la même époque, l'Aigle, soit à une seule tête, soit à deux têtes, existait également en Hongrie, en Sicile, en Sardaigne et ailleurs. A la fin du dernier siècle, la France et l'Angleterre étaient les seuls États de l'Europe où l'oiseau de Jupiter n'eût point trouvé accueil. Enfin, à l'époque de la proclamation de l'empire, Napoléon Ier décréta que l'Aigle serait le symbole de la nation française, et il en a été ainsi sous les deux Empires : 1° 18 mai 1804 — 3 avril 1814; 2° 20 mars 1815 — 22 juin 1815; 3° 31 déc. 1851; 4 sept. 1870.

Dès les premiers temps du christianisme, l'Aigle fut adopté par les fidèles pour symboliser le triomphe des martyrs. Plus tard, ils en firent l'emblème de la vie contemplative et l'attribut de saint Jean, le plus sublime des évangélistes. C'est pour ce dernier motif que, dans certaines églises, on donne la forme de cet oiseau au pupitre destiné à la lecture de l'Évangile.

AIGUILLES. — Beaucoup de petits instruments portent le nom d'*Aiguilles*, mais les seuls dont l'histoire offre quelque intérêt sont ceux qui servent à exécuter les travaux de couture. Les *Aiguilles à coudre* sont d'une nécessité tellement indispensable que leur invention remonte forcément à l'origine même de la civilisation. Leur matière et leur fabrication ont seules varié. Les premières aiguilles métalliques furent probablement façonnées sur l'enclume, au marteau. Ce n'est qu'à une époque très-moderne, peut-être au XIVe siècle, que l'on commença à faire usage du fil d'archal. Ce progrès paraît avoir été réalisé, pour la première fois, à Nuremberg, qui possédait déjà, en 1370, une nombreuse corporation d'aiguilliers, et d'où les nouveaux procédés se répandirent peu à peu, d'abord, dans les autres villes d'Allemagne, puis, dans les Pays-Bas, en France et en Angleterre. Ces procédés furent, dit-on, apportés à Londres, en 1543 ou 1545, par un ouvrier de race indienne, et l'on ajoute qu'ils se perdirent à la mort de l'importateur, mais qu'un nommé Christophe Greening réussit, en 1560, à les retrouver. Quoi qu'il en soit, les Aiguilles anglaises étaient déjà très-renommées dès les premières années du xviie siècle, époque à laquelle un fabricant, que l'on croit s'appeler Sheward, imagina de remplacer le fer, d'abord par l'acier cémenté, puis, un peu plus tard, par l'acier fondu. La fabrication des aiguilles paraît dater, en France, du xvie siècle. En 1599, ceux qui l'exploitaient formaient à Paris une communauté distincte. Cette ville posséda même, pendant longtemps, toutes les manufactures de notre pays, mais depuis 1820, cette branche d'industrie s'est déplacée. Depuis le commencement de ce siècle, plusieurs inventions remarquables ont été introduites dans les manufactures d'aiguilles. La plus importante a eu pour objet de faire disparaître l'insalubrité de l'opération appelée empointage, par suite de laquelle de nombreux ouvriers contractaient chaque année des maladies mortelles. C'est l'Anglais Prior qui a réussi le premier à résoudre le problème, grâce à un appareil fort simple, qui fut adopté, dès 1810, dans toutes les fabriques de l'Angleterre. Des appareils du même genre, mais plus parfaits, ont été inventés depuis, en Angleterre, par Thomas Roberts, en 1816, et Abraham, en 1821, et, sur le continent, dans ces dernières années, par MM. Pastor, de Borcette, et Neuss, d'Aix-la-Chapelle. Coudre (mach. à).

AIGUILLE AIMANTÉE. — Voyez AIMANT et BOUSSOLE.

AIGUILLETTES. — Dans le principe, les *Aiguillettes* étaient des cordons ferrés par les bouts, dont on se servait pour unir ensemble les diverses parties du costume. Chassées du costume civil par l'usage des boutons, elles se réfugièrent dans l'armée, où, à ce qu'on suppose,

elles commencèrent à jouer un rôle distinct au xvie siècle, quand on adopta la mode des écharpes. Chaque compagnie portait l'écharpe aux couleurs du capitaine, et l'assujettissait sur l'armure au moyen d'aiguillettes en passementerie. A la suppression des écharpes, les troupes conservèrent les aiguillettes comme signe de ralliement, mais l'infanterie les abandonna pour la cocarde, aussitôt qu'elle remplaça la pique par le fusil, tandis que la cavalerie y resta fidèle jusqu'au milieu du dernier siècle. Depuis cette époque, elles n'ont plus été portées que par quelques corps particuliers, et seulement à titre d'ornement.

AIL. — Les botanistes donnent ce nom, non-seulement à l'*Ail cultivé* ou ail proprement dit, mais encore à toutes les espèces analogues, telles que l'*Oignon*, l'*Échalotte*, la *Civette*, le *Poireau*, la *Ciboule* et la *Rocambole*, dont on fait usage dans l'art culinaire. A l'exception de l'Échalotte, que l'on croit originaire des environs d'Ascalon, en Palestine, d'où les croisés l'auraient apportée, toutes ces plantes croissent naturellement en Espagne, en Sicile, et dans les autres parties de l'Europe méridionale. Outre son emploi dans l'art culinaire, l'ail est encore usité dans la médecine populaire, à l'intérieur, comme excitant, stimulant, fébrifuge et vermifuge, et, à l'extérieur, comme rubéfiant, et même comme caustique. Suivant Raspail, c'est le *camphre du pauvre*.

AILANTHE GLANDULEUX. — Arbre originaire de l'extrême Orient, d'où il a été introduit en Europe par les Anglais, vers 1741. Il n'a d'abord été employé que pour la décoration des jardins paysagers, mais, depuis quelques années, on essaie en France, en Espagne, en Italie et ailleurs, de le cultiver sur une grande échelle, pour élever un ver à soie rustique qui se nourrit de ses feuilles. L'Ailanthe glanduleux est vulgairement connu sous le nom de *Vernis du Japon*.

AIMANT. — De toutes les variétés de minerai de fer qui jouissent de la propriété d'attirer le fer, l'acier, le nickel et le cobalt, celle qui la possède au plus haut degré est vulgairement désignée sous le nom de *Pierre d'aimant* ou *Aimant naturel*. Cette substance est très-commune dans la nature, et c'est à cause même de cette abondance qu'elle a, de très-bonne heure, éveillé l'attention des hommes. Aussi, les annales de tous les anciens peuples parlent-elles de sa propriété comme d'une chose connue de temps immémorial. Les Indiens l'appelaient *Tchoubaka*, c'est-à-dire le baiseur, et les Chinois *Tsu-chy*, c'est-à-dire qui aime, dont le français *aimant* n'est qu'une traduction. Quant aux Grecs, ils la nommaient *Magnès*, du nom d'un berger à qui ils en attribuaient la découverte, et c'est de là qu'est venu notre mot *Magnétisme*. Les anciens connaissaient aussi la propriété que possède la pierre d'aimant de communiquer sa *vertu magnétique* au fer, c'est-à-dire de pouvoir servir à faire des *aimants artificiels :* il en est question dans Platon. Mais aucune des nations de l'antiquité classique ne remarqua sa *polarité*, tandis qu'elle fut connue des Chinois au moins 2634 ans avant notre ère. Aux yeux des anciens, l'Aimant ne fut autre chose qu'un objet de curiosité. Leurs médecins lui attribuaient cependant quelques propriétés thérapeutiques et l'administraient à l'intérieur dans une foule de cas où l'on emploie aujourd'hui les préparations ferrugineuses. Les Égyptiens le faisaient aussi entrer dans la confection d'emplâtres pour guérir les maux d'yeux et les brûlures. Pendant le moyen âge, l'Aimant fut exploité de mille manières par les charlatans. Au xviie siècle, Borel le préconisa contre les douleurs des yeux et des oreilles, les maux de dents et les affections hystériques. Enfin, au siècle suivant, le père Hell, de Vienne, en Autriche, lui donna momentanément une vogue immense en imaginant les *Armures aimantées*, dont les vertus, exagérées outre mesure par l'inventeur et ses partisans, furent bientôt réduites à leur juste valeur. Quant aux *Bagues aimantées*, que l'on a tant prônées à notre époque, elles ne produisent véritablement quelque effet que dans l'imagination des malades qui consentent à les porter. Voyez Boussole, Magnétisme et Électro-Magnétisme.

Air. — I. *Pesanteur*. Plusieurs savants de l'antiquité, entre autres Empédocle, Asclépiade, Ctésibius et Héron, connaissaient la pression atmosphérique et la pesanteur de l'air qui en est une conséquence, mais, comme tant d'autres, cette découverte se perdit de très-bonne heure, et tous ceux qui, du iiie siècle de notre ère jusqu'au xviie, s'occupèrent d'études scientifiques, enseignèrent invariablement le contraire. Dans les temps modernes, la pression de l'air fut soupçonnée, pour la première fois, d'abord, par Jean Rey (1630), puis par Galilée (1642) ; mais ce fut Évangelista Torricelli, disciple du premier, qui eut la gloire de la démontrer (1644), et l'exactitude de ses recherches fut confirmée par les expériences de Pascal (1647-1648), et l'invention, par Otto de Guericke, de l'appareil si connu sous le nom de *Machine pneumatique* (1654). Depuis cette époque, la pression et la pesanteur de l'air ont été l'objet d'une foule de travaux remarquables. MM. Biot et Arago ont démontré de nos jours que le poids de l'air, à la température de la glace fondante et à la pression de 76 centimètres, est, à volume égal, le $\frac{1}{770}$ de celui de l'eau distillée.

II. *Composition*. L'*Air* a été considéré comme un corps simple jusqu'à la première moitié du xviie siècle. Le chimiste arabe Geber, au ixe siècle, Eck de Sulzbach, à la fin du xve, Paracelse et Agricola, au commencement du xvie, avaient bien remarqué que le plomb et l'étain augmentent de poids pendant leur calcination à l'air, mais ils n'avaient pas su reconnaître la cause de ce phénomène. Jean Rey, médecin à Bergerac, découvrit le premier la vérité ; il déclara, en 1630, que cette augmentation de poids provenait simplement d'une absorption de l'air par le métal. Toutefois, ses idées restèrent dans l'oubli jusqu'en 1774, époque où Bayen et Priestley les remirent en lumière et annoncèrent que toutes les substances désignées alors sous le nom de *chaux métalliques*, doivent à l'absorption d'une partie de l'air l'excès de poids et les caractères particuliers qui les distinguent des métaux qu'elles renferment. Enfin, à la même époque, Lavoisier, résumant et complétant les travaux de ses devanciers, reconnut que la partie absorbée est très-différente de la partie non absorbée, et démontra que le prétendu corps simple résulte du mélange de deux substances gazeuses qu'il appela *Azote* et *Oxygène*. Depuis cette grande découverte, de laquelle datent les grands progrès de la chimie moderne, les expériences des savants de tous les pays ont constaté que l'Air atmosphérique, toutes les fois qu'il est en parfaite liberté, est toujours composé de la même manière, qu'il renferme invariablement 1/5 de son volume d'oxygène et 4/5 d'azote, plus un peu de vapeur d'eau et d'acide carbonique, et des matières organiques qui peuvent, dans certains cas, le rendre impropre à la respiration.

III. *Élasticité.* L'élasticité de l'Air, et par suite, sa *compressibilité*, ont été connues dès la plus haute antiquité, mais ce n'est qu'au XVIIe siècle qu'on a déterminé la loi qui les régit. Cette loi a été découverte presque en même temps par les physiciens anglais Robert Boyle et Townley, et par le physicien français Mariotte : c'est ce dernier qui a eu la gloire de lui donner son nom. Dalton et Gay-Lussac ont démontré plus tard qu'elle est exacte sous toutes les températures.

IV. *Applications.* Les propriétés physiques de l'Air ont été utilisées de bonne heure par les mécaniciens. C'est sur sa pesanteur que repose l'invention des pompes aspirantes et des aérostats, et sur son élasticité celle des pompes foulantes, des chemins de fer atmosphériques, du fusil à vent, de la presse hydraulique, des appareils à plonger, etc. A ces applications, dont l'origine est très-ancienne, les modernes en ont ajouté de nouvelles. Ainsi, en 1841, l'ingénieur français Triger a heureusement employé les effets de l'air comprimé pour exécuter des travaux hydrauliques sans établir de bâtardeaux, et cette innovation a passé depuis dans la pratique. On a eu également l'idée d'utiliser l'air comprimé comme force mécanique pour faire marcher des appareils par un artifice semblable à celui qui est usité pour faire agir la vapeur. C'est de cette manière qu'on fait agir les machines à perforer les roches adoptées pour le percement du tunnel des Alpes, sous le mont Cenis. Une idée analogue a donné lieu aux machines dites à *air chaud*, dont la plus ancienne connue est probablement celle que le docteur Robert Stirling fit patenter en Angleterre en 1827, et que le capitaine américain Ericsson a essayé de faire

revivre, en 1833, mais sans y réussir complétement. Enfin, vers 1857, M. Viotti, de Verceil, en Piémont, faisant revivre une chose déjà proposée, a imaginé d'utiliser la pesanteur de l'air pour extraire les corps pesants du fond de l'eau, mais sans pouvoir rendre pratique son procédé.

AIRAIN. — Les anciens appelaient *æs*, d'où est venu le français *airain*, non-seulement l'alliage de cuivre que nous appelons aujourd'hui *bronze*, mais encore le cuivre rouge ou cuivre proprement dit, et le laiton ou cuivre jaune. Quant à l'Airain dit *de Corinthe*, qui servait spécialement pour faire des objets d'art, c'était un alliage dont les éléments étaient, suivant les cas, ou le cuivre et l'or, ou le cuivre et l'argent, ou encore le cuivre, l'or et l'argent. L'*Aurichalque* ne fut primitivement que du laiton ; mais, plus tard, on donna le même nom à un alliage de cuivre et d'or, peut-être même à du cuivre doré analogue au *chrysochalque* ou *chrysocale* des nations modernes. Voyez BRONZE.

ALAMBIC. — Cet instrument remonte à l'origine même de l'art du distillateur. On a cru, pendant très-longtemps, que les Arabes l'avaient inventé ; mais une étude plus approfondie des anciens textes a permis d'en rapporter la première construction à une époque de beaucoup antérieure à celle où ce peuple commença à cultiver les sciences. En effet, M. de Humboldt a reconnu que l'Alambic était connu dès le Ve siècle de notre ère, peut-être même avant, et l'on sait que les savants de l'islamisme n'ont véritablement commencé leurs études chimiques que trois ou quatre cents ans plus tard. Toutefois, si les Arabes n'ont pas inventé l'Alambic, ce sont eux qui l'ont nommé et l'ont fait connaître à l'Europe. Voyez DISTILLATION.

ALBATRE. — Deux substances minérales, l'*albâtre vrai* et le *faux albâtre*, ou *albâtre blanc vulgaire*, sont désignées sous ce nom. Elles ont été toutes les deux employées de très-bonne heure pour faire une multitude d'objets d'utilité ou d'ornement. L'art de les travailler était florissant en France au XVe siècle, mais il paraît que les révolutions de la mode le firent plus tard, sinon tomber dans l'oubli, du moins beaucoup négliger. Il fut relevé, au commencement de ce siècle, par le Florentin Gozzoli, qui vint monter à Paris, en 1809, un atelier où il exploita les procédés de son pays. Les objets d'albâtre acquirent alors une grande faveur ; mais, après avoir eu, pendant quelques années, une importance considérable, leur fabrication a été presque entièrement anéantie par l'industrie des bronzes.

ALBUM. — Les Romains appelaient *Album*, du mot *albus*, blanc, toute partie de mur couverte de plâtre blanc pour peindre des annonces ou des affiches. Par analogie, ils donnaient le même nom à toute tablette blanchie qui portait une inscription. Les modernes ont adopté le mot *album* pour désigner des cahiers ou des carnets dont les pages blanches sont destinées à recevoir tout ce qu'on voudra y mettre, prose ou vers, dessin ou musique. L'usage de ces recueils est né à l'époque de la Renaissance. Le plus volumineux qui ait existé est peut-être celui du baron de Burkana, mort en 1766, qui ne renfermait pas moins de 3,532 pièces.

ALBUMINE. — C'est une substance organique très-répandue dans la nature. On la trouve surtout dans la partie séreuse du sang et du lait et dans le blanc de l'œuf : ce dernier n'est même, en très-grande partie, que de l'albumine pure. Cette substance est communément employée pour la clarification des sirops et des liqueurs, le collage des vins et la production des images photographiques. Sa consommation a même pris de nos jours une importance assez grande pour que sa préparation soit devenue l'objet d'une industrie spéciale : on l'extrait du sang des animaux abattus ou des œufs.

ALCALI. — A l'exemple des Arabes, les chimistes d'autrefois donnaient le nom d'*al-kali* à la soude et à la plante des cendres de laquelle ils la retiraient. Aujourd'hui, on appelle ainsi toute substance composée, solide, liquide ou gazeuse, qui rougit la couleur jaune du curcuma, verdit le sirop de violettes, rétablit la couleur bleue du papier de tournesol rougi par un acide, et a la propriété de se combiner avec les acides pour former des sels. Les Alcalis proprement dits, ou *Alcalis minéraux*, sont la Soude, la Potasse, la Chaux, la Baryte,

la Lithine et la Strontiane, qui sont toutes des oxydes métalliques. A l'exception des trois dernières, dont la découverte est récente, toutes ces substances sont connues depuis un très-grand nombre de siècles. Les *Alcalis végétaux* ou *Alcaloïdes* sont une des plus grandes conquêtes de la science moderne. Leur histoire date de l'année 1816, où Sertuerner, pharmacien de Hanovre, publia ses travaux sur la Morphine. On en compte aujourd'hui une centaine, mais une cinquantaine seulement sont parfaitement connus. Voici la liste des plus importants avec l'indication des plantes où ils ont été trouvés, la date de leur découverte et le nom de leurs inventeurs. *Aconitine* (aconit), Brandes, 1833 ; *Atropine* (belladone), Brandes, 1819 ; *Brucine* (noix vomique), Pelletier et Caventou, 1819 ; *Cinchonine* (quinquina), Pelletier et Caventou, 1819 ; *Codéine* (opium), Robiquet, 1832 ; *Conicine* (ciguë), Gieseke, 1826 ; *Daturine* (datura), Geiger et Hesse, 1833 ; *Hyoscyamine* (jusquiame), Geiger et Hesse, 1833 ; *Morphine* (opium), Sertuerner, 1816 ; *Narcotine* (opium), Derosne, 1803 ; *Nicotine* (tabac), Posselt et Reiman, 1829 ; *Quinine* (quinquina), Pelletier et Caventou, 1819 ; *Strychnine* (noix vomique), Pelletier et Caventou, 1818, etc.

ALCALIMÈTRE. — La nature complexe des potasses et des soudes du commerce les exposant à de nombreuses falsifications, on a imaginé, pour reconnaître la fraude, des procédés dits *alcalimétriques*, dont l'application constitue ce qu'on appelle l'*Alcalimétrie*. Le premier de ces procédés paraît avoir été inventé par Vauquelin, en 1801, mais il ne fut pas adopté à cause de sa complication. Le premier dont on ait pu tirer parti fut proposé, trois ans après, par Descroizilles aîné, qui construisit à cette occasion une espèce d'aréomètre auquel il donna le nom d'*Alcalimètre*. C'est celui dont on se sert encore aujourd'hui, mais il a été beaucoup amélioré, en 1828, par M. Gay-Lussac. Dans certaines circonstances, on complète ses résultats avec un autre instrument, appelé *Natromètre*, qui est dû à M. Pesier, chimiste à Rouen.

ALCARAZAS. — Ce sont des vases de terre qui jouissent de la propriété de rafraîchir l'eau qu'on y renferme. Ils sont d'un usage général dans tous les pays chauds. On les appelle *gargoulettes*, dans l'Inde ; *bardaques*, *balasses* et *quouleh*, en Égypte ; *canaris*, aux Antilles ; *bucoros*, *catimploras*, *alcarazas*, etc., en Espagne. Ce dernier nom, sous lequel on les désigne en France, est celui d'un des centres principaux de leur fabrication. La plupart des auteurs en attribuent l'invention aux anciens Égyptiens, mais il est probable qu'ils ont été imaginés dans plusieurs pays à la fois, car on les a trouvés chez des peuples qui ne pouvaient pas avoir eu de relations avec les habitants de la vallée du Nil. Au commencement de ce siècle, M. Fourmy essaya d'en introduire l'usage dans notre pays et créa, vers 1809, le mot *hydrocérame*, qui signifie *vase à eau* ou mieux *vase qui sue*, pour distinguer les produits de sa manufacture.

ALCHIMIE. — L'Alchimie n'est autre chose que la Chimie du moyen âge. Ses adeptes ont généralement un mauvais renom, parce qu'il y a eu beaucoup d'imposteurs parmi eux et qu'on a rendu la masse responsable du charlatanisme de quelques-uns, mais il est incontestable qu'ils ont rendu de très-grands services et que, soit effet du hasard, soit autrement, leurs recherches ont très-souvent produit de grands résultats. Avicenne et Geber, chez les Arabes ; Roger Bacon, Raymond Lulle, Paracelse et Glauber, chez les chrétiens, compteront toujours parmi les hommes les plus extraordinaires. Le mot *alchimie* se compose de l'article arabe *al* et du grec *khèmia*: il veut donc dire *Art de fondre*. Il a été créé au IVe ou au Ve siècle de notre ère, pour remplacer les expressions *art sacré*, *art divin*, que les savants de l'école d'Alexandrie avaient imaginées pour donner plus d'importance à leurs travaux. Le caractère de l'alchimiste était la patience et le mystère poussés aux dernières limites. Aussi les masses ignorantes regardaient-elles comme des suppôts de l'esprit du mal des hommes qui se cachaient à tous les regards pour se livrer à des opérations qu'elles ne pouvaient comprendre, et l'on sait les contes absurdes que l'imagination populaire a enfantés sur leur compte. Aujourd'hui même, la critique moderne n'a pu encore détruire toutes les erreurs entassées par dix siè-cles d'abrutissement sur ces infatigables travailleurs.

ALCOOL. — I. Les Arabes appelèrent d'abord *Alcool* le sulfure d'antimoine ou surmé (*al*, le, *kohl*, surmé) réduit en poudre impalpable dont les femmes d'Orient se servent pour se noircir les sourcils. Par analogie, leurs chimistes et, à leur exemple, ceux des chrétiens employèrent ce mot pour désigner le plus grand degré de ténuité auquel on pouvait réduire certaines substances. Au XVIIe siècle, Boerhaave le détourna de sa signification primitive et l'appliqua au principe inflammable le plus pur. Plus tard, on en fit un terme générique pour dénommer les liqueurs spiritueuses dépouillées de phlegme. Enfin, au dernier siècle, quand on adopta la nouvelle nomenclature chimique, on le fit synonyme d'*esprit de vin*, usage qui s'est maintenu depuis.

II. L'*Alcool*, dans l'acception actuelle de ce mot, ne peut être produit que par le sucre. D'autres substances le fournissent, il est vrai, mais elles le doivent à l'amidon qu'elles renferment ; on transforme cet amidon en sucre, et c'est le sucre résultant de cette transformation, qui, au moyen de la fermentation, se convertit en Alcool. L'Alcool, tel que le fournit le commerce, renferme toujours de l'eau. On l'appelle *esprit* quand la proportion d'alcool s'élève à 65 p. 100 et au delà, et *eau-de-vie* quand elle ne dépasse pas 52 p. 100. L'*Alcool de vin* a été le premier connu. On en a long-temps attribué la découverte à l'alchimiste Arnaud de Villeneuve, qui vivait au XIIIe siècle, mais on sait aujourd'hui qu'elle remonte à une époque beaucoup plus ancienne. Toutefois, ce n'est qu'à partir du VIIIe ou du IXe siècle que les textes commencent à offrir quelque certitude. L'Arabe Rhazès et le Byzantin Marcus Græcus, qui florissaient alors, parlent de l'eau-de-vie sous le nom d'*eau ardente*, expression qui existe encore dans les patois du midi de la France. L'Alcool de vin n'a d'abord été employé que comme médicament, et c'est à cause des vertus merveilleuses qu'on lui donnait que les chimistes du moyen âge appelèrent *eau-de-vie* (*aqua vitæ*) un de ses états. La *quintessence* de Raymond Lulle n'était que de l'alcool rectifié. L'Alcool n'est devenu une boisson que dans la première moitié du xvie siècle. C'est aussi alors que sa préparation a commencé à devenir une industrie importante. Dans les pays où l'on cultive la vigne, l'on put facilement satisfaire aux besoins de la consommation. Mais dans ceux où cette culture n'existe pas, on fut obligé de recourir à d'autres substances. La fabrication de l'*eau-de-vie de grains*, déjà signalée, au ixe siècle, par Rhazès, était déjà florissante, avant 1618, dans toutes les parties du nord de l'Europe. Dans ces dernières années, on a essayé d'extraire l'Alcool d'une foule d'autres produits végétaux, tels que le sorgho, l'asphodèle, les figues, les prunes, les dattes, etc.; mais, jusqu'à présent, ce sont les betteraves et les mélasses de fécule qui ont pu être exploitées sur une grande échelle. L'*Alcool de betterave*, qui occupe aujourd'hui une si grande place dans la consommation, paraît avoir été indiqué, pour la première fois, par M. Lenormand en 1817, mais ce n'est qu'à partir de 1845 que, grâce aux travaux de M. Dubrunfaut, il a pu devenir l'objet d'une fabrication véritablement industrielle.

III. Un fait très-remarquable s'est produit à l'exposition universelle de Londres, de 1862. Parmi les produits envoyés par un de nos compatriotes, se trouvait un litre d'alcool pur, qui semblait pouvoir être obtenu industriellement et d'une manière exceptionnellement économique au moyen du gaz de la houille. Cette nouveauté répandit l'inquiétude parmi les agriculteurs manufacturiers qui étaient en possession de distilleries de betteraves, ou sur le point d'en établir dans leurs fermes, mais la vérité ne tarda pas à se faire jour. On sut, en effet, que, loin de représenter un produit manufacturier ou d'une fabrication courante, le liquide exposé n'était qu'un produit de laboratoire, obtenu non pas avec le gaz de la houille, mais avec du gaz hydrogène bicarboné provenant de la décomposition de l'alcool ordinaire et à l'aide de procédés si compliqués que l'on fixa à près de 1,000 francs la dépense qu'il avait dû occasionner. La concurrence d'une pareille fabrication n'était donc pas à redouter. Toutefois, l'émoi qu'elle avait causé avait à peine disparu que les craintes des distillateurs furent de nouveau éveillées par l'annonce d'un procédé tout nouveau, au moins quant à ses résultats extraordinaires; car ses inventeurs prétendaient avoir imaginé un appareil à une extrémité duquel il suffisait d'introduire de la houille pour voir le gaz hydrogène, transformé directement en alcool, s'écouler à l'extrémité opposée. Ici encore la science vint au secours de l'industrie agricole, et prouva sans réplique que, dans l'état actuel des choses, les espérances, d'une part, et les appréhensions, de l'autre, n'avaient rien de fondé, en raison des frais énormes que nécessiterait l'application du procédé qui les avait fait naître.

ALCOOMÈTRE. — Instrument destiné à déterminer immédiatement la proportion d'eau et d'alcool absolu renfermée dans une combinaison de ces deux substances. On a imaginé d'assez bonne heure un nombre assez considérable d'Alcoomètres, mais celui que l'on emploie généralement aujourd'hui a été inventé, en 1824, par le chimiste Gay-Lussac. On l'appelle *centésimal* parce que son échelle est divisée en 100 parties ou degrés. On le remplace, dans certains cas, par des instruments du même genre, dont les principaux sont désignés sous les noms de *Dilatomètre* (Silbermann), d'*Ébullioscope à tige droite* (Conaty), et d'*Ébullioscope à cadran* ou *Alcoomètre-Vidal* (Brossard-Vidal).

ALCOVE. — Ce mot a été introduit dans notre langue par les Espagnols, qui le tenaient eux-mêmes des Arabes, mais la chose qu'il désigne remonte à une très-haute antiquité. En effet, les Romains pratiquaient fréquemment des Alcôves dans leurs chambres à coucher, mais ils leur donnaient souvent la forme d'une niche : quelquefois aussi, ils les formaient par une balustrade plus ou moins élevée, et séparée du reste de la pièce au moyen de rideaux ou de draperies.

ALDÉHYDE. — Liquide incolore, très-limpide et très-volatil, qui a été découvert, en 1835, par le chimiste Liebig. Son nom est une contraction des mots *alcool déshydrogéné*. On l'emploie, dans les arts, pour faire déposer des couches métalliques miroitantes. On a essayé inutilement, dans ces dernières années, de le substituer au chloroforme, dans les machines dites *à vapeurs combinées*.

ALDINI (*Appareil*). — Appareil inventé, en 1829, par le chevalier Aldini, commandant des pompiers de Rome, pour faciliter l'attaque des incendies. Il se compose essentiellement de deux vêtements placés l'un dans l'autre. Le vêtement intérieur est fait avec un tissu épais d'amiante ou de laine, celle-ci rendue incombustible par une dissolution saline, tandis que l'extérieur est en toile métallique de fil de fer. La personne qui s'en revêt peut supporter, pendant quelque temps, l'action des flammes, sans en éprouver aucun inconvénient, parce que, d'un côté, le tissu métallique les refroidit, et que, de l'autre, le tissu d'amiante ou de laine transmet très-faiblement la chaleur à cause de sa faible conductibilité.

ALÉSER (*Machines à*). — Elles servent à terminer des surfaces cylindriques concaves, comme l'intérieur d'un tube, d'un coussinet, d'un cylindre de machine à vapeur, etc. Ces machines sont plus anciennes qu'on ne le croit généralement, car le passage dans lequel Philon d'Alexandrie décrit l'Aérotone de son compatriote Ctésibius prouve qu'elles étaient déjà connues un siècle au moins avant notre ère. Toutefois, les appareils de cette époque reculée devaient être dans un état bien rudimentaire, et il en fut incontestablement ainsi jusqu'en 1745, quand le fondeur Maritz eut introduit l'usage de couler les canons en noyau plein. Mais ce qui contribua le plus à leur perfectionnement, ce fut l'invention des machines à vapeur, qui, en nécessitant l'emploi de tuyaux de grandes dimensions, fit sentir le besoin d'un outillage propre à les travailler de manière à les approprier à leur destination. Il existait déjà, en 1750, en Angleterre, et même en France, dans les ateliers de Nicolas Focq, de Maubeuge, des machines à aléser qui fonctionnaient assez bien pour le temps, bien qu'elles ne fussent que de grossières ébauches, relativement à celles qui existent aujourd'hui, et dont les premiers types parurent, quelques années plus tard, dans la fabrique de machines de James Watt et Boulton, à Soho, près de Birmingham.

ALEUROMÈTRE. — Instrument destiné à faire connaître les propriétés panifiables de la farine de froment. Il a été inventé, en 1843, par M. Boland, ancien élève de l'École polytechnique. La méthode d'essai dont l'Aleuromètre constitue la base, indique la quantité de gluten frais et sec qui existe dans la farine, la nature plus ou moins élastique de ce gluten, et le gonflement qu'il peut acquérir, ce qui fournit aux boulangers des données suffisantes pour les diriger dans leurs opérations.

ALEXANDRIN. — Le vers dit *Alexandrin*, ou vers de douze syllabes, qui est notre vers héroïque et correspond à l'hexamètre des Grecs et des Latins, a été ainsi appelé parce que deux poëtes du XIIe siècle, Alexandre de Paris et Lambert li Court, s'en servirent les premiers, au lieu du vers de dix syllabes employé jusqu'alors, pour écrire un poëme sur Alexandre le Grand. Son usage n'a commencé à se généraliser qu'au XVIe siècle. On désigne sous le nom d'*Alexandrin* un manuscrit célèbre de la bibliothèque du Musée britannique, à Londres, qui renferme le plus ancien texte grec connu de l'Écriture sainte. On le croit de la seconde moitié du VIe siècle. Ce manuscrit fut envoyé à Charles Ier, roi d'Angleterre, par Cyrille Lascaris, patriarche de Constantinople. Grabe en a tiré son édition des *Septante*, Oxford, 1707-1720. Le fac-simile en a été publié, par Woide, en 1786, pour le Nouveau-Testament, et par Baber, en 1816-1828, pour l'Ancien.

ALFA. — Nom générique donné par les Arabes de l'Algérie à plusieurs plantes de la famille des Graminées, dont les feuilles fournissent des filaments qui se prêtent à tous les travaux de tissage et de sparterie. Ces filaments servent surtout à faire des chapeaux, des cordages, des nattes, des chaussures, des tapis, des corbeilles, etc. Depuis quelques années, on les emploie également pour fabriquer du papier et du carton.

ALFÉNIDE. — Alliage de cuivre, de zinc et de nickel, qui a été inventé, vers 1850, par MM. Halphen, de Paris. Il est surtout employé pour fabriquer des couverts de table que l'on recouvre ensuite d'une couche d'argent par les procédés de la galvanoplastie.

ALGÈBRE. — L'origine de l'*Algèbre* ne peut être déterminée d'une manière bien certaine, et, quoiqu'on en trouve des traces dans les écrits des plus anciens mathématiciens, ce n'est réellement qu'à partir du IVe siècle de notre ère qu'elle a commencé à former une branche distincte de l'Arithmétique. Le seul traité d'Algèbre que l'antiquité nous ait transmis est celui de Diophante, d'Alexandrie, qui florissait vers l'an 350 ; encore même n'en possédons-nous que des fragments. Les parties qui nous sont parvenues ne renferment guère qu'un recueil de questions difficiles sur les *carrés* et les *cubes*, et l'auteur ne s'élève à quelques vérités générales que dans ce que nous appelons la science des nombres. Ce sont les Arabes qui ont introduit l'Algèbre en Europe (XIIe siècle), mais ils ne l'apportèrent qu'en Espagne : ils en devaient la connaissance, soit aux Grecs alexandrins, soit aux Indiens qui, suivant les auteurs les plus accrédités, l'auraient cultivée de très-bonne heure. Il y avait déjà une centaine d'années que les savants de l'Espagne musulmane s'appliquaient à son étude, quand un marchand de Pise, appelé Léonard Bonacci (Leonardus Pisanus), qui l'avait apprise dans ses voyages en Orient, l'apporta dans sa patrie. Plusieurs des principaux mathématiciens de l'Italie se mirent aussitôt à l'étudier, mais les progrès furent d'abord d'une extrême lenteur. A la fin du XVe siècle, époque à laquelle vivait Lucas Paciolus (Lucca de Burgo), le plus grand algébriste de son temps, on ne connaissait encore que les *équations du second degré*, dont on tirait seulement des valeurs positives. Les découvertes ne commencèrent qu'au siècle suivant. Vers 1544, l'Allemand Stifellius inventa les *signes* qui signifient *plus* ($+$), *moins* ($-$) et les *racines* ($\sqrt{}$). En 1545, Jérôme Cardan donna la résolution des *équations du troisième degré*, qui lui avait été révélée par Tartaglia, et celle des *équations du quatrième degré*, qui lui avait été communiquée par Scipion Ferrari. Il aperçut en même temps la multiplicité des valeurs de l'inconnue dans les équations, et leur distinction en positives et négatives. Enfin, il remarqua le cas dit *irréductible* dans les équations du troisième degré. En 1552, Robert Recorde trouva l'extraction des *racines* des quantités algébriques, et fit,

pour la première fois, usage du *signe de l'égalité* ($=$). Vers 1558, Jacques Pelletier (Peletarius) découvrit la divisibilité du terme absolu par la racine d'une équation. En 1559, le cordelier Jean Butlo imagina, le premier, d'employer les *lettres de l'alphabet* pour désigner les inconnues. Cette innovation fut admirablement développée par François Viète, son contemporain, qui, en l'appliquant à toutes les quantités, soit connues, soit inconnues, donna aux calculs une généralité qu'aucun de ses prédécesseurs n'avait soupçonnée. Le même savant créa l'*Application de l'algèbre à la géométrie*, fonda la doctrine des sections angulaires, trouva presque toutes les méthodes usitées aujourd'hui pour transformer les équations, etc. En 1629, Albert Gérard enseigna à construire géométriquement les trois racines de l'équation cubique au moyen de l'angle, et prouva que, dans le cas irréductible, il y a toujours trois racines réelles. Il s'occupa aussi le premier des *racines imaginaires*, et montra l'usage des *racines négatives* dans les constructions géométriques. Vers la même époque (1631), Harriot découvrit les lois de la formation des équations de tous les degrés, et inventa les signes *plus grand* ($>$) et *plus petit* ($<$). Un de ses contemporains, Oughtred, écrivit le premier les *fractions décimales* sous leur forme actuelle, et créa le signe de la multiplication ($\times$). A partir de ce moment, l'Algèbre marcha à pas de géant, et ses découvertes devinrent si nombreuses qu'il serait impossible de la suivre dans toutes les voies nouvelles où elle s'élança. Alors parurent les Descartes, les Fermat, les Wallis, les Newton, les Kepler, les Bernouilli, et tant d'autres qui illustrèrent le XVIIe siècle, et dont les travaux admirables, développés, au siècle suivant, par les Moivre, les Stirling, les Lambert, les Maclaurin, les Maupertuis, les Laplace, les Lagrange, ont été portés, par les savants de nos jours, au degré de perfection où nous les voyons. Il est à remarquer que, pendant le moyen âge, l'Algèbre était quelquefois appelée *Règle cossique*, du mot italien *cosa* (la chose), par lequel les mathématiciens de l'Italie désignaient l'inconnue. Son nom actuel n'est qu'une abréviation de l'arabe *El djaber el moqabelah*, qui signifie la Science des nombres.

ALIGNEMENTS. — Files de pierres brutes qui affectent le plus souvent une direction rectiligne, et que l'on trouve dans plusieurs parties de l'Europe, principalement en France, en Angleterre et en Suède. Ces grossiers monuments datent d'une époque de beaucoup antérieure à l'ère chrétienne. Leur destination est tout à fait inconnue.

ALINÉA. — La division du texte des livres en *Alinéas* ne date que de l'invention de l'imprimerie. Les premiers imprimeurs en imaginèrent de trois sortes : les *Alinéas alignés*, qui étaient de niveau avec les autres lignes de la page ; les *Alinéas saillants*, qui dépassaient de quelques lettres les autres lignes ; et les *Alinéas rentrants*, qui laissaient un espace libre au commencement de la ligne. Ces derniers finirent cependant par prévaloir, et ce sont les seuls qui soient généralement usités aujourd'hui. Avant l'invention des Alinéas, on les marquait au moyen de signes conventionnels qui variaient quelquefois suivant les copistes.

ALIZARINE. — Principe rouge de l'*Alizari* ou racine de garance. L'Alizarine dite *commerciale* n'est autre chose que de la garance soumise en vase clos à l'action de la vapeur d'eau surchauffée. Ce produit a été introduit dans l'industrie, vers 1854, par MM. Pincoffs et Schunk, de Manchester : on l'emploie généralement aujourd'hui pour obtenir certaines nuances spéciales, de préférence aux autres substances tinctoriales fournies par la Garance.

ALLÉES COUVERTES. — Espèces de galeries formées de pierres brutes que l'on trouve dans plusieurs parties de la France, de l'Angleterre, de l'Allemagne et des pays scandinaves. On les appelle aussi, dans nos campagnes, *Grottes* et *Roches aux fées*. Elles datent de la même époque que les Alignements et ont été élevées par les mêmes peuples. On ne sait pas à quel usage elles ont servi.

ALLUMETTES. — Les *Allumettes* n'étaient, dans le principe, que de petites bûchettes de bois trempées par un bout dans du soufre fondu ; elles ne donnaient pas elles-mêmes du feu, car on ne pouvait les enflammer qu'en les mettant en contact avec un corps en ignition. On ignore l'époque, le lieu et l'auteur de leur invention ; tout ce qu'on sait, c'est qu'elles étaient déjà très-employées au commencement du XVIe siècle. Les Allumettes modernes ou *Allumettes chimiques* doivent leur origine à la découverte du chlorate de potasse par Berthollet, en 1786. Les premières dites *Allumettes oxygénées*, furent faites à Paris, pendant l'été de 1805, par J. L. Chancel, l'un des préparateurs du cours de physique et de chimie du professeur Thénard. La pâte était formée de chlorate, de fleur de soufre et de gomme, et pour les enflammer il fallait les tremper dans de l'acide sulfurique. En 1816, Derosne, pharmacien à Paris, en fit d'autres consistant en tiges de bois soufrées avec lesquelles on prenait un fragment de phosphore, et qu'il suffisait ensuite de frotter sur un corps dur pour leur faire prendre feu. Ces nouvelles allumettes reçurent le nom d'*Allumettes phosphoriques*. Enfin, en 1832, parurent les *Allumettes à friction* proprement dites, appelées aussi *Allumettes allemandes* et *Allumettes à la Congrève*, dont la pâte était composée de chlorate, de phosphore et de gomme. Elles furent inventées par Jacques-Frédéric Kammerer d'Ehmingen, en Wurtemberg. Depuis cette époque, le plus grand progrès qu'ait fait l'industrie des Allumettes a consisté dans la substitution du phosphore amorphe, qui n'est pas vénéneux, au phosphore ordinaire, dont les propriétés toxiques sont si connues. Ce perfectionnement paraît dater de 1848 et appartenir au docteur Rudolph Boettger, de Francfort-sur-Mein, mais il n'a été rendu véritablement pratique qu'en 1854, par M. Lundstrom, de Jonkoping (Suède), et en 1855, par M. Coignet, de Lyon. Les allumettes ainsi perfectionnées sont connues sous le nom d'*Allumettes hygiéniques*. Elles sont dites également *de sûreté*, parce que, grâce à une disposition particulière, elles ne peuvent pas prendre feu toutes seules. Enfin, dans ces dernières années, plusieurs fabricants, notamment MM. Canouil (1857), Hochstatter (1857), et Bombes Devilliers (1858), ont inventé des Allumettes de la pâte desquelles toute espèce de phosphore est absolument exclue.

ALMAGESTE. — Traité d'astronomie écrit, vers l'an 140 de notre ère, par le Grec alexandrin Claude Ptolémée, le plus grand géographe et le plus illustre astronome de l'antiquité. Il s'appelait primitivement *Syntaxis mathematikè*, c'est-à-dire composition mathématique, mais à ce nom, les contemporains de l'auteur ajoutèrent par enthousiasme l'épithète de *Méguistè*, très-grande. En 827, quand les Arabes le traduisirent, ils remplacèrent *syntaxis* par *tahryr*, qui veut dire livre, mais ils conservèrent l'adjectif *meguistè*, qu'ils prirent probablement pour un nom propre et devant lequel ils placèrent l'article *al*. Le titre de l'ouvrage se trouva ainsi transformé en *Tahryr al megesti*, le livre par excellence, par abréviation *al megesti*, dont les commentateurs chrétiens firent plus tard *Almagesta*. L'Almageste a été imprimé, pour la première fois, mais en latin, en 1515, à Venise : on ne connaissait pas encore le texte grec, qui ne fut publié qu'en 1538, à Bâle, par J. Walder. La première traduction française de cet ouvrage est due à l'abbé Halma, Paris, 1815-1816.

ALMANACH. — Les *Almanachs* sont une invention très-ancienne. Ils ont été connus des Indiens, des Chinois, des Égyptiens, des Grecs, des Romains, et, en général, de tous les peuples civilisés de l'antiquité. Toutefois, leur usage n'a commencé à se bien répandre en Europe que pendant le moyen âge, parce que l'Église s'en servit alors pour indiquer les jours fériés dont l'observation était ordonnée aux fidèles. On s'habitua aussi de bonne heure à y joindre des remarques astronomiques. Cette innovation fut principalement due aux Arabes, chez lesquels les sciences étaient cultivées avec le plus de zèle ; ce furent eux aussi qui transmirent aux Européens le mot *almanach*, qui, dans leur langue, signifie *le comput*. L'invention de l'imprimerie contribua puissamment à populariser les Almanachs. Mais il est à remarquer que les rédacteurs des premiers que l'art nouveau s'occupa de multiplier étant des astrologues et des médecins, ils ajoutèrent aux observations purement astronomiques des prédictions relatives aux changements de température et aux événements politiques, ainsi que des recettes de médecine populaire et des indications, le plus souvent ridicules, sur une multitude de sujets. Une des plus anciennes publications de ce genre est une pancarte in-plano, intitulée : *Conjunctiones et oppositiones solis et lunæ*, qui porte la date de 1457, et dont on attribue l'impression à Guttenberg. C'est en 1550 que Michel de Nostradamus commença à faire paraître l'Almanach qui a fait sa célébrité. Le fameux *Almanach de Liége* paraît avoir été publié, pour la première fois, en 1636, par Mathieu Laensberg, que l'on croit avoir été chanoine de l'église Saint-Barthélemy de cette ville. Le *Messager boiteux* de Bâle et celui de Berne vinrent un peu plus tard. Enfin, dans la première moitié du XVIIIe siècle, quelques hommes de bon sens commencèrent à rédiger les Almanachs populaires d'une manière raisonnable. Le premier fut publié à Philadelphie, en 1732, par Benjamin Franklin : c'est celui qui est devenu si célèbre sous le nom du *Bonhomme Richard*. Depuis cette époque, la composition de ces petits livres a fait de grands progrès, et il en existe plusieurs aujourd'hui, dans tous les pays, qui rendent de véritables services aux classes pauvres.

On a aussi donné le nom d'*Almanach* à des publications annuelles consacrées à des spécialités quelconques. Une des plus anciennes est l'*Almanach impérial de France*, qui date de 1679. L'*Almanach du commerce* a été fondé en 1798. Le célèbre *Almanach de Gotha* a paru, pour la première fois, en 1764.

ALOÈS. — Plantes grasses de la famille des Liliacées qui appartiennent à l'Afrique australe, au sud de l'Asie et à plusieurs contrées de l'Amérique inter-tropicale. On retire des feuilles de plusieurs espèces un suc épaissi, appelé aussi *Aloès*, qui est employé, de temps immémorial, en médecine et qui possède, en outre, une grande puissance colorante dont l'industrie moderne a su tirer un merveilleux parti. C'est M. Boutin qui, en 1840, a songé le premier à utiliser ce suc pour la teinture. M. Edmond Robiquet, en 1847, MM. Schlumberger et Sacc, en 1854, ont repris cette idée, et ce dernier a montré qu'en colorant

2

parfaitement la soie, la laine et le coton, le suc d'Aloès donne, suivant les préparations qu'on lui fait subir, une foule de nuances différentes, telles que le rose, le raisin de Corinthe, l'hortensia, le violet, le gris, le puce, le marron, le cannelle, l'olive, le myrte, l'orange, le jaune, etc. Depuis cette époque, le suc d'Aloès est journellement employé en teinture. On se sert surtout de l'acide jaune, qu'on obtient en le soumettant à l'action de l'acide azotique, et que l'on appelle *Acide chrysammique*. Suivant M. Sacc, cet acide constitue la matière colorante la plus riche que possède actuellement l'industrie. Les feuilles de certaines espèces d'Aloès fournissent aussi des fibres textiles que l'on emploie surtout pour faire des cordages d'excellente qualité. Quant au bois odoriférant que l'on désigne vulgairement sous le nom de *Bois d'aloès*, il n'a rien de commun avec les végétaux qui précèdent, et provient de plusieurs grands arbres de la famille des Aquilarinées et de celle des Euphorbiacées.

ALPACA. — Voyez LAMA et LAINE.

ALPHONSINES (*Tables*). — Tables astronomiques dressées au XIIIᵉ siècle par ordre d'Alphonse X (d'où leur nom), roi de Castille. Elles ont été imprimées, pour la première fois, à Venise, en 1483, par Erhard Ratdolt.

ALUMINE. — Oxyde métallique dont le radical est le métal appelé *Aluminium*. Il a été ainsi nommé parce qu'il joue le rôle de base dans l'alun naturel, en latin *alumen*. Deux sels d'Alumine reçoivent des applications dans les arts. L'un est le sulfate, qui est employé pour la conservation des matières animales, et l'autre, l'acétate, qui est utilisé, comme mordant, dans la teinturerie et l'indiennerie.

ALUMINIUM. — Ce métal a été découvert, en 1827, par le chimiste Wœhler, de Gœttingue, mais c'est M. Henri Sainte-Claire Deville, professeur au Collége de France, qui est parvenu le premier, en 1854-1856, à l'obtenir à l'état pur et en quantité suffisante pour en rendre l'emploi possible dans l'industrie. L'Aluminium n'a pu encore être utilisé, à cause de son prix élevé, que pour faire des instruments de précision, des ustensiles de laboratoire, des incrustations en marqueterie, des médailles et des objets de bijouterie, mais ses applications ne pourront manquer de s'étendre quand on aura trouvé le moyen de le préparer plus économiquement. Voyez BRONZE.

ALUN. — L'*Alun* a été employé par les arts industriels, dès la plus haute antiquité. Toutefois, parmi les trois variétés que cette substance présente, c'est celle à base de potasse qui a été la première connue. Pendant très-longtemps, l'Alun a été exclusivement fabriqué en Orient, surtout à Rocca, en Syrie, d'où le nom d'*Alun de Roche*, sous lequel on le désigne encore dans le commerce. La première fabrique européenne fut fondée au XVᵉ siècle, dans l'île d'Ischia, en Italie, par un Génois appelé Perdix, qui, dans ses voyages au Levant, était parvenu à connaître les procédés employés à Rocca. Un peu plus tard, un autre Génois, Jean de Castro, créa à la Tolfa, près de Civita-Vecchia, une deuxième fabrique, qui s'est maintenue jusqu'à nos jours, et dont les produits constituent l'*Alun de Rome*. Des usines semblables s'élevèrent plus tard en Italie, en France, en Espagne, en Angleterre, en Allemagne, et, dès la fin du XVIᵉ siècle, il en existait dans tous les États importants. Toutefois, la fabrication de l'Alun fut longtemps dans l'enfance, et ses progrès ne commencèrent qu'au XVIIIᵉ siècle, à l'époque des premières découvertes de la chimie. C'est au commencement de ce siècle, vers 1801, que les chimistes Chaptal et Curaudeau trouvèrent le moyen de le fabriquer de toutes pièces, et montèrent aussitôt, pour exploiter leur invention, deux usines importantes, celui-ci à Javelle, près de Paris, et celui-là à Montpellier. La fabrication de cet *Alun artificiel* porta un coup fatal aux alunières de la Tolfa, qui avaient eu jusqu'alors le privilége de fournir au commerce presque tout l'alun de qualité supérieure. Les applications industrielles de l'Alun sont très-nombreuses. On l'emploie journellement, comme mordant, dans les ateliers de teinture, et dans les manufactures d'indiennes et de papiers peints. On en fait aussi usage pour encoller le papier à écrire, clarifier le suif et les eaux troubles, préparer certaines peaux, combattre les incendies, etc.

AMADOU. — Son invention date au

moins du xiiie siècle. On le prépare avec le tissu spongieux de certains agarics, surtout avec l'Agaric du chêne. Depuis l'invention des allumettes chimiques à friction, on ne l'emploie guère que comme hémostatique. Toutefois, en Franconie, on le travaille, depuis longtemps, comme une peau de chamois, et on l'applique, sous cette forme, à la confection de vêtements très-chauds.

AMANDE MYSTIQUE. — Voyez NIMBE.

AMANDIER. — On croit que cet arbre (*Amygdalus communis*) est originaire de l'Afrique septentrionale ou de l'Asie orientale, mais on le cultive aujourd'hui, sur une grande échelle, en Espagne, en Italie et dans nos départements méridionaux, jusqu'en Touraine.

AMBON. — Sorte de petite tribune que les architectes chrétiens des premiers siècles élevaient dans les églises pour la lecture au peuple de l'épître et de l'évangile, pendant le saint sacrifice. Elle fut ainsi appelée d'un mot grec qui signifie *monter*, parce qu'en effet on y montait au moyen d'un escalier. Dans le principe, l'Ambon se plaçait parallèlement au chœur, sur les côtés. Plus tard, on le porta un peu en avant. Quant à sa forme, elle varia beaucoup et fut généralement abandonnée au goût des artistes chargés de le construire. Vers la fin du xiiie siècle ou au commencement du xive, l'Ambon fut remplacé par le Jubé. Enfin, il reparut au xviie siècle et, depuis cette époque, son usage s'est toujours maintenu. Le plus ancien Ambon qui existe aujourd'hui date du vie siècle : il se voit à Ravenne, dans l'église du Saint-Esprit.

AMBOTRACE. — On appelle ainsi des instruments qui permettent d'écrire simultanément, sur des papiers séparés, deux copies du même texte. Plusieurs inventions de ce genre ont été faites, soit à la fin du dernier siècle (Cotteneuve), soit au commencement de celui-ci (Lhermite, de la Chabeaussière, Rochette, Obrion), mais aucune n'est restée : on a toujours donné la préférence aux procédés autographiques. Les Ambotraces se nomment aussi *Polygraphes*.

AMBRE. — Deux substances portent ce nom, l'*Ambre jaune* et l'*Ambre gris*, mais c'est cette dernière qui est l'Ambre vrai. L'*Ambre jaune*, *Karabé* ou *Succin*, est une matière résinoïde d'origine végétale qui se trouve associée aux dépôts de combustible des terrains les plus récents. Il a été connu de presque tous les peuples anciens, surtout des Égyptiens, des Étrusques, des Grecs, des Romains et des Orientaux, qui en faisaient, comme c'est encore l'usage aujourd'hui, des statuettes et des objets de tabletterie. Les Grecs et les Romains avaient remarqué la propriété qu'il possède d'attirer les corps quand on l'a préalablement frotté avec une étoffe de laine ; c'est même du mot *electrum*, par lequel ils le désignaient, qu'est venu le français *électricité*. L'*Ambre gris* est une sorte de concrétion morbide qui se forme dans les intestins d'une espèce de cachalot. On ne l'emploie qu'en médecine et en parfumerie. Son origine a donné lieu aux hypothèses les plus ridicules. C'est le médecin allemand Schwediauer ou Swédiaur, mort en 1824, qui passe pour l'avoir découverte, mais elle avait déjà été signalée, au xvie siècle, par Charles de l'Écluse (*Clusius*), qui la tenait d'un navigateur bourguignon nommé Servat Marel, et même, au xiiie, par le Vénitien Marco Polo, qui l'avait apprise pendant ses voyages en Orient.

AMBROSIEN (*Chant*). — Voyez MUSIQUE.

AMBULANCES MILITAIRES. — Elles ne remontent pas au delà de la fin du dernier siècle. Quelques essais avaient bien été faits dans les temps antérieurs, mais on n'avait jamais su ou pu leur donner le caractère de stabilité et de régularité qui seul pouvait assurer leur succès. La création des *Ambulances* est due aux chirurgiens Larrey et Percy, deux des hommes les plus éminents des armées de la République et de l'Empire. C'est en 1792, à l'armée du Rhin, que le premier jeta les bases du nouveau service : sous le nom d'*Ambulances volantes*, il organisa des voitures légères, qui, portant des officiers de santé et les objets de pansement, couraient partout où il y avait quelqu'un à secourir. Cette innovation parut, pour la première fois, au combat de Kœnigstein. Elle fit bénir le nom de son auteur, mais on ne tarda pas à y reconnaître un grand défaut : c'est que, si elle donnait des moyens de pansement rapides, elle ne permettait pas d'enlever les blessés pour les mettre en lieu de sûreté. Elle réclamait donc un grand perfectionnement. Percy le réalisa, vers 1798, en mettant les officiers de santé à cheval, et en disposant les voitures de manière à pouvoir y placer un certain nombre de malades à côté des médicaments. Les successeurs de ce grand homme ont encore amélioré le service, et les Ambulances sont aujourd'hui si admirablement organisées qu'un soldat blessé sur un champ de bataille attend rarement les secours de la médecine aussi longtemps que le malheureux écrasé par une voiture dans les rues d'une grande ville.

AMIANTE. — La substance de ce nom a été connue de très-bonne heure, mais ce n'est qu'à une époque très-moderne qu'on a eu des idées exactes sur sa nature véritable. Comme les Grecs et les Romains, les savants du moyen âge la prenaient pour une espèce de lin produit par une plante de l'Inde. Ce sont les chimistes du XVIIe siècle qui ont découvert son origine minérale et déterminé sa composition. L'*Amiante* possède la propriété singulière de résister à un feu très-ardent : c'est pour cela que les anciens s'en servaient pour fabriquer des étoffes, qu'il suffisait de jeter au feu pour les nettoyer, et des linceuls dont ils enveloppaient les corps des grands personnages avant de les placer sur le bûcher, ce qui permettait d'en recueillir les cendres pures de tout mélange. Ils en faisaient aussi des mèches de lampe qui, suivant certains auteurs, brûlaient éternellement, et c'est à cette fable que l'on doit probablement rapporter l'origine du mot *asbeste*, qui signifie en grec *inextinguible*, et par lequel les anciens désignaient aussi l'Amiante. Le mot Amiante lui-même veut dire *incorruptible*, et l'on comprend sans peine pourquoi il a été créé. Comme les anciens, les modernes se servent de l'Amiante pour faire des mèches de lampe. Ils en font aussi quelquefois du carton et du papier, mais seulement comme objets de curiosité. Quant aux tissus d'Amiante, l'art de les fabriquer s'était, dit-on, perdu depuis la chute de l'empire romain, quand il fut retrouvé, il y a presque un demi-siècle, par une Italienne, madame Lema Perpenti.

Dans ces dernières années, un M. Imbert a donné le nom d'*Amiante végétal* à une étoffe qu'il avait recouverte d'un enduit incombustible de sa composition.

AMIDON. — C'est la fécule des céréales. Son nom vient de deux mots grecs qui signifient *sans meule*, parce que, suivant Dioscoride, on ne soumettait pas à la mouture le grain qui servait à le préparer. Pline le Naturaliste attribue son invention aux habitants de Chio ; ce qu'il y a de certain, c'est que, de son temps, le plus renommé était celui de cette île : on l'employait surtout en médecine. L'Amidon joue aujourd'hui un rôle énorme dans certaines industries ; on l'emploie surtout pour la fabrication de la dextrine, du glucose, des toiles peintes, etc. Ses procédés d'extraction ont été révolutionnés de nos jours par M. Émile Martin, de Vervins, qui a trouvé le moyen de les débarrasser de leur insalubrité, tout en leur faisant donner des produits plus abondants. Voyez FÉCULE.

AMMONIAQUE. — Les anciens connaissaient le chlorhydrate d'ammoniaque ou *Sel ammoniac*, mais l'Ammoniaque proprement dite, ou *gaz ammoniac*, a été isolée, pour la première fois, en 1774, par Scheele, qui l'appela *sel alcalin*. Toutefois, ses éléments constitutifs ne furent déterminés avec précision qu'en 1785, par Berthollet. Sa dissolution dans l'eau est vulgairement connue sous le nom d'*Ammoniaque liquide* ou *alcali volatil*. L'Ammoniaque est un des réactifs les plus usités dans les laboratoires, à cause de la propriété qu'elle possède de dissoudre une foule de substances et d'en précipiter un grand nombre d'autres, ce qui permet de les obtenir dans leur état de pureté. Ses applications industrielles sont également très-importantes. On l'emploie surtout en teinture pour modifier la nuance de certaines couleurs et faciliter la solubilité de plusieurs autres. Les dégraisseurs font usage de sa dissolution aqueuse, ou de celle de son carbonate, pour enlever les taches grasses. Ce dernier est aussi utilisé pour rendre plus légers les pains de luxe. Le phosphate et le borate d'ammoniaque servent encore à rendre les matières combustibles ininflammables. Enfin, l'Ammoniaque liquide est usitée, dans l'art vétérinaire, pour dissiper la météorisation des bestiaux, et, en médecine, pour détruire les effets de l'ivresse, cautériser les blessures faites par des animaux venimeux, etc.

AMORCES FULMINANTES. — L'idée de se servir des substances fulminantes pour mettre le feu aux armes de guerre date de l'année 1610, où l'écrivain militaire Florance Rivault proposa d'y employer l'or fulminant. Mais cette idée passa inaperçue, et elle ne fut reprise que dans les premières années de ce siècle, à l'époque de l'invention de la platine à percussion qui, sans cela, n'eût probablement pu recevoir d'application. Le chlorate de potasse et l'argent fulminant furent d'abord expérimentés, mais sans succès. Enfin, la découverte, faite par l'Anglais Howard, en 1800, du mercure fulminant vint permettre de résoudre le problème. On employa d'abord cette substance sous forme de pastilles ou de globules. L'idée de l'enfermer dans une petite *capsule* de cuivre naquit en Angleterre vers 1818, et cette invention fut introduite en France, en 1820, par l'armurier parisien Deboubert. Pendant longtemps les *capsules de guerre*, comme on appela les amorces fulminantes sous leur nouvelle forme, ont été faites au balancier et par des procédés d'une extrême lenteur; mais, depuis 1842, on les fabrique avec une machine ingénieuse, due au capitaine d'artillerie Humbert, qui, mue par un seul homme, en produit cinquante mille par jour.

AMPHITHÉATRES. — Dans l'antiquité, on donnait le nom d'*Amphithéâtres* à de vastes édifices de forme généralement elliptique, dont la partie centrale, appelée *arène*, à cause du sable (*arena*) dont on la recouvrait, était entourée de plusieurs rangs de gradins ou siéges élevés en retraite les uns au-dessus des autres. On y donnait des combats d'hommes ou d'animaux. Tous les auteurs anciens sont d'accord pour attribuer aux Étrusques l'invention de ces édifices. Athénée ajoute même que les premiers qui existèrent à Rome furent exécutés par des ouvriers de ce pays. Il paraît établi que les Amphithéâtres furent d'abord simplement creusés dans le sol ou construits en bois. C'est de cette dernière espèce que furent les premiers que les Romains possédèrent. On les détruisait ordinairement quand le spectacle était terminé. Suivant Pline, un des plus curieux que l'on vit à Rome fut celui que le tribun Caius Scribonius Curio, contemporain de César, fit élever à l'occasion des fêtes qu'il donna au peuple pour célébrer les obsèques de son père : il se composait de deux théâtres de grandes dimensions, qui reposaient sur autant de pivots tournants. Le matin, on représentait sur ces théâtres des drames ou des comédies : ils étaient alors adossés pour que les acteurs de l'un ne pussent interrompre ceux de l'autre. Dans l'après-midi, on les faisait tourner sur eux-mêmes, et, leurs extrémités venant à se joindre, ils formaient un amphithéâtre où se donnaient des combats de gladiateurs. Les Amphithéâtres en charpente furent seuls connus jusqu'au règne d'Auguste, où Titus Statilius Taurus en éleva un dont l'enceinte était en maçonnerie, et les gradins en bois. Le premier édifice de ce genre à la construction duquel on n'employa que la maçonnerie fut commencé par l'empereur Vespasien et terminé par son fils Titus, qui en fit la dédicace l'an 80 de notre ère. Ce monument reçut officiellement le nom d'*Amphithéâtre Flavien*, mais le peuple l'appela *Colosseum*, c'est-à-dire le colosse, soit à cause de ses grandes dimensions, soit à cause d'une statue colossale de Néron qui se trouvait dans le voisinage. Cet amphithéâtre existe encore aujourd'hui, mais profondément mutilé ; il est connu sous le nom de *Colisée*, forme corrompue de son ancienne dénomination populaire. Les Romains introduisirent l'usage des Amphithéâtres dans tous les pays que le sort des armes soumit à leur domination. Le mieux conservé que possède la France est celui de Nîmes, qui paraît dater de l'intervalle compris entre l'an 150 et l'an 200 de notre ère.

AMPUTATIONS. — Les *Amputations des membres* sont toujours des opérations très-graves, car elles exposent à des accidents souvent mortels, et leurs résultats les plus heureux produisent de fortes mutilations. C'est donc à juste titre que les chirurgiens véritablement dignes de ce nom n'y ont recours que dans les cas où elles sont absolument indispensables. Les anciens avaient un motif de plus pour s'en abstenir : c'est que, ignorant les moyens de prévenir et d'arrêter l'hémorrhagie, ils étaient toujours dans la crainte de voir expirer le malade au moment de l'opération ou peu après. Aussi, lit-on dans Hippocrate que le membre doit être coupé sur la partie morte, c'est-à-dire sur celle qui ne peut plus fournir de sang. L'opération ne consistait alors, le plus souvent, qu'en une simple section de quelques faibles lambeaux de chair retenant encore les extrémités osseuses, car c'était dans la jointure qu'on coupait. Or, en procédant ainsi, on n'enlevait que les parties mortes, et le mal existait encore, car, pour le faire disparaître, il faut nécessairement aller jusqu'au vif. C'est dans les ouvrages de Celse que l'on trouve un commencement de méthode. Ce chirurgien dit, en effet, qu'il vaut mieux empiéter sur ce qui est sain que de laisser des portions malades. Il recommande, en outre, d'ensevelir l'os sous les chairs, de chercher à obtenir une réunion immédiate, et, parmi les moyens de pansement, il signale la *Ligature des artères*. Il ne parle pas de la manière de suspendre la circulation du membre pendant l'opération, mais Archigène, qui vint peu de temps après lui, combla cette lacune. Toutefois, ce dernier ne se contenta pas, comme on le croit généralement, de faire des aspersions d'eau froide sur le membre : il embrassait aussi les vaisseaux avec une aiguille, probablement avec les chairs environnantes, ainsi qu'on l'a fait de nos jours. Il semble qu'une méthode établie sur des principes aussi solides ne devait jamais être abandonnée. Il n'en fut rien cependant. Elle tomba dans l'oubli, et, même au xviᵉ siècle, les chirurgiens les plus renommés coupaient sur le mort et en laissaient une partie qui, brûlée, formait une espèce de calotte aux vaisseaux, ce qui empêchait l'hémorrhagie. Ce fut Ambroise Paré qui fit rentrer l'art des amputations dans une voie rationnelle. Il réinventa la Ligature des artères, mais son génie fut impuissant à la faire entrer définitivement dans la pratique générale, car, un siècle après lui, plusieurs chirurgiens préféraient encore le procédé de la cautérisation. A partir du xviiᵉ siècle, l'histoire des amputations se lie avec celle des moyens hémostatiques. C'est de ce siècle que date l'invention du *Garrot* (1674) et du *Tourniquet* (1718). Une fois en possession de ces deux appareils et de la Ligature, les chirurgiens, n'ayant plus à craindre le danger des hémorrhagies, se préoccupèrent surtout de la né-

cessité de donner à la plaie la forme la plus convenable pour obtenir une bonne et prompte cicatrice, et pouvoir tirer le parti le plus judicieux des ressources de la prothèse. Ils cherchèrent donc à obtenir un moignon convenable et imaginèrent à cet effet une foule de méthodes générales et de procédés particuliers, dont le nombre n'a cessé depuis de s'accroître. Toutefois, malgré les progrès qu'a faits depuis cent cinquante ans la médecine opératoire, le succès n'est pas toujours certain, quel que soit le soin avec lequel on procède, parce que, comme le fait remarquer le chirurgien Vidal, de Cassis, « pour les résultats définitifs, les circonstances locales sont loin d'avoir la seule influence. » Parmi les méthodes générales usitées pour les amputations, celle dite *circulaire* paraît la plus ancienne : elle était généralement employée au xviᵉ siècle. On l'applique suivant divers procédés dus aux chirurgiens Jean-Louis Petit, Louis, Antoine Desault, Alanson, Benjamin Bell, Valentin et Ambroise Portal. La méthode *à lambeau* aurait été créée, suivant les uns, par les chirurgiens grecs Léonidas et Héliodore, et, suivant les autres, par Ambroise Paré, mais on l'attribue généralement au chirurgien anglais Lowdham, un peu avant 1679. Plus tard, Verduin (1696) et Sabourin, de Genève (1702), s'en attribuèrent à tort la découverte. Ses procédés actuels ont été imaginés par Ravaton, Vermale, Langenbeck et Lisfranc. La méthode *elliptique* remonte à une époque très-ancienne, mais son emploi n'est devenu général que depuis une vingtaine d'années, grâce aux soins du docteur Soupart. Enfin, la méthode *ovalaire*, déjà essayée, au dernier siècle, par Langenbeck, Guthrie, Abernethy, Lassus et quelques autres, a été définitivement introduite dans la pratique, en 1827, par M. Scoutetten. Voyez HÉMORRHAGIE.

AMYGDALINE. — Substance découverte, en 1830, dans les Amandes amères, par MM. Robiquet et Boutron-Chalard. MM. Liebig et Wœhler ont proposé de l'employer en médecine à la place de l'eau distillée d'amandes amères et de laurier-cerise.

AMYLÈNE. — On a donné ce nom à un carbure d'hydrogène qui a été découvert, en 1844, par M. Balard. Le docteur anglais John Snow a proposé, en 1857, de l'employer, comme anesthésique, à la place du chloroforme, mais, après quelques essais, on a dû cesser de s'en servir, à cause des accidents qu'il occasionnait.

ANA. — Ce mot n'a étymologiquement aucune signification. C'est une simple terminaison latine que l'on ajoute, on ne sait pourquoi, à un nom d'homme pour désigner un recueil formé de pensées, d'anecdotes ou de bons mots attribués à cet homme. Cette terminaison se trouve, pour la première fois, avec le sens qu'on lui donne, dans une lettre du Pogge, de l'an 1417; mais le premier recueil d'*ana* est le *Scaligerana*, dont les matériaux, rassemblés par Jean et Nicolas de Vassan, tombèrent plus tard entre les mains de Vossius, qui les publia en 1666.

ANACRÉONTIQUE (*Poésie*). — Genre de poésie où l'on cherche à imiter l'insouciante gaieté qui règne dans les œuvres d'Anacréon, de Téos, en Ionie (vıe siècle avant J.-C.). Mais, pour imiter un tel maître, il faut réunir de si nombreuses qualités que jusqu'à présent Anacréon est resté sans rival.

ANAGRAMME. — Transposition de lettres qui, dans un mot ou dans une phrase, fait trouver un autre mot ou une autre phrase. On a longtemps attribué l'invention de cet enfantillage à un rimailleur limousin, appelé Jean Daurat, en latin *Auratus*, qui vivait au xvıe siècle; mais elle date au moins du ıııe siècle avant notre ère, car on en trouve plusieurs exemples dans les œuvres du poëte alexandrin Lycophron, qui florissait vers l'an 280, sous Ptolémée Philadelphe.

ANALECTES. — Les Romains appelaient *Analecta* les restes des repas demeurés sur les assiettes ou tombés par terre. Dans la suite, on a, par analogie, donné le même nom à des recueils littéraires formés de poésies fugitives, ainsi que de morceaux choisis ou peu connus d'anciens auteurs.

ANANAS. — Fruit du *Bromelia ananas*, arbre des parties les plus chaudes de l'Amérique, qui a été décrit, pour la première fois, en 1535, par Hernandez de Oviédo, gouverneur de Saint-Domingue. Le Bromelia ananas a été introduit dans plusieurs cantons de l'Asie méridionale et de l'Afrique intertropicale, où il s'est parfaitement acclimaté. On l'a également importé en Europe, mais on ne peut le cultiver sous notre climat que dans des serres chaudes. C'est Lenormand, jardinier du palais de Versailles, qui a fait fructifier cet arbre en France, pour la première fois, en 1733.

ANASTATIQUE (*Impression*). — Voyez IMPRESSION.

ANATOMIE. — L'*Anatomie* remonte, comme toutes les sciences, à une époque très-reculée, mais ce n'est que dans les temps modernes qu'elle a pu faire des progrès véritablement sérieux. Comme dans l'antiquité les préjugés religieux s'opposaient à la dissection des cadavres humains, les savants qui s'en occupaient se bornaient à étudier les animaux, et ce n'était que par analogie qu'ils pouvaient connaître la structure du corps de l'homme. Parmi les premiers qui, chez les Grecs, étudièrent l'Anatomie, on cite Alcméon de Crotone (520 avant J.-C.), qui remarqua que, chez les animaux, la tête est la partie qui se développe la première; Empédocle de Syracuse (460), qui découvrit, dit-on, l'*Amnios*; Démocrite, d'Abdère (430), qui reconnut les *Canaux biliaires* et les fonctions de la *Bile*. Vinrent ensuite Aristote de Stagire, mort en 322, que l'on regarde avec raison comme le créateur de l'*Anatomie comparée*, de l'*Anatomie générale* et de l'*Iconographie anatomique*; Proxagoras, un de ses disciples, qui donna le nom d'*Artères* aux vaisseaux qui partent de l'aorte et remarqua qu'ils sont le siége du pouls; Hérophile, de Chalcédoine (320), qui distingua les *Nerfs* des ligaments et constata qu'ils président aux sensations et aux mouvements; et, enfin, Érasistrate, de Céos, petit-fils d'Aristote (310), qui reconnut le mouvement de *systole* et de *diastole* du cœur, et trouva les *Vaisseaux chylifères*. Ces deux derniers jetèrent encore les bases de l'*Anatomie pathologique*. Après Érasistrate, on ne trouve aucun anatomiste de mérite jusqu'à Galien, de Pergame, dont les ouvrages firent loi pendant plus de 1300 ans. Malheureusement, ne pouvant étudier l'homme lui-même, il prit pour sujet de ses dissections les animaux qui s'en rapprochent le plus, c'est-à-dire les singes, ce qui le fit tomber dans des erreurs grossières qui ne furent reconnues qu'au xv° siècle. Les anatomistes qui suivirent Galien ne firent que copier ses livres et ceux de ses prédécesseurs, et jusqu'au xiii° siècle, l'Anatomie ne fut qu'une affaire de compilation. Mondizi de Luzzi, professeur à Bologne, fut un des premiers qui essayèrent de faire entrer la science dans une nouvelle voie. En 1306, il disséqua le premier cadavre humain qui ait été livré au scalpel des médecins, et, en 1316, il fit, sur deux cadavres de femme, les premières leçons d'anatomie humaine qui aient eu lieu avec les objets sous les yeux. Son exemple trouva plusieurs imitateurs; néanmoins, ce ne fut que trois cents ans plus tard qu'André Vesale, en renversant l'autorité de Galien, inaugura les progrès de l'Anatomie. Ce furent surtout les Italiens Eustachi, Faliopio, Varoli, Ingrassias, Colombo, Botalli et Fabrizio d'Aquapendente, qui contribuèrent d'abord à son avancement; mais le mouvement ne tarda pas à se communiquer aux autres parties de l'Europe, et alors brillèrent, quoique au second rang, l'Espagnol Michel Servet, qui découvrit la *Circulation pulmonaire*; les Français Rondelet, Bauhin et Cabrol; l'Anglais Cowper; les Allemands Plater et Fuchs, etc. Le xviii° siècle fut signalé par la découverte de la *Circulation du sang*, due à l'Anglais Harvey (1628), et par celle des *Vaisseaux chylifères*, qui s'était perdue, et à laquelle se rattachent les noms de l'Italien Aselli, du Danois Bartholin, du Français Pecquet et du Suédois Olaüs Rudbeck. En même temps, le Hollandais Ruysch porta l'*art des injections* au plus haut degré de perfection; l'Italien Marc-Aurèle Severino publia le premier traité général d'Anatomie comparée; et un autre Italien, Malpighi, en appliquant le *microscope* à l'étude de la science, lui ouvrit de nouveaux horizons. A la même époque, le Hollandais Swammerdam jeta une profonde lumière sur l'Anatomie des insectes, tandis que son compatriote Leuwenhoeck révéla au monde savant l'existence, jusques alors inconnue, de la classe des *Infusoires*. Enfin, l'Allemand Christophe Steiner plaça, pour la première fois, le siège de la vision dans la rétine. Au xviii° siècle, toutes les branches de l'Anatomie reçurent des développements inouïs. L'Italie vit paraître Cotugno, qui a donné son nom au liquide encéphalo-rachidien; Spallanzani, si célèbre par ses expériences physiologiques; Morgagni, qui s'immortalisa par ses recherches d'Anatomie pathologique. En Angleterre, Douglas publia la première description exacte du péritoine. En Hollande, Camper eut, le premier, l'idée de distinguer les races humaines par l'ouverture de l'angle facial. La Suisse produisit Haller et Charles de Bonnet. Enfin, la France enrichit la science des travaux de Portal, Desault, Winslow, Lieutaud, Vicq-d'Azyr, Daubenton, etc. : c'est à ce dernier que revient l'honneur d'avoir fait de l'Anatomie comparée la base de la classification zoologique. Le xix° siècle s'ouvrit par la publication de l'*Anatomie générale* de Bichat, qui est encore le meilleur traité de ce genre que nous possédions. Depuis cette époque, les différentes branches de l'Anatomie n'ont cessé, dans toute l'Europe, de marcher à pas de géant, et le nombre de ceux qui ont contribué à ses progrès est si considérable, surtout en France et en Allemagne, qu'il serait difficile de le déterminer.

ANCHE LIBRE. — Languette de métal vibrant, sous l'action de l'air en mouvement, entre les parois d'un petit cadre sur lequel elle est fixée par une de ses extrémités. L'invention de cette languette est originaire de la Chine, où on l'applique, depuis plus de deux mille ans, à une espèce de petit orgue portatif appelé *cheng*. Son utilité paraît avoir été signalée, pour la première fois, aux facteurs européens par Bedos de Celles, en 1766, mais c'est au bordelais Grenié que revient l'honneur de l'avoir introduite dans la pratique de l'industrie. Ce dernier s'en servit, dès 1810, pour construire un orgue qu'il appela *expressif*, parce qu'en comprimant plus ou moins l'air qui faisait vibrer les anches libres, on obtenait l'expression, c'est-à-dire toutes les nuances possibles d'intensité entre le son à peine entendu et le son le plus énergique. Toutefois, cette innovation eut alors peu de succès, parce que le mécanisme de notre compatriote présentait de trop grandes imperfections. Bientôt, cependant, les Allemands apportèrent au jeu des Anches des perfectionnements qui produisirent successivement l'*Organo-violine* d'Eschenbach

(1814), l'*Éoline* de Schlimmbach (1816), l'*Éolodicon* de Voit (1818) et de Reich (1820), le *Physharmonica* d'Antoine Hackel (1818), et, enfin, l'*Accordéon* (1825). Les travaux de ces divers artistes et de plusieurs autres qui firent des essais dans la même voie, n'aboutirent, il est vrai, qu'à produire des instruments de simple curiosité, mais, à partir de 1836, MM. Feurneaux père et Debain, facteurs d'orgues à Paris, les portèrent à un degré de perfection inconnu jusqu'alors, ce qui les conduisit à créer les petites orgues expressives de chambre et de chapelle qui, sous les noms d'*Harmoniums*, de *Mélodiums*, de *Symphonistas*, etc., sont aujourd'hui d'un usage si commun.

ANCRE. — Les premiers navigateurs se servirent, pour retenir leurs embarcations au mouillage, de grosses pierres ou de sacs remplis de sable, qu'ils attachaient à l'extrémité de longs câbles. Plus tard, quand l'art des constructions navales eut fait des progrès et que l'on eut des navires un peu considérables, ce moyen grossier ne suffisant plus, il fallut imaginer un appareil plus efficace. L'*Ancre* parut alors. On ne sait absolument rien sur son invention, mais il est reconnu que les Grecs ne la possédaient pas encore à l'époque de la guerre de Troie, et, suivant les historiens de ce peuple, ils en durent la connaissance à Midas, roi de Phrygie. Les premières Ancres grecques furent de bois et, pour les rendre plus lourdes, on y fixait des masses de plomb. Plus tard, on les fit de fer. Dans le principe, les Ancres métalliques n'avaient qu'une patte ; ce fut le Scythe Anacharsis qui eut, dit-on, l'idée de leur en donner deux. Après ce perfectionnement, les Ancres eurent à peu près les mêmes dispositions générales que de nos jours : on y distingua une verge, deux pattes, un organeau et un anneau pour la corde de la bouée. Quant au jas, que l'on a prétendu être une invention moderne, il est certain qu'il fut connu au moins des Romains, mais il n'a pas toujours été employé au moyen âge. Depuis le XVIIe siècle, la construction des Ancres a été l'objet d'une foule de recherches ayant pour objet, les unes leur fabrication matérielle, les autres la disposition de leurs différentes parties. C'est l'ingénieur Tré-

saguet, sous Louis XIV, qui paraît avoir appliqué, le premier, la méthode de fabrication suivie encore de nos jours. Quant à la forme des Ancres, elle n'a pas varié jusqu'à ces dernières années, mais elle est à la veille d'une révolution radicale par suite de l'invention des *Ancres à becs mobiles*, qui a été faite, vers 1830, par l'Anglais Porter. Ces nouvelles ancres sont déjà très-répandues dans la marine marchande, surtout en Angleterre. Toutefois, les grands navires de guerre se serviront probablement longtemps encore de celles de l'ancien système, ou *Ancres à pattes fixes*, à cause de la dépense considérable que nécessiterait leur remplacement et de la perte énorme que ferait subir la mise hors de service du matériel existant. Elles ont d'ailleurs reçu, depuis une quarantaine d'années, d'importantes améliorations, qui diminuent beaucoup leurs inconvénients et dont les principales sont dues à M. William Rodgers, lieutenant de la marine royale anglaise, et à notre compatriote Ferdinand Martin, de Marseille.

ANCYRE (*Monument d'*). — On a donné ce nom, parce qu'elle a été trouvée dans la ville d'Ancyre, aujourd'hui Angora, à une inscription bilingue (grec et latin) qui présente un sommaire de la vie de l'empereur Auguste. La découverte de cette inscription date du milieu du XVIe siècle, mais elle n'a pu être complétée qu'à notre époque. La meilleure édition paraît être celle que MM. Franz et Zumpt ont donnée à Berlin, en 1845.

ANDROÏDE. — Voyez AUTOMATE.

ANÉMOMÈTRE. — Instrument qui sert à mesurer la vitesse du vent. Dans les Anémomètres dits *de rotation*, le vent agit sur un moulinet à ailettes obliques et le fait tourner avec une rapidité qui varie suivant la vitesse dont il est lui-même animé, et une aiguille marque sur un cadran le nombre de tours effectués dans un temps donné. Le plus ancien de ces appareils paraît avoir été construit par Wolf, en 1708. On cite surtout, parmi les plus récents, ceux de MM. Combes, Morin, Bianchi, etc. Dans les Anémomètres dits *de pression*, c'est une plaque que l'on oppose au vent et qui indique la vitesse de celui-ci suivant les positions différentes qu'elle prend. Un des moins imparfaits a été imaginé, au dernier siècle, par le père Bouguer.

Outre les Anémomètres ordinaires, il en est d'autres, généralement appelés *Anémométrographes*, qui enregistrent eux-mêmes leurs indications. Tel est, entre autres, celui de M. Liais, qui donne, au bout de la journée, les différentes variations des vents qui se sont succédé, leur durée et leur intensité. Enfin, dans ces dernières années, M. du Moncel a construit un *Anémomètre enregistreur électrique* qui indique à chaque instant la direction et la force du vent, ainsi que l'heure de l'observation.

ANÉMOSCOPE. — Instrument qui indique la direction du vent. Le plus simple et le plus ancien est la *Girouette* ordinaire ; un des plus exacts, celui de M. Piazzi - Smyth perfectionné par M. Salleron. Il existe aussi des *Anémoscopes enregistreurs*, c'est-à dire qui marquent eux-mêmes leurs indications. Le plus ancien appareil de cette espèce paraît avoir été imaginé, en 1763, par Dons en Bray.

ANÉROIDE. — Voyez BAROMÈTRE.

ANESTHÉSIE. — L'idée de soustraire l'homme à la douleur pendant les opérations chirurgicales est peut-être aussi ancienne que l'art de guérir, mais ce n'est qu'à notre époque qu'elle a pu être véritablement réalisée. La découverte des procédés anesthésiques modernes date des derniers mois de 1844, où le dentiste américain Horace Wells, répétant une expérience faite par Humphry Davy, en 1799, réussit à extraire plusieurs dents, sans occasionner aucune souffrance, en faisant respirer aux personnes le protoxyde d'azote ou gaz hilarant. La nouvelle de cet événement s'étant répandue, le docteur Charles Jackson, de New-York, se livra à de nombreux essais, à la suite desquels il créa la méthode anesthésique dite *Éthérisation*, parce que c'est au moyen des vapeurs de l'éther sulfurique qu'elle anéantit la sensibilité. Cette méthode ne fut employée par son inventeur que pour l'extraction des dents. C'est le docteur Warren, également de New-York, qui s'en servit le premier, le 14 octobre 1846, dans une opération chirurgicale, et le succès le plus complet couronna ses efforts. Dès ce moment, l'Éthérisation fut considérée comme acquise à l'humanité. Elle fut connue en Europe le 17 décembre suivant, et, dès le surlendemain 19, les docteurs Robinson et Liston l'employèrent à Londres. Sa première application en France fut faite le 22 du même mois à l'hôpital Saint-Louis, à Paris, par M. Jobert, de Lamballe. Elle se propagea ensuite rapidement dans tous les autres pays, en Allemagne, en Belgique, en Suisse, etc. L'éthérisation était à peine connue que l'on se mit à rechercher s'il ne serait pas possible de remplacer l'éther par d'autres substances. C'est à la suite d'expériences à ce sujet que le docteur Simpson, d'Édimbourg, proposa l'emploi du chloroforme et créa la méthode dite *Chloroformisation*, qui, publiée par son auteur le 10 novembre 1847, fut adoptée aussitôt par presque tous les plus habiles chirurgiens. D'autres méthodes ont été imaginées depuis, mais aucune d'elles n'a pu réussir à passer dans la pratique. Voyez AMYLÈNE, CHLOROFORME, ÉTHER, HYPNOTISME, etc.

ANILINE. — Alcaloïde artificiel qui a été découvert, en 1826, par le chimiste suédois Unverdorben, dans les produits de la distillation sèche des matières végétales et de l'indigo. Plus tard, en 1834. Runge le trouva dans les goudrons de houille, où il existe tout formé. Cette substance a reçu une foule de noms, tels que ceux de *Kyanol*, de *Phénilamine*, de *Cristalline*, d'*Amide phénique*, etc., mais celui d'*Aniline* a fini par être seul conservé, afin de rappeler un des corps, l'indigo, en portugais *anil*, dans lequel elle a été primitivement étudiée. L'Aniline n'était encore considérée que comme un objet de curiosité scientifique et figurait à ce titre dans les collections de produits chimiques, lorsque M. Zinin apprit, en 1855, à la former artificiellement avec la benzine et créa, à ce sujet, un procédé de préparation qui, modifié plus tard par M. Béchamp, devint promptement industriel et permit, en 1856, au chimiste anglais Perkins de l'introduire dans les ateliers de teinture. Depuis cette époque, l'Aniline est devenue la matière première d'une multitude de substances colorantes rouges, violettes et bleues, d'un éclat éblouissant, dont l'usage s'est promptement répandu dans tous les pays. Voyez COULEURS DE LA HOUILLE, au *Complément*.

ANIS. — On le croit originaire de l'Égypte ou de la Syrie, d'où il a été introduit d'abord à Malte, puis en Espagne et en Italie. C'est ce dernier pays qui l'a, dit-on, transmis à la France. On le cultive en grand pour ses graines (*Anis vert*), qui sont employées en médecine et dans la confiserie, la pâtisserie et l'art du liquoriste. Le produit appelé *Anis étoilé* ou *Badiane*, qui sert pour préparer la meilleure anisette de Bordeaux, est fourni par un arbre de la Chine et du Japon.

ANNEAU. — L'usage des *Anneaux* est immémorial chez tous les peuples. On les a portés, suivant les temps et les lieux, aux doigts, au nez ou aux oreilles. Les Hébreux les mettaient à la main droite et les Grecs à la gauche. Tant qu'ils ne les ornèrent pas de pierres précieuses, les Romains les portèrent indistinctement à l'une et à l'autre main, mais quand ils eurent adopté la mode d'y fixer des gemmes, ils les portèrent le plus souvent à la gauche. Quant aux doigts, c'était à celui du milieu qu'on plaçait ordinairement les Anneaux. Toutefois, les Gaulois et les Bretons préféraient le quatrième. Chez les anciens, comme chez beaucoup de peuples modernes, les Anneaux n'étaient pas toujours un simple objet de parure, ils avaient souvent aussi une destination très-sérieuse. C'est ainsi qu'ils servaient de gage pour une parole donnée : cet usage existait déjà chez les Hébreux, à l'époque de Joseph. On attribue au même peuple l'invention de l'*Anneau de mariage*. On se servait encore, pour fermer les dépêches ou authentiquer les actes, d'Anneaux munis d'une petite plaque ou d'une pierre sur laquelle étaient gravées les figures formant le sceau. Enfin, dans quelques pays, à Rome, par exemple, les Anneaux distinguaient les différentes classes de personnes : on les portait d'or, d'argent ou de fer, suivant la condition sociale à laquelle on appartenait. Quant à l'Anneau dit *épiscopal*, parce qu'il fait partie des ornements épiscopaux, son usage remonte au moins au viie siècle de notre ère, car il en est déjà question dans les actes du concile de Tolède de l'an 633. Dans le principe, il se portait à l'index de la main droite, mais comme, pour la célébration des saints mystères, on était obligé de le mettre au quatrième doigt, la mode s'établit peu à peu de le porter

à ce doigt. Suivant le pape Grégoire IV, l'Anneau épiscopal doit être à la main droite, parce que c'est avec elle que se donne la bénédiction.

ANNÉE. — La révolution apparente du soleil autour de la terre et la révolution réelle de la lune autour de cette dernière ont fourni de très-bonne heure aux hommes le moyen de mesurer la durée. C'est au temps nécessaire pour que chacune de ces révolutions puisse s'effectuer, que l'on a donné le nom d'*Année*. De là donc deux espèces d'Années, les *Années lunaires* et les *Années solaires*. La plupart des peuples anciens se sont servis des Années lunaires, mais les nations modernes comptent par Années solaires. La nature n'indiquant pas quel doit être le premier jour de l'Année, on a beaucoup varié autrefois pour le déterminer. Ainsi, pendant le moyen âge, les chrétiens d'Occident, par exemple, commençaient l'Année de sept manières différentes : 1° le 1er mars ; 2° le 1er janvier ; 3° le 25 décembre ; 4° le 25 mars, en avançant sur nous de neuf mois et sept jours ; 5° le 25 mars, en retardant sur nous de trois mois moins sept jours ; 6° à Pâques ; 7° le 1er janvier, mais un an avant nous. En ce qui concerne particulièrement la France, on peut dire qu'en général on commença l'Année au 1er mars sous les Mérovingiens, au 25 décembre sous les Carolingiens, et à Pâques sous les Capétiens. Enfin, un édit de Charles IX, du mois de janvier 1563, confirmé par une déclaration du même roi, donnée le 4 août suivant à Roussillon en Dauphiné, ordonna qu'à l'avenir tous les actes publics et privés seraient datés en commençant l'Année au 1er janvier. Toutefois, cette réforme ne laissa pas que de rencontrer de l'opposition ; le parlement de Paris ne voulut même s'y conformer qu'en 1567, ce qui fit que l'Année 1566 n'eut que huit mois dix-sept jours, du 14 avril au 31 décembre.

ANNUAIRE. — On appelle ainsi, du latin *annuus*, annuel, des publications annuelles consacrées à des spécialités quelconques. Le plus ancien recueil de ce nom est l'*Annuaire républicain*, qui parut à Paris peu de temps après la proclamation de la première république et dont la durée fut très-courte. Un des plus célèbres est l'*Annuaire du bureau des longitudes*, qui a été créé en l'an V (1796), à l'observatoire de Paris et dans lequel on trouve chaque année le calendrier ordinaire, les phases de la lune, l'annonce des éclipses et des marées, les passages au méridien de Paris, les levers et les couchers du soleil, de la lune et des principales planètes, et un grand nombre d'articles et de tables d'un très-haut intérêt sur le système du monde, la géographie, la statistique et les sciences physiques.

ANTHOLOGIE. — Ce mot, qui veut dire *bouquet de fleurs*, s'applique figurément à tout recueil de petites pièces de vers choisies ; mais, dans un sens plus restreint, il sert à désigner les collections de ce genre qui nous viennent des Grecs. La littérature grecque possédait plusieurs Anthologies, mais il n'est parvenu jusqu'à nous que celles de Constantin Céphalas, compilateur du xᵉ siècle, et de Maxime Planude, moine du xivᵉ, qui peuvent être considérées comme présentant tout ce que les précédentes renfermaient de meilleur. L'ouvrage de Planude a été publié le premier. Il fut apporté de Constantinople en Italie par Jean Lascaris et imprimé à Florence, en 1494, par Laurent-François de Alopa. Celui de Céphalas, qui est le plus complet, ne fut retrouvé qu'en 1616 par l'érudit français Claude Saumaise. Il a été publié pour la première fois, en 1776, à Strasbourg.

ANTHRACITE. — Substance minérale analogue à la houille et que l'on emploie également comme combustible, mais seulement dans les usines où l'on a besoin d'un feu violent, parce qu'elle ne peut brûler qu'en grande masse. Pulvérisée et unie à de la houille et à un peu d'argile, elle sert aussi à faire des briquettes et des bûches dites *économiques* pour placer dans le fond des cheminées. En 1860, deux modeleurs habiles, MM. A. et J. Walker, ont proposé de substituer l'Anthracite au charbon de bois en poudre très-fine avec lequel on saupoudre les moules destinés au coulage des pièces de fonte, innovation qui donnerait des produits bien supérieurs sous le double rapport de la beauté et de la netteté. Ces artistes ont également annoncé qu'il y aurait avantage à former les moules eux-mêmes, sans aucun enduit, avec un mélange de sable et d'Anthracite, ce qui abrégerait leur préparation et permettrait d'y introduire directement le métal en fusion.

ANTIMOINE. — Ce métal n'a été découvert qu'au xvᵉ siècle, mais son sulfure a été connu et employé, comme cosmétique, dès la plus haute antiquité. Les femmes juives se servaient de ce sulfure, qu'elles appelaient *alcofol*, pour se teindre les paupières, et cet usage se généralisa peu à peu dans tout l'Orient, d'où il passa plus tard en Grèce et à Rome. Le sulfure d'antimoine était également usité comme médicament à l'époque d'Hippocrate (400 ans av. J.-C.). Il était désigné par les Romains sous le nom de *stibium*. Pendant le moyen âge, les alchimistes le tourmentèrent de mille manières, dans l'espoir de le transmuter en or ou en argent, et c'est en se livrant à des expériences à ce sujet que l'un d'eux, le moine Basile Valentin, réussit, dans le courant du xvᵉ siècle, à isoler l'*Antimoine* métallique. On ne sait pas pour quel motif ce savant appela ainsi le nouveau métal. Suivant les uns, il aurait tiré le mot Antimoine du grec *anti monos*, « qui n'est pas seul, » parce qu'en effet l'Antimoine ne se rencontre jamais seul dans la nature. Suivant d'autres, Basile Valentin ayant vu des porcs acquérir un embonpoint extraordinaire après avoir mangé le résidu d'une de ses opérations, aurait administré une préparation antimoniale à des moines de son couvent, afin de rétablir leur santé altérée ; mais le remède aurait été fatal à plusieurs des bons pères : de là serait venu le mot *Antimoine*, qui voudrait alors dire « contraire aux moines. » L'Antimoine sert aujourd'hui à faire plusieurs alliages très-usités dans les arts. On emploie aussi plusieurs de ses composés en médecine. C'est de son sulfure qu'on l'extrait.

ANTIPHONEL. — M. Debain, facteur d'harmoniums à Paris, a créé ce mot, en 1849, pour désigner un mécanisme de son invention, qui peut s'adapter sur le clavier d'un orgue ou d'un harmonium et qui permet à ceux qui ne savent pas jouer de ces instruments d'y exécuter toute espèce de morceaux, plus particulièrement des accompagnements de plainchant. L'Antiphonel a été spécialement imaginé pour venir en aide aux petites églises de campagne, que la modicité de leurs ressources empêche d'entretenir un organiste.

ANTIPODES. — On appelle ainsi les pays situés dans des points du globe diamétralement opposés, parce que leurs habitants ont effectivement les pieds diamétralement opposés. La croyance aux Antipodes a été, dans l'antiquité, l'objet de grandes controverses. Elle fut repoussée par les Pères de l'Église, et plus d'une fois, au moyen âge, des hommes plus avancés que leurs contemporains furent persécutés pour l'avoir admise. Les découvertes de Christophe Colomb (1492-1499) commencèrent la démonstration de l'existence des Antipodes, et le voyage de circumnavigation de Magellan (1519-1522) acheva de l'établir.

APOCYN. — Plante originaire de Virginie, dont les graines sont couronnées de poils fins et soyeux, susceptibles d'être filés et appliqués à la fabrication des tissus. On l'appelle aussi, à cause de ces poils, *Apocyn à ouate, Apocyn soyeux* et *Cotonnier sauvage.* L'Apocyn a été introduit en Europe vers le commencement du dernier siècle. Dès 1782, on le cultivait en Silésie, comme plante textile, et un des principaux agriculteurs de ce pays, Charles Schnieber, avançait qu'il rendait six à huit fois plus que la plus belle récolte de lin ou de fourrages. A la même époque, il en existait des plantations en Angleterre et en France. Un bonnetier parisien, nommé La Rouvière, obtint même, en 1769, un arrêt du Conseil qui l'autorisait à exploiter exclusivement le duvet de l'Apocyn, et il s'en servit pour faire des velours, des molletons et des flanelles qui eurent, pendant quelques années, une assez grande vogue.

APOLLONICON. — Mot créé, en 1817, du nom d'Apollon, dieu de l'harmonie, par les facteurs anglais Flight et Robson, pour désigner un orgue de leur invention, que plusieurs exécutants pouvaient faire parler en même temps.

APPAREIL PAULIN. — Voyez BLOUSE CONTRE L'ASPHYXIE.

AQUA-MOTEUR. — Voyez REMORQUAGE.

AQUARELLE. — Procédé de peinture qui s'exécute avec des couleurs broyées à l'eau et gommées, ou préparées au miel et étendues d'eau. Son invention remonte à une époque très-ancienne. Les copistes de l'antiquité et les minia-turistes du moyen âge l'ont exclusivement employé pour exécuter les vignettes des manuscrits. Toutefois, c'est aux modernes que paraît due l'introduction du miel pour la préparation des couleurs.

AQUA-TINTA. — Voyez GRAVURE.

AQUEDUC. — Conformément à son étymologie, ce mot devrait s'appliquer à tout conduit destiné à diriger les eaux courantes d'un lieu à un autre, mais on l'emploie exclusivement pour désigner les canaux établis en maçonnerie ou creusés dans le sol pour conduire les eaux, avec pente réglée, sur un terrain plus ou moins accidenté. Tous les peuples ont élevé des Aqueducs toutes les fois que les circonstances les y ont obligés; mais, dans l'antiquité, ce furent les Romains qui donnèrent à ces constructions les dimensions les plus considérables, parce que, outre l'alimentation des fontaines publiques, il fallait qu'elles pourvussent aux besoins des naumachies et des établissements de bains dont l'usage était si répandu chez eux. Plusieurs des Aqueducs établis par les Romains existent encore : quelques-uns de ceux dont ils avaient doté la capitale de leur empire fonctionnent même encore, comme à l'époque de leur établissement. Les modernes ont quelquefois aussi élevé des Aqueducs magnifiques. Celui de Roque-Favour, qui conduit les eaux de la Durance à Marseille, est incontestablement le plus beau qui existe. Il a été construit, de 1839 à 1847, par l'ingénieur de Montricher, et compte 400 mètres de longueur sur une hauteur de 83 mètres. Ce monument n'a pas coûté moins de 3,700,000 francs.

ARABESQUE. — Les *Arabesques* ne sont pas une invention arabe, comme leur nom pourrait le faire croire, car elles étaient connues et employées, bien longtemps avant Mahomet, dans tous les pays où les arts étaient en honneur, notamment en Chine, dans l'Inde, en Perse, en Égypte, même en Grèce et à Rome. Tout ce qu'on peut dire, c'est que les Arabes ont donné à ce genre de décoration des développements inusités chez les autres peuples, parce que, leur religion défendant les représentations d'hommes et d'animaux, ils ont été obligés de suppléer à ces dernières par des combinaisons de figures de fantaisie ou des emprunts faits à la nature inanimée.

Il est ensuite à remarquer que, dans l'origine, la plupart des Arabesques musulmanes ne furent que des inscriptions religieuses mal dessinées, et comme les artistes occidentaux ne connaissaient pas la signification des signes qui les composaient, ils prirent souvent pour des broderies capricieuses ce qui n'était, en réalité, que des caractères alphabétiques mal conformés.

ARACHIDE. — Plante légumineuse qui croît spontanément en Asie, aux Antilles, au Mexique, mais surtout au Sénégal. Elle a été introduite, de bonne heure, en Espagne et en Italie. On a aussi voulu l'acclimater dans nos départements du Midi, au commencement de ce siècle et plus tard, mais les essais n'ont pas réussi. L'Arachide est cultivée en grand pour ses graines, appelées vulgairement *Pistaches, Noix, Noisettes* ou *Pois de terre*, qui fournissent une huile très-employée dans les fabriques de drap et de savon, ainsi que dans la parfumerie. En France l'huile d'Arachide se prépare presque exclusivement à Marseille, avec des graines qui viennent de l'Égypte, du Sénégal et des parties méridionales de l'Espagne.

ARAIGNÉE. — En 1709, M. Bon, premier président de la Cour des aides de Montpellier, réussit à faire des bas et des mitaines d'une belle couleur grise naturelle, avec les cocons dans lesquels l'Araignée des jardins enveloppe ses œufs. On parlait beaucoup de cette soie d'araignée en janvier 1710, et l'abbé de Camps, émerveillé de l'invention, écrivait à son auteur : « On n'a plus qu'à établir des manufactures qui l'emporteront assurément sur celles des vers à soie. » Depuis cette époque, les expériences du président Bon ont été plusieurs fois reproduites, mais sans jamais aboutir, on le conçoit sans peine, qu'à produire des objets de simple curiosité.

ARBALÈTE. — C'est dans Végèce, qui vivait à la fin du IV° siècle de notre ère, que l'on voit figurer l'*Arbalète* pour la première fois. A partir de cette époque, il n'est plus question de cette arme jusqu'au X° siècle. Les Grecs du Bas-Empire l'avaient même tellement perdue de vue, que sa présence dans l'armée des croisés, lors de la première croisade, les étonna beaucoup. Les historiens du règne de Louis le Gros parlent fréquem-

ment de l'Arbalète, ce qui a fait croire qu'elle avait été introduite en France du vivant de ce prince, tandis qu'elle y était, au contraire, connue depuis très-longtemps; seulement, on s'en servait peu. Quoi qu'il en soit, sa supériorité sur les autres armes de main était si grande, que le concile de Latran, de l'an 1139, crut devoir l'interdire comme trop meurtrière. L'Arbalète disparut, en effet, alors dans notre pays, mais, pendant les guerres de Philippe-Auguste et de Richard Cœur-de-Lion, les Anglais, qui, à ce qu'il paraît, n'avaient pas obéi au concile, en apprirent de nouveau l'usage à nos soldats. A partir de ce moment, les armées françaises eurent toujours des corps d'*Arbalétriers*, jusqu'au XVI° siècle. Suivant Brantôme, il n'y avait, dans toutes nos troupes, à la bataille de la Bicoque, en 1522, et au siége de Turin, en 1536, qu'un seul soldat armé d'une Arbalète, mais c'était, dit-il, un homme d'une adresse merveilleuse.

ARBRES. — Au dernier siècle, Buffon annonça que, pour hâter la production des Arbres fruitiers, il suffisait d'enlever, à un mètre du sol, une bande d'écorce d'un décimètre environ de hauteur, de manière à découvrir entièrement l'aubier. Des expérimentateurs appliquèrent le procédé avec succès. Ils réussirent même à obtenir des récoltes plus belles et plus abondantes, et à faire fructifier des sujets jusqu'alors stériles. Déjà, en 1605, un sieur Mizault avait proposé de *bâtonner* les Arbres fruitiers pour les rendre plus fertiles. En 1849, un arboriculteur de Rethel, M. Millot-Brulé, a trouvé le moyen de déterminer à volonté la forme et la disposition des branches des arbres : il suffit, pour cela, de supprimer, de pincer ou d'inciser les bourgeons. On a imaginé, à diverses époques, des machines destinées à l'arrachage économique des grands arbres. Une des plus simples, et en même temps des plus puissantes, est peut-être celle qui fut essayée aux environs de Berne, en 1768 : elle arracha en huit minutes un chêne de plus d'un mètre de diamètre. On a eu aussi, de bonne heure, l'idée de former rapidement des vergers, des parcs ou des promenades avec de gros arbres transportés. C'est de cette manière que les architectes de Louis XIV créèrent une grande partie du parc de Versailles. De nos jours, on a fréquemment employé ce moyen à Paris. Le procédé n'a même pas varié. En effet, aujourd'hui, comme autrefois, on enlève l'Arbre avec sa motte, on enferme celle-ci dans une enveloppe, et on transporte le tout, avec des traîneaux ou des charrettes à vis et à chaînes, sur l'emplacement qui lui est destiné.

Arc. — L'*Arc*, comme la *Flèche* qu'il sert à lancer, est l'arme de jet la plus anciennement connue ; c'est celle aussi dont l'usage a été le plus général. Tous les peuples anciens s'en sont servis, et l'on doit regarder comme une fable ce que Diodore de Sicile rapporte des Crétois, qui, selon lui, l'auraient inventé chez les Grecs. L'Arc existe encore aujourd'hui chez toutes les nations de l'Afrique, de l'Océanie, de l'Amérique et de l'Asie, qui ne connaissent pas les armes à feu. On le trouve même en Chine et au Japon, où ces dernières sont cependant employées depuis très-longtemps. A l'exemple des autres tribus germaniques, les Francs se servaient de l'Arc, mais il paraît qu'après leur établissement dans la Gaule, ils ne l'employèrent plus que comme arme de chasse. On attribue aux Normands sa réintroduction dans nos armées. A leur imitation, nos rois du XIIe et du XIIIe siècle s'appliquèrent à organiser des corps d'*Archers*. Mais cette coutume fut négligée par leurs successeurs, tandis qu'elle fut, au contraire, adoptée et améliorée par la plupart des souverains des autres pays. Les Anglais ne durent même qu'à leurs archers leur supériorité militaire, pendant les grandes guerres du XIVe et du XVe siècle. Aussi, fidèles à la routine des peuples qui renoncent difficilement à une arme à laquelle ils sont habitués, ils furent peut-être les derniers, dans toute l'Europe civilisée, à se défaire de l'Arc. Ils avaient encore des archers au XVIIe siècle, tandis que nous n'en avions plus depuis deux cents ans. Le dernier usage qui ait été fait de l'Arc contre nos soldats, sur les champs de bataille européens, paraît avoir eu lieu, en 1807, à Friedland : en poursuivant les Russes, une de nos colonnes rencontra des Kalmoucks qui, à sa grande hilarité, lui envoyèrent quelques volées de flèches.

Arc. — L'origine de la construction architecturale de ce nom est fort obscure. Il est néanmoins reconnu que si l'Arc se trouve dans quelques monuments de la Grèce et de l'Égypte, ce n'est que d'une manière accidentelle, et qu'aux Romains appartient l'honneur de l'avoir systématiquement employé et d'en avoir fait le caractère distinctif d'un style d'architecture. Toutefois, ces derniers ne tirèrent parti de l'Arc que pour les édifices civils. Les architectes chrétiens, au contraire, en l'introduisant dans les constructions religieuses, provoquèrent, dans l'art de bâtir, une de ces heureuses révolutions qui lancent le génie dans des voies inconnues et conduisent aux résultats les plus extraordinaires. Grâce à cette innovation capitale, ils firent naître le style qui servit de base à l'architecture romane, puis à l'architecture ogivale, et, enfin, au style qui, accepté par la Renaissance, est arrivé jusqu'à nous.

Arcs de triomphe. — Ces monuments sont une invention des Romains, et l'on trouve leur origine dans l'usage où était ce peuple, dès les premiers temps de la république, de faire passer, sous des portiques de bois et de toile, les généraux qui avaient remporté de grandes victoires. Les premiers Arcs de triomphe eurent une forme demi-circulaire, mais plus tard on leur donna la forme qu'ils ont conservée depuis. A l'exemple des Romains, presque tous les peuples modernes ont élevé des monuments de ce genre, et plusieurs de ces derniers ne le cèdent en rien, sous aucun rapport, à ceux de l'antiquité. Le plus colossal qui ait été construit, depuis l'époque romaine, est celui *de l'Étoile*, à Paris, dont les travaux, commencés le 15 août 1806, n'ont été terminés que trente ans après, en 1836. On sait qu'il est dédié à la gloire des armées françaises de la République et de l'Empire.

Arc-en-ciel. — L'explication de ce phénomène a été abordée, pour la première fois, par Marc-Antoine de Dominis, archevêque de Spalatro, dans son traité *De radiis visûs et lucis in vitris perspectivis*, Venise, 1611. Descartes l'améliora, mais ce fut Newton qui la compléta par sa grande découverte de la composition des rayons lumineux.

ARCHAL. — On lit dans une foule de livres que le *Fil d'archal* a été ainsi nommé, parce que l'art de le fabriquer a été inventé par un ouvrier anglais, appelé Richard Archal. C'est une erreur des plus grossières. *Archal*, que l'on écrivait autrefois *arkal*, n'est autre chose que le mot latin *aurichalcum*, défiguré en passant dans notre langue. Ce mot désignait primitivement le cuivre jaune ou laiton. On dit d'abord *Fil d'archal* pour désigner le fil obtenu avec ce métal, et, plus tard, on employa, par analogie, la même expression pour désigner le *Fil de fer*.

ARCHÉOLOGIE. — Il y a eu de tout temps des esprits curieux du passé, qui ont aimé à recueillir les produits des époques antérieures ; mais l'*Archéologie*, comme science, n'a véritablement pris naissance qu'à l'époque de la Renaissance. On regarde généralement comme son fondateur, Laurent de Médicis, duc de Toscane, qui créa dans sa capitale la première chaire destinée à l'enseigner. Toutefois, pendant longtemps, les savants qui s'occupèrent de son étude ne firent guère que s'égarer dans le vaste champ des conjectures et des hypothèses ridicules, et ce ne fut guère qu'au XVIIe siècle que les progrès de la philosophie donnèrent aux recherches une direction plus saine et un but plus utile. Depuis cette époque, les diverses branches de la science n'ont cessé d'être cultivées dans toutes les parties de l'Europe, et l'on a fait, dans chacune d'elles, des découvertes qui ont puissamment éclairé une foule de points obscurs de l'histoire des anciens peuples.

ARCHET. — Il paraît démontré que les *instruments à archet* n'ont pas été connus des anciens. On a cité, il est vrai, des passages de poètes et de prosateurs où l'on croyait trouver la preuve du contraire, mais un examen attentif a prouvé qu'on les avait mal compris. On a cité aussi des monuments de sculpture où l'on voyait des violons et des archets, mais on a fini par reconnaître que ces accessoires étaient l'œuvre de restaurateurs modernes. Les instruments à Archet sont véritablement nés au moyen âge ; mais on ignore où et à quelle époque. La fabrication des Archets a naturellement subi les conséquences des transformations de la musique. Dans le principe, ils avaient la baguette bombée extérieurement, et la hausse s'attachait, par un fil de laiton, à une crémaillère de même métal, fixée au dos de l'Archet.

C'est un peu avant 1730 qu'on a commencé à la faire droite et à remplacer la crémaillère par une vis. Les Archets les plus renommés ont été exécutés par un ouvrier parisien, nommé Tourte, qui vivait dans la seconde moitié du dernier siècle.

ARCHIMÈDE (*Principe d'*). — Hiéron, roi de Syracuse, ayant chargé Archimède de trouver la quantité d'argent introduite frauduleusement dans une couronne d'or, ce grand géomètre se livra aussitôt à des recherches qui le conduisirent à la découverte du principe d'hydrostatique qui porte son nom, et suivant lequel tout corps plongé dans un liquide en équilibre perd une partie de son poids égale au poids du liquide déplacé. On a fait d'utiles applications de ce principe au chargement des navires, au sauvetage des objets tombés au fond de l'eau, et à la manœuvre des caisses flottantes ou chameaux qui servent, dans certains ports, à faire franchir aux navires des passages dont la profondeur est insuffisante.

ARCHITECTURE. — L'Architecture est née avec l'homme, car l'homme a toujours eu besoin d'abri contre l'inclémence de l'air et les attaques des animaux, pendant son sommeil, et, lorsque cet abri ne s'est pas présenté naturellement, il a été obligé de se le créer. Dans les flancs des montagnes, il creusa des grottes ; dans les plaines, il imita ces grottes avec des pierres et de l'argile ; dans les forêts, il les imita encore avec des branches d'arbres, du feuillage et du gazon, et l'art de bâtir fut ainsi le premier art pratique. L'Architecture est donc aussi ancienne que le monde, mais, sous la triple influence du goût, de la science et de l'industrie, ses produits ont constamment varié de physionomie, suivant les temps et les lieux, en sorte qu'on peut dire que chaque peuple et chaque époque ont eu un art de bâtir différent de celui des autres peuples et des autres époques. L'ancienne Égypte et l'Assyrie ont aimé les formes lourdes et trapues. La Chine a toujours affectionné et affectionne encore les constructions en forme de tente, qui lui rappellent la vie nomade de ses premiers habitants. L'Inde ancienne s'est plu à creuser au sein des montagnes des monuments dont le grandiose le dispute à la richesse de l'ornementation. Les Arabes, au temps où ils ont eu un art à eux, ont aimé à couvrir leurs édifices des ciselures les plus riches, des peintures les plus capricieuses. Chaque nation a donc eu un art véritablement à elle. Mais ce n'est pas, comme on pourrait le croire, le caprice des constructeurs qui a toujours donné naissance aux formes architecturales. Très-souvent, ces formes ont dépendu, non-seulement de la nature des matériaux, mais encore des connaissances scientifiques acquises au moment de l'exécution des travaux. Ces données et beaucoup d'autres ont nécessairement influé sur le nombre et la force des points d'appui, sur les rapports existant entre les supports et les parties supportées, etc. — De tous les peuples de l'antiquité, les Grecs sont les premiers qui aient soumis l'art de bâtir à des règles mathématiquement déterminées, et l'on sait que leur architecture était caractérisée par l'emploi des *Ordres*, qui fut adopté plus tard par les Romains, sauf cependant certaines modifications. L'Architecture des uns et des autres est généralement désignée sous le nom d'*Architecture païenne*. L'*Architecture chrétienne* date du IVe siècle de notre ère : elle se divise en quatre parties ou *périodes* bien distinctes, chacune d'elles partagée en *époques*. La première époque finit au XIIe siècle, et comprend les monuments où règne le plein cintre : on la nomme *Romane*. La seconde va du XIIIe au commencement du XVIe : c'est la période *Ogivale*, improprement appelée *Gothique*, qui a pour caractère distinctif l'usage de l'arc en tiers-point. La troisième, qui est celle de la *Renaissance*, s'étend des premières années du XVIe siècle et s'arrête au milieu du XVIIe : elle se distingue par l'emploi des ordres gréco-romains, auxquels elle ajoute des formes et des détails inconnus des anciens. Enfin, la quatrième époque, qui est la nôtre, n'a aucun caractère déterminé : éclectique avant tout, elle vit d'emprunts faits à l'art de tous les peuples. Il est peut-être inutile d'ajouter que la classification qui précède n'a, comme toutes les classifications, de valeur que sous certaines zones conventionnelles, les révolutions de l'Architecture ne s'étant jamais opérées partout en même temps. De plus, un style ne s'est jamais brusquement substitué à l'autre ; il y a toujours eu une espèce de lutte entre eux, et c'est ce qui explique pourquoi, au commencement de chaque progrès architectural, on trouve des monuments qui offrent un mélange du style qui s'en va et de celui qui arrive, marquant le passage de l'ancien ordre de choses au nouveau. Voyez BYZANTINE, ROMANE, OGIVE, ORDRE, etc. — En 1671, Colbert établit à Paris une *Académie d'Architecture*, dans laquelle il fit entrer les artistes les plus distingués de l'époque. Cette Académie fut supprimée en 1793, mais, en 1795, elle forma une des sections de la quatrième classe de l'Institut national. Enfin, en 1816, lors de la réorganisation de ce dernier, cette section devint une partie de l'Académie des Beaux-Arts. Voyez INSTITUT.

ARDASSINE. — Voyez BYSSUS.

ARDENTS (*Verres, Miroirs*). — Voyez MIROIRS ARDENTS et VERRES ARDENTS.

ARDOISE. — L'*Ardoise* a dû être appliquée, de très-bonne heure, aux mêmes usages que les matériaux ordinaires, sur les lieux de production. On s'en est aussi servi, sous forme de grands morceaux, soit pour les paliers des escaliers, soit en guise de poteaux de hangars, soit encore pour faire des clôtures. Toutefois, c'est pour couvrir les édifices qu'on l'a principalement employée. Au XIe siècle, elle recevait déjà cette destination, dans toutes les contrées schisteuses, concurremment avec la tuile, mais ce fut surtout vers la fin du XIIe, quand on eut trouvé le moyen de la débiter et de la découper régulièrement, qu'elle devint, sous ce rapport, d'une application générale. Les couvertures en ardoises devinrent même une nécessité, pendant la période gothique, à cause de la forme conique des combles des châteaux. A ses usages anciens, l'Ardoise en a reçu de nos jours un grand nombre de nouveaux. Toutefois, l'innovation la plus remarquable est celle des Ardoises dites *émaillées*, dont l'invention, qui date de 1834, est due à M. Magnus, de Londres. On emploie surtout les produits de cette nouvelle industrie pour faire des dessus de meubles, des vases, des autels, des cheminées, des revêtements de salons, etc., et les ornements dont ils sont recouverts ont une telle solidité qu'ils résistent aux acides, aux grandes chaleurs, à l'humidité, même au frottement. Les Ardoises émaillées imitent, à s'y méprendre, les marbres les plus précieux, et leurs propriétés, jointes à leur prix peu élevé, en ont répandu l'usage dans toutes les classes de la population anglaise, et ont engagé plusieurs habiles industriels à l'introduire dans les autres parties de l'Europe, ainsi qu'en Amérique. — Outre les Ardoises naturelles, on emploie aussi, dans certaines circonstances, surtout dans les écoles, des *Ardoises artificielles*, que l'on obtient, par les procédés du moulage, avec des compositions analogues à celles du carton-pâte. On a également imaginé, pour la couverture des édifices, des *Ardoises en fonte*, qui sont beaucoup plus légères que les Ardoises ordinaires. Plusieurs inventions ont été faites à ce sujet, mais les meilleures de ces Ardoises métalliques paraissent être celles de M. A. Elmering, de Rouen, qui datent de 1858 : ce sont les seules qui puissent s'adapter sur une charpente en fer, sans un seul morceau de bois, ce qui prévient tout danger d'incendie.

ARGAND (*Lampe d'*). — Voyez LAMPE.

ARÉOMÈTRES. — Ces instruments servent à mesurer la densité des liquides et des solides. On attribue leur invention à Hypatie, fille de l'astronome Cléon d'Alexandrie, qui florissait à la fin du IVe siècle de notre ère; mais il est probable qu'ils n'étaient point inconnus d'Archimède. Dans tous les cas, leur construction repose sur un principe d'hydrostatique découvert par ce grand homme. Synésius, contemporain d'Hypatie, est le premier auteur ancien qui parle des Aréomètres : il en décrit un sous le nom d'*Hydroscopium*. Ces instruments se perdirent vers la fin du siècle suivant, et ils ne furent retrouvés qu'en 1694 par le chimiste hollandais Homberg. Les Aréomètres forment aujourd'hui une famille très-nombreuse, et ils varient de forme et de nom suivant l'usage particulier auquel ils sont destinés. Parmi ceux qui ont conservé leur dénomination primitive, il suffit de citer les *Aréomètres de Cartier* et *de Baumé*, qui ont servi, pendant très-longtemps, dans le commerce des esprits, pour déterminer le degré de force des liquides alcooliques, et que leur inexactitude a presque entièrement fait abandonner depuis l'invention de l'*Alcoomètre* de Gay-Lussac. On

doit au docteur Jeannel, de Bordeaux (1858), un nouvel Aréomètre qui marque en même temps la densité réelle des liquides et le volume du kilogramme.

ARGENT. — On a trouvé, chez tous les peuples et dans tous les temps, des traces d'exploitation des mines d'argent. La connaissance de ce métal remonte donc aux âges les plus reculés. Quant aux procédés qui servent à l'extraire de ses minerais, le procédé dit *par imbibition* ou *par fondage* a été connu et pratiqué le premier, parce que c'est le plus simple et celui qui exige les connaissances métallurgiques les moins étendues. Le procédé *par amalgamation* a été inventé au Mexique, en 1557, par le mineur Barthélemy de Medina. Fernandez de Velasco l'apporta au Pérou en 1571, et, en 1786, le baron de Born l'introduisit en Europe, où il fut appliqué, pour la première fois, dans une mine de la Bohême. L'Argent n'est pas employé seulement comme métal. Plusieurs de ses composés reçoivent aussi d'utiles applications dans l'industrie. Un des plus importants, le *Nitrate d'argent*, a été indiqué, pour la première fois, au IXe siècle, par l'alchimiste arabe Geber, et c'est Glaser qui, en 1663, a, le premier, parlé de la préparation dite *pierre infernale*, qu'il sert à confectionner. C'est à la propriété que possèdent les sels d'argent de se modifier au contact de la lumière que l'on doit la découverte de la Photographie. Voyez CHEVEUX, ESSAI, FULMINATES, PHOTOGRAPHIE, PIERRE INFERNALE, etc.

ARGENTURE. — L'art de recouvrir les métaux communs d'une mince pellicule d'Argent remonte à l'origine même de l'orfévrerie, c'est-à-dire à une époque immémoriale; ses procédés seuls ont varié. Le procédé le plus ancien est celui que l'on appelle encore aujourd'hui *Argenture au feu* : tous les peuples civilisés l'ont connu. L'*Argenture au pouce* a été imaginée, au XVIIe siècle, par un Allemand appelé Mellowitz. Quant à l'*Argenture galvanique*, dont l'usage est aujourd'hui si répandu, et qui n'est qu'une application particulière de la Galvanoplastie, elle a été créée de nos jours par MM. Elkington (1840) et de Ruolz (1841).

ARGENTURE DES GLACES. — Voyez MIROIR.

ARITHMAUREL. — Machine à calculer

au moyen de laquelle on peut exécuter les quatre règles de l'arithmétique avec une très-grande rapidité et une exactitude égale à celle qu'on obtient péniblement par les procédés ordinaires. Elle a été inventée, en 1839, par MM. Maurel et Jayet.

ARITHMÉTIQUE. — Josèphe en attribue l'invention à Abraham, Platon aux Égyptiens, Strabon aux Phéniciens, etc. ; mais toutes ces opinions ne reposent évidemment sur aucun fondement certain, car il est incontestable que tous les peuples ont dû avoir, dès les temps les plus reculés, des notions plus ou moins développées des nombres et de leurs diverses combinaisons. Un fait cependant est établi, c'est que, à l'exception des Chinois et d'une tribu obscure dont parle Aristote, on a été conduit partout à poser la même échelle pour base de l'Arithmétique, c'est-à-dire à choisir la division décuple, ou la méthode de calculer par dix, comme la plus naturelle et la plus commode. Il est encore à remarquer que, sauf l'usage de diviser les nombres par unités, dizaines, centaines, etc., l'Arithmétique des anciens différait de l'Arithmétique des modernes, non-seulement par la manière de les représenter, mais encore par celle d'exécuter les opérations élémentaires. Les Hébreux et , à leur exemple, les Grecs et les Romains, représentaient les nombres par les lettres de l'alphabet ; mais, comme ils ne savaient pas leur donner une valeur de position, il résultait de cet usage des difficultés parfois inextricables pour effectuer les multiplications et les divisions. Aussi, quand le système actuel de numération fut connu, on en comprit tellement la supériorité, qu'on s'empressa de l'adopter, et il fit si bien oublier celui qui l'avait précédé, que c'est avec beaucoup de peine que les modernes ont pu reconnaître le mécanisme de ce dernier. On admet généralement que la nouvelle numération est une invention des Indiens. Les Arabes l'empruntèrent à ce peuple, vers le xe siècle, et ils l'apportèrent peu après en Espagne ; mais elle ne se répandit qu'environ trois cents ans plus tard dans le reste de l'Europe. Le premier ouvrage écrit par des chrétiens sur cette branche de la science des nombres fut l'*Algorithmus demonstratus* de Jordanus, de Namur. A la même époque, c'est-à-dire au xiiie siècle, le moine Planude rédigea une *Arithmétique indienne* ou *Manière de calculer* suivant les Indiens. Bientôt après, l'Arithmétique reçut de nombreuses améliorations auxquelles contribuèrent, d'abord, les Italiens Luca de Borgo et Nicolas Tartaglia, puis, les Français Clavius et Ramus, les Allemands Stivelius et Hénischius, et les Anglais Buckley, Diggs et Robert Recorde. Mais ce fut surtout au xviie et au xviiie siècle que les savants qui transformèrent alors l'Algèbre la firent entrer dans la voie de progrès d'où elle n'est plus sortie depuis. Voyez ALGÈBRE, CALCULER (*Machines à*) et CHIFFRES.

ARITHMÉTOGRAPHE. — Machine à calculer au moyen de laquelle on peut exécuter les mêmes opérations qu'avec les Bâtons de Neper, dont elle n'est qu'une ingénieuse modification. Elle a été inventée, en 1860, par M. Dubois.

ARITHMOMÈTRE. — Machine à calculer analogue à l'Arithmaurel et servant aux mêmes usages. Elle a été inventée, en 1819, par M. Thomas, de Colmar, qui l'a fait breveter en 1820, et n'a cessé depuis de la perfectionner. Jusqu'en 1856, l'Arithmomètre ne pouvait exécuter seul que l'addition et la soustraction, et, après chaque opération partielle, dans la multiplication et la division, il fallait faire marcher à la main certains de ces organes. Aujourd'hui, il fait lui-même toutes les opérations, sans le secours de l'expérimentateur, qui doit seulement tourner une manivelle.

ARITHMOPLANIMÈTRE. — M. Léon Lalanne, ingénieur des ponts et chaussées, a donné ce nom, en 1840, à un ingénieux appareil à calculer de son invention, qui appartient à la section des machines dites graphiques. L'Arithmoplanimètre permet d'effectuer très-facilement les opérations les plus compliquées de géométrie et de trigonométrie. Il donne surtout le moyen d'exécuter, avec une très-grande rapidité et une exactitude suffisante, les calculs si longs et si fastidieux du mouvement des terres dans les projets de routes, de canaux et de chemins de fer.

ARMES A AIR COMPRIMÉ. — Voyez FUSIL A VENT.

ARMES A FEU. — Voyez ARQUEBUSE, ARTILLERIE, CANON, CARABINE, FUsil, Mortier, Obusier, Pistolet, etc.

ARMES A VAPEUR. — Voyez Canon.

ARMILLAIRE (*Sphère*). — On regarde généralement le philosophe Anaximandre de Milet (611-547 avant J.-C.) comme l'inventeur de cet appareil, mais d'autres en attribuent la première idée à Thalès de Milet (639-548 avant J.-C.), ou à Archimède de Syracuse (287-212 avant J.-C.). Son nom vient du latin *Armilla*, bracelet, parce que les cercles qui le composent sont, en effet, assez semblables à l'ornement ainsi appelé. On l'emploie encore, de nos jours, pour l'enseignement de l'astronomie élémentaire. Voyez Sphère.

ARMOIRIES. — Dans l'antiquité, les guerriers faisaient peindre sur leurs boucliers des figures de convention qui constituaient de véritables signes de reconnaissance; mais ils n'attachaient à ces emblèmes aucune des idées de caste et d'hérédité qu'on a depuis attribuées aux marques de même nature. Les figures adoptées par les chefs, dès les premiers siècles du moyen âge, et peintes également sur leurs boucliers pour les faire reconnaître, se trouvaient dans le même cas. Ces figures ne devinrent des *Armoiries* véritables que lorsqu'on eut adopté l'usage de les rendre transmissibles dans les mêmes familles. On ignore à quelle époque précise cette innovation prit naissance. On sait seulement qu'elle existait déjà dans quelques maisons à la fin du xie siècle; mais elle ne devint générale que deux cents ans plus tard, sous le règne de saint Louis. Voyez Blason.

ARMURE. — Tous les peuples de l'antiquité ont connu une ou plusieurs parties de l'*Armure*, mais aucun d'eux n'a fait usage de l'Armure complète, telle qu'elle a existé dans l'Europe du moyen âge. Celle-ci s'est formée, à partir du xie siècle, à la suite de perfectionnements successifs introduits dans le costume militaire. A l'époque de la première croisade, les guerriers francs portaient, à l'imitation des Normands dont ils avaient adopté l'équipement, un casque pointu, un bouclier oblong arrondi par le haut et aigu par le bas, et une casaque couverte d'anneaux ou de plaques imbriquées de fer. Pendant leur séjour en Orient, ils empruntèrent aux Musulmans et apportèrent en Europe la *Chemise* ou *Cotte de mailles*, appelée aussi *Haubert*,

qui n'était autre chose qu'un vêtement de toile métallique. Ce vêtement était déjà général sous Philippe-Auguste. Toutefois, il ne défendit d'abord que le buste; mais on y ajouta peu à peu des appendices pour garantir les bras, les mains, les jambes, les cuisses, la tête et les pieds, et, afin d'amortir les coups, on mit dessous une espèce de gilet matelassé appelé *Gamboison* ou *Gambeson*. La fin du xiiie siècle vit commencer une révolution importante. On imagina de remplacer par des plaques de fer le tissu de mailles qui protégeait les jambes. Un peu plus tard, des plaques semblables furent appliquées sur les cuisses et les bras. Enfin, le haubert lui-même disparut et fit place à la cuirasse. L'Armure de mailles céda ainsi peu à peu la place à une armure de fer plein, ce qui produisit une sorte de boîte métallique s'adaptant parfaitement à la forme du corps : un mécanisme analogue à celui de l'écrevisse permettait aux articulations de jouer librement, tandis que des boucles, des charnières et des fiches mobiles liaient solidement entre elles les différentes pièces du harnais. Quelques *Armures complètes* parurent sous Philippe le Long (1316-1322). Elles furent encore très-rares sous les premiers successeurs de ce prince. Enfin, leur usage devint général, au moins en France, sous le règne de Charles VI (1380-1421). A partir de cette époque, le nouvel équipement se maintint sans interruption jusque vers le milieu du xvie siècle, mais non sans recevoir une multitude de modifications de détail qui varièrent suivant les caprices de la mode ou le goût des fabricants. Dans les dernières années de Henri II, on imagina d'augmenter son épaisseur afin qu'il pût résister plus efficacement à l'action des petites armes à feu qui se répandaient de plus en plus; mais les Armures devinrent alors si lourdes, qu'elles en furent incommodes; et comme elles ne produisaient pas l'effet qu'on en avait attendu, on ne tarda pas à les abandonner. L'infanterie les rejeta la première; la cavalerie vint ensuite; et ce fut en vain qu'en 1638 et 1639 Louis XIII essaya d'en rétablir l'usage. L'Armure que la république de Venise envoya à Louis XIV, en 1638, est peut-être la dernière qui ait été fabriquée en Europe.

ARPENTAGE. — On attribue généralement son invention aux Égyptiens. Plusieurs auteurs prétendent que ce peuple fut conduit à l'imaginer parce que les crues périodiques du Nil, confondant chaque année les limites des propriétés, il dut établir des règles fixes qui permissent d'assigner à chacun, après la retraite des eaux, ce qui lui appartenait avant l'inondation. Cette opinion peut être vraisemblable. Néanmoins, elle est rejetée par ceux qui, connaissant le génie industriel de l'ancienne Égypte, pensent que ses habitants ont dû savoir placer de bonne heure des bornes que les eaux ne pouvaient détruire ou déranger.

ARQUEBUSE. — Les premières armes portatives à feu parurent vers 1380, peut-être même avant. On les appelait *Couleuvrines* ou *Canons à main*. Elles consistaient en un canon ou tube de fer, pesant 14 ou 15 kilogrammes, que l'on plaçait ordinairement sur un chevalet pour le tirer, et auquel on mettait le feu avec la main. Plus tard, pour les rendre plus maniables, on imagina de raccourcir le canon et de le fixer sur un fût de bois terminé par une crosse cintrée. L'arme ainsi modifiée reçut le nom d'*Arquebuse*. Toutefois, il n'y eut d'abord rien de changé quant au mode d'enflammer la charge. La première modification à ce sujet eut lieu au commencement du XVIe siècle : elle produisit la *platine à mèche*. Ce progrès était déjà connu en 1504, mais on n'a pas conservé le nom de son inventeur. Il fut suivi d'un second, encore plus important, qui donna lieu à la *platine à rouet*. Celui-ci paraît dater de 1517, et on en attribue à un armurier de Nuremberg, sinon la première invention, du moins les perfectionnements qui le rendirent applicable. A partir de cette époque, il y eut deux espèces d'Arquebuses : les *Arquebuses à mèche*, les plus lourdes, qui se tiraient à l'aide d'une fourchette, et qui furent spécialement employées par les fantassins ; et les *Arquebuses à rouet*, qui étaient relativement plus légères, et qui furent surtout adoptées pour les troupes à cheval. Elles s'introduisirent, les unes et les autres, dans les armées de tous les peuples de l'Europe, et leur usage ne cessa qu'à l'époque de l'invention du Mousquet et du Fusil.

ARROSAGE DES RUES. —L'Arrosage des rues pour éteindre la poussière est beaucoup plus ancien qu'on ne le croit généralement. En effet, on le trouve prescrit à Paris, dès le 2 juillet 1473, mais il paraît que l'on ne tint pas la main à l'exécution de l'ordonnance. Plus tard, le 14 avril 1524, ordre fut donné aux habitants des maisons bâties sur les ponts d'arroser le pavé durant l'été. Cette dernière mesure existait encore en 1538. A partir de ce moment, l'arrosage fut abandonné, et il ne reparut qu'en 1649, où le cardinal Mazarin le rétablit pour la promenade dite le Cours la Reine. Il fut ensuite peu à peu étendu aux autres promenades, ainsi qu'aux principales rues. En 1859, un fabricant de produits chimiques de Lyon a imaginé d'arroser les voies publiques avec du chlorure de calcium, qui a la propriété de fixer parfaitement la poussière ; mais ce moyen avait déjà été indiqué, en 1838, par M. Jobard, directeur du Musée industriel de Bruxelles.

ARROW-ROOT. — Fécule extraite des racines de plusieurs plantes de la famille des Amomées, qui croissent aux Philippines, dans l'Indoustan, aux Antilles et dans l'Amérique méridionale. Elle a été connue, pour la première fois, en Angleterre, en 1725 ; en France, en 1740 ; en Allemagne, en 1744, etc. On l'a vantée autrefois comme analeptique, mais elle n'est en réalité qu'un aliment léger qui convient très-bien aux convalescents. L'*Arrow-root* a été ainsi nommé, de deux mots anglais qui signifient *Racine flèche*, parce que les Indiens attribuent au suc des végétaux qui le fournissent la propriété de guérir les blessures faites par les flèches empoisonnées.

ARSÉNIC. — Les anciens ne connaissaient pas l'*Arsenic*, car la substance qu'ils appelaient *Arsenicon*, d'où est venu le français *Arsenic*, n'était autre chose qu'un des sulfures arsenicaux auxquels on donne aujourd'hui les noms de *Réalgar* et d'*Orpiment*. Il est question, pour la première fois, de l'Arsenic proprement dit dans les ouvrages de l'Arabe Geber, au IXe siècle ; mais c'est Georges Brandt qui, au XVIIIe siècle (1733), en a reconnu, le premier, les propriétés caractéristiques, et l'a signalé comme un métal distinct. L'Arsenic et ses composés sont fréquemment employés dans les arts. Le plus important de ces derniers est l'*Acide arsénieux* ou

Arsenic blanc, improprement nommé *Arsenic* dans le langage vulgaire, qui constitue, comme on sait, un poison très-dangereux. Cette substance est devenue, de très-bonne heure, une arme redoutable entre les mains des malfaiteurs, et c'est pour constater les crimes qu'elle sert à commettre que le chimiste anglais James Marsh a inventé, en 1836, l'appareil qui porte son nom.

ARTÈRES. — C'est l'anatomiste grec Proxagoras (IVe siècle avant J.-C.) qui, le premier, a distingué les Artères des veines, et reconnu qu'elles sont le siége du pouls. La *Ligature des Artères* pour empêcher les hémorrhagies dans les amputations se trouve indiquée dans les ouvrages de Celse (Ier siècle de l'ère chrétienne). Les successeurs de ce chirurgien la négligèrent tellement, qu'elle finit par tomber entièrement dans l'oubli; mais elle fut réinventée, au XVIe siècle, par l'illustre Ambroise Paré. En 1820, le docteur Maunoir a imaginé de la remplacer par la *Torsion*, et cette méthode a été depuis beaucoup perfectionnée par le chirurgien Amussat.

ARTÉSIENS (*Puits*). — Voyez PUITS.

ARTICHAUT. — On le croit originaire du Levant et de l'Afrique du nord, mais il a été naturalisé de bonne heure en Italie et en Sicile. Les Romains le cultivaient sous le nom de *Cynara scolymus*. Il paraît qu'il fut plus tard négligé au point de disparaître entièrement, et que les Arabes l'introduisirent de nouveau dans l'Europe méridionale. Il était encore très-rare en Italie au XVe siècle. C'est de ce pays que, vers la fin de ce même siècle, furent apportés les premiers pieds que l'on ait vus en France.

ARTIFICE (*Feux d'*). — Voyez PYROTECHNIE.

ARTILLERIE. — Le mot *Artillerie* a d'abord été employé pour désigner l'art de construire et de manœuvrer les machines de guerre, particulièrement celles qui servaient à lancer des traits : de là son origine, du latin *ars telorum*. Après l'invention de la Poudre à canon, on appliqua la même dénomination aux Bouches à feu ; seulement, pour distinguer la nouvelle Artillerie de l'ancienne, on l'appela *Artillerie à feu* ou *Artillerie à poudre*. L'Artillerie à feu est née à la fin du XIIIe siècle ou au commencement du XIVe, et l'on croit que ce fut chez les Mau-

res d'Espagne. Il en est déjà question dans une chanson de Guido Cavalcanti, en 1299, mais l'authenticité de cette pièce est très-douteuse. Un autre document, également contesté, en rapporte à l'année 1313 le premier emploi en Allemagne. Enfin, les Chroniques de Metz parlent des Bouches à feu en 1324, mais le texte que nous en possédons a été très-altéré. Les plus anciens titres authentiques découverts jusqu'à présent, sont, pour toute l'Europe, un décret de la république de Florence, du 11 février 1326, et pour la France en particulier, une quittance du 2 juillet 1328. Les premières Bouches à feu servirent exclusivement à l'attaque des places. Ce furent les Anglais qui en firent le premier usage sur les champs de bataille, le 26 août 1346, à la journée de Crécy. Les pièces furent d'abord très-grossièrement faites, des calibres les plus divers, et d'un service si difficile, qu'une fois en position on ne pouvait plus les changer de place. Les unes, courtes et larges, ressemblaient à des tonneaux et lançaient des matières incendiaires et d'énormes boulets de pierre. Les autres, très-étroites et longues parfois jusqu'à dix mètres, projetaient des balles de plomb. Quant à leurs noms, ils ne variaient pas moins que leurs dimensions. Au XVe siècle, quelques progrès furent cependant réalisés. Les procédés de fabrication furent d'abord un peu améliorés : on imagina surtout de fondre les bouches à feu, tandis que précédemment on les faisait avec des barres de fer ou des pièces de bois assemblées et liées avec des cordes, des chaînes ou des bandes de fer. Sous le rapport du calibre, on en forma trois classes principales : les *Bombardes* et les *Mortiers*, qui étaient les plus courtes et les plus grosses, pour lancer les plus gros boulets de pierre ; les *Pierriers* ou *Veuglaires*, qui avaient la même forme, mais avec des dimensions moindres, pour lancer de petits boulets de même matière ; et les *Couleuvrines*, *Couleuvres* ou *Serpentines*, qui étaient plus ou moins longues, pour lancer des boulets de plomb. Il est à remarquer que la plupart de ces dernières *se chargeaient par la culasse*. Enfin, vers le milieu de ce même siècle, on appela *Courtauts* ou *Canons* proprement dits des pièces de cette dernière espèce, d'une longueur modérée, qui servaient à lancer des boulets de fer. Les Courtauts devinrent, dès le règne de Charles VII, le modèle des pièces de siége et de bataille, et c'est en perfectionnant successivement leur forme, leur calibre, leurs dimensions et leur fabrication qu'on a fait de l'Artillerie ce qu'elle est devenue depuis. En ce qui concerne la France, c'est du règne de Louis XIV que datent les grands perfectionnements. Ils furent continués sous Louis XV et Louis XVI par les généraux de Vallière et Gribeauval, et c'est avec le système de ce dernier, qui fut définitivement adopté en 1774, que nos armées firent les immortelles campagnes de la République et de l'Empire. Depuis 1815, de nouvelles améliorations ont été réalisées, soit pour simplifier le matériel, soit pour augmenter sa mobilité, soit, enfin, pour accroître les effets des projectiles, et ces progrès ont été complétés de nos jours par l'adoption de l'*unité de calibre* et l'invention de l'*Artillerie rayée*. On a vu précédemment que les premières Bouches à feu étaient peu mobiles, ce qui enlevait à leur tir presque toute son efficacité. Un premier essai, qui produisit l'invention des *tourillons* et des *affûts à flasques*, eut lieu en France, vers la fin du xve siècle, pour leur donner un peu de mobilité, et c'est en grande partie à ce perfectionnement que François Ier dut sa victoire de Marignan, en 1515. Le xvie siècle vit deux tentatives d'*Artillerie légère* d'abord, à Renty, en 1554, où les impériaux avaient quatre canons montés sur quatre roues et menés au galop, puis, à Arques, en 1589, où, grâce aux soins du Normand Charles Brise, deux couleuvrines purent suivre tous les mouvements de la cavalerie de Henri IV. Mais ces tentatives furent isolées, et ce n'est que bien longtemps après que l'on songea à les renouveler. L'Artillerie légère a dû sa première organisation au roi de Prusse Frédéric le Grand, et, à l'exemple de ce prince, tous les autres États de l'Europe en dotèrent successivement leurs armées. La France ne la posséda véritablement qu'à partir de 1791. Les progrès que cette partie de l'art de la guerre a faits depuis cette époque sont dus principalement à l'invention par les Anglais de l'affût dit *à flèche* (1795), qui a été adopté, à partir de 1815, par l'artillerie de tous les pays.

ASCLÉPIADE. — Famille de plantes originaires, pour la plupart, des parties chaudes de l'ancien et du nouveau monde, dont la graine est couronnée d'un duvet propre au tissage et à la fabrication du papier. Plusieurs espèces ont été introduites en Europe, à diverses époques, où, après quelques essais de culture, on a fini par les abandonner. L'Asclépiade dite *de Syrie* n'est autre chose que l'Apocyn à ouate.

ASIATIQUES (*Sociétés*). — Sociétés savantes qui s'occupent spécialement de l'étude des sciences, des lettres et des arts des divers peuples de l'Orient. La plus ancienne association de ce genre est celle que les Hollandais fondèrent à Batavia, en 1780. Vient ensuite celle de Calcutta, qui fut créée, en 1784, par William Jones. Une nouvelle fut établie, quelques années après, à Bombay. Ces trois sociétés ont publié des recueils de mémoires où l'on trouve des documents de la plus haute valeur. Il existe aujourd'hui, chez les principaux peuples de l'Europe, des sociétés qui ont pour but spécial la propagation des études orientales. La *Société asiatique* de Paris date de 1822 : elle a pour organe un recueil mensuel, le *Journal asiatique*, dont la publication remonte à l'époque même de sa fondation.

ASPERGE. — L'*Asperge* croît à l'état sauvage dans toute l'Europe, mais elle a été cultivée de très-bonne heure pour les besoins de la table. Suivant Théophraste, les Grecs la considéraient déjà comme une friandise. Les Romains la recherchaient aussi avec passion, et Pline le Naturaliste nous apprend que les asperges les plus estimées de son temps venaient des environs de Ravenne. C'est La Quintinie, jardinier en chef du potager de Versailles, sous Louis XIV, qui a imaginé le moyen de faire pousser les Asperges, sur couche chauffée, en toute saison. En 1805, MM. Vauquelin et Robiquet ont extrait des turions de l'Asperge un principe chimique azoté et cristallisable, qu'ils ont nommé *Asparagine* ou *Asparamide*. En 1858, M. Mazoudier, lieutenant au 54e de ligne, a appelé l'attention publique sur une variété d'Asperge, l'*Asperge épineuse*, qui est très-abondante en Algérie, et qui fournit des tubercules propres à la nourriture de l'homme et pouvant aussi être utilisés pour la fabrication de l'alcool.

Asphalte. — Le mot *Asphalte* est un terme générique dont on se sert, dans le langage vulgaire, pour désigner des mastics bitumineux destinés à faire des dallages, des couvertures de bâtiments et des enduits hydrofuges. L'emploi des matières bitumineuses dans l'art de bâtir remonte à la plus haute antiquité. Il en est déjà question dans la Genèse, où il est dit que Noé se servit d'Asphalte, en guise de ciment, pour la construction de l'arche. Les Égyptiens en firent également usage, ainsi que les Assyriens et les Babyloniens. Enfin, les Romains connurent aussi cette substance, et l'on a trouvé à Pompéi des rues au pavage desquelles ils l'avaient appliquée. Chez les modernes, les applications de l'asphalte ne paraissent pas remonter au delà de 1712, époque à laquelle le médecin grec Erini d'Erynys, alors professeur à Berne, découvrit les mines du Val-de-Travers, dans le canton de Neuchâtel, et l'exploita jusqu'en 1730. Toutefois, ce n'est qu'après 1830 que l'industrie des matières bitumineuses a pris le développement considérable auquel elle est parvenue de nos jours. On peut même dire que cette industrie est devenue toute française, car c'est dans notre pays, à Paris surtout, qu'elle est exercée sur la plus grande échelle. Il faut surtout citer parmi ceux de nos compatriotes qui ont le plus contribué à ses progrès, MM. Baboneau et Armand, qui exploitent les mines du Val-de-Travers; Baudoin frères et Grezet, qui exploitent celles de Seyssel; Aubert, Jalouzeau et Ledru, qui exploitent celles d'Auvergne; Ledoux et Le Bel, qui exploitent celles d'Alsace. Enfin, dans ces dernières années, un industriel parisien, M. Aumétayer, a eu l'idée de transformer l'Asphalte en feuilles au moyen du laminage, ce qui permet de l'employer en surfaces verticales, tandis que, précédemment, on ne pouvait l'appliquer qu'en surfaces horizontales : c'est à l'Asphalte ainsi préparé que l'on donne le nom de *Bitume laminé*.

Asphodèle. — Genre de plantes de la famille des Liliacées qui croît dans le Levant, au nord de l'Afrique et dans l'Europe méridionale. Les anciens plantaient l'Asphodèle autour des tombeaux, parce qu'ils croyaient que sa racine tuberculeuse fournissait aux morts une nourriture aimée. Ils attribuaient aussi à cette racine des propriétés thérapeutiques assez nombreuses. Les tubercules d'Asphodèle ont été, de nos jours, l'objet de plusieurs essais pour en extraire de l'alcool. On en retire également une fécule amylacée qui renferme une certaine quantité de parties nutritives. Enfin, on se sert, en Italie et en Afrique, des tiges d'Asphodèle pour la fabrication du papier.

Assurances. — Le principe des *Assurances* remonte à une époque très-reculée, mais les modernes en ont fait une multitude d'applications auxquelles les anciens n'avaient jamais songé. Les *Assurances maritimes* paraissent avoir précédé toutes les autres. Quoiqu'on n'en possède aucun renseignement précis à ce sujet, il est néanmoins probable qu'elles ont été connues de tous les peuples commerçants de l'antiquité. En ce qui concerne les temps modernes, c'est à Barcelone qu'elles paraissent avoir été employées pour la première fois : elles y existaient déjà en 1435. Le plus ancien titre où il en soit question, pour l'Italie, est de 1523, et, pour la Flandre, de 1537. Elles furent introduites en Angleterre vers cette dernière époque ou un peu avant, et, en France, vers 1639, sous le ministère du cardinal Richelieu. La plus ancienne *Assurance terrestre* est certainement celle que le Macédonien Antigène avait établie à Athènes, 400 ans au moins avant notre ère, *contre la fuite des esclaves*. Les Assurances *contre l'incendie* sont d'origine anglaise. La première fut créée à Londres en 1684. Des institutions du même genre furent établies à Copenhague, en 1731; à Paris, en 1745; dans le Hanovre, en 1750; dans le Wurtemberg, en 1753; dans le pays de Bade, en 1758, etc. Ce n'est que depuis 1816 qu'elles ont commencé, chez nous, à prendre des développements un peu considérables. Les Assurances *contre la grêle* paraissent être nées en France, et la plus ancienne connue a été fondée à Toulouse à la fin du dernier siècle. Depuis une quarantaine d'années, le principe des Assurances terrestres a été étendu à un grand nombre d'autres objets : c'est ainsi qu'il existe aujourd'hui, dans tous les pays, des Assurances contre les *épizooties*, les *faillites*, le *recrutement militaire*, etc. — Les *Assurances sur la vie*, qu'il ne faut pas confondre avec les Tontines, ont été imaginées en Angleterre au commencement du dernier siècle : la première, l'*Amiable Society*, qui existe encore, fut fondée à Londres en 1706. On essaya, mais sans succès, d'en doter la France en 1787. La première compagnie française qui ait obtenu de bons résultats ne date que de 1819.

ASTROLABE. — Les anciens astronomes appelaient ainsi un instrument dont ils se servaient pour observer les astres et déterminer la latitude et la longitude. L'Astrolabe avait été inventé par le Grec Hipparque, qui vivait au iie siècle avant notre ère, mais il avait été perfectionné, par la suite, par plusieurs savants, surtout par le célèbre Ptolémée. Il est aujourd'hui entièrement abandonné, car l'Équatorial, le Théodolite, etc., sont employés au même usage et donnent des indications beaucoup plus complètes et plus exactes.

ASTROLOGIE. — C'est la prétendue science de ceux qui se croient en état de découvrir les événements futurs au moyen de l'observation des astres. Le domaine de l'Astrologie est aussi étendu que l'imposture et n'a d'autres limites que celles de la crédulité humaine. Elle a été cultivée chez tous les peuples de l'antiquité, surtout par les savants de la Chaldée ; les Grecs en attribuaient même l'invention à ces derniers. Les Arabes l'introduisirent dans l'Europe du moyen âge, où, proscrite par les uns, préconisée par les autres, elle se soutint jusqu'au xviie siècle, époque à laquelle les progrès du bon sens public réussirent enfin à en faire reconnaître l'absurdité. Le comte de Boulainvilliers, mort en 1722, est peut-être le dernier astrologue qu'il y ait eu en France.

ASTRONOMIE. — L'étude de l'Astronomie a occupé l'attention des hommes à toutes les époques. Dès les temps les plus reculés, les savants de l'Égypte et de la Chaldée avaient déterminé d'une manière assez exacte la durée de l'*Année solaire*. Ils avaient même calculé les retours périodiques des *Éclipses* de soleil et de lune, ce qui leur permettait de prédire ces phénomènes. Les Chinois et les Indiens étudièrent également de

bonne heure les mouvements des corps célestes, et l'on sait quel bruit firent, à la fin du dernier siècle, les célèbres *Tables indiennes* qui contiennent des observations appartenant à deux époques, dont l'une remonterait à 1491 et l'autre à 3102 ans avant notre ère ; mais on a prouvé depuis qu'elles avaient été composées après coup. Il paraît que les Grecs empruntèrent leurs premières connaissances astronomiques aux Égyptiens et aux Indiens. Thalès de Milet, un de leurs premiers astronomes (640 avant J.-C.), enseigna la *Sphéricité de la Terre* et l'*Obliquité de l'Écliptique*, découvrit les vraies causes des *Éclipses* et en prédit une. Pythagore, qui vécut au siècle suivant, expliqua le double *Mouvement de la Terre* sur elle-même et autour du soleil, et pressentit celui des comètes et des planètes autour de ce dernier. Les disciples de ce grand homme enseignèrent aussi, probablement d'après ses leçons, que les planètes étaient habitées et que les étoiles fixes étaient autant de soleils placés au centre d'autant de systèmes distincts. Toutefois les premières observations qui firent réellement avancer l'Astronomie eurent lieu en Égypte, sous les Lagides, et furent faites par les savants de l'école d'Alexandrie. Hipparque, le plus illustre des membres de cette école, détermina la durée de l'*Année tropique*, donna les premières *Tables du soleil* qui soient mentionnées dans l'histoire de la science, et découvrit la *Précession des équinoxes*. Ptolémée, qui vint après lui, se signala par la découverte de l'inégalité du mouvement de la lune, si connue sous le nom d'*Évection*, et consigna, dans son grand ouvrage, appelé vulgairement *Almageste*, l'ensemble des connaissances astronomiques de l'antiquité. Après l'école d'Alexandrie, l'Astronomie fut surtout cultivée par les Arabes. En 975, un de leurs savants, Aboul-Wéza, constata l'inégalité lunaire appelée *Variation*, dont on attribue généralement la découverte à Tycho-Brahé. Les Chrétiens ne se livrèrent à l'étude du ciel qu'à partir du xiiie siècle, mais ils ne firent d'abord que commenter les travaux des anciens. Les grands progrès ne commencèrent que trois cents ans plus tard. En 1528, Fernel mesura un arc du méridien. En 1543, Copernic établit lo système du monde sur sa base véritable. Vers la même époque, Tycho-Brahé découvrit une nouvelle inégalité dans les mouvements de la lune, l'*Équation annuelle*, et proposa les premiers éléments de la théorie des *Comètes*, qu'on persistait encore à regarder comme de simples météores. En 1610, Galilée constata l'existence des *Taches* et de la *Rotation du Soleil*, et, en 1611, celle des *Satellites de Jupiter* et des *Phases de Vénus*. En 1619, Kepler, comparant et calculant les observations de ses prédécesseurs, formula les *Lois* célèbres qui ont reçu son nom, et auxquelles on doit la solution de tous les problèmes importants de la mécanique céleste. En 1629, Descartes publia la loi de la *Réfraction*. En 1635, Morin observa, pour la première fois, les étoiles et les planètes en plein jour. En 1672, Richer montra par l'expérience que la *Pesanteur* des corps diminue à mesure qu'on s'approche de l'équateur. La *Vitesse de la Lumière* fut découverte par Roemer, en 1675, et la loi de l'*Attraction universelle* par Newton, en 1682. En 1728, Bradley découvrit l'*Aberration de la lumière*, et, en 1747, la *Nutation de l'axe terrestre*. Quatre ans avant cette dernière conquête de la science, c'est-à-dire en 1743, les académiciens français avaient démontré l'*Aplatissement du globe* par la mesure de plusieurs degrés. Les travaux de ces divers savants furent complétés par Halley, Cassini, Euler, Bode, d'Alembert, Clairaut, Herschell, Lagrange et Laplace, et c'est aux admirables résultats auxquels les conduisirent d'infatigables recherches que l'Astronomie doit l'état de perfection où elle est arrivée de nos jours, et que l'on peut regarder comme le plus grand triomphe de la raison et de la science humaine. Voyez ÉCLIPSES, ÉTOILES, PLANÈTES, LUNE, TERRE, SOLEIL, etc.

ASTROSCOPE. — Instrument astronomique inventé, vers la fin du XVIIe siècle, par Schukhard, professeur à Tubingue, afin de faciliter la recherche des astres dans le ciel. Il se compose de deux cônes sur les surfaces desquels les étoiles et les constellations sont représentées.

ATHÉNÉE. — Quand la Grèce eut perdu son indépendance, Athènes n'en continua pas moins d'exercer une haute influence sur le monde civilisé, et, pendant très-longtemps encore, la jeunesse accourut à ses écoles pour y étudier les lettres, la philosophie et les beaux-arts. De là le nom d'*Athénée* ou *Athenæum* donné, dans l'empire romain et chez les peuples modernes, à diverses institutions destinées à l'enseignement supérieur des connaissances humaines. Le plus ancien établissement de ce nom qu'il y ait eu en France est probablement celui qui fut fondé à Lyon, l'an 37 de notre ère, par l'empereur Caligula, et où ce prince avait créé des prix d'éloquence grecque et d'éloquence latine.

ATLAS. — Abraham Ortelius, né à Anvers, en 1527, est l'auteur du premier recueil renfermant les cartes du monde connu. Il l'appela *Theatrum orbis terrarum* (Théâtre de l'univers), et le fit paraître, dans sa ville natale, en 1570. Pendant le même siècle, Gérard Mercator, ayant publié un recueil du même genre, lui donna le nom d'*Atlas*, parce qu'il avait fait représenter sur le frontispice le personnage mythologique Atlas portant le monde sur ses épaules. Depuis cette époque, on a donné la même dénomination aux collections de cartes géographiques et célestes. Voyez CARTES.

ATMOSPHÉRIQUE. — Voyez CHEMINS DE FER, VAPEUR, POSTE.

ATMOMÈTRE. — Instrument destiné à déterminer, dans des conditions données, la quantité d'eau évaporée. Plusieurs Atmomètres ont été imaginés par Muschenbroeck, Anderson, Belloni, Leslie, etc., mais aucun d'eux ne fournit des indications d'une grande précision.

ATTRACTION. — Avant Newton, on donnait le nom d'*attraction* à une espèce de qualité inhérente à certains corps. Depuis ce grand homme, on emploie ce mot pour désigner simplement le fait que les différentes parties de la matière tendent à se rapprocher les unes des autres, abstraction faite de la question de savoir si la force qui produit cette tendance est inhérente aux corps ou résulte de l'action d'un agent extérieur. On distingue deux sortes d'attraction : l'*Attraction universelle*, dont les lois ont été découvertes et formulées par Newton, et qui se manifeste entre les corps placés à des distances commensurables les uns des autres ; et l'*Attraction moléculaire* dont les lois sont encore inconnues, et qui s'exerce entre les molécules les plus ténues de la matière et ne produit d'effets qu'à des distances inappréciables. Quant aux attractions dites *électriques*, *magnétiques*, etc., ce sont de simples expressions adoptées par les physiciens pour nommer des phénomènes dont nous ne possédons que des connaissances imparfaites. La force attractive qui agit sur la matière est insensible sur de petites masses, mais il en est autrement lorsqu'une montagne considérable agit sur le fil à plomb d'un instrument astronomique délicat. La première tentative faite pour déterminer expérimentalement cette *attraction des montagnes*, est due aux académiciens français Bouguer et La Condamine, qui, en 1738, furent envoyés au Pérou pour mesurer la longueur d'un arc du méridien terrestre. Ils trouvèrent qu'au Chimborazo, un des géants des Cordillières, le fil à plomb était dévié de 7 secondes 1/2 par l'attraction de la montagne. Malheureusement, leurs instruments n'étaient pas assez parfaits pour une opération aussi délicate. Plus tard, en 1774, l'astronome anglais Maskelyne exécuta, au mont Schehallien, en Écosse, et avec des appareils mieux construits, une série d'expériences qui lui donnèrent une déviation de 5 secondes 8 dixièmes, et à la suite desquelles le mathématicien Hutton calcula que la densité moyenne de la terre était à celle de l'eau à peu près comme 5 à 1. Voyez GRAVITATION et PESANTEUR.

AUGUSTINE. — Voyez CHAUFFERETTE.

AUMUSSE. — Dans l'origine, l'*Aumusse* était une sorte de bonnet garni ou non de fourrures qui formait la coiffure habituelle des laïques et des ecclésiastiques, et dont la partie postérieure se rabattait sur le cou et les épaules. Son usage a duré depuis l'époque des Mérovingiens jusqu'à celle des Valois. Sous le règne de Charles V, l'Aumusse fut abandonnée par les laïques, mais les ecclésiastiques continuèrent à la porter sous forme de pèlerine. Aujourd'hui elle ne fait plus partie que du costume de chœur des chanoines.

AURICHALQUE. — Voyez AIRAIN.

AURORE BORÉALE. — Les *Aurores boréales* ont été ainsi nommées parce qu'elles paraissent ordinairement dans la partie septentrionale du ciel, et que leur lumière présente une certaine analogie avec celle du point du jour. Ces phénomènes ont été connus de très-bonne heure, car Aristote les décrit avec assez d'exactitude. Il en est également question dans Lucain, Cicéron, Sénèque le Philosophe et Pline le Naturaliste, ainsi que dans plusieurs écrivains du moyen âge. Toutefois, ce n'est que depuis 1621 qu'ils sont devenus l'objet d'observations véritablement scientifiques. Beaucoup d'hypothèses ont été émises sur leur origine, mais aucune n'a pu jusqu'à présent résoudre entièrement le problème. La plus probable paraît cependant être celle de Halley, suivant laquelle ils ne seraient que des manifestations du fluide électrique. Au reste, si, dans l'état actuel de la science, on ne possède pas encore une théorie bien complète des Aurores boréales, on est du moins parvenu à pouvoir prédire à coup sûr leur apparition. Ainsi, M. Arago a observé, le premier, en 1825, que, dès le matin du jour où un de ces météores doit se montrer, l'aiguille de déclinaison dévie le matin vers l'occident, et le soir vers l'orient; et la même observation a été faite depuis dans tous les observatoires de l'Europe. Les dérangements de cet instrument permettent donc de prédire, dans un lieu quelconque de notre hémisphère, les Aurores boréales qui doivent se montrer le jour même aux Lapons et aux Groënlandais.

AUSCULTATION. — Hippocrate paraît avoir eu recours le premier à la méthode de diagnostic que l'on appelle *Auscultation*, du latin *auscultare*, écouter, parce qu'elle a pour objet de déterminer l'état sain ou morbide d'une partie du corps au moyen des bruits qu'on y entend. Les successeurs de ce grand homme s'en servirent aussi quelquefois, mais il faut arriver aux premières années de ce siècle pour voir cette méthode appréciée à sa juste valeur. C'est le docteur Laënnec qui, le premier, a compris l'immense parti que l'art de guérir pouvait retirer de l'Auscultation et qui l'a fait entrer, dès 1816, dans la pratique générale de la médecine. Cette méthode est dite *immédiate* quand on peut la pratiquer en appliquant l'oreille sur la partie malade.

Dans le cas contraire, on l'appelle *médiate*, et on l'applique au moyen d'un instrument très-simple, nommé *Stéthoscope*, dont l'invention est due à Laënnec lui-même. Voyez PERCUSSION.

AUTEL. — L'Autel primitif n'a probablement consisté qu'en quelques pierres brutes disposées en forme de table. Il varia par la suite dans sa forme, sa matière et sa décoration, à mesure que la civilisation fit des progrès. Les premiers Autels chrétiens se composèrent tantôt d'une table de marbre, de jaspe, de porphyre, ou simplement de pierre, portée sur quatre ou cinq colonnes, tantôt d'un sarcophage arraché aux sépultures païennes et renfermant les reliques de quelque martyr. Plus tard, on les fit aussi de bois; mais cette innovation fut interdite, au IVe siècle, par le pape Sylvestre. Cette défense a cependant toujours souffert depuis de nombreuses exceptions, mais il faut alors qu'il y ait une pierre consacrée où le prêtre puisse poser le calice. Les Autels ont été sans ornements jusqu'au IXe siècle. A cette époque, on commença à y placer une croix et des chandeliers, mais ces objets furent d'abord portatifs, et on les enlevait aussitôt après le saint sacrifice; ils ne devinrent fixes qu'au XIVe siècle. Pendant ce même siècle, on ajouta à la croix et aux chandeliers de petits tableaux ou diptyques qui furent l'origine des rétables. Enfin, on imagina d'exhausser les chandeliers sur un gradin. Toutefois, ce dernier usage ne devint général qu'au XVIIIe siècle. Voyez CRUCIFIX, RÉTABLE, etc.

AUTOCLAVE. — En 1681, Denis Papin, se trouvant à Londres, imagina un appareil qui permettait de cuire la viande en peu d'instants, économiquement et sans évaporation, et donnait en même temps le moyen de ramollir les os pour en extraire la gélatine. Cet appareil reçut en France le nom de *Digesteur* ou *Marmite de Papin*. Il eut d'abord une certaine vogue, mais on finit par l'abandonner, parce qu'il était sujet à de fréquentes explosions et qu'il communiquait un goût empyreumatique aux aliments. Le Digesteur fut renouvelé, en 1819, par M. Lemare, qui l'appela *Marmite autoclave*, par abréviation *Autoclave*, parce qu'il était disposé de telle sorte que la vapeur se fermait elle-même toute issue en agissant sur le couvercle.

Le nouvel appareil n'eut pas plus de succès que celui de Papin, et pour les mêmes motifs.

AUTOGRAPHE. — Machine à copier qui permet de prendre à la fois jusqu'à trois copies du même écrit. Ce n'est en réalité qu'une modification du Pantographe. Elle a été inventée, en 1799, par M. Brunet, mais n'a pas eu plus de succès que la plupart des autres instruments analogues.

AUTOGRAPHIE. — L'Autographie est l'art de multiplier par impression une écriture directement tracée sur le papier. Les premiers essais de cet art paraissent avoir été faits par Franklin; mais le procédé imaginé par ce grand homme était trop compliqué et trop imparfait pour devenir pratique. Les méthodes généralement suivies aujourd'hui sont dues à James Watt et à Senefelder. Celle du premier date de 1780. Elle consiste à écrire la pièce à reproduire avec une encre très-hygrométrique, à placer immédiatement par-dessus une feuille de papier très-mince et non collé, et à soumettre le tout à une forte pression; une partie de l'encre de l'original se décharge alors sur le papier, et il en reste assez sur les deux feuilles pour qu'on puisse lire l'écriture. C'est pour l'application de ce système, qui a été adopté par les maisons de commerce, que l'on a inventé cette multitude de petites presses, dites *à copier* ou *autographiques*, que l'on trouve dans tous les magasins de papeterie. On a essayé, à diverses époques, de le simplifier en supprimant la presse, et l'on a été ainsi amené à l'invention des *Prompts-copistes* et des *Rouleaux-copistes*, dont l'usage est préférable dans certaines circonstances. Le procédé de Senefelder n'est qu'une application particulière de la Lithographie, et son origine remonte aux commencements mêmes de cet art. Dans ce procédé, on écrit sur un papier particulier avec une encre particulière, et l'on transporte l'écriture sur une plaque de zinc ou une pierre lithographique. Il ne reste plus alors qu'à traiter la plaque ou la pierre par les moyens ordinaires de la lithographie. Cette méthode est surtout employée par les administrations publiques, auxquelles elle permet de multiplier économiquement les écritures officielles, et l'on est redevable de l'extension qu'elle a reçue, dans notre pays, depuis une vingtaine d'années, à MM. Poirier, Guillaume et Raguenea'1, tous les trois de Paris, qui ont créé les petites presses portatives à l'aide desquelles on l'applique. La découverte de la Galvanoplastie a donné lieu à l'invention de nouveaux procédés autographiques, auxquels on a donné la dénomination générique d'*Autographie galvanoplastique*, mais qui ont une autre destination que les précédents. Voyez IMPRESSION NATURELLE, LITHOGRAPHIE, PROMPT-COPISTE, ROULEAU-COPISTE, etc.

AUTOMATE. — Dans le langage vulgaire, on appelle *Automates* des machines ayant la forme d'hommes ou d'animaux, auxquelles un mécanisme caché fait exécuter des fonctions ou des mouvements qui paraissent naturels. Celles qui représentent des figures humaines sont spécialement désignées sous le nom d'*Androïdes*. Les Automates datent de l'invention des ressorts-moteurs et des engrenages, et leur construction a été incontestablement subordonnée aux progrès de l'horlogerie, dont ils ne sont en réalité qu'une ingénieuse application. Les recueils de curiosités sont pleins de fables au sujet de ces machines, et tous les hommes sérieux relèguent au rang des déceptions ou des faits controuvés la *Colombe volante* d'Archytas, de Tarente, la *Mouche* et l'*Aigle de fer* de Regiomontanus, ainsi que la *Tête parlante* de Roger Bacon et les *Hommes mécaniques* d'Albert le Grand et de Reysolius. Les premiers Automates authentiques ne remontent pas au delà du dernier siècle. Les plus célèbres sont le *Flûteur*, le *Joueur de tambourin* et le *Canard* de Vaucanson, qui parurent en 1738, et qui furent suivis d'un *Aspic* et d'une *Vielleuse* du même auteur. Un peu plus tard vinrent les *Écrivains* de Frédéric de Knaus et de Richard; les *Oiseaux chantants*, les *Musiciens* et le *Dessinateur* des frères Droz ; les *Trompettes* de Kaufmann et de Maelzel, etc. Le *Joueur d'échecs* du baron de Kempelen, qui fit tant de bruit pendant plus de vingt ans, ne fut qu'une insigne mystification. Dans ces dernières années, l'*Écrivain* et l'*Oiseau chantant* de M. Robert Houdin, ont, pendant quelque temps, excité l'admiration générale. Les Automates véritablement dignes de ce nom sont aujourd'hui extrêmement rares, parce que ces machines sont toujours très-coûteuses, et qu'ayant bientôt cessé d'exciter la curiosité, elles n'indemnisent jamais assez leurs inventeurs. Les artistes capables de les construire trouvent d'ailleurs de plus grands avantages à mettre leur talent au service de la mécanique industrielle.

AUTOPHOTOGRAPHIE. — Application de la photographie qui consiste à reproduire les dessins, les gravures et les lithographies, sur un papier imprégné de chlorure d'argent, sans qu'il soit nécessaire de se servir d'un appareil. Cet ingénieux procédé a été imaginé, en 1847, par le photographe parisien Mathieu.

AUTOPLASTIE. — Opération chirurgicale qui a pour objet de restaurer une partie du corps d'un individu au moyen d'une autre partie du corps de ce même individu. Elle reçoit les noms de *Blépharoplastie, Bronchoplastie, Cheiloplastie, Génoplastie, Otoplastie, Palatoplastie* ou *Uranoplastie*, et *Rhinoplastie*, suivant qu'on l'applique aux paupières, au larynx, aux lèvres, aux joues, au pavillon de l'oreille, au voile du palais ou au nez. L'Autoplastie date d'une très-haute antiquité. Il est même probable qu'elle est originaire de l'Inde, où l'usage immémorial de punir les criminels par la mutilation du nez, des oreilles ou des lèvres, a dû faire chercher de bonne heure le moyen de détruire les traces du châtiment. Ce qui est incontestable, c'est que les autoplastes indiens ont joui, dès les temps les plus reculés, d'une grande réputation d'habileté. Ils s'occupèrent surtout d'Autoplastie nasale ou Rhinoplastie, et il est probable que c'est par eux que les opérateurs de la Perse et des autres parties de l'Asie apprirent la pratique. Les Grecs et les Romains n'ignorèrent pas l'Autoplastie, mais ces deux peuples ne paraissent pas y avoir eu souvent recours. Négligés ou perdus au moyen âge, les procédés autoplastiques furent retrouvés en Italie, au XVe siècle, par une famille célèbre de chirurgiens, celle des Branca, qui sut, pendant près de cent cinquante ans, en faire de très-heureuses applications. A l'extinction de cette famille, l'Autoplastie, dénigrée par les uns, trop vantée par les autres, resta sationnaire jusqu'en 1816, où le chirurgien anglais Carpue la mit ce nouveau en faveur. Depuis cette époque, elle n'a cessé d'être cultivée dans toutes les parties de l'Europe, surtout en France, en Angleterre et en Allemagne, et elle a participé aux progrès des autres branches de l'art chirurgical.

AUTRUCHE. — Jusqu'à ces dernières années, on n'avait pas encore vu l'Autruche se reproduire en Europe, car les œufs pondus par cet oiseau s'étaient toujours trouvés clairs. M. Hardy, directeur du jardin d'acclimatation et des pépinières de l'Algérie, ayant réussi à obtenir, à l'établissement agricole de Hamma, un certain nombre de jeunes Autruches, le prince Demidoff a eu l'idée, en 1859, de faire une expérience semblable à sa propriété de San Donato, près de Florence, et ses efforts ont eu le plus grand succès. L'acclimatation de l'Autruche en Toscane et en Algérie se trouve donc ainsi un fait accompli, et ce succès peut encourager à poursuivre la multiplication de ce grand oiseau dans d'autres parties de l'Europe, où sa chair et ses œufs offriraient de précieuses ressources d'alimentation.

AVENTURINE. — Substance vitreuse qui a été découverte, vers 1750, par le docteur vénitien A. Miotti. On raconte que ce savant, ayant laissé tomber par hasard (*per aventura*, d'où le mot *aventurine*) un peu de limaille métallique dans un creuset contenant du verre en fusion, remarqua l'heureux effet de ce mélange. Il s'empressa de le reproduire, et l'Aventurine fut bientôt recherchée par la bijouterie presque à l'égal des pierres précieuses. Le procédé de fabrication disparut à la mort de l'inventeur, mais il a été retrouvé, en 1826, par M. Bigaglia, de Venise, et, en 1846, par MM. Fremy et Clémandot, de Clichy-la-Garenne, près de Paris. Enfin, à une époque toute récente, un autre Français, M. Hautefeuille, a créé des procédés supérieurs aux anciens, et, après les avoir industriellement exploités pendant plusieurs années, les a livrés au public au mois d'octobre 1861.

AVERTISSEUR. — Terme générique par lequel on désigne des appareils de sûreté pour les *Chaudières à vapeur*, les *Chemins de fer*, les *Mines*, etc. Voyez ces mots.

AVEUGLES. — Le plus ancien établissement destiné à recevoir les aveugles est l'*Hôtel des Quinze-Vingts*, fondé à Paris, en 1254, par saint Louis, pour trois cents chevaliers auxquels les musulmans avaient crevé les yeux, et que ce prince avait ramenés d'Orient, au retour de sa première croisade. A une époque plus rapprochée de nous, on a inventé des appareils plus ou moins ingénieux pour donner le moyen d'écrire à ceux qui ont perdu la vue. On a également imaginé d'imprimer des livres spécialement à leur usage. Voyez CÆCOGRAPHIE, DACTYLOLOGIE et ECTYPOGRAPHIE.

AZOTE. — Ce gaz a été découvert, en 1772, par Priestley, qui l'appela *air phlogistique;* mais son existence avait déjà été soupçonnée par le botaniste Rutherford. Deux ans après, Lavoisier en démontra la présence dans l'air atmosphérique. L'Azote fut aussi appelé *Air vicié, Nitrogène, Alcaligène, Septone* et *Moffette atmosphérique*. Son nom actuel, qui signifie « qui n'est pas vital », a été créé par Guyton de Morveau : il désigne une de ses propriétés négatives, celle de ne pouvoir entretenir la vie.

AZOTIQUE (*Acide*). — Voyez NITRIQUE.

AZULINE. — Matière colorante bleue dont l'intensité rappelle l'outremer. Elle a été mise dans le commerce, au commencement de 1860, par MM. Guinon, Marnas et Bonnet, de Lyon, qui en tiennent la préparation secrète. L'Azuline est un produit de la transformation de l'acide phénique, substance que l'on extrait en grand du goudron de houille. On l'emploie surtout pour teindre la soie et la laine.

B

BADIGEON. — Les enduits appelés *Badigeons* sont principalement employés pour détruire les différences de ton que présentent souvent les matériaux de construction. Leur composition peut varier à l'infini, mais celui qui paraît produire les résultats les plus satisfaisants a été inventé, vers le milieu du dernier siècle, par l'architecte parisien Bachelier : c'est un mélange de chaux vive, de plâtre cuit, de blanc de plomb et de fromage débarrassé de sérum et de beurre. Une commission nommée par l'Institut, en 1808, reconnut que trois colonnes du Louvre auxquelles on l'avait appliqué en 1755, avaient conservé l'uniformité primitive de leur ton et résisté à toutes les causes de destruction qui avaient noirci et dégradé les parties voisines.

BAGUE. — Le *Jeu de bague* remonte à une époque très-ancienne. Il paraît immémorial en Orient, et, chez les Grecs et les Romains, il faisait partie des exercices militaires. Dans l'antiquité, on courait la bague à cheval ou sur des chars, et l'on donnait aux vainqueurs des prix et des couronnes. Les courses de bague à cheval furent aussi en grande faveur pendant le moyen âge, et constituèrent un des principaux divertissements usités dans les tournois. Elles eurent même un certain éclat, après la décadence de la chevalerie, et figurèrent dans les carrousels de Louis XIV. Le jeu de bague existe encore aujourd'hui, mais il est réservé aux enfants. Il ne se montre même plus que dans les foires, et les fougueux coursiers sont remplacés par de paisibles chevaux de bois fixés à une machine qui tourne uniformément autour d'un pivot. Voyez ANNEAU.

BAGUETTE DIVINATOIRE. — Le plus ancien de tous les livres historiques, le Pentateuque, représente les magiciens et les enchanteurs de Pharaon armés d'une *verge* ou *baguette* dont ils se servaient dans les maléfices. Un instrument du même genre était également l'attribut des magiciens et des magiciennes de la Grèce, et Homère a rendu célèbre celui de Circé. La Baguette divinatoire des temps modernes dérive évidemment de la verge des magiciens de l'antiquité ; mais elle n'a plus la puissance d'opérer les mêmes prodiges. Au XVIᵉ siècle, on lui attribuait simplement la faculté de découvrir les métaux précieux enfouis dans le sein de la terre. Cent ans plus tard, son rôle s'amoindrit encore. Elle ne servit plus alors qu'à faire trouver les sources cachées, et c'est la vertu quel ui reconnaissent encore quelques

adeptes. Il est inutile d'ajouter que la Baguette ne peut absolument rien faire découvrir, mais d'adroits charlatans en ont quelquefois fait usage pour attirer sur eux l'attention publique.

BAINS. — Dans l'antiquité, l'usage des Bains était beaucoup plus répandu que de nos jours. C'est qu'en effet ils étaient un besoin de première nécessité pour des peuples qui ne connaissaient pas l'emploi du linge, qui ne portaient guère que des vêtements de laine, qui marchaient les pieds presque nus, et qui avaient souvent les bras et les jambes complétement découverts. L'utilité des Bains, des lotions et des ablutions de tout genre, au point de vue de la santé et de l'hygiène publiques, était alors tellement reconnue que plusieurs législateurs, y compris Moïse, firent de ces soins de propreté une obligation indispensable. En Grèce, l'usage des Bains était déjà universel, pour les deux sexes, dès l'époque d'Homère ; il entrait même dans les obligations de l'hospitalité. Les Grecs se baignèrent d'abord simplement dans les rivières. Ils imaginèrent ensuite les Bains chauds, qu'ils prenaient à domicile ou dans des établissements particuliers. Enfin, ils tirèrent parti des sources thermales si communes dans leur pays. Ils prenaient habituellement deux bains l'un à la suite de l'autre, un froid d'abord, puis un tiède. Pendant très-longtemps, les Romains ne connurent que les Bains froids. Suivant Sénèque, ils commencèrent à se baigner dans l'eau chaude à l'époque de la seconde guerre punique, et, suivant Valère Maxime et Pline l'Ancien, ce fut un spéculateur, nommé Sergius Orata, contemporain de Crassus, qui, peu de temps avant la guerre des Marses, inventa les *Étuves humides* et les *Étuves sèches*. Du vivant de Cicéron, les Bains chauds et les Étuves étaient universellement usités. On les recherchait par sensualité, et on y déployait beaucoup de luxe. Il y avait aussi des établissements publics, où l'on était admis moyennant une très-petite rétribution. L'usage des Bains prit un développement énorme sous l'empire, et fut introduit peu à peu dans tous les pays où les armées romaines purent pénétrer, et où il n'existait pas encore. Il disparut à peu près partout en Europe, à l'époque de l'invasion des barbares, mais il se maintint en Orient, où les prescriptions de la loi musulmane et l'influence du climat en nécessitèrent le maintien. Plus tard, cependant, l'utilité des Bains fut de nouveau comprise dans nos pays, et l'on vit, dès le xiii° siècle, se former, dans les principales villes, de nouveaux établissements destinés à recevoir les baigneurs. Toutefois, ces établissements ne furent d'abord fréquentés que par les classes aisées de la société : ce n'est même que depuis le commencement de ce siècle que les Bains sont entrés dans les habitudes des classes laborieuses. Voyez ÉTUVES, HYDROFÈRE, THERMES.

BAIONNETTE. — La *Baïonnette* semble dater de la fin du xvi° siècle, mais il n'existe aucun renseignement précis à ce sujet. De plus, rien ne prouve qu'elle ait été inventée à Bayonne, comme on le répète journellement. Quant à son nom, il ne vient pas de celui de cette ville, mais du roman *Bayneta*, petit fourreau, et, en le créant, on n'a fait qu'appliquer au contenu la dénomination du contenant. Le mot baïonnette se trouve, dès 1571, pour désigner une lame de couteau attachée au bout d'un bâton, dont se servaient les paysans de plusieurs provinces, et ce n'est qu'en 1642, pendant la campagne de M. de Puységur, en Flandre, qu'on le voit employé pour signifier une arme de guerre. A cette dernière époque, la Baïonnette consistait en une espèce de pique longue de 65 centimètres environ dont on enfonçait le manche dans le canon du mousquet quand on voulait se battre à l'arme blanche. Malgré son imperfection, puis qu'une fois en place, elle empêchait de tirer, elle fut donnée au régiment des fusiliers en 1671, aux dragons en 1676, et aux grenadiers en 1681. Enfin, en 1692, le colonel Martinet imagina la *Baïonnette à douille*. Une invention semblable fut faite, la même année, en Angleterre, par le général Mackay. Les avantages de la nouvelle Baïonnette sur l'ancienne furent si promptement appréciés, que tous les peuples de l'Europe s'empressèrent de l'adopter : ils l'avaient tous en 1703. Les Prussiens seuls firent exception ; ils ne la prirent qu'en 1742. Depuis le xviii° siècle, la longueur et la forme de la lame ont plusieurs fois varié, suivant les temps et les lieux. La *Baïonnette-sabre* de nos chasseurs à pied et de nos zouaves est beaucoup plus ancienne qu'on ne le croit généralement, car Moritz-Meyer assure que les Suédois la connaissaient déjà en 1692. Une arme de ce genre fut même donnée à plusieurs de nos corps de tirailleurs pendant les premières guerres de la Révolution.

BAL. — Bien que la danse soit une chose très-ancienne, les *Bals* ne datent que d'une époque toute moderne. Les premiers dont il soit question dans l'histoire de France ne remontent pas au delà du xiv° siècle. Ils n'étaient alors que des fêtes de cour que les rois donnaient à l'occasion de quelque grand événement : il y en eut plusieurs sous Charles V (1364-1380) et Charles VI (1380-1422). Celui qui eut lieu en 1385, à Amiens, à l'occasion du mariage de ce dernier avec Isabeau de Bavière, est le premier sur lequel les textes fournissent des détails un peu circonstanciés. Ce fut à la suite d'un *Bal* qui se donna, douze ans après, à Paris, dans l'hôtel de la reine Blanche, et où il faillit périr, que ce prince tomba dans les accès de folie qui ne le quittèrent qu'avec la vie. Les tristes suites de cette fête refroidirent le goût qui commençait à se répandre en France pour ce genre de réunions, et il n'y fut ramené qu'au xvi° siècle, à la suite des guerres d'Italie. Ce fut Catherine de Médicis qui remit les Bals à la mode dans notre pays, et, pour en augmenter l'attrait, elle imagina les *Bals masqués*. On dansa beaucoup à partir de cette époque. Néanmoins, jusqu'aux premières années du xviii° siècle, il n'y avait guère eu de *Bals* qu'à la cour ou chez les grands. La création des *Bals de l'Opéra*, qui eut lieu en 1715, fit descendre ce genre de fêtes dans les autres classes de la société, et l'usage des Bals se répandit peu à peu, à Paris et dans les provinces, dans la maison de l'ouvrier aussi bien que dans celle du riche bourgeois.

BALANCE. — 1° *Balance ordinaire*. De tous les instruments de pesage, la *Balance ordinaire* est incontestablement celui qui, à cause même de sa simplicité, remonte à la plus haute antiquité. Tous les peuples civilisés l'ont connue et employée. Aussi la trouve-t-on représentée sur les plus anciens monuments de l'Égypte, de la Grèce et de l'Italie. Il en existe même, dans les musées, de nombreux modèles qui nous viennent des Romains. Les plus nombreux de ces modèles se composent d'un fléau aux extrémités duquel deux plateaux sont suspendus par trois ou quatre chaînettes, tandis que son centre porte un anneau ou un bout de chaîne pour tenir l'instrument : quelquefois, ce fléau est muni d'un index tournant dans une chape, comme dans les Balances de nos jours, ou bien un de ses bras est gradué et pourvu d'un curseur, comme dans les Romaines. Au lieu de deux plateaux, certaines balances n'en ont qu'un, et celui qui manque est remplacé par un poids attaché au bout d'une chaîne. Les appareils ainsi disposés servaient, non pas à mesurer des quantités inégales, mais à obtenir le poids exact d'une quantité donnée, et l'on croit qu'ils étaient spécialement destinés à l'usage des marchands de métaux précieux. La Balance est restée, jusqu'au XVIIIe siècle, telle que les anciens l'avaient laissée ; mais el'e a reçu, depuis cette époque, un très-grand nombre de perfectionnements qui ont eu pour objet de la rendre plus sensible et plus exacte. En même temps, on a créé des genres nouveaux, parmi lesquels il faut surtout citer ceux que l'on désigne sous les noms de *Balance de Roberval* et de *Balance-Bascule*. La Balance de Roberval a été inventée, en 1670, par le géomètre Gille Personne de Roberval, qui lui a donné son nom ; mais elle a été longtemps considérée comme un objet de simple curiosité. C'est M. Schwilgué, de Strasbourg, qui, en y introduisant d'heureuses modifications, a réussi, vers 1825, à l'approprier aux besoins du commerce. La *Balance-Bascule*, que l'on appelle aussi simplement *Bascule*, repose sur un principe découvert, au XVIe siècle, par le médecin italien Sanctorius. M. Quintenz essaya, au commencement de ce siècle, d'en doter le commerce ; mais c'est encore M. Schwilgué qui, le premier, a réussi à en populariser l'usage. Les *Ponts-bascules*, qui servent au pesage des voitures, sont des Balances du même genre, mais de très-grandes dimensions. Il en est de même du *Péso-compteur*, de M. Béranger, de Lyon, et de la *Balance à cric*, de M. Mars, de Paris : cette dernière est spéciale-

ment destinée au pesage des grains et des farines, et son tablier s'élève ou s'abaisse, au moyen d'un cric, à la hauteur nécessaire pour que le porteur puisse y déposer facilement son fardeau.

2° Plusieurs instruments de physique portent le nom de *Balance*. — La *Balance magnétique* ou *Balance de torsion* sert à comparer les forces magnétiques, comme la *Balance électrique* à mesurer les forces électriques : elles ont été, l'une et l'autre, inventées, vers 1784, par Coulomb. La *Balance bifide* de Harris est un perfectionnement de la seconde. La *Balance magnétique* de M. Becquerel indique les intensités des courants électriques. — La *Balance hydrostatique* est destinée à déterminer la pesanteur spécifique des solides et des liquides. Son invention, qui date du XVIIe siècle, est due à Galilée. Ses dispositions actuelles ont été imaginées par les Américains Lukin et Coate, et le Français Barré. Le physicien Américain Hasseler, en 1835, et M. Kœppelin, de Colmar, en 1856, en ont fait un instrument de pesage applicable aux besoins de l'industrie. — La *Balance thermique* a pour objet de faire connaître les rapports existant entre les quantités de calorique rayonnant qui arrivent de l'atmosphère, dans un temps donné, sur un point du globe où l'instrument est placé, et les quantités qui, de ce point, retournent à l'atmosphère, dans le même temps. Elle a été inventée, en 1823, par M. Allard.

3° On appelle encore *Balances* plusieurs machines à calculer. La *Balance arithmétique* a été imaginée par Dominique Cassini, en 1688. Elle fait connaître le poids et le prix des marchandises, en même temps qu'elle opère la multiplication, la division et la règle de trois sur tous nombres donnés. — Un autre appareil du même nom a été proposé, en 1839, par l'ingénieur Léon Lalanne, qui l'a destiné à exécuter toutes les opérations de l'arithmétique ordinaire. La *Balance algébrique*, du même inventeur, qui l'a présentée à l'Académie des Sciences, en 1840, est basée sur des principes émis, en 1810, par M. Bérard, professeur au collège de Briançon, et sert à résoudre les équations numériques de tous les degrés, et même les équations transcendantes.

BALANCIER. — 1° *Balancier monétaire.*

On appelle ainsi une machine très-simple qui est destinée à produire, par un mouvement alternatif, une forte pression à des intervalles très-rapprochés. Comme son nom l'indique, le *Balancier monétaire* a été imaginé en vue de la fabrication des monnaies. Il est d'origine française, et l'on en attribue l'invention au graveur Brucher ou au menuisier Aubry Olivier, qui vivaient, l'un et l'autre, sous Henri II (1547-1559). Il fut employé, à partir de 1553, mais on l'abandonna, après 1558, parce qu'on trouva qu'il donnait lieu à plus de frais que les anciens procédés. A la suite de cet abandon, le Balancier resta dans l'oubli jusque dans les premières années du XVIIᵉ siècle, où, après l'avoir perfectionné, Nicolas Briot proposa de l'introduire de nouveau dans nos ateliers, mais n'ayant pu faire agréer ses offres à Louis XIII, il le transporta à Londres, où il servit à fabriquer la monnaie de Cromwell. Le gouvernement français finit cependant par changer d'avis, et, après des essais qui eurent lieu en 1640, Louis XIV prescrivit, en 1645, l'emploi exclusif du Balancier. Vers 1786, cette machine reçut, de la part du mécanicien Jean-Pierre Droz, des améliorations considérables, qui eurent le même sort que celles de Nicolas Briot : dédaignées en France, elles furent portées en Angleterre, où Boulton et Watt en tirèrent un admirable parti. Enfin, en 1803, à la suite d'un concours ouvert par le gouvernement, le mécanicien Philippe Gingembre construisit un nouveau Balancier qui fut introduit successivement dans toutes les parties de l'Europe que le sort des armes réunit à notre pays. Ce Balancier a été employé jusqu'à nos jours. On l'a remplacé, il y a quelques années, par les *Presses monétaires*, mais on continue à s'en servir dans les ateliers d'estampage, ainsi que pour la fabrication des médailles.

2° *Balancier hydraulique.* Machine au moyen de laquelle on produit un mouvement de bascule à l'aide d'un courant d'eau. Elle a été inventée, au XVIIᵉ siècle, par l'architecte Claude Perrault. On peut l'utiliser pour fournir la force motrice nécessaire à divers appareils, mais on en fait rarement usage, parce que, malgré les modifications que Bélidor, Boitias, d'Artigues, et plusieurs autres, ont introduites dans sa construction, il est très-difficile d'en obtenir des résultats bien satisfaisants.

BALAYEUSE MÉCANIQUE. — Le balayage des rues paraît avoir été introduit en France par le cardinal Mazarin, en 1649. Toutefois, il ne fut d'abord appliqué qu'à une des promenades de Paris, le Cours-la-Reine. Depuis le commencement de ce siècle, on a proposé des appareils diversement combinés pour exécuter économiquement cette mesure de propreté dans les villes. Celui que le docteur Colombe a construit en 1856 et auquel il a donné le nom de *Balayeuse mécanique*, paraît un des mieux conçus. Il se compose d'une immense brosse cylindrique placée sous l'essieu d'une charrette à bras ou à cheval, et qui est mise en mouvement par une roue dentée fixée au moyeu d'une des roues du véhicule. Cette machine balaie 2,500 à 3,000 mètres superficiels par heure, c'est-à-dire autant que dix balayeurs ordinaires et à moins de frais.

BALCON. — Les *Balcons* sont une invention du moyen âge. On ignore dans quel pays et à quelle époque ils ont pris naissance, mais il est admis qu'ils furent, dans le principe, du domaine exclusif de l'architecture militaire. Ils ne consistaient alors qu'en de simples avances que l'on établissait au-dessus des portes des châteaux-forts pour en faciliter la défense. Au XVᵉ siècle, on commença à les appliquer sur la façade des édifices, par raison de luxe, de commodité et de confortable. Toutefois, on n'en mit d'abord qu'aux fenêtres. Mais ils ne tardèrent pas à s'étendre sur toute la longueur des constructions, et cet usage s'est maintenu depuis, beaucoup plus cependant dans les contrées du sud que dans celles du nord.

BALDAQUIN. — Sorte de dais qui surmonte un trône ou un lit de parade. Par analogie, on a donné ce nom à une construction en pierre, soutenue par des colonnes, que l'on établit au-dessus du maître-autel d'une église. Cette construction a remplacé l'ancien *Ciborium*, mais le mauvais goût de certains architectes lui a donné des formes si bizarres, qu'on a beaucoup de peine à reconnaître son origine. Le plus célèbre baldaquin qui existe est celui de Saint-Pierre, à Rome : il a été fait, en 1633, d'après les dessins du chevalier Bernin, avec le bronze enlevé au Panthéon, par le pape Urbain VIII.

BALEINE. — 1° La pêche de la Baleine était en usage chez les divers peuples qui habitaient les bords de la Méditerranée, mais elle ne reçut, chez eux, aucun développement, parce que l'industrie n'avait pas encore trouvé d'emploi à la dépouille de cet animal. Les Chinois furent plus heureux : ils découvrirent de bonne heure l'art d'extraire l'huile de la Baleine ; ils créèrent en même temps une foule d'applications à ce produit, et, dès le IXᵉ siècle, la pêche du terrible cétacé constituait une des branches principales de leur commerce maritime. A la même époque, les Islandais, les Norwégiens, les Danois et les Finlandais, qui avaient fait la même découverte, s'occupaient avec succès de la pêche de la Baleine sur les côtes de la Laponie, de la Flandre et du Groënland. Toutefois, ce furent les Basques du cap Breton qui, les premiers, exploitèrent cette industrie sur une grande échelle et d'une manière régulière. Ils poursuivirent d'abord la Baleine dans le golfe de Gascogne, puis dans les mers du Nord. Enfin, au commencement du XVIᵉ siècle, ils poussèrent leurs excursions dans les parages du Canada, de l'Islande et du Groënland : ils fournissaient alors à toute l'Europe la plus grande partie de l'huile de Baleine qu'on employait. Les marins de la Guyenne, de la Bretagne et de la Normandie essayèrent de partager avec eux les bénéfices qu'ils retiraient de ce commerce, mais ils ne rencontrèrent que des rivaux redoutables qu'après 1560, quand les Hollandais et les Anglais commencèrent à s'occuper activement de la pêche de la Baleine. Tous les peuples du Nord, particulièrement les Danois et les habitants de Brême et de Hambourg, vinrent d'ailleurs grossir le nombre des baleiniers. Un si grand concours finit même par donner lieu à des démêlés, et souvent à des luttes sanglantes, qui ne se terminèrent qu'au XVIIIᵉ siècle, quand on eut partagé les côtes entre les divers peuples et établi un code international pour régler leurs différends.

2° Dès l'origine de la pêche de la Baleine, on s'est servi, pour attaquer cet animal, de harpons lancés à la main.

Afin de donner plus de force et de rapidité à cette arme, les pêcheurs du XIVᵉ siècle essayèrent de la projeter avec une baliste, et ne purent réussir. En 1771 et 1772, les Anglais employèrent au même usage un canon de faible calibre et ne furent pas plus heureux : cette tentative a été plusieurs fois renouvelée depuis, et toujours sans succès. En 1821 et 1822, le capitaine anglais Kay a proposé des fusées à la Congrève qui, pénétrant profondément dans les flancs de l'animal, y éclataient comme une bombe et lui causaient une mort presque instantanée. Enfin, de nos jours, un autre Anglais, M.. Greener, a imaginé de lancer le harpon avec un fusil de son invention, qu'il a nommé *fusil-harpon*. Toutes ces innovations ont été suivies, dans la pratique, d'une complète déception, et l'on est toujours revenu au classique harpon. Voyez HARPON.

BALISE. — Les Balises sont des barres de fer surmontées d'une tête ou d'un baril, que l'on fixe sur les roches pour signaler ces dernières quand la mer les recouvre. Il y a aussi des *Balises flottantes*, qui sont retenues en place par des ancres. Les Balises de cette dernière espèce, ou *Bouées de balisage*, ont toujours une position oblique par suite du mouvement de la mer, et sont, en outre, presque invisibles par la réflexion du soleil ou de la lune, souvent même par une légère brume. C'est pour ce motif qu'on les munit souvent de feux ou de cloches que l'agitation de la mer fait résonner. Une des plus ingénieuses de cette dernière espèce est due au capitaine anglais Longan, qui l'a inventée, vers 1820, et l'a nommée *Pyramide maritime*, à cause de sa forme. Une autre bouée de balisage, encore plus importante, en raison des applications qu'on en peut faire, a été proposée, il y a quelques années (1855-1856), par M. Herbert, de Londres, à qui elle a valu une haute récompense à l'exposition universelle de 1855. Elle est disposée de telle sorte qu'elle oscille, sous l'action des vagues, à peu près autour de son point d'attache, et en s'écartant très-peu de la position verticale. Voyez PHARE.

BALISTIQUE. — Partie de la mécanique qui traite du mouvement des projectiles. Les anciens n'avaient que des idées confuses sur la Balistique, tout se réduisant chez eux à cette simple notion expérimentale que, dans le tir des projectiles, il fallait viser d'autant plus haut que le but était plus éloigné. Cette science date de l'origine même de l'artillerie à feu, et ce fut l'ingénieur italien Tartaglia qui, au xvi° siècle, essaya, le premier, d'en poser les bases; mais le moyen dont il se servit était tout à fait inexact. En 1698, Galilée démontra que la courbe décrite par un projectile, lancé suivant une direction oblique, était une parabole dont l'axe était vertical, et avança que l'air était trop subtil et avait trop peu de masse, pour opposer une résistance sensible au mouvement de ce projectile. Cette double opinion resta longtemps accréditée, mais, vers 1723, Newton en démontra l'inexactitude, et, en 1740, Benjamin Robins lui porta le dernier coup en créant le *Pendule balistique*. Ce dernier découvrit aussi que les mouvements de rotation que prennent les projectiles autour de leur centre de gravité les font dévier du plan vertical de tir. La plupart des mathématiciens du xvii° et du xviii° siècle, surtout Euler, Borda, Bernouilly et Legendre, s'occupèrent aussi d'études de balistique, mais les résultats compliqués auxquels ils arrivèrent ne furent que d'un faible secours pour la pratique. Enfin, Lombard, professeur à l'École d'artillerie d'Auxonne, eût, le premier, l'idée d'appliquer les spéculations de la science aux besoins de la pratique, et publia des tables de tir, qui, malgré de nombreux défauts, sont encore consultées avec fruit. Depuis le commencement de ce siècle, la Balistique a fait des progrès importants, à la suite desquels elle est parvenue à trouver la solution des problèmes qui intéressent le plus vivement l'art militaire. — Dans l'artillerie, on appelle *Pendule balistique* un appareil très-simple qui sert à déterminer la vitesse initiale que possède un projectile au sortir de l'âme d'une bouche à feu. Cet instrument paraît dater de 1707; mais c'est l'Anglais Benjamin Robins qui, le premier, en 1740, l'a construit d'une manière · sérieuse, et l'a définitivement fait entrer dans la pratique. Il a reçu depuis de très-nombreux perfectionnements.

BALLADE. — La *Ballade* paraît avoir été primitivement un chant destiné à servir d'accompagnement à la danse. Elle forma ensuite corps à part. L'invention de ce genre de poésie est due aux troubadours provençaux du xii° siècle, auxquels l'empruntèrent les poëtes espagnols, français et italiens. Toutefois la Ballade ne devint d'un usage commun dans la langue française que dans le cours du xiv° siècle, sous Charles V, et c'est à Alain Chartier que revient l'honneur de l'avoir mise le plus en vogue. On s'en servit beaucoup au xvi° et au xvii° siècle. Aujourd'hui, on a détourné le mot *Ballade* de son sens primitif pour l'appliquer à des chants qui reproduisent les traditions populaires.

BALLES. — Les Balles de fusil ont été exclusivement sphériques jusqu'à ces dernières années. Cependant, pendant les guerres de la Révolution, les soldats armés de carabines se servaient quelquefois de petits lingots qu'ils enveloppaient d'un morceau de peau grasse ou canepin. En 1822, le capitaine brunswickois Berner, ayant imaginé une carabine dont le canon portait deux rayures rondes, inventa, pour le service de cette arme, une Balle particulière, dite *à ceinture* ou *à cordon*, qui n'était autre chose qu'une Balle ordinaire munie d'un anneau saillant dont les dimensions correspondaient à celles des rayures. Les Balles *cylindro-coniques*, si usitées aujourd'hui, ont été inventées, en 1849, par M. Minié, alors capitaine des chasseurs à pied, et l'on sait que leur adoption a complétement transformé le service des armes à feu portatives. A diverses époques, on a proposé des *Balles foudroyantes*, c'est-à-dire creuses, remplies de poudre, et pourvues d'une capsule fulminante destinée à mettre le feu à la charge au moment du choc. On se servait autrefois de ces projectiles pour faire sauter les caissons d'artillerie, mais sans pouvoir en obtenir des résultats bien satisfaisants. C'est un projectile de ce genre que M. Devisme, arquebusier à Paris, a proposé, en 1856, pour la chasse des animaux dangereux, et, à la disposition duquel il a appliqué les divers perfectionnements apportés à la fabrication des Balles cylindro-coniques ordinaires.

BALLET. — Les *Ballets* remontent au milieu du xv° siècle, et sont originaires d'Italie, où le premier fut, dit-on, représenté à Tortone, à l'occasion du mariage d'Isabelle d'Aragon avec un duc de Milan. Ils furent introduits en France par Catherine de Médicis. Le plus ancien qu'ait vu notre pays, fut donné au Louvre, en 1581, par cette princesse. Il avait pour titre : *Grand ballet de Circé et de ses nymphes*, paroles de Ronsard et Baïf, musique de Beaulieu et Salmon, partie chorégraphique de Balthasar de Beaujoyeux. Les Ballets firent fureur au XVIIᵉ siècle, dans toute l'Europe. Louis XIII en composa lui-même plusieurs, que l'on désigna sous le nom de *Ballets de Sa Majesté*, et dont l'un, celui des *improvistes*, reçut ce nom parce qu'il fut « inventé, disposé et dansé dans l'espace de six jours. » On sait que Louis XIV figura très-souvent dans les ballets et qu'il ne renonça à la manie de se donner en spectacle que par suite de la leçon qu'il trouva dans le *Britannicus* de Racine. C'est en 1671 que parut le premier Ballet-pantomime raisonné. Il représentait les *Fêtes de Bacchus et de l'Amour*, paroles de Quinault, musique de Lulli, et fut exécuté sur le théâtre de l'Opéra, à Paris. Dix ans après eut lieu une autre innovation : les femmes n'avaient pas encore figuré dans les Ballets, où on les remplaçait par des jeunes gens, lorsque, le 21 janvier 1681, la dauphine, les princesses du sang et les duchesses dansèrent, au château de Saint-Germain, dans l'opéra-ballet *le Triomphe de l'Amour*. Cet exemple trouva aussitôt des imitateurs, et, dès ce moment, on dressa des jeunes filles pour en faire des danseuses. On n'en compta toutefois aucune de bien remarquable jusqu'en 1704, époque des débuts de la demoiselle Prévôt, qui ne cessa d'attirer la foule pendant plus de vingt ans.

BALUSTRADE. — Les petites constructions ainsi appelées ont pour objet de servir d'appui à une fenêtre ou à un balcon, de garde-fou à une terrasse, ou de rampe à un escalier. On attribue généralement leur invention aux architectes italiens de la Renaissance, mais il est probable qu'elles sont une simple imitation des parapets si variés de la période ogivale, dans lesquels on a substitué la colonne antique aux ornements usités au moyen âge. Dans tous les cas, c'est en Italie que l'on en trouve les plus anciennes applications.

BAMBOCHADE. — On appelle ainsi un genre de tableaux ou de dessins qui représentent des scènes populaires, bouffonnes et grotesques. Ce mot vient d'un peintre flamand, Pierre van Loor, né en 1613, que l'on surnomma le *Bamboche*, de l'Italien *bamboccio*, pantin, marionnette, parce qu'il était mal bâti et de grotesque conformation. Or, comme il excella à peindre des scènes gaies et bouffonnes, on donna par analogie le nom de *bambochades* à ses compositions et à celles de ses imitateurs. Toutefois, il est à remarquer que Pierre van Loor n'inventa pas la Bambochade, car ce genre n'est qu'une variété de la caricature, et celle-ci est aussi ancienne que les arts du dessin.

BAMBOU. — Le Bambou est originaire de l'Inde, mais ses diverses variétés se sont répandues, à titre de plantes usuelles, dans toutes les contrées tropicales où elles peuvent croître. Sa tige, qui a la même structure que celle du roseau d'Europe, atteint souvent 20 mètres de haut. Peu de végétaux sont aussi utiles que le Bambou. Dans l'Inde et en Chine, on mange, en guise de hors-d'œuvre, la moelle de ses jeunes tiges confite au vinaigre, et ses jeunes pousses constituent un légume aussi savoureux que sain et nutritif. On prépare aussi des liqueurs fermentées très-agréables avec une substance sucrée qui s'écoule de ses nœuds. Avec son écorce, découpée en lanières minces et flexibles, on fait des nattes et des ustensiles de toute espèce. Cette même écorce sert aussi à fabriquer du papier. En Chine, les vases à l'usage du peuple ne sont autre chose que des entre-nœuds de bambou sciés à la longueur voulue, et dont on forme le fond en conservant la cloison transversale qui se trouve à chaque nœud. Les tiges servent encore à faire des cannes, des manches d'outils et d'ombrelles, des tuyaux de pipe, des conduits d'eau, ainsi que des meubles, des palissades, des parois de maison, des charpentes. Beaucoup de villages ne sont pas bâtis avec d'autres matériaux. Le Bambou a été introduit dans les serres d'Europe, en 1730. Depuis la conquête de l'Algérie, on en a acclimaté plusieurs variétés dans notre colonie. Enfin, dans ces dernières années, l'amiral Cécile et M. de Montigny ont fait, pour doter plusieurs de nos départements de quelques-unes de celles qui croissent en Chine, des expériences qui paraissent avoir donné d'assez bons résultats.

BANANIER. — Le Bananier ou Plantain n'est pas un arbre, comme on le croit généralement, mais une plante herbacée de la famille des Musacées, dont la tige atteint de 3 à 5 mètres de hauteur, tandis que ses feuilles sont longues de 2 mètres et larges d'un mètre environ. C'est un des plus précieux végétaux des contrées équinoxiales, où l'on en cultive deux espèces principales, le *Musa paradisiaca* et le *Musa sapientum*. Ses fruits, appelés communément *bananes*, jouent, dans certains pays, le rôle que la pomme de terre et le riz remplissent ailleurs. On emploie aussi ses feuilles pour couvrir les habitations et faire des ouvrages de vannerie. Enfin, on extrait de ces dernières des fibres très-solides, dont on se sert, suivant leur degré de finesse, pour fabriquer des cordes et des tissus. Dans ces dernières années, on a fait quelques essais pour acclimater le Bananier en Algérie. Voyez ABACA.

BANC A TIRER. — Machine destinée à étirer les métaux, à les transformer en fils, en les faisant passer à travers des trous correspondants à la forme que l'on veut obtenir. On ne possède aucun renseignement sur son origine, mais on sait que ses perfectionnements remarquables ne remontent pas au delà du dernier siècle. Dans les premiers Bancs à tirer, la traction s'opérait au moyen d'un moulinet sur l'axe duquel venait s'enrouler une bande de cuir fixée à l'extrémité de la pince destinée à saisir le métal. Ce système ne pouvant servir qu'à donner des tractions irrégulières et peu considérables, on a d'abord remplacé le moulinet par un banc d'engrenages, ce qui a permis d'augmenter la puissance de l'outil et, en même temps, d'obtenir des produits plus uniformes. Enfin, cette amélioration n'ayant pas été jugée suffisante, on l'a complétée en substituant une chaîne de Vaucanson à la crémaillère. La *filière* est la partie de la machine qui porte les ouvertures à travers lesquelles le métal doit passer. Elle a d'abord exclusivement consisté en une plaque d'acier percée de trous. Elle offre même encore cette disposition dans les cas ordinaires, mais, dans certaines circonstances, comme, par exemple, quand on veut obtenir des fils métalliques d'une très-grande longueur et d'un diamètre parfaitement régulier, on munit ses trous de rubis, d'agates ou d'autres pierres dures. Pour certains travaux spéciaux, on forme aussi souvent la filière de plusieurs pièces mobiles qui s'assemblent en laissant entre elles un espace vide dont on peut varier les dimensions à volonté. — Au lieu de n'employer le Banc à tirer, comme autrefois, que pour la fabrication des fils métalliques, l'industrie contemporaine en a beaucoup étendu les applications. Ainsi, on s'en sert également aujourd'hui pour faire des tubes, des prismes creux, des bandes rainées et fouillées en tous sens, et des objets d'utilité ou d'ornement des formes les plus variées. Ce dernier progrès paraît avoir été réalisé, pour la première fois, en France, sur une échelle importante, par MM. Vende et Roger, mécaniciens à Paris. Un autre mécanicien de la même ville, M. Groult, est aussi parvenu à obtenir du Banc à tirer des tubes à filets extérieurs héliçoïdes, qu'il a nommés *tubes-cordes*.

BANQUE. — Comme tous ceux qui, dans notre langue, se rapportent au crédit public, ce mot est d'origine italienne, ce qui prouve que l'Italie a devancé la France dans la science des finances. Toutefois, il faudrait se garder de croire que les opérations de banque datent seulement des temps modernes. Plusieurs d'entre elles, celles surtout qui consistent dans le change des monnaies sur place, ont été connues et pratiquées chez tous les peuples commerçants de l'antiquité. A Rome, les Banquiers se nommaient *mensarii*, à cause du bureau ou comptoir (*mensa*) dont ils se servaient, et le nom moderne de banque, qui vient de l'italien *banco*, table, n'a pas d'autre étymologie. Les premières Banques modernes ont été des *Banques de dépôt*. La plus ancienne connue fut fondée à Venise en 1170. Des établissements du même genre s'élevèrent plus tard à Gênes, en 1407; à Amsterdam, en 1609; à Hambourg, en 1619; à Nuremberg, en 1621; à Rotterdam, en 1635. A l'exception de celle de Hambourg, qui existe encore, toutes ces institutions ont disparu depuis longtemps. Les Banques de dépôt étaient un grand progrès, mais elles devinrent insuffisantes quand les relations commerciales eurent acquis une grande importance. Alors parurent les *Banques d'escompte et de circulation*, d'où dérivent les Banques modernes et qui, d'ailleurs, embrassent aussi les opérations des précédentes. Ces établissements naquirent au XVIIe siècle, probablement en Angleterre ; c'est du moins dans ce pays qu'elles reçurent leurs premiers développements. La *Banque d'Angleterre*, la plus considérable des Banques actuelles, fut fondée, le 27 juillet 1694, sur la proposition d'un gentilhomme écossais nommé William Patterson ; on lui doit d'avoir introduit dans le mécanisme du crédit l'admirable invention des *Billets circulants* ou *Billets de banque*. La *Banque de France* a été établie sous le Consulat, par un décret du 23 nivôse an VIII (18 janvier 1800), et a commencé ses opérations le 1er ventôse suivant (20 février 1800). Des établissements analogues existent aujourd'hui dans toutes les villes importantes de l'ancien et du nouveau monde, les uns régis par les gouvernements, les autres par des compagnies ou des particuliers, et tous donnant une vive impulsion au mouvement commercial. Du mot *banque* est venu le français *banqueroute*, lequel est aussi d'origine italienne. Les Italiens disent qu'un marchand a *rota la banca*, quand, ne pouvant faire honneur à ses affaires, il prend la fuite sans payer ses créanciers, parce que, pendant le moyen âge, celui qui se trouvait dans ce cas avait son comptoir rompu (*banca rota*) par l'autorité publique. A la fin du XVIe siècle, la loi française obligeait les banqueroutiers frauduleux à porter un *bonnet vert*. Cet usage, qui était aussi un emprunt fait à l'Italie, fut aboli au commencement du siècle dernier.

BAPTISTÈRE. — Les Romains donnaient le nom de *baptisterium* à un grand bassin où plusieurs personnes pouvaient se baigner ensemble et même nager. Les chrétiens occidentaux adoptèrent ce mot pour désigner des édifices particuliers destinés à l'administration du baptême. En Italie, où ils prirent naissance, ces édifices furent généralement placés à l'extérieur des églises et firent corps à part. Dans les autres pays, en Gaule, par exemple, ils furent établis sous le même toit que les églises. A l'époque où le baptême s'administrait par immersion, le Baptistère renfermait une grande cuve ou bassin, dans laquelle on descendait au moyen d'escaliers, et un autel, où l'on disait la messe après la cérémonie. Plus tard, quand l'usage de baptiser par infusion fut devenu général, la construction perdit ses anciennes proportions, et la cuve elle-même fut remplacée par un vase de petite dimension, que l'on plaça au fond de l'église et près de la porte, comme cela se fait encore aujourd'hui. Un des plus remarquables baptistères qui existent est celui qui est annexé à la basilique de Saint-Jean de Latran, à Rome : la tradition veut que Constantin y ait reçu le baptême.

BARATTE. — Voyez BEURRE.

BARBARIE (*Orgue de*). — Voyez ORGUE.

BARBE. — On a écrit des volumes sur les révolutions de la *Barbe*. Les Orientaux ont presque toujours porté la Barbe longue. Dans l'Occident, les Grecs conservèrent cet usage jusqu'après la mort d'Alexandre le Grand, et les Romains jusque vers l'an 295 avant J.-C. Mais alors l'usage de se raser devint obligatoire, sauf pour les temps de deuil, où on laissa croître la Barbe en entier. Chez les Francs, la Barbe fut de rigueur ; ils se distinguaient ainsi des Gallo-Romains. Mais elle était courte, et on la nouait avec des tresses d'or. On attachait une telle importance à cet ornement, qu'une loi de l'an 630 prononça une peine sévère contre celui qui le couperait à un homme libre sans son consentement. Au XIIe siècle, la Barbe disparut, et l'on se fit raser entièrement jusque sous le règne de Philippe de Valois. La mode des longues Barbes revint alors ; mais elle ne fut adoptée d'une manière générale qu'au temps de François Ier. Les Barbes furent de nouveau abandonnées après Henri IV. On conserva seulement la *Moustache* et une *Mouche* ou *Royale* au-dessous de la lèvre inférieure. Quelques magistrats, partisans outrés des vieux us, restèrent seuls fidèles à la Barbe. Sous Louis XIV, la moustache et la royale disparurent à leur tour, excepté chez les Calvinistes des Cévennes, que l'on appelait quelquefois *Barbets* à cause de la longue Barbe que portaient leurs ministres. Pendant la Révolution, les moustaches, la Barbe et la royale commencèrent à se montrer de nouveau, surtout chez les artistes. Elles ont continué depuis à être portées, mais elles n'ont jamais réussi à se faire adopter par tout le monde. — Dans les premiers temps de l'Église, les ecclésiastiques portaient la Barbe. Le pape Léon III fut le premier de son siècle qui fit raser la sienne (697). Cette coutume dura jusqu'à Jean XII, au xᵉ siècle, qui la laissa croître. Mais cette mode fut abolie par Grégoire VII, qui força tous les membres du clergé à se raser. Clément VII reprit la Barbe, et ses successeurs l'imitèrent jusqu'au xviiᵉ siècle. Comme le clergé séculier, les moines laissèrent d'abord croître la Barbe. Ils la quittèrent au ixᵉ siècle, et depuis lors, ils continuèrent à se raser, sauf les frères convers qui conservèrent l'ancien usage.

BARCAROLLE. — Les gondoliers de Venise ont donné ce nom, qui signifie littéralement *chant des bateliers*, à des chansons en patois vénitien qu'ils chantent en conduisant leurs embarcations, et les compositeurs modernes ont adopté ce mot pour désigner des imitations de ces chansons.

BARÉGE. — Étoffe de laine qui porte le nom de la vallée de Baréges, dans les Hautes-Pyrénées, où elle a été créée. Elle date d'une époque très-ancienne, mais elle n'a d'abord été qu'un objet de consommation locale. Il paraît même que, dans le principe, elle ne servait que pour faire des capuchons à l'usage des femmes. C'est dans des temps tout à fait modernes que le Barége s'est répandu hors du pays. Mais, en prenant de l'extension, sa fabrication s'est en partie déplacée, et les modifications qu'on a introduites dans les procédés ont entièrement transformé le tissu primitif. Le Barége se fait aujourd'hui dans la vallée de ce nom et dans celle de Bagnères-de-Bigorre.

BARÈME. — Les recueils de comptes-faits ont été ainsi nommés de François Barrème, mathématicien lyonnais du xviiᵉ siècle, qui fit paraître à Paris, en 1669, le premier livre de ce genre qui ait eu du succès en France. Voici le titre de cet ouvrage : « *Le Livre des tarifs, où, sans plume et sans peine, on trouve les comptes faits divisés en trois parties : sçavoir les tarifs communs, les tarifs particuliers, les tarifs du grand commerce; dédiés à monseigneur Colbert, ministre d'État, par Barreme, arithméticien, lequel enseigne brièvement l'arithmétique. Se vend chez luy, à Paris, au bout du Pont-Neuf, entrant en la rue d'Auphine, où il y a des affiches sur sa porte, et chez Hugues Senus, marchand liuière, rue Richelieu. »*

BAROMÈTRE. — Il a été inventé, en 1643, par le physicien italien Evangelista Torricelli, à l'occasion de recherches entreprises pour trouver la cause de l'ascension de l'eau dans les pompes aspirantes. Cet instrument reçut d'abord le nom de *tube de Torricelli*. La plupart des savants en munirent leurs cabinets; mais quelques-uns d'entre eux, Otto de Guericke, suivant les uns, Torricelli lui-même, Pascal ou Périer, suivant les autres, ne tardèrent pas à remarquer que la colonne mercurielle variait entre certaines limites et qu'il y avait une relation entre ces variations et l'état du temps. On fut naturellement conduit par cette découverte à fixer une échelle graduée le long du tube. C'est à partir de ce moment que le tube de Torricelli reçut le nom de *Baromètre*, afin d'indiquer qu'il mesure le poids variable de l'atmosphère. Depuis cette époque, un grand nombre de physiciens ont cherché à donner à l'instrument les formes les plus commodes pour rendre son emploi plus facile et plus exact, et leurs travaux ont produit cette multitude de Baromètres particuliers qui existent aujourd'hui, et parmi lesquels il faut surtout citer ceux *à cuvette* de Lisembrocq et Legaux, et ceux *à siphon* de Fortin et de Gay-Lussac. On a aussi fait des Baromètres enregistreurs, c'est-à-dire marquant eux-mêmes leurs indications. Les appareils de ce système sont généralement désignés sous le nom de *Barométrographes*. Quant aux Baromètres dits *marins*, ils ne diffèrent des Baromètres ordinaires que par des dispositions particulières destinées à les approprier aux circonstances de la navigation. Pendant longtemps, on n'a connu que les Baromètres à mercure. En 1838, M. Vidi, ingénieur physicien à Paris, et, après lui, M. Bourdon, reprenant une idée émise en 1800, par Jacques Conté, en ont construit divers modèles dans lesquels cette substance ne figure pas, et qui sont fondés sur l'élasticité des lames rigides. Ces Baromètres métalliques sont connus sous le nom d'*Anéroïdes*, qui a été créé par le premier de ces inventeurs. — Les Baromètres ne servent pas seulement aujourd'hui pour mesurer la pression atmosphérique. On les emploie aussi pour les opérations d'hypsométrie, et pour indiquer les changements de temps. Ceux qui reçoivent cette dernière destination sont toujours à mercure, et la disposition dite *à cadran*, qu'on leur donne habituellement, a été imaginée, en 1663, par le physicien anglais Robert Hooke. Voyez HYPSOMÉTRIE.

BAROTROPE.— Voiture à poids moteurs imaginée, en 1858, par M. Salicis, ancien lieutenant de vaisseau, pour résoudre le problème de la locomotion personnelle. C'est un vélocipède perfectionné.

BARRAGE. — Les travaux qui portent ce nom dans l'architecture hydraulique sont destinés à exhausser le niveau et à régulariser la dépense des cours d'eau. Les Barrages rendent de très-grands services, mais, à l'époque des grandes pluies ou de la fonte des neiges, ils peuvent augmenter les désastres des inondations. C'est pour remédier à cet inconvénient que l'on a imaginé de remplacer les *Barrages fixes*, les seuls employés pendant un grand nombre de siècles, par des *Barrages mobiles*. Un des plus ingénieux Barrages de cette dernière espèce date de 1834, et est dû à M. Poirée, alors ingénieur-directeur des ponts-et-chaussées, à Paris, qui y a introduit depuis de nombreuses améliorations. Un autre système a été inventé, en 1831, et complété en 1839 par M. Mesnager, inspecteur divisionnaire de la même administration. Ces deux Barrages sont aujourd'hui généralement adoptés en France et à l'étranger, et ont valu, aux expositions de l'industrie, les plus hautes distinctions honorifiques à leurs auteurs. — Le Barrage le plus considérable qui existe est celui que l'on construit en Égypte, à la pointe du Delta, à l'endroit où le Nil se divise en deux grandes branches, l'une à l'est se dirigeant vers Damiette, l'autre à l'ouest allant vers Rosette. La première idée de cet ouvrage gigantesque paraît appartenir au général Bonaparte, mais

c'est le vice-roi Méhémet-Ali qui, dans les dernières années de son règne, a songé le premier à l'exécuter. Les plans en ont été dressés, en 1842, par l'ingénieur français Mougel, et les travaux commencés au mois d'avril 1846. Le Barrage se compose de deux ponts éclusés, l'un, de 452 mètres 30 de longueur, sur la branche de Rosette, et l'autre de 522 mètres 20, sur la branche de Damiette, réunis l'un à l'autre par un quai circulaire d'environ 1,500 mètres de développement. Les arches de ces ponts, au nombre de 59 pour le premier, et de 71 pour le second, sont fermées au moyen de poutrelles, mais chacun d'eux présente, pour le passage des bateaux, une arche marinière avec volée mobile et un bateau-porte pour fermeture. Quand le Barrage sera terminé, il fera refluer les eaux jusqu'au Caire, qui en est à 20 kilomètres, et permettra de compléter le réseau navigable de l'Égypte, et d'arroser plus de 84,000 hectares du Delta, qui produiront trois récoltes par an au lieu d'une seule qu'ils donnent actuellement.

BARRETTE. — Cette coiffure ecclésiastique doit son origine à la cale ou calotte en drap que tout le monde portait anciennement. Comme il se formait deux plis au sommet de la calotte, c'est-à-dire à l'endroit par lequel on la prenait, on l'appela *bis rectum*, par abréviation *biretum*, mots latins que l'on traduisit en français par *béret, bérette* et, enfin, *barrette*. Pour maintenir l'étoffe de cette espèce de bonnet, on imagina, on ne sait à quelle époque, de la doubler d'un bougran ou d'un carton. En même temps, on porta le nombre des plis ou cornes d'abord à trois, puis à quatre. Après cette dernière modification, la Barrette reçut le nom de *Bonnet carré*, parce qu'elle se composait, en effet, de quatre côtés assemblés à angle droit, et l'on suspendit un petit gland au centre de chacun des quatre angles. Telle fut la Barrette des ecclésiastiques français sous Louis XIV. Sous Louis XV, la Barrette fut prodigieusement exhaussée, les quatre glands furent réunis en un seul, qui devint bientôt une grosse houppe, et l'on produisit ainsi cette disgracieuse coiffure en pain de sucre que notre clergé a portée jusque vers 1840, où la Barrette carrée du XVIIe siècle a été successivement rétablie dans tous les diocèses,

BARYTE. — Sorte de terre alcaline qui a été découverte, en 1774, par le chimiste suédois Scheele. Elle a été ainsi nommée, du grec *barus*, lourd, à cause de sa pesanteur. On reconnut plus tard qu'elle résulte de la combinaison de l'oxygène avec une base, le *Baryum*, qui fut isolée, pour la première fois, en 1808, par sir Humphry Davy. La Baryte n'a aucune utilité dans l'industrie, mais les chimistes en font souvent usage comme réactif. Un de ses sels, le *sulfate de baryte*, reçoit seul des applications dans les arts. On le mêle quelquefois au blanc de céruse. Il entre aussi dans la composition de certains verres. Enfin, on l'utilise, comme fondant, dans plusieurs fonderies de cuivre.

BARYUM. — Voyez BARYTE.

BAS. — Dans le principe, on ne portait que des espèces de caleçons à pied que l'on découpait dans des pièces d'étoffe absolument comme les autres parties du costume. Les *Bas* prirent naissance quand on eut l'idée de détacher la partie inférieure de ce caleçon et de la confectionner à part. Cette innovation fut faite, dit-on, vers 1564, par un Anglais, nommé William Rider. Cet industriel fit même plus; il imagina encore de fabriquer le nouveau vêtement à l'aiguille, c'est-à-dire de le *tricoter*. Les premiers *Bas tricotés* paraissent avoir été de soie, et l'on assure que les premiers que l'on vit en France furent portés, en 1509, par Henri II aux noces de sa sœur Marguerite avec Emmanuel-Philibert, duc de Savoie. La fin du même siècle vit une invention autrement importante, celle de la *Machine à tricoter* ou *Métier à bas ;* mais on ne possède pas de renseignements précis sur son véritable auteur. Toutefois, on l'attribue généralement à un autre Anglais appelé William Lee ou Lea, qui l'aurait faite vers 1589. Cet inventeur, n'ayant pu trouver, dans son pays, les encouragements et la protection dus à son mérite, passa en France, en 1600, et fonda à Rouen la première fabrique de Bas à la mécanique qui ait existé. Après sa mort, les ouvriers qu'il avait formés revinrent en Angleterre, y apportèrent leurs métiers et en firent si bien apprécier les avantages que l'exportation en fut interdite. La France se trouva ainsi dépouillée d'une industrie qu'elle avait

exploitée la première, et elle ne put la recouvrer que sous le règne de Louis XIV. A cette époque, un mécanicien, nommé Jean Hindrès, cédant aux conseils de Colbert, se rendit chez nos voisins, et, ayant réussi à surprendre le plan des métiers, vint fonder, en 1656, au château de Madrid, dans le bois de Boulogne, une grande manufacture que l'on considère avec raison comme l'origine de notre fabrication de tissus à mailles. Les premiers métiers ne produisaient que des *Bas unis*, mais on ne tarda pas à les modifier de manière à en obtenir des Bas *chinés, tigrés, à jour, à côtes, à fleurs*, etc. Tous ces perfectionnements eurent lieu en Angleterre, à partir surtout de 1759, et ils furent importés sur le continent par une foule d'industriels qui ne manquèrent pas de s'en dire les inventeurs. Les métiers ordinaires marchent à bras et par intermittences. Les métiers à action automatique et continue, vulgairement appelés *Tricoteurs* ou *Tricoteuses*, ont commencé à être employés au commencement de ce siècle : on les croit d'origine française. Voyez TRICOT.

BASALTE. — Pierre noire ou grise, très-compacte, plus dure que le verre et très-difficile à rompre. On l'a employée de tout temps, en moellons, pour les constructions, dans les pays où elle se trouve en abondance. Les Égyptiens et, à leur exemple, les autres peuples de l'antiquité et ceux de la Renaissance en ont également fait usage pour leurs plus beaux monuments de la statuaire. Enfin, on s'en est servi, et on s'en sert encore, à cause de sa dureté, pour faire des pilons et des mortiers, et même des enclumes pour les batteurs d'or, ainsi que des pierres de touche. Dans ces dernières années, M. Chance, de Birmingham, a eu l'idée de mouler avec le Basalte fondu des objets d'utilité ou d'ornement, tels que chapiteaux, statuettes, tuyaux, fontaines, cuvettes, etc., que l'on peut ensuite graver, polir, émailler de mille manières. Cette invention a été introduite en France, par M. Stanley, en 1857.

BASILIQUE. — Les Romains appelaient *Basiliques*, du grec *basilikè*, sous-entendu *oïkè*, maison royale, de vastes édifices, qui servaient en même temps de tribunaux et de bourses de commerce. Ces édifices furent, en raison de leurs dimensions, choisis par les premiers chrétiens pour leur servir de temples, et c'est là que, après qu'ils purent procéder publiquement aux cérémonies de leur culte, ils tinrent leurs premières assemblées ou églises. Voilà pourquoi les temples chrétiens, que l'on éleva dès le principe, portèrent le nom de *Basiliques* et en adoptèrent même les dispositions. Dans la suite, au ve siècle, par exemple, le mot *Basilique* reçut une signification plus restreinte ; on ne l'appliqua plus qu'aux églises de fondation royale.

BASIN. — Cette étoffe de coton a été ainsi appelée de l'italien *Bambagine*, dérivé lui-même de *Bambagia*, nom donné à Milan au duvet du cotonnier. De *Bombagine*, on a fait par aphérèse d'abord *Bagine*, puis *Bagin* et *Basin*. La première fabrique de Basin qu'il y ait eu en France fut montée à Lyon, en 1580, par des ouvriers venus du Piémont et du Milanais.

BASSE. — Dans le langage musical, on donne le nom de *Basse* à la partie la moins élevée de toute espèce de musique, à celle qui sert de base à l'harmonie, et on lui applique des épithètes particulières suivant la manière dont elle est conçue et exécutée. La Basse dite *continue* ou *chiffrée* date du commencement du xviie siècle : on en attribue l'invention à Ludovico Viadana, de Lodi, maître de chapelle de la cathédrale de Mantoue. Plusieurs compositeurs de la même époque paraissent bien en avoir également eu l'idée, mais c'est cet artiste qui en a, le premier, donné les règles, en 1606. Un peu plus tard, on imagina la Basse *figurée* et la Basse *contrainte*, qui firent fureur pendant plusieurs années. Enfin, en 1722, Rameau créa le système d'harmonie si connu sous le nom de *Système de la Basse fondamentale*, dont il n'est resté que la théorie du renversement des accords. Voyez VIOLON.

BASSE LISSE. — Voyez TAPISSERIE.

BASSON. — Instrument de la famille du hautbois, où il joue le rôle de la basse : de là son nom. Le Basson a été inventé, en 1539, par un chanoine de Ferrare, appelé Afranio. Il était déjà d'un usage général en France à la fin du siècle suivant, mais sa construction était si grossière qu'on ne pouvait en obtenir que des sons rauques et durs. Vers 1780,

un facteur parisien, nommé Delusse, essaya de le perfectionner et ne put y parvenir. D'autres tentatives du même genre furent faites plus tard, surtout à partir de 1809, dans presque toutes les parties de l'Europe, et n'eurent pas un meilleur succès. Enfin, de nos jours, MM. Adolphe Sax, Triebert et Théobald Bœhm ont réussi à le reconstituer et à lui donner toutes les qualités dont il était dépourvu.

BASTION. — Le *Bastion*, l'âme de la fortification moderne, a pris naissance lorsque, après avoir agrandi les tours des places fortes, afin de pouvoir les armer d'un plus grand nombre de bouches à feu, on imagina de les renforcer contre l'action de l'artillerie ennemie en terminant en pointe la partie qui s'avançait dans la campagne. On ignore à quelle époque précise, dans quel pays et par quel ingénieur militaire, ce grand progrès fut réalisé pour la première fois. Les uns disent que le Bastion fut employé, dès 1480, par Achmet-Pacha, pour fortifier Otrante ; les autres pensent qu'il fut inventé, en 1489, à Tabor, par Jean Ziska, chef des Hussites de la Bohème ; d'autres, enfin, en attribuent l'invention à San Michaeli, de Vérone, qui l'aurait faite, en 1523, pour augmenter les défenses de sa ville natale. Quoi qu'il en soit, c'est au xvie siècle que le Bastion devint l'élément principal de la fortification, mais ce ne fut qu'au siècle suivant que sa forme, ses propriétés et ses dimensions furent nettement déterminées.

BATEAU A AIR. — Les Cloches à plongeur ne pouvant contenir que trois ou quatre personnes au plus, on a imaginé de les remplacer, pour les petites profondeurs, par des appareils plus spacieux auxquels on a donné le nom de *Bateaux à air*. Ce sont de grandes caisses en fer ouvertes par le bas et que l'on maintient étanches au moyen de l'air comprimé. La première idée de ces appareils date de 1778, et appartient à l'ingénieur français Coulomb ; mais elle n'a été pratiquement résolue qu'en 1845, par un autre de nos compatriotes, l'ingénieur de la Gournerie, à l'occasion de travaux qu'il était chargé d'exécuter au port du Croisic. Depuis cette époque, les Bateaux à air ont été souvent employés avec le plus grand succès sur plusieurs puissants cours d'eau, surtout sur le Rhin, la Seine et le Nil. M. François Cavé, mécanicien à Paris, en a construit pour le service de ce dernier fleuve, qui renferment jusqu'à quarante ouvriers.

BATEAU A GLACE. — Voyez BATEAU DE SAUVETAGE.

BATEAU A VAPEUR. — Contrairement aux prétentions des Espagnols et des Anglais, M. Arago a prouvé, et il est aujourd'hui universellement admis, que la gloire d'avoir conçu la navigation à vapeur appartient à Denis Papin, médecin français du xviie siècle, que la révocation de l'édit de Nantes avait forcé de s'expatrier en Allemagne, où il mourut en 1710. Ce grand homme exposa d'abord ses idées dans un mémoire, qui parut en 1695, puis, passant de la théorie à la pratique, il construisit un petit bateau qui, après avoir été essayé sur la Fulda, à Cassel, en 1706, fut détruit, l'année suivante, par les bateliers de Munden, au moment où il s'apprêtait à le conduire en Angleterre. Vingt-neuf ans après (1736), un mécanicien anglais, nommé Jonathan Hull, conçut le projet d'un remorqueur à vapeur, qu'il ne put exécuter faute de ressources. Fût-il d'ailleurs parvenu à le réaliser, qu'il n'eût pu tirer aucun parti de son bateau, parce que la machine à vapeur était encore beaucoup trop imparfaite. L'application du nouveau moteur à la navigation ne devint possible qu'après 1770, quand James Watt eut créé la machine à simple effet. Les essais commencèrent presque aussitôt. Les premiers eurent lieu en France. Le comte d'Auxiron lança sur la Seine, à Paris, en 1774, un bateau qui ne put marcher parce qu'il était mal disposé. L'année suivante, les frères Périer firent, dans la même ville, des expériences qui n'eurent pas plus de succès. Enfin, en 1783, le marquis de Jouffroy d'Abans fit naviguer sur la Saône, à Lyon, un bateau qui se comporta assez bien, mais que diverses circonstances ne lui permirent pas de perfectionner. Ce n'était pas du reste seulement en France que la solution du problème de la navigation à vapeur préoccupait alors les esprits; elle était aussi, en Angleterre et aux États-Unis, l'objet des recherches d'une foule d'inventeurs. Parmi les expérimentateurs du premier de ces deux pays, on cite Muller (1789), lord Stan-

hope (1795), Baldwin (1796), et Symington (1801); et, parmi ceux du second, James Fitch (1786), Rumsey (1787), Livingston (1798), Louis de Valcourt, Mac Keaver et Oliver Evans (1795-1803). Enfin, l'Américain Robert Fulton, qui habitait Paris depuis 1796, réussit, en 1803, à faire marcher sur la Seine un bateau qui répondit à toutes ses espérances. Dès ce moment, la navigation à vapeur fut acquise à l'humanité, mais Fulton, n'ayant pu réussir à la faire adopter par le gouvernement français, la porta à son pays. Quatre ans après, le 11 août 1807, il lança, dans la rivière de l'Est, à New-York, le premier bateau qui ait véritablement servi : c'était le *Claremont*, du port de cent cinquante tonneaux. La manière dont ce bateau se comporta dans les voyages d'essai qu'il effectua, démontra aux plus incrédules les grands avantages de la navigation nouvelle, et, en quelques années, elle domina sur tous les cours d'eau des États-Unis. Quant à l'Europe, ce fut l'Angleterre qui adopta la première l'invention de Fulton, et le premier bateau qu'elle posséda, la *Comète*, commença, en 1812, un service régulier, entre Glasgow et Helensburg-Bath. En France, on essaya, dès 1815, de suivre le progrès; on construisit même à Bercy, près de Paris, un bateau, *le Charles-Philippe*, qui fut lancé sur la Seine, l'année suivante, mais il n'y eut que ruine et découragement pour les premières entreprises, parce que nos mécaniciens et nos constructeurs manquaient de l'instruction nécessaire. On ne commença à obtenir quelques succès qu'après 1830. L'introduction de la navigation à vapeur éprouva également une très-grande lenteur dans tous les États du continent. Dans le principe, les bateaux à vapeur ne paraissaient propres qu'au service des rivières. Ce furent les Anglais qui firent les premières expériences pour les employer à celui des mers. Le premier de leurs bateaux qui osa s'aventurer sur la mer fut le *Rob-Roy*, qui se rendit, en 1818, de Greenock à Belfast. La même année, le navire américain *le Savannah* franchit l'Atlantique et alla des États-Unis à Saint-Pétersbourg en touchant en Angleterre. Enfin, en 1825, un autre bateau anglais, *l'Entreprise*, exécuta la traversée de Falmouth à Calcutta en cent treize jours. Dès ce moment, la navigation à vapeur fut reconnue propre aux voyages maritimes. Ce ne fut cependant qu'à partir de 1836 que, grâce aux perfectionnements apportés dans leur construction, les Bateaux à vapeur purent entreprendre les voyages les plus prolongés, dans toutes les mers, par tous les temps et dans toutes les saisons. Le plus grand progrès qu'ils aient fait depuis cette époque date de 1838 : il a consisté à remplacer par l'*Hélice* les roues à aubes jusqu'alors employées. Enfin, vers 1844, en combinant l'action de la vapeur avec celle des voiles, les Anglais ont créé les *Bâtiments mixtes de guerre*, que notre génie naval a beaucoup améliorés quelques années plus tard. Voyez HÉLICE, PROPULSEUR, REMORQUAGE, etc.

BATEAU DE SAUVETAGE. — L'idée de construire des bateaux susceptibles d'être employés au sauvetage des naufragés sans danger pour les hommes chargés de les conduire, ne paraît pas remonter au delà du dernier siècle. En 1778, M. de Bernières, alors contrôleur des ponts et chaussées, remit un mémoire à ce sujet à l'Académie des Sciences de Paris, mais il ne fut pas donné suite à cette communication. Ce furent les Anglais qui, onze ans après, réalisèrent le projet de notre compatriote. A la suite du naufrage de l'*Aventure*, de Newcastle, qui périt corps et biens, en 1789, à l'embouchure de la Tyne, une société de commerçants fonda un prix pour l'invention d'un bateau pouvant tenir la mer par les plus gros temps, surtout au milieu des brisants. Ce prix fut remporté par M. Greathead, en 1790. Le bateau de ce constructeur répondit assez bien à sa destination, mais il avait le défaut de ne pouvoir être employé qu'à terre. Georges Palmer combla cette lacune en imaginant, en 1828, un bateau d'un nouveau système qui pouvait être embarqué à bord des navires, et servir à sauver l'équipage avec les ressources du bord. Ces deux bateaux servirent de modèle à presque tous ceux que l'on construisit dans divers pays, et des centaines de personnes leur durent la vie. Ils se trouvèrent cependant en défaut dans plusieurs circonstances, notamment en 1849, au naufrage de la *Bessey*, où vingt pilotes périrent sur vingt-quatre qui les montaient. A la suite de ce sinistre, un concours fut ouvert pour la construction d'un Bateau de sauvetage supérieur à tous ceux alors connus. Le prix fut décerné à M. Beeching, et c'est le bateau de cet inventeur, perfectionné depuis par M. Peake, qui passe pour le meilleur en Angleterre. Parmi les appareils analogues inventés sur le continent, on cite surtout le bateau de M. Moes, du Havre, qui possède au plus haut degré la propriété de se redresser tout seul quand il est chaviré, et qui, même plein d'eau, peut encore porter plusieurs personnes. — Outre les Bateaux de sauvetage ordinaires, on en a aussi fait qui sont spécialement destinés à secourir les noyés sous la glace. Un appareil de ce genre fut proposé, en 1809, par Brizé-Fradin. Un peu plus tard, Th. Ritzle, de Hambourg, en imagina un autre qui, au lieu d'être en bois, comme le précédent, était en osier recouvert de cuir, et dont le fond présentait une ouverture dans laquelle on descendait une échelle pour retirer le noyé. En 1815, M. Marcel de Serres en construisit un nouveau, qu'il nomma *Bateau-traîneau*, parce qu'il reposait sur deux traverses qui facilitaient son glissement sur la glace : il était en jonc et portait une ouverture dans son plancher comme celui de Ritzle. Cette dernière disposition fut encore adoptée, vers 1831, par M. Godde de Liancourt, pour son *Bateau à glace* en bois, qui était porté sur des roulettes et rendu inchavirable au moyen de deux longs tubes fixés de chaque côté sur toute sa longueur.

BATEAU INSUBMERSIBLE. — Voyez BATEAU DE SAUVETAGE.

BATEAU PARADOXE. — Voyez PROPULSEUR.

BATEAU PLONGEUR. — Voyez BATEAU SOUS-MARIN.

BATEAU SANS ROUES. — Voyez PROPULSEUR.

BATEAU SOUS-MARIN. — Les Bateaux sous-marins sont destinés à s'enfoncer dans l'eau sans conserver aucun rapport avec la surface, ce qui oblige leurs constructeurs à les pourvoir de moyens propres à fournir l'air nécessaire à la respiration de l'équipage. Ils sont, en outre, munis de mécanismes disposés de manière à les faire mouvoir et à les diriger à volonté. Les premiers essais de navigation sous-marine paraissent dater du xviᵉ siècle, époque à laquelle le physicien allemand Sturmius imagina un bateau dont la description nous a été transmise par Moshof. Au siècle suivant, un bateau semblable fut construit par le mécanicien hollandais Cornélius Van Drebbel, qui l'expérimenta, dit-on, avec succès, sur la Tamise. Des appareils du même genre furent essayés au xviiiᵉ siècle, en France et ailleurs, mais sans beaucoup de succès. On assure cependant qu'en 1772 l'un d'eux, qui avait été inventé par Dionis, membre de l'Académie de Bordeaux, et qui était monté par dix hommes et manœuvré à l'aide de huit rames, fit cinq lieues en quatre heures dans le golfe de Gascogne. Quelques années plus tard, en 1787, l'Américain Bushnell construisit un bateau sous-marin dont il voulait spécialement se servir pour détruire les flottes anglaises. Plus tard encore, en 1800, Robert Fulton, alors établi à Paris, proposa, pour le même objet, au gouvernement français, un appareil semblable, auquel il donna les noms de *Bateau-Poisson* et de *Nautile*, et qui fut expérimenté à Rouen. A la même époque, l'ingénieur anglais Hogman faisait des essais du même genre sur les côtes de son pays. D'autres Bateaux sous-marins furent construits par la suite, d'abord, par Klinger, de Breslau, en 1807 ; puis, par les frères Coessin, du Havre, en 1811 ; puis encore, par MM. Castera, à Bordeaux, et Lemaire d'Angerville, à Rochefort, etc.; mais aucun ne put être utilisé, et il en a été de même de tous ceux qu'on a imaginés dans ces dernières années. Un seul appareil de ce nom, celui du docteur Payerne, a rendu des services ; mais ce n'est qu'une cloche à plongeur d'une forme particulière, et non pas un bateau sous-marin proprement dit.

BATEAU VOLANT. — Voyez NAVIGATION AÉRIENNE.

BATIMENTS DE GRADUATION. — Voyez SEL.

BATISTE. — Les tissus de ce nom ont été ainsi appelés parce que leur fabrication a été créée, au commencement du xivᵉ siècle ou à la fin du xiiiᵉ, par Baptiste Cambrai, de Cantaing, dans la Flandre. Ce Cambrai est le Jacquard du moyen âge. Cent ans ne s'étaient pas encore écoulés depuis qu'il avait apporté au tissage des fins lins toute la perfection dont il était alors susceptible, que les fabricants de Batiste se comptaient déjà par centaines dans les Flandres.

BATON. — De toute antiquité, le *Bâton* a été considéré comme le symbole de l'autorité. Le *lituus* des prêtres de l'ancienne Rome, la crosse des évêques chrétiens, la houlette des bergers, la verge des huissiers, le sceptre des rois, le bâton de nos maréchaux, la canne des tambours-majors, le bâton des chantres, etc., sont, à divers titres, les emblèmes d'un pouvoir quelconque, les signes d'une autorité plus ou moins étendue. Voyez CANNE et CROSSE.

BATONS DE NÉPER. — Machine à calculer qui a été inventée, au commencement du xviiᵉ siècle, par le géomètre anglais Jean Napier ou Néper. Elle sert à faire connaître, presque à vue, les 9 multiples simples d'un nombre de plusieurs chiffres, ce qui la rend très-utile pour effectuer les multiplications et les divisions de grands nombres. En 1839 M. Hélie, faisant revivre une idée déjà réalisée, en 1668, par le P. Schott, a donné aux Bâtons de Néper une disposition ingénieuse qui est de nature à rendre de grands services aux calculateurs.

BATTAGE DE L'OR. — Cet art existait chez les anciens, mais on ignore de quels procédés ils se servaient. On sait seulement que, du temps de Pline, on ne pouvait donner aux feuilles qu'une épaisseur cinq fois et demie moins grande que de nos jours. Les progrès que le Battage de l'or et, par suite, celui de l'argent, ont faits à notre époque, sont dus à l'emploi de presses et de laminoirs d'une disposition ingénieuse, et l'on cite, au premier rang des industriels qui ont le plus contribué à les réaliser, M. Favrel, batteur à Paris, qui livre au commerce de 25 à 28 millions de feuilles métalliques, dont le cinquième environ passe à l'étranger.

BATTANT-BROCHEUR. — La machine de ce nom constitue une des dernières et des plus remarquables inventions dont l'industrie des tissus brochés ait été dotée. Dans la fabrication de ces tissus, le dessin s'obtient en faisant passer le fil destiné à le former sur certains fils de la trame et en dessous de tous les autres. Il suit de là que, pour une petite partie de fil utilisée, tout 'ce qui passe en dessous de la trame est perdu, et que le plus souvent le poids de l'étoffe devenant trop considérable, ou les longs fils de · l'envers trop gênants, on est obligé de couper ces derniers. Or un grand inconvénient résulte de cette opération : c'est que les fils du dessin ne sont plus alors retenus que par le serrage de ceux entre lesquels passent leurs extrémités perpendiculaires à l'étoffe, serrage qui est presque toujours insuffisant, surtout pour la soie, en sorte que si quelques-uns de ces fils viennent à s'échapper par suite de l'usage, le tissu se trouve promptement mis hors de service. C'est pour remédier à cet inconvénient que le Battant-brocheur a été inventé. Cette machine a été créée par M. Prosper Meynier, mécanicien à Lyon, qui l'a fait breveter le 27 janvier 1838, sous le nom de *Battant à espolins brocheurs*. Plusieurs inventeurs, tels que Mallié et Memo (1827), Poncet et Bourquin (1827), et quelques autres, avaient bien déjà essayé de résoudre le problème, mais c'est à M. Meynier que revient l'honneur d'y être parvenu le premier, par un procédé simple et pratique. C'est à l'introduction du Battant-brocheur dans ses ateliers que l'industrie lyonnaise doit la supériorité de ses étoffes de soie brochées, et son application au tissage des châles a tellement révolutionné cette fabrication, qu'à prix égal nous pouvons faire et faisons aussi bien que les Indiens.

BATTERIE ÉLECTRIQUE. — Voyez BOUTEILLE.

BATTERIE FLOTTANTE. — Le premier essai d'un engin de guerre de cette espèce paraît avoir été fait en 1550, quand les Espagnols, commandés par don Garcie de Tolède, vice-roi de Sicile, attaquèrent la petite ville d'Africa, dans la régence de Tunis. Les assiégeants désarmèrent deux galères, les lièrent ensemble, puis les recouvrirent d'un plancher solide sur lequel ils mirent quatre canons en batterie. Suivant Brantôme, les Espagnols durent en partie la prise de la place à cette innovation. Deux siècles plus tard, en 1759, l'ingénieur français Feutry proposa un modèle de Batterie flottante qui consistait en un radeau portant une espèce de fort en charpente armé de canons et de mortiers. Cette machine fut expérimentée à Toulon, en 1773 et 1774, après quoi il n'en fut plus question. Douze ans après, en 1782, parurent les célèbres *Batteries flottantes, incombustibles et insubmersibles,* imaginées par l'ingénieur franc-comtois d'Arçon pour attaquer Gibraltar, alors assiégé par les armées réunies de la France et de l'Espagne. Ce sont les premières constructions navales de ce genre qui aient réellement mérité leur nom : elles échouèrent entièrement, mais il est probable qu'elles auraient produit de grands effets si, pendant l'action, on avait suivi les instructions de leur inventeur. A partir de cette époque, sauf quelques essais exécutés aux États-Unis, en 1813 et 1829, il ne fut plus question de Batteries flottantes jusqu'à la dernière guerre avec la Russie. Pour opérer sur les côtes ennemies, dont le peu de profondeur et le puissant armement rendaient inutiles les vaisseaux ordinaires, les gouvernements alliés firent construire des bâtiments à vapeur d'un très-faible tirant d'eau, revêtus de fe · et pourvus d'artillerie de très-gros calibre, qui furent expérimentés, pour la première fois, le 17 octobre 1855, lors de l'attaque de Kinbourn. Les effets prodigieux que ces navires produisirent eurent un grand retentissement, et toutes les nations maritimes se livrèrent aussitôt à des expériences à la suite desquelles le génie naval se vit complètement transformé par la création d'une classe nouvelle de puissants navires, celle des *Vaisseaux cuirassés.* Voyez VAISSEAUX CUIRASSÉS.

BATTEUSE. — On a longtemps séparé le grain de la paille des céréales, soit en battant les épis avec une perche ou un fléau, soit en les faisant piétiner par des animaux, soit encore en les soumettant à un frottement énergique exercé par un rouleau de bois ou de pierre, par un lourd plateau de charpente, ou encore par une espèce de traîneau. Ces divers procédés remontent tous à une époque très-ancienne ; mais, en général, c'est le battage au fléau qui a été habituellement pratiqué dans les pays tempérés, tandis que l'usage du rouleau, du traîneau et le dépiquage ont été préférés dans les climats chauds. Les *Machines à battre* ou *Batteuses mécaniques* datent de la seconde moitié du dernier siècle : l'Angleterre et la Suède s'en disputent l'invention, mais la première qui ait pu régulièrement fonctionner fut construite, en 1786, par le mécanicien écossais André Meikle. Ces machines se répandirent d'abord dans les États du nord de l'Europe. Elles pénétrèrent ensuite en Allemagne. Enfin, elles furent introduites en France, vers 1816, par le maréchal Gouvion Saint-Cyr, et recommandées aussitôt, par MM. Mathieu de Dombasle et de Lasteyrie, au zèle des amis du progrès agricole. Depuis cette époque, l'usage des Batteuses mécaniques n'a cessé de se généraliser partout où l'agriculture est très-avancée, et les constructeurs de tous les pays ont rivalisé d'efforts pour les approprier aux besoins des diverses localités.

BAVAROISES. — Ces boissons étaient, dans le principe, des mélanges de thé, de lait et de sirop de capillaire. Leur usage en France date, dit-on, du commencement du siècle dernier, et l'on assure qu'elles ont été ainsi nommées parce qu'elles furent mises alors à la mode à Paris par des princes de la maison de Bavière.

BAZAR. — *Bazar* est un mot de la langue arabe qui signifie marchandise, et, par extension, le lieu où les marchandises sont exposées en vente. Les Bazars orientaux sont de vastes édifices, des espèces de marchés, le plus souvent couverts, où se trouvent des centaines de boutiques remplies des produits de tous les genres d'industrie. On a essayé à diverses époques d'introduire cet usage en Europe, mais les résultats ont toujours été ruineux pour les spéculateurs, parce que les Bazars, tels qu'ils existent en Asie, sont en contradiction avec nos mœurs et notre organisation industrielle et commerciale.

BDELLOMÈTRE. — Voyez VENTOUSE.

BEAUX-ARTS (*Exposition des*). — Voyez EXPOSITION.

BEAUX-ARTS (*Académie des*). — En 1648, une *Académie de Sculpture et de Peinture* fut établie à Paris par le cardinal Mazarin. En 1793, cette Académie fut supprimée comme toutes les autres institutions analogues. En 1795, ses attributions furent données à deux des sections, Sculpture et Peinture, de la troisième classe de l'Institut. En 1803,

lors de la réorganisation de ce dernier, on fit, avec la Sculpture, la Peinture, la Gravure, l'Architecture et la Composition musicale, une classe particulière, la quatrième, qui reçut le titre de *Classe des Beaux-Arts*. Enfin, le 21 mars 1816, cette classe fut érigée en *Académie des Beaux-Arts*, et, depuis cette époque, elle a toujours conservé cette dénomination. L'ancienne Académie de Sculpture et de Peinture n'a fait aucune publication, mais l'Académie actuelle des Beaux-Arts s'occupe de la rédaction d'un *Dictionnaire des Beaux-Arts*, dont les premières livraisons ont déjà paru. On trouve, en outre, plusieurs travaux relatifs aux matières de son ressort dans les *Mémoires de l'Institut*, Classe de Littérature et des Beaux-Arts, Paris, 1797-1804.

BEC-DE-LIÈVRE. — Les ouvrages de Celse prouvent que les anciens savaient faire disparaître cette difformité. Les Arabes et les médecins chrétiens du moyen âge n'étaient pas moins avancés. Toutefois, il faut arriver au XVIᵉ siècle, à Ambroise Paré, surtout à Franco, pour voir naître de véritables progrès. Ces deux chirurgiens sont les premiers qui aient parfaitement étudié les diverses divisions de la lèvre, celles qui sont accidentelles et celles qui sont congénitales. Les procédés qu'ils employaient sont même encore usités aujourd'hui, sauf quelques perfectionnements de détail. C'est en parlant des complications du Bec-de-lièvre que Franco décrit la méthode autoplastique dite *par glissement*.

BÉGAIEMENT. — Malgré les recherches sans nombre auxquelles on s'est livré, on n'est pas encore parvenu à découvrir la cause véritable de cette infirmité. Quant aux moyens curatifs, à part l'anecdote relative à l'orateur Démosthènes, l'antiquité n'a rien laissé qui puisse faire comprendre qu'elle se soit occupée d'en trouver. Ce n'est même qu'à une époque tout à fait moderne, depuis seulement une cinquantaine d'années, que l'art de guérir a sérieusement dirigé ses efforts dans cette voie. On a vu alors surgir une foule de méthodes, qui, toutes, ont compté des succès partiels et qui consistaient à opposer une espèce d'entrave ou de modérateur, soit matériel, soit intellectuel, aux mouvements désordonnés, anormaux et embarrassés, des organes de la parole. Enfin, dans ces derniers temps, le chirurgien Dieffenbach, de Berlin, a essayé de résoudre le problème en pratiquant une opération sur la langue, mais son procédé n'a pas tout à fait réalisé les espérances qu'il avait fait concevoir.

BÉLIER HYDRAULIQUE. — Machine hydraulique, aussi simple qu'ingénieuse, qui sert à élever l'eau des rivières, au moyen de leur pente naturelle, sans roues ni pompes. Le premier *Bélier hydraulique* a été construit en Angleterre, en 1772, par John Whitehurst, pour le service de la brasserie Egerton, à Oulton, dans le comté de Chester. Le premier qu'on ait vu en France fut imaginé par Joseph Mongolfier, d'Annonay, qui fut aidé dans ses travaux par Argand et Viallon. Cette machine n'a donc pas été inventée par notre compatriote, comme on le croit généralement, mais son mérite n'en doit recevoir pour cela aucune diminution, car il ignorait l'existence de l'appareil de Whitehurst. De plus, son Bélier différait de celui de ce dernier en ce qu'il était entièrement automatique. Il était même tellement supérieur au précédent, que Bolton et James Watt se hâtèrent de l'imiter et de faire patenter leur imitation. Depuis le commencement de ce siècle, le Bélier hydraulique a été beaucoup perfectionné par MM. de Bernis, Maunoury-d'Ectot, de Caligny, et plusieurs autres. Quand il est construit avec soin, il utilise les 0,60 du travail moteur dépensé. Le Bélier dit *d'épuisement*, envoyé par M. Charles Le Blanc, de la Flèche, à l'exposition de 1849, est fondé sur le même principe; mais, comme il n'élève l'eau qu'à de faibles hauteurs, il n'est pas exposé, comme la machine de Mongolfier, à se déranger par l'effet du choc des soupapes.

BELLADONE. — Plante de nos climats, de la famille des Solanées, dont toutes les parties sont très-vénéneuses. Son principe actif, l'*Atropine*, a été découvert, en 1819, par le chimiste Brandes. Elle paraît devoir le nom vulgaire sous lequel elle est connue, à l'usage qu'en faisaient autrefois les dames italiennes pour préparer un cosmétique, qui, dit-on, blanchissait la peau. Comme toutes les substances qui exercent une action énergique sur l'économie animale, la Belladone est quelquefois utilisée par l'art médical. On l'emploie surtout dans le rhumatisme articulaire et dans la goutte. Plusieurs médecins la regardent aussi comme un préservatif infaillible de la scarlatine.

BELVÉDÈRE. — Ce mot, qui signifie *belle vue*, est originaire de l'Italie, comme la chose qu'il sert à désigner. Un Belvédère est une espèce de pavillon dont les architectes de ce pays surmontent les édifices, et qui est percé sur toutes ses faces d'arcades ou de fenêtres, ce qui permet de jouir de la beauté du paysage dans toute l'étendue de l'horizon. Par extension, on donne le même nom aux kiosques et aux terrasses établis, dans un but analogue, dans les jardins paysagers ou sur quelque point élevé.

BÉNITIER. — Dans les premiers siècles de l'Église, lorsque les fidèles avaient une si haute idée de la pureté avec laquelle ils devaient paraître devant Dieu et aimaient à rendre leurs pensées par des symboles, l'usage s'introduisit de placer à l'extérieur des temples de grands bassins remplis d'eau, où l'on se lavait, dans une intention symbolique, les mains et le visage, avant d'entrer dans le saint lieu. Plus tard, quand les idées religieuses s'affaiblirent, quand les traditions primitives se dénaturèrent, les bassins perdirent leurs dimensions, et, afin de les mettre à l'abri des profanations, on les plaça, d'abord, sous le porche, puis, dans l'intérieur des églises, mais toujours près de la porte. Ces bassins, ainsi réduits, sont les *Bénitiers* modernes, et, comme on ne fait plus qu'y tremper l'extrémité des doigts pour prendre l'eau bénite, on ne leur donne généralement qu'un très-petit volume et on les dispose de manière à ce qu'ils ne puissent pas gêner la circulation.

BENZINE. — Cette substance a été découverte, en 1825, par le chimiste anglais Faraday, dans les produits de la distillation de la houille. Elle fut d'abord appelée *bicarbure d'hydrogène*. Plus tard, on lui donna les noms de *Benzol, Benzène, Phène, Hydrure de phényle*. Enfin, en 1833, M. Mitscherlich lui imposa celui de *Benzine*, qui a été généralement adopté. Une année plus tard, ce même chimiste, ayant soumis la Benzine à l'action de l'acide azotique fumant, obtint un produit nouveau, qui a été nommé *Nitro-benzine*. La Benzine dissolvant parfaitement, sans laisser aucune trace, les graisses, la cire, les goudrons, les huiles, les résines, les peintures et les mastics, on l'emploie aujourd'hui, dans l'art du dégraisseur, à la place des compositions usitées autrefois. On en fait aussi usage pour la préparation de l'Aniline. Comme elle est très-inflammable et qu'elle brûle avec une flamme très-brillante, on a également cherché à l'utiliser pour l'éclairage, mais on a été obligé d'y renoncer parce qu'elle répand trop de fumée.

BENZOÏQUE (*Acide*). — Substance extraite d'une espèce de baume solide qui est fourni par le *Styrax benjoin*, arbre de l'Asie méridionale. On l'appelle aussi *Acide* et *Fleur du benjoin*. On attribue généralement la découverte de cet acide à Blaise Vigenère, alchimiste du XVIᵉ siècle, mais c'est un savant de la même époque, Jérôme Rosello, qui paraît en avoir parlé le premier. On l'employait beaucoup autrefois en médecine. On ne s'en sert plus guère aujourd'hui qu'en parfumerie.

BERLINE. — Voyez CARROSSE.

BERTHOLLIMÈTRE. — Voyez CHLOROMÉTRIE.

BESANT. — Monnaie frappée à Byzance (d'où son nom) par les empereurs Grecs, qui fut introduite dans l'Europe occidentale à la suite des croisades. Elle eut cours en France, en Italie, en Allemagne et en Angleterre, depuis le XIᵉ siècle jusqu'aux premières années du XIVᵉ. Les Grecs faisaient des besants d'argent et des besants d'or, mais ceux-ci, qui n'étaient autre chose que les sous d'or de l'empire romain, paraissent avoir seuls circulé chez les chrétiens occidentaux. Les *Besants sarracinois*, dont il est si souvent question dans les historiens des croisades, étaient des imitations de la monnaie byzantine faites par les gouverneurs musulmans de l'Égypte et de la Syrie. Des imitations du même genre eurent lieu à diverses époques, dans plusieurs parties de l'Europe occidentale, notamment à Malines.

BÉSICLES. — Les anciens, du moins les Romains, ont connu les *Monocles*, mais il ne paraît pas qu'ils aient eu l'idée d'ajuster deux verres lenticulaires dans une même monture pour former ce que nous appelons des *Bésicles*, des *Lunettes à nez* ou simplement des *Lunettes*. Les Chinois, au contraire, ont employé cet instrument de temps immémorial. On ne sait pas à quelle époque les Bésicles ont paru en Europe pour la première fois, ni par qui elles ont été inventées. Tout ce qu'il y a de certain, c'est qu'elles existaient déjà en 1150, ainsi que Ducange l'a prouvé. Leur invention n'est donc pas due à Roger Bacon, mort en 1294, ni au Florentin Salvino degli Amati, son contemporain; encore moins au moine dominicain Alexandre de Spina, mort en 1312, et au Napolitain Jean-Baptiste Porta, mort en 1615. Les premières Bésicles paraissent avoir été fixées au moyen d'un bandeau que l'on attachait derrière la tête. Plus tard, on imagina de réunir les deux verres à l'aide d'un ressort, ce qui produisit les *pince-nez*. Enfin, à une époque tout à fait moderne, on adapta au ressort les branches qui existent aujourd'hui. C'est à Wollaston que l'on doit l'usage des verres dits *périscopiques*, parce qu'ils font voir plus nettement les objets qui entourent l'axe optique.

BÉTON MOULÉ. — Voyez MATÉRIAUX ARTIFICIELS.

BETTERAVE. — Elle paraît originaire du midi de l'Europe, surtout des côtes d'Espagne et de Portugal. Olivier de Serres nous apprend que ce n'est qu'à la fin du XVIᵉ siècle que la *Betterave rouge* fut importée d'Italie en France. Pendant très-longtemps, on fit peu de cas de cette plante, et on la relégua dans les jardins pour la nourriture de l'homme. On finit cependant par reconnaître son utilité pour l'alimentation du bétail, mais ce furent surtout ses propriétés saccharines qui attirèrent sur elle l'attention générale lorsque, au commencement de ce siècle, les flottes anglaises et les rigueurs du système continental empêchèrent nos approvisionnements de sucre colonial. On fit alors de nombreuses recherches sur ses propriétés nutritives, sur sa culture et sur les moyens les plus propres à en tirer industriellement parti, et elle prit rapidement, dans notre agriculture, le rang élevé qu'elle a conservé depuis. La *Betterave blanche* ou *Betterave de Silésie* a été introduite en France, par M. Mathieu de Dombasle, vers 1815. Voyez ALCOOL et SUCRE.

BEURRE. — Le *Beurre* paraît avoir été connu très-tard des Grecs et des Romains, tandis que son usage était immémorial chez les Indiens, les Hébreux et les populations nomades du nord de l'Europe et de l'Asie. C'est par les Scythes, les Thraces et les Phrygiens que les Grecs apprirent à le fabriquer. Quant aux Romains, ils en durent la connaissance aux Gaulois et aux Germains. Du temps de Pline, ces derniers ne l'employaient encore qu'en guise d'onguent, pour panser les plaies. — On sait que l'on donne le nom de *Baratte* à l'appareil qui sert à extraire le Beurre du lait. La baratte ordinaire est d'origine gauloise ou germaine. Elle se distingue par son extrême simplicité, mais elle a le défaut de faire perdre inutilement beaucoup de force et de temps. C'est pour ce motif qu'on a imaginé, depuis surtout une trentaine d'années, les ingénieuses machines que l'on trouve aujourd'hui dans toutes les grandes fermes. Parmi ces barattes perfectionnées, on met au premier rang des meilleures celles de MM. Stjernsward, Fouju, Claes et Turchini, qui, à l'exposition de 1855, ont valu de hautes récompenses à leurs auteurs.

BIBERON. — Quand, pour une cause quelconque, l'enfant est privé du sein naturel ou de celui d'une nourrice, on l'élève au Biberon, c'est-à-dire on le nourrit au moyen d'un petit vase dans lequel on introduit du lait. Les instruments les plus parfaits de ce genre sont dus aux industriels parisiens Darbo, Breton et Thier.

BIBLE. — Ce mot vient du grec *biblion*, livre, et sert à désigner l'Écriture sainte, c'est-à-dire le livre par excellence, lequel contient l'Ancien Testament et le Nouveau. — La plus ancienne traduction en grec de la partie hébraïque de la Bible a été faite, au IIIe siècle avant notre ère, soit par ordre et pour le compte de Ptolémée - Philadelphe, roi d'Égypte, soit, ce qui paraît plus probable, par les soins du sanhédrin d'Alexandrie. On l'appelle *version des Septante*, parce qu'elle fut, dit-on, exécutée par soixante-dix ou soixante-douze savants. Toutefois, elle ne comprit d'abord que les livres de Moïse, et les autres sections de l'Ancien Testament ne furent traduites que plus tard. — Lors de l'invention de l'imprimerie, la Bible fut un des premiers livres que l'art nouveau multiplia. La plus ancienne Bible imprimée parut à Mayence entre les années 1453 et 1455 : elle ne porte aucune date et se compose de 640 feuillets. La première édition qui soit datée est sortie des presses de la même ville, en 1462 : c'est la célèbre *Bible de Mayence* de Fust et Schœffer. La première idée d'une Bible *polyglotte*, c'est-à-dire en plusieurs langues, appartient à Alde Manuce l'Ancien, imprimeur à Venise, depuis 1490 jusqu'en 1516, mais cet artiste se borna à la publication d'un spécimen d'une page. La plus ancienne Bible de ce genre a été exécutée par Arnaud-Guillaume de Brocar, de 1514 à 1517, aux frais du cardinal Ximénès, au couvent de Complute, à Alcala, en Espagne. Elle est en quatre langues, grec, latin, hébreu et chaldéen, et désignée indistinctement sous les noms de *Bible de Ximénès*, *de Complute* ou *d'Alcala*. — Dans le principe, la Bible n'était pas divisée en sections. C'est à l'occasion des premières Concordances qu'elle fut partagée en chapitres. Ce travail fut exécuté, au XIIe siècle, par le cardinal Hugues. Au XVe siècle, le rabbin Mardochée Nathan subdivisa les chapitres en versets, mais il ne mit de chiffres d'ordre que de cinq en cinq versets. Enfin, au siècle suivant, Vatable numérota chaque verset, et cette innovation parut si heureuse, que tous les éditeurs l'adoptèrent. Toutefois, par une espèce de respect pour l'œuvre de son prédécesseur, ce savant se servit de chiffres hébreux pour les versets 1, 5, 10, 15, etc., et de chiffres arabes pour les versets intermédiaires. Voyez CONCORDANCES et VULGATE.

BIBLIOGRAPHIE. — Les anciens ne nous ont laissé aucun ouvrage sur la connaissance des livres. Le plus ancien essai de ce genre paraît dû à Vincent de Beauvais, un des plus savants hommes du XIIIe siècle, qui lui donna le nom ambitieux de *Bibliotheca mundi*. Toutefois, la Bibliographie proprement dite n'a commencé à être cultivée qu'après l'invention de l'imprimerie, et le premier traité systématique qui ait été publié est la *Bibliothèque universelle* de Conrad Gessner, qui parut en 1545. Depuis cette époque, une multitude d'ouvrages de Bibliographie ont été composés dans toutes les parties de l'Europe, mais, à l'exception de quelques-uns, ils ne peuvent être d'une grande utilité pour la généralité des travailleurs, car leurs auteurs se sont, pour la plupart, moins occupés des livres utiles que des livres rares.

BIBLIOMANIE. — Elle a pris naissance en Hollande, vers la fin du xvᵉ siècle. C'est en Angleterre qu'elle a aujourd'hui fixé son siége principal. Toutefois, ce travers est également assez commun en France et en Italie. Les Bibliomanes se ruinent, en général, au profit de brocanteurs cupides dont tout le mérite consiste à donner la vogue, par de pompeuses annonces, à des ouvrages prétendus précieux qui n'ont le plus souvent d'autre mérite que la rareté.

BIBLIOTHÈQUE. — Il y a eu des Bibliothèques de livres partout où la culture des lettres a été en honneur. La plus ancienne qui soit mentionnée par les écrivains de l'antiquité est celle qu'Osymandias, roi d'Égypte, créa dans son palais de Thèbes, près de deux mille ans avant notre ère. Chez les Grecs, ce fut Pisistrate, tyran d'Athènes, qui, d'après Aulu-Gelle, fonda la première qu'il y ait eu dans cette ville, et probablement dans tous les pays de race hellénique. Vers la même époque, Polycrate, tyran de Samos, en établit une autre dans sa capitale. Les Romains eurent très-tard le goût des livres. D'après Isidore de Séville, la première collection importante qu'ils possédèrent fut celle que Paul Émile enleva aux rois de Macédoine, après la défaite de Persée, 160 ans environ avant J.-C., mais elle n'était pas publique. Plus tard, Jules-César eut l'idée de former une grande Bibliothèque qui aurait été accessible à tous les savants, mais il ne l'exécuta pas. Ce fut un simple citoyen, nommé Asinius Pollio, qui réalisa ce progrès. Sous l'empire, un grand nombre de grandes collections de livres furent établies à Rome et dans les provinces, soit par des riches particuliers, soit par le gouvernement. Au ivᵉ siècle, Rome en avait vingt-neuf de très-considérables, dont les principales, la *Bibliothèque Ulpienne*

et la *Bibliothèque Palatine*, avaient été fondées, celle-ci par Tibère, celle-là par Trajan. La plus célèbre Bibliothèque de l'antiquité fut celle d'Alexandrie, en Égypte, dont on attribuait la création au roi Ptolémée-Soter, et qui, augmentée par les successeurs de ce prince, compta jusqu'à 700,000 volumes. Toutefois, comme chaque volume ne renfermait qu'un seul livre de chaque ouvrage, sa richesse n'était pas aussi grande qu'on pourrait le croire. Pendant le moyen âge, il y eut, soit dans les pays chrétiens, soit chez les musulmans, de précieux dépôts de livres. A la fin du xiiᵉ siècle, on vantait beaucoup la Bibliothèque d'Al-Hakem II, roi de Cordoue, et celle de Saheb-ibn-Abad, vizir de la Perse. A la même époque, Constantinople en possédait de très-importantes. Enfin, dans l'Europe occidentale, il n'existait pas un couvent un peu considérable qui n'eût sa Bibliothèque, et il ne faut pas oublier que l'on doit aux moins la conservation des ouvrages de l'antiquité classique. Charles V est le premier roi de France qui ait songé à créer une Bibliothèque permanente. Elle se composait de 910 volumes, en 1373. Pendant la folie de Charles VI, les frères de ce prince s'emparèrent d'une partie des livres, et le reste fut livré au duc de Bedford, qui l'emporta en Angleterre. Louis XI reconstitua le dépôt, et c'est la Bibliothèque de ce roi qui, successivement accrue par tous les gouvernements, est devenue la Bibliothèque impériale de nos jours. Toutefois, cet établissement a été longtemps réservé à quelques savants privilégiés, et n'est devenu public qu'en 1757. Toutes les villes un peu importantes possèdent aujourd'hui au moins une Bibliothèque. En 1856, sans compter celles de Paris, il en existait 338 dans nos départements, et l'ensemble des ouvrages qu'elles renfermaient était de 8,733,439 imprimés et 44,070 manuscrits.

BIÈRE. — Tous les peuples, même les plus sauvages, ont dû préparer des boissons enivrantes avec des grains trempés de différentes manières. Néanmoins, comme on a toujours voulu donner un inventeur à chaque chose, ce sont les Égyptiens qui, dans l'antiquité, passaient pour avoir, les premiers, fabriqué la *Bière*. Ils faisaient un usage habituel de cette boisson, et en préparaient plusieurs variétés dont la plus renommée était celle de Péluse. La Bière était également la boisson ordinaire de toutes les nations de l'Orient et du Nord ; mais chacune d'elles la faisait avec des grains et d'après des procédés qui variaient suivant les localités. Les Germains l'appelaient *Cœlia*, les Espagnols *Ceria*, et les Gaulois du centre et du sud *Cervisia*. C'est de ce dernier mot qu'est venu le français *Cervoise*, encore employé au xvıᵉ siècle pour désigner une variété de Bière. Il paraît que les Gaulois et les Espagnols avaient trouvé le moyen de conserver leurs bières pendant très-longtemps, mais on ignore comment ils s'y prenaient, car l'emploi du *Houblon*, qui a précisément pour objet d'empêcher ces liquides de s'aigrir, ne paraît pas antérieur au xvᵉ siècle. La fabrication de la Bière forme aujourd'hui une industrie très-importante dans tous les pays où la vigne n'est pas ou est peu cultivée, surtout en Angleterre, en Hollande, en Belgique, en Allemagne et aux États-Unis.

BIJOUTERIE. — I. C'est en Asie, cette patrie commune de presque tous les arts, que l'on place avec raison le berceau de la *Bijouterie-joaillerie* ou Bijouterie proprement dite. Dès la plus haute antiquité, les artistes de ce pays, surtout ceux de l'Inde, de la Chine et de l'Assyrie, étaient renommés pour leur habileté, et leurs procédés pénétrèrent successivement, d'abord, en Égypte, où les Hébreux et les Grecs en puisèrent la connaissance, puis, en Italie, où ils furent apportés par les Phéniciens. Les œuvres des premiers bijoutiers orientaux ont naturellement disparu, mais les spécimens que l'on a trouvés dans les tombeaux des Égyptiens, des Grecs et des Étrusques suffisent pour donner une idée du haut degré de perfectionnement où la Bijouterie était arrivée chez ces trois peuples. En héritant des procédés de leurs devanciers, les Romains les pratiquèrent avec soin, ainsi que le prouvent les pièces en assez grand nombre dont les fouilles de leurs monuments ont enrichi nos musées. Au commencement du moyen âge, la Bijouterie éprouva un temps d'arrêt qui ne cessa que vers le xᵉ ou le xıᵉ siècle. Le xıııᵉ siècle fut son apogée. Après trois cents ans de splendeur, cet art fut un moment négligé, mais, au xvıᵉ siècle, il se releva de nouveau, surtout en Italie et en France, où il produisit des œuvres d'une incomparable beauté. Toutefois, les caprices de la mode ne tardèrent pas à le faire encore délaisser, et il ne fallut pas moins que le règne de Louis XV pour le remettre à la mode. Thomas Germain devint alors le chef d'une école dont les ouvrages délicats ressuscitèrent la Bijouterie, en flattant, mais avec grâce, le goût frivole d'un temps de plaisirs et de luxe. La Bijouterie disparut encore, en France, sous le régime révolutionnaire, mais elle se ranima un peu sous l'empire. Enfin, sous la Restauration, elle entra dans la voie de développement où elle s'est toujours maintenue depuis. De 1810 à 1820, nos principaux fabricants furent les artistes parisiens Biennais, Benière, Petiteau, Cahier et Morel, et, de 1820 à 1830, Maison-Haute, Dubuisson, Paul frères, et surtout Benière, Caillot, Petiteau, Robin et Bernauda. Enfin, vers 1834, Charles Wagner imprima à la Bijouterie une impulsion nouvelle en lui donnant une direction artistique qu'elle n'avait pas encore eue, et il fut imité, d'abord, par Froment Meurice et Dafrique, puis, par Charles Christofle, Rouvenat, Benoît Marrel, Morel, Rudolphi et d'autres, qui sont tous nos contemporains.

II. La Bijouterie-joaillerie met en œuvre les métaux précieux, les pierres fines, les nielles, les émaux, etc. La *Bijouterie en acier poli* ne travaille, au contraire, que l'acier. Elle comprend la fabrication des perles d'acier, des fermoirs de sacs de dames, des boucles de toilette et de chapeau, des garnitures de porte-monnaie et de portefeuille, des châtelaines ornées et de tous les autres objets de même matière, qui ne sont pas de pure coutellerie. Cette fabrication est née en Angleterre et en Allemagne, au commencement du dernier siècle, mais, depuis le consulat, surtout depuis la paix générale, en 1815, elle s'est beaucoup développée en France, grâce aux perfectionnements introduits dans les procédés par les artistes parisiens Schey, Frichot, Voizot, Vautier, Provent et Hisette. La Bijouterie d'acier a été très-recherchée dans notre pays, de 1819 à 1830. Elle a été ensuite délaissée pendant une quinzaine d'années, mais elle a repris une grande faveur depuis 1845. — La *Bijouterie de deuil* paraît remonter à une époque assez ancienne. Pendant longtemps, elle a mis en œuvre le jayet, mais la fragilité de cette substance et son extrême combustibilité lui font préférer aujourd'hui le verre noir ou des vernis de même couleur appliqués sur des objets en métal ordinaire. On lui substitue aussi quelquefois une fonte de fer, appelée *fonte de Berlin*, du lieu où elle a été inventée, et qui possède la propriété de se mouler avec une admirable finesse. Cette *Bijouterie de fonte* a été introduite en France par Dumas fils, fabricant de quincaillerie à Paris, et a figuré, pour la première fois, à l'exposition de 1827. Toutefois, sa consommation n'a jamais été très-importante dans notre pays.

BILLARD. — Le *Billard* n'est qu'une modification du jeu de boules, si aimé de tous les peuples et à toutes les époques. Il paraît dater du XVIᵉ siècle, mais il était alors de petites dimensions, et ce n'est que plus tard, peut-être sous Louis XIV, qu'il est devenu ce qu'il est aujourd'hui. On attribue même sa propagation, en France, à ce prince, à qui les médecins en avaient ordonné l'usage chaque soir, après le souper, afin de faciliter sa digestion. Le Billard s'est tellement répandu depuis cent cinquante ans, que sa fabrication constitue aujourd'hui une industrie assez importante dont la France a pour ainsi dire le monopole universel, et à la tête de laquelle se trouvent les billardiers parisiens Bouhardet, Guillelourette, Astorquiza, Barthélemy, Cosson, Marchal et plusieurs autres. Parmi les perfectionnements les plus importants introduits de nos jours dans cette industrie, on cite surtout la substitution des tables d'ardoise aux tables de bois, la garniture des bandes à ressorts recouverts de lisières, au lieu de bandes garnies seulement de lisières, et, enfin, le mécanisme qui permet de fermer les blouses, soit toutes ensemble, soit chacune d'elles isolément, suivant les règles du jeu et le goût des joueurs. On a également essayé de faire les tables en fer fondu et les bandes en caoutchouc, et de réduire à un seul les quatre ou six pieds qui servent de support au Bil-

lard ; on a fait encore des Billards pouvant se transformer en tables à manger ou renfermer un lit ; mais l'utilité de ces diverses inventions n'a pas été sanctionnée par la pratique.

BILLET DE BANQUE. — Voyez BANQUE.

BILLON. — C'est un alliage dans lequel le métal ou les métaux précieux se trouvent dans une proportion très-peu considérable. Bien que l'alliage dont les éléments sont l'or et le cuivre soit un véritable Billon, on a néanmoins l'habitude, dans le langage ordinaire, d'appliquer spécialement cette dénomination à l'alliage d'argent et de cuivre. Parmi les monnaies de l'antiquité, on en trouve une grande quantité, surtout parmi celles qui proviennent des ateliers monétaires d'Alexandrie d'Égypte, qui sont en cuivre allié avec une très-petite quantité d'argent. La même composition fut très-usitée dans l'empire romain, à partir du règne de Gallien jusqu'à celui de Dioclétien. En France, les monnaies de Billon commencèrent à paraître sous les derniers rois de la deuxième race. Les six premiers princes de la dynastie capétienne ne monnayèrent que cet alliage. Depuis le XIIIᵉ siècle jusqu'au XVIIIᵉ, on a fabriqué simultanément des monnaies d'argent et des monnaies de Billon. Les dernières pièces de ce dernier métal qui aient été frappées en France sont les décimes au chiffre de Napoléon Iᵉʳ, dont la démonétisation a eu lieu en 1845.

BINOCLE. — On a d'abord appelé ainsi une lunette astronomique à deux tuyaux imaginée, au XVIIᵉ siècle, par le P. Reitha, capucin allemand. Cet instrument n'est plus employé aujourd'hui pour regarder les astres, parce qu'il est plus embarrassant qu'utile, mais on en a tiré un meuble de luxe et de poche, dont les objectifs et les oculaires, se mouvant à l'aide d'une vis, servent à examiner autre chose que les étoiles. En d'autres termes, le *Télescope binoculaire* du savant capucin est devenu une *Jumelle* de spectacle. Voyez JUMELLE et LUNETTE.

BISCUIT DE MER. — On appelle ainsi une sorte de pain inaltérable qui est spécialement destiné à l'usage des marins, mais que l'on donne aussi quelquefois aux troupes de terre. On attribue généralement son invention aux Grecs, mais sans qu'on puisse citer aucun texte précis à l'appui de cette opinion. Ce qui est cependant certain, c'est que les Romains le connaissaient, au moins du temps de l'empire. Le plus ancien texte relatif à notre histoire dans lequel il soit question du Biscuit de mer appartient au VIIIe siècle, et, depuis cette époque, il a toujours été un des éléments principaux des approvisionnements maritimes. Depuis le commencement de ce siècle, on a introduit de grands perfectionnements dans sa fabrication en substituant des machines au travail manuel autrefois exclusivement employé. Les appareils qui produisent les meilleurs résultats ont été inventés, en 1820, par M. Tassel-Grant, alors employé des subsistances de la marine, à Portsmouth. Dans ces dernières années, on a essayé d'augmenter la valeur nutritive du Biscuit en pétrissant la farine avec du bouillon de bœuf, mais ce *Biscuit-viande*, comme on a appelé le nouveau produit, n'a jusqu'à présent obtenu quelque succès que dans certaines parties de l'Amérique.

BISMUTH. — Ce métal n'était pas inconnu des anciens, mais ils le confondaient avec plusieurs autres corps du même genre, surtout avec le plomb et l'étain. Il n'a été véritablement distingué et décrit qu'au XVIe siècle, par le minéralogiste allemand Georges Agricola. Le Bismuth ne sert guère que pour faire des alliages qui sont utilisés par les fabricants de crayons métalliques. L'un d'eux a été longtemps usité, sous le nom de *Métal fusible de Darcet*, pour fabriquer les rondelles fusibles adaptées, comme moyen de sûreté, aux chaudières à vapeur. Parmi les composés du Bismuth, un seul, le sous-azotate, a des applications industrielles. On l'emploie pour faciliter la fusion de plusieurs émaux, préparer le blanc de fard, etc.

BITUMES. — Les Bitumes sont des substances combustibles que l'on trouve abondamment dans la nature. Les uns sont liquides et ressemblent à des huiles volatiles : ce sont le *Pétrole* et le *Naphte*, que l'on emploie, de temps immémorial, dans les pays de production, pour le chauffage et l'éclairage. Les autres sont mous ou solides : tels sont l'*Asphalte* ou *Bitume de Judée* et le *Malthe* ou *Pissasphalte*, dont on se sert, depuis des milliers de siècles, en guise

de ciment et de goudron. C'est avec ces derniers que l'on fabrique généralement les mastics bitumineux si usités aujourd'hui dans les constructions. Voyez ASPHALTE, PÉTROLE, etc.

BIXINE. — Voyez ROCOU.

BLANC D'ABLETTE. — Voyez ABLETTE.

BLANC DE BALEINE. — Matière grasse, solide et d'un blanc éclatant, que l'on trouve en dissolution dans une huile qui entoure le cerveau du cachalot et de quelques autres Cétacés. On l'appelle aussi *Cétine* et *Sperma ceti*. Le Blanc de baleine est connu depuis très-longtemps. On l'emploie surtout pour faire des bougies de luxe, dites *diaphanes* ou *de sperma ceti,* qui sont fort recherchées en Angleterre. On en fait aussi usage pour préparer la pommade appelée *cold-cream* et fabriquer certains apprêts pour les tissus.

BLANC DE PLOMB. — Le *Blanc de plomb* ou *Blanc d'argent*, qu'on appelle aussi *Céruse*, était connu des anciens, du moins des Grecs et des Romains. Théophraste et Dioscoride en ont décrit la fabrication avec détail, et Pline assure que celui qui venait de l'île de Rhodes était le plus estimé. Il paraît qu'après la chute de l'empire romain, la préparation de ce sel fut d'abord monopolisée par les Arabes. Des manufactures s'élevèrent plus tard à Venise, puis en Hollande, en Angleterre et dans plusieurs parties de l'Allemagne. La France n'a possédé cette industrie que dans les premières années de ce siècle, époque à laquelle elle en fut dotée par MM. Breschoz, Lescure et Roard, qui montèrent à cette occasion d'importantes usines à Pontoise et à Clichy. Le Blanc de plomb a, dans les arts, un très-grand nombre d'applications utiles, mais comme son emploi donne lieu à des accidents très-graves, on le remplace souvent aujourd'hui par le Blanc de zinc, qui n'a pas les mêmes inconvénients.

BLANC DE ZINC. — La substance ainsi nommée n'est autre chose que de l'oxyde de zinc. On l'emploie aujourd'hui dans la peinture, pour remplacer le Blanc de plomb, parce que, tout en couvrant aussi bien que ce dernier, il n'en a pas les défauts, c'est-à-dire ne noircit pas par les émanations sulfureuses, et n'exerce aucun effet fâcheux sur la santé des ouvriers. La première idée de cette application a été émise, en 1779, par le chimiste Courtois, qui était alors attaché au laboratoire de l'Académie de Lyon, mais elle passa inaperçue. En 1783, Guyton de Morveau publia sur le même sujet des recherches très-remarquables, qui ne produisirent pas plus de succès. Atkinson, de Liverpool, ne fut pas plus heureux en 1796. Il en fut de même, en 1808, des frères Mollerat, fabricants de produits chimiques à Paris. L'emploi du Blanc de zinc en peinture était complétement tombé dans l'oubli, lorsque M. Rouquette, en 1842, et M. Mathieu, en 1844 et 1845, appelèrent de nouveau l'attention sur l'utilité qu'il y aurait à l'adopter. Enfin en 1849, à la suite d'efforts persévérants, M. Leclaire, entrepreneur de peinture à Paris, le fit définitivement entrer dans la pratique ordinaire des peintres et des décorateurs. C'est à ce dernier que revient le mérite d'avoir fondé l'industrie du Blanc de zinc telle qu'elle existe aujourd'hui, et la substitution de cette substance au Blanc de plomb a puissamment contribué à l'amélioration du sort d'une classe nombreuse de travailleurs.

BLANCHIMENT. — Toutes les matières textiles sont naturellement recouvertes de substances colorantes qui nuiraient à la beauté et à la souplesse des tissus, si on n'avait trouvé le moyen de les en débarrasser. C'est aux procédés employés à cet effet que l'on donne le nom de *Blanchiment*. — Dans le principe, pour blanchir les tissus de lin, de chanvre et de coton, on se contentait de les exposer, pendant plus ou moins de temps, sur un pré, à l'action simultanée de l'humidité et de la lumière solaire. Plus tard, on imagina de les traiter par des liqueurs alcalines, avant de recourir à l'exposition. Tous ces procédés furent bouleversés, en 1785, par la découverte, due à Berthollet, des propriétés décolorantes du Chlore. On employa d'abord cette substance, soit à l'état gazeux, soit en solution, et ce ne fut qu'en 1789 que l'on commença à faire usage des hypochlorites. — Le Blanchiment de la laine a consisté de tout temps à lui faire d'abord subir des lavages successifs, les uns à l'eau chaude, les autres dans des liqueurs alcalines, telles que l'urine corrompue et les dissolutions de potasse et de soude, puis

à la soumettre à l'action de l'acide sulfureux. Comme la laine blanchie au soufre jaunit promptement au contact de l'air, M. Pion, chimiste teinturier à Elbeuf, a imaginé d'éviter cet inconvénient, en remplaçant le soufrage par une immersion dans une dissolution de sulfate de soufre additionnée d'acide chlorhydrique. — Pour blanchir la soie, on la fait tremper dans deux ou trois bains successifs chauffés à la vapeur et contenant du savon blanc ou du sous-carbonate de soude. On lave ensuite, et on termine par le soufrage. Voyez CHLORE, HYPOCHLORITES, PAPIER, SOUFRE, OZONE, etc.

BLANCHISSAGE. — De tout temps, on a su enlever aux tissus les substances qui les salissent accidentellement, mais les peuples de l'antiquité se sont spécialement occupés du blanchissage de la laine, parce qu'ils ne portaient guère que des vêtements de cette matière, tandis que ce sont les modernes qui ont, sinon tout à fait créé, du moins rendu véritablement efficace celui du lin, du chanvre et du coton. Du temps d'Homère, les Grecs nettoyaient leurs vêtements par un lavage à l'eau chaude et à l'eau froide, combiné avec un foulage qu'ils pratiquaient avec les pieds, dans des citernes préparées pour cet usage. Quant aux matières détersives, ils se servaient probablement, à l'exemple des Hébreux et des Égyptiens, de la saponaire et de diverses craies. Ces derniers employaient aussi le natron ou sesquicarbonate de soude, qui est si abondant dans leur pays. Les Romains se servirent aussi des mêmes substances, mais ils y ajoutèrent l'urine putréfiée, et, pour compléter leur action, les fumigations d'acide sulfureux. Les modernes ont, dit-on, imaginé l'emploi des lessives alcalines et savonneuses, mais, comme elles altèrent sensiblement les tissus d'origine animale, ils les ont remplacées par l'eau de son et des dissolutions d'écorce de quillaia, de bulbes d'arum, d'orties, de farine de riz, de seigle ou de marrons d'Inde, d'amidon, de fécule de pomme de terre, etc. De plus, ils ont généralement substitué l'ammoniaque liquide ou alcali volatil à l'urine putréfiée. Quant aux tissus végétaux, ils les ont exclusivement soumis à l'action des lessives, mais en inventant, pour les appliquer, une multitude de procédés et d'appareils particuliers. Toutefois, parmi ces procédés, il en est un, le Blanchissage *à la vapeur*, qui est beaucoup plus ancien qu'on ne le croit généralement. Il a été décrit, en 1718, par le P. Turpin, comme usité, de temps immémorial, dans l'Inde, pour les étoffes de coton. Il a été employé, avant 1789, à Bercy, près de Paris, par Monnet, mais c'est Chaptal qui, en démontrant son efficacité, en 1799, a surtout contribué à le répandre. Depuis cette époque, il a été beaucoup perfectionné par Curaudeau, Cadet de Vaux et plusieurs autres, notamment par Mlle Mercier, dont les appareils sont aujourd'hui très-appréciés dans notre pays. Le Blanchissage par l'affusion mécanique ou spontanée de la lessive a été créé, en 1801, par le manufacturier français Bardel, et non par le chimiste Widmer, auquel on attribue à tort son invention. Parmi ceux qui, dans notre pays, l'ont doté des améliorations les plus importantes, il faut surtout citer MM. René Duvoir (1836), Gugnon (1846), Decoudun et Gay (1848). Toutefois, si Widmer n'a pas imaginé ce procédé, il a eu, le premier, l'idée, en 1804, de projeter la lessive au moyen d'une pompe, appareil perfectionné depuis par MM. Moyne et Bouillon (1847-1849). Le Blanchissage par la circulation continue de la lessive d'après le système de chauffage imaginé, en 1777, par le physicien Bonnemain, a été appliqué, pour la première fois, en 1809, à Augsbourg, par MM. Shoppler et Hartmann. Plusieurs inventeurs, entre autres le chimiste Descroizilles père, et MM. Guignon (1840) et Eugène Chevalier (1844), ont construit des appareils portatifs qui ont permis de l'employer dans l'économie domestique. Le Blanchissage par la triple action de la lessive, de la vapeur et du ballottement mécanique paraît avoir été créé en Angleterre, vers 1810 : il a été introduit en France, en 1825, par MM. Smith et Tyrrel. On n'a pu, jusqu'à présent, en faire usage que dans la grande buanderie. Il en est de même du Blanchissage par l'action combinée de la lessive et de la vapeur à haute pression : ce procédé est originaire des États-Unis, et a été importé en Angleterre par M. Wright, en 1826, et, en France, par MM Waddington frères,

en 1838. Outre les appareils imaginés pour appliquer les divers procédés de Blanchissage, et qui, pour la plupart, sont désignés sous le nom de *Blanchisseuses mécaniques*, on en a inventé une multitude d'autres afin de rendre plus économiques les opérations particulières du Lessivage, du Séchage et du Repassage du linge. (Voyez ces mots.)

BLASON. — Le *Blason* est né vers le commencement du XIIIe siècle, c'est-à-dire à l'époque où l'usage des armes ou armoiries héréditaires devint général, mais ses règles n'ont été véritablement fixées que cent cinquante ou deux cents ans plus tard. Quant à son nom, les uns le font venir d'un vieux mot français qui signifie *écu*, parce que, disent-ils, c'était principalement sur le bouclier ou écu que les nobles faisaient primitivement peindre leurs armoiries ; tandis que les autres le tirent de l'allemand *blasen*, sonner du cor, parce que, prétendent-ils, quand un chevalier se présentait à la barrière d'un tournoi, son écuyer sonnait du cor pour annoncer son arrivée, afin que les hérauts pussent venir le reconnaître par l'inspection de ses armes. Dans le Blason, les couleurs se représentent sans peine par la peinture ; mais il a fallu créer des signes particuliers pour les distinguer par la gravure. Dans le principe, on les désignait par leurs initiales, O signifiant l'or ou le jaune, A l'argent ou le blanc, etc. Plus tard, on imagina des hachures diversement disposées, mais ce système, dont on ne connaît pas l'inventeur, ne fut généralement adopté que dans les premières années du XVIIe siècle.

BLÉPHAROPLASTIE. — Partie de l'Autoplastie qui a pour objet de rétablir la paupière perdue. Elle a été exécutée, pour la première fois, un peu avant 1818, par le chirurgien allemand, Græfe. Elle a été depuis répandue en Allemagne, par Dzondi, Frickes, Jungken, Rust, etc. ; en Espagne, par le professeur Hysern ; en France, par MM. Blandin, Carron du Villards, Jobert de Lamballe et Velpeau. Toutefois, elle ne fournit de beaux résultats que lorsque la peau seule est absente.

BLEU DE PRUSSE. — Ce produit, qui joue un si grand rôle dans l'art de la teinture, a été découvert par hasard, en 1710, par un préparateur de couleurs, de Berlin, appelé Diesbach. Sa fabrica-

4.

tion fut d'abord monopolisée par l'inventeur et son associé, le marchand de produits chimiques Dippel, et elle ne put être introduite dans les autres pays qu'à partir de 1724, époque à laquelle l'Anglais Woodward en publia les procédés. La première manufacture qu'il y ait eu en France fut fondée à Paris, peu après cette époque, par le chimiste Auteresse. Le Bleu de Prusse, qu'on appelle aussi *Bleu de Berlin*, doit ces deux noms au pays et à la ville où sa découverte a eu lieu.

BLEUINE. — Matière colorante bleue qui a été découverte, en 1860, par les chimistes Delaire et Girard, de Lyon, et introduite presque aussitôt dans les ateliers de teinture et d'impression des tissus. C'est un des produits de l'Aniline. En 1861, MM. Persoz, de Luynes et Salvétat ont obtenu, avec le même alcaloïde artificiel, une substance bleue nouvelle à laquelle ils ont donné le nom de *Bleu de Paris.*

BLOCKAUS. — On appelait autrefois *Palanques* des ouvrages de fortification destinés à la défense des petits postes et qui se composaient simplement d'une enceinte de troncs d'arbres revêtue de terre. On attribue l'invention de ces ouvrages aux Turcs, qui en communiquèrent, dit-on, la connaissance aux Hongrois et aux Allemands, mais aucun texte précis ne vient à l'appui de cette opinion. Tout ce qu'on sait, c'est que les Palanques étaient très-usitées en Hongrie au xviie siècle, et qu'au siècle suivant les ingénieurs allemands introduisirent plusieurs changements dans leur construction, celui, entre autres, de les munir d'une toiture. Les Palanques ainsi modifiées reçurent le nom de *Blockaus*, c'est-à-dire maison de troncs d'arbres, à cause de leur forme, et l'on assure que la première fut établie en 1770, par les Prussiens, à Schwedelsdorf, en Silésie. Tout le monde connaît les services que les Blockaus ont rendus à notre armée d'Afrique, pendant les premières années de l'occupation de l'Algérie.

BLOCS ARTIFICIELS. — Les ingénieurs romains du temps de l'empire se servaient souvent, pour les constructions à la mer, de *Blocs artificiels*, qu'ils obtenaient, comme les modernes, en moulant des bétons dans des caisses de bois de forme appropriée. Oubliés pendant tout le moyen âge, ces matériaux n'attirèrent de nouveau l'attention qu'à la fin du dernier siècle, d'abord, en Italie, où l'ingénieur Calamatta les employa, mais sans succès, pour consolider le môle de Civita-Vecchia (1770), puis, en France, où l'on essaya, sans plus de bonheur, d'en tirer parti pour la digue de Cherbourg (1786-1787) et les jetées de Saint-Jean-de-Luz (1789). L'usage des Blocs artificiels n'est devenu réellement possible qu'après les grands travaux de Vicat sur les chaux hydrauliques, et c'est à M. Poirel, qui s'en servit, peu après 1830, pour défendre le môle d'Alger contre l'action destructive de la mer, qu'appartient l'honneur d'en avoir fait la première application heureuse. On les a souvent employés depuis, dans la plupart de nos ports et dans ceux de l'étranger, pour exécuter une foule de travaux dont l'établissement eût été à peu près impossible par les moyens ordinaires. On est même parvenu à les transformer en des espèces de masses monolithes en coulant dans leurs intervalles des ciments préparés avec soin, qui acquièrent en très-peu de temps la dureté du granit. Voyez CIMENT, MATÉRIAUX ARTIFICIELS, etc.

BLONDE. — Voyez DENTELLE.

BLOUSE CONTRE L'ASPHYXIE. — Appareil inventé, en 1834, par M. Paulin, officier des sapeurs-pompiers de Paris, et au moyen duquel on peut pénétrer sans danger dans les lieux où l'air est vicié, soit pour éteindre des incendies, soit pour secourir des personnes asphyxiées, soit encore pour exécuter des travaux urgents. Il consiste en une blouse de cuir souple, que l'on serre autour du corps avec une ceinture, et dont on fixe les manches aux poignets au moyen de bracelets. Cette blouse est munie d'un capuchon qui enveloppe toute la tête et dont la partie antérieure porte un masque de verre, afin que l'homme puisse y voir pour se diriger. Enfin, elle est alimentée d'air par un tuyau de cuir qui communique avec une pompe foulante placée à l'extérieur. La Blouse contre l'asphyxie est aussi appelée *Appareil Paulin*, du nom de son inventeur. Elle fonctionne avec une si grande régularité que son usage a été adopté dans tous les pays.

BOA. — L'usage de s'envelopper le cou

d'une fourrure, pendant l'hiver, est immémorial dans les pays froids. En France, il remonte au moins au xiv° siècle. Seulement on appelait alors *Collier de fourrure* ce que nous appelons aujourd'hui un *Boa*, et on y adaptait parfois des garnitures d'une très-grande richesse. Ainsi, on trouve dans un compte des ducs de Bourgogne, à la date de 1467 : « Une martre crue, pour mectre autour du col, où il y a deux rubis qui font les yeulx, ung cuer de dyamant sur le museau et les ongles et les denz garnys d'or. »

BŒUVONAGE. — Opération qui consiste à priver les vaches de leur faculté reproductrice, afin d'augmenter et de prolonger chez elles la sécrétion du lait, et de rendre leur engraissement beaucoup plus facile. Le Bœuvonage paraît avoir été imaginé aux États-Unis, il y a une cinquantaine d'années, par un propriétaire, nommé Winn. Il était encore très-peu connu en Europe, lorsqu'en 1834, M. Levral, médecin vétérinaire à Lausanne, en signala les avantages à l'attention publique. Plusieurs vétérinaires, notamment M. Régère, de Bordeaux, s'empressèrent de le pratiquer, mais il présentait alors de si grandes difficultés, qu'ils durent l'abandonner après quelques essais peu heureux. Le Bœuvonage resta dans l'oubli jusqu'en 1853, où, à la suite de nombreux tâtonnements, M. Pierre Charlier, vétérinaire à Reims, réussit à le faire entrer définitivement dans la pratique, en créant un nouveau procédé qui le simplifiait et le dépouillait de tout ce qu'il offrait précédemment de cruel et de chanceux.

BOGHEAD. — Voyez SCHISTE.

BOIS. — 1° *Coloration artificielle.* On attribue à un artiste italien de la fin du xv° siècle, nommé Jean de Vérone, la première idée de teindre les bois en les imprégnant de matières colorantes ; mais ce n'est que depuis une quarantaine d'années qu'on a industriellement résolu ce problème intéressant. La plupart de ceux qui, depuis la fin du dernier siècle, se sont occupés de la conservation du bois, entre autres MM. Boucherie et Renard-Perrin, ont également étudié les questions qui se rattachent à sa coloration artificielle, et presque tous ont imaginé des procédés qui permettent de donner aux essences indigènes les plus communes l'apparence des essences exo-

tiques les plus rares et les plus coûteuses. — 2° *Conservation.* Comme les modernes, les anciens savaient prolonger la durée des bois employés pour les pilotis, en carbonisant légèrement les parties destinées à séjourner dans le sol. On a imaginé plus tard d'obtenir le même résultat, pour les pièces exposées à l'humidité, en les enduisant extérieurement de substances préservatrices, soit au moyen de l'*immersion*, soit au moyen du *pinceautage*. Ce procédé est certainement efficace dans beaucoup de cas, mais il a le défaut de ne préserver que la surface, et de laisser les parties intérieures sans défense contre l'action des agents destructeurs. C'est pour parer à ce défaut qu'a été imaginé le procédé par *pénétration*. La théorie de ce procédé a été démontrée, au dernier siècle, par les naturalistes Hales et du Hamel, mais son application pratique, essayée, dès 1807, par Minneron, et reprise plus tard, d'abord en 1823, par le baron Champy, puis, à partir de 1830, par un grand nombre de savants, n'a été industriellement réalisée qu'à partir de 1840. Les méthodes proposées sont assez diverses. Dans les unes, on commence par faire le vide dans le bois, après quoi on y refoule les liquides antiseptiques : ce système a été créé, vers 1831, par M. Bréant, alors attaché à la Monnaie de Paris, mais il a le défaut d'exiger des appareils compliqués et dispendieux. Il a été introduit, en Angleterre, en 1838, par l'ingénieur Bethel, et, tout récemment, MM. Legé et Fleury-Pironnet, entrepreneurs au Mans, ont monté des ateliers pour l'exploiter sur une grande échelle. Une autre méthode consiste à utiliser la force ascensionnelle de la séve pour faire pénétrer des dissolutions préservatrices dans les pores du bois. Elle a été créée, en 1837, par le docteur Boucherie, de Bordeaux, mais elle n'a pu être adoptée par l'industrie, parce qu'elle ne produit pas une pénétration assez régulière, et qu'elle nécessite, en outre, une main-d'œuvre trop dispendieuse. Un troisième système est fondé sur le déplacement et l'expulsion de la séve, au moyen de la pression et de la filtration des liquides à injecter. On en doit encore l'invention au docteur Boucherie, qui l'a faite en 1841, et il a été rendu, par son auteur, tellement manufacturier qu'il a donné lieu à des exploitations considérables. Les autres méthodes ne sont que des modifications plus ou moins importantes de celles qui précèdent. Quant aux substances à injecter, on a proposé l'acide arsénieux, le sublimé corrosif, la créosote, l'acétate de plomb, le pyrolignite de fer, la glu marine, les sulfates de zinc, de fer et de cuivre, etc. C'est le sulfate de cuivre qu'emploient MM. Boucherie et Fleury-Pironnet, et il a, jusqu'à présent, produit les résultats les plus satisfaisants. — 3° *Bois durci* ou *Bois artificiel*. On désigne sous ce nom des mélanges de sciure de bois et d'albumine, de colle ou de gélatine, que l'on transforme, au moyen d'une forte pression, en masses compactes et d'une dureté extrême. On les fabrique sous forme d'objets moulés ou de parallélipipèdes propres à être débités en lames, tringles ou plaques pour la marqueterie, et on varie leurs nuances en ajoutant, au besoin, à la pâte des poudres colorantes appropriées. Une foule d'articles de tabletterie sont exécutés aujourd'hui en bois durci, notamment des écritoires, des médaillons, des coffrets, des cadres, des statuettes, des dessus de brosses, des manches de couteaux, etc. Ce produit est une chose assez ancienne, mais ce n'est que depuis sept ou huit ans que ses applications ont acquis une importance un peu considérable, et l'on cite surtout, parmi ceux qui ont le plus contribué à populariser son usage, M. Lepage, tabletier à Paris, et M. Latry, manufacturier à Grenelle.

BOISSONS FERMENTÉES. — A l'exception de l'eau et du lait, toutes les autres boissons sont le produit du travail de l'homme, et leur invention remonte à l'origine même des sociétés. Ainsi, suivant les Livres saints, c'est Noé qui aurait découvert l'art de faire le vin. La découverte de la bière n'est pas moins ancienne, car elle était immémoriale chez tous les peuples de l'antiquité. Les Hébreux connaissaient aussi le cidre. L'utilité des boissons fermentées est même tellement reconnue, que les peuplades les plus sauvages elles-mêmes savent en préparer. Ce fait de l'existence des boissons fermentées chez les nations les moins civilisées, n'est pas aussi étrange qu'il peut le paraître au premier abord. En effet, d'une part, la Providence a placé partout des fruits plus ou moins sucrés, susceptibles d'éprouver la fermentation spiritueuse, et, d'autre part, la conversion des matières sucrées en liqueurs alcooliques est facile et rapide ; en sorte que le hasard a dû montrer de bonne heure aux hommes les moyens de fabriquer les diverses boissons artificielles dont l'habitude leur a fait ensuite une impérieuse nécessité. Voyez ALCOOL, BIÈRE, CIDRE, VIN, etc.

BOÎTES A BALLES. — Voyez MITRAILLE.

BOMBARDE. — Ce sont des bâtiments à fond plat qui sont spécialement destinés à lancer des bombes. Les *Bombardes* ont été inventées au XVIIᵉ siècle, par Renau d'Eliçagaray, un des ingénieurs attachés au service du comte de Vermandois, grand amiral de France. On les appela d'abord *Galiottes à bombes*. Les premières furent construites à Dunkerque et au Havre, en 1680, et employées, pour la première fois, en 1682 et 1683, contre Alger, où elles produisirent les plus grands dégâts.

BOMBE. — Il existe une foule d'opinions contradictoires sur l'époque où les *Bombes* ont été inventées, mais les écrivains militaires les plus compétents pensent que le plus ancien emploi certain de ces projectiles ne remonte pas au delà du second siège de Rhodes par les Turcs, en 1522. Quant à l'Europe occidentale, il est incontestable que les Bombes étaient déjà connues en Italie quelques années après ce siège mémorable, car Tartaglia en a représenté une dans un de ses ouvrages qui date de 1537. Suivant de Thou, c'est à l'attaque de Wachtendonk, dans la Gueldre, par le comte de Mansfeld, en 1588, que les Occidentaux en auraient fait usage pour la première fois, et cet écrivain ajoute que celles qui furent lancées sur cette ville avaient été fournies par un artificier de Vanloo dont il n'indique pas le nom. Il paraît, en outre, qu'elles furent introduites en France par un ingénieur anglais appelé Malthus, qui avait appris à s'en servir dans les Pays-Bas, et que Louis XIII attira à son service. Nos armées les employèrent, dit-on, pour la première fois, au siège de Lamothe, en Lorraine, en 1634. Les premières Bombes se tiraient *à deux feux*, c'est-à-dire qu'on allumait leur mèche avant d'enflammer celle des mortiers. C'est à Verceil, en 1638, qu'on les tira, pour la première fois, *à un seul feu,* comme on le fait aujourd'hui, mais cette innovation ne fut généralement adoptée que vers 1737. Dans le principe aussi, leur tir n'était soumis à aucune règle, et leur effet était entièrement dû au hasard. Il ne commença à être rationnel qu'après 1666, quand, sur la proposition du mathématicien Blondel, les géomètres de l'Académie des Sciences de Paris eurent publié leurs belles recherches sur la projection des corps. Voyez MITRAILLE.

BONBONS. — Voyez DRAGÉES.

BONDES HYDRAULIQUES. — Les Bondes ainsi nommées ont pour objet de régulariser et d'améliorer le travail du vin et de la bière dans les tonneaux. Elles sont toutes disposées de manière à laisser passer l'acide carbonique sans donner accès à l'air extérieur. La plus simple est celle de M. Sébille-Auger : elle se compose d'un tronc de cône en bois, percé à son centre d'un trou évasé à la partie supérieure, où se loge une boule en os formant soupape. Cette boule se soulève sous l'effort de l'acide carbonique et retombe immédiatement après la sortie de celui-ci, ce qui ne permet pas l'entrée de l'air. Enfin, elle est guidée, dans son mouvement, par une bride en fer étamé et maintenue par un ressort, ou mieux par un bout de tube de caoutchouc, comme M. Maumené l'a imaginé.

BONNET CARRÉ. — Voyez BARRETTE.

BONNET CHINOIS. — Le *Bonnet* ou *Chapeau chinois* a été ainsi nommé à cause de sa ressemblance avec une des coiffures usitées en Chine. Cet instrument fut introduit, en 1822, dans la musique de la garde royale, d'où il se répandit dans les autres corps de l'armée. Il est abandonné depuis plusieurs années.

BONNET VERT. — Voyez BANQUE.

BORAX. — On croit que cette substance, le *borate de soude* des chimistes, est la même que Pline le Naturaliste appelle *chrysocolla,* c'est-à-dire soudure de l'or, à cause de la propriété que les anciens lui connaissaient de souder l'or (*chrysos*) et les autres métaux. Le Borax a été fourni, pendant très-longtemps, au commerce de l'Europe par les marchands de l'Inde, qui le tiraient du Thibet, où il existe en abondance ; mais,

depuis 1815, les chimistes français Payen et Cartier ont mis l'industrie européenne en état de pourvoir elle-même à ses besoins, en le fabriquant de toutes pièces avec l'Acide borique de la Toscane.

BORE. — Corps simple qui constitue la base de l'Acide borique, d'où son nom. Son existence a été indiquée, en 1807, par sir Humphry Davy, mais il a été isolé, pour la première fois, en 1809, par MM. Thénard et Gay-Lussac. Dans ces dernières années, MM. Wöhler et Deville ont trouvé dans le Bore des propriétés physiques qui en font un analogue ou un succédané du diamant, ce qui permettra probablement un jour de l'employer à la place de ce dernier, sinon peut-être comme objet de toilette, du moins pour le polissage et le travail des pierres précieuses.

BORIQUE (*Acide*). — Il a été découvert, en 1702, par Homberg, qui le trouva dans le Borax. Soixante-cinq ans plus tard, en 177`, Pierre Hoeffer, pharmacien de Léopold Ier, grand-duc de Toscane, en signala la présence dans les eaux des étangs ou *lagoni* de Monte-Rotundo, près de Pomerance, en Toscane. Deux ans après, c'est-à-dire en 1779, Mascagny confirma son existence dans les eaux de ces étangs, et appela l'attention de l'industrie sur l'utilité qu'elle pourrait en retirer pour la fabrication du Borax. L'Acide borique, qu'on appelle aussi *Acide boracique* et *Acide du borax*, est principalement employé pour la préparation du Borax, de la crème de tartre soluble et des mèches des bougies stéariques. Il est presque entièrement fourni par les *lagoni* de la Toscane, dont l'exploitation, commencée, en 1812, par le chimiste italien Ciaschi, n'a donné de bons résultats qu'à partir de 1817, époque à laquelle M. Larderel, de Vienne (Isère), en a pris la direction.

BOTANIQUE. — L'étude des plantes a certainement commencé de très-bonne heure, mais le plus ancien ouvrage où elle se montre avec un caractère scientifique est celui de Théophraste de Lemnos, né 350 ans avant notre ère. Après la mort de ce grand homme, la Botanique disparut complétement, et elle n'attira de nouveau l'attention des savants qu'à l'époque de la Renaissance, c'est-à-dire après un sommeil de dix-huit siècles. Parmi ceux qui s'en occupèrent alors avec le plus de succès, on cite surtout Conrad Gessner (mort en 1565), qui essaya les premières classifications, et Césalpin d'Arezzo (mort en 1603), qui, le premier, depuis Théophraste, fit des recherches de physiologie et d'organographie végétales. Au XVIIᵉ siècle, les progrès firent des pas de géant : Malpighi (1676) et Grew (1682) jetèrent les bases de l'Organographie ; Camerarius (1694) établit la *Sexualité* des plantes, vaguement entrevue avant lui ; Bachmann (1690) et Tournefort (1694) publièrent des classifications supérieures à celles qu'on avait vues jusqu'alors. Le mouvement de progrès continua au siècle suivant. Magnol (1709) introduisit le mot *famille* pour désigner des groupes de genres rapprochés par un ensemble de caractères communs. Haller (1727) fit avancer la physiologie. Enfin, Charles Linnée (1735), s'appropriant et améliorant l'idée émise par Burkhardt (1702) de classer les végétaux en prenant pour base leurs organes sexuels, exécuta la célèbre classification qui porte son nom, et qui précéda de cinquante-quatre ans celle, beaucoup plus complète et beaucoup plus philosophique, d'Antoine-Laurent de Jussieu (1789), qui a eu la gloire de constituer la taxonomie végétale sur ses bases véritables. Depuis les travaux de ce dernier, l'étude de la Botanique n'a cessé de faire des progrès inouïs : elle a même plus avancé depuis le commencement de ce siècle que pendant les quatre cents ans qui ont précédé 1789. Ce qui distingue surtout son état présent, c'est la réunion en une seule science de l'Organographie, de la Physiologie et de la Taxonomie. Un autre trait caractéristique de notre époque, c'est la recherche des lois qui régissent la forme des êtres organisés, et, parmi ces lois, celle de la symétrie des organes est reconnue en principe.

BOTTE. — Les *Bottes* et les *Bottines*, qui en sont un diminutif, datent d'une époque immémoriale dans plusieurs parties de l'Asie. Les personnages représentés sur les monuments de la Haute-Égypte portent souvent des Bottines presque semblables aux nôtres. Le *Cothurne* des Grecs et des Romains n'était qu'une espèce de Botte. Chez ces derniers, le *Pero* des paysans était une chaussure du même genre, ainsi que le *Phœcasion*, dont il existait d'ailleurs plusieurs variétés, les unes à l'usage des élégants, les autres à celui des gens du commun. La Bottine, appelée *Campagium* ou *Campagus*, était propre aux empereurs et aux sénateurs, et on la garnissait le plus souvent de riches ornements. En France, au IXᵉ siècle, les gens riches portaient souvent des Bottines ou Brodequins dorés. Deux cents ans plus tard, parurent les *Estivaux* et les *Houseaux* ou *Heuses* : les premiers étaient des espèces de Bottines, tantôt larges, tantôt étroites, et les seconds des Bottes très-montantes, peut-être même de grandes guêtres de cuir. Au XIVᵉ, au XVᵉ et au XVIᵉ siècle, les Bottines et les Bottes reçurent une foule de modifications de détail, mais on les fit généralement plutôt molles que fortes. Le XVIIᵉ siècle vit naître les Bottes *à entonnoir*, les Bottes *à patin*, et plusieurs autres espèces qui furent portées par les gens de cour jusque bien avant le règne de Louis XIV, tandis que les militaires adoptèrent les Bottes *à la française* ou *à l'écuyère*, dont le haut, un peu évasé, tenait lieu de poche aux courriers, pour mettre les dépêches. Sous le règne de Louis XV, la Botte et la Bottine disparurent du costume de ville, mais la Révolution les fit revivre, et leur usage n'a fait depuis que se généraliser : la Bottine, qui, dans le principe, était réservée aux hommes, a même fini par être adoptée par les femmes.

BOUCANAGE. — Le Boucanage des viandes a pour objet d'en assurer la conservation ; il consiste à les soumettre, pendant un certain temps, à l'action d'une fumée épaisse. C'est un des moyens les plus anciens que l'on ait imaginés pour soustraire les matières animales à la putréfaction. On l'a même trouvé universellement pratiqué par toutes les nations sauvages de l'Amérique et de l'Océanie. Quant à son nom, il vient de l'usage, autrefois général, chez les indigènes du nouveau monde, de fumer plus particulièrement la chair des jeunes bouquetins. Les procédés de Boucanage varient suivant les pays, mais, à en juger par la qualité des produits, le meilleur paraît être celui qu'on exploite à Hambourg. Voyez HARENG.

BOUCHE A FEU. — Voyez ARTILLERIE, CANON, MORTIER, OBUSIER.

BOUCHON. — L'usage des *Bouchons de liége* ne paraît pas remonter au delà du XVIᵉ siècle. Encore même n'est-il devenu un peu général qu'une centaine d'années plus tard. Leur fabrication constitue aujourd'hui une des principales ressources des pays où croît l'espèce de chêne qui fournit la matière première. Cette fabrication a eu lieu à la main jusqu'à notre époque, où elle a été dotée de procédés mécaniques. La première machine qui ait fonctionné régulièrement a été inventée, vers 1844, par M. Duprat, de Castres (Tarn) : elle façonne un Bouchon par seconde, ou 20,000 par jour, tandis que l'ouvrier le plus habile ne peut en exécuter que 1,000 dans sa journée. D'autres machines analogues ont été inventées depuis par MM. Jacob, Choloux, etc.— Comme les plaques de liége ne peuvent toujours donner des Bouchons de grande dimension réunissant les qualités convenables, on a imaginé divers moyens pour résoudre le problème. Tantôt, on recouvre des Bouchons ordinaires de plusieurs couches de caoutchouc. Tantôt, on réunit ensemble, avec un mastic de caoutchouc, des fragments de liége que l'on soumet ensuite à une pression énergique. D'autres fois, enfin, on forme, avec de la seiure de bois ou de liége et de la gutta-percha ou du caoutchouc liquide, une pâte que l'on travaille par les procédés ordinaires du moulage.

BOUCLE. — L'usage des *Boucles* n'était pas moins répandu chez les anciens que chez les modernes, et elles présentaient la même variété de formes et de destinations. Les *Boucles d'oreilles* remontent aussi à une époque très-reculée. Toutes les nations de l'antiquité en ont porté. On les a même trouvées chez presque toutes les nations réputées sauvages, en Amérique, en Asie, en Afrique, aussi bien que dans les îles de l'Océanie.

BOUCLIER. — Le *Bouclier* est peut-être la pièce la plus ancienne de l'Armure, et celle dont l'invention a coûté le moins d'efforts, car on l'a trouvé chez tous les peuples, même chez les plus arriérés ; mais il a naturellement varié, suivant les temps et les lieux, de forme, de ma-

tière et de dimensions. Le Bouclier des Grecs fut primitivement rond ; plus tard, il devint ovale. On le fit d'abord d'osier tressé, puis de bois, enfin de métal. Suivant Hérodote, les Cariens eurent les premiers l'idée de l'orner de peintures. Ce peuple fut aussi le premier qui imagina de le garnir intérieurement de courroies pour le porter ; précédemment, on le suspendait à un baudrier. Dans le principe, les Romains se servirent du Bouclier rond ou *clypeus*. Par la suite, ils adoptèrent, pour la grosse infanterie, le Bouclier samnite ou *scutum*, qui était rectangulaire et bombé. Mais leur cavalerie conserva le Bouclier circulaire, en lui donnant toutefois de très-petites dimensions (*parma*). Le Bouclier des Gaulois et des Francs était long et étroit, généralement octogone, et on le faisait assez grand pour qu'il pût, au besoin, servir de nacelle. Au IXᵉ siècle, les Normands introduisirent, dans tous les pays où ils s'établirent, un bouclier long, arrondi par le haut et pointu par le bas, que l'on appelait *Targe*. Ce Bouclier domina jusqu'au règne de Philippe-Auguste, où parut une espèce de petit Bouclier rond auquel on donna le nom de *Rondache*. Les deux Boucliers existèrent simultanément pendant tout le moyen âge, mais non sans éprouver de nombreuses modifications. Le Bouclier du cavalier ou *Écu* fut presque triangulaire, tantôt plat, tantôt convexe, quelquefois même concave du côté de l'ennemi. Le *Pavois* était une espèce de Bouclier grand comme une porte, dont les fantassins se servaient, en guise de mantelet, à l'attaque des places. La *Rondelle* était un diminutif de la Rondache, que les deux armés, cavalerie et infanterie, employaient indistinctement. Après l'invention des armes à feu, le Bouclier fut la partie de l'Armure que l'on abandonna la première. Toutefois, l'usage de la Rondache et de la Rondelle était encore général au XVIᵉ siècle, mais il ne tarda pas à disparaître. C'est probablement en 1621, au siége de Saint-Jean-d'Angely, que l'on s'est servi, pour la dernière fois, du Bouclier en France.

BOUÉE. — Voyez BALISE.

BOUGEOIR. — Ce mot ne paraît pas plus ancien que le XVIᵉ siècle, mais la chose qu'il désigne était en usage depuis au moins le xiii° siècle. Dans le principe, les Bougeoirs s'appelaient *Palettes*, *Platines* et *Patènes*, à cause de leur forme, qui était ordinairement celle d'une petite pelle. Quelquefois, on les munissait d'une carcasse métallique garnie de toile, de papier ou de parchemin pour que le vent ne pût éteindre leur lumière : ceux qui offraient cette disposition se nommaient *Esconces*.

BOUGIE. — L'usage de la cire pour l'éclairage est immémorial en Chine et dans l'Inde. Il existait aussi de très-bonne heure en Grèce et à Rome. Les Romains donnaient indistinctement le nom de *candela*, d'où est venu le français *chandelle*, aux chandelles de suif ou de cire. En France, l'emploi de la cire date aussi d'une époque très-ancienne ; peut-être même y fut-il introduit par ces derniers. Mais, dans le principe, on le réserva exclusivement aux cérémonies de l'Église, et il ne pénétra que très-tard dans les palais des grands. Dans le principe aussi, à l'exemple des Romains, on appela *Chandelles* ou *Chandoilles* tous les instruments d'éclairage, quelle que fût leur matière, suif ou cire. Ce n'est guère qu'au xiv° siècle que ce mot *Chandelle* commença à désigner spécialement le suif. A la même époque, on créa le mot *bougie* pour désigner la cire, parce que c'était de la ville de ce nom que l'on tirait la cire d'Afrique, qui passait alors pour la meilleure. Enfin, on appliqua la dénomination de *cierge*, du latin *cereus*, de cire, aux chandelles de cire employées par l'Église. Toutefois, la cire continua à être très-rare, même dans les habitations les plus somptueuses, et ce ne fut qu'au xvii° siècle qu'elle y détrôna généralement le suif. Elle a été à son tour, à notre époque, obligée de céder la place aux acides gras, et si elle n'avait pas été conservée pour les besoins du culte, elle aurait probablement tout à fait disparu. — Les Bougies dites *stéariques*, à cause de la principale substance qu'elles renferment, sont une des plus grandes conquêtes de la chimie contemporaine. Leur invention, qui est toute française, a été la conséquence des recherches exécutées, de 1811 à 1823, par M. Chevreul, sur les corps gras d'origine animale, et leur fabrication a été créée, en 1831, par les docteurs de Milly et Motard. C'est de la barrière de l'É-

toile, à Paris, près de laquelle ces deux savants fondèrent alors une usine pour exploiter leurs procédés, que les nouvelles Bougies reçurent le nom de *Bougies de l'Étoile*, qui est connu dans toute l'Europe. Depuis trois ou quatre ans, on a imaginé d'enjoliver les Bougies en y peignant des fleurs, des armoiries, des devises, etc. ; mais ces *Bougies illustrées* sont une invention vieille au moins de six siècles, car on s'en servait communément dans les églises du moyen âge. Voyez CIRE, BLANC DE BALEINE, STÉARIQUE, etc.

BOULET. — Dans les premiers temps de l'artillerie, les bouches à feu lançaient les mêmes projectiles que les anciennes machines de jet, c'est-à-dire des blocs irréguliers, des flèches grosses et courtes ou *carreaux*, des sacs remplis de cailloux, et des globes de grès, de pierre, de fer ou de plomb. Peu à peu, cependant, l'usage de ces derniers prévalut ; il était déjà général au commencement du xv° siècle. Toutefois, on employa d'abord les boulets de pierre pour les gros calibres, et ceux de fer et de plomb pour les moyens et les petits ; mais les boulets de fer finirent peu à peu par remplacer tous les autres. Afin de rendre les effets des boulets plus désastreux dans les combats de mer, on imagina, dès la fin du xv° siècle, de les réunir deux à deux par une barre ou une chaine de fer pour faire ce qu'on appelait des *Boulets à branche* ou *Boulets ramés*, et des *Boulets à chaine*. Quand, au lieu de deux boulets entiers, on se servait de deux demi-boulets, on donnait au projectile le nom d'*Anges* ou *Boulets à deux têtes*. — Les *Boulets rouges*, c'est-à-dire rougis au feu avant d'être introduits dans la pièce, remontent aux premières années du xv° siècle. On les a probablement employés, pour la première fois, en 1418, à Cherbourg, pour repousser une attaque des Anglais. Mais il parait qu'on ne sut en tirer réellement parti qu'à dater du siège de Stralsund, par les Prussiens, en 1675. De nos jours, on a vu paraître les *Boulets allongés* ou *Boulets tournants*, dont l'histoire se rattache à celle des canons rayés, mais des projectiles analogues avaient déjà été essayés auparavant, notamment en 1776, par les Anglais, au fort de Landguard. Voyez OBUS.

BOURSE. — Dans tous les pays où le commerce a été florissant, des lieux particuliers ont été affectés aux réunions des marchands. Chez les Athéniens, ces assemblées se tenaient au Pirée. A Rome, c'était dans les Basiliques qui entouraient le Forum. Les Bourses modernes ne datent, dit-on, que du xvıᵉ siècle, mais il est probable qu'elles sont plus anciennes, et qu'on ne fit alors que les régulariser. Les premières créées furent celles de Londres, de Bruges, d'Amsterdam, d'Anvers et de Venise, dont la fondation eut lieu avant 1530. La France ne posséda d'établissements de ce genre qu'en 1549, où Henri II institua deux Bourses, l'une à Lyon et l'autre à Toulouse. Rouen posséda la sienne en 1556. Enfin, Paris n'eut une Bourse régulièrement organisée qu'en 1724. On croit généralement que les Bourses ont été ainsi nommées parce que celle de Bruges se tenait dans une maison qui, suivant les uns, appartenait à un sieur Van der Beurse, et, suivant les autres, avait une bourse pour enseigne.

BOUSSOLE. — Suivant plusieurs auteurs, la *Boussole* aurait été introduite en Europe par le voyageur vénitien Marco Polo qui parcourut l'Asie centrale au xıııᵉ siècle. D'autres, au contraire, attribuent l'invention de cet instrument à un navigateur amalfitain nommé Flavio Gioja qui vivait au commencement du siècle suivant. Mais ces deux versions sont inexactes, attendu qu'il est question de l'emploi de la Boussole, dans les mers européennes, à une époque de beaucoup antérieure. La vérité est que la Boussole est née en Chine, où elle était déjà connue plus de deux mille ans avant notre ère, ainsi que l'a prouvé l'orientaliste Klaproth. Toutefois, elle ne fut d'abord employée, dans ce pays, que pour se diriger dans les voyages de terre, et ce ne fut que vers l'an 250 après J.-C. que l'on commença à s'en servir sur mer. Une fois en possession de la Boussole, les marins chinois en tirèrent parti pour se diriger dans les mers de l'Inde, et c'est probablement pendant leurs excursions dans ces mers qu'ils en apprirent l'usage aux Arabes, qui, à leur tour, le communiquèrent aux navigateurs européens des bords de la Méditerranée. Les plus anciens témoignages de l'emploi de la Boussole dans les mers d'Europe appartiennent aux années 1190 et 1225, et se trouvent, pour la première, dans les œuvres d'un poëte français, nommé Guyot de Provins, et, pour la seconde, dans l'Histoire de Jérusalem d'un autre Français, le moine Jacques de Vitry. A cette époque, cet instrument était d'une construction très-grossière, car il se composait simplement d'une aiguille aimantée qui flottait, sur deux fétus ou sur un morceau de liége, dans une fiole ou un vase rempli d'eau. Plus tard, on imagina de suspendre l'aiguille sur un pivot, de fixer au-dessous un disque de carton divisé en degrés, et d'enfermer le tout dans une boîte. On ignore à quelle époque eut lieu ce grand perfectionnement ; mais les uns l'attribuent, sans preuves, à Flavio Gioja, tandis que les autres, se fondant sur la fleur de lis qui, chez presque toutes les nations maritimes, désigne le nord sur la rose des vents, prétendent qu'il est dû à la France. — Depuis le xvıᵉ siècle, la Boussole a reçu un grand nombre de dispositions et de complications particulières qui en ont fait un instrument de précision de premier ordre. Elle ne sert pas, du reste, seulement à diriger les navires sur mer et les voyageurs dans les pays inconnus ; on l'emploie encore dans les opérations géodésiques, ainsi que dans l'exploitation des richesses souterraines. Pendant le moyen âge, on appelait la Boussole *Calamite, marinette, magnète, Manete* ou *Aiguille*. Les marins la nomment aujourd'hui *Compas de route* ou simplement *Compas*. Quant au mot Boussole, il vient de l'italien *bussola*, boîte de buis : on a ainsi donné au contenu le nom du contenant. Voyez DÉCLINAISON et INCLINAISON.

BOUTEILLE. — I. L'usage des *Outres* et des *Bouteilles de cuir* remonte à une époque immémoriale. Tous les peuples anciens l'ont connu, et il existe encore dans les pays qui ne possèdent pas de routes carrossables. Les Romains et, avant eux, les Phéniciens, les Égyptiens et les Grecs, se servaient aussi de *Bouteilles de verre*. Si l'on en juge par les monuments qui sont parvenus jusqu'à nous, celles des premiers ressemblaient en général à nos carafes, mais ils en avaient qui offraient d'autres formes, suivant la destination particulière qu'elles devaient recevoir. Les Bouteilles de voyage étaient ordinairement plates et de petites dimensions, et on les recouvrait de cuir ou de jonc tressé, comme on le fait aujourd'hui. Pendant le moyen âge, on fit les Bouteilles de toutes matières, même d'argent, mais celles de verre furent très-rares jusqu'au XVe siècle, où les progrès réalisés dans l'art de la verrerie permirent de les fabriquer à bas prix et de les substituer peu à peu à toutes les autres. La fabrication des Bouteilles a reçu, depuis cette époque, des développements très-considérables, et leur emploi a donné lieu, surtout de nos jours, à plusieurs inventions intéressantes, presque toutes destinées à l'industrie des vins de Champagne, et parmi lesquelles il faut citer : les *Machines à boucher les bouteilles*, de MM. Lannes de Montebello (Paris), J.-H. Maurice (Épernay), Chanson (Beaune), M.-S. Chalopin (Paris), Trinquelle (Tours), etc.; les *Machines à ficeler les bouteilles*, de MM. Desaint (Épernay), Delagrange (Épernay), etc.; et les *Machines à essayer les bouteilles*, du docteur Rousseau (Épernay).

II. L'instrument de physique appelé *Bouteille de Leyde* a été ainsi appelé du nom de la ville où son invention a eu lieu. Il a été imaginé, au mois de mars ou d'avril 1746, par le physicien hollandais Muschenbroeck, et, dès le mois de mai suivant, l'abbé Nollet s'en servit à Paris pour faire des expériences qui excitèrent l'étonnement général. La Bouteille de Leyde consistait primitivement en un vase sphérique de verre rempli d'eau. Ce sont les Anglais Watson et Bevis qui lui ont donné, en 1747 et 1748, la forme et les diverses garnitures qu'elle a aujourd'hui. Un peu plus tard, Benjamin Franklin créa sa théorie et inventa à cette occasion, avec le concours de Kinnersley, la plupart des petits appareils que l'on trouve encore dans les cabinets de physique, tels que le *Carreau fulminant*, le *Tube étincelant*, le *Perce-carte*, le *Perce-verre*, le *Tableau magique du roi et des conjurés*, etc. L'invention de la Bouteille de Leyde a produit celle de la *Batterie électrique*, qui se compose de la réunion de plusieurs instruments de ce genre et est employée pour obtenir des décharges très-considérables. La première Batterie paraît avoir été construite par Bevis,

en 1747. Elle ne comprenait que trois bouteilles, mais on ne tarda pas à en établir de plus considérables.

BOUTON. — Des épines végétales, des os de poisson et des brochettes de métal ont d'abord servi, comme cela existe encore dans plusieurs pays, à fixer les différentes parties des vêtements. Les Boutons sont ensuite venus, mais on ne possède aucun renseignement sur leur invention ; il paraît cependant que leur usage, qui n'était probablement pas inconnu des Romains, n'a commencé à se généraliser que pendant le moyen âge, surtout à partir du XIVe siècle. De tout temps, on a employé le bois, la corne, l'ivoire, la soie, la laine et le métal pour faire les Boutons, mais les développements énormes qu'a pris de nos jours la consommation de ces petits objets de toilette a fait imaginer d'ingénieuses machines qui, tout en permettant de les fabriquer avec une extrême rapidité et beaucoup mieux que par le passé, ont donné le moyen d'en réduire considérablement le prix. On porte à plus de dix mille le nombre de modèles que les caprices de la mode ont fait surgir dans les sept dernières années. Une autre innovation, qui est aussi toute moderne, est celle qui a produit les *Boutons de porcelaine*, dont la lingerie fait maintenant un si grand emploi à la place de ceux de nacre, d'ivoire ou d'os, seuls usités autrefois. Les premiers essais dans cette voie datent de 1809 et sont dus à l'Anglais Potter. En 1844, un autre Anglais, Prosser, imagina des moyens d'exécution qui furent aussitôt appliqués sur une grande échelle. Enfin, en 1845, M. Félix Baptcrosse, de Paris, inventa des procédés tellement supérieurs à ceux qui existaient, que c'est véritablement à lui que l'industrie des Boutons de porcelaine doit le haut développement où elle est parvenue. Les appareils de cet industriel opèrent même avec tant de rapidité et d'économie que les Anglais trouvent plus de profit à s'approvisionner chez lui qu'à fabriquer eux-mêmes.

BOUTS-RIMÉS. — Ménage en attribue l'invention à un mauvais poëte du XVIIe siècle, nommé Dulot. Ce genre de versification fut très à la mode pendant un grand nombre d'années, mais il est aujourd'hui tombé dans l'oubli qu'il mérite.

BRACELET. — L'usage des *Bracelets* n'est pas moins ancien que celui des anneaux et des boucles d'oreilles. Il en est question dans la Bible. Les Égyptiens le connaissaient aussi. Mais, parmi tous les peuples de l'antiquité, ce furent les Perses et les Mèdes qui aimèrent surtout à se parer de Bracelets. Ils en portaient non-seulement au poignet, mais encore au bras, un peu au-dessous de l'épaule. Ils s'en servaient pour indiquer le rang et la richesse, usage qui s'est perpétué en Orient jusqu'à nos jours. A la différence des Asiatiques, chez lesquels les Bracelets étaient portés par les hommes aussi bien que par les femmes, les Grecs réservaient ce genre d'ornement aux femmes, et celles-ci en avaient pour les bras et pour les poignets. Chez les Romains, sauf dans quelques cas exceptionnels, les femmes seules portaient des Bracelets ; mais on en distribuait d'une forme particulière aux soldats qui méritaient une haute récompense. Les Gaulois faisaient aussi usage de Bracelets, et, comme les Perses, ils en mettaient aux bras et aux poignets. Après la conquête romaine, les Bracelets disparurent, dans notre pays, de la toilette masculine, mais ils y furent de nouveau introduits sous la domination franke. Les hommes les portèrent jusqu'au XIIIᵉ siècle, où ils les quittèrent pour les laisser aux femmes, qui les ont portés, depuis cette époque, sauf quelques interruptions causées par les caprices de la mode. Le plus ancien monument de notre histoire sur lequel le Bracelet se montre comme faisant partie de la toilette des femmes paraît être le tombeau de Blanche, fille de Louis IX, morte en 1243.

BRAIES. — Les *Braies* correspondaient, dans l'antiquité, au pantalon des modernes. Parmi les peuples dans le costume desquels elles figuraient, on cite surtout les Mèdes, les Perses, les Parthes, les Arméniens, les Phrygiens, les Saces, les Sarmates, les Daces, les Gètes, les Teutons, les Belges, les Francs, les Gaulois et les Bretons. C'est même pour ce motif que les Romains donnaient à notre pays le nom de *Gallia braccata* ou Gaule porte-braies. Aux yeux des Grecs, ce genre de vêtement était singulièrement ridicule ; cependant, Ovide nous apprend que leurs colonies de la mer Noire finirent par en adopter l'u-

sage. Les Braies s'introduisirent aussi à Rome sous les derniers empereurs, mais elles n'y furent jamais très-répandues. Voyez CHAUSSES, BAS et PANTALON.

BRAS ARTIFICIEL. — L'invention des *Bras artificiels* ou *Bras mécaniques* pour l'usage des amputés date, dit-on, du XVIᵉ siècle, mais il est probable qu'elle est beaucoup plus ancienne. Quoi qu'il en soit, c'est dans les œuvres d'Ambroise Paré, mort en 1590, qu'il en est question pour la première fois. L'appareil décrit par ce grand homme était en fer battu et renfermait dans son intérieur des ressorts propres à le faire mouvoir dans le sens des articulations naturelles, tant du coude que des poignets et des doigts. Il avait été conçu et exécuté par un serrurier, nommé Petit Lorrain ; mais il était tellement lourd que les malades ne pouvaient le supporter longtemps. Depuis cette époque, un grand nombre d'artistes éminents ont essayé de résoudre le problème d'une infinité de manières. Toutefois, malgré les grands résultats obtenus par plusieurs d'entre eux, il reste encore beaucoup à faire. On ne doit pas d'ailleurs oublier que les Bras artificiels sont à la portée de très-peu de personnes, parce que leurs complications et, par suite, les difficultés de leur exécution en rendent toujours le prix très-élevé. C'est surtout depuis une cinquantaine d'années que la construction de ces appareils a été le plus améliorée. Parmi les mécaniciens habiles qui ont le plus contribué à ce progrès, on cite surtout le sculpteur hollandais Van Peetersen et MM. Charrière, Matthieu, Valerius et Béchard, fabricants d'instruments de chirurgie et d'orthopédie à Paris. C'est M. Matthieu qui a exécuté le Bras artificiel au moyen duquel notre célèbre chanteur Roger, de l'Académie impériale de musique, a pu, en 1860, remplacer le membre dont un accident de chasse l'avait privé.

BRÉSIL. — Les teinturiers du moyen âge se servaient du mot *brésil* ou *brasil* pour désigner tous les bois de teinture en rouge qu'ils employaient, et dont les uns étaient fournis par les forêts d'Europe, tandis que les autres étaient tirés de l'Asie, surtout de l'Inde, par la voie d'Alexandrie. Au XIIIᵉ siècle, cette expression était commune à toutes les langues européennes, et, lorsque, au mois d'avril 1500, le capitaine portugais Pedro Alvarez Capralu eut découvert la partie de l'Amérique méridionale qui produit en abondance les bois rouges, il lui donna le nom usité dans le commerce pour désigner les végétaux de cette espèce. Aujourd'hui on applique génériquement la dénomination de *bois rouges* ou *bois de Brésil* à une multitude de bois provenant d'arbres d'espèces différentes qui croissent dans l'Inde, aux Antilles et dans plusieurs des parties continentales du Nouveau Monde, et dont les principaux sont ceux de *Fernambouc*, de *Sainte-Marthe*, de *Sappan*, de *Californie*, etc. En 1810, M. Chevreul a isolé la matière colorante de ces bois, et il l'a nommée *Brésiline*.

BRETELLES. — Leur usage ne paraît pas remonter au delà du XVIIe siècle, mais ce n'est que depuis le commencement de celui-ci qu'il est devenu général. Toutefois, il n'existe pas encore dans certains pays. Pendant longtemps, on a fait les Bretelles soit avec un tissu quelconque, soit avec des bandes de cuir, soit encore avec de la laine ou du coton tricoté à l'aiguille. On les confectionne généralement aujourd'hui avec des étoffes spéciales en passementerie dont la fabrication a été créée, en France, en 1834. Depuis cette époque, cette branche nouvelle d'industrie n'a cessé de se développer, et c'est dans notre pays, où elle se trouve presque exclusivement concentrée à Rouen, qu'elle a reçu ses plus importants perfectionnements. Parmi les progrès les plus saillants qui ont été réalisés dans ces dernières années, on cite l'invention, due à M. Lucien Fromage, d'un métier à tisser qui produit chaque jour quatre-vingts douzaines de paires de Bretelles, dont la main-d'œuvre ne dépasse pas 6 centimes par douzaine. Une autre invention remarquable est celle qui a donné lieu aux bretelles dites *hygiéniques*, lesquelles diffèrent des autres en ce que l'élasticité est entièrement retirée du corps de la Bretelle et reportée à la partie inférieure, de telle sorte que les épaules sont dégagées d'une pression gênante.

BREVET D'INVENTION. — Voyez INVENTION.

BRIQUE. — Les *Briques* sont les premiers matériaux artificiels que l'homme ait su créer quand il a commencé à éle-

ver des habitations dans les lieux dépourvus de pierre à bâtir. Il se contenta d'abord de les faire sécher au soleil, plus tard, il imagina de les rendre plus résistantes en les soumettant à l'action du feu. Des Briques fabriquées suivant les deux systèmes se trouvent dans les monuments les plus anciens, surtout dans ceux de la Babylonie, où l'on suppose que les premières sociétés se sont organisées. Toutefois, si l'invention des Briques remonte aux premiers âges de l'humanité, il est assez remarquable qu'elles n'aient été introduites que très-tard dans certaines parties de l'Europe. Ainsi, par exemple, suivant l'historien Smollett, leur usage n'aurait commencé en Angleterre qu'au IXe siècle, et, suivant Aikin, il n'y serait devenu général que quatre cents ans plus tard. Dans les temps modernes, des perfectionnements de plus d'un genre ont été introduits dans la fabrication des Briques. Un des plus importants a donné lieu à l'invention, par M. Paul Bories, de Paris, des *Briques creuses* ou *Matériaux tubulaires* dont l'emploi a presque révolutionné plusieurs branches de l'art de bâtir. Les Briques de cette espèce se font toujours à la machine. On a voulu aussi introduire des machines dans la fabrication des Briques ordinaires, mais on n'a pas encore obtenu des résultats très-satisfaisants. C'est M. Hattemberg, conseiller à la cour de Russie, dont l'appareil fonctionnait à Saint-Pétersbourg en 1807, qui a fait les premiers essais dans cette voie. Mais la meilleure machine qu'on ait construite depuis, du moins en France, est celle de M. Terrasson-Fougères, du Theil (Ardèche), dont l'invention remonte à 1825. Plusieurs inventeurs ont également cherché à rendre les Briques imperméables. Jusqu'à présent, c'est M. Proeschel, de Vienne (Autriche), qui paraît avoir le mieux résolu ce problème, et il y est parvenu en imbibant les briques de goudron de houille. A diverses époques, on a fabriqué des Briques dites *flottantes*, parce qu'elles sont, en effet, plus légères que l'eau : ces briques se font avec une terre appelée *farine fossile*, qui provient de débris d'animaux infusoires et dont il existe des dépôts considérables dans certaines localités, notamment au pied du Mont-Coiron, dans notre département de l'Ardèche, et dans la Toscane. On les emploie surtout pour faire des voûtes.

BRIQUET. — Le *Briquet* primitif se composait, comme on sait, d'un morceau de silex et d'un fragment d'acier auquel on donnait ordinairement la forme d'un anneau allongé. Son origine est très-ancienne, mais il ne figure fréquemment dans les textes qu'à partir du viie siècle de notre ère. On l'appelait autrefois *fusil*, en latin *fusillus*. Cet instrument n'est plus employé aujourd'hui, mais on a donné son nom à plusieurs appareils fort différents les uns des autres, tels que le *Briquet à air* ou *Briquet pneumatique*, imaginé en 1806 par le colonel Grobert; le *Briquet oxygéné*, inventé en 1805 par J. L. Chancel, préparateur de chimie; le *Briquet phosphorique*, de Derosne, en 1816; et le *Briquet à gaz hydrogène* ou *Lampe hydroplatinique*, qui fut inventé, quelques années plus tard, par le chimiste Gay-Lussac.

BRISE-LAME. — Les anciens savaient abriter l'intérieur des ports au moyen de ces digues isolées que l'on appelle généralement Brise-lame, parce qu'elles ont le plus souvent pour objet d'arrêter les lames qui viennent de la haute mer. Le plus célèbre de ces ouvrages est la *Digue de Cherbourg*, que l'on regarde avec raison comme la construction la plus gigantesque, sans en excepter les fameuses pyramides d'Égypte, qui soit sortie de la main des hommes. Son établissement a duré 69 ans, de 1784 à 1853, et a coûté 66,862,874 francs. Sa longueur est de 3,712 mètres à la partie supérieure et de 3,780 à la base; et sa largeur de 30 mètres au sommet et 78 à la base. Enfin, sa hauteur au couronnement est de 9 mètres 35 au-dessus des basses mers, et de 20 mètres moyennement au-dessus du fond.

BROCHAGE DES LIVRES. — On sait qu'au sortir des ateliers de l'imprimeur, les feuilles des livres sont pliées, puis brochées. Ces deux opérations se sont faites à la main jusqu'à ce jour; or, une ouvrière habile, travaillant dix heures par jour, ne peut plier et brocher que 2,500 feuilles. Dans ces dernières années, M. Sulzberg, relieur à Frauenfeld, en Suisse, a eu l'idée de les exécuter par des procédés mécaniques et a imaginé à cet effet une ingénieuse machine qui a vivement attiré l'attention à l'exposition universelle de Londres de 1862. Cet inventeur paraît avoir créé théoriquement sa machine dans le courant de 1857. Il s'associa, pour la construire, avec le mécanicien Graf, et en montra un premier modèle à la foire de Leipzig, en 1859. L'appareil fonctionnait alors très-imparfaitement, mais les deux associés ne tardèrent pas, grâce au concours d'un habile mécanicien, appelé Tanner, à l'amener à un très-haut degré de perfection. Telle qu'elle est aujourd'hui, la *Brocheuse mécanique*, mue par deux jeunes garçons, dont l'un la met en mouvement et l'autre l'alimente de feuilles, plie, pique et satine au moins mille feuilles à l'heure et peut aller beaucoup au delà si le second ouvrier est très-habile. On n'a plus besoin, quand elle les a livrées, que de les assembler, d'appliquer sur leur dos une couche de colle forte, après quoi on fixe la couverture. La machine peut également servir pour le pliage des journaux, mais alors, elle marche à la vapeur et plie de 2,800 à 3,000 feuilles à l'heure.

BRODEQUIN. — La chaussure ainsi appelée dérive de la botte, dont elle est un diminutif; mais elle n'a rien de commun avec celle des anciens à laquelle l'usage s'est introduit de donner le même nom. Le Brodequin des Grecs et des Romains était tout simplement une espèce de pantoufle ou de chausson qui ne serrait pas le pied et qui n'était retenu par aucun lien. C'était avant tout une chaussure d'intérieur que les deux sexes portaient, et, pour ce motif, c'était celle des acteurs comiques. Voyez BOTTE.

BRODERIE. — I. La *Broderie* a été connue par tous les peuples anciens qui ont cultivé les arts de luxe. Elle semble même avoir été comme une nécessité pour l'homme au sortir des langes de la barbarie, car on en a trouvé des traces jusque chez les nations réputées les plus barbares. Dans l'antiquité, c'était à Babylone que s'exécutaient les broderies les plus renommées. Celles de Phrygie avaient aussi une grande réputation : c'est même parce que les premières broderies remarquables qui parurent en Grèce venaient de ce pays, que les Grecs attribuaient aux Phrygiens l'invention de l'art du brodeur et donnaient aux produits de cet art le nom de *phrygies*, que les Romains traduisirent plus tard par *opus phrygium*. Les deux peuples poussèrent jusqu'à l'abus l'usage des broderies, ainsi, du reste, que l'avaient déjà fait les Assyriens, les Perses et les Égyptiens. Pendant les premiers siècles du moyen âge, la Broderie fut surtout employée pour les ornements d'église, mais, à mesure que les arts de luxe se développèrent, on l'appliqua aussi aux vêtements laïques. Les miniatures des manuscrits, les sculptures et les rares tableaux qui nous sont parvenus des XIIIe, XIVe, XVe et XVIe siècles peuvent donner une idée de la profusion qu'on en faisait alors. Dans le principe, c'était en Italie, surtout à Milan, à Gênes et à Venise, que se fabriquaient les pièces les plus riches et, par conséquent, les plus chères. Les Broderies de la Saxe, de la Belgique et de la France étaient beaucoup moins belles, mais leur prix, presque toujours peu élevé, leur donnait une grande vogue. Il est à remarquer que, pendant très-longtemps, la Saxe fut le seul pays qui fît la *Broderie blanche* sur mousseline, telle qu'on la pratique aujourd'hui : partout ailleurs, on brodait exclusivement sur drap ou sur soie avec des fils d'or, d'argent, de laine ou de soie. La Broderie blanche ne commença à faire des progrès en France que vers le milieu du XVIIIe siècle. A la même époque, le métier appelé *tambour* fut introduit de Chine en Europe. L'art de la Broderie est aujourd'hui très-florissant dans presque tous les pays industriels, où il forme deux branches distinctes, celle des Broderies de fantaisie ou de couleur et celle des Broderies blanches. C'est cette dernière qui est exploitée, du moins en Europe, sur la plus grande échelle, et elle est redevable des progrès qu'elle a faits depuis une quarantaine d'années à l'emploi de machines ingénieuses, dites *Brodeuses mécaniques*, dont elle a été dotée par le génie de nos constructeurs. Ces machines sont d'origine française et datent de 1821, mais la première qui ait pu fonctionner d'une manière satisfaisante n'a paru qu'en 1829, époque à laquelle elle fut brevetée au nom de M. Josué Heilmann, de Mulhouse, son inventeur. Parmi les autres Brodeuses mécaniques inventées depuis cette époque, on cite

surtout celle de M. Chevolot, à Paris, qui permet de produire, à la fois, de 40 à 100 broderies semblables, imitant exactement les dessins au plumetis à la main, et « avec l'application de simples aiguilles ordinaires, qui fonctionnent simultanément. » D'ailleurs, la plupart des machines à coudre peuvent, dans beaucoup de circonstances, être employées pour la Broderie.

II. On ignore à quelle époque précise on a inventé les *papiers quadrillés* pour la mise en carte des dessins de broderie et de tapisserie, mais comme ils ne sont qu'une application particulière de la Craticulation, il est probable qu'ils ont la même origine que cette dernière. Quoi qu'il en soit, les plus anciens ouvrages imprimés qui renferment des travaux de ce genre ont été publiés à Venise en 1554 et 1559. Quelques années plus tard, Antoine Bellin et Jean Mayol Larme firent paraître un recueil semblable à Lyon. Enfin, en 1587, Vinciolo donna la première édition de ses *Singuliers et nouveaux Pourtraicts pour toutes sortes d'ouvrages de lingerie*. C'est aussi à la fin du XVIe siècle que les Allemands commencèrent leurs essais, et l'on croit que le *Model Fusch* d'Hélène Furstin de Nuremberg parut à cette époque. Vers 1745, Gatin appliqua une gravure plus savante aux systèmes de mise en carte de ses devanciers. Un peu plus tard, Bellin, continuant les travaux entrepris à Nuremberg et dans d'autres villes de l'Allemagne, amena son art à un degré de perfectionnement assez avancé, et, au commencement de ce siècle, Natto et Lehman firent d'heureux efforts pour améliorer encore son œuvre. Parmi les artistes allemands qui, à une époque plus rapprochée de nous, ont le plus contribué à faire avancer la fabrication des dessins de broderie, on cite surtout Müller, de Vienne, Wittich, Grünthal, Hertz et Wegener, de Berlin, dont les œuvres sont devenues populaires dans toute l'Europe. En ce qui concerne la France, l'industrie des dessins de broderie y était encore très-peu connue, malgré divers essais exécutés, à partir de 1815, d'abord, par Auguste Legrand, puis par Mallez aîné, Robert, Helbronner et Martin, lorsque M. Rouget de Lisle réussit, en 1839, à y introduire quelques heureuses améliorations. Enfin, en 1840, M. Sajou, de Paris, tirant un parti habile des travaux de ses devanciers, parvint à doter définitivement notre pays de cette industrie, et, depuis cette époque, les dessins de Paris n'ont cessé de faire une concurrence redoutable à ceux de Berlin.

Brôme. — On doit la découverte de ce corps à M. Balard, alors préparateur de chimie à la Faculté des sciences de Montpellier, qui la fit, en 1826, en étudiant la composition des eaux mères provenant du salinage des eaux de la Méditerranée. Le Brôme a été ainsi nommé, du grec *brômos*, mauvaise odeur, à cause de l'odeur infecte qu'il exhale. Il n'a reçu d'application industrielle qu'après l'invention de la Photographie, où on l'emploie pour sensibiliser les plaques. On a imaginé, un peu plus tard, de s'en servir, dans la gravure à l'eau-forte, à la place de l'acide nitrique. Enfin, quelques médecins ont eu l'idée d'appliquer un de ses composés, le *bromure de potassium*, au traitement des maladies scrofuleuses et de quelques autres affections.

Bronchoplastie. — Partie de l'Autoplastie qui a pour objet de combler des lacunes du tube aérifère avec une portion de la peau du cou. Elle paraît n'avoir été pratiquée, pour la première fois, qu'au dernier siècle.

Bronchotomie. — On appelle ainsi toute opération pratiquée sur le canal aérien pour donner issue à l'air ou pour extraire des corps étrangers; mais on lui donne des noms particuliers suivant la partie de ce canal sur laquelle elle a lieu. On attribue généralement l'invention de la Bronchotomie au médecin grec Asclépiade, qui était contemporain de Cicéron, mais il paraît qu'elle a été employée, pour la première fois, par Antillus, qui vivait trois cents ans plus tard. Cette opération tomba peu après dans l'oubli, et ne fut de nouveau pratiquée qu'au xvie siècle, époque à laquelle le chirurgien italien Musa Brassavola la remit en honneur. Elle fut introduite en France, au siècle suivant, par le docteur Habicot, et son usage a été adopté depuis par l'art chirurgical de toutes les parties de l'Europe. On y a communément recours aujourd'hui pour traiter une foule de graves affections, surtout le croup des enfants. Elle consiste, dans ce dernier cas, à diviser la trachée-artère, d'où le nom de *Trachéotomie* sous lequel elle est alors désignée.

Bronze. — L'alliage de ce nom remonte à une très-haute antiquité. Les Grecs l'appelaient *chalcos* et les Romains *æs*. Plusieurs peuples s'en servirent longtemps pour fabriquer des armes et des instruments tranchants, et ils savaient lui donner la dureté et la solidité réclamées par la destination de ces objets. Les Grecs et les Romains l'employèrent surtout pour faire une multitude d'objets d'utilité ou de simple décoration, et l'on sait l'admirable parti qu'en tirèrent, chez les uns et les autres, les arts de la sculpture et de l'architecture. Ce n'est guère que depuis le commencement de ce siècle que les Bronzes ont été adoptés, par les modernes, comme objets de richesse et de luxe, et leur fabrication constitue aujourd'hui une industrie importante qui a son siége principal à Paris. Voyez Moulage et Trempe.

Bronzes de couleur. — Ce sont des poudres métalliques que l'on emploie dans la peinture à l'huile, dans l'art du relieur, dans l'industrie des toiles peintes et des papiers peints, pour donner un ton doré aux surfaces, ainsi que pour bronzer le plâtre, le bois, le fer et le zinc. On les obtient avec des rognures de bronze, de cuivre et de laiton, chauffées fortement, finement pulvérisées et broyées avec du miel ou de la mélasse, et on les appelle, suivant leur couleur, *Bronze florentin* ou *cramoisi*, *Bronze blanc*, *Bronze vert*, *Bronze doré*, *Or d'Allemagne*, etc. Leur fabrication paraît assez ancienne : elle a aujourd'hui, pour centres principaux, Londres, Paris, Fürth et Nuremberg.

Brouette. — On attribue généralement l'invention de la Brouette à Blaise Pascal, mais c'est une erreur. En effet, des représentations de ce véhicule se trouvent dans une foule de manuscrits, à partir du xiiie siècle, notamment dans l'*Album* de l'architecte Villard de Honnecourt, publié, en 1858, par M. Lassus. Depuis le commencement de ce siècle, on a introduit plusieurs perfectionnements dans la construction de la Brouette. On cite surtout, parmi ces Brouettes perfectionnées, celles de MM. Person, Cleff et Andraud. Dans ces dernières années, M. Messmer, de Graffenstader, a inventé un appareil, dit *Compteur de Brouettes*, qui est destiné à compter et à enregistrer les Brouettes employées au transport des terres, du charbon, etc., dans les déblais et les terrassements, ainsi que dans l'exploitation des mines et carrières.—La Brouette a été connue en Chine de très-bonne heure. On a même imaginé, dans ce pays, d'en faciliter l'emploi en la munissant d'un petit mât et d'une voile : de cette manière, quand le vent souffle dans la direction convenable, le travail de l'homme se trouve beaucoup diminué.

BRUCINE. — Alcaloïde découvert, en 1819, par MM. Pelletier et Caventou, dans plusieurs espèces de Strychnos, notamment dans la Fausse Angusture, le Bois de couleuvre et la Noix vomique. Quelques médecins l'ont conseillée, comme stimulant ; mais elle est inusitée. C'est un poison d'une extrême violence.

BRULOT. — Dans les combats de mer, les Grecs, les Romains et les autres peuples de l'antiquité, lançaient des matières enflammées sur les navires ennemis. Plus tard, les marins de Byzance se servirent du feu grégeois. Les Brûlots proprement dits ne parurent qu'après l'invention de la poudre. C'étaient de vieux bâtiments chargés d'artifices et de substances incendiaires que l'on dirigeait au milieu des flottes que l'on voulait détruire. On s'en est servi jusqu'au commencement de ce siècle, où leur peu d'efficacité a fini par les faire abandonner. Depuis l'invention des bateaux à vapeur, on a imaginé plusieurs machines pour remplacer les anciens Brûlots, mais l'expérience n'a pas encore permis d'apprécier la valeur véritable de ces inventions.

BRYONE. — La racine de Bryone est presque entièrement formée d'une fécule très-fine et très-blanche, qui est unie à un principe très-âcre dont on peut la débarrasser par des manipulations fort simples. Baumé paraît être le premier qui ait parlé de cette fécule comme substance alimentaire. Elle a même été employée, à ce titre, à différentes époques de disette, notamment pendant la révolution. En 1857, le docteur Furnari a de nouveau attiré l'attention publique sur cette substance, mais il ne s'est pas contenté d'en préconiser l'usage au point de vue de la nourriture de l'homme ; il a encore découvert qu'on pourrait s'en servir pour préparer un alcool très-abondant, et qu'il serait en outre possible d'extraire des graines de la plante une huile propre à de nombreuses applications industrielles.

BUCHE ÉCONOMIQUE. — Voyez CHARBON ARTIFICIEL.

BUCHE INCOMBUSTIBLE. —Voyez CHAUFFAGE AU GAZ.

BUGLE. — Nom anglais de la trompette. Voyez TROMPETTE et SAXHORN.

BUIS. — Le Buis croît naturellement sur les collines et dans les montagnes des parties tempérées et méridionales de l'Europe, de l'Asie et de l'Amérique. Il a été cultivé, de temps immémorial, pour l'ornementation des jardins, et l'on sait que, dans l'ancien système de décoration horticole, on lui faisait prendre, sous le ciseau, les formes les plus bizarres et les plus extravagantes : on le taillait en boules, en pyramides, en vases, etc. ; on lui donnait même la figure d'hommes et d'animaux. Cet usage, qui n'a pas encore entièrement disparu aujourd'hui, était déjà très-répandu chez les Romains, ainsi que Martial et Pline le Jeune nous l'apprennent. Depuis le commencement de ce siècle, le Buis a reçu des applications beaucoup plus utiles : on l'emploie surtout pour exécuter la gravure en relief sur bois.

BULLE. — Le mot *Bulle* vient du latin *bulla*, boule. Les diplomatistes l'ont d'abord employé pour désigner le sceau métallique de forme sphérique que l'on attachait anciennement aux actes pour les authentiquer, et, plus tard, par extension, pour indiquer les actes eux-mêmes. On ne donne plus aujourd'hui le nom de Bulles qu'à certains actes de la chancellerie des papes et de celle de quelques souverains. Voyez SCEAU.

BULLETIN DES LOIS. — Collection officielle de tous les actes du gouvernement français, tels que lois, ordonnances, décrets, sénatus-consultes, etc. Ce recueil célèbre a été créé, par un décret de la Convention nationale, en date des 14-16 frimaire an XI (4-6 décembre 1793), et la première loi qui y ait été insérée est celle du 22 prairial an XI (10 juin 1794), relative à la réorganisation du tribunal révolutionnaire. Depuis cette époque, la publication a eu lieu sans interruption. Les lois sont exécutoires à Paris un jour après leur insertion dans le Bulletin, et, dans les départements, après l'expiration du même délai, augmenté d'autant de jours qu'il y a de fois dix myriamètres entre Paris et le chef-lieu du département.

Buttoir. — La nécessité d'exécuter avec rapidité et économie l'opération agricole appelée *Buttage* a fait inventer la machine à laquelle on a donné le nom de Buttoir, et qui n'est autre chose qu'une espèce de petite charrue avec ou sans avant-train. Cette machine est d'origine anglaise, mais son utilité l'a fait introduire à peu près partout. On cite, parmi les Buttoirs français les plus renommés, ceux de MM. Rozé et Mathieu de Dombasle, et les Buttoirs anglais de MM. Ramsome et John Clarke. Le Buttoir de ce dernier est vulgairement appelé *Charrue universelle*, à cause des nombreuses applications dont il est susceptible. Il peut, en effet, outre son emploi spécial, servir à ouvrir des saignées, faire des ados, déchaumer, sarcler, etc.

Byssus. — Filaments qui sortent des coquilles de plusieurs mollusques des genres lime, peigne, houlette, etc. C'est la même substance que l'on appelle vulgairement *Ablaque* ou *Ardassine*. Le Byssus de la pinne-marine ressemble à de la soie, et se prête merveilleusement, comme Aristote l'avait déjà remarqué, à toutes les opérations du tissage. Aussi, l'emploie-t-on, dans les lieux où l'animal qui le produit se trouve en abondance, en Sicile, par exemple, pour faire une foule de petits objets tricotés, et du drap d'une finesse et d'un moelleux remarquables.

Byzantine (*Architecture*). — C'est l'art architectural qui, au III° siècle, prit naissance à Byzance, la Constantinople moderne, et qui eut pour principaux caractères l'emploi de la croix grecque, pour le plan des édifices religieux, et celui des coupoles. L'église de Sainte-Sophie, telle qu'elle fut construite, trois cents ans plus tard, sous l'empereur Justinien, en fut considérée comme le type le plus pur. L'art byzantin pénétra d'assez bonne heure en Occident. Il éleva Saint-Marc de Venise, en Italie, et Saint-Front de Périgueux, en France. Ce dernier édifice servit ensuite de modèle aux architectes des cathédrales de Cahors et d'Angoulême, et à ceux de plusieurs autres monuments moins importants de nos anciennes provinces de Périgord et de Guyenne. Partout ailleurs, l'art byzantin perdit une grande partie de ses éléments caractéristiques, et, de son mélange avec l'art roman, naquit l'architecture romano-byzantine. Voyez Roman.

C

Cab. — Sorte de cabriolet de place, imaginé en Angleterre vers 1840. Il a les roues plus grandes et la caisse plus basse que dans le cabriolet ordinaire. De plus, le cocher est placé en arrière, sur un siége élevé, et il conduit, par-dessus la capote, un cheval, ordinairement de réforme, mais ardent, et cependant facile à diriger. Le Cab est une voiture d'un aspect assez disgracieux. Toutefois, il est assez commode pour les hommes, à cause surtout de la rapidité avec laquelle on le fait ordinairement marcher, et c'est pour cela que les Anglais l'ont adopté. On a essayé, en 1850, de l'introduire en France, mais sans pouvoir y réussir, parce qu'il présente des inconvénients qui annihilent entièrement l'avantage que nos voisins lui reconnaissent. Il paraît d'ailleurs que nos cochers et nos chevaux communs sont impropres à son service.

Caban. — Les Gaulois appelaient *Caracalla* une espèce de manteau court et à capuchon, qui occupait dans leur costume la même place que la tunique dans celui des Romains. Ce manteau fut introduit à Rome par l'empereur lyonnais Marcus-Aurélius-Antoninus Bassianus, ce qui lui valut le surnom de *Caracalla*. A partir de cette époque, il fut généralement porté par les gens du peuple. Le *Caban* moderne n'est autre chose que la Caracalla gauloise, et ce sont les officiers de notre armée d'Afrique qui, à l'imitation des matelots de la Méditerranée, en ont les premiers adopté l'usage. Quant à son nom, il vient du bas latin *cappanum*, dérivé lui-même de *cappa*, capuchon, par lequel les auteurs latins du moyen âge désignent l'ancien vêtement de nos pères.

Cabestan. — Machine qui sert à soulever les fardeaux et à manœuvrer les ancres des navires. Elle se compose d'un cylindre vertical, que l'on fait tourner au moyen de leviers et autour duquel s'enroule une corde attachée à l'objet que l'on veut changer de place. Le Cabestan est probablement un des premiers appareils mécaniques inventés par le génie de l'homme, et tout porte à croire qu'il a été connu par tous les peuples civilisés de l'antiquité. Les modernes n'ont fait qu'y introduire des perfectionnements de détail pour l'approprier à certaines applications particulières. Un de ces perfectionnements, qui est dû à un de nos compatriotes, le capitaine de vaisseau Barbottin, a eu pour objet de faciliter la manœuvre des câbles-chaînes usités aujourd'hui dans la marine de tous les peuples pour le mouillage et l'amarrage des navires.

Cabinet de cire. — Collection de figures en cire représentant des personnages fameux. Ce genre de spectacle a été mis à la mode en France, vers 1770, par l'Allemand Curtius. Voyez Céroplastique.

Cabinet de lecture. — Voyez Lecture.

Cable-chaîne. — Autrefois, les marins de tous les pays se servaient de câbles de chanvre pour amarrer les navires. Mais ces câbles se détérioraient rapidement, surtout dans les pays chauds. De plus, quand on jetait l'ancre sur un fond hérissé de rochers, il arrivait souvent qu'ils se coupaient en frottant contre les parties anguleuses du sol. C'est pour remédier à ces inconvénients qu'on a imaginé de les remplacer par des Câbles-chaînes, c'est-à-dire par des chaînes de fer. Suivant César, de son temps, les Bas-Bretons employaient un moyen semblable pour retenir leurs embarcations, mais cet usage, il est superflu de le faire remarquer, était purement local et n'a exercé aucune influence sur l'invention moderne. Les Câbles-chaînes

sont d'origine anglaise. Ils ont été proposés, dès 1808, par l'ingénieur Slater, et appliqués, en 1811, pour la première fois, à la frégate *la Pénélope*, alors commandée par le capitaine Samuel Brown. C'est un autre Anglais, Thomas Brunton, qui a imaginé, en 1813, la disposition générale qu'on leur a presque toujours donnée depuis, et qui consiste à les former de maillons étançonnés. C'est vers 1816 que les Câbles-chaînes ont commencé à être adoptés par les autres puissances maritimes, et aujourd'hui, leur usage est répandu partout. Comme exemple des services qu'ils peuvent rendre, on cite le navire anglais *le Henri* qui, forcé de mouiller, par une affreuse tempête, dans la baie de Biscaye, tint trois jours durant, grâce à un Câble-chaîne, dans une position où le meilleur câble ordinaire eût été cent fois brisé. De nos jours, l'invention de Slater a été complétée par deux officiers français, le capitaine de vaisseau Barbottin et le capitaine de frégate Legoff, qui ont imaginé, le premier, un cabestan d'une construction particulière qui a été adopté par toutes les nations, et le second, un appareil, dit *Stoppeur*, qui sert à suspendre à volonté le mouvement des chaînes, et qui est beaucoup supérieur aux mécanismes analogues usités auparavant.

Cabriolet. — Les voitures de ce nom datent du xviie siècle. Elles furent créées vers 1667. La mode les abandonna quelques années après leur invention, pour les reprendre vers 1750. La variété appelée *Mylord* a paru après 1830. Voyez Cab et Carrosse.

Cacao. — Graine du Cacaoyer, un des arbres les plus utiles de l'Amérique tropicale. Le Cacao est un aliment complet et un excitant énergique. Torréfié, broyé et mêlé au sucre, il constitue le Chocolat, dont les propriétés nutritives et la saveur agréable excitèrent l'étonnement des premiers Européens qui débarquèrent au Mexique. On évalue à 16 millions de kilogrammes la consommation annuelle du Cacao en Europe. Les plus belles sortes viennent de Soconuzco, mais les principaux lieux d'exportation sont Caracas, Guayaquil, la Guayra, le Brésil, la Trinité, Sainte-Marthe et Carthagène. Voyez Chocolat.

Cachemire. — Voyez Chale.

CACHE-NEZ. — Tout le monde connaît ces légères écharpes de laine, dites *Cache-nez,* que l'on porte autour du cou, pendant l'hiver, afin de protéger les voies respiratoires contre l'impression de l'air froid. En 1856, les Anglais ont compliqué cet utile objet de toilette en le disposant de manière à pouvoir échauffer l'air avant que celui-ci pénètre dans les poumons. Ce *Cache-nez calorifère*, comme on l'a nommé en France, tandis que ses inventeurs l'appellent *Buccal respirator*, se compose d'un morceau de laine noire, maintenu en place par des brides et muni au centre de plusieurs petites toiles métalliques superposées ou de plaques de métal percées de trous. Ces toiles ou ces plaques, se trouvant placées en face de la bouche, s'échauffent par le contact des lèvres, et communiquent leur température à l'air qui les traverse pendant l'inspiration. Le Cache-nez calorifère a été beaucoup simplifié, en 1858, par M. Ferrand, pharmacien à Lyon.

CACHET. — Le *Cachet* ne sert guère chez nous qu'à fermer les lettres, mais il avait autrefois plusieurs autres usages. Ainsi, au moyen âge, comme dans l'antiquité, on l'employait également pour fermer les portes et les coffres, et on l'apposait au bas des actes pour tenir lieu de signature. Quant à son origine, elle remonte aux premiers âges de la civilisation, car il en est déjà question dans l'histoire de Joseph. Voyez ANNEAU, CIRE A CACHETER et SCEAU.

CACHOU. — Suc desséché que l'on obtient de plusieurs arbres des contrées méridionales et orientales de l'Asie, surtout de la partie interne du bois de l'*Acacia catechu*, et du fruit de l'*Areca catechu*. Dans les pays de production, on l'emploie, de temps immémorial, comme masticatoire, médicament et substance tinctoriale; on l'utilise aussi pour le tannage des peaux. Plusieurs auteurs pensent que les Grecs l'ont connu, mais le fait n'est pas certain. Quant aux peuples de l'Europe moderne, ils ne paraissent en avoir eu la connaissance que vers le milieu du XVIIᵉ siècle, époque à laquelle le naturaliste allemand Schrader le signala, sous le nom de *Terra japonica* ou *Catechu,* dans un appendice de sa Pharmacopée. Le Cachou n'a d'abord été

usité qu'en médecine, mais, depuis 1829, il joue un rôle très-important dans les fabriques d'indiennes et les teintureries. La préparation du cuir en consomme aussi une assez grande quantité, surtout en Angleterre et en Allemagne.

CACHUCHA. — Voyez DANSE.

CACOGRAPHIE. — Manière d'écrire vicieuse. Pendant plusieurs années, des maîtres peu intelligents ont prétendu enseigner l'orthographe aux enfants en leur donnant des textes mal orthographiés, que ceux-ci étaient chargés de corriger. Ce système absurde est aujourd'hui abandonné : il avait été mis à la mode en France, vers 1811, par le grammairien Constant Letellier.

CACTUS. — Théophraste a désigné sous ce nom une plante alimentaire et épineuse qui croissait en Sicile, et qui est inconnue aujourd'hui. Les espèces végétales appelées actuellement *Cactus* sont toutes originaires de l'Amérique équatoriale, d'où plusieurs d'entre elles ont été introduites en Afrique, ainsi que dans les parties sèches et chaudes de l'Asie et de l'Europe. C'est sur une de ces espèces, le Cactus nopal, que se nourrit la Cochenille. D'autres, qui croissent en Espagne, en Sicile et au nord de l'Afrique, produisent les fruits si connus, dans le langage vulgaire, sous les noms de *Figues de Barbarie, Figues d'Espagne* et *Pommes-raquettes.*

CADASTRE. — Le Cadastre se lie naturellement à l'impôt foncier, dont il est le complément indispensable. En conséquence, il a dû nécessairement exister dans tous les pays où cet impôt a été établi. Toutefois, c'est aux derniers temps de l'empire romain qu'appartiennent les plus anciens renseignements précis que nous possédions sur son histoire. Les écrivains latins nous apprennent qu'il existait alors des registres publics où se trouvaient consignées, avec détail, l'étendue, la nature et la qualité des biens-fonds de chaque province, et qui étaient dressés d'après les déclarations des propriétaires et les renseignements recueillis sur place par des agents de l'État. Ces registres servaient, chaque année, à la répartition de la contribution foncière, et devaient être renouvelés tous les quinze ans. Après l'invasion des Barbares, les livres qui avaient été ainsi rédigés servirent aux nouveaux possesseurs du sol, notamment en Gaule, pour percevoir sur les propriétaires les tributs que ces derniers payaient au trésor impérial, mais on négligea peu à peu de les tenir au courant des changements opérés dans la possession, et, dès la seconde moitié du IXe siècle, la répartition des charges publiques se trouva tivrée à l'arbitraire le plus complet. Toutefois, aussitôt que la féodalité se fut constituée, chaque seigneur se hâta, éour faciliter le recouvrement des redevances dues par ses vassaux, de faire ptablir la description de ses domaines, et c'est aux cadastres partiels qui furent alors rédigés que l'on donne les noms de *Terriers*, *Pouillés*, *Polyptyques*, etc. Le plus curieux et le plus grand travail de ce genre est le célèbre *Domesday-book*, de Guillaume le Conquérant, qui fut dressé, pour une partie de l'Angleterre, entre les années 1031 et 1036. Tant que le régime féodal fut en vigueur, il n'y eut, dans toute l'Europe, que des cadastres particuliers. L'idée des cadastres généraux ne put venir que lorsque l'autorité royale eut réussi à détruire les petites souverainetés indépendantes, mais elle rencontra partout des obstacles qui s'opposèrent, pendant très-longtemps, à sa réalisation pratique. Aujourd'hui même, elle n'a pu être complétement exécutée dans plusieurs pays. En ce qui concerne la France, la plupart des souverains, à partir du XIVe siècle, ont songé à faire dresser un Cadastre général du royaume, mais c'est le gouvernement de la Révolution qui, seul, a pu exécuter cette grande mesure. Les premiers travaux furent commencés, en 1793, par ordre de la Convention. Les événements les firent plusieurs fois interrompre par la suite. Enfin, après diverses modifications introduites dans la marche des opérations, ils furent poussés avec vigueur, à partir de 1807; ils n'ont cependant été terminés qu'en 1837, après avoir coûté plus de 150 millions.

CADAVRES (*Gras des*). — Voyez ADIPOCIRE.

CADENAS. — Dans le principe, une chaîne, en latin *catena*, passée autour d'un coffre ou dans les barreaux d'une grille, servait à les fermer au moyen d'une serrure de fer qui se fixait à ses derniers anneaux. De là vinrent le mot *catenare*, pour signifier enfermer, et celui de *cadenas*, pour désigner le genre de serrure qui s'adaptait ainsi à une chaîne. Cette espèce de serrure n'a pas été inventée, en 1540, par le Nurembergeois Ehrmann, comme le disent plusieurs auteurs, car elle était parfaitement connue des Romains, qui l'appelaient *Sera*. Divers passages d'écrivains latins ne laissent aucun doute à cet égard, mais, ce qui supprime toute objection, c'est qu'on a trouvé plusieurs Cadenas en bon état dans les monuments en ruines que ce peuple nous a laissés. L'usage des Cadenas a été également très-répandu pendant le moyen âge. On les appelait alors *Ploustres* dans notre langue. Les *Cadenas à combinaisons* datent du XVIe siècle. Le plus ancien qui ait été décrit est celui dont il est question dans le traité *De subtilitate* de Cardan, Nuremberg, 1550, et que ce savant déclare avoir été construit par Janellus Turrianus, mécanicien à Crémone. Les Cadenas de cette espèce n'ont jamais été bien employés, parce que, pour fonctionner convenablement, ils ont besoin d'être fabriqués avec un soin extrême, ce qui alors en rend le prix trop élevé. Au commencement de ce siècle, le mécanicien Régnier, de Paris, en imagina un dont les viroles étaient susceptibles de 331,776 combinaisons.

CADENETTE. — Au commencement du XVIIe siècle, on appela ainsi une touffe de cheveux qu'on laissait croître au côté droit, parce qu'elle fut mise à la mode par Honoré d'Albret, maréchal de France, seigneur de Cadenet. Au siècle suivant, on appliqua le même nom, d'abord, à des perruques légères que les dames mettaient le matin avant leur toilette, puis, à deux nattes de cheveux qui, partant du milieu du crâne, pendaient de chaque côté de la tête et aux extrémités desquelles on fixait, dans les derniers temps, une petite rouelle de plomb.

CADMIUM. — En 1818, la fabrique de produits chimiques de Schœnebeck, en Silésie, avait livré au commerce un sulfate de zinc qui, traité par l'hydrogène sulfuré, donnait un précipité jaune. En examinant ce précipité, Hermann, de Magdebourg, directeur de l'usine, trouva un métal inconnu, ayant de l'analogie avec le zinc. Presque en même temps, un examen analogue conduisit Stromeyer au même résultat. Ce dernier donna au nouveau métal le nom de *Cadmium*, qui est resté, parce qu'on le trouve surtout dans les *cadmies*, c'est-à-dire dans les produits de sublimation des minerais de zinc. Le Cadmium métallique est sans usage, mais plusieurs de ses composés sont employés dans les arts.

CADRAN DE SURETÉ. — Appareil inventé, en 1810, par un mécanicien de Paris, appelé Mariotte. Il pouvait s'adapter à toute espèce de fermeture, et il agitait une sonnette, allumait une bougie et faisait partir un pistolet, quand toute autre personne que le propriétaire essayait d'ouvrir le meuble ou l'appartement à la porte duquel on l'avait fixé.

CADRAN SOLAIRE. — Diogène Laerce attribue l'invention des *Cadrans solaires* à Anaximandre, de Milet, mort vers l'an 547 avant Jésus-Christ, et Pline l'Ancien à Anaximène, disciple et successeur de ce philosophe ; mais il est certain que ces instruments étaient connus des Juifs au moins un siècle et demi avant, puisqu'il en est question dans l'histoire d'Achaz, roi de Juda, qui vivait 775 ans avant notre ère. Il a été encore prouvé que les Égyptiens s'en servaient à une époque de beaucoup antérieure au règne de ce prince. Enfin, il est impossible d'admettre que les Chaldéens, dont les connaissances astronomiques étaient si étendues, aient ignoré l'art de construire des appareils aussi simples. Quoi qu'il en soit, l'usage des Cadrans solaires était commun en Grèce à l'époque d'Eudoxe de Cnide, 370 ans avant notre ère, mais les Romains ne le possédèrent qu'assez tard. Plusieurs auteurs assurent que le premier Cadran qu'il y eut à Rome fut construit, 306 ans avant Jésus-Christ, par ordre de Lucius Papirius Cursor, qui le fit placer derrière le temple de Quirinus, mais d'autres font honneur de cette innovation à Marcus Valérius Messala qui, pendant la première guerre punique, transporta dans sa ville natale un Cadran solaire qu'il avait trouvé à Catane, en Sicile. Ce dernier fut placé sur une colonne, devant la tribune aux harangues, mais comme il ne donnait pas l'heure exactement, parce qu'il n'avait pas été fait pour le méridien de Rome, le censeur Quintus Marcius Philippus le fit plus tard mettre de côté et remplacer par un autre qui n'avait pas le même défaut. Par la suite, les Romains multiplièrent les Cadrans solaires dans les principaux quartiers de toutes leurs villes : ils allèrent même jusqu'à en décorer la façade des édifices publics les plus importants. Ils en firent aussi de très-petites dimensions que l'on portait avec soi dans les voyages. Les Cadrans solaires, soit fixes, soit portatifs, furent également très-employés au moyen âge. Dans les temps modernes, ils ont peu à peu perdu leur utilité, à mesure que l'industrie est parvenue à diminuer le prix des montres et des horloges.

CÆCOGRAPHIE. — Art d'apprendre à écrire aux aveugles. La solution de ce problème a donné lieu à plusieurs inventions utiles. En 1775, le docteur Franklin se servait de feuilles d'ivoire disposées d'une certaine manière. D'autres procédés furent successivement proposés par Pingeron (1780), Lhermina (1784), Bérard (1801), etc. En 1817, Julien Leroy imagina une machine ingénieuse, qu'il appela *Nitographe*, et à laquelle il apporta plus tard des perfectionnements à la suite desquels il lui donna le nom de *Cæcographe*. En 1838, Ferdinand Léger inventa un système de tablettes qui, après diverses améliorations, fut approuvé, en 1851, par la Société d'Encouragement. Enfin, en 1843, l'aveugle-né Foucauld construisit un appareil à écrire qui excita vivement l'attention, et dont l'usage se répandit promptement : la méthode de cet inventeur est même celle qui est encore aujourd'hui la plus employée. Ces dernières années ont vu paraître quelques autres machines analogues. La plus importante paraît être le *Cécirègle* de M. Duvignaud qui, d'après un rapport fait, en 1862, par l'ingénieur Combes à l'Académie des Sciences, serait, sous certains rapports, beaucoup supérieure à toutes celles qui l'ont précédée. Quatre ans auparavant, c'est-à-dire en 1858, la Société d'Encouragement avait favorablement accueilli deux appareils, l'un de M. Colard-Viénot, de Paris, l'autre de M. Massé, de Tours, qui étaient spécialement destinés, le premier, à donner aux aveugles le moyen d'écrire la musique, le second, à leur permettre d'écrire aux clairvoyants, sans avoir appris l'écriture, par un simple décalque de caractères d'imprimerie. Voyez ECTYPOGRAPHIE.

CÆSIUM. — Ce métal a été découvert, en 1859, ainsi que le *Rubidium*, par MM. Kirchoff et Bunsen, à l'aide de l'analyse spectrale, dans les eaux-mères des salines de Durckheim et dans les résidus du traitement des minerais de lithine. Il a été ainsi appelé d'un mot grec qui signifie *bleu*, parce qu'il est caractérisé, dans le spectre, par des raies de cette couleur. La même raison a fait appliquer au Rubidium la dénomination sous laquelle on le désigne, et qui veut dire *rouge*. Les savants qui, depuis 1860, se sont occupés de l'étude des deux nouveaux corps simples ont reconnu qu'ils sont très-répandus dans la nature, et leur découverte est considérée avec raison comme une des plus brillantes de notre époque, soit à cause de l'admirable méthode qui y a conduit, soit à cause des propriétés des deux métaux, soit enfin à cause du rôle qu'on leur reconnaîtra probablement un jour tant dans la nutrition des végétaux que dans l'action thérapeutique des substances qui les renferment. Voyez SPECTRE.

CAFÉ. — I. Dans le langage habituel, on appelle *Café* la graine du Caféyer et l'infusion de cette graine. Quelques auteurs ont prétendu que les anciens connaissaient déjà le Café, mais une étude attentive des textes sur lesquels ils appuyaient leur opinion, a montré qu'ils étaient complétement dans l'erreur. Il est généralement admis aujourd'hui que l'usage du Café est né en Arabie dans le courant du XIIIe siècle. On ne possède que des traditions contradictoires sur les circonstances au milieu desquelles il se produisit, mais tous les écrivains orientaux reconnaissent qu'il commença aux environs de la Mecque, d'où les pèlerins qui venaient visiter le tombeau de Mahomet l'introduisirent peu à peu dans les contrées voisines. Constantinople est la première ville d'Europe qui ait possédé le Café. Il y fut apporté en 1555, par deux Syriens, Chems, de Damas, et Hakem, de Haleb, qui ouvrirent, la même année, dans le quartier appelé Taktécalah, deux boutiques ou kawakanés, pour débiter leur liqueur. Quant aux chrétiens occidentaux, ils ne con-

nurent le Café qu'en 1615, par les relations de quelques voyageurs, mais ce ne fut d'abord que de nom. Enfin vers 1640, les Vénitiens et les Génois l'introduisirent en Italie. Presque aussitôt, en 1641 ou 1642, un Grec de l'île de Crète, nommé Nathaniel Conopios, en apporta une petite quantité à Londres, mais le premier établissement destiné à sa vente qu'il y ait eu dans cette ville, ne fut fondé qu'en 1650 par le Juif Jacob, à l'enseigne de l'Ange d'Oxford. En ce qui concerne la France, le Café fut connu, dès le milieu du XVIIe siècle, peut-être même plus tôt, par les navigateurs marseillais qui allaient en Orient. En 1655 le voyageur Jean de Thévenot l'introduisit à Paris, à son retour du Levant, mais ce fut surtout Soliman-Aga, ambassadeur du sultan Mahomet IV auprès de Louis XIV, en 1669, qui l'y mit à la mode. Toutefois, la boisson nouvelle fit d'abord peu de progrès. Quelques personnes, madame de Sévigné, entre autres, pensèrent même que, le premier moment passé, le goût en disparaîtrait. Enfin, la médecine s'étant avisée de la défendre comme nuisible à la santé, il n'en fallut pas davantage pour que chacun voulût en goûter. On ne prit d'abord le café que dans les maisons particulières. Ce fut un Arménien, appelé Pascall, qui était venu à Paris à la suite de Soliman, qui essaya le premier de vendre publiquement la bienfaisante liqueur. En conséquence, par imitation de ce qui existait déjà à Marseille depuis 1664, il ouvrit à la foire Saint-Germain, en 1672, une petite boutique où il donnait à tout venant une tasse de café pour deux sous et demi. Cet essai ayant réussi, d'autres industriels suivirent l'exemple de Pascall; mais le premier Café véritablement digne de ce nom fut fondé, en 1689, dans la rue des Fossés-Saint-Germain, par le Sicilien Procopio Cultelli, qui lui donna son nom et qui, pour attirer le public, joignit à la vente du Café celle des sorbets et des liqueurs fines, et fit bâtir, pour recevoir les consommateurs, des salons élégants où l'on pouvait faire la conversation et lire les journaux. A partir de ce moment, l'usage de la *demi-tasse* devint universel à Paris, d'où il pénétra peu à peu dans les provinces. On prenait généralement le Café à l'eau. Quant au Café *au lait,* il n'était guère consommé que par les femmes. Ce mélange avait été imaginé, vers 1650, par Neuhoff, ancien ambassadeur de Hollande en Chine, et répandu, à ce qu'on assure, dans notre pays, par madame de Sévigné, vers 1690. On ignore à quelle époque précise le Café a été introduit dans les autres parties de l'Europe. On sait seulement qu'il avait pénétré en Suède en 1674, et que le premier établissement qu'il y ait eu en Autriche fut ouvert à Vienne, en 1683, par le Polonais Kulczycki. Depuis le commencement de ce siècle, la consommation du Café n'a cessé de se développer, au grand avantage de la santé publique. L'état hygiénique de populations entières a été profondément amélioré par l'emploi habituel de cette boisson, et l'on sait les services inappréciables qu'elle a rendus à nos armées d'Afrique, de Crimée et d'Italie. On évalue à 225,000,000 de kilogrammes les quantités consommées annuellement en Europe.

II. A diverses époques, le prix élevé de la graine du Caféyer a fait naître l'idée de rechercher s'il ne serait pas possible de la remplacer par quelque autre matière, et l'on a, par analogie, donné le nom de Café aux substances que l'on a cru avoir trouvées. Au milieu du dernier siècle, on employait déjà le Café de chicorée. En 1761, Dambourney mit dans le commerce le Café de petit houx. En 1772, on fit en Hollande et ailleurs du Café de fèves et du Café de haricots. En 1785, un sieur Frenchard vendit, sous le nom de Café de santé, un mélange de riz, d'orge, d'amandes et de sucre. En 1789, le docteur Romain imagina le Café de sarrazin. En 1795, plusieurs journaux signalèrent le Café de seigle et celui de glands. En 1800, une autre publication périodique vanta les vertus du Café de genêt. En 1808, Legras, de Bruxelles, fit un Café des bois avec des glands et de la racine de fougère. En 1810, un M. Legrand fabriqua un Café de marrons, dans lequel il entrait des marrons, des roses de Provins, de la carotte rouge, des fleurs de marjolaine, de la racine d'angélique et des écorces d'oranges amères. En 1811, une veuve Call fit un Café avec du blé et de la mélasse. En 1812, le chimiste Lampadius en fabriqua un autre avec des châtaignes, des olives et des betteraves. L'année 1813 vit paraître le Café de betteraves du comte François de Neufchâteau, et le Café de buis de Baretti. A partir de 1815, le nombre des succédanés du Café s'accrut de nouvelles inventions, et l'on vit successivement paraître le Café des dames de Ravie, mélange de châtaignes et de moka (1826); le Café d'astragale, de Bayrhonner (1826); le Café indigène, du pharmacien Lecoq, qui n'était que du maïs torréfié (1836); le Café de gruau, de Regnier (1837); le Café africain, de Glinet, qui se composait de seigle trempé dans de la bière, séché et torréfié (1845), etc. D'autres industriels ont aussi imaginé de faire de soi-disants Cafés avec la pistache de terre, le gratteron, les pois chiches, la fougère mâle, le lupin blanc, etc. A l'exception du Café de chicorée, aucune de ces préparations n'a pu entrer dans la pratique.

CAFÉINE. — Principe azoté cristallisable qui a été découvert, en 1820, par le chimiste allemand Runge, dans les graines du Caféyer. On l'emploie quelquefois en médecine pour le traitement de certaines maladies. La Caféine est le même alcaloïde que la Théine et la Guaranine, c'est-à-dire celui que l'on trouve dans le thé, le cacao et le guarana, pâte tonique et astringente que les Guaranis du Brésil préparent avec les semences d'un arbrisseau grimpant, le Paullinia sorbilis.

CAFETIÈRE. — Sous le nom de Cafetières, on a imaginé une multitude d'appareils différents pour préparer l'infusion de Café. Les meilleurs sont ceux qui permettent de chasser par la vapeur l'eau bouillante au travers du café en poudre, et de hâter la filtration en opérant le vide aussitôt. C'est M. Babinet, de l'Institut, qui a indiqué, pour la première fois, le principe de leur construction.

CAFÉYER. — C'est l'arbuste qui fournit le Café. On admet généralement qu'il est originaire des plateaux de l'Abyssinie, d'où il a pénétré, à une époque inconnue, dans la province d'Yémen, en Arabie. Il a été signalé pour la première fois aux Européens, par le voyageur Léonard Rauwolf, en 1583, mais sa première description véritablement scientifique n'a été publiée qu'en 1713 par Antoine de

Jussieu. Les Hollandais sont les premiers qui aient essayé de le cultiver dans leurs colonies. En 1690, l'un d'eux, Van Horn, en prit quelques pieds à Moka et les transporta à Java et à Batavia. Un peu plus tard, Witsen, consul d'Amsterdam, en fit venir plusieurs autres qui furent plantés dans un jardin qu'il avait fait préparer pour les recevoir. En 1713, le lieutenant général Ressons porta de Hollande à Paris le premier Caféyer qu'on ait vu en France. L'année suivante, Pancras, bourgmestre d'Amsterdam, envoya à Louis XIV deux boutures de Caféyer qui, cultivées avec soin au Jardin des Plantes de Paris, se multiplièrent assez pour qu'on pût songer à en doter nos colonies d'Amérique. En 1720, trois des pieds qu'elles avaient produits furent confiés au chevalier Gabriel Declieux, qui se chargea de les transporter aux Antilles. Deux périrent en route, mais le troisième arriva à la Martinique, où il prospéra admirablement, et ses rejetons servirent ensuite à faire de grandes plantations, non-seulement dans cette île, mais encore dans les îles voisines et à la Guyane. A la même époque, le Caféyer était en pleine culture à la Réunion, qui l'avait tiré directement d'Arabie, en 1717. Les plantations les plus vastes et les plus prospères sont aujourd'hui celles du Brésil, de Ceylan, de Java et d'Arabie.

CAGNARDELLE. — Machine soufflante inventée, en 1819, par M. Cagnard de la Tour. Elle offre la première application qu'on ait faite de la Vis d'Archimède pour lancer l'air destiné à alimenter les fours et fourneaux métallurgiques.

CAISSE A EAU. — Voyez EAU DE MER.

CAISSE SOUFFLANTE. — Voyez SOUFFLET.

CAISSON. — L'ornement d'architecture de ce nom a été introduit dans l'art de bâtir par l'antiquité classique. On en trouve l'origine dans la charpente ou dans les assemblages de bois qui servirent à élever les premières constructions. En effet, les solives d'un plancher, disposées également et coupées par d'autres solives dans lesquelles elles s'emboîtent, forment naturellement des Caissons. Les architectes de la période romane eurent rarement recours aux Caissons : ils n'en mirent guère, et encore de très-petites dimensions, qu'à l'archivolte des portes principales. Ceux de la période ogivale les employèrent également fort peu, et, dans tous les cas, jamais comme système. Ce sont les artistes de la Renaissance qui ont introduit l'usage général des Caissons : il n'est pas un édifice de cette époque, soit civil, soit religieux, dont les voûtes n'en soient chargées, et les Caissons qui les couvrent sont remplis de peintures ou de sculptures, souvent d'un très-haut mérite.

CALAMINE. — Voyez ZINC.

CALANDRE. — La Calandre date du commencement du XVIIe siècle, c'est-à-dire de l'époque des premiers perfectionnements apportés à la construction du Laminoir, dont elle n'est qu'une variété. Cette machine paraît avoir été appliquée, pour la première fois, en Angleterre, au travail des tissus, et c'est de ce pays qu'elle fut, dit-on, introduite en France, vers 1740, peut-être même avant. Quelques années après, Vaucanson y apporta d'heureux perfectionnements : entre autres choses, il rendit son mouvement continu, tandis qu'il était précédemment simplement intermittent. Aujourd'hui, la Calandre est partout employée pour laminer, lustrer, glacer, moirer, plisser, gaufrer et repasser les étoffes, et on varie ses dimensions et certaines dispositions de détail, suivant le résultat spécial que l'on veut obtenir. On en fait même de très-petites dimensions pour remplacer les fers ordinaires dans l'opération du repassage du linge.

CALCIUM. — Ce métal a été découvert par Seebeck, en 1807, mais il n'a été isolé qu'en 1808, par sir Humphry Davy. Il forme deux oxydes, dont le plus important, le protoxyde, n'est autre chose que la *Chaux*, en latin *calx*, d'où est venu le mot *Calcium*.

CALCOGRAPHE. — Appareil inventé, en 1838, par M. Charles Chevalier, ingénieur opticien à Paris, pour faciliter le tracé sur le papier des images fournies par la Chambre claire. Dans ces dernières années, M. Rouget de Lisle a construit, sous le nom de *Calcographe universel*, un instrument assez compliqué qui est spécialement applicable à la reproduction des dessins de fabrique, mais qui peut aussi servir pour dessiner les objets vus en perspective.

CALCULATEUR. — Les savants appellent quelquefois *Calculateur mécanique* la machine à calculer imaginée par Blaise Pascal, en 1642. Ce même nom a été adopté, en 1820, par un sieur Guesnal pour désigner un instrument analogue quant au but, mais très-différent quant à la construction, au moyen duquel on pouvait faire les quatre opérations de l'arithmétique. En 1793, Fitch-John, de Philadelphie, inventa un appareil qu'il appela *Calculateur marin*, et qui avait pour objet de faire connaître l'espace parcouru par un navire sous tel ou tel rumb de vent, et de donner plusieurs autres renseignements utiles aux navigateurs. Enfin, en 1859, M. Froment, ingénieur-mécanicien à Paris, a construit, d'après les indications de M. de la Ronce, alors enseigne de vaisseau de la marine impériale, un très-ingénieux instrument que l'on a désigné sous le nom de *Calculateur des courants*, parce qu'il est destiné à mesurer la vitesse des courants sous-marins. Cet instrument a été soumis à de nombreuses expériences à bord de plusieurs bâtiments de l'État ou du commerce, et si l'on en juge par les excellents résultats qu'il a fournis, on peut espérer qu'il permettra de résoudre, sur la direction et l'intensité de beaucoup de courants sous-marins, une foule de questions qui intéressent la navigation, et sur lesquelles on n'a pu encore recueillir des données précises, faute de moyens d'observation.

CALCULER (*Machines à*). — On a imaginé un grand nombre d'appareils pour faciliter et abréger les calculs, mais les uns, tels que les Abaques, les Bâtons de Neper et les Règles logarithmiques, exigent une certaine application de l'esprit et l'emploi de l'intelligence humaine, tandis que les autres ne réclament d'autre connaissance que la lecture des chiffres. Ce sont ces derniers que l'on appelle spécialement *Machines à calculer*. La plus ancienne machine de ce genre, celle, par conséquent, qui a servi de point de départ à toutes les autres, a été inventée, en 1642, par l'illustre Blaise Pascal ; mais elle ne pouvait servir que pour faire des additions et des soustractions : elle est généralement connue sous le nom de *Calculateur mécanique* ou *Machine arithmétique*. Dans le courant du même siècle et dans le suivant, plusieurs appareils analogues furent exécutés, quelques-uns même simplement projetés, par Leibnitz (1673), Samuel Moreland (1673), l'architecte Perrault (1700), Polenius (1709), Lépine (1725), de Boitissandau (1730), Gorstein (1735), Pereire (1750), lord Mahon (1776), Hahn (1777), Muller (1784), etc. ; mais aucun ne put entrer dans la pratique. A notre époque, un grand nombre d'inventeurs ont essayé de nouveau de résoudre le problème, et les progrès réalisés par les arts mécaniques ont permis à quelques-uns d'entre eux, notamment au géomètre anglais Charles Babbage (1820), aux Français Thomas (1819), Maurel et Jayet (1839), et Roth (1844), et à MM. Staffel, de Varsovie (1849), et Georges Scheutz, de Stockholm (1852), d'obtenir des résultats très-remarquables. Comme la plupart des anciennes, les nouvelles machines se composent en général de systèmes de rouages diversement combinés, mais elles diffèrent de celles qui les ont précédées en ce qu'elles fonctionnent parfaitement. Toutefois, on en fait très-rarement usage, parce que, d'un côté, leur prix est très-élevé, et que, de l'autre, leur maniement exige une attention des plus soutenues. On aime mieux se servir des instruments à échelle logarithmique et des machines dites graphiques, comme les Abaques, qui sont beaucoup plus simples, très-peu coûteux et donnent, en outre, dans la plupart des cas, une approximation suffisante. Voyez ABAQUE, ARITHMAUREL, ARITHMOMÈTRE, ARITHMOPLANIMÈTRE, BATONS DE NEPER, RÈGLE LOGARITHMIQUE, etc.

CALÈCHE. — Voyez CARROSSE.

CALÉFACTEUR. — Appareil culinaire destiné à la cuisson économique des aliments. Il a été imaginé, en 1822, par Pierre-Alexandre Lemare, ancien chirurgien-major des armées impériales. Le Caléfacteur a servi de point de départ à toutes les inventions analogues qui ont été faites depuis, soit par Lemare lui-même, soit par une foule d'autres, et parmi lesquelles il suffira de citer : les *Petits fours* américains et anglais pour rôtir ; les *Chaufferettes* et les *Tambours* pour entretenir chauds, au moyen de veilleuses ou d'eau bouillante, les aliments déjà préparés ; et les *Cuisines*

ou *Fourneaux économiques* à compartiments, qui, à l'aide d'un seul foyer,
cuisent simultanément plusieurs plats.
D'après les expériences de Fourier et
de Thénard, le Caléfacteur Lemare utilise les 9/10 de la chaleur développée
par le combustible.

CALÉFACTION. — Le phénomène de
physique qui porte ce nom a été observé,
il y a près d'un siècle, par Leidenfrost,
mais c'est le docteur Boutigny, d'Évreux,
qui, dans ces dernières années, a, le premier, fait des études approfondies sur
sa nature, ce qui lui a permis de donner l'explication de certains faits regardés jusqu'alors ou comme faux ou comme
entachés de supercherie, tels, par exemple, que l'immersion, sans se brûler, du
doigt ou de la main dans un bain de
plomb ou de fonte en fusion. A une époque plus récente, l'ingénieur anglais
Perkins ayant reconnu que, dans certaines circonstances, ce phénomène se
produit dans les bouilleurs des chaudières à vapeur, en a conclu qu'il pourrait bien jouer un grand rôle dans les
explosions de ces appareils.

CALENDRIER. — Le Calendrier est le
tableau légal des divisions de la durée
adoptées pour les divers usages de la
vie sociale. Le mot par lequel on le désigne vient du latin *kalendæ*, nom que
les Romains donnaient au premier jour
de chaque mois. Chaque ancien peuple
a divisé la durée d'une manière différente, et a eu, par conséquent, un
Calendrier particulier. Le Calendrier
employé aujourd'hui par les nations
européennes dérive de celui des Romains. Dans le principe, ce dernier ne
comprenait que dix mois : *martius,
aprilis, maius, junius, quintilis, sexti-
lis, september, october, november* et
december. Quatre de ces mois avaient
31 jours et les autres 30 seulement, ce
qui portait le nombre des jours de l'année à 304. Numa exécuta une réforme,
dont les détails ne sont pas bien connus,
mais qui, suivant plusieurs historiens,
consista à prescrire une année lunaire
de 355 jours, c'est-à-dire plus longue
d'un jour que l'année lunaire véritable,
et à la diviser en douze mois. Les anciens mois furent conservés, mais tous
fixés à 29 jours, sauf quatre, qui en eurent 31. Quant aux mois nouveaux, l'un,
januarius, en eut 29, et l'autre, *februa-*

rius, 28. Numa voulut, en outre, mettre son année lunaire en rapport avec
l'année solaire, et, pour y parvenir, il
fixa, pour chaque intervalle de quatre
ans, une intercalation de 22 jours la
seconde année, et une autre de 23 jours
la quatrième année. Il en résulta une
série de 1465 jours pour ces quatre années, et cependant quatre années de
465 jours 1/4 ne contiennent que 1461
jours. Cet excédant de quatre jours devint peu à peu une cause de désordre,
et les choses en vinrent au point que la
correspondance des mois par rapport
aux saisons finit par se trouver boule-
versée. C'est pour détruire cette confusion que Jules César exécuta la réforme,
qui, de son nom, a été appelée *Julienne*.
Le Calendrier julien fut suivi, dans toute
l'Europe, jusqu'à la seconde moitié du
XVIe siècle, où, pour faire disparaître
certaines erreurs des anciens compu-
tistes, le pape Grégoire XIII le fit revi-
ser, sur l'avis et d'après les données
fournies par Louis Lilio, astronome de
Vérone, par Vincent Laurier, Ciaconius
et Christophe Clavius. Le nouveau Calendrier, ou *Calendrier grégorien*, fut
publié en 1581. Tous les pays catholi-
ques l'adoptèrent aussitôt, mais les États
protestants conservèrent l'ancien jusque
bien avant dans le XVIIe siècle : l'Angleterre ne s'y conforma même qu'en 1752.
Le Calendrier grégorien est seul aujour-
d'hui employé par les nations chrétiennes, sauf toutefois les Grecs et les Russes,
qui n'ont pas encore voulu renoncer à
la réforme julienne. — Pendant la Révolution française, la Convention nationale, dans ses efforts pour rompre la
tradition historique, essaya d'imposer à
la France un Calendrier différent de celui des autres peuples de l'Europe, mais
son œuvre n'eut qu'une existence éphémère. En effet, le *Calendrier républicain* ne fut employé que pendant une
douzaine d'années, encore même seulement dans les relations officielles. Dé-
crété le 22 septembre 1792, il fut aboli
le 8 septembre 1805 (21 fructidor an XIII).
Voyez ANNÉE.

CALEPIN. — Ambroise Calepino, lexi-
cographe italien mort en 1511, avait
passé sa vie à composer un dictionnaire
polyglotte qui parut à Reggio, en 1502,
et qui fut, par la suite, beaucoup augmenté par divers érudits. Ce diction-

naire est délaissé depuis longtemps, parce que de meilleurs ouvrages l'ont relégué dans la catégorie des livres inutiles, mais son ancienne célébrité a fait conserver le nom de son auteur pour désigner un gros volume, un recueil d'extraits et de notes. Les auteurs de la Satire Ménippée, voulant ridiculiser l'éloquence factice du cardinal de Pelevé, disaient « qu'il n'avoit pu faire voir son éloquence, parce qu'il avoit laissé son Calepin à Rome. »

CALICE. — En instituant l'Eucharistie, Jésus-Christ se servit de la coupe, en latin *calix*, en usage de son temps dans les festins des Juifs. Cette coupe était ordinairement un vase à deux anses, qui contenait assez de vin pour que tous les conviés pussent en boire. Quand les apôtres célébrèrent eux-mêmes les saints mystères, il est probable qu'ils employèrent des Calices semblables. Pendant le moyen âge, ces vases varièrent beaucoup de matière et de forme, suivant les temps et les lieux. En général, on les fit de verre, d'or ou d'argent, mais il y en avait aussi de cuivre, d'étain, de bronze, même de bois. Les Calices de bois, de verre, de cuivre et de bronze furent interdits au IXe siècle. Quant à ceux d'étain, ils ont été tolérés, du moins en France, jusqu'à la Révolution, pour les églises pauvres. Il y eut aussi quelquefois des Calices de corne, d'ivoire et de pierres dures, mais ils disparurent de très-bonne heure. Aujourd'hui, les Calices sont toujours de quelque métal précieux, et quand ils ne le sont pas, leur coupe au moins est en argent doré intérieurement. Sous le rapport de la forme, le plus grand changement que les Calices aient éprouvé a eu pour objet de supprimer les anses dont ils étaient primitivement munis.

CALLIGRAPHIE. — Si, dans l'usage ordinaire de la vie, l'écriture est simplement destinée à transmettre la pensée, ou à en conserver le souvenir, il est cependant des circonstances où elle a besoin de se présenter avec plus d'apparat : c'est alors qu'elle reçoit le nom de *Calligraphie*, et qu'elle devient un art prenant quelquefois place à côté du dessin et de la peinture. Tous les peuples ont eu leur Calligraphie, mais, depuis l'invention de l'imprimerie, cet art a presque entièrement disparu en Europe ; les écritures des différentes nations tendent même à s'uniformiser, et les nationalités de plume s'effacent de jour en jour, comme s'effacent aussi partout les nationalités du costume.

CALOMEL. — Nom vulgaire du protochlorure de mercure ou *Mercure blanc*. Cette substance a été ainsi appelée, malgré sa blancheur, de deux mots grecs qui signifient *bon noir* ou *joli noir*, par Turquet de Mayerne, médecin du XVIIe siècle, en l'honneur d'un jeune nègre qui lui servait d'aide dans ses opérations chimiques. Le protochlorure de mercure est connu depuis au moins le XIIIe siècle. Les alchimistes du moyen âge, que leur imagination déréglée portait à doter de vertus thérapeutiques merveilleuses la plupart des produits qu'ils obtenaient, le soumirent à des sublimations sans nombre, croyant qu'à chacune d'elles il acquérait des propriétés de plus en plus puissantes. Leur prétendue *panacée mercurielle* n'était même que du Calomel sublimé neuf fois. La préparation de ce médicament fut tenue secrète pendant très-longtemps. Beguin la décrivit, en 1608, dans son traité intitulé *Tyrocinium chimicum*, mais elle ne devint réellement publique que longtemps après, lorsque Louis XIV, qui partageait l'erreur commune sur les vertus du Mercure blanc, en eut acheté le procédé à un sieur Labrune ou Labrunie. Le Calomel est employé aujourd'hui comme altérant, anthelminthique, dépuratif, antisyphilitique, fondant, sialagogue, suivant les doses et les circonstances. La variété dite *Mercure doux à la vapeur* a été obtenue, pour la première fois, en 1810, par l'Anglais Josias Jewell : sa fabrication a été beaucoup perfectionnée depuis par deux de nos compatriotes, M. Ossian Henry, en 1822, et M. Eugène Soubeiran, en 1842.

CALORIFÈRE. — Tous les appareils destinés à distribuer la chaleur dans les édifices sont, à proprement parler, des *Calorifères* ; mais, dans la pratique, on réserve ordinairement ce nom à ceux qui servent spécialement à l'application du chauffage à l'air chaud. Ces appareils diffèrent des poêles proprement dits et des cheminées-poêles en ce qu'ils ne sont point placés dans l'enceinte même qu'il s'agit d'échauffer. De cette manière, ils n'utilisent pas la chaleur due au rayonnement, tandis que ces derniers opèrent le chauffage et par le rayonnement direct et par l'air chaud. Voyez CHAUFFAGE.

CALORIQUE. — La Théorie du Calorique n'a commencé à être sérieusement étudiée qu'à la fin du XVIIᵉ siècle. Les premiers linéaments en furent tracés, en 1696, par Guillaume Amontons. Ce physicien émit, le premier, l'idée que les divers états de la matière sont dus à l'existence, dans les corps, d'un fluide impondérable, qu'il appela *Calorique*, et, le premier aussi, procéda, par la voie de l'expérience, à l'examen des phénomènes calorifiques. Au commencement du siècle suivant, l'invention du Thermomètre ayant rendu les recherches plus faciles, les études prirent une extension inaccoutumée. Thomas Black, professeur à l'Université de Glasgow, complétant les travaux de Crawford, Stahl et Wilke, créa la théorie du *Calorique latent* et celle du *Calorique spécifique*, et fournit des éléments d'une extrême importance à la théorie de la machine à vapeur. Presque en même temps, Hawkesbee reconnut les différents degrés de dilatation que la chaleur fait éprouver à l'air atmosphérique. Depuis le commencement de ce siècle, les lois de la distribution du Calorique et ses divers modes de transmission ont été étudiés avec soin par MM. Bérard, Arago, Despretz, Leslie, Nicholson, Pictet et Rumford. De plus, Fourrier, Laplace et Poisson ont donné la théorie mathématique de la chaleur rayonnante, et Dalton et Gay-Lussac ont trouvé la loi de la dilatation des gaz. En outre, MM. Delaroche, Bérard, Dulong, Petit, De la Rive, Marcet, Regnauld, etc., ont fait de nombreuses expériences sur les chaleurs latentes et les chaleurs spécifiques, et MM. Fabre et Silbermann ont particulièrement étudié la chaleur dégagée par les combinaisons chimiques. Enfin, MM. OErsted, Arago, Perkins et Dulong ont déterminé les tensions des vapeurs sous des pressions différentes.

CALOTTE. — Cette espèce de coiffure est tellement simple qu'elle a dû être connue de tous les peuples civilisés. Aussi, la trouve-t-on représentée sur les monuments les plus anciens. Chez les nations de l'Europe moderne, elle a été portée par tous les hommes indistinctement, laïques et ecclésiastiques, jusque bien avant le XVIIᵉ siècle. Depuis cette époque, les prêtres de l'Église romaine en ont seuls conservé l'usage : ils la font en drap, en soie ou en cuir, mais elle varie de couleur suivant les personnes. Ainsi, elle est rouge pour le pape et les cardinaux, violette pour les évêques, et noire pour les simples prêtres. Toutefois, aux jours solennels, le pape porte une calotte blanche, et, dans certaines églises, les enfants de chœur ont la calotte rouge.

CALQUE. — Des divers procédés usités pour calquer les dessins, le *Calque à la vitre* est peut-être le plus ancien. Il a été connu des artistes du moyen âge, au moins à partir des premiers progrès de la peinture sur verre. Le *Calque au moyen d'une gaze*, qui est aujourd'hui généralement employé pour lever les contours des dessins de grande dimension, paraît avoir été indiqué, pour la première fois, dans la seconde moitié du XVIIᵉ siècle, par un artiste dont le nom n'a pas été conservé. M. Jobard, de Bruxelles, a modifié cette méthode, en 1839, en remplaçant, dans certains cas, la gaze par du taffetas ciré. L'usage du *Papier à calquer* date au moins de l'année 1649 : on s'en servait alors, non-seulement pour copier les dessins, mais aussi pour apprendre l'écriture aux enfants. La variété, dite *Papier végétal*, est originaire de la Chine et du Japon, où sa fabrication est immémoriale, mais l'Europe n'a su le préparer que vers le milieu du dernier siècle. Quant au *Papier-gélatine* ou *Papier-glace*, son invention est toute moderne, et ne remonte pas au delà d'une quarantaine d'années : le produit ainsi nommé n'est autre chose que de la gélatine réduite en lames minces. Voyez IMPRIMURES et PONCIS.

CAMAÏEU. — Ce mot, que l'on écrivait anciennement *Camahieu*, a désigné jusqu'au milieu du XVIIᵉ siècle les pierres gravées à plusieurs couches, que l'on appelle aujourd'hui *Camées*. Il changea alors de signification et fut appliqué aux peintures à une seule couleur imitant plus ou moins l'effet des camées. Ces peintures datent de l'origine même de l'art. On les appelle *Grisailles*, quand elles sont faites seulement avec du noir et du blanc pour simuler les bas-reliefs de pierre. Les artistes italiens du XVIe siècle excellèrent dans les peintures en Camaïeu, et, comme ils poussaient leurs dessins à l'effet avec beaucoup de vigueur, on a souvent désigné ce genre sous le nom de *Clair-obscur*. Dans le même siècle, on imagina d'imiter ces dessins en imprimant l'une sur l'autre trois planches de bois coloriées différemment, et l'on appliqua, par analogie, à ce genre d'impression, la dénomination impropre de *Gravure en camaïeu* ou *en clair-obscur*. Voyez GLYPTIQUE et GRAVURE.

CAMAIL. — Espèce de petit manteau ecclésiastique qui varie de forme, de grandeur et de couleur, suivant le rang et la dignité de celui qui en est revêtu. L'usage général du Camail ne paraît pas remonter au delà de la première moitié du XVe siècle, mais il existait, avant cette époque, dans quelques églises, ainsi que le prouvent les canons du concile de Saltzbourg, en 1386. Aujourd'hui, le Camail est porté par tous les ecclésiastiques indistinctement, dans la plupart des diocèses. Il est de laine noire pour les prêtres ordinaires. Celui des évêques et des chanoines est de soie, mais de couleur violette pour les premiers, et de couleur noire pour les seconds. Le nom de *Camail* s'applique aussi à un ajustement féminin, espèce de manteau avec ou sans capuchon, porté par nos aïeules et ressuscité de nos jours : on l'appelle aussi *Burnous*, quand il est muni d'un capuchon.

CAMÉE. — Voyez GLYPTIQUE.

CAMELINE. — On croit cette plante originaire de l'Asie, mais· elle est aujourd'hui naturalisée dans toute l'Europe, où on la cultive en grand, depuis un siècle, pour l'huile d'éclairage qu'on extrait de ses graines. On peut aussi retirer de sa tige une matière textile de qualité inférieure, ce qui justifie jusqu'à un certain point l'étymologie de son nom, lequel vient de deux mots grecs qui signifient *lin de terre* ou *lin à terre*.

CAMELLIA. — Ce bel arbuste est originaire de l'Asie tropicale. Il a été introduit en Europe, vers 1739, par le jésuite allemand Kamel, dont il a gardé le nom, mais sa culture n'a commencé à se répandre que dans les premières années de ce siècle. L'espèce que l'on recherche le plus est le *Camellia japonica*, vulgairement appelé *Rose du Japon* ou *de la Chine*, qui a déjà fourni à elle seule près de deux cents variétés, simples, doubles, demi-doubles, rouges, roses, blanches, jaunes, panachées, etc.

CAMPANILE. — Mot italien qui signifie *clocher*. Il ne figure dans notre langue que depuis un petit nombre d'années. On l'emploie exclusivement pour désigner les clochers qui ne font pas corps avec le reste de l'église. Les monuments de ce genre sont spécialement propres à l'Italie, et si l'on en rencontre quelques-uns dans les autres parties de l'Europe, on ne doit l'attribuer qu'au caprice de prélats ou d'architectes italiens qui, transportés sur une terre étrangère, ont voulu y introduire un usage de leur pays natal.

CAMPÊCHE. — Le *Bois de Campêche*, appelé aussi *Bois d'Inde*, *Bois noir* et *Bois bleu*, est fourni par un grand arbre qui est originaire de la baie de Campêche, au Mexique, mais qui croît aussi en abondance dans plusieurs autres parties de l'Amérique intertropicale, surtout dans les Antilles. Il constitue une des matières colorantes les plus usitées en teinture. Ce sont les Espagnols qui l'ont introduit en Europe, peu de temps après la découverte du Nouveau Monde, mais son usage n'est devenu général que dans le XVIIe siècle. En 1810, M. Chevreul est parvenu à isoler le principe colorant de ce bois, et il l'a appelé *Hématine*, nom qui a été remplacé depuis par celui d'*Hématoxyline*. Soumise à l'action de l'ammoniaque, l'Hématine se transforme en une nouvelle matière colorante que M. Erdmann a nommée *Hématéine*.

CAMP FLOTTANT. — En 1798, un sieur Prinet soumit au gouvernement français un projet de *Camp flottant* composé de bateaux d'une forme particulière, et dont la solidité était, disait-il, si considérable qu'il pourrait résister à tous les événements de mer et à toutes les attaques de l'ennemi. Il proposait de construire ce camp de grandeur à contenir 100,000 hommes. Comme tant d'autres inventions ridicules, celle du sieur Prinet passa inaperçue.

CAMPHRE. — Huile volatile concrète qui existe dans presque toutes les espèces d'arbres de la famille des Laurinées. Le *Camphre ordinaire*, ainsi nommé de l'arabe *kapur* ou *kampur*, est fourni par le *Laurier-camphrier* (*Laurus camphora*), qui croît en Chine, au Japon, et dans les îles de la Sonde. Il arrive à l'état brut en Europe, où, avant de l'employer, on le soumet à un raffinage particulier. Les Vénitiens ont eu, pendant longtemps, le monopole de cette opération. Les Hollandais ont ensuite réussi à s'en emparer. Enfin, depuis une quarantaine d'années, cette industrie a été introduite en Angleterre, en Danemark, à Hambourg et en France. Le Camphre a des applications très-nombreuses en médecine et dans les arts. Toutefois, on a singulièrement, de nos jours, exagéré ses propriétés thérapeutiques, mais le bon sens public a fini par faire justice de la théorie qui prétendait l'ériger en panacée presque universelle.

CAMPYLOGRAMME. — Instrument inventé, il y a quelques années, par M. Target, de Rochefort, pour remplacer les plombs ordinairement en usage pour tracer les lignes courbes dans les plans de navires. Le navire étant celui de tous les produits de la science humaine où la ligne courbe joue le plus grand rôle, le Campylogramme peut avoir beaucoup d'applications. « Il est surtout utile pour relever un plan, relevé qu'on obtient très-fidèlement, et qui ne coûte pas plus de temps qu'un calque, qui n'est pas toujours exact. » Cet instrument a valu une médaille de seconde classe à son inventeur, à l'exposition universelle de Paris (1855).

CANAL. — Quand les rivières n'ont pas un tirant d'eau suffisant pour la navigation, ou lorsque la rapidité du courant, les sinuosités et les irrégularités du lit offrent des dangers ou des obstacles à la marche des bateaux, on est obligé de recourir à l'art pour améliorer la voie navigable donnée par la nature, ou pour en créer une nouvelle ; en d'autres termes, il faut *canaliser* les cours d'eau ou creuser des *Canaux*. Dès la plus haute antiquité, les Chinois ont connu la pratique des Canaux et l'art de soutenir les eaux au moyen de barrages munis de vannes. Les peuples de l'ancienne Égypte n'étaient pas moins avancés. Outre six mille Canaux spécialement destinés à l'irrigation des terres,

ces derniers avaient établi des ouvrages du même genre, mais sur une plus grande échelle, pour servir aux besoins de la navigation. L'un de ces canaux navigables mettait en communication Alexandrie, le lac Maréotis et le Nil : il avait jusqu'à 250 mètres de largeur en certains endroits. La circulation y était encore très-active sous la domination romaine, mais elle diminua peu à peu faute d'entretien, jusqu'à la fin du dernier siècle, où des travaux, exécutés par ordre du général Bonaparte, lui rendirent une grande partie de son ancienne prospérité. Un autre Canal encore plus important était destiné à faciliter les relations entre l'Égypte et l'Arabie ; il partait de Bubaste, sur le Nil, et aboutissait à Patymos, sur la mer Rouge. L'idée de ce grand ouvrage avait été suggérée au roi Psammétichus par des ingénieurs grecs, et sa réalisation pratique, commencée par Néchao ou Nécos, fils de ce prince, 630 ans avant J.-C., avait été achevée par Darius, fils d'Hystaspes, après la conquête de l'Égypte par les Perses. Ce Canal fut entretenu avec soin jusqu'au VIIIᵉ siècle de notre ère, époque à laquelle les rapports du pays avec l'Arabie ayant changé, les califes égyptiens le laissèrent dépérir : l'un d'eux, Abou-Djafar-al-Mançour, finit même, vers 775, par le faire combler, afin d'affamer la Mecque et Médine. Les Grecs furent dispensés, par la position particulière de leur territoire, de créer des voies navigables artificielles. Aussi se bornèrent-ils à pratiquer quelques coupures pour assainir des vallées marécageuses ou dessécher des lacs. Les Romains n'exécutèrent également que des Canaux d'irrigation ou de desséchement. Ils n'ignoraient pas cependant l'utilité des Canaux de navigation, mais diverses circonstances les empêchèrent de donner suite au petit nombre de projets qu'ils avaient conçus à ce sujet. Les peuples qui s'établirent sur les ruines de leur empire ne songèrent d'abord qu'à ouvrir des rigoles d'arrosage. En 794, Charlemagne, voulant relier ensemble les parties de ses vastes États, essaya de joindre ensemble la mer Noire et la mer du Nord par un Canal qui, partant de l'Althmuhl, affluent du Danube, aurait abouti à la Rednitz, qui se décharge dans le Mein, affluent du Rhin ; mais les travaux furent abandonnés après sa mort. Ce projet n'a été réalisé qu'en 1845 par la création du *Canal Louis*, qui joint le Mein au Danube. Pendant le moyen âge, aucun des gouvernements qui se partagèrent l'Europe n'exécuta aucune entreprise de navigation artificielle. Les premières tentatives de ce genre eurent lieu en Lombardie, au xvᵉ siècle, et l'invention des *Écluses à sas*, qui fut faite alors dans ce pays, vint donner aux travaux une impulsion qu'ils n'auraient jamais eue sans cela. En effet, tous les Canaux construits jusqu'à cette époque avaient été *à pente continue*, en imitation des cours d'eau réguliers et à écoulement tranquille, ce qui ne les rendait possibles que dans les plaines ; mais, grâce à cette heureuse innovation, on put s'en servir également pour faire communiquer les pays séparés par des chaînes de hauteurs. Les Canaux destinés à ce dernier usage ont reçu le nom de *Canaux à point de partage*. C'est à un ingénieur français, Adam de Craponne, qu'on en doit la première idée, mais le premier qui ait été construit est celui de *Briare*, dont l'exécution, commencée en 1604 par l'ingénieur Hugues Crosnier, ne fut terminée que trente-huit ans après, en 1642. En 1660, un autre de nos compatriotes, l'ingénieur François Andréossy, présenta à Riquet de Bonrepos, qui le fit adopter à Louis XIV, le plan du *Canal du Midi*, et cet immortel ouvrage fut exécuté de 1666 à 1684. C'est de l'ouverture de ce Canal que datent, non-seulement en France, mais encore dans toute l'Europe, les grandes entreprises de navigation artificielle. Les Anglais eux-mêmes ont puisé en France l'idée et l'art des grands Canaux navigables. Ils firent un premier essai, en 1755, sur la rivière de Sankey, un des affluents de la Mersey, mais ce ne fut qu'à partir de 1760, quand le duc de Bridgewater eut construit le Canal qui porte son nom, qu'ils entrèrent résolûment dans la nouvelle voie. Aujourd'hui, tous les pays possèdent des systèmes de Canaux de navigation organisés avec soin, et ils sont redevables de ce bienfait aux deux admirables inventions qui précèdent, d'abord à celle des Écluses à sas, mais surtout à celle des Canaux à point de partage, qui a seule permis d'établir, à

travers les continents, malgré les chaînes de montagnes, des lignes de navigation artificielle formant, avec les fleuves et les rivières, une série non interrompue de chaînons élevés entre deux mers. Voyez BARRAGE, ÉCLUSE, ISTHME et PLAN INCLINÉ.

CANNA. — Animal du genre Antilope, dont il constitue la plus grande espèce. Le Canna est originaire de l'Afrique du Sud. Il se rapproche du bœuf par sa forme et par son volume, ainsi que par sa disposition à s'engraisser, la finesse et la succulence de sa viande. C'est pour ces derniers motifs que les Anglais ont entrepris de l'introduire en Europe comme animal de boucherie. Les premiers essais d'acclimatation ont été faits, en 1841, par le comte de Derby, qui fit venir à cet effet deux mâles et une femelle du cap de Bonne-Espérance. Deux autres mâles et deux femelles furent importés en 1851. Ces divers individus se sont parfaitement acclimatés : les derniers ont même produit un petit troupeau, qui compte déjà plus de quinze têtes. On peut donc considérer comme un fait presque accompli l'introduction du Canna dans nos climats.

CANNE. — L'usage de la *Canne* est immémorial, mais il a suivi, comme toute autre chose, les caprices de la mode, tantôt général, tantôt réservé à certaines catégories sociales; ici symbole d'autorité, là simple objet de fantaisie ou d'utilité. Comme signe de puissance, la Canne n'est plus portée aujourd'hui que par nos suisses d'église et nos tambours-majors, mais, dans plusieurs armées étrangères, elle se trouve encore entre les mains de certaines classes d'officiers. Comme objet de fantaisie, la Canne, chez les peuples modernes, est généralement réservée aux hommes. Les femmes l'ont cependant quelquefois portée. Ainsi, en France, au xᵉ siècle, les dames nobles se montraient souvent à la promenade une légère Canne à la main, et elles la surmontaient d'un oiseau, à l'imitation de leurs maris qui mettaient un faucon sur le poing. Cette mode disparut plus tard, mais on la fit revivre pour l'abandonner de nouveau : seulement, au lieu d'un oiseau, on y plaça des ornements qui varièrent à l'infini de forme et de matière. La fabrication des Cannes entretient aujourd'hui une industrie assez importante, dont le siége principal est à Londres et à Hambourg, pour les objets ordinaires, et à Paris, pour les articles de luxe. Une seule maison de Londres, celle de M. Barnet-Meyers, ne vend pas moins de 500,000 Cannes par an. — A diverses époques, on a imaginé de munir la Canne de divers accessoires propres à la faire servir à plusieurs fins. Ainsi on a inventé la *Canne à fusil*, qui transforme en chasseur le promeneur paisible ; la *Canne à lunettes*, qui se change à volonté en longue-vue ; la *Canne-fauteuil*, qui fournit un siége commode au voyageur fatigué ; la *Canne-parapluie* ou *Canne universelle*, qui procure un abri au moment d'une ondée ; la *Canne à ligne*, destinée au mélancolique pêcheur ; la *Canne à vent*, qui est tantôt une simple sarbacane, tantôt un diminutif du fusil à vent ; la *Canne-abri*, qui se déploie en une tente portative. Enfin, de nos jours, on a eu l'idée d'enfermer dans une Canne du gaz comprimé, ce qui a produit la *Canne-flambeau* ou *Canne à gaz*. Quant à la *Canne hydraulique*, c'est un simple tube pourvu d'une soupape à sa partie inférieure, et que l'on peut employer à élever les eaux en lui imprimant un mouvement de va-et-vient : elle paraît dater du XVIIe siècle, mais elle n'a guère été jusqu'à présent qu'un objet de curiosité.

CANNE A SUCRE. — La *Canne à sucre* (*Arundo saccharifera*) est originaire de l'Inde, au delà du Gange, d'où, peu de temps après la mort d'Alexandre le Grand, elle pénétra successivement en Arabie, en Syrie, en Égypte, en Nubie et en Abyssinie. Vers la fin du XIe siècle, elle fut introduite dans les îles de Chypre et de Rhodes, et, vers le milieu du siècle suivant, dans celle de Sicile. En 1420, le prince Henri, régent de Portugal, voulant tirer parti de l'île de Madère, que ses vaisseaux venaient de découvrir, y fit planter des Cannes à sucre tirées de la Sicile. Quelques années plus tard, les Espagnols firent des plantations semblables dans l'archipel des Canaries, ainsi que dans plusieurs parties de leur pays, principalement dans l'Andalousie et les royaumes de Valence et de Murcie. L'exemple donné par ces deux peuples devint contagieux dans toute l'Europe méridionale ; on essaya même d'acclimater la Canne à sucre en Pro-

vence et en Languedoc, mais ce fut sans succès. En 1506, c'est-à-dire quatorze ans après le premier voyage de Christophe Colomb, Pierre d'Arrança importa ce précieux végétal des Canaries à Hispaniola, la moderne Haïti, où, grâce à la beauté du climat et à la fertilité du sol, il se multiplia avec une merveilleuse rapidité. Les Portugais introduisirent la Canne à sucre au Brésil vers 1530, et à Saint-Thomas, en 1620. Les Anglais la cultivèrent à la Barbade, dès 1643, et les Français à Saint-Christophe en 1644, et à la Guadeloupe, en 1648. Enfin, à la fin du XVIIe siècle, cette culture se trouva répandue dans toutes les Antilles et dans plusieurs parties du continent américain. Dès ce moment, l'usage du sucre commença à devenir général. Les quantités importées d'Amérique firent tellement baisser le prix de ce produit, que les plantations de l'Europe méridionale ne purent pas soutenir la concurrence et disparurent peu à peu. L'Espagne fut le dernier pays qui cultiva la Canne à sucre : elle possédait encore, en 1789, vingt sucreries en activité dans le royaume de Murcie. Voyez SUCRE.

CANNELLE. — La *Cannelle* est l'écorce, dépouillée de son épiderme, d'un arbre de la famille des Laurinées, le *Cannelier* (*Laurus cinnamomum*), qui est originaire des contrées orientales de l'Asie, mais la meilleure est fournie par l'île de Ceylan. Son nom vient de l'italien *cannella*, tuyau, qui rappelle la forme sous laquelle elle se trouve dans le commerce. La Cannelle a été employée de temps immémorial, comme aromate, par les peuples orientaux. Elle est déjà mentionnée par Moïse, sous le nom de *Kinnamome*. Après la découverte du cap de Bonne-Espérance, les Hollandais en monopolisèrent le commerce pendant très-longtemps, mais les Portugais, d'abord, puis les Anglais, finirent par le leur enlever. On essaya en même temps de naturaliser le Cannelier dans diverses parties de l'Afrique et de l'Amérique, et l'on y réussit sur plusieurs points, principalement à l'île de France, aux Antilles, à Cayenne et au Brésil.

CANNELLE-ROBINET. — En 1808, l'œnologue Jullien, dit de Paris, inventa des Cannelles, qu'il appelait *aérifères*, et qui étaient destinées à permettre le transvasement des liquides sans donner lieu aux pertes et aux autres accidents que produisent souvent les Cannelles ordinaires. En 1855, M. David Macaire, de Passy, a envoyé à l'exposition universelle de Paris des Cannelles dites *de sûreté*, qui peuvent s'adapter à tous les fûts et sont munies d'un clapet qui s'ouvre quand le vin sort, et se ferme quand on veut introduire de l'eau ou un autre liquide dans le fût.

CANON. — I. Le mot *Canon*, qui vient de l'italien *canna*, tube, a d'abord été employé pour désigner, d'une manière générale, une arme à feu quelconque, et il n'a reçu sa signification actuelle que vers le milieu du XVe siècle, lorsqu'on adopta l'usage des boulets pleins de fonte de fer. Le nom de *Canon* fut alors réservé aux bouches à feu spécialement destinées à lancer les nouveaux projectiles. Depuis cette époque, les Canons ont varié un grand nombre de fois sous le rapport de la matière, des dimensions et des procédés de fabrication. Dans le principe, ils se composaient, tantôt d'un simple tube de fer forgé, tantôt d'un assemblage de barres de fer ou de pièces de bois disposées comme les douves d'un tonneau et assujetties au moyen de bandes de métal, de cordes ou de lanières de cuir. Les Suédois avaient encore des Canons de cette dernière espèce ou *Canons de cuir*, à la bataille de Leipzig, en 1631. Suivant Moritz Meyer, les premiers *Canons en fonte de fer* furent coulés à Erfurth, en 1377, mais ce n'est qu'à partir du XVIIIe siècle que les progrès de la métallurgie ont permis de tirer convenablement parti de ce mode de fabrication, qui n'a pu cependant être utilement adopté que pour la marine. Les *Canons de bronze*, presque exclusivement employés jusqu'à ce jour, dans les armées de terre, datent également du XIVe siècle et sont aussi d'origine allemande. Leur invention est peut-être due au moine Berthold Schwartz, le même à qui on a attribué à tort celle de la poudre. Quoi qu'il en soit, ils étaient déjà connus en France, en 1354, sous le règne du roi Jean. On les coula d'abord à noyau. En 1683, les frères Keller essayèrent, à Strasbourg, le procédé de coulage à noyau et à siphon. Enfin, en 1714, le fondeur suisse Jean Maritz père inventa à Burgsdorf, près de Berne, le coulage plein et le forage

horizontal, qu'il introduisit en France, en 1734, et auquel son second fils, appelé Jean comme lui, apporta plus tard de nombreux perfectionnements : c'est le système que l'on emploie aujourd'hui partout. Enfin, notre époque a vu paraître les *Canons d'acier fondu*, et cette innovation, qui a pris naissance vers 1850, s'est promptement répandue dans tous les pays. — Les premiers Canons n'avaient pas les accessoires qu'ils présentent aujourd'hui. Vers 1428, on commença à les renforcer à la culasse. Le renforcement de la bouche parut un peu plus tard, ainsi que les tourillons. Les anses et le cul de lampe ne devinrent communs que sous Charles-Quint. Enfin, le grain de lumière, déjà connu à la fin du XVIe siècle, ne reçut sa forme actuelle qu'à l'époque de Louis XV, lors de la réforme de l'artillerie par le général Gribeauval. L'usage de prendre le diamètre du boulet pour la base des dimensions des pièces a pris naissance au XVe siècle. Moritz Meyer en attribue, il est vrai, l'invention au fondeur Hartman, de Nuremberg, en 1540, mais un texte cité par Louis Napoléon prouve qu'il existait déjà en 1431. Le calibre des Canons a, du reste, éprouvé les mêmes changements que les autres parties du matériel de l'artillerie. Dans les premiers temps, il y avait, dans toutes les armées, des Canons d'une infinité de dimensions, mais on ne tarda pas à reconnaître qu'il y aurait utilité à les ramener à un petit nombre de types différents. Au dernier siècle, le général Gribeauval obtint des résultats très-remarquables sous ce rapport, et son système fut adopté par tous les États de l'Europe. Enfin, de nos jours, l'artillerie de campagne, de place, de côtes et de marine a été complétement transformée par l'adoption de pièces qui, lançant indistinctement des boulets pleins et des boulets creux, tiennent lieu, à volonté, de canons, d'obusiers et de mortiers. En 1819, le colonel Paixhans avait proposé un Canon pouvant lancer de gros boulets explosifs, et qui a été depuis, sous le nom vulgaire de *Canon à bombes*, employé pour la défense des côtes et l'armement des navires (Voyez OBUSIER). Les canons se chargent généralement par la bouche. On a aussi essayé, dès l'origine de l'artillerie, de les charger par la culasse, mais ce système présente des difficultés particulières qu'on n'est parvenu à résoudre d'une manière satisfaisante que dans ces dernières années.

II. Les *Canons rayés* doivent leur origine aux carabines du xvie siècle. Il y en avait déjà au milieu du dernier siècle. En effet, Benjamin Robins, qui écrivait en 1740, rapporte qu'on se servait alors, en Suisse et en Allemagne, de pièces de ce genre, qui se chargeaient par la bouche, et avec lesquelles on lançait des boulets sphériques de plomb à de très-grandes distances, mais on fut obligé de les abandonner parce qu'ils étaient très-défectueux. Toutefois, Robins comprit parfaitement tous les avantages des armes de ce système, et, c'est là un fait historique très-remarquable, il ne craignit pas de prédire que la nation qui parviendrait un jour à les fabriquer convenablement, ne manquerait pas de l'emporter momentanément sur ses rivales. Ce sont les résultats obtenus de nos jours avec les Carabines à tige et les Balles cylindro-ogivales qui ont donné l'idée de faire revivre les Canons rayés. Les premiers essais importants ont été exécutés, en 1845, à Acker, en Suède, par le major piémontais Cavalli, pour le compte du gouvernement sarde, et ils furent répétés aussitôt en Angleterre. Toutefois, c'est en France que le problème a été résolu, pour la première fois, à la suite d'expériences commencées, en 1854, par le capitaine Lepage, et continuées, en 1855 et 1856, par le capitaine Tamisier et le major de Chanal. Les nouveaux canons furent employés, en 1857, dans la guerre de la grande Kabylie, mais ce n'est qu'en 1859, sur les champs de bataille de Magenta et de Solferino, qu'ils ont véritablement donné la preuve de leur supériorité. Ceux qui figurèrent dans ces deux grandes journées avaient été construits sous la direction du commandant Treuille de Beaulieu. Depuis cette époque, toutes les puissances militaires ont adopté les Canons rayés, mais les perfectionnements qu'on y a introduits ont produit une multitude de systèmes dont la pratique n'a pas encore permis de constater définitivement la supériorité, chaque nation regardant les siens comme les meilleurs. En résumé, les canons qu'on emploie aujourd'hui

sont rayés et à deux fins, c'est-à-dire propres à lancer des boulets massifs et des boulets creux, et ils se chargent généralement par la culasse.

III. Au lieu d'employer la poudre pour lancer le boulet, on a essayé à plusieurs reprises de se servir de la force expansive de la vapeur. Le premier essai d'une arme de ce genre, ou *Canon à vapeur*, se trouve dans les œuvres de Léonard de Vinci, mort en 1519, qui appelle son Canon *Architonnerre (Architonitro)*, et en attribue l'invention au grand géomètre syracusain Archimède. La même idée fut reprise, en 1695, par Denis Papin, qui, passant, quelques années plus tard, de la théorie à la pratique, construisit un Canon qui creva pendant les expériences et blessa mortellement plusieurs personnes. Au commencement de ce siècle, James Watt, en Angleterre (1805), le général Chasseloup (1805) et Philippe de Girard (1813), en France, essayèrent de nouveau de résoudre le problème. On prépara même, en 1814, des Canons à vapeur pour la défense de Paris, mais on ne s'en servit pas. Un peu plus tard, l'ingénieur américain Jacob Perkins proposa une arme du même système, qui fut expérimentée à Londres, en 1826, et au polygone de Vincennes, en 1828, et qui ne produisit, sous le rapport de la pénétration et de la portée, que les deux tiers des effets d'un Canon ordinaire du même calibre. Enfin, tout récemment, à l'occasion de la guerre des États-Unis, des mécaniciens de ce pays ont fait revivre la même idée ; l'un d'eux a même, sinon construit, du moins projeté un Canon à vapeur tournant sur lui-même un grand nombre de fois par minute et lançant, chaque fois, 300 balles dans toutes les directions. Jusqu'à présent, les bouches à feu à vapeur n'ont été que des objets de curiosité, et les esprits non prévenus pensent qu'il ne sera jamais possible d'en faire une arme de guerre de quelque utilité. Les *Canons à air comprimé* imaginés à diverses époques, notamment en Angleterre, en 1813, n'ont pas eu plus de succès que les précédents.

CANON. — Pièce de musique dans laquelle la mélodie s'accompagne par elle-même pendant toute la durée du morceau. Elle a été ainsi appelée parce que anciennement on mettait en tête du morceau un avertissement, en italien *canone*, règle, qui indiquait la manière dont il devait être chanté. Les Canons datent au moins du commencement du xvie siècle. Plusieurs auteurs en attribuent même l'invention au compositeur Jean Okeghem, qui vivait encore en 1512, mais le fait est loin d'être certain. Quoi qu'il en soit, J.-B. Martini est le premier qui ait introduit les Canons au théâtre, dans son opéra de *La cosa rara*. Depuis cette époque, ils sont devenus d'un usage assez fréquent. Toutefois, les Canons employés aujourd'hui dans la musique dramatique diffèrent, en général, de ceux d'autrefois, en ce que leur partie principale est la seule qui se chante régulièrement : les autres se bornent à l'accompagner après avoir pris le sujet à leur tour.

CANONNIÈRES. — Embarcations pontées, mais légères et tirant peu d'eau, qui servent spécialement pour la défense et l'attaque des côtes, où le peu de profondeur de l'eau ne permet pas d'employer les gros navires. Elles n'avaient encore figuré que dans la marine de la Suède et de la Finlande, du moins d'une manière régulière, lorsque, dans la dernière guerre avec la Russie, la France et l'Angleterre les ont introduites dans leurs flottes. Toutefois, les Canonnières adoptées par ces deux nations n'ont guère que le nom de commun avec celles des mers scandinaves. Elles en diffèrent surtout par la nature de leur moteur, qui est l'hélice, et par leur puissante artillerie rayée.

CANTATE. — On appelle ainsi une œuvre littéraire et une composition musicale, qui, toutes les deux, ont pris naissance et se sont développées en Italie, dans le courant du xviie siècle. Elles ont été introduites en France dans le siècle suivant, savoir, la Cantate musicale, par le compositeur Morin, et la Cantate littéraire, par J.-B. Rousseau. Les premières pièces italiennes désignées sous le nom de *Cantates* sont celles de Benoît Ferrari, de Reggio, et ont été publiées à Venise, en 1638. Les Cantates ont joui autrefois d'une grande vogue, mais, aujourd'hui, on ne les emploie guère que dans les fêtes solennelles et dans les concours pour les grands prix de musique.

CANTHARIDES. — Insectes coléoptères dont l'art médical tire journellement parti à cause des propriétés vésicantes qu'ils possèdent. Leur emploi est très-ancien en médecine. Pline le Naturaliste les a indiqués à l'intérieur contre la lèpre. Suivant Aétius, Archigène et Arétée, médecins grecs du iie siècle de notre ère, sont les premiers qui les aient administrés à l'extérieur. Autrefois, on attribuait les propriétés vésicantes des Cantharides aux poils qui couvrent leur corps. On sait aujourd'hui qu'elles sont dues à un principe actif, la *Cantharidine*, qui a été découvert, en 1810, par les chimistes Robiquet et Pelletier.

CANZONE. — Ce mot, qui est italien, sert à désigner une pièce de poésie lyrique qui tient à la fois de l'Ode et de la Cantate. La Canzone est d'origine provençale et a été introduite en Italie au xiiie siècle. Mais, au xve siècle, elle acquit, entre les mains de Pétrarque, une si grande perfection, qu'elle est restée depuis la forme favorite de la poésie italienne.

CAOUTCHOUC. — I. Le *Caoutchouc* est fourni par la séve laiteuse d'un grand nombre d'arbres des contrées intertropicales. C'est probablement la seule matière première végétale qui, de nos jours, ait donné naissance à une industrie importante. Le Caoutchouc de l'Amérique méridionale a été le premier connu. Il était employé, de temps immémorial, à divers usages, par les habitants du Pérou et des pays voisins, lorsqu'il fut signalé à l'Académie des Sciences de Paris, en 1736, par le voyageur Charles-Marie de La Condamine, qui avait eu l'occasion d'en constater l'utilité en parcourant les forêts de cette partie du Nouveau Monde. Quelques années plus tard, en 1749 ou 1750, un colon français de la Guyane, appelé Fresneau, découvrit aux environs de Cayenne un des arbres qui produisent le Caoutchouc, celui à qui on a donné les noms d'*Hevea guyanensis*, de *Jatropha elastica* et de *Siphonia caut-chuc*, et qui appartient à la famille des Euphorbiacées. Les propriétés du Caoutchouc furent d'abord peu appréciées en Europe. Les quantités importées étaient d'ailleurs trop faibles pour qu'on pût faire des essais industriels. Aussi se borna-t-on, pendant longtemps, à se servir de cette substance, sous le nom de

Gomme élastique, pour effacer le crayon sur le papier et fabriquer des balles à jouer pour les enfants. Mais, en 1789, les arrivages étant devenus plus importants, la science et l'industrie ne manquèrent pas d'en profiter pour se livrer à des expérimentations suivies. En 1790, on commença à faire des ligatures et des ressorts. En 1791, le Français Grassart réussit à obtenir des tubes. Deux autres Français, Bresson, en 1793, et Champion, en 1810, essayèrent de fabriquer des tissus imperméables et n'obtinrent aucun succès. Des résultats satisfaisants ne furent obtenus dans cette dernière voie que lorsque Macquer, Morelat et plusieurs autres chimistes, eurent trouvé le moyen de dissoudre le Caoutchouc dans les huiles essentielles. Enfin, en 1820, les Anglais Thomas Hancock et Charles Mackintosh, appliquant industriellement les découvertes faites par la science, fondèrent les premières fabriques de vêtements imperméables, et leurs procédés furent introduits en France, en 1830, par MM. Guibal et Rattier. C'est aussi en 1820 que le moyen de découper le Caoutchouc en lanières propres au tissage fut imaginé par l'Anglais Nadler. A partir de ce moment, le travail du Caoutchouc ne-cessa de se perfectionner, et son emploi de se développer. En 1839, cette substance avait déjà été utilisée de tant de manières que son exploitation semblait avoir dit son dernier mot, lorsque, par l'invention de la *Vulcanisation* ou *Volcanisation*, l'Américain Charles Goodyear, de New-Haven, dont les essais remontaient à 1837, vint lui ouvrir une voie nouvelle! L'opération ainsi appelée consiste, comme on sait, à dépouiller le Caoutchouc de plusieurs défauts qu'il possède naturellement, notamment de sa mauvaise odeur et des variations de consistance qu'il éprouve sous l'action de la température, et on obtient cet effet en le combinant avec une certaine quantité de soufre. Charles Goodyear fit patenter son invention, d'abord, aux États-Unis, en société avec M. Haywood, en 1843, puis, en Angleterre, en 1843, et, en France, en 1844, par son agent, M. Newton, de Londres. C'est à la vulcanisation que le Caoutchouc est redevable des grandes applications qu'on en fait depuis une vingtaine d'années, applications si nombreuses

qu'il paraît presque impossible de leur assigner des limites. On est même parvenu, en augmentant la proportion du soufre, à donner à cette matière la dureté du bois, ce qui a permis de le substituer à ce dernier dans une foule de circonstances. Ce *Caoutchouc durci*, comme on l'appelle, est encore dû à M. Charles Goodyear : il date de 1848, et a été importé en France, en 1850, par l'inventeur lui-même. — Dans le principe, on ne connaissait que le Caoutchouc de l'Hévé de la Guyane et du Brésil ; mais les forêts de ces pays ne suffisant plus aux besoins de l'industrie, on s'est mis à la recherche d'autres arbres pouvant fournir cette précieuse matière, et l'on en a trouvé un grand nombre, non-seulement dans l'Amérique du Sud, mais encore dans l'Inde continentale, dans les îles de la Sonde, à Madagascar et sur la côte occidentale d'Afrique. C'est de Java et du Brésil que provient aujourd'hui la plus grande partie du Caoutchouc que consomme l'Europe.

II. En faisant réagir l'acide azotique sur l'huile de lin, on obtient une substance élastique et d'apparence membraneuse que l'on appelle *Caoutchouc artificiel* ou *Caoutchouc des huiles*. Ce produit a été découvert, en 1846, par les chimistes Sacc et Jonas, mais il n'a été employé industriellement qu'à partir de 1854, époque à laquelle M. Fritz-Collier, de Paris, a eu l'idée d'en tirer parti pour imperméabiliser des tissus et préparer des cuirs de sellerie.

III. On a donné le nom de *Caoutchouc minéral* ou *Bitume fossile élastique* à une substance trouvée, en 1785, dans les mines de Castleton, en Angleterre, au milieu des fissures d'un schiste argileux, et, en 1816, aux environs d'Angers, dans les houillères de Montrelais. C'est une espèce de bitume offrant l'aspect, la mollesse et l'élasticité du Caoutchouc : de là les deux noms sous lesquels on l'a désignée. Cette substance n'a reçu aucune application.

CAPE. — Voyez MANTEAU.

CAPILLARITÉ (*Phénomènes de*). — Ces phénomènes ont été ainsi appelés parce que les plus remarquables se manifestent dans des tubes très-étroits, dont on a comparé le diamètre à l'épaisseur d'un cheveu, en latin *capillus*. Ils ne paraissent pas avoir été connus avant le xviiᵉ siècle, mais on ignore l'auteur de leur découverte, bien que plusieurs écrivains l'attribuent à Robert Boyle ou à Rho. Toutefois, dès 1638, Borelli essayait d'expliquer l'ascension des liquides dans les tubes, et, en 1666, Gérard-Jean Vossius connaissait l'abaissement du mercure dans ceux de verre. Ce dernier avait même cru trouver la cause de l'ascension de l'eau dans la viscosité des liquides. Quoi qu'il en soit, c'est Isaac Newton qui le premier a eu l'idée d'expliquer les phénomènes capillaires par des attractions exercées à des distances insensibles entre les molécules des solides et des liquides et entre celles des liquides. Cette cause a été admise depuis par tous les physiciens, mais ils ont beaucoup varié dans la manière d'en interpréter les effets. Jurin, Clairaut, Hawkesbee, Young, Ségner, Laplace et Poisson se sont surtout occupés de l'étude de ces effets. C'est le professeur Casbois, de Metz, qui, vers 1780, a signalé la propriété que possède le mercure, quand il a été maintenu longtemps en ébullition au contact de l'air, de mouiller le verre et de former, le long de cette substance, un ménisque concave.

CAPRIER. — On croit cet arbrisseau originaire de l'Égypte, mais il est répandu aujourd'hui dans tous les pays que baigne la Méditerranée. On le cultive pour ses fleurs, qui, récoltées avant leur épanouissement et confites dans le vinaigre, servent, sous le nom de *Câpres*, d'assaisonnement dans les cuisines. On en consomme aussi beaucoup dans la marine à cause de leurs propriétés antiscorbutiques. C'est de la Sicile que le commerce tire ses plus grands approvisionnements de câpres.

CAPRIFICATION. — Voyez FIGUIER.

CAPSULES DE GUERRE. — Voyez AMORCES FULMINANTES.

CAPSULES POUR BOUTEILLES.— Espèces de calottes cylindriques ou légèrement coniques d'étain pur, qui servent à fermer les bouteilles à la place des ficelages, des goudrons et des résines employés autrefois. Elles ont été inventées, en 1833, par M. Sainte-Marie Dupré, de Paris, qui a également créé l'outillage de leur fabrication. L'établissement de cet industriel en fournit à lui seul, aujourd'hui, près de vingt millions par an. A cette heure, l'usage des Capsules est général dans toutes les parties de l'Europe. On les emploie au bouchage des bouteilles et flacons pour vins, liqueurs, eaux minérales, produits pharmaceutiques, huiles, objets de parfumerie, conserves alimentaires, etc., et leurs applications ont rendu des services inappréciables aux diverses industries qui les ont adoptées.

CAPUCINE. — Cette plante est originaire de l'Amérique méridionale, où elle croît naturellement dans toutes les parties intertropicales, principalement au Pérou, au Chili et sur les bords du Rio de la Plata. Les premiers pieds furent apportés, du Pérou en Espagne, dans les vingt dernières années du xviiᵉ siècle, savoir, ceux de la petite espèce, en 1680, et ceux de la grande, en 1684. La Capucine s'est répandue depuis dans toutes les autres parties de l'Europe. Elle tire son nom scientifique, *tropæolum*, de la forme de ses feuilles et de ses fleurs, qui ressemblent, celles-ci à un casque, celles-là à un bouclier, et l'on sait que les casques et les boucliers sont les éléments principaux des trophées (*tropæum*). Quant à son nom vulgaire, elle le doit à l'analogie que, par suite de la disposition de son éperon, sa fleur offre avec le capuce des moines.

CARABINE. — Dès la fin du xvᵉ siècle, on remarqua que le tir des armes à feu portatives était plus efficace quand l'intérieur du canon n'était pas lisse et qu'on y introduisait la balle par forcement. Cette observation conduisit à l'invention des armes rayées ou *Carabines*. Les premières armes de ce genre parurent à un tir à la cible, qui eut lieu à Leipzig, en 1498. Elles avaient été fabriquées à Vienne, en Autriche, par l'arquebusier Gaspard Zollner. Leurs rayures étaient droites, et on y enfonçait la charge avec de fortes baguettes de fer et un maillet. Quelque temps après, un armurier de Nuremberg, appelé Koller, imagina de les rayer en spirale. Les Carabines furent introduites, à diverses époques, dans toutes les armées européennes, mais la lenteur et les difficultés de leur chargement les firent peu à peu abandonner. Toutefois, quelques corps en étaient encore munis, tant en France qu'à l'étranger, à l'époque des premières guerres de la Révolution, et ce furent les effets qu'on en obtint dans certaines circonstances qui attirèrent de nouveau l'attention sur elles. Des essais de perfectionnement eurent lieu en 1815, mais ne réussirent pas. Enfin, en 1827, M. Henri-Gustave Delvigne, alors lieutenant d'infanterie dans la garde royale de Charles X, réussit à faire disparaître les complications de l'emploi du maillet en inventant une Carabine qui se chargeait aussi facilement que le fusil ordinaire. C'est cette arme, dite *Carabine Delvigne*, qui a servi de point de départ à tous les perfectionnements que les armes rayées ont reçus depuis. A la suite de diverses modifications, la Carabine Delvigne est devenue successivement la *Carabine Pontcharra* du colonel de ce nom (1833), la *Carabine de munition* du colonel Thierry (vers 1837), la *Carabine à tige* du lieutenant-colonel Thouvenin (vers 1840), et, enfin, la *Carabine Minié* du capitaine Étienne Minié (1849). C'est ce dernier qui, en substituant des balles cylindro-ogivales aux balles sphériques précédemment employées, a le plus contribué au succès pratique des nouvelles armes. Les Carabines rayées figurent aujourd'hui dans les armées de tous les peuples civilisés. Elles ont acquis un degré de précision qu'il paraît difficile de dépasser, et l'application du principe de leur construction aux diverses armes à feu portatives et à l'artillerie a fait, depuis quelques années, une révolution complète dans l'art de la guerre. — On a quelquefois improprement appelé *Carabines* des fusils à âme lisse qui n'avaient d'autres rapports avec les Carabines proprement dites que l'exiguïté de leurs dimensions. C'est à cette classe d'armes qu'appartiennent les prétendues Carabines que l'on peut charger d'une seule main et sans cesser de tenir son homme en joue, celles qui permettent de tirer cinquante coups par minute, etc., inventions de pure curiosité et bonnes tout au plus à figurer dans les panoplies des amateurs.

CARACTÈRES D'IMPRIMERIE. — Les *Caractères mobiles* ont peut-être servi de tout temps, dans tous les pays civilisés, pour faire des empreintes sur les matières molles, mais l'idée de les appliquer à la multiplication des livres est née en Europe, au xvᵉ siècle, et a donné lieu à l'invention de l'Imprimerie. — Les premiers caractères employés par Guttemberg paraissent avoir été d'abord gravés sur bois, puis sur cuivre, puis enfin fondus au sable et retouchés au burin. C'est Pierre Schœffer qui, entre 1453 et 1455, a imaginé la frappe des matrices avec un poinçon et le moule à la main, c'est-à-dire les procédés généraux de fabrication encore usités de nos jours. Toutefois, plusieurs innovations utiles ont été faites, depuis le commencement de ce siècle, pour constituer la *fonderie mécanique* des Caractères. La plus ancienne machine proposée paraît avoir été construite, en 1815, par Didot Saint-Léger, mais la première qui ait été employée est celle de White, de Boston, qui date de 1835. A une époque plus rapprochée de nous, d'autres machines analogues ont été imaginées en Amérique, en France et en Angleterre. Néanmoins, le problème ne paraît pas encore tout à fait résolu. Au lieu de fondre les Caractères un à un, comme cela a lieu par les procédés ordinaires, plusieurs inventeurs ont essayé de les fabriquer plusieurs à la fois. C'est à cette classe de recherches que l'on doit les moules dits *polyamatypes* de Firmin Didot (1806), de William Johnson (1828), et de quelques autres. On a aussi cherché à obtenir les Caractères sans être obligé de fondre le métal. Ainsi, en 1848, MM. Colmont et Ducloux, de Paris, faisant revivre une chose déjà ancienne, ont créé une machine qui fonctionne en comprimant la matière métallique. En 1849, M. Petyt, aussi de Paris, a fait breveter un autre appareil qui supprime également la fusion et dont les produits, dits *apyrotypes*, sont étirés et estampés à froid. Il faut encore citer la *presse typogène* de M. Cardon, de Troyes, qui date de 1855 et fabrique aussi par compression. — L'emploi des presses mécaniques usant beaucoup les Caractères, on a eu l'idée d'augmenter la durée de ces derniers en durcissant l'alliage de plomb et d'antimoine dont on les a toujours formés. C'est M. Colson, de Clermont-Ferrand, qui, en 1840, a réussi le premier à résoudre entièrement le problème, et ses *Caractères ferrugineux* sont aujourd'hui généralement employés pour l'impression des grands journaux. D'autres ont obtenu le même résultat en recouvrant les Caractères ordinaires d'une couche de cuivre au moyen de la galvanoplastie. — Les Caractères employés par les premiers imprimeurs avaient la forme gothique, c'est-à-dire celle de l'écriture alors usitée en France, en Angleterre et en Allemagne. Cette forme n'a même pas encore été abandonnée dans ce dernier pays, mais, partout ailleurs, on se sert du caractère *romain*, lequel est ainsi appelé parce qu'il a été créé à Rome, en 1466, par Swenheym et Pannartz. Les variétés dites *Cicéro* et *Saint-Augustin* ont reçu ces dénominations parce qu'elles ont d'abord servi à imprimer, la première, la *Rhétorique* de Cicéron (Venise, 1470), la seconde, la *Cité de Dieu* de saint Augustin (Rome, 1470). Le Caractère *aldin, vénitien* ou *italique* a été créé à Venise, en 1500, par Alde Manuce. Quant aux mots *égyptien, pompadour, druidique, polonais*, etc., par lesquels on désigne les Caractères de fantaisie, ils ne signifient absolument rien et n'ont d'autre origine que le besoin de donner un nom particulier à des produits nouveaux. — Dans l'usage ordinaire, chaque lettre de l'alphabet se montre en relief à une des extrémités d'une petite tige de métal. En 1774, le Français Barletti de Saint-Paul imagina de grouper certaines lettres ensemble afin d'abréger le travail du compositeur. Depuis cette époque, la même idée a été reprise plusieurs fois, dans tous les pays, notamment en France, en Angleterre et aux États-Unis, mais toujours sans succès, l'expérience ayant appris qu'il n'y a aucun avantage à se servir des *Logotypes*, car c'est ainsi que l'on a appelé les nouveaux signes. Voyez COMPOSEUSE MÉCANIQUE.

CARBONE. — Ce corps simple a été découvert, en 1776, par Lavoisier. Il existe dans la nature sous plusieurs états, mais il n'est pur que dans deux de ses variétés, le Diamant et le Graphite. Des substances étrangères l'accompagnent toujours dans le Charbon de bois, le Noir animal et les divers combustibles minéraux. Avec l'oxygène et l'hydrogène, le Carbone forme plusieurs composés remarquables. Il ne sera question ici que du gaz *Oxyde de Carbone*, qui a été découvert, en 1775, par le chimiste anglais Priestley, mais dont la véritable composition n'a été reconnue qu'en 1802 et, presque en même temps, par Cruikshank, en Angleterre, et Clément Désormes, en France. C'est ce gaz, ainsi que Félix Leblanc l'a prouvé, qui est la véritable cause de l'asphyxie par les vapeurs du charbon brûlant dans un appartement fermé. Voyez CARBONIQUE, CHARBON, DIAMANT, GRAPHITE, HYDROGÈNE, etc.

CARBONIQUE (*Acide*). — Les effets de cet acide ont été connus, de temps immémorial, dans tous les pays volcaniques où, comme l'Italie méridionale, la Sicile et l'Auvergne, il se forme naturellement, mais sa découverte n'a été faite que dans les temps modernes. L'Acide carbonique est le premier gaz que les chimistes aient su distinguer de l'air atmosphérique. Son histoire remonte au XVIe siècle. A cette époque, Paracelse s'aperçut qu'il s'échappe un air particulier des pierres calcaires soumises à la calcination, et il lui donna les noms d'*Esprit du bois* et d'*Esprit sauvage*. Au siècle suivant, Van Helmont fit la même observation, et appela cet air *Gaz sylvestre* ou simplement *Gaz*. Ce même chimiste remarqua aussi que cet air se produit dans la fermentation des liquides sucrés, dans la combustion du charbon, et qu'il se rencontre dans certaines excavations naturelles, telles que la *Grotte du Chien*, aux environs de Naples. En 1755, Frédéric Hoffmann reconnut l'existence de l'Acide carbonique dans les eaux minérales, et Venel réussit à le fixer dans l'eau et parvint ainsi à fabriquer une Eau gazeuse artificielle. Quelques années après, Keir, l'envisageant comme une production des matières calcaires, le considéra comme un acide et l'appela *Acide crayeux* ou *Acide de la craie*. Presque en même temps, Priestley soupçonna et Bergmann constata sa présence dans l'air atmosphérique, ce qui le fit nommer *Acide aérien*, tandis que Bewdly lui donna le nom d'*Acide méphitique*, parce qu'il est impropre à la respiration. Enfin, en 1776, Lavoisier mit hors de doute sa composition, qui avait déjà été entrevue par Cavendish, en démontrant par la synthèse qu'il est formé d'oxygène et de carbone, et lui appliqua la dénomination sous laquelle il a toujours été désigné depuis. Le même savant entreprit de fixer les rapports de ses deux éléments, et trouva qu'il était composé de 28 parties de carbone et de 72 d'oxygène. De nos jours, MM. Dumas et Stas ont repris les travaux de Lavoisier et, au moyen d'une méthode dont la précision ne laisse rien à désirer, ont démontré que l'Acide carbonique contient, pour cent parties, 27,27 de carbone et 72,73 d'oxygène. L'Acide carbonique n'existe pas toujours à l'état gazeux : il peut passer à l'état liquide et même à l'état solide. Il a été liquéfié, pour la première fois, en 1823, par Faraday, et solidifié, en 1835, par Thilorier. L'Acide carbonique a de nombreuses applications industrielles. On l'emploie surtout pour la fabrication des Eaux minérales gazeuses artificielles, et pour celle des Vins mousseux et de la Céruse. Frappé de l'énorme puissance d'expansion que possède ce gaz, Humphry Davy a pensé, le premier, qu'il serait possible de l'utiliser, comme force motrice, à la place de la vapeur d'eau. Isambert Brunel, ingénieur du Tunnel de la Tamise, a même essayé, en 1823, de construire une machine d'après cette donnée, mais le problème n'a pu encore être résolu. Du reste, les machines à Acide carbonique, si jamais on parvenait à les réaliser, présenteraient des dangers énormes qu'il serait probablement impossible d'empêcher. En 1858, le docteur Ozanam a signalé l'Acide carbonique comme agent anesthésique. De nouvelles observations ont conduit ce chirurgien à proposer d'en faire usage à la place du Chloroforme, dont il posséderait toutes les propriétés stupéfiantes, sans en avoir les dangers, mais l'expérience n'a pas encore prononcé sur l'utilité de cette application. Voyez EAUX MINÉRALES, CÉRUSE, VIN, etc.

CARBONISATION. — Voyez CHARBON VÉGÉTAL.

CARDES. — Appareils qui servent à redresser les filaments du coton et de la laine avant de les transformer en fils. Dans le principe, on employa exclusivement des *Cardes à main*. En 1760, James Hargreaves, cardeur et tisserand à Stanhill, dans le comté de Lancastre, imagina les *Cardes à bloc*, qui furent remplacées, en 1762, par les *Cardes à tambour*, dont l'inventeur est resté inconnu : ces dernières furent employées, pour la première fois, à Blackburn, dans une fabrique appartenant au père de sir Robert Peel. Depuis cette époque, la garniture des Cardes s'est toujours composée de plaques ou de rubans de cuir ou de caoutchouc, garnies de dents en fil de fer ou en cuivre régulièrement espacées. Pendant longtemps, on a bouté, c'est-à-dire mis, ces dents en place à la main, mais il a fallu recourir à des procédés mécaniques aussitôt que l'industrie de la filature a pris une grande importance. La première *Machine à bouter* a été construite, un peu avant 1795, par Amos Whittmore, mécanicien à Boston, mais elle n'a fonctionné d'une manière satisfaisante qu'en 1811, époque à laquelle cet inventeur l'importa en Angleterre, où il la fit patenter, de concert avec Dyer, de Londres, son associé. Elle fut introduite, presque en même temps, en France, par Degrand, de Marseille, qui s'en était procuré un dessin, on ne sait comment. Depuis cinquante ans, la Machine à bouter les Cardes a été perfectionnée de mille manières, et on doit la compter au nombre des plus utiles inventions, en raison des progrès immenses qu'elle a fait faire à la filature du coton et de la laine. Aussi place-t-on le nom d'Amos Whittmore, son inventeur, à côté de ceux de Paul-Louis, de Hargreaves et de Higs, d'Arkwright, de Crampton, de Kelly et de Cartwright, qui ont si considérablement révolutionné l'art de travailler ces matières textiles. Parmi les personnes qui ont le plus contribué à la populariser dans notre pays, on cite surtout les mécaniciens Scrive, Cohin, Calla, Lolot, Hoyau, Pierre Saulnier, Hache-Bourgeois, etc., qui, depuis 1815, ont pris successivement des brevets pour des modifications d'une grande importance. C'est M. Walton, de Londres, qui, le premier, a eu et exécuté l'idée de remplacer le cuir des rubans de Cardes par des bandes de caoutchouc. — Le *débourrage* des Cardes est une opération très-malsaine pour les ouvriers qui l'exécutent, parce qu'ils sont obligés de respirer l'air chargé des poussières de toute nature dont les déchets de coton adhérents aux Cardes sont toujours chargés. On a inventé plusieurs machines pour assainir cette opération. Une des meilleures a été construite, vers 1855, par M. Dannery, contre-maître à Saint-Sever, près de Rouen. En 1857, l'Académie des Sciences a décerné à son inventeur un des prix Monthyon relatifs aux arts insalubres.

CARICATURE. — Quelques écrivains attribuent l'invention de la *Caricature* aux artistes italiens du XVIᵉ siècle. D'autres, au contraire, pensent qu'elle remonte à la plus haute antiquité, ou tout au moins à l'époque où les arts du dessin eurent fait quelques progrès. Cette dernière opinion est la seule vraie, car on a trouvé des Caricatures, nonseulement sur les murailles de Pompéi et d'Herculanum, mais encore sur plusieurs vases grecs et dans les ruines de l'ancienne Égypte. Toutefois, l'usage de la Caricature n'a pris de l'extension que depuis la découverte de l'imprimerie lithographique. Le plus ancien recueil de Caricatures publié en France paraît être une collection de songes drôlatiques, qui parut en 1565 et dont on attribue généralement l'idée à François Rabelais. Depuis le commencement de ce siècle, la Caricature a été exploitée par plusieurs journaux spéciaux, parmi lesquels il suffira de citer, en France seulement, la *Silhouette* (1829-1830), la *Caricature* (octobre 1830-1832), le *Charivari* et le *Journal pour rire* ou *Journal amusant*, qui existent encore et datent, le premier, du mois de décembre 1832, et le second du 1ᵉʳ février 1848.

CARILLON. — On croit généralement que l'usage des mécanismes d'horlogerie de ce nom remonte à la seconde moitié du XVᵉ siècle, et que le premier fut placé, en 1487, dans le clocher de l'église d'Alost, en Flandre. Mais on a reconnu de nos jours que cette opinion est erronée. Il a été, en effet, prouvé qu'en 1317 il existait déjà, à l'église Sainte-Catherine-lès-Rouen, un Carillon qui, suivant un contemporain, « jouait l'hymne *Conditor alme siderum*, de telle sorte qu'on pouvait l'entendre à plus d'une lieue. » — L'appareil de physique appelé *Carillon électrique* a été inventé, vers le milieu du siècle dernier, par des physiciens allemands dont le nom n'a pas été conservé, et réinventé, quelques années plus tard, par Benjamin Franklin.

CARMAGNOLE. — On a donné ce nom, on ignore pourquoi, à la veste ronde des ouvriers. Une chose seule est certaine, c'est que ce vêtement remonte à une haute antiquité, car on le voit sur le dos d'un mime, dans la précieuse collection des vases peints de sir William Hamilton. La Carmagnole prima, pendant quelque temps, à l'époque de la Révolution, surtout en 1792 et 1793.

CARMIN. — Ce mot, qui vient de l'italien *carminio*, kermès, sert à désigner une substance colorante, très-usitée dans les arts. Cette substance a été découverte au XVIᵉ siècle, à Pise, par un moine de l'ordre de Saint François. Ce religieux préparait un extrait de kermès animal pour l'employer comme médicament. Versant un jour un acide dans la solution de cet extrait, il vit se former un beau précipité rouge : c'était du *Carmin*. La fabrication du nouveau produit fut tenue secrète jusqu'en 1656, époque à laquelle le chimiste Homberg la rendit publique. Le Carmin se prépare généralement aujourd'hui avec la Cochenille vraie. Dans ces dernières années, on a donné les noms de *Carmin de garance*, de *Carmin d'orseille*, et de *Carmin d'indigo*, à des substances factoriales obtenues en soumettant la garance, l'orseille et l'indigo à certaines manipulations particulières.

CARMINE. — Voyez COCHENILLE.

CARONADES. — Bouches à feu courtes et presque toujours d'un grand calibre, dont l'usage a été général dans la marine jusqu'à ces dernières années. Elles doivent leur nom à la fonderie de Carron, en Écosse, où les premières furent fabriquées vers 1774. Il est toutefois à remarquer qu'une pièce du même genre avait été imaginée, un peu avant 1650, par l'ingénieur polonais Geckant, qui la destinait à lancer des grenades de fort diamètre.

CARRÉ. — I. L'ordre de formation en bataille appelé *Carré*, à cause de la disposition que prennent les troupes, ne paraît pas avoir été inconnu des anciens, mais on n'a que des notions trèsvagues à ce sujet. Quant à la phalange grecque, que plusieurs écrivains regardent comme l'origine de la formation moderne, elle ne ressemble à celle-ci que par sa forme extérieure. On sait, en effet, qu'elle consistait en un carré plein et immobile, tandis que le carré moderne est creux et jouit d'une certaine mobilité. Dans les temps modernes, c'est à la bataille de Bouvines, en

6

1214, que l'on s'est servi, pour la première fois, du Carré. Plus tard, au XVIIᵉ siècle, les Autrichiens et les Russes l'employèrent contre les Turcs, et les Espagnols contre les Français ; mais les Carrés que l'on faisait alors se composaient de l'armée tout entière, et se mouvaient avec beaucoup de peine. On les rendit bientôt plus maniables en les composant de 12 à 15 bataillons. Enfin, en 1774, à la bataille de Chumla, le général russe Romanzof introduisit dans la tactique les Carrés d'un seul bataillon. Malgré ces améliorations, les Carrés n'étaient connus que de quelques puissances, lorsque le merveilleux parti qu'en tirèrent les Français dans l'expédition d'Égypte, vint démontrer tous les avantages de cette formation. Depuis cette époque, elle est mise en pratique par toutes les nations européennes, et l'infanterie de toutes leurs armées est exercée avec soin aux manœuvres qu'elle exige.

II Les mathématiciens donnent le nom de *Carré magique* à un Carré divisé en cellules dans lesquelles on place des nombres en proportion arithmétique. Ces nombres sont disposés de telle sorte que, de quelque manière qu'on les additionne, horizontalement, verticalement ou diagonalement, ils forment toujours le même total. Découvert au XIVᵉ siècle, par le mathématicien grec Manuel Moschopoulos, le Carré magique a été étudié par Corneille Agrippa, Bachet de Méziriac, Lahire, et plusieurs autres, mais on n'a jamais pu réussir à lui trouver une application utile. — C'est au philosophe grec Pythagore que l'on doit la solution du problème de géométrie, si connu sous le nom de *Carré de l'hypoténuse*.

CARRICK. — Voyez REDINGOTE.

CARROSSE. — Les *Carrosses* dérivent du char ou chariot couvert, appelé *Carpentum*, dont les dames romaines faisaient usage. Vers la fin du XIVᵉ siècle ou au commencement du XVᵉ, on imagina de rendre ce chariot moins dur en le suspendant sur l'essieu à l'aide de cordes ou de courroies, ce qui le fit alors appeler *Char branlant*, à cause des balancements qu'il devait à sa construction nouvelle : on lui donna aussi le nom de *Chariot dameret* ou *Chariot de dames*, parce qu'il était réservé aux femmes de distinction. Les miniatures des manuscrits prouvent qu'il était très-employé, au XVᵉ siècle, en France, en Allemagne, en Angleterre et en Italie. A ce premier perfectionnement, le XVIᵉ siècle en ajouta plusieurs autres. Au lieu d'être demi-circulaire et soutenue par des cerceaux, comme précédemment, la couverture devint plate et carrée et reçut pour supports des colonnettes de bois. En même temps, la caisse prit la forme d'un grand coffre dans lequel on pénétrait au moyen d'une petite échelle de fer, et sa partie supérieure, qui était ouverte de tous côtés, fut fermée par des rideaux d'étoffe ou de cuir fixés à la couverture. Le nouveau véhicule reçut le nom de *Carrosse*, de l'italien *carrozza*, parce que l'idée en était probablement venue de l'Italie ; on l'appela également *Coche*, du latin *concha*, coquille, à cause de la forme de sa caisse. Les voitures de cette espèce furent d'abord très-rares, presque des curiosités. La première que l'on vit à Paris fut, dit-on, construite pour Diane de Poitiers, par ordre de François Iᵉʳ. En 1550, on n'en comptait encore que trois dans cette ville, celle de Diane, celle de la reine, et celle du maréchal de Bois-Dauphin,. que son extrême obésité empêchait de monter à cheval. Les Carrosses ne se multiplièrent un peu qu'après la mort de Henri IV. On avait déjà commencé, en 1608, à remplacer les rideaux de devant et de derrière par des parties pleines. Vers 1620, le maréchal de Bassompierre apporta d'Italie l'usage des stores en glace. Vers la même époque, des inventeurs dont le nom est inconnu imaginèrent la suspension au moyen des ressorts. A mesure que les Carrosses se multiplièrent, on les modifia de mille manières, afin de les approprier à des besoins divers. Les *Demi-Carrosses* ou *Carrosses coupés*, appelés plus simplement *Coupés*, datent du XVIIᵉ siècle. On doit en dire autant des *Calèches*, des *Cabriolets*, des *Phaétons* et des *Berlines*. Ces dernières furent, dit-on, créées à Berlin, par Philippe Chiese, architecte de Frédéric-Guillaume, électeur de Brandebourg ; elles étaient à quatre ou à deux places ; quand elles n'en avaient que deux, on leur donnait le nom de *Vis-à-vis*. Toutes ces voitures étaient destinées aux classes

aisées. Ceux qui n'étaient pas assez riches pour avoir un Carrosse en étaient
réduits à faire leurs courses à pied; et
il en fut ainsi jusqu'à l'invention des
Carrosses de louage ou *Fiacres* et des
Carrosses à cinq sous, les *Omnibus* d'aujourd'hui. Maintenant le mot Carrosse
est devenu suranné : on ne l'emploie
guère que comme terme de mépris :
C'est un cheval de carrosse ; ou dans
l'expression triviale : *Rouler carrosse.*
Voyez CHAISE, DILIGENCE, FIACRE, MALLE-
POSTE, OMNIBUS.

CARTES A JOUER. — I. On a beaucoup
écrit sur l'origine des *Cartes à jouer.*
Les uns croient qu'elles ont été inventées en Chine, vers 1120, sous le règne
de l'empereur Hoeï-song, et qu'apportées dans le Levant par les Mongols,
elles ont été introduites en Europe par
les Croisés. Les autres pensent qu'elles
sont nées dans l'Inde, d'où les Gitanos
ou les Arabes les ont importées en Espagne et en Italie. Ce qu'il y a de certain, c'est que les plus anciennes que
l'on connaisse ont été faites au xive siècle, dans les pays soumis à l'ancienne
république de Venise, et qu'elles paraissent être arrivées en France entre
les années 1369 et 1397. Quant à Jac-
quemin Gringonneur, à qui on en a
longtemps attribué l'invention, ce n'était
en réalité qu'un dessinateur-miniatu-
riste qui gagnait sa vie à les fabriquer,
car, dans ces temps reculés, on ne savait que les dessiner et les enluminer à
la main. On possède encore une partie
du jeu que cet artiste exécuta, en 1392,
pour « l'esbatement » du roi Charles VI :
ce sont les plus anciennes Cartes d'origine française qui soient parvenues
jusqu'à nous. Les Cartes primitives ou
Naïbis étaient de simples recueils d'images destinées à l'amusement des enfants,
et dont les *tarots* encore en usage dans
plusieurs parties de l'Europe peuvent
donner une idée. Les Cartes actuelles,
ou *Cartes numérales*, sont nées au
xve siècle. Une tradition, que rien ne
justifie, attribue cette innovation à
Étienne Vignole, dit Lahire, un des plus
braves compagnons de Charles VII. Tout
ce qu'il est permis d'affirmer, c'est que
les Cartes aux couleurs françaises,
cœur, carreau, pique et trèfle, étaient
inconnues sous Charles VI, mort en
1422, mais qu'elles existaient au plus

tard en 1450. Celles que l'on possède
de cette époque apprennent qu'on n'a-
vait pas encore définitivement arrêté la
liste des personnages, car on y trouve
des figures autres que celles dont on se
sert aujourd'hui. Ces dernières, sauf
quelques modifications peu importantes,
datent du xvie siècle. On a essayé, sous
la république, l'empire et la restauration, de les remplacer par des représentations plus en harmonie avec les idées
politiques du temps, mais ces tentatives
n'ont pas réussi. La seule innovation
qui ait été adoptée est celle des *Cartes
à deux têtes*, qui a été imaginée en Angleterre au commencement de ce siècle. Les Cartes françaises sont employées
dans une grande partie de l'Europe, mais
dans quelques pays on se sert de couleurs et de figures différentes des nôtres.

II. — On ne sait rien de positif sur
l'époque où les diverses combinaisons
dont les Cartes sont susceptibles ont
pris naissance. On n'a de renseignements que sur quelques-unes. Il en
existait déjà deux cent seize au xvie siècle, et on trouve parmi elles : le *Piquet*
ou *Cent*, qui datait de l'invention des
Cartes numérales, et n'a pu, par conséquent, être inventé, comme on l'a dit,
sous Louis XIII, par un mathématicien
de Troyes, nommé Piquet ; le *Lansque-
net*, qui avait été apporté d'Allemagne
par les aventuriers de ce nom ; l'*Hom-
bre*, qui venait d'Espagne ; la *Triomphe*, dont l'*Écarté* n'est qu'une modification ; le *Trente-et-un* et le *Flux*. Le
Reversi est aussi d'origine espagnole :
il est venu en France avec Marguerite
de Navarre, sous François Ier. La *Bas-
sette* est née en Italie : elle fut introduite dans nos tripots, en 1674, par
Justiniani, ambassadeur de Venise. Le
Boston et le *Whist* nous ont été fournis,
le premier, par les Américains du Nord,
à la fin du dernier siècle ; le second,
par les Anglais, au commencement de
celui-ci. Enfin, la *Bouillotte* a été créée,
sous le Directoire, dans les salons de
Barras, au palais du Luxembourg.

CARTES GÉOGRAPHIQUES. — I. Strabon
attribue l'invention des *Cartes géographiques* au philosophe Anaximandre de
Milet, qui vivait au vie siècle avant Jésus-Christ, mais cette assertion, si elle
est vraie, ne peut s'appliquer qu'au
monde gréco-romain, car il existait des

monuments de ce genre, à une époque beaucoup plus reculée, en Égypte, en Chine et dans l'Inde. La Carte la plus ancienne que l'antiquité nous ait transmise date de l'an 230 de notre ère : c'est la célèbre *Table de Peutinger*, ainsi appelée du nom de Conrad Peutinger, bourgeois d'Augsbourg, qui la possédait au XVIᵉ siècle. L'art de tracer les Cartes géographiques suivant les principes mathématiques est né dans la seconde moitié de ce même siècle. Les fondements en furent jetés par Abraham Ortelius, Sébastien Munster et Gérard Mercator, mais il ne commença à prendre des développements remarquables que beaucoup plus tard, surtout au XVIIIᵉ siècle, où les travaux des savants français de l'Isle, Damville, Cassini de Thury, et des Anglais Dalrymple, Rennell et Arrowsmith le firent entrer dans la voie de progrès d'où il n'est plus sorti depuis. Parmi les plus célèbres cartographes de notre siècle, on compte surtout Barbier Dubocage, Bacler d'Albe, Étienne-Robert Brué, le colonel Lapie, Beautemps - Beaupré, Henri Berghaus, Reymann, Zannoni, Inghirami, Auguste-Henri Dufour, etc. — La première Carte de France publiée dans notre pays paraît être celle de Jolivet, qui date de 1570. La célèbre Carte de Cassini fut commencée, en 1750, par Cassini de Thury, et continuée, après sa mort, arrivée en 1784, par son fils Jacques-Dominique Cassini : il ne restait plus pour la terminer entièrement que trois planches à graver, quand les événements de 1793 firent arrêter les travaux. La Carte que publie aujourd'hui l'état-major de la guerre a été projetée, en 1808, par l'empereur Napoléon Iᵉʳ, mais son exécution n'a pu commencer qu'en 1818. Quand elle sera terminée, elle constituera le plus admirable monument cartographique qui ait jamais été fait.

II. La reproduction matérielle des Cartes géographiques a subi un grand nombre de variations. Les premières Cartes imprimées ont été *gravées en creux* sur cuivre et publiées, en 1478, dans le Ptolémée de Conrad Sweynheim. En 1482, Léonard Hol publia les premières qui aient été *gravées en relief* sur bois. Les premières Cartes *imprimées en couleur* ont été exécutées à

Strasbourg, en 1513, par Jean Schott. L'idée de multiplier les Cartes géographiques par les procédés typographiques date du dernier siècle. Les premiers essais furent faits, entre 1770 et 1775, à Leipzig, par l'imprimeur Breitkopf, et à Bâle, par le fondeur Wilhem Haas et le diacre Preuschen. De nouvelles tentatives ont eu lieu depuis, en France (Didot, 1823; Duverger, 1844), en Prusse (Wegener, 1825), et ailleurs; mais c'est M. Raffelsberger, de Vienne (Autriche), qui seul a pu obtenir des résultats satisfaisants (1839). Depuis le commencement de ce siècle, la Lithographie et la Gravure sur pierre, et, dans ces dernières années, la Photographie, l'Électrotypie et la Paniconographie, sont venues augmenter le nombre des moyens de reproduction. Quant aux Cartes dites *en relief*, elles sont d'une époque assez ancienne, puisqu'on en connaît d'antérieures à 1726, mais ce n'est que depuis un quart de siècle environ, qu'on a pu les exécuter assez économiquement pour les introduire dans l'enseignement ordinaire. Ce progrès est principalement dû à MM. Ravenstein, de Francfort, et Kummer, de Berlin, et c'est M. Bauerkeller qui a le plus contribué à le naturaliser en France.

CARTES INSTRUCTIVES. — L'idée d'apprendre certaines sciences à l'aide de jeux de cartes remonte à l'année 1507, où le cordelier Thomas Murner fit imprimer à Cracovie un jeu de 52 cartes, intitulé *Chartiludium logicæ*, au moyen duquel on pouvait, disait-il, s'initier sans peine aux subtilités de la logique. Au XVIIᵉ siècle, l'académicien Desmarets, aidé d'un dessinateur nommé La Belle, fit revivre l'invention du moine polonais, et publia, en 1644, sous le nom de *Jeu des Fables*, un traité élémentaire de mythologie, qu'il fit suivre, la même année, d'un *Jeu de l'histoire de France*, d'un *Jeu des Reines renommées*, d'un *Jeu de la Géographie*, etc. Depuis cette époque, une foule d'écrivains ou d'artistes ont exploité la même idée.

CARTHAME. — Le *Carthame* ou *Safranum* (*Carthamus tinctorius*) est originaire de l'Égypte et de l'Inde, d'où il a été introduit en Europe, vers le milieu du XVIᵉ siècle. On cultive cette plante pour ses fleurs, qui renferment une matière colorante, appelée *Cartha-*

mine par M. Chevreul, et *Acide cartha-mique* par M. Schlieper, dont on se sert pour teindre la soie, le coton et la laine en ponceau, en nacarat, en cerise et en rose. On emploie aussi la Carthamine pour préparer le *rouge de toilette* et la couleur usitée en peinture sous les noms de *Rouge végétal, Laque de carthame* et *Vermillon d'Espagne.*

CARTON. — Outre ses usages ordinaires, le Carton reçoit des applications particulières, qui, essayées autrefois et reprises de nos jours, ont fini par créer plusieurs industries intéressantes. Le *Carton bituminé* ou *goudronné* n'est autre chose qu'un carton commun qui a été trempé dans un mélange bouillant de matières bitumineuses. Comme il est imperméable et inaltérable par l'eau, on s'en sert pour garnir les bas des rez-de-chaussée, sous le parquet des habitations, afin de s'opposer aux effets de l'humidité. On peut aussi l'employer, à la place des tuiles et des ardoises, pour former la couverture des édifices, mais son extrème combustibilité ne permet de lui donner cette destination que dans un très-petit nombre de circonstances. Le *Carton cuir*, proposé, en 1819, par le parisien Dufort, et perfectionné depuis, a beaucoup d'analogie avec le produit précédent, mais n'en offre pas les inconvénients. Il est usité pour fabriquer une foule d'objets d'utilité ou de simple décoration. A la même époque, Aloïs Sénefelder imagina des *Cartons lithographiques*, qu'il destinait à remplacer économiquement les pierres nécessaires aux lithographes, mais il ne put réussir à les faire adopter. Le *Carton-pâte* ou *Carton-pierre* a été plus heureux. La composition de ce nom n'est autre chose qu'un mélange de colle, de pâte de papier, de gomme, d'eau et de craie en poudre, qui peut recevoir par le moulage les formes les plus variées, et qui acquiert, par la dessiccation, la dureté de la pierre. Son invention date au moins du XVe siècle : on l'employait alors en Italie pour exécuter économiquement des ornements dans l'intérieur des habitations Elle fut introduite en France sous François Ier et appliquée à la décoration des plafonds du château de Fontainebleau. Le Carton-pâte tomba dans l'oubli au XVIIe siècle, mais il fut réinventé au siècle suivant par le docteur suédois

Faxe, et l'on essaya presque aussitôt de l'employer dans plusieurs pays, sous les noms de *Carton pierreux, Carton lithophyte, Papier-pierre*, etc. En France, ce fut surtout M. Mézières qui, à partir de 1817, contribua le plus à le mettre à la mode. Toutefois, ses applications ne commencèrent, du moins chez nous, à se développer d'une manière véritablement sérieuse qu'après 1829, quand MM. Huber, Vallet, Hirsch et Romagnesi eurent perfectionné la composition de la matière plastique et les procédés de manipulation. L'usage du Carton-pâte est répandu partout aujourd'hui, et il rend à l'architecture décorative des services inappréciables. Voyez CHANVRE IMPERMÉABLE et BOIS DURCI.

CARTOUCHE. — A l'origine des armes à feu, les charges n'étaient point préparées d'avance comme elles le sont aujourd'hui. Les fantassins portaient la poudre dans des cornes ou poires ou dans de petites boîtes cylindriques de bois ou de métal qu'ils suspendaient à une bandoulière. Quant aux artilleurs, ils la mettaient dans des tonneaux qu'ils défonçaient au moment de l'action et dans lesquels ils la puisaient avec une espèce de cuiller. La *Cartouche d'infanterie*, ou Cartouche proprement dite, paraît avoir été imaginée par les Espagnols, vers 1567, mais les autres peuples ne l'ont adoptée que dans la seconde moitié du XVIIe siècle, après que Gustave-Adolphe, roi de Suède, l'eut donnée à ses troupes. Ce prince inventa en même temps la *Giberne* pour la renfermer. Enfin, en 1698, Louis de Nassau remplaça la baguette de bois jusqu'alors employée par une *baguette de fer*. Les Cartouches d'artillerie, ou *Gargousses*, datent du milieu du XVIe siècle. Toutefois, leur usage n'est devenu général qu'à la fin du XVIIe. C'est le général de Gribeauval qui les a introduites dans l'armée française.

CARYATIDES. — Figures de femmes habillées que l'on emploie, en guise de colonnes, pour soutenir les entablements. L'origine de ces figures est ainsi expliquée par Vitruve. Il raconte que, lors de l'invasion de Xerxès, les habitants de Carya, petite ville du Péloponèse, se joignirent à ce prince Pour les punir de leur trahison, après l'expulsion de l'ennemi, les Grecs vainqueurs détruisirent

Carya, égorgèrent tous les hommes et réduisirent les femmes en esclavage. De plus, pour perpétuer le souvenir de cette vengeance, les architectes imaginèrent de remplacer les colonnes par des figures de femmes vêtues à la caryenne. Ce récit est considéré comme une fable par les auteurs les plus sérieux. Il est, en outre, reconnu que les Caryatides ne sont point une invention grecque, car on en a trouvé de nombreux exemples dans des édifices de l'Égypte et de l'Inde, qui sont antérieurs de plusieurs siècles aux guerres médiques. L'historiette de Vitruve écartée, on a recherché, non plus l'origine de cette innovation architecturale, mais seulement celle du nom de Caryatides donné aux statues-colonnes. Suivant Lessing, ce nom viendrait de Diane surnommée Caryatis, qui était l'objet d'un culte particulier à Carya, en Laconie, et des jeunes filles lacédémoniennes, appelées Caryatides, qui célébraient la fête de la déesse par des danses religieuses. Ce seraient donc ces jeunes filles, et non des femmes esclaves, que les artistes grecs auraient voulu représenter dans cette substitution de statues aux colonnes. Quoi qu'il en soit, les Caryatides furent très-souvent employées dans l'antiquité, mais le moyen âge n'en fit point usage, et elles ne reparurent qu'au xvie siècle. Depuis cette époque, on en a tiré plusieurs fois parti pour la décoration de monuments civils. Au lieu de figures de femmes, on forme quelquefois les Caryatides avec des figures d'hommes. Les anciens appelaient ces dernières *Atlantes* ou *Télamones*, de deux mots grecs qui signifient « soutenir, porter. »

CASÉINE. — On a créé ce nom, du latin *caseus*, fromage, pour désigner un des principes immédiats du lait, celui auquel ce liquide doit ses propriétés nutritives. On l'appelle aussi *Caillé, Caséum* et *Matière caséeuse*. La Caséine formant avec la chaux un composé insoluble et imputrescible, on l'emploie pour la peinture en détrempe, pour préparer des colles et des mastics, et pour remplacer l'albumine dans l'application des couleurs sur les toiles. On tire aussi parti de cette substance pour imiter l'écume de mer. On a découvert, dans les semences de beaucoup de fruits, principalement dans celles des légumineuses, une substance analogue à la Caséine, et

que l'on a appelée, pour ce motif, *Caséine végétale* ou *Légumine*. Cette substance a été signalée, pour la première fois, en 1826, par M. Braconnot. Enfin, d'autres chimistes ont trouvé la Caséine dans le sang de plusieurs animaux et le gluten des céréales.

CASEMATE. — On a d'abord donné ce nom, de l'espagnol *casa mata*, maison basse, à des espèces de guérites, appelées aussi *Moineaux*, que l'on établissait, au xvie siècle, dans les fossés des places fortes, pour en défendre le passage. Le mot Casemate changea plus tard de signification, et on s'en est surtout servi, depuis le xviie siècle, pour désigner des constructions à l'abri de la bombe, qui servent principalement à emmagasiner le matériel d'une ville de guerre, à loger la garnison et à former des hôpitaux en temps de siége. Les premières de ces constructions furent, dit-on, élevées à Landau, par Vauban, en 1648, et avec tant de soin que l'une d'elles put, quelques années après, résister à une attaque pendant laquelle il lui fut tiré plus de 800 bombes.

CASQUE. — Le *Casque* primitif paraît avoir consisté, du moins chez les Grecs, en une simple calotte de cuir ou de peau, renforcée, ou non, au moyen de bandes de métal. Peu à peu on y ajouta, autant pour l'orner que pour en augmenter la solidité, plusieurs pièces accessoires, visière, jugulaires, cimier, etc., dont la forme et la disposition varièrent à l'infini. Les Casques métalliques vinrent ensuite : on les fit d'abord de bronze, puis de fer, et ils reçurent les mêmes ornements que ceux de cuir. Les Gaulois et, après eux, les Francs, empruntèrent l'usage du Casque aux Romains. A la fin de la race de Charlemagne, le Casque qui dominait en France était celui des Normands ; il était étroit et de forme conique, avec un couvre-nuque pour garantir le derrière de la tête et un appendice, sur le devant, pour protéger la figure. A la fin du xiie siècle, sous Philippe-Auguste, le Casque devint cylindrique, et on y ajouta une visière fixe qui couvrait le visage tout entier et n'avait que quelques ouvertures nécessaires pour la vue et la respiration. Le Casque ainsi modifié reçut le nom de *Heaume*. On le perfectionna au xive siècle en rendant sa visière mobile. Comme il était fort lourd, on imagina à la même époque une coiffure plus légère à laquelle on donna le nom de *Bassinet*. Les armuriers des siècles suivants créèrent une multitude de formes nouvelles, appelées *Salades*, *Morions*, *Chapels de fer*, *Bourguignottes*, *Cabassets*, *Pots de fer*, etc., et le Casque continua à être la coiffure militaire par excellence jusqu'au XVIIᵉ siècle, où il fut abandonné, comme les autres parties de l'armure, et remplacé par le chapeau de feutre, Toutefois, quelques corps de cavalerie le portaient encore sous Louis XV. En 1757, il fut même, à l'instigation du maréchal de Saxe, étendu à toute l'infanterie, mais une ordonnance du 31 mai 1776 le supprima. Le Casque reparut dans notre infanterie vers 1790 et fut abandonné à l'époque de la création des brigades. Depuis le commencement de ce siècle, l'expérience a fait revenir à l'ancienne armure de tête, surtout pour la cavalerie, qui, obligée le plus souvent de combattre avec le sabre, a besoin d'une coiffure qui garantisse la tête des atteintes de cette arme.

CASSE-FIL. — Instrument inventé, en 1811, par Edme Regnier, mécanicien à Paris, pour faire connaître la ténacité des fils écrus, les irrégularités de leur force quand ils sont mal fabriqués, et la perte qu'ils éprouvent au blanchiment et à la teinture.

CASTAGNETTES. — Les *Castagnettes* étaient parfaitement connues des Grecs et des Romains, qui les appelaient *Croumata* ou *Crumata*, et en attribuaient l'invention aux peuples de l'Espagne. Alors, comme aujourd'hui, elles servaient à accompagner des airs de danse. Leur nom moderne vient de l'espagnol *castaña*, châtaigne, et il leur a été donné parce qu'elles ressemblent assez bien aux deux valves creuses du fruit du châtaignier.

CASTRAMÉTATION. — Les Grecs paraissent être l'un des premiers peuples qui aient sérieusement étudié l'art des campements des troupes. On ne sait rien sur la forme qu'ils donnaient à leurs camps, mais l'ordre de bataille qu'ils avaient adopté fait présumer qu'ils les faisaient ordinairement carrés. De plus, le témoignage d'Homère prouve qu'ils campaient sous la tente dès l'époque la plus reculée, et qu'ils s'entouraient de retranchements flanqués de tours. Il paraît, enfin, qu'ils plaçaient leurs meilleures troupes aux premiers rangs, du côté de l'ennemi, et les moins solides au centre. Les Romains surent de très-bonne heure établir des camps réguliers. Ils étaient même déjà si avancés dans l'art de la Castramétation à l'époque des guerres de Pyrrhus (280-275 avant J.-C.), qu'en voyant, pour la première fois, un de leurs camps, ce prince ne put s'empêcher de s'écrier que ce n'était pas là un camp de barbares Toutefois, c'est à partir de cette époque, que, mettant à profit les perfectionnements imaginés par les ingénieurs de l'école d'Alexandrie, ils donnèrent à leurs camps la force et la régularité qui les ont rendus si célèbres. Les nations de l'Europe moderne ne paraissent avoir commencé à étudier la Castramétation que dans les premières années du XVIᵉ siècle, quand on commença à faire la grande guerre. Suivant le père Daniel, le premier camp régulier dont il soit question dans notre histoire est celui que les troupes françaises du marquis de Mantoue établirent, en 1503, sur les bords du Garigliano, dans le royaume de Naples. Aujourd'hui, les armées en campagne ne campent plus, mais bivouaquent. Toutefois, on forme quelquefois des *Camps retranchés* ou camps permanents pour surveiller une conquête, observer l'ennemi, ou servir de lieu de ravitaillement. On en forme aussi d'autres, appelés *Camps de manœuvre* ou *Camps d'instruction*, parce qu'ils sont destinés à l'instruction des troupes. C'est à ces derniers que l'on donnait, sous Louis XIV, le nom de *Camps de plaisance*, parce qu'ils étaient le rendez-vous des seigneurs et des dames de la cour, qui venaient y passer le temps dans les fêtes et la bonne chère.

CATACOMBES. — Vastes cavités souterraines qui ont servi à certaines époques de lieu de sépulture. Quelques-uns de ces souterrains ont été creusés pour ensevelir les morts. Mais la plupart sont d'anciennes carrières ouvertes pour se procurer des matériaux de construction, et auxquelles on a donné plus tard une destination funéraire. Aussi ne les rencontre-t-on qu'aux abords des grandes villes. Il en existe de très-considérables à Syracuse, à Palerme, à Agrigente et à Catane, en Sicile ; à Naples et à Rome, en Italie ; à Maestricht, dans le duché de Limbourg ; et à Paris. Les Catacombes les plus célèbres sont celles de Rome. Elles forment plusieurs groupes de galeries indépendants les uns des autres, et ont plusieurs kilomètres d'étendue. Dans certains endroits, elles s'enfoncent jusqu'à 26 mètres de profondeur, tandis que, dans d'autres, leurs voûtes sont séparées du sol par une croûte excessivement mince. Ces souterrains ont été primitivement pratiqués pour l'extraction du sable nécessaire à la fabrication du mortier, mais, plus tard, les chrétiens en firent un lieu de refuge où ils allaient célébrer les saints mystères et où ils déposaient leurs morts. Les Catacombes de Paris ont été également creusées pour se procurer des matériaux de construction. Elles ont été converties, en 1785, à l'époque de la suppression des cimetières intérieurs, en un immense ossuaire, où l'on a réuni les ossements de plus de trois millions de cadavres.

Catalogue. — I. Les *Catalogues de Livres* remontent à l'origine même de l'imprimerie. Les plus anciens que l'on connaisse sont ceux de Jean Mentelin, à Strasbourg, qui portent la date de 1470 ; ils ne contiennent que l'énumération des ouvrages publiés par cet imprimeur et placés pêle-mêle à la suite les uns des autres. Le premier Catalogue où l'on trouve un commencement de classification a été imprimé à Venise, en 1498, par Alde l'Ancien : il est relatif aux livres grecs édités par ce grand homme et divisé en cinq parties : grammaire, poésie, logique, philosophie, écriture sainte. Du reste, pendant très-longtemps, les Catalogues furent très peu volumineux, parce que chaque maison n'y faisait figurer que ses propres publications. Ils n'ont même pris une certaine importance qu'à une époque très-rapprochée de la nôtre, quand la librairie d'assortiment s'est constituée.

II. Les *Catalogues d'Étoiles* sont destinés à faire connaître le nombre, l'intensité de lumière et la position relative des astres qui peuplent la voûte céleste, afin de faciliter la constatation des changements qui peuvent s'opérer parmi eux. Le plus ancien que nous possédions est celui de l'astronome grec Hipparque, qui nous a été transmis par Ptolémée :

il renferme les latitudes et les longitudes de 1026 étoiles pour l'année 137 de notre ère. En 1437, le prince tartare Ulugh-Beg, petit-fils de Tamerlan, en dressa un autre, à Samarkand, où figurent 1019 étoiles. Le premier qu'aient rédigé les Européens est celui de Tycho-Brahé, qui date de 1600, et comprend 1000 étoiles. Il fut suivi de plusieurs autres travaux analogues, mais le plus important fut établi, en 1660, par Hévélius ; on n'y trouve pas moins de 1564 positions d'étoiles : c'est aussi le dernier que l'on ait calculé d'après l'observation à l'œil nu. Le premier Catalogue qui ait paru depuis l'application des lunettes aux instruments de mesure est celui des étoiles australes dont Halley avait déterminé les positions pendant son séjour à Sainte-Hélène, en 1677 et 1678. Enfin, en 1725, Flamstead publia son célèbre Catalogue, où figurent 2884 étoiles. Dans les années qui suivirent, Meyer, Bradley, Maskeline, Cagnoli, Delambre, Lalande et plusieurs autres savants rivalisèrent d'efforts pour perfectionner les Catalogues et les augmenter. Lalande détermina à lui seul la position de 50,000 étoiles boréales. Au commencement de ce siècle, Piazzi fit paraître à Palerme, pour l'époque 1800, un Catalogue de 6500 étoiles, que l'on regarde comme le plus parfait de tous ceux qui existent. Les Catalogues ont encore reçu de nos jours de très nombreuses améliorations, et, grâce à leur exactitude, on peut constater de la manière la plus exacte les moindres changements qui surviennent dans le ciel. On ne s'est même pas contenté de calculer la position des étoiles ordinaires ; on a aussi exécuté des travaux semblables pour les comètes et les nébuleuses. Les Catalogues établis, pour ces dernières, par Herschel, Messier, etc., contiennent plus de 2400 de ces amas de matière diffuse, que les instruments perfectionnés d'aujourd'hui changent généralement en étoiles distinctes groupées sous des formes différentes.

Cataracte. — Opacité de l'appareil cristallinien, par suite de laquelle l'organe de la vue ne peut plus remplir ses fonctions ordinaires. La Cataracte a de bonne heure attiré l'attention des médecins, et l'on a imaginé plusieurs moyens pour la guérir. La méthode de l'*abais-*

sement était déjà connue du temps de Celse. Suivant Plutarque, c'est la chèvre qui nous en aurait donné l'idée, car « quand cet animal a la maladie, il se pique l'œil avec le bout d'un jonc pour abaisser le cristallin. » Celse parle aussi du *broiement* et de la *dissolution du cristallin divisé*. La méthode dite d'*extraction* ou *Kératotomie* paraît avoir été imaginée, au iv° siècle, par Galénius, commentateur de l'Arabe Rhazès, mais elle n'est réellement entrée dans la pratique que depuis la fin du xvii° siècle, où, suivant Cooper, Freytag fut le premier qui l'appliqua. Quant à la méthode *par succion*, que l'on a donnée de nos jours pour une chose nouvelle, elle était déjà connue du temps d'Abul Cassis, au xii° siècle. Du reste, les anciens avaient des notions peu exactes sur la nature de l'affection. Ils croyaient que le cristallin était l'organe immédiat de la vision, et attribuaient la Cataracte au trouble et à l'opacité de l'humeur propre au cristallin ou à l'épaississement de certaines humeurs déposées derrière la pupille. En 1604, Kepler prouva que la transparence du cristallin ne lui permettait pas de retenir les rayons lumineux, et que l'organe sur lequel leur impression s'opérait devait résider au fond de l'œil : le cristallin n'était qu'une lentille destinée à réfracter les rayons, et sans laquelle la vision pouvait s'accomplir, puisque ce n'était qu'un organe de perfectionnement. Enfin, vinrent Maître-Jan (1707), Méry (1708), Brisseau (1709), et, un peu plus tard, Lapeyronie, Heister et Morand, qui, aidés de l'anatomie saine, de l'anatomie pathologique et de la physique, détruisirent complétement la vieille opinion qui considérait la Cataracte comme une toile, une membrane provenant des parties les plus grossières de l'humeur aqueuse. C'est surtout depuis les travaux de ces savants que la Cataracte est considérée, non pas comme une production nouvelle, mais comme une altération de l'appareil cristallinien, lequel se compose du cristallin, de sa capsule et de l'humeur de Morgagni. On croit que, dans les temps modernes, la Cataracte a été opérée, pour la première fois, en France, en 1351, par Jean de Mince sur Gillot de Muist, abbé de Saint-Martin de Tournay.

CATOPTRIQUE. — Voyez OPTIQUE.

CATHÉTOMÈTRE. — Cet instrument, qui constitue une des plus heureuses applications du vernier, est destiné à mesurer la différence de niveau de deux points situés ou non sur la même verticale, ou, en d'autres termes, la distance de deux plans horizontaux passant par ces deux points. Il a été imaginé, vers 1818, par les physiciens français Dulong et Petit, et perfectionné successivement par les mécaniciens Gambey et Perreaux.

CATOGAN. — Voyez PERRUQUE.

CAUSTIQUE. — En géométrie et en optique, on appelle ainsi toute courbe à laquelle sont tangents les rayons lumineux réfléchis ou réfractés par une autre courbe. Les Caustiques ont été étudiées, pour la première fois, en 1622, par le physicien allemand Walther de Tschirnhausen.

CAVALIER. — Voyez FORTIFICATION et SIÉGE DES PLACES.

CAVERNES. — Les géologues ont beaucoup discuté et discutent encore sur l'origine des Cavernes. Les uns les attribuent à l'action des forces qui ont fracturé la croûte extérieure du globe ; les autres, à l'action de courants d'eaux acides qui auraient suivi les fentes des rochers ; d'autres enfin, à la présence de masses gazeuses renfermées dans l'intérieur des rochers à l'époque de leur consolidation, et qui se seraient ensuite dégagées par des fissures pratiquées dans le terrain, soit par les bouleversements, soit par le retrait que ce terrain a éprouvé. Il est probable que ces diverses causes ont concouru à la formation des Cavernes.

CAVES. — Dans son *Art de faire les vins* (Paris, 1801), le chimiste Chaptal a fixé les règles qui doivent présider à la construction des Caves. Ces règles peuvent se résumer ainsi qu'il suit : exposition au nord ; profondeur suffisante pour que la température soit toujours la même ; humidité constante, mais pas trop forte ; lumière très-modérée ; éloignement des rues, chemins, ateliers et de toutes les matières susceptibles de fermentation.

CÉCIRÈGLE. — Voyez CÆCOGRAPHIE.

CÈDRE. — Le Cèdre est originaire de plusieurs parties de l'Asie et du nord de l'Afrique. La variété la plus connue est celle du Liban (*Pinus cedri*), qui fournissait aux Hébreux une grande partie de leur bois de construction. C'est aussi la seule qui ait été introduite en Europe, où on la cultive aujourd'hui comme plante d'ornement. Le premier Cèdre qu'il y ait eu en France a été planté, en 1734, par Bernard de Jussieu, au Jardin des Plantes de Paris : il existe encore aujourd'hui.

CEINTURE. — La *Ceinture* a fait partie du costume des deux sexes chez presque tous les peuples de l'antiquité. Les Grecs et les Romains s'en servaient surtout pour relever la tunique, quand ils étaient en voyage ou qu'ils étaient occupés à quelque travail actif. Elle leur tenait également lieu de poche. L'usage de la Ceinture fut également commun à toutes les classes de la société, pendant le moyen âge, mais il disparut au xvi⁵ siècle, pour les hommes, quand on remplaça les robes longues par les habits courts : les magistrats et les ecclésiastiques y restèrent seuls fidèles, parce qu'ils conservèrent l'ancien costume. Quant aux femmes, elles continuèrent à porter des Ceintures jusqu'au règne de Henri IV. Elles la déposèrent alors, pour la reprendre et la laisser de nouveau, suivant les caprices de la mode. Dans la société actuelle, la Ceinture figure encore dans le costume ecclésiastique et dans celui de certains fonctionnaires laïques auxquels elle sert d'insigne et de marque de reconnaissance. Il est à remarquer que l'usage, ressuscité de nos jours, de relever la robe, dans les temps pluvieux, au moyen d'une ceinture étroite, existait déjà au xv⁵ siècle : la ceinture spécialement destinée à cet objet se nommait alors *Ceinture à trousser* ou plus simplement *Troussouère*. Quant

CEINTURES DE SAUVETAGE. — Appareils permettant aux naufragés de se soutenir sur l'eau en attendant des secours. Il y en a de plusieurs sortes, connus sous les noms de *Cuirasse marine*, *Plastron nautique*, *Gilet de mer*, *Surcot de sauve age*, etc. Les meilleurs consistent en une bande de toile imperméable, qui se passe autour du corps et dont la face extérieure est recouverte d'épaisses plaques de liége.

CÉLÉRIGRAPHE. — Instrument de géométrie qui sert à rapporter sur le papier les angles mesurés sur le terrain au moyen du Graphomètre. Le Célérigraphe a été inventé, en 1814, par M. Hadot, ingénieur-géomètre à Bray-sur-Seine, et, suivant le rapport qui en a été fait à la Société d'encouragement, il fonctionne avec autant de facilité que d'exactitude.

CÉMENTATION. — Voyez ACIER.

CENDRES. — Les *Cendres végétales*, c'est-à-dire provenant de la combustion des végétaux servent, de temps immémorial, à divers usages, notamment pour faire la lessive et pour amender les terres. Les *Cendres minérales* reçoivent aussi cette dernière application. Quant aux *Cendres animales*, on les emploie surtout pour fabriquer le phosphore et l'acide phosphorique. Les cendres dites *gravelées* ou *de védasse*, que l'on utilise partout en teinture, à cause de la potasse qu'elles contiennent, s'obtiennent par la combustion, soit de la lie de vin, soit des pepins, des grappes et des sarments de la vigne. C'est avec la première de ces substances que les Romains les préparaient, ainsi que Pline le Naturaliste nous l'apprend. Il en était de même en France, autrefois, où les vinaigriers avaient le monopole de leur fabrication. La matière colorante appelée *Cendres bleues* ou *Bleu de montagne*, si usitée pour la peinture des papiers de tenture et des décors, n'est autre chose qu'un mélange de chaux, de sulfate de chaux et d'hydrate de bioxyde de cuivre. Les *Cendres vertes*, qui sont également usitées en peinture, sont un composé de sulfate et d'arsénite de cuivre. Quant aux *Cendres de zinc*, ce sont les résidus de la préparation de l'oxyde de zinc : on les utilise pour la fabrication du chlorure et du sulfate de zinc. Vers 1812, M. Chamberlain, agronome à Honfleur, imagina, sous le nom de *Cendres végétatives* ou *Cendres sulfuromuriatiques*, un engrais pulvérulent, qui fit alors beaucoup de bruit et lui mérita des encouragements de plusieurs sociétés savantes.

CENTON. — Nom donné, du latin *cento*, vêtement fait de divers morceaux, à des pièces de poésie composées de vers ou de fragments de vers empruntés à quelque auteur célèbre, et disposés de manière à signifier autre chose que dans l'original. Ce genre de composition est un des produits de la décadence de la littérature romaine. Le plus ancien Centon qui nous ait été conservé est la *Médée*, d'Hosidius Geta, formée de vers de Virgile, et publiée par Lemaire, dans sa collection des *Poetæ latini minores*. Il n'existe peut-être qu'un Centon du moyen âge : c'est un cantique d'action de grâces composé en l'honneur d'une héroïne, appelée Anne Musnier, qui, vers 1175, avait sauvé la vie à Henri le Libéral, comte de Champagne ; il est fait avec des versets de la Bible latine. A l'époque de la Renaissance et depuis, on a fait un grand nombre de Centons, mais on n'en connaît pas en français.

CENTRAL. — Les lois des *Forces centrales* ont été découvertes par Huyghens, qui les exposa, en 1673, dans son ouvrage célèbre intitulé *Horologium oscillatorium*. En 1692, Newton donna à l'une d'elles le nom de *Force centripète*, et à l'autre celui de *Force centrifuge*. La théorie des Forces centrales trouve sa principale application dans l'astronomie. Néanmoins, l'industrie a su en tirer plusieurs fois parti, notamment pour la construction des Hydro-extracteurs et de certains Ventilateurs. Voyez FORCE CENTRIFUGE.

CENTRE DE GRAVITÉ. — C'est le géomètre syracusain Archimède (287-212 avant J.-C.) qui a le premier considéré le Centre de gravité. Ce grand homme a également cherché à déterminer la position de ce point dans un grand nombre de solides, de surfaces et de lignes, en supposant tous les points de ces figures remplacés par des molécules pesantes.

CÉRAMIQUE. — La *Céramique* ou art de fabriquer les poteries remonte aux premiers âges de la civilisation. Aussi la trouve-t-on pratiquée à toutes les époques et dans tous les pays. Toutefois, elle fit, technologiquement parlant, très-peu de progrès dans l'antiquité, et si elle a reçu, dans les temps modernes, d'innombrables améliorations, elle le doit aux grandes découvertes de la chimie et de la métallurgie qui, en augmentant le nombre des matières premières, ont également appris à les employer avec plus d'intelligence. La Céramique a suivi partout la même marche. Ses produits ont d'abord été simplement séchés au soleil. Plus tard, on a imaginé d'augmenter leur solidité en les faisant cuire. Enfin, plus tard encore, on a eu l'idée de les recouvrir de substances vitreuses propres à les rendre imperméables. C'est après la réalisation de ce dernier progrès que les poteries ont présenté les deux éléments caractéristiques qu'elles offrent aujourd'hui, le corps du vase ou la *pâte*, et l'enveloppe vitreuse ou la *glaçure*, et c'est en modifiant de mille manières ces deux éléments que l'art du potier est arrivé au degré de perfection où nous le voyons aujourd'hui. Il est à remarquer que les peuples dans l'enfance de la civilisation n'ont dû faire que des vases séchés au soleil ou cuits à une très-basse température. Les nations civilisées de l'antiquité ont connu la glaçure, mais seulement celle à base silico-alcaline ; encore même en firent-ils rarement usage. Quant à la glaçure plombifère ou *vernis* et à la glaçure stannifère ou *émail*, qui ont fait créer la *Poterie commune* et la *Faïence ordinaire*, elles sont, l'une et l'autre, d'origine orientale et ont été introduites en Europe, la première, vers le IXe ou le Xe siècle, et la seconde deux ou trois cents ans plus tard. Enfin, au XVIIe siècle, les Européens ont commencé à faire de la *Porcelaine*, et le XVIIIe a vu naître la *Faïence fine*. Voyez BRIQUES, ÉMAUX OMBRANTS, FAÏENCE, MAJOLICA, PORCELAINE, POTERIE VERNISSÉE, TOUR, VASES PEINTS, etc.

CERCLE. — Kepler est le premier qui ait considéré le Cercle comme composé d'un nombre infini de triangles ayant leur sommet au centre et leur base à la circonférence (1615). — Plusieurs instruments de mathématiques portent le nom de *Cercle*. Les plus importants sont les suivants. Le *Cercle mural*, appelé aussi simplement *Mural*, est un cercle gradué fixé à un axe horizontal tournant sur des coussinets placés dans l'intérieur d'un mur ou d'un pilier. Il sert à mesurer la déclinaison des astres. Il paraît avoir été employé, pour la première fois, par Tycho-Brahé, astronome danois du XVIe siècle. Le *Cercle répétiteur* ou *Cercle astronomique* est spécialement destiné à déterminer les latitudes terrestres ou géodésiques, et peut remplacer le Graphomètre et le Théodolite. Il a été inventé, en 1752, par Tobie Mayer, mais la mort empêcha cet astronome de tirer parti de son invention. Il paraît même n'avoir été construit qu'en 1786 par le capitaine de vaisseau Borda, qui confia son exécution à notre habile artiste Lenoir. C'est avec des instruments de ce genre que, lors de l'opération de la grande méridienne de France, on mesura les angles de tous les triangles compris entre Dunkerque et Barcelone, ainsi que les latitudes et les azimuths de ces points extrêmes et de plusieurs stations. Le *Cercle de réflexion*, appelé aussi simplement *Cercle*, sert aux mêmes usages que le précédent, mais il est spécialement usité pour les opérations à la mer. Il a la même origine que l'Octant et le Sextant, dont il ne diffère qu'en ce que son limbe embrasse une circonférence entière, tandis que celui du premier n'en contient que la huitième partie et celui du second la sixième. On lui donne souvent le nom de *Cercle de Borda*, parce que c'est le capitaine Borda qui l'a introduit dans la pratique. Voyez Répétition et Réflexion.

Céréales (*Transmutation des*). — « Le froment, dit Pline, s'abâtardit quelquefois et se convertit en avoine : c'est aussi ce qui arrive à l'orge. D'autre part, l'avoine devient quelquefois un équivalent du froment. » Cette question de la Transmutation des Céréales a préoccupé beaucoup les esprits. Elle paraît même résolue affirmativement aux yeux du vulgaire, mais la plupart des savants la regardent comme un préjugé absurde. « Toutefois, disait, il y a quelques années, le docteur Lindley, un des plus grands botanistes de l'Angleterre, mes convictions sont ébranlées par les transmutations que j'ai vues s'opérer sous mes yeux dans la famille des Orchidées ; et ne serait-il pas rationnel de croire que la même loi physiologique gouverne tout le règne végétal, les Céréales aussi bien que les Orchidées ? Nous ignorons entièrement l'origine du Blé, du Seigle, de l'Orge et de l'Avoine. Qui nous assure que ce ne sont pas quatre variétés d'une même espèce que nous ne savons pas reconnaître ? » Voyez Grains.

Cerfeuil. — Dans ces dernières années, on a beaucoup parlé d'une plante indigène, le *Cerfeuil bulbeux* (*Chærophyllum bulbosum*), qui a été négligée jusqu'à nos jours et dont la racine charnue paraît appelée à jouer un rôle très-important dans l'alimentation publique. C'est M. Sacc, de Neufchâtel, qui, en 1856, a le premier signalé l'emploi alimentaire de cette plante, et c'est M. Jacques, ancien jardinier en chef du château de Neuilly, qui s'est occupé le premier de son introduction dans la culture horticole. Le chimiste Payen a constaté que le tubercule du Cerfeuil bulbeux renferme une plus grande proportion de matière nutritive que la pomme de terre, et qu'il donne une fécule qui ne le cède en rien à celle de cette dernière.

Cerf-volant. — Les *Cerfs-volants* ont été connus des Chinois bien longtemps avant les Européens. Suivant une tradition rapportée par l'encyclopédie Khetchi-king-youen, ils furent inventés, vers l'an 206 avant notre ère, par un général nommé Han-Sin. Toutefois, on ne les employa d'abord que pour faire communiquer les habitants d'une ville assiégée avec l'extérieur, et ce ne fut que plusieurs siècles plus tard qu'on eut l'idée de les faire servir à l'amusement des enfants. On ignore à quelle époque les Européens ont conçu les Cerfs-volants, mais, sauf quelques exceptions très-rares, ils ne les ont considérés que comme de simples jouets. La seule application véritablement utile qu'on ait faite de ces légères machines a eu lieu, en 1752, à l'occasion des recherches de Romas et de Franklin sur l'identité de l'électricité et de la foudre. Il y a quelques années, les journaux anglais racontèrent qu'un nommé Pocock avait construit une voiture mise en mouvement par un Cerf-volant et qui pouvait être conduite dans toute direction : un fil de cuivre rendait à volonté ce Cerf-volant actif ou inactif, et la voiture pouvait parcourir plus de vingt kilomètres à l'heure. L'inventeur prétendait encore pouvoir faire servir son appareil à touer des barques et des vaisseaux, ainsi qu'à plusieurs autres usages utiles, surtout à lancer une corde de sauvetage à un navire naufragé, mais il ne donna aucune suite à ses idées. Toutefois, cette dernière application a été reprise, en 1854, par un de nos compatriotes, M. A. Preveraud, de Paris. Le *Cerf-volant-porte-amarre* de cet inventeur a même été soumis, à Cherbourg, à des expériences officielles à la suite desquelles il a été reconnu qu'il pourrait être utilisé à la mer, « soit pour établir une communication entre un bâtiment naufragé et une côte sous le vent, soit pour éviter la mise à l'eau des embarcations par des temps peu propices. »

CERISIER. — Pline le Naturaliste raconte que, l'an 68 avant notre ère, au retour de ses campagnes contre Mithridate, roi du Pont, le général romain Lucullus apporta le Cerisier à Rome, d'où il se répandit promptement en Italie et dans plusieurs autres parties de l'Europe. Cet écrivain ajoute que le Cerisier fut ainsi nommé, parce que Lucullus l'importa des environs de Cerasus, la Keresoun moderne, sur la côte méridionale de la mer Noire. Toutefois, il faudrait se garder de prendre à la lettre le récit de Pline, qui ne doit vraisemblablement s'appliquer qu'à quelque variété du Cerisier cultivé ou Griottier, car il est incontestable que plusieurs variétés du même genre, notamment le Cerisier mahaleb, le Cerisier des oiseaux ou Merisier, et le Merisier à grappes, sont indigènes à l'Europe.

CÉRIUM. — Au dernier siècle, des minéralogistes allemands, qui visitaient la mine de Bastnœss, en Suède, trouvèrent un minerai remarquable par son poids, ce qui les engagea à lui donner le nom de *Terre pesante de Bastnœss*. La'nature de ce minerai resta inconnue jusqu'en 1803, où Berzelius et Hisinger y constatèrent la présence d'un nouveau métal, qu'ils appelèrent d'abord *Cererium*, puis *Cérium*, à cause de la planète Cérès, qui venait d'être découverte. En même temps, ils échangèrent le nom du minerai en celui de *Cérite*. En 1839, M. Mosander a trouvé deux nouveaux métaux, le *Lanthane* et le *Didyme*, dans la Cérite. Les trois métaux sont sans usages.

CÉROPLASTIQUE. — La *Céroplastique* ou art de modeler en cire était déjà cultivée en Grèce du temps d'Anacréon, c'est-à-dire au VIᵉ siècle avant notre ère, mais son origine date probablement d'une époque beaucoup plus ancienne. Suivant Pline le Naturaliste, Lysistrate, de Sicyone, qui vivait du temps d'Alexandre le Grand, fut le premier qui fit des portraits coulés dans des moules pris eux-mêmes sur le modèle vivant. Les Grecs et, à leur imitation, les Romains cultivèrent la Céroplastique non-seulement pour faire des portraits, mais encore pour confectionner des fleurs et des fruits, qu'ils plaçaient comme décoration dans les temples et les habitations particulières. Il paraît même que leurs artistes avaient acquis une très-grande habileté dans l'imitation des objets naturels en cire coloriée, puisque nous voyons Sphærus, trompé par le roi Ptolémée Philopator, avancer la main pour saisir une grenade en cire que ce prince lui avait fait servir, afin de réfuter sa doctrine sur la vérité des images reçues par les impressions des sens. Pendant le moyen âge, ce fut l'Église qui pratiqua surtout la Céroplastique. Elle l'employait pour exécuter des images de saints, surtout le visage. On y avait aussi recours pour obtenir les petites figures employées dans l'espèce de maléfice appelé *envoûtement*. Au XVᵉ siècle, l'italien Andrea del Verrochio, faisant revivre le procédé créé par Lysistrate, essaya, le premier parmi les modernes, de faire en cire les portraits des personnes mortes ou vivantes. Cette idée fut largement exploitée, au dernier siècle et au commencement de celui-ci, par l'Allemand Curtius, qui promena, dans toute l'Europe, les figures de tous les personnages célèbres. Vers la même époque, on employa aussi la cire pour fabriquer des *masques-portraits*, qui eurent une grande vogue. Toutefois, la Céroplastique n'aurait pas mérité l'attention des esprits sérieux, si elle n'avait pas reçu d'autres applications. Ce qui l'a surtout rendue utile, ce sont les services qu'elle a rendus aux sciences naturelles, et plus particulièrement à l'anatomie. Ludovico Civoli ou Cigoli, sculpteur florentin du XVᵉ siècle, passe pour avoir fait, le premier, des pièces anatomiques en cire. Il fut suivi, dans cette voie, par un grand nombre de ses compatriotes, surtout par l'abbé Gaetano-Giulio Zumbo, Ercole Lelli, Manzollini, Antonio Galli, Ludovico Calza et Filippo Balugnani, qui produisirent tous des œuvres du plus grand mérite. En 1701, l'abbé Zumbo apporta à l'Académie des Sciences de Paris une tête admirablement exécutée qui fit une grande sensation, et c'est probablement cette circonstance qui l'a fait regarder par quelques auteurs comme l'inventeur de la Céroplastique scientifique. Quoi qu'il en soit, les procédés italiens ne tardèrent pas à trouver d'habiles interprêtes dans notre pays, et, grâce à la découverte de nouveaux perfectionnements, les céroplastes français dépassèrent bientôt leurs rivaux. Au premier rang de ceux qui contribuèrent le plus à ce résultat, on cite surtout Pinçon, Benoit, Mlle Biheron, Bertrand, Laumonnier et Dupont, qui appartiennent au dernier siècle ou au commencement de celui-ci. Les préparations dont ils ont enrichi nos musées sont tellement parfaites de ressemblance qu'il n'y a, pour ainsi dire, que le tact et l'odorat qui puissent les faire reconnaître. La Céroplastique scientifique est encore utilisée aujourd'hui, mais beaucoup moins qu'autrefois, parce que ses produits sont toujours d'un prix très-élevé et d'une conservation très-difficile, et qu'ils ont, en outre, le défaut de ne montrer que la surface des objets et de ne pouvoir être maniés sans que leurs couleurs et leur forme en éprouvent des altérations. C'est pour ce motif qu'on leur préfère généralement les préparations d'anatomie clastique. Voyez CLASTIQUE.

CÉRUSE. — Voyez BLANC DE PLOMB.

CÉSARIENNE (*Opération*). — Quand les moyens ordinaires ne peuvent amener l'accouchement, on se décide quelquefois à extraire l'enfant en pratiquant une opération, dite *césarienne*, du latin *cædere*, tailler, parce qu'elle consiste à faire une incision au corps de la mère. On ignore où, quand et par qui cette opération a été pratiquée pour la première fois, mais elle paraît avoir été déjà connue au 1er siècle avant Jésus-Christ, car, suivant Pline, Jules César lui aurait dû son nom, au lieu de le lui avoir donné, comme on le croit généralement. Quoi qu'il en soit, ce n'est que vers 1520 qu'elle est définitivement entrée dans la pratique chirurgicale, mais on y a très-rarement recours, parce que, dans les cas où elle pourrait être nécessaire, on n'a pas le courage de la proposer et de l'entreprendre à temps. Sur 110 cas réunis depuis 1811 jusqu'en 1832, l'opération a été 62 fois suivie de mort pour la femme et 48 fois de guérison, ce qui donne, pour les chances heureuses, le rapport de 3 à 7 et demi. Sur le même nombre, 63 enfants sont nés vivants, 29 sont nés morts et 4 très-faibles (on ne possède pas de renseignements sur les autres), ce qui fournit une proportion de 8 enfants sur 13 à peu près, en supposant morts tous ceux sur le compte desquels on n'a pu rien trouver.

CÉTINE. — Voyez BLANC DE BALEINE.

CHACONNE. — Voyez DANSE.

CHAGRIN. — Le *Chagrin* proprement dit est un cuir d'âne ou de mulet parsemé de petites protubérances, mais on le fait aussi avec du maroquin que l'on recouvre de petites aspérités par des moyens artificiels. Ce produit est d'origine orientale. Sa fabrication en France n'est pas antérieure à 1815. Ce n'est même que vers 1830 qu'elle a fait ses premiers progrès. Dans le principe, le Chagrin ne servit chez nous que pour la reliure, mais, depuis qu'on est parvenu à le préparer d'une manière convenable, la gaînerie en emploie aussi des quantités considérables.

CHAINES. — Les *Chaînes ordinaires* à mailles soudées dont on se sert, dans une foule de circonstances, à la place des cordes et des câbles, remontent à une époque immémoriale : il est même probable que leur mode de fabrication a toujours été ce qu'il est encore aujourd'hui. Quant aux *Chaînes plates* à mailles non soudées, que l'on emploie, au lieu de courroies, pour la communication du mouvement dans les machines, elles ont été inventées, au dernier siècle, par notre célèbre mécanicien Vaucanson, qui créa en même temps la première machine destinée à les fabriquer. Toutefois, ces *Chaînes à la Vaucanson*, comme on les appelle vulgairement, ne pouvant supporter, sans s'ouvrir, un effort un peu considérable, on les remplace souvent, depuis quelques années, par d'autres chaînes plus solides et non moins régulières, parmi lesquelles on cite surtout celles d'un autre de nos compatriotes, le graveur en médailles André Galle. Voyez MONTRE et CABLE-CHAINE.

CHAINES ÉLECTRIQUES. — Voyez ÉLECTRO-THÉRAPIE.

CHAÎNETTE. — Courbe que forme une corde ou une chaîne parfaitement flexible, d'épaisseur et de densité uniformes, quand elle est suspendue lâchement à deux points fixes et abandonnée à elle-même. Elle a été découverte, au XVIIe siècle, par Galilée, qui la proposa comme la meilleure courbe que l'on pût donner à une voûte. Quelque temps après, Jacques Bernouilli détermina sa nature véritable, et ses propriétés furent exposées par Jean Bernouilli, Huyghens et Leibnitz.

CHAIRE A PRÊCHER. — L'usage des *Chaires à prêcher* n'est pas très-ancien dans l'Église. Dans les premiers temps, c'était du haut de l'Ambon que se faisait entendre la parole sainte, et cette coutume se maintint pendant une grande partie du moyen âge. A la fin du XIIIᵉ siècle ou au commencement du XIVᵉ, quand l'Ambon fit place au Jubé, les prédicateurs se placèrent quelquefois sur la nouvelle construction, mais on aima mieux, en général, établir une tribune particulière, que l'on plaça dans la nef et que l'on adossa à un des piliers de l'édifice. Ce fut donc alors que les Chaires à prêcher prirent naissance.

CHAISE. — Le meuble que nous appelons *Chaise* remonte à la plus haute antiquité, et recevait, chez les anciens, la même variété de formes que chez les modernes. Des Chaises, représentées sur les monuments Égyptiens, Grecs et Romains, sont tellement semblables à celles d'aujourd'hui qu'on les croirait sorties des ateliers de nos fabricants. Outre les Chaises ordinaires, les Romains en avaient une espèce particulière, la *Chaise curule*, dont l'emploi constituait un privilége honorifique réservé aux titulaires de certaines dignités. Ce siége était sans dossier, et consistait en un tabouret à pieds recourbés que l'on fermait et que l'on ouvrait comme nos pliants, afin que celui qui avait le droit de s'en servir pût le transporter commodément partout avec lui.

CHAISE A PORTEURS. — Elle date au moins du commencement de l'empire romain. Les Romains l'appelaient *sella gestatoria* ou *fertoria*, dont l'expression française n'est qu'une traduction. Chez eux, comme chez les modernes, elle consistait en une espèce de fauteuil porté à bras au moyen de deux brancards, et presque toujours couvert et fermé. Les hommes s'en servaient aussi bien que les femmes, à la ville et à la campagne. On assure que la Chaise à porteurs tomba dans l'oubli pendant le moyen âge. Quoique ce fait ne soit pas bien prouvé, il est du moins certain que l'usage de ce moyen de transport n'a

commencé à se répandre, chez les modernes, que dans les dernières années du XVIᵉ siècle. Il fut mis alors à la mode par Marguerite de Valois, première femme de Henri IV, et, à l'exemple de cette princesse, les hautes classes de la société s'empressèrent de l'adopter. Il se trouva même bientôt des industriels pour l'exploiter. Les premiers qui firent une entreprise de ce genre furent Jean Doucet, Regnault d'Ézanville et Pierre Petit, auxquels Marie de Médicis, alors régente, donna, en 1617, le privilége d'organiser, à Paris et dans les autres villes, un service de *Chaises à bras* ou Chaises à porteurs, « pour y faire porter des rues à autres ceux et celles qui voudroient s'y faire porter. » Ces Chaises étaient découvertes, ce qui en diminuait beaucoup l'utilité. Aussi leur préférat-on les Chaises couvertes aussitôt que celles-ci furent connues. Ces dernières furent importées de Londres, en 1619, par le marquis de Montbrun, bâtard du duc de Bellegarde, qui se faisait appeler seigneur de Souscarrière et qui, au dire de Tallemand des Réaux, était allé en Angleterre « pour se remplumer de quelque perte au jeu. » Ce seigneur se fit accorder, pour lui et une dame de Cavoie, un privilége exclusif d'exploitation. Un privilége semblable fut donné plus tard à une demoiselle d'Estampes, devenue ensuite vicomtesse de Bourdeilles. L'invention des Fiacres, en 1640, ne fit pas disparaître les Chaises de louage ; elles continuèrent à être employées, dans certaines classes de la société, jusqu'aux premières années de la Révolution. En 1669, un sieur Dupin en imagina une espèce qui était montée sur deux roues ; mais ces nouvelles chaises, que l'on appelait *Brouettes, Roulettes* et *Vinaigrettes*, n'eurent pas beaucoup de succès.

CHAISE DE POSTE. — Au XVIIᵉ siècle, on employait le mot *Chaise* pour désigner d'une manière générale les voitures ou carrosses à deux roues. En 1665 ou 1666, un sieur Dubois Lagruyère en imagina une variété nouvelle, mais les ressources lui manquant pour exploiter son invention, il la vendit à Pierre de Perrin, marquis de Crenan. Les voitures de Lagruyère furent alors appelées *Chaises de Crenan*. Elles devinrent promptement à la mode, et, comme elles étaient très-légères, on les employa surtout pour courir la poste, c'est-à-dire pour exécuter les voyages rapides, circonstance qui leur fit donner plus tard, après divers perfectionnements, le nom de *Chaises de poste.*

CHALCOGRAPHIE. — Nom donné à la gravure en creux sur cuivre (Voyez GRAVURE). On appelle encore ainsi tout lieu où l'on a réuni un grand nombre des produits de cet art. La Chalcographie du Musée du Louvre, à Paris, est probablement la plus riche collection de ce genre qui existe : elle date du règne de Louis XIV. En 1670, ce prince décida qu'on multiplierait par l'impression les plus belles œuvres qu'elle renferme, et le même exemple a été suivi depuis, sauf quelques interruptions, par les divers gouvernements qui se sont succédé dans notre pays.

CHALCOTYPIE. — Procédé de gravure en relief sur cuivre inventé, en 1851, par M. H. Heims, de Berlin. On exécute les dessins par les moyens ordinaires de la gravure à l'eau-forte, et on imprime à la presse typographique.

CHALES. — L'industrie des *Châles* est originaire de l'Inde, où ses commencements datent d'une époque très-reculée. Ses produits se répandirent de très-bonne heure dans toutes les parties de l'Asie centrale et occidentale. Plusieurs passages d'Aristophane donnent même à entendre qu'ils n'étaient pas tout à fait inconnus en Grèce. Il est également probable que les dames romaines eurent plusieurs fois l'occasion de s'en parer. Les Châles de l'Inde sont vulgairement appelés *Cachemires,* parce que c'est dans le pays de ce nom, à Sirinagor, que se trouve le siége principal de leur fabrication. Ces précieux tissus étaient encore très-rares en Europe à la fin du dernier siècle. On n'en voyait alors qu'entre les mains d'un très-petit nombre de personnes, qui les regardaient comme des objets de haute curiosité. Les choses changèrent, en 1798, à l'époque de l'expédition d'Égypte. Suivant l'usage immémorial dans tout l'Orient, les Châles servaient de turbans, de ceintures ou de manteaux aux riches cavaliers de ce pays, et l'idée vint à nos soldats d'envoyer en France une partie de ceux qu'ils avaient ramassés sur les champs de bataille. L'admiration fut générale, et un habile fabricant, M. Bellangé, essaya de les imiter. Les premiers produits de cette fabrication parurent à l'exposition de 1801. Ils n'étaient, il est vrai, qu'une pâle copie de leurs modèles, mais il faut remarquer qu'il avait fallu tout créer à la fois, ouvriers et procédés, que le métier à la Jacquard, qui a fait naître tant de merveilles, n'existait pas encore, et qu'enfin la matière première manquait absolument. Toutefois, l'élan était donné, et les progrès de la nouvelle industrie furent si rapides, qu'en 1806, la fabrication du *Cachemire français* avait déjà acquis une certaine importance. En 1815, l'adoption du métier à la Jacquard introduisit dans le tissage des perfectionnements inconnus auparavant. En 1819, le célèbre manufacturier Louis Ternaux fit venir à grands frais des chèvres du Thibet et essaya d'en propager l'éducation. Il ne réussit pas complétement, mais la reconnaissance publique lui tint compte de ses efforts en donnant son nom aux cachemires d'origine nationale. Depuis cette époque, l'industrie châlière n'a cessé de se développer, non-seulement en France, mais encore dans plusieurs autres parties de l'Europe, et le Châle a pris une place si considérable dans la toilette des femmes, qu'on a dû employer toutes les combinaisons possibles du tissage et des matières premières pour faire de ce tissu un produit accessible à toutes les conditions sociales. Aux duvets indiens on a substitué les laines indigènes, la soie et le coton. Enfin, aux dessins, toujours très-coûteux, obtenus avec la navette du tisserand, on a, pour les produits communs, substitué les dessins fournis par le procédé si économique de l'impression, ce qui a créé les *Châles imprimés.*

CHALUMEAU. — Le *Chalumeau à air* ou *Lampe à souder* a été employé de très-bonne heure, peut-être même de tout temps, par les orfèvres et les bijoutiers, pour opérer des soudures ou fondre de menus fragments de métal. Mais ce n'est qu'au dernier siècle qu'on a eu l'idée de l'appliquer aux expériences de laboratoire. On attribue cette innovation au métallurgiste suédois Anton-Swab, qui, dès 1738, se servit du Chalumeau pour l'essai des minéraux. Depuis cette époque, l'usage de cet instrument est devenu, entre les mains des chimistes et des minéralogistes, un puissant moyen de recherches, et leur a permis d'obtenir des résultats qui auraient été impossibles sans son aide. Dans le principe, le Chalumeau consistait simplement en un tube de verre ou de métal au moyen duquel on activait une flamme de graisse ou d'huile en y dirigeant l'air à pleins poumons. C'est même ainsi qu'est encore construit celui dont se servent généralement les orfèvres ; mais celui dont les savants font usage a reçu, au dernier siècle, de la part des chimistes Scheele, Rinmann, Gahn et Bergmann, des modifications et des perfectionnements qui en ont beaucoup augmenté l'utilité. Enfin, de nos jours (1857), notre compatriote de Luca a imaginé une disposition nouvelle, grâce à laquelle le Chalumeau peut fournir un jet continu sans exiger de l'opérateur ni efforts spéciaux ni apprentissage. Toutefois, malgré toutes ces améliorations, le Chalumeau à air ne peut développer une chaleur assez grande pour faire fondre les substances réfractaires. C'est pour répondre à ce besoin que, dans les premières années de ce siècle, Robert Hare, professeur de chimie à Philadelphie, a inventé le *Chalumeau à gaz*. Cet instrument est alimenté, non plus avec l'air de la poitrine, mais avec un mélange d'oxygène et d'hydrogène condensés, et il produit une température si élevée qu'il fond et volatilise en quelques instants les corps réputés autrefois infusibles. Il existe aujourd'hui plusieurs Chalumeaux construits sur ce principe, mais les plus usités sont ceux de Clarke et de Brook ou de Newmann. Cependant, ils n'avaient encore été utilisés que dans les laboratoires, lorsque, en les dotant d'heureux perfectionnements, notre compatriote E. des Bassyns de Richemond est parvenu à les introduire dans l'industrie. M. de Richemond a construit deux Chalumeaux : l'un, qui est appelé *aérhydrique*, brûle un mélange d'air et d'oxygène et sert pour la soudure autogène du plomb, pour celle du platine et de l'or et pour la brasure du cuivre ; l'autre, qui est dit *à vapeurs combustibles*, brûle des vapeurs d'essence de térébenthine chauffée et convient surtout aux ateliers de bijouterie et d'orfévrerie, dans les plus im-

portants desquels il a déjà remplacé l'ancien Chalumeau à air.

CHAMBRE A FUMÉE. — Voyez CHEMINÉE.

CHAMBRE CLAIRE. — Appareil d'optique destiné à faciliter le dessin des objets environnants, en obtenant, sur un écran ou sur du papier blanc, les images naturelles de ces objets qui viennent s'y peindre, dans tout l'éclat de leurs couleurs, suivant les lois de la perspective la plus rigoureuse, et, par conséquent, en y conservant la plus exacte proportionnalité des formes. On peut ensuite marquer au crayon ou à la plume les traits et les contours des images projetées, et même appliquer les couleurs exactes aux endroits où elles sont reproduites. La Chambre claire, en latin *Camera lucida*, a été imaginée, au XVIIe siècle, par le physicien anglais Robert Hooke, mais c'est un autre savant anglais, le docteur William Wollaston, qui a réussi, le premier, en 1803, à la rendre pratique, et c'est pour ce motif qu'on l'en considère quelquefois comme l'inventeur. Enfin, elle a été beaucoup améliorée, vers 1814, par M. Amici, professeur à Modène, et importée en France, en 1816, avec les modificat'ons de ce dernier, par MM. Charles et Vincent Chevalier, ingénieurs opticiens à Paris, qui, de leur côté, l'ont également dotée de plusieurs utiles perfectionnements. La Chambre claire est très-souvent employée par les artistes pour obtenir la reproduction directe de la nature et même celle des gravures et des tableaux. On la préfère généralement à la Chambre obscure, dont elle a tous les avantages, parce que la petitesse de ses dimensions la rend plus facilement transportable, même dans les voyages à pied.

CHAMBRE OBSCURE. — Appareil d'optique qui sert aux mêmes usages que la Chambre claire, mais dont la construction en diffère complètement. La Chambre obscure ou *Chambre noire*, en latin *Camera obscura*, n'a pas été inventée, comme on le croit généralement, par le physicien napolitain Jean-Baptiste Porta, mort en 1615, mais par l'illustre Léonard de Vinci, mort en 1519. Il en est question, pour la première fois, dans les notes de la traduction de Vitruve publiée à Côme, en 1521, par Césariano, et Leo

Alberti, qui vivait à la même époque, paraît être un des premiers qui s'en soient servis pour obtenir des dessins réduits de tableaux ou de paysages. Cet appareil a été beaucoup amélioré dans les deux derniers siècles et dans celui-ci, principalement en 1819, par M. Charles Chevalier, ingénieur opticien, qui est le vrai créateur de la Chambre obscure *à prisme convexe ménisque et achromatique*. Toutefois, il n'avait encore donné lieu à aucune application bien importante, lorsque l'invention de la Photographie est venue, de nos jours, lui donner une vogue immense. Cet art nouveau n'a, en effet, été imaginé que pour fixer les images si fugitives de la Chambre obscure.

CHAMBRÉES (*Mines*). — Voyez MINES.

CHAMEAU. — Dans les arsenaux maritimes, on appelle ainsi une espèce de grand ponton en forme de coffre à fond plat qui sert à soulever un bâtiment afin de le faire passer dans les endroits où la mer a moins de profondeur que son tirant d'eau. On en attribue généralement l'invention à l'ingénieur hollandais Menwtz-Meinder-Bakker, qui l'aurait faite, en 1688, pour faire franchir le Pampus aux vaisseaux construits à Amsterdam, mais elle est beaucoup plus ancienne, car elle était déjà connue et employée à Venise, dès le XIIᵉ siècle. La construction des Chameaux a été beaucoup perfectionnée, depuis le commencement de ce siècle, surtout par le baron Tupinier et l'ingénieur maritime Boucher. .

CHAMEAU. — Voyez DROMADAIRE et LAINE.

CHAMPIGNON. — Aujourd'hui, comme autrefois, il n'est permis qu'aux botanistes de profession de distinguer les Champignons vénéneux de ceux qui ne le sont pas ; mais tout le monde peut, sans aucuns frais, rendre ces cryptogames entièrement inoffensifs. Le procédé imaginé à cet effet repose sur un fait, signalé, en 1793, par le naturaliste Paulet, et d'après lequel le principe toxique des Champignons étant soluble dans l'eau, il suffit, pour l'enlever, de faire macérer ou bouillir ces derniers dans de l'eau vinaigrée ou chargée de sel marin.

CHANDELLE.— Les Romains donnaient le nom de *Candela*, d'où est venu le français *Chandelle*, à un appareil d'é-clairage qui se composait d'une corde revêtue de cire, ou de fibres de papyrus tortillées ensemble, ou encore d'une mèche de moelle de sureau recouverte de poix, de cire ou de suif. Pendant tout le moyen âge, le mot Chandelle fut aussi employé pour désigner la Chandelle proprement dite ou Chandelle de suif et la bougie ou Chandelle de cire. L'usage d'appeler le suif *Chandelle* et la cire *Bougie* ne s'est introduit que dans le XIVᵉ siècle. La Chandelle a toujours constitué l'éclairage des classes peu aisées à cause de son prix relativement peu élevé. Quant à sa fabrication, elle r été des plus grossières jusqu'au dernier siècle, où les progrès de la chimie firent naître l'idée d'y apporter quelques perfectionnements. Depuis cette époque, on a essayé de résoudre deux problèmes. D'une part, on a voulu obtenir des Chandelles se mouchant d'elles-mêmes, soit en se servant de mèches nattées ou tordues de différentes manières, soit en augmentant la combustibilité des mèches ordinaires au moyen de sels très-oxygénés, tels que les azotates de potasse et d'ammoniaque, mais on n'a pas réussi. D'autre part, on a cherché à diminuer la fusibilité du suif en changeant le rapport de ses principes constituants, et on a obtenu des résultats satisfaisants. Plusieurs industriels ont également imaginé de faire des Chandelles avec du suif comprimé, mais leurs produits, que l'on appelle *Bougies-chandelles*, ont les mêmes défauts que les Chandelles ordinaires, quand leur fabrication n'a pas été parfaitement soignée, et, quand elle l'a été, ils sont aussi chers que la bougie.

CHANGE (*Lettres de*). — Plusieurs passages de l'orateur Isocrate tendent à prouver que les négociants d'Athènes se servaient de papiers de crédit analogues à nos *Lettres de change;* mais il est généralement admis que ce n'est qu'au XIIᵉ siècle, et en Italie, que ces papiers ont reçu des banquiers juifs et lombards, qui étaient alors les intermédiaires obligés de toutes les transactions commerciales, la forme et les caractères qui constituent la Lettre de change moderne. D'Italie, l'usage des Lettres de change se répandit peu à peu dans les autres parties de l'Europe. Il existait déjà en France, en 1181, au commencement du règne de Philippe-Auguste.

CHANVRE. — I. Le Chanvre ordinaire (*Cannabis sativa*), qui constitue l'espèce la plus importante de la famille des Cannabinées, est originaire de la Sibérie et de l'Asie tempérée. On croit qu'il a été importé de la Perse en Égypte, et que la Grèce en a dû l'introduction à Pythagore, qui l'avait connu pendant son séjour dans ce dernier pays. On admet, en outre, qu'il a pénétré dans le nord de l'Europe par les bords de la mer Caspienne et de la mer Noire. Le Chanvre a été employé de tout temps pour la fabrication des cordes et des cordages. Son application au tissage remonte également à une époque immémoriale, mais il paraît qu'elle a suivi d'assez loin celle de la laine. Quoi qu'il en soit, dès le temps d'Hérodote (mort vers 407 avant J.-C.), les tisserands de la Thrace le travaillaient avec une telle habileté que certaines de leurs toiles pouvaient lutter de finesse avec celles de lin. Pline le Naturaliste fait aussi le plus grand éloge des ouvriers gaulois, surtout de ceux des Bituriges. Les procédés du filage et, par suite, ceux du tissage, se perdirent probablement, ou du moins dégénérèrent en Europe, après la chute de l'empire romain, car, pendant le moyen âge, le Chanvre ne fut guère utilisé que pour faire des cordages et des filets. Ce n'est même qu'à partir du XVIIᵉ siècle qu'on a su transformer de nouveau cette substance en fils assez fins pour l'appliquer communément à la fabrication des tissus. Le Chanvre est cultivé aujourd'hui, sur la plus grande échelle, dans presque toutes les parties de l'Europe. Toutefois, c'est la Russie qui fournit presque tout celui que consomme la marine des diverses nations européennes. On l'exploite principalement comme substance textile ; mais on l'utilise aussi comme plante oléagineuse. En effet, sa graine, ou *chènevis*, renferme une huile abondante qui sert pour l'éclairage et la fabrication des savons. La culture du Chanvre est également très-répandue en Asie. Seulement, les Orientaux font de cette plante des applications particulières qui sont inconnues aux Européens. Ils en fument les feuilles pour se procurer un état d'ivresse, et préparent, avec les tiges d'une de ses variétés, la liqueur narcotique si connue sous le nom de *Haschich*. Voyez FIBRILIA, FILATURE, HASCHICH, ROUISSAGE, etc.

II. On donne, par analogie, le nom de *Chanvre* à des matières filamenteuses qui sont fournies par des plantes autres que les Cannabinées. Ainsi, le *Chanvre d'Afrique* provient du Sanseviera Zeylanica, de la famille des Légumineuses ; le *Chanvre des Américains*, de l'Agave americana, de la famille des Amaryllidées ; le *Chanvre du Bengale*, du Crotalaria juncea et de l'Œschinomene cannabina, de la famille des Légumineuses ; le *Chanvre de Bombay*, de l'Hibiscus cannabinus, de la famille des Malvacées ; le *Chanvre calloui*, de l'Urtica tenacissima, de la famille des Urticées ; le *Chanvre du Canada*, de l'Apocynum cannabinum, de la famille des Apocynées ; le *Chanvre de Manille*, du Musa textilis, de la famille des Musacées ; le *Chanvre de la Nouvelle-Zélande*, du Phormium tenax, de la famille des Liliacées, etc. Voyez ABACA, AGAVE, BANANIER, ORTIE, etc.

CHANVRE IMPERMÉABLE. — Sous ce nom, M. Marsuzi de Aguirre, à Paris, a inventé, il y a une quinzaine d'années, une matière plastique qui se compose de filaments végétaux agglomérés avec des corps gras, résineux et bitumineux. Cette matière reçoit par le moulage et l'estampage les formes les plus variées, ce qui permet d'en faire une multitude d'objets d'utilité ou de décoration. On l'emploie surtout pour fabriquer des ornements d'architecture, des lettres en relief pour enseignes, des plaques pour le numérotage des maisons, des bordures de cadres, des seaux à incendie, des vases, des feuilles pour la couverture des édifices, etc. Le Chanvre imperméable est d'autant plus propre à ces diverses destinations, qu'il résiste parfaitement aux eaux pluviales, à l'immersion complète dans l'eau, à l'air saturé d'humidité, à une température soutenue de 50°, même aux dissolutions acides qui attaquent la plupart des métaux usuels.

CHAPE. — L'ornement ecclésiastique de ce nom remonte aux premiers temps du christianisme. Dans l'origine, c'était un grand manteau d'étoffe grossière que les prêtres portaient dans les processions lointaines. On l'appelait aussi *Pluvial* parce qu'il était destiné à garantir de la pluie. Quant à sa dénomination actuelle, elle vient de la *cape* ou *capuchon* dont il était alors muni. Plus tard, quand la Chape cessa d'être un vêtement et devint un simple ornement, on supprima le capuchon et on remplaça la matière première par les tissus les plus riches et les plus rares. On réduisit en même temps ses dimensions. La Chape est aujourd'hui le vêtement propre des chantres. Elle peut aussi être portée par tous les ecclésiastiques indistinctement, et même par les laïques attachés au lutrin.

CHAPEAU. — De tout temps, on a senti le besoin de se couvrir la tête pour la mettre à l'abri des intempéries des saisons, mais la nature du climat, les caprices de la mode et les progrès des arts ont nécessairement exercé la plus grande influence sur la nature, la forme et la matière du vêtement dont on s'est servi à cet effet. Parmi les peuples de l'antiquité, les uns, comme les Égyptiens et peut-être les Hébreux, allaient généralement nu-tête, tandis que les autres, comme les Perses, portaient des capuchons et des bonnets de plusieurs sortes. Les Grecs et les Romains allaient presque toujours nu-tête dans les villes, mais, à la campagne et en voyage, ils prenaient un *Chapeau de feutre*, qui consistait tantôt en une simple calotte (*pileus*), tantôt en un véritable Chapeau à forme basse et muni de bords de largeur variable (*petasus*). Les barbares qui envahirent l'empire romain avaient la tête nue ou portaient des coiffures de peaux de bêtes. Ces dernières furent conservées par les gens du peuple pendant tout le moyen âge ; mais, au XIIe siècle, les classes nobles commencèrent à se distinguer par des *Mortiers* et des bonnets munis d'une longue pointe. De leur côté, les bourgeois adoptèrent des coiffures particulières, presque toujours d'étoffe, et dont la forme varia à l'infini. C'est au XIIIe siècle que les *Chapeaux de feutre* commencèrent à se montrer en France ; mais les premiers ne furent que des espèces de bonnets carrés, que l'on porta, d'abord, à la campagne, puis, à la ville, en temps de pluie, et, enfin, en tout temps. Le *Chapeau rond* date du commencement du XIVe siècle : Charles le Bel en portait un, qui était très-bas et à bords étroits, le

jour de l'entrée à Paris de sa sœur Isabeau, femme d'Édouard II, roi d'Angleterre. Charles VII passe pour avoir eu le premier Chapeau *de castor* d'origine française : il s'en servait en 1438. Pendant la plus grande partie du XVIe siècle, la *Toque*, unie ou cannelée, avec ou sans plumes, fut la coiffure générale des gens de cour. Le Chapeau rond reprit le dessus sous Henri III, et la mode le plia si bien à ses exigences que, suivant un écrivain du temps, on en fit plus de deux cents variétés dans l'espace de quinze à seize ans. Le Chapeau à larges bords domina sous Louis XIII. Sous Louis XIV, on releva quelquefois les bords sur un ou deux côtés. Sous Louis XV, on créa le *Tricorne* en relevant les trois côtés à la fois. Le *Chapeau à claque* semble dater de 1777. Une multitude d'autres formes parurent par la suite, et se maintinrent jusqu'à la fin du siècle, où l'on vit naître le *Chapeau cylindrique*, tel à peu près qu'on l'a porté depuis. — Jusqu'en 1760, on ne fit guère que des Chapeaux de feutre. L'industrie des *Chapeaux de soie* naquit alors à Florence : elle fut introduite peu de temps après en France, principalement à Paris, qui, en 1770, comptait déjà deux fabriques assez importantes. Toutefois, l'usage de ce nouveau genre de coiffure fut d'abord très-restreint, parce que la carcasse sur laquelle on appliquait la peluche était faite avec des substances trop lourdes ou que l'humidité déformait trop rapidement, et il ne commença à se développer qu'à partir de 1828, quand on eut imaginé de fabriquer la carcasse avec un feutre grossier. — Les *Chapeaux pliants* ou *Chapeaux mécaniques* paraissent avoir été inventés en Angleterre, en 1824, par Robert Loyd et James Rowbashaw. Ils furent importés dans notre pays, en 1834, par M. Gibus aîné, chapelier à Paris, et c'est à cette circonstance qu'ils doivent le nom de *Chapeaux-Gibus* sous lequel ils sont vulgairement désignés chez nous. Dans le principe, ils ne coûtaient pas moins de 36 à 40 francs, ce qui en limitait nécessairement l'emploi ; mais divers perfectionnements permirent peu à peu d'en réduire le prix, et, par suite, en étendirent la consommation. Le plus important de ces perfectionnements fut imaginé, en 1844, par le chapelier parisien Duchêne aîné, qui, en dotant les Chapeaux mécaniques d'un ressort à pompe s'appuyant sur une articulation excentrique, leur donna le moyen de s'ouvrir spontanément et de se fermer sous la moindre pression, et contribua ainsi beaucoup à les populariser.— Aujourd'hui, les Gibus ont perdu une grande partie de leur ancienne vogue, tandis que les Chapeaux de soie sont devenus d'un usage général dans tous les pays. Quant aux Chapeaux de feutre, leur consommation, quoique très-restreinte relativement à ce qu'elle était autrefois, n'en est pas moins encore assez importante. Il est même probable que leurs propriétés spéciales les feront toujours conserver par certaines catégories de personnes. Dans ces dernières années, plusieurs inventeurs ont essayé d'introduire des procédés mécaniques dans leur fabrication. La plus curieuse des inventions faites à cet effet est celle des *Machines à bastir* ou *Bastisseuses*, qui sont destinées à exécuter l'opération si fatigante appelée bastissage. Ces machines sont originaires des États-Unis, mais M. Laville, mécanicien à Paris, les a enrichies d'améliorations qui les ont entièrement transformées. Le même mécanicien a construit une *Machine à feutrer*, au moyen de laquelle on fait l'opération du foulage. Enfin, on doit au mécanicien Carey, de Bedfort, en Angleterre, une machine ingénieuse à l'aide de laquelle on recouvre les Chapeaux faits d'un feutre grossier, d'un feutre plus fin de poil de castor, ce qui leur donne l'apparence des Chapeaux de première qualité, tout en diminuant considérablement leur prix.— Les *Chapeaux de paille* datent d'une époque immémoriale dans les pays chauds. Les plus beaux, qui sont spécialement destinés à la coiffure des femmes, se fabriquent en Toscane, avec la paille d'une variété de froment, que l'on coupe à l'état vert. Quant à ceux de paille de riz, ils viennent presque tous des environs de Modène. — Depuis quelques années, la mode a pris sous son patronage, pour l'usage particulier des hommes, les Chapeaux d'origine américaine que l'on appelle généralement *Chapeaux de Panama*. Ces Chapeaux se font au Pérou, dans la Nouvelle-Grenade et dans l'Équateur, avec les feuilles découpées en

lanières, d'une plante-arbuste, nommée *Bombonaxa* dans les pays de production, et qui appartient à la famille des Palmiers. Leur principal centre de fabrication se trouve à Moyabamba, dans la province de Libertad, au Pérou. Quant à leur dénomination vulgaire, elle paraît provenir de ce que c'est du port de Panama que sont partis les premiers qui soient arrivés en Europe.

CHAPELET. — L'abbé Fleury attribue l'invention du Chapelet aux moines du XIe siècle. Il raconte à ce sujet que lorsqu'on attacha des frères lais ou laïques au service des couvents, on assujettit ces religieux de nouvelle espèce à réciter, à chacune des heures canoniales, un certain nombre de *Pater*, et que, pour qu'ils s'en souvinssent, on imagina de leur faire porter une suite de grains enfilés qui devaient leur rappeler ce devoir, et le nombre de fois qu'ils avaient à le remplir dans la journée. D'autres écrivains reconnaissent au Chapelet une origine orientale, et pensent que cet instrument fut apporté de la Terre sainte, par Pierre l'Hermite, prédicateur de la première croisade, qui l'avait emprunté aux Musulmans, lesquels le tenaient des Juifs ou des Indiens. Quoi qu'il en soit de ces deux versions, il est de fait qu'au XIIe siècle et dans les siècles suivants, le Chapelet était presque une partie obligée du costume. On le portait pendu à la ceinture, et sa fabrication était assez importante pour entretenir une industrie particulière, celle des patenôtriers. Peu à peu cependant, les laïques renoncèrent à son usage, qui ne fut conservé que par les ordres religieux. Quelques auteurs prétendent que le Chapelet a été ainsi appelé parce qu'on l'attachait anciennement autour du chapeau. Son nom est tout simplement le diminutif du mot *chapel*, qui, pendant le moyen âge, signifiait guirlande, et servait à désigner tout objet composé de pièces liées ou attachées à la suite les unes des autres.

CHAPTALISATION. — Voyez VIN.

CHARBON ANIMAL. — Voyez NOIR.

CHARBON ARTIFICIEL. — A diverses époques, surtout depuis le commencement de ce siècle, on a souvent essayé d'utiliser les menus débris qui se forment dans les magasins de combustibles, pour en faire des mélanges propres au chauffage. En ce qui concerne particulièrement la France, on cite surtout Quest, en 1810, Burette, en 1811, Duparge, en 1830, Pouillot, en 1831, Ferrand et Marsais, en 1833, Leroux et Durandrie, en 1836, Morin, en 1838, etc., parmi ceux qui, les premiers, ont cherché à résoudre le problème, mais on n'a pu obtenir des résultats satisfaisants qu'à partir de 1845, quand M. Popelin-Ducarre, de Paris, a eu trouvé le moyen de travailler économiquement les matières premières. Depuis cette époque, la fabrication des Charbons artificiels, qu'on appelle aussi *Charbons moulés*, parce que c'est à l'aide du moulage qu'on leur donne les diverses formes sous lesquelles ils se trouvent dans le commerce, n'a cessé de se développer, et elle constitue aujourd'hui une industrie très-importante. M. Popelin-Ducarre a créé le nom de *Charbon de Paris* pour désigner les produits de son usine. Les autres fabricants appellent les leurs *Charbon de l'éclair*, *Charbon inodore*, *Charbon dur*, *Paludine*, etc. Les Charbons artificiels destinés à la cuisson des aliments sont ordinairement moulés sous forme de cylindres ou de briquettes, et on les fait avec des débris végétaux carbonisés et agglutinés au moyen de matières bitumineuses. Les ateliers les recherchent également parce qu'ils ne dégagent ni odeur ni fumée et qu'ils brûlent d'une manière soutenue et régulière sans qu'il soit nécessaire d'activer leur combustion par la ventilation. Toutefois, ils produisent moins de chaleur que le Charbon de bois ordinaire, parce qu'ils se couvrent d'une plus grande quantité de cendres. C'est avec des mélanges analogues, auxquels on ajoute des proportions considérables de substances argileuses, que l'on façonne les masses cylindriques ou prismatiques, nommés *Bûches économiques*, dont l'usage est si répandu, dans certains pays, pour le chauffage des appartements.

CHARBON DE BOIS. — Voyez CHARBON VÉGÉTAL.

CHARBON MINÉRAL. — Voyez HOUILLE.

CHARBON MOULÉ. — Voyez CHARBON ARTIFICIEL.

CHARBON VÉGÉTAL. — Le Charbon végétal se prépare en carbonisant des branches d'arbres, principalement celles du chêne, du hêtre, du charme et du châtaignier. Aussi l'appelle-t-on habituellement *Charbon de bois*. Sa fabrication a été décrite, pour la première fois, par le médecin grec Théophraste, qui vivait au iiie siècle avant notre ère. Les procédés généraux de cette fabrication ont même peu varié jusqu'en 1785, époque de l'invention, par l'ingénieur français Philippe Lebon, de la *Carbonisation en vase clos*, qui permet d'obtenir, en même temps, quatre produits différents, du charbon, des gaz combustibles, du goudron et de l'acide pyroligneux. — La plupart des propriétés chimiques qui rendent le Charbon végétal si utile dans les arts et dans l'économie domestique, n'étaient pas inconnues des anciens. Ainsi, les Grecs avaient déjà remarqué qu'il absorbe rapidement l'humidité, et c'est pour cela qu'un de leurs architectes, Théodore, proposa de l'employer dans les fondations du temple d'Éphèse. Ils savaient également qu'il se conserve très-longtemps dans la terre humide : aussi, ne manquaient-ils pas de carboniser la surface des pièces de bois qui devaient séjourner dans l'eau ou dans le sol. Les Romains, qui héritèrent de ces connaissances, ne manquèrent pas d'en faire de nombreuses applications, comme l'ont prouvé les fouilles exécutées dans les ruines de plusieurs de leurs monuments. Les peuples civilisés de l'antiquité paraissent encore n'avoir pas ignoré les propriétés antiseptiques du Charbon végétal : il est du moins certain que les Égyptiens en tiraient parti pour l'embaumement des cadavres. L'usage de ce produit comme dentifrice est également très-ancien, puisque les auteurs latins rapportent que, chez les Bretons, les femmes se servaient de charbon de coudrier pour entretenir leurs dents en bon état. C'est le chimiste Tobie Lowitz, de Gottingue, qui passe pour avoir découvert les propriétés désinfectantes et la propriété décolorante du Charbon végétal. Il les signala, en 1790, à la Société économique de Saint-Pétersbourg. Depuis cette époque, les arts et l'économie domestique ont fait une multitude d'applications utiles de ces propriétés et de celles que les anciens connaissaient déjà. Aujourd'hui, on emploie le Charbon de bois, non-seulement pour rendre potables les eaux corrompues et approprier les viandés gâtées à la nourriture de l'homme, mais encore pour combattre la fétidité de l'haleine et des plaies gangréneuses ; pour décolorer les sirops, les vins rouges, le vinaigre .et la plupart des liquides végétaux et animaux ; pour retarder la décomposition du gibier, du poisson et de la viande de boucherie, etc. En 1826, le chimiste français Salmon, faisant passer dans la pratique une idée émise au commencement de ce siècle, a fait servir le Charbon végétal au curage des fosses d'aisance, ce qui lui a valu, en 1835, un des prix Montyon que l'Académie des Sciences de Paris décerne annuellement aux auteurs des inventions les plus utiles. Enfin, dans ces dernières années, M. Hubbart, de New-York, a proposé de faire usage du même produit pour purifier les mines et les puits de certains gaz irrespirables, surtout de l'acide carbonique, et prouvé que, pour rendre accessible aux ouvriers une excavation souterraine contenant une couche de gaz de cinq à six mètres de haut, il suffit d'y faire séjourner, à deux reprises, et une heure ou deux chaque fois, un chaudron rempli de charbon allumé.

CHARBONNIÈRE. — En 1805, Mollerat, de Paris, donna ce nom à un appareil de son invention qui était destiné à carboniser le bois en vase clos. Plus tard, en 1816, M. Aubertot, maître de forges à Vierzon, se servit du même mot pour désigner un tube en fonte de la grosseur d'une bûche ordinaire qu'il employait pour diminuer la profondeur des cheminées. Ce tube se plaçait contre la plaque de ces dernières, et portait à chacune de ses extrémités un tuyau de petit diamètre qui s'élevait, dans la cheminée, à deux décimètres environ de hauteur, et se terminait par une courbure en col de cygne au-dessous de laquelle se trouvait un petit godet. Les choses ainsi disposées, on remplissait le gros tube de bois rondin, et l'on faisait du feu dans la cheminée comme à l'ordinaire. De cette manière, on chauffait l'appartement avec économie de combustible, et le bois contenu dans le tube, subissant une sorte de distillation, se transformait sans frais en charbon, tandis que l'acide pyroligneux allait se rendre dans les godets, et les gaz combustibles s'élançaient dans la cheminée, dont ils activaient le tirage.

CHARDON. — La plante nommée *Cardère* est cultivée en grand pour ses têtes, appelées *Chardons*, qui servent au lainage des tissus de laine drapés pour tirer à la surface de l'étoffe les filaments froissés par le foulage. Le prix de ces têtes est naturellement soumis aux mêmes fluctuations que les autres produits de la terre. Cette circonstance, jointe à la rapidité avec laquelle elles s'usent, a engagé plusieurs inventeurs à chercher le moyen de les remplacer par des *Chardons métalliques*. Beaucoup de tentatives infructueuses ont été faites à ce sujet. Enfin, de nos jours, M. Nos d'Argence, de Rouen, a résolu le problème en remplaçant les garnitures ordinaires des Laineuses par des rubans de caoutchouc vulcanisé couverts de séries de dents obliques de fil de fer ou de laiton, ayant la forme et la disposition des pointes des Chardons naturels. Voyez CARDES.

CHARGEUR MÉCANIQUE. — Le chargement des marchandises donnant lieu, dans les ports et dans les usines, à de fortes dépenses et à une grande perte de temps, on a imaginé des machines qui permettent de l'exécuter avec promptitude et économie. Les plus anciennes machines de ce genre sont le *Drop* et le *Spoot*, qui ont été inventés, en Angleterre, au commencement de ce siècle. Elles rendent de grands services dans un grand nombre de cas, mais le principe de leur construction ne permet de les employer que lorsque le navire ou la voiture ne se trouve pas au même niveau que le sol sur lequel elles sont établies. Dans les pays de plaine, on les remplace ordinairement par des grues à grande envergure, mais ces dernières sont beaucoup trop légères pour pouvoir satisfaire aux conditions économiques et rapides du chargement par grandes masses. C'est pour remédier à cet inconvénient que, dans ces dernières années, M. E. Javal, mécanicien à Paris, a construit son *Chargeur mécanique*. Cet appareil peut être utilisé dans toutes les circonstances, et fonctionne « quelle que soit la hauteur du bateau par rapport au quai d'embarquement, quelque considérable que soit le tonnage du wagon à décharger. »

CHARPENTE. — C'est en Grèce que l'art de la *Charpente* paraît avoir pris naissance, du moins dans l'antiquité classique, et les dispositions créées par les artistes de ce pays varièrent peu jusqu'au xiie siècle, à l'origine de l'architecture ogivale, où l'obligation de satisfaire à des besoins nouveaux y fit introduire de nombreuses modifications. Trois cents ans plus tard, dans les contrées où la pierre manquait, surtout en Angleterre et en Allemagne, l'emploi du bois reçut une extension énorme, et l'on· commença à y élever ces édifices en charpente dont la grâce et la riche ornementation ont toujours excité l'admiration générale. Dans la seconde moitié du xvie siècle, Philibert Delorme introduisit en France et généralisa l'usage des *Fermes à planches croisées*, dont, cinq cents ans auparavant, les constructeurs de Saint-Marc, à Venise, avaient déjà tiré un admirable parti pour la coupole de cet édifice, et il en exposa la théorie dans ses *Nouvelles inventions pour bien bâtir et à peu de frais*, qui furent publiées à Paris, en 1561. Le même siècle vit paraître les combles brisés dits *à la mansarde*, qui devinrent si à la mode au siècle suivant, mais que l on ne tarda pas à laisser de côté pour revenir aux Charpentes anciennes ou *à deux versants*. Le plus grand progrès qu'ait fait la construction des Charpentes depuis 1800, est celui qui a eu pour objet de substituer le fer aux matières jusqu'alors employées. Toutefois, les *Charpentes métalliques* ne sont pas une invention tout à fait moderne, car il est reconnu que les architectes romains du temps de l'Empire y avaient eu quelquefois recours. C'est en France, en 1785. qu'on a eu, pour la première fois, l'idée de les faire revivre, mais la première application importante qu'on en fit, dans notre pays, n'eut lieu qu'en 1811, lors de la reconstruction de la coupole de la halle au blé, à Paris, qu'un incendie avait détruite. Pendant longtemps, l'emploi du fer pour les Charpentes fut arrêté dans son essor par l'impossibilité où se trouvaient les usines de produire les formes et les dispositions les plus propres à se prêter à des combinaisons économiques. Le problème ne fut même résolu que vers 1830. Depuis cette époque, les nouvelles Charpentes sont entrées dans la pratique habituelle, parce que, outre qu'elles ne sont pas

plus coûteuses que celles de bois, elles occupent moins d'espace, ont une durée illimitée et sont à l'abri des incendies. Enfin, et cette circonstance n'est pas sans valeur, leurs parties constituantes se retrouvent presque intactes dans les démolitions. Parmi les usines françaises auxquelles l'art de bâtir est le plus redevable sous ce rapport, il faut surtout citer celles de Montataire (Oise·, de Commentry (Allier), de Châtillon-sur-Seine (Côte-d'Or), d'Ars-sur-Moselle (Moselle), de Saint-Maur Seine), de Denain (Nord), de la Providence, à Hautmont (Nord), de Champignoles et d'Apremont (Ardennes). Les fers dits *à T*, qui jouent un si grand rôle dans les Charpentes métalliques, datent de 1845. Les premiers furent fabriqués à cette époque, sur les dessins de l'ingénieur Eugène Flachat, pour le chemin de fer de Paris à Saint-Germain, dans l'usine de M. Lagoutte, à la Villette, près de Paris.

CHARRUE. — La *Charrue* est née avec l'agriculture, c'est-à-dire à une époque immémoriale. Suivant Plutarque, l'idée en aurait été fournie à l'homme par la vue du porc fouissant la terre avec son groin. Les Égyptiens en attribuaient l'invention à Osiris; les Phéniciens, à Dagon; les Grecs, à Cérès et à Triptolème; les anciens Péruviens, à Manco-Capac, etc. Aujourd'hui même, les Chinois en font honneur à Chin-Hong, successeur de Fo-Hi. Déjà, du temps de Jacob, on employait le bœuf au labourage en Arabie. La première Charrue fut nécessairement très-simple : elle ne consista probablement qu'en une grosse branche recourbée dont une extrémité servait de soc, tandis que l'autre tenait lieu de manche. Cet instrument grossier existait encore chez les Grecs à l'époque d'Hésiode, vers 800 avant Jésus-Christ, mais ils en possédaient un autre beaucoup moins imparfait, qui n'était autre chose, sauf quelques détails, que l'*Araire* moderne. Les Romains se servirent surtout de cet Araire, mais ils le perfectionnèrent en y ajoutant le *Coutre*. Peu de temps·après leur soumission, les Gaulois du nord de l'Italie imaginèrent la *Charrue à avant-train*, qu'ils appelèrent *Plaumorati*, de deux mots de leur langue qui voulaient dire « charrue à roues. » Ces trois charrues, l'Araire simple, la Charrue à coutre et à versoir et la Charrue à roues, traversèrent tout le moyen âge, telles que l'antiquité les avait transmises. Au xvie siècle, quelques agronomes essayèrent de les améliorer, mais leurs efforts échouèrent, parce qu'on avait pour suspecte « toute nouvelleté. » Ce furent les Anglais qui, cent ans après, donnèrent le signal du progrès. Toutefois, ils ne commencèrent à obtenir des succès que vers le milieu du xviiie siècle, surtout quand Aburthnot eut publié sa théorie du Versoir (1774). Un peu plus tard, Thomas Jefferson inventa le *Versoir contourné*, dont l'usage est aujourd'hui général. Dès ce moment, l'agriculture de l'Angleterre et de ses colonies d'Amérique fut dotée de Charrues infiniment supérieures à celles des autres pays. Deux hommes célèbres, François de Neufchâteau et le chimiste Chaptal, entreprirent de faire participer la France à ce progrès, et, sur leur proposition, le gouvernement institua, en 1801, un prix pour la Charrue la meilleure et la plus simple. Aucun des concurrents ne mérita d'être couronné ; mais l'attention des constructeurs n'en fut pas moins éveillée, et ils se mirent ardemment à l'œuvre. En 1820, les travaux de M. Mathieu de Dombasle firent faire un grand pas à la solution du problème, et, quelques années après, la Charrue de cet habile agronome ne craignit plus de rivale. Depuis cette époque, la diversité des terrains et le génie inventif des mécaniciens ont fait naître un nombre très-considérable de Charrues, qui ne diffèrent généralement entre elles que par les détails, mais dont quelques-unes seulement ont été adoptées par la pratique. Enfin, dans ces dernières années, les Américains et les Anglais ont imaginé d'appliquer la machine à vapeur au labourage. Toutefois, c'est chez ces derniers que ce problème intéressant a été, pour la première fois, complétement résolu, et la première *Charrue à vapeur* qui ait fonctionné avec succès est celle de M. Fowler fils, de Cornhill, à laquelle la Société royale d'agriculture d'Angleterre a décerné, au concours de Chester, en 1855, un grand prix de 12,500 francs. Cette machine est généralement désignée sous le nom de *Cultivateur à vapeur*. Voyez POLYSOCS.

CHARS. — Comme tant d'autres, l'industrie voiturière a pris naissance à l'origine même de la civilisation, et tous les peuples de l'antiquité ont eu, de même que les modernes, des véhicules d'une foule d'espèces et toujours disposés de manière à convenir aux applications particulières qu'on voulait en faire. Ces applications elles-mêmes n'ont jamais varié, c'est-à-dire que les Chars, Chariots, Charrettes, etc., ont, dans tous les temps et dans tous les pays, invariablement servi au transport des personnes et des choses. Toutefois, les anciens en connaissaient une qui a disparu avec eux : c'était l'emploi des *Chars de guerre*. Toutes les nations orientales, principalement les Perses, les Mèdes et les Assyriens, traînaient à leur suite des voitures légères, armées ou non de faux, qui leur tenaient lieu de cavalerie, et dont ils se servaient, soit pour enfoncer les bataillons ennemis, soit simplement pour transporter au fort de la mêlée l'élite de leurs guerriers. Les Égyptiens, les Carthaginois, les Indiens, les Gaulois, les Belges et même les Grecs, à l'époque de la guerre de Troie, avaient aussi des Chars de guerre ; mais ces derniers, quand ils eurent fait des progrès dans l'art militaire, renoncèrent à les employer, parce qu'ils reconnurent par expérience l'inefficacité de ce moyen d'attaque contre des armées bien disciplinées. Le même motif engagea les Romains à ne pas faire usage de Chars de guerre. — C'est au moyen d'animaux que l'on a, dans tous les temps et chez tous les peuples, fait mouvoir les Chars et les divers véhicules qui en dérivent. On a cependant plusieurs fois essayé de remplacer les animaux, soit par l'action du vent, soit par la force motrice de la vapeur, soit même par l'emploi de mécanismes mis en mouvement par le conducteur de la voiture ; mais, sauf l'invention des Locomotives des chemins de fer, toutes ces tentatives n'ont produit aucun résultat satisfaisant. Voyez BROUETTE, CARROSSE, DILIGENCE, OMNIBUS, VÉLOCIPÈDE, VENT, etc.

CHAR VOLANT. — Voyez NAVIGATION AÉRIENNE.

CHASSE-MOBILE. — Machine à dégravoyer qui a été inventée, en 1833, par M. Félix Borrel, ingénieur des ponts et chaussées à Toulouse, pour approfondir les passes des rivières torrentielles, à fond de gravier, et y faciliter ainsi la navigation. Cette machine consiste en un vannage vertical, monté sur un bateau, qu'on oppose au courant de la rivière, et sous lequel le courant est contraint de passer, de manière à opérer un affouillement. La Chasse-mobile fonctionne avec une très-grande économie, et il y a de l'avantage à l'employer, de préférence à la Drague, toutes les fois que la pente est de trois millimètres par mètre ou que le courant a une vitesse d'un mètre onze centimètres par seconde.

CHASUBLE. — Vêtement que le prêtre met par-dessus l'aube et l'étole pour célébrer le saint sacrifice. Dans les premiers temps de l'Église, la *Chasuble* consistait en une sorte de robe longue et sans manches, qui enveloppait tout le corps comme une petite maison, *casula*, d'où est venu le mot français, et qui présentait à la partie supérieure une ouverture pour passer la tête. On l'appelait aussi *Planète* (*planeta*), du grec *planéïn*, errer, parce que, rien n'en indiquant le devant ou le derrière, on pouvait la faire tourner en tous sens sur les épaules. La Chasuble existe encore, sous sa forme primitive, dans l'Église d'Orient, mais elle a reçu, dans celle d'Occident, principalement depuis le xvᵉ siècle, des modifications qui l'ont entièrement transformée. A cette époque, on imagina d'échancrer les parties latérales pour faciliter le mouvement des bras pendant l'élévation, et cette échancrure est devenue peu à peu si considérable que la Chasuble ne se compose plus aujourd'hui que de deux grandes pièces, l'une devant et l'autre derrière, réunies par deux bandes étroites sur les épaules.

CHATAIGNIER. — Cet arbre est originaire des parties tempérées de l'ancien monde et du nouveau, mais une seule variété, le Châtaignier commun (*Castanea vulgaris*), se trouve dans les forêts d'Europe, où elle forme deux espèces principales, le Châtaignier proprement dit et le Marronnier. Le fruit du Châtaignier a joué, de tout temps, un rôle important, pour la nourriture de l'homme, dans les pays où il est abondant. En France même, il nourrit encore, pendant une partie de l'année, la popula-

tion de plusieurs départements. En 1780, Parmentier constata la présence du sucre dans ce fruit, et enseigna la manière de l'en extraire. Sous le premier empire, quand le sucre des colonies devint très-rare, plusieurs chimistes, principalement Guerrazzi, de Florence, reprirent les expériences de ce savant ; mais la création des sucreries de betterave et le rétablissement, en 1815, de nos relations avec l'Amérique, ne leur permirent pas de les continuer. Le Châtaignier est encore d'une grande utilité à cause de son bois, qui est employé dans certaines industries. On a cru, pendant longtemps, que ce bois avait été spécialement adopté, au moyen âge, pour la construction de la charpente des églises, mais on sait aujourd'hui que les architectes de ces édifices se sont, sauf quelques exceptions, exclusivement servis du bois de chêne. Enfin, on fait quelquefois usage, en teinturerie, de l'écorce du Châtaignier, pour obtenir des noirs et des gris.

CHATEAU DE VERRE. — Voyez MONOLITHES.

CHAUDIÈRE. — L'emploi des *Chaudières* est très-fréquent dans l'industrie, et on leur donne des dispositions qui varient suivant l'usage particulier auquel on veut les appliquer. Les Chaudières des machines à vapeur, les seules qui offrent un grand intérêt, étaient primitivement sphériques. Cette forme est, en effet, la plus avantageuse sous le rapport de la solidité, mais elle a un grand défaut : c'est qu'elle ne peut fournir qu'une surface de chauffe très-limitée. Aussi, s'est-on empressé de l'abandonner aussitôt qu'on a compris que, pour produire des résultats satisfaisants, la Chaudière d'une machine à vapeur, en d'autres termes son *générateur à vapeur*, doit présenter la plus grande étendue possible à l'action du feu. On a inventé alors les Chaudières dites *à tombeau*, qui datent du dernier siècle et ont été ainsi nommées par James Watt. A leur apparition, ces nouvelles Chaudières furent considérées avec raison comme un grand progrès ; mais, quand on eut imaginé les machines à haute pression, on s'aperçut qu'elles ne pouvaient pas leur convenir, parce qu'elles ne présentaient pas des conditions de solidité suffisantes. On fut ainsi conduit à créer les

Chaudières à *bouilleurs*, c'est-à-dire celles qui sont aujourd'hui généralement usitées. Depuis le commencement de ce siècle, on a souvent proposé de modifier de nouveau la forme des Chaudières, mais une seule de ces propositions a eu du succès : c'est celle qui a produit les Chaudières appelées *tubulaires*, parce que le grand cylindre dont elles se composent est muni intérieurement d'un grand nombre de tubes de petit diamètre dans lesquels les gaz et la fumée résultant de la combustion sont obligés de passer pour se rendre du foyer dans la cheminée. Des Chaudières de cette espèce font toujours partie des Locomotives, et les chemins de fer leur sont redevables de tous les développements qu'ils ont reçus. On a beaucoup discuté sur la question de savoir à quel mécanicien on doit en rapporter l'invention. Toutefois, si, comme on le prétend, Charles Dallery, d'Amiens, a eu, en 1803, la première idée théorique de ces appareils, et si, vers 1823, l'Anglais Perkins a essayé de réaliser cette idée, il est généralement admis que c'est M. Marc Séguin, alors directeur du chemin de fer de Saint-Étienne à Lyon, qui a réussi le premier, en 1827, à faire fonctionner les Chaudières tubulaires d'une manière satisfaisante : c'est donc ce dernier qui doit en être considéré comme le véritable inventeur. Les générateurs à vapeur sont toujours munis de pompes foulantes destinées à remplacer l'eau à mesure qu'elle se volatilise, et d'appareils de sûreté, tels que soupapes, rondelles et plaques fusibles, manomètres, indicateurs de niveau, flotteurs, etc., ayant pour objet d'empêcher leur rupture par une trop grande tension de la vapeur. Voyez FLOTTEUR, INJECTEUR, JET, LOCOMOTIVE, SOUPAPE DE SURETÉ, etc.

CHAUFFAGE. — Le premier mode de Chauffage a certainement consisté à faire brûler le combustible au centre même des habitations, et l'on ménageait une ouverture dans le plafond pour laisser sortir la fumée : les peuples sauvages n'en ont pas connu d'autre. Plus tard, on imagina de placer des brasiers au milieu des appartements : ce procédé existe encore dans plusieurs pays chauds, surtout en Espagne et en Orient; mais, entre autres défauts, il a celui de donner très-peu de chaleur. De là est née, pour les pays froids ou tempérés, la nécessité de chercher des systèmes moins imparfaits. Les modes de Chauffage actuellement usités sont au nombre de cinq.

1° *Chauffage par rayonnement direct.* C'est le plus ancien de tous, et il date de l'invention des Cheminées et des Poêles. On l'a beaucoup amélioré, depuis une centaine d'années, en introduisant d'utiles perfectionnements dans la construction de ces appareils. Voyez CHEMINÉE.

2° *Chauffage par l'air chaud.* Il consiste à chauffer de l'air dans la partie inférieure d'un édifice, et à le laisser ensuite s'élever et se distribuer dans les étages supérieurs, en le faisant passer dans des tuyaux logés dans les murs et percés, de distance en distance, d'ouvertures appelées *bouches de chaleur*. Ce système était connu des Romains et peut-être aussi des Grecs. Les premiers donnaient le nom d'*Hypocaustes* (*Hypocausta*) aux appareils ou calorifères au moyen desquels ils l'appliquaient. Ils l'employaient surtout pour les édifices publics et les palais des riches particuliers, et ils l'introduisirent en Gaule, où il exista pendant tout le moyen âge. Le Chauffage à air chaud disparut presque entièrement dans le courant du xvie siècle, mais on l'a fait revivre au commencement de celui-ci, et les perfectionnements dont il a été doté, depuis cinquante ans, par une foule d'inventeurs, ont permis de lui trouver des applications auxquelles les anciens n'avaient pu songer. On en fait aujourd'hui usage, nonseulement pour chauffer les appartements et les ateliers, mais encore pour établir des étuves destinées au séchage des tissus et à la dessiccation de diverses substances, ainsi qu'à la production de réactions chimiques particulières. On cite Olivier (1805), Curaudau (1809) et Désarnod (1817), parmi ceux qui, les premiers, l'ont popularisé en France, et, à une époque plus rapprochée de nous, MM. Chaussenot, Hurez et René Duvoir, parmi ceux qui ont construit les appareils qui conviennent le mieux pour le chauffage des édifices.

3° *Chauffage par circulation d'eau chaude.* Comme son nom l'indique, il consiste à chauffer les différentes parties d'un bâtiment en faisant circuler de l'eau chaude dans des tuyaux. Ce système a été créé, en 1777, par le physicien français Bonnemain, mais ce sont les Anglais qui, les premiers, l'ont employé sur une grande échelle : il n'a même commencé à se répandre chez nous qu'à partir de 1844. Ce système a été tellement perfectionné par l'Anglais Perkins et par nos compatriotes Lenoir, Gervais, Léon et René Duvoir, qu'on peut l'établir aujourd'hui dans toute espèce d'édifices, et même à des degrés différents, aux divers étages d'un même édifice. On est également parvenu à l'adapter aux poêles et aux cheminées, soit en formant des espèces de grils au moyen de tubes creux remplis d'eau, soit en plaçant des tubes semblables dans l'intérieur du foyer, et les faisant ensuite communiquer avec un réservoir d'eau d'où partent des conduites pour les autres parties du bâtiment à chauffer.

4° *Chauffage par la vapeur.* Il consiste à produire de la vapeur d'eau dans une chaudière et à la faire circuler, au moyen de tuyaux, dans les lieux qu'il s'agit de chauffer. Ce système a été imaginé, en 1783, par l'illustre James Watt, mais son principe avait déjà été indiqué théoriquement, en 1745, par le colonel Cooke : il avait même été entrevu, dès 1660, par un autre savant anglais, sir Hugh Platte. Quoi qu'il en soit, c'est à James Watt qu'appartient exclusivement l'honneur de l'avoir fait passer dans la pratique. Le Chauffage à la vapeur est peu usité pour les édifices, parce qu'il ne donne qu'une chaleur intermittente, mais son usage est universel dans certaines industries où cet inconvénient est sans valeur. C'est même en vue de ses applications aux arts qu'il a été inventé. Ainsi, dans les teintureries, dans les papeteries, et, généralement, dans tous les ateliers où l'on a plusieurs cuves à chauffer à la fois, c'est à l'aide d'une chaudière unique et de tuyaux plongeant dans ces cuves, que l'on chauffe les liquides qu'elles renferment.

5° *Chauffage au gaz.* Il consiste à diviser le gaz d'éclairage en le faisant passer à travers des orifices très-nombreux et très-fins, qui le tamisent et permettent, en même temps, d'y mélanger l'air nécessaire à une bonne combustion. Ce système est dû à l'ingénieur français Philippe Lebon, qui l'a inventé en 1799, mais ce sont les Anglais qui l'ont employé les premiers sur une grande échelle. Toutefois, c'est en Allemagne, surtout en Prusse, qu'il s'est jusqu'à présent le plus répandu. On y a recours, non-seulement pour chauffer les appartements, mais encore pour opérer la cuisson des aliments. On l'applique au moyen d'appareils de formes très-variées, que l'on appelle *Cheminées à gaz, Cuisines à gaz, Bûches éternelles, Bûches incombustibles, Poêles à gaz,* etc., suivant leurs dispositions et leur destination particulières.

Outre les systèmes de Chauffage qui précèdent, plusieurs inventeurs, se rappelant que les Américains et les Chinois tirent parti de certains *puits de feu* pour se chauffer, et que, dans quelques localités, on emploie les eaux thermales au même usage, ont annoncé que les puits artésiens pourraient un jour procurer un nouveau moyen de chauffage économique. D'autres ont proposé de chauffer les appartements à l'aide de la chaleur développée, soit par le frottement, soit par l'électricité, soit par la compression instantanée de l'air, soit, enfin, par la décomposition des matières organiques. Mais aucune de ces propositions n'a été prise au sérieux : on les regarde même comme pratiquement irréalisables.

CHAUFFE-DOUX. — Voyez CHAUFFERETTE.

CHAUFFERETTE. — On a trouvé, dans des tombeaux mérovingiens, un grand nombre de *Chaufferettes* en terre cuite, tout à fait semblables à celles que l'on fabrique encore aujourd'hui, dans plusieurs pays, pour l'usage des femmes pauvres. L'invention de ce petit meuble remonte donc au moins au VIIe siècle, mais il est probable qu'elle est plus ancienne. Quoi qu'il en soit, les Chaufferettes se sont perpétuées jusqu'à notre époque. Toutefois, le moyen âge fut, sous ce rapport, beaucoup plus raffiné que les temps modernes, car, non content d'avoir des Chaufferettes pour les pieds, ou *Chauffe-pieds*, il en imagina aussi pour les mains. Celles-ci se nommaient *Escaufailles de mains* ou *Pommes à chauffer mains* : elles consistaient en une boule creuse de métal, au centre de laquelle on plaçait un petit panier rempli de braise et disposé de manière à ne pouvoir jamais se renverser, quels que fussent les mouvements de l'appareil. Il y avait aussi de grandes Chaufferettes mobiles ou *Chauffe-doux roulants*, grandes caisses de fer, montées sur des roulettes, que l'on promenait dans les appartements et même dans les églises, pour les chauffer : on s'en servait aussi, dans les buanderies, pour sécher le linge. Les Escaufailles de mains furent d'un usage général depuis le xiiie siècle jusqu'à la fin du xvie, où on les abandonna sans rien imaginer pour les remplacer. Il ne resta donc plus alors que les Chauffe-pieds, mais, pendant très-longtemps, on fit très-peu de chose pour les améliorer. Seulement, au lieu d'un simple vase de terre cuite, les élégantes se servirent d'une boîte de bois plus ou moins ornée, dans laquelle elles enfermaient un petit récipient rempli de braise ou de cendres chaudes. Le premier perfectionnement de quelque importance que reçurent les Chaufferettes de cette dernière espèce eut pour objet de remplacer la braise par une petite lampe à huile au-dessus de laquelle se trouvait un bassin de tôle plein de sable : cette innovation parut en 1814 et produisit les Chauffe-pieds, appelés *Augustines*, du nom de leur inventeur, Mme Augustine Chambon de Montaux. Quelque temps après, on substitua une lampe à esprit-de-vin à la lampe à huile. Enfin, on imagina de supprimer toute espèce de combustible et de faire des Chaufferettes chauffées avec de l'eau chaude : c'est le système qui est le plus employé aujourd'hui par les classes aisées.

CHAULAGE. — Avant d'être confiées à la terre, les semences du blé ont besoin d'être soumises à une manipulation préparatoire qui a pour objet de prévenir les ravages de la carie, et qui consiste à les mettre, pendant quelque temps, en contact avec des substances préservatrices ou réputées telles. Beaucoup de substances ont été proposées pour cela, mais trois seulement, le sulfate de cuivre ou vitriol bleu, le sulfate de soude associé à la chaux, et le sel marin, présentent une efficacité véritable. Quant à l'emploi de la chaux seule, origine du nom donné à l'opération, elle produit très-peu d'effet, beaucoup moins même qu'un simple lavage à

l'eau. L'usage du sulfate de cuivre a été imaginé ou du moins introduit dans la pratique générale, par Bénédict Prévost, en 1807. Celui du sulfate de soude paraît avoir été indiqué, dès 1835, par l'illustre agronome Mathieu de Dombasle : c'est celui que les agriculteurs les plus compétents emploient de préférence, parce qu'il est le plus économique et le plus inoffensif.

CHAUSSÉES BITUMINEUSES. — C'est une des applications les plus intéressantes des matières bitumineuses. Elle consiste à former la chaussée des routes avec des matériaux irréguliers, mais naturellement bitumineux : on met en place ces matériaux, on les pilonne avec soin, et on termine en les arrosant avec de l'huile siccative ou du bitume liquide, qui les transforme en une masse compacte et complétement imperméable. Les Chaussées bitumineuses datent d'une quinzaine d'années. Elles ont été, sinon inventées, du moins exécutées, pour la première fois, avec succès, en 1851, par M. Ledru, architecte à Clermont-Ferrand.

CHAUSSES. — Vêtement dont l'usage a été général, en France et ailleurs, pendant tout le moyen âge et les premiers siècles de l'époque moderne. C'était un caleçon à pied. On appelait *Haut de chausses* la partie supérieure, qui s'arrêtait au genou, et *Bas de chausses* la partie inférieure, qui descendait jusqu'à la cheville : le pied se nommait *Chauçon*. Les Chausses étaient portées par les hommes aussi bien que par les femmes. Avec le temps, la partie supérieure fut séparée et on la fit d'une étoffe et d'une couleur différentes de celles de la partie inférieure. Elle devint ainsi la *Culotte* qui fut réservée aux hommes. Quant au Bas de chausses, que l'on désigna, par abréviation, sous le nom de *Bas*, on le fit d'abord sans pied, et il rentrait dans un chauçon. Plus tard, on le munit d'un pied, que l'on garnit quelquefois d'une semelle de cuir, afin de pouvoir s'en servir dans les appartements.

CHAUSSE-TRAPPE. — Sorte d'arme défensive composée de quatre pointes de fer disposées de manière qu'il y en ait toujours trois qui portent à terre, tandis que la quatrième reste dressée et debout. Cette arme, dont l'usage est aujourd'hui presque entièrement abandonné, s'employait autrefois pour arrêter et embarrasser l'ennemi, surtout dans les gués et autres lieux où la cavalerie devait passer. Elle était parfaitement connue des Grecs et des Romains : les premiers l'appelaient *tribolos* et les seconds *tribulus*.

. CHAUSSURE. — L'usage des Chaussures a existé chez tous les peuples civilisés de l'antiquité, mais la forme, la matière et l'ornementation de cette partie du costume ont naturellement varié suivant les temps et les lieux. Néanmoins, malgré leur nombre infini, toutes les espèces de Chaussures peuvent se ramener à trois types principaux, la *Botte*, la *Sandale* et le *Soulier*, qui ont été portés par les anciens aussi bien que par les modernes. Pendant des milliers d'années, les Chaussures ont été faites exclusivement à la main, mais on est parvenu de nos jours à les fabriquer mécaniquement. Les premiers essais dans cette voie nouvelle datent du commencement de ce siècle, principalement de 1810, époque à laquelle l'ingénieur Brunel père fit patenter à Londres une machine de son invention, qui fut importée en France, en 1816, par les mécaniciens Gengembre et Joliclère, et où les cordonniers parisiens Gergonne, Moniot et Paradis, se servirent momentanément d'un appareil du même genre pour la confection de souliers qu'ils appelaient *corioclaves*, du latin *corium*, cuir, et *clavis*, clou, parce que leur semelle était fixée à l'empeigne au moyen de clous et non par une couture. En 1814 il existait déjà en Angleterre plusieurs établissements de cordonnerie à la mécanique. Les États-Unis en possédaient aussi en 1821. Toutefois, ce n'est guère que depuis 1840 que la nouvelle industrie a pris un développement un peu considérable, par suite des perfectionnements apportés à la construction des machines. Elle n'a même été sérieusement introduite en France qu'en 1844, par MM. Dumery et Sylvain Dupuis, de Paris, et par les frères Latour, de Liancourt (Oise). Les *Chaussures à la mécanique* sont dites *clouées* ou *vissées*, suivant que la semelle et l'empeigne sont unies l'une à l'autre par des clous ou des vis : elles se recommandent en général par une grande solidité, mais elles laissent en-

core beaucoup à désirer sous le rapport de l'élégance. A diverses époques, on a aussi essayé de fabriquer des *Chaussures sans couture*, en se servant exclusivement de cuir. C'est le bordelais Lestage, cordonnier de Louis XIV, qui paraît avoir, pour la première fois, fait un tour de force de ce genre : il offrit à ce prince, en 1663, des bottes *inconsutiles*, dont on fut, suivant son expression, forcé « d'advouer la divine structure. » Des Chaussures semblables ont été faites depuis, notamment, en 1750, par le sieur Marsan, de Nancy, et, en 1806, par un nommé Delvau, de Paris, mais elles n'ont jamais été que des objets de curiosité. Voyez BOTTE, BRODEQUIN, COTHURNE, SANDALE, SABOT, SOCQUE, SOULIER, etc.

CHAUX. — I. De tout temps, la *Chaux* a constitué l'élément principal des mortiers, mais, jusqu'à notre époque, sa fabrication a été livrée à l'empirisme le plus grossier. Les premiers pas dans la voie des améliorations ont été faits en Angleterre, dans la seconde moitié du siècle dernier. En 1756, à l'occasion de l'établissement du phare d'Eddystone, l'ingénieur John Smeaton exécuta des recherches à la suite desquelles il reconnut que la présence de l'argile dans la pierre calcaire rend celle-ci propre à fournir une *Chaux hydraulique*, c'est-à-dire pouvant durcir sous l'eau. Quarante ans après, en 1796, le chaufournier Parker, le même qui a introduit le ciment romain dans l'art des constructions, publia, sur la calcination des galets argileux qui servent à préparer ce produit, des idées peu exactes, mais qui eurent cependant l'avantage d'appeler l'attention des savants sur un sujet encore inexploré. Un peu plus tard, le chimiste anglais John et les chimistes français Thénard, Chaptal et Gay-Lussac fournirent d'utiles indications. Toutefois, ce furent les ingénieurs et les praticiens éclairés qui contribuèrent le plus au progrès. Enfin, en 1812, M. Louis-Joseph Vicat, ingénieur en chef des ponts et chaussées, guidé par les lumières et les travaux de ses devanciers Berthier, Raucourt de Charleville, Bruyère, Girard, Sganzin, etc., entreprit la solution complète du problème, et fit, à partir de 1818, une série de publications qui fixèrent définitivement la théorie et la pratique des Chaux et des mortiers. On savait, depuis longtemps, que la Chaux peut être fabriquée avec toute espèce de calcaire, et que ses différentes variétés forment trois grandes classes, celles des *Chaux grasses*, des *Chaux maigres* et des *Chaux hydrauliques*, chacune possédant des propriétés qui la distinguent des autres. M. Vicat reconnut la cause de ces propriétés, détermina la nature des matières à employer pour obtenir les différentes Chaux, découvrit, en France, plus de trois cents carrières de calcaire à Chaux hydraulique, et créa l'industrie des *Chaux hydrauliques artificielles*, qui fut exploitée, pour la première fois et d'après ses données, dans une usine fondée, en 1818, au Bas-Meudon, près de Paris, par MM. Brian et Saint-Léger. M. Vicat ne se contenta pas de ces résultats : il posa encore les règles à suivre pour la calcination et l'extinction de la Chaux, pour le dosage et la préparation des mortiers, suivant l'effet particulier qu'on voulait obtenir, ainsi qu'un système facile, sûr et complet, d'essai des matières premières et des produits fabriqués. En 1843, on évaluait à 182 millions les économies que ses travaux avaient déjà procurées au gouvernement. C'est en récompense des services inappréciables qu'il a rendus à l'art des constructions que cet illustre ingénieur a été honoré de médailles d'or à toutes nos expositions, depuis 1823; que la ville de Paris lui a décerné, en 1841, un vase d'argent de 2,400 francs; que les chambres législatives lui ont accordé, en 1845, une pension viagère de 6,000 francs; qu'en 1846 la Société d'encouragement lui a donné le prix de 12,000 francs, fondé par le marquis d'Argenteuil, pour être délivré, tous les ans, à l'auteur de la découverte la plus utile à l'industrie nationale, etc.

II. Depuis le commencement de ce siècle, la cuisson de la Chaux elle-même a reçu de nombreux perfectionnements. Ainsi, les anciens fours, qui ne marchent que par intermittence, ont été abandonnés par tous les chaufourniers intelligents et remplacés par d'autres qui fonctionnent plus économiquement et d'une manière continue. Enfin, vers 1854, M. Bidreman, de Lyon, a fait disparaître l'insalubrité des fours jusqu'alors employés, en inventant un *Haut fourneau fumivore*, qui, tout en consommant moins de combustible que les fours ordinaires, a l'inappréciable avantage de ne laisser échapper aucune fumée, ce qui permet de l'établir dans l'intérieur des villes. Voyez CIMENT, MORTIER et POUZZOLANE.

CHEILOPLASTIE. — Partie de l'Autoplastie qui a pour objet la restauration des lèvres. Cet art n'est pas nouveau, puisque Celse donne d'excellents conseils pour le pratiquer. Toutefois, les modernes pourraient, sans une grande injustice pour les anciens, s'en approprier l'invention, à cause des perfectionnements considérables qu'ils y ont introduits.

CHEMIN COUVERT. — Voyez FORTIFICATION.

CHEMIN DE FER. — I. L'Angleterre est incontestablement le berceau des *Chemins de fer*, mais on ignore à quelle époque précise ils ont été véritablement inventés. Ce qui est cependant incontestable, c'est que ces merveilleuses voies de communication ne sont qu'une heureuse application de l'idée, peut-être aussi vieille que le monde, de diminuer le tirage des voitures en faisant agir leurs roues sur des surfaces dures, unies et résistantes. C'est pour ce motif que les Romains exécutaient avec tant de soin le pavage de leurs routes, et que, dès la fin du moyen âge, en Allemagne et probablement dans d'autres pays, on recouvrait de blocs de bois les chemins qui desservaient les mines. Plusieurs auteurs pensent même que ce dernier système fut introduit en Angleterre par des mineurs de la Saxe ou du Hanovre, que la reine Élisabeth avait attirés pour améliorer les procédés métallurgiques de ses États, mais le fait n'est pas prouvé : le serait-il d'ailleurs qu'il n'enlèverait rien au mérite des ingénieurs anglo-saxons. Quoi qu'il en soit, les textes connus jusqu'à présent font remonter l'origine des Chemins de fer à l'année 1630. A cette époque, un ingénieur français, appelé Beaumont, qui était attaché à l'exploitation des houillères de Newcastle-sur-Tyne, dans le Northumberland, imagina de faciliter les transports dans les galeries, en fixant, le long de la route, des poutrelles de bois sur lesquelles reposaient les roues des chariots. Cette innovation ayant réussi, la plupart des autres propriétaires de mines s'empressèrent de l'adopter, et moins d'un siècle lui suffit pour se répandre dans toute l'Angleterre. Les progrès ne tardèrent pas à commencer. Comme les *Rails de bois* s'usaient très-vite, on imagina d'abord de prolonger leur durée en les recouvrant d'une bande de fer munie d'un rebord pour maintenir les roues sur la voie. Ce perfectionnement, qui paraît dater de 1730, contribua beaucoup à la propagation du nouveau système de chemins, et engagea plusieurs compagnies à les employer en plein air. En 1738, suivant les uns, en 1754, suivant les autres, on commença à se servir de *Rails de fonte*. En 1767, le rebord saillant des rails fut supprimé et transporté aux roues. Enfin, en 1805, Georges Stephenson remplaça les rails de fonte, qui étaient trop cassants, par des *Rails de fer*. La traction n'avait encore eu lieu qu'au moyen de chevaux, lorsque, dans le courant de 1804, on essaya de l'opérer avec une machine à vapeur. La première *Locomotive* parut sur le chemin de Merthyr-Tydwil, dans le pays de Galles : elle sortait des ateliers des mécaniciens Trevithik et Vivian. Toutefois, le nouveau moteur ne put être utilement employé qu'à partir de 1829, après l'invention de la machine à chaudière tubulaire avec tirage par un jet de vapeur. C'est depuis ce temps que les Chemins de fer sont devenus ce que nous les voyons aujourd'hui, le plus admirable moyen de transport rapide. Il est à remarquer qu'ils n'ont d'abord servi qu'à transporter les marchandises et, plus particulièrement, les houilles, des lieux d'extraction aux lieux d'embarquement. Ils ne sont même devenus propres au service des voyageurs qu'après l'adoption de la locomotive à chaudière tubulaire, c'est-à-dire quand ils ont pu marcher à de grandes vitesses. Le premier chemin qui ait été établi pour ce service est celui de Manchester à Liverpool, qui fut inauguré le 15 septembre 1830. Le jour de cette fête, M. Huskisson, ministre de l'intérieur, qui faisait partie du convoi, fut écrasé par la locomotive *la Fusée*, à la station de Parkside, à la suite d'une imprudence que la compagnie avait tout fait pour prévenir : il fut ainsi la première victime des nouvelles voies de communication. — L'Angleterre ne s'est pas contentée de créer les Chemins de fer ; elle leur a donné aussi les premiers développements : elle en possédait déjà 4,482 kilomètres en 1842, tandis que les autres États n'en avaient encore que des tronçons insignifiants. Le plus ancien Chemin de fer du continent est celui de Saint-Étienne au port d'Andrezieux, sur la Loire, dont la construction fut accordée, en 1823, à M. Beaunier, pour l'exploitation des mines de houille de la Loire : il ne devait porter que des wagons traînés par des chevaux. Un peu plus tard, M. Marc Séguin entreprit celui de Saint-Étienne à Lyon (1826), et MM. Mellet et Henry commencèrent celui d'Andrezieux à Roanne (1828), tous les deux avec des locomotives, du moins sur une partie de leurs parcours. En 1834, l'utilité des voies ferrées était encore si peu comprise dans notre pays qu'un ministre de Louis-Philippe soutenait à la tribune qu'elles n'étaient bonnes qu'à servir de jouet aux curieux d'une capitale, ou de moyen de transport dans quelques cas exceptionnels. En 1842, nous n'en comptions encore que 742 kilomètres, mais, à cette époque, le gouvernement et les particuliers commencèrent à se faire des idées plus justes de l'importance des Chemins de fer, et, bientôt, de puissantes compagnies se formèrent pour en sillonner nos départements.

II. Aujourd'hui, les Chemins de fer sont répandus dans toutes les parties du monde. On ne se borne même plus à les employer pour franchir les grandes distances : on en construit aussi quelquefois pour mettre en rapport les différents quartiers d'une même ville. Les voies ferrées qui ont cette dernière destination sont généralement désignées sous le nom de *Chemins américains*, parce que ce sont les ingénieurs des États-Unis qui les ont imaginées. Elles se composent de rails en fer ayant la forme d'une ornière, et les voitures y sont mises en mouvement par des chevaux. La plus ancienne connue paraît avoir été établie, en 1845, dans les rues de New-York. Depuis quelques années, on en construit dans toutes les villes importantes (V. TRAMWAYS). — Les transports entrant pour une grande part dans les travaux des champs, on a eu l'idée d'en réduire les frais en se servant de petits *Chemins de fer portatifs* faciles à placer et à déplacer. Ces chemins ont pris naissance en Angleterre : c'est du moins dans ce pays que leur usage s'est d'abord introduit, et on y a recours, dans la plupart des grandes fermes, pour transporter économiquement les engrais et les amendements très-pesants. Ils sont formés de longrines garnies de bandes de fer, réunies par des traverses, et constituant des cadres d'un poids proportionné à la force de deux hommes, qui suffisent à leur déplacement et à leur installation. Enfin, les cadres se réunissent les uns aux autres d'une manière très-simple, et l'on parvient ainsi à établir rapidement une voie suffisante pour le passage de petits wagons attelés d'un cheval. — En 1862, l'ingénieur Mallat de Basilian a proposé un système de *Chemin de fer maritime* qui servirait de prolongement à un chemin terrestre, et éviterait l'opération, toujours si longue et si coûteuse, du transbordement des marchandises. Suivant l'inventeur, ce système de Chemin de fer permettrait de faire franchir les bras de mer, les fleuves et les rivières aux convois, sans rompre charge, abrégerait les manipulations, et réaliserait de grandes économies de temps et d'argent, en évitant aussi, dans les villes et dans l'intérieur des gares, des transports compliqués. Il n'a encore reçu aucune application.

III. Sur tous les Chemins de fer de quelque importance, c'est au moyen de la vapeur que les convois sont mis en mouvement. On a essayé, à diverses époques, d'obtenir le même résultat avec d'autres moteurs. Les tentatives qu'on a faites dans cette direction ont produit les *Chemins atmosphériques*, les *Chemins électro-magnétiques* et les *Chemins hydrauliques*.

1° *Chemins atmosphériques.* Ils ont été ainsi appelés parce que c'est au moyen de la pression de l'air qu'on a prétendu faire mouvoir les véhicules. Toutefois, dans les essais qui ont été exécutés, la vapeur a joué un aussi grand rôle que sur les chemins ordinaires. Seulement, les machines étaient fixes, mais elles n'en constituaient pas moins le véritable moteur, et la puissance de l'atmosphère n'était en réalité qu'un agent de transmission. Le système atmosphérique peut être appliqué de deux manières, *par aspiration* ou *par compression :* le premier procédé a été seul expérimenté sur une grande échelle. — On attribue l'idée de l'emploi de l'air comme moteur à Denis Papin, au XVIIe siècle, mais c'est l'ingénieur danois Medhurst qui, le premier, l'a nettement conçue, du moins théoriquement. En 1810, ce savant proposa de transporter les lettres et les marchandises au moyen d'un canal entièrement fermé, dans lequel on ferait le vide et qui serait muni d'un petit Chemin de fer. Quatorze ans après, c'est-à-dire en 1824, l'anglais Vallance entreprit de réaliser cette idée, mais il s'y prit d'une façon si extravagante qu'il dut y renoncer. En 1825, Medhurst reprit l'étude du problème et publia le résultat de ses travaux en 1827. Il n'obtint pas tout le succès qu'il avait espéré ; néanmoins, les essais qu'il exécuta furent assez satisfaisants pour attirer l'attention des hommes pratiques. Divers systèmes furent aussitôt imaginés. Enfin, en 1838, MM. Clegg et Samuda, constructeurs à Wormwood-Scrubbs, près de Londres, perfectionnèrent si bien le procédé indiqué par Medhurst, qu'ils obtinrent, en 1840, l'autorisation de l'appliquer entre Kingstown et Dalkey, en Irlande. Leur chemin fut terminé le 19 août 1843. Ils eurent ainsi la gloire de construire le premier Chemin de fer atmosphérique qui ait servi. Un ouvrage semblable, long seulement de deux kilomètres, fut établi, sur le même principe, en 1846-1847, entre Paris et Saint-Germain. C'est probablement là tout ce qu'on a fait en railways atmosphériques. Ces deux chemins ont même été abandonnés depuis, parce que l'expérience a démontré que ce système est trop coûteux d'exploitation et se prête très-mal aux exigences du service. — Les Chemins atmosphériques dans lesquels l'air agit par compression datent de 1844. Ils ont produit une foule de systèmes, parmi lesquels il suffira de citer ceux des ingénieurs français Pecqueur, Andraud, Chameroy, etc., et qui tous n'ont pu être l'objet d'expériences en grand. Ils présentent d'ailleurs les mêmes inconvénients que les précédents. C'est aux chemins du système de M. Andraud que l'on a donné le nom de *Chemins éoliques.*

2° *Chemins électro-magnétiques*. Ils ont été ainsi appelés parce que les wagons y sont mis en mouvement au moyen de l'attraction et de la répulsion des roues motrices transformées en aimants. Ce système paraît avoir été proposé, en France, d'abord, en 1844, par M. Dezelu, puis, en 1850, avec des perfectionnements, par MM. Amberger, Nicklès et Cassal. Il n'a pas été appliqué.

3° *Chemins hydrauliques*. Ce système, qui date d'une dizaine d'années, est dû à l'ingénieur italien Recalcati. « Il consiste dans l'application de siphons mobiles dont la plus courte branche plonge dans un canal supérieur et latéral au Chemin de fer, tandis que la plus longue déverse l'eau sur les augets d'une roue hydraulique. Celle-ci, ainsi mise en mouvement, fait marcher les roues motrices du chariot qui porte sur les rails, ainsi que les siphons. » L'invention de M. Recalcati n'a pas encore reçu d'application. On croit, du reste, qu'elle ne pourrait être utile que pour de petites distances. — Le *Chemin de fer à glissement*, présenté, en 1852, à l'Académie des Sciences de Paris, et expérimenté, en 1862, au hameau de la Jonchère, près de Bougival, repose aussi sur l'emploi de l'eau ; mais c'est à l'aide de la pression de ce liquide que l'inventeur, M. L.-D. Girard, croit pouvoir mettre en mouvement les voitures. Ces dernières n'ont point de roues et reposent, au moyen de patins creux, sur des rails d'une grande largeur. Des robinets établis le long de la voie et communiquant avec un tube alimentaire, lancent avec vitesse un jet d'eau dans la concavité d'aubes courbes placées sous les wagons, pendant qu'un autre jet pénètre sous les patins et tend à les soulever en cherchant à s'échapper de toutes parts. Sous l'action des robinets injecteurs, les wagons se mettent en marche, et la nappe d'eau formée sur les rails, détruisant presque tout frottement, les convois glissent absolument comme des traîneaux. L'idée de M. Girard est incontestablement très-ingénieuse, mais sa réalisation en grand présente de si grandes difficultés, qu'il n'est guère probable qu'on puisse jamais en tirer un parti véritablement utile.

IV. Outre les améliorations apportées à la construction de la voie et des Locomotives, les Chemins de fer ont donné lieu à une multitude d'autres inventions destinées, les unes à faire parcourir aux convois des courbes de très-petit rayon, les autres à prévenir les accidents. Le premier problème a été résolu, dès 1838, par l'ingénieur français Claude Arnoux, qui a créé à cet effet les trains dits *articulés*. Pour résoudre le second, on a proposé des freins diversement disposés, des signaux détonants, des signaux aériens d'une foule d'espèces ; enfin, on a tiré parti de l'électricité. Ceux qui ont cherché à utiliser le fluide électrique, et parmi lesquels il faut surtout citer MM. Tyer, Regnault, Th. du Moncel, de Castro, de Lafollye, Marqfoy, Bonelly, Dufau, etc., ont imaginé des appareils agissant, les uns automatiquement, les autres par l'intermédiaire d'employés spéciaux, mais ayant tous pour objet de donner en totalité ou en partie les résultats suivants : 1° enregistrer à chaque station les différents points de la voie parcourus par les différents trains ; 2° faire en sorte que deux trains venant à la rencontre l'un de l'autre ou se suivant de trop près, puissent s'avertir mutuellement de leur trop grand rapprochement ; 3° prévenir les trains en marche avançant vers les stations que la voie est libre ou non à ces stations ; 4° échanger des dépêches entre les stations et les convois, et entre les convois eux-mêmes, de telle sorte que chaque convoi puisse prévenir celui qui le précède ou le suit du point de la voie où il se trouve ; 5° faire savoir si les disques-signaux qui précèdent les stations accomplissent bien le mouvement voulu pour représenter le signal envoyé ; 6° indiquer si les lanternes qui fournissent les signaux pendant la nuit sont allumées ou éteintes. Aucun des systèmes proposés n'a pu être généralement adopté.— Afin d'augmenter le bien-être des voyageurs, on cherche aujourd'hui le moyen de chauffer les voitures de toutes les catégories de voyageurs, mais on n'a découvert jusqu'à présent aucun procédé pratique. On n'a pu réaliser que le chauffage de celles de première classe : encore même le néglige-t-on souvent à cause des difficultés qu'il présente. Voyez FREIN, LOCOMOTIVE, RAIL, SIGNAUX DÉTONANTS, TRAIN, etc.

CHEMINÉE. I. Les *Cheminées*, dans l'acception que l'on donne aujourd'hui à ce mot, ne paraissent pas avoir été tout à fait inconnues des anciens, mais ils ne s'en servaient que pour la cuisson des aliments, et, encore même, n'en construisaient-ils que dans quelques cas particuliers. Quant aux appartements, ils les chauffaient, soit au moyen de calorifères à air chaud, appelés *Hypocaustes*, soit au moyen de brasiers ou réchauds que l'on plaçait au milieu des pièces. En général, on faisait sortir la fumée par les portes et les fenêtres, ou par une ouverture pratiquée dans la toiture. C'est du moins ainsi que les choses se passaient chez les Romains, la seule nation civilisée de l'antiquité dont nous connaissions un peu complétement les habitudes. Aussi, Vitruve recommandait-il de ne pas orner de peintures les chambres d'hiver, parce que la fumée les aurait promptement détériorées. Ce fait, de l'absence de Cheminées, pour le chauffage, dans les maisons romaines, s'explique par la douceur du climat de l'Italie. Aujourd'hui même, c'est avec des brasiers que, dans les parties les plus chaudes de ce pays, ainsi qu'en Grèce, en Espagne, en Portugal et ailleurs, l'on se garantit le plus souvent du froid. Les Romains introduisirent leurs usages dans les climats du Nord. Pendant la période gallo-romaine, en Gaule et en Angleterre, les édifices publics et les palais des riches particuliers furent chauffés, comme ceux de Rome, avec des hypocaustes, mais on dut recourir à un moyen plus simple pour les maisons ordinaires. Obligés de passer plusieurs mois de l'année dans des habitations parfaitement closes, les habitants de ces contrées furent conduits, par les inconvénients de la fumée, à lui ménager une issue disposée de manière que la pluie pût tomber dans le foyer sans incommoder les personnes placées autour, et ils trouvèrent la solution du problème, non pas en inventant les Cheminées, puisqu'elles étaient déjà connues, mais en généralisant leur emploi. Ces constructions remplissaient d'ailleurs un double but : d'un côté, elles chauffaient les appartements, et, de l'autre, elles permettaient d'utiliser le foyer pour les besoins domestiques. Aussi, dès le vᵉ siècle, leur usage se répandit-

il partout : il pénétra même dans les palais des grands et en fit peu à peu supprimer les hypocaustes.

II. Les Cheminées ne consistèrent d'abord qu'en une simple hotte suspendue au-dessus du foyer, et ce ne fut que très-tard qu'on les munit de chambranles et de tablettes. Pendant longtemps aussi, on leur donna de grandes dimensions, défaut capital qui avait pour résultat de faire brûler en pure perte la presque totalité du combustible. La construction de ces appareils de chauffage ne commença à être améliorée qu'à la fin du dernier siècle. Les premiers progrès furent alors réalisés par le physicien anglais Benjamin Thomson, comte de Rumford, qui diminua la profondeur du foyer, remplit les deux côtés par des parois obliques, et abaissa le tablier, auquel il ajouta en avant un registre pour régler le tirage. La Cheminée de ce savant, ou *Cheminée de Rumford*, a servi de point de départ aux nombreux systèmes usités depuis soixante ans, et dont les plus répandus aujourd'hui sont ceux des parisiens Lhomond, Millet et Chaussenot. La Cheminée de ce dernier est la première qui ait été construite avec *foyer mobile*. A notre époque, plusieurs inventeurs ont cherché le moyen d'alimenter leurs Cheminées avec de l'air préalablement échauffé, et ont imaginé à cet effet une multitude de dispositions plus ou moins ingénieuses. D'autres ont établi des *Cheminées-poêles*, c'est-à-dire des Cheminées chauffant à la fois par rayonnement et par contact, et pouvant se placer à volonté dans une partie quelconque des appartements. Un des plus anciens appareils de ce genre est la *Cheminée Désarnod*, qui date de 1812, et dont les Cheminées *prussiennes*, *mylords*, *hollandaises*, etc., sont des variétés. La construction des *Tuyaux de cheminée* a été, de son côté, l'objet d'utiles perfectionnements. Le plus important, qui paraît être dû, en France, à l'ingénieur parisien Gourlier, consiste à les faire avec des briques à section intérieure circulaire. Les tuyaux de ce genre sont noyés dans l'épaisseur des murs, dont ils ne diminuent en rien la solidité, et présentent des avantages si considérables que leur usage a été adopté par tous les bons architectes. En 1861, MM. de Sauges et Masson ont proposé une disposition architecturale, qui modifierait profondément le système actuel des Cheminées. Leur système consiste à établir, sur le point le plus élevé de toute maison, une chambre, appelée *Chambre à fumée*, dans laquelle aboutissent les tuyaux de toutes les Cheminées de l'édifice, pour s'en échapper ensuite par une ouverture unique. Suivant les inventeurs, ce système rendrait le tirage des Cheminées constant et égal; annihilerait l'effet du vent, qui fait si souvent fumer les Cheminées ordinaires; dispenserait du ramonage; supprimerait les corps de Cheminée, dont la décoration des édifices a tant à souffrir; faciliterait l'extinction des incendies, etc.

III. On a fait plusieurs inventions pour éteindre les *Feux de cheminée* ou pour les prévenir. On obtient le premier résultat d'une manière très-simple et, en même temps, très-économique, en jetant du soufre en poudre sur le brasier : ce moyen a été recommandé, dès 1786, par la *Bibliothèque physico-économique* de Genève, et indiqué de nouveau, en 1816, par le chimiste Jean Darcet. Le second problème a été résolu, en 1838, d'une façon très-ingénieuse, par un autre de nos compatriotes, M. Maratuch. Le procédé de ce savant consiste à fixer à l'entrée du tuyau un châssis garni d'une toile métallique. Cet appareil arrête les feux les plus violents et dispense du ramonage. Enfin, en 1844, M. Souliac-Boileau, de Château-Thierry, a imaginé de disposer les Cheminées de telle sorte qu'aussitôt que le feu s'y déclare, le tirage d'un bouton fait tomber les chenets et le combustible dans une cavité que le contre-cœur ferme immédiatement en s'abattant dessus, tandis que le tuyau se trouve bouché en même temps par une plaque de tôle. Cette disposition est d'un effet assez certain, mais elle n'est applicable qu'aux rez-de-chaussée à cause du grand espace qu'elle nécessite.

CHEMISE. — Les anciens n'ont pas ignoré l'usage des *Chemises*, comme on l'a dit quelquefois. A Rome, par exemple, tout le monde en portait; seulement, elles étaient de laine. C'est dans la loi salique qu'il est, pour la première fois, question de ce vêtement dans notre histoire. Les auteurs latins du moyen âge l'appelaient *camisa, camisia, cam-*

sile, camisile, etc., termes qui, en passant dans la langue française, sont devenus successivement *chainsel, chainse, camise,* et, enfin, *chemise.* L'érudit Caseneuve prétend que ces divers mots viennent de l'espagnol *cama,* lit, parce que, dit-il, la Chemise est le seul vêtement que l'on garde au lit, mais cette étymologie est plus que douteuse. De même que les Romains, nos ancêtres portaient habituellement des Chemises de laine. Ils en faisaient bien aussi en toile, mais celles-ci étaient très-rares et regardées comme un objet de luxe. Encore même au XVIe siècle, on citait, dit-on, comme une curiosité, deux Chemises de toile de chanvre que possédait la reine Catherine de Médicis. Depuis un siècle environ, l'extension donnée à la culture du chanvre et du lin, surtout les développements qu'a reçus le travail du coton, ont rendu les Chemises si communes, que, pour exprimer l'extrême pauvreté de quelqu'un, on dit souvent aujourd'hui qu'*il n'a pas de chemise.* En même temps que l'usage des Chemises s'est répandu, leur confection a fait naître une industrie particulière, dont l'origine remonte à peine à une trentaine d'années.

CHEMISE DE MAILLES. — Voyez ARMURE.

CHENET. — On a cru, pendant longtemps, que les *Chenets* n'étaient pas connus des anciens, mais le contraire a été prouvé de nos jours. En effet, on a trouvé, dans les ruines de Pœstum, un véritable Chenet de fer, qui ressemble exactement à ceux que l'on fait aujourd'hui. Les fouilles de Pompéi ont également produit des instruments du même genre. En France, pendant le moyen âge, les Chenets s'appelaient, tantôt *Queminels* et *Cheminés*, parce qu'ils étaient un des ustensiles inséparables des cheminées, tantôt *Chiennets*, d'où est venu leur nom actuel, parce que, probablement, la décoration de leur partie antérieure consista d'abord en une tête de chien. Cette étymologie est d'ailleurs confirmée par les dénominations qu'ils portent encore en Angleterre et en Allemagne, où on les appelle *dog,* chien, et *feuerhund*, chien de feu. Autrefois, outre les Chenets ordinaires, il y en avait d'autres, de plus grandes dimensions, que l'on appelait *Landiers*, et qui étaient généralement accompagnés d'accessoires ayant chacun une destination particulière.

CHENG. — Voyez ANCHE.

CHEVAL. — I. Le genre Cheval renferme plusieurs espèces différentes, mais la plus importante, au point de vue des services que l'homme en retire, est le Cheval proprement dit, l'*Equus caballus* des naturalistes. On a longtemps discuté sur la patrie de cet animal. M. Quatrefages a démontré de nos jours qu'il est originaire de l'Asie centrale, d'où il s'est répandu peu à peu dans toutes les parties de l'ancien continent. Ce sont les Espagnols qui l'ont introduit au Mexique et dans l'Amérique méridionale, à la fin du XV⁰ siècle. Les Français l'ont acclimaté, un peu plus tard, dans le Canada, et, plus tard encore, les Anglais en ont doté la Nouvelle-Hollande. La plus ancienne mention qui soit faite du Cheval comme bête de charge et de trait se trouve dans la Genèse, où il est dit que lorsque Joseph transporta les ossements de son père de l'Égypte dans le pays de Chanaan, « il amena avec lui des chariots et des cavaliers. » — Suivant Bassompierre, qui écrivait en 1608, la première importation des *Chevaux anglais* en France daterait de 1606 ou de 1607 et aurait été faite par un sieur Quinterot.

II. L'usage de *ferrer* les Chevaux est assez moderne : il est même encore inconnu dans plusieurs parties de l'extrême Asie. Tout ce qui nous reste de l'antiquité prouve que les Grecs et les Romains n'avaient pas l'habitude de clouer des pièces de fer sous le sabot de leurs montures, comme on le fait aujourd'hui. Seulement, dans les endroits où les chemins étaient trop mauvais, ils attachaient aux pieds des Chevaux, avec des courroies, des espèces de souliers en cuir ou en osier, qu'ils garnissaient quelquefois d'une semelle de métal, pour en rendre l'usure moins rapide. Quant à l'emploi des fers, tel qu'on le pratique de nos jours, on ignore absolument à quelle époque et dans quel pays il a commencé.

III. On a proposé plusieurs centaines d'appareils pour prévenir ou réprimer l'*emportement des Chevaux*, mais aucun, jusqu'à présent, ne remplit d'une manière absolue toutes les conditions désirables. Ils forment quatre catégories principales. — 1° Appareils qui mettent subitement l'animal dans l'obscurité. Le principe de leur construction est rationnel. En effet, il est à peu près certain qu'un Cheval emporté, s'il est plongé dans les ténèbres, ne pourra continuer de courir et se laissera diriger. Cependant, des expériences bien faites manquent encore à cet égard, et si l'étonnement produit par le passage subit de la lumière à l'obscurité peut suffire pour arrêter un animal ombrageux ou seulement excité qui, n'ayant pas encore perdu la tête et l'instinct de la conservation, cherche, dans sa fuite rapide, à éviter les obstacles, il est à craindre que ce moyen ne soit plus efficace pour les Chevaux rendus fous ou furieux, dont l'œil, injecté, ne voit plus. L'appareil le mieux disposé de cette catégorie paraît être la *Bride à œillères mobiles et obturatrices* du capitaine Violet, qui a été honorablement mentionnée, en 1854, par la Société protectrice des animaux. — 2° Appareils qui gênent la respiration. Le Cheval ne respirant que par les naseaux, on a été conduit à penser qu'en lui comprimant ces organes, on gênerait assez sa respiration pour l'obliger à s'arrêter, quelle que fût sa vigueur ou la violence de son excitation. Le *Mors à pince-nez* du mécanicien Allier remplit assez bien cette destination : son inventeur a obtenu, en 1857, une médaille d'argent de la Société protectrice. La respiration du Cheval pouvant être gênée et même suspendue en agissant sur d'autres points que les naseaux, on a imaginé diverses dispositions ayant pour but d'exercer une certaine constriction sur la trachée, près du larynx. C'est sur ce principe qu'est établie la *Bride d'arrêt*, inventée, vers 1831, par M. Zilgcs, et beaucoup perfectionnée depuis par M. Stephens Drake. Cet appareil a également été récompensé, en 1858, par la Société protectrice. — 3° Appareils agissant sur la bouche. Les appareils de cette espèce sont regardés comme dangereux, quand leur puissance est très-considérable, et comme insuffisants, quand elle ne l'est pas. Le moins défectueux est le *Mors-Pellier*, ainsi appelé du nom de son inventeur. Ce mors permet d'obtenir sur les barres et latéralement une pression facile à graduer et pouvant devenir énorme, et suffit, entre des mains très-sages, pour prévenir et même arrêter l'emportement. — 4° Appareils entravant les membres ou les allures. Ils ont tous pour objet de maîtriser l'action musculaire du Cheval, en s'opposant aux libres mouvements de son corps ou de ses membres, sans agir sur sa bouche. Celui qui résout le problème de la manière la plus convenable est dû à M. Noël Monnier, ancien cocher, à qui la Société protectrice a décerné, en 1858 et 1860, plusieurs récompenses honorifiques. En faisant agir la guide sur la muserole et la croupière, à la façon de la corde d'une moufle, cet appareil rassemble et raccourcit en quelque sorte l'animal, et le met dans l'impossibilité de s'élancer en avant.

IV. L'*Hippophagie*, c'est-à-dire l'emploi de la viande de Cheval pour la nourriture de l'homme, est immémoriale dans l'Asie centrale. Elle a même autrefois existé dans plusieurs parties de l'Europe, notamment dans la Scandinavie et la Germanie, où elle faisait partie du culte national. Après la conversion des peuples de ces contrées au christianisme, la viande de Cheval leur fut interdite par l'Église, comme une nourriture immonde, parce qu'elle leur rappelait l'ancienne religion, et c'est de là qu'est probablement venue la répugnance qui a existé, dans toute l'Europe, pour cette substance. Aujourd'hui, l'Hippophagie a repris une certaine faveur, et l'on n'a pas eu de peine à prouver, contrairement au préjugé vulgaire, que la viande de Cheval présente tous les avantages que l'on demande aux produits ordinaires de l'alimentation. Toutefois, jusqu'à présent, sa consommation n'est devenue un peu importante qu'en Danemark, en Suède et dans plusieurs parties de l'Allemagne, telles que la Bavière, l'Autriche, le Wurtemberg, la Saxe, le Hanovre et le duché de Bade.

CHEVAL DE FRISE. — Pièce de bois hérissée de pointes dont on se sert principalement pour arrêter la cavalerie. Son nom vient, dit-on, de ce qu'on a employé, pour la première fois, ce moyen de défense, au siége de Groningue, dans la Frise, en 1594, mais le fait est loin d'être prouvé. Plusieurs écrivains militaires pensent que les Chevaux de frise sont une invention beaucoup plus ancienne : le savant Muratori croit même, et son opinion est plus que probable, qu'elle n'était pas inconnue des nations guerrières de l'antiquité, notamment des Romains.

CHEVAL-VAPEUR. — Avant l'invention de la machine à vapeur, les machines des manufactures anglaises étaient, presque partout, mises en mouvement par des manéges que des chevaux faisaient tourner. Quand les avantages de la vapeur furent connus, elle fut le seul moteur que l'on voulut employer, partout où l'on ne pouvait disposer d'un cours d'eau assez puissant, et les industriels, qui l'adoptèrent, imposèrent aux mécaniciens la condition expresse que les nouvelles machines produisissent le même travail que le nombre de chevaux attelés aux manéges qu'elles devaient remplacer. La puissance du cheval fut ainsi prise pour quantité de comparaison et servit d'unité dans l'évaluation de la force des machines à vapeur. Cette unité, ce *Cheval-vapeur*, comme on l'appelle, paraît avoir été créée, au XVIIe siècle, par le capitaine Thomas Savery, et son usage s'introduisit, dans toutes les parties de l'Europe, à mesure que les moteurs à vapeur se répandirent. Mais il est à remarquer qu'elle constitue une simple quantité de convention, qui est très-supérieure à sa valeur nominale.

CHEVEUX. — On a cherché de tout temps à corriger ce que les Cheveux peuvent avoir de défectueux ou de réputé tel par la mode. C'est ainsi que, dans l'antiquité, les élégants leur donnaient souvent des colorations artificielles. A Rome, sous l'Empire, les raffinés allaient même jusqu'à les couvrir de poudre d'or. L'usage de teindre les Cheveux a aussi existé en France de très-bonne heure, mais celui de les *poudrer* ne paraît pas antérieur au XVIe siècle. Pierre l'Estoile, le premier qui parle de cette mode, raconte, comme une singularité, qu'on vit en 1593 trois religieuses se promener dans Paris frisées et poudrées. Toutefois, cette mode fit si peu de progrès qu'à la fin du siècle suivant, il n'y avait encore que les comédiens qui fussent poudrés, et encore seulement à la scène ; mais elle devint générale au commencement du règne de Louis XV, et il ne fallut pas moins que la Révolution pour la faire disparaître.

La poudre dont on se servait habituellement était blanche, et se composait d'amidon finement pulvérisé et aromatisé. On faisait aussi une poudre rousse avec de la farine de maïs, d'iris, de sassafras, etc., que l'on falsifiait quelquefois avec de la sciure de bois, de la brique pilée ou des terres ocreuses. Aujourd'hui, ce n'est que sur le théâtre ou en temps de carnaval qu'on se poudre les Cheveux, mais l'usage de les teindre est encore très-répandu. On obtient ordinairement ce dernier résultat avec des dissolutions de nitrate d'argent, auxquelles le charlatanisme des commerçants a donné une multitude de dénominations ridicules, telles que celles d'*Eau de Perse*, d'*Eau d'Égypte*, d'*Eau de Circassie*, d'*Eau de Chine*, d'*Eau africaine*, etc. C'est le chimiste anglais Pierre Shaw qui paraît avoir indiqué, le premier, l'emploi de ces préparations dangereuses. Voyez CADENETTE, COIFFURE, PERRUQUE, etc.

CHÈVRE. — On n'a pu encore bien déterminer quel est, parmi les animaux sauvages du genre Chèvre, celui qui a fourni la *Chèvre domestique*. Plusieurs naturalistes pensent que c'est le Bouquetin des Alpes; les autres croient que c'est l'Œgagre ou Chèvre des montagnes de la Perse. D'autres, enfin, admettent que la plupart des variétés de nos Chèvres proviennent du croisement d'individus apprivoisés, appartenant aux espèces précédentes. La Chèvre domestique est élevée en Europe et en Asie pour son lait, sa viande, surtout, dans certains pays, pour son duvet qui sert à fabriquer des tissus très-recherchés. Le duvet des Chèvres de Lhassa, improprement appelées *Chèvres de Cachemire*, qui vivent dans le Thibet, aux environs de la ville de Lhassa, est la principale matière première avec laquelle les habitants de Cachemire font les châles si célèbres dans le monde entier. Les *Chèvres des Khirghis*, qui habitent au pied des monts Ourals, près du fleuve du même nom, fournissent aussi un duvet d'une très-grande valeur, mais de beaucoup inférieur à celui des précédentes. C'est un troupeau de ces dernières que M. Amédée Jaubert ramena en France, en 1824, sous le nom de *Chèvres du Thibet*, les croyant identiques avec les Chèvres de Lhassa.

CHICORÉE. — Deux espèces, la *Chicorée sauvage* et la *Chicorée endive*, constituent le genre botanique de ce nom. Elles sont, l'une et l'autre, indigènes à l'ancien continent. C'est une variété de la première, la *Chicorée à grosses racines*, que l'on cultive pour la fabrication du produit nauséabond appelé *Café de chicorée* ou *Chicorée torréfiée*. Cette fabrication remonte au milieu du dernier siècle, mais elle était encore très-peu développée, lorsque les Prussiens, en 1771, et les Hollandais, en 1772, commencèrent à l'exploiter sur une grande échelle. De Prusse et de Hollande, la nouvelle industrie se répandit peu à peu en Belgique et dans plusieurs parties de l'Allemagne. Enfin, elle fut introduite, en 1801, dans nos départements du nord, par le Belge Giraud, qui vint s'établir à Ounaing. Plus tard, en 1814, un autre Belge, Orban, fonda une nouvelle manufacture aux environs de Valenciennes. Depuis cette époque, l'usage de la Chicorée torréfiée n'a cessé de se développer, et on évalue à près de 8,000,000 de kilogrammes la quantité qui se consomme annuellement dans notre pays seulement. Elle est quelquefois vendue sous des dénominations fantastiques, telles que celles de *Moka en poudre*, *Moka en semoule*, *Vrai moka superfin*, *Café digestif*, *Café oriental*, *Café mitigatif*, *Café pectoral*, *Fleur de moka*, etc.

CHIFFRES. — Les Hébreux, les Grecs et les Romains représentaient les nombres par des lettres de l'alphabet auxquelles ils attribuaient des valeurs de convention. Le même usage exista, pendant le moyen âge, chez les divers peuples de l'Europe, jusqu'à l'époque où l'on connut les signes que l'on appelle vulgairement *Chiffres arabes*. L'origine de ces signes est des plus curieuses. On a cru, pendant longtemps, qu'ils avaient été inventés par les Indiens, et qu'après les avoir empruntés à ces derniers, les Arabes les avaient apportés en Europe; mais on a prouvé, de nos jours, qu'ils ne sont autre chose que des lettres grecques défigurées. Il résulte, en outre, des recherches auxquelles plusieurs savants se sont livrés, qu'au ve siècle de notre ère, c'est-à-dire trois cents ans avant l'arrivée des Arabes en Espagne, on connaissait à Rome, non-seulement nos

Chiffres ou *apices*, mais encore le principe de leur valeur de position. Il pourrait même se faire que cette double connaissance remontât jusqu'aux disciples de Pythagore ; mais cette partie de la question n'a pas encore été résolue. Dans le principe, il n'y avait que neuf signes, et l'on remplaçait le zéro par un point ou un petit carré. Plus tard, vers le XIIe siècle, on le représenta par un petit rond, que l'on appela *sipos*, *galgal, rota, rotula, cyphra* ou *tsiphra :* c'est de ce dernier mot que vient le français *chiffre*. — L'usage des Chiffres dits arabes n'a pas commencé partout à la même époque. Les Italiens paraissent l'avoir adopté dans les premières années du XIIIe siècle, les Anglais vers le milieu de ce même siècle, les Allemands au commencement du siècle suivant. En ce qui concerne la France, l'emploi de ces Chiffres date du XIe siècle, mais il fut d'abord peu répandu : il ne devint même général que cinq cents ans plus tard. C'est au XVIe siècle que la forme des Chiffres, qui jusqu'alors avait beaucoup varié, a été fixée telle qu'elle est aujourd'hui.

CHIFFRES (*Écriture en*). — Voyez STÉGANOGRAPHIE.

CHIMIE. — Quoique la Chimie n'existe comme science que depuis le XVIIe siècle, il n'est cependant aucune branche des connaissances humaines qui ait fait des progrès aussi rapides dans un temps aussi court. Les premières traces d'observation expérimentale appliquée aux phénomènes chimiques remontent au commencement de notre ère, mais, pendant très-longtemps, cette recherche se produisit sous la forme d'une science mystérieuse, associée le plus souvent à la magie et à l'astrologie : c'est à cette Chimie primitive que l'on a donné les noms d'*Art sacré, Art hermétique* et *Alchimie*. La plupart de ceux qui la cultivèrent s'égarèrent à la poursuite d'un but chimérique ; mais quelques-uns firent des découvertes sérieuses qui ne furent pas perdues pour l'avenir. Au XVIe siècle, Paracelse, un des hommes les plus remarquables de son époque, essaya, le premier, de séparer la Chimie véritable de l'Alchimie, et forma une pépinière de travailleurs infatigables qui continuèrent son œuvre. Van Helmont distingua plusieurs gaz. André Cassius découvrit le précipité d'or qui

porte son nom. George Agricola créa la *Chimie métallurgique*. Bernard Palissy jeta les bases de la *Chimie technique*. Les grands progrès commencèrent à se développer au siècle suivant. Jean Rey observa l'augmentation du poids des métaux pendant la calcination. Robert Boyle établit la nécessité de la présence de l'air pour la combustion. John Mayow, qui connut l'*Hydrogène* longtemps avant Henry Cavendish, montra l'analogie qui existe entre la Combustion et la Respiration. Jean-Joachim Bécher donna une idée fort exacte des phénomènes chimiques et les résuma tous dans les deux grands faits de *Combinaison* et de *Décomposition*. Au même siècle appartiennent Frédéric Hoffmann, qui distingua la *Magnésie* de la *Chaux* ; Jean Kunckel, qui fit connaître la préparation du *Phosphore* ; Robert Hooke, qui soupçonna le rôle de l'Air dans la respiration ; Nicolas Lefebvre, qui fonda en France l'*Enseignement de la Chimie* ; Christophe Glaser, qui découvrit le *Sulfate de potasse* ; Nicolas Lémery, qui, abandonnant le langage énigmatique de ses devanciers, vulgarisa toutes les connaissances chimiques que l'on possédait déjà. Le commencement du XVIIIe siècle vit paraître la première théorie générale que l'on ait possédée : George-Ernest Stahl la formula et, quoique dépourvue de tout fondement, elle régna sans partage pendant près de cent ans. Un peu plus tard, Rutherdorf découvrit l'*Azote*, et Joseph Black l'*Acide carbonique*, déjà entrevu par Van Helmont. André-Sigismond Margraff créa la fabrication du *Sucre de betterave* et distingua la *Potasse* de la *Soude*. Entre autres découvertes, Charles-Guillaume Scheele fit celles du *Chlore*, du *Manganèse*, de la *Baryte*, des Acides *lactique, arsénique, prussique, gallique, malique*, etc. Hermann Boerhaave et François Geoffroy signalèrent l'*Affinité*, dont Torbern-Olof Bergmann essaya de déterminer les lois, en même temps qu'il fit une étude approfondie des *Carbonates*. Joseph Priestley fit connaître les propriétés de l'Acide carbonique, trouva le moyen de recueillir l'*Acide chlorhydrique* et l'*Ammoniaque* à l'état de gaz, et obtint, pour la première fois, l'*Oxygène*. Cavendish reconnut la composition de l'*Acide azotique*, fit de nombreuses expériences sur l'Hydrogène, et prouva que l'*Eau* est une simple combinaison d'oxygène et d'hydrogène. Enfin, pour couronner toutes ces grandes conquêtes, Lavoisier, renversant la théorie de Stahl, en créa une nouvelle qui, reliant tous les faits acquis, devait faciliter les conquêtes nouvelles. Il établit que la *Combustion* et l'*Oxydation des métaux* sont un seul et même phénomène, et que l'Oxygène engendre les *Acides*. Enfin, il exécuta l'*Analyse de l'air*, détermina la *Composition de l'eau*, et prouva la *Simplicité des métaux*. Pendant que Lavoisier accomplissait ses admirables travaux, d'autres savants, se plaçant à d'autres points de vue, contribuaient à la fondation de cet ensemble de théories qui dominent la science actuelle. Guillaume-François Rouelle distinguait les *Sels* d'avec les substances acides et basiques avec lesquelles on les avait confondus jusqu'alors ; Proust démontrait les *Lois de la combinaison* des corps ; Jean Dalton exposait la théorie des *Nombres proportionnels* ; Guyton de Morveau, Fourcroy et Berthollet, formulaient les principes du langage chimique ; enfin, ce dernier donnait l'explication des actions réciproques des corps et déterminait définitivement les *Lois de l'affinité*, et Gay-Lussac faisait connaître le principe connu sous le nom de *Loi des volumes*. La fin du dernier siècle et le commencement du nôtre forment une époque des plus remarquables dans l'histoire de la science. Le perfectionnement de l'analyse enrichit la chimie minérale d'une foule de corps nouveaux, à la découverte desquels prirent part Klaproth, Wollaston, Chenevix, Vauquelin, Berzelius, Hisinger, et plusieurs autres, et dont le nombre augmenta encore lorsque sir Humphry Davy eut introduit la Pile de Volta dans la pratique des laboratoires. Un peu plus tard, les travaux de Sertuerner et d'Armand Séguin sur les *Alcalis végétaux* et ceux de M. Chevreul sur les *Corps gras* vinrent ouvrir un champ nouveau aux investigations. Ce qui caractérise profondément la Chimie moderne, c'est le morcellement de la science. D'une part, plusieurs savants s'occupent spécialement de ses applications aux arts industriels, à l'agriculture et à la médecine, tandis que les autres se vouent presque exclusivement à l'étude de la Chimie organique pour la mettre au niveau de la Chimie inorganique.

CHINA-GRASS. — Voyez ORTIE.

CHIMITYPIE. — Procédé de gravure chimique, inventé, vers 1850, à l'imprimerie impériale de Vienne. Il consiste à transformer une planche gravée primitivement en creux en une planche en relief pouvant servir à l'impression sous la presse typographique et remplacer avantageusement la Xylographie.

CHINASILBER. — Voyez MAILLECHORT.

CHINOISES (*Ombres*). — Voyez OMBRES.

CHIRONOMIE. — Voyez DACTYLONOMIE.

CHIROPLASTE. — Appareil inventé, en 1850, par M. Logier, professeur de musique à Berlin, pour faciliter l'enseignement du piano. Il s'adapte au clavier de l'instrument, et a pour objet de placer convenablement les mains de l'élève et de guider le mouvement des doigts.

CHIRURGIE. — Chez les peuples de l'antiquité, la Chirurgie ne constituait pas une profession distincte de la Médecine. Il paraît même que, dans le principe, elle ne s'appliquait guère qu'à la guérison des blessures, et que, dans le traitement, l'emploi des charmes se joignait à celui des applications topiques. Toutefois, les chirurgiens égyptiens acquirent de bonne heure une certaine habileté. Ils connaissaient les *Moxas* et l'emploi des *Membres artificiels*, et, à en juger par des bas-reliefs découverts dans les ruines de Thèbes, ils se servaient, pour les amputations, d'instruments fort analogues à ceux d'aujourd'hui. Les plus anciens écrits relatifs à la Chirurgie sont ceux d'Hippocrate, qui mourut 357 ans avant notre ère. Entre autres choses curieuses, ils apprennent que les opérations du *Trépan* et de la *Taille* étaient déjà usitées à cette époque. Les procédés pour la *Réduction des fractures* et des *luxations* étaient même aussi avancés que de nos jours. Parmi les chirurgiens qui vinrent ensuite, on cite surtout Proxagoras, de Cos, qui, au commencement du IVe siècle avant notre ère, pratiqua l'opération de la *Hernie étranglée* ; Asclépiade, qui, trois cents ans plus tard, proposa, le premier, la *Trachéotomie* ; et Ammonius, d'Alexandrie, qui, quelques années après, pratiqua souvent la Lithotomie. Celse, qui parut au commencement du premier siècle de notre ère, est, après Hippocrate, le plus grand chirurgien qu'ait possédé l'antiquité. Il indiqua le premier la *Ligature des vaisseaux sanguins*, pendant les amputations; mais ses idées à ce sujet ne furent appliquées qu'après sa mort par Thessalus de Tralles, Archigènes et Rufus. De son temps, la science avait atteint une si grande perfection que les modernes auraient eu peu à y ajouter pour la conduire au point où elle est aujourd'hui, sans la rareté des livres et la longue période des ténèbres du moyen âge. Après Celse, les principaux chirurgiens furent Galien, qui florissait dans la seconde moitié du ii° siècle, et qui exécuta des opérations d'une hardiesse inouïe, et Anthyllus, son contemporain, qui pratiqua, le premier, la Trachéotomie. Ceux qui leur succédèrent ne furent guère que des compilateurs et laissèrent dépérir la science entre leurs mains. Cependant, l'un d'eux, Paul d'Égine, qui vivait au vii° siècle, distingua l'*Anévrysme* vrai de l'anévrysme faux, et s'acquit une grande réputation dans l'art des accouchements. L'étude de la Chirurgie passa alors aux Arabes, qui furent promptement initiés aux connaissances des Grecs par la traduction des ouvrages de ces derniers. Mais, au lieu de les accroître, ils ne cherchèrent même pas, par suite de scrupules religieux, à les conserver. Le même motif les engagea aussi à séparer la Médecine de la Chirurgie, ce qui contribua encore à l'anéantissement de cette dernière. Une raison analogue fit également tomber l'art chirurgical dans l'oubli, chez tous les peuples chrétiens. La Chirurgie ne fut mise en honneur, chez ces derniers, qu'après la fondation de l'École de médecine de Salerne, au xi° siècle, et de celle de Montpellier, au xii°. L'Italie et la France produisirent alors plusieurs hommes de mérite, parmi lesquels se firent surtout remarquer Guillaume de Salicetti, professeur à Vérone, Lanfranc de Milan, qui vint s'établir à Paris en 1295, et Jean Pitard, médecin de saint Louis, de Philippe le Hardi et de Philippe le Bel, mais ils furent tous dépassés par Gui de Chauliac (mort vers 1370), dont les ouvrages devinrent classiques. Au xv° siècle, la Chirurgie fut stationnaire dans notre pays, mais elle continua à faire de grands progrès en Italie, qui se trouva, pendant plus de cent ans, la seule partie de l'Europe où cet art fût cultivé avec soin. Au siècle suivant, la France compta un grand homme, Ambroise Paré, qui lui donna momentanément le sceptre de la Chirurgie. A la même époque, l'Italie produisit une foule de praticiens habiles qui enrichirent la science de découvertes nouvelles, et l'Allemagne, la Suisse et les Pays-Bas virent naître leurs premiers chirurgiens de mérite. L'Angleterre n'entra dans la même voie que beaucoup plus tard, et il en fut de même des autres pays. Enfin, à la fin du xvii° siècle, la France dut aux travaux de Petit, Maréchal, Beissier, Félix, qui furent continués au siècle suivant par Lapeyronie, Quesnay, Desault, Chopart, Duverney, etc., de reprendre le premier rang, et, dès ce moment, la médecine opératoire fit, à peu près partout, des pas de géant, et préluda aux grandes conquêtes de l'époque actuelle.—L'*Académie de chirurgie* de Paris a été fondée en 1731. Supprimée pendant la Révolution, elle forma, en 1795, avec l'Académie de médecine, une des sections de la première classe de l'Institut national. Elle a été rétablie, sous son ancien nom, par une ordonnance royale du 20 décembre 1820. Voyez AMPUTATION, ANESTHÉSIE, AUTOPLASTIE, BRONCHOTOMIE, LITHOTOMIE, LITHOTRITIE, TÉNOTOMIE, TRACHÉOTOMIE, TRÉPANATION, etc.

CHLORATE DE POTASSE. — Sel résultant de la combinaison de l'acide chlorique et de la potasse. Il a été découvert, en 1786, par Berthollet, qui l'appela *Muriate suroxygéné de potasse*, mais il n'a été réellement bien connu qu'à partir de 1814, époque à laquelle Gay-Lussac parvint à en isoler l'acide. Mêlé à des corps combustibles, tels que le charbon, le soufre, etc., le Chlorate de potasse donne lieu à des mélanges qui s'embrasent et détonent avec la plus grande facilité. On l'a employé, à cause de cette propriété, pour la fabrication des briquets oxygénés et des allumettes à friction. On a également essayé de l'utiliser pour obtenir une poudre de guerre, dont la force est beaucoup plus considérable que celle de la poudre ordinaire, mais on n'a pu adopter cette poudre parce que son maniement présente des dangers à peu près inévitables.

On ne fait guère usage aujourd'hui du Chlorate de potasse que pour préparer des compositions d'artifice et des amorces fulminantes.

CHLORE. — Vaguement entrevu, au commencement du XVIIᵉ siècle, par le médecin allemand Jean-Rodolphe Glauber, le *Chlore* n'a été véritablement découvert qu'en 1774, par le chimiste suédois Charles-Guillaume Scheele, qui l'obtint en traitant par l'acide chlorhydrique un minerai de manganèse appelé alors *magnésie noire*. Toutefois, ce savant se méprit sur sa nature : il le prit pour de l'acide muriatique ou acide marin privé de phlogistique, et l'appela, en conséquence, *Acide marin déphlogistiqué*. Quelques années après, Lavoisier et Berthollet, ayant fait une étude particulière du nouveau corps, le considérèrent comme étant formé d'acide muriatique et d'oxygène, et le nommèrent *Acide muriatique oxygéné*. Enfin, en 1809, les moyens d'analyse chimique s'étant perfectionnés, sir Humphry Davy, en Angleterre, Gay-Lussac et Thénard, en France, reconnurent presqu'en même temps que l'Acide muriatique oxygéné est un véritable corps simple, et le premier lui appliqua la dénomination de *Chlorine*, d'un mot grec qui signifie « vert clair », pour rappeler sa couleur verdâtre, c'est-à-dire une de ses propriétés physiques les plus saillantes. Plus tard, cette dénomination fut changée, par André-Marie Ampère, en celle de *Chlore*, qui a la même étymologie et qui a été définitivement adoptée. — La découverte du Chlore est une des plus utiles conquêtes de la chimie moderne, et les applications des propriétés décolorantes et désinfectantes de ce corps ont révolutionné plusieurs grandes industries. C'est Berthollet qui, le premier, a proposé, en 1785, de l'employer au blanchiment des tissus. Quant à son action désinfectante, elle paraît avoir été utilisée, pour la première fois, par le pharmacien chimiste Jean-Jérôme Dizé, à l'occasion d'une épizootie qui désola le Béarn, en 1773 et 1775, mais c'est Guyton de Morveau qui, vers 1788, a le plus contribué à en répandre l'usage. Dans le principe, le Chlore dont on se servait, soit pour blanchir les tissus, soit pour purifier l'air, était dissous dans l'eau ou à l'état gazeux. Mais comme il présentait, sous ces deux formes, des inconvénients assez graves, on le remplaça plus tard par ceux de ses composés que l'on appelle *Chlorures* ou *Hypochlorites de chaux, de potasse* et *de soude*. Voyez BLANCHIMENT, CHLORATE DE POTASSE, CHLORHYDRIQUE, HYPOCHLORITES, etc.

CHLORHYDRIQUE (*Acide*). — Cet acide a été connu des alchimistes, car Basile Valentin, l'un d'eux, qui vivait au XVᵉ siècle, en parle, dans ses écrits, sous le nom d'*Esprit de sel* : il l'obtenait par la calcination d'un mélange de sel marin et de vitriol. Au siècle suivant, Robert Boyle le prépara en soumettant à une forte chaleur un mélange de sel commun, d'eau et de limaille de fer. Un peu plus tard, Jean-Rodolphe Glauber simplifia le mode de préparation en traitant, dans un appareil distillatoire, le sel marin par l'huile de vitriol. Enfin, en 1772, Joseph Priestley recueillit le premier, sur le mercure, l'Acide chlorhydrique à l'état de gaz, constata ses principales propriétés, et établit son analogie avec l'acide liquide. Ce corps s'appelait alors *Acide marin* ou *Acide muriatique*, ce dernier dérivé du latin *muria*, qui veut dire « eau salée, saumure. » En 1774, quand il eut découvert le Chlore, Charles-Guillaume Scheele avança que l'Acide muriatique était le résultat de l'union de ce gaz avec le phlogistique, et, comme par phlogistique, il entendait l'hydrogène, il en résulte que ce savant entrevit la véritable composition de cet acide avant qu'elle fût démontrée par l'expérience. Cette opinion de l'illustre Suédois resta dans l'oubli, car, à l'époque de la création de la doctrine de l'acidité par Lavoisier, l'Acide muriatique fut regardé comme un oxacide dont le radical n'était pas encore connu. Enfin, en 1806, Gay-Lussac, Thénard et sir Humphry Davy prouvèrent qu'il est formé de 1/2 volume de chlore et de 1/2 d'hydrogène. Aussi lui donnèrent-ils le nom d'*Acide hydrochlorique*, qui fut adopté par tous les chimistes, mais qui a été changé, de nos jours, en celui d'*Acide chlorhydrique*. — L'acide chlorhydrique a de nombreuses applications dans les arts. On l'emploie surtout pour préparer le chlore, l'eau régale, les chlorures désinfectants et décolorants, etc. ; pour extraire la gélatine et la colle forte ; pour ramollir l'ivoire, dissoudre les incrustations calcaires des chaudières à vapeur et des conduites d'eau, nettoyer les murs noircis par le temps, etc. On l'utilise aussi quelquefois, dans les ateliers de teinture et d'indiennerie, pour virer les couleurs et pour enlever le peroxyde de fer qui se trouve sur les toiles de coton. L'Acide chlorhydrique constitue encore un réactif précieux pour les chimistes, et les médecins en obtiennent d'excellents effets dans certaines circonstances. Enfin, en 1773, avant la découverte du chlore, Guyton de Morveau s'en servit à Dijon avec succès, sous forme de fumigations, contre les émanations putrides.

CHLORINE. — Voyez CHLORE.

CHLOROFORME. — Cette substance a été découverte, en 1831, par M. Eugène Soubeiran ; mais sa nature n'a été déterminée qu'en 1834, par M. Dumas, qui lui a donné le nom sous lequel elle a toujours été désignée depuis, pour indiquer qu'elle est un combinaison d'acide formique et de chlore. Ses propriétés anesthésiques ont été signalées, pour la première fois, le 8 mars 1847, par M. Flourens, et introduites, le 10 novembre suivant, dans la pratique chirurgicale, par le docteur écossais James-Young Simpson. Dans ces dernières années, on l'a employée, pendant quelque temps, pour remplacer l'éther dans les machines à vapeurs combinées. On s'en sert souvent aujourd'hui, d'après les indications du chimiste Cloez, pour dissoudre les corps gras et résineux, et généralement tous les produits très-carbonés. Le Chloroforme dissout, en effet, le caoutchouc à froid beaucoup mieux que tout autre liquide, et il l'abandonne par évaporation en lui laissant toutes ses propriétés premières. Il dissout aussi le copal, et donne une solution liquide qui pourrait être employée comme vernis, et que l'on a récemment préconisée contre le mal de dents.

CHLOROMÉTRIE. — La consommation considérable qu'on fait dans les arts des Chlorures décolorants a nécessité l'invention de moyens pratiques propres à faire connaître la force de ces composés : ces moyens constituent la *Chlorométrie*. Les premiers procédés chlorométriques ont été créés, en 1794, par le chimiste rouennais Descroizilles, qui inventa à cette occasion un instrument auquel il donna le nom de *Bertholli-mètre*. Ceux dont on se sert aujourd'hui datent de 1824, et sont dus à Gay-Lussac. Ce même savant les a perfectionnés en 1835, et a construit, pour les appliquer, un appareil très-simple qu'il a appelé *Chloromètre*.

CHLORURES DÉCOLORANTS. — Voyez HYPOCHLORITES.

CHOC. — C'est à Christian Huyghens, géomètre hollandais du xviie siècle, que l'on doit la découverte des *Lois du choc des corps*, et de la *Transmission du mouvement*. Les Anglais Christophe Wren et Jean Wallis, qui vivaient à la même époque, perfectionnèrent ensuite la théorie créée par ce savant.

CHOCOLAT. — L'art de fabriquer le *Chocolat* est originaire du Mexique, d'où les Espagnols l'ont introduit en Europe, quelques années après leur établissement dans ce pays. Le nom même de cet aliment n'est qu'une altération du mot *Thotcolatl* par lequel les indigènes le désignaient. Toutefois, le Chocolat des Mexicains différait beaucoup du nôtre, car il consistait simplement en un mélange d'eau froide et de cacao, auquel on ajoutait, après l'avoir bien battu, une dose exorbitante du piment le plus fort. Ce sont les Espagnols qui ont imaginé le Chocolat chaud et créé sa fabrication actuelle. Du Mexique, le Chocolat fut apporté en Espagne, d'où il pénétra en Portugal, en Italie, en France et dans quelques autres parties de l'Europe. Toutefois, la Hollande le tira directement de l'Amérique, et c'est à elle que l'Angleterre en dut la connaissance. On ne sait pas d'une manière bien précise à quelle époque ni par qui ce produit fut apporté, pour la première fois, dans notre pays. Suivant les uns, ce serait par l'infante Marie-Thérèse, lors de son mariage avec le dauphin, fils de Louis XIII. Suivant les autres, ce serait par le cardinal Alphonse de Richelieu, frère du ministre et archevêque de Lyon, qui en tenait la recette de moines espagnols. Quoi qu'il en soit, en 1660, le Chocolat était déjà répandu dans les hautes classes de la société, mais, pendant très-longtemps, il constitua un aliment de très-grand luxe, et son prix élevé, résultat du peu de développement de sa fabrication, maintint sa consommation dans des limites très-restreintes. D'ailleurs, celui qu'on faisait en France était de qualité très-inférieure, parce qu'on ne pouvait se procurer de bons cacaos. Cette branche d'industrie reçut ses premières améliorations à la fin du dernier siècle, mais ses progrès réels et soutenus ne commencèrent qu'après 1815. Elle n'a cessé, depuis cette époque, de se perfectionner, et ses produits sont regardés, aujourd'hui, comme très-supérieurs à ceux des autres pays. Elle est presque exclusivement redevable de sa prospérité actuelle à un petit nombre de fabricants parisiens, à la tête desquels se placent MM. Ménier, Marquis, Devinck, Ibled, Choquart, Hermann, Delafontaine, Boutron et Pelletier.

CHŒUR. — Dans les églises primitives, le *Chœur* consistait en une simple clôture qui s'avançait plus ou moins dans la nef, en avant du transept. On ne commença à lui donner une délimitation bien marquée qu'après la conversion de l'empereur Constantin. Toutefois, il occupa très-peu de place jusqu'au XIe siècle, mais à partir du siècle suivant, ses dimensions augmentèrent au point de comprendre le tiers de la longueur totale de l'édifice. Quelques églises anciennes ont deux chœurs, un à chaque extrémité opposée. On croit que cette singularité provient du changement de l'orientation du monument, mais cette opinion n'est guère probable, car les édifices où on la remarque ne remontent pas au delà de l'époque où l'orientation est devenue la règle générale. Voyez ÉGLISE.

CHORÉGRAPHIE. — La *Chorégraphie* est un art tout moderne, et qui ne doit rien aux souvenirs et à l'imitation de l'antiquité. On sait que les ballets furent introduits en France par Catherine de Médicis. L'approbation qu'ils obtinrent inspira naturellement à ceux qui les composaient le désir de les transmettre aux races futures. Puisqu'on écrivait les sons, on devait pouvoir aussi écrire les pas et les gestes. De là naquit la Chorégraphie ou art de fixer sur le papier, au moyen de signes de convention, les élucubrations dansantes. Un chanoine de Langres, appelé Jean Tabourot, fut le premier qui essaya de créer une écriture chorégraphique, et il publia son système, en 1588, dans un livre, très-curieux par sa naïveté, qu'il intitula *Orchésographie*, et qu'il signa Thoinet Arbeau, anagramme de son nom. Toutefois, la tâche qu'il avait entreprise était beaucoup plus ardue qu'il ne l'avait peut-être supposé, et sa méthode était si défectueuse que personne ne songea à l'adopter. Un résultat satisfaisant parut même si difficile à obtenir que nul ne fut tenté de suivre la voie qu'il avait tracée. Les choses restèrent dans cet état jusque sous le règne de Louis XIV. Beauchamp, un des plus célèbres maîtres de danse de l'époque, reprit alors la question, et parvint à si bien fixer sur le papier les ballets qu'il composait pour les opéras de Lulli, que le parlement le déclara l'inventeur de son art. Néanmoins, il est à croire que son système était loin d'être parfait, puisqu'il n'est rien resté des écrits qu'il publia. Il en fut pas de même des ouvrages de son successeur, Raoul-Auger Feuillet, qui fit paraître à Paris, d'abord, à la fin du XVIIe siècle, puis, en 1701, la *Chorégraphie*, ou *l'Art d'écrire la danse par caractères, figures et signes démonstratifs*. Dans ce traité, Feuillet prétend avoir créé sa méthode de toutes pièces, mais ses contemporains l'ont accusé d'en avoir pris l'idée à Beauchamp. Quoi qu'il en soit, c'est celle qui, sauf quelques changements imaginés, au dernier siècle, par le danseur Dupré, est encore en usage aujourd'hui.

CHRISME. — Voyez MONOGRAMME.

CHROMAMÈTRE. — Instrument destiné à faciliter l'accord du piano aux personnes qui n'en ont pas l'habitude. Il a été inventé, en 1827, par M. Roller, fabricant de pianos à Paris.

CHRÔME. — En 1797, le chimiste français Vauquelin, examinant un minéral alors peu connu, le plomb spathique de Sibérie, reconnut que ce minéral est une combinaison d'oxyde de plomb et d'un acide nouveau, dont le radical métallique n'avait point encore été obtenu. En chauffant très-fortement cet acide dans un creuset de charbon, il le réduisit en un métal d'un blanc grisâtre, auquel il donna, d'après le conseil de l'abbé Haüy, le nom de *Chrôme*, du grec *chroma*, « couleur », pour rappeler les propriétés éminemment colorantes de tous ses composés. La découverte de Vauquelin est une de celles dont les arts industriels ont tiré le plus grand parti. Toutefois, le nouveau métal n'a fait son entrée dans l'industrie qu'en 1818, époque à laquelle M. Zuber l'employa, sous la forme de *Chrômate de plomb*, dans son usine de Rixheim (Haut-Rhin), pour la coloration des papiers peints. Un an après, le chimiste parisien Lassaigne attira l'attention des teinturiers sur l'utilité que ce même sel pouvait rendre dans la décoration des tissus, et presque immédiatement, en 1820, MM. Kœchlin frères, de Mulhouse, livrèrent au commerce des indiennes avec des dessins en jaune de chrôme solide. Depuis cette époque, l'usage des chrômates s'est répandu de plus en plus dans l'indiennerie et la teinturerie, et leurs applications ont pris une telle importance, que le Chrôme est devenu, pour ces arts, le « métal de la coloration », autant que le fer est, pour le monde en général, le « métal de la civilisation ». C'est avec un de ces sels, le bichrômate de potasse, que se prépare la magnifique couleur verte, appelée *vert Guignet*, du nom de son inventeur, M. Guignet, répétiteur à l'école polytechnique, qui l'a imaginée, en 1858, pour remplacer le *vert émeraude* ou *vert Pannetier*, dont le prix énorme rendait l'emploi très-difficile.

Chromolithographie. — Art d'imprimer des dessins coloriés par les procédés lithographiques. Les premiers essais de cet art paraissent avoir été faits en 1819 par Aloïs Senefelder, l'inventeur de la Lithographie, mais ses procédés ne sont devenus industriellement applicables qu'après 1830. Parmi les premiers qui l'ont cultivé avec le plus de succès, on cite M. Hildebrand, de Berlin, qui, dès 1831, publia, dans cette ville, des œuvres d'une très-grande valeur. En France, la Chromolithographie est redevable de ses premiers progrès à MM. Godefroi Engelmann et Graft, lithographes à Paris. Ce sont également ces artistes qui ont créé le mot par lequel on la désigne (1837). Aujourd'hui, ce système d'impression est florissant dans toute l'Europe, ainsi qu'aux États-Unis. On l'emploie pour imiter tous les genres de peinture, principalement l'aquarelle et la sépia, et pour le coloriage des cartes de géographie.

Chromotypie. — Art d'imprimer des dessins en plusieurs couleurs par les procédés ordinaires de la Typographie. Cet art, qu'on appelle aussi *Typochromie*, remonte à l'origine même de l'Imprimerie. On trouve, en effet, dans le célèbre psautier, exécuté, en 1457, par Pierre Schœffer, un B majuscule, rouge et bleu, qui a été produit d'un seul coup de presse, au moyen de bois gravés à part et rentrant exactement l'un dans l'autre, après avoir été encrés séparément. Ce procédé a été retrouvé, vers 1822, par l'anglais Congrève, qui lui a donné son nom, et on l'emploie souvent aujourd'hui, soit seul, soit combiné avec le gaufrage, pour multiplier des figures et des ornements de toute espèce : il a été introduit en France par MM. Firmin Didot et Gauchard. L'impression à la Congrève procède par juxtaposition. Le système par superposition, qui donne de bien meilleurs résultats, date aussi d'une époque très-éloignée, mais sa réalisation industrielle n'est pas antérieure à l'année 1822, et appartient aussi à un autre Anglais, William Salvage. Il a été beaucoup perfectionné de nos jours par M. Haas, imprimeur à Prague, et M. Silbermann, imprimeur à Strasbourg, qui, en combinant un petit nombre de planches imprimées l'une après l'autre, ont réussi à obtenir toutes les nuances, toutes les gradations que la palette du peintre peut produire.

Chronogramme. — On appelle ainsi une inscription en prose ou en vers, dont certaines lettres, considérées comme chiffres romains, donnent la date de l'événement à l'occasion duquel elle a été faite. Ainsi, sur la médaille destinée à perpétuer le souvenir de la bataille de Lutzen, les Suédois firent placer les mots *ChrIstVs* DVX *ergo trIVMphVs*, dont les lettres en capitales forment le millésime 1632. Les Chronogrammes étaient déjà connus dans le XIe siècle, mais ils ne devinrent communs qu'au XVIe et au XVIIe. Leur usage n'existe plus aujourd'hui que chez les Orientaux.

Chronographe. — Ce mot a été introduit, en 1822, dans le vocabulaire de l'industrie par l'horloger parisien Rieussec, pour désigner des Compteurs spécialement destinés à mesurer la durée des phénomènes. Les plus anciens instruments de ce genre qui aient pu être utilisés, paraissent avoir été construits, en 1763, par l'anglais Cumming, et, en 1785, par le français Changeux : ils enregistraient les variations du baromètre et indiquaient, en même temps, l'heure, par un pointage périodique, sur un cadran mobile. On les avait à peu près oubliés, lorsque parut le *Compteur à pointage* ou *Chronographe à pointeur* de M. Rieussec. Dans ce nouvel appareil, une pointe métallique, fixée sur un ressort, plongeait dans un encrier, et, quand on pressait un bouton, cette pointe descendait et marquait sur un cadran mobile, comme dans les précédents, un point noir qui indiquait le moment de la pression. Un an après, à l'exposition de 1823, un autre Chronographe à pointage fut présenté par M. Abraham-Louis Bréguet, qui lui donna le nom de *Chronomètre à détente*. Cet appareil différait surtout de celui de M. Rieussec en ce que son cadran était fixe, et que l'encre était portée et déposée par l'aiguille des secondes. Sa supériorité fut tellement reconnue que les autres mécaniciens s'empressèrent d'adopter l'ingénieuse disposition imaginée par son inventeur, et, dès ce moment, les Chronographes commencèrent à offrir les conditions mécaniques des horloges de précision, ce qui permit de les employer avec le plus grand succès dans les expériences les plus délicates. Parmi ceux de nos compatriotes qui les premiers contribuèrent le plus à les perfectionner, on cite surtout les horlogers parisiens Perrelet, dont le *Compteur à double arrêt* date de 1827, et Jacob, qui fit breveter, en 1830, sa *Montre à secondes indépendantes*. L'invention du Télégraphe électrique a fait créer de nos jours une nouvelle espèce de Chronographes. Pour qu'on puisse juger la valeur de cette invention, il suffira de faire observer que, dans une foule de circonstances particulières, on est obligé de mesurer des intervalles de temps excessivement petits, comme, par exemple, un millième de seconde. C'est ce qui arrive notamment quand on veut connaître la vitesse des projectiles, et constater la promptitude d'inflammation des différentes espèces de poudres. Dans les expériences de ce genre, la principale difficulté n'est pas tant l'appréciation mécanique de la durée du phénomène

que le point de départ et le point d'arrêt de l'observation, car nos sens ne sont pas assez sensibles pour une pareille appréciation. L'électricité est venue en aide à la mécanique pour servir d'organe sensible et doter les corps matériels de propriétés au moyen desquelles on a pu constater directement la vitesse de la lumière. C'est aux *Compteurs électriques* destinés à mesurer les intervalles de temps infiniment petits que l'on donne le nom de *Chronoscopes*, et l'on appelle particulièrement *Chronographes électriques* ceux qui enregistrent eux-mêmes leurs indications. Le premier de ces appareils a été proposé, en 1840, par le physicien anglais Wheatstone. Depuis cette époque, MM. Bréguet, Siemens, Hipp. Constantinoff, Martin de Brettes, Navez, Du Moncel, Pouillet, Gloesener, ont cherché à résoudre le problème de diverses manières, et leurs travaux ont produit une foule d'appareils chronographiques différents qui sont journellement employés, non-seulement pour les observations scientifiques et astronomiques, mais encore pour la détermination des différences de longitude et les expériences de balistique. Mais si, à l'aide de Chronographes, on peut enregistrer les temps infiniment courts, à plus forte raison peut-on enregistrer des temps plus ou moins longs en rapport avec telles ou telles fonctions particulières. Ces appareils se nomment alors *Enregistreurs électriques*. C'est au moyen de Chronographes de ce genre que MM. Bréguet et Wheatstone sont parvenus à enregistrer les vitesses différentes des moteurs aux différentes parties de la journée, dans les usines ; que M. Du Moncel a pu enregistrer à distance la durée, la vitesse et la direction des vents, ainsi que les différentes hauteurs de la marée en pleine mer et les improvisations musicales exécutées sur un piano ; que M. Palmieri a réussi à enregistrer l'heure, la durée et l'amplitude de la secousse des tremblements de terre ; que MM. Liais, Wheatstone, Regnard, et autres, ont obtenu électriquement les indications de la marche diurne du baromètre, du thermomètre et du psychromètre, etc.

CHRONOMÈTRE. — Conformément à son étymologie (*Kronos*, temps, *Metron*, mesure), ce nom pourrait convenir aux montres ordinaires, aux pendules et aux horloges, mais, dans la pratique, on ne le donne ordinairement qu'aux instruments destinés aux recherches scientifiques et qui doivent mesurer le temps et ses plus petites fractions avec la plus grande exactitude. Ainsi, les *Montres à secondes* sont des Chronomètres, et il en est de même des *Montres marines* ou *Garde-temps*. Toutefois, celles-ci diffèrent de celles-là en ce que leur perfection ne consiste pas à donner des fractions très-petites du temps, mais seulement à mesurer ce dernier le plus parfaitement possible, et de manière à ne varier que de quelques secondes dans l'espace d'une année. C'est l'astronome Walter, de Nuremberg, qui a, dit-on, appliqué, pour la première fois, les instruments d'horlogerie aux études scientifiques : en 1484, il se servait d'une horloge pour ses observations. En 1560, Tycho-Brahé employait un appareil semblable. Ce n'est que beaucoup plus tard qu'on a employé les montres au même usage, mais elles n'ont donné de bons résultats qu'à partir du dernier siècle. Les Montres marines datent aussi du XVIIIe siècle. On sait qu'elles ont pour objet de faire trouver la longitude, et que, plus elles sont parfaites, plus elles permettent d'approcher de la solution complète de ce problème d'où dépend l'exactitude de la marche des navires. Elles ont été inventées par James Harrison, un des plus célèbres horlogers qu'ait produits l'Angleterre, et l'un des instruments construits par cet artiste, en 1736, rendit de si grands services dans une traversée de Lisbonne à Londres, qu'il valut à son auteur la médaille Copley, réservée aux inventions les plus utiles. La construction des Montres marines fut introduite en France par Julien Leroi (1680-1759), dont le fils aîné, Pierre Leroi (1717-1785), les porta au plus haut degré de perfection qu'elles eussent encore atteint. D'autres améliorations furent successivement réalisées dans notre pays, d'abord, par Ferdinand Berthoud (1727-1807), puis, par Louis Bréguet (1747-1823). De nos jours, les savants les plus distingués et les artistes les plus habiles ont épuisé toutes les ressources de leur imagination pour perfectionner l'œuvre de leurs devanciers. Néanmoins, malgré tant d'efforts,

on n'est pas encore parvenu à établir une Montre marine qui soit absolument invariable, à laquelle les navigateurs puissent se fier d'une manière absolue. Voyez CHRONOGRAPHE et MÉTRONOME.

CHRONOSCOPE. — Voy. CHRONOGRAPHE.

CHRYSAMMIQUE (*Acide*).—Voyez ALOÈS.

CHRYSOGRAPHIE. — Voyez ENCRES MÉTALLIQUES.

CHRYSOCAL. — Voyez LAITON.

CHYSOCOLLE. — Voyez BORAX.

CHRYSOGLYPHIE.— Procédé de gravure en relief sur cuivre, inventé, en 1854, par MM. Firmin Didot frères, libraires à Paris. Il a été ainsi appelé parce qu'on l'exécute au moyen de l'or (en grec *chrysos*) et des agents chimiques.

CHUTE DES CORPS. — Les *Lois de la chute des corps* ont été découvertes par Galilée, pendant son séjour à Pise, où il était professeur de mathématiques, c'est-à-dire dans l'intervalle compris entre 1589 et 1592. Il est cependant à remarquer que, dans l'antiquité, Lucrèce admettait déjà que tous les corps sont également pesants. Quand il découvrit la loi à laquelle se rapporte l'opinion du poëte latin, Galilée laissa tomber, du haut de la coupole d'une église de Pise, des boules d'or, de plomb, de cuivre, de porphyre et de cire, et il reconnut que tous ces corps arrivaient à terre en même temps. Ce fait contredisait formellement l'opinion d'Aristote, qui avait admis que la vitesse de la chute des corps était proportionnelle à leur poids. Aussi souleva-t-il les partisans de ce philosophe, et ils étaient nombreux à Pise, contre Galilée, qui fut obligé de s'enfuir à Padoue. Dans le courant du siècle suivant, les expériences de ce savant furent répétées, d'abord, en France, par Frenicle de Bessy et Mariotte, puis, en Angleterre, par Désaguillers, qui opéra à Londres, en présence de Halley et de Newton, du haut du dôme de l'église de Saint-Paul. Enfin, pour confirmer cette loi, qui fut admise dès lors, Newton imagina de faire tomber les corps dans le vide, et créa le procédé que l'on emploie encore aujourd'hui dans les cours de Physique. C'est pour constater la troisième et la quatrième des lois découvertes par Galilée, que le physicien anglais Georges Atwood a inventé, à la fin du dernier siècle, l'appareil, appelé de son nom *Machine d'Atwood*, qui fut presque aussitôt beaucoup perfectionné par Henry Sully, un des principaux horlogers de Londres. Aujourd'hui, on remplace souvent cette machine par un appareil plus parfait, qui est d'origine française, et dont l'idée première est due au général Poncelet et la réalisation pratique au général Morin.

CIBOIRE. — Dans le principe, on a appelé *Ciboire* une sorte de baldaquin qui surmontait l'autel, dans les églises chrétiennes. Plus tard, on a détourné ce mot de sa signification primitive et on ne l'a plus employé que pour désigner les vases qui servent à conserver les saintes Hosties et à les distribuer aux fidèles. Ces vases ont varié plusieurs fois de forme : celle qu'on leur donne aujourd'hui est assez moderne. Sous le rapport de la matière, ils sont soumis aux mêmes règles que les calices, c'est-à-dire que leur coupe doit toujours être d'or ou d'argent doré, et on ne peut employer un autre métal que pour leur pied. Il est à remarquer que l'Église orientale ne connaît pas l'usage des Ciboires.

CIDRE. — Quelques auteurs attribuent l'invention du *Cidre* aux Juifs, qui l'auraient transmise aux Grecs, lesquels l'auraient ensuite fait connaître aux Romains ; mais il est plus probable que l'art de fabriquer cette boisson est né partout où le pommier et le poirier croissent naturellement. En ce qui concerne la France, le Cidre était déjà connu en Normandie, dès les premiers siècles de notre ère, mais ce n'est qu'à partir du XIIIe ou du XIVe siècle que son usage est devenu général dans cette province, d'où il s'est peu à peu répandu, d'abord, dans les contrées voisines, puis, en Angleterre, en Allemagne, en Russie et en Amérique. Toutefois, aujourd'hui encore, c'est dans certaines parties de la terre normande que se préparent les Cidres les plus renommés.

CIGARE. — Christophe Colomb raconte, dans une de ses lettres, que lorsqu'il eut découvert Hispaniola, la moderne Haïti, plusieurs de ses compagnons, qu'il avait envoyés à la découverte, rencontrèrent des hommes et des femmes qui fumaient des rouleaux d'une certaine herbe : cette herbe n'était autre chose que le Tabac, et ces Rouleaux étaient des *Cigares*. L'usage des Cigares remonte donc à une époque très-ancienne. On les a faits à la main jusqu'à notre époque, où l'on a essayé d'introduire des procédés mécaniques dans leur fabrication. Les premiers essais dans cette voie nouvelle paraissent avoir été faits, il y a une quarantaine d'années, en Allemagne et en Angleterre, mais les machines proposées jusqu'à présent n'ont pas donné des résultats très-satisfaisants. On a construit également, et sans beaucoup plus de succès, des machines spécialement destinées à fabriquer automatiquement les *Cigarettes*. Une de ces dernières, due à M. Adorno, mécanicien du Mexique, figurait à l'exposition universelle de Londres, en 1851.

CIMENT. — I. On emploie ce mot, d'une manière générique, pour désigner des compositions qui servent à joindre ensemble plusieurs pièces distinctes, mais les *Ciments proprement dits* sont des chaux hydrauliques d'une extrème hydraulicité. La plus remarquable de ces chaux possède la propriété de durcir très-promptement sous l'eau et de se solidifier presque instantanément au contact de l'air. C'est à ce produit singulier que l'on a donné improprement le nom de *Ciment romain*, bien que les Romains ne l'aient jamais connu. Il a été fabriqué, pour la première fois. en 1796, par les chaufourniers anglais Parker et Wyats, qui l'obtinrent en calcinant des galets très-argileux dont il existe des dépôts considérables dans plusieurs parties de leur pays. Cette espèce de chaux fut immédiatement adoptée pour les constructions à la mer et dans les lieux humides, et ses inventeurs eurent le privilége d'en approvisionner toute l'Europe jusqu'aux premières années de ce siècle, où l'on découvrit en France et ailleurs des calcaires propres à la fournir. La plus ancienne découverte de ce genre qui ait eu lieu sur le continent paraît être celle de Boulogne-sur-Mer, qui date de 1802. Les carrières de Pouilly et de Vassy-lès-Avallon ont été trouvées beaucoup plus tard, les premières, en 1825, et les secondes, en 1833. Toutefois, comme les matières qui donnent le Ciment romain sont encore assez rares, l'industrie a cherché le moyen de fabriquer ce produit de toutes pièces, et elle y est parvenue grâce aux travaux de l'illustre

Vicat. C'est à cette catégorie de *Ciments artificiels* qu'appartient le célèbre Ciment anglais dit *de Portland.* Ce produit a été inventé, en 1826, par un simple maçon de Leeds, dans le comté d'York, qui l'appela ainsi (*Cement Portland*), parce que sa couleur est à peu près celle de la pierre du même nom qu'on emploie dans les constructions de Londres. Le Ciment Portland peut être obtenu, soit au moyen d'un mélange artificiel d'argile ou de craic ou avec des calcaires marneux, soit à l'aide de marnes naturelles renfermant environ 23 p. 100 d'argile. Sa fabrication a été introduite, en France, il y a une quinzaine d'années, par M. Émile Dupont, de Boulogne-sur-Mer. Parmi les autres Ciments artificiels dont les applications à l'art de bâtir sont les plus étendues, on cite surtout : le *Ciment Scott,* ainsi nommé de son inventeur, M. H. Scott, capitaine au corps royal du génie anglais, qui l'obtient en faisant arriver de l'acide sulfurique sur de la chaux vive chauffée ; et le *Ciment Kuhlmann,* dû à M. Kuhlmann, chimiste à Lille, qui le prépare en mélangeant à froid le marc de la fabrication de la soude artificielle avec le résidu laissé par la pyrite de fer après qu'elle a été grillée et lessivée. Voyez CHAUX, MONOLITHES (*Constructions*), SIMILIMARBRE, etc.

II. Dans ces dernières années, plusieurs inventeurs ont fabriqué des *Ciments métalliques* dont l'emploi a déjà rendu de grands services. Un des plus remarquables est celui de notre compatriote, Adrien Chenot, ingénieur civil à Clichy, près de Paris, qui le prépare avec des minerais ou des battitures de fer, et en forme des enduits et des moulages très-durables et très-économiques. M. Sorel, de Paris, en a créé un autre, qu'il obtient en délayant de l'oxyde de zinc dans un chlorure liquide de même base, et qui paraît susceptible d'un emploi encore plus étendu. Il sert, en effet, aux mêmes usages que le précédent, et peut, en outre, être employé à la place des peintures à l'huile destinées à la conservation des boiseries.

CIMETIÈRE. — Le lieu de la sépulture n'a jamais été indifférent pour aucun peuple. On a beaucoup varié sur la manière et les moyens de manifester le respect dû aux morts, mais la vénération des vivants pour ceux qui ne sont plus a toujours été inscrite dans les institutions humaines. Dès les temps les plus reculés, des emplacements particuliers ont été consacrés par les lois civiles et sanctionnés par la religion pour servir de dernière demeure aux morts. Les Hébreux, les Égyptiens et les autres nations orientales avaient leurs champs funéraires. Il en fut de même chez les Grecs et les Romains, avant qu'ils eussent adopté l'usage de brûler les cadavres. De bonne heure aussi, le besoin de prévenir les dangers de la putréfaction a fait placer les Cimetières loin des lieux habités. Les Romains, entre autres, avaient créé une législation très-sévère à ce sujet. Ils faisaient les inhumations en dehors des villes, ordinairement le long des routes. La mode contraire ne commença que vers le ve ou le vi^e siècle de notre ère, et elle fut générale à la fin du ixe. A partir de cette époque, on enterra les morts, non-seulement au centre des lieux habités, mais encore dans l'enceinte des édifices consacrés au culte. Cette pratique vicieuse exista pendant tout le moyen âge et la plus grande partie des temps modernes. En France, le parlement de Paris essaya, pour la première fois, en 1765, d'y introduire quelques restrictions, mais diverses circonstances ne lui permirent pas de faire exécuter ses décisions. Ce fut l'Assemblée constituante qui réussit la première à triompher de tous les obstacles : en 1790, elle défendit toute inhumation dans l'intérieur des églises. Enfin, en 1804, un décret impérial renouvela cette défense et prescrivit, en outre, de placer les Cimetières loin des villes, bourgs et villages et, généralement, de tout lieu où la population est agglomérée. Voyez INHUMATION.

CINABRE. — Composé de mercure et de soufre. Le Cinabre naturel constitue toutes les mines de mercure, et c'est en le soumettant à des opérations appropriées, que l'on en retire ce métal. Sa composition a été déterminée, pour la première fois, au xiiie siècle, par Albert le Grand, qui découvrit, en même temps, l'art de le produire artificiellement. Le Cinabre sert, depuis des milliers d'années, pour préparer la belle couleur rouge, appelée *Vermillon,* dont les peintres font un si grand usage. Les Grecs appelaient cette couleur *miltos*, et les Romains *minium*. Ils en faisaient, les uns et les autres, les mêmes applications générales que les modernes. Les élégantes de Rome et d'Athènes s'en servaient aussi en guise de fard. Enfin, c'est avec elle que les copistes exécutaient les ornements des manuscrits. Voyez MINIATURE.

CIRCONVALLATION (*Lignes de*).—Voyez SIÉGE DES PLACES.

CINCHONINE. — Au commencement de ce siècle, le docteur Gomès, de Lisbonne, retira, le premier, des Quinquinas, une substance cristalline qu'il appela *Cinchonin*, en mémoire de la comtesse del Cinchon. En 1820, les chimistes français Pelletier et Caventou reprirent le travail du savant portugais, et montrèrent que le Cinchonin est une véritable base à laquelle ils donnèrent le nom de *Cinchonine*. Ils prouvèrent, en outre, que tous les Quinquinas ne renferment pas la même base, et retirèrent du Quinquina jaune la *Quinine*, qui est devenue un médicament des plus précieux. La Cinchonine possède les mêmes propriétés que la Quinine, mais à un moindre degré, et c'est pour ce motif qu'on en fait peu usage. Dans ces derniers temps, M. Williams, chimiste anglais, en a extrait une matière colorante qu'il a nommée *Chinoline*, et qui paraît susceptibles d'applications industrielles.

CIRCULATION. — La *Circulation du sang* est une des grandes découvertes de l'anatomie moderne. Quelques auteurs ont bien prétendu que Salomon la connaissait, mais cette opinion ne repose sur aucun fondement sérieux. On doit en dire autant de ceux qui, interprétant à faux quelques passages d'Hippocrate, ont avancé que ce grand homme en avait aussi eu connaissance. Tout ce qu'on peut dire, c'est que ce phénomène a, de tout temps, excité la curiosité des anatomistes et des physiologistes. Les anciens n'avaient sur le mouvement du sang que des idées vagues et confuses. Ils se le représentaient généralement comme une sorte de flux et de reflux. Proxagoras et, plus tard, Erasistrate, distinguèrent les *Artères* des *Veines*. Arétée reconnut que les premières renferment du sang, et Galien remarqua que ce sang diffère de celui que contiennent les veines. Malgré ces observations, l'opinion, émise par Aristote et répétée par d'autres, que les artères renfermaient simplement de l'air ou bien un fluide particulier qu'on appelait *esprits animaux* ou simplement *esprits*, régna dans les écoles jusqu'au XVIIe siècle. Déjà cependant, vers 1553, l'Espagnol Michel Servet avait entrevu la *Petite circulation* ou *Circulation pulmonaire*, qui fut aussi l'objet des travaux de Columbus et de Césalpin. Enfin, vers 1600, Fabrice d'Aquapendente constata l'existence des *Valvules des veines*. L'Anglais Guillaume Harvey, son disciple, se mit aussitôt à chercher l'usage de ces valvules, ce qui le conduisit à découvrir la *Circulation du sang*. Cet homme illustre communiqua sa découverte à ses élèves, en 1619, mais il ne la rendit publique qu'en 1628. Toutefois, la mort ne lui permit pas de compléter ses travaux en donnant la démonstration directe du passage du sang des artères dans les veines. Ce fut l'anatomiste italien Marcel Malpighi qui, en 1661, à l'aide du microscope, observa ce fait, et, en 1688, Leuwenhoeck le fit entrer définitivement dans le domaine de la science. — La *Circulation de la sève* dans les plantes a été démontrée par Malpighi, en 1667.

CIRCUMNAVIGATION. — Le *premier voyage de Circumnavigation*, c'est-à-dire autour du monde, a été exécuté par le Portugais Fernando Magalhaens, plus connu sous le nom de Magellan, qui était alors au service de la couronne d'Espagne. Ce hardi marin, persuadé qu'il existait un passage au sud du continent américain, entreprit de le découvrir et de se servir de sa découverte pour se rendre aux Indes orientales. En conséquence, il partit, le 20 septembre 1519, du port de San-Lucar, en Andalousie, avec une flotte de cinq navires, et arriva sans accident sur la côte du Brésil. Poursuivant ensuite son voyage au sud, il atteignit, au mois d'octobre 1520, le détroit auquel il a donné son nom. Enfin, le 28 novembre suivant, il pénétra dans le grand Océan, et, le traversant du sud-est au nord-ouest, aborda aux Philippines, le 16 mars 1521. Il périt dans une bataille avec les naturels de l'une de ces îles, mais un de ses lieutenants, Sebastien del Cano, rallia les débris de l'expédition, et les ramena en Espagne, où il arriva le 6 septembre 1522, après avoir touché à Bornéo et aux Moluques, parcouru la mer des Indes et doublé le cap de Bonne-Espérance. Charles-Quint fit écrire l'histoire du voyage, mais le manuscrit fut détruit, on ne sait comment, et le monde en aurait à jamais ignoré les détails, si un gentilhomme vicentin, nommé Antonio Pigafetta, qui avait accompagné Magellan, n'avait eu le soin de les résumer. Toutefois, le travail de ce marin ne fut connu que par des abréviations ou des extraits jusqu'à la fin du dernier siècle, où l'abbé Charles Amoretti en trouva, dans la bibliothèque ambroisienne de Milan, une copie complète, qu'il publia dans cette ville, en 1800. Voyez Périple.

CIRE. — La Cire n'est pas seulement produite par les abeilles ; elle est encore fournie par plusieurs végétaux. La Cire des abeilles, la seule qu'on ait d'abord connue en Europe, a été appliquée de très-bonne heure à l'éclairage, à la peinture et à la fabrication d'une multitude d'objets d'utilité ou de simple ornement. Les anciens s'en servaient aussi pour enduire des tablettes de bois ou d'ivoire sur lesquelles ils écrivaient avec un poinçon, et qui leur tenaient lieu de nos carnets. La Cire végétale ou Cérosie est fournie par plusieurs plantes, principalement par les Myricas, arbrisseaux de la famille des Myricées. Un de ces Ciriers ou Arbres à cire, comme on les appelle vulgairement, le Myrica gale, croît naturellement, dans les lieux marécageux, en France, en Hollande, et dans plusieurs autres parties de l'Europe, mais c'est le Myrica cerifera de l'Amérique du Nord qui produit la Cire la plus belle et la plus abondante ; il donne même presque toute celle que l'on trouve dans le commerce. Cet arbrisseau a été introduit en Algérie par M. Kellermann. On a aussi proposé d'en doter quelques-uns de nos départements, parce que, comme il possède la propriété d'absorber l'air impur, il pourrait, outre la Cire qu'on en retirerait, contribuer à rendre salubres les endroits malsains. La Canne à sucre présente aussi de la Cire végétale, sous forme de poussière blanchâtre, sur toute sa tige et à la base de ses feuilles. Suivant le naturaliste Avequin, un champ de cannes d'un arpent donnerait moyenne-

ment 36 kilogrammes de Cire. La Cire végétale brûle avec une belle flamme blanche, et peut servir aux mêmes usages que celle des abeilles, mais elle n'a guère été employée jusqu'à présent que pour l'éclairage.

CIRE A CACHETER. — Elle est, dit-on, originaire de l'extrême Orient, d'où les Portugais en importèrent la préparation dans leur pays, dans la seconde moitié du XVIe siècle. Quoique cette opinion ne repose sur aucun texte bien précis, il paraît du moins établi que l'usage de la Cire à cacheter était déjà très-répandu à Lisbonne, vers 1560 : de là le nom de Cire de Portugal qu'on lui donnait anciennement. On l'appela aussi un peu plus tard Cire d'Espagne, parce que ce furent les Espagnols qui, à ce qu'on assure, en approvisionnèrent, pendant longtemps, les autres parties de l'Europe, mais celles-ci finirent aussi par la fabriquer. Le premier fabricant qu'il y eut en Angleterre fut un sieur Jones ou Jonas, dont l'établissement était en pleine prospérité en 1780. Quant à la France, elle paraît avoir été dotée de l'industrie nouvelle par un nommé François Rousseau, qui, après en avoir appris les procédés pendant son séjour dans l'Inde, vint s'établir à Paris, en 1640. Depuis le commencement de ce siècle, la fabrication de la Cire à cacheter a reçu plusieurs utiles perfectionnements. Un des plus importants a eu pour objet de neutraliser la fumée qui, lorsqu'on la brûlait, noircissait et endommageait l'empreinte des cachets. On est aussi parvenu à faire, pour les pays chauds, des Cires particulières qui ne se fondent qu'à une température de 100 degrés, et qui peuvent, par conséquent, être employées dans les circonstances où les Cires ordinaires seraient inapplicables, à cause de leur ramollissement.

CIRIER. — Voyez Cire.

CIRQUE. — Les Cirques remplaçaient, chez les Romains, les Hippodromes et les Stades des Grecs. C'étaient de grands édifices découverts et de forme à peu près elliptique, souvent très-allongée, dans lesquels on donnait des spectacles et des jeux très-variés, tels que courses à pied, à cheval ou en chars, combats d'animaux et de gladiateurs, petites guerres, etc. Le premier de ces monuments fut construit par Tarquin l'Ancien, qui le fit faire en charpente. Il fut, par la suite, démoli et rebâti en pierre, sur un plan plus vaste. On l'appelait *Grand cirque* (*Circus maximus*), soit parce qu'on y célébrait les jeux consacrés aux grands dieux (*diis magnis*), soit parce qu'il fut toujours le plus considérable de tous. Denys d'Halicarnasse porte à 15,000, Pline le Naturaliste à 26,000, et Aurelius Victor à 38,000, le nombre des spectateurs qu'il pouvait contenir. L'usage des Cirques disparut avec l'empire romain. Dans les temps modernes, on a fait revivre ce mot pour désigner des bâtiments de forme circulaire où l'on offre au public des exercices de chevaux et d'écuyers, et quelquefois des représentations dramatiques à grand spectacle. Un des plus anciens édifices de ce genre, sinon le plus ancien, qu'il y ait eu en France, est probablement celui que le duc d'Orléans fit élever, en 1787, dans le jardin du Palais-Royal, à Paris.

CISSOIDE. — Les géomètres appellent ainsi une courbe du second degré qui a été inventée, au VIe siècle de notre ère, par le mathématicien grec Dioclès, pour résoudre le problème de la Duplication du cube ou de la construction de deux moyennes proportionnelles entre deux droites données. Cette courbe a été ainsi nommée, d'un mot grec qui signifie *lierre*, parce qu'elle monte le long de son asymptote de la même manière que le lierre grimpe sur le tronc d'un arbre. On doit à Newton un procédé ingénieux qui permet de la décrire mécaniquement au moyen d'une règle rectangulaire.

CITERNE. — L'usage de construire des réservoirs souterrains pour recueillir et conserver les eaux pluviales remonte à une époque immémoriale. On a aussi, dès les temps les plus reculés, étudié les conditions particulières que ces réservoirs doivent réunir pour répondre à leur destination. On sait, depuis des milliers d'années, qu'avant d'y être introduite, l'eau doit avoir traversé une couche épaisse de sable ou de gravier; que l'air doit pouvoir y circuler librement; que leurs parois doivent être imperméables; enfin, qu'il est indispensable qu'ils soient constamment dans l'obscurité, la privation de la lumière s'opposant à la production des substances organiques qui altèrent si souvent les eaux dormantes. Des découvertes récentes ont prouvé que lorsque les Citernes sont construites avec tout le soin convenable, l'eau peut s'y conserver indéfiniment. En 1839, le chimiste Louis Girardin a indiqué un moyen très-simple pour enlever rapidement la saveur âcre que contracte l'eau des Citernes neuves, et qui est due à l'action de la chaux qu'elle enlève aux mortiers hydrauliques à l'aide desquels on les rend imperméables. Dans cet état, l'eau est à peu près impropre aux usages domestiques, mais on la corrige en quelques jours de ce défaut en y jetant du noir animal dans la proportion de 4 kilogrammes environ par hectolitre de liquide.

CITRIQUE (*Acide*). — Il a été découvert, en 1784, par le chimiste suédois Scheele, qui le trouva dans les citrons, en latin *citrus*, d'où son nom. On l'a rencontré depuis dans les oranges, les groseilles, les limons, etc., qui lui doivent leur agréable acidité. L'Acide citrique s'extrait presque exclusivement du suc de citron. Les indienneurs l'emploient pour faire des réserves et comme rongeant; les teinturiers pour préparer plusieurs couleurs; les dégraisseurs pour enlever certaines taches. On en fait encore usage, en médecine et dans l'économie domestique, sous forme de limonade : il en faut à peine deux grammes pour aciduler agréablement un litre d'eau. La *limonade sèche*, si utile aux voyageurs, s'obtient en mélangeant intimement 500 grammes de sucre et 16 grammes d'Acide citrique, et aromatisant le tout avec quelques gouttes d'essence de citron.

CITRONNIER. — Cet arbre est originaire de l'ancienne Médie, dans l'Asie centrale, où il croît spontanément. Il a dû se répandre de bonne heure dans plusieurs des contrées voisines, mais on ne possède aucun renseignement à ce sujet. On ignore également à quelle époque les Grecs le connurent. On sait seulement que Théophraste est le premier de leurs écrivains qui l'ait décrit, et l'on suppose que les notions qu'il en avait lui étaient venues de l'Asie. Virgile est le plus ancien auteur latin dans les œuvres duquel le Citronnier est mentionné, mais il n'en parle que comme d'un arbre propre à la Médie, où l'on emploie son fruit comme contre-poison. Pline le Naturaliste, qui écrivit une cinquantaine d'années plus tard, désigne cet arbre sous le nom de *citrus*, et dit que son fruit était apporté de Perse à Rome, où les médecins s'en servaient dans plusieurs circonstances, surtout dans les cas d'empoisonnement. Ce ne fut guère que deux siècles après que les Romains commencèrent à utiliser ce fruit comme aliment. A cette époque, le Citronnier n'était pas encore acclimaté en Italie. La plupart des auteurs attribuent son introduction dans cette partie de l'Europe, à Palladius, qui paraît avoir vécu au IVe siècle, mais cet agronome dit lui-même que, de son temps, il y avait déjà de grandes plantations de Citronniers aux environs de Naples et en Sicile, où elles donnaient des fleurs et des fruits toute l'année. De l'Italie méridionale, le Citronnier remonta peu à peu vers le nord. Toutefois, il ne parut dans la banlieue de Gênes qu'au Xe siècle, à Nice qu'au XIe, et à Hyères qu'au XIIe. Enfin, au XVe siècle, il était cultivé dans tous les pays où il existe aujourd'hui. Le Citronnier est cultivé pour son fruit, que l'on emploie, dans l'économie domestique, comme assaisonnement, et dont on se sert, en outre, dans les arts, pour la préparation de l'acide citrique. L'amiral Anson et le capitaine Cook sont, dit-on, les premiers qui, dans leurs voyages, se soient servis du suc de citron pour guérir ou préserver leurs équipages du scorbut.

CLAIR-OBSCUR. — Voyez CAMAÏEU et GRAVURE.

CLAIRON. — L'instrument de ce nom existait déjà au moyen âge, où on l'appelait *Buisine*. On le croit même beaucoup plus ancien, et plusieurs auteurs pensent qu'il dérive du *Lituus* des Romains. Quoi qu'il en soit, il sert aujourd'hui, dans plusieurs pays, à régler la marche de l'infanterie légère, mais, malgré les perfectionnements de détail qu'il a reçus à diverses époques, il est encore d'une justesse plus que douteuse, et ne peut produire que des sons barbares, ce qui ne permet pas de l'employer dans les orchestres. En 1849, au moyen de diverses modifications apportées au Clairon, M. Adolphe Sax est parvenu à obtenir un instrument nou-

veau, qu'il a appelé *Clairon transformateur*, et dont il a fait une famille assez nombreuse pour qu'il soit possible d'en former une musique complète d'harmonie. C'est avec des Clairons de cette espèce que l'on a constitué les fanfares de nos bataillons de chasseurs à pied.

CLAQUE. — Voyez CHAPEAU et SOCQUE.

CLAQUE THÉATRALE. — Mot par lequel on désigne l'ensemble des applaudisseurs à gages, qui, dans le parterre de certains grands théâtres, sont chargés de soutenir les pièces et les acteurs. La *Claque* n'est pas d'invention moderne. A Rome, sous la République, elle était déjà fortement organisée, mais ce fut bien pis sous l'Empire. Lorsque Néron se montrait sur la scène, Burrhus et Sénèque, placés de chaque côté, donnaient un signal, et aussitôt 5,000 jeunes gens exécutaient, sous la direction d'un chef, des applaudissements que les spectateurs étaient tenus de répéter. Ces applaudissements étaient de trois sortes : les *bombi*, dont le bruit imitait le bourdonnement des abeilles et pour lesquels on frappait l'une contre l'autre les mains arrondies et formant un creux ; les *imbrices*, qui retentissaient comme la pluie tombant sur les tuiles ; et les *testæ*, dont le son éclatait comme celui d'une cruche que l'on casse. On applaudissait aussi en poussant des cris, en claquant des doigts ou en faisant voltiger le pan de la robe. Dans les temps modernes, les cabales dramatiques paraissent avoir pris naissance de très-bonne heure, mais la Claque proprement dite ne remonte pas au delà du dernier siècle. En France, c'est le poëte Joseph Dorat, mort en 1780, qui passe pour avoir organisé le premier une bande de claqueurs : pour soutenir ses pièces, il achetait des billets de parterre et les distribuait à ses domestiques et à ses fournisseurs. Vers 1720, un nommé de Fontenai, et, un peu plus tard, le chevalier de la Morlière, exerçaient une sorte de dictature à la Comédie-Française, et dirigeaient des bandes de claqueurs avec lesquelles tous ceux qui voulaient un succès, acteurs et auteurs, étaient tenus de compter. La Claque, telle qu'elle existe aujourd'hui, date du règne de Napoléon Ier. Ses membres sont souvent appelés *chevaliers du lustre*, à cause de la place qu'ils occupent généralement au-dessous du lustre, et *romains*, soit à cause de leur organisation à la manière des légions romaines, soit à cause des applaudissements gagés que Néron se faisait donner au théâtre.

CLARINETTE. — Elle a été inventée, en 1690, par un luthier de Nuremberg, nommé Jean-Christophe Denner, qui la tira de l'informe Chalumeau du moyen âge, mais ce n'est qu'en 1757 qu'elle a été admise dans les orchestres français. Depuis cette époque, cet instrument est devenu d'un usage général, non-seulement dans la musique ordinaire, mais encore dans la musique militaire, où il joue le premier rôle. La Clarinette n'avait primitivement qu'une clef. On lui en donna bientôt deux, puis trois, puis quatre, et, enfin, cinq. Ce dernier nombre, qui existait déjà en 1770, fut porté à six, en 1791, par Xavier Lefebvre. Au commencement de ce siècle, les Allemands imaginèrent la Clarinette à treize clefs, qui, importée en France, en 1810, par Iwan Müller, fut, pendant longtemps, obstinément repoussée, comme trop difficile à jouer, par l'esprit routinier de nos artistes, lesquels ne se décidèrent à l'adopter que lorsque plusieurs clarinettistes étrangers d'un grand talent, tels que Baermann, Behr et Gambaro, leur en eurent fait comprendre les avantages incontestables. Depuis 1832, la Clarinette a reçu de nouveaux perfectionnements : le plus important a eu pour objet de la doter du mécanisme inventé, pour la flûte, par le facteur bavarois Théobald Bœhm, ce qui a permis de la munir de clefs nouvelles, pour rendre plus facile l'exécution de plusieurs traits ou trilles. Dans son état actuel, elle ne compte pas moins de dix-sept clefs, mais elle est loin encore de former un instrument parfait. La variété appelée *Clarinette basse* a été construite, pour la première fois, en 1793, par Gresner, facteur à Dresde, mais elle était alors si défectueuse qu'elle n'attira pas l'attention. Diverses améliorations, réalisées, lant en France qu'en Allemagne, à partir de 1805, contribuèrent à en répandre un peu l'usage. Toutefois, elle ne reçut un emploi bien déterminé qu'en 1836, époque à laquelle Meyerbeer l'introduisit dans son opéra des *Huguenots*. La *Clarinette contre-basse* a été créée, en 1829, par Streitwolf,

facteur de Göttingue. Son modèle le plus parfait est celui que M. Adolphe Sax a présenté, en 1855, à l'exposition universelle de Paris. Quant à la Clarinette dite *alto*, ce n'est qu'une heureuse modification du Cor de Basset. Elle a été imaginée, au commencement de ce siècle, par Iwan Müller, et apportée en France, en 1811, par son inventeur.

CLASSEUR. — Sorte de serre-papier, imaginé, en 1810, par Morel, de Paris, et destiné à séparer les papiers d'affaires suivant leur nature. Il se compose d'une suite de portefeuilles réunis entre eux, mais pouvant être détachés au besoin, et disposés sous des couvertures garnies d'étiquettes, dont l'ensemble s'embrasse d'un coup d'œil. Une foule d'inventions du même genre ont été faites dans ces dernières années.

CLASTIQUE (*Anatomie*). — On ne connaissait autrefois, pour les démonstrations anatomiques, que des pièces en cire qui, malgré leur parfaite exécution, avaient, entre autres défauts, celui de ne pouvoir être maniées sans risques d'altérer leur forme et leurs couleurs. Le docteur Ameline, de Rouen, avait bien imaginé de faire des imitations en carton, mais, sauf leur consistance, qui était un peu plus grande, ces préparations avaient tous les inconvénients des précédentes. D'ailleurs, comme ces dernières, elles ne pouvaient montrer que la surface des objets, ce qui ne permettait pas de les employer pour des études détaillées et approfondies. Les choses étaient dans cet état, lorsque, dans le courant de 1822, M. Louis Auzoux, docteur de la Faculté de Paris, conçut la pensée de représenter tous les organes du corps humain, non-seulement dans leur ensemble, mais encore dans leurs détails les plus minutieux, et quelle qu'en fût la position. Il se mit donc à l'œuvre, et, à la suite d'essais qu'il poursuivit sans interruption jusqu'en 1830, il parvint à créer une méthode admirable de fabrication, à laquelle il n'a cessé depuis d'apporter des perfectionnements. Les premières préparations du docteur Auzoux étaient exclusivement destinées à l'étude de l'anatomie humaine. Plus tard, cet inventeur étendit ses procédés à l'anatomie comparée, et, enfin, tout récemment, il les a appliqués à l'anatomie du règne végétal. Les pièces Auzoux ont reçu le nom de *Clastiques*, d'un mot grec qui signifie « pouvant se briser », parce qu'elles se démontent en un grand nombre de fragments de manière à montrer les parties, tant internes qu'externes, des objets qu'elles représentent. Elles sortent toutes d'une fabrique-école, établie à Saint-Aubin-d'Écrosville (Eure). Enfin, elles se font avec une matière pâteuse, qui n'a aucun rapport avec le carton-pâte et dont le liége réduit en poudre forme la base. Cette matière se coule à l'état frais dans des moules de métal, et acquiert, en séchant, une élasticité remarquable et une dureté supérieure à celle du bois. Il n'y a plus alors qu'à la revêtir des couleurs convenables par la peinture à la colle.

CLAVECIN. — I. C'est le plus grand des instruments à clavier et à cordes employés avant le Piano, qui n'en est qu'un perfectionnement, comme il était lui-même une amélioration de l'Épinette. On ne connaît ni la date, ni le lieu, ni l'auteur de son invention. Tout ce qu'on sait, c'est qu'il existait déjà au XVIᵉ siècle, peut-être même avant. Le *Clavecin*, en latin *Clavicymbalum*, dont le mot français n'est qu'une traduction abrégée, différait surtout de l'Épinette par sa forme, qui était à peu près triangulaire, et par ses dimensions, qui étaient plus considérables. Quant aux cordes, elles étaient mises en vibration, comme dans cette dernière, par des sautereaux, c'est-à-dire par des languettes de bois munies d'un morceau de plume, que les touches du clavier soulevaient. Les facteurs du XVIIᵉ siècle et du XVIIIᵉ modifièrent le Clavecin de mille manières pour en augmenter ou en perfectionner le son, et ne purent y parvenir. On essaya aussi de le combiner avec l'orgue, ce qui produisit les *Clavecins organisés*. En y ajoutant divers mécanismes, on imagina de lui faire rendre des sons sans analogie avec ceux des instruments alors connus, et l'on qualifia d'*acoustiques*, d'*harmonieux*, de *célestes*, de *royaux*, etc., les Clavecins qui possédaient cette propriété. En 1600, un artiste nurembergeois, appelé Jean Heyden, construisit un *Clavecin à archet*, qui imitait le violon, soutenait les sons, les diminuait et les renflait.

Plusieurs facteurs cherchèrent encore à fabriquer des *Clavecins musicographes*, c'est-à-dire qui écrivaient la musique à mesure que l'exécutant l'improvisait. Toutes ces inventions eurent d'abord un succès de curiosité, après quoi elles tombèrent dans l'oubli. Plusieurs d'entre elles ont été renouvelées de nos jours et appliquées au Piano. Le Clavecin a figuré dans la musique de chambre et au théâtre jusqu'à l'invention du Piano, mais son abandon a été très-lent dans quelques pays, où on l'employait encore très-fréquemment au commencement de ce siècle. Voyez ÉPINETTE et PIANO.

II. Au dernier siècle, un Allemand, nommé Kestler, ayant cru trouver une certaine analogie entre les sons et les couleurs, le P. Louis-Bertrand Castel, jésuite, supposa que les sept couleurs du prisme se rapportaient aux sept tons de la musique, et construisit un instrument, qu'il appela *Clavecin oculaire*, parce qu'il était destiné à produire, pour l'œil, au moyen des couleurs, la même sensation agréable que le Clavecin ordinaire produisait sur l'oreille, au moyen des sons. Cet instrument parut en 1735, et, comme toutes les choses singulières, fit quelque temps beaucoup de bruit. Le même inventeur annonça plus tard un *Clavecin des saveurs*, un *Clavecin des odeurs* et un *Clavecin pour tous les sens*, mais il ne les exécuta pas. C'est au même ordre d'idées qu'appartient l'*Orgue des saveurs*, imaginé, à la même époque, par un autre original, l'abbé Poncelet. Enfin, en 1761, le P. de la Borde publia la description d'un instrument auquel il donnait le nom de *Clavecin électrique*. Les touches du clavier communiquaient avec une verge de fer électrisée par un conducteur, et, quand on les frappait, elles mettaient en mouvement des marteaux attachés à cette verge par des fils métalliques, et qui allaient frapper des clochettes suspendues à des cordons de soie et donnant les différents sons de la gamme. Lorsqu'on jouait de l'instrument dans l'obscurité, les sons étaient accompagnés d'étincelles, de telle sorte qu'il était alors à la fois acoustique et oculaire.

CLAVICORDE. — C'est le plus ancien instrument à clavier et à cordes que l'on ait imaginé. On rapporte son invention au xvᵉ siècle. Le *Clavicorde,* qu'on appelait aussi *Manicorde,* se composait d'une boîte renfermant une table d'harmonie au-dessus de laquelle étaient tendues un certain nombre de cordes de longueur inégale, et l'on faisait vibrer celles-ci au moyen d'une petite lame de métal fixée perpendiculairement à l'extrémité intérieure de chaque touche. Comme les sons étaient très-faibles, des facteurs du xvıᵉ siècle imaginèrent, pour les rendre plus forts, de faire attaquer les cordes par des sautereaux, c'est-à-dire par de petits prismes de bois armés de pointes de plumes. L'instrument ainsi modifié reçut le nom d'*Épinette,* à cause de ces pointes ou épines. Toutefois, l'invention de cette dernière ne fit pas abandonner entièrement le Clavicorde : il était encore employé en 1636. Aujourd'hui même, on le trouve dans quelques parties de l'Allemagne.

CLAVICYLINDRE. — Instrument à clavier inventé, au commencement de ce siècle, par le physicien allemand Frédéric Chaldni, qui le présenta à l'Institut, en 1808, après l'avoir montré dans toute l'Allemagne. Cet instrument était à clavier et de dimensions plus petites que le piano. Les sons y étaient produits par la rotation d'un cylindre de verre sur la surface duquel les touches faisaient appuyer de petites barres de fer. Le Clavicylindre avait, sous le rapport de la qualité et du timbre du son, une grande analogie avec l'Harmonica, mais il donnait des sons filés que l'on pouvait nuancer à volonté. Sa construction intérieure fut tenue secrète jusqu'en 1821, où l'inventeur lui-même la fit connaître dans ses *Essais sur l'acoustique pratique.*

CLAVI-HARPE. — Instrument à clavier inventé à Paris, en 1814, par les facteurs Dietz et Second. Il avait la forme d'une harpe et produisait des sons analogues à ceux de cet instrument.

CLAVI-LAME. — Instrument à clavier, inventé en 1848, par le facteur parisien Papelard. On le fait parler en mettant des lames d'acier en vibration.

CLAVI-LYRE. — Instrument à clavier et en forme de lyre analogue au Claviharpe, qui a été inventé à Londres, en 1820, par le facteur Batterman. On en a fait depuis un grand nombre d'imitations, tant en France qu'à l'étranger.

CLEF. — Voyez SERRURE.

CLEPSYDRE. — Instrument chronométrique qui mesure le temps au moyen de l'écoulement d'une certaine quantité d'eau. La *Clepsydre simple* remonte à une époque immémoriale. Elle était d'un usage général chez les Grecs. On lui donnait des dispositions assez variées, mais, le plus souvent, elle consistait en un vase conique suspendu la pointe en bas. L'eau s'échappait goutte à goutte par une petite ouverture pratiquée à la partie inférieure, et tombait dans un réservoir à parois graduées où la différence de niveau indiquait l'heure. Plus tard, on remplaça l'échelle graduée par un cadran : dans ce cas, l'eau en montant ou baissant, faisait monter ou descendre un flotteur, qui communiquait, au moyen d'un fil, avec l'axe de l'aiguille du cadran. La *Clepsydre composée* fut inventée, 250 ans avant Jésus-Christ, par Ctésibius, mécanicien d'Alexandrie. Dans cet instrument, l'eau tombait sur une roue à palettes qui transmettait le mouvement à des rouages auxquels les aiguilles étaient fixées. Les Clepsydres composées, ou *Horloges hydrauliques à roues,* reçurent par la suite des complications et des perfectionnements qui en firent de véritables chefs-d'œuvre : les Arabes surtout en construisirent d'une très-grande beauté, et l'on sait l'admiration que causa en France celle qu'un de leurs princes, le calife Aroun al Raschid, envoya à Charlemagne. Ces instruments furent généralement employés jusqu'à l'invention des Horloges modernes, qui les fit peu à peu disparaître.

CLICHAGE. — Opération typographique qui a pour objet de transformer en blocs solides les planches d'imprimerie formées de caractères mobiles. Elle a été imaginée pour éviter les frais de composition des ouvrages que l'on est obligé d'imprimer un grand nombre de fois. Les premiers essais de cette opération paraissent avoir été faits par le pasteur protestant Jean Muller, de Leyde, qui, de concert avec le peintre Van der May, publia, entre 1700 et 1711, une Bible hollandaise, dont les planches avaient été converties en formes solides au moyen d'un mastic appliqué sur la base des caractères. Une vingtaine d'années plus tard, William Ged, orfèvre d'Édimbourg, fit des expériences dans le même but, mais en suivant une autre voie. Il enfonça des formes en caractères mobiles dans de l'argile, et coula du métal en fusion dans cette espèce de moule. Ged s'adjoignit Fenner et James, de Londres, pour exploiter son procédé, et, à partir de 1729, les trois associés firent paraître plusieurs Bibles et des livres de prières. Des méthodes plus ou moins analogues furent créées, en 1735, par Gabriel Walleyre, libraire à Paris; en 1770, par Benjamin Mecom, à Philadelphie; en 1780, par Alexandre Tilloch, à Glasgow, et Joseph-Ignace Hoffmann, à Schélestadt; enfin, en 1785, par Carez, à Toul; mais la pratique montra leur imperfection, et elles furent presque aussitôt abandonnées que connues. En 1795, Firmin Didot, faisant revivre, mais en le modifiant, le procédé de Jean Muller, se servit, pour imprimer les *Tables des logarithmes* de Callet, de formes composées en caractères mobiles dont les pages étaient soudées à leur revers. L'année suivante, c'est-à-dire en 1796, le même imprimeur eut l'idée de fondre en un alliage très-dur des lettres moins hautes que les lettres ordinaires, puis d'enfoncer au balancier les pages composées avec ces caractères dans une plaque de plomb, qui servait ensuite de matrice pour obtenir des planches sur lesquelles on exécutait le tirage. Firmin Didot donna à ce nouveau procédé le nom de *Stéréotypie*. Dans la même année, un autre Parisien, le mécanicien Héran, imagina un procédé, qu'il appela *Monotypie*, et qui consistait à composer les pages avec des matrices en cuivre avec lesquelles on frappait au balancier des plaques de plomb destinées au tirage. Ces deux procédés furent exploités par leurs inventeurs et par d'autres, jusqu'à l'époque où l'on connut les méthodes, beaucoup plus simples, que l'on emploie aujourd'hui. La plus ancienne de ces méthodes est celle qui constitue le *Clichage au plâtre*. Inventée à Londres, vers 1804, par lord Charles Stanhope, elle fut introduite quelques années après dans toutes les parties du continent : son importation en France eut lieu en 1818. Le *Clichage au papier*, qui n'en est qu'une modification, a été créé en 1846. Depuis ce temps, on a plusieurs fois essayé de remplacer le plâtre et le papier par le bitume et la gutta-percha, mais le perfectionnement le plus important qu'a reçu de nos jours cette branche de la Typographie, est dû à l'Électrotypie. Voyez Électrotypie et Gravure.

Cliché-pierre. — Voyez Gravure.

Clipper. — Navires à voiles, très-longs et très-fins marcheurs, qui sont destinés à lutter de vitesse avec les bateaux à vapeur. Ils ont été ainsi nommés, de l'anglais *Clipper*, toison, parce que, de même que la toison des brebis permet à ces animaux de traverser facilement les buissons, ils peuvent, grâce à leurs qualités particulières, passer, sans arrêt et sans perte, au milieu de tous les obstacles. L'invention de ces navires a été prédite et décrite en détail, à la fin du siècle dernier, par Vial du Clerbois, un des plus illustres ingénieurs de notre marine, mais elle n'a pu être réalisée qu'à notre époque, quand les progrès de la métallurgie ont permis d'appliquer le fer, dans une large mesure, aux constructions navales. C'est dans l'Inde anglaise que les Clippers ont pris naissance. Ils servaient depuis longtemps à introduire l'opium en Chine, lorsque les Américains du Nord les ont adoptés, et en ont répandu l'usage. Toutefois, malgré leur marche supérieure, ils ne paraissent pas encore suffisamment expérimentés, et les hommes du métier craignent que, comme bâtiments à la mer, ils ne puissent pas offrir les mêmes garanties que les anciens bâtiments à flancs arrondis.

Clitographe. — Instrument de géodésie qui sert à mesurer les distances et les hauteurs sans qu'il soit nécessaire de prendre une seule mesure. Il existe plusieurs *Clitographes*, mais le meilleur paraît être celui qui a été inventé, en 1858, par M. Lefebvre, géomètre à Rouen. Ces instruments se nomment aussi *Niveaux à pente parlants*.

Clivage. — Voyez Cristallographie.

Cloche. — Le père Kircher attribue l'invention des *Cloches* aux Égyptiens, mais il n'appuie son opinion d'aucune preuve. De leur côté, les Chinois prétendent les avoir connues plus de deux mille ans avant Jésus-Christ. Une chose seule est certaine, c'est que l'usage de ces instruments remonte à une époque immémoriale, et qu'il était connu de presque tous les peuples de l'antiquité ; seulement, les anciens les faisaient de très-petites dimensions. Les Cloches n'ont reçu les proportions qu'elles ont aujourd'hui que lorsque l'Église les a adoptées pour assembler les fidèles. On ne connaît pas la date précise de cette innovation. Mais on sait qu'elle a été introduite chez les chrétiens d'Occident beaucoup plus tôt que chez ceux d'Orient. Suivant Baronius, les Occidentaux commencèrent à se servir de Cloches aussitôt que l'empereur Constantin leur eut accordé la liberté du culte, c'est-à-dire au commencement du IVe siècle. De son côté, Polydore Virgile prétend que cet usage commença en 604, par ordre du pape Sabinien. Enfin, une troisième opinion, et c'est celle qui est généralement adoptée, attribue l'introduction des Cloches dans les églises à saint Paulin, évêque de Nole, en Campanie, et c'est de là que viendraient les noms de *noles* et de *campanes* que ces instruments portaient autrefois. Quoi qu'il en soit, l'usage des Cloches existait déjà, à la fin du VIe siècle, en France et probablement ailleurs, mais il ne devint général que longtemps après. Quant aux chrétiens Orientaux, ils ne paraissent avoir connu les Cloches que dans la seconde moitié du IXe siècle, et les historiens de Venise rapportent que les premières qu'il y ait eu à Constantinople furent envoyées, en 865, par le doge Orso Patriciaco à l'empereur grec, qui les fit placer à Sainte-Sophie. Du reste, l'emploi des Cloches n'a jamais été bien répandu en Orient. Aujourd'hui même un très-grand nombre d'églises de la Grèce et des pays soumis aux Turcs ne le connaissent pas : on y convoque les fidèles en frappant avec un marteau, soit sur une barre de fer, appelée *Agiosidère*, c'est-à-dire fer sacré, soit sur une planche d'érable, nommée, suivant ses dimensions, *Grand signal* ou *Petit signal*. — Les Cloches ont toujours été faites avec un alliage de cuivre et d'étain. Cependant, dans ces dernières années, on a eu l'idée d'appliquer l'acier fondu à leur fabrication. Cette innovation est due à l'établissement métallurgique de Bochum, en Prusse, et a parfaitement réussi. Elle permet d'obtenir des Cloches qui, tout en ayant les mêmes qualités que celles de bronze, coûtent beaucoup moins cher. Voyez SONNETTE.

CLOCHE A FACETTES. — L'appareil horticole de ce nom a été inventé, en 1805, par André Thouin. Comme son nom l'indique, il se compose de morceaux de verre réunis entre eux par des bandelettes de plomb. Cet appareil est employé, soit pour faciliter la culture des plantes annuelles qui ont été élevées sous des châssis, et que le passage subit de la chaleur des couches à celle de l'atmosphère pourrait ralentir dans leur végétation ; soit pour hâter la maturité de leurs graines ; soit, enfin, pour prolonger leur présence dans les écoles de botanique. On le préfère généralement aux Cloches ordinaires, c'est-à-dire à surface unie, dont l'origine est immémoriale. En 1809, quatre ans après l'invention de Thouin, deux autres de nos compatriotes, Rozier et Cadet de Vaux, proposèrent de remplacer ces dernières, dans certaines circonstances, par des appareils de même forme, mais en terre cuite, dont le sommet était ouvert sur un plan incliné et fermé avec un carreau de vitre. Deux oreilles servaient à soulever ces appareils, et au-dessous de ces appendices se trouvaient deux trous coniques, que l'on pouvait ouvrir et fermer à volonté, pour régler l'entrée de l'air et accélérer ou ralentir le dégagement de l'humidité. Enfin, ils étaient munis d'un conducteur métallique qui, en temps d'orage, facilitait l'écoulement de l'électricité dans le sol.

CLOCHE A PLONGEUR. — Appareil qui sert à descendre des hommes sous l'eau pour y exécuter divers travaux. Son nom vient de la forme qu'on lui a donnée dans le principe. La *Cloche à plongeur* date au moins du temps d'Aristote. Il en est question, pour la première fois, chez les peuples modernes, au XIIIe siècle, dans les écrits de Roger Bacon, et au XVIe, dans ceux de Jean Taisnier, qui rapporte une expérience faite à Tolède, en 1538, en présence de Charles-Quint. A partir de cette dernière époque, elle est citée par presque tous les physiciens, qui en parlent, non pas seulement comme d'une curiosité, mais aussi comme d'une machine dont on se servait quelquefois pour opérer le sauvetage d'objets naufragés. Pendant longtemps, la Cloche à plongeur fut construite avec une extrême grossièreté, ce qui en limitait nécessairement les applications, et son usage ne commença à se développer qu'après qu'elle eut été perfectionnée, d'abord, par Halley, en 1716, puis successivement par les ingénieurs anglais Spalding (1776), Smeaton (1788), et Rennie (1812). C'est à ces deux derniers que l'appareil doit la forme et les dispositions générales qu'on lui donne habituellement aujourd'hui, et ceux qui sont venus après eux n'ont guère fait qu'en améliorer la manœuvre. La Cloche à plongeur, telle que l'ont construite ces inventeurs, présente deux grands inconvénients. En premier lieu, on y introduit l'air nécessaire aux travailleurs au moyen d'un tuyau flexible qui va de sa partie supérieure à une pompe placée sur le bateau auquel elle est suspendue : or cette disposition expose les ouvriers à une asphyxie inévitable si, pour une cause quelconque, le tuyau vient à se rompre. En second lieu, les personnes enfermées dans la Cloche ne peuvent pas la changer elles-mêmes de place. C'est pour remédier au premier inconvénient que M. Coessin, en 1811, et le docteur Payerne, en 1842, ont proposé de supprimer le tuyau, et d'embarquer, avec une quantité d'air comprimé suffisante pour respirer pendant un temps déterminé, des substances propres à absorber l'acide carbonique expiré et à restituer à l'air l'oxygène inspiré, mais, jusqu'à présent, on a préféré s'en tenir à l'ancien système. Pour faire disparaître le second défaut, les américains Hallet et Williamson ont inventé, en 1857, une Cloche nouvelle, qu'ils ont appelée *Nautilus*, et qui est disposée de manière à pouvoir exécuter, à la volonté de ceux qu'elle renferme, les mouvements de translation les plus variés, autant du moins que le permet la longueur du tuyau d'alimentation ; mais cet appareil n'a encore reçu aucune application utile.

CLOCHER. — L'usage des Cloches a nécessairement conduit à l'invention des *Clochers*, mais il est à remarquer que ces constructions manquèrent aux premières basiliques. Il paraît que, dans le principe, on suspendit les Cloches dans des charpentes établies sur la partie la plus élevée des églises. Plus tard, on imagina de les placer dans des tours isolées ou Campaniles. Plus tard encore, on fit de ces tours des parties intégrantes de l'édifice principal, et c'est seulement alors que les Clochers proprement dits prirent naissance. Le plus ancien Clocher dont les historiens fassent mention est celui que, suivant Anastase le Bibliothécaire, le pape Étienne III fit élever, en 770, sur la basilique de Saint-Pierre, à Rome, mais cet usage ne se généralisa qu'à partir du XIe ou du XIIe siècle. De plus, pendant très-longtemps, il n'y eut rien de déterminé, quant au nombre et à l'emplacement des Clochers, et ce ne fut qu'assez tard que des règles fixes furent adoptées à cet égard. La forme et la décoration des Clochers suivirent du reste les mêmes transformations que l'architecture elle-même.

CLOU. — Parmi les nombreuses variétés de Clous, celle des *Clous forgés* est incontestablement la plus ancienne. Aujourd'hui même, on les fait encore à la main, comme autrefois, les procédés mécaniques que l'on a essayé, depuis la fin du dernier siècle, de substituer au travail de l'ouvrier n'ayant pas donné des résultats satisfaisants. Les *Clous d'épingle*, appelés aussi *Pointes de Paris* ou simplement *Pointes*, ne paraissent pas remonter au delà de cent cinquante ans. Leur fabrication a eu lieu à la main jusqu'en 1795, époque à laquelle Jacob Perkins, mécanicien des États-Unis, réussit à la réaliser au moyen d'une machine de son invention. Une foule d'artistes, tant en Amérique qu'en Europe, s'occupèrent aussitôt de perfectionner la machine de Perkins ou d'en créer de nouvelles, mais, comme ce dernier, ils ne purent d'abord obtenir que des appareils compliqués et ne produisant les Clous qu'à l'aide de plusieurs opérations successives. La première machine, qui ait fabriqué ces petits instruments d'une manière continue et en une seule passe, fut construite, en 1811, par l'ingénieur américain James White, alors établi à Paris. C'est celle qui est employée aujourd'hui, mais, depuis sa création, elle a reçu une multitude d'améliorations de détail, dont les plus récentes, qui datent de 1836, sont dues, en ce qui concerne la France, aux mécaniciens Stoltz, de Paris, et Frey, de Belleville. Grâce aux efforts de ces inventeurs, la fabrication mécanique des pointes de Paris a pris de nos jours un développement inouï, et a permis de les livrer à un prix qui est à peine supérieur à celui du fil de fer employé. — Les *Clous découpés* s'obtiennent, comme leur nom l'indique, au moyen de découpures exécutées dans des planches de métal. Ils se font toujours avec des machines, dont une des plus anciennes, sinon la plus ancienne, est celle que l'ingénieur William Bell, de Derby, fit patenter à Londres, au mois de mars 1805. — Les *Clous fondus* se font avec de la fonte douce par les procédés ordinaires du travail de cette matière. Leur fabrication a pris naissance en Angleterre, il y a une trentaine d'années. Leur usage n'est même bien répandu que dans ce pays, la fonte étant d'un prix trop élevé sur le continent pour qu'on ait pu l'appliquer économiquement à cette destination. On les emploie surtout pour les toitures, et dans les édifices où se dégagent des vapeurs de toute espèce, et ils résistent aux intempéries beaucoup mieux que les clous ordinaires en fer galvanisé. Les Anglais sont même parvenus à en faire en fonte étamée, qui sont tellement doux qu'on peut les ployer en tous sens sans qu'ils se cassent. — Parmi les autres espèces de Clous, toutes spéciales à certaines industries, il suffira de citer les *Clous dorés* à l'usage des tapissiers, dont la fabrication a été transformée, en 1852, par M. Carmoy, de Paris, à l'aide d'une machine des plus ingénieuses, construite, d'après ses indications, par M. Clément Colas.

COBALT. — Les anciens, particulièrement les Romains, ne connaissaient que les minerais de *Cobalt*, dont ils se servaient pour colorer le verre. Quant au Cobalt lui-même, il a été vaguement signalé, pour la première fois, au xvie siècle, par Paracelse, mais c'est au chimiste suédois Georges Brandt qu'appartient la gloire de l'avoir, en 1742, isolé et décrit comme un corps nouveau. Ce métal n'a aucune application directe dans les arts, mais plusieurs de ses composés sont employés pour préparer des couleurs minérales très-usitées. C'est avec l'un d'eux, l'oxyde de Cobalt, que l'on obtient la substance si connue sous les noms de *Small*, *Bleu d'azur*, *Bleu de Saxe*, *Bleu d'émail*, *Bleu de safre*,

Bleu d'empois, *Verre de cobalt*, dont on se sert pour azurer le linge et le papier, pour colorer le verre et les poteries, etc. Cette substance a été, dit-on, découverte par un verrier saxon du xvie siècle, appelé Christophe Schuiver, qui l'obtint en faisant fondre du verre avec du minerai de Cobalt de Schneeberg, que l'on prenait alors pour un minerai de cuivre. Deux autres composés de Cobalt, le phosphate et l'arséniate de Cobalt, servent à fabriquer la couleur dite *Bleu de Thénard*, du nom du chimiste qui en a indiqué la préparation, et qui a été employée, pendant longtemps, pour remplacer l'outremer naturel.

COCA. — On désigne sous ce nom les feuilles d'un arbrisseau, l'*Erythroxylon coca*, qui est originaire du Pérou et de la Bolivie, où on le cultive, de temps immémorial, sur une grande échelle. Mâchées toutes les trois heures, à la dose d'environ deux grammes, par les ouvriers et les voyageurs, elles leur permettent de rester un ou deux jours sans aliments solides ni liquides, calment leur faim et leur soif, soutiennent leurs forces et leur permettent de ne pas dormir. L'attention des savants européens a été appelée, de nos jours, sur l'utilité qu'il y aurait à introduire l'Erythroxylon coca dans les contrées qui ne le possèdent pas et où il pourrait rendre, dans une foule de circonstances, les mêmes services que les Péruviens en retirent. Le naturaliste genevois Gosse, qui a étudié avec soin cette question, pense que les Antilles, la province d'Yémen, en Arabie, les îles de la Réunion et de Java, et certaines parties de l'Abyssinie lui conviendraient parfaitement. On croit aussi qu'il réussirait en Algérie.

COCARDE. — Elle date du xviie siècle, mais son usage n'est devenu général, du moins dans nos armées, qu'à partir de 1701. Toutefois, le choix de sa couleur fut laissé au caprice des officiers jusqu'en 1767, où il fut décidé qu'elle serait blanche. La *Cocarde tricolore* a été créée en 1790, et elle a toujours été depuis notre Cocarde nationale, sauf pendant l'intervalle compris entre 1815 et 1830, où l'on fit revivre celle de 1767.

COCHE. — Voyez CARROSSE.

COCHENILLE. — Le mot *Cochenille* est

un terme générique par lequel on désigne plusieurs insectes qui fournissent une couleur cramoisie très-employée dans les arts, et dont la beauté et l'éclat varient suivant les espèces. La couleur la plus belle et, par conséquent, la plus recherchée, est fournie par la *Cochenille vraie*, appelée vulgairement *Cochenille du cactus*, parce qu'elle vit sur la plante de ce nom. Cet insecte est originaire du Mexique, et son introduction dans l'industrie européenne date du commencement du xvie siècle. Son pays d'origine l'a exclusivement fourni au commerce jusqu'en 1832, époque à laquelle les Espagnols ont réussi à l'acclimater aux Canaries. On a commencé aussi, vers la même époque, à le naturaliser en Algérie. En 1818, MM. Pelletier et Caventou sont parvenus à isoler la matière colorante de la Cochenille, et ils lui ont donné le nom de *Carmine.* Voyez KERMÈS.

CODE REYNOLS. — Voyez SIGNAUX MARITIMES.

COFFRE-FORT. — Au lieu de déposer leurs objets précieux dans des constructions souterraines, comme c'était la coutume chez les anciens, les modernes se contentent de les enfermer dans des meubles particuliers, généralement appelés *Coffres-forts*, qui produisent le même résultat et avec beaucoup moins de frais. Ces meubles sont quelquefois tout en fer, mais, le plus souvent, on les fait en bois recouvert d'une enveloppe de métal. Pendant longtemps, on s'est exclusivement préoccupé de les mettre à l'abri de l'attaque des malfaiteurs, et l'on y est parvenu en les munissant de serrures incrochetables et de garnitures d'acier trempé, mais l'usage, qui s'est introduit depuis plusieurs années, d'y placer habituellement les papiers d'affaires, a fait naître l'idée de les soustraire également à l'action du feu. Beaucoup de mécaniciens, entre autres, les Anglais Chubb, Milner et Tann, ont abordé la solution de ce dernier problème, et plusieurs d'entre eux ont obtenu des résultats assez remarquables en plaçant, entre l'enveloppe extérieure et le compartiment intérieur, des substances mauvaises conductrices de la chaleur, principalement du sable, du plâtre, de l'alun, de la terre ou de la brique pilée. Toutefois, c'est M. Le-

paul, serrurier-mécanicien à Paris, qui, jusqu'à présent, paraît avoir le mieux réalisé ce progrès. Les Coffres-forts de cet inventeur sont munis à l'intérieur de panneaux incombustibles préparés par le procédé Carteron, et les expériences auxquelles on les a soumis ont prouvé qu'ils peuvent, pendant quarante heures, résister au feu le plus violent, sans que les papiers les plus minces aient même apparence de jaunir. Leur carcasse intérieure, en bois de chêne de premier choix, est, en outre, bardée de pointes d'acier d'une trempe toute particulière et clouées dans tous les sens, ce qui les défend contre les forets et les vrilles les plus redoutables, et en fait un rempart diamanté-inattaquable.

COIFFURE. — Tous les peuples anciens ont attaché une idée superstitieuse à la chevelure. A leurs yeux, les cheveux longs étaient considérés comme un signe de force, et ils formaient l'une des parties caractéristiques du costume du héros, du brave par excellence, et, par suite, de l'homme libre. Les cheveux courts, au contraire, impliquaient une idée de faiblesse, de sujétion et de dégradation. Les Indiens, les Égyptiens, les Assyriens, les Perses et les Hébreux portaient les cheveux longs, mais, tantôt, ils les laissaient flotter, tantôt, ils les partageaient en mèches minces et roulées en spirale ou en tresses étagées sur plusieurs rangs : ce dernier usage existait surtout en Perse et en Égypte. Pendant longtemps, les Grecs laissèrent croître leur chevelure. Par la suite, les hommes la coupèrent, mais les femmes la conservèrent tout entière, en lui donnant des dispositions qui varièrent naturellement suivant les caprices de la mode. On sait que les dames athéniennes aimaient à orner leur coiffure de cigales d'or, et qu'elles en suspendaient aussi aux boucles qui leur tombaient sur le front. A Rome, les hommes eurent les cheveux longs jusque vers l'an 300 avant notre ère : aussi, les écrivains du siècle d'Auguste qualifiaient-ils leurs ancêtres de *capillati, intonsi,* c'est-à-dire « chevelus. » Quant aux femmes, elles les portèrent toujours longs, mais, dès le commencement de l'empire, elles imaginèrent une variété infinie de coiffures, dont les monuments des arts du dessin nous ont conservé de curieux spécimens. Il est bon de remarquer que chez les Romains, aussi bien que chez les Grecs, on coupa de tout temps les cheveux aux esclaves. Les Gaulois et les Germains avaient les cheveux longs, et, dans la plupart de leurs tribus, cette longue chevelure était le seul signe extérieur qui distinguât les hommes libres. L'idée d'une supériorité sociale attachée à une longue chevelure se maintint, dans toute l'Europe, pendant la plus grande partie du moyen âge, et c'est pour cela que lorsqu'on déposait un prince ou qu'on voulait rendre son héritier légitime inhabile à lui succéder, on se contentait de lui raser la tête. A cette époque, le clergé seul avait conservé la coutume romaine des cheveux courts, en signe de la servitude volontaire à laquelle il se vouait. Peu à peu cependant l'idée de prérogative qu'on attachait à une longue chevelure s'amoindrit, mais cette révolution ne fut complète, du moins en France, qu'au xvi⁰ siècle, sous François Iᵉʳ. Depuis ce prince jusqu'à Louis XIII, les hommes, dans notre pays, ne portèrent que les cheveux courts. Sous ce dernier, les cheveux longs reparurent encore, et ceux qui trouvèrent insuffisante la chevelure que la nature leur avait donnée, y suppléèrent au moyen de perruques dont les dimensions, d'abord très-modestes, finirent par devenir formidables. Le xviii⁰ siècle vit disparaître les lourdes perruques. On se contenta de laisser croître modérément les cheveux, mais on les frisa et on les couvrit de poudre. De plus, les élégants en enfermèrent les extrémités dans des bourses de velours ou de satin qui retombaient sur les épaules et qu'on appelait *Crapauds*, tandis que les bourgeois et les gens du commun les attachaient derrière la tête de manière à en faire une espèce de *Queue*, ou bien les nouaient en une sorte de pelote que l'on nommait *Catogan*. La Révolution remit en honneur les cheveux courts. Sous le Directoire, les anciennes modes reparurent un instant : on ajouta même à la queue, au catogan et aux bourses, des nattes ou *Tresses* et des *Plaques* ou *Faces*, qui couvraient les joues et descendaient parfois sur les épaules. Enfin, les cheveux courts reprirent le dessus sous le Consulat, et ils se sont maintenus depuis, sauf quelques variations insignifiantes. Ce qui précède

se rapporte à la coiffure des hommes. Celle des femmes fut généralement assez simple jusqu'au xive siècle, où elles imaginèrent de la surmonter d'une haute coiffure conique, appelée *Hennin*, qui ne disparut que sous le règne de Charles VIII. Passant alors d'une extrémité à l'autre, elles adoptèrent des coiffures fort basses, nommées *Chaperons*, *Toques*, *Bourrelets*, *Escofions*, etc., suivant leur forme et leurs dispositions. La coiffure resta basse jusqu'à la fin du xviiⁱᵉ siècle, où elle s'éleva de nouveau. Les dames de la cour ajustèrent alors sur leur tête un édifice en fil de fer, nommé *Commode*, qui était haut de près d'un mètre, et qui parut vers 1695. Elles revinrent aux coiffures basses en 1699, mais ce ne fut que pour quelques années. En effet, à partir de 1770, on imagina une multitude de coiffures, toutes remarquables par leurs dimensions, et où des carcasses métalliques servaient de support à des masses de rubans, de fleurs, de figurines en carton, de plumes, etc., accumulés dans les touffes de la chevelure. Ces coiffures ridicules s'appelaient des *Poufs*. Toutefois, par une réaction naturelle, la mode des coiffures plates finit par reprendre le dessus, et, depuis la Révolution, son règne s'est constamment maintenu. Voyez Chapeau, Cheveux, Fontange, Hennin, Perruque, Pouf, etc.

COIGNASSIER. — Cet arbre est, dit-on, originaire de l'Asie. Ce sont ses fruits que Virgile désigne sous le nom de *mala aurea* ou pommes d'or. Il est probable que les fameuses pommes du jardin des Hespérides, dont Hercule fit la conquête, étaient des coings, car les oranges et les cédrats qu'on a voulu y voir n'ont été connus que bien longtemps après l'époque où l'on suppose que ce héros a vécu.

COIN MONÉTAIRE. — Voyez MONNAYAGE.

COKE. — Le *Coke* n'est autre chose que de la houille débarrassée par une calcination particulière des matières sulfureuses ou bitumineuses qui s'y trouvent toujours renfermées. Sa fabrication a pris naissance en Angleterre, au commencement du xviiⁱᵉ siècle. Une première patente fut accordée à cet effet à Sturtevant, en 1612 ; une seconde, à Ravenson, en 1613 ; et une troisième, à Dudley, en 1619. Toutefois, suivant

Karsten, le nouveau combustible ne réussit bien dans les hauts-fourneaux qu'à partir de 1720. Introduit en France, en 1772, par M. Jars, membre de l'ancienne Académie des Sciences, l'art de le préparer n'a réellement commencé à se développer dans notre pays, que dans les premières années de ce siècle. Le Coke produit une température beaucoup plus élevée et bien plus soutenue que tout autre combustible; c'est pour cela qu'on l'emploie généralement pour le chauffage des locomotives, le traitement des minerais de fer et la fusion des métaux. La préférence qu'on lui donne souvent sur la houille dans l'économie domestique, vient de ce qu'il ne répand, en brûlant, ni flamme, ni fumée odorante, et de ce que son pouvoir rayonnant étant plus grand, il renvoie dans les appartements une plus grande masse de chaleur.— Le *Coke* destiné aux locomotives ayant besoin de présenter une grande pureté relative, on lui donne cette qualité en soumettant à une *épuration* préalable la houille qui sert à le fabriquer. Cette opération a été essayée, pour la première fois, vers 1835, sur des charbons pyriteux des Vosges, puis, en 1840, sur les charbons de Commentry, et, en 1846, sur ceux de Valenciennes. Enfin, elle a été adoptée, en 1848, par les fabricants de Coke de la Belgique, et, à partir de cette époque, son usage s'est répandu dans tous les pays. On a même fini par l'appliquer au Coke des usines et même à la houille réservée au chauffage domestique.

COLLE. — Les substances adhésives vulgairement désignées sous le nom de *Colles* ne sont autre chose que de la gélatine plus ou moins impure. Leur usage dans les arts remonte à une très-haute antiquité, mais, pendant très-longtemps, elles ont simplement servi à réunir les corps entre eux, et ce n'est guère que depuis un siècle et demi qu'on a créé les autres applications qu'on en fait aujourd'hui. La variété dite *Colle de poisson* ou *Ichthyocolle* est surtout fournie par la vessie natatoire de plusieurs espèces d'esturgeons qui abondent dans les fleuves des bassins de la mer Caspienne et de la mer Noire. On l'emploie pour donner du lustre et de la consistance aux étoffes de soie, aux rubans et aux gazes, pour monter les pierreries,

fabriquer les perles fausses, préparer des gelées alimentaires, clarifier les liqueurs alcooliques, etc. La *Colle de Flandre*, ainsi appelée parce que la meilleure était autrefois préparée dans les Flandres, s'extrait des os ou s'obtient en faisant bouillir dans l'eau des rognures de peau, de parchemin, etc. La plus belle se fabrique aujourd'hui à Rouen et porte le nom de *grenétine*, du nom de l'industriel qui l'a mise en vogue. C'est avec cette dernière que l'on fait le taffetas d'Angleterre, la colle à bouche et les capsules pharmaceutiques. On l'emploie également pour la clarification des liquides et la confection des gelées alimentaires, ainsi que pour rendre translucides et imperméables à la poussière les tissus légers et peu serrés avec lesquels on couvre les lustres et les dorures. On en fait encore des feuilles minces et transparentes comme le verre, dites *papier-glace* ou *papier-gélatine*, dont on se sert pour calquer et pour confectionner des pains à cacheter, des fleurs artificielles, des images de piété, etc. La *Colle forte*, qui est vraisemblablement la plus ancienne, se fabrique comme la Colle de Flandre, mais avec des matières plus communes : c'est celle dont les ouvriers sur bois font journellement usage. On en tire aussi parti pour fabriquer les rouleaux d'imprimerie et les peignes en écaille factice. En la dissolvant dans du vinaigre ou dans de l'acide azotique, on est parvenu de nos jours à la maintenir fluide, ce qui en rend l'emploi commode dans plusieurs circonstances. Toutefois, cette *Colle liquide*, comme on l'appelle, a moins de ténacité que celle qui est fondue à la manière ordinaire et appliquée à chaud. — Sous le nom de *Colle-tout*, M. Bru, employé du musée de Narbonne, s'est servi, en 1860, d'une dissolution de silicate de potasse pour souder ensemble des fragments plus ou moins volumineux de pierre, de marbre, de verre, de bois et de poterie. Cette nouvelle application d'une substance dont l'industrie tire déjà utilement parti, paraît appelée à rendre de nombreux services à plusieurs arts, notamment à la sculpture et à l'architecture.

COLLERETTE. — Voyez FRAISE.

COLLIER. — Le *Collier* a figuré, de tout temps, comme objet de toilette, dans l'histoire de la vie privée de la plupart des nations. Chez plusieurs peuples de l'antiquité, surtout chez les Perses et les Égyptiens, les hommes le portaient aussi bien que les femmes. Le même usage existait aussi chez les Gaulois. A Rome, on distribuait souvent des Colliers d'une forme particulière aux soldats que l'on voulait récompenser. Dans les armées romaines, des Colliers servaient également d'insigne à certaines classes d'officiers. Au moyen âge, le Collier servit souvent de récompense militaire, mais il perdit cette destination à la fin du xve siècle. Depuis cette époque, il est devenu exclusivement une parure de femme ou le signe distinctif de quelques agents subalternes et des grands dignitaires de certains ordres de chevalerie.

COLLIMATEUR. — Instrument d'astronomie et de géodésie qui sert à déterminer le point horizontal. Il a été inventé, il y a une vingtaine d'années, par le capitaine anglais Kater. On l'appelle aussi *Viseur flottant*.

COLLODION. — Dissolution de coton-poudre dans l'éther alcoolisé. Cette substance curieuse a été découverte, en 1848, par un jeune médecin de Boston, nommé Maynard. A l'exemple de son inventeur, on l'a d'abord exclusivement employée, comme agglutinant, pour réunir les plaies, à la place du taffetas d'Angleterre et des sparadraps adhésifs, mais l'industrie n'a pas tardé à lui trouver d'autres utiles applications. C'est ainsi que M. Berard-Touzelin, de Paris, en a tiré admirablement parti pour la reliure des livres et la fabrication des fleurs artificielles. Un autre de nos compatriotes, M. Legray, l'a introduite dans les manipulations de la Photographie, ce qui a puissamment contribué aux progrès de cet art. Le docteur anglais Low en a propagé l'usage pour la multiplication des plantes par boutures et pour l'opération de la greffe, où elle remplace avec avantage et économie les divers mastics généralement usités. Enfin, en mélangeant le Collodion avec de l'huile de ricin, d'olive, de lin, d'œillette ou de colza, les Américains Barnwell et Rollaston ont formé un enduit qui paraît éminemment propre à l'imperméabilisation des tissus.

COLOMBIADE. — En 1813, pendant leur guerre avec les Anglais, les Américains appelèrent ainsi, du nom de la localité où on les coula, des caronades de fort calibre dont le boulet pesait 100 livres avoir-du-poids. Ce furent des pièces de ce genre que Fulton adopta pour l'armement de son bateau sous-marin.

COLOMBIUM. — Voyez TANTALE.

COLONNE. — I. La *Colonne* se trouve dans l'architecture de tous les peuples, mais ses proportions, sa matière et sa décoration ont naturellement varié suivant les temps et les lieux. Les Colonnes sont tantôt isolées, tantôt disposées, en nombre plus ou moins considérable, sur la façade ou sur les côtés des édifices. Les Colonnes isolées ont le plus souvent pour objet de rappeler le souvenir de quelque grand événement. Ce sont les Romains qui ont érigé les premières, et la plus ancienne est celle qu'ils élevèrent sur le Forum pour rappeler la victoire remportée par le consul Caius Duilius sur les Carthaginois, l'an 261 avant notre ère. Ce monument, qui existe encore, est orné de *rostres* ou proues de navires, d'où le nom de *Colonne rostrale* qu'on lui donna et qu'on donne encore aujourd'hui aux Colonnes destinées à célébrer une victoire navale. Quand les Colonnes sont placées symétriquement en galerie ou en circuit, soit autour, soit sur un des côtés seulement d'un édifice, elles constituent ce qu'on appelle une *Colonnade*. Les constructions de ce genre couvrent le sol de l'ancienne Égypte. On en trouve également de très-remarquables dans les ruines de Palmyre et de Balbeck, en Syrie. Parmi les plus belles des temps modernes, on cite surtout celle de la place Saint-Pierre, à Rome, et celle du palais du Louvre, à Paris, qui datent toutes les deux du xviie siècle. — Les Colonnes sont ordinairement formées de plusieurs pièces. Quelquefois, cependant, elles ne présentent qu'un seul bloc. Ces deux systèmes ont été connus et pratiqués par les anciens, mais les modernes y ont introduit des procédés mécaniques qui ont beaucoup simplifié le travail. Ainsi, il existe aujourd'hui des machines qui permettent de transformer la pierre et le marbre en Colonnes avec autant de facilité que si l'on opérait sur le bois. Il y en a même qui évident les Colonnes, quelle que soit leur matière, en les débitant les unes dans les autres. Toutes ces machines remontent au moins à l'époque de la Renaissance, et on n'a fait depuis qu'en perfectionner les divers organes.

II. Plusieurs machines hydrauliques ont reçu le nom de *Colonne*. La plus importante, la seule d'ailleurs dont l'industrie ait pu tirer parti, est la *Machine à colonne d'eau* dont la première idée date du second quart du dernier siècle et paraît due aux ingénieurs français Denisart et de la Deuille. En 1741, un projet mieux conçu fut présenté à l'Académie des Sciences de Paris, par M. de Gensanne. En 1749, le célèbre Bélidor décrivit un autre projet encore supérieur dans son *Architecture hydraulique*. Enfin, dans cette même année, le mécanicien allemand Hoel construisit, pour les mines de Schemnitz, en Hongrie, la première Machine à colonne d'eau de grande dimension qui ait existé. Depuis cette époque, les appareils de cette espèce sont fréquemment employés pour l'épuisement des mines. Ils produisent un effet utile, qui est d'environ 0,60 du travail moteur.

COLORATION ARTIFICIELLE. — Voyez AGATE et BOIS.

COLORIGRADE. — Instrument destiné à déterminer toutes les nuances des couleurs présentées par les corps naturels. Il a été inventé, en 1816, par le physicien français Jean-Baptiste Biot. Un instrument du même genre a été imaginé, dans ces dernières années, par un autre de nos compatriotes, M. Houton de la Billardière, qui lui a donné le nom de *Colorimètre*. Ce dernier est journellement employé dans les arts de la teinture et de l'indiennerie, pour faire l'essai des matières tinctoriales.

COLORINE. — Substance tinctoriale extraite de la racine de Garance. Elle a été découverte, en 1827, par les chimistes Robiquet et Colin, et mise dans le commerce, en 1839, par MM. Thomas et Laugier, d'Avignon. Toutefois, son emploi dans la teinturerie n'a pas répondu aux espérances qu'elle avait fait concevoir, et on lui a préféré les autres produits colorants obtenus de la même plante.

COLOSSE. — Les Grecs et les Romains appelaient et, à leur exemple, on appelle encore *Colosses*, les statues qui dépassent les dimensions naturelles. Les monuments de ce genre ont joui d'une grande vogue dans l'antiquité. Tous les peuples en faisaient, les uns d'une seule pièce, les autres de plusieurs fragments travaillés isolément et réunis après coup. Suivant le prophète Daniel, il y avait plusieurs colosses dans les temples de Babylone. L'Inde en possède encore de gigantesques qui ont été taillés dans le roc plusieurs milliers d'années avant notre ère. Mais ce fut l'Égypte qui éleva les plus nombreux et les plus considérables. Les Colosses égyptiens étaient tous monolithes en granit. L'un d'eux, celui de Memnon, dut même une grande célébrité à une circonstance particulière dont on n'a eu l'explication qu'à notre époque : on prétendait que sa bouche émettait des sons harmonieux quand les premiers rayons du soleil venaient à le frapper, mais on a découvert que ce phénomène était dû à une cause purement naturelle. Les Grecs eurent également des Colosses, mais tous de plusieurs pièces. Le plus important, celui de Rhodes, était une statue creuse de bronze que les habitants de cette île avaient consacrée au Soleil et placée à l'entrée de leur port. Le premier monument de ce genre que les Romains possédèrent fut une statue de Jupiter que le consul Spurius Carvilius fit élever au Capitole avec les armures conquises sur les Samnites. Le goût des Colosses a disparu depuis longtemps. Néanmoins, on en a construit plusieurs dans les temps modernes, toutes les fois que l'éloignement du point de vue a rendu nécessaire d'agrandir les dimensions, pour que l'effet ne fût pas trop mesquin. Le plus récent est la statue en bronze de la Bavière, du sculpteur Schwanthaler, qui a été placée, en 1842, sur une colline, près de Munich.

COLZA. — Le *Colza* est ainsi nommé du flamand *Koolzaat*, graine de chou. Il est cultivé en grand, depuis très-longtemps, comme plante oléagineuse, dans les Flandres et en Allemagne, mais il n'est connu en France, sous ce rapport, que depuis la fin du dernier siècle. C'est à l'abbé Rozier que notre agriculture doit l'introduction de ce précieux végétal. Toutefois son exploitation n'a véritablement commencé à devenir importante qu'à partir de 1810.

COMBINAISONS (*Calcul des*). — Cette méthode n'était pas inconnue des mathématiciens de l'antiquité. Néanmoins, c'est à ceux du XVIIe siècle, surtout à Pascal, Huyghens, Leibnitz et Bernouilli, qu'elle doit ses développements et les applications qu'on en fait aujourd'hui. On y a principalement recours pour déterminer les chances dans les jeux de hasard, trouver la clé des correspondances cryptographiques, et résoudre un grand nombre d'autres problèmes du Calcul des probabilités.

COMBLE. — Voyez CHARPENTE et MANSARDE.

COMBUSTIBLES ARTIFICIELS. — Ce sont des mélanges de menus débris de bois, de houille, etc., et de matières bitumineuses, que l'on façonne en briquettes, en rondins, en boules, etc., et que l'on emploie, soit pour le chauffage, soit simplement pour allumer le feu. Les plus importants au point de vue industriel sont ceux qui sont destinés au premier usage. Il en est question aux mots AGGLOMÉRÉS et CHARBON ARTIFICIEL.

COMBUSTION. — I. C'est aux chimistes modernes que l'on doit la découverte des causes de ce phénomène. Cependant, 500 ans avant notre ère, Héraclite n'ignorait pas que « le feu tire son aliment des parties subtiles de l'air. » Au XIIIe siècle, Roger Bacon disait aussi que « l'air est l'aliment du feu. » Mais ces idées passèrent inaperçues. Quatre cents ans plus tard, Robert Boyle appela de nouveau l'attention sur le phénomène de la combustion. Vers 1672, il remarqua qu'une lumière s'éteint plus rapidement dans le vide que dans l'air, et que sans air on ne peut produire ni entretenir la flamme. Ces vérités ne firent pas d'abord une grande sensation ; elles furent même méconnues par tous les savants, qui préférèrent s'en tenir à l'explication erronée donnée par Stahl ; enfin, au siècle suivant, elles furent définitivement démontrées et introduites dans la science par Lavoisier, qui, après avoir fait l'analyse de l'air, prouva que la Combustion n'est autre chose que la combinaison de l'oxygène avec les corps. Toutefois, cette théorie présentait certaines lacunes, qui n'ont été comblées que par les savants de notre époque.

II. On a longtemps révoqué en doute la possibilité des *Combustions humaines spontanées*, mais les faits ont fini par démontrer que le corps de l'homme peut être détruit, jusqu'à l'incinération, par l'action du feu, sans la participation de substances combustibles. On n'a pas encore trouvé la cause véritable de ce phénomène ; on a seulement observé qu'il est présenté presque toujours par des sujets au moins sexagénaires, fortement chargés d'embonpoint, et livrés depuis longtemps à l'abus des liqueurs fortes.

COMÉDIE. — La naissance de cette branche de l'art dramatique se perd, comme cet art lui-même, dans la nuit des temps. On en trouve des traces, chez tous les peuples, dès les premières lueurs de la civilisation. La *Comédie grecque*, la plus ancienne sur l'histoire de laquelle nous possédions des renseignements, naquit du culte de Bacchus. Elle fut, dit-on, d'abord cultivée par les habitants du bourg d'Icaros, dans l'Attique, qui prétendaient avoir reçu, les premiers, le culte de ce dieu, dans cette partie de la Grèce, et le premier écrivain qui s'y fit remarquer fut un nommé Susarion, de Tripodiscos, dans la Mégaride, qui était contemporain de Solon. Toutefois, elle ne reçut une forme bien régulière que longtemps après. Les œuvres des comiques grecs ont toutes disparu, à l'exception de celles d'Aristophane, qui ont été imprimées, pour la première fois, à Venise, en 1498, par Alde Manuce. La *Comédie latine* a eu pour origine des farces grossières : introduite en Sicile et dans diverses parties de l'Italie, par des colonies grecques de race dorienne, elle n'a même toujours été qu'une imitation de celle de la Grèce. Nous ne possédons aucun des ouvrages de Livius Andronicus, le plus ancien comique que les Romains aient possédé, mais la plupart de ceux de Plaute et de Térence nous ont été transmis. Les comédies du premier ont été imprimées, pour la première fois, à Venise, en 1472, par Vindelin, de Spire ; et celles du second, vers 1470, mais on ignore où et par qui. Les commencements de la Comédie, chez les peuples modernes, sont entourés d'une obscurité impénétrable. En ce qui concerne la France, on les fait généralement dater du commencement du xv⁰ siècle, et la première comédie de quelque valeur que compte notre littérature, la *Farce de l'avocat Pathelin*, a paru vers 1450.

COMÈTE. — De très-bonne heure, les *Comètes* ont attiré l'attention des hommes, mais on les a prises, pendant très-longtemps, pour des météores engendrés dans l'atmosphère. Apollonius de Mynde, qui vivait au III⁰ siècle avant notre ère, paraît être le premier qui les ait regardées comme des corps permanents, de véritables astres, disparaissant lorsqu'ils sont trop éloignés de nous, et se montrant quand ils descendent vers notre système, en vertu des lois de leur mouvement. Sénèque le Philosophe adopta la même opinion; il annonça même qu'on réussirait un jour à prédire leur retour. C'est au xvi⁰ siècle que les astronomes modernes ont commencé à étudier les Comètes. Vers 1539, l'un d'eux, Pierre Appien, qui était attaché à la cour de Charles-Quint, remarqua le premier que la queue de ces astres est opposée au soleil. Il constata, en outre, avec Cardan, que les Comètes sont placées dans les régions supérieures de la lune. Enfin, Tycho-Brahé, dont les observations principales eurent lieu de 1576 à 1595, prouva qu'elles se meuvent autour du soleil, et qu'elles ont une marche régulière malgré l'apparence capricieuse de leurs mouvements. Toutefois, on prenait alors ces astres pour des météores, et cette erreur fut partagée par tous les savants jusque bien avant le siècle suivant. La Comète qui parut en 1680 fournit à Newton l'occasion d'une grande découverte : il détermina la cause de l'irrégularité apparente de leurs mouvements, ce qui donna aussitôt le moyen de calculer la durée de leur révolution. Edmond Halley entreprit aussitôt la solution de ce nouveau problème, et eut le bonheur de la trouver : elle laissait cependant encore à désirer, mais elle fut complétée, en 1757, par Clairaut. Toutefois, sur plus de six cents comètes observées jusqu'à nos jours, il n'y en a que cinq dont on sait encore parvenu à calculer le retour; ce sont celles de Halley, d'Encke, de Biéla, de Faye et de Brorsen : chacune d'elles est désignée par le nom de celui qui l'a découverte ou qui en a déterminé l'orbite. Parmi les astronomes

du xviii⁰ et du xix⁰ siècle qui, avec ceux qui précèdent, ont le plus contribué à créer la science des Comètes, on cite surtout Euler, Lagrange, Laplace, Legendre, Gauss, Olbers, Delambre et Lambert.

COMICES AGRICOLES. — Institutions qui ont spécialement pour objet de faire passer les théories agricoles dans la pratique quand l'expérience en a démontré l'utilité. Leur origine est antérieure à la révolution de 1789, mais ce n'est que depuis 1820 qu'elles ont commencé à se développer. Le 31 décembre 1852, la France en comptait 425, nombre qui a beaucoup augmenté depuis. Des établissements semblables existent aussi dans toutes les parties de l'Europe où l'agriculture est en progrès.

COMMERCE. — Comme ceux de la plupart des choses de ce monde, les commencements de l'histoire du Commerce sont entourés d'une impénétrable obscurité. On sait seulement qu'à une époque extrêmement reculée il existait des relations mercantiles très-suivies entre l'Égypte, l'Éthiopie, l'Arabie-Heureuse et les Indes orientales. Mais, de tous les peuples de l'antiquité, les Phéniciens furent les premiers qui donnèrent un grand essor au Commerce maritime. Établis sur les côtes de Syrie et maîtres de ports excellents, ils sillonnèrent la Méditerranée, visitèrent les côtes de l'Atlantique, et établirent, en Italie, en Espagne, en Gaule, au nord de l'Afrique, une multitude de comptoirs qui devinrent rapidement de grandes villes. De plus, leur alliance avec Salomon leur ouvrit la mer Rouge et, par suite, la mer des Indes. Enfin, des postes habilement échelonnés dans l'intérieur de l'Asie, leur permirent de recevoir, par des caravanes, les produits du centre et de l'est de cette partie du monde. Quand la Phénicie, conquise par les Perses, eut perdu son indépendance, la Grèce et Carthage se partagèrent la Méditerranée. Plus tard, les conquêtes d'Alexandre ouvrirent des voies nouvelles au Commerce, et Alexandrie, fondée par ce prince non loin de l'une des bouches du Nil, devint en très-peu de temps l'entrepôt général des relations commerciales du midi de l'Asie avec l'Europe. Les Romains ne furent pas aussi étrangers au Commerce qu'on le croit généralement. Ils s'y livrèrent, au contraire, avec une extrême ardeur, après l'asservissement de la Grèce, et formèrent de nombreuses sociétés qui étendirent leur action sur tout le monde connu. Après la destruction de l'empire romain, le Commerce disparut momentanément dans l'Europe occidentale, mais il se maintint dans l'empire grec, et Constantinople devint, ainsi qu'Alexandrie, alors au pouvoir des Arabes, une place commerçante de premier ordre. Dès le xᵉ siècle, plusieurs villes d'Italie, telles que Venise, Amalfi et Gènes, qui furent bientôt imitées par Marseille et Barcelone, profitèrent de leur position entre l'Orient et l'Occident pour se livrer à des opérations commerciales, et bientôt leurs flottes allèrent chercher en Égypte, en Syrie, à Constantinople et dans les ports de la Barbarie, où les caravanes les apportaient, les produits de l'industrie de l'Afrique et de l'Asie, pour les distribuer ensuite aux divers peuples de l'Europe chrétienne. Au xiiiᵉ siècle, l'Angleterre et, avec elle, la plupart des villes occidentales de la France et de l'Espagne commencèrent à s'occuper de grandes opérations mercantiles, mais le mouvement ne devint général qu'au siècle suivant. En même temps, la Ligue hanséatique prit un accroissement dont les causes sont encore l'objet de l'étonnement des publicistes. La découverte du cap de Bonne-Espérance et celle de l'Amérique, à la fin du xvᵉ siècle, amenèrent une révolution complète dans le système commercial. Deux grands faits dominèrent alors tous les autres : d'un côté, les efforts tentés par plusieurs États pour conquérir le monopole du Commerce des Indes orientales ; de l'autre, la fondation de nombreuses colonies dans le Nouveau Monde. Malgré les efforts réunis de Venise, de la Perse et de l'Égypte, les Portugais s'emparèrent du trafic avec l'Inde, et Lisbonne devint, pour toute l'Europe, l'entrepôt principal des produits de l'Orient. Toutefois, ils ne conservèrent pas longtemps cette prépondérance, qui leur fut enlevée, dès la fin du xviᵉ siècle, par la Hollande. Au siècle suivant, celle-ci eut à soutenir momentanément la concurrence de la France. Enfin, au dernier siècle, ces deux pays furent supplantés par l'Angleterre, qui s'empara en même temps de la presque totalité du Commerce du nouveau monde, monopolisé jusqu'alors par l'Espagne, la France et la Hollande. Depuis soixante ans, les progrès réalisés dans l'industrie manufacturière n'ont cessé de développer le mouvement commercial, même chez les peuples qui, aux époques précédentes, n'y avaient pris qu'une faible part. Un des traits principaux qui caractérisent l'époque actuelle, c'est l'extension énorme qu'a prise l'esprit d'association, lequel ne se laisse plus arrêter, comme autrefois, par les différences de culte et de nationalité. Un autre caractère de notre temps, est la tendance générale des inventeurs à faire une application méthodique des données de la science à la création des produits que le Commerce a mission de distribuer, et au perfectionnement des moyens propres à faciliter cette distribution entre toutes les parties du globe. Voyez BANQUE, CANAL, CHEMIN DE FER, NAVIGATION, etc

COMPAGNIES COMMERCIALES. — Ces institutions n'ont pas été inconnues des grandes nations commerçantes de l'antiquité, notamment des Romains ; mais les compagnies modernes sont nées à la fin du xviᵉ siècle, après la découverte du cap de Bonne-Espérance et du Nouveau Monde. Une *Compagnie d'Afrique* fut créée à Marseille, en 1597, pour l'exploitation de la pêche du corail sur la côte de l'Algérie : c'est peut-être la plus ancienne association de ce genre qui ait existé. Mais la première compagnie importante est la célèbre *Compagnie anglaise des Indes orientales*, qui fut établie à Londres, en 1599, et autorisée, le 31 décembre de l'année suivante, par une charte de la reine Élisabeth.

COMPAS. — Les Grecs attribuaient l'invention du *Compas* à Perdix, neveu de Dédale ; mais cet instrument est incontestablement beaucoup plus ancien, et remonte à l'origine même des arts du dessin. Le *Compas ordinaire* a été nécessairement le premier connu ; on créa plus tard les variétés que réclamèrent les besoins des artistes. Le *Compas de réduction* dont on se sert pour réduire les dimensions d'un plan dans un rapport donné, n'est pas aussi moderne qu'on le croit généralement. On l'attribue à Just Byrge, qui, dit-on, le construisit en 1603, mais il est représenté dans un ouvrage du dauphinois Jacques Bresson dont les planches ont été gravées en 1569 : il paraît même n'avoir pas été inconnu des Grecs et des Romains. Le *Compas de proportion* est dû à Galilée ou à Balthasar Capra, un de ses élèves : on l'emploie pour résoudre une multitude de problèmes de géométrie. Le *Compas à verge*, qui sert pour décrire de très-grands arcs, est attribué à M. Lejay, en 1820. On a aussi inventé des *Compas à trois pointes*, pour mettre au point les blocs destinés à la sculpture (Gois fils, 1813) ; des *Compas à huit pointes*, à l'usage des coiffeurs et des sculpteurs, pour prendre la forme de la tête (Michalon, 1809) ; des *Compas à volutes*, pour tracer des spirales de toute dimension (Huret, 1819), etc. Il existe encore des *Compas profileurs*, à l'aide desquels on peut, en quelques secondes, prendre exactement les profils des objets, et les reporter sur le papier sans connaître le dessin (Lemoine, 1808).

COMPENSATEUR. — Voyez PENDULE.

COMPONIUM. — Instrument de musique inventé, vers 1820, par le mécanicien Winkler ou Winkel, d'Amsterdam. C'était un véritable orchestre mécanique qui jouait des ouvertures d'opéras avec un ensemble et une précision très-remarquables. Son nom venait de ce que, au moyen de combinaisons vraiment merveilleuses, il improvisait de charmantes variations sans jamais se répéter, quel que fût le nombre de fois qu'on le fît jouer de suite. On l'appelait aussi, pour le même motif, *Improvisateur musical*. Le Componium fut promené dans toute l'Europe, et, en dernier lieu, à Paris (1824), par un Prussien nommé Koppen, qui finit par le vendre à un spéculateur. Celui-ci le transporta à Londres, vers la fin de 1829, mais il n'eut aucun succès auprès du public anglais, qui était alors trop absorbé par le deuil du roi George IV. Son nouveau propriétaire le rapporta aussitôt à Paris, mais tout démonté, et il ne pouvait le remettre en état, parce que le mécanisme lui avait été tenu secret, lorsque, après une année de tâtonnements, M. Robert-Houdin parvint à le rétablir dans sa première forme. Comme

tant d'autres inventions analogues, il est tombé, depuis plus de trente ans, dans le plus complet oubli.

COMPOSEUSE MÉCANIQUE. — L'opération typographique, appelée *composition*, consiste à prendre les caractères un à un pour en former des mots, puis des lignes et, enfin, des pages. Cette opération est généralement exécutée par des hommes. Toutefois, dès l'origine même de l'imprimerie, on a aussi essayé de la confier à des femmes. Le premier exemple de cette innovation paraît avoir eu lieu au couvent de Ripoli, en Italie, où, pendant le XVIe siècle, Dominique de Pistoie dirigeait un atelier de religieuses. A notre époque, plusieurs inventeurs ont également eu l'idée de remplacer le travail de l'homme par des machines, que l'on a appelées d'une manière générique, *Machines à composer* ou *Composeuses mécaniques*, mais à quelques-unes desquelles on a aussi donné des noms de fantaisie, tels que ceux de *Pianotype*, *Gérotype* et *Balistotype*. Toutes ces machines sont fondées sur le même principe, qui est celui des instruments à clavier. En conséquence, elles présentent un système de touches que l'ouvrier fait mouvoir, et dont chacune correspond à un organe qui lève une lettre et la dirige dans un appareil particulier. Arrivées dans cet appareil, les lettres s'y placent de manière à former une ligne d'une longueur indéfinie, que l'on est ensuite obligé de couper à la main pour en faire des pages. La plus ancienne Composeuse paraît avoir été conçue théoriquement, peu après 1816, par M. Ballanche, imprimeur à Lyon, mais la première qui ait été construite paraît être celle que le mécanicien anglais Arthur Young fit breveter en France, au mois d'octobre 1840. Cette machine fut presque aussitôt perfectionnée par M. Delcambre aîné et introduite dans un atelier créé spécialement à Paris pour l'exploiter, mais on fut obligé de l'abandonner après une expérience de quelques mois, parce qu'on reconnut qu'elle ne fonctionnait pas assez économiquement. Depuis cette époque, de nouvelles tentatives, qui n'ont pas mieux réussi, ont été faites par plusieurs inventeurs, tels que les MM. Gaubert (1843) et Leblond (1849), de Paris, Garat, de Montmartre (1850),

Lefas, de Rennes (1850), etc. Il est même à remarquer que la plupart des machines proposées par ces mécaniciens sont restées à l'état de projet. En 1851 et 1855, aux expositions universelles de Londres et de Paris, on fit grand bruit d'une Composeuse construite par M. Christian Sorensen, de Copenhague; mais, malgré l'intérêt universel qu'elle excita, elle n'eut pas le succès commercial que quelques écrivains enthousiastes avaient cru pouvoir lui prédire, et son ingénieux créateur a fini par mourir à la peine. A une époque plus rapprochée de nous, M. Mitchell, mécanicien des États-Unis, a produit un appareil du même genre qui paraît constituer un progrès notable sur les précédents, car il permet, dit-on, d'opérer au même prix que par la main de l'ouvrier. Toutefois, malgré ce commencement de réussite, le problème de la composition typographique par des moyens mécaniques est encore très-loin de sa solution. Beaucoup d'esprits non prévenus pensent même que les Composeuses, si parfaites qu'elles puissent être un jour, ne seront jamais en état de faire une concurrence sérieuse au travail manuel et pourront seulement servir utilement pour certaines opérations particulières.

COMPOSITE (*Ordre*). — Voyez ORDRES.

COMPRESSEUR. — Ce mot est employé d'une manière générique pour désigner une foule d'appareils destinés à des usages très-divers. Des *Compresseurs* ont été employés, de tout temps, par la chirurgie, pour combattre les hémorrhagies dans les amputations, mais, depuis quelques années, l'art de guérir s'en sert également pour le traitement des anévrysmes. Cette dernière application en a fait imaginer un grand nombre de nouveaux : on en a, pour ainsi dire, construit un particulier pour chaque artère principale. C'est ainsi qu'on a vu naître les Compresseurs de Carte et de M. Broca, pour les artères brachiale et crurale ; celui de Signorini, pour l'artère sous-clavière ; ceux du docteur Nélaton, pour la carotide et l'aorte, etc. — Parmi les Compresseurs utilisés par l'industrie, les plus curieux sont incontestablement ceux que l'on emploie pour le percement du mont Cenis. Ce sont d'ingénieuses machines hydrauliques, qui, au moyen de chutes d'eau ména-

gées aux extrémités du tunnel, servent à envoyer de l'air comprimé dans la galerie, pour en effectuer l'aérage, en chasser l'air vicié, ainsi que les gaz et les vapeurs résultant de l'explosion des mines, et, en même temps, mettre en mouvement les outils destinés à forer la roche. Ces *Compresseurs à choc*, comme on les appelle, ont été établis, en 1857, sur les plans de l'ingénieur italien Sommeiller, mais l'idée première de leur construction appartient au physicien genevois Colladon et à l'ingénieur français de Caligny, qui l'exposèrent, le premier, en 1826, dans une lettre à l'illustre créateur du tunnel de la Tamise, et le second, en 1837, dans un mémoire adressé à l'Académie des Sciences.

COMPTE-FILS. — Instrument destiné à mesurer le degré de finesse d'une étoffe quelconque. Il consiste en une loupe montée au-dessus d'une lame de cuivre percée d'un petit trou carré. En posant cette lame sur le tissu, on compte, au moyen de la loupe le nombre de fils que comprennent, soit la chaîne, soit la trame, dans cet espace carré, ce qui permet de connaître très-exactement la finesse du tissu. Le nom de l'inventeur du Compte-fils n'a pas été conservé.

COMPTE-GOUTTES. — L'usage adopté par les médecins de doser les médicaments liquides au moyen de gouttes, rencontre souvent, dans la pratique, de grandes difficultés, par suite de l'impossibilité où l'on se trouve de déterminer avec précision la valeur de cette espèce d'unité de mesure. Les gouttes varient, en effet, avec la nature du liquide, sa densité, sa fluidité, sa cohésion, sa température, etc., et même en supposant qu'il y ait identité parfaite entre ces éléments, suivant la forme et les dimensions des flacons d'où l'on fait tomber le médicament. Or, comme on opère souvent sur des substances qui agissent avec une grande énergie sur l'économie animale, on comprend combien il importe de pouvoir mesurer avec précision les quantités prescrites par le médecin. C'est pour faciliter ce résultat que M. J. Salleron, constructeur d'instruments de précision à Paris, a créé, en 1862, un appareil d'une extrême simplicité auquel il a donné le nom de *Compte-gouttes*. Cet appareil se compose d'un flacon disposé de manière à laisser écouler, avec une pression constante, le liquide qu'il contient, et les dimensions de son orifice d'écoulement sont calculées de telle sorte que le poids d'une goutte d'eau distillée soit de 5 centigrammes. Afin d'en rendre l'emploi facile pour les autres liquides, l'inventeur y a joint un tableau qui donne, d'un côté, le poids d'une goutte de ceux qui sont les plus usités en médecine, et, de l'autre, le nombre de ces gouttes qui représente un gramme.

COMPTE-PAS. — Voyez ODOMÈTRE.

COMPTEURS. — Instruments additionnels que l'on adapte à une machine quelconque pour faire connaître le nombre de pulsations ou de révolutions qu'une partie déterminée de cette machine produit dans un temps donné. Ces instruments datent d'une époque très-ancienne, mais les premiers paraissent avoir été spécialement destinés à mesurer le chemin parcouru par les voitures. De plus, leur construction a été, pendant très-longtemps, livrée à l'empirisme le plus grossier, et ce n'est guère qu'au dernier siècle qu'on a commencé à les fabriquer d'une manière un peu satisfaisante. Leurs progrès réels ne sont même pas antérieurs à l'année 1822, époque de l'invention du *Compteur à pointage* de l'horloger parisien Rieussec. Il existe aujourd'hui une multitude d'appareils de ce genre, les uns ayant pour objet de faire connaître le nombre de périodes de mouvement d'une machine quelconque, les autres destinés à fournir des indications particulières, comme à mesurer le temps dans les courses de chevaux, à constater la marche des chemins de fer, à déterminer la durée d'un phénomène, etc. Quel que soit leur usage, les Compteurs se composent ordinairement de rouages qui font mouvoir des aiguilles sur des cadrans gradués, mais plusieurs sont munis de mécanismes au moyen desquels ils *enregistrent* eux-mêmes la marche de leurs aiguilles. Enfin, l'application de l'électricité à leur construction a donné lieu, en 1840, à l'invention des Compteurs dits *électriques*. — Le développement de l'éclairage au gaz a fait imaginer des instruments additionnels, appelés *Compteurs à gaz*, qui n'ont rien de commun avec les précédents, et font connaître la quantité de gaz qui se consume dans un temps donné. C'est à M. Cagniard de Latour que l'on est redevable, en France, du premier appareil de ce genre qui ait fonctionné d'une manière satisfaisante. Enfin, on a encore inventé une foule de *Compteurs à eau*, pour indiquer le volume d'eau qui s'écoule d'une conduite dans un temps déterminé. Un des meilleurs est le compteur *magnéto-moteur* de MM. Loup et Koch. — Voy. BROUETTE, CHRONOSCOPE, ODOMÈTRE, TACHOMÈTRE.

CONCASSEUR. — Autrefois, on livrait les grains entiers aux animaux. L'expérience ayant appris qu'il vaut mieux ne les leur distribuer qu'après les avoir broyés ou seulement concassés, l'on a imaginé, pour les soumettre économiquement à ce traitement préalable, des appareils particuliers auxquels on a donné les noms de *Broyeurs* et de *Concasseurs*. Ces appareils sont très-nombreux, mais ils ne diffèrent entre eux que par des dispositions de détail. Les uns se composent de rouleaux cannelés ou striés plus ou moins rapprochés, tandis que les autres sont formés de deux surfaces coniques, l'une convexe et l'autre concave, sillonnées d'entailles longitudinales, et disposées à peu près comme la noix des petits moulins à café. Au lieu de broyer ou de concasser les grains, on se contente souvent de les aplatir. Cette opération, qui est principalement appliquée à l'orge et à l'avoine, se fait avec des machines, appelées *Aplatisseurs*, dont les organes essentiels sont des cylindres unis d'un grand diamètre et d'une faible largeur. On met au premier rang des Broyeurs, des Concasseurs et des Aplatisseurs, qui fonctionnent avec le plus de succès, ceux des mécaniciens anglais Turner, Richmond et Chandler, et des Français Laurent, Bodin et Peltier. Il existe aussi des Concasseurs spécialement destinés au traitement des tourteaux, et dont les meilleurs sont ceux de MM. Laurent, Hallié et Bental.

CONCERTINA. — Voyez HARMONIUM.

CONCERTO. — Pièce de musique écrite pour faire briller un instrument particulier, qui récite avec accompagnement d'orchestre. On croit que ce genre de composition a été créé, au XVIIe siècle, par le violoniste italien Arcangelo Corelli.

CONCHOÏDE. — La courbe de ce nom

a été inventée, au IIe siècle avant notre ère, par un mathématicien grec appelé Nicomède, qui s'en servit pour résoudre les deux problèmes si célèbres de la duplication du cube et de la trisection de l'angle.

CONCORDANCE. — On donne le nom de *Concordance de la Bible* à une sorte de dictionnaire où tous les mots de l'Écriture sainte sont classés par ordre alphabétique, avec l'indication des passages où ils se trouvent. Il existe des Concordances en latin, en grec et en hébreu. La Concordance latine la plus ancienne remonte au XIIIe siècle, et a été faite par le frère franciscain saint Antoine de Padoue. Presque à la même époque, le dominicain Hugues de Saint-Cher, vulgairement appelé le cardinal Hugues, en composa une autre beaucoup plus complète, qui fut aussitôt améliorée par le franciscain Arlot Thuscus et le dominicain Conrad d'Halberstadt : c'est à l'occasion de cette Concordance que la Bible fut divisée en chapitres. La première Concordance hébraïque a été faite, de 1438 à 1445, par le rabbin Mardochée Nathan, qui adopta la division par chapitres du cardinal Hugues, et y ajouta la subdivision par versets. Il n'existe pas de véritable Concordance grecque pour l'Ancien Testament, mais on en possède plusieurs pour le Nouveau : la première a été composée par Xiste Bétulius, en 1546, et complétée plus tard par Robert Estienne.

COMPOSITE (*Ordre*). — Voyez ORDRE.

CONCOURS. — L'usage des *Concours* remonte à l'âge héroïque de la Grèce. Toutefois, dans ces temps reculés, ils furent spécialement destinés à favoriser le développement de l'homme physique, et les prix étaient uniquement décernés à ceux qui avaient déployé le plus de force et d'adresse. Après Solon, Athènes donna une plus vaste extension à cet usage, et la poésie, l'art dramatique et les beaux-arts eurent aussi leurs Concours. A partir de cette époque, chez tous les peuples civilisés de race hellénique, les poëtes et les artistes qui avaient été couronnés furent honorés à l'égal des athlètes vainqueurs dans les luttes gymnastiques. Les Romains empruntèrent à la Grèce l'institution des Concours, mais ces solennités n'acquirent jamais chez eux une grande importance. Les Concours purement physiques ont disparu depuis longtemps, du moins en Europe. Les Concours littéraires sont, au contraire, en faveur dans tous les pays. Ces derniers datent, en France, du XIIe siècle, et c'est aux troubadours de l'ancienne Provence qu'ils doivent leur rétablissement et leurs premiers développements.

CONDITION DES SOIES. — La soie est tellement hygrométrique, qu'elle peut absorber plus de 25 pour 100 de son poids en humidité. De là résulte que le même ballot peut avoir, suivant les circonstances, des poids très-différents, et donner lieu à une perte plus ou moins considérable, au détriment de l'acheteur. C'est pour remédier à cet inconvénient qu'on a créé des établissements spéciaux appelés *Conditions publiques des soies*. Le plus ancien de ces établissements paraît avoir été créé à Turin, en 1750. Ses procédés furent introduits à Lyon, en 1800, par M. Rast-Maupas, mais on ne les appliqua d'abord que dans des maisons particulières. Enfin, le 14 avril 1805, un décret impérial supprima toutes ces Conditions privées, et les remplaça par une Condition unique, qui fut soumise à la surveillance de la chambre de commerce. Des institutions analogues furent fondées plus tard dans les autres villes où le commerce de la soie est important. Le procédé piémontais a été employé jusqu'en 1841. A cette dernière époque, il a été remplacé par une méthode plus simple et plus expéditive, imaginée, en 1809, par M. Trolliet, mais seulement rendue pratique, en 1831, par M. Léon Talabot.

CÔNE-TURBINELLE. — Voyez TURBINELLE.

CONFECTION. — Voyez VÊTEMENTS.

CONFESSIONNAL. — Les usages des premiers siècles n'admettaient pas la nécessité des *Confessionnaux*. Il n'existe même aucun document qui fasse connaître, d'une manière certaine, qu'il en ait été établi, aux époques suivantes, jusqu'au XVe ou au XVIe siècle. Enfin, le canon du concile de Milan, en 1565, qui prescrit, quand un prêtre confesse une femme, que le confesseur et la pénitente soient séparés par une jalousie de bois, semble prouver qu'en effet jusqu'alors le meuble appelé Confessionnal était demeuré inconnu.

9

CONGÉLATEUR. — Voyez GLACE.

CONGRÈS SCIENTIFIQUES. — Réunions libres de savants et de publicistes, appartenant au même pays ou à des pays différents, qui se tiennent, tantôt dans une ville, tantôt dans une autre, dans le but de contribuer à la diffusion des progrès scientifiques, littéraires, artistiques et industriels. Ces réunions ont pris naissance en Suisse et en Allemagne, d'où elles se sont peu à peu introduites dans les autres parties de l'Europe. Notre pays en est redevable au comte de Caumont, sous la présidence duquel le premier *Congrès scientifique* qu'ait eu la France tint sa première séance à Caen, le 20 juillet 1833. Depuis cette époque, plusieurs institutions du même genre se sont organisées dans différentes parties du territoire. Quelques-unes se qualifient de *Congrès régionaux* parce qu'elles s'occupent spécialement de questions relatives à des groupes de départements.

CONGREVE. — Voyez CHROMOTYPIE, FUSÉE et ALLUMETTES.

CONIQUES (*Sections*). — Les géomètres appellent ainsi les lignes formées par l'intersection d'un plan avec un cône, plus particulièrement celles qui produisent l'*Ellipse*, l'*Hyperbole* et la *Parabole*. L'étude des Sections coniques date de l'école de Platon, mais les disciples de ce grand homme croyaient que chacune d'elles était formée par un cône différent. Suivant Eutocius, ce fut Apollonius de Perge qui démontra, le premier, la possibilité d'obtenir les trois sections avec un seul cône, mais il a été prouvé que ce fait était déjà connu d'Archimède cinquante ans auparavant. On trouve également, dans les écrits de ce dernier, le mot *Parabole*, dont Pappus attribue l'invention à Apollonius ; celui-ci paraît n'avoir véritablement créé que ceux d'*Ellipse* et d'*Hyperbole*.

CONNAISSANCE DES TEMPS. — Recueil d'observations et de calculs, qui se publie, chaque année, en France, et où les mouvements célestes se trouvent indiqués pour chaque jour de l'année. Il a été créé, en 1679, par l'astronome Picard, qui l'a rédigé jusqu'à sa mort, arrivée en 1682, et continué depuis, jusqu'en 1794, par divers savants désignés par l'Académie des sciences, savoir : Lefebvre, 1682-1702; Lieutaud, 1702-

1729; Godin, 1730-1734 ; Maraldi, 1735-1759 ; Lalande, 1760-1775; Jeaurat, 1776-1787 ; Méchain, 1788-1794. L'année 1795 ne porte point de nom d'auteur. Depuis 1796, le Bureau des Longitudes est chargé de sa publication.

CONQUE AUDITIVE. — Voyez CORNET ACOUSTIQUE.

CONSERVATEUR. — Voyez GRAINS et GRENIER.

CONSERVATION DE L'EAU. — Voyez EAU.

CONSERVATION DES PIERRES. — Voyez SILICATISATION.

CONSERVATION DES SUBSTANCES ORGANIQUES. — Voyez BOIS, BOUCANAGE, CONSERVES ALIMENTAIRES, EMBAUMEMENT, GLACE, HARENG, LAIT, etc.

CONSERVATOIRE. — 1° *Conservatoires de musique.* Les établissements de ce genre sont d'origine italienne. Ils ont été ainsi nommés parce que, dans le principe, ils avaient spécialement pour objet de conserver et de propager les bonnes traditions de l'art musical. Le plus ancien Conservatoire italien paraît être celui de Naples, qui date de 1537. Le *Conservatoire de Paris*, le premier qu'il y ait eu en France, a été fondé en 1784, sous le ministère du baron de Breteuil, mais il ne fut d'abord qu'une *École royale de chant*. Deux ans après, on y annexa des classes de déclamation, ce qui le fit appeler *École royale de chant et de déclamation.* Supprimé en 1790, l'établissement fut reconstitué, en 1793, sous le nom d'*Institut national de musique.* Toutefois, son organisation définitive n'eut lieu qu'en 1795, et c'est alors qu'il reçut sa dénomination actuelle. Comme les institutions du même genre, il est destiné à former des compositeurs, des chanteurs et des instrumentistes. — 2° *Conservatoire des arts et métiers.* Cet établissement, un des plus importants que possède Paris, doit son origine à une collection de machines créée, en 1775, par le mécanicien Vaucanson, et que ce grand homme légua à Louis XVI, en 1782. Il a été institué le 10 octobre 1794, par un décret de la Convention, mais il n'a réellement commencé à se développer qu'à partir de 1817. Le Conservatoire des arts et métiers forme aujourd'hui une sorte d'institut technologique unique au monde : outre un musée et une bibliothèque d'une extrême richesse, il renferme un ensemble de cours publics qui en font une véritable faculté industrielle.

CONSERVES ALIMENTAIRES. — Quoique l'art de conserver les substances alimentaires remonte à l'origine même des sociétés, ce n'est cependant que depuis le commencement de ce siècle que ses procédés sont exploités industriellement.

I. *Matières animales.* On les conserve : 1° en abaissant leur température ; 2° en les débarrassant par la dessiccation de l'eau qu'elles renferment ; 3° en les mettant à l'abri de l'oxygène de l'air ; 4° en les soumettant à l'action de substances appelées *antiseptiques* parce qu'elles retardent ou empêchent leur décomposition. — 1° *Froid.* Pour conserver la viande par ce moyen, il suffit de l'entourer de glace. Cette méthode est d'une efficacité absolue, mais elle n'est applicable qu'en hiver et dans certains pays, tels que la Russie, la Norwège et le nord de l'Amérique. Elle serait trop dispendieuse dans les climats tempérés à cause de la difficulté de se procurer la glace en tout temps et en quantité suffisante. Néanmoins, nos marchands de comestibles y ont souvent recours en été pour empêcher la putréfaction des poissons, du gibier, etc. Le froid est un agent de conservation si admirable, que des cadavres de mammouths, trouvés en Sibérie, au dernier siècle, enfouis dans une couche de terre congelée, avaient encore leurs parties molles, leur poil et leur peau, malgré les milliers d'années qui s'étaient probablement écoulées depuis l'époque où leur race a disparu de la surface du globe. — 2° *Exclusion de l'air.* Le procédé le plus simple et, en même temps, le plus sûr, est celui qui a été, sinon tout à fait créé, du moins introduit dans le domaine de l'industrie, par le Français Charles-Nicolas Appert. Cet homme utile commença ses recherches en 1794, et en fit connaître, quelques années après, les résultats au gouvernement. A la suite d'expériences officielles, qui eurent lieu à Brest, en 1804, son procédé fut presque aussitôt adopté, d'abord, par notre marine, puis par celle des autres pays. Le procédé Appert consiste à enfermer les substances, préalablement cuites, dans des vases de terre ou de grès, ou mieux dans des boîtes de fer-blanc, que l'on ferme hermétiquement, et que l'on soumet en-

suite, pendant quelques minutes, à l'action de l'eau bouillante d'un bain-marie. En 1839, M. Fastier, de Paris, y a introduit un perfectionnement très-important qui, entre autres avantages, a permis d'emboîter les substances à l'état cru. Une autre modification, créée, en 1854, par M. Martin de Lignac, emboîte aussi les viandes crues, mais elle les soumet, en outre, à une compression énergique, ce qui donne le moyen d'en faire des approvisionnements considérables sous un faible volume. A diverses époques, principalement depuis 1840, on a proposé d'obtenir le même résultat qu'Appert, c'est-à-dire de soustraire les matières animales à l'action de l'air, en les enfermant dans des enveloppes organiques formées avec de la gélatine ou des dissolutions de gomme, de sucre de fécule, de caoutchouc, de gutta-percha, etc.; mais aucune de ces innovations n'a pu passer dans la pratique. — 3° *Dessiccation.* On a remarqué de très-bonne heure que la viande exposée à un courant d'air sec et chaud perd presque toute l'humidité qu'elle contient, et qu'après sa dessiccation elle se conserve pendant très-longtemps. Ce fait a été connu de presque toutes les nations guerrières de l'antiquité. Aujourd'hui même, en Chine, en Tartarie et dans plusieurs parties de l'Amérique du Sud, on se sert de la dessiccation pour conserver la chair des animaux ; mais ce procédé ne peut convenir qu'aux pays chauds, et on n'a éprouvé que des mécomptes toutes les fois qu'on a voulu l'appliquer dans nos climats. Voyez POUDRES ALIMENTAIRES. — 4° *Agents antiseptiques.* La *Salaison* est la forme la plus simple de ce système. Aussi, son origine est-elle immémoriale, et a-t-elle existé de tout temps, partout où l'on a pu se procurer économiquement en quantité suffisante la substance conservatrice, c'est-à-dire le sel de cuisine. Depuis 1830, on a proposé de remplacer le sel par le nitrate de potasse, ou de faire tremper les viandes dans des dissolutions de chlorure de zinc ou d'aluminium, de sulfate d'alun ou de fer, ou de les soumettre à l'action de l'acide pyroligneux ou à l'acide sulfureux ; mais la pratique n'a pas confirmé les espérances que l'emploi de ces divers agents avait fait concevoir. L'acide pyroligneux, qui est peut-être le plus éfficace, a le défaut de donner un goût désagréable à la viande. Il paraît devoir sa propriété conservatrice à la présence de la créosote. C'est aussi à cette substance que l'on attribue l'action de la fumée, dans les opérations appelées *Boucanage* et *Fumage*, que l'on exécute dans certains pays, pour conserver les produits animaux. Voyez BOUCANAGE et HARENG.

II. *Matières végétales.* De tout temps, on s'est servi empiriquement de la *dessiccation* pour conserver les substances végétales, mais ce moyen ne suffit pas à lui seul pour atteindre le but désiré. Dans les premières années de ce siècle, l'invention d'Appert résolut complétement le problème au point de vue de la conservation, mais le volume et le poids considérable des légumes auxquels on l'appliquait et le prix élevé des boîtes dans lesquelles il fallait les enfermer, constituaient des inconvénients très-graves qui ne permettaient pas d'en tirer parti sur une grande échelle. Il y avait donc encore un progrès à réaliser. En 1844, M. Masson, jardinier du Luxembourg, à Paris, reprenant des travaux commencés peu d'années auparavant par MM. Allain et Sylvestre, imagina un nouveau procédé, qu'il fit breveter en 1850, et auquel le docteur Gannal apporta, en 1851, des perfectionnements qui facilitèrent beaucoup les opérations. C'est en réunissant les découvertes de ces deux inventeurs que M. Chollet a créé, en 1852, l'industrie, aujourd'hui très-importante, des *Conserves de légumes.* Le procédé exploité par cet industriel consiste à dessécher les légumes par des courants d'air chaud, puis à réduire leur volume par une compression énergique au moyen de la presse hydraulique. Voyez DESSICCATION.

CONSTELLATION. — L'origine des *Constellations* est enveloppée de la plus grande obscurité. On sait seulement que l'idée de diviser les étoiles en groupes remonte à la plus haute antiquité, et qu'on la trouve chez les plus anciens peuples de la terre, les Chinois, les Égyptiens, les Indous, les Babyloniens, etc. Cette idée paraît d'ailleurs « si simple qu'elle se trouve, dit Arago, à peu près sur tous les points, chez les Péruviens, chez les peuplades errantes, chez

les nations les moins civilisées. » Il est question de l'Ourse, d'Orion, des Hyades et des Pléiades dans le livre de Job, que l'on croit avoir été rédigé au XVIIIe siècle avant notre ère. Les deux premières Constellations sont encore mentionnées par le prophète Amos, qui vivait neuf cents ans plus tard. Vers la même époque, Hésiode parle des Pléiades, de Sirius, du Bouvier et de la Grande Ourse, et Homère, qui lui était probablement antérieur, nomme la dernière. A l'époque des plus grands progrès de leur astronomie, c'est-à-dire du temps de Ptolémée, qui commença ses observations vers l'an 128 après J.-C., et les continua pendant quarante ans, les Grecs ne connaissaient que 48 Constellations, mais elles ne comprenaient pas toutes les étoiles déjà connues. Les modernes se sont emparés des astres laissés en dehors de ces groupes primitifs, et en ont formé de nouveaux, dont ils ont encore augmenté le nombre quand les découvertes géographiques ont permis de pénétrer dans l'hémisphère austral. Il existe aujourd'hui 109 Constellations. Parmi les 61 nouvelles, 2 ont été créées par Tycho-Brahé, en 1603; 12 par Jean Bayer, également en 1603; 5 par Auguste Royer, en 1679; 11 par Hévélius, en 1690; 3 par Edmond Halley, en 1700; 14 par Lacaille, en 1752; 2 par Lemonnier, en 1776; 1 par Póczobut, en 1777; 1 par Lalande, 1 par le père Maximilien Hell, et 9 par Jean-Élert Bode, vers la fin du siècle dernier. Outre ces 109 Constellations, les astronomes sont dans l'habitude de distinguer 8 groupes moins importants, ce qui porte à 117 le nombre des astérismes que l'on est à peu près convenu d'admettre.

CONSTRUCTIONS EN FER. — Voyez CHARPENTE, FER, FONTE, PONTS et TÔLE.

CONSTRUCTIONS MONOLITHES. — Voyez MONOLITHES.

CONSTRUCTIONS NAVALES. — Voyez MARINE et VAISSEAU CUIRASSÉ.

CONTORNIATES. — Grandes médailles romaines de bronze, qui offrent près de leur bord un cercle creux, en italien *contorno*, d'où leur nom. Elles paraissent avoir été frappées à Constantinople, depuis le règne de Constantin Ier jusqu'à celui de Valentinien III. Quant à leur destination, on ne la connaît pas d'une manière précise, mais on croit communément qu'elles avaient quelque rapport avec les jeux du cirque, et qu'on les distribuait à ceux qui avaient droit à certaines places réservées. Les Contorniates portent souvent des effigies de grands hommes. Nous leur devons même les seuls portraits authentiques de Virgile, d'Horace, de Térence, d'Apulée, de Salluste, etc., que nous possédions.

CONTRE-BASSE. — Voyez VIOLON.

CONTRE-DANSE. — Voyez DANSE.

CONTRE-MINE. — Voyez MINE.

CONTRE-POINT. — Art d'écrire de la musique à deux ou plusieurs parties. L'origine de ce terme remonte à l'usage où l'on était, avant l'invention de l'écriture musicale actuelle, de se servir de *points* pour représenter les sons. Le Contre-point était inconnu des anciens. On croit qu'il a été créé par Gui d'Arezzo, au XIᵉ siècle, mais, aux yeux de cet artiste, le mot *Contre-point* ne désignait réellement qu'une nouvelle notation musicale. Cet art paraît être né vers la fin du XIIIᵉ siècle. On l'appela primitivement *déchant, discant, triple, quadruple,* etc., et il ne reçut son nom actuel que dans la seconde moitié du siècle suivant.

CONTRE-RÉTABLE. — Voyez RÉTABLE.

COORDONNÉES. — L'usage des lignes de ce nom date du XVIIᵉ siècle. Il a été introduit dans la géométrie par René Descartes afin de faciliter la recherche des propriétés des lignes courbes.

COPIE-LETTRES. — A la fin du dernier siècle, l'anglais Wedgwood imagina, pour copier les lettres, un procédé très-simple, qui jouit, pendant plusieurs années, d'une certaine vogue, et que l'on emploie encore quelquefois aujourd'hui. Dans ce procédé, on place entre une feuille transparente, qui doit être conservée comme minute, et la feuille missive, un papier qui porte sur ses deux faces une préparation particulière, noire ou bleue. On écrit sur la feuille transparente avec un poinçon, et l'écriture se décalque à la fois sur l'envers de cette feuille et sur la feuille missive placée en dessous. On n'envoie ainsi, au lieu d'une lettre nettement écrite à l'encre, que le décalque gris ou bleuâtre d'un corps gras et une écriture à la pointe, sans caractère. Le procédé a été récemment beaucoup amélioré par M. Le-

prince, papetier à Paris. Le papier de cet inventeur porte sur une seule de ses faces une préparation très-sensible. On le place sous la feuille missive, la face sensible appliquée sur la feuille à conserver, et, en écrivant sur la première, avec une plume et de l'encre, l'écriture se reproduit d'une manière très-lisible sur la feuille posée en dessous. On conserve le décalque et on envoie une lettre écrite à la manière ordinaire. Voyez AUTOGRAPHIE.

COQ. — I. Le Coq est originaire de l'Asie tropicale et des îles de l'archipel Indien, où on le trouve encore à l'état sauvage, mais, depuis sa réduction en servitude, il s'est tellement répandu partout qu'il n'est peut-être pas un point du globe où il ne soit naturalisé. Les hommes ne se sont pas contentés de l'élever comme produit alimentaire, ils ont également mis à profit son ardeur belliqueuse pour en faire l'objet d'un amusement. Les *Combats de Coqs* ont été peut-être connus de tout temps dans l'Inde, et c'est probablement de ce pays que les Grecs en apprirent l'usage, pour le transmettre ensuite aux Romains. Ils constituent encore aujourd'hui une des principales distractions des Chinois et des habitants des îles de la Sonde ; mais, en Europe, où ils ont été autrefois en honneur, ils ne sont plus recherchés que par les dernières classes de la société anglaise.

II. Dans les idées religieuses des Grecs et des Romains, le Coq était le symbole de la vigilance et de l'activité. C'est une croyance analogue qui, pendant le moyen âge, a fait placer son image sur les clochers des églises « pour signifier, dit un écrivain ecclésiastique, la vigilance qui doit toujours distinguer les ministres de Dieu. » Cet usage existait déjà au IXᵉ siècle, mais la plus ancienne représentation que l'on connaisse d'une croix de clocher surmontée d'un Coq, se trouve dans la tapisserie de Bayeux, qui date du temps de Philippe Iᵉʳ. Mais le Coq n'a jamais été, comme on le croit vulgairement, l'emblème politique des Gaulois. Ce sont les ennemis de Louis XIV, qui, renouvelant un mauvais calembour du chancelier Gerson, au concile de Constance, l'ont employé les premiers pour symboliser la France. Avant la révolution, l'image du Coq pour figurer notre pays fut toujours satirique, et lorsqu'en 1792 le gouvernement l'adopta pour remplacer les fleurs de lis, on ne s'expliqua pas trop quelles puissantes raisons avaient pu déterminer son choix.

COQUILLES. — Les *Coquilles* ont servi anciennement de monnaie dans l'Inde et en Chine. Aujourd'hui même, cet usage n'a pas tout à fait disparu chez plusieurs peuplades de l'Afrique et de l'Océanie. Dans l'Europe moderne, on n'a d'abord regardé les Coquilles que comme des curiosités, mais, lorsque les progrès de la chimie ont permis d'en connaître la composition, on s'est empressé d'en tirer parti pour l'amendement des terres. Depuis déjà longtemps, on exploite, en Touraine, les bancs de Coquilles fossiles qui abondent dans cette partie de la France, pour modifier avantageusement la composition des terres argileuses. Ailleurs, on recueille, pour le même objet, les Coquilles fraîches qui viennent s'amasser sur le bord de la mer. Ce dernier système est actuellement suivi en Angleterre, où il remonte au moins au commencement du dernier siècle, et de vastes espaces de terrain, dans les comtés de Devon et de Cornwall, lui sont redevables de leur fertilité. Les Coquilles doivent leur application à l'agriculture au carbonate de chaux qu'elles renferment. Avant de les employer, on les réduit en poudre impalpable et on les animalise en y ajoutant des astéries, espèces de zoophytes que la mer rejette par masses et que l'on va aussi chercher dans les profondeurs qui les contiennent.

COR. — Les Romains donnaient le nom de *Cornu*, c'est-à-dire *corne*, parce qu'il consistait primitivement en une corne de bœuf, à un instrument de musique à vent et en bronze, qui avait la forme d'un C, et dont ils se servaient à l'armée pour faire des signaux aux troupes. Cet instrument traversa tout le moyen âge sans éprouver d'autre changement que la suppression d'une barre transversale au moyen de laquelle on le saisissait. Une autre modification, qui date de 1680 et paraît due à un artiste français, le disposa de manière à lui faire décrire un cercle complet. Le nouvel instrument reçut le nom de *Cor* ou *Trompe de chasse*, parce qu'on ne l'employa d'abord que pour jouer des airs de chasse. Mais ayant pénétré en Allemagne, il y reçut, vers 1690, des perfectionnements qui le rendirent propre à figurer dans les orchestres. Ces perfectionnements produisirent le *Cor ordinaire* actuel, ou *Cor d'harmonie*, qui arriva en France vers 1730 et fut introduit à l'Opéra, en 1757, par Sieber. Les sons qu'on en tirait alors étaient en très-petit nombre, mais, en 1760, un allemand nommé Hampl, découvrit qu'il était possible de lui en faire produire d'autres en *bouchant* en partie le pavillon avec la main. Un peu plus tard, un autre allemand, appelé Haltenhoff, eut l'idée d'adapter à l'instrument une *pompe à coulisse*, pour en régler la justesse quand les intonations s'élèvent par la chaleur. Un peu plus tard encore, un facteur, dont le nom n'a pas été conservé, imagina de le munir de tubes d'allonge ou *corps de rechange* pour élever ou abaisser à volonté toute l'échelle des sons. L'invention de ces tubes constituait un très-grand progrès ; néanmoins, elle ne pouvait suffire à tous les besoins, et le Cor présentait encore des défauts très-graves, qui ne disparurent qu'à partir de 1806, quand le musicien saxon Jean-Henri Stœlzel eut fait communiquer, à l'aide de cylindres ou *pistons*, le tube principal de l'instrument avec des tubes auxiliaires. Ce nouveau système de Cor est connu, en Allemagne, sous le nom de *Cor chromatique*, et, en France, sous celui de *Cor à pistons* ou *à cylindres*. De nombreuses améliorations, dues, en grande partie, aux frères Adolphe et Alphonse Sax, en ont fait de nos jours un instrument de premier ordre et l'ont mis en rapport avec toutes les exigences de la musique actuelle. Le Cor à pistons a autant de corps de rechange que le Cor ordinaire, mais il n'est pas nécessaire de les changer aussi souvent. Il est universellement employé en Allemagne et en Suisse, tandis que la plupart des artistes français lui préfèrent le Cor ordinaire, auquel ils attribuent à tort une qualité de son supérieure. Parmi les cornistes célèbres, il suffira de citer notre compatriote Lebrun, parce qu'il est le premier qui se soit servi d'une boîte de carton pour faire des échos. — La famille du Cor comprend plusieurs instruments d'exception, tels que le *Cornone*,

grand Cor en *fa* grave du facteur Czer-
veny, de Kœnigsgrætz (Autriche), et le
Cor transpositeur, de M. Gautrot, de
Paris, qui paraît n'être qu'une imita-
tion du *Cor omnitonique*, construit à
Bruxelles, en 1833, par M. Sax père.

COR ANGLAIS. — Instrument de musique à vent et à anche, qui est le contralto du Hautbois, et dérive d'une variété de ce dernier, appelée *Hautbois
de chasse*, parce qu'on le jouait à l'unis-
son, avec les trompes, dans les chasses
princières. Il date du milieu du XVIIIᵉ
siècle. Vers 1770, Joseph Ferlendis, de
Bergame, l'améliora en y ajoutant deux
clés et en le courbant de manière à le
rendre plus commode à manier. De nos
jours, le facteur parisien Triébert y a
introduit de nouveaux perfectionnements. On ignore l'origine véritable de
son nom.

COR DES ALPES. — Instrument national des Suisses, qui l'emploient dans
les montagnes, pour appeler les bergers
et réunir les troupeaux. Il consiste en
un tube de bois de sapin, long de 1 mètre 30 à 1 mètre 60, et s'élargissant vers
l'extrémité inférieure, qui est courbée
et terminée par un pavillon. Le Cor des
Alpes se trouve mentionné, pour la
première fois, à la date de 1555, dans
les œuvres de Conrad Gessner, mais son
invention est probablement beaucoup
plus ancienne.

COR RUSSE. — Instrument à vent et à
embouchure, en cuivre, qui a la forme
d'un cône parabolique et ne produit
qu'un seul son. Il n'a jamais figuré que
dans la musique russe, où il paraît avoir
été introduit, vers 1751, par le bohémien Maresch, maître de la chapelle
impériale de Saint-Pétersbourg.

COR DE BASSET. — Instrument à anche
du genre de la Clarinette, dont il est le
contralto. Il a été, dit-on, inventé, en
1770, par un facteur de Passau, et perfectionné, en 1782, à Presbourg, par
un autre facteur appelé Lotz. En 1812,
M. Iwan Muller, alors facteur à Paris,
en a tiré la *Clarinette alto*.

CORAIL. — Le Corail a été connu de
tout temps, mais, jusqu'au dernier siècle, on l'a pris, tantôt pour une plante
sous-marine, tantôt pour un intermédiaire entre les végétaux et les animaux
de la mer. C'est le voyageur marseillais
Charles de Peyssonel qui, le premier,

a reconnu sa nature véritable. Les anciens classaient le Corail parmi les
pierres précieuses, et ils le faisaient
entrer dans la décoration de presque
tous leurs objets de bijouterie et d'orfévrerie. Comme nous, ils le pêchaient
sur les côtes de la Sicile, de la Corse et
de l'Afrique méditerranéenne. L'art de
le travailler fut toujours très-avancé en
Italie et dans le Levant. Après les croisades, cette branche d'industrie fut introduite à Marseille, et, depuis cette
époque, cette ville a toujours été un de
ses centres les plus importants. On a
souvent essayé de fabriquer artificiellement le Corail. Ce sont MM. Topart
frères, de Paris, qui paraissent avoir le
plus complétement réussi, et leurs procédés, qui ont été brevetés en 1856,
fournissent un *Corail factice*, qui imite
à s'y méprendre le Corail naturel, quant
au poids, à la couleur et à l'aspect extérieur.

CORDES et CORDAGES. — I. L'invention des *Cordes* et *Cordages* ordinaires remonte nécessairement à l'origine
même des sociétés. Toutefois, ce n'est
que dans les temps modernes que l'on
a cherché à résoudre les différentes
questions scientifiques qui se rattachent
à leur emploi et à leur fabrication mécanique. Le physicien français Guillaume Amontons, mort en 1705, paraît
être le premier qui se soit occupé de la
théorie de la résistance des Cordes. Un
peu plus tard, le géomètre anglais Brook
Taylor et notre compatriote Jean Bernouilli découvrirent les lois de leur vibration. Les plus anciens essais relatifs
à la fabrication mécanique des Cordes
paraissent avoir eu lieu en Angleterre,
au commencement du dernier siècle.
Les premiers qui s'engagèrent dans cette
voie se proposèrent principalement
d'exécuter le commettage. Plusieurs
machines furent proposées à cet effet,
d'abord, en 1703, par l'anglais Georges
Sorocold, puis, en 1752, par les français Lauriau et Prudhon, mais sans
pouvoir entrer dans la pratique. Des inventions analogues, faites en 1784, 1786
et 1792, par les anglais Richard March,
Benjamin Seymour et Edmond Cartwright, ne furent pas plus heureuses.
Celles du danois John-Daniel Belfour,
des anglais Richard Fothergill, Joseph
Huddart, William et Édouard Chapman,

et Joseph **Curr**, et des Américains Nathaniel Cutting et Robert Fulton, qui parurent successivement et à de très-courts intervalles, de 1793 à 1800, eurent plus de succès ; mais ce furent surtout celles de Joseph **Huddart** et des frères **Chapman** qui fonctionnèrent le plus convenablement, et elles durent à cette circonstance d'être adoptées par la marine militaire de l'Angleterre, qui en retira de grands avantages pendant les guerres de l'Empire. En France, des tentatives du même genre furent faites, en 1810, par M. Dussordet, de Dreux ; en 1812, par MM. Margeon, de Bordeaux, et Martin, de Paris ; en 1816, par M. Bernard Duboul, de Bordeaux ; et, en 1819, par M. Lair, inspecteur du génie maritime. Toutefois, notre corderie n'entra véritablement dans la voie du progrès qu'après la publication, en 1823-1826, des voyages du baron Charles Dupin dans les ports de la Grande-Bretagne. Le gouvernement et l'industrie privée comprirent alors toute l'importance des procédés mécaniques employés chez nos voisins, et les machines Huddart et Chapman furent introduites, sous la direction des ingénieurs Lair et Hubert, dans les arsenaux de la marine militaire, d'où ils pénétrèrent dans quelques grands ateliers particuliers. Comme on l'a déjà vu, les inventions qui précèdent avaient surtout pour objet le commettage. D'autres mécaniciens cherchèrent à perfectionner la fabrication des fils de caret. Une machine destinée à cet usage fut proposée, en 1775, au gouvernement de Louis XVI, par l'ingénieur des mines Du Perron. Plusieurs machines analogues parurent plus tard, tant en France qu'à l'étranger, mais on ne put obtenir des résultats bien satisfaisants qu'après la création de la filature mécanique du chanvre et du lin. Au premier rang de ceux qui ont le plus contribué à la réalisation de ce nouveau progrès, on cite surtout les anglais James Buchanan, de Glasgow, et William Norwell, de Newcastle, et nos compatriotes Hubert, ingénieur de la marine à Rochefort, et Merlié-Lefèvre, cordier à Ingouville. Il faut encore nommer M. Reech, directeur de notre École impériale du génie maritime, auquel on doit une très-ingénieuse machine qui confectionne à peu de frais

des *Cordages tressés*, lesquels n'ont pas, comme les Cordages ordinaires, l'inconvénient de se tordre et de former des coques, ce qui permet d'en obtenir, dans une foule de circonstances, des services qu'on ne saurait demander à ces derniers.

II. L'extension qu'a prise de nos jours l'usage des *Cordes* et *Câbles métalliques*, dans la marine et les mines, a fait inventer des machines spécialement destinées à leur fabrication. La plus ancienne paraît avoir été construite en Angleterre, par M. Stirling-Newall, de Dundée, qui la fit patenter le 7 août 1840. Deux autres furent brevetées, en France, dans le courant de la même année, l'une, au mois de septembre, au nom de M. Comitti, de Valenciennes, et l'autre, au mois de novembre, au nom de M. Vigni, de Sienne (Toscane). Ces trois machines ont servi de type à toutes celles qui ont été imaginées depuis.—En 1850, M. Hirn, de Colmar, a fait une nouvelle application des Câbles métalliques, en les employant, à la place des courroies, pour transmettre la force dans les usines et les manufactures. Cette innovation a paru si heureuse que beaucoup d'industriels se sont empressés de l'adopter. C'est surtout à partir de 1857 qu'elle s'est répandue.

CORDES HARMONIQUES. — Les Grecs attribuaient l'invention des *Cordes harmoniques* au poëte Linus, que l'on suppose avoir vécu au XIVe siècle avant notre ère, et qui, ayant, disaient-ils, trouvé le moyen de filer les intestins des animaux, avait introduit l'usage de les substituer aux cordons de lin seuls usités jusqu'alors pour monter la Lyre. Mais cette invention était déjà connue en Orient et en Égypte : on a même trouvé, dans des tombeaux de ce dernier pays, plusieurs instruments dont les cordes étaient intactes, quoiqu'elles remontassent à plus de trois mille ans. Comme les modernes, les anciens se servaient aussi de cordes métalliques. Dans l'Europe moderne, ce sont les Italiens qui ont d'abord monopolisé la fabrication des Cordes harmoniques de boyaux ; aujourd'hui même, celles de Naples, de Padoue, de Vérone, de Bassano et de Venise, jouissent d'une très-grande réputation, mais l'on en fait aussi en France qui sont tout aussi bonnes. Cette petite industrie a été introduite, dans notre pays, par un ouvrier napolitain, nommé Nicolas Savaresse, qui vint s'établir à Lyon en 1766, et dont la famille existe encore à Paris. C'est même aux membres de cette famille, principalement à M. Savaresse-Lara, que les Cordes harmoniques françaises doivent le haut degré de perfection auquel elles sont parvenues. Pendant très-longtemps, les bonnes Cordes métalliques ont été fournies au commerce par la ville de Nuremberg. On n'a commencé à les faire, en France, d'une manière satisfaisante, qu'à partir de 1811, époque à laquelle M. Jean Pleyel, facteur d'instruments à Paris, dota leur fabrication de nombreux perfectionnements.

CORINTHE (*Airain de*). — Voyez AIRAIN.

CORINTHIEN (*Ordre*). — L'invention du chapiteau de cet ordre, le plus riche et le plus élégant de l'architecture grecque, est attribuée à Callimaque, célèbre sculpteur de Corinthe, qui vivait vers 540 avant notre ère. Pline le Naturaliste et Vitruve racontent à ce sujet, mais sans en garantir l'authenticité, une anecdote qui, suivant eux, en aurait fourni l'idée première à cet artiste. « Une jeune fille de Corinthe étant morte lorsqu'elle était sur le point de se marier, sa nourrice plaça sur le lieu de sa sépulture un panier dans lequel elle avait déposé de petits vases, jouets de son enfance, et le recouvrit d'une tuile pour en prolonger la conservation. Au printemps suivant, une plante d'acanthe, qui s'était trouvée par hasard sous ce panier, l'enveloppa de ses feuilles, qui, atteignant bientôt les angles de la tuile, indiquèrent en se recourbant la disposition de la volute. Ce serait ce petit monument de piété qui aurait inspiré à Callimaque le chapiteau corinthien. » Plusieurs écrivains modernes ont rejeté cette historiette et avancé que les Grecs avaient puisé dans les monuments de l'Égypte l'idée du chapiteau corinthien. Voyez ACANTHE et ORDRE.

CORNE. — La Corne, détachée de la tête d'un animal et bientôt séchée, donne un vase à boire très-commode qui a été en usage dès l'origine des sociétés. Tous les peuples civilisés de l'antiquité et du moyen âge ont également employé cette substance pour faire des plaques destinées principalement à la confection des peignes et des lanternes. Toutefois, ce n'est guère qu'à partir du XVe siècle que les applications de la Corne paraissent avoir commencé à se développer. Au siècle suivant, on trouva, dit-on, le moyen de la fondre, et, au XVIIe, on perfectionna tellement l'art de la découper et de l'incruster, que l'industrie qui vivait de son travail en fut comme transformée. Un peu plus tard, on imagina de varier son aspect en la mouillant avec des solutions appropriées, ce qui, en lui donnant l'apparence de l'écaille, produisit l'*Écaille artificielle*. Voyez GAZE.

CORNEMUSE. — Cet instrument date d'une époque très-reculée, mais son usage n'a jamais été bien répandu que dans les campagnes. Les Romains l'appelaient *Tibia utricularis*, c'est-à-dire flûte à outre. Les Grecs s'en servaient fréquemment, ainsi que les Mysiens, les Celtes et les Scandinaves. D'après d'anciennes poésies, les Écossais et les Irlandais l'employaient, dès le VIIIe siècle, pour conduire les guerriers au combat. La Cornemuse est encore très-usitée aujourd'hui en Espagne, dans l'Italie méridionale et dans les montagnes de l'Écosse.

CORNET. — L'origine de cet instrument est la même que celle du Cor, dont il n'est en quelque sorte qu'un diminutif. Dans le principe, il consista simplement en une corne de bœuf. On lui conserva la forme de cette dernière quand on le fit de métal. Enfin, plus tard, on imagina de percer des trous dans son tube. C'est avec un Cornet ainsi modifié que l'on jouait les airs de chasse dans les opéras avant l'invention du Cor de chasse, qui le fit mettre de côté. Le Cornet ordinaire est à peu près entièrement abandonné aujourd'hui, mais on fait un grand usage, dans la musique militaire, du *Cornet à pistons*, dont l'invention, qui date de 1820, est due au facteur saxon Jean-Henri Stœlzel.

CORNET ACOUSTIQUE. — On nomme ainsi un instrument conique, destiné à remédier à la faiblesse de l'ouïe, et dont une des extrémités est très-évasée pour rassembler une plus grande quantité d'ondes sonores, tandis que l'autre se termine en un conduit étroit qui s'insère dans le canal auditif externe de l'oreille. On ignore l'époque de son invention, mais elle paraît très-ancienne. De nos jours, le docteur Larrey et, à son exemple, plusieurs fabricants d'appareils de chirurgie, ont imaginé des Cornets acoustiques de très-petites dimensions, appelés généralement *Conques auditives artificielles*, qui s'adaptent exactement dans la conque et le conduit auditif et s'y maintiennent par la simple réaction élastique de cette partie de l'organe de l'ouïe.

CORPORAL. — Linge bénit, en toile de lin, que le prêtre étend sur l'autel, pendant la messe, pour poser le calice et recevoir les fragments de l'Hostie. Il représente le linceul dans lequel le corps de J.-C. fut enveloppé après sa mort. On lui donne même le nom de *Sindon*, c'est-à-dire linceul, dans le rite ambroisien. On attribue son institution au pape Eusèbe, en 310, ou au pape saint Sylvestre, vers 330.

CORSET. — Il a été démontré que les dames de l'antiquité ne connaissaient pas le *Corset* : seulement, elles soutenaient leur sein avec une camisole étroite ou une ceinture très-large. Cet usage paraît avoir disparu au commencement du moyen âge. Au XIIIe siècle naquit la mode des corsages serrés et collant à la taille, et quelques années lui suffirent pour se généraliser. Enfin, sous le règne de Henri II, la reine Catherine de Médicis apporta d'Italie les *Corps baleinés* ou *Corps de baleine*, dont la combinaison avec les corsages serrés de l'époque antérieure a produit, vers la fin du siècle dernier, le Corset actuel. Cette partie du vêtement féminin a de tout temps été réprouvée par les hygiénistes ; mais on est parvenu, depuis 1830, à faire disparaître la plupart des inconvénients qu'on lui reprochait. On est redevable du *délaçage instantané* à M. Josselin, de Paris (1829). C'est un autre industriel parisien, M. Dumoulin, qui a supprimé les *goussets* (1838). Un autre corsetier de la même ville, M. Nolet, a imaginé le *dos à la paresseuse* (1844). — Plusieurs inventeurs se sont spécialement occupés de la fabrication des tissus employés par les corsetières, et les résultats qu'ils ont obtenus ont donné naissance à l'industrie des *Corsets mécaniques* ou *Cor-*

sets sans couture, que beaucoup de personnes préfèrent aux Corsets ordinaires ou Corsets sur mesure. Cette nouvelle branche de travail a été créée, en France, par M. Jean Werly, de Bar-le-Duc (1832), et MM. Voisin et Baillard, de Paris (1844).

COSMÉTIQUES. —Voyez CHEVEUX, FARD, PARFUMS, etc.

COSMORAMA. — Ce mot, qui signifie « vue du monde », a été créé, en 1808, par l'abbé piémontais Gazzera, pour désigner un spectacle qu'il avait établi à Paris, et dans lequel il se proposait de montrer au public des tableaux à la gouache et à l'aquarelle, représentant les sites et les monuments remarquables de toutes les parties du globe. Les peintures étaient vivement éclairées par des lampes, et des verres grossissants leur donnaient la grandeur naturelle ou à peu près. L'établissement de l'abbé Gazzera a disparu en 1832, mais on a conservé son nom pour l'appliquer aux spectacles du même genre.

COSTUME. — Voyez BARBE, BAS, CHAPEAU, CHAUSSURE, CHEMISE, CHEVEUX, CRAVATE, CRINOLINE, FONTANGE, PANTALON, PERRUQUE, REDINGOTE, ETC.

COSTUMOMÈTRE. — Instrument inventé, en 1816, par C. Beck, tailleur à Paris, pour prendre la mesure des habits. Plusieurs instruments du même genre ont été imaginés à diverses époques, sous les noms de *Acribomètre*, *Automètre*, *Corporimètre*, *Dossimètre*, *Épaulimètre*, *Fémoralimètre*, *Métromètre*, *Pantomètre*, *Psalizomètre*, etc., mais aucun n'est passé dans la pratique.

COTHURNE. — Chez les Grecs et les Romains, on appelait *Cothurne* une espèce de bottine, qui se laçait sur le devant et montait jusqu'au milieu de la jambe, quelquefois même jusqu'au genou. Le Cothurne était la chaussure habituelle des chasseurs et des cavaliers. Les personnes des deux sexes en faisaient également usage à la ville et à la campagne. A Rome, les dames portaient des Cothurnes très-élégants dans la semelle desquels elles faisaient mettre des plaques de liége, afin de paraître plus grandes. Les acteurs tragiques se servaient aussi de Cothurnes disposés de la même manière, parce qu'ils croyaient se donner ainsi une stature plus imposante et un air plus majestueux. C'est à cause de sa ressemblance avec la chaussure antique que, dans ces dernières années, on a donné le nom de Cothurne à des bottines de femme qui se lacent par devant.

COTON. — Le *Coton* paraît avoir été employé, de temps immémorial, à la fabrication des étoffes, dans toutes les parties de la presqu'île indienne. Les Égyptiens, les Assyriens et les divers peuples qui les avoisinaient ne le connaissaient pas encore à l'époque d'Hérodote, c'est-à-dire au v° siècle avant notre ère. Cette substance ne commença même que cent cinquante ou deux cents ans plus tard à pénétrer dans l'occident de l'Asie, ainsi que dans la vallée du Nil. Au second siècle avant J.-C., le commerce des cotonnades était entre les mains des Arabes, qui allaient les chercher à Barigatza, aujourd'hui Barotch, au nord de Bombay, et les apportaient au port d'Adulé, la moderne Ardiko, sur la mer Rouge. De cette dernière ville, elles se répandaient en Égypte, d'où elles pouvaient pénétrer en Grèce et en Italie; mais, si l'on en juge par le silence des historiens, elles ne paraissent pas avoir été, pour ces deux pays, l'objet de transactions bien importantes. Au viii° siècle, les Arabes introduisirent la fabrication des tissus de coton dans l'Afrique du Nord et dans les provinces méridionales de l'Espagne. Les premières manufactures espagnoles furent établies à Séville, à Cordoue et à Grenade, et celles de cette dernière ville devinrent si florissantes que, dès le xiv° siècle, leurs produits s'exportaient jusqu'en Asie, où plusieurs d'entre eux étaient même préférés à ceux d'origine orientale. Pendant le même siècle, l'industrie cotonnière commença à prospérer en Chine, où l'opposition des fabricants de soieries l'avait jusqu'alors empêchée de s'étendre. C'est également au xiv° siècle que le travail du Coton pénétra dans la Macédoine et l'Albanie, ainsi qu'en Italie, où il se concentra à Venise et à Milan. Cent ans plus tard, les Espagnols trouvèrent les tissus de Coton généralement employés à Cuba, au Mexique et au Pérou, où leur usage était immémorial. Il paraît aussi que les indigènes de l'Afrique centrale, de la Guinée et de la Sénégambie savaient les fabriquer quand les Européens eurent, pour la première fois, des rapports avec eux : il est du moins certain qu'en 1590 des cotonnades faites à Benin furent apportées à Londres. On vient de voir que l'industrie cotonnière date en Europe du viii° siècle; mais ce n'est qu'à partir du xvii° qu'elle a commencé à s'y développer. A l'Angleterre appartient la gloire d'avoir donné le signal du progrès. Ce pays n'avait encore employé que les cotonnades de l'Inde, quand, dans les premières années du xiv° siècle, des navires vénitiens et génois y apportèrent quelques balles de coton, les premières qu'on y ait vues. On ne sut d'abord tirer aucun parti de la nouvelle matière textile, et on se contenta d'en faire des mèches; mais, vers 1430, des tisserands de Chester et de Lancastre eurent l'idée d'en fabriquer des futaines, et cet essai ayant réussi, une nouvelle branche d'industrie nationale se trouva fondée. Cette industrie fut tellement favorisée par le gouvernement, qu'au milieu du xvii° siècle, il n'y avait pas une paroisse qui ne possédât quelque métier à tisser pour occuper la population pauvre pendant la mauvaise saison. Les fabriques anglaises n'avaient encore travaillé que le Coton du Levant, lorsque, dans le courant de 1774, les cotonnières américaines leur firent leurs premiers envois. Presque en même temps, l'invention de la filature et du tissage mécaniques, qui furent une conséquence de l'abondance de la matière première, et l'application de la machine à vapeur aux métiers à filer et à tisser, vinrent donner au travail du Coton cet élan inouï qui en a fait depuis la plus importante des industries textiles. A l'exemple de l'Angleterre, la France s'occupa, dès le milieu du xvii° siècle, de manufacturer le duvet du cotonnier, mais les progrès réels de ses fabriques ne sont pas antérieurs à la Révolution, surtout à la chute de l'Empire. Les premières usines des États-Unis ne remontent pas au delà de 1824. Après ces trois pays, c'est en Russie, en Autriche, dans le Zollverein, en Espagne, en Belgique et en Suisse, que l'industrie cotonnière est le plus développée. Elle est également très-florissante en Chine, dans l'Inde et dans plusieurs autres parties de l'Asie, ainsi que sur certains points de l'Afrique, mais on manque de détails à ce sujet. En 1853, on évaluait à plus de cinq millions le nombre des personnes qu'elle occupait, et à plus de trois milliards la valeur des produits qu'elle livrait annuellement à la consommation. — Plusieurs des tissus à la confection desquels le Coton est employé portent des noms qui rappellent leur origine orientale. Ainsi, la *Mousseline* doit le sien à la ville de Mossoul, sur le Tigre, d'où le commerce européen l'a tirée pendant longtemps ; le *Calicot*, au port de Calicut, sur la côte de Malabar, où les navires d'Europe allaient s'approvisionner après la découverte du cap de Bonne-Espérance ; le *Madapolam*, à la ville de ce nom, près de Madras, où il existe encore des manufactures florissantes ; enfin, la *Perkale*, à un mot de la langue tamoule qui veut dire « toile fine. » Quant au mot *Coton* lui-même, il paraît n'être que le nom abrégé de la ville de Cottonava, une des places maritimes de la côte de Malabar avec lesquelles les Arabes du moyen âge entretenaient les relations commerciales les plus actives. Voyez FILATURE, IMPRESSION DES TISSUS, TISSAGE, etc.

COTONISATION. — Voyez FIBRILIA.

COTON-POUDRE. — Voyez FULMICOTON.

COTONNIER. — Le *Cotonnier* ou *Arbre à coton* (*Gossypium*) présente l'exemple assez rare d'une plante des pays chauds originaire à la fois de l'ancien et du nouveau continent. Il paraît avoir été cultivé, de tout temps, dans l'Inde et dans plusieurs parties de l'Amérique. Hérodote, qui vivait au ve siècle avant J.-C., est le premier auteur ancien qui parle du Cotonnier indien et de son duvet. « Les Indiens, dit-il, possèdent une sorte de plante qui, au lieu de fruit, produit de la laine d'une qualité plus belle que celle des moutons : ils en font leurs vêtements. » Un siècle et demi plus tard, cet arbrisseau commença à se répandre dans les pays situés à l'occident de l'Indus. Au IIe siècle de notre ère, il était déjà l'objet d'une grande culture à l'entrée du golfe Persique, en Arabie et dans la Haute-Égypte. Au VIIIe siècle, les Arabes l'acclimatèrent dans tout le nord de l'Afrique et dans les provinces méridionales de l'Espagne, principalement aux environs de Valence, où il prospéra admirablement. Au XIVe siècle, les Turcs l'introduisirent dans la Macé-

doine et l'Albanie. A leur arrivée en Amérique, les Européens trouvèrent le Cotonnier cultivé sur la plus grande échelle dans la plupart des Antilles, au Mexique, au Pérou et au Brésil. Ce végétal existait également dans plusieurs des pays qui font aujourd'hui partie des États-Unis, mais son exploitation ne s'y développa que dans les premières années du XVIIIe siècle. C'est en 1786 que les Américains du Nord ont commencé à cultiver la variété dite *Sea-island* ; ils l'avaient trouvée à Bahama, une des Lucayes, mais le nouveau terrain et le nouveau climat lui convinrent si bien qu'elle éprouva une espèce de transformation, et son coton a toujours été regardé depuis comme le plus beau du monde. Le Cotonnier est cultivé aujourd'hui dans des positions géographiques très-éloignées. Non-seulement, il croît dans les parties tropicales des deux hémisphères, mais il s'avance, en Europe, jusqu'au 45e degré de latitude N., tandis qu'en Asie et en Amérique, il ne dépasse guère le 41e. Dans le Nouveau Monde, sa limite S. est le 30e degré de latitude sur le littoral oriental, et le 33e sur les côtes occidentales. En Afrique, il ne s'arrête qu'au cap de Bonne-Espérance. La presque totalité du coton employé en Europe est produite par les plantations des États-Unis. Toutefois, il y a lieu d'espérer que, dans un avenir assez prochain, une notable partie de l'approvisionnement de nos fabriques pourra être fournie par l'Algérie, car les essais de culture qu'on y a faits ont démontré que le sol et le climat conviennent admirablement au Cotonnier. Bien plus, le *Sea-island* de la Géorgie paraît être la variété qui réussit le mieux dans notre colonie.

COTTE DE MAILLES. — Voyez ARMURE.

COUDRE (*Machines à*). — Quoique l'idée d'exécuter mécaniquement les travaux de couture remonte au commencement de ce siècle, ce n'est cependant que depuis une vingtaine d'années qu'elle a pu être industriellement réalisée. La plus ancienne machine imaginée à cet effet est probablement celle que les Anglais Thomas Stone et James Henderson firent breveter en France le 14 février 1804. Elle était destinée à imiter la couture à la main, et son aiguille traversait l'étoffe de part en part en produisant le point de surjet. Cette machine n'eut aucun succès, parce que, ainsi qu'on l'a reconnu depuis, sa construction reposait sur un principe dont l'application présente, dans la pratique, des difficultés presque insurmontables. Il n'a été possible d'obtenir des résultats satisfaisants que lorsque, au lieu de faire passer l'aiguille au travers du tissu, on s'est contenté de l'y enfoncer légèrement en la maintenant toujours du même côté. La première Couseuse de ce système a été inventée, en 1825, par M. Barthélemy Thimonnier, d'Amplepuis (Rhône), qui ne la fit cependant breveter que le 17 juillet 1830. Cette machine constituait un progrès considérable, mais elle était beaucoup trop compliquée pour qu'il fût possible d'en tirer un parti véritablement utile. Ce sont les mécaniciens des États-Unis qui, en simplifiant et perfectionnant l'œuvre de notre compatriote, ont résolu les premiers le problème de la couture mécanique. La première Couseuse américaine a été construite vers 1834, par Walter Hunt, mais, l'inventeur n'ayant pu la faire fonctionner d'une manière pratique, elle resta dans l'oubli jusqu'en 1846, où Elias Howe en imagina une autre, beaucoup mieux combinée, qui obtint aussitôt un succès prodigieux. C'est de l'adoption de cette dernière, dans un pays où la main-d'œuvre est si chère, que datent réellement les commencements de la couture mécanique. Depuis cette époque, l'usage des Machines à coudre n'a cessé de se développer, et il est répandu aujourd'hui, non-seulement en Amérique, mais encore en Europe. En même temps, les mécaniciens de tous les pays ont rivalisé d'efforts pour améliorer celles qui existaient déjà ou en créer de nouvelles. Les unes travaillent avec un seul fil en produisant soit le point de chaînette (Thimonnier-Magnin, Singer, Siegl, etc.), soit le point de surjet (Callebaut, Howe, etc.); les autres avec deux fils en faisant, tantôt le point de navette (Walter Hunt, Elias Howe, Seymour, Wheler et Wilson, Leduc, etc.), tantôt le point à double chaînette (Grover et Baker, Otis Avery, etc.). Il en est aussi qui, moyennant quelques légères modifications, peuvent à volonté exécuter successivement le point de chaînette à un fil, le point de navette à deux fils et le point à double chaînette également à deux fils (Journeaux-Leblond). Enfin, d'autres sont pourvus de mécanismes qui fournissent une couture à deux fils arrêtée à chaque point par un nœud de tisserand, ce qui la rend indestructible (de Celles). On estime que, pour les gros ouvrages, comme la cordonnerie et la sellerie, une bonne machine fait l'office de vingt-cinq hommes au moins, et que, pour la couture ordinaire, elle travaille autant que dix ouvrières.

COULEUR (*Gravure en*). — Voyez IMPRESSION POLYCHROME.

COULEURS. — On sait que, indépendamment du Noir et du Blanc, qui correspondent à l'absence de la lumière et à la lumière éclatante, les *Couleurs fondamentales* sont le Jaune, le Rouge et le Bleu. Avec ces trois couleurs, auxquelles on ajoute les deux premières, les peintres reproduisent tous les contrastes de tons et d'effets lumineux, toutes les teintes possibles, toutes les notes enfin des *gammes* que l'on peut former avec des couleurs. On doit à notre savant compatriote, le chimiste Chevreul, la détermination la plus complète et la plus exacte des gammes de couleurs, c'est-à-dire la création des méthodes pratiques permettant d'obtenir « les teintes de couleurs équidistantes, soit franches, soit rabattues par des proportions égales de noir, de manière à pouvoir définir nettement les éléments à l'aide desquels on peut établir les harmonies des couleurs comme on calcule les harmonies des sons dans la musique. » — De tout temps, le besoin de donner un nom particulier aux couleurs nouvelles ou regardées comme telles, a mis l'esprit des industriels à la torture. Le XVIe siècle connaissait les nuances isabelle, minime, triste amie, ventre de biche, Espagnol malade, Céladon, Astrée, face grattée, couleur de Judas, singe mourant, veuve réjouie, temps perdu, couleur de la faveur, ris de guenons, trespassé revenu, etc. Le siècle dernier renchérit encore sur le passé, et l'on est surpris des dénominations au moins singulières que l'on adopta pour désigner certaines couleurs, telles que celles-ci : dos de puce, ventre de puce en fièvre de lait, soupir étouffé, cuisse de nymphe émue, larmes indiscrètes, ventre de carmélite, entrailles de petit-maître, entraves de procureur, caca-Dauphin, etc. Plus tard, de 1820 à 1830, parurent les couleurs Ipsiboé, ventre de biche, puce en couches, eau du Nil, crapaud amoureux, souris effrayée, araignée méditant un crime, roseau, solitaire, graine de réséda, etc.

COULEVRINE. — Voyez ARTILLERIE.

COUPE DES PIERRES. — Voyez STÉRÉOTOMIE.

COUPÉ. — Voyez CARROSSE.

COUPE-LANIÈRES. — Instrument inventé, vers 1843, par M. Eugène Adam, de Colmar, pour convertir en lacet tout fragment de cuir pouvant être transformé en un disque du diamètre d'une pièce de cinq francs.

COUPELLATION. — C'est le plus ancien procédé d'analyse. Plusieurs auteurs en font dater l'invention du règne de Philippe-Auguste, c'est-à-dire de la fin du XIIe siècle ou du commencement du XIIIe, mais il a été prouvé que tous les peuples civilisés de l'antiquité l'ont connue et pratiquée. La Coupellation se trouve vaguement indiquée dans les ouvrages de Diodore de Sicile, de Strabon et de Pline le Naturaliste. Elle a été décrite, pour la première fois, avec exactitude, par l'alchimiste arabe Géber, qui vivait au IXe ou au Xe siècle de notre ère.

COUPE-RACINES. — Instruments destinés à diviser les racines fourragères afin d'en rendre la consommation facile aux bestiaux. Ils sont très-anciens, mais, dans l'origine, ils consistaient le plus souvent en un couteau de grande dimension qui était recourbé en forme d'S et fixé à un manche. C'est en Angleterre, à la fin du dernier siècle, qu'on a commencé à leur donner leurs dispositions actuelles. Les Coupe-racines employés aujourd'hui se composent de lames ou de disques tranchants que l'on fait généralement mouvoir au moyen d'une manivelle. Les uns coupent les racines en petits cubes et les autres en tranches ou lanières plus ou moins épaisses. On cite, parmi les meilleurs dont l'usage est répandu en France, ceux de l'école de Grignon et de MM. Bodin, Bella, Converset-Cadas, Durand-Quentin, Durand de Blécourt, Peltier et Rué-Jacquet.

COUPEUSE. — Sous ce nom, M. John Harriday, ancien tailleur à New-York, a inventé une machine pour couper les vêtements. Cette Coupeuse, qui date de 1852 ou de 1853, est disposée de manière à pouvoir couper 10 à 12 centimètres d'épaisseur de draps, c'est-à-dire 40 à 50 pièces à la fois, ou 1,000 pantalons par jour, ce qui représente le travail de 25 à 30 ouvriers. Elle est spécialement destinée aux grands ateliers de confection, où l'on a besoin de couper un grand nombre de pièces de même grandeur. Les États-Unis et l'Angleterre sont les seuls pays où, jusqu'à présent, son usage se soit répandu.

COUPOLE. — Voyez DÔME.

COURANTS ÉLECTRIQUES. — Voyez ÉLECTRICITÉ, ÉLECTRO-MAGNÉTISME, etc.

COURANTS MARINS. — Les anciens navigateurs avaient déjà remarqué qu'il existe, dans certains parages, des Courants et des vents qui affectent des directions constantes, soit pendant toute l'année, soit seulement pendant certaines saisons, et ils avaient profité de cette observation pour déterminer les routes à suivre entre les ports d'où ils partaient et ceux où ils voulaient se rendre ; mais ce n'est que de nos jours que cette partie de l'art nautique a sérieusement attiré l'attention de la science. En étudiant avec soin le régime des vents et des Courants dans les parages les plus fréquentés, le lieutenant Matthew-Francis Maury, de la marine des États-Unis, est parvenu à modifier les routes suivies jusqu'alors, de manière à diminuer considérablement la durée des voyages. Aujourd'hui, grâce aux indications de cet officier, la traversée de San-Francisco à New-York, qui était anciennement de 180 jours, n'est plus que de 100 jours, et celle d'Angleterre en Australie, qui, précédemment, nécessitait 250 jours, se fait en moitié moins de temps. On estime à 30 millions au moins l'économie annuelle que les travaux du lieutenant Maury ont jusqu'à présent procurée à la navigation maritime de son pays. Voyez CALCULATEUR.

COURBE. — La théorie générale des Courbes et des figures qu'elles limitent constitue la géométrie transcendante. « Quoique, dit le docteur Dupiney de Vorepierre, les géomètres de l'antiquité, indépendamment de leurs travaux sur les Sections coniques, aient étudié les propriétés de quelques autres lignes de cette espèce, telles que la Conchoïde, la Cissoïde, et plusieurs sortes de spirales, ils ne sont cependant arrivés qu'à formuler un petit nombre de propositions particulières, qu'ils ont déduites de la considération des circonstances de chaque cas particulier, et qui ne sont pas susceptibles d'une généralisation étendue. Les méthodes générales d'investigation que le géomètre moderne applique avec tant de succès sont dues aux progrès de l'Algèbre, et à l'heureuse invention de notre compatriote Descartes, qui imagina de représenter les Courbes par des équations algébriques. »

COURBURE DES BOIS. — La *Courbure des bois*, après qu'ils ont été soumis à l'action de la vapeur d'eau, est connue, depuis longtemps, de tous les constructeurs, mais ce procédé est à peu près impraticable quand on veut obtenir des Courbures d'un petit rayon ou qu'il s'agit d'opérer sur des pièces de fort équarrissage. C'est pour résoudre ce problème que M. Thomas Blanchard, de New-York, aux États-Unis, a inventé, il y a une dizaine d'années, une curieuse machine, qui a figuré, en 1855, à l'exposition universelle de Paris. Après avoir été passé à la vapeur, le bois est livré à cette machine, dont les organes sont disposés de telle sorte qu'elle le comprime dans toute son étendue et dans le sens de sa longueur pendant la durée du ployage. De cette manière, il ne se fend ni ne s'éclate, et les fibres du côté de la Courbure ne sont pas allongées : celles de l'intérieur sont seules comprimées et refoulées sur elles-mêmes. L'invention de M. Blanchard paraît surtout propre à produire les pièces courbes nécessaires pour la construction des navires, et il est probable que son usage rendra des services de la plus haute importance au génie maritime.

COURONNE. — Suivant Athénée, les anciens attribuaient l'invention des *Couronnes* à Janus Bifrons. Si l'on en juge par le silence d'Homère, il ne paraît pas que les Grecs des âges héroïques aient fait usage d'objets de cette espèce, soit pour récompenser le mérite, soit pour servir d'ornement dans les fêtes. C'est à l'occasion des jeux athlétiques que ce peuple créa la coutume de décerner des Couronnes aux vainqueurs. Plus tard, il en donna également à tous ceux qui avaient bien mérité de la patrie, de quelque nature que fussent les services rendus. Certaines catégories de magistrats eurent aussi des Couronnes pour insignes. On imagina encore de prendre des Couronnes dans les festins, d'en suspendre à la porte des maisons où un enfant venait de naître, d'en placer sur la tête des morts et sur les tombeaux, d'en donner aux fiancées, etc. Les divers usages des Grecs furent adoptés par les Romains, mais, aux anciennes variétés de Couronnes, ces derniers en ajoutèrent plusieurs autres qui différèrent de matière et de forme, suivant l'usage particulier auquel elles étaient destinées. Pendant le moyen âge, les Couronnes ou *Chapels* de fleurs furent d'un usage aussi général que dans l'antiquité : tout le monde, hommes et femmes, en portait, dans les fêtes et les banquets, et l'art de les tresser avec goût formait, dans les châteaux, une des occupations favorites des dames, tandis que, dans les villes, il entretenait des corps de métiers distincts. Quant aux Couronnes de dignité, elles consistèrent d'abord en un cercle d'or orné ou non de pierreries. Telle fut la première Couronne des empereurs romains et des rois franks. Quelques-uns de ces princes y ajoutèrent cependant des rayons, mais cette innovation fut exceptionnelle. La *Couronne-bonnet* ou *Couronne fermée* fut introduite par Constantin le Grand. Elle était spécialement réservée aux empereurs, mais les rois d'Angleterre la prirent en 1399, et les rois de France en 1495. Toutefois, ces derniers ne l'adoptèrent définitivement qu'à l'époque de François Ier. Dès les premiers temps de la féodalité, les seigneurs les plus puissants s'arrogèrent le droit de porter des Couronnes, mais ces Couronnes féodales furent ouvertes, et, de plus, leur bandeau reçut des ornements de forme différente suivant le titre de leurs possesseurs.

COURSES DE CHEVAUX. — Les *Courses de chevaux* remontent à une époque très-reculée, mais, chez les anciens, elles n'avaient pour objet que de servir d'amusement au peuple, tandis que, chez les modernes, elles sont spécialement destinées à servir d'encouragement à la production chevaline. Les Courses modernes ont pris naissance en Angleterre dans la première moitié du XIIe siècle. Celles d'Epsom, à 7 lieues de Londres, étaient déjà célèbres au siècle suivant. Édouard III (1327-1377), Édouard IV (1461-1483) et Henri VIII (1509-1547), qui s'occupèrent avec soin de l'amélioration des races de chevaux, eurent dans leurs écuries des coureurs renommés. Ce dernier publia même un règlement pour les Courses et en établit de nouvelles à Chester et à Hamford. Toutefois, les Courses différaient beaucoup alors de celles d'aujourd'hui, car l'art de l'*Entraînement* n'existait pas encore, et le terrain n'était pas préparé à l'avance. On se contentait de lancer les concurrents à travers la campagne, et très-souvent c'était aux terrains les plus accidentés que l'on donnait la préférence. Or, il n'était pas rare qu'un cheval médiocre battît un animal de qualités supérieures, uniquement parce qu'il avait rencontré moins d'obstacles que ce dernier. Aussi finit-on par comprendre que, pour apprécier exactement les vitesses respectives de deux chevaux, il fallait les placer tous deux dans des conditions identiques, et, par conséquent, les faire lutter sur un sol aussi uni que possible. De là l'origine des champs de course actuels, ou *Hippodromes,* que l'on désigne aussi quelquefois sous le nom de *Turf* (en anglais, gazon), parce qu'on reconnut dans le principe que les terrains qui leur conviennent le mieux sont ceux que recouvre un gazon ras. Les premiers établissements de ce genre qu'il y ait eu en Angleterre datent du règne de Jacques Ier (1603-1625). C'est aussi sous ce prince que l'art de l'*Entraînement* commença à être cultivé. Quant à l'usage des *paris,* il naquit un peu plus tard, dans les premières années du siècle suivant, sous la reine Anne (1701-1714), et il prit une extension si rapide que, sous le roi George II (1727-1760), un coureur, Éclipse, gagna en dix-sept mois 625,000 fr. à son maître. Depuis cette époque, les Courses ont pris en Angleterre une telle importance qu'il n'est peut-être pas aujourd'hui, dans ce pays, une ville un peu considérable qui n'ait les siennes. Toutefois, les plus suivies sont celles d'Epsom, de New-Market, d'Ascot, d'York, de Goodwood, de Doncaster et de Liverpool. D'Angleterre, les Courses de chevaux se sont répandues peu à peu sur le continent. Leur introduction en France est due à lord Pascool, en 1754, mais ce n'est qu'après la Restauration qu'elles ont commencé à faire chez nous des progrès sérieux. Notre société hippique appelée *Jockey-club*, littéralement « club des jockeys », a été fondée à Paris, en 1833, sous le patronage du duc d'Orléans, à l'imitation d'une société semblable établie, au dernier siècle, à New-Market. C'est aussi de la même année que date l'établissement du *Stud-book* français, sorte de registre matricule destiné à constater la généalogie des chevaux et à recueillir tous les documents relatifs à l'histoire des Courses. On sait qu'il existe trois espèces de Courses, la *Course plate* et la *Course des haies*, qui ont lieu, toutes les deux, dans un hippodrome, et la *Course au clocher* ou *Steeple-chase*, qui se fait en rase campagne. Cette dernière a été ainsi nommée parce que, dans le principe, on choisissait ordinairement pour but une église de village, dont le clocher pouvait s'apercevoir de loin. Le premier Steeple-chase qu'on ait vu en France a eu lieu, le 1er avril 1834, à la Croix-de-Berny, sur la route de Paris à Versailles.

COURTAUT. — Voyez ARTILLERIE.

COUSEUSE MÉCANIQUE. — Voyez COUDRE *(Machines à).*

COUTEAU. — Les peuples primitifs se servaient d'écailles d'huîtres ou de pierres tranchantes pour découper les aliments. Cet usage existe même encore chez les nations sauvages de l'Océanie. Les Couteaux métalliques sont nés avec le travail de l'acier, et leur fabrication a fini par constituer une industrie de premier ordre, qui a aujourd'hui pour centres principaux : Solingen, dans la Prusse rhénane; Sheffield, en Angleterre; Paris, Thiers, Nogent, Langres et Châtellerault, en France. Comme autrefois, les opérations se font partout à la main. Cependant, depuis le commencement de ce siècle, l'emploi des grands moteurs mécaniques pour tourner les meules s'est répandu dans toutes les usines importantes. De plus, dans ces dernières années, on s'est mis à tailler les lames des ciseaux et des couteaux par voie d'estampage dans des feuilles d'acier, et l'on a ainsi obtenu de beaux résultats. Cette innovation paraît avoir été imaginée, en 1827, par un coutelier de Sheffield, nommé Smith.

COUTURE MÉCANIQUE. — Voyez COUDRE (*Machines à*).

COUVERTE. — Voyez GLAÇURE.

COUVERTS DE TABLE. — Les *Couverts de table* en métal se sont faits, pendant -longtemps, par des forgeages et des emboutissages successifs, au moyen de matrices et de poinçons disposés de manière à donner aux pièces les formes voulues, sous l'action d'un marteau ou d'un mouton. Ce procédé est encore employé aujourd'hui, mais on remplace souvent le marteau ou le mouton par un balancier. En 1813, un sieur Garinet, de Paris, essaya d'obtenir le même résultat par le laminage, et ne put réussir. Deux autres tentatives du même genre, faites également en France, l'une, en 1817, par un sieur Jalabert, et l'autre, en 1839, par M. Daru, n'eurent pas plus de succès. M. Allard, de Bruxelles, qui s'occupait, en même temps que ce dernier, de recherches dans la même voie, fut plus heureux, et son procédé fut importé dans notre pays, en 1840, par l'orfèvre parisien Denière. Depuis cette époque, le laminage a été adopté par un grand nombre de fabricants, parce qu'il permet de produire économiquement un plus grand nombre de Couverts que par les anciennes méthodes, résultat d'une extrême importance depuis l'extension énorme qu'a prise l'usage des Couverts en maillechort argentés par la Galvanoplastie.

COUVERTURE DES ÉDIFICES. — Voyez TOITURE.

COUVEUSE ARTIFICIELLE. — Voyez INCUBATION.

CRACHOIR. — L'usage de ce petit meuble, marque de propreté, remonte peut-être à la fin du XVIᵉ siècle. Ce n'est du moins qu'à cette époque qu'il est devenu un peu général.

CRANIOLOGIE, CRANIOSCOPIE. — Voyez PHRÉNOLOGIE.

CRATICULATION. — Procédé usité pour copier les dessins et consistant à diviser l'original en petits carrés que l'on répète sur le papier destiné à recevoir la copie. Les artistes de tous les peuples l'ont connu. Les Égyptiens, entre autres, en faisaient un grand usage.

CRAVATE. — Les peuples anciens avaient le cou découvert. Le même usage existe encore en Orient et dans plusieurs autres pays. Quant à l'origine des *Cravates*, elle ne remonte pas au delà de l'année 1636, et date de l'arrivée en France d'un régiment de Croates ou Cravates, que Louis XIII avait pris à sa solde, et dans l'uniforme desquels se trouvait un tour de cou, une espèce de collet, en étoffe légère dont les bouts pendaient sur la poitrine. De l'armée, ce tour de cou, que l'on appela, par extension, *Cravate*, passa dans le costume civil, mais non sans se modifier. Il est, en outre, à remarquer qu'on ne le porta d'abord qu'à la campagne ou en justaucorps. Le *Col-cravate* fut imposé à l'armée, après la paix de Hanovre (1763), par le duc de Choiseul, alors ministre de la guerre. Il fut adopté, vers la fin de l'Empire, par la jeunesse des écoles et les ouvriers, puis successivement par les autres classes de la société, et, depuis cette époque, il s'est peu à peu substitué à la Cravate ordinaire. Ce ne fut cependant qu'à partir de 1818 que, pour mieux simuler cette dernière, on eut l'idée d'y ajouter des nœuds et des bouts pendants. Les variétés, dites *Col américain* et *Col anglais*, ont été créées, il y a quelques années, par M. Hayem aîné, fabricant d'objets de mode à Paris.

CRAYON. — Dans l'antiquité, c'est avec un poinçon de métal que les copistes rayaient le parchemin. Cette méthode fut également usitée pendant le moyen âge, mais, quand le papier commença à être connu, on s'aperçut qu'elle avait le défaut de couper la nouvelle matière. On fut ainsi conduit à la recherche d'un procédé moins imparfait. Dès le commencement du XIᵉ siècle, on se servait déjà, en France, en Italie et ailleurs, de petits cylindres ou *Crayons de plomb*, et l'emploi de ces instruments se répandit peu à peu à mesure que les applications du papier se développèrent. Toutefois, dans les pays qui possèdent des gisements de plombagine, on ne tarda pas à découvrir la propriété que possède cette substance de laisser sur le papier une teinte grise et luisante, et l'idée vint de l'appliquer au même usage que les bâtonnets de plomb. Seulement, comme elle est naturellement très-fragile, on imagina de la rendre plus solide en l'enfermant dans des cylindres de bois. Ainsi naquit, en Angleterre ou en Allemagne, peut-être même dans les deux pays à la fois, la fabrication des Crayons modernes ou *Crayons de plombagine*, mais on ignore à quelle époque précise. Tout ce qu'il est permis d'affirmer, c'est qu'elle existait bien avant le XVIe siècle. Comme la plombagine la plus pure se trouve aux environs de Keswick, dans le Cumberland, c'est en Angleterre que, pendant très-longtemps, on a pu faire des Crayons de bonne qualité. Au XVIIe siècle, les Allemands essayèrent de combattre ce monopole et, manquant d'une matière première convenable, ils imaginèrent de substituer à celle-ci une pâte composée de plombagine impure, d'antimoine et de soufre. Alors commença l'industrie des *Crayons artificiels*; mais ces produits laissèrent beaucoup à désirer jusqu'en 1795, époque à laquelle, en améliorant considérablement leur pâte, le chimiste français Jacques Conté réussit à leur donner toutes les qualités des Crayons anglais. Depuis le commencement de ce siècle, les Crayons artificiels ont été perfectionnés de tant de manières qu'ils répondent aujourd'hui à tous les besoins : on les préfère même, dans beaucoup de circonstances, à ceux de plombagine. Dans ces dernières années, un autre de nos compatriotes, M. Fichtemberg, de Paris, est parvenu à rendre leur trace ineffaçable, en introduisant un corps gras dans leur pâte. Les Crayons anglais devenant de plus en plus rares par suite de l'épuisement des mines, plusieurs fabricants du Cumberland, ne trouvant plus de blocs assez gros pour alimenter leurs usines, ont inventé des procédés qui leur ont permis d'utiliser les détritus des anciennes exploitations, mais sans pouvoir sauver leur industrie, qui est aujourd'hui perdue. Toutefois, si les gisements de plombagine anglaise sont épuisés, on en a récemment découvert, en Sibérie, dont les produits paraissent égaler, sous le rapport de la pureté et de la finesse, ceux qui ont fait autrefois la réputation des premiers.

CRÉMATION. — Voyez INHUMATION.

CRÉMOMÈTRE. — Instrument destiné à essayer le lait, c'est-à-dire à faire reconnaître s'il a été écrémé ou non. Il a été inventé, en 1817, par le chimiste anglais Joseph Banks, et introduit, peu de temps après, en France, par M. de Valcourt. Le Crémomètre ne donne pas toujours des indications très-exactes, mais, en combinant son emploi avec celui du Lacto-densimètre, on obtient des résultats assez satisfaisants. Le service de l'inspection du lait, dans la plupart de nos grandes villes, repose sur l'usage simultané de ces deux instruments.

CRÉOSOTE. — Substance liquide huileuse qui existe dans la fumée et dans les produits de la distillation sèche des matières végétales. Elle a été ainsi appelée de deux mots grecs qui signifient « conservateur de la chair », parce qu'elle possède des propriétés antiseptiques très-prononcées. La *Créosote* a été découverte, en 1830, par le chimiste wurtembergeois Charles Reichenbach. Elle constitue un excellent antiputride et peut être employée pour conserver la viande et les pièces d'anatomie, et pour prolonger la durée du bois. On s'en sert surtout contre la carie dentaire et pour le pansement des ulcères et des cancers. C'est à sa présence dans la fumée que paraît due l'action de cette dernière dans les opérations du boucanage et du fumage.

CRÊPE. — Le tissu de ce nom paraît avoir été créé à Bologne, en Italie. Sa fabrication a été, dit-on, introduite en France, vers 1667, par un sieur Bourgeu, suivant les uns, par un sieur Jacques Dupuis, suivant les autres. Quoi qu'il en soit, c'est ce dernier qui passe pour avoir monté à Lyon la première manufacture qu'il y ait eu dans notre pays.

CRETONNE. — Voyez LIN.

CRIBLE. — Il est déjà question de cet instrument dans les livres de Moïse. On le trouve aussi représenté sur des monuments égyptiens qui datent de plusieurs milliers d'années avant notre ère. Enfin, son usage était connu, dans l'antiquité, de tous les peuples qui s'occupaient d'agriculture. Les Cribles des anciens étaient de papyrus, de jonc tressé, de toile, de crin de cheval ou de parchemin percé de trous ; mais ces matières ne furent pas employées dans tous les temps et dans tous les pays. Suivant les auteurs latins, les Égyptiens se servirent les premiers de ceux de papyrus et de jonc, les Espagnols de ceux de toile, et les Gaulois de ceux de crin. Le Crible traversa tout le moyen âge, tel que l'antiquité l'avait laissé. Seulement, aux matières précédemment usitées, on ajouta la soie. Cet instrument est d'une manœuvre très-facile, mais il opère avec une extrême lenteur. Aussi, le remplace-t-on aujourd'hui, dans toutes les exploitations importantes, par un appareil plus expéditif, qui a été créé en Allemagne, pendant le XVIIe siècle. Cet appareil est généralement désigné sous le nom de *Crible cylindrique* ou *Cylindre cribleur allemand*. Il consiste en un long cylindre incliné que l'on fait tourner au moyen d'une manivelle, et qui se compose d'une carcasse de bois ou de fer recouverte de trois toiles métalliques d'inégale grosseur. Le Crible allemand a reçu, dans ces dernières années, des perfectionnements très-considérables, qui ont produit plusieurs instruments nouveaux, tels que, en ne parlant que de ceux d'origine française, le *Cylindre trieur* de M. Pernollet, de Ferney-Voltaire, le *Trieur d'agriculture* de M. Vachon, meunier à Lyon, et le *Trieur cylindrique* de M. Marot. C'est le Trieur-Vachon qui effectue, dit-on, le nettoyage le plus complet. — Dans l'histoire des Mathématiques, on appelle *Crible d'Ératosthène* une méthode imaginée, 247 ans environ avant notre ère, par le géomètre grec Ératosthène de Cyrène, pour connaître les nombres premiers en donnant l'exclusion aux nombres qui ont une mesure commune entre eux.

CRIC. — On attribue généralement l'invention de cette machine au grand ingénieur mécanicien Archimède, de Syracuse, mort 212 ans avant notre ère ; mais elle remonte probablement à une époque beaucoup plus ancienne. Tout porte même à croire que les Égyptiens ont dû s'en servir pour la construction de leurs impérissables monuments. Quoi qu'il en soit, le Cric est parvenu jusqu'à nous tel que les anciens le connaissaient, et les modernes n'y ont guère apporté que des modifications de très-peu d'importance. Les *Crics géométriques*, imaginés, il y a quelques années, par le colonel Putheaux sont destinés, les uns à

soulever et pousser les fardeaux, les autres à les tirer à soi. Ils sont dépourvus de cliquet et sont infiniment plus commodes à manœuvrer que les Crics ordinaires. Le *Cric à soutirer*, d'un autre de nos compatriotes, M. Beziat, mécanicien à Paris, a spécialement pour objet de faciliter le soutirage des pièces de vin dans les caves. Depuis l'établissement des Chemins de fer, on a imaginé, pour l'usage des gares, des machines destinées au même usage que les précédentes, mais autrement disposées, et auxquelles on a, par analogie, donné les noms de *Crics-Verrins* et de *Crics hydrauliques*.

CRIN. — Le *Crin* a reçu de bonne heure des applications industrielles. Les anciens s'en servaient pour faire des cordes, ainsi que des tissus destinés à la garniture des cribles. Pendant le moyen âge, le Crin eut le même emploi que dans l'antiquité, mais l'invention des instruments à archet, des vêtements rembourrés pour les gens de guerre, des voitures et des perruques, lui ouvrit successivement de nouveaux débouchés. Aujourd'hui, le tissage du Crin a principalement pour objet la fabrication des toiles à cribles et de plusieurs variétés d'étoffes, dites *Crinolines*, pour la cordonnerie, le vêtement et l'ameublement, mais ce sont ces derniers produits qui ont le plus d'importance. En 1847, MM. Aversen et Delorme, de Toulouse, ont pris un brevet pour l'exploitation d'une matière filamenteuse, qu'ils ont nommée *Crin d'Afrique* ou *Crin végétal*, et qui s'obtient en soumettant à certaines manipulations les fibres des feuilles du Palmier nain (*Chamærops humilis*), si commun dans l'Algérie. Les mêmes inventeurs ont commencé cette exploitation en 1848, et, depuis cette époque, les applications du nouveau Crin n'ont cessé de se développer. On peut en faire des tissus, mais, jusqu'à présent, on l'a surtout utilisé pour la garniture des meubles et des voitures.

CRINOLINE. — C'est, sous un nom nouveau, une chose très-ancienne. Les Crinolines paraissent avoir fait leur première apparition, en 1530, sous le règne de François Ier. On les appelait alors *Hoche-plis* ou *Vertugadins*, et elles se composaient de cerceaux de fer, de bois ou de baleine, sur lesquels s'étendaient les robes. On leur donna bientôt des dimensions si considérables que Louise de Montagnard, femme de François de Tressan, put enlever le duc de Montmorency, son parent, de la ville de Béziers, où il était assiégé, en le cachant dans son carrosse, sous la vaste cloche de son Vertugadin. En 1563, deux édits, rendus le 16 et le 17 janvier, défendirent les Vertugadins de plus d'une aune et demie de diamètre, mais on n'en tint pas compte, et les dames continuèrent à se singulariser par l'ampleur de leurs robes. Abandonnée dans les premières années du règne de Louis XIII, cette mode ridicule reparut au commencement de celui de Louis XV. Elle était déjà dans toute sa vogue en 1719. Seulement, les Vertugadins du XVIe siècle avaient changé de nom.: on les appelait des *Paniers*, probablement à cause de leur ressemblance avec les cages à poulets. On en fit une foule de variétés dont quelques-unes reçurent des dénominations caractéristiques des mœurs du temps, comme celles de *Boute-en-train, Gourgandine, Tâtez-y*. Les *Considérations* étaient des Paniers de petites dimensions qui ne se portaient ordinairement que le matin. Un certain Panier, maître des requêtes, s'étant noyé dans une traversée de la Martinique en France, on profita de cette circonstance pour donner le nom de *Maître des requêtes* à une forme nouvelle. Il y eut aussi des Paniers *à bourlets*, qui avaient par le bas un gros bourlet pour faire évaser la jupe; des Paniers *fourrés*, qui étaient matelassés par le haut pour élargir les hanches; des Paniers *cadets*, qui, ne descendant que deux doigts au-dessous du genou, étaient ainsi « privés de leur légitime grandeur, » etc. Les Paniers se maintinrent jusqu'en 1785, où ils furent remplacés par les *Jupons grossis*, les *Bouffantes*, les *Jupons ébauhis*, les *Bêtises*, les *Derrières postiches* et les *Tournures*, que l'on appelait tout crûment des *Culs*. On les croyait morts pour toujours, quand nos contemporaines les ont fait revivre, en les appelant *Crinolines*. Comme leur nom l'indique, les Vertugadins de nos jours ont d'abord été faits avec un tissu de crin, mais ce tissu ayant été trouvé trop mou, on n'a pas tardé à le consolider avec des cerceaux

de baleine, des tiges ligneuses, et, enfin, des ressorts d'acier. L'emploi de ces ressorts a même pris une telle extension que leur fabrication a fini par constituer une industrie importante qui a été créée, en 1856, par Mlle Millet, de Besançon. A cette heure, on n'estime pas à moins de 4,200,000 kilogrammes, ayant une valeur de 10,500,000 francs, la production annuelle des usines européennes qui exploitent cette industrie, et, sur ce nombre, notre pays en fournit à lui seul plus de la moitié.

CRISTAL. — Le mot *Cristal* a d'abord servi à désigner le *Cristal de roche*, ou quartz hyalin incolore, que les anciens, plus particulièrement les Romains, ont employé pour faire des coupes et des vases de grandes dimensions, qu'ils gravaient avec soin afin d'en dissimuler les défauts. Au XVe siècle, peut-être même avant, quand les verriers vénitiens eurent trouvé le moyen de fabriquer du verre blanc d'une grande limpidité, on donna, par analogie, le nom de *Cristal* ou de *Cristallin* au nouveau produit : seulement, pour qu'on ne pût pas le confondre avec le Cristal naturel, on eut soin d'indiquer sa nature ou son origine : *Cristal de verre, Cristal de Venise*. Aujourd'hui, on appelle spécialement *Cristal*, non pas, comme autrefois, le verre incolore, quelle que soit sa composition, mais seulement le verre, soit blanc, soit coloré, qui est à base de plomb et de potasse. Le chimiste Louis Girardin a prouvé que ce verre, si remarquable à tant d'égards, n'a pas été inconnu des anciens ; malheureusement les procédés qu'ils employaient pour l'obtenir ne nous sont point parvenus. Ce sont les Anglais, parmi les modernes, qui ont réussi les premiers à le fabriquer. On croit qu'ils le préparèrent, pour la première fois, en 1557, dans une verrerie établie à Savoy-House, dans le Strand, à Londres, mais ce ne fut guère qu'à la fin du XVIIe siècle qu'ils surent lui donner la pureté et l'éclat qui le caractérisent. D'Angleterre, la fabrication du Cristal pénétra peu à peu dans les autres parties de l'Europe. Le premier four à Cristal anglais qu'il y ait eu en France fut, dit-on, établi à Saint-Cloud, en 1784, par un verrier nommé Lambert. Vers la même époque, une autre cristallerie fut montée à la verrerie de

Saint-Louis (Moselle). La manufacture de Baccarat (Meurthe) n'est pas antérieure à 1815. Ces deux dernières usines et celle de Clichy-la-Garenne (Seine) sont aujourd'hui les plus grandes cristalleries qui existent en Europe.

Cristallin. — C'est au géomètre sicilien François Maurolyco, mort en 1575, que l'on attribue la découverte de la propriété que possède la partie de l'œil, appelée *Cristallin*, de recevoir et de rassembler sur la rétine les rayons émanés des objets, découverte qui le conduisit à fabriquer les *verres convexes* pour les presbytes, et les *verres concaves* pour les myopes.

Cristallographie. — Science qui a pour objet l'étude des cristaux et les relations de forme qui existent entre eux. Elle sert aux chimistes et aux minéralogistes pour distinguer les corps. Les anciens naturalistes connaissaient plusieurs cristaux, mais ils les regardaient comme des jeux de la nature. Vers le milieu du XVIIe siècle, Boèce de Boot et le P. Kircher paraissent être les premiers qui aient considéré la nature des sels divers mêlés aux minéraux comme la cause de leurs formes cristallines. Un peu plus tard, en 1673, Nicolas Sténon émit l'opinion que la forme des cristaux pourrait bien reproduire celle de leurs molécules constituantes. Plus tard encore, en 1684, Érasme Bartholin essaya, le premier, de déterminer les angles des cristaux, et ses travaux servirent de base à ceux qu'exécutèrent ensuite Huyghens et Newton pour déduire de la mesure de ces angles la forme des molécules primitives. Enfin, Linné comprit le premier l'importance de l'étude des cristaux pour la connaissance des minéraux, et jeta les bases véritables de la Cristallographie. En 1772, Romé de Lisle publia le premier traité de Cristallographie, mais il eut le tort de ne voir dans les cristaux que des corps isolés. Ce fut l'abbé Haüy qui, quelque temps après, eut la gloire de découvrir la *Loi de symétrie* à laquelle toutes les formes cristallines sont soumises. En 1781, ce savant avait également reconnu, à Paris, presque en même temps que Bergmann, à Berlin, qu'un certain nombre de minéraux possèdent la propriété du *Clivage*, c'est-à-dire qu'ils se cassent suivant des lames dont la direction est constante

pour chaque substance. Il fit, en outre, de la Cristallographie une science véritablement rigoureuse. Plus tard, M. Weiss introduisit quelques considérations nouvelles, notamment celle de l'*Hémiédrie*. Enfin, de nos jours, M. Mitscherlich a formulé sa théorie de l'*Isomorphisme*, et MM. Delafosse, Ebelmen, Becquerel et autres ont enrichi la science d'observations qui, complétant celles de leurs prédécesseurs, ont amené la Cristallographie au degré de perfection où elle est parvenue.

Cromlech. — On donne ce nom à de grossiers monuments d'origine celtique, qui sont formés de pierres brutes posées à terre à une certaine distance les unes des autres, sur un plan elliptique, circulaire ou demi-circulaire. Il existe des enceintes de ce genre en France, en Angleterre et ailleurs. On suppose qu'elles servaient ordinairement de temples et de cours de justice.

Crosse. — La *Crosse* ou *Bâton pastoral* est le signe de l'autorité pontificale. Elle est dans la main des prélats ce qu'est le sceptre dans celle des rois. Elle était primitivement surmontée d'une petite pièce transversale qui lui donnait la forme du *tau* ou de la croix, et c'est de cette circonstance qu'est venu son nom, de l'italien *croce*, croix. On ne peut fixer l'époque à laquelle les évêques ont commencé à se servir de la Crosse ; on sait seulement que l'usage de cet insigne s'est introduit dès les premiers siècles de l'Église. Autrefois, les chefs de certaines abbayes portaient la Crosse, comme les évêques, mais elle n'était pas, pour eux, comme pour ces derniers, un droit ordinaire. C'était une simple concession du souverain pontife. Les abbés portaient le Bâton pastoral tourné en dedans comme pour marquer que leur juridiction était restreinte aux limites intérieures de l'abbaye ; les évêques, au contraire, tournaient la recourbure en dehors pour montrer que leur autorité s'étendait sur tout le diocèse.

Crown-glass. — Voyez **Verre d'optique.**

Crucifix. — La Croix, instrument du supplice de Jésus-Christ, a été offerte, de très-bonne heure, à l'adoration des fidèles. On la fit d'abord entièrement nue. Plus tard, on y représenta l'agneau symbolique ou quelque autre figure analogue, mais ce ne fut qu'au ve siècle que l'on commença à y placer l'image du Sauveur. Toutefois, ce dernier usage ne devint général qu'à partir de 692, époque à laquelle le concile de Constantinople en fit une obligation. Jusqu'au xiiie siècle, la figure du Christ fut attachée sur le bois de la croix, au moyen de quatre clous, un pour chaque main et un pour chaque pied. On eut alors l'idée de superposer les deux pieds et de les fixer avec un seul clou, et cette innovation se maintint jusqu'au xvie siècle, où l'ancienne disposition fut rétablie par un grand nombre d'artistes. On suit aujourd'hui les deux systèmes.

CRYPTE. — Les Romains appelaient *Crypta* toute construction souterraine. C'est dans des lieux de cette espèce que s'assemblèrent les premiers chrétiens, aux temps des persécutions, pour célébrer les saints mystères et enterrer les morts. Plus tard, quand ils purent construire des églises, ils continuèrent d'inhumer les corps des saints dans des caveaux, ou *Confessions*, au-dessus desquels ils placèrent l'autel. Depuis le ve jusqu'au xiie siècle, ces caveaux prirent des développements progressifs si considérables, qu'ils devinrent des chapelles, puis de véritables églises souterraines, s'étendant parfois sous le chœur, sous les ailes de l'église supérieure, et ayant aussi plusieurs autels; c'est à ces chapelles ou églises souterraines que l'on donne le nom de *Cryptes*. On cessa d'en construire dès le commencement du xiiie siècle, c'est-à-dire aussitôt que l'art ogival domina définitivement.

CRYPTOGRAPHIE. — Voyez STÉGANO-GRAPHIE.

CUBE. — Le problème de la *Duplication du cube*, c'est-à-dire de la construction d'un cube double en volume d'un autre cube donné, est célèbre dans l'histoire de la géométrie de l'antiquité. On raconte à ce sujet qu'Athènes se trouvant désolée par une épidémie, les habitants envoyèrent consulter l'oracle d'Apollon à Délos. Le dieu répondit que le fléau cesserait quand on aurait doublé son autel. Or, le monument étant cubique, il s'agissait d'en faire un autre qui eût exactement deux fois le volume du premier. On se mit donc à l'œuvre et l'on construisit un nouvel autel en doublant chacun des côtés de l'ancien.

On obtint ainsi un cube, non pas double, mais octuple, du précédent. Malgré cela, l'épidémie continuant ses ravages, on alla de nouveau consulter l'oracle qui fit encore la même réponse. On reconnut alors qu'il était question de la duplication géométrique du cube. Or, la solution de ce problème exige la résolution d'une équation du troisième degré, et ne peut s'obtenir au moyen de la ligne droite et du cercle, les seules lignes que les anciens admissent dans leurs constructions géométriques. Toutefois, Hippocrate de Chio, qui vivait vers l'an 429 avant notre ère, essaya de le résoudre d'une autre manière, en le réduisant à l'insertion de deux moyennes proportionnelles à deux droites données. Sous cette forme nouvelle, la Duplication du cube préoccupa plusieurs grands géomètres, notamment Archimède, Eutocius, Pappus, Dinostrate, Dioclès, Héron et Nicomède, et les recherches auxquelles ils se livrèrent conduisirent à la découverte de plusieurs courbes supérieures, telles que la Cissoïde, la Conchoïde et la Quadratice.

CUILLER. — Cet ustensile de table est vieux, non pas peut-être comme le monde, mais certainement autant que l'usage des mets liquides. Des Cuillers de différentes dimensions figuraient autrefois dans les cérémonies de l'Église. Il y en avait de petites pour prendre dans le ciboire les hosties consacrées dont on se servait à la messe. D'autres étaient destinées à puiser quelques gouttes d'eau pour les mêler au vin du calice. D'autres, enfin, qui étaient percées, avaient pour objet d'empêcher les impuretés de tomber dans le calice. Aujourd'hui encore, les Grecs se servent d'une grande Cuiller pour la distribution de l'eucharistie.

CUIR. — La préparation des peaux, pour les convertir en *Cuir*, remonte aux premiers âges de la civilisation : les procédés généraux sont même aujourd'hui presque tels qu'ils étaient il y a plusieurs siècles. Comme les modernes, les anciens appliquaient le Cuir aux usages les plus divers, et ils savaient en varier l'aspect en le colorant artificiellement ou en le couvrant d'ornements d'or et d'argent. Ils en faisaient des chaussures, des chapeaux, des pièces d'armure, des gaines et des étuis de toute espèce, ainsi que des manteaux et des couvertures de chars et de chariots. Pendant le moyen âge, les applications du Cuir devinrent encore plus nombreuses. On vit surtout l'industrie du *Cuir gaufré*, qui est peut-être d'origine orientale, prendre des développements très-considérables. Au IXᵉ siècle, on savait déjà obtenir des ornements en relief en taillant le Cuir au canif. Au XIVᵉ siècle, on obtint le même résultat, mais d'une manière plus rapide et plus économique, en se servant de petits fers ou poinçons gravés que l'on appliquait à froid et à la main, comme on le fait encore dans les ateliers de reliure. Enfin, au XVᵉ siècle, on réalisa un nouveau progrès en remplaçant les anciens procédés par celui de l'estampage, qui, d'abord pratiqué avec des fers de petite dimension, le fut bientôt avec des plaques de grande proportion. C'est avec des Cuirs travaillés de cette manière et rehaussés de peintures et d'ornements dorés ou argentés que l'on décorait ordinairement les appartements des grands seigneurs. L'usage des Cuirs gaufrés fut presque entièrement abandonné à la fin du XVIIᵉ siècle, mais on a essayé, de nos jours, de le faire revivre; nos artistes sont même parvenus à obtenir des reliefs décuples de ceux d'autrefois et tellement considérables qu'ils atteignent souvent jusqu'à la demi-bosse de grandeur naturelle. Parmi ceux de nos compatriotes qui ont le plus contribué à ce résultat, on cite M. Labouriaux, de Paris, dont les produits ont été récompensés aux dernières expositions. Une autre innovation, beaucoup plus importante, est celle qui a produit le *Cuir verni*. Cette nouvelle application du Cuir est née en Angleterre, vers 1780, et a été introduite en France par MM. Didier et Plummer, dans les premières années de ce siècle (1802-1804). Toutefois, les Cuirs vernis ne purent d'abord servir que pour la carrosserie, mais, en 1830, MM. Nys et Longagne, de Paris, parvinrent à les rendre propres à la fabrication des chaussures. Ce n'est cependant que depuis une quinzaine d'années que de nouveaux perfectionnements ont permis à cette dernière application de recevoir une extension considérable. Parmi les autres inventions remarquables auxquelles a donné lieu le travail du Cuir, une des plus importantes

est celle qui a eu pour objet d'obtenir les objets creux, tels que tuyaux, gaines, cartouchières, fourreaux, chaussures, etc., sans aucune espèce de couture. On a résolu ce problème en refendant le Cuir par le milieu de son épaisseur au moyen de machines dites *à forer* ou *à refendre*, qui, imaginées en Angleterre, à la fin du dernier siècle, et importées en France, en 1809, par l'ingénieur marseillais Degrand, ne sont devenues réellement applicables qu'en 1844, à la suite de perfectionnements dus à M. Pecqueur, mécanicien à Paris. — L'emploi du Cuir dit *embouti* a été imaginé, en 1796, par le mécanicien anglais Joseph Bramah, pour empêcher l'eau de passer autour du piston de la Presse hydraulique, et c'est à cette invention que cette machine doit le rôle important qu'elle joue aujourd'hui dans l'industrie. A notre époque, on a fait de ce Cuir plusieurs nouvelles applications utiles. On s'en est principalement servi pour la fabrication de certaines lampes et de diverses pompes. Voyez LAMPE, MAROQUIN, POMPE, TANNAGE, etc.

CUIRASSE. — Tous les peuples guerriers de l'antiquité ont connu la *Cuirasse*. Seulement, on l'a faite, suivant les temps et les lieux, d'étoffes piquées et rembourrées, de feutre, de feuilles de cuivre ou de fer, ou de cuir tantôt seul, tantôt recouvert d'anneaux ou de plaques de métal. Les Assyriens et les Égyptiens portaient surtout des *Cuirasses de toile* de lin ou de chanvre. Les Grecs et les Romains en eurent aussi à diverses époques, et il en fut de même des nations européennes, pendant le moyen âge. Pendant la conquête du Mexique et du Pérou, les Espagnols firent généralement usage de *Cuirasses de coton*. Les *Cuirasses métalliques* étaient déjà parvenues à un haut degré de perfection du temps de la guerre de Troie. Les unes étaient de simples plastrons, tandis que les autres se composaient de deux pièces, une pour le dos et les épaules, et l'autre pour la poitrine et le ventre. Pendant les guerres médiques, plusieurs généraux perses avaient des *Cuirasses d'écailles d'or*. Chez les Romains, la Cuirasse ne fut d'abord qu'une casaque ou corselet de cuir. De là le mot français Cuirasse, du latin *coriaceus* « fait de cuir ». Plus tard, on y adapta une grande plaque de métal sur la poitrine et des bandes également de métal sur les épaules. Sous l'Empire, on remplaça souvent le plastron par des bandes semblables à celles des épaules. On fit en même temps des Cuirasses composées d'une casaque de cuir ou de toile que l'on recouvrait de plaquettes imbriquées de fer ou de bronze. Les Gaulois ne portaient pas de Cuirasses, mais, après leur soumission, ils adoptèrent celles des Romains. A leur arrivée en Gaule, les Franks se trouvaient dans le même cas, et, au dire de Sidoine Apollinaire, ils suppléaient au manque de cette partie de l'armure par la rapidité avec laquelle ils faisaient tourner leurs boucliers devant la poitrine. Toutefois, quand ils eurent conquis le pays, ils adoptèrent l'usage des vaincus, et, dès le VIIe siècle, la plupart de leurs guerriers se couvrirent de casaques de toile, tantôt piquées et rembourrées, tantôt recouvertes d'anneaux ou de plaquettes de métal. Cette espèce d'armure fut conservée par les fantassins, pendant tout le moyen âge, mais, à la fin du XIe siècle, les cavaliers la remplacèrent généralement par le Haubert ou Cotte de mailles, que les croisés avaient emprunté aux nations orientales. Le Haubert jouit d'une grande vogue jusqu'aux premières années du XIVe siècle, où l'on fit revivre la Cuirasse proprement dite, c'est-à-dire la Cuirasse en fer plein, qui avait disparu depuis la chute de l'empire romain. Cette Cuirasse fut adoptée par les troupes à cheval, tandis que les fantassins continuèrent à porter des casaques rembourrées munies ou non d'un plastron métallique ou de lames de fer, que l'on appelait Corselets, Hallecrets, Brigandines, etc., suivant la disposition de leurs garnitures. Les hommes de pied portaient aussi quelquefois des Cuirasses légères en cuir fort, le plus souvent en cuir de buffle, et que l'on désignait, pour ce motif, sous le nom de Buffles. Au XVe siècle, la Cuirasse de fer plein fut modifiée de mille manières, ce qui en fit fabriquer une multitude de variétés, les unes cannelées, les autres unies, d'autres formées de pièces horizontales et mobiles, afin de permettre au corps de se courber. Enfin, dans les dernières années du siècle suivant, on substitua à toutes

ces variétés la Cuirasse unie à côte médiane, c'est-à-dire celle qui existe encore aujourd'hui. Au reste, à cette époque, la Cuirasse commençait à être abandonnée, parce que l'expérience avait appris son inefficacité pour garantir absolument des projectiles lancés par les armes à feu. Sous Louis XIV, elle ne figurait que dans un seul de nos régiments de cavalerie. Cette partie de l'armure n'a reparu sérieusement dans nos armées et dans celles des autres États de l'Europe que pendant les grandes guerres de la Révolution et de l'Empire.

CUIRASSE MARINE. — Voyez NATATION.

CUIVRAGE. — Voyez FONTE et GALVANISATION.

CUIVRE. — Le Cuivre a été, sinon le premier, du moins un des premiers métaux connus. La facilité avec laquelle il se prête au travail a même dû le faire employer dès sa découverte, et avant le fer, dont le traitement exige des connaissances scientifiques assez étendues. C'est pour cela qu'on a trouvé des objets de Cuivre chez toutes les nations primitives. Il paraît aussi que la plupart des anciens · peuples savaient le tremper et le rendre ainsi propre à la fabrication des instruments tranchants. D'anciennes traditions égyptiennes attribuaient au dieu Osiris la découverte de ce métal et l'art de le mettre en œuvre, et les Grecs en rapportaient l'importation dans leur pays au phénicien Cadmus. A l'époque de la guerre de Troie, c'était avec le Cuivre que l'on faisait les armes et les outils, et il en fut de même, pendant plusieurs siècles, chez les Juifs, les Celtes, les Romains, etc. Les Grecs appelèrent d'abord le Cuivre chalcos et les Romains æs, mais, au IIIe siècle avant notre ère, ils remplacèrent ces noms par celui de l'île de Chypre (cupros, cuprum, d'où est venu le français Cuivre), parce que c'était des mines de cette île que l'on retirait alors la plus grande partie du Cuivre. Il paraît que les anciennes mines furent abandonnées ou à peu près à l'époque de la destruction de l'empire romain ; mais les besoins de l'industrie ne tardèrent pas à en faire découvrir de nouvelles. Les premières connues furent probablement celles de Rammelsberg, près de Goslar, dans le Hanovre : elles étaient déjà en exploitation en 968. Vers la même époque, on commença à exploiter celles de Fahlun, en Suède, et, cent ans plus tard, celles de la Thuringe. Ces diverses mines approvisionnèrent tout le marché européen jusqu'à la fin du XVIe siècle, c'est-à-dire jusqu'au moment où les Anglais apprirent à tirer parti des immenses dépôts dont la nature a doté leur pays. Toutefois, les mines anglaises ne donnèrent des produits très-abondants qu'à partir de 1773, mais leur exploitation prit alors de si grandes proportions que le prix du cuivre baissa de moitié, et qu'elles suffirent, ce qu'elles n'ont cessé de faire depuis, à l'alimentation de presque tout le commerce européen. Le Cuivre n'est pas seulement employé à l'état métallique. Plusieurs de ses composés reçoivent aussi de nombreuses applications industrielles. Le plus important de ces derniers est le sulfate de cuivre, appelé vulgairement *couperose bleue, vitriol de Chypre, vitriol de Vénus* ou *vitriol bleu :* on en fait surtout usage pour le chaulage du blé, pour teindre les tissus et pour fabriquer les couleurs nommées *vert de Scheele, vert de Schweinfurth, bleu de montagne artificiel,* etc. Voyez BRONZE, ESTAMPAGE, ÉTAMAGE, LAITON, MALACHITE, etc.

CULOTTE. — Voyez PANTALON.

CULTIVATEUR. — Voyez CHARRUE et EXTIRPATEUR.

CUNÉIFORME. — On appelle *Cunéiforme* ou *Claviforme,* parce que ses caractères ont la forme d'un coin (*cuneus*) ou d'un clou (*clavus*), une écriture particulière qui paraît avoir été en usage dans une grande partie de l'Asie, à une époque excessivement reculée. On n'a trouvé aucun manuscrit à l'exécution duquel elle ait servi, mais les *inscriptions cunéiformes* sont très-abondantes aux lieux où furent Babylone et Ninive, ainsi qu'en Perse, en Arménie et dans les contrées voisines. Le premier monument de ce genre qu'on ait vu en Europe paraît être une brique qui, vers le milieu du XVIIe siècle, fut envoyée, des bords de l'Euphrate, au jésuite Kircher, à Rome, par le voyageur Pietro della Valle, et le premier qui ait écrit sur ce sujet est le père Emmanuel de Saint-Albert, qui résidait alors à Bagdad. A partir de cette époque, des copies d'inscriptions cunéiformes ont été publiées par une foule de voyageurs et de savants, mais, malgré les recherches auxquelles on s'est livré dans toutes les parties de l'Europe où l'archéologie est cultivée, on n'a pu encore réussir à formuler un système d'interprétation entièrement satisfaisant.

CURARE. — Extrait d'une plante (*Strychnos toxifera*) qui croît dans l'Amérique méridionale, surtout dans la Guyane. Les Indiens se servent de cette substance pour empoisonner leurs flèches, et ils la préparent en faisant une décoction concentrée des jeunes pousses, et y ajoutant des sucs mucilagineux pour augmenter sa consistance. Le Curare constitue un poison des plus énergiques, mais il agit sur l'économie animale à la manière des venins et des virus, c'est-à-dire qu'il n'est absorbé et ne produit, par conséquent, ses effets, qu'autant qu'il se trouve directement en contact avec le sang. Il doit les propriétés qui le rendent si redoutable à un alcali organique, appelé *Curarine,* qui a été découvert, dans ces dernières années, par MM. Boussingault et Roulin. On a récemment proposé d'employer le Curare pour combattre les accès de tétanos traumatique.

CURCUMA. — Plante des Indes orientales, appelée aussi *Souchet* et *Safran des Indes,* dont la racine est employée dans l'industrie, à cause d'une matière colorante jaune orangé qu'elle renferme en abondance. Cette matière a été isolée, pour la première fois, en 1818, par les chimistes Vogel et Pelletier, qui lui ont donné le nom de *Curcumine.* Les Indiens se servent, de temps immémorial, du Curcuma pour teindre la soie. Ils l'emploient également comme condiment et comme antiscorbutique. En Europe, on en fait surtout usage pour colorer le beurre, les cuirs, les pâtisseries, les bois, les papiers, les pommades et les huiles. On l'utilise aussi dans les ateliers de teinture et les fabriques d'indiennes.

CURVIGRAPHE. — Instrument de mathématiques inventé, en 1811, par M. Hannapier, directeur du collège de Pithiviers (Loiret), pour faciliter le tracé des courbes. Plusieurs appareils du même genre ont été imaginés à diverses époques.

10

CYANHYDRIQUE (Acide). — Voyez PRUSSIQUE.

CYANOGÈNE. — Produit gazeux qui a été découvert, en 1815, par M. Gay-Lussac. Il a été ainsi appelé, de deux mots grecs qui veulent dire « générateur du bleu », à cause de la coloration bleue de sa flamme. La découverte du Cyanogène est regardée comme une des plus remarquables conquêtes de la chimie moderne, parce qu'elle a montré le premier exemple d'une combinaison jouant le rôle de radical, c'est-à-dire de corps simple.

CYANOMÈTRE. — M. de Saussure a donné ce nom, en 1790, à un instrument de physique de son invention qui est destiné à faire connaître les différents degrés d'intensité de la coloration bleue du ciel. Des instruments du même genre ont été proposés depuis par d'autres savants, surtout par MM. Arago (1815) et Biot (1816).

CYCLE. — Les chronologistes donnent ce nom à toute série d'un nombre déterminé d'années, après laquelle les phénomènes se reproduisent constamment dans le même ordre. Plusieurs de ces séries ont été imaginées pour établir une correspondance exacte entre la révolution de l'année solaire et celle de l'année lunaire. De ce nombre sont le *Cycle de Méton*, appelé aussi *Cycle lunaire* et *Nombre d'or*, inventé, 430 ans avant notre ère, par l'astronome athénien Méton ; et le *Cycle calliptique*, créé, un siècle plus tard, par un autre astronome athénien, Callippus, pour corriger les irrégularités du précédent. D'autres cycles ont eu une destination différente. Tels sont : le *Cycle solaire*, ou *Cycle des lettres dominicales*, imaginé, en 325, à l'époque du concile de Nicée, pour faire coïncider la série nominale des jours avec une certaine période d'années : le *Cycle pascal*, ou *Période victorienne*, établi, en 457, par Victorins d'Aquitaine, pour ramener les nouvelles lunes et la fête de Pâques au même jour de l'année julienne ; et le *Cycle de l'indiction*, créé, dit-on, par ordre de l'empereur Constantin, vers l'an 312, et dont on ignore et l'auteur et le but. Le Cycle appelé *Période julienne*, a été proposé, en 1585, par *Jules*-César Scaliger, d'où son nom, comme une mesure universelle de chronologie.

CYCLOÏDE. — La courbe de ce nom est formée par un point quelconque d'un cercle se mouvant sur un plan. On attribue généralement sa découverte à Galilée, vers 1615, mais plusieurs auteurs prétendent qu'elle était déjà connue du cardinal Cusa, vers 1450, ou de Bovelar, vers 1500. Quoi qu'il en soit, il est peu de courbes qui aient été l'objet de tant de recherches. En 1634, Roberval détermina son aire. Quelques années après, Fermat et Pascal lui menèrent des tangentes. En 1644, le même Roberval trouva le volume des solides engendrés par sa révolution autour de sa base et de son axe. En 1659, Pascal publia la solution de plusieurs de ses problèmes. En 1658, Huyghens rectifia la Cycloïde qu'on appelait alors *Roulette* et *Trochoïde :* il reconnut un peu plus tard son tautochronisme, ce qui le conduisit à l'application du pendule aux horloges. Enfin, en 1696, Jean Bernouilli découvrit la propriété que possède cette courbe d'être la courbe de plus vite descente.

CYCLONES. — Tempêtes tournantes d'une extrême violence qui désolent parfois la mer des Indes, la mer des Antilles, les mers de la Chine et les parties de l'océan Atlantique qui avoisinent la côte d'Afrique. Ce sont d'immenses ouragans circulaires, des trombes gigantesques qui se précipitent à la surface des flots, portant partout, sur leur passage, la terreur et la dévastation. Les Cyclones obéissent à des lois régulières qui, entrevues, pour la première fois, à la fin du dernier siècle, par le géomètre français Charles Romme, ont été nettement formulées, vers 1821, et, presqu'en même temps, par Redfield, aux États-Unis, et Brande, en Allemagne. Les travaux de ces savants ont été tellement perfectionnés de nos jours, notamment, en Angleterre, par MM. Reid et Piddington, et, en France, par M. Keller, ingénieur hydrographe de la marine, que l'on est parvenu à dresser des instructions détaillées sur la manière d'éviter les ravages des Cyclones, et avec d'autant plus de facilité que la télégraphie électrique permet de signaler instantanément la progression de ces météores le long des côtes.

CYCLOPÉENS (Monuments). — Constructions formées de blocs énormes entassés les uns sur les autres sans ciment. Dans les unes, et ce sont les plus anciennes, les blocs sont à l'état brut, c'est-à-dire tels que la carrière les a fournis, et les interstices en sont remplis avec de petites pierres. Dans les autres, les blocs sont taillés en polyèdres irréguliers. Il existe des monuments de ce genre en Sicile, dans le centre et le sud de l'Italie, ainsi qu'en Grèce et en Asie Mineure. On les appelle *Cyclopéens*, parce qu'on suppose que les premiers ont été élevés, soit par les Cyclopes, habitants primitifs de la Sicile, soit par un peuple du même nom qui occupait une partie de l'Arcadie. On leur applique également l'épithète de *pélasgiques*, parce qu'on admet que la nation des Pélasges construisit ainsi les enceintes de ses villes. Au reste, on ignore absolument leur origine véritable.

CYLINDRES. — Petits monuments antiques en pierre dure ou en terre cuite et ayant la forme d'un cylindre percé dans le sens de l'axe. La plupart ont été trouvés en Perse et dans les contrées qui correspondent à l'ancienne Assyrie et à la Chaldée, mais on en a aussi rencontré en Syrie, en Phénicie, en Égypte, et même dans l'Asie Mineure. Ils sont généralement couverts d'inscriptions ou de figures diverses. Il est universellement admis que les uns étaient des amulettes, et les autres des cachets. Ceux qui avaient cette dernière destination se reconnaissent à cette circonstance, que leurs caractères sont gravés à rebours pour être imprimés.

CYMBALES. — Les instruments de ce nom ont été connus en Orient de temps immémorial. Suivant Arrien, les Indiens s'en servaient habituellement à la guerre. Le même usage existait chez les Perses, les Mèdes et les autres peuples asiatiques. Chez les Hébreux, les Cymbales se faisaient principalement entendre, accompagnées d'autres instruments de percussion, dans les cérémonies religieuses et les marches triomphales. En Grèce et à Rome, elles figuraient dans la musique militaire, ainsi que dans les fêtes de Cybèle et de Bacchus. On ignore à quelle époque les peuples de l'Europe moderne ont commencé à les employer. On sait seulement qu'elles n'ont d'abord fait partie que de la musique militaire, et l'on attribue à Rossini leur introduction au théâtre.

CYSTOTOMIE. — Voyez LITHOTOMIE.

D

DACTYLOGRAPHIE. — Instrument inventé, en 1818, par le mécanicien Brimmer, et à l'aide duquel on transmettait les signes de la parole au moyen du toucher. Il se composait d'un clavier dont les touches, au nombre de vingt-cinq, correspondaient aux lettres de l'alphabet. En imprimant un léger mouvement à chaque touche, celle-ci faisait saillir un petit cylindre correspondant à une lettre et placé sous la main de celui avec qui on voulait correspondre. Le Dactylographe pouvait être surtout utile pour mettre en rapport les sourds-muets, soit avec les aveugles, soit avec les personnes qui ne connaissaient ni la mimique, ni la Dactylologie.

DACTYLOLOGIE. — C'est à proprement parler l'art de converser avec les doigts, c'est-à-dire de représenter les signes de l'alphabet au moyen de certaines positions convenues que l'on donne aux doigts de la main. La Dactylologie date des premières années du XVIIᵉ siècle, c'est-à-dire de l'époque où l'on a commencé à s'occuper de l'éducation des sourds-muets, à l'usage desquels elle est spécialement destinée. Elle existait déjà en 1620, mais elle exigeait alors l'emploi des deux mains. La Dactylologie à une main date aussi du XVIIᵉ siècle. On en attribue l'invention à Jean-Paul Bonet, secrétaire d'un connétable de Castille, mais elle n'a commencé à se répandre qu'après 1755, quand l'abbé de l'Épée l'eut adoptée. C'est la méthode qui a toujours été enseignée depuis dans les écoles françaises et dans celles qui ont été fondées sur leur modèle, et les perfectionnements qu'on y a introduits en ont fait un admirable moyen de communication.

DACTYLONOMIE. — Art d'exprimer les nombres, de calculer, par la position des doigts sur la main. On l'appelle *Chironomie*, quand on exprime les nombres par la position des mains sur le corps. Ce procédé de calcul paraît dater d'une époque très-ancienne, mais la première exposition méthodique qui soit parvenue jusqu'à nous a été rédigée, au viiᵉ siècle de notre ère, par le moine anglo-saxon Bède le Vénérable. L'ouvrage de ce savant a été publié, à Ratisbonne, en 1532, par l'historien bavarois Jean Tourmayer, qui en avait trouvé le manuscrit dans la Bibliothèque de cette ville.

DAGUERRÉOTYPIE. — C'est la branche de la Photographie qui produit les images sur des plaques argentées. Elle a été ainsi appelée du nom de celui qui l'a rendue pratique, le peintre François-Louis-Mandé Daguerre. Voyez PHOTOGRAPHIE.

DAHLIA. — Il est originaire du Mexique. Son introduction en Europe date de 1789, époque à laquelle Cervantès, directeur du jardin botanique de Mexico, en fit passer quelques pieds au Jardin royal de Madrid. Deux ans après, le botaniste espagnol Cavanilles décrivit la nouvelle plante dans son *Icones plantarum*, et lui donna le nom qu'elle porte encore, en l'honneur du naturaliste suédois André Dahl. Afin d'éviter la similitude de consonnance qu'offre ce nom avec celui de *Dalea*, qui sert à désigner une autre espèce, Wildenow essaya de le remplacer par celui de *Georgina*, à cause du prince Georges, devenu plus tard Georges IV, roi d'Angleterre, mais cette innovation ne trouva de partisans que dans quelques pays du Nord : encore même finit-elle par être abandonnée. Le Dahlia n'était encore connu qu'à Madrid, quand, en 1801, le botaniste Thibaut, qui était attaché à l'ambassade de Lucien Bonaparte près la cour d'Espagne, en envoya des tubercules à Paris, à l'horticulteur André Thouin, qui s'occupa aussitôt de leur culture et réussit à les acclimater dans notre pays. Dans le principe, on ne possédait qu'une seule espèce de Dahlias; on en compte aujourd'hui sept à huit, chacune renfermant un très-grand nombre de variétés.

DAIS. — On a d'abord appelé *Dais* une construction de bois ou de pierre que l'on plaçait au-dessus de l'autel. Cet usage prit naissance dès les premiers temps de l'architecture chrétienne, et donna lieu, en se développant, aux baldaquins modernes. Au xiiᵉ siècle, on imagina de surmonter les tombeaux et les statues de constructions semblables. Cette innovation se maintint pendant toute la période ogivale, mais elle fut abandonnée, sauf quelques rares exceptions, par les architectes de la Renaissance. Au moyen âge, on adopta aussi l'usage, dans les cérémonies importantes, de porter, au-dessus de la tête des souverains, des pavillons d'étoffe, que l'on appela également *Dais :* c'était une imitation de l'habitude, immémoriale en Orient, de porter un vaste parasol au-dessus de la tête des princes. Cette coutume a disparu depuis longtemps, mais on continue encore à porter un pavillon ou *dais*, au-dessus du Saint-Sacrement, dans certaines processions. Ce dernier usage ne remonte pas au delà du xiiiᵉ siècle. Seulement le Dais primitif consistait simplement en une pièce de quelque riche tissu jetée sur des bâtons, et ce sont les modernes qui en ont fait la disgracieuse charpente quadrangulaire que l'on emploie aujourd'hui.

DALMATIQUE. — La *Dalmatique* est une espèce de tunique à longues manches qui a été ainsi appelée parce que, suivant saint Isidore, les Romains l'empruntèrent aux peuples de la Dalmatie. Elle fut introduite à Rome au iiᵉ siècle de notre ère. On considéra d'abord son usage comme une atteinte à la gravité des mœurs antiques, parce que, en Italie, comme en Grèce, on tenait pour efféminés ceux qui ne laissaient pas leurs bras découverts; mais l'opinion contraire finit par l'emporter. Suivant Alcius, ce fut le pape saint Sylvestre, mort en 336, qui fit entrer la Dalmatique dans le costume ecclésiastique. Elle fut d'abord réservée aux diacres de l'Église de Rome, mais vers le viiiᵉ ou le ixᵉ siècle, les évêques de toutes les parties de la chrétienté obtinrent de la faire porter aux diacres de leurs diocèses et de la porter eux-mêmes. Aujourd'hui, la Dalmatique fait partie du costume des diacres, des sous-diacres et des évêques, quand ils sont à l'autel,

Autrefois, en France, les rois étaient revêtus d'une Dalmatique sous le manteau, à la cérémonie de leur sacre.

DAMAS. — Pendant les premiers siècles du moyen âge, Damas fut une des villes industrielles de l'Orient qui alimentèrent le commerce européen. Aussi, l'usage s'introduisit-il de donner son nom à tous les produits qu'on en retirait, et, plus tard, on appliqua la même dénomination aux imitations qu'on fit de ces produits, en Italie, en France, dans les Flandres, en Angleterre, en Espagne, et en Allemagne. Aujourd'hui même, on se sert encore du mot *Damas* pour désigner une étoffe de soie dont les dessins sont formés en même temps que le tissu, et des lames de sabre dont le plat présente des dessins moirés d'une très-grande variété. L'étoffe appelée *Damas* se fabrique dans tous les pays où le travail de la soie est florissant; sa production en Europe date au moins du XIIIᵉ siècle. Quant aux lames de sabre, ce n'est que depuis les premières années de ce siècle qu'on est parvenu à les imiter d'une manière satisfaisante, et l'on est redevable de ce progrès au métallurgiste français Clouet, qui publia son procédé en 1804. V. ACIER.

DAMASQUINERIE. — Art de rendre un dessin au moyen de filets d'or ou d'argent incrustés dans un métal moins brillant, comme le fer, l'acier et le bronze, qui sert de fond. Il date d'une époque très-ancienne. Les Grecs en attribuaient l'invention au ciseleur Glaucus, de Scio, auteur de la coupe célèbre qu'Alyatte, roi de Lydie, offrit au temple de Delphes. Les Égyptiens étaient aussi d'habiles damasquineurs, et il en fut plus tard de même des Romains. La Damasquinerie se perdit en Europe pendant le moyen âge, tandis que les Grecs de Byzance et les Orientaux continuèrent à la cultiver avec soin. Comme les plus belles pièces sortaient, sinon en totalité, du moins en grande partie, des ateliers de Damas, cette ville finit même par donner son nom à l'art qui les produisait. Les Européens occidentaux ne surent pratiquer la Damasquinerie que quand des artistes inconnus apportèrent, on ne sait dans quelle circonstance, les procédés orientaux en Italie. Dans ce pays, ce furent les ouvriers sur fer qui exploitèrent ces pro-

cédés. Ils s'en servirent, d'abord, pour orner les armures, puis, pour décorer la plupart des objets d'utilité ou d'agrément alors en usage, tels que boîtes, coffrets, tables, toilettes, etc. La Damasquinerie italienne parvint à son apogée dans le siècle suivant : Florence et Milan passaient pour les deux villes où elle était le plus florissante. Peu à peu, cependant, les autres pays réussirent à former des artistes. En ce qui concerne la France, on y vit d'habiles damasquineurs dès le milieu du XVIᵉ siècle, mais le premier qui produisit des œuvres d'un grand mérite fut un nommé Cursinet, qui vivait sous le règne de Henri IV. La Damasquinerie ne sert plus guère aujourd'hui que pour décorer des platines de fusil et de pistolet, des lames et des poignées de sabre et d'épée.

DAMES. — Le *Jeu de Dames* paraît avoir été connu dans l'ancienne Égypte : on croit même en avoir trouvé une représentation dans un des tombeaux de ce pays. Suivant l'abbé Barthélemy, les Grecs s'en seraient également servis. On croit aussi que c'est le jeu que les Romains appelaient *ludus latrunculorum*, c'est-à-dire « jeu des petits voleurs ». Pendant le moyen âge, le Jeu de Dames s'appelait « jeu des tables ». Sa dénomination actuelle date du XVIᵉ siècle, et l'on croit qu'elle vient de l'allemand *damm*, rempart, parce qu'il consiste, en effet, à forcer les remparts formés par les pions de son adversaire et à défendre habilement les siens en les soutenant l'un par l'autre.

DANAÏDE. — Machine hydraulique destinée à élever l'eau, qui a été inventée, en 1813, par M. Manoury d'Ectot. Cette machine n'est en réalité qu'une espèce de roue à réaction. Elle produisit une grande sensation à l'époque où l'inventeur la fit connaître, mais diverses circonstances n'ont pas permis d'en faire des applications industrielles. On a également donné le nom de *Danaïde* à un pressoir à vin construit, en 1813, par M. Huguet, de Mâcon.

DANSE. — La *Danse* est née, en même temps que le Chant, aussitôt qu'un intérêt commun a pu inspirer le même sentiment et la même expression à plusieurs individus, c'est-à-dire dès la première organisation du culte des dieux. C'est pour cela que, chez tous les peuples anciens, chez les Juifs, aussi bien que chez les Égyptiens, les Grecs et les Indous, on voit les deux arts mêlés à tous les rites religieux. Plus tard, on imagina des Danses purement profanes, les unes gymnastiques, les autres militaires, qui eurent pour objet, celles-ci d'habituer aux évolutions guerrières, celles-là de développer la force corporelle. Il y eut aussi des Danses mimiques uniquement destinées au plaisir des yeux. Pendant le moyen âge, comme dans l'antiquité, la Danse figura souvent dans les cérémonies du culte, mais, depuis longtemps, elle a perdu, du moins en Europe, tout caractère religieux. Quant aux évolutions exécutées par les danseurs, elles ont naturellement varié suivant les temps et les lieux. Autrefois, en France, chaque province et presque chaque localité avait sa Danse spéciale. Toutefois, la Danse la plus populaire était celle que l'on appelait *Branle* ou *Ronde :* elle consistait dans le mouvement simultané de plusieurs personnes qui se tenaient par la main et dansaient en formant un cercle et en chantant. La *Farandole* était propre au Languedoc et à la Provence : une longue file de danseurs constituait, au moyen de mouchoirs, une chaîne dont les mouvements, rapides et désordonnés, exécutaient des rondes ou des spirales. La *Bourrée* dominait en Auvergne, comme le *Passe-pied* en Bretagne. Au xvi° siècle, les Danses étrangères commencèrent à pénétrer en France. La *Chacone* et la *Gaillarde* ou *Romaine* nous vinrent alors d'Italie. L'Espagne nous donna la *Pavane* et le *Menuet*. Toutefois, plusieurs auteurs regardent ce dernier comme une danse poitevine que l'art chorégraphique transforma. Il eut une grande vogue jusqu'à la Révolution, et produisit une variété, la *Gavotte*, qui existait encore au commencement de ce siècle. De nos jours, l'Espagne nous a encore fourni une Danse, la *Cachucha*, mais c'est une simple Danse théâtrale, qui a été introduite par Fanny Essler, en 1834. La *Contre-danse*, qui règne aujourd'hui dans les salons, est, dit-on, originaire de Normandie. On assure qu'elle fut portée en Angleterre sous les successeurs de Guillaume le Conquérant, et que, s'étant ensuite répandue sur le continent, elle fit fortune dans les

Pays-Bas, en Allemagne et en Italie. Oubliée en France pendant plusieurs siècles, elle y reparut, en 1745, dans un ballet de Rameau, *les Fêtes de Polymnie*, et son succès fut tel qu'on la fit entrer dans tous les divertissements dramatiques, d'où elle pénétra dans les bals publics et dans les salons. Son nom est une altération de celui que lui donnent nos voisins, *Country-dance*, Danse de campagne, parce que autrefois elle était surtout usitée chez leurs paysans. La *Valse* est née en Allemagne au xive siècle : sa première apparition en France a eu lieu vers 1790, mais elle n'a pas eu chez nous le même succès que la précédente. Notre époque a vu paraître plusieurs autres danses, qui ont envahi une grande partie du domaine de la contredanse et de la valse. La principale, la *Polka*, a été, dit-on, ainsi nommée, suivant les uns, du mot *polacca*, polonaise, parce qu'elle aurait été imaginée en Pologne, suivant les autres, du bohême *pulka*, moitié, parce que c'est une danse à deux temps. Quoi qu'il en soit, elle s'est produite, pour la première fois, à Prague, en 1835, à Vienne, en 1839, et, enfin, à Paris, sur le théâtre de l'Odéon, en 1840. La Polka était alors une simple danse théâtrale, mais elle ne tarda pas à pénétrer dans les salons. Depuis cette époque, on a beaucoup modifié sa forme, et ces modifications ont produit les variétés appelées *Mazurka, Redowa, Schottish*, etc., qui ont fini par n'être que des valses d'une espèce particulière. Voyez BAL, BALLET, CHORÉGRAPHIE.

DATTIER. — Le *Dattier*, le *Phœnix Dactylifera* des botanistes, est originaire du centre de l'Asie, d'où il s'est répandu, on ignore à quelle époque, dans l'Anatolie, en Égypte, dans tout le nord de l'Afrique, même dans les parties méridionales de l'Espagne et de l'Italie. Son fruit, ou *datte*, constitue l'aliment principal des peuples qui se livrent à sa culture. Enfin, sa séve donne, après une légère fermentation, une liqueur, appelée *lagmi*, que l'on boit en place du vin. En 1853, M. Baudens, médecin inspecteur de notre armée d'Afrique, a eu le premier l'idée de se servir des dattes pour fabriquer de l'eau-de-vie, et ses essais ont réussi. Toutefois, cette innovation n'a pas encore donné lieu à une exploitation bien important.

Dé. — Les *Dés à jouer* ont été connus de toute l'antiquité. Les Grecs en attribuaient l'invention, tantôt aux Lydiens, 1500 ans avant notre ère, tantôt à Palamède, un des héros de la guerre de Troie. Les Chinois les connaissent depuis une époque immémoriale. Pendant le moyen âge, les Dés firent fureur dans toutes les classes de la société : défendus à plusieurs reprises, ils se jouèrent des défenses, et ne commencèrent à perdre de leur vogue que vers le XVIe siècle, lorsque l'usage des Cartes devint général. — Les *Dés à coudre* remontent aussi à une époque très-ancienne. Autrefois, en France, on les appelait « *Dés à dame* », et leur fabrication, comme celle des précédents, appartenait, dès le XIIIe siècle, à une corporation particulière, celle des deyciers.

DÉBOURRER (*Machines à*). — Voyez CARDES.

DÉCIMAL (*Système*). — Voyez NUMÉRATION.

DÉCLAMATION THÉÂTRALE. — Son origine est toute moderne, du moins en France. Les acteurs de notre ancien théâtre, dit le docteur Dupiney de Vorepierre, dominés par de fausses idées de grandeur, auraient cru rabaisser les personnages qu'ils représentaient, s'ils les eussent fait parler comme les autres hommes. Pour ne pas ressembler au vulgaire, ils avaient donc adopté une espèce de chant cadencé et emphatique, aussi dénué de mélodie que de variété. Baron et Adrienne Lecouvreur, au XVIIe siècle, Larive, Lekain et Mlle Clairon, au XVIIIe, avaient bien opéré quelques réformes dans le système de déclamation usité de leur temps. Néanmoins, c'est véritablement à Talma qu'appartient le mérite d'avoir ramené la Déclamation théâtrale aux vrais principes en la rapprochant, autant que possible, du langage vulgaire. Depuis ce grand artiste, les bons acteurs parlent et ne chantent pas. De plus, au lieu d'affecter des airs de grandeur, de prendre des attitudes exagérées, ils agissent naturellement, à peu près comme chacun de nous s'exprime et agit quand il est inspiré par un intérêt ou par une passion.

DÉCLINAISON DE L'AIGUILLE AIMANTÉE. — On a cru, jusqu'à la fin du XVe siècle, que l'Aiguille aimantée regardait directement le nord dans tous les lieux de la terre ; et l'on rapporte qu'en 1492 Christophe Colomb, traversant l'océan Atlantique pour aller découvrir le Nouveau Monde, fut très-surpris de la voir ne plus montrer l'étoile polaire et se dévier à l'ouest de plus d'un degré. C'est à cette déviation, qui fut également observée par Sébastien Cabot, en 1500, que l'on a donné le nom de *Déclinaison*. Le fait de la Déclinaison une fois connu, on s'empressa de déterminer les variations qu'elle éprouve quand on passe d'un lieu dans un autre. Les premières tables un peu précises qui furent dressées à cet effet, furent construites en 1599 par les navigateurs hollandais, d'après les ordres du prince de Nassau. Enfin, vingt-trois ans après, c'est-à-dire en 1622, le mathématicien anglais Edmond Gunter, professeur au collège de Gresham, découvrit le changement de la Déclinaison dans le même lieu. Voyez BOUSSOLE et INCLINAISON.

DÉCOLORANTS. — Voyez CHARBON VÉGÉTAL, CHLORE, NOIR ANIMAL et SOUFRE.

DÉCOLORIMÈTRE. — Instrument destiné à faire connaître la puissance décolorante des charbons employés dans les raffineries de sucre. Il a été inventé, en 1819, par le chimiste français Anselme Payen.

DÉCORATIONS DE THÉÂTRE. — Les Décorations du théâtre grec, les plus anciennes sur lesquelles il nous soit parvenu des renseignements, formaient trois catégories distinctes, une pour chacun des trois genres de pièces, tragiques, comiques et satiriques, qui existaient alors. Les Décorations tragiques représentaient toujours de grands édifices ornés de colonnes et de statues ; les comiques, des bâtiments particuliers semblables aux maisons ordinaires ; et les satiriques, des lieux champêtres, avec des arbres, des rochers, des cabanes et autres accessoires du même genre. Comme de nos jours, on observait, pour leur disposition, les *lois de la perspective*, du moins dès l'époque d'Eschyle. Les Grecs connaissaient aussi les *changements à vue* : ils les opéraient au moyen de feuilles tournant sur des pivots qui transformaient en un instant l'aspect de la scène, ou à l'aide de châssis qui se tiraient de part et d'autre comme cela se fait sur les théâtres modernes. Enfin ils savaient imiter le tonnerre, et ils possédaient des machines pour représenter les apothéoses et les spectacles analogues à nos féeries. L'art des Décorations théâtrales n'était donc pas, chez les Grecs, aussi arriéré qu'on pourrait le croire, et il en fut de même chez les Romains, qui héritèrent de leurs connaissances. Cet art disparut avec la puissance romaine, et il faut arriver au xviie siècle pour le voir renaître. La France paraît avoir donné le signal de cette résurrection. C'est en 1641, lors de la première représentation de la *Mirame*, du cardinal de Richelieu, que l'on vit, pour la première fois, dans notre pays, une mise en scène disposée avec soin. Quelques années après, l'invention de l'Opéra fit introduire, dans la machinerie théâtrale, des perfectionnements de premier ordre, dus presqu'en entier aux italiens Torelli et Vigarani, que les libéralités de Louis XIV avaient attirés à Paris. Au siècle suivant, ce fut un Français, le lyonnais Servandoni, qui cultiva l'art du décorateur et du machiniste avec le plus de succès, et il le porta à une hauteur qu'il n'avait pas encore atteinte. Enfin, de nos jours, une foule d'artistes de talent, continuant et améliorant les travaux de leurs devanciers et mettant à profit diverses découvertes de la mécanique, l'ont conduit, dans toute l'Europe, à un degré de perfection qu'il semble difficile de pouvoir dépasser.

DÉCORTICATION.—De tout temps, c'est au moyen d'appareils plus ou moins compliqués que l'on a exécuté la Décortication des graines du blé, du riz, etc. Au mois d'octobre 1862, M. Lemoine, chimiste, a signalé à l'Académie des Sciences un procédé de son invention qui permettrait d'effectuer l'opération en quelques instants et sans l'emploi d'aucune machine. Il suffirait, en effet, de mettre en contact, pendant quinze à vingt minutes, les grains à décortiquer, avec 15 p. 100 d'acide sulfurique du commerce, après quoi on les débarrasserait, par des lavages convenables, de l'acide qui s'y serait attaché. L'expérience n'a pas encore permis de connaître la valeur pratique de cette innovation, qui aurait une importance industrielle très-considérable, si elle pouvait être appliquée sans que l'acide sulfurique pût exercer une action nuisible sur les matières végétales.

DÉFONCEUSE. — Machine destinée à ameublir la couche terreuse située au-dessous de la terre végétale. C'est une roue d'un grand diamètre qui est fixée verticalement au milieu d'un châssis quadrangulaire, et dont le pourtour est muni de couples de dents courbées dans le même sens. La Défonceuse date de 1852 et est due à M. Armand Guibal, de Castres. Elle exige deux ou trois chevaux, suivant la nature des terres. Jusqu'à présent, elle a très-bien fonctionné dans les terres argileuses. Dans tous les cas, elle ne peut produire tout son effet que lorsque ses dents pénètrent bien dans le sol.

DEMI-LUNE. — Voyez FORTIFICATION.

DENDROMÈTRES. — Instruments qui servent à mesurer la hauteur des arbres et leur diamètre à différentes hauteurs. Les agents forestiers en font surtout usage pour estimer la valeur des coupes. On peut également les employer pour connaître la hauteur des édifices, tout en restant sur le sol. Il existe un assez grand nombre de Dendromètres, mais le meilleur paraît être celui qui a été inventé, en 1843, par M. Desbordes, fabricant d'instruments de mathématiques, à Paris. Voyez PROMPT-CUBATEUR.

DENIER. — Les Romains appelaient *Denarius*, parce qu'elle valait dix as de bronze, une monnaie d'argent, qu'ils créèrent l'an 259 avant notre ère, et qu'ils introduisirent dans toutes les parties de l'Europe que le sort des armes plaça sous leur domination. C'est de cette monnaie que dérive le *Denier* qui a figuré dans notre système monétaire, depuis l'établissement des Francs jusqu'à l'adoption du système décimal. — Comme celui des Romains, le Denier français fut d'abord d'argent fin. Dans les premières années du xiie siècle, on commença à le faire de billon, et, à partir de ce temps, son titre éprouva graduellement de telles altérations qu'il se trouva de cuivre pur sous Henri III. Enfin, il disparut, comme monnaie réelle, sous Louis XIV, et ne fut plus dès lors conservé, que comme monnaie de compte. Il est bon d'observer que, pendant tout le moyen âge, le mot *Denier* fut aussi employé, comme terme générique, pour désigner les monnaies de toute espèce, et, pour distinguer ces dernières les unes des autres, on le faisait suivre d'autres mots qui rappelaient leur matière et leur type.

DENTELLE. — La fabrication des *Dentelles* remonte à une très-haute antiquité ; il est même probable que son origine se confond avec celle de la Broderie, mais il n'existe aucun texte qui puisse permettre d'assigner une date quelconque à ses commencements, comme aussi de préciser le lieu qui le premier a possédé des dentelières. Quoi qu'il en soit, l'examen des objets de toilette féminine qui figurent sur plusieurs peintures antiques prouve que les dames romaines portaient des Dentelles ; mais il est impossible de savoir si ces tissus étaient des Dentelles à l'aiguille ou des Dentelles au fuseau. Toutefois, plusieurs auteurs pensent que les premières ont dû précéder les secondes. Anéantie à la suite des bouleversements qui accompagnèrent les grandes invasions du ve siècle, l'industrie dentelière se releva plus tard, sans qu'on puisse nommer l'époque et le pays où cet événement eut lieu. Sous le rapport du pays, il est cependant établi que les premiers progrès importants furent réalisés en Belgique et en Italie. Quant à la question chronologique, les textes apprennent qu'on portait déjà des Dentelles en France, sous Charles V (1364-1380) ; qu'en 1390, il est fait mention de Dentelles dans un traité de commerce conclu entre la ville de Bruges et l'Angleterre ; et qu'en 1463, afin de protéger les Dentelles fabriquées dans ses États, le roi d'Angleterre, Edouard IV, interdit l'importation de celles de Belgique, de France et de Venise. Au xvie siècle, l'industrie dentelière était très-florissante, et ses produits formaient un grand nombre de genres différents dont la fabrication était propre à certaines localités. Elle existait, non-seulement en France, en Angleterre, en Italie et en Belgique, mais encore en Espagne, qui l'avait empruntée à la Flandre ou à l'Italie, en Danemark, où des moines belges l'avaient introduite, et, enfin, en Allemagne, où le premier atelier avait été fondé, en 1555, à Annaberg (Saxe), sous le nom de Barbara Uttmann, par une dame de famille sénatoriale, appelée Barbara d'Etterling. De toutes les Dentelles ou *points*, celles de Venise et de Bruxelles étaient les plus belles et les plus recherchées. Au xviie siècle, leur consommation prit même une si grande extension en France, que le gouvernement entreprit d'en introduire la fabrication dans nos provinces. En conséquence, en 1665, Colbert fit venir des ouvrières vénitiennes et les établit à son château de Lonrai, près d'Alençon, sous la direction d'une dame Gilbert. Il autorisa, en même temps, un nommé Chardon, qui avait longtemps habité Venise, à monter une fabrique semblable à Reims, et des dentelières, les unes flamandes, les autres italiennes, furent envoyées à Aurillac, à Bourges, à Loudun, à Saint-Flour, à la Flèche, au Mans, et dans plusieurs autres villes. Quelques-uns de ces établissements réussirent, mais les autres rencontrèrent dans les habitudes des ouvrières du pays une résistance qu'elles ne purent surmonter. La fabrique de Lonrai fut de ce dernier nombre, mais si la dame Gilbert ne put obtenir des dentelières normandes une Dentelle ou *point* semblable à celle de Venise, elle eut la gloire de créer un tissu tout nouveau, qui fut appelé *Point de France*, et qui est universellement connu aujourd'hui sous le nom de *Point d'Alençon*. D'autres genres nouveaux ne tardèrent pas à se montrer. Les *Dentelles de Chantilly* commencèrent alors leur apparition. Un peu plus tard, vers 1745, les dentelières normandes firent, pour la première fois, la *Blonde* ou Dentelle en soie plate, que les Espagnols avaient seuls jusqu'alors fournie au commerce, et qui fut ainsi nommée parce que, dans le principe, on la faisait avec de la soie de couleur naturelle, c'est-à-dire blonde ou jaune nanquin. Enfin, à la fin du même siècle, l'invention du *Tulle* vint ouvrir une voie nouvelle à l'industrie dentelière en créant les *Dentelles à la mécanique*. On fait aujourd'hui des Dentelles à peu près partout, mais les centres principaux de cette fabrication sont la France et la Belgique. C'est par ce dernier pays que sont fournies les belles Dentelles appelées *Valenciennes*, *Malines* et *Point de Bruxelles*. Celles-ci sont quelquefois désignées sous le nom de *Point d'Angleterre*, parce qu'anciennement les marchands anglais, ne pouvant, à cause des prohibitions douanières, faire entrer légalement les Dentelles belges dans leur pays, imaginèrent de les importer frauduleusement et de les vendre ensuite, en les débaptisant, comme provenant de leurs propres manufactures. Quant à la France, elle produit la *Dentelle* ou *Point d'Alençon*, à laquelle son admirable beauté a fait donner, depuis longtemps, le nom de *reine des Dentelles.* Voyez TULLE.

DENTS ARTIFICIELLES. — Leur origine est très-ancienne. Pendant très-longtemps, on s'est contenté d'employer des dents naturelles ou artificielles que l'on fixait au moyen de pivots ou de crochets métalliques, le plus souvent d'or, d'argent ou de platine. Celles que l'on emploie aujourd'hui se maintiennent en place toutes seules, et sont toujours artificielles. Elles ont été primitivement désignées, sous le nom d'*osanores*, abréviation et altération des mots *os sans or*, que leur avait donné le dentiste William Rogers, un de ceux qui ont le plus contribué à en répandre l'usage. Ce dentiste les fabriquait avec des dents d'hippopotame, mais, comme cette matière a le défaut de jaunir assez rapidement, on les fait généralement aujourd'hui avec des pâtes diversement composées qui conservent plus longtemps leur blancheur primitive.

DÉPART. — Opération qui consiste à décomposer les alliages d'or et d'argent en les traitant par l'acide nitrique : l'argent se dissout, tandis que l'or reste au fond de la liqueur. Le Départ a été imaginé, on ignore par qui, à l'époque des croisades. Le 18 septembre 1403, un Génois, nommé Dominique Honesti, obtint de Charles VI, l'autorisation de créer à Paris un établissement pour l'exploiter. Aujourd'hui, on exécute l'opération d'une manière plus économique en remplaçant l'acide nitrique par l'acide sulfurique. Cette innovation a été indiquée, au XVIᵉ siècle, par Agricola, mais elle n'a été introduite, dans nos ateliers monétaires, qu'en 1836, par M. Dizé, alors inspecteur de l'Hôtel des monnaies de Paris.

DÉPLACEMENT (*Méthode de*). — On donne ce nom à un procédé que l'on emploie dans l'industrie pour extraire une substance soluble contenue en très-petite quantité dans une autre moins soluble ou entièrement insoluble. Ce procédé paraît dater de la fin du XVIIᵉ siècle, mais ses applications importantes ne remontent pas au delà du commencement de celui-ci. On l'a d'abord utilisé pour obtenir le salpêtre des matériaux de démolition. Plus tard, Mathieu de Dombasle s'en est servi pour la fabrication du sucre de betteraves. Enfin, on y a généralement recours aujourd'hui dans une foule de préparations chimiques et pharmaceutiques, soit comme moyen d'extraction, soit simplement comme moyen de purification.

DÉPURATION DES EAUX. — Voyez EAU.

DÉSINFECTION. — On a imaginé un grand nombre de moyens pour désinfecter l'air, les vêtements, les habitations, etc., c'est-à-dire pour les débarrasser des miasmes méphitiques et dangereux qu'ils peuvent contenir. Il est question des plus efficaces aux mots CHARBON VÉGÉTAL, CHLORE, FUMIGATION, GOUDRON, HYPOCHLORITES, SULFUREUX, etc.

DESSÉCHEMENT. — L'art des desséchements est peut-être aussi ancien que les sociétés. Tous les peuples de l'antiquité ont connu la méthode *par dérivation*, laquelle consiste à garantir les terrains inférieurs des eaux provenant des terrains supérieurs, soit en contenant les eaux au moyen de digues, chaussées ou levées, soit en les dirigeant, à l'aide de canaux, fossés ou rigoles, sur des points où elles ne peuvent pas nuire. Ils ont aussi appliqué le procédé *par écoulement*, c'est-à-dire ont su rendre propres à la culture les terrains situés à un niveau un peu élevé en les faisant communiquer avec un bassin inférieur par des canaux souterrains ou à ciel ouvert, suivant la configuration des lieux. C'est de cette manière que les Grecs desséchèrent le lac Copaïs, en Béotie. La méthode *par ascension de l'eau*, que l'on emploie quand le sol à dessécher se trouve au-dessous du sol environnant, n'était pas inconnue des Égyptiens, qui se servaient, pour transporter l'eau des parties submergées à un étage supérieur, de norias ou de roues à godets mises en mouvement par des hommes ou des animaux. Dans les temps modernes, ce système a été appliqué, sur la plus grande échelle, pour l'assainissement des polders de la

Hollande et de l'Angleterre, mais en se servant de vis d'Archimède mues par des moulins à vent. Cependant, depuis quelques années, les ingénieurs de ces deux pays remplacent ces moteurs par des machines à vapeur, et substituent aux anciennes vis d'autres appareils élévatoires, tels que les grandes écopes, les roues à palettes et les pompes centrifuges. Aux anciens procédés, les modernes en ont ajouté deux nouveaux, le procédé *par absorption* et le procédé *par exhaussement du sol*, qui ne sont toutefois applicables que dans certains cas particuliers. On sait que le premier consiste à réunir les eaux dans un puits artificiel ou boitout, qui les conduit dans une couche perméable, et le second à transporter, à l'aide des eaux courantes, sur le terrain à combler, des terres prises sur les hauteurs. Voyez DRAINAGE.

DESSICCATION. — On a remarqué de très-bonne heure que les matières organiques se conservent indéfiniment toutes les fois qu'elles ont pu être soumises à une température capable de les dessécher complétement. Ce fait a été connu de tous les peuples, et la plupart d'entre eux en ont tiré parti pour la conservation des substances alimentaires. Les anciennes peuplades de l'Amérique se servaient aussi de la Dessiccation pour conserver les corps de leurs ancêtres. De nos jours, les pharmaciens et les herboristes n'emploient pas d'autre moyen pour garder intactes, pendant toute l'année, les plantes qu'on ne peut se procurer que pendant une saison. Les botanistes y ont aussi recours pour former leurs herbiers. Enfin, c'est par le même procédé que l'on obtient les *fruits secs*, qui sont, entre les pays du Midi et ceux du Nord, un objet de commerce considérable. Tout récemment, M. Berjot, de Caen, a imaginé une ingénieuse méthode pour la Dessiccation des fleurs, des feuilles et des plantes entières. Cette méthode consiste à porter la plante à l'étuve après l'avoir doucement ensevelie sous une pluie de sable fin. Les feuilles et les fleurs, maintenues en tout sens par cette sorte de moule qui les enveloppe entièrement, ne peuvent se fermer ni se rider, en sorte qu'après l'opération elles n'ont perdu, sauf l'humidité, aucun des caractères apparents de la vie.

DESSIN. — Il serait inutile de vouloir chercher l'origine du *Dessin*. Comme celle de tant d'autres choses, elle remonte aux premiers âges des sociétés humaines, et les récits que les écrivains de l'antiquité nous ont transmis à ce sujet sont au moins douteux et toujours locaux. Suivant une tradition grecque rapportée par Pline, la fille de Dibutade, de Sicyone, violemment éprise d'un jeune homme qui partait pour un long voyage, s'avisa d'un procédé ingénieux pour charmer l'ennui de son absence. Ayant remarqué que la lumière d'une lampe projetait sur une muraille l'ombre de son amant, elle conçut l'idée de fixer cette image, en traçant sur le mur une ligne qui suivait les contours de l'ombre. Dibutade, ayant vu le travail de sa fille, imagina à son tour de plaquer de l'argile sur ce dessin, et obtint ainsi un profil en relief, qu'il fit ensuite cuire au four. Le Dessin et la Plastique seraient ainsi nés du même coup. Une autre tradition rapportait la découverte du Dessin à Saurias, de Samos, qui vivait à la même époque, c'est-à-dire au x⁰ siècle avant notre ère, et qui l'aurait faite en traçant sur un mur l'ombre d'un cheval. D'après les Grecs, les premiers Dessins n'auraient donc été, ce qui est vraisemblable, du moins chez eux, que de simples *Silhouettes*. Ils furent nécessairement d'une extrême grossièreté, mais des progrès ne tardèrent pas à se montrer. Ce fut Cléanthe, de Corinthe, contemporain des artistes précédents, qui, le premier, eut l'idée d'indiquer les formes au moyen de hachures. Un peu plus tard, Cimon, de Cléone, fit sentir les articulations et exprima les plis des draperies. A ces perfectionnements en succédèrent une foule d'autres, et l'histoire du Dessin ne tarda pas à se confondre avec celle de la Peinture, dont cet art est la partie fondamentale.

II. Les Dessins au crayon, au pastel et au fusain s'altérant très-rapidement, on a proposé plusieurs moyens pour en prolonger la durée. Pour ceux au fusain et au pastel, le marquis de Varenne a obtenu de bons résultats en les vernissant à l'envers, c'est-à-dire en y appliquant une dissolution alcoolique de gomme laque. L'abbé Soulacroix s'est également servi de ce procédé, en 1839, pour fixer les Dessins appelés *fumés*, parce qu'on les exécutait à la fumée d'une bougie et qui avaient été inventés, vers 1827, par le peintre Louis-Mandé Daguerre. Pour les Dessins très-délicats, on a conseillé, en 1830, d'employer de préférence une dissolution de verre soluble dans de l'eau bouillante, et, en 1837, une dissolution de dextrine dans de l'eau alcoolisée. Ces deux procédés sont également applicables aux Dessins au crayon. On a aussi indiqué, pour ces derniers, l'emploi du collodion dissous dans l'éther sulfurique.

III. On a imaginé de très-bonne heure des procédés propres à faciliter la *Copie des Dessins*. Les plus anciens sont probablement ceux des *Carrés linéaires* et des *Patrons découpés*, qui ont été connus et appliqués par tous les peuples de l'antiquité. Les divers systèmes de *Calquage* sont venus ensuite. On a également inventé, pour le même usage, un très-grand nombre d'instruments, mais, à l'exception de trois ou quatre, ils n'ont pas survécu à leurs auteurs. Voyez CALQUAGE, CRATICULATION, DIAGRAPHE, IMPRIMURES, PANTOGRAPHE, PERSPECTIVE, etc.

IV. Autrefois, tout dessinateur de tissus était, pour ainsi dire, la propriété exclusive du fabricant qui l'employait; et, comme l'ouvrier ordinaire, il faisait partie intégrante de la manufacture et rentrait dans la catégorie des éléments journaliers inaperçus du public. Cet état de choses a disparu de nos jours grâce à l'initiative d'un artiste français de premier ordre, M. Amédée Couder, que l'on regarde à juste titre comme le fondateur de l'enseignement actuel du *Dessin de fabrique*. C'est, en effet, cet artiste qui a créé, à Paris, en 1820, le premier atelier-école destiné à former, en dehors des manufactures, des dessinateurs pour toutes les branches d'industrie. Depuis cette époque, cet établissement n'a cessé de fournir d'admirables modèles pour l'orfévrerie, les bronzes, l'ébénisterie, les tapis, les papiers peints, les soieries, l'indienne-rie, etc. Il a, en même temps, servi de modèle à toutes les institutions analogues que son succès a fait surgir, et a produit la plupart des artistes qui occupent aujourd'hui un rang distingué.

DÉTELAGE. — Une multitude d'inven-teurs ont cherché à construire des mécanismes pouvant permettre le *Dételage* instantané des chevaux emportés, mais aucun de ces appareils n'a passé dans la pratique. Ceux qui ont essayé d'établir des appareils d'*enrayage* n'ont pas été plus heureux. Voyez CHEVAL.

DÉTENTE. — La première idée de l'emploi de la *Détente* dans les machines à vapeur est une des dernières conceptions de James Watt. On sait que l'une des idées capitales qui ont immortalisé le nom de ce grand mécanicien est celle qui consiste à admettre la vapeur alternativement au-dessus et au-dessous du cylindre, tandis qu'avant lui elle n'était admise qu'au-dessous, puis condensée dans le cylindre même, et que la descente du piston s'opérait sous l'action de la pression atmosphérique. On sait aussi qu'une autre idée, non moins capitale, fut d'opérer la condensation en dehors du cylindre pour éviter le refroidissement de celui-ci. La vapeur fut admise d'abord pendant toute la durée de la course du piston, et on n'effectuait la condensation que lorsque toute la course était parcourue. Toutefois, Watt ne tarda pas à comprendre qu'on détruisait ainsi, en pure perte, une partie de la puissance du moteur, et il se mit à l'œuvre pour remédier à cet inconvénient. En conséquence, il régla le mouvement d'admission de la vapeur dans le cylindre, de manière à fermer le passage avant la fin de la course du piston, et il laissa achever cette course par l'extension de la vapeur renfermée dans le cylindre. Grâce à cette disposition, il parvint à économiser une partie de la vapeur, sans diminuer l'effet utile, et, dès 1782, il construisit des machines à vapeur à détente. Cependant, Watt n'appliqua son invention que dans des limites très-restreintes; il paraît même qu'il la tint longtemps secrète, et le problème de la Détente ne commença à préoccuper sérieusement l'esprit des mécaniciens qu'à partir de 1804, quand un de ses compatriotes, le constructeur Arthur Wolf, eut imaginé sa machine à double cylindre, dans le plus petit desquels la vapeur est introduite à trois ou quatre atmosphères de pression, et passe ensuite dans le plus grand, où elle se détend. Depuis cette époque, l'usage des machines à vapeur à détente s'est répandu de plus en plus. Il est général aujourd'hui dans tous les ateliers où les machines-outils ont besoin d'être mues avec beaucoup de régularité.

DÉTREMPE. — Ce procédé de peinture, qu'on appelle aussi *peinture à la colle*, est probablement le premier qui se soit offert quand il s'est agi de broyer des couleurs et de les fixer sur une surface quelconque. Aussi en a-t-on trouvé des traces dans les ruines des monuments de tous les anciens peuples civilisés. On l'emploie surtout aujourd'hui pour exécuter des peintures sur des murs recouverts d'un enduit de plâtre bien uni, auquel on a donné, lorsqu'il était sec, une ou deux couches de colle bien chaude.

DÉVELOPPÉE.—En géométrie, on donne ce nom à une courbe qui, en se développant, produit une autre courbe. La théorie de la génération des courbes par la méthode de développement a été créée, au XVIIᵉ siècle, par le géomètre hollandais Christian Huyghens, plusieurs années avant la découverte du calcul différentiel.

DEVISES. — Les *Devises* sont beaucoup plus modernes qu'on ne le croit généralement. Devant Troie et devant Thèbes, les héros grecs avaient bien sur leurs boucliers des Devises complètes, corps et âme, mais l'antiquité ne présente aucun autre exemple de cet usage. Pendant le moyen âge, les Devises furent d'abord très-rares et comme accidentelles, et ce ne fut que dans les premières années du XIVᵉ siècle qu'elles devinrent définitivement à la mode. Dès ce moment, l'esprit et l'art furent poussés dans le même sens. Dans le principe, on se contenta de mettre dans la Devise l'expression ingénieuse du trait sérieux et dominant de son caractère, de sa passion, de ses inimitiés, de sa politique ; mais bientôt on y toléra la galanterie et l'afféterie, et les Devises ne furent plus désormais que des puérilités sans signification.

DÉVITRIFICATION. — Quand on maintient, pendant longtemps, le verre ordinaire à l'état de fusion, il perd peu à peu sa transparence et devient opaque. C'est ce curieux phénomène que l'on appelle *Dévitrification*. Il a été étudié, pour la première fois, en 1727, par le physicien français Réaumur qui le décrivit, dix ans après, dans une série de Mémoires à l'Académie des Sciences. Dans le cours de ses études, ce savant maintenait, pendant douze heures, dans un four de potier, des objets de verre enterrés dans des vases remplis de sable et de gypse, et les transformait en une matière opaque, assez dure pour faire feu au briquet, et ayant l'aspect de la porcelaine blanche : de là le nom de *Porcelaine de Réaumur* que l'on a donné au verre dévitrifié. On a essayé, à diverses époques, d'introduire ce produit dans l'industrie, mais on a toujours échoué, parce qu'il est très-difficile d'empêcher les pièces de se déformer plus ou moins, et que l'opération entraîne une trop grande dépense de combustible.

DEXTRINE. — Cette substance a été découverte, en 1833, par M. Dubrunfaut. MM. Biot et Persoz lui ont donné le nom sous lequel elle est universellement désignée, parce que sa solution dévie fortement à droite (*dextra*) la lumière polarisée. La Dextrine s'obtient en faisant subir une certaine préparation à la fécule de pommes de terre ou à l'amidon des céréales. On l'appelle *Amidon grillé*, *Léiogomme* ou *Léiocome*, *Fécule torréfiée*, etc., suivant la manière dont elle a été produite. Comme elle a presque toutes les propriétés de la gomme, et qu'elle coûte beaucoup moins cher, on la substitue à cette dernière dans une foule d'applications industrielles, notamment pour édulcorer les tisanes, fabriquer des pains de luxe dits *pains de dextrine*, faire des sparadraps adhésifs et des bandes agglutinatives, préparer le parou des tisserands, encoller et apprêter les tissus, épaissir les couleurs et les mordants dans l'indiennerie et la teinturerie, etc. Voyez FÉCULE et AMIDON.

DIABÈTE. — Soupçonnée par le médecin anglais Willis, au commencement du XVIIᵉ siècle, vaguement entrevue, en 1775, par Pool et d'Obson, l'existence du sucre dans l'urine des diabétiques a été nettement démontrée, en 1778, par Cauley. Depuis cette époque, une foule de savants, tels que Franck, en 1791, Nicolas et Quendeville, en 1803, Dupuytren et Thénard, en 1806, etc., ont étudié avec soin cette substance. Enfin, de nos jours, le docteur Claude Bernard a reconnu que ce sucre se montre constamment dans le sang, et qu'il est élaboré dans le foie aux dépens d'une matière neutre, très-voisine par sa composition et ses propriétés de l'amidon et de la dextrine, à laquelle il a donné le nom de *matière glycogène*.

DIABLE. — *Diable* est le nom d'un jouet d'origine chinoise qui a été importé, en Angleterre, vers 1794, par l'ambassadeur lord Macartney. Les marchands ambulants du Céleste Empire s'en servaient alors, à cause de son bourdonnement, pour appeler leurs pratiques. Ce jouet fut introduit en France, en 1802, et, comme tant d'autres choses, amusa, pendant quelques mois, les grands et les petits enfants. On appelle encore *Diable* ou *Loup* une petite machine, inventée, en 1803, par M. Douglas, et qui sert à nettoyer et ouvrir la laine. Quant aux *Diables cartésiens* ou *ludions*, ce sont de petites figures d'émail, imaginées, au XVIIe siècle, par Descartes, et que l'on emploie, en physique, pour faire des expériences sur la pression de l'air. Enfin, *Diable* est un des noms particuliers que l'on donne quelquefois aux Hydro-extracteurs.

DIADÈME. — Dans le principe, le *Diadème* était un simple bandeau d'étoffe que l'on attachait autour de la tête. Les Grecs et les Romains en attribuaient l'invention à Bacchus, qui, prétendaient-ils, l'avait imaginé pour prévenir les maux de tête, conséquence de ses fréquentes libations. Mais ce qu'il y a de certain, c'est que le Diadème, même sous sa forme la plus élémentaire, a été d'abord propre à l'Orient, où il était porté par les souverains comme marque d'autorité. Suivant Justin, Alexandre le Grand fut le premier prince européen qui adopta l'usage du Diadème : il prit celui des rois de Perse, et ses successeurs l'imitèrent. Pendant son séjour en Égypte, Antoine entoura sa tête du Diadème des rois de ce pays. Enfin, à partir d'Aurélien, les empereurs romains ornèrent habituellement leur tête d'un Diadème. Cet ornement fut alors enrichi de pierreries et d'accessoires qui en firent la Couronne actuelle.

DIAGOMÈTRE. — Sorte d'électroscope imaginé, il y a une douzaine d'années, par le physicien français Rousseau, pour mesurer les plus faibles électricités. On l'emploie aussi quelquefois pour l'essai des huiles d'olive, parce qu'on a reconnu que le courant électrique, quand on lui fait traverser de l'huile d'olive pure, met beaucoup plus de temps pour amener l'aiguille de l'instrument au maximum de déviation que lorsqu'on lui fait traverser quelque autre huile végétale.

DIAGRAPHE. — Instrument qui sert à transporter sur le papier l'image d'un objet quelconque, sans qu'il soit nécessaire de connaître le dessin. Il dérive du *Pantographe perspectif* construit, en 1758, par l'architecte Roland le Virlois, mais il le surpasse de bien loin sous tous les rapports, et en est regardé à juste titre comme le suprême perfectionnement. Le Diagraphe a été inventé, en 1830, par le capitaine d'état-major Charles Gavard, qui s'en est admirablement servi pour la publication des tableaux du musée de Versailles. De nos jours, M. Adrien Gavard y a introduit des perfectionnements qui en rendent le maniement plus facile et les résultats plus précis.

DIAMAGNÉTISME. — Le phénomène ainsi appelé a été observé, pour la première fois, par le physicien Lebaillif, né en 1764, mort en 1831. Ce savant constata ce fait remarquable, que l'antimoine et le bismuth exercent toujours une action répulsive sur l'aiguille aimantée. Ce fait a été étudié depuis par MM. Faraday, Saigey, Edmond Becquerel, Quet, Bancalary, etc., qui l'ont reconnu dans une foule d'autres substances, et l'on a donné le nom de *magnétiques* aux corps attirés par les aimants, et celui de *diamagnétiques* à ceux qui en sont repoussés.

DIAMANT. — Les anciens connaissaient le *Diamant*, mais ils ignoraient l'art de le travailler, et c'est pour ce motif qu'ils n'en faisaient aucun usage. Ils lui donnaient le nom d'*adamas*, d'un mot grec qui veut dire « indomptable », pour rappeler son extrême dureté. La véritable nature de cette substance n'a pu être déterminée qu'à la fin du dernier siècle. Continuant des expériences faites à Florence, en 1694 et 1695, par Averani et Targioni, et répétées à Vienne, en 1696, par l'empereur François Ier, les savants français Darcet père, François Rouelle, Joseph Macquer, Cadet et Lavoisier, reconnurent, en 1766-1772, que le Diamant résiste au feu le plus violent, quand il est parfaitement soustrait à l'action de l'air, mais qu'il se dissipe entièrement quand on le chauffe au contact de ce fluide. Il est bon de remarquer, en passant, que la combustibilité du Diamant avait déjà été soupçonnée, en 1612, par Boèce de Boot. Quoi qu'il en soit, ce point mis hors de doute, Lavoisier se remit seul à l'œuvre, et, remarquant que le Diamant et le charbon produisaient de l'acide carbonique, lorsqu'on les brûlait en vase clos, en conclut qu'ils devaient, l'un et l'autre, renfermer le même principe combustible, c'est-à-dire du carbone. Ce fait fut confirmé, en 1814, par sir Humphry Davy, et il fut alors définitivement acquis à la science que le Diamant n'est que du carbone pur, de telle sorte que ce corps si rare et si précieux ne diffère du charbon que par l'arrangement de ses molécules. On sait que le Diamant ne peut se travailler qu'au moyen de sa propre poussière. Cette particularité n'était pas ignorée des artistes romains, ainsi que le prouve le témoignage de Pline le Naturaliste, mais ils ne songèrent pas à en tirer parti, parce qu'on n'estimait, de leur temps, que les pierres colorées. Les choses changèrent au xive siècle, peut-être même un peu plus tôt. Les caprices de la mode ayant mis alors en faveur les pierres fines, particulièrement les pierres limpides, les lapidaires imaginèrent d'augmenter l'éclat des formes que le Diamant tient de la nature en y pratiquant des facettes artificielles. La *Taille du Diamant* prit ainsi naissance ; elle était déjà florissante à Paris en 1407. Ce n'est donc pas Louis de Berquem, de Bruges, qui l'a inventée, en 1476, comme on le croit généralement, puisqu'elle était pratiquée bien avant cette époque : il est seulement probable qu'il fit faire quelque nouveau progrès à son art. On a d'ailleurs découvert que la fable dont il a été l'objet a été imaginée, au xviie siècle, par un orfèvre parisien de ses descendants, afin de donner de l'importance à sa famille. Depuis plusieurs siècles, l'industrie de la taille du Diamant s'est concentrée à Amsterdam, où elle occupe environ 10,000 familles. On a essayé, sans succès, il y a quelques années, de l'introduire à Paris. C'est l'Inde qui a d'abord alimenté le commerce des Diamants. La plupart de ces pierres sont fournies aujourd'hui par le Brésil, dont les mines ont été découvertes en 1718. Des mines semblables ont été trouvées en Sibérie en 1824, mais elles n'ont pu encore fournir des produits bien abondants. Depuis que l'on sait que le Diamant a la même composition chimique que le charbon noir, on a fait beaucoup d'essais pour transformer ce dernier en Diamant. On n'a pu encore y parvenir, mais il est probable qu'on sera un jour plus heureux. Les joailliers seront seuls à regretter cette conquête de la science ; mais l'industrie générale y gagnera, parce qu'elle pourra faire mille applications utiles du nouveau produit. Toutefois, si l'on ne peut encore faire des Diamants vrais, on en fait de faux qui imitent ces derniers à s'y méprendre. Voyez STRASS. — On a découvert, en 1840, près de Bahia, au Brésil, une variété de diamant qu'on a nommée *Diamant noir*, à cause de sa couleur foncée, qui est le plus souvent noire, quelquefois cependant brune ou verte. Ce Diamant est impropre à la joaillerie, mais l'industrie a trouvé le moyen de l'employer pour la taille des pierres dures, ainsi que pour la gravure, le polissage et le tournage du marbre et du granit. Cette variété de Diamant a été introduite, dans notre pays, en 1848, par M. Bigot-Dumaine, joaillier à Paris. Voyez BORE.

DIAPASON. — On nomme ainsi, en musique, un petit appareil qui sert à reproduire à volonté une note invariable, sur laquelle on règle tous les instruments qui doivent exécuter un morceau d'ensemble. On en attribue l'invention à l'anglais John Shore, qui l'aurait faite en 1711. Dans ces dernières années, l'élévation toujours croissante du Diapason ayant donné lieu à des difficultés dont l'art musical, les compositeurs, les chanteurs et les facteurs d'instruments avaient beaucoup à souffrir, le ministre d'État a créé, pour détruire le mal, le 16 février 1859, un Diapason uniforme, qui est obligatoire pour tous les établissements musicaux de France, théâtres impériaux et autres, conservatoires, écoles succursales et concerts publics autorisés par l'État.

DIAPHANOMÈTRE. — Appareil de physique qui a pour objet de mesurer la transparence de l'air et la quantité de vapeur qui s'y trouve contenue. Il a été inventé par M. de Saussure, en 1791.

DIASTASE. — Substance solide et blanche, qui a été découverte, en 1833, par MM. Payen et Persoz. Elle a reçu le nom, sous lequel elle est universellement désignée, d'un mot grec qui signifie *séparer*, parce que sa solution jouit de la propriété singulière de faire rompre à 70° cent. les enveloppes de la fécule ou amidon, qu'elle transforme d'abord en dextrine, puis en sucre identique avec celui qu'on prépare avec les acides et l'amidon. La Diastase existe dans l'orge, l'avoine, le blé et les pommes de terre, mais seulement après la germination.

DIATHERMANÉITÉ. — On désigne sous ce nom, en physique, la propriété que possèdent certains corps d'être facilement traversés par les rayons de chaleur, de la même manière que les corps diaphanes livrent passage aux rayons de la lumière. On savait depuis longtemps que quelques corps, notamment le verre, étaient perméables au calorique, lorsque, en 1811, M. Prévost, à Genève, et en 1812, M. Delaroche, à Paris, abordèrent sérieusement l'étude de ce phénomène. Toutefois, c'est seulement en 1832 que le physicien italien Macedonio Melloni put obtenir des résultats d'une exactitude rigoureuse, et il le dut à un ingénieux instrument qu'il venait d'inventer et qu'il avait appelé *Thermo-multiplicateur*.

DIFFÉRENTIEL (*Calcul*). — Méthode de calculer les quantités infiniment petites, c'est-à-dire moindres que toute grandeur assignable, ou bien de trouver la différence infiniment petite d'une quantité finie et variable. Le Calcul différentiel a été découvert, en 1680, par Leibnitz; mais ce sont les deux frères Jean et Jacques Bernouilli qui, en 1690, lui ont donné, pour la première fois, une forme analytique. Cependant, quelques années avant la découverte de Leibnitz, Newton avait imaginé la *Méthode des fluxions* ou *des quantités évanouissantes*, avec laquelle le Calcul différentiel se confond sous tous les rapports, sauf le mode de notation et la manière dont on explique ordinairement les principes. Cette circonstance donna lieu à une violente discussion, d'une part, entre les mathématiciens anglais qui soutenaient les droits de priorité de leur compatriote, et, de l'autre, les mathématiciens français et allemands qui les réclamaient pour Leibnitz; mais, depuis longtemps, on s'accorde à reconnaître ces deux grands génies comme des inventeurs indépendants.

DIFFRACTION. — Déviation qu'éprouve la lumière quand elle rase les bords d'un corps très-mince ou qu'elle passe à travers une ouverture très-étroite. Ce phénomène a été décrit, pour la première fois, par le P. François-Marie Grimaldi, dans l'ouvrage intitulé : *Physicomathesis de lumine, coloribus et iride, aliisque annexis*, Bologne, 1665.

DIGESTEUR. — Voyez AUTOCLAVE.

DIGUE. — Voyez BRISE-LAME et MONOLITHES.

DIKA. — Il existe, sur toute la côte occidentale d'Afrique, depuis Sierra-Leone jusqu'au Gabon, une espèce de Manguier, dont le port ressemble à celui de nos chênes, et dont le fruit renferme une amande éminemment riche en principes nutritifs. Les naturels se servent de cette amande, associée à d'autres éléments, pour faire ce qu'ils appellent du *pain de dika*. Dans ces dernières années, l'administration de nos colonies du Sénégal l'a signalée à l'attention publique, non-seulement à cause de l'utilité qu'on pourrait en retirer au point de vue alimentaire, mais encore parce qu'il est facile d'en extraire deux matières grasses propres, l'une à remplacer le beurre de cacao, et l'autre à fabriquer des savons et des bougies.

DILATATION. — La propriété que possèdent les corps d'augmenter ou de diminuer de volume, suivant que la température s'élève ou s'abaisse, est souvent mise à profit par les arts. C'est ainsi qu'on tire parti de la Dilatation des liquides pour la construction des thermomètres à mercure ou à alcool, et de celle des métaux pour la construction des thermomètres métalliques et des pendules compensateurs. C'est pour cela aussi qu'on unit entre elles les jantes des roues des voitures, qu'on frette les mâts des navires, les têtes des pilotis, etc., en les entourant de bandes de fer placées à chaud. C'est encore ainsi qu'on a réussi à consolider la coupole de l'église Saint-Pierre, à Rome, en l'entourant d'un cercle de fer, d'abord chauffé, puis refroidi, et qu'on est parvenu, au Conservatoire des Arts-et-Métiers, à Paris, à l'aide de tirants de fer, alternative-ment chauffés et refroidis, à remettre dans leur aplomb deux murs qui s'écar-taient l'un de l'autre et tendaient à se renverser en dehors par l'effort des plan-chers qu'ils supportaient.

DILIGENCES. — Les voitures de ce nom datent du XVIIe siècle, mais ce n'est qu'au siècle suivant qu'elles reçurent les dispositions générales qu'elles ont eues depuis. On les appela ainsi parce qu'elles marchaient avec beaucoup plus de rapidité que les véhicules connus jus-qu'alors. A diverses époques, on a essayé de construire des *Diligences à vapeur*, c'est-à-dire des voitures pouvant circu-ler sur les routes ordinaires au moyen d'une machine à vapeur. La première idée théorique de cette invention paraît remonter à l'année 1759, et appartenir au docteur anglais Robison. Elle attira aussi, en 1784, l'attention de James Watt. Mais ces deux savants connais-saient trop bien les difficultés du pro-blème pour essayer de le résoudre : aussi ne s'y arrêtèrent-ils pas longtemps. A la même époque, un officier suisse, nommé Planta, et l'ingénieur français Joseph Cugnot s'occupaient de recherches ana-logues. Ce dernier, qui eut seul la per-sistance d'aller jusqu'au bout, voulait surtout établir des véhicules propres au transport de l'artillerie. Il imagina à cet effet un chariot ou *fardier à vapeur*, qui fut expérimenté à Paris en 1769 et 1770, et dont on ne put tirer aucun parti, malgré les modifications que l'in-venteur y apporta. En 1786, l'américain Olivier Evans aborda de nouveau la question et réussit, à la fin de 1800, à faire marcher une voiture à vapeur dans les rues de Philadelphie. Toutefois il ne put, faute de capitaux, tirer parti de son invention, à laquelle d'ailleurs l'expérience n'eût pas manqué de le faire renoncer. Deux ou trois ans après, les mécaniciens anglais Trevithik et Vivian firent des essais dans la même direction : ils échouèrent complétement, mais, ne pouvant faire circuler leur voi-ture sur les routes ordinaires, ils eurent l'idée de l'appliquer sur les chemins de fer, et ils se trouvèrent ainsi créer la *Locomotive*. Depuis cette époque, plus de deux cents tentatives semblables ont eu lieu tant en Europe qu'en Amérique, et toujours sans succès, parce que, ainsi

que le savent tous ceux qui ont une con-naissance exacte des conditions du pro-blème, la réussite est radicalement im-possible. Toutefois, si les hommes du métier pensent que l'on ne saurait ob-tenir, sur les routes ordinaires, des résul-tats satisfaisants, des expériences faites en Angleterre, dans ces dernières an-nées, prouvent qu'il peut y avoir utilité à se servir de locomotives marchant à petite vitesse et disposées de manière à remorquer des poids considérables, soit pour transporter les approvisionnements ou les produits des usines isolées, soit pour alimenter, comme réseau secon-daire, les stations des chemins de fer avec ces produits. Des machines de ce genre, ou *Traction-engines*, fonctionnent déjà dans plusieurs comtés, on en voit même, mais la nuit seulement, dans les rues de Londres, et ceux qui les em-ploient trouvent qu'elles procurent des transports plus économiques que les che-vaux, surtout dans les pays monta-gneux.

DINDON. — Le *Dindon* est originaire de l'Amérique du Nord, où il existe en-core à l'état sauvage. Il paraît avoir été introduit en Europe, au commencement du XVIe siècle, par les Espagnols, qui l'apportèrent du Mexique ou du Yuca-tan. C'est un écrivain de cette nation, Oviedo, qui l'a décrit le premier, en 1525, dans son *Histoire des Indes*. Plu-sieurs auteurs assurent que cet oiseau parut en France entre les années 1515 et 1520, c'est-à-dire sous le règne de François Ier, mais le fait est plus que douteux. Le naturaliste Anderson est probablement dans le vrai quand il dit que le premier Dindon que l'on vit dans notre pays, fut mangé à Mézières, en 1567, au mariage de Charles IX avec Élisabeth d'Autriche. Quoi qu'il en soit, il est certain que ce gallinacé était en-core très-rare du temps de Henri IV, mort en 1610. Aujourd'hui, le Dindon est élevé, sur une grande échelle, dans toutes les parties de l'Europe, ainsi que dans les colonies que les Européens ont établies en Asie, en Afrique et dans l'Océanie. Quant à son nom, il le doit à son pays d'origine, l'Amérique, que l'on regardait, dans le principe, comme une partie de l'Inde. On dit d'abord *Coq d'Inde*, puis, par abréviation, *Dinde* et *Dindon*.

DIOPTRIQUE. — Voyez OPTIQUE.

DIORAMA. — Genre de spectacle inventé à Paris, en 1822, par les peintres Mandé Daguerre et Bouton, et dans lequel on expose aux regards des spectateurs un tableau complétement isolé de tout objet pouvant servir de terme de comparaison, et dont les bords leur sont absolument cachés. Le Diorama est la plus remarquable des imitations que l'on a faites du Panorama, mais, au lieu d'être circulaires comme dans ce dernier, les tableaux sont tendus sur un plan vertical. De plus, au moyen de combinaisons d'optique habilement disposées, on produit des effets d'une ravissante beauté qui simulent admirablement toutes les variations de la lumière naturelle et de la lumière artificielle. Daguerre et Bouton ouvrirent leur établissement, le 11 juillet 1822, par l'exposition de deux tableaux, la *Vallée de Goldau* et la *Cathédrale de Cantorbéry :* il fut détruit, le 8 mars 1839, par un incendie. Les Dioramas qu'on a faits depuis n'ont jamais pu être que de pâles copies de celui de ces artistes.

DIPLÉISCOPE. — Instrument destiné à déterminer le midi vrai. Il a été inventé en Angleterre, vers 1854, par M. Bloxam, et construit, pour la première fois, par M. Dent, ingénieur opticien de Londres. Le Dipléiscope est très-facile à employer et d'une extrême précision. Aussi a-t-il été recommandé aux horlogers de tous les pays pour régler leurs appareils.

DIPLOMATIQUE. — La *Diplomatique* est la science qui a pour objet de déterminer les caractères de tout genre à l'aide desquels on peut établir l'authenticité ou la fausseté des anciens écrits. On n'a commencé à s'occuper de cette science que dans la première moitié du xviiᵉ siècle, et c'est en 1675 qu'a été publié, par le Père Papebroch, jésuite d'Anvers, le premier ouvrage auquel elle ait donné lieu. Toutefois, c'est le Père Jean Mabillon, bénédictin français, qui est, avec raison, considéré comme son véritable fondateur : le livre où ce savant religieux déposa le résultat de ses recherches est le célèbre traité intitulé *De re diplomaticâ libri VI*, qui parut à Paris, en 1681.

DIPTYQUE. — Le petit meuble auquel cette dénomination s'applique remonte à une haute antiquité. Il était primitivement formé de deux tablettes de bois ou d'ivoire se repliant l'une sur l'autre, et dont l'intérieur présentait une table renfoncée enduite de cire sur laquelle on écrivait. De là les noms de *diptychi* et de *pugillares* qu'on leur donna, le premier, à cause de leur double pli ; le second, en considération de leur petitesse qui permettait de les renfermer dans la main. Ces tablettes étaient entourées de fils de lin sur lesquels on coulait de la cire que l'on imprimait d'un cachet. Elles servirent d'abord aux missives secrètes. Plus tard, du temps des empereurs, les consuls et les hauts magistrats, pour consacrer le souvenir de leur élévation, envoyèrent à leurs amis des Diptyques d'ivoire sur les parties extérieures desquels ils firent sculpter leur portrait ou quelque circonstance relative à leur installation. Plus tard encore, lorsque le christianisme fut triomphant, les Diptyques furent chargés de sculptures religieuses et l'usage s'en répandit tellement que le voyageur, le pèlerin le plus pauvre s'habitua à enfermer dans de petits meubles de cette espèce les saintes images qu'il transportait dévotement avec lui et devant lesquelles il aimait à s'agenouiller plusieurs fois par jour pour offrir sa prière à Dieu. On en faisait aussi d'une plus grande proportion qu'on plaçait au-dessus du prie-Dieu, dans l'intérieur des appartements, et sur l'autel, pendant le saint sacrifice. Ces grands Diptyques passent pour avoir donné naissance aux Rétables modernes.

DISS. — Nom vulgaire donné par les Arabes de l'Algérie à une plante vivace, le *festula patula*, qui croît spontanément dans toute l'Afrique septentrionale. On en retire des filaments textiles que l'on emploie pour la fabrication du papier, du crin végétal, des cordages et de certains tissus, et une matière glutineuse à laquelle on n'a pas encore trouvé d'applications. L'exploitation de cette plante, pour ces divers objets, se fait déjà, en Algérie, sur une grande échelle, et sa production a lieu avec une facilité si considérable que l'on peut à peine craindre de l'épuiser.

DISTILLATION. — On croit généralement que la *Distillation*, c'est-à-dire l'art de réduire les liquides en vapeur par la chaleur pour les faire retourner à leur premier état par le refroidissement, est une invention des alchimistes arabes ; mais MM. de Humboldt et Ferdinand Hœfer ont prouvé qu'elle était déjà connue du temps d'Aristote, mort 322 ans avant notre ère, peut-être même avant. Toutefois, si les Arabes ne l'ont pas inventée, il est incontestable qu'ils ont été les premiers à la pratiquer en grand et d'une manière suivie : ils l'employaient surtout pour fabriquer l'alcool et extraire les principes aromatiques des plantes. Ce sont eux aussi qui ont fait connaître les procédés distillatoires à l'Europe chrétienne du moyen âge, et qui ont, sinon imaginé, du moins nommé l'appareil, appelé *Alambic*, qui a servi exclusivement à les appliquer jusqu'à la fin du dernier siècle. Au XVIᵉ siècle et au suivant, plusieurs savants, entre autres, Jérôme Rubée, Jean-Baptiste Porta et Jean-Rodolphe Glauber, essayèrent d'améliorer l'art distillatoire, mais, malgré leurs efforts, cet art ne fit aucun progrès sérieux. Dès 1777, divers perfectionnements, dus à Baumé et à l'abbé Moline, et qui furent complétés, un peu plus tard, par Ami Argand et Chaptal, permirent d'obtenir de l'Alambic des résultats plus satisfaisants que par le passé. Néanmoins, malgré ces améliorations, cet appareil ne pouvait réellement servir que pour des distillations peu considérables, et s'il fonctionnait d'une manière convenable dans les laboratoires de chimie et de pharmacie, il était toujours très-défectueux quand il s'agissait d'obtenir de grandes quantités de produits spiritueux. En effet, quand on traite un liquide avec l'Alambic, il est impossible de séparer en une seule fois les parties les plus volatiles de celles qui le sont moins, et, par suite, d'obtenir les premières au degré de concentration nécessaire. On ne peut y parvenir qu'à l'aide de distillations successives, ce qui entraîne nécessairement une grande perte de temps et une grande dépense de combustible. Il y avait donc, sous ce rapport, un progrès important à faire pour les établissements où l'on fabrique l'alcool sur une grande échelle, et ce progrès fut réalisé par un simple ouvrier rouennais, Édouard Adam, qui habitait alors Montpellier. Depuis longtemps, les chimistes se servaient de l'appareil de Woolf pour charger de matières gazeuses un liquide renfermé dans une série de flacons, mais personne n'avait songé à l'appliquer à la distillation. Édouard Adam, ayant eu occasion de voir cet appareil fonctionner dans un cours de chimie, comprit tous les services que l'art distillatoire pourrait en retirer, et, passant aussitôt de l'idée théorique à la pratique, construisit une machine dans laquelle faisant passer successivement, au moyen de tuyaux, les vapeurs alcooliques d'un vase dans un autre, il recueillait, dans ces différents vases, et avec un foyer unique, des esprits qui avaient les divers degrés de pureté et de concentration demandés par le commerce. Il fit breveter son invention le 20 mai 1801, et, avec l'aide de capitalistes, il monta, en quatre ou cinq ans, pour l'exploiter, vingt grandes distilleries à Montpellier, à Cette, à Perpignan, à Toulon, et dans d'autres villes du Midi. Cette innovation excita l'admiration de tous les chimistes manufacturiers, et les magnifiques résultats qu'elle produisit ne tardèrent pas à créer des rivaux à son auteur. Comme la machine d'Édouard Adam était très-volumineuse, et, par suite, très-coûteuse, on chercha surtout à réduire ses dimensions afin de la mettre à la portée du plus grand nombre. Alors parurent les appareils distillatoires de Solimani, professeur de physique à Montpellier, de Barne, de Nîmes, de Ménard, de Lunel, et d'une foule d'autres ; mais ce fut celui d'Isaac Bérard, de Grand-Gallargues (Gard), qui, en raison de sa simplicité, obtint la préférence et fut généralement adopté. Cependant, tous ces appareils avaient le défaut de ne marcher que par intermittences. Enfin, en 1816, Cellier Blumenthal, résumant, complétant et perfectionnant tout ce qu'il y avait de bon dans les systèmes de ses prédécesseurs, créa le système de la continuité, qui a rendu depuis tant de services aux industries dans lesquelles on a recours à la distillation. Toutes les machines distillatoires actuelles sont construites sur les principes établis par cet inventeur, c'est-à-dire sont à marche continue et permettent d'extraire d'un seul coup tous les degrés de spiritualité. Elles ont même été tellement simplifiées, dans notre pays, par

Charles Derosne, François Caïl, Auguste-Pierre Dubrunfaut, surtout par Édouard Laugier, que l'on a de la peine à croire qu'on puisse y apporter de nouvelles améliorations.

DISTRIBUTEUSES TYPOGRAPHIQUES. — Machines destinées à remplacer la main de l'homme, dans l'opération de la distribution des caractères. Ces machines accompagnent ordinairement les Composeuses mécaniques, avec l'invention desquelles leur histoire se confond. Voyez COMPOSEUSE.

DITHYRAMBE. — Les Grecs appelaient ainsi, d'un des surnoms de Bacchus, parce qu'elle avait pris naissance aux fêtes de ce dieu, une espèce de poésie lyrique qui se distinguait de l'ode par un enthousiasme plus impétueux, et par l'irrégularité des mesures et des stances. Arion de Méthymne, qui vivait vers 626 avant notre ère, est cité comme le plus ancien compositeur de Dithyrambes. Archiloque, Mélanippide, Pindare et Philoxène cultivèrent plus tard ce genre qui disparut avec la civilisation hellénique. Toutefois, chez les modernes, on a quelquefois improprement qualifié de Dithyrambe l'ode portée au plus haut degré d'exaltation.

DIVISER (Machines à). — Voyez ENGRENAGE et GRADUATION.

DOCIMASIE. — C'est l'art de déterminer la nature et la proportion des éléments qui constituent un minerai. La Docimasie n'est en réalité qu'une branche de la Chimie. Aussi n'a-t-elle pu donner des résultats un peu exacts que lorsque cette science a commencé à faire des progrès. C'est surtout aux travaux des chimistes Georges Sage et Torbern-Olof Bergmann et de l'ingénieur Pierre Berthier que les opérations docimasiques doivent la précision qui les caractérise aujourd'hui.

DOCK. — Dock est un mot anglais qui signifie proprement bassin destiné à recevoir les navires, et nos voisins s'en servent, en l'accompagnant de diverses épithètes, pour désigner les bassins à flot ordinaires (floating docks), les bassins de radoub (graving docks), les cales couvertes (dry docks), etc. Toutefois, l'usage s'est répandu de nos jours de l'employer tout seul pour nommer de vastes établissements propres au commerce maritime, et dans lesquels se trouve réuni tout ce qui peut activer ou faciliter les opérations commerciales. Chacun d'eux renferme des bassins à flot munis d'écluses à sas; des quais pour le chargement, le déchargement et la manutention des marchandises; des magasins et des hangars pourvus de tout l'outillage qui leur est nécessaire; une administration chargée de centraliser, pour les négociants, toutes les opérations de douane et toutes les mains-d'œuvre auxquelles les produits commerciaux sont soumis; et, enfin, une enceinte et une surveillance suffisantes pour prévenir tout vol ou détournement. Les établissements de ce genre ont pris naissance en Angleterre, au commencement du dernier siècle : ce pays est même encore le seul où ils aient pu se développer. Le premier Dock a été construit à Liverpool, vers 1710 : il occupait un hectare et demi. Cette ville en possède aujourd'hui vingt-six dont l'étendue totale dépasse 77 hectares. Le plus ancien de Londres date de 1805 : c'est celui de West-India ou des Indes occidentales. Cette grande capitale en compte maintenant sept, qui offrent une surface aquatique d'environ 111 hectares, et dont les quais et les constructions couvrent un espace cinq à six fois plus considérable. Voyez FORME DE RADOUB.

DOLMEN. — Sorte de table grossière formée d'une énorme dalle brute posée sur d'autres pierres enfoncées dans le sol. Les monuments de ce genre se trouvent dans plusieurs parties de l'Europe, ainsi qu'en Asie et en Afrique. Nos anciennes provinces de Bretagne, de Poitou, d'Auvergne, de Quercy, etc., en renferment un grand nombre, qui appartiennent à l'époque celtique. On admet généralement qu'ils ont dû servir d'autels pour les sacrifices.

DÔME. — Les plus anciens combles en forme de Dôme ou de Coupole que nous connaissions appartiennent à des monuments de l'ancienne Rome. Cette circonstance suffirait pour faire attribuer aux Romains l'invention de ce système de construction; mais ce qui élève cette probabilité presque à la hauteur d'une certitude, c'est que la Coupole dérive directement de l'arcade et de la voûte en plein cintre qui caractérisent essentiellement l'architecture romaine.

Les Romains firent d'ailleurs un usage très-fréquent des combles en coupole, soit dans la construction des thermes, soit dans celle des temples circulaires. Toutefois, ce furent les Grecs de Byzance qui, par la création des voûtes en pendentifs, donnèrent à cette forme architecturale la grâce et la beauté qu'elle a toujours eues depuis. La Coupole ainsi modifiée devint un des caractères si essentiels de l'art byzantin qu'on la voit figurer dans la plupart des édifices élevés sous l'influence de cet art, tels que Saint-Marc de Venise, Saint-Front de Périgueux, Saint-Étienne de Cahors, et les églises abbatiales de Souillac (Lot) et de Tournus (Saône-et-Loire). Ce fut aussi à l'art byzantin que l'architecture arabe emprunta l'usage des Coupoles. En abandonnant l'arc plein cintre, l'architecture ogivale renonça par cela même aux combles en coupole. Toutefois, comme le nouveau style ne domina jamais exclusivement en Italie, les architectes de ce pays ne cessèrent jamais d'employer l'ancien système, témoin le baptistère de Pise, qui date de la fin du XIIIᵉ siècle. Mais ce fut surtout l'époque désignée sous le nom de Renaissance qui vit porter la construction des Coupoles au plus haut degré de splendeur. Les deux plus admirables Coupoles élevées à cette époque sont celles de la cathédrale de Florence et de Saint-Pierre de Rome. La première fut construite, de 1420 à 1444, par Brunelleschi : c'est la plus grande qui existe. Elle présente, en outre, cette double particularité, qu'elle est la première qui ait été assise sur un tambour, et la première aussi qui ait été faite double, c'est-à-dire formée de deux coupoles superposées. La seconde fut élevée, de 1588 à 1590, par Jacobo della Porta et Domenico Fontana, sur les dessins de Michel-Ange. Après ces deux Coupoles, la plus remarquable est celle de Saint-Paul de Londres, qui a été bâtie, de 1675 à 1710, par Christophe Wren. La plus considérable qui existe en France est celle de l'église Sainte-Geneviève, à Paris, qui date de la seconde moitié du dernier siècle.

DOMINOS. — Ce jeu est très-ancien, mais on ignore l'époque, l'auteur et le lieu de son invention. L'usage ne s'en est répandu en France que vers le milieu du dernier siècle, et il venait alors d'Italie.

DONAT. — Nom donné au XVᵉ siècle à une grammaire latine à l'usage des écoles, que l'on croyait être un abrégé d'un traité composé par Ælius Donatus, maître de saint Jérôme. Ce livre est un des premiers produits de l'Impression tabellaire, c'est-à-dire sur des planches de bois gravées en relief, et l'on sait que ce genre d'impression a été le point de départ de l'Impression en caractères mobiles. On en connaît plusieurs éditions : les plus anciennes ne portent aucune indication chronologique, mais on croit qu'elles ont été faites en Hollande, vers 1440. La dernière a été publiée à Ulm, en 1480, par Conrad Dinkmuth.

DORIQUE (*Ordre*). — Voyez ORDRE.

DORURE. — L'art de recouvrir les matières communes d'une pellicule d'or remonte à la plus haute antiquité ; ses procédés seuls ont varié. Tous les peuples anciens paraissent avoir fait adhérer le métal précieux par des moyens mécaniques ou à l'aide de mordants diversement composés. C'est même encore ainsi que l'on dore le plâtre, le bois, le cuir, le carton et le papier. Quant à la Dorure sur métaux, la plus ancienne méthode connue est celle que l'on appelle *Dorure au mercure*. Si l'invention de cette méthode n'a pas eu lieu au Iᵉʳ siècle de notre ère, comme on le croit généralement, il est du moins certain qu'elle était déjà très-usitée du temps de Pline. Elle a traversé tout le moyen âge et s'est maintenue jusqu'à nos jours, où ses inconvénients l'ont fait remplacer par la *Dorure au trempé* ou *Dorure par immersion*, et par la *Dorure galvanique* ou *Dorure électrique*. La première consiste à plonger les objets dans une dissolution bouillante de chlorure d'or ou dans un carbonate alcalin, d'où on les retire, quelques instants après, parfaitement dorés. Le principe sur lequel elle repose paraît avoir été nettement signalé, au dernier siècle, par le chimiste français Macquer. Les horlogers se sont même servis de très-bonne heure de dissolutions d'or pour dorer de petites pièces de cuivre ou d'acier, mais, jusqu'en 1836, nul n'avait pensé qu'il fût possible de tirer parti de ces dissolutions sur une assez grande échelle pour en faire naître une industrie nouvelle. Ce progrès fut réalisé à cette époque par l'anglais Elkington qui, après avoir d'abord fait patenter son procédé dans son pays, l'apporta en France, où il en céda l'exploitation à M. Christofle, fabricant d'orfévrerie à Paris. La Dorure au trempé n'est tombée dans le domaine public qu'au mois de décembre 1851. La Dorure galvanique consiste à précipiter une dissolution d'or sur les objets que l'on veut dorer, en se servant de l'électricité développée par une pile, comme agent de précipitation. Elle n'est, en réalité, qu'une application particulière de la Galvanoplastie, et son histoire se confond, par conséquent, avec celle de cette dernière. Sa réalisation industrielle est due à MM. Elkington (1840) et de Ruolz (1841), dont les procédés furent aussitôt acquis et exploités par la maison Christofle. Dans ces dernières années, plusieurs inventeurs ont imaginé de nouvelles méthodes de Dorure qui paraissent présenter des avantages dans certaines circonstances. C'est ainsi qu'en 1854 MM. Peyraud et Martin, de Paris, ont fait breveter une espèce de *Dorure au pinceau* qui s'applique à froid sur tous les métaux. Le procédé de ces industriels peut également être employé pour l'argenture.

DOUANE. — L'origine des taxes douanières remonte à une très-haute antiquité, mais, chez les peuples anciens, elles avaient un caractère purement fiscal. Ce sont les nations modernes qui, en créant le système protecteur, ont imaginé de les faire servir au développement de l'industrie nationale. Cette innovation paraît dater, en France, du règne de Philippe le Bel. Toutefois, depuis le milieu du dernier siècle, on est singulièrement revenu sur l'efficacité de ce système, et, aujourd'hui, les idées favorables à la liberté commerciale dominent généralement dans la plupart des bons esprits. .

DOUBLAGE DES NAVIRES. — On a compris, de très-bonne heure, la nécessité de mettre les navires à l'abri de la pourriture et des vers marins. C'est pour obtenir ce double résultat que, dès le temps d'Homère, les Grecs les recouvraient d'une couche de poix ou de goudron. Ce procédé se maintint, à peu près sans modifications, jusqu'au XVIe

siècle, où les progrès de la navigation firent naître l'idée de le perfectionner. Alors naquit le *Doublage* proprement dit. On imagina d'abord de garnir l'extérieur de la coque de planches de bois clouées avec soin, mais, malgré les précautions que l'on put prendre, cette innovation ne produisit pas les effets qu'on en attendait. On eut alors l'idée de remplacer les planches de bois par des feuilles de cuivre. Cette invention naquit en Angleterre, vers le milieu du XVIIIᵉ siècle, et, dès 1777, elle fut adoptée par tous les constructeurs de ce pays. La France la connut l'année suivante, et, à son exemple, les autres nations en adoptèrent successivement l'usage. Malgré de nombreux essais faits, depuis une quarantaine d'années, pour remplacer le doublage au cuivre, c'est le système qui est généralement usité chez tous les peuples maritimes. On est d'ailleurs parvenu à parer aux inconvénients qu'il présentait, dans le principe, à cause de la prompte oxydation du métal, en armant le cuivre de bandelettes de fer, de zinc ou de fonte. Les feuilles métalliques se mettent en place à la main, mais on a inventé d'ingénieuses machines pour percer les trous qui doivent recevoir les clous. Une des plus récentes a été construite, il y a sept ou huit ans, par M. Courbebaisse, alors sous-ingénieur du génie maritime à Brest : à la différence de celles qui existaient auparavant et qui faisaient les trous un à un, elle exécute à la fois tous ceux d'une même feuille, et son emploi procure une économie de 90 pour 100.

DRAGÉES ET BONBONS. — Pendant longtemps, la fabrication des Dragées a consisté à mettre des amandes et du sirop de sucre dans une bassine, à laquelle on imprimait des mouvements obliques afin d'obliger les amandes à changer constamment de place et à se retourner sur elles-mêmes. Cette manière d'opérer était lente, imparfaite et très-fatigante; aussi, a-t-on accueilli avec empressement les procédés mécaniques qui ont été proposés. La première machine paraît avoir été construite, du moins en France, dans le courant de 1846, par MM. Peysson et Delaborde, dragistes à Paris. Depuis cette époque, d'autres appareils du même genre ont été établis par MM. Gossot Fauleau, Duncan,

Saintouin, Saulnier, Moulfarine, Artice, Riveron, Oudard fils et Boucherot, etc., et l'on a, en même temps, cherché à augmenter le nombre de leurs applications. Ainsi, il existe aujourd'hui des machines qui sont exclusivement destinées à faire des dragées, et d'autres qui servent spécialement à confectionner les menus objets en sucre cuit ou cassé, tels que sucres d'orge, boules de gomme, petits sujets, etc. Elles fonctionnent toutes avec régularité, économie, et surtout sans fatigue pour les ouvriers chargés de les conduire.

DRAGEOIR. — Au moyen âge et pendant les temps modernes, jusqu'au XVIIe siècle, on offrait aux visiteurs ce qu'on appelait les épices de chambre, c'est-à-dire des confitures et des bonbons, le tout placé dans un vase ou *drageoir*, qui reposait dans un bassin. L'étiquette s'était même emparée de cet ustensile, de manière à en faire quelque chose de significatif. Ainsi les plus grands personnages le présentaient aux princes, et il leur était présenté, à leur tour, par des gens considérables. L'usage du Drageoir a disparu depuis longtemps, en Europe, mais il existe encore en Orient. Autrefois, les élégants portaient aussi sur eux de petites boîtes ou Drageoirs remplis de sucreries. C'est de ces derniers que dérivent les bonbonnières de nos jours.

DRAGUE. — Les machines de ce nom sont destinées à nettoyer et à creuser le fond des ports et des rivières. On prétend qu'elles ont été inventées à Venise, pendant le moyen âge, pour le nettoyage des canaux de cette ville, mais les grands travaux hydrauliques exécutés par les anciens peuvent faire douter de cette assertion. Quoi qu'il en soit, l'origine véritable des *Machines à draguer* est tout à fait inconnue. Une chose seule est certaine : c'est que leur usage existait déjà à Venise, en Hollande et en Angleterre, à la fin du XVIe siècle. La première *Drague montée sur bateau* dont la description nous soit parvenue se trouve représentée dans un ouvrage publié en 1681, par l'ingénieur italien Ramelli. Il paraît que, dans le principe, les machines de cette espèce n'étaient point munies de godets comme aujourd'hui : elles opéraient au moyen de râteaux diversement disposés et que l'on faisait mouvoir à force de bras, ou à l'aide du vent ou des animaux. L'usage des godets a été, dit-on, introduit, en 1718, par l'ingénieur français de la Balme. Toutefois, on les fit d'abord en bois, mais, en 1747, le mécanicien anglais Lonce imagina de les fabriquer en fer. Un perfectionnement encore plus important fut réalisé en 1796 : dans le courant de cette année, Mathieu Boulton et James Watt construisirent, pour le port de Sunderland, une *Drague à vapeur*, la première qui ait existé, et cette innovation fut importée, sept ans après (1803), aux États-Unis, par Olivier Evans, et, beaucoup plus tard (1817), en France, par M. Bonnet de Coutz. Depuis le commencement de ce siècle, les Machines à draguer ont préoccupé le génie des mécaniciens les plus renommés, surtout en Angleterre, en France et en Amérique, et on est parvenu à en faire des appareils complets susceptibles de se prêter à une foule de travaux différents. Voyez CHASSE-MOBILE ÉCLUSE, RADEAU DRAGUEUR, et au COMPLÉMENT.

DRAINAGE. — Ce mot, qui vient de l'anglais *to dren*, dessécher, sert à désigner l'art d'assainir les terres au moyen de rigoles couvertes. Cet art n'est pas aussi moderne qu'on le croit généralement. Il remonte, au contraire, aux premiers temps de l'agriculture perfectionnée : ses procédés seuls ont varié. Les Romains, entre autres, faisaient un fréquent usage du Drainage, mais, au lieu de tuyaux de poterie, ils formaient leurs rigoles avec du gravier, de petites pierres ou des fascines sur lesquelles ils rejetaient les terres fournies par l'excavation. La même méthode a dû être connue dans tous les pays agricoles, mais ce n'est que depuis une quarantaine d'années qu'elle a été soumise à des règles positives. Ce progrès a été réalisé en Angleterre, d'où il s'est ensuite répandu dans les autres parties de l'Europe. Les principes sur lesquels repose tout Drainage bien entendu ont été établis, vers le milieu du XVIIe siècle, par le capitaine Walter Blight. Cent cinquante ans plus tard, un fermier du comté de Warwick, nommé Elkington, créa une méthode d'assainissement qui fit beaucoup de bruit, mais qui n'était applicable qu'aux sols infestés de sources. Enfin, au commencement de ce siècle, Smith, de Deanston, reprenant les travaux de ses devanciers, imagina un autre système qui était propre à débarrasser en même temps le terrain des eaux de sources et des eaux de pluie : il remplissait les rigoles, comme du temps des Romains, avec des pierres cassées sur lesquelles il plaçait la terre qui en avait été extraite. Grâce à sa simplicité, le *Drainage de Deanston*, comme on disait alors, se répandit dans toute l'Angleterre, mais il ne produisit tous les résultats dont il était susceptible que lorsqu'on eut adopté, pour garnir les rigoles, l'usage des tuyaux en poterie. Cette innovation paraît dater de 1840. Toutefois, elle ne commença à se généraliser qu'à partir de 1843. Dès ce moment, le nouveau système d'assainissement passa sur le continent, et les constructeurs de tous les pays s'ingénièrent à créer des machines propres à fabriquer économiquement les tuyaux. Ces machines sont aujourd'hui très-nombreuses, et il en existe, dans tous les pays, qui fonctionnent avec le plus grand succès, et dont les unes, comme celles d'Ainslie, de Franklin, d'Etheredge, de Saunders, etc., sont à action continue, tandis que les autres, comme celles de Scragg, de Clayton, de Webster, de Whitehead, de Schlosser, de Tussand, etc., sont à action intermittente. Du reste, on ne draine pas seulement avec des tuyaux : on se sert aussi quelquefois, suivant les circonstances, de tuiles courbes, de petites voûtes en pierres sèches, de conduits de bois ou de tourbe, de fascines, et même de plaques de gazon. Quelques inventeurs ont essayé d'opérer l'ouverture des tranchées par des moyens mécaniques, mais les *Charrues draineuses*, qu'ils ont imaginées à cet effet, n'ont eu jusqu'à présent aucun succès, en sorte que c'est à l'aide d'instruments à bras que l'on exécute partout cette opération. C'est en 1848 que le Drainage anglais a fait sa première apparition en France. Les effets en furent aussitôt parfaitement compris, et une foule d'agronomes distingués, tels que MM. de Bryas, Barral, Vandercolme, de Rougé, Dajot, du Couédic, etc., rivalisèrent d'efforts avec le gouvernement pour en populariser la pratique. — En 1855, on a fait grand bruit d'une nouvelle méthode de Drainage, que l'on a appelée *Drainage ver-*

tical, par opposition au Drainage ordinaire dont les tranchées sont horizontales ou à peu près, et *Drainage par perforation* parce qu'il consiste à cribler le sol de trous de sonde que l'on pousse jusqu'à la rencontre d'une couche perméable. On a attribué l'invention de cette méthode à un agriculteur de la Gueldre, nommé Van Bravel, mais elle n'est en réalité qu'une application particulière des puits absorbants dont la théorie et la pratique sont connues de temps immémorial. Au reste, elle n'a pas répondu aux espérances qu'elle avait fait concevoir.

DRAISIENNE. — Voyez VÉLOCIPÈDE.

DRAP. — L'usage de la laine remonte aux premiers âges du monde, mais on ne sait pas à quelle époque a commencé l'art d'en faire des *Étoffes drapées*. Il est probable que les premiers tissus de cette espèce furent une espèce de feutre grossier obtenu avec la laine non filée, et dont l'idée dut être suggérée par la manière dont le feutrage s'effectue naturellement sur le dos même du mouton qu'on ne tond pas et qui n'est l'objet d'aucun soin. L'invention du tissage et celle du foulage, qui datent, l'une et l'autre, d'une époque immémoriale, permirent plus tard d'obtenir des produits moins imparfaits, et alors naquit la fabrication du Drap. Cette industrie était déjà assez développée chez les Romains qui l'introduisirent dans les diverses parties de l'Europe, où elle n'existait pas encore. Comme toutes les autres, elle dépérit beaucoup à partir des invasions des barbares, et ce ne fut guère qu'à l'époque des croisades qu'elle parvint à se relever. Toutefois, dans les premiers temps, ce furent les Flandres qui seules produisirent la draperie fine. Mais, dès les premières années du XIVe siècle, l'Angleterre commença à leur faire concurrence, et son gouvernement ne recula devant aucune mesure pour lui conquérir la prééminence. C'est ainsi que les meilleurs ouvriers des Flandres furent attirés à force d'argent, et que l'exportation des laines indigènes fut prohibée ; on alla même jusqu'à interdire la sortie de la terre à foulon. Cette tactique réussit complètement, et bientôt les fabriques anglaises alimentèrent presqu'entièrement le commerce des draps fins. Les autres contrées de l'Europe suivirent beaucoup plus tard le même exemple. En France, les premiers progrès n'eurent lieu que vers le milieu du xviiᵉ siècle. En 1646, Nicolas Cadeau établit à Sédan cette célèbre fabrication de draperie fine, façon de Hollande, dont la réputation ne s'est pas démentie depuis. En 1665, Colbert fit venir de Hollande à Abbeville le célèbre Gosse Van Robais. Enfin, vers 1681, la maison Ricard et Langlois créa la draperie de Louviers. Le mouvement, une fois donné, se propagea dans toute la France, et l'on vit presque simultanément s'élever les manufactures d'Elbeuf, du Languedoc, de Tours, d'Amiens, de Vienne, de Lyon, de Paris et du Beaujolais. L'industrie de la draperie est aujourd'hui florissante à peu près partout. Elle est redevable de la plupart des progrès qu'elle a faits depuis un siècle et demi aux perfectionnements introduits dans les procédés de filature et de tissage, qui lui ont permis d'opérer avec plus de rapidité et d'économie, tout en améliorant la qualité de ses produits. Voyez Fouleuse, Tondeuse, Feutre, Filature, etc.

Dressoir. — Étagère sur laquelle on plaçait autrefois, dans la salle des festins, les grandes pièces d'orfévrerie, et dans les autres chambres, toutes choses flatteuses à montrer. Les Dressoirs étaient partout à la mode au moyen âge. Leur forme et leur décoration étaient arbitraires, mais le nombre des degrés dont ils se composaient était fixé par l'étiquette, suivant le rang des personnes. Depuis le xviiᵉ siècle, l'usage des Dressoirs a peu à peu disparu comme support d'objets de luxe et de fantaisie, mais il existe encore, dans beaucoup de grandes maisons, pour le service des salles à manger. Le *Buffet* était un meuble analogue au Dressoir, mais plus usuel, et qui faisait moins fonction de montre.

Dromadaire. — Le *Dromadaire* ou Chameau à une seule bosse a souvent figuré, soit comme bête de charge, soit comme monture, dans les armées des peuples orientaux. Suivant Ctésias, on en comptait 100,000 dans celle que Sémiramis, reine de Babylone, avait rassemblée pour son expédition dans l'Inde, et chacun de ces animaux était monté par quatre hommes armés de grands sabres. A la bataille de Thymbrée, il y

en avait un grand nombre dans l'armée de Cyrus, et il en fut plus tard de même dans celle que Xercès conduisit en Grèce. Les Romains eurent, pour la première fois, à combattre des guerriers montés sur des Dromadaires, à la bataille de Magnésie, lors de leur guerre avec Antiochus, roi de Syrie. Ils en trouvèrent ensuite d'autres dans les armées de Mithridate, roi de Pont, puis, dans celles des Parthes et de plusieurs peuples du nord de l'Afrique. Les Maures avaient encore des corps de Dromadaires au v1ᵉ siècle de notre ère. A partir de cette époque, les souverains orientaux renoncèrent à se servir des Dromadaires comme partie active sur les champs de bataille, et ne les employèrent plus que pour transporter rapidement les troupes à de grandes distances. Toutefois, encore aujourd'hui, les Persans s'en servent pour porter des canons de petit calibre, que l'on manœuvre sans les mettre à terre. La première application militaire que les Européens aient faite de ces animaux a eu lieu pendant l'expédition française d'Égypte. Afin de repousser les cavaliers arabes qui venaient fourrager jusqu'aux environs du Caire, et que la vitesse de leurs chevaux dérobait aux poursuites de nos troupes, le général Bonaparte créa un régiment de Dromadaires de 490 hommes (9 janvier 1799), qui répondit admirablement à sa destination et exista jusqu'à l'évacuation du pays. Depuis la conquête d'Alger, nos troupes ont plusieurs fois, à l'exemple des indigènes, employé le Chameau comme bête de somme, et en ont toujours obtenu les plus grands services.

Drop. — Voyez Chargeur.

Dunes. — Monticules de sable que l'on rencontre dans les contrées maritimes, là où le fond est sablonneux et le sol plat ou peu incliné. Sous l'action des vents du large, ces monticules se déplacent constamment et, s'avançant dans les terres, comblent les lacs, stérilisent les cultures, recouvrent les habitations isolées et les villages. Divers moyens ont été proposés pour prévenir leurs ravages, mais le plus efficace, le seul même qui ait réussi, consiste à les fixer en y plantant des espèces végétales appropriées à la nature du terrain. Dans le Boulonais, on a obtenu d'excellents résultats avec l'*Arundo arenaria*, et,

11

dans les Landes de Gascogne, avec le Pin. Ce dernier système n'a pas été imaginé, comme on le croit généralement, par l'ingénieur Théodore Brémontier, mort en 1809. Seulement, c'est cet ingénieur qui, le premier, l'a appliqué sur une grande échelle et d'une manière si judicieuse que les plantations exécutées sous sa direction, à la fin du dernier siècle et au commencement de celui-ci, sont devenues de belles forêts qui font aujourd'hui la fortune du pays.

DYNAMITE. — Voy. ce mot, au *Complément.*

DYNAMOMÈTRE. — Les instruments de ce nom servent à faire connaître la puissance de pression ou de traction d'un moteur quelconque. Leur origine est très-ancienne, car aussitôt qu'on a su construire des machines, on a dû chercher le moyen d'évaluer leur dépense de force, afin de pouvoir juger de leur valeur relative. Toutefois, ce n'est que depuis le dernier siècle qu'on a su les disposer de manière à donner des indications précises. Un des premiers Dynamomètres qui aient pu être utilement employés est celui du mécanicien Régnier, qui date de 1795, et dont l'usage est encore très-répandu. De nos jours, les généraux Morin et Poncelet en ont inventé d'autres dont les applications sont bien plus étendues, et, qui, indépendamment de l'effort absolu de chaque instant, indiquent les quantités de travail effectuées en une seconde, en une heure et même en une journée. Ils ont, en outre, l'avantage de marquer eux-mêmes leurs indications sur une bande de papier. Les instruments de ces inventeurs peuvent s'appliquer aux machines à vapeur, aux roues hydrauliques, ainsi qu'aux machines-outils. Il en est d'autres qui ont une destination plus spéciale. De ce nombre sont les Dynamomètres de MM. Martin et Remondon, Wagner, Bentall, etc., qui ont particulièrement pour objet de mesurer la résistance des charrues ; le Dynamomètre de White, perfectionné par M. Palier, de Rouen, qui est surtout affecté aux machines de filature ; le Dynamomètre de James Watt, perfectionné par Macnaught et l'ingénieur Combes, qui est tout spécial à la machine à vapeur ; le Dynamomètre de M. Perreaux, qui sert à essayer la résistance des tissus, etc. MM. Taurines, Wertheim, Laboulaye, etc., ont également construit des Dynamomètres dont l'industrie retire chaque jour les plus utiles services. Voyez HÉLICOMÈTRE.

DYNAMOSCOPE. — Instrument inventé, en 1858, par le docteur Collongues, et qui est destiné à constater la mort des personnes. A la suite de recherches laborieuses, commencées en 1854 et poursuivies, pendant plusieurs années, avec un zèle infatigable, pour découvrir un signe certain de la mort réelle, ce praticien a reconnu que la cessation de la respiration et des battements du cœur ne suffit pas pour établir que la vie a complétement cessé. Il existe encore une sorte de bourdonnement dont la durée varie de cinq, six, dix et quinze heures après la mort. Or, pour produire un bruit, il faut une cause agissante, et, dans le corps, cette cause agissante, si faible qu'elle soit, ne peut être que la vie. Le Dynamoscope a pour objet de faciliter la perception de ce bourdonnement. C'est un petit tube en métal, analogue au stéthoscope, dont une extrémité est mise en contact avec la partie que l'on veut consulter, tandis que l'autre extrémité vient s'appliquer contre l'oreille de l'observateur.

E

EAU. — 1° *Décomposition.* L'eau a été considérée comme un corps simple jusqu'à la fin du siècle dernier. Frédéric Hoffmann annonça bien, vers 1700, qu'elle renfermait un fluide gazeux très-subtil et un principe salin, mais cette opinion passa inaperçue : elle ne reposait d'ailleurs sur aucune expérience positive. Les recherches sérieuses ne commencèrent qu'en 1781. Dans les premiers mois de cette année, le physicien anglais Warltire, pensant que l'étincelle électrique ne pourrait traverser certains mélanges gazeux sans y déterminer des changements, expérimenta sur de l'hydrogène mêlé d'air, et observa qu'après la combustion il y avait une perte de poids très-sensible, et qu'il s'était formé de l'Eau. Henry Cavendish répéta bientôt cette expérience, et, comme Warltire, il reconnut qu'il se forme de l'eau quand on fait détoner un mélange d'oxygène et d'hydrogène. Au mois d'avril 1783, Priestley ajouta une circonstance capitale aux faits constatés par ces deux savants. Il prouva que le poids de l'Eau ainsi obtenue est juste égal au poids des deux gaz employés. James Watt, à qui Priestley communiqua cet important résultat, y vit aussitôt la preuve que l'Eau n'est pas un corps simple, et, le premier, il annonça positivement, le 26 de ce même mois d'avril 1783, que l'Eau est composée d'oxygène et d'hydrogène. Le 24 juin suivant, Lavoisier, Laplace et Meunier, expérimentant à Paris en présence de Leroy, de Vandermonde et de plusieurs autres membres de l'Académie des Sciences, arrivèrent à la même conclusion. Enfin, le 15 janvier 1784, dans un mémoire qu'il lut à la Société royale de Londres, Cavendish annonça comme une chose désormais irréfutable, qu'en faisant détoner l'oxygène et l'hydrogène en vase clos, ces deux gaz se transforment en Eau. Il est à remarquer que les savants des deux pays exécutèrent leurs travaux à l'insu les uns des autres. Cependant, il ne suffisait pas de faire de l'Eau de toutes pièces ; il fallait encore prouver par l'analyse que la composition de ce liquide était bien telle que la synthèse la donnait. C'est ce que Lavoisier et Meunier entreprirent dans les premiers mois de 1784, et le succès le plus complet couronna leurs efforts. La composition de l'Eau devint ainsi une vérité incontestable, et entra dans le domaine de la science. Des expériences, exécutées, en 1820, par Dulong et Berzélius, et complétées, en 1842, par M. Dumas, ont démontré que, sur 100 parties d'Eau en poids, il y a 11,12 d'hydrogène et 88,88 d'oxygène.

II. *Conservation.* La facilité avec laquelle l'Eau se corrompt, a fait imaginer, surtout en vue des voyages maritimes, de nombreux procédés pour en prévenir ou du moins en retarder la décomposition. Au XVIᵉ siècle et au XVIIᵉ, les Hollandais croyaient obtenir ce résultat en ajoutant un peu d'acide sulfurique à leur Eau, mais l'emploi de cette substance ne remédiait qu'imparfaitement au mal. Au XVIIIᵉ siècle, on proposa, sans plus de succès, de soufrer les tonneaux, ou de les imbiber d'eau de chaux, ou] encore d'y placer des fragments de chaux vive. On imagina aussi un grand nombre de poudres et d'élixirs que les marins jetaient dans l'Eau à mesure qu'ils la consommaient. Enfin, la découverte faite, en 1790, par le chimiste allemand Tobie Lowitz, des propriétés antiseptiques et désinfectantes du charbon, vint fournir la solution définitive du problème. En effet, cette découverte ayant fait reconnaître que l'Eau épurée par le charbon se conserve indéfiniment dans des vases métalliques ou dans des tonneaux charbonnés intérieurement, Berthollet conseilla d'enfermer dans des tonneaux semblables l'Eau destinée aux équipages des navires. Ce conseil fut suivi presque aussitôt, et, en peu de temps, l'emploi des *tonneaux charbonnés* devint général. Mais cette innovation avait deux inconvénients. D'abord, la carbonisation des tonneaux diminuait beaucoup leur solidité. Ensuite, la forme de ces vases ne permettait pas de profiter de tout l'espace destiné à les recevoir. Un nouveau progrès était donc à réaliser, et il le fut par la substitution aux tonneaux de caisses prismatiques ou cubiques de fer, proportionnées aux formes des navires et d'un arrimage très-facile. La première idée de ces *Caisses à eau* paraît dater de 1739 et appartenir à un de nos compatriotes, M. Sibon, capitaine de port à Toulon, mais c'est au général anglais Bentham que revient l'honneur de les avoir introduites dans la marine. A la suite d'essais, qui eurent lieu en 1798, 1799 et 1800, le gouvernement anglais en pourvut tous ses navires. Les caisses de cet officier étaient de bois doublé intérieurement de tôle, mais leur construction fut beaucoup améliorée, en 1810, par l'ingénieur Dilkinson, qui supprima le bois et les fabriqua tout entières en fer. Ces appareils étaient généralement employés en Angleterre, que notre marine ne les connaissait encore que par ouï-dire. Ils ne furent même importés dans notre pays que dans les premières années de la seconde Restauration, lorsque le baron Charles Dupin, qui venait de faire un voyage scientifique chez nos voisins, en eut démontré les avantages. Aujourd'hui, les Caisses à eau sont exclusivement employées par les navires de guerre de toutes les nations, et par tous les navires de commerce dont les armateurs comptent pour quelque chose le bien-être et la santé des équipages et des passagers. Toutefois, dans le principe, elles étaient mises rapidement hors de service par suite de l'oxydation du métal sous l'action de l'Eau. C'est un de nos compatriotes, M. Da-Olmi, qui les a débarrassées de ce défaut en les garnissant intérieurement d'un mastic minéral, qui empêche toute oxydation, et en plaçant dans l'Eau des rognures de fer, qui produisent le même effet que les enveloppes de tôle, car, pour se conserver pure et potable, l'Eau a besoin d'être directement en contact avec le fer.

III. *Dépuration.* L'Eau renfermant très-souvent des impuretés qui en altèrent la qualité, on s'est mis de bonne heure en quête de moyens propres à l'en dépouiller. Le repos a probablement constitué le premier procédé que les hommes ont connu. Plus tard, on a imaginé d'obtenir le même résultat en faisant passer les eaux troubles à travers une couche de sable ou de gravier, ou à travers une pierre poreuse. Le premier système fut fréquemment employé par les Romains, et le second par les anciens Japonais et les Égyptiens. Dans certaines parties de l'Afrique, on appliqua aussi les éponges au même usage. Strabon nous apprend encore que, chez plusieurs nations de l'Asie Mineure, on se servait d'une peau de mouton pour filtrer les eaux troubles. Ainsi donc, à part le charbon, l'emploi de la plupart des substances dépuratoires usitées de nos jours remonte à une époque très-ancienne, mais ce n'est que dans les temps modernes qu'on a su en faire des applications rationnelles. On a inventé à cet effet une multitude d'appareils de toute forme et] de toute dimension, les uns pour l'usage domestique, les autres pour le service public. Ces appareils se ressemblent tous, quant au principe, qui consiste à faire passer l'Eau à travers des couches de matières di-verses, et ne diffèrent que par la manière dont leurs parties sont disposées. En France, c'est M. Amy, avocat au parlement d'Aix, qui, dès 1745, a essayé de perfectionner les procédés de dépuration, et, parmi ceux qui, après lui, ont le plus contribué à ce progrès, il faut citer au premier rang, l'anglais Peacock, qui, le premier (1790), a eu l'idée de fermer hermétiquement les fontaines filtrantes ; James Smith, Cuchet et Denis Montfort, qui, les premiers (1800), ont utilisé les propriétés du charbon ; et, enfin, MM. Paul de Genève (1812), Ducommun (1814), Henri Fonvielle (1835), Souchon (1839), Dierike (1841), Tard (1842), etc., dont les inventions ont eu plus ou moins de succès.

EAU D'ÉGOUT. — Voy. au *Complément.*

EAU ARDENTE. — Les chimistes du moyen âge appelaient l'Alcool *Eau ardente (aqua ardens),* à cause de son extrême inflammabilité. Il paraît qu'ils donnaient également le même nom et pour le même motif, à toutes les huiles essentielles, notamment à l'essence de térébenthine. Voici, en effet, ce que dit Marcus Græcus, en parlant de la fabrication de cette dernière : « Prenez de la térébenthine, distillez-la par un alambic, et vous aurez ainsi une *Eau ardente,* qui brûle sur le vin après qu'on l'a allumée avec une chandelle. » Aujourd'hui encore, l'Eau-de-vie s'appelle *Eau ardente (aigua ardent),* dans les patois du midi de la France.

• EAU OXYGÉNÉE. — Voy. au *Complém.*

EAU DISTILLÉE. — C'est Tachenius, célèbre chimiste du XVIIe siècle, qui, le premier, a appelé l'attention des savants sur la différence qu'il y a entre l'*Eau commune* et l'*Eau distillée,* et a fait comprendre la nécessité de n'employer que cette dernière pour les expériences de laboratoire.

EAU FORTE. — Voyez GRAVURE et NITRIQUE (*Acide*).

EAU DE JAVELLE. — Voyez HYPOCHLORITES.

EAU DE JOUVENCE. — Voyez JOUVENCE.

EAU DE MER. — L'Eau de mer, renferme, comme on sait, une foule de substances étrangères qui la rendent impropre aux divers usages de la vie. Aussi, les marins ont-ils été obligés de tout temps d'embarquer l'eau douce nécessaire à leurs besoins. Toutefois, comme les approvisionnements de ce liquide occupent des espaces énormes à bord des navires, et que leur renouvellement donne toujours lieu à des dérangements et à des dépenses considérables, on a songé de bonne heure à remédier à ce double inconvénient en rendant l'Eau de mer propre à servir de boisson. Déjà, chez les anciens, on savait, du temps d'Aristote, mort 322 ans avant notre ère, que «l'Eau de mer est rendue potable par la distillation»; mais il ne paraît pas qu'on ait jamais songé à tirer parti de cette découverte. Chez les modernes, c'est le physicien napolitain Jean-Baptiste Porta, qui, dans la seconde moitié du XVIᵉ siècle, a eu le premier l'idée d'en faire l'application : trois litres d'Eau de mer lui en fournirent deux d'eau douce. Toutefois, il était alors impossible d'obtenir des résultats satisfaisants parce que les alambics dont on se servait étaient beaucoup trop imparfaits. Le même motif fit échouer les nombreux essais qui eurent lieu, au XVIIᵉ siècle et au XVIIIᵉ, dans tous les pays maritimes. Nos compatriotes Rochon, en 1813, de Keraudren, en 1816, Clément, en 1817; le capitaine danois de Konning et les Anglais Wells et Davies, en 1836, furent plus heureux. Cependant, quoique fonctionnant d'une manière très-convenable, les appareils de ces inventeurs avaient le défaut d'être trop encombrants, d'exiger un assez nombreux personnel et de consommer une énorme quantité de combustible. Il restait donc de nouveaux progrès à réaliser. Enfin, le problème fut complétement résolu, en 1839, par l'invention de la *Cuisine distillatoire* de MM. Rocher et Peyre, de Nantes, que l'on peut considérer comme le type des machines distillatoires employées aujourd'hui. Ces machines varient nécessairement dans leurs détails, mais elles sont toutes disposées de manière à s'arrimer facilement, à être d'un service facile et à brûler peu de combustible. L'appareil Rocher réunit ces conditions au plus haut degré. En effet, il n'occupe que la place réglementaire attribuée à la cuisine ordinaire, et opère à la fois la distillation de l'eau nécessaire pour la consommation quotidienne et la cuisson des aliments, le tout en ne dépensant que la houille allouée pour ce dernier objet. Au sortir de l'appareil, l'eau doit être aérée par un battage plus ou moins prolongé, que l'on opère au moyen d'un moulinet tournant dans un cylindre. Dans ces derniers temps, le docteur anglais Normandy a proposé une cuisine distillatoire qui fournit directement l'eau convenablement aérée.

EAU-DE-VIE. — Voyez ALCOOL.

EAU RÉGALE. — Voyez NITRIQUE (*Acide*).

EAUX MÈRES DES MARAIS SALANTS. — L'eau de la mer ne contient pas seulement du chlorure de sodium ; elle renferme, en outre, plusieurs autres matières salines dont les bases et les acides ont de nombreuses applications dans les arts. Ces dernières se trouvent dans les Eaux mères des marais salants qui ont donné le sel, mais les essais tentés pour les obtenir n'avaient eu pour résultat que l'extraction de petites quantités de sulfate de magnésie destiné à l'usage pharmaceutique ; cette extraction était même tombée depuis longtemps en désuétude, lorsque, vers 1840, le chimiste français Balard, ayant fait une étude approfondie de ces Eaux mères si négligées jusqu'alors, fit voir qu'elles pouvaient contribuer, par un traitement bien entendu, à augmenter considérablement la richesse du pays; en permettant d'en retirer des quantités énormes de sulfates de soude, de potasse et de magnésie, des chlorures de potassium et de magnésium, et des carbonates de potasse et de magnésie, c'est-à-dire les sels dont la production économique importe le plus à l'industrie chimique. En même temps, ce savant imagina un procédé d'extraction, qui est exploité aujourd'hui, sur une grande échelle, dans plusieurs salines de l'Hérault, du Gard, de l'Aude et des Bouches-du-Rhône, mais qui, avec quelques modifications, peut également être appliqué à celles des autres régions. Dans une saline dont la surface d'évaporation est de 200 hectares, M. Balard a récolté annuellement jusqu'à 600,000 kilogrammes de sulfate de soude et 90,000 kilogrammes de sulfate de potasse. Or, le prix de revient de ces substances est beaucoup moins élevé que celui des sulfates obtenus par les procédés ordinaires, parce qu'une grande partie des frais est supportée par la fabrication du

sel marin, ce qui a déjà eu pour conséquence d'abaisser notablement la valeur
commerciale des sels de soude et de
potasse, et, par conséquent, celle des
produits à la fabrication desquels ils
sont employés.

EAUX MINÉRALES. — Les bons effets
des *Eaux minérales* pour le traitement
de certaines affections ont attiré, peut-
être de tout temps, l'attention des hommes, mais ce n'est qu'à la fin du dernier
siècle qu'on a songé à les fabriquer de
toutes pièces, afin d'éviter aux malades
les déplacements dispendieux auxquels
leur usage sur place donne toujours
lieu. En 1750, François Venel, professeur de chimie à Montpellier, adressa
deux mémoires à l'Académie des Sciences pour prouver que les eaux de Seltz,
et la plupart de celles que l'on appelle
acidules, doivent leur goût piquant et
les bulles qui s'en élèvent à une quantité considérable d'air à l'état de dissolution. Il fit même plus, car il essaya de
fabriquer une espèce d'eau gazeuse en
introduisant dans de l'eau ordinaire
deux parties égales de bicarbonate de
soude et d'acide chlorhydrique. Venel
se trompa en attribuant l'effervescence
des eaux à l'air atmosphérique, mais le
procédé qu'il imagina pour les imiter
fut le premier pas dans une voie qui
devait rapidement conduire à de grands
résultats. En 1766, le chimiste suédois
Bergmann annonça que l'acide carbonique « est le véritable esprit des Eaux
minérales froides acidules » et qu'il suffisait d'ajouter à ces eaux « quelques
sels dans une juste proportion », pour
imiter celles de Spa, de Seltz et de
Pyrmont. Plus tard, de 1774 à 1778, le
même savant publia une suite de mémoires dans lesquels il donna l'analyse
exacte des eaux qui étaient alors les
plus renommées, et décrivit leur fabrication artificielle avec tant de clarté et
d'une manière si complète, que ceux
qui sont venus après lui n'ont eu rien à
ajouter aux règles qu'il avait établies, et
n'ont guère fait que perfectionner les
appareils. La médecine accueillit avec
empressement une invention qui mettait à la portée de tout le monde un
agent thérapeutique jusqu'alors réservé
aux classes riches, et les pharmaciens
intelligents répondirent à ce besoin
nouveau, en produisant, dans leurs offi-

cines, des Eaux minérales factices de
toute nature. Mais bientôt les laboratoires ne suffirent pas aux demandes, de
plus en plus croissantes, ce qui engagea
plusieurs personnes à monter de grandes
fabriques pour exploiter la nouvelle
branche d'industrie. Le premier établissement de ce genre fut fondé à Genève,
en 1788, par le pharmacien Gosse : il
produisait annuellement 40,000 bouteilles, quantité énorme pour l'époque.
Dix ans après, c'est-à-dire en 1798, un
associé de ce pharmacien, le genevois
Paul, créa une usine semblable à Paris.
Des établissements analogues furent
fondés vers la même époque en Angleterre et en Allemagne. Toutefois, les
uns et les autres ne commencèrent réellement à prendre une grande importance qu'à partir de 1820. Depuis cette
époque, la fabrication des Eaux minérales artificielles s'est développée au
point qu'aujourd'hui, en France seulement, elle donne lieu à un mouvement
de fonds de près de 30 millions. Ses
produits forment deux catégories distinctes, celle des eaux gazeuses, dont
la plus répandue est l'eau de Seltz, et
qui sont de simples boissons d'agrément,
et celle des eaux médicinales proprement dites. Quant à ses procédés, ils
sont au nombre de trois principaux :
1° Le plus ancien consiste à préparer
des boissons gazeuses à l'aide de poudres dites *gazogènes* : c'est celui que
Venel employait en 1750. Il a été popularisé, vers 1832, par M. Fèvre, de
Paris, qui a imaginé, pour l'appliquer,
les petits appareils à l'usage des familles, appelés *Gazogènes* et *Seltzo-
gènes*. D'autres appareils, plus spécialement destinés aux laboratoires, ont été
inventés, dans notre pays, par MM. Robinet, Briet, Bazet, Vernant et Barruel,
Berjot, Mondolot, etc. 2° Le système dit
intermittent ou à fabrication interrompue
est dû au pharmacien Gosse, et date, par
conséquent, de 1788. Il est redevable
des perfectionnements principaux qu'il
a reçus depuis à M. Savaresse, de Paris
(1842). C'est aussi ce dernier qui a introduit l'emploi des *Vases siphoïdes* ou
Siphons, dans lesquels on enferme l'eau
de Seltz. 3° Le système à fabrication
continue est une invention du célèbre
mécanicien anglais Joseph Bramah,
mort en 1814. Il a été introduit en

France, en 1820, par MM. Planche, Boullay et Boudet. C'est celui que l'on emploie dans presque toutes les grandes usines. L'appareil au moyen duquel on l'applique a été entièrement transformé de nos jours par MM. Hermann-Lachapelle et Glover, constructeurs de machines à Paris.

ÉBÈNE. — Le bois de ce nom est fourni par plusieurs arbres, du genre Plaqueminier, qui habitent les Indes orientales, le cap de Bonne-Espérance, la Nouvelle-Hollande, et les parties chaudes de l'Amérique. L'usage de l'Ébène était déjà connu en Europe au XIIIᵉ siècle, peut-être même avant, mais ses applications furent d'abord très-restreintes à cause de la difficulté qu'on avait à se le procurer. On ne commença à l'employer sur une grande échelle que vers le milieu du XVIᵉ siècle, c'est-à-dire quand les grandes découvertes de Vasco de Gama et de Christophe Colomb eurent ouvert au commerce la route des pays de production. L'usage de l'Ébène prit même alors une extension si considérable que l'on créa le mot *Ébéniste* pour désigner les artistes qui le travaillaient, et qui précédemment s'appelaient *Huchiers*.

ÉBÉNISTERIE. — A l'exemple des Orientaux, les Grecs et les Romains recherchaient les meubles de luxe avec une extrême ardeur. C'est ce qui résulte du témoignage unanime des historiens et des poëtes, qui parlent avec enthousiasme de la beauté des boiseries et des ameublements des temples et des palais. Il est donc certain que l'Ébénisterie était pratiquée avec habileté chez ces deux peuples, mais la nature même des matériaux employés n'a pas permis à leurs œuvres de parvenir jusqu'à nous. Nous ne possédons également aucun détail sur leurs procédés de fabrication. Chez les modernes, les produits de l'Ébénisterie n'ont commencé à être bien remarquables qu'à partir du XIIIᵉ siècle, et ce fut l'Italie qui cultiva la première cet art avec le plus de succès. Il s'éleva alors dans plusieurs des principales villes de ce pays, surtout à Florence, à Venise et à Milan, des artistes de très-grand mérite dont les œuvres furent recherchées dans toute l'Europe. Toutefois, ce ne fut qu'à la fin du XVᵉ siècle, quand Jean de Vérone eut inventé la colora-

tion artificielle des bois, que l'Ébénisterie italienne atteignit son apogée. Ce maître forma une école d'où sortirent deux grands artistes, Philippe Brunelleschi et Benoît Maiano, dont les disciples introduisirent leur art en France, sous les règnes de François Iᵉʳ et de Henri II. Dès ce moment, l'Ébénisterie se développa rapidement dans notre pays. Néanmoins, elle ne prit une extension très-importante qu'au XVIIᵉ siècle, principalement après la création par Colbert d'une manufacture royale, qui fut annexée à l'établissement des Gobelins et qui devint rapidement fameuse par la perfection de ses produits. On cite, parmi les œuvres les plus remarquables qui résultèrent de ce mouvement, les meubles de Jean Macé, de Blois, et d'André-Charles Boule et de son fils ; ceux de ces derniers, en chêne ou en châtaignier, revêtus d'ornements de cuivre, sont même devenus le point de départ et le type d'une des branches les plus intéressantes de l'Ébénisterie de luxe. Jusqu'à la fin du XVIIIᵉ siècle, les ébénistes s'occupèrent surtout de travailler les bois précieux en blocs massifs, ce qui élevait nécessairement la valeur commerciale de leurs produits à un prix exorbitant, et en limitait, par conséquent, l'usage à un petit nombre de personnes ; mais ils imaginèrent alors de les débiter en feuilles très-minces dont ils se servaient pour revêtir les bois communs du pays, et c'est à cette innovation, qui a reçu depuis de précieux perfectionnements, que l'Ébénisterie doit les développements qui en ont fait de nos jours une des industries les plus considérables. L'Ébénisterie est florissante aujourd'hui dans la plupart des états de l'Europe, mais c'est à Paris que se trouvent les ateliers les plus renommés, et, parmi ceux de nos contemporains qui, dans cette ville, ont le plus contribué à ses progrès, on doit citer MM. Fourdinois, Grohé, Barbedienne, Bellanger, Liénard, Tahan et Vedder, que l'on s'accorde à placer au premier rang. Voyez MARQUETERIE, *Coloration des Bois*, ÉBÈNE, etc.

ÉBONITE. — Nom donné par les Anglais à une variété de Caoutchouc durci, qui a l'aspect de l'ébène du plus beau noir. On l'emploie surtout pour fabriquer, au moyen du moulage, une multitude d'objets d'utilité ou de pure fantaisie, particulièrement des chaînes, des bracelets, des broches, des boutons, et tous les bijoux de deuil qu'on faisait autrefois en jais ou en verroterie noire.

ÉCAILLE. — L'*Écaille* est la substance cornée qui recouvre la carapace des Tortues. La plus estimée est fournie par le Caret des mers de l'Inde et de l'Amérique. L'art de la mettre en œuvre a été connu de temps immémorial chez les Indiens, mais il ne paraît s'être introduit en Europe qu'à la fin du XVIᵉ siècle, c'est-à-dire longtemps après la découverte du cap de Bonne-Espérance et du Nouveau Monde. Ce furent, dit-on, les Portugais qui, vers 1570, en rapportant de l'Inde une multitude d'objets faits en Écaille, firent naître l'idée de travailler cette matière, et quelques années suffirent pour doter l'Europe d'une nouvelle branche d'industrie. L'Écaille constitue aujourd'hui une des substances principales employées par la tabletterie. On la traite à peu près de la même manière que la corne. On l'imite quelquefois, soit en colorant artificiellement cette dernière, soit, comme le chimiste Darcet l'a imaginé, en soumettant la gélatine à une préparation appropriée. On se sert surtout de l'*Écaille factice*, faite avec la gélatine, pour fabriquer des peignes.

ÉCARLATE. — Deux couleurs rouges célèbres sont désignées sous ce nom. La plus ancienne se préparait avec l'alun, le tartre et le kermès. Elle fut inventée, pendant le moyen âge, par des teinturiers vénitiens, et c'est pour ce motif qu'on l'appelait *Écarlate de Venise*. On l'appela aussi plus tard *Écarlate de France* ou *Écarlate des Gobelins*, parce que le teinturier parisien Gilles ou Jean Gobelin, qui vivait sous François Iᵉʳ, réussit à la faire beaucoup mieux que ses confrères. L'autre Écarlate se faisait avec l'étain, le tartre et la cochenille. Elle fut inventée, en 1630, par le Hollandais Cornelius Drebbel, et c'est de son pays d'origine qu'elle fut nommée *Écarlate de Hollande*. Le procédé de sa préparation fut d'abord exploité et tenu secret par Kufelar, gendre de l'inventeur, qui possédait une teinturerie à Leyde, mais, peu après 1655, un nommé Jean Gluck ou Kloeck parvint à le connaître et l'importa en France.

ÉCHALAS. — A diverses époques, surtout depuis une dizaine d'années, on a imaginé de prolonger la durée des Échalas en les soumettant à une des préparations usitées pour la conservation des bois. D'autres inventeurs ont eu l'idée de les supprimer complétement et de soutenir les vignes au moyen de lignes de fil de fer. Cette dernière innovation paraît dater de 1845 et être due au naturaliste André Michaux. Elle est aujourd'hui répandue dans tous les pays vignobles, mais on a modifié la méthode proposée par l'auteur, en laissant en place les appareils toute l'année, au lieu de les enlever à l'automne au moyen d'un moulinet-dévidoir. De plus, M. Théodore Collignon, d'Ancy-sur-Moselle, a inventé un instrument très-simple, qu'il a nommé *Raidisseur*, et qui sert à tendre fortement les fils de fer et à remédier au relâchement produit par la dilatation.

ÉCHAPPEMENT. — Pièce qui, dans les appareils d'horlogerie, sert à régler l'action du moteur afin qu'il ne puisse communiquer au mécanisme qu'une vitesse uniforme. L'Échappement est la partie la plus importante des montres et des horloges : aussi a-t-il de tout temps préoccupé le génie des artistes et a-t-il reçu, dans l'application, les dispositions les plus diverses. L'Échappement dit *à roue de rencontre* est le plus ancien de tous. On croit qu'il a été inventé par le moine Gerbert, d'Aurillac, mort en 1003, mais le fait n'est pas prouvé. Dans tous les cas, c'est celui que l'on a exclusivement employé jusqu'au XVIIᵉ siècle. L'Échappement *à ancre* parut alors à Londres, en 1680 : Robert Hook se l'attribua, mais il lui fut contesté par un nommé Clément. Quelques années après, un autre Anglais, Georges Graham, y introduisit d'heureuses modifications, et l'appliqua plus spécialement aux horloges de chambre ou pendules. Ce même artiste créa l'Échappement *à cylindre*, que notre compatriote Louis Berthoud perfectionna plus tard en substituant les pierres dures à l'acier jusqu'alors exclusivement usité. L'Échappement *libre* date aussi du XVIIIᵉ siècle. Il fut créé, vers 1720, par Arnold et Earnshaw, horlogers à Londres, mais ce furent les artistes parisiens Ferdinand Berthoud et Julien Leroy qui contribuèrent le plus à le répandre. L'idée d'y appliquer la détente appartient à ce dernier, qui la conçut et la réalisa vers 1748. A la fin du même siècle, le Suisse Abraham-Louis Bréguet, alors établi à Paris, inventa l'Échappement *à force constante* (1795) et l'Échappement *à tourbillon* (1797). Depuis cette époque, une foule d'autres Échappements ont été proposés par divers inventeurs, mais aucun n'a paru assez supérieur aux précédents pour mériter de leur être préféré. Il est à remarquer que le *Balancier circulaire* simple a été le régulateur unique de l'Échappement jusque dans la seconde moitié du XVIIe siècle, où il fut remplacé par le *pendule*, dans les grandes horloges, et par le *ressort spiral*, dans les montres. Voyez MONTRE et PENDULE.

ÉCHECS. — Quelques écrivains prétendent que les *Échecs* ont été inventés par le grec Palamède, un des héros de la guerre de Troie, qui les aurait imaginés pour tromper les ennuis du siége de cette ville, mais cette assertion ne repose sur aucune base. L'opinion qui a cru les reconnaître parmi les nombreux objets représentés sur les monuments de l'ancienne Égypte n'est pas mieux fondée. A qui donc est-on redevable des Échecs? L'analogie qui existe entre le persan *Schah* (roi) et les mots *échecs, scacchi, chess, schachspiel* et *zatrichion*, par lesquels les Français, les Italiens, les Anglais, les Allemands et les Grecs modernes désignent ce jeu, indique incontestablement une origine orientale, mais on ne possède aucun renseignement sur l'époque et le lieu où l'on a commencé à y jouer. Suivant Anne Comnène, fille de l'empereur byzantin Alexis Comnène, les Échecs seraient arrivés de la Perse en Grèce, et les Persans, à leur tour, déclarent les avoir empruntés aux Indiens entre les années 532 et 580. D'un autre côté, les Chinois, qui appellent les Échecs *jeu de l'éléphant*, reconnaissent également les tenir des Indiens, qui les leur auraient communiqués au commencement du VIe siècle de notre ère. Ce double témoignage et le rapprochement des dates militent donc beaucoup en faveur de l'Inde ; or les savants de ce pays en attribuent l'invention à un brahmine, nommé Sissa, qui vivait quatre ou cinq cents ans après Jésus-Christ, et qui, disent-ils, l'aurait réalisée dans un but moral, pour faire comprendre à un mauvais roi, cette grande vérité, qu'un souverain est peu de chose quand il n'est point défendu par ses sujets, dont le moindre peut souvent le sauver. L'origine indienne des Échecs est aujourd'hui admise par les autorités les plus compétentes. On admet également qu'ils ont été introduits en Europe, par les Arabes, dans le courant du VIIIe siècle.

ÉCHOMÈTRE. — Voyez MÉTRONOME.

ÉCLAIRAGE. — L'*Éclairage* a eu de tout temps une très-haute importance économique, et a donné lieu à un nombre immense d'inventions. Toutefois, les peuples anciens n'ont véritablement connu que l'*Éclairage privé*, et c'est aux modernes qu'appartient exclusivement la création de l'*Éclairage public*. Encore même ce dernier ne remonte-t-il pas au delà de cent cinquante ans. C'est par les capitales que ce progrès a naturellement commencé. En ce qui concerne la France, Henri II eut l'idée, en 1548, d'établir à Paris un service de lanternes qui auraient été entretenues par le trésor, mais diverses circonstances l'empêchèrent d'y donner suite. D'autres projets analogues, qui furent conçus en 1558 et 1559 par la Chambre des Comptes et le Parlement, et, en 1662, par l'abbé Laudati de Caraffa, ne furent pas plus heureux. Cette ville ne posséda un Éclairage régulier qu'en 1667, et elle dut ce bienfait au lieutenant-général de police Gabriel-Nicolas de la Reynie. Elle fut alors éclairée par des lanternes dites *à cul de lampe*, de l'invention d'un nommé Hérault, et dans chacune desquelles on allumait une chandelle. Cinq ans après, un édit de Louis XIV étendit la même mesure à tout le royaume, mais il ne fut exécuté qu'avec une extrême lenteur. La création de M. de la Reynie fut accueillie avec la plus vive reconnaissance. Néanmoins, le premier moment passé, on ne tarda pas à lui reconnaître des défauts, et l'on se mit à l'œuvre pour la perfectionner. Après de nombreux essais, le problème fut enfin résolu par l'adoption, en 1769, des lanternes à réflecteurs ou *Réverbères*. Ces appareils avaient été imaginés, en 1744, par M. Bourgeois de Châteaublanc et

11.

l'abbé Matherot de Preigny, mais ils n'avaient pu être alors employés à cause de leur imperfection. Ce fut un vitrier, appelé Goujon, qui, en les améliorant, permit de les substituer aux anciennes lanternes. Les réverbères pénétrèrent peu à peu dans toutes les localités de quelque importance, et leur usage était général, dans toute l'Europe, à l'époque de l'invention de l'*Éclairage au gaz*, qui les a fait supprimer. On sait que ce dernier a été appliqué, pour la première fois, à l'éclairage public, à Londres, en 1805, et que son introduction en France a eu lieu en 1818. Depuis quelques années, on a essayé de le remplacer par d'autres systèmes, surtout par la *Lumière électrique*, mais, jusqu'à présent, ces tentatives n'ont pas réussi. Voyez BOUGIE, CHANDELLE, GAZ, HYDRO-CARBURES, LUMIÈRE ÉLECTRIQUE, LAMPE, LANTERNE, PHARE, etc.

ÉCLIPSE. — Les *Éclipses de soleil et de lune* ont été, pendant longtemps, un sujet de frayeur pour les hommes. On s'habitua cependant peu à peu à ne plus les redouter, et on finit par chercher à en connaître la cause. Les plus anciennes observations connues appartiennent aux Chinois et remontent au règne de l'empereur Chou-Hang, qui monta sur le trône 2169 ans avant notre ère. Elles sont remarquables en ce qu'elles ont permis de vérifier la chronologie de ce peuple. Les observations chaldéennes, qui viennent après, servirent à Ptolémée pour ses calculs. Chez les Grecs, Thalès de Milet passe pour avoir prédit aux Ioniens une Éclipse de soleil, que l'on rapporte à une des années 585, 603 ou 615 avant Jésus-Christ. On attribue à Anaxagore, contemporain de Périclès, la connaissance de la cause véritable du phénomène, et la composition d'un traité qui, heurtant trop brusquement les idées reçues, lui attira de nombreuses tracasseries. Enfin, Hipparque et Ptolémée connurent parfaitement cette partie de l'astronomie; le dernier publia même une méthode pour calculer les Éclipses. Le moyen âge n'a presque rien ajouté aux observations des anciens. Enfin, au xviie siècle, les Éclipses furent étudiées par une foule de savants, et leur histoire reçut la plupart des développements qui lui manquaient. En 1682, Cassini trouva, entre autres choses, le

moyen dont on se sert encore aujourd'hui pour annoncer dans quelle partie de la terre une Éclipse sera visible, en déterminant les lieux où se projettera l'ombre de l'astre placé entre la terre et l'astre éclipsé. Avant la découverte du télescope, les Éclipses du soleil et de la lune étaient les seules dont la science pût retirer quelque service. Mais, depuis l'invention de cet instrument, l'étude de cette classe de phénomènes est devenue la source d'une infinité de découvertes intéressantes et d'applications utiles à la navigation et à la géographie.

ÉCLIPTIQUE. — C'est le cercle que le soleil semble décrire sur la terre dans son mouvement annuel et qui fait avec l'équateur un angle de 23° 28′ 30″, ce qui produit l'inégalité des jours et des nuits et la variété des saisons. On l'appelle *Écliptique*, parce que les éclipses ont lieu quand la lune et le soleil se trouvent dans le même point où il coupe l'équateur, ou dans les points opposés. Quelques auteurs attribuent la découverte de son *obliquité* à Thalès de Milet, 610 ans avant Jésus-Christ. D'autres en font honneur à Anaximandre, son disciple, qui ne fit cependant que la reconnaître, tandis que Anaximène, contemporain de ce dernier, la calcula. Enfin, suivant une autre version, elle aurait été faite beaucoup plus tard par Ératosthène. C'est à Dominique Cassini que l'on doit la détermination de l'angle que l'Écliptique fait avec l'équateur (1650).

ÉCLUSE. — Ce sont les moulins à eau qui ont fait inventer les Écluses à sas, mais ces constructions n'ont été connues qu'à partir du xve siècle, et c'est l'Italie qui en a communiqué l'usage aux autres parties de l'Europe. Suivant Tiraboschi, les Écluses ont été imaginées par les ingénieurs Philippe de Modène et Fioravanti, qui, en 1439, faisaient exécuter des travaux hydrauliques pour le compte de Philippe-Marie Visconti, duc de Milan, et un passage d'une vie manuscrite de ce prince, par Pierre Candide, semble confirmer cette opinion. Toutefois, un autre auteur italien, Zendrini, rapporte leur invention à l'année 1481, et l'attribue à deux horlogers de Viterbe, Denis et Pierre Dominique, qui s'étaient chargés de faire passer des bateaux d'un canal dans un autre sans qu'il fût nécessaire de les décharger. Quoi qu'il en soit, les Écluses se trouvent décrites, pour la première fois, dans un traité sur l'art de bâtir, publié à Florence, en 1485, par l'architecte Léon-Baptiste Alberti. Dans le principe, elles se fermaient au moyen de poutrelles que l'on faisait monter et descendre dans des rainures pratiquées dans la maçonnerie. Mais la manœuvre de ces poutrelles étant très-longue et très-incommode, on ne tarda pas à la remplacer par des *portes busquées*. Une tradition, qu'aucun texte positif n'appuie, attribue ce grand perfectionnement à Léonard de Vinci. Toutefois, l'ancien système fut encore très-souvent employé, sans doute à cause de son économie : ce n'est même que depuis une quarantaine d'années qu'il a été généralement abandonné. L'invention des Écluses à sas est une des plus belles conquêtes de la science de l'ingénieur, car elle a seule rendu possibles les grands travaux de canalisation. On ne lui reproche qu'un seul défaut, celui d'exiger une dépense d'eau très-considérable, ce qui, dans certains cas, rend l'établissement des canaux très-difficile, ou en limite beaucoup l'utilité. On a fait beaucoup de recherches en Angleterre, en France et aux États-Unis, pour détruire ou du moins atténuer cet inconvénient. Parmi les systèmes proposés à cet effet, il suffira de citer ceux qui ont produit les *Écluses à sas mobile et à plan incliné* de Robert Fulton (1798) ; les *Écluses à flotteur* de M. de Bettancourt (1807) ; et, à une époque plus rapprochée, les *Écluses à piston et siphon* de l'ingénieur Burdin ; les *Écluses Girard*, ainsi appelées du nom de leur inventeur ; et, enfin, les *Écluses aéro-hydrostatiques* de M. Seiler. Voyez BARRAGE, CANAL et PLAN INCLINÉ.

ÉCONOMIE POLITIQUE. — L'*Économie politique* n'a été comprise et exposée sous une forme scientifique que dans la seconde moitié du dernier siècle. On n'en trouve que quelques vagues lueurs dans les écrits de Xénophon, de Platon et d'Aristote, et les Romains ne nous ont rien laissé qu'on puisse lui rapporter. Au XVIᵉ siècle, plusieurs écrivains commencèrent à discuter sur les intérêts économiques, et c'est à eux que l'on doit les fausses notions des systèmes de la balance du commerce et de la réglementation qui ont jusqu'à présent égaré les peuples et la plupart des gouvernements. Le travail des fondateurs de la science a consisté à démêler ces erreurs et à signaler les maux qu'elles ont entraînés, ainsi qu'à découvrir les véritables principes de l'organisation économique de la société, de la production de la richesse, de sa circulation, de sa distribution et de son emploi. Parmi les hommes d'élite qui ont le plus contribué à ce résultat, il faut citer les français François Quesnay, Vincent de Gournay, Jacques Turgot, Étienne Bonnot de Condillac, l'abbé André Morellet, et l'anglais Adam Smith, dont l'œuvre a été admirablement continuée, à notre époque, par Thomas-Robert Malthus, David Ricardo, Jean-Baptiste Say, James Mill, Charles Ganilh, le comte Pellegrino Rossi, Joseph Droz, Frédéric Bastiat, et une foule d'autres.

ÉCRITURE. — L'origine de l'*Écriture* a été l'objet de recherches toujours vaines et souvent absurdes. En effet, s'agit-il de l'Écriture *idéographique*, c'est-à-dire de celle qui sert à exprimer les idées, elle se retrouve partout et jusque chez les peuples les plus sauvages. Est-ce l'époque, le lieu et l'auteur de l'invention de l'Écriture *phonétique*, c'est-à-dire de celle qui exprime simplement les sons, que l'on veut découvrir ? « Mais, dit avec raison le docteur Dupiney de Vorepierre, c'est supposer gratuitement que cette invention est sortie un beau jour du cerveau d'un seul homme ou est le résultat du travail d'un seul peuple. Aujourd'hui, les savants sont unanimes pour admettre que l'Écriture phonétique a son point de départ dans l'Écriture idéographique, qu'elle s'est constituée progressivement, et n'est arrivée au point où nous la voyons qu'à la suite de modifications successives. Aucun témoignage historique n'a pu nous être transmis au sujet de cette série de transformations, car l'usage de l'Écriture même eût été nécessaire pour cette transmission. Les anciens, habitués qu'ils étaient à rapporter à quelqu'un de leurs dieux ou de leurs héros l'invention de la plupart des arts utiles à l'homme, ne pouvaient pas manquer d'agir de même à l'égard d'une invention aussi merveilleuse que l'Écriture.

Ainsi, les Égyptiens en faisaient honneur à leur dieu Thot; les Grecs, à Saturne, à Mercure, au phénicien Cadmus; les Scandinaves, à Odin. Quant aux Hébreux, ils l'attribuaient, tantôt à Moïse, tantôt à l'un des anciens patriarches, Abraham ou Énoch, et même à Adam. Bien plus, beaucoup supposaient que l'Écriture avait été donnée à l'homme par Dieu lui-même, croyance qui a aujourd'hui encore un certain nombre de partisans. Mais il n'en est point de l'Écriture comme du langage. Celui-ci, étant la condition même de la pensée, ne saurait être l'ouvrage de l'esprit humain : l'homme l'a donc nécessairement reçu par une communication divine. L'Écriture n'exige rien de semblable ; l'homme, doué de la pensée et de la parole, a pu l'inventer ; par conséquent, il n'y a pas lieu de recourir à une intervention spéciale de la Divinité. » Voyez CUNÉIFORME, HIÉROGLYPHES, RUNES, etc.

ECTYPOGRAPHIE. — C'est un procédé d'impression au moyen duquel on produit des livres dont les lettres ressortent en relief sur le papier de manière à pouvoir être lues au toucher, par les aveugles. L'Ectypographie a été inventée en 1784 par Valentin Haüy, directeur de l'Institution des jeunes aveugles de Paris, à qui l'idée en fut suggérée par la vue d'une jeune pianiste allemande, Marie-Thérèse Paradies, qui, privée de la vue par un accident, était parvenue à reconnaître les notes de musique par la légère saillie que l'impression en taille-douce laisse sur le papier. Depuis le commencement de ce siècle, cet art a été beaucoup perfectionné, d'abord, par MM. Guillé et Dufau, puis, par M. Laas d'Aguen. C'est ce dernier qui, abandonnant les voies suivies jusqu'alors, a imaginé, vers 1850, d'appliquer à la fabrication des livres destinés aux aveugles la notation particulière imaginée par Charles Barbier, en 1831, et d'après laquelle, au lieu d'être représentés par les lettres de l'alphabet, les sons de la voix sont figurés par des points diversement disposés. Cette notation a été elle-même améliorée, en 1849, par le professeur Braille, et, en 1851, par M. Victor Ballu. L'Ectypographie est aujourd'hui florissante partout, mais, à l'étranger, principalement aux États-Unis, en Suisse et en Angleterre, c'est le système de Haüy qu'on emploie le plus souvent ; seulement, on a introduit de nombreuses améliorations dans la forme et les dimensions des caractères qui servent à l'appliquer.

ÉCU. — La monnaie française de ce nom a été ainsi appelée parce qu'on y voyait l'écu (scutum) ou bouclier royal. Elle a été d'or ou d'argent, suivant les temps. Les Écus d'or, les plus anciens de tous, furent créés en 1336 par Philippe de Valois, et leur fabrication dura jusqu'au règne de Louis XIV, qui la supprima. Dans ce long espace de temps, leur valeur changea un grand nombre de fois, et leur type reçut des modifications qui donnèrent lieu aux variétés dites Écus à la couronne, Écus heaumés, Écus sols ou Écus au soleil, Écus au porc-épic, Écus à la salamandre, Écus à la croisette, etc. Il est à remarquer que c'est sur une pièce de cette espèce, fabriquée en 1532, sous François Ier, que l'on trouve le plus ancien usage du millésime monétaire dans notre pays. Les Écus d'argent ont paru, pour la première fois, en 1580, sous Henri III. Toutefois, ce prince ne fit faire que des quarts et des demi-quarts d'écu, et il les nomma ainsi parce qu'ils valaient le quart ou le huitième de l'Écu d'or. L'Écu d'argent proprement dit ne fut émis, pour la première fois, que sous Louis XIII, en 1641. Toutefois, la nouvelle monnaie fut appelée officiellement Louis d'argent, mais, comme elle valait soixante sous, c'est-à-dire autant que l'Écu d'or, on lui donna communément le nom d'Écu qui lui resta. On fit en même temps des demi-écus, des quarts d'écu et des douzièmes d'écu, qui n'étaient en réalité que les monnaies dites plus tard pièces de trente, de quinze et de cinq sous. L'écu d'argent de Louis XIII est l'origine du Double écu ou Écu de six livres, qui fut créé par Louis XV, et qui n'a disparu, ainsi que ses divisions, qu'à l'époque de l'adoption du système décimal. On ne frappe plus d'Écus aujourd'hui, et ce n'est que par abus que l'on applique quelquefois la dénomination d'Écu de cent sous à la pièce de cinq francs.

ÉCUME DE MER. — On a fait les contes les plus ridicules sur l'origine de cette substance, qui sert, comme on sait, à fabriquer ces belles pipes blanches si estimées des fumeurs. Elle n'est autre chose qu'un silicate de magnésie, la magnésite plastique des minéralogistes. C'est probablement sa blancheur et sa légèreté qui lui ont valu le nom sous lequel elle est vulgairement désignée. Toute celle qu'emploie l'industrie vient des environs de Brousse, dans l'Asie Mineure, et de Vallecas, près de Madrid, en Espagne. Comme la magnésite est très-chère, on a imaginé plusieurs compositions pour l'imiter. L'*Écume de mer artificielle* la plus parfaite est celle de M. Wagner, de Paris, qui l'obtient avec un mélange de caséine, de magnésie calcinée et d'oxyde de zinc.

EFFIGIE MONÉTAIRE. — Dans l'antiquité, on ne plaça d'abord sur les monnaies que des images de dieux ou de divinités. Alexandre le Grand fut le premier souverain qui y fit mettre son portrait ; encore même, par respect pour l'usage établi, eut-il le soin de se faire représenter sous les traits d'Hercule. Ses successeurs furent moins scrupuleux, et, dès ce moment, dans tous les pays de langue grecque, les monnaies portèrent l'effigie du prince régnant. Chez les Romains, les magistrats chargés de la fabrication monétaire, obtinrent de bonne heure l'autorisation de faire placer sur les monnaies les portraits de leurs ancêtres, mais ce fut Jules César qui, le premier, osa s'y faire représenter de son vivant, et il ne tarda pas à trouver des imitateurs. Enfin, sous l'empire, l'effigie des empereurs et des impératrices fut habituellement placée sur les produits du monnayage. En France, l'usage de se faire portraire sur les monnaies commença assez tard, et ce furent quelques seigneurs, tels que les comtes de Flandre et de Provence, et les évêques de Toul, Metz et Verdun, qui en donnèrent l'exemple. Quant aux rois, ils ne commencèrent à l'adopter que sous Philippe de Valois. Toutefois, l'effigie royale ne se montra d'abord que sur les monnaies d'or, et on ne la plaça sur toutes les monnaies indistinctement qu'à l'époque de Louis. XII. Ce dernier usage s'est maintenu jusqu'à présent, sauf les deux interruptions occasionnées par l'établissement du régime républicain, en 1792 et 1848. Il est à remarquer que, depuis le commencement de ce siècle, les princes qui commencent une dynastie, sont représentés, la tête tournée à droite, comme chefs de race, tandis que ceux qui continuent une ancienne race, sont figurés regardant à gauche.

EFFILOCHEUSES. — Machines destinées à détisser les chiffons de laine. La laine qui provient de l'opération est mélangée avec de la laine neuve, puis soumise à l'opération du filage, et, enfin, employée pour la fabrication de tissus inférieurs. La première *Effilocheuse* connue paraît avoir été inventée, en 1818, par Milner, qui la fit breveter sous le nom de « machine à rompre les chiffons de laine. » Un grand nombre d'autres appareils du même genre ont été imaginés depuis par Dessart, Lanoa, Christian, Thibaut, La Peyrouse, Boutron, Busson, Brunet, Delay, etc. Voyez LAINE.

ÉGOUT. — Les anciens attribuaient l'invention des *Égouts* à un ingénieur sicilien, appelé Phœaque, qui avait, disait-on, établi les premiers à Agrigente, 480 ans environ avant notre ère, mais ils voulaient probablement parler de quelque perfectionnement, car les constructions de ce genre remontent incontestablement à une époque plus reculée. Quoi qu'il en soit, de toutes les villes de l'antiquité, Rome est celle dont les Égouts étaient les plus célèbres, et les architectes avaient apporté à leur établissement autant de soin qu'aux édifices les plus somptueux. Ses différents quartiers en étaient remplis, et tellement que Pline le Naturaliste a cru pouvoir lui appliquer le nom de « ville suspendue » (*urbs pensilis*). Le plus imposant était celui que l'on appelait le Grand Égout (*Cloaca maxima*), et dont il reste encore une partie. Il avait 10 mètres de hauteur intérieure et 4 mètres 25 centimètres de largeur. Quant à sa longueur, elle dépassait 700 mètres. Ce monument avait été commencé par Tarquin l'Ancien et presque entièrement terminé par Tarquin le Superbe. Aujourd'hui, il n'est pas une ville de quelque importance qui ne possède son système d'égouts. Ceux de Paris, par exemple, présentent un développement de plus de 770,000 mètres, et les améliorations qu'ils ont reçues depuis une dizaine d'années en ont fait le plus colossal monument de cette espèce. L'un d'eux, le plus important, ne compte pas moins de 3,894 mètres de longueur et une largeur intérieure de 5 mètres 30 centimètres.

ÉGRENOIR. — On a inventé, sous ce nom, de petits appareils destinés à remplacer l'égrenage du maïs à la main. Un des plus anciens est celui de M. Hallié, de Bordeaux, qui, conduit par deux personnes, égrène de 40 à 50 hectolitres de maïs par jour. L'égrenoir de M. Desportes, de Montrond (Dordogne), exige le même nombre d'ouvriers et produit le même travail, mais il a l'avantage d'opérer en même temps le nettoyage du grain.

ÉLAÏDIQUE (Acide). — Cet acide a été découvert, en 1832, par M. Félix-Henri Boudet, pharmacien chimiste à Paris, qui l'obtint en faisant des recherches sur l'acide oléique. C'est une substance solide que l'on emploie, mêlée avec d'autres acides gras, pour fabriquer des bougies analogues aux bougies stéariques, mais on n'a pu, jusqu'à présent, réussir à le produire sur une grande échelle.

ÉLAÏOMÈTRES. — On désigne sous ce nom des instruments destinés à l'essai des huiles. Un des plus anciens est dû à M. Duquesne, qui l'a imaginé en 1812. Un des plus modernes a été inventé, en 1843, par M. Gobely, pharmacien à Paris. Ce dernier est spécialement applicable aux huiles d'olives et d'amandes douces. Dans ces dernières années, M. Berjot, pharmacien à Rouen, a donné le même nom à un instrument de son invention, qui sert à déterminer la richesse en huile des diverses graines oléagineuses, et permet d'opérer avec plus de rapidité et d'économie que par les autres procédés connus.

ÉLECTRICITÉ. — Fluide impondéré, agent mystérieux et universellement répandu, dont on ignore l'origine et la nature véritable, et qui produit des effets d'attraction et de répulsion, ainsi que des effets calorifiques, chimiques, lumineux, magnétiques, phosphoriques et physiologiques. Environ 600 ans avant notre ère, les Grecs avaient déjà remarqué que, après avoir été frotté, l'ambre jaune, ou succin, attire les corps légers placés dans son voisinage ; et c'est du mot électron, nom de cette substance dans leur langue, que dérive celui d'Électricité, employé aujourd'hui pour désigner la cause de cette propriété attrac-

tive. Il paraît aussi qu'on étendit la même observation à d'autres matières, notamment à une pierre que Théophraste appelle lyncurium et que l'on croit être la topaze brûlée. Quoi qu'il en soit, les anciens se contentèrent de constater le fait, et ne songèrent pas à l'étudier. Cette étude et, par suite, tous les résultats qu'elle a produits, appartiennent donc exclusivement aux modernes. Les premières recherches ont été exécutées, en Angleterre, à la fin du xvie siècle, par Gilbert de Colchester, médecin de la reine Élisabeth. Ce savant augmenta le nombre des substances qui acquièrent par le frottement la propriété d'attirer les corps légers, et, en y inscrivant le verre, non-seulement il ramena l'attention sur cet ordre de phénomènes, mais encore il donna le moyen de les porter, dans les expériences, à un degré d'énergie bien supérieur à celui qu'ils avaient présenté jusqu'alors. Toutefois, les grandes découvertes ne commencèrent qu'une soixantaine d'années plus tard, lorsque l'invention de la Machine électrique, par Otto de Guericke, vers 1666, eut permis d'opérer sur de grandes masses d'Électricité. Grâce à cette invention, Otto constata définitivement ce fait, aperçu précédemment par Robert Boyle, qu'un tube de verre bien sec ou un bâton de cire d'Espagne, frottés avec un chiffon de laine, ne se bornent point à attirer les corps légers, mais les repoussent ensuite. Il reconnut aussi les phénomènes du pétillement et de la lumière électriques. En 1729, Étienne Grey découvrit que le fluide électrique se transmet par contact avec une rapidité extrême, et en étudiant cette propriété nouvelle, Wehler remarqua que certains corps, tels que les métaux, l'eau, etc., sont bons conducteurs de l'électricité, tandis que certains autres, tels que le verre, la résine, le soufre, etc., la transmettent très-mal ou ne la transmettent pas du tout. Grey constata aussi que les pointes laissent échapper le fluide. De 1733 à 1745, Dufay, reprenant et complétant les travaux de ses devanciers, prouva que tous les corps peuvent être électrisés par le frottement sous la condition d'être isolés au moyen d'un manche de verre ou de résine ; que la conductibilité des matières organiques provient de l'eau qu'elles renferment; et que les corps électriques attirent ceux qui ne le sont pas, et les repoussent aussitôt qu'ils le sont devenus. Cette dernière remarque l'amena à supposer l'existence de deux sortes d'Électricité, l'une qu'il appela *vitrée*, et l'autre qu'il nomma *résineuse*, parce qu'il les crut propres, la première aux corps vitreux, et la seconde aux corps résineux ; mais, plus tard, on s'aperçut qu'elles peuvent s'obtenir toutes les deux avec le même corps en changeant seulement la nature de l'isoloir, et alors, pour généraliser, on donna le nom de *positive* à celle que développe le verre frotté avec la soie, et celui de *négative* à celle que développent les corps résineux frottés avec la laine ou la soie. Dufay indiqua également le moyen de s'assurer immédiatement de celle des deux électricités que renferme un corps quelconque, et, le premier, tira des *étincelles du corps humain*. Les découvertes de Dufay ouvrirent à la science de nouveaux horizons, et les progrès se succédèrent avec une rapidité inouïe à mesure que les instruments déjà connus se perfectionnèrent et que l'on en imagina de nouveaux. Au commencement de 1744, Ludolph, de Berlin, réussit le premier à mettre le feu à des corps au moyen de l'Électricité : il enflamma de l'éther avec l'étincelle. Peu de mois après, Winckler, à Leipsig, et le docteur Watson, à Londres, obtinrent le même résultat en opérant sur l'eau-de-vie et d'autres liquides spiritueux. L'invention de la Bouteille de Leyde, en 1746, engagea, l'année suivante, le français Lemonnier à essayer la mesure de la *Vitesse du fluide électrique*, mais les expériences qu'il fit à cet effet, et qui furent répétées aussitôt en Angleterre, par Watson, Cavendish, Folkes et Bévis, firent reconnaître que l'Électricité se propage avec une rapidité prodigieuse, et que les appareils alors en usage ne pouvaient servir à l'apprécier. Ce problème a été repris de nos jours, mais sans pouvoir être complètement résolu : seulement, MM. Fizeau et Gounelle, qui l'ont étudié avec soin, ont trouvé que le fluide électrique parcourt 180,000 mètres par seconde dans les fils de cuivre, et 100,000 seulement dans ceux de fer. L'année même où Lemonnier exé-

cutait ses recherches, Benjamin Franklin commençait les travaux qui ont rendu son nom si célèbre, et à la suite desquels il créa la théorie de la Bouteille de Leyde, et démontra le pouvoir, déjà remarqué par Grey, que possèdent les pointes d'enlever l'Électricité aux corps électrisés, ainsi que l'identité, déjà soupçonnée, de la *Foudre* et du fluide électrique. Cette dernière découverte le conduisit, par l'invention du Paratonnerre, au premier emploi de l'Électricité pour les besoins de l'homme. De 1785 à 1786, Auguste de Coulomb détermina les *Lois des attractions* et *des répulsions électriques et magnétiques*, ainsi que la distribution de l'Électricité sur la surface des corps. La fin du xviii° siècle vit se produire un événement capital dans l'histoire de l'Électricité. On ne connaissait encore que l'*Électricité statique*, c'est-à-dire celle qui est produite par les machines à frottement, lorsque, en 1791, Louis Galvani annonça l'existence de l'*Électricité dynamique*, ou *Galvanisme*, et cette nouvelle conquête de la science, bientôt suivie de l'invention de la Pile par Volta, devint le point de départ d'une multitude de recherches qui firent faire des pas immenses à la théorie de l'Électricité et préparèrent ses grandes applications industrielles. Au commencement de ce siècle, sir Humphry Davy, Anthony Carlisle et William Nicholson créèrent l'*Électro-chimie*. En 1820, Œrsted, professeur de physique à Copenhague, découvrit l'*Électro-magnétisme*, dont Ampère tira aussitôt les plus belles conséquences. MM. Arago, Faraday, Armstrong, Jacobi, de la Rive, Pouillet, Becquerel, etc., continuèrent et perfectionnèrent les travaux de ces divers savants, et bientôt l'Électricité put être appliquée, sur la plus grande échelle, aux sciences, aux arts et à l'industrie, surtout à la Galvanoplastie, à l'Horlogerie, à la Télégraphie, à la Métallurgie, à la Médecine et à la Chirurgie. Toutefois, plusieurs de ces applications ont échoué, parce qu'elles n'étaient pas rationnelles. L'emploi du fluide électrique n'est, en effet, possible que dans les cas où il apporte dans les résultats plus d'économie ou d'exactitude que les moyens mécaniques ordinaires : dans toute autre circonstance, il n'est qu'un embarras et doit être proscrit. Voyez BAROMÈTRE, CHRONOSCOPE, ANÉMOSCOPE, ÉLECTRO-CAUSTIQUE, ÉLECTRO-CHIMIE, ÉLECTRO-THÉRAPIE, GALVANISME, GALVANOPLAS-TIE, LUMIÈRE ÉLECTRIQUE, MOTEURS ÉLEC-TRO-MAGNÉTIQUES, TÉLÉGRAPHIE, TIS-SAGE, etc.

ÉLECTRIQUE. — Voyez CARILLON, CHE-MIN DE FER, DORURE, GRAVURE, HORLOGE, LUMIÈRE, MACHINE ÉLECTRIQUE, MINE, TÉLÉGRAPHIE, etc.

ÉLECTRO-AIMANTS. — On appelle ainsi des aimants temporaires obtenus par l'influence des courants électriques sur le fer doux. Leur invention date de l'origine même de l'Électro-magnétisme. En effet, M. Arago ayant découvert que la limaille de fer acquiert la propriété magnétique sous l'influence des courants, l'idée vint à ce savant et à M. Ampère, puis, plus tard, à d'autres physiciens, de tirer parti de ces courants, pour produire des aimants artificiels énergiques, permanents ou temporaires. Depuis 1825, il existe, dans tous les cabinets de physique, des appareils fondés sur ce principe. Ils consistent en des barres de fer doux, recourbées en fer à cheval, et munies, sur certaines parties de leur longueur, d'un fil métallique enroulé en spirale et enveloppé de soie qui isole les spires. Quand on fait communiquer les extrémités du fil avec les deux pôles d'une pile, le fer doux devient aimant et peut porter des poids considérables ; mais il perd la propriété magnétique aussitôt qu'on interrompt le courant. C'est en utilisant ce développement de force attractive, que l'on peut produire ou faire cesser à volonté, que l'on a créé les applications de l'Électricité à la Télégraphie, et construit les Machines électro-motrices. C'est également à l'emploi des Électro-aimants que l'on doit la démonstration irrécusable des phénomènes généraux que le Magnétisme produit dans tous les corps. Voyez TÉLÉGRAPHIE et MOTEURS ÉLECTRO-MAGNÉTIQUES.

ÉLECTRO-CAUSTIQUE. — Quand on met les pôles d'une pile voltaïque en communication au moyen d'un fil métallique, ce fil s'échauffe, rougit, fond ou se volatilise, suivant qu'il est plus fin et plus court. Ce fait a été constaté, pour la première fois, au mois de juin 1801, par les savants français Jacques Thénard

et Pierre Hachette. Ces expérimentateurs remarquèrent, en outre, que, lorsqu'il n'y a pas fusion, l'incandescence du fil est constante pendant le passage du courant électrique. Cette incandescence a reçu, dans la Chirurgie, des applications précieuses dont l'ensemble constitue la méthode généralement désignée sous le nom d'*Électro-caustique*. Ainsi, on se sert d'un fil de platine incandescent pour cautériser d'une manière circonscrite les parties profondes où l'on ne pourrait pas introduire un fer rouge. On emploie le même procédé pour enlever des tumeurs sans hémorrhagie. On est même parvenu à faire, sans aucune effusion de sang, des amputations de membres sur des animaux. Cette méthode est surtout remarquable par la parfaite innocuité des opérations auxquelles on l'applique.

ÉLECTRO-CHIMIE. — Quand un courant électrique exerce son action sur les molécules des corps, il peut troubler l'état de ces molécules, les décomposer ou en favoriser la combinaison ; ces décompositions se font toujours suivant certaines règles générales, et c'est à l'ensemble de ces phénomènes et des règles d'après lesquelles ils semblent s'accomplir que l'on donne le nom d'*Électro-chimie*. La découverte de cette faculté que possède l'Électricité d'opérer des décompositions chimiques, est due à l'invention de la Pile de Volta, et a été faite, le 30 avril 1800, par le chirurgien anglais Anthony Carlisle et un de ses amis, le physicien William Nicholson. Ces expérimentateurs constatèrent alors que le courant voltaïque jouit de la propriété de décomposer l'eau, et qu'à la faveur de cette décomposition, l'oxygène se porte au pôle positif de l'appareil, et l'hydrogène au pôle négatif. Au mois d'août suivant, un autre expérimentateur de la même nation, William Cruikshank, reconnut, en outre, que le même courant, qui décompose l'eau, en portant son hydrogène au pôle négatif, peut aussi décomposer en même temps les oxydes métalliques tenus en dissolution dans cette eau. Ces faits produisirent une grande sensation dans toute l'Europe ; on les répéta sous toutes les formes, et ils servirent de point de départ aux admirables recherches de sir Humphry Davy, de Wollaston et de Faraday, qui constituèrent définitivement l'Électro-chimie et qui devinrent ainsi les créateurs indirects de la Galvanoplastie. On doit surtout au dernier la découverte, de la loi qui préside aux décompositions chimiques à l'aide de la pile.

ÉLECTRO-DYNAMIQUE. — Cette branche de la science a pour origine les travaux d'OErsted sur l'action des courants électriques sur l'aiguille aimantée, lesquels datent de 1819. A peine ces travaux furent connus en France que l'illustre Ampère se livra à une série de recherches, à la suite desquelles il constata, l'année suivante, l'action des courants les uns sur les autres, et fut amené à créer l'*Électro-dynamique*. En 1831, le physicien anglais Michel Faraday fit faire un pas immense à la science en découvrant le phénomène de l'*Induction*, découverte très-importante qui a permis de produire de l'Électricité au moyen des aimants, et en quantité suffisante pour en obtenir tous les effets propres à cet agent, tant à l'état statique qu'à l'état dynamique. Le premier appareil inventé dans ce but est la *Machine électro-magnétique* de M. Hippolyte Pixii, qui fut présentée, par son inventeur, à l'Académie des Sciences de Paris, dans la séance du 3 septembre 1832. C'est aussi pour étudier les phénomènes d'Induction, qu'on a inventé les instruments appelés *Commutateurs*, *Disjoncteurs*, *Gyrotropes*, *Rhéotomes*, *Rhéotropes*, *Tachytropes*, etc., dont il existe aujourd'hui une multitude de variétés. La célèbre *Machine de Ruhmkorff* date de 1851, et doit son nom à son inventeur, un des premiers constructeurs d'instruments de physique de Paris. On sait qu'elle donne des effets de tension extraordinaires, des commotions foudroyantes et des étincelles de plusieurs centimètres de longueur.

ÉLECTROGRAPHIE. — Application de la Galvanoplastie à la production directe des planches gravées par l'action du courant électrique. Thomas Spencer, un des inventeurs de la Galvanoplastie, paraît être le premier qui se soit occupé, en 1840, de recherches électrographiques. Parmi ceux qui ont suivi la même voie avec le plus de succès, on cite surtout MM. Dumont, Georges, Devincenzi, en France ; Walker, Pring, Smée, Wilson, en Angleterre ; Osann, Worring,

Aloïs Auer, en Allemagne, etc. Voyez TÉLÉGRAPHIE.

ÉLECTRO-MAGNÉTISME. — Cette branche de la science a pris naissance en 1819, époque à laquelle Christophe OErsted, professeur de physique à Copenhague, reprenant des recherches qu'il avait commencées quelques années auparavant, découvrit ce fait capital, que les courants électriques exercent une action directrice sur une aiguille aimantée placée dans leur voisinage. Notre illustre Ampère se mit aussitôt à l'étude de ce phénomène et parvint à en réunir les différentes circonstances dans un seul énoncé, en disant que « l'aiguille tend à se mettre en croix avec le courant, de manière que son pôle nord soit à la gauche de ce dernier. » OErsted expliquait cet effet par l'action d'un tourbillon de fluide circulant autour du fil ; explication inadmissible. Aussi, le fait annoncé trouva-t-il d'abord beaucoup d'incrédules, et avec d'autant plus de raison que les premiers expérimentateurs qui voulurent le vérifier, ne purent réussir, parce qu'ils avaient grand soin de ne pas fermer le circuit. Enfin, M. Auguste de la Rive, ayant expérimenté en réunissant les pôles de la pile, reproduisit le phénomène devant MM. Pictet, Prévost, de Saussure, Arago, etc., et, dès ce moment (1820), la déviation de l'aiguille aimantée par l'Électricité prit rang dans la science. Cette propriété des courants une fois constatée, on ne tarda pas à découvrir que les aimants fixes, à leur tour, exercent une action directrice sur un courant mobile. Enfin, l'étude des deux phénomènes donna lieu à une longue série de nouvelles découvertes, auxquelles prirent part les grands physiciens de tous les pays, et dont l'ensemble constitue ce qu'on appelle l'*Électromagnétisme*.

ÉLECTROMÈTRE. — Instrument destiné à mesurer l'intensité de l'électricité libre dans un corps. Son invention paraît due au physicien français Dufay, vers 1733. Il en existe aujourd'hui un grand nombre d'espèces. Un des plus usités est celui de Henley, mais le plus sensible est probablement celui du professeur Robinson d'Édimbourg.

ÉLECTRO-MOTEUR. — Voyez MOTEURS ÉLECTRO-MAGNÉTIQUES.

ÉLECTROPHORE. — Espèce de petite machine électrique dont on se sert très-fréquemment, dans les laboratoires de chimie, quand on a besoin d'avoir à sa disposition une faible source d'Électricité. Cet appareil a été inventé, à la fin du dernier siècle, par le physicien anglais Wilck et perfectionné presque aussitôt par le physicien italien Alexandre Volta.

ÉLECTRO - PONCTURE. — Voyez ACUPONCTURE.

ÉLECTROSCOPE. — Instrument destiné à constater la présence de l'Électricité libre dans un corps. Le meilleur est celui d'Auguste de Coulomb, dont la sensibilité est extrême et qui présente l'avantage de fournir au besoin des indications comparables. En y ajoutant plusieurs pièces accessoires, on le rend propre à des applications beaucoup plus nombreuses : il est alors désigné sous le nom de *Balance de torsion*. C'est avec cette balance que Coulomb, son inventeur, démontra la loi des attractions et des répulsions électriques. Voyez ÉLECTRICITÉ.

ÉLECTRO-THÉRAPIE. — Les courants électriques, interrompus ou continus, produisent dans les organes des animaux, des effets analogues à ceux qui proviennent de l'influence nerveuse, c'est-à-dire des contractions, des sensations, des mouvements du cœur et de la respiration, etc. C'est sur ce phénomène, qu'est fondée la méthode thérapeutique appelée *Électro-thérapie*, et qui, comme son nom l'indique, est l'application de l'Électricité à la guérison des maladies. Les premiers essais de traitement électro-thérapeutique paraissent dater du dernier siècle et être dus à l'abbé Jean-Antoine Nollet. Ce physicien fut aussitôt imité par Jean Jalabert, l'abbé Sans, Pierre Berthollon, Sigaud-Laffon, et plusieurs autres, qui se servirent de l'Électricité pour guérir des paralysies. On employait alors la commotion de la Bouteille de Leyde, ou une série d'étincelles. On faisait aussi jaillir des étincelles électriques par des pointes, ou bien on administrait le *Bain électrique*, c'est-à-dire qu'on chargeait d'Électricité le malade préalablement isolé. Quant au mode de procéder, il n'était soumis à aucune règle et livré à peu près au hasard : aussi, les échecs multipliés firent-ils douter des succès obtenus, et le charlatanisme s'étant emparé de cette nouvelle manière de guérir, l'Électro-thérapie finit par tomber dans le discrédit. Toutefois, quelques années plus tard, les découvertes de Volta et de Galvani attirèrent de nouveau l'attention sur ce sujet. La Pile permettant de diriger le courant spécialement à travers les organes malades, on se mit à étudier avec soin le mode d'action de l'Électricité, et on parvint à obtenir des résultats plus constants. La méthode électro-thérapeutique est devenue aujourd'hui véritablement pratique, et les médecins qui l'emploient réussissent souvent à rétablir les fonctions vitales dans des membres paralysés, comme aussi à guérir les rhumatismes et les névralgies. On a imaginé, pour les usages médicaux, des piles portatives, dont une des meilleures est due à notre compatriote Grenet. Certaines, qui sont en forme de chaînes et portent, pour ce motif, le nom de *Chaînes galvaniques*, offrent l'avantage de pouvoir s'appliquer sur toutes les parties du corps : les plus efficaces de ce système sont celles de M. Pulver-Macher. Au lieu de se servir de courants produits par des piles, plusieurs praticiens préfèrent employer des courants obtenus simplement par induction, au moyen d'un électro-aimant. Les appareils les plus usités dans ce cas sont ceux des frères Breton, constructeurs d'instruments de physique à Paris, de M. Dujardin et du docteur Duchenne, de Boulogne-sur-mer.

ÉLECTRO-TISSAGE. — Voyez TISSAGE.

ÉLECTRO-TRIEURS. — Certains oxydes métalliques peuvent devenir magnétiques par le grillage, et, dans cet état, il est facile de les séparer mécaniquement des corps plus ou moins composés auxquels ils sont unis. On comprend dès lors de quelle importance peut être l'action électro-magnétique appliquée comme un réactif chimique, et quels services elle peut rendre pour simplifier les opérations métallurgiques, surtout pour les minerais dits en grains, qui sont les plus riches en métal. C'est pour établir en grand ce système de triage que MM. Gustave Froment, constructeur d'instruments de physique à Paris, et Adrien Chénot, ingénieur civil à Clichy, ont imaginé, il y a une dizaine d'années, les appareils ingénieux auxquels ils ont donné le nom d'*Électriseurs*. Ces appareils n'ont guère été employés jusqu'à présent que pour séparer le fer dans les minerais en grains qui ont subi l'opération du grillage, mais ils sont également applicables à la séparation des limailles métalliques mélangées, à celle, par exemple, de la limaille de fer ou de fonte d'avec la limaille de cuivre, de sorte que ce procédé peut être considéré comme un moyen, aussi simple qu'ingénieux, de séparation, de purification et de classification d'un certain nombre de corps.

ÉLECTROTYPIE. — Branche de la Galvanoplastie qui a pour objet la reproduction des planches gravées destinées à l'impression. L'*Électrotypie*, que l'on appelle aussi *Galvanotypie*, date de l'origine de la Galvanoplastie. C'est même aux recherches exécutées pour la réaliser que cette dernière doit son invention. Dans le principe, elle a exclusivement servi à reproduire les planches gravées en creux ou en relief, mais, à mesure que ses procédés se sont perfectionnés, on a étendu ses applications au clichage des formes typographiques. Enfin, on l'a employée pour obtenir des gravures en relief propres à remplacer les gravures sur bois dans les ouvrages illustrés. Parmi les artistes qui, les premiers, ont exploité l'Électrotypie avec le plus de succès, on cite MM. Hulot, Zier, Michel, Bocquillon, Boudreaux, en France; Mathiot, aux États-Unis; Smée, Walker, Henri Cole, en Angleterre; Amsler, Bœttger, Felsing, Theyer, et le duc de Leuchtemberg, en Allemagne. Quelques-uns des procédés électrotypiques ont reçu des noms particuliers. Tels sont : la *Galvanographie* de M. Frédéric de Kobell, à Munich (1841); la *Glyphographie* de MM. Edward Palmer, à Londres (1844), et Volkmar Auer, à Leipzig (1846) ; la *Stylographie* de M. Schœler, à Copenhague (1847) ; l'*Autotypographie* de M. Beslay, à Paris (1856), etc.

ÉLÉGIE. — Ce genre de poésie existe dans la littérature de tous les peuples. Toutefois, il est à remarquer que, chez les Hébreux, l'Élégie n'exprima jamais les peines de l'amour. Dans l'antiquité classique, ce furent les Grecs qui lui don-nèrent ce caractère. Ils l'employèrent aussi quelquefois pour exprimer le sentiment de la joie. Dans l'histoire littéraire de la France, les premiers essais de poésie élégiaque paraissent appartenir aux troubadours du XIIe siècle.

ÉLÉPHANT. — L'*Éléphant* a toujours joué un rôle important dans le système militaire des Indiens. Suivant les anciens écrivains de ce peuple, une armée modèle devait compter 109,350 fantassins, 65,610 cavaliers, 21,870 chars et 21,870 éléphants. Du temps de Pline le Naturaliste, un seul prince indien, le roi des Prasiens, avait 9,000 éléphants. Par la suite, la plupart des souverains orientaux adoptèrent l'usage de l'Inde, et il en fut de même des successeurs d'Alexandre et des Carthaginois. Au XVIe siècle et au XVIIe, plusieurs sultans Mogols entretinrent jusqu'à 12,000 éléphants, et, dans leurs guerres avec Tippoo-Saeb, à la fin du XVIIIe, les Anglais eurent plusieurs fois à combattre des corps armés montés sur ces animaux. Depuis la pacification de l'Hindoustan, l'Éléphant n'est plus recherché que pour l'ivoire de ses défenses. Toutefois, on a quelquefois essayé de l'employer comme animal de labour. La plus ancienne mention de l'Éléphant en Europe se trouve dans Hérodote, et sa plus ancienne description dans Aristote. Mais les Grecs ne le virent qu'à l'époque de leurs expéditions en Asie, peu de temps après les guerres médiques, et le premier qui parut dans leur pays fut un de ceux dont Alexandre s'empara à la bataille d'Arbèles. Quant aux Romains, ils ne connaissaient pas encore les Éléphants, lorsque Pyrrhus envahit l'Italie ; ce prince dut même la victoire d'Héraclée à la frayeur que ces animaux inspirèrent à la cavalerie légionnaire. Le premier Éléphant vivant qu'on ait vu dans l'Europe moderne, est celui que le calife de Bagdad, Aroun-al-Raschid, envoya à Charlemagne. Il arriva à Aix-la-Chapelle, en 802, et mourut à Lippenheim, en 810. Le second Éléphant parut au commencement du XVIe siècle : il provenait de l'Inde, où les Portugais l'avaient pris, et il fut donné, en 1514, au pape Léon X, par le roi Emmanuel.

ELLIPSE. — Serenus d'Antissa, mathématicien grec du IIIe siècle avant

J.-C., passe pour avoir reconnu, le premier, que l'Ellipse, formée par la section du cône, est la même que celle qui provient de la section du cylindre. On a inventé divers instruments pour tracer les Ellipses, et que l'on a nommés, en conséquence, *Ellipsographes* ou *Elliptographes.*

ÉMAIL. — Dans son acception la plus large, le mot *Émail* sert à désigner toute substance vitreuse que l'on emploie pour décorer les poteries, les carreaux de lave ou d'ardoise et les objets de bijouterie et d'orfévrerie. Dans un sens plus restreint, on l'applique spécialement aux objets de métal qui ont reçu ce genre d'ornementation, et ce sont ces objets qui constituent les *Émaux proprement dits.* Tous les peuples civilisés de l'antiquité, Assyriens, Égyptiens, Grecs et Romains, ont pratiqué l'émaillerie sur les poteries, mais il ne paraît pas qu'ils aient connu l'émaillerie sur métal. En effet, les musées possèdent une multitude de briques assyriennes et de figurines égyptiennes émaillées, dont la fabrication date de plusieurs milliers d'années avant J.-C., tandis qu'on n'y trouve aucune pièce métallique véritablement émaillée que l'on puisse attribuer à ces temps reculés. Suivant le rhéteur Philostrate, qui vivait au IIIe siècle de notre ère, l'art d'émailler les métaux aurait été inventé par les nations gauloises des bords de l'Atlantique. Quoi qu'il en soit de cette origine, dont rien ne permet de vérifier l'authenticité, il est incontestable que, pendant le moyen âge, l'émaillerie sur métaux prit une extension énorme et constitua une industrie de premier ordre qui eut la France et l'empire grec pour centres principaux. Ses procédés et, par suite, ses produits varièrent nécessairement suivant les époques. Jusqu'à la fin du XIIIe siècle, on ne sut faire que des *Émaux incrustés,* c'est-à-dire obtenus en coulant la matière vitreuse dans des creux pratiqués dans une lame de cuivre, d'or ou d'argent, où elle était retenue par de légères saillies ou par de petites cloisons. Dans les dernières années de ce siècle, parurent les *Émaux translucides sur relief,* dont on attribue généralement la création à Nicolas de Pise. Ils différaient des précédents en ce que le dessin était rendu au moyen d'une fine ciselure en relief, sur laquelle on étendait l'émail. Un autre changement eut lieu à la fin du XIVe siècle. Alors, on vit naître les *Émaux peints,* en d'autres termes, la *Peinture sur émail,* dont l'invention ne fut pas faite par l'orfèvre siennois Ugolino, comme l'a dit Seroux d'Agincourt, mais par des artistes limousins sur le compte desquels aucun renseignement n'a été transmis. Ici, le métal, qui était le cuivre, jouait le même rôle que la toile dans la peinture à l'huile, et le dessin s'exécutait au pinceau avec des couleurs vitrifiables. La Peinture sur émail brilla du plus vif éclat pendant plus de trois cents ans. Entre autres émailleurs de premier ordre, le XVIe siècle compta Pierre Raymond, Pénicault et les trois Courtois, Jean, Pierre et Suzanne, tous de Limoges. Au siècle suivant, les œuvres des artistes limousins Nicolas, Jean et Valéry Laudin, jouirent également d'une grande réputation. On rechercha aussi celles de Jean Toutin, de Châteaudun, de Jean Petitot, de Genève, et de Pierre Chartier, de Blois. Après ces grands artistes, la Peinture sur émail entra en décadence, et les changements qui eurent lieu dans le goût public achevèrent de la faire négliger. Elle n'est plus guère employée aujourd'hui que pour orner quelques menus bijoux et faire les cadrans de montres. Quant à l'exécution des objets de grande dimension, elle est à peu près entièrement perdue. Quel succès, en effet, pourrait avoir un art qui produit très-lentement et à grands frais, à une époque où l'on veut avant tout des jouissances qui coûtent peu et arrivent vite? Voyez ARDOISE, FAÏENCE, FONTE et LAVE.

ÉMAUX OMBRANTS. — Variété de faïence fine, où, « au moyen de l'épaisseur du vernis déterminée par les cavités et les reliefs d'une sculpture en creux, on obtient des ombres, des demi-teintes et des lumières d'un effet incomparable. » Cette poterie a été inventée, vers 1838, par M. de Bourgoing, mais c'est le baron du Tremblay, faïencier à Rubelle (Seine-et-Oise), qui l'a introduite dans le commerce.

EMBAUMEMENT. — L'opération de l'*Embaumement* a pour objet de soustraire les cadavres à la putréfaction et de les mettre en état de pouvoir être conservés pendant plus ou moins de temps· Tous les peuples de l'antiquité ont su embaumer les corps humains, mais aucun n'a cultivé cet art avec autant de succès que les Égyptiens, ni sur une aussi grande échelle. On trouve encore journellement dans les tombeaux de la vallée du Nil des cadavres préparés, ou momies, qui sont dans un état parfait de conservation, quoiqu'ils remontent à plus de trois mille ans avant notre ère. L'état de ces monuments a fait croire que les embaumeurs de l'ancienne Égypte possédaient des procédés supérieurs à ceux de nos jours, mais la vérité est que, si leurs préparations sont parvenues jusqu'à nous sans altération, elles en sont en grande partie redevables au climat du pays. L'Embaumement égyptien variait suivant la condition des personnes. La méthode la plus économique consistait à injecter, dans les intestins, une liqueur caustique qui les dissolvait, et à tenir le corps, pendant 70 jours, dans une solution saturée de natron, c'est-à-dire de carbonate de soude impur. On vidait ensuite le cadavre, on le lavait et on le faisait sécher. Souvent, après sa dessiccation, on le plongeait dans un bain de pissasphalte fondu, qui en pénétrait toutes les parties. Pour les corps des personnes riches, après les· avoir vidés et lavés avec du vin de palmier, on les remplissait de substances aromatiques et d'asphalte, et on les recouvrait de natron. Au bout de 70 jours, on les lavait, puis, après les avoir fait sécher, on les enveloppait de bandelettes de lin imprégnées d'une matière résineuse. Ces divers procédés avaient, outre leur longueur, le défaut d'altérer les formes du corps et les traits du visage. Pendant le moyen âge et dans les temps modernes jusqu'à la fin du dernier siècle, les procédés d'Embaumement ne furent qu'une imitation plus ou moins intelligente de la méthode égyptienne : on vidait et on mutilait les corps, après quoi on y introduisait des aromates et des substances astringentes. Les progrès de la chimie ont seuls permis les perfectionnements. On a compris alors que, pour soustraire les corps humains à la putréfaction, il suffit de transformer en composés insolubles, par des combinaisons chimiques, les matériaux organiques qui constituent leurs parties molles. Les premières substances employées à cet effet, paraissent avoir été l'alun, indiqué par Clauderus, et le sublimé corrosif, proposé par le docteur Chaussier. Le procédé de ce dernier est même encore quelquefois usité aujourd'hui, mais, comme tous ceux qui l'ont précédé, il est dispendieux, d'une exécution longue et difficile, et nécessite la mutilation. C'est pour remédier à ces inconvénients que le docteur Gannal a créé, en 1832, la méthode généralement suivie depuis cette époque, et qui consiste à introduire les dissolutions antiseptiques dans les cadavres, par l'artère aorte ou par la carotide, au moyen d'une seringue à injection. Le docteur Gannal se servait d'un soluté aqueux de sulfate d'alumine, ou de sulfate et de chlorure d'aluminium. D'autres ont proposé le sulfite de soude (Bobierre), l'acide arsénieux (Tranchina), le perchlorure d'étain (Taufflieb), les acides carbonique et sulfureux (Dupré), le sirop de couperose (Dussourd), les saccharates (Cottereau), l'acide chromique et le bichromate de potasse (Jacobson), l'hyposulfite de zinc (Robin), l'hyposulfite de soude et le chlorure de zinc (Sucquet), le sulfate de zinc (Falcony), etc. Toutefois, le problème des Embaumements est loin encore d'être définitivement résolu, mais le principe est trouvé, et tout esprit inventif peut le modifier selon les circonstances dans lesquelles il se trouve placé.

EMBRAYEURS. — Les appareils de ce nom sont journellement usités dans les arts industriels pour arrêter ou simplement modérer le mouvement des machines. Leur origine remonte aux premiers progrès de la mécanique, et leurs dispositions varient nécessairement suivant l'usage particulier auquel ils sont destinés. Notre époque en a vu naître une espèce nouvelle, celle des *Embrayeurs électriques*, dont l'invention constitue une des plus remarquables applications de l'Électricité. Ces derniers permettent, par une simple réaction électrique opérée de manière à produire une adhérence magnétique au contact, de réagir énergiquement sur des mécanismes puissants, soit pour leur transmettre un mouvement à des moments déterminés, soit, au contraire, pour éteindre un mouvement dont ils seraient animés, soit, enfin, pour augmenter la résistance due au frottement. Combinés de différentes manières, ils ont été appliqués par MM. Achard et Nicklès aux freins des convois de chemins de fer, pour être mis en jeu à distance ; aux locomotives, pour augmenter l'adhérence de leurs roues aux rails et leur permettre de remonter des pentes assez rapides ; aux pièces mécaniques ayant besoin d'être engrenées à un moment donné ; aux pompes alimentaires des chaudières à vapeur pour faire arriver l'eau en plus grande quantité dans la chaudière quand le niveau est trop abaissé ; aux gouvernails même des navires ; à l'enrayage des machines ou des treuils de puits, etc.

ÉMÉTIQUE. — On a donné ce nom, d'un mot grec qui signifie « vomitif », au tartrate de potasse et d'antimoine, parce qu'il détermine le vomissement d'une manière très-énergique. On attribue généralement la découverte de cette substance à Adrien de Mynsicht, vers 1631, mais Basile Valentin, Angelus Sala et Libavius en avaient déjà parlé. L'Émétique était encore peu usité en médecine, lorsqu'en 1658, un médecin d'Abbeville, nommé Dusausoi, l'administra, contre l'avis du premier médecin Vallot, à Louis XIV, qui était alors tombé dangereusement malade à Calais. Il produisit le meilleur effet, et, en quelques jours, le roi se trouva parfaitement rétabli. Ce succès inespéré commença la vogue de l'Émétique, qu'on appelait alors le *dernier remède*. Enfin, la Faculté de médecine de Paris en autorisa officiellement l'usage, en 1666, et, peu de temps après, le pharmacien-chimiste Lémery en rendit publique la préparation.

ÉMIGRETTE. — Sorte de jouet qui amusa les grands et les petits enfants du temps du Directoire (1798-1799), comme les pantins avaient amusé ceux du règne de Louis XV. C'était un disque de bois ou d'ivoire que l'on faisait alternativement monter et descendre au moyen d'une ficelle qui s'enroulait dans une rainure creusée dans son pourtour.

ENCAUSTIQUE. — I. *Encaustique* est un mot d'origine grecque par lequel les anciens désignaient un procédé de peinture dont la cire faisait la base et qui nécessitait l'emploi du feu. On ignore l'époque de son invention. Du temps de Pline le Naturaliste, c'est-à-dire au premier siècle de notre ère, les uns pensaient que ce procédé avait été imaginé par Aristide de Thèbes, 340 ans avant J.-C., et perfectionné plus tard par Praxitèle, mais les autres assuraient qu'il avait été employé par plusieurs artistes antérieurs, notamment par Polygnote, Nicanor et Arcésilaüs, tous trois de Paros. On ne s'accordait que sur un point, savoir, que la *Peinture à l'encaustique* avait pris naissance en Grèce, et que ce pays l'avait communiquée à l'Italie. Cette méthode fut usitée jusqu'au IVe ou au Ve siècle, après quoi elle disparut. Au dernier siècle, Jean-Jacques Bachelier (1749), le comte de Caylus (1753), le baron de Taubenheim (1769), Callau (1772), l'abbé Requeno (1785), le chevalier Lorgna (1786), Mathias Fabroni (1797) et plusieurs autres firent des recherches pour la retrouver, et ne réussirent qu'à créer des procédés dont la ressemblance avec ceux des anciens est impossible à déterminer, parce qu'on ne sait pas au juste en quoi ceux-ci consistaient. La peinture dite *à la cire*, telle que les peintres modernes la pratiquent, n'a vraisemblablement rien de commun avec l'Encaustique des artistes grecs et romains : on l'emploie surtout pour les décorations monumentales.

II. Le mot *Encaustique* est aussi le nom que l'on donne à des compositions de nature très-diverse dont on se sert principalement pour assainir les habitations, préparer les plafonds qui doivent recevoir des peintures, et rendre les statues et les bas-reliefs en plâtre inaltérables à l'air. Les meilleures sont dues aux chimistes français Louis-Jacques Thénard et Pierre-Joseph Darcet. D'après un calcul de ces savants, un plâtre de la *Vénus de Médicis*, préparé avec leur Encaustique, ne coûterait que 150 francs, tandis que le prix de la même copie, en marbre ou en bronze, serait de 7 à 8,000 francs, et, en pierre tendre ordinaire, de 2,000 à 2,400 francs.

ENCENSOIR. — L'usage de brûler de l'encens dans les temples remonte à une époque très-reculée. Dans l'antiquité, il servait à masquer la mauvaise odeur provenant de la combustion des victimes. Plusieurs auteurs pensent même que si les premiers chrétiens adoptèrent cette coutume païenne, ce fut aussi comme moyen de désinfection, afin de purifier l'air des lieux souterrains où la persécution les forçait de se cacher pour célébrer les saints mystères. L'emploi de l'encens a donné lieu à l'invention de l'*Encensoir*. Il est souvent question de cet instrument dans les cérémonies religieuses des Hébreux, des Grecs et des Romains ; mais, pendant très-longtemps, il consista simplement en une cassolette de dimensions variables, tantôt ouverte, tantôt munie d'un couvercle percé de trous, et dont il existait deux espèces, l'une qui se plaçait à demeure sur un trépied, et l'autre qui se portait à la main au moyen d'un manche. L'Encensoir n'a reçu sa forme actuelle que dans le courant du XIᵉ siècle.

ENCLOUAGE. — Opération de guerre qui consiste à mettre une bouche à feu hors de service en enfonçant un clou dans sa lumière. On croit vulgairement qu'une pièce enclouée ne peut plus être employée, mais c'est une erreur. Dès l'origine même de l'artillerie, on a su effectuer le désenclouage. Ainsi, en 1404, une pièce, appelée *la Bourgeoise*, ayant été enclouée à Compiègne, on réussit sans trop de peine à la remettre en état de servir. Depuis cette époque, le même fait s'est présenté très-souvent sur les champs de bataille. Seulement, quand l'Enclouage a été fait avec beaucoup de soin, l'extraction du clou présente quelquefois des difficultés dont on ne peut venir à bout que dans les arsenaux.

ENCOURAGEMENT (*Société d'*). — C'est le nom d'une association de savants, de manufacturiers, de propriétaires et de fonctionnaires publics, qui s'est formée à Paris pour seconder le développement et le perfectionnement des diverses branches des arts industriels. La Société d'Encouragement date de 1802, mais ses statuts n'ont été homologués que par une ordonnance royale du 25 avril 1824. Ses moyens d'action consistent à distribuer des récompenses, tantôt pécuniaires, tantôt simplement honorifiques, aux auteurs des inventions ou des perfectionnements utiles ; à provoquer ces inventions ou ces perfection-nements ; à guider, par ses conseils, les industriels qui réclament son concours ; et à publier, dans un *Bulletin* mensuel, le résultat de ses travaux, ainsi que la description et les dessins des appareils nouveaux, dont elle juge l'emploi profitable à l'industrie nationale.

ENCRE. — I. *Encre à écrire ordinaire.* Comme les modernes, les anciens se servaient habituellement d'*Encre noire* pour écrire, mais cette substance n'avait pas la même composition que celle de nos jours. En effet, suivant Pline le Naturaliste, Vitruve et Dioscoride, elle consistait en un simple mélange d'eau gommée et de noir de fumée, de suie, ou de poix carbonisée. Il y en avait aussi une variété que l'on obtenait en faisant bouillir la lie des tonneaux à vin. Dans tous les cas, l'absence de mordant l'empêchait de pénétrer dans le corps du papyrus ou du parchemin, et comme elle ne se fixait qu'à leur surface, il était facile de l'enlever par le frottement ou le lavage. En revanche, comme elle était très-charbonneuse, elle résistait parfaitement aux influences atmosphériques et aux agents chimiques qui détruisent promptement l'encre moderne. Du temps de Pline, on essaya de la rendre ineffaçable en y ajoutant du vinaigre. Il paraît même qu'on eut l'idée de la composer avec la noix de galle et le sulfate de fer, mais le fait est loin d'être certain. De plus, si cette invention eut réellement lieu, on ne dut pas en tirer un grand parti, puisque sir Humphry Davy, ayant analysé plusieurs des manuscrits d'Herculanum, n'y a trouvé aucune trace d'oxyde de fer. Enfin, Pline rapporte qu'en faisant infuser l'absinthe dans l'Encre, on préservait les livres du ravage des souris. L'Encre des copistes du moyen âge n'était guère meilleure que celle des anciens. D'après le moine Théophile, qui vivait au XIIᵉ ou au XIIIᵉ siècle, on la fabriquait à cette époque avec une décoction de bois d'épine, additionnée de vin et quelquefois de charbon porphyrisé. Quant à l'Encre moderne, c'est-à-dire au sulfate de fer et à la noix de galle, elle date, dit-on, du dernier siècle, mais elle est incontestablement plus ancienne. La variété dite *de la petite vertu*, était déjà connue en 1609, peut-être même avant. Ce qui caractérise cette Encre, quand elle est bien faite, c'est qu'elle est coulante, pénétrante, d'une durée presque indéfinie, et d'une nature telle que si, avec le temps, elle s'affaiblit assez pour rendre la lecture difficile, on peut toujours la faire reparaître. On a essayé de nos jours de la remplacer par divers liquides auxquels on a aussi donné le nom d'*Encres*, et dans lesquels il n'y a ni sulfate de fer, ni noix de galle, mais, dit l'illustre chimiste Thénard, la plupart de ces préparations « ont le grave inconvénient de n'être pas à l'abri de l'épreuve du temps.»

II. *Encre indélébile*. L'Encre ordinaire pouvant être détruite par plusieurs agents chimiques, on a fait une foule de recherches pour mettre les écritures à l'abri des tentatives des faussaires. Ces recherches ont donné lieu à l'invention d'une multitude d'Encres dites *indélébiles* et qui, le plus souvent, ne le sont que de nom. Jusqu'à présent, la meilleure composition de ce genre est celle qui a été indiquée, en 1831 et 1837, par l'Académie des Sciences, et qui s'obtient en délayant de l'encre de Chine dans de l'acide chlorhydrique, pour les plumes d'oie, et dans une dissolution de soude caustique dans de l'eau, pour les plumes métalliques. Une autre Encre indélébile, qui paraît remplir convenablement son objet a été proposée à une époque plus récente par le chimiste Traille : elle se prépare en dissolvant du gluten frais dans de l'acide pyroligneux, étendant la dissolution jusqu'à réduire sa force à celle du vinaigre ordinaire, et y ajoutant une certaine quantité de noir de fumée.

III. *Encre de Chine*. Comme son nom l'indique, elle est originaire de l'extrême Orient, où son usage remonte à une époque immémoriale. On possède des dessins chinois et japonais qui datent du IVe siècle avant notre ère, et à l'exécution desquels elle a servi. On suppose que l'Encre de Chine était connue des Romains, et qu'ils l'appelaient *atramentum indicum*, c'est-à-dire Encre indienne, parce qu'ils la recevaient de l'Inde. Les Européens en ont ignoré la composition jusqu'à la fin du siècle dernier, mais on en fait aujourd'hui en France, en Angleterre et en Allemagne, qui est tout aussi bonne que celle du pays d'origine.

IV. *Encres de couleur*. Leur emploi est immémorial chez tous les peuples de l'Asie. Les Grecs et les Romains en firent également usage pour exécuter des ornements sur les manuscrits. Dans l'empire grec, l'Encre rouge fut, pendant très-longtemps, réservée aux souverains, qui s'en servaient pour signer leurs édits. Chez les Chrétiens occidentaux, quelques princes signèrent aussi en rouge, mais, en général, ils réservèrent les Encres de couleur à la décoration des livres. Ces compositions ne sont guère usitées aujourd'hui que pour certaines écritures de comptabilité.

V. *Encres métalliques*. Leur usage paraît immémorial dans l'Inde, en Chine et au Japon. Quant à l'Europe, ce sont les Grecs de Byzance qui passent pour les avoir employées les premiers sur une grande échelle. Ceux de leurs copistes qui s'en servaient s'appelaient *Chrysographes*, c'est-à-dire «qui écrivent avec l'or», et leur art se nommait *Chrysographie*. De Byzance, les procédés chrysographiques pénétrèrent peu à peu dans le reste de l'Europe, où ils reçurent des applications très-nombreuses jusqu'à la fin du XVe siècle. On a trouvé, en Italie et en Allemagne, des diplômes en lettres d'or délivrés aux églises par les princes lombards et les empereurs, mais, en général, l'usage des Encres métalliques fut réservé aux livres. L'Encre d'or fut la plus employée. On possède plusieurs ouvrages du VIIIe au Xe siècle, qui ont été écrits tout entiers en or. Un des plus importants est le *Livre d'heures* de Charles le Chauve, que l'on conserve au Musée du Louvre. Dès le XIe siècle, l'or ne servit plus que pour les grandes initiales et pour les ornements. De plus, au lieu d'Encre d'or, on commença à employer des feuilles d'or découpées que l'on fixait sur le parchemin avec un mordant. Les deux ouvrages les plus célèbres exécutés avec de l'Encre d'argent sont les *Évangiles* d'Ulphilas, que l'on conserve à Upsal, et le *Psautier* de saint Germain, évêque de Paris, qui se trouve à la Bibliothèque impériale de cette ville. Aujourd'hui, comme autrefois, on orne les livres d'enjolivements métalliques, mais c'est par des procédés qui n'ont rien de commun avec ceux des anciens. Voyez LIVRE.

VI. *Encres de sympathie.* On a donné ce nom à des liquides qui, en séchant, ne laissent aucune trace visible sur le papier, et que diverses réactions font apparaître sous diverses couleurs. L'usage de ces liquides remonte à une très-haute antiquité. Ovide, Pline le Naturaliste et Ausone parlent de deux ou trois d'entre eux comme de choses connues depuis longtemps. Toutefois, les Encres des anciens avaient une action purement mécanique, tandis que, dans celles des modernes, il y a, au contraire, une action véritablement chimique. La première connue, parmi ces dernières, paraît avoir été indiquée, en 1653, par le chimiste français Pierre Borel, qui en devait la connaissance à un pharmacien de Montpellier : c'est celle que l'on prépare avec l'acétate de plomb, et que l'on fait reparaître au moyen de l'acide sulfhydrique. Depuis cette époque, on en a imaginé une foule d'autres, mais l'emploi de ces compositions ne présente aucun avantage, parce qu'on peut toujours, sans beaucoup d'efforts, parvenir à les faire revivre.

ENCRIER. — Pendant très-longtemps, les petits vases destinés à recevoir l'encre ont été des plus imparfaits. Ils avaient surtout le défaut de ne pas soustraire suffisamment à l'action de l'air le liquide qu'on y renfermait, et de ne pas régler la quantité de ce liquide que la plume devait prendre. On a remédié à ce double inconvénient en inventant les *Encriers syphoïdes* et les *Encriers à pompe,* dont l'usage est aujourd'hui universel. Les premiers ont été imaginés, vers 1830, par M. Chaulin, de Paris. Les seconds datent de 1831, et sont également dus à un artiste parisien, M. Adolphe Boquet, qui les appela d'abord *Encriers mécaniques par compression.* Depuis une vingtaine d'années, plusieurs utiles perfectionnements ont été introduits dans la construction de ces derniers. Ainsi, vers 1845, en supprimant diverses pièces intérieures qui occupaient beaucoup de place, M. Auxenfans est parvenu à leur faire contenir une plus grande quantité d'encre. Un peu plus tard, MM. Pelletier et Glor les ont munis d'un mélangeur qui remue l'encre et la maintient limpide à sa sortie.

ENDUITS HYDROFUGES. — Voyez HYDROFUGES.

ENFILE-AIGUILLE. — Instrument destiné, comme son nom l'indique, à exécuter l'enfilage des aiguilles. Il paraît dater de 1835, mais il n'est devenu pratique que quelques années après, à la suite de perfectionnements dus au mécanicien Charles, de Paris.

ENFOUISSEMENT DES ABEILLES. — Voyez ABEILLES.

ENGRAIS. — La question des Engrais a préoccupé les anciens peut-être autant qu'elle préoccupe les modernes. De plus, il est certain, qu'à part la suie et les cendres de tourbe, les peuples agricoles de l'antiquité connaissaient et employaient presque toutes les substances fertilisantes, y compris la marne et la poudrette, dont l'usage est universel aujourd'hui. Si l'agriculture contemporaine a fait des progrès sous ce rapport, elle le doit surtout aux travaux des chimistes qui lui ont fourni le moyen de faire des applications plus judicieuses des Engrais, et de créer, en même temps, leur fabrication artificielle en utilisant une foule de matières restées jusqu'alors sans emploi. Depuis une trentaine d'années, les débris des animaux morts, les produits des vidanges, les résidus d'un grand nombre d'usines, entrent chaque jour de plus en plus dans la consommation générale, et il faut en dire autant du guano, du nitrate de soude et du phosphate de chaux. « Ces Engrais ne peuvent, il est vrai, se substituer au fumier de ferme, qui restera toujours la base essentielle de la prospérité agricole de la grande majorité des exploitations rurales, mais ils peuvent être d'un grand secours comme complément des fumures ordinaires, trop peu abondantes pour une agriculture perfectionnée. Ils doivent exercer une action particulièrement heureuse, comme moyen transitoire devant conduire à préparer dans les fermes mêmes une plus grande masse de fumier en fournissant un excédant de nourriture pour le bétail. » Voyez GUANO, MARNE, PLATRE, etc.

ENGRENAGE. — I. Les *Roues dentées* et leurs combinaisons ordinaires étaient connues du temps d'Aristote. Il est même probable qu'à cette époque leur invention était déjà assez ancienne. On savait aussi leur communiquer le mouvement au moyen d'un ressort. C'est avec des organes de ce genre que Ctésibius

12

d'Alexandrie construisit ses clepsydres à combinaisons, et qu'Archimède dota sa sphère mouvante des propriétés curieuses dont parlent les écrivains de l'antiquité. Dans le xie siècle, l'invention des horloges à poids donna à l'emploi des Engrenages une importance qu'il n'avait pas eue auparavant. C'est même au développement que prit par la suite la construction de ces appareils chronométriques, que le tracé géométrique et la fabrication mécanique des roues dentées sont redevables de tous leurs progrès. Jusqu'aux premières années de ce siècle, on n'a fait que des Engrenages cylindriques ou coniques. Les *Engrenages hélicoïdes* sont dus au mécanicien anglais James White, alors établi à Paris, qui les présenta à l'exposition de 1801. On trouve, il est vrai, dans la *Technica curiosa* de Gaspard Schott, publiée en 1664, un passage d'où l'on pourrait conclure qu'ils étaient connus à cette époque, mais la figure qui accompagne ce passage ne donne aucune indication du sens, et il est à présumer que l'auteur n'a voulu parler que de la forme des dents dont les faces sont inclinées par rapport aux rayons de la roue, et non par rapport à l'axe ou à l'arête de cette même roue. D'autres en attribuent l'invention au docteur Robert Hooke, en 1666. Dans tous les cas, c'est James White qui les a fait entrer dans la pratique. Dans ces dernières années, M. Minotto a proposé un nouveau système d'Engrenages, dit *Engrenages à coin*, qui paraît susceptible d'applications utiles, dans certaines circonstances.

II. Pendant très-longtemps, les Engrenages ont été faits exclusivement en bois, en cuivre ou en fer. C'est le célèbre ingénieur Smeaton qui, le premier, y a employé la fonte (1769). Enfin, Georges Rennie assure que son père est le premier qui ait fini correctement à la lime et au ciseau, les dents des roues destinées à agir sur des cames épicycloïdales en bois (1784). — Dans la construction des Engrenages en fonte on n'arrive jamais à obtenir des pièces brutes assez bien fondues pour avoir un engrènement doux et sans choc ; aussi est-on dans l'habitude de rediviser et de retailler toutes les dents. Cette opération s'est faite d'abord à la main, mais, aujourd'hui, dans tous les ateliers de cons-

truction, on remplace le travail manuel par un travail mécanique qui est beaucoup plus commode et plus rigoureux. On est même parvenu à donner aux machines employées à cet effet des dimensions assez grandes pour pouvoir les appliquer à l'exécution de la presque totalité des roues dentées usitées dans l'industrie. Une des plus ingénieuses est celle que M. Decoster, ingénieur mécanicien à Paris, a construite en 1844 : elle est connue sous le nom de *Diviseur universel*, parce qu'elle est propre, non-seulement à faire les Engrenages, mais encore à diviser, tailler et percer les cercles, les lignes droites, les crémaillères et autres pièces du même genre.

ENREGISTREUR. — Terme générique qui sert à désigner tout mécanisme destiné à consigner lui-même et à conserver les indications fournies par l'instrument auquel il est appliqué. Ainsi, il y a des Anémomètres, des Baromètres, des Chronoscopes, etc., qui sont *enregistreurs*. Les mécanismes de ce genre ont reçu de nos jours une très-grande extension, et l'emploi de l'Électricité a permis d'en obtenir des résultats inconnus auparavant. Voyez CHRONOSCOPE, COMPTEURS, LOCH, MARÉOGRAPHE, MUSICOGRAPHE, etc.

ENSEIGNE. — Au moyen âge, on donnait ce nom à une plaque ou médaillon qui marquait la livrée. Le signe de reconnaissance qu'on imposa, pendant des siècles, aux filles publiques et aux Juifs, fut aussi appelé une Enseigne. La dévotion ou la fantaisie portait, en guise d'Enseigne, une effigie sainte ou quelque signe réputé puissant contre certaines maladies. Les abbayes, les églises, les lieux de pèlerinage surtout, en faisaient et vendaient en toutes matières et en quantités innombrables. L'Enseigne se portait au chapeau. Elle servit aux hommes jusqu'au milieu du xvie siècle, où les femmes continuèrent seules à en faire usage.

ENSEIGNES DES MARCHANDS. — Chez les anciens, chaque marchand, pour attirer les regards sur sa boutique, plaçait, sur la façade de sa maison, une Enseigne composée, pour l'ordinaire, d'un tableau grossièrement peint, avec de la cire rouge, et représentant un combat, une figure hideuse, ou les objets de son commerce. Quelquefois aussi les Enseignes étaient sculptées. Les ruines de Pompéi et d'Herculanum ont fourni de nombreux exemples des deux usages. Pendant le moyen âge et dans les temps modernes, les mêmes intérêts ont donné lieu à l'emploi des Enseignes. Seulement, avant l'adoption du numérotage des maisons, on se servait souvent aussi des Enseignes pour indiquer les habitations particulières. Afin de rendre les Enseignes plus apparentes, on les suspendait autrefois à de longues potences de fer ou de bois, qui s'avançaient au-dessus de la rue, non sans danger pour les passants. Pour remédier à cet inconvénient, le 17 septembre 1761, une ordonnance de M. de Sartines, lieutenant de police à Paris, enjoignit à toutes personnes se servant d'Enseignes, de les faire, appliquer, en forme de tableaux, contre le mur des boutiques ou maisons, et de telle sorte qu'elles n'eussent pas quatre pouces de saillie. Cette mesure fut successivement adoptée par les grandes villes du royaume, et, depuis bien longtemps, il n'y a guère que les petites villes et les bourgs qui aient conservé l'ancienne coutume des Enseignes pendantes.

ENTOMOLOGIE. — Aristote est le premier qui ait décrit les Insectes, et en ait fait une classe à part. Aussi, le regarde-t-on avec raison comme le père de l'*Entomologie*. Chez les Romains, les poëtes Virgile et Ovide sont à peu près les seuls qui se soient occupés de ces animaux : encore même n'ont-ils étudié que les abeilles. La science entomologique fut délaissée pendant le moyen âge, et c'est à peine si l'on en trouve quelques traces dans les écrits d'Albert le Grand. Mais, au xvie siècle, elle commença à fixer l'attention de plusieurs savants. L'un d'eux, Édouard Volton, essaya même d'y introduire une classification méthodique. Un autre, Jean Bauhin, dirigea spécialement ses recherches sur les Insectes venimeux. Au siècle suivant, les grands travaux commencèrent. En 1652, Jean Swammerdam, le plus grand entomologiste de l'époque, fit paraître sa *Bible de la nature*. En 1662, Goedart publia les premières observations exactes sur les mœurs des Insectes, et peu après, Marcel Malpighi écrivit le premier traité relatif à leur anatomie interne. Dans la première moitié du xviiie siècle, une foule de nouvelles observations furent recueillies par Linné, Réaumur, Bonnet, Jacob Ladmiral, Roesel, Degeer, Frisch, et un grand nombre d'autres. En 1775, Fabricius, dans son *Systema entomologiæ*, proposa une nouvelle distribution des Insectes, basée sur les organes buccaux, et cette méthode est restée la seule suivie, jusqu'à la publication de celle de Latreille, en 1798. Parmi les entomologistes, qui ont illustré l'intervalle compris entre ces deux époques, on cite surtout Illiger, Thunber, Donovan, Pallas, Fourcroy, Cramer, Clairville, Engramelle, etc. Au commencement de ce siècle, parurent Georges Cuvier, Marcel de Serres, Huber, Harris, Gravenhorst, Lehman, Hubner, Schœnbeer, etc. Depuis 1815, les savants se sont particulièrement occupés de généraliser les faits recueillis précédemment et de perfectionner les classifications déjà connues. Enfin, dans ces dernières années, on a créé une branche toute nouvelle de la science, celle qui a spécialement pour objet l'étude des Insectes dont l'homme peut retirer quelque utilité aux points de vue thérapeutique, industriel ou agricole.

ENTONNOIR. — L'*Entonnoir* est si indispensable pour transvaser les liquides que son invention doit nécessairement être très-ancienne. Aussi, a-t-il été connu de tous les peuples de l'antiquité. On a même trouvé à Pompéi et à Herculanum des entonnoirs en verre et en métal qui ont exactement la même forme que ceux de nos jours. On doit à l'œnologue Jullien, de Paris, un Entonnoir dit *à douille horizontale* qui permet, quand les tonneaux sont engerbés, c'est-à-dire mis les uns sur les autres, de remplir ceux des rangs inférieurs, sans qu'il soit nécessaire de déplacer ceux des rangs supérieurs (1819). Le même inventeur a aussi imaginé des *Entonnoir a sérifères*, au moyen desquels on peut remplir les tonneaux sans laisser perdre aucune partie de liquide, comme cela arrive très-souvent quand on se sert des Entonnoirs ordinaires.

ENTRAINEMENT. — Voyez COURSES.

ENVELOPPES DE LETTRES. — Voyez LETTRES.

ÉOLICORDE. — Instrument à vent et à clavier, inventé, en 1835, par M. Isoard, facteur d'accordéons à Paris. Le son y est produit au moyen d'un courant d'air dirigé par une embouchure sur une corde de piano.

ÉOLIENNE (*Harpe*). — Voyez HARPE.

ÉOLINE. — Petit orgue à anches libres, inventé, en 1816, par le facteur bavarois Schlimmbach. Dans le principe, l'Éoline n'était qu'une modification de l'*Organo-violine*, construite, en 1814, par Eschenbach, mais elle fut presque aussitôt transformée par Voit, de Schweinfurth, qui y ajouta la soufflerie à vent continu, telle qu'elle existe aujourd'hui dans les Harmoniums, et lui donna en même temps le nom d'*Éolodicon*. D'autres perfectionnements y furent introduits peu après par Reich, mécanicien à Fürth, près de Nuremberg. L'Éolodicon est encore employé, dans quelques églises d'Allemagne, pour accompagner le chant.

ÉOLIPYLE. — Boule creuse de métal, qui est percée d'un seul trou, d'un très-petit diamètre. Quand on met de l'eau dans cette boule, et qu'on l'échauffe sur des charbons ardents, l'eau se change aussitôt en vapeur, et s'échappe, sous cet état, par l'orifice, en produisant un fort sifflement. L'Éolipyle a été, sinon inventé, du moins décrit, pour la première fois, par Héron d'Alexandrie, dans le premier siècle avant notre ère. Les successeurs de ce savant crurent pouvoir s'en servir pour expliquer l'origine du vent, et c'est même pour ce motif qu'ils lui donnèrent le nom sous lequel il est connu. Au xv⁰ siècle, Léonard de Vinci y puisa l'idée de son canon à vapeur. Au siècle suivant, Philibert Delorme proposa de l'employer pour augmenter le tirage des cheminées afin de les empêcher de fumer, et un Allemand nommé Bruneau eut l'idée d'en tirer parti pour mettre en mouvement les tournebroches.

ÉOLODICON. — Voyez ÉOLINE.

ÉPAULETTE. — Les uns pensent que l'Épaulette a pour origine une courroie qui, pendant le moyen âge, servait à fixer sur l'épaule les différentes pièces de l'armure. Les autres, au contraire, la font dériver d'un petit sac rempli de son que les arquebusiers portaient sur l'épaule et sur lequel ils appuyaient, pendant les marches, le lourd canon de leur arquebuse. Quoi qu'il en soit, ce n'est qu'en 1759, sous le ministère du maréchal de Belle-Isle, que l'Épaulette est devenue, dans l'armée française, une marque distinctive des grades, mais sa forme et son port n'ont commencé à être régulièrement fixés qu'en 1767 et 1779. Depuis cette époque, elle a éprouvé, quant à sa forme et à ses dimensions, de très-nombreuses modifications, mais sa matière a toujours été la même, l'or ou l'argent, et quelquefois l'un et l'autre. On a même fini par la donner, mais de laine ou de fil et comme un simple ornement, aux sous-officiers et aux soldats de presque tous les corps. L'Épaulette a été aussi adoptée dans la plupart des armées étrangères. Toutefois, dans plusieurs pays, on a préféré indiquer les grades au moyen d'écharpes, de galons, etc. L'usage des galons existe même dans certains corps de notre armée, tels que les hussards, les spahis, les guides, etc.

ÉPÉE. — L'*Épée* est l'arme d'estoc par excellence. On la trouve, sous différentes formes et dimensions, chez tous les peuples et dans tous les temps. A l'époque de la guerre de Troie, les Grecs la portaient courte et à deux tranchants, mais ils en augmentèrent plus tard la longueur. Dans le principe, les Romains eurent une Epée à peu près semblable. Ils l'abandonnèrent après la bataille de Cannes, peut-être même avant, pour prendre la *spatha* des Espagnols, qui avait la plus grande analogie avec le sabre-poignard de notre infanterie. Les Gaulois et les Germains, dont la métallurgie était peu avancée, se servaient d'Épées longues et larges, ordinairement de fer, quelquefois de cuivre, mais toujours grossièrement fabriquées. L'Épée des Francs était courte, acérée et de fer non trempé. Le moyen âge produisit des Épées d'un très-grand nombre de modèles. Les plus usitées sont désignées par les auteurs sous les noms de *Flamberges, Flambars, Plommées, Verduns, Brans, Braquemars, Espadons, Allumelles, Guindrelles, Estocades, Colismardes*, etc. Presque toutes ces armes disparurent au xvi⁰ siècle, et des formes nouvelles les remplacèrent. La *Rapière* et la *Brette* eurent une grande vogue au siècle suivant. C'est aussi à cette époque que la manie de porter l'Épée, qui n'avait existé jusqu'alors que dans la noblesse, s'empara de toutes les classes de la société. On imagina, pour la satisfaire, l'Épée dite *à la financière*, dont le *Carrelet* de nos jours n'est qu'une reproduction, et qui ne disparut qu'à la Révolution. L'Épée n'est portée, aujourd'hui, dans les carrières civiles, que par les membres de quelques administrations publiques, et, à l'armée, que par les officiers et les sous-officiers de certains corps.

ÉPERON. — Tous les peuples n'ont pas connu l'usage de l'*Éperon*; il n'existe même pas encore partout. Cet instrument n'a d'abord consisté qu'en une pointe de fer ou de cuivre que l'on attachait au talon avec des courroies. Les Romains le portaient ainsi. Les cavaliers du moyen âge en firent autant jusqu'au XIIe siècle, où l'on commença à remplacer la pointe par une molette. A partir de cette époque, les dispositions générales de l'Éperon n'ont pas varié, mais ses parties accessoires ont été soumises, comme tant d'autres choses, aux caprices de la mode. Pendant le moyen âge, les Éperons étaient considérés comme un symbole d'indépendance. C'est pour cela que, dans certains pays, celui qui prêtait hommage à son suzerain était tenu de les déposer en signe de vasselage. On sait aussi que les chevaliers avaient seuls le droit de porter des Éperons dorés et que ceux d'argent étaient réservés aux écuyers. On sait encore que pour *gagner ses éperons*, c'est-à-dire obtenir d'être reçu chevalier, il fallait avoir fait quelque action d'éclat; qu'une des cérémonies de la réception d'un chevalier consistait à lui *chausser* les Éperons, et qu'une des formalités de sa dégradation était de les lui *trancher* sur le fumier, avec une hache.

ÉPICES. — L'usage des *Épices*, dans l'art culinaire, est immémorial dans tous les pays; mais les substances désignées sous ce nom renferment une masse considérable de corps étrangers à leur nature. Extraire ces corps, souvent nuisibles, était un service à rendre, et c'est ce qu'ont fait MM. Bonnière et Lemettais, de Rouen, en imaginant un procédé, qui date de 1857, et qui permet d'extraire et de concentrer, au moyen de dissolvants volatils, les principes utiles des Épices. Les produits de leur invention constituent ce qu'on appelle les *Épices solubles concentrées*. En appliquant un procédé analogue au café, M. Vogel a obtenu une matière formée de caféine et d'huile, et renfermant, par conséquent, les principes essentiels de la graine du caféyer.

ÉPIGRAMME. — Dans le principe, l'*Épigramme* était une petite pièce de vers destinée à être gravée sur les tombeaux, sur les monuments publics et au bas des statues : c'est même à cette destination spéciale qu'elle doit son nom, de deux mots grecs qui signifient « graver sur ». Son caractère fut extrêmement varié chez les anciens, mais, en général, il fut peu satirique chez les Grecs, tandis qu'il le devint, au contraire, habituellement chez les Romains. C'est l'exemple de ces derniers que les modernes ont suivi.

ÉPIGRAPHIE. — C'est la partie de l'Archéologie qui a pour objet l'étude des *Inscriptions*. L'importance de ces monuments a été reconnue par les hommes instruits de toutes les époques, et, dans l'antiquité même, surtout chez les Grecs, plusieurs savants s'occupèrent d'en former des collections. Le premier travail de ce genre fut, dit-on, exécuté par l'historien Évhémère, qui vivait au IVe siècle avant notre ère. Négligées pendant le moyen âge, les Inscriptions commencèrent à être étudiées de nouveau, dès l'origine de la Renaissance, et ce furent les Italiens qui donnèrent le signal. On cite, parmi les premiers qui les recherchèrent avec soin, Cyriaque Pizzicoli, plus connu sous le nom de Cyriaque d'Ancône, Jean Marcanova de Padoue, et Felice Feliciano de Vérone, qui vivaient tous au XVe siècle, mais le recueil de Cyriaque est le seul qui soit parvenu jusqu'à nous : il fut découvert, vers 1600, par Carlo Maroni, bibliothécaire du cardinal Barberini. Les premières collections épigraphiques reproduites par les procédés typographiques ont paru en 1505, l'une à Augsbourg, par les soins de Conrad Peutinger, et l'autre, en Italie, par ceux de Laurent Abstemius de Macerata. Une multitude de compilations analogues furent éditées par la suite, mais celle de Smetius, qui fut imprimée, en 1588, avec des notes de Juste Lipse, est la première où les Inscriptions soient disposées dans un ordre méthodique, et où l'on trouve une bonne critique réunie à la pureté des textes. Au xviie siècle appartient le célèbre recueil de Gruterus (Jean Gruytère), Heidelberg, 1602, qui fut plus tard refondu et augmenté par Grœvius (Jean-Georges Grœve), Amsterdam, 1707. Vers le milieu du siècle suivant, le marquis Scipion Maffei et son ami Jean-François Séguier, eurent l'idée de former un corps unique de toutes les Inscriptions alors connues; mais diverses circonstances les empêchèrent d'exécuter leur projet. La même idée a été reprise, en 1827, par l'Académie royale de Berlin. Toutefois, effrayée par l'immensité de la tâche, cette assemblée a d'abord limité son entreprise à l'Épigraphie grecque, et ce n'est que dans ces dernières années qu'elle l'a étendue à l'Épigraphie romaine. Avant qu'elle eût pris ce dernier parti, notre Académie des Inscriptions s'était décidée, en 1839, sur la proposition de M. Philippe le Bas, à publier à ses frais une collection complète des Inscriptions latines, mais des difficultés de plus d'un genre ne lui ont pas permis d'effectuer cette publication. Parmi les savants auxquels l'Épigraphie classique est redevable de la plupart de ses progrès contemporains, on cite en première ligne MM. Auguste Bœckh, Franz, Mommsen et Haubold, en Allemagne; Orelli, en Suisse; Sarti, en Italie; Philippe le Bas, Letronne, Léon Renier, et Noël des Vergers, en France. Voyez Hiéroglyphes, Cunéiforme, Ruines, etc.

ÉPINETTE. — On appelait autrefois ainsi un instrument à clavier et à cordes, qui ne différait du Clavecin que par sa forme, qui était à peu près carrée, et par ses dimensions, qui étaient plus petites. Son nom venait de ce qu'on faisait vibrer les cordes avec des pointes ou *épines* de plume fixées aux touches. L'Épinette n'était qu'une modification du Clavicorde. Elle avait été inventée, au xvie siècle, afin de rendre plus forts les sons fournis par ce dernier. Ce furent aussi des modifications introduites dans sa construction qui produisirent le Clavecin. L'instrument nommé *Sourdine* était une variété de l'Épinette, qui se distinguait surtout par la douceur de ses sons.

ÉPINGLE. — Les *Épingles* datent d'une époque très-ancienne, et si plusieurs au-

teurs en font seulement remonter l'invention au milieu du xve siècle, c'est probablement par suite de quelque texte mal compris. Quoi qu'il en soit, il est déjà question d'*Espingles* ou *Espinchaux* au moins dès 1360, et, en 1403, les Épingles anglaises, « Espingles à la façon d'Angleterre », étaient déjà recherchées en France. Au commencement du xve siècle, ces petits instruments étaient même considérés comme si nécessaires à la toilette des femmes, que, dans les comptes relatifs à ces dernières, leur nom figure comme synonyme de menues dépenses. C'est ainsi que dans un titre de l'an 1426, on voit madame d'Étampes « prendre de pension, pour ses espingles, cinq cents livres. » Ce qui précède montre combien est peu fondée l'opinion de ceux qui font dater de 1543 l'introduction des Épingles en Angleterre, et l'attribuent à la reine Catherine Howard, femme de Henri VIII. Pendant très-longtemps, les Épingles ont été faites exclusivement en laiton étamé. Au commencement du siècle dernier, les Anglais imaginèrent de remplacer le cuivre par le fer, et, aujourd'hui, les deux métaux sont employés concurremment à peu près partout. C'est M. Amfrie, de Laigle (Orne), qui a introduit, en 1837, la fabrication des Épingles de fer dans notre pays. Ces Épingles se font avec des machines, au premier rang desquelles on place celles de notre compatriote Clément Colas, qui datent de 1860. Les Français Migeon et Schervier frères, en 1813, et les Anglais Leumel Wellman Wright, en 1824, et Newton, en 1845, ont aussi essayé de doter de procédés mécaniques l'industrie des Épingles de laiton, mais, jusqu'à présent, les inventions de ce genre ont eu peu de succès.

ÉPITHALAME. — Les Grecs donnaient ce nom à un chant que des chœurs de jeunes gens et de jeunes filles chantaient au moment où les nouveaux époux entraient dans la chambre nuptiale. Les Romains adoptèrent cet usage et l'introduisirent dans la Gaule et probablement ailleurs : il existe encore dans plusieurs de nos départements du Midi.

ÉPONGES. — I. On a beaucoup écrit sur la nature des *Éponges*. Les anciens naturalistes les rangeaient parmi les végétaux, mais ceux de nos jours les regardent comme des animaux ou plutôt comme des agrégations d'animaux, analogues à celles que nous offrent les polypes. Les Éponges servent habituellement pour le nettoyage, dans l'économie domestique et dans les arts industriels. On les emploie aussi quelquefois en chirurgie pour dilater les plaies. Enfin, autrefois, on les utilisait, après les avoir calcinées, pour guérir le goitre et les scrofules. Dans ce dernier cas, les Éponges devaient leurs propriétés thérapeutiques à l'iode qu'elles renferment à l'état d'iodure de sodium, mais, depuis la découverte de l'iode, c'est de cette substance que l'on fait exclusivement usage. Les Éponges vivent au fond des mers, principalement dans le golfe du Mexique, sur la côte de Syrie et dans la mer Rouge. On a proposé de nos jours de les naturaliser dans les eaux de la Corse, de l'Algérie et de la Provence.

II. Dans ces dernières années, M. Adrien Chenot, ingénieur civil à Paris, a créé une industrie intéressante, celle des *Éponges métalliques*. Au moyen d'ingénieux procédés de son invention, il ramène certains minerais, entre autres, ceux de fer, à l'état d'Éponges poreuses, et forme ensuite, en soumettant ces Éponges à des manipulations appropriées, soit un acier poule d'excellente qualité, soit des ciments et des mastics éminemment propres au pavage.

ÉQUATEUR. — L'*Équateur terrestre* a été dépassé, pour la première fois, en 1471, par les Portugais.

ÉQUATORIAL. — Instrument astronomique dont on fait usage pour suivre les astres dans leur mouvement diurne, et pour déterminer leur ascension droite et leur déclinaison. Suivant Lalande, il a été construit, pour la première fois, en 1735, par Philippe Vayringe, horloger mécanicien à Lunéville, que son esprit inventif avait fait surnommer l'*Archimède lorrain*.

ÉQUATION. — Voyez ALGÈBRE.

ÉQUERRE. — L'utilité de cet instrument peut en faire remonter l'origine à l'époque des premiers progrès de l'art de bâtir. Toutefois, chez les Grecs, les uns en attribuaient l'invention à Pythagore, qui vivait au VIe siècle avant notre ère, et les autres à l'architecte Théodore de Samos, qui était antérieur d'une centaine d'années à ce savant. Les monuments qui nous sont parvenus de l'anti-

quité offrent d'assez nombreuses représentations de l'Équerre et apprennent que les artistes d'autrefois savaient, comme ceux de nos jours, varier la forme de cet instrument suivant l'usage particulier qu'ils voulaient en faire.

ÉQUIANGLE. — Instrument de mathématiques au moyen duquel les dessinateurs peuvent réduire les grandeurs naturelles des objets, sans qu'il soit nécessaire de tracer sur le papier des échelles qui sont toujours plus ou moins variables suivant l'état hygrométrique de ce dernier. L'Équiangle dérive du double décimètre triangulaire, mais il est plus régulier dans sa forme, et fournit un plus grand nombre d'indications. Il a été inventé, en 1847, par M. Collardeau, constructeur d'instruments de mathématiques à Paris.

ÉQUINOXE. — Voyez PRÉCESSION.

ÉQUITATION. — L'art de l'*Équitation* remonte à la plus haute antiquité, et il a nécessairement dû prendre naissance dans les plaines de l'Asie centrale, c'est-à-dire dans le pays dont le cheval est originaire. Quand cet animal se répandit dans les contrées situées plus à l'occident, l'Équitation y pénétra naturellement à sa suite. Dans l'antiquité, les Perses et les peuples du nord de l'Afrique étaient regardés comme de très-habiles écuyers. Quant aux Grecs et aux Romains, ils n'eurent jamais, sous ce rapport, qu'une très-médiocre réputation. Les anciens montaient à cheval comme le font encore aujourd'hui les individus qui montent d'instinct, et, une fois sur l'animal, ils s'y tenaient accroupis, à peu près comme les Arabes de l'Algérie. Pendant le moyen âge, l'Équitation fut également presque tout à fait empirique : seulement, les cavaliers adoptèrent généralement l'usage de la position perpendiculaire. Cet art ne prit véritablement naissance qu'au XVIe siècle, et en Italie. Dès 1539, le comte César Fiaschi, de Ferrare, devint le chef d'une école d'où sortirent un grand nombre d'écuyers habiles. D'autres établissements analogues surgirent peu à peu dans les autres villes de ce pays, mais les plus célèbres furent ceux de Naples, qui durent une vogue immense aux talents supérieurs de Jean-Baptiste Pignatelli. La noblesse de toutes les parties de l'Europe accourut aux leçons de ce maître, et en rapporta en France, en Angleterre et ailleurs, les principes qu'elle y avait puisés. On cite, parmi les hommes qui, les premiers, contribuèrent le plus aux progrès de l'Équitation dans notre pays, MM. de la Brosse et de Pluvinel, deux des principaux élèves de Pignatelli. Ce dernier publia, en 1618, un traité remarquable qui fit autorité, avec celui du comte de Newcastle, Anvers, 1657, jusqu'à l'apparition de l'*École de cavalerie* de la Guérinière, en 1753. L'héritage de ces écuyers n'a pas dégénéré entre les mains de leurs successeurs, et l'Europe compte, depuis le milieu du dernier siècle, une suite d'hommes de mérite qui ont singulièrement contribué à développer, tout en les améliorant, les doctrines de leurs devanciers. Au premier rang des écuyers les plus habiles que possède aujourd'hui la France, on est unanime à placer le vicomte d'Aure, le comte Savary de Lancosme-Brèves et le professeur Baucher, dont les ouvrages sont devenus classiques.

ÉRABLE. — Plusieurs des arbres de ce nom croissent naturellement en Europe, mais ceux dont la sève fournit du sucre, et qu'on appelle, pour ce motif, *Érables à sucre* (*Acer saccharinum*), sont originaires des États-Unis de l'Amérique du Nord. On exploite ces derniers, sur la plus grande échelle, dans toutes les parties de ce vaste pays qui sont trop éloignées des ports de mer pour que le sucre ordinaire puisse y arriver économiquement.

ÈRE. — On désigne sous ce nom le point fixe d'où l'on commence à compter les années. Ce point a varié suivant les temps et les lieux, et ces variations ont donné lieu à un très-grand nombre d'*Eres* différentes, mais dont quelques-unes seulement ont une importance véritable. L'*Ère de la Création*, employée autrefois par beaucoup d'auteurs chrétiens et usitée encore aujourd'hui par les écrivains sacrés de la nation juive, remonte à la création ; mais, comme on ignore absolument la date précise de cet événement, il en résulte que les chronologistes ne sont pas d'accord sur l'année où elle a commencé. L'*Ère des Olympiades*, si célèbre dans l'histoire de la Grèce, fut établie, 264 ans environ avant Jésus-Christ, par l'historien Timée de Sicile : elle avait pour point de départ l'année où l'athlète Corœbus avait remporté le prix de la course à pied, aux jeux Olympiques, et cette année correspondait à l'an 776 avant Jésus-Christ. Les Romains se servirent, pour les usages ordinaires de la vie, de l'*Ère des Consuls*, qui commençait l'an 509 avant Jésus-Christ, mais, à partir du règne d'Auguste, leurs historiens employèrent l'*Ère de la fondation de Rome*, dont la première année répondait à l'an 751, 752 ou 753 avant Jésus-Christ, car il existait trois opinions à ce sujet. L'*Ère chrétienne*, appelée aussi *Ère vulgaire*, *Ère de l'Incarnation* et *Ère de Jésus-Christ*, a été imaginée, au VIᵉ siècle, par le moine Denys le Petit. Les chronologistes ont démontré que ce religieux s'était trompé de cinq ans au moins dans la fixation de l'événement qui lui sert de point de départ, c'est-à-dire de la naissance de Jésus-Christ, mais l'usage a prévalu sur les démonstrations de la science. Enfin, l'*Ère de l'Hégire*, dont les peuples musulmans se servent exclusivement, commence le 16 juillet de l'an 622 de notre ère, c'est-à-dire le lendemain du jour où Mahomet se retira de la Mecque à Médine pour se soustraire aux persécutions des Koreischites.

ERRATA. — Les *Errata* sont nés peu de temps après l'invention de l'Imprimerie. Toutefois, les premiers imprimeurs, ne tirant qu'à très-petit nombre, n'en sentirent pas la nécessité. Ils se contentèrent de faire corriger les fautes à la plume sur chaque exemplaire. Mais ce système avait l'inconvénient de gâter les livres. D'ailleurs, il devint impraticable aussitôt que les tirages acquirent de l'importance. On eut alors l'idée de réunir les fautes et les corrections sur un même feuillet que l'on plaça à la fin du volume. Le plus ancien ouvrage où l'on trouve un relevé de ce genre est peut-être le *Juvénal* de Mérula, publié à Venise, en 1478, par l'imprimeur Gabriel Pierre.

ERRATIQUES (*Blocs*). — Il existe, dans une foule de lieux, en Suisse, en Angleterre, en Allemagne et ailleurs, de gros fragments de roches étrangères qui y ont été transportés de distances souvent très-éloignées. C'est à ces fragments que l'on donne le nom de *Blocs erratiques*. On a fait beaucoup d'hypothèses sur la cause de leur transport, mais la théorie la plus vraisemblable est celle du naturaliste Venetz, qui a été admirablement développée par Charpentier, et qui se fonde uniquement sur un phénomène encore existant, sur une force qui agit encore de nos jours avec la même puissance, c'est-à-dire sur la marche des glaciers. En effet, Charpentier a établi que les Blocs erratiques de la Suisse sont simplement de grandes moraines qui ont été poussées sur les pentes du Jura par d'immenses glaciers descendant des Alpes et ont été ensuite abandonnées par la fonte de ces derniers. Un peu plus tard, M. Agassiz a généralisé cette théorie, et, cessant de la limiter à la Suisse, en a démontré la parfaite application aux autres pays.

ESCALIER. — On a proposé, en 1858, de supprimer les escaliers dans les maisons, et de remplacer chacun d'eux par un plateau mobile qui élèverait, sans fatigue pour elles, les personnes aux différents étages. Cette innovation aurait, dit-on, de grands avantages, mais on a oublié de parler de ses inconvénients, qui seraient peut-être plus considérables. L'idée, du reste, n'était pas nouvelle. Elle date en effet, du xviie siècle. Il paraît même qu'en 1680 M. de Villayer, membre de l'Académie française, avait mis à la mode une machine de son invention qui fut adoptée par quelques grands seigneurs. Des appareils du même genre furent imaginés par la suite, mais sans jamais pouvoir être autre chose que de simples objets de curiosité, du moins dans les habitations particulières. Toutefois l'industrie a su tirer parti des mieux combinés, pour le service des puits de mines, des hôpitaux, des magasins, etc.

ESCOMPTE (*Comptoir d'*). — On a créé, à diverses époques, sous ce nom ou sous celui de *Caisse d'escompte*, des établissements spécialement destinés à escompter les effets de commerce, mais à des conditions moins onéreuses que celles des banques ordinaires. Le premier établissement de ce genre qu'il y ait eu en France est la *Caisse d'escompte* que le ministre Turgot créa à Paris, le 24 mars 1776, et qui fonctionna jusqu'au 24 août 1793. Le 7 mars 1848, un décret du gouvernement provisoire autorisa la fondation de *Comptoirs d'escompte* dans nos principales villes industrielles, où ils rendirent les plus grands services. Un décret du 24 du même mois essaya de doter ces institutions de succursales, appelées *Sous-comptoirs d'escompte*, mais ces dernières ne purent être organisées qu'à Paris.

ESCRIME. — L'*Escrime* a été cultivée par tous les peuples de l'antiquité, principalement par les Romains. Les Lanistes, qui, chez ces derniers, dressaient les gladiateurs, étaient de véritables maîtres d'Escrime. Ils furent même chargés d'enseigner aux soldats légionnaires la partie de leur art qui pouvait être utile aux troupes en campagne. On croit généralement que l'Escrime fut très-avancée pendant le moyen âge. Il n'en fut rien cependant, ainsi que l'apprennent les récits des tournois. On la négligea, au contraire, presque entièrement, et ce ne fut qu'à l'époque où les armes à feu commencèrent à se répandre, que l'on s'occupa à la faire renaître. Les Italiens donnèrent le signal. Dès 1531, Manciolino publia un traité dont les principes furent successivement développés par Marozzo père, en 1536, Marozzo fils, en 1560, Grassi, en 1570, et introduits, presque aussitôt, en France et en Allemagne. Ces maîtres créèrent l'usage du poignard, qui, placé au centre de la poitrine du tireur, devait lui servir à détourner l'épée de l'adversaire, et cette coutume exista jusqu'au milieu du xviie siècle. Toutefois, bientôt les professeurs de notre pays se montrèrent les rivaux de ceux de l'Italie, et les perfectionnements dont ils dotèrent l'Escrime en firent peu à peu un art presque exclusivement français. En effet, depuis Louis XIII, c'est à la France que l'on doit tous les progrès que l'Escrime a faits. Au premier rang des maîtres qui ont le plus contribué à la faire avancer, on cite Girard Thibaut, Giganti, Charles Besnard, Philibert de la Touche, Le Perche du Coudray et Werneson de Liancourt, au xviie siècle; Jean-François Girard, Angelo, Danet et Daniel O'Sullivan, au xviiie; et, enfin, Laboessière, Lafaugère, Grisier et Muller, qui appartiennent à notre époque. C'est à ce dernier que l'on doit la création de l'Escrime à cheval, dont l'importance avait été méconnue par tous ses devanciers.

12.

ESPALIER. — Ce mode de culture des arbres fruitiers ne remonte pas au delà du XVIᵉ siècle, car Olivier de Serres en parle comme d'une chose toute nouvelle. Toutefois, dans le principe, il consistait simplement à disposer les arbres en haies que l'on soutenait avec des échalas, en latin *palus*, et c'est à cette circonstance qu'il doit son nom. La culture des Espaliers a été introduite dans la pratique générale par la Quintinie, jardinier en chef de Louis XIV. Depuis cette époque, les horticulteurs et les amateurs de tous les pays n'ont cessé de l'enrichir de dispositions nouvelles. On attribue au célèbre Arnaud d'Andilly l'usage des *Contre-espaliers*.

ESPINGOLE. — Avant l'invention des armes à feu, on appelait *Espringole* une espèce de grosse arbalète que l'on plaçait en avant de l'infanterie, et avec laquelle on lançait des pierres et des carreaux. Au XVIᵉ siècle, on changea ce mot en celui d'*Espingole*, et on se servit de celui-ci pour désigner, d'abord, une petite pièce d'artillerie, puis un mousquet à canon très-court et très-évasé depuis le milieu jusqu'à la gueule. Cette dernière arme fut donnée plus tard, sous le nom de *Tromblon*, à plusieurs corps de troupes à cheval, mais on ne tarda pas à l'abandonner à cause de son peu de justesse et de sa faible portée. Toutefois, on en fait encore usage, dans la marine, pour les abordages.

ESPONTON. — Sorte de demi-pique que portaient, comme insigne de leur grade, les officiers d'infanterie, sous les règnes de Louis XIII, de Louis XIV et de Louis XV. Cette arme fut retirée aux officiers subalternes en 1710, mais les officiers supérieurs la conservèrent jusqu'en 1756.

ESSAI. — L'altération des métaux précieux a été pratiquée de très-bonne heure, ce qui a nécessairement conduit à la recherche de moyens propres à déjouer l'habileté des fraudeurs. Aussi, l'art de l'essayeur a-t-il existé, dès la plus haute antiquité, chez tous les peuples civilisés. Les procédés seuls ont varié. Les Égyptiens se servaient déjà de la *Pierre de touche* plusieurs milliers d'années avant notre ère. Ils connaissaient aussi une méthode analogue à celle de la *Coupellation*. L'essai de l'or par le *Départ* a été inventé à l'époque des croisades. Enfin, le procédé *par la voie humide*, qui a remplacé à notre époque la Coupellation des anciens, a été créé par M. Gay-Lussac, en 1824, et introduit, six ans après, dans nos Hôtels des monnaies. Voyez COUPELLATION et DÉPART.

ESSENCE D'ORIENT. — Voyez ABLETTE.

ESSENCES. — Les nombreuses *Essences* dont on fait usage en parfumerie, en pharmacie et en confiserie, forment l'objet d'une industrie importante, et s'obtiennent en soumettant à des manipulations appropriées les fleurs, les fruits, les feuilles ou les tiges des plantes qui les renferment. Leur fabrication est immémoriale dans tous les pays chauds, surtout en Orient; elle y est même encore presque exclusivement concentrée, parce que la haute température dont ils jouissent favorise la culture des végétaux aromatiques et en augmente les principes odorants. Toutefois, dans ces dernières années les progrès de la chimie organique ont fourni le moyen de créer artificiellement certaines Essences, et il est permis d'espérer qu'on obtiendra, dans un avenir très-prochain, des résultats encore plus considérables. Les *Essences artificielles* les plus remarquables qu'on ait jusqu'à présent réussi à produire sont celles d'ananas, d'amandes amères, de poires, de pommes, de cognac, de raisin et de cannelle, et l'industrie les emploie journellement de préférence aux Essences naturelles. C'est aux chimistes Mansfield, Mitscherlich, Pelouze, Gélis, Bentch, Strecker et Cahours que l'on est redevable de cette nouvelle conquête de la science.

ESSORAGE. — Pour exécuter l'*Essorage* des étoffes mouillées, c'est-à-dire pour hâter leur séchage, on s'est d'abord contenté de les suspendre en plein air. Plus tard, on a imaginé d'accélérer la sortie de l'eau par un tordage à force de bras. Ces deux procédés sont évidemment d'une extrême simplicité, mais ils ont le défaut d'être d'une excessive lenteur. Aussi a-t-on, de bonne heure, cherché à les remplacer par des moyens mécaniques plus expéditifs, et l'on a donné le nom d'*Essoreuses* aux appareils employés à cet effet. Le plus ancien de ces appareils est la *Calandre*, dont l'introduction dans l'industrie paraît dater du XVIIᵉ siècle. Il a été usité jusqu'à notre époque, mais on lui reproche de fonctionner d'une manière irrégulière, d'écraser les tissus, de faire décharger les couleurs et de ne pouvoir servir pour les fils en écheveaux. C'est pour éviter ces inconvénients qu'on lui a substitué, de nos jours, dans toutes les grandes fabriques, les machines appelées *Hydro-extracteur* et *Ventilateur*, qui sont d'origine française et ont été inventées, la première, en 1836, par le mécanicien Penzoldt, et la seconde, en 1840, par l'ingénieur civil Laubereau. Voyez Hydro-extracteur.

ESTAMPAGE. — L'*Estampage* a pour objet de donner, par le choc ou la pression, une forme déterminée et, le plus souvent, régulière ou artistique, à certaines matières dures, telles que les métaux, le bois, le carton, le cuir, afin d'obtenir des effets qui seraient trop difficiles ou trop coûteux par le travail à la main. Pendant très-longtemps, cette opération s'est faite exclusivement avec le marteau, soit seul, soit combiné avec des matrices, et ses premiers progrès n'ont commencé qu'au XVIe siècle, à l'époque de l'invention du *Balancier* et du *Laminoir*. Toutefois, ces deux machines ne furent d'abord employées que pour le monnayage ; ce ne fut même que vers 1750 que les Anglais songèrent à en étendre les applications. L'industrie des objets estampés prit ainsi naissance en Angleterre, mais elle fut d'abord très-limitée dans la nature de ses produits, et elle ne commença à se développer d'une manière un peu sérieuse qu'à partir de 1803, quand l'ingénieur parisien Philippe Gengembre eut perfectionné le Balancier. Dès ce moment, l'Estampage fut adopté dans toutes les parties du continent pour fabriquer une foule d'objets de quincaillerie. L'invention de la *Presse à estamper*, qui fut faite, en 1827, par le mécanicien allemand Heinrich Uhlhorn, et dont la *Presse monétaire* de notre compatriote M. Thonnelier n'est qu'une heureuse modification, vint plus tard améliorer encore ses procédés, et lui donner une extension à laquelle il semble impossible d'assigner des limites. Parmi ceux qui, dans notre pays, ont le plus contribué, de nos jours, au développement de l'industrie de l'Estampage, il faut surtout citer MM. Japy, de Beaumont, et Westerman, de Metz,

pour la fabrication économique des ustensiles de ménage, et M. Fugère, de Paris, pour celle de ces ornements de cuivre doré dont l'usage est aujourd'hui si répandu pour la décoration des meubles.

ESTAMPES. — Les *Estampes* ont été ainsi nommées, de l'italien *stampare*, imprimer, parce que c'est par impression que le travail du graveur est transporté du métal ou du bois sur le papier. Ce n'est qu'à la fin du XVIe siècle que l'on a commencé à colliger des Estampes, à réunir toutes celles d'un même maître, ce qui s'appelle aujourd'hui *former une œuvre*, et le premier amateur de ce genre paraît avoir été Claude Maugis, abbé de Saint-Ambroise de Bourges, qui mit quarante ans (1570-1610) à composer sa collection.

ÉTAIN. — L'usage de ce métal remonte à la plus haute antiquité : il était déjà très-répandu à l'époque de Moïse. Les anciens tiraient leur Étain de l'Espagne et de la Grande-Bretagne. Ils en furent d'abord approvisionnés par les Phéniciens et les Carthaginois, mais, après les guerres puniques, les navigateurs marseillais s'emparèrent de cette branche de commerce, et ils la conservèrent jusqu'au XIe siècle, époque à laquelle elle passa presque entièrement entre les mains des Normands. Les mines d'Espagne ayant été abandonnées au VIIe siècle, à la suite des invasions des Arabes, celles de la Grande-Bretagne monopolisèrent le marché européen jusque vers 1250, où les Allemands commencèrent à tirer parti des minerais de la Saxe et de la Bohême. Enfin, trois cents ans plus tard, les Espagnols et les Hollandais, étant devenus maîtres, les premiers du Mexique, les seconds des îles de la Sonde et de la presqu'île de Malacca, entreprirent l'exploitation des immenses richesses dont la nature a doté ces pays. La facilité avec laquelle l'Étain se prête au moulage l'a fait employer de tout temps pour la fabrication des ustensiles de ménage. En 1746, le chimiste prussien Margraff, ayant annoncé que ces ustensiles étaient dangereux à cause de l'arsenic que l'Étain renferme toujours, l'alarme devint générale, et elle dura jusqu'en 1771, époque à laquelle Bayen et Charlard prouvèrent que les craintes n'étaient pas fondées en raison de l'imperceptible proportion de la substance vénéneuse.

ÉTAMAGE. — Suivant Pline l'Ancien, ce sont les Gaulois qui ont inventé l'*Étamage*, mais il ne dit pas s'ils firent cette invention pour garantir les objets de cuivre des effets de l'oxydation, ou s'ils n'y virent qu'un moyen économique d'ornementation. Quoi qu'il en soit, c'est comme préservatif contre le vert-de-gris que, pendant le moyen âge et les temps modernes, on a invariablement eu recours à l'Étamage. Toutefois, comme la couche d'étain s'use très-vite par le frottement, ce qui oblige à la renouveler, à des époques assez rapprochées, pour les objets dont l'usage est habituel, on a fait, depuis une centaine d'années, des recherches assez nombreuses afin de prolonger la durée du métal préservateur. C'est en exécutant des travaux de ce genre que Biberel père découvrit, en 1779, l'Étamage qui porte son nom, et qui consiste à étamer les objets non pas avec de l'étain pur, mais avec un alliage de six parties d'étain et d'une partie de fer. Ce procédé constituait un perfectionnement très-important; aussi fut-il, dès son apparition, fortement recommandé par l'Académie des Sciences, mais la routine l'empêcha de passer dans la pratique ordinaire. Plus tard, en 1811, les fils de l'inventeur essayèrent de le répandre, et ne purent y parvenir. Enfin, dans ces dernières années, une compagnie s'est formée à Paris pour l'exploiter sur une grande échelle, et afin de lui donner une apparence de nouveauté, on lui a appliqué la dénomination d'*Étamage polychrone*, c'est-à-dire « qui dure longtemps. » On a aussi proposé de remplacer l'alliage Biberel par d'autres alliages qui sont plus blancs et plus adhérents, et dont les meilleurs sont ceux de Budi, Guanilh, Richardson et Motte. — L'Étamage ne s'applique pas seulement au cuivre. On l'emploie aussi pour préserver le fer de la rouille. Quand le fer est en feuilles, on le recouvre d'une couche d'étain, ce qui constitue le *Fer-blanc*; quand il a d'autres formes, on remplace l'étain par le zinc, ce qui produit le fer improprement appelé *galvanisé*. Le Fer-blanc paraît avoir été inventé en Bohème, mais on ne sait à quelle époque. Quant au Fer galvanisé,

il a été proposé, dès 1742, par notre compatriote, le chimiste Jacques Malouin, qui ne put faire adopter ses idées, et enfin, réinventé, en 1836, et, cette fois, définitivement introduit dans l'industrie, par un autre Français, l'ingénieur civil Sorel. En 1849, MM. Boucher et Roseleur, de Paris, ont créé un nouveau procédé d'Étamage, qui peut servir pour tous les métaux, mais qui n'est en réalité qu'une application particulière de la Galvanoplastie : en effet, il consiste simplement à décomposer, par un courant galvanique, certains sels doubles d'oxyde d'étain et d'une autre base terreuse, principalement les phosphates, les pyrophosphates, les sulfites et les borates d'étain. Voyez FER, FONTE, GALVANOPLASTIE, etc.

ÉTAMAGE DES GLACES. — Voyez MIROIR.

ÉTEIGNOIR. — Avant l'invention de l'Éclairage public, on était obligé de se faire précéder de valets portant torches et flambeaux. Cet usage en produisit un autre, celui de placer de grands *Éteignoirs* aux portes des hôtels pour les flambeaux des escortes. — En 1805, le mécanicien Edme Régnier, reprenant une idée assez ancienne, construisit un *Éteignoir mécanique* qui fonctionnait de lui-même aussitôt qu'il s'était brûlé une longueur de bougie ou de chandelle que l'on pouvait déterminer à volonté. Voyez RÉVEILLE-MATIN.

ÉTHER. — Des nombreuses substances qui portent ce nom, la plus importante à connaître, la seule d'ailleurs qui ait reçu d'utiles applications, est celle que l'on appelle *Éther sulfurique, hydrique* ou *hydratique*, ou même simplement *Éther*. Cette substance a été reconnue, pour la première fois, par l'alchimiste Basile Valentin, à la fin du XVe siècle. Le chimiste allemand Valerius Cordus la décrivit plus tard, vers 1540, sous le nom d'*Huile de vitriol dulcifié*. Toutefois, on ne commença à lui trouver des applications qu'à partir de 1720, et sa préparation fut tenue secrète jusqu'en 1734, où Grosse et Duhamel publièrent le procédé qui est encore suivi aujourd'hui. L'Éther est surtout usité en médecine. On l'emploie aussi, dans les arts et les laboratoires, pour dissoudre les corps gras et les corps résineux. Enfin, de nos jours, on a essayé de tirer parti de sa grande volatilité et de la force élastique de sa vapeur pour faire fonctionner des machines. Voyez ANESTHÉSIE et VAPEUR.

ÉTHÉRISATION. — Voyez ANESTHÉSIE.

ÉTOFFES IMPERMÉABLES. — Voyez IMPERMÉABILISATION.

ÉTOFFES INCOMBUSTIBLES. — Voyez INCOMBUSTIBILITÉ.

ÉTOILES. — Le nombre des Étoiles que l'on peut observer à l'œil nu est déjà si considérable que les anciens avaient renoncé à le calculer. Or, dans les circonstances les plus favorables, il n'est possible d'apercevoir de cette manière que celles des sept premières grandeurs, tandis que l'usage des instruments perfectionnés de nos jours rend familières aux astronomes celles de la huitième et même de la seizième grandeur. Ces mêmes instruments ont également permis de découvrir que les amas de matière nébuleuse qui parsèment la voûte céleste, ne sont, comme Démocrite l'avait déjà soupçonné, que des amas formés de myriades d'Étoiles que leur extrême éloignement ne permet pas d'observer distinctement. — Les Étoiles présentent plusieurs phénomènes dont la découverte a eu lieu à différentes époques. Ainsi, plusieurs de ces astres subissent une diminution et un accroissement d'éclat périodiques et réguliers, qui, pour quelques-uns, va jusqu'à une extinction et une reproduction complètes : la première connue de ces Étoiles *changeantes*, est Omicron de la constellation de la Baleine, qui a été découverte par Jean Fabricius, en 1596. D'autres brillent pendant quelque temps, puis disparaissent sans plus se montrer : la plus ancienne de ces Étoiles *temporaires* a été observée par Hipparque, 125 ans avant notre ère. D'autres sont *doubles*, c'est-à-dire se composent de deux étoiles plus ou moins rapprochées ; quelques-unes même en présentent trois, quatre et davantage : les dispositions de cette espèce ont été aperçues, pour la première fois, par William Herschell, vers 1777. Enfin, certaines Étoiles, au lieu d'être absolument *fixes*, éprouvent des déplacements qui, à la longue, altèrent nécessairement leurs positions relatives : ce phénomène a été constaté, pour la première fois, par Edmond Halley, en

1677. Voyez PLANÈTE et NÉBULEUSE.

ÉTOLE. — Chez les Romains, le mot *Stola*, d'où est venu le français *étole*, désignait une espèce de robe longue qui se serrait autour du corps au moyen d'une ceinture, et qui fut primitivement réservée aux matrones. Dès les premiers temps de l'Église, cette robe fut adoptée par tous les ecclésiastiques sans exception, mais, au IVe siècle, le concile de Laodicée en interdit l'usage aux clercs inférieurs et aux moines, le réservant aux évêques, aux prêtres et aux diacres. A cette époque, l'Étole se nommait aussi *Orarium*, à cause de la bordure (*ora*) dont elle était ornée. L'Étole actuelle ne représente plus même aujourd'hui que cette bordure, et, au lieu d'une robe complète, elle consiste en une simple bande de soie ou de laine terminée à chacune de ses deux extrémités par une plaque de forme triangulaire.

ÉTOUPILLES DE SURETÉ. — Voyez MINES.

ÉTRENNES. — On fait communément remonter l'usage des *Étrennes* aux premiers temps de l'histoire de Rome, et l'on ajoute que les Romains l'introduisirent dans les divers pays qui subirent leur domination ; mais ces deux assertions ne reposent sur aucune preuve. Il est, au contraire, établi que la coutume de donner des Étrennes a existé de toute antiquité, même chez les peuples avec lesquels les soldats légionnaires n'eurent aucun rapport.

ÉTRIER. — Il est acquis à la science que les anciens ne connaissaient pas l'usage des *Étriers*. En effet, il n'en est fait aucune mention dans les écrivains de l'antiquité, et aucun des nombreux monuments, peints ou sculptés, qui nous restent des Assyriens, des Égyptiens, des Grecs, des Romains, etc., ne représente un cavalier muni de ces appareils. La plus ancienne mention authentique des Étriers se trouve dans le *Traité de l'art militaire* composé, à la fin du VIe siècle, par l'empereur grec Maurice ; on les voit figurer, pour la première fois, sur la célèbre tapisserie de Bayeux, qui date du XIe siècle. Il paraît que, dans le principe, les Étriers consistèrent simplement en une corde enveloppée d'étoffe et formant une boucle pour recevoir le pied. Plus tard, on remplaça cette boucle par un anneau de métal qui, en se modifiant peu à peu, prit la forme usitée aujourd'hui. A diverses époques, on a fait des Étriers disposés autrement qu'à l'ordinaire. Ainsi, en 1769, peut-être même avant, on en vendait à Paris qui se détachaient d'eux-mêmes quand le cavalier était désarçonné. Plus tard, on en imagina d'autres qui étaient munis d'une petite chaufferette. Plus tard encore, vers 1814, un sieur Schwickardi, mécanicien à Paris, inventa des *Étriers à lanterne* ou *Étriers pyrophores*, c'est-à-dire porte-feu, qui étaient placés au-dessus d'une lanterne, ce qui leur permettait d'éclairer la route pendant la nuit, et de tenir, en même temps, les pieds chauds.

ÉTRUSQUES (*Vases*). — Voyez VASES PEINTS.

ÉTUVE. — Dans le langage ordinaire, on appelle ainsi des chambres de bains que l'on chauffe au moyen de bouches de chaleur, et dans lesquelles on fait arriver de la vapeur d'eau. L'usage des bains de cette espèce a été très-répandu dans l'antiquité, surtout chez les Romains, qui en attribuaient l'invention à un spéculateur, nommé Sergius Orata, contemporain de Sylla, et qui l'introduisirent dans les diverses parties de l'Europe où ils sont des armes les conduisit. Les bains de vapeur furent à la mode en France pendant tout le moyen âge. Ils tombèrent en désuétude au XVIe siècle, mais on les a fait revivre, à notre époque, sous le nom de *Bains russes*. Cette dénomination leur a été donnée parce que, de même qu'en Orient, ils ont toujours été usités en Russie.

EUDIOMÈTRE. — Instrument destiné à faire connaître le degré de pureté de l'air, ainsi qu'à analyser les différents mélanges gazeux qui contiennent de l'oxygène. Il en existe plusieurs espèces. L'Eudiomètre le plus ancien paraît être l'*Eudiomètre à phosphore* du physicien Gaetano Fontana, qui date du XVIIe siècle, mais qui est peu employé aujourd'hui. L'*Eudiomètre à eau* a été inventé par Alexandre Volta, en 1795 : on l'appelle aussi *Eudiomètre de Volta*, du nom de son inventeur. Depuis cette époque, des appareils beaucoup plus parfaits que ce dernier ont été construits par divers savants, tels que MM. Gay-Lussac, Victor Regnault, etc.

EUGRAPHE. — Sorte de Chambre obscure, inventée, en 1811, par un officier de marine, nommé Cayeux, et qui différait surtout de l'appareil ordinaire en ce que les objets étaient représentés dans leur position naturelle.

EUGUBINES (*Tables*). — On appelle ainsi neuf plaques de cuivre, couvertes d'inscriptions en langue ombrienne, qui furent trouvées, en 1444, en travaillant la terre, par un paysan de la Schieggia, village voisin de Gubbio, l'antique Eugubium. Depuis 1456, elles sont conservées dans les archives de cette dernière localité, mais deux ont disparu. L'interprétation des Tables eugubines a donné lieu à une multitude d'hypothèses plus ou moins fantastiques, mais on s'accorde aujourd'hui à y voir des monuments destinés à perpétuer le souvenir de sacrifices offerts à diverses divinités. Quant à leur âge, quatre appartiendraient, suivant Lepsius, au IVe siècle avant notre ère, et les autres au IIe.

EUPATOIRE. — Arbrisseau de la famille des Composées, dont une espèce, l'*Eupatoire des teinturiers* (*Eupatorium tinctorium*), qui est originaire du Brésil, fournit une substance tinctoriale bleue analogue à l'indigo. Dans ces dernières années, ce végétal a été introduit, par MM. Guillemin et Houlet, au Jardin des Plantes, d'où quelques pieds ont été ensuite envoyés à la pépinière centrale de l'Algérie. M. Hardy, directeur de ce dernier établissement, s'est activement occupé de l'acclimater dans la colonie, et ses efforts ont déjà produit des résultats assez remarquables.

ÉVAPORATION. — Dans l'industrie, on emploie le procédé de l'Évaporation, c'est-à-dire de la transformation des liquides en vapeur, toutes les fois qu'il s'agit d'extraire de l'eau, pour les obtenir à l'état solide, les substances qu'elle renferme. On produit l'évaporation de plusieurs manières. Le moyen le plus simple et le plus ancien est celui de l'*Évaporation à l'air libre*, lequel consiste à soumettre les dissolutions à l'action de l'air, mais il est excessivement long, et n'est avantageusement praticable que dans les contrées sèches, où le soleil est ardent, et dans le cas où l'on peut répandre les liquides sur de grandes surfaces : c'est le système usité pour l'exploitation des marais salants. L'*Évaporation par un courant d'air forcé* se pratique en faisant passer à travers les dissolutions un courant d'air chaud. Ce procédé a été imaginé, en 1794, par Joseph Mongolfier, qui s'en servit alors pour concentrer rapidement les jus de fruits. Curaudau, en 1811, Parmentier, en 1812, l'anglais Kneller, en 1829, et M. Brame-Chevalier, en 1833, ont proposé de l'appliquer au traitement des dissolutions de sucre, mais, après quelques essais, on a renoncé à l'employer à cause de la complication des appareils qu'il exige. L'*Évaporation en vases ouverts* se fait en plaçant les liquides dans des chaudières d'un grand diamètre que l'on chauffe au moyen d'un fourneau. Ce procédé remonte probablement à une époque immémoriale, mais James Watt l'a singulièrement perfectionné, en 1783, en remplaçant le fourneau par des tuyaux disposés au milieu du liquide et dans lesquels on fait circuler des courants de vapeur. Néanmoins, c'est la première méthode qui est généralement adoptée, dans les circonstances ordinaires, parce qu'elle est la plus économique. L'*Évaporation dans le vide* repose sur ce principe, que le point d'ébullition des liquides s'abaisse à mesure que la pression à laquelle ils sont soumis diminue. C'est le système universellement adopté dans les fabriques de sucre. Il a été créé, dans les premières années de ce siècle, par l'anglais Howard, dont l'appareil est encore très-répandu et a servi de point de départ à ceux qui ont été imaginés de nos jours par MM. Roth, Pelletan, Degrand, Derosne et Cail, Brame-Chevalier, Rillieux, etc.

ÉVENTAIL. — L'origine de l'Éventail est immémoriale dans tous les pays chauds. Aussi trouve-t-on cet instrument représenté, sous diverses formes, sur les monuments les plus anciens de l'Égypte, de l'Assyrie, de la Perse, de l'Inde, de la Chine, de la Grèce et de l'Italie. Pendant le moyen âge, l'Éventail ne fut d'abord employé, dans l'Europe occidentale, que comme un instrument de culte, au moyen duquel on éloignait, pendant la messe, les mouches des saintes hosties et du célébrant, mais son usage habituel se maintint dans les contrées méridionales, telles

que l'Espagne, l'Italie et la Grèce. Les Occidentaux ne commencèrent à s'en servir qu'à l'époque des croisades, où ils apprirent, pendant leur séjour en Orient, à en reconnaître l'utilité. En ce qui concerne particulièrement la France, l'Éventail y figurait déjà, au XIIIe siècle, parmi les objets de la toilette des femmes, mais il n'y devint un peu commun que trois cents ans plus tard, après les guerres d'Italie. Catherine de Médicis, femme de Henri II, contribua beaucoup à en répandre la mode dans les hautes classes. Les Éventails avaient alors les formes les plus diverses : il y en avait de plissés et de non plissés, de ronds, d'ovales, de carrés, etc. Les Éventails plissés et en quart de cercle, comme on les fait aujourd'hui, furent apportés de Chine par les Portugais, et adoptés par nos élégantes sous le règne de Louis XIII. Sous Louis XIV, les éventaillistes français imaginèrent les *Éventails brisés* et commencèrent à donner à leurs produits ce cachet d'élégance et de bon goût qui les a toujours caractérisés depuis. Les artistes modernes n'ont guère fait que perfectionner les procédés mécaniques créés par leurs devanciers. Les deux inventions les plus importantes qui aient eu lieu à ce sujet, sont peut-être celle du *moule*, pour diviser et plisser la feuille, et celle du *découpoir*, pour travailler les brins : la première a été faite par Petit, en 1760, et la seconde, par Dumery, en 1805.

EXCITATEUR UNIVERSEL. — Instrument de physique, qui est très-usité, dans les expériences électriques, quand on veut faire agir l'Électricité sur un point particulier d'un objet. Son invention est due au physicien anglais Henley.

EXCLUSIONS (*Méthode des*). — Méthode de calcul qui consiste à résoudre certains problèmes numériques, en *excluant*, c'est-à-dire en rejetant un ou plusieurs nombres comme ne rentrant pas dans la solution de la question. On doit cette méthode au mathématicien français Frénicle de Bessy, mort en 1675. A l'époque de son apparition, elle excita l'admiration de Fermat et de Descartes, mais la découverte de procédés plus expéditifs l'a fait abandonner depuis longtemps.

EXHAUSSEMENT DES VILLES. — Voyez VILLES.

EXPLOSION (*Machines à*). — Les explosions produisant toujours des effets mécaniques considérables, on a proposé, à diverses époques, d'utiliser la force développée par cette classe de phénomènes pour faire marcher des machines. La première idée des appareils de cette espèce appartient au XVIe siècle, époque à laquelle Cardan et Schott émirent, dans leurs ouvrages, la possibilité de tirer parti de la poudre à canon pour transporter des automates dans l'air ou les faire marcher sur l'eau, mais ce ne fut qu'à la fin du siècle suivant que l'on essaya de la réaliser pratiquement. En effet, en 1678, l'abbé Hautefeuille décrivit une *Machine à poudre* de son invention dont il voulait se servir pour élever l'eau. Deux ans après, Christian Huyghens imagina une machine analogue, qu'il destinait aussi à l'élévation de l'eau, mais qu'il croyait également propre à soulever les fardeaux et à lancer des projectiles. En 1685, le chevalier Morland reproduisit la même idée, qui préoccupa aussi Denis Papin : ce dernier ne fut même conduit à la Machine à vapeur que par les recherches qu'il exécuta sur les Machines à poudre. Enfin, en 1753, Daniel Bernouilli pensa que l'on pourrait appliquer la poudre à la propulsion des navires, mais il n'indiqua aucun moyen d'exécution. Du reste, l'impossibilité d'obtenir des résultats satisfaisants avec la poudre ne dut pas tarder à être reconnue, et l'on comprit la nécessité de donner une autre direction aux tentatives. Ce fut en 1790, que l'anglais John Barber essaya de produire la force motrice par l'inflammation de l'hydrogène, et son invention doit être considérée comme le véritable point de départ de toutes les *Machines à gaz* qu'on a proposées depuis. Parmi les inventeurs, en très-grand nombre, qui se sont particulièrement occupés de résoudre le problème, on cite Thomas Mead et Robert Streed (1794), Philippe Lebon (1801), de Rivaz (1807), Samuel Brown (1823), le capitaine de Montgéry (1823), qui se servaient également du gaz hydrogène, soit pur, soit mélangé avec l'air atmosphérique. Ce dernier, renouvelant une tentative de l'ingénieur Henri (1810), essaya aussi de faire revivre l'emploi de la poudre, pour faire fonctionner une sonnette de grande dimension et faire marcher des bateaux sous-marins. Des mélanges explosifs analogues aux précédents furent encore proposés par Herskine-Hazard (1826), Galy-Cazalat et Dubain (1826), Lemuel Wellman Wright (1833), Lowe (1834), Ador (1838), Madol (1838), Alexandre Cruskslanks (1839), Talbot (1840), Demichelis et Monnier (1841), James Johnston (1841), Selligue (1843), etc. Deux inventeurs eurent même l'idée d'employer, l'un, Rodgers, la poudre fulminante (1834), et l'autre, Talbot, le coton-poudre (1846). Toutes ces inventions restèrent sans aucune sanction industrielle. La 1re Machine à gaz qui ait pu recevoir des applications pratiques est celle de notre compatriote Lenoir, qui date du mois d'avril 1861 : elle fonctionne au moyen d'un mélange d'air et de gaz d'éclairage, et ne dépense pas plus de un franc par heure et par force de cheval, et ce cheval représente la force motrice de douze hommes au moins. Toutefois, elle paraît jusqu'à présent ne pouvoir être utilisée économiquement que pour les petites forces, les ateliers peu importants; mais, même ainsi envisagée, elle n'en constitue pas moins une des plus utiles conquêtes de la mécanique contemporaine. V. au COMPLÉMENT.

EXPOSITION. — 1° *Expositions de l'industrie.* Elles sont d'origine française et datent de la fin du dernier siècle. Ces grandes solennités industrielles ont été créées, en 1798, par le Directoire, sur la proposition de M. François de Neufchâteau, alors ministre de l'intérieur. Voici l'énumération de celles qui ont eu lieu jusqu'à présent dans notre pays, avec l'indication du nombre des exposants qui y ont pris part : — 1798; 110 expos.; — 1801; 220 expos.; — 1802; 540 expos.; — 1806; 1,422 expos.; — 1819; 1,662 expos.; — 1823; 1,648 exp.; — 1827; 1,795 expos.; — 1834; 2,447 expos.; — 1839; 3,381 expos.; — 1844; 3,963 expos.; — 1849; 4,532 expos. — C'est également à la France qu'est due la première idée des *Expositions universelles.* Émise, dès 1844, par le jury de l'Exposition de cette année, cette idée fut développée, en 1849, par M. Thouret, ministre de l'agriculture et du commerce, mais des réclamations intéressées ne permirent pas au gouvernement de la réaliser. Ce fut l'Angleterre qui eut cet honneur, et l'on sait que la première Exposition de ce genre eut lieu à Londres, en 1851. Depuis cette époque, d'autres manifestations analogues ont été faites dans divers pays, mais la plupart sans succès ; les seules qui aient eu une importance réelle sont celles qu'on a vues à Paris, en 1855 et 1867 ; à Londres, en 1862 ; à Vienne, en 1873 ; à Philadelphie, en 1876. — 2° *Expositions des Beaux-Arts.* Elles sont aussi d'origine française et datent de 1648, époque de la fondation de l'Académie de peinture et de sculpture, mais il est à remarquer que, jusqu'à la Révolution, elles eurent lieu avec la plus grande irrégularité et furent exclusivement réservées aux œuvres des académiciens. Les Expositions proprement dites n'ont véritablement commencé qu'en 1793, et la première fut ouverte au mois d'août de cette même année. Il y en eut une seconde en 1795, une troisième en 1796, etc. De 1802 à 1831, elles se reproduisirent, sauf quelques exceptions, tous les deux ans. Enfin, elles devinrent annuelles à partir de 1833. C'est à celle de 1817 que les produits de la Lithographie ont été admis pour la première fois.

EXTIRPATEUR. — Instrument d'agriculture inventé en Angleterre, pendant le xvii° siècle, pour remplacer la Charrue dans les labours superficiels. Au commencement de ce siècle, Bosc et Yvart lui donnèrent le nom de *Cultivateur.* Les Extirpateurs se composent d'un châssis muni d'un plus ou moins grand nombre de petits socs, mais leurs dispositions varient suivant les constructeurs. On les remplace généralement aujourd'hui par les *Scarificateurs*, qui n'en diffèrent qu'en ce que, au lieu de socs, ils sont armés de fortes dents recourbées.

EXTRACTION (*Machines d'*). — Voyez MACHINES D'EXTRACTION.

EXTRAITS. — On distingue les *Extraits des bois de teinture*, qui servent à préparer les couleurs usitées pour la Teinture et l'Impression des tissus, et les *Extraits pharmaceutiques*, dont la fabrication constitue une des branches principales de la pharmacie. — Pour obtenir les *Extraits tinctoriaux*, on s'est longtemps contenté de réduire la matière première en copeaux avec une hachette, après quoi on la faisait macérer dans l'eau froide, et l'on terminait par une décoction prolongée. Ce procédé était très-simple, mais il avait l'inconvénient d'être très-long et très-défectueux. Ce furent les Hollandais qui, au xvii° siècle, essayèrent les premiers de l'améliorer, et ils y réussirent en triturant le bois en copeaux, avec des meules semblables à celles des moulins à huile. Ce perfectionnement donna le moyen d'obtenir une plus grande quantité de substance colorante, et il fut introduit peu à peu dans tous les pays industriels. Il s'est maintenu jusqu'à notre époque, où l'on a eu l'idée de diviser le bois à l'aide de machines de manière à l'amener en une seule opération à l'état le plus convenable pour l'extraction la plus complète possible. Ce problème a été résolu par MM. Barker et Rowcliffe, Hunter-Murdoch, Newton, Berendorf et Valery, mais les machines de ces inventeurs sont établies sur des principes différents. En effet, les unes coupent le bois en copeaux extrêmement fins en l'attaquant perpendiculairement à ses fibres, tandis que les autres le transforment en une espèce de filasse ou le réduisent, par le râpage ou le sciage, en une poudre extrêmement fine. Le traitement du bois après la division a également été l'objet d'améliorations importantes ayant toutes pour objet de faciliter l'extraction. Dès 1816, M. Salleron le soumettait à l'action du *Filtre-presse* du comte Rhéal, mais le plus grand progrès, dans cette voie, fut réalisé, la même année, par le physicien allemand Bommer-Hausen, qui, au lieu de chauffer les chaudières à feu nu, comme on l'avait fait jusqu'alors, créa le procédé d'extraction par l'action combinée de l'eau et de la vapeur et construisit, pour l'appliquer, un appareil particulier qu'il appela *Presse à vapeur.* L'invention de ce savant fut importée en France, en 1826, par M. Panay, et exploitée, sur une grande échelle, dès 1836, par M. Charles Meissonnier, de Paris. Elle est aujourd'hui répandue partout. A une époque plus rapprochée de nous, d'autres appareils extracteurs ont été imaginés par plusieurs inventeurs. Le plus parfait est celui du chimiste français Anselme Payen, qui l'a fait construire en 1852 et lui a donné le nom d'*Extracteur à distillation continue.* —

Les *Extraits pharmaceutiques* offrent plusieurs variétés dont la préparation diffère plus ou moins suivant la nature des matières qui servent à les obtenir. On les fabrique ordinairement avec des appareils analogues à ceux que l'on emploie pour les précédents. C'est M. Dausse, pharmacien à Paris, qui s'est le premier occupé de les préparer sur une grande échelle, et, parmi ceux qui ont le plus contribué à perfectionner leur fabrication, on cite les chimistes ou les pharmaciens Pierre Robiquet, Boutron, Boullay, Guibourt, Zenneck, Ure, Aubergier, Berjot et Menier.

F

FAC SIMILE. — En 1662, lors du procès de Fouquet, ministre de Louis XIV, la lettre qu'il avait écrite et dans laquelle se trouvait son projet de rébellion, fut gravée en *Fac simile* pour être annexée au dossier. C'est le premier exemple d'une reproduction de ce genre que présente notre histoire. Ce Fac simile avait été obtenu par le procédé de *décalque indirect* sur cuivre, tel que les graveurs l'emploient encore aujourd'hui. C'est de l'invention de l'Autographie et de la Lithographie que date l'exécution des Fac simile par le *décalque direct*. Depuis cette époque, les progrès réalisés par la Lithographie ont permis de créer des méthodes nouvelles qui fournissent des Fac simile d'une très-grande beauté, et dont quelques-unes, comme l'*Homœographie*, de M. Boyer, de Nîmes, et la *Lithotypographie*, de MM. Auguste et Paul Dupont, de Périgueux, ont reçu des dénominations particulières. Enfin, de nos jours, la Photographie et l'Électricité sont encore venues augmenter le nombre des moyens d'exécution, et leurs applications à la reproduction des écritures et des dessins ont produit des résultats d'une très-haute valeur. Du reste, ce ne sont plus seulement des écritures, des dessins ou des impressions que l'on obtient aujourd'hui en Fac simile : la Galvanoplastie permet aussi de tirer le Fac simile métallique le plus parfait de toute espèce d'objets, même celui des planches gravées par le burin le plus délicat.

FAHR-KUNST. — Voyez MACHINES A EXTRACTION.

FAÏENCE. — Les poteries de ce nom forment deux catégories, celle de la *Faïence commune* ou *Faïence italienne*, et celle de la *Faïence fine* ou *Faïence anglaise*.

I. La *Faïence commune* est la plus ancienne. Ce qui la distingue des autres produits de la Céramique, c'est que sa pâte est émaillée, c'est-à-dire recouverte d'une glaçure à base d'étain. Cette poterie est née en Orient, on ignore à quelle époque. Introduite en Espagne par les Arabes, au VIIIe ou au IXe siècle, elle pénétra en Toscane, vers 1415, et c'est de ce dernier pays qu'elle se répandit dans les contrées du centre et du nord de l'Europe. Toutefois, les premières Faïences italiennes furent simplement destinées à la décoration des monuments : c'étaient de grandes pièces chargées de figures ordinairement en relief, que l'on désignait sous le nom générique de *terra invitriata* (terre vitrifiée), et qui furent toutes exécutées par le sculpteur florentin Luca della Robbia et les artistes de son école. Les poteries émaillées pour l'usage domestique ne parurent que dans les premières années du XVIe siècle. Leur fabrication fut créée par les potiers de Faenza, d'Urbino, de Pesaro et de Castel-Durante, qui appelèrent leurs produits *Majolicas*, du nom de Mayorque, une des îles Baléares, d'où l'emploi de la glaçure stannifère paraît avoir été importé en Toscane. Après l'Italie, l'Allemagne sut la première faire la poterie émaillée, et ce fut la vue d'une coupe fabriquée de l'autre côté du Rhin qui engagea Bernard Palissy à se livrer à ces immenses recherches qui l'ont immortalisé, et à la suite desquelles il réussit à créer de toutes pièces des Faïences aussi belles que celles des Italiens. Toutefois, les travaux de ce grand homme n'exercèrent aucune influence sur notre Céramique, car, au lieu de divulguer ses procédés, il les tint tellement secrets qu'ils périrent avec lui. La faïencerie française ne fut réellement fondée que par une colonie de potiers de Faenza, attirée dans le Nivernais, de 1565 à 1600, par Louis de Gonzague, duc de Nevers. C'est même à la ville d'où ces artistes étaient partis que la poterie émaillée est redevable du nom de *Faïence* sous lequel on l'a toujours désignée chez nous, et non du bourg de Fayence, dans le Var, comme plusieurs historiens l'ont prétendu à tort.

II. La *Faïence fine*, appelée aussi *Terre de pipe*, est une invention anglaise qui date de la fin du dernier siècle. Depuis 1686, au moins, les potiers du Staffordshire produisaient des poteries vernissées d'une très-grande beauté. Des perfectionnements furent successivement apportés dans les procédés de fabrication par les frères Elers (1690), Thomas Astburg (1700), et une foule d'autres. Enfin, en 1763, Josiah Wedgwood, résumant et complétant les découvertes de ses devanciers et de ses contemporains, fabriqua la Faïence fine, telle à peu près qu'on la fait encore aujourd'hui. Cette poterie fut introduite en France, peu avant la révolution ; on en faisait déjà à Valentine, en 1780. Depuis cette époque, ses qualités ont été si bien appréciées qu'elle s'est substituée presque partout à la Faïence italienne.

FAISAN. — Des divers genres qui composent la famille naturelle de ce nom, et qui sont tous originaires de l'Asie, le *Faisan commun* est le plus répandu. Cet oiseau a été ainsi appelé parce que, suivant la tradition, les héros grecs, qui faisaient partie de l'expédition des Argonautes, le trouvèrent sur les bords du Phase, en Colchide, d'où ils l'apportèrent dans leur pays. Il est aujourd'hui acclimaté dans toute l'Europe. Le *Faisan à collier*, le *Faisan argenté* et le *Faisan doré* ou *Faisan tricolore* ont été introduits de la Chine à une époque toute moderne.

FALSIFICATIONS. — L'art de falsifier les marchandises est probablement aussi ancien que le commerce, qui remonte lui-même aux premiers âges de la civilisation. Toutefois, il n'a commencé à prendre de grands développements qu'à l'époque où l'industrie est entrée dans la voie du progrès. A la fin du xve siè-cle et au commencement du xvie, ce fut surtout sur les substances médicinales que la fraude s'exerça, et elle pouvait alors le faire avec d'autant plus d'impunité que l'analyse chimique, qui seule pouvait la démasquer, n'existait pas encore. Quelques savants, tels que Colin, en 1513, Lodetti de Brescia, en 1569, et Champier, en 1582, essayèrent bien de la combattre en indiquant aux pharmaciens et aux médecins les moyens de la reconnaître, mais, loin de décourager les falsificateurs, leurs ouvrages ne servirent qu'à les renseigner sur la manière dont ils devaient s'y prendre pour perfectionner leurs procédés. Ce ne fut véritablement qu'à l'époque de la Révolution que l'on commença, du moins en France, à poursuivre les falsifications, mais les peines prononcées furent si bénignes que les fraudeurs ne firent qu'en rire. Les choses n'ont guère changé depuis. « La législation actuelle, dit à ce sujet un écrivain des plus compétents, le chimiste Arthur Mangin, ne peut atteindre que les petits détaillants, et elle est dérisoire à l'égard des spéculateurs qui opèrent sur une grande échelle. »

FANAL DE CIMETIÈRE. — Voyez LANTERNE DES MORTS.

FANEUSE MÉCANIQUE. — L'opération du fanage a été faite, de temps immémorial, avec des fourches mues à la main, mais, s'il peut convenir aux pays chauds ou lorsque les prairies sont peu étendues, ce procédé présente de très-grands inconvénients sous les climats humides ou quand on a de grandes masses de fourrage à remuer. C'est pour remédier à cet inconvénient que les Anglais ont eu l'idée, il y a une cinquantaine d'années, de remplacer les grossiers instruments employés jusqu'alors par des machines puissantes auxquelles on a donné, à cause de leur destination, le nom de *Faneuses mécaniques*. L'emploi de ces machines est aujourd'hui général dans toutes les grandes fermes de nos voisins. On a essayé, dans ces derniers temps, de les introduire sur le continent, mais elles n'y sont guère encore que de simples objets de curiosité. La Faneuse qui passe pour la plus parfaite est celle de MM. Smith et Ashby, de Stamford, qui, mue par un cheval, effectue le travail de quinze hommes et beaucoup mieux que ceux-ci ne pourraient le faire. Le mécanicien Nicholson l'a dotée tout récemment de perfectionnements qui en augmentent encore l'utilité.

FANTASMAGORIE. — Art de faire apparaître, dans une salle parfaitement obscure, des figures ou fantômes, qui, grâce à des illusions d'optique, varient de grandeur et produisent des effets véritablement merveilleux. On obtient ce résultat au moyen d'un appareil, appelé *Phantascope*, qui n'est qu'une lanterne magique montée sur des roues et disposée de manière à pouvoir être éloignée ou rapprochée de la surface sur laquelle les apparitions doivent avoir lieu. La Fantasmagorie n'a pas été inventée, comme on le croit généralement, en 1798, par le physicien liégeois Étienne Robertson, car il a été prouvé que les prêtres païens s'en servaient pour tromper la multitude. Dans les temps modernes, Cagliostro et d'autres imposteurs y avaient eu aussi recours pour faire apparaître les esprits infernaux et les morts que leurs dupes voulaient évoquer. Toutefois, si Robertson n'a pas créé la Fantasmagorie, c'est lui qui l'a fait sortir du cabinet des charlatans et en a formé un genre de spectacle aussi ingénieux qu'attrayant.

FARD. — Les femmes orientales se sont fardées de tout temps. Les livres de l'Ancien Testament nous apprennent que les Juives se peignaient les paupières avec le sulfure d'antimoine. Cet usage était si bien établi, que Jézabel, ayant appris l'arrivée de Jéhu à Samarie, ne manqua pas d'y recourir, avant de se montrer à cet usurpateur, afin « de réparer des ans l'irréparable outrage. » L'emploi du sulfure d'antimoine ne finit pas avec les filles de Sion ; il s'étendit, au contraire, dans tout l'Orient, ainsi qu'en Égypte. Les dames grecques l'empruntèrent aux Asiatiques. Elles imaginèrent en même temps d'autres recettes pour se farder. Ainsi, outre la litharge en poudre, qu'elles appliquaient sur les joues, pour les colorer en rouge, elles se blanchissaient le teint avec la céruse, et faisaient disparaître les taches de la peau avec une pommade, appelée *œsipon*, qui était un mélange de miel et de suint de brebis. A ces divers procédés les élégantes de Rome en ajoutèrent une mul-

titude de nouvelles. Elles imaginèrent surtout des pâtes, des poudres et des crèmes pour effacer les rides, faire passer les taches, etc. L'usage des *Mouches* ne leur fut même pas inconnu. La mode de se farder disparut en Europe pendant le moyen âge, mais elle reparut en Italie, à l'époque de la Renaissance, et c'est de ce pays qu'elle fut introduite en France, au XVIᵉ siècle, par les gens de la suite de Catherine de Médicis. Toutefois, elle ne fut adoptée, dans notre pays, que par les femmes de condition, encore même seulement vers la fin du siècle suivant. Depuis la Révolution, le Fard n'est guère employé en Europe que par les artistes dramatiques, pour lesquels il est indispensable, afin de rehausser leurs couleurs naturelles, qui seraient trop affaiblies par les lumières de la rampe ; mais, en Orient, les femmes continuent à se peindre les sourcils avec le sulfure d'antimoine.

FAUCHEUSES MÉCANIQUES. — Comme leur nom l'indique, ces machines sont destinées à remplacer le travail de la faux pour la récolte des prairies. Elles ont été imaginées, il y a une quinzaine d'années et simultanément, en France, en Angleterre, aux États-Unis, peut-être même ailleurs. « Telles qu'elles sont aujourd'hui, dit M. Armengaud, les Faucheuses font un bon travail, et présentent déjà, à un degré très-appréciable, les avantages de la réalisation rapide et de l'économie que l'on recherche, conditions qui deviennent chaque jour plus indispensables en présence de la rareté et de la cherté croissante de la main-d'œuvre. Le grand intérêt qui résulte de l'emploi de ces machines est, en dehors de l'économie matérielle et de l'exécution rapide, de permettre au cultivateur de choisir le moment le plus opportun pour couper les plantes au point précis où il juge qu'elles ont acquis le développement le plus parfait, la qualité la plus grande. » Une des meilleures paraît être celle de M. Allen, des États-Unis, qui a été introduite, en 1859, dans notre agriculture : conduite par un homme et deux chevaux, elle fauche 4 à 5 hectares par jour. Celles des mécaniciens anglais Wood, Burgess et Key, Cranston, Samuelson, etc., fonctionnent également d'une manière très-satisfaisante.

FAUTEUIL. — Ce meuble était connu des anciens, car on le trouve représenté sur des médailles et sur des peintures grecques et romaines. Le moyen âge l'a également employé, et en a peut-être possédé autant de variétés que les temps modernes. Au XVIᵉ siècle, on avait déjà, pour les longues causeries au coin du feu, d'excellents fauteuils appelés alors *Caquetoires*, et qui reçurent plus tard le nom de *Ganaches :* ils correspondaient aux *Voltaires* et aux *Duchesses* de notre époque. De bonne heure aussi, on a fait des fauteuils pour l'usage spécial des malades. Tel était le *Fauteuil roulant* du sieur de Bezu, qui fut approuvé, en 1713, par l'Académie des Sciences ; il était monté sur des roulettes, et celui qui y était assis pouvait le faire mouvoir et tourner à volonté. Tel encore le *Trémoussoir*, ou *Fauteuil à ressorts*, qu'on appelait aussi *Fauteuil de poste*, qui fut construit, en 1734, par un sieur Duquet, pour l'abbé de Saint-Pierre. En 1770, un mécanicien, nommé Ferry, soumit à l'examen de l'Académie des Sciences un Fauteuil roulant dont le dossier se baissait et le siége se prolongeait en avant de manière à former un lit. Depuis le commencement de ce siècle, des *Fauteuils mécaniques*, ayant le même objet que ce dernier, ont été imaginés par tous les constructeurs d'appareils chirurgicaux.

FAUX. — L'usage de cet instrument est immémorial. Dans les temps modernes, la Styrie a eu, pendant plusieurs siècles, le monopole de la fabrication des Faux. Des essais multipliés ont été faits d'assez bonne heure, dans tous les pays, pour le lui enlever, mais d'abord avec peu de succès, parce que la matière première manquait des qualités qu'on lui trouve dans ce pays. En ce qui concerne spécialement la France, de nouveaux efforts pour obtenir ce résultat ayant été provoqués, en 1794 et 1795, par la Commission d'agriculture et des arts, plusieurs industriels se mirent à l'œuvre, et l'un d'eux, M. Barnèque aîné, de Bischwillers, put présenter, à l'exposition de 1802, des Faux qui lui valurent une récompense honorifique. Des progrès beaucoup plus importants furent réalisés, quelques années après, par MM. Irroy, de Forges-de-la-Hutte (Vosges), Durand, de

Grandvilliers (Oise), et Garrigou, de Toulouse. Enfin, le problème fut entièrement résolu, à partir de 1819, par M. Jacques Coulaux, qui, pour occuper les ouvriers de la manufacture d'armes blanches de Klingenthal, supprimée par le gouvernement, créa à Molsheim (Bas-Rhin) une fabrique de grosse taillanderie. Depuis cette époque, les Faux de Molsheim n'ont cessé de recevoir des améliorations, et elles sont aujourd'hui tellement supérieures à celles de Styrie, que l'établissement peut à peine suffire aux demandes qui lui sont faites. Ce qui les a principalement mises en faveur, c'est que leur dos est rapporté, disposition qui a permis de donner aux lames une homogénéité de trempe que les Faux de Styrie sont loin de posséder, et d'où résulte une plus longue durée du tranchant.

FÉCONDATION DES PLANTES. — Les premières idées relatives à la Fécondation des plantes se trouvent dans les écrits d'Hérodote. Cet historien rapporte que les Orientaux distinguaient très-bien les palmiers mâles et les palmiers femelles, et qu'ils savaient, en suspendant les inflorescences des premiers aux branches des seconds, rendre ces derniers aptes à produire des fruits. Toutefois, des faits si démonstratifs ne furent regardés dans l'antiquité, et même pendant le moyen âge, que comme des exceptions, et l'on ne songea pas à en tirer des conclusions relativement à l'ensemble des végétaux. Le botaniste italien André Césalpin, est le premier qui, s'appuyant sur de nombreuses observations, ait cherché à établir l'existence des sexes dans le règne végétal. Il publia à cet effet, en 1583, des idées qui furent développées et confirmées par le bohémien Zaluziansky, en 1604, et presqu'en même temps, par le français Charles de l'Écluse. Enfin, en 1694, Jacques Camerarius, professeur de botanique à Tubingue, exposa, pour la première fois, dans toute sa généralité et d'une manière véritablement scientifique la théorie de la Fécondation des plantes. A partir de ce moment, plusieurs savants, entre autres Sébastien Vaillant, en 1717, étudièrent avec soin les diverses questions qui se rattachent à cet acte si important de la nature, et les résultats de leurs recherches furent consignés, en 1735, par Linné, dans un de ses écrits les plus célèbres. Enfin, en 1823, en signalant, pour la première fois, l'existence des boyaux polliniques, le physiologiste italien Amici ouvrit une voie nouvelle aux observateurs, et cette découverte devint le point de départ d'une multitude de travaux auxquels on est redevable de l'état de perfection où est parvenue aujourd'hui l'étude de la Fécondation végétale. — On a vu plus haut que la Fécondation artificielle des plantes était connue et pratiquée en Orient, sur le palmier, à l'époque d'Hérodote : on l'opérait aussi sur le pistachier, et le procédé dont on se servait alors est encore employé de nos jours par les Arabes. Les botanistes modernes ayant remarqué que certaines plantes qui donnent habituellement des graines par les moyens naturels en donnent encore plus abondamment quand on les féconde artificiellement, on a tiré parti de cette découverte pour obtenir des produits que la nature seule ne fournirait pas. C'est ainsi que, dans les serres, où la vanille reste habituellement stérile, on réussit à lui faire produire des gousses qui, préparées convenablement, égalent en parfum et en grosseur celles que le commerce tire des régions tropicales. En fécondant des espèces avec le pollen d'espèces voisines, on obtient même des végétaux hybrides qui sont intermédiaires par leurs caractères à ceux qui leur ont donné naissance.

FÉCONDATION DES POISSONS. — Voyez PISCICULTURE.

FÉCULE. — Cette substance se trouve dans une foule de végétaux, mais en plus grande quantité dans les uns que dans les autres, et plutôt dans certains organes que dans d'autres. Ainsi, elle abonde dans les semences des céréales et des légumineuses, dans le tronc de beaucoup de palmiers, dans les tubercules de la pomme de terre, de l'orchis, de la bryone, de l'igname, etc., dans le fruit du châtaignier, du chêne, du marronnier d'Inde, etc., dans les racines du manioc, de la guimauve, de la réglisse, etc. La Fécule reçoit le plus souvent des dénominations particulières suivant le végétal qui la fournit, mais la Fécule proprement dite est celle de la pomme de terre : c'est celle aussi dont les applications industrielles sont les plus importantes. On l'emploie surtout pour faire des préparations alimentaires, et fabriquer le Glucose et la Dextrine. Voyez AMIDON, DEXTRINE, POMME DE TERRE, etc.

FENDRE (Machines à). — Voyez ENGRENAGE, REFENDRE, etc.

FER. — I. Si le *Fer* n'est pas le métal le plus beau et le plus brillant, c'est incontestablement celui qui rend les services les plus considérables ; il joue même un si grand rôle dans les diverses branches de l'industrie humaine, que l'on a dit avec raison, que les progrès de sa consommation et la perfection de son travail donnent la mesure du développement et de l'avancement des arts utiles. Toutefois, la découverte du Fer et l'art de le mettre en œuvre datent d'une époque moins reculée que l'emploi des autres métaux usuels, parce que, d'un côté, il n'existe presque jamais à l'état natif, et que, de l'autre, son extraction exige des connaissances métallurgiques très-développées. C'est pour cela que l'on a trouvé, chez plusieurs peuples, des objets d'or et d'argent longtemps avant qu'ils connussent l'usage du Fer, et que, chez toutes les nations de l'antiquité, les instruments de cuivre ont précédé de beaucoup ceux de Fer. — Les livres de Moïse attribuent la découverte du Fer et l'art de le travailler à Tubal-Caïn, fils de Lameth. Les Grecs en rapportaient l'introduction dans leur pays aux Dactyles, de Phrygie, qui étaient venus s'établir en Crète 1430 ans avant notre ère. Du reste, tous les peuples de l'antiquité possédaient à ce sujet des traditions particulières dont l'amour-propre national leur faisait obstinément soutenir la certitude. Tout ce qu'il est permis d'affirmer, c'est que la connaissance du Fer date des premiers temps de la Métallurgie, et que les Orientaux ont communément employé ce métal très-longtemps avant les Européens.

II. Deux méthodes servent à extraire le Fer de ses minerais. La plus simple, par conséquent la plus ancienne, est celle que l'on désigne, on ne sait pourquoi, sous le nom de *catalane*. Elle permet d'obtenir directement le Fer, mais elle ne peut s'appliquer qu'aux minerais très-riches, c'est-à-dire à ceux que l'on trouve le moins souvent. Aussi n'y a-t-on recours que dans un très-petit nombre de localités ; encore même, son emploi diminue-t-il de jour en jour. La seconde méthode est dite des *hauts-fourneaux*, à cause de la forme des constructions dans lesquelles on traite la matière première. Elle fournit un métal impur, appelé *Fonte*, qu'il faut ensuite soumettre, pour en retirer le métal, à une série d'opérations dont l'ensemble constitue l'*affinage*. On croit qu'elle a été créée en Italie, au XIVᵉ siècle, mais rien n'est moins certain. On sait seulement qu'elle était déjà connue en Angleterre vers 1545. — Depuis une cinquantaine d'années, la métallurgie du Fer a reçu un très-grand nombre de perfectionnements, qui ont été nécessités par le développement énorme qu'a pris la consommation de ce métal par suite de son application à l'établissement des ponts, des charpentes et des chemins de fer. Après les améliorations apportées aux diverses parties de l'outillage, les perfectionnements les plus importants ont eu pour objet d'utiliser les *gaz perdus* des hauts-fourneaux et de créer le procédé d'*affinage par la méthode anglaise*, c'est-à-dire de transformer la fonte en fer en remplaçant le charbon végétal par les combustibles minéraux. Ce dernier progrès a été imaginé, en Angleterre, vers 1784, et il a pris aujourd'hui une si grande importance qu'il s'est même répandu dans les districts métallurgiques d'où l'abondance du bois semblait devoir l'exclure. Toutefois, il a d'abord présenté une grande difficulté dans certains pays, à cause de l'obligation où l'on se trouvait de ne pouvoir y employer que les houilles dépourvues de matières sulfureuses, mais cet obstacle a disparu depuis 1850, époque à laquelle M. Calvert, professeur de chimie à Manchester, a découvert qu'on peut rendre toutes les espèces de houille propres au travail du Fer en y ajoutant du sel marin au moment où on les convertit en coke. L'affinage à l'anglaise a été nécessité par la destruction des forêts, qui ne permettait plus aux usines de se procurer économiquement le combustible dont elles avaient besoin. C'est aussi dans un but d'économie que l'on a eu l'idée d'utiliser pour divers usages, surtout pour faire mouvoir les machines-outils, les gaz qu'on laissait perdre par le gueulard des hauts-fourneaux. Cette innovation remarquable paraît avoir été créée en France, en 1809, par M. Aubertot, maître de forges à Vierzon, mais elle passa alors inaperçue. Plus tard, en 1828, M. Niels, de Glascow, agissant de concert avec MM. Wilson et Mackintosh, l'introduisit dans plusieurs fonderies des bords de la Clyde, et les bons résultats qu'il en obtint engagèrent les grands métallurgistes de l'Angleterre à l'adopter. Enfin, à partir de 1837, elle se répandit généralement dans les usines du continent. On a aussi essayé, dès 1835, pour économiser le combustible, de se servir de bois à demi carbonisé ou charbon roux, ou même de bois entièrement vert, mais les expériences auxquelles on s'est livré à ce sujet n'ont pas produit les résultats qu'on avait cru pouvoir en attendre.

III. — Le Fer n'est pas seulement employé à l'état métallique. Plusieurs de ses composés et de ses minerais reçoivent également de nombreuses applications dans les arts. Ainsi, le sulfate de fer, ou *Vitriol vert*, s'emploie pour le chaulage du blé, la désinfection des fosses d'aisances, la préparation de certaines couleurs, etc. ; l'acétate de fer, pour la teinture et la conservation des bois, etc. Ainsi, les minerais ferrugineux, appelés *Pyrites*, sont utilisés pour la fabrication de l'acide sulfurique. C'est avec l'un d'eux que l'on obtient la *Marcassite* dont on se sert pour faire des boutons et autres menus objets. Enfin, une foule de préparations ferrugineuses sont administrées en médecine à cause de l'action tonique et astringente qu'elles exercent sur l'économie. Voyez ACIER, FER-BLANC, FONTE, TÔLE, etc.

FER-BLANC. — Il est généralement admis que la fabrication du *Fer-blanc* a pris naissance en Bohême, mais on ignore à quelle époque. On admet aussi que cet art fut introduit en Saxe, vers 1620, par un prêtre bohémien que sa conversion au protestantisme avait forcé de quitter son pays. En 1670, le gouvernement anglais chargea André Yaranton d'aller en Allemagne étudier sur place la nouvelle industrie, et d'en ramener des ouvriers assez habiles pour la naturaliser en Angleterre. Yaranton remplit parfaitement sa mission, mais il paraît que les résultats n'en furent pas heureux, car nos voisins regardent comme la plus ancienne de leur pays la fabrique de Fer-blanc de Pontypool, dans le comté de Montmouth, qui fut fondée en 1730. C'est à Colbert que la France est redevable des premiers essais qui aient été faits pour la doter de la fabrication du Fer-blanc. Des ouvriers allemands, attirés par ce grand ministre, vinrent s'établir, les uns à Chenesey, en Franche-Comté, les autres à Beaumont-la-Ferrière, en Nivernais, mais, bientôt divisés et ne se trouvant pas assez encouragés, ils se séparèrent et revinrent dans leur pays. De nouvelles tentatives eurent lieu au siècle suivant, et, cette fois, avec plus de succès. Une première fabrique fut montée à Strasbourg pendant la minorité de Louis XV ; une seconde, à Wegscheid (Haute-Alsace), en 1718 ; une troisième, à Bains (Lorraine), en 1733 ; une quatrième, à Morambert (Franche-Comté), vers 1760 ; et une cinquième, près de Nevers, vers 1775. Par suite de ces différentes créations, l'industrie du Fer-blanc se trouva définitivement établie dans notre pays. Toutefois, pendant très-longtemps, le Fer-blanc anglais fut de beaucoup supérieur à celui des autres contrées, mais cette supériorité n'existe plus aujourd'hui. Voyez ÉTAMAGE et MOIRÉ MÉTALLIQUE.

FER A REPASSER. — Voyez REPASSAGE.

FERMES-MODÈLES. — Ces établissements ne sont pas aussi nouveaux qu'on pourrait le croire. Les textes parvenus jusqu'à nous ne fournissent aucun renseignement sur leur histoire chez les peuples agricoles de l'antiquité, mais on est un peu plus heureux pour les temps qui ont suivi la destruction de l'empire romain. En effet, les grandes métairies monastiques fondées au moyen âge, en France, en Italie, en Angleterre, et ailleurs, par la plupart des ordres religieux, étaient de véritables Fermes-modèles où l'on formait des agriculteurs et où l'on pratiquait les procédés de culture les plus parfaits. La haute administration de chacune d'elles était confiée à un chef unique, appelé maître (magister). Plusieurs de ces métairies ont été le noyau de riches villages. La première Ferme-modèle créée en France, dans les temps modernes, paraît être celle qui

fut fondée, en 1771, à Annoy, près de Compiègne, par l'agronome Sarcey de Sutières.

FERMENTATION. — Le médecin chimiste Van Helmont, mort en 1644, paraît avoir, le premier, étudié la Fermentation, qu'il a très-bien définie « la mère de la transmutation. » Le premier aussi il a signalé deux conditions capitales de ce phénomène, le contact de l'air et la production de gaz acide carbonique, qu'il appelait gaz sylvestre. « Une grappe de raisin non endommagée, dit-il, se conserve et se dessèche ; mais, une fois que l'épiderme est déchiré, le raisin ne tarde pas à subir le mouvement de la Fermentation ; c'est là le commencement de sa métamorphose. Ainsi, le moût de vin, le suc des pommes, des baies, du miel et même des fleurs et des branches contuses, éprouvent, sous l'influence du ferment, comme un mouvement d'ébullition dû au dégagement du gaz. Ce gaz, étant comprimé avec beaucoup de force dans les tonneaux, rend les vins pétillants et mousseux. » Les chimistes modernes ont fait de nombreuses recherches sur la Fermentation, ce qui les a conduits à en distinguer quatre espèces : la *Fermentation alcoolique*, la *Fermentation acide*, la *Fermentation putride* et la *Fermentation visqueuse*.

FERRONNIÈRE. — Gracieux ornement de tête, à l'usage des femmes, qui se compose d'une étroite bandelette fermée au milieu du front par un camée ou une pierre précieuse. Il porte le nom d'une des favorites de François Ier, la femme de Jean Ferron, bourgeois de Paris, généralement connue sous le nom de *la belle Féronnière*.

FERRURE DES CHEVAUX. — Voyez CHEVAL.

FEU. — Les philosophes grecs avaient fait du Feu un des quatre éléments, et imaginé, pour expliquer sa nature subtile, une foule de doctrines qui furent reproduites par presque tous les savants, jusqu'à la création de la chimie moderne. A la différence de la plupart de ses contemporains, Pline le Naturaliste se contenta d'en signaler les effets. « Le Feu, dit-il, est nécessaire dans la fabrication du verre ; ici il fournit le minium, là de l'argent, ailleurs du plomb, ailleurs des couleurs, ailleurs des médicaments. Le Feu change les minerais en métaux ; il met en fusion et dompte le fer ; il convertit la pierre à chaux en ciment. A combien de produits l'action réitérée du Feu ne donne-t-elle pas naissance ! Le charbon éteint, et celui qui a déjà une première fois subi l'action du Feu, a bien plus de force et chauffe bien davantage qu'auparavant. Immense et capricieuse portion de la nature, qui nous fait douter si, dans son action, elle ôte ou si elle ajoute quelque chose. » Ces dernières paroles, dit avec raison M. Hoefer, sont fort remarquables. C'est qu'en effet le Feu, tantôt ôte, tantôt ajoute quelque chose. Ainsi la craie, soumise à l'action du Feu, perd de son poids en perdant de l'acide carbonique ; le fer, par la même action du Feu, augmente de poids, en absorbant de l'oxygène. Le Feu, continue l'éminent chimiste, semble toujours être accompagné d'une action chimique. Les corps sont consumés par le Feu en raison des matières aériformes qui se développent par la combustion. Le Feu, ou l'étincelle produite par l'électricité, jouit seule du privilége de subsister sans le développement d'aucun corps gazeux. C'est ainsi que deux pointes de charbon, placées dans le vide, peuvent, au moyen de l'électricité, produire une incandescence extrêmement vive, sans que le charbon augmente ni diminue de poids. Voyez Calorique, Combustion et Flamme.

Feu d'artifice. — Voyez Pyrotechnie.

Feu central. — Voyez Terre.

Feu grégeois. — Terme générique par lequel on désigne, parce qu'elles ont été introduites en Europe par les Grecs de Byzance, des compositions incendiaires, usitées autrefois à la guerre, et auxquelles l'imagination de plusieurs écrivains a fait attribuer les propriétés les plus fantastiques. On sait aujourd'hui que ces compositions étaient de simples mélanges de matières grasses et résineuses, ou de charbon, de soufre et de salpêtre. On sait aussi qu'elles n'étaient pas inextinguibles, comme on l'a prétendu, et qu'elles se bornaient à occasionner des incendies dont on combattait les progrès par les moyens ordinaires. L'histoire du Feu grégeois est des plus simples. En effet, il est établi que les compositions incendiaires ont été employées de tout temps, dans divers pays, principalement en Chine et dans l'Inde, sur les champs de bataille, pour effrayer ou blesser les hommes et les chevaux, et dans l'attaque des places, pour mettre le feu aux constructions de bois. Elles étaient inconnues en Europe, lorsque, l'an 673 de notre ère, un ingénieur syrien, appelé Callinicus, les communiqua aux Grecs, qui s'en servirent aussitôt pour repousser les Arabes. Cet ingénieur s'en attribua l'invention, mais il en avait probablement appris la préparation de quelque artificier indien. Quoi qu'il en soit, les Grecs en firent seuls usage jusqu'aux premières années du XIIIe siècle, époque à laquelle leur fabrication fut communiquée, on ne sait comment, aux peuples musulmans, qui la perfectionnèrent de mille manières, et c'est par suite des applications que ces derniers en firent pendant la croisade de saint Louis, en Égypte, que les chrétiens occidentaux en eurent connaissance. Les croisés eurent d'abord une grande peur de cet agent de destruction, qui était tout nouveau pour eux, mais ils ne tardèrent pas à en apprécier les effets véritables ; ils réussirent même à en découvrir la préparation, et ils la rapportèrent dans leur pays. A partir du XIVe siècle, le Feu grégeois fut souvent employé, dans la guerre des siéges, en France, en Angleterre, en Allemagne et ailleurs, mais l'invention de la Poudre, dont la puissance est autrement considérable, le fit peu à peu tomber dans l'oubli, et cette circonstance donna plus tard lieu à la croyance, encore répandue de nos jours, que l'art de le fabriquer était perdu. De là, les recherches auxquelles se livrèrent, au XVIIIe siècle, pour retrouver ce prétendu secret, les artificiers Paoli (1702), Torré (1706), Dupré (1757), Coste (1793), Chevallier (1797), et autres, et qui eurent pour résultat de faire imaginer des compositions incendiaires improprement baptisées du nom de Feu grégeois et qui n'avaient rien de commun avec les produits de la pyrotechnie ancienne. Du reste, les progrès de la chimie ont doté l'art militaire de nos jours de mélanges incendiaires infiniment plus efficaces que ceux des Grecs et des Arabes, et qui possèdent véritablement la propriété, que n'avaient pas les leurs, de brûler parfaitement dans l'eau. V. au Compl.

FEUILLETON. — Les premiers journaux étaient exclusivement destinés, les uns aux nouvelles politiques, les autres aux œuvres littéraires, d'autres aux intrigues de la ville et de la cour. Mais bientôt, la spéculation s'en mêlant, l'idée vint d'ajouter aux grandes publications périodiques une partie accessoire, que l'on plaça dans la partie inférieure de leurs colonnes et que l'on réserva aux matières étrangères à l'objet principal de la rédaction. Alors naquit, vers la fin du XVIIIe siècle, ce que nous appelons aujourd'hui *le Feuilleton*. Le *Feuilleton dramatique* fut la première innovation de ce genre; le critique Louis Geoffroy l'inaugura, en 1801, dans le *Journal des Débats*. Le *Feuilleton musical* vint ensuite, puis le *Feuilleton scientifique*, et enfin, le *Feuilleton roman* ou *Feuilleton littéraire* proprement dit, qui a pris de nos jours une importance considérable.

FEUTRE. — Les propriétés feutrantes de la laine paraissent avoir été connues de temps immémorial : ce qui est du moins certain, c'est que la plupart des peuples de l'antiquité ont su fabriquer du Feutre plus ou moins grossier dont ils faisaient des chaussures, des tentes, des coiffures et des pièces d'armure. Au commencement de ce siècle, on a eu l'idée de tirer parti de ces mêmes propriétés pour former, sans le secours du filage et du tissage, des étoffes suffisamment flexibles pour servir aux mêmes usages que les draps ordinaires, et c'est aux étoffes de cette espèce que l'on a donné le nom de *Drap-feutre*. Toutefois, cette innovation n'a pas encore répondu aux espérances que son apparition avait fait naître, et, jusqu'à présent, elle n'a pu trouver d'emploi que pour l'exécution de draps de table, de couvertures, de tapis et de portières, que l'on orne en général de dessins gaufrés ou imprimés. — Le mécanisme du feutrage paraît avoir été expliqué scientifiquement, pour la première fois, en 1790, par notre illustre compatriote Gaspard Monge.

FIACRE. — Les *Fiacres* sont les premières voitures de louage qu'il y ait eu en France, peut-être même dans toute l'Europe. Ils furent créés à Paris, en 1640, par un nommé Nicolas Sauvage, qui était facteur du maître des coches

d'Amiens. Quant à leur nom, ils le durent au bâtiment dans lequel leurs remises furent d'abord établies, et que l'on appelait *Hôtel Saint-Fiacre* parce qu'une image de ce saint lui servait d'enseigne. L'entreprise du sieur Sauvage ayant parfaitement réussi, plusieurs services rivaux ne tardèrent pas à s'organiser, et, en quelques années, Paris posséda un système de voitures de louage assez bien entendu pour le temps. C'est en 1666 que l'on paraît avoir essayé, pour la première fois, d'introduire ce progrès dans les principales villes de la province, et en 1668 que l'on semble avoir commencé à distinguer deux catégories principales de voitures de louage, les *Voitures de remise*, que l'on ne pouvait louer qu'au mois ou à la journée, et les *Fiacres proprement dits*, qui stationnaient sur la voie publique et marchaient à l'heure et à la course. Le *prix de la course* était déjà fixé en 1664. En 1703, chaque voiture fut tenue d'avoir un *numéro* très-apparent. En 1774, les cochers furent soumis au *dépôt des objets perdus*. Enfin, c'est en 1831 qu'a été établi l'usage de remettre à chaque voyageur une *carte* indiquant le numéro de la voiture et le prix du transport.

FIBRILIA. — Ce mot a été créé, en 1861, par un industriel des États-Unis, pour désigner une chose assez ancienne, c'est-à-dire une matière textile obtenue en soumettant le lin, le chanvre, le jute, et autres substances analogues, à une manipulation destinée à leur donner les propriétés du coton et de la laine. Les premières tentatives pour obtenir ce résultat paraissent avoir été faites en Suède, en 1747, époque à laquelle Lilljikreuzes et Palmsquit publièrent la description d'un procédé au moyen duquel on pouvait *cotoniser* le chanvre et le lin. En 1775, une Anglaise, lady Moira, réussit, avec le concours d'un industriel des environs de Manchester, appelé Bailey, à créer un procédé analogue, qu'elle essaya d'exploiter sur une grande échelle. Des expérimentations du même genre furent faites plus tard, notamment en Allemagne et en Angleterre, par le baron de Meidinger (1777), Haag (1788), Kreutzer (1801), Göbell (1803), Segalla, Stadler et Haufner (1811), Sokou (1816), etc., et toujours sans beaucoup de succès. Vers 1840, la solution du problème fut entreprise de nouveau par un teinturier holstenois, nommé Ahnesorge. Cet industriel obtint même, en 1846, du roi de Danemark, des encouragements pécuniaires à l'aide desquels il établit à Neumunster une manufacture, que la guerre des duchés l'obligea de fermer après une courte existence (1848). Ahnesorge se rendit alors à Londres, où un agent d'affaires le mit en rapport avec le danois Claussen, qui était établi en Angleterre depuis quelques années, et auquel il finit par céder son procédé. Ce dernier se livra aussitôt à des essais à la suite desquels il obtint quelques échantillons qui figurèrent, sous les noms de *Coton de lin* (*Flax coton*) et de *Coton anglais* (*British coton*), à l'Exposition universelle de 1851. Des tentatives semblables ont été faites, dans ces dernières années, en Angleterre, en Allemagne, en France et aux États-Unis, mais sans donner des résultats satisfaisants. Au reste, aux yeux des hommes compétents, la *Cotonisation* du chanvre et du lin est tout à fait chimérique. Quant à son application au jute, au china-grass, à l'aloès, à l'ortie, etc., elle paraît véritablement possible : seulement, dans l'état présent des choses, elle entraîne des frais si considérables qu'elle ne saurait être industriellement praticable.

FICHU. — La mode des *Fichus* est née après 1692. Au mois d'août de cette année, l'armée, commandée par le maréchal de Luxembourg, campait à Steinkerque, en Belgique, quand elle fut surprise par les troupes anglo-hollandaises du roi Guillaume III. En s'habillant à la hâte pour repousser l'ennemi, les officiers français passèrent négligemment leurs cravates, et, de retour à Paris, ils continuèrent à les porter *à la steinkerque*. Des hommes, les Steinkerques ne tardèrent pas à passer aux femmes : seulement celles-ci en modifièrent la forme, et les firent d'un triangle de soie, bordé de dentelles, de franges d'or ou de filets d'or et d'argent.

FIFRE. — Cet instrument de musique paraît avoir été inventé en Suisse ou en Allemagne, et l'on attribue au règne de François Ier son introduction dans nos armées. Ce qu'il y a de certain, c'est que des Fifres figurent sur les bas-reliefs du tombeau de ce prince qui re-

présentent la bataille de Marignan, et qu'on n'en trouve point sur les monuments antérieurs. Quant au mot Fifre, ce n'est pas, comme on le croit communément, une altération du nom du colonel Pfeiffer, dont le régiment fut, dit-on, le premier qui eut des Fifres : il vient tout simplement de l'allemand *pfeife*, petite flûte, lequel dérive lui-même du verbe *pfeifen*, siffler.

FIGUIER. — Les botanistes donnent le nom de *Figuier* à un grand nombre de végétaux ligneux différents, qui croissent dans toutes les parties du globe, mais on désigne ainsi, dans le langage vulgaire, l'arbre dont le fruit figure habituellement sur nos tables. On ignore la patrie primitive de cet arbre. Les uns le croient indigène aux contrées méridionales de l'Europe, tandis que les autres pensent qu'il est originaire de l'Orient. Dans ce dernier cas, son importation dans nos pays est si ancienne qu'on ne saurait lui assigner une date. Quant au procédé de la *Caprification*, au moyen duquel on réussit à augmenter le nombre et le volume des figues, il paraît avoir été inventé dans le Levant, où on l'a pratiqué de tout temps sur la plus grande échelle.

FILATURE. — L'art de transformer les matières textiles en fil remonte à l'origine même des sociétés, mais ses premiers progrès ne datent que de la fin du XVIIe siècle. Avant cette époque, le filage constituait une modeste occupation presque exclusivement réservée aux ménagères de la campagne, et se pratiquait soit avec le Rouet, soit au moyen de l'instrument si connu sous le nom de Quenouille. La révolution que les temps modernes ont vu opérer dans l'art du filage est née en Angleterre a eu pour point de départ les développements de l'industrie cotonnière. Toutefois, ses commencements sont entourés de tant d'obscurité que l'on est à peine d'accord sur les noms de ceux à qui l'humanité en est redevable et sur l'étendue des découvertes exécutées par chacun d'eux.

I. *Coton.* Vers 1764, la consommation des tissus de coton était déjà si importante chez nos voisins que le filage à la main ne pouvait plus fournir assez de fil. Plusieurs esprits ingénieux se mirent alors à la recherche d'une machine, qui, conduite par un seul ouvrier, pût faire autant de travail que plusieurs fileuses. La première invention capitale fut celle du métier appelé *Spinning Jenny* ou *Jeannette la fileuse*, qui parut vers 1767 : on l'attribue généralement à un fabricant de peignes à tisser, nommé Thomas High, qui lui donna, dit-on, le nom de sa fille et fut aidé, dans ses essais, par John Kay, horloger à Leigh, dans le Lancashire: Peu de temps après, le charpentier James Hargreaves apporta quelques modifications à la machine, et c'est pour ce motif que plusieurs écrivains l'en ont regardé à tort comme l'inventeur. Toutefois, la Jenny n'était propre qu'à fournir du fil de trame, et ne pouvait fournir des fils assez résistants pour la chaîne. Ce dernier résultat fut obtenu, vers 1768, par le mécanicien Richard Arkwright, de Bolton-lès-Moors, au moyen du *Throstle* ou *Métier continu*, appelé aussi *Métier hydraulique* (*Water-twist*), à cause du moteur qui servit d'abord à le faire marcher. Enfin, en 1775, en combinant ensemble la Jenny et le Throstle, un autre mécanicien de Bolton-lès-Moors, Samuel Crompton, créa la *Mull-Jenny* ou *Moulin de Jeannette*, qui opéra dans la Filature mécanique la même révolution que les machines précédentes avaient faite dans le filage au rouet et à la quenouille. Les premiers essais pour introduire les machines anglaises dans notre industrie cotonnière paraissent avoir été faits, en 1792, par MM. John Brown, Picford et Cie, mais ils ne réussirent pas. MM. Douglas et Cockerill furent plus heureux en 1802, et, cinq ans après, le gouvernement impérial s'étant rendu propriétaire du brevet qu'ils avaient pris, le rendit public, en même temps qu'il fit déposer au Conservatoire des Arts et Métiers un assortiment complet d'appareils destinés à servir de modèles aux constructeurs. La Filature mécanique du coton se fait généralement aujourd'hui au moyen des Métiers continus et des Mull-Jennys, mais ces machines ont été dotées de tous les perfectionnements dont la pratique a fait reconnaître l'utilité. Au premier rang des mécaniciens qui, depuis Crompton, ont le plus contribué à leur amélioration, on cite les Anglais Henry Houldsworth, Paul-Louis, William Kelly, Maurice Jough, et Richard Roberts, et les Fran-

çais Josué Heilmann et Nicolas Schlumberger, de Mulhouse.

II. *Laine.* La Filature mécanique de la Laine remonte à l'invention de la Mull-Jenny, mais cette machine n'a d'abord pu être appliquée qu'à la laine cardée. Quant à la laine peignée, on n'a commencé à la filer mécaniquement qu'en 1816 : ce n'est même qu'à partir de 1821 qu'on est parvenu à obtenir des résultats satisfaisants. Cette industrie est principalement redevable de l'état de perfection où nous la voyons aujourd'hui à l'invention des procédés de peignage, imaginés, en 1821, par M. Laurent, et complétement transformés, en 1842, par M. Godard, d'Amiens, et 1845, par MM. Josué Heilmann et Nicolas Schlumberger.

III. *Chanvre et Lin.* La Filature mécanique du Chanvre et du Lin est beaucoup moins ancienne que celle du coton et de la laine. Ses premiers essais ont eu lieu, mais sans succès, à la fin du dernier siècle, en France, en Écosse et en Angleterre. Enfin, le 7 mai 1810, l'empereur Napoléon Ier, voulant hâter la solution du problème, offrit un prix d'un million à l'inventeur de la machine qui exécuterait le filage des deux substances dans les divers degrés de finesse réclamés par l'industrie. Les événements politiques ne permirent pas de donner suite au concours, mais un ancien professeur de physique à Marseille, M. Philippe de Girard, n'en créa pas moins la machine tant désirée. Toutefois, la France ne sut pas profiter de cette merveilleuse invention, qui fut portée en Angleterre par l'infidélité des associés de son auteur, lesquels la vendirent, en 1814, à Horace Hall, négociant à Londres. Notre pays n'en fut même doté qu'en 1833, par MM. Scrive, de Lille, Feray, d'Essonnes, Vaison, d'Abbeville, et Decoster, de Paris, qui allèrent la chercher à Leeds, où son emploi avait révolutionné l'industrie linière.

IV. *Soie.* La transformation de la Soie en fil, n'étant qu'un simple retordage, n'a pas eu besoin d'appareils aussi compliqués que celle des autres matières textiles. Son exécution par des moyens mécaniques paraît avoir été imaginée à Bologne, vers la fin du XIVe siècle, par un nommé Borghesano Lucchesi. Ce ne fut cependant que bien longtemps après, entre 1744 et 1770, que Vaucanson en détermina les vrais principes, et construisit des machines qui peuvent encore aujourd'hui servir de modèles. Les procédés ont reçu depuis de nombreux perfectionnements, dont les principaux sont dus à nos compatriotes Ferdinand Gensoul, de Lyon, et Hollenwerger, de Colmar. Le premier a créé, en 1805, le système de chauffage employé aujourd'hui dans toutes les grandes manufactures, et le second a réussi, le premier, de 1815 à 1817, à filer mécaniquement la bourre de soie. Dans ces dernières années, un autre de nos compatriotes, M. Auguste Achard, de Lyon, a imaginé, pour filer la soie, un *Métier électrique*, au moyen duquel le fil des cocons qui vient à se casser pendant le dévidage se trouve immédiatement remplacé. Cette invention a fait beaucoup de bruit lors de son apparition, mais il ne paraît pas qu'on ait pu jusqu'à présent en obtenir des applications véritablement industrielles.

FILETS DE PÊCHE. — L'art de fabriquer les *Filets de pêche* remonte, comme tant d'autres choses, à l'origine des sociétés, et, dans tous les temps et dans tous les lieux, il a été l'objet de la préoccupation des populations maritimes , pendant les longs loisirs de l'hiver. Toutefois, ce n'est qu'à une époque très-moderne qu'on a cherché à perfectionner ses procédés en les rendant plus économiques par l'emploi de machines. Les plus anciennes tentatives dans cette voie paraissent avoir été faites simultanément, au XVIIe siècle et au XVIIIe, en Hollande et en Angleterre, mais c'est à ce dernier pays qu'appartiennent les premières machines qui aient pu fonctionner avec quelque succès. Elles furent exécutées par Peter Brotherston, en 1774, William Horton et Ross, en 1778, et Robert Barber, en 1792. Un autre appareil analogue, mais plus parfait, fut construit par Robert Brown, en 1802. En ce qui concerne la France, c'est seulement au commencement de ce siècle que les métiers à faire les Filets de pêche ont commencé à attirer l'attention des mécaniciens. Le premier fut inventé, en 1804, par Jacquard, de Lyon, à l'occasion d'un concours ouvert, deux ans auparavant, par la Société d'encouragement. Un second, beaucoup mieux disposé, fut envoyé à l'exposition de 1806 par M. Buron, de Bourgtheroude (Eure). Malgré ces deux inventions, notre fabrication de filets continua, comme par le passé, à se faire exclusivement à la main, et leur insuccès ne contribua pas peu à dégoûter ceux qui auraient été tentés de faire des essais dans la même voie. L'étude du problème ne fut reprise que quarante ans plus tard. Enfin, en 1849, le mécanicien Pecqueur fit breveter le métier qui porte son nom, et qui, peu apprécié dans notre pays, obtint aussitôt le plus grand succès en Angleterre. Des métiers du même genre ont été proposés depuis chez presque tous les peuples qui se livrent à la grande pêche ; mais, jusqu'à présent, les Anglais ont seuls réussi à s'en servir utilement.

FILIÈRE. — Voyez BANC A TIRER.

FILS MÉTALLIQUES. — Voyez BANC A TIRER et PLOMB.

FILTRATION DE L'EAU. — Voyez EAU.

FLAGEOLET. — Voyez FLUTE.

FLAMBAGE DES TISSUS. — Voyez GRILLAGE.

FLAMBOYANT (*Style*). — Voyez OGIVE.

FLAMME. — La *Flamme* est une matière gazeuse chauffée au point d'être lumineuse. Ce fait a été connu, mais d'une manière très-vague, par les savants de l'antiquité. Ainsi, plus de trois siècles avant notre ère, Théophraste disait : « Il n'est pas irrationnel de croire que la Flamme est entretenue par un souffle ou un corps aériforme ; » et, plus tard, Galien avançait qu'elle est un *air enflammé*. Quant à la structure intérieure de la Flamme, c'est Léonard de Vinci qui, au XVe siècle, paraît l'avoir très-bien entrevue pour la première fois. « Il se fait de la fumée au centre de la Flamme d'une bougie, dit-il dans un de ses écrits, parce que l'air qui entre dans la composition de la Flamme ne peut pas y pénétrer jusqu'au milieu. Il s'arrête à la surface de la Flamme, il se transforme en elle, il laisse un espace vide, qui est rempli successivement par d'autre air. » Depuis la fin du dernier siècle, les chimistes ont étudié les diverses questions qui se rattachent à la théorie de la Flamme, et les recherches qu'ils ont exécutées à cet effet ont conduit à plusieurs applications utiles. C'est ainsi que la découverte de ce fait, que les toiles métalliques ne se laissent pas traverser par la Flamme, a donné lieu à l'invention de la Lampe de Humphry Davy, à celle de l'appareil du chevalier Aldini, pour combattre les incendies, etc. Voyez LAMPE DE SURETÉ, LANTERNE, TOILES MÉTALLIQUES, etc.

FLÈCHE. — I. La *Flèche* est l'arme de jet la plus anciennement connue. C'est celle aussi dont l'usage a été le plus répandu. Elle a disparu depuis longtemps en Europe, mais elle existe encore dans toutes les autres parties du monde. On la trouve même dans des pays, tels que le Japon, la Chine et la Perse, où les armes à feu sont connues depuis des siècles. Voyez ARC.

II. L'espèce de pyramide aiguë qui, sous le nom de *Flèche*, surmonte les tours ou le toit des églises, est un des membres les plus importants et les plus caractéristiques de l'architecture ogivale. Elle a pris naissance dans la première moitié du XIIᵉ siècle et atteint tout son développement dans la seconde. Dans le principe, les Flèches des tours furent exclusivement faites en pierre, et celles du transept en bois. Au XIVᵉ siècle, on commença à les élever, les unes et les autres, en charpente, et à les recouvrir tantôt de plomb, tantôt d'ardoises. A la fin du siècle suivant, la mode s'introduisit dans plusieurs provinces de les remplacer par une espèce de dôme octogone à profil elliptique en pierre. Au XVIᵉ siècle, la Renaissance produisit quelques Flèches, soit en pierre, soit en bois. Enfin, l'usage des constructions de ce genre disparut au XVIIᵉ, mais, de nos jours, une école d'archéologie a réussi à le faire revivre.

FLEURS. — Le *Langage des fleurs* n'était pas ignoré des anciens. Ainsi, on voit, dans l'Ancien Testament, que, chez les Juifs, l'ivraie était le symbole du vice, et l'épi de blé celui de l'abondance et de la richesse. Plusieurs passages des auteurs grecs et latins prouvent que les dames d'Athènes et de Rome savaient aussi correspondre au moyen des fleurs. Pendant le moyen âge, ce système de correspondance fut très à la mode en Europe, dans les hautes classes de la société. Aujourd'hui, il n'existe plus guère qu'en Orient, où il n'a d'ailleurs jamais cessé d'être en faveur. — La *Peinture des fleurs* a été également cultivée par les artistes de l'antiquité, ainsi que le prouvent les ruines de Pompéi et d'Herculanum. Dans l'Europe moderne, c'est principalement dans les écoles hollandaise et flamande qu'elle a compté ses plus illustres représentants. Voyez DESSICCATION et PARFUMS.

FLEURS ARTIFICIELLES.—La fabrication des *Fleurs artificielles* existait chez les anciens Égyptiens, comme le prouvent celles que l'on a trouvées dans les tombeaux de Thèbes. Elle est également immémoriale dans l'Inde. Quant à la Chine, elle n'y aurait pris naissance qu'au IIIᵉ siècle de notre ère, si l'on en croit certains historiens, mais il est probable qu'elle y date d'une époque beaucoup plus reculée. Les Grecs et les Romains savaient aussi faire les Fleurs artificielles. A l'exemple des Égyptiens, ils leur communiquaient quelquefois l'odeur naturelle en plaçant dans leur intérieur un petit tampon imbibé d'une essence appropriée. Dans l'Europe moderne, ce n'est guère qu'à partir du XIVᵉ siècle que l'usage des Fleurs artificielles a commencé à devenir un peu général, mais on ne s'en est d'abord servi que pour la décoration des autels et des lits, et c'est au XVᵉ siècle, en Italie, d'où la nouvelle mode se répandit peu à peu dans les autres pays, que l'idée de les appliquer à la toilette paraît avoir pris naissance. Toutefois, pendant très-longtemps, les fleuristes européens se contentèrent de donner des formes de fantaisie à leurs produits : ils ne commencèrent même à imiter un peu exactement la nature que vers la fin du XVIIᵉ siècle. Le premier artiste français qui acquit de la réputation sous ce rapport fut un Languedocien, appelé Séguin, qui vint s'établir à Paris en 1708. Ce premier progrès fut suivi presque aussitôt de plusieurs autres : les principaux furent l'invention du découpage à l'emporte-pièce et celle du gaufroir gravé, dont on ignore les auteurs. Un peu plus tard, Wentzel, fleuriste de la reine Marie-Antoinette, introduisit de nombreux perfectionnements dans les procédés généraux. Enfin, l'adoption, en 1826, de la division du travail vint transformer la fabrication des Fleurs artificielles, en lui donnant le moyen de triompher de divers obstacles qui avaient jusqu'alors contrarié son essor. Cette industrie existe aujourd'hui partout, mais c'est la France qui tient le premier rang pour toutes les pièces qui réunissent la grâce et la distinction à l'imitation la plus parfaite des formes naturelles. De nos jours, les matières employées ne sont pas devenues moins nombreuses que les procédés d'exécution. Toutefois, on doit rejeter parmi les excentricités les plus malheureuses, l'idée qu'ont eue certains fabricants d'employer le cuir, le corail, l'ivoire, la porcelaine, même la fonte, pour imiter les plus délicates productions de la nature.

FLINT-GLASS. — Voyez VERRE D'OPTIQUE.

FLOTTAGE. — Pour exploiter économiquement les forêts dans les pays de montagnes, on dirige les pièces de bois du lieu de production au lieu de consommation, en leur faisant suivre la pente et le cours des fleuves et des rivières. C'est à ce système de transport que l'on donne le nom de *Flottage* ou *Flot*. On attribue généralement cette invention à Jean Rouvet, qui l'aurait faite, en 1549, pour conduire à Paris le bois de chauffage des forêts du Morvan, et auquel la ville de Clamecy, qui prétend lui avoir donné le jour, a élevé une statue en 1827. Mais cet industriel n'a fait en réalité que régulariser sur un point particulier de notre pays une chose véritablement très-ancienne. « Le Flottage, dit, en effet, avec raison, un écrivain très-compétent, a existé de tout temps et partout où il était possible et utile de le pratiquer. Les bois qui servaient à l'approvisionnement de Rome, à l'époque des empereurs, venaient en grande partie des forêts de la Toscane; sitôt qu'ils étaient coupés, on les jetait à bûches perdues dans des rivières qui les charriaient à la Méditerranée; là des galères les recevaient et les portaient à Rome, en remontant le Tibre. Il n'est pas douteux que ce mode d'approvisionnement, qui a duré plusieurs siècles, n'ait employé les moyens d'exécution que nécessite un flottage régulier, tels que les réservoirs, les retenues d'eau, les pertuis, les barrages, etc., toutes inventions dont l'origine se perd dans la nuit des temps. »

FLOTTEUR. — Appareil destiné à prévenir les dangers qui pourraient résulter d'une interruption dans l'alimentation de la chaudière des machines à vapeur. Son invention date des premiers progrès de la construction de ces machines, mais, depuis cette époque, ses dispositions ont été modifiées de mille manières. C'est, dit-on, le mécanicien français Sorel qui, bien avant 1843, a eu le premier l'idée d'y adapter le *Sifflet-avertisseur*, déjà appliqué aux locomotives, pour avertir de l'abaissement du niveau de l'eau dans la chaudière. De nos jours, on a plusieurs fois essayé de faire fonctionner automatiquement les Flotteurs au moyen de l'Électricité, innovation qui a produit les Flotteurs dits *électro-magnétiques*.

FLUIDE ÉLECTRIQUE. — Voyez ÉLECTRICITÉ.

FLUIDE GALVANIQUE. — Voyez GALVANISME.

FLUORHYDRIQUE (*Acide*). — Il a été découvert, en 1771, par le chimiste suédois Charles-Guillaume Scheele, qui l'appela *Acide fluorique*, parce qu'il le crut composé d'oxygène et d'une substance minérale à laquelle les savants du XVIe siècle avaient donné le nom de *Fluor* ou *Spath fluor*. L'étude de cet acide ayant été reprise, au commencement de ce siècle, par sir Humphry Davy, Thénard et Gay-Lussac, ces savants réussirent, en 1808, à l'obtenir, pour la première fois, à l'état de pureté. Ils reconnurent également qu'il se compose d'hydrogène et d'un métalloïde particulier, ce qui les engagea à lui appliquer la dénomination d'*Acide fluorhydrique*, et celle de *Fluor* à son métalloïde. L'Acide fluorhydrique est le plus corrosif de tous les poisons. Il attaque également le verre et presque tous les métaux, et c'est à cause de cette propriété qu'on l'emploie, dans les arts, pour graver et dépolir le verre. Voyez HYALOGRAPHIE.

FLUTE. — L'instrument de ce nom a existé chez tous les peuples. On le voit représenté dans l'Inde, en Chine et en Égypte, sur des monuments qui datent de plus de deux mille ans avant notre ère. Les voyageurs modernes l'ont même trouvé chez la plupart des peuplades sauvages du Nouveau-Monde et de l'Océanie. Les Grecs et les Romains avaient quatre espèces de Flûtes, chacune renfermant une multitude de variétés : la *Flûte de Pan* (*Syrinx fistula*), la plus ancienne de toutes, dont ils attribuaient l'invention au dieu Pan, et qui se composait, comme aujourd'hui, de plusieurs tuyaux d'inégale longueur ; la *Flûte droite* ou *Flûte à bec* (*Aulos, Tibia*), qui semble avoir été une espèce de Flageolet ; la *Flûte oblique*, qui n'était autre chose que notre *Flûte traversière*; et la *Flûte double* (*Tibiæ pares*), qui résultait de la réunion de deux Flûtes droites avec une embouchure particulière pour chaque tube. Le moyen âge posséda aussi un grand nombre d'espèces de Flûtes. La Flûte à bec, qui était la plus employée, formait un système complet d'harmonie, dont toutes les parties ont aujourd'hui disparu, à l'exception du *Flageolet* ou Flûte aiguë. La *Flûte traversière* figurait aussi dans les orchestres ; néanmoins, elle ne devint d'un usage un peu général, du moins en France, qu'après que les Allemands l'eurent perfectionnée, et c'est à cette circonstance qu'elle dut le nom de *Flûte allemande*, sous lequel elle fut fréquemment désignée par nos auteurs, à partir du règne de saint Louis. Aujourd'hui, on l'appelle simplement *Flûte*, parce que les autres espèces ont disparu. Au xviie siècle, cet instrument n'avait que six trous et était dépourvu de clefs. Il reçut une première clef en 1690, et une seconde en 1741. En 1762, un facteur anglais, appelé Kusder, lui en donna une troisième et rectifia la perce conique. Vers 1787, Tromlitz, flûtiste à Leipzig, combinant ses propres recherches avec celles du médecin hanovrien Ribœck, porta le nombre des clefs à huit, et amena la Flûte au plus haut degré de perfection où elle fût encore parvenue. C'est la Flûte de cet artiste, qui, modifiée plus tard dans quelques détails, est désignée aujourd'hui sous le nom d'*ancienne Flûte*. Toutefois, malgré ces perfectionnements, la Flûte offrait encore de grands défauts, qui n'ont disparu qu'à partir de 1832, grâce au génie inventif de Théobald Bœhm, flûtiste de la chapelle du roi de Bavière, dont les travaux ont fait, dans la fabrication des Flûtes, la même révolution que ceux de M. Adolphe Sax dans la construction des instruments à vent.

FLUX ET REFLUX DE LA MER. — Voyez MARÉE.

FOIN COMPRIMÉ. — Le transport des fourrages par terre et par mer pour les besoins du commerce et des armées présentant de très-grandes difficultés, à cause de l'encombrement qu'il occasionne, on a eu l'idée de le rendre plus facile en soumettant le Foin, avant l'embarquement, à une compression suffisante pour en réduire considérablement le volume, et l'on a parfaitement résolu le problème en opérant cette compression au moyen de la presse hydraulique. La première application de ce procédé est due aux Anglais, qui s'en servirent, au commencement de ce siècle, pour l'approvisionnement de leur armée d'Espagne. En France, on suivit le même exemple, à l'époque de l'expédition de Morée, mais ce ne fut réellement qu'en 1830, lors des préparatifs de la conquête d'Alger, que cette méthode entra définitivement dans la pratique générale, par suite de l'invention, due au mécanicien Chapelle, de Paris, du système d'emballage employé aujourd'hui. Outre la facilité qu'il présente pour le transport, le *Foin comprimé* offre l'avantage de conserver sa graine, de ne point se charger de poussière, de perdre de sa combustibilité, et, enfin, les pluies, même prolongées, ne peuvent pénétrer dans son intérieur. Son adoption par l'agriculture dispenserait des hangars énormes, car il suffirait de 5 à 6 mètres cubes de capacité pour la ration d'un cheval, tandis qu'il en faut 40 à 50 pour le fourrage emmagasiné à la manière ordinaire.

FOIRES. — Les grandes fêtes nationales de la Grèce n'avaient pas seulement pour objet de faire assister la population à des solennités religieuses, à des concours littéraires et à des exercices gymnastiques ; elles étaient aussi de véritables marchés auxquels se rendaient les marchands de toutes les parties du territoire hellénique, parce que toute hostilité était rigoureusement interdite pendant le temps qu'elles duraient. Les Foires modernes ont une origine à peu près semblable. Elles datent du moyen âge, c'est-à-dire d'une époque où, la sûreté des communications n'existant pas, les citoyens étaient obligés de pourvoir eux-mêmes à leur défense. Les marchands de chaque pays se réunissaient donc par troupes, et se rendaient ensemble, à des époques convenues, dans des lieux déterminés, où ils échangeaient mutuellement leurs produits. Or ces assemblées se tenaient le plus souvent dans les localités et aux époques où les fêtes de l'Église attiraient un grand concours de fidèles, et c'est de là qu'elles prirent le nom de *Foires,* du mot latin *feria,* qui veut dire fête. Peu à peu, cependant, les petits souverains comprirent les avantages que ces réunions périodiques pouvaient procurer à leur trésor et à leur autorité morale, et ils s'empressèrent de les favoriser en accordant des priviléges et des exemptions aux villes et bourgs où elles avaient lieu, ainsi qu'à ceux qui en faisaient partie. Ainsi naquirent les grandes Foires du moyen âge : les plus célèbres de notre pays furent celles de Champagne, instituées avant le xiie siècle ; celle de Beaucaire, établie, en 1217, par Raymond VII, comte de Toulouse ; et celle de Guibray, fondée, dit-on, du temps de Guillaume le Conquérant. A mesure que les voies de communication sont devenues plus faciles et plus sûres, et que les entraves commerciales ont disparu, l'importance et la nécessité des Foires ont diminué de plus en plus, et s'il en existe encore de nos jours, en Europe, on ne doit l'attribuer qu'à la force de l'habitude, et, souvent aussi, à cette double circonstance, qu'elles ont, pour la plupart, été transformées en réunions de plaisir, et qu'elles coïncident avec certaines fêtes qui attirent un grand nombre de personnes.

FONDATIONS TUBULAIRES.—On a donné ce nom à un système de construction qui consiste à élever les travaux en rivière sur des puits ou *tubes* en maçonnerie ou en fonte qui font office de pilotis. Ce système est originaire de l'Inde, où son emploi est immémorial, et c'est de ce pays que les Anglais l'ont introduit en Europe. Les Indiens l'appliquent d'une manière très-simple. Ils creusent le sol jusqu'à· la rencontre de l'eau, placent alors une couronne de bois, construisent au-dessus un tube en maçonnerie de briques, et font ensuite descendre ce dernier par dragage intérieur et charge de poids. On établit plusieurs files de tubes semblables, puis, quand ils sont parvenus au terrain solide, on les remplit de béton, et on assoit sur leur sommet les premières assises de l'édifice. C'est l'illustre ingénieur Marc-

Isambard Brunel qui paraît avoir employé, pour la première fois, en grand, le système des fondations tubulaires, dans notre continent : il s'en servit, en 1825, pour établir à Rotherbite le puits qui donne accès au tunnel de la Tamise. Depuis cette époque, ce système a été plusieurs fois appliqué, en Angleterre, en France et aux États-Unis, mais non sans recevoir de nombreuses modifications. Une des principales, qui a été imaginée par les Anglais, en 1839, a eu pour objet de remplacer par des tubes en fonte les puits en maçonnerie usités jusqu'alors. Dans le principe, on faisait descendre ces tubes par le procédé indien, mais, en 1843, le docteur Potts imagina de les enfoncer en faisant le vide. Cette innovation fut adoptée par plusieurs ingénieurs, mais, comme elle ne produisit pas les résultats qu'on en attendait, on finit par l'abandonner. Enfin, en 1845, l'ingénieur français Triger proposa l'emploi de l'air comprimé, et créa la méthode qui est généralement suivie aujourd'hui, et qui a été récemment appliquée à la construction du pont du Rhin, entre Strasbourg et Kehl, par un autre de nos compatriotes, l'ingénieur Fleur Saint-Denis.

FONDERIE. — Voyez BRONZE, CARACTÈRES, MOULAGE, etc.

FONTANGE. — Nœud de rubans que les femmes portaient, avant la Révolution, sur le devant de leur coiffure et un peu au-dessus du front. Comme tant d'autres choses, il devait son origine au hasard. Pendant une partie de chasse, Marie-Angélique de Scoraille de Roussille, duchesse de Fontanges, favorite·de Louis XIV, s'apercevant que ses cheveux étaient dérangés par le vent, les rattacha avec sa jarretière, en plaçant le nœud par devant. Les dames trouvèrent ce nœud charmant, et la nouvelle coiffure devint sur-le-champ une mode qui dura plus de vingt ans, de 1680 à 1701. Seulement, peu à peu le ruban primitif foisonna singulièrement. Dans les derniers temps, disent les Mémoires de Saint-Simon, « les Fontanges étaient un bâtiment de fil d'archal, de rubans, de cheveux et de toutes sortes d'affiquets de deux pieds de haut, qui mettaient le visage des femmes au milieu du corps. Pour peu qu'elles remuassent, le bâtiment tremblait et menaçait ruine. »

FONTE. — Les anciens peuples connaissaient la *Fonte*, mais l'imperfection de leurs procédés métallurgiques ne leur permettait de l'obtenir qu'avec une extrême difficulté. La fabrication industrielle de ce produit n'a commencé qu'avec l'invention des hauts-fourneaux, c'est-à-dire dans le courant du XIVᵉ siècle. Toutefois, les applications de la Fonte ont été d'abord très-limitées : ce n'est même que depuis une centaine d'années qu'elles ont commencé à prendre une grande importance. La Fonte doit à sa remarquable fusibilité de se prêter admirablement à l'opération du moulage : aussi l'emploie-t-on, dans tous les pays, pour faire une multitude d'objets moulés destinés aux usages les plus divers. Plusieurs industriels, surtout M. Calla père, sont même parvenus de nos jours à la rendre aussi propre que le bronze à prendre les impressions les plus délicates, et les beaux-arts se sont immédiatement emparés de cette innovation pour reproduire des statues et des ornements de toute espèce que les anciens procédés ne pouvaient fournir. Toutefois, les pièces de fonte exposées en plein air ont le défaut de ne pouvoir résister aux intempéries ; mais on a réussi à prolonger indéfiniment leur durée en les recouvrant d'un métal moins oxydable, à l'aide de la Galvanoplastie. Divers fabricants, tels que MM. Bois, Dalifol, Barré, etc., reprenant des essais faits en Suède, vers 1818, ont également eu l'idée de donner à la Fonte une propriété qu'elle ne possède pas naturellement, la malléabilité, et cette *Fonte malléable* a donné des résultats assez satisfaisants, du moins pour les objets de peu d'épaisseur. Parmi les autres progrès modernes de l'industrie de la Fonte, le plus important est celui qui a eu pour objet de faire entrer cette matière dans les constructions civiles. Cette application remarquable est née en Angleterre, vers la fin du siècle dernier : elle paraît avoir été, sinon inventée, du moins appliquée, pour la première fois, par les ingénieurs John Wilkinson et Abraham Darby, qui, chargés, en 1779, de construire un pont à Coalbrookdale, le firent tout en fonte. Le premier emploi, sur une grande échelle, de la Fonte dans l'art de bâtir, qui ait eu lieu en France, a été fait, en 1803, par l'ingénieur Dillon, pour l'établissement du pont des Arts, à Paris. C'est aussi en Angleterre qu'a pris naissance l'application de la Fonte à la construction des machines et de l'outillage des grands ateliers, et cette innovation, qui date également du dernier siècle, est redevable de ses premiers progrès aux célèbres ingénieurs John Smeaton (1769) et John Rennie (1784).

FORCE CENTRIFUGE. — Les effets de la *Force centrifuge* ont été remarqués dès la plus haute antiquité, et, probablement chez presque tous les peuples, car la fronde, si usitée anciennement, n'en est qu'une ingénieuse application, et l'on sait que David tua Goliath avec une arme de cette espèce. Pour expliquer pourquoi les corps célestes ne tombent pas sur la terre, le philosophe grec Anaxagore, mort 428 ans avant notre ère, invoquait la Force centrifuge qui provient de leur mouvement circulaire. Toutefois, les savants de l'antiquité n'avaient que des notions vagues sur cette force. Jean-Baptiste de Benedictis, au XVᵉ siècle, est le premier qui lui ait donné pour origine l'inertie ou la tendance des corps à suivre la ligne droite. Galilée et Descartes ont eu plus tard une idée exacte de la Force centrifuge, mais c'est Christian Huyghens qui a eu la gloire d'en découvrir les lois dans le mouvement circulaire. Les modernes ont fait plusieurs utiles applications de la Force centrifuge. Une des plus importantes, qui appartient au physicien anglais Desaguilliers, mort en 1743, a donné lieu à l'invention de l'appareil, appelé *Ventilateur à force centrifuge*, et que l'on emploie, dans l'agriculture, pour nettoyer le blé, dans les établissements métallurgiques, pour lancer l'air dans les foyers des forges, et, dans les mines, pour l'aération des galeries. C'est aussi sur les effets de la Force centrifuge que repose la construction des Pompes dites *centrifuges*.

FORER (*Machines à*). — Les machines de ce nom servent, les unes à diviser les cuirs et les étoffes dans leur épaisseur, les autres, et ce sont les plus importantes, à ouvrir les trous de mines dans les rochers que l'on veut faire sauter à la poudre, à percer les puits et les galeries de mines pour l'extraction des minéraux utiles, et, enfin, à exécuter les différents travaux de sondage. Voyez MINES, PUITS ARTÉSIENS et REFENDRE.

FORMAT DES LIVRES. — Les plus anciens livres imprimés sont *in-folio*. Le plus ancien *in-quarto* connu est le *Vocabularium ex quo*, publié, en 1467, à Eltvill, près de Mayence, par Henry et Nicolas Bechtermuntze. On assure qu'on imprimait déjà *in-octavo* en 1470, mais les écrivains les plus compétents attribuent l'invention de ce format à Alde Manuce, qui l'employa, pour la première fois, en 1500, pour une édition des œuvres de Virgile. L'*in-douze* paraît avoir été connu dès 1472 ; toutefois, il fut d'abord réservé aux livres de piété, et on l'adopta beaucoup plus tard pour les autres ouvrages. Le plus ancien *in-trente-deux* est le *Officium B. Mariæ Virginis*, exécuté à Venise, en 1473, par Nicolas Jenson. Au XVIe siècle, les Elzeviers ont mis à la mode l'*in-seize* et l'*in-vingt-quatre*. Aujourd'hui, c'est de l'in-octavo et de l'in-douze que l'on se sert le plus souvent. Les formats plus petits ne sont employés que pour les livres d'école et de prières. Quant à l'in-folio et à l'in-quarto, on n'en fait guère usage que pour les ouvrages de liturgie et les recueils scientifiques.

FORMES DE RADOUB. — Autrefois, quand on voulait refondre ou radouber un navire, on était obligé de l'abattre en carène ou de le haler sur une cale. Ces deux procédés occasionnant toujours de fortes dépenses et donnant souvent lieu à de graves accidents, on a imaginé de les supprimer en établissant de vastes bassins en maçonnerie munis de portes, que l'on peut remplir d'eau ou vider à volonté. C'est à ces bassins que l'on applique le nom de *Formes de radoub*, parce que, pour diminuer la dépense, on donne à leurs parois une forme à peu près semblable à celle des navires. Les plus anciennes de ces constructions ne remontent pas au delà du milieu du dernier siècle, et ont été établies en Angleterre. La première qu'il y ait eu en France a été faite à Brest. Pendant très-longtemps, les Formes de radoub ont été spécialement destinées à la marine de guerre, mais leurs applications ont été étendues, il y a une trentaine d'années, à la marine marchande.

Les *Docks flottants* se rattachent, par leur destination, aux Formes de radoub. Ce sont de grandes caisses que l'on emplit d'eau de manière à les faire enfoncer assez pour qu'il soit possible d'amener au-dessus le navire à réparer, après quoi on les vide, ce qui leur permet de soulever le bâtiment et de l'amener à la surface. Ces appareils sont assez anciens, mais leur usage ne s'est répandu que depuis l'invention des navires en fer, pour la réparation desquels ils sont indispensables. Il en existe, du reste, aujourd'hui, d'un assez grand nombre de systèmes, mais un des plus ingénieux paraît être celui dont l'ingénieur anglais Edwin Clarke avait envoyé un modèle à l'Exposition universelle de 1862.

FORTIFICATION. — L'art de fortifier les lieux habités a existé dans tous les temps et dans tous les pays, mais ses principes et ses procédés ont nécessairement varié suivant les progrès de l'art militaire. Chez les peuples les plus arriérés, il a simplement consisté à établir des enceintes de pieux ou palissades précédées ou non d'un fossé plus ou moins large et profond. Plus tard, on a remplacé les palissades par des murs en maçonnerie flanqués de tours rondes ou carrées éloignées de la portée des armes de jet en usage. Ce dernier système était déjà connu en Grèce et en Orient à l'époque de la guerre de Troie, et il a existé, chez tous les peuples civilisés de l'antiquité, ainsi que pendant le moyen âge, sans recevoir d'autre modification importante que l'adjonction, vers le XIIe siècle, de *Mâchicoulis* à la partie supérieure des remparts. Cette méthode donnait une si grande supériorité à la défense, que si une ville ne pouvait être enlevée par surprise, il n'était guère possible de s'en rendre maître qu'en affamant ses défenseurs au moyen d'un très-long blocus. L'invention de la poudre ayant changé le mode d'attaque, il fallut aussi changer le mode de défense. Comme les anciens remparts se trouvaient trop étroits pour recevoir de l'artillerie, on imagina de les élargir en élevant des terrassements derrière les murailles. La même raison fit agrandir les tours, et donna l'idée de les ouvrir du côté de la ville afin de faciliter la manœuvre des pièces. De plus, pour mettre les fortifications à l'abri des coups du dehors, on réduisit leur hauteur, et on les couvrit par une masse de terre, appelée *Glacis*, qui, partant du fossé, s'avançait en pente dans la campagne. Enfin, on augmenta la force des portes en construisant en avant de petits ouvrages que l'on appela plus tard *Ravelins* ou *Demi-lunes*. A ces premiers progrès en succédèrent bientôt d'autres. L'expérience ayant fait reconnaître la faiblesse des tours, on les remplaça par des *Bastions*. En outre, comme l'ennemi ne pouvait faire brèche qu'après s'être emparé de la crête du glacis, on imagina de retarder sa marche en établissant, sur le bord extérieur du fossé, pour la mousqueterie, un terre-plein qui, d'abord appelé *Corridor de contrescarpe*, reçut ensuite le nom de *Chemin couvert*. Une foule d'autres perfectionnements eurent lieu peu à peu, à mesure que l'assiégeant améliora la marche et la forme de ses attaques. Toutefois, ce fut surtout sous le règne de Louis XIV que la Fortification moderne fut définitivement constituée. Parmi les ingénieurs qui l'ont amenée au point où elle est arrivée de nos jours, il suffira de citer l'italien Marchi, l'allemand Freytag et le français Errard, qui vivaient tous au commencement du xviiᵉ siècle, et qui furent dépassés, dans la seconde moitié de ce même siècle, par l'illustre Vauban et le hollandais Cohorn. Les travaux de Vauban, modifiés par Cormontaigne, servent encore de base à l'enseignement des écoles du génie militaire de notre époque. Ils ont bien été, tant en France qu'à l'étranger, l'objet de très-vives attaques, mais l'expérience n'a pas encore constaté la supériorité des systèmes nouveaux que l'on a proposés à la place des leurs. L'invention des canons rayés aura probablement pour résultat de faire apporter des changements dans les travaux de fortification. Elle a même déjà fait naître, principalement en Angleterre, l'idée de revêtir les parties les plus exposées d'épaisses plaques de fer, mais les nouvelles bouches à feu sont depuis trop peu de temps en usage pour que les ingénieurs militaires aient pu encore fixer leurs idées sur les moyens les plus propres à en paralyser la puissance. Voyez BLOCKAUS, CASEMATE, MI-NES DE GUERRE, SIÉGE DES PLACES, etc.

FOSSES D'AISANCES. — Les fosses d'aisances sont très-modernes. Aujourd'hui même, plusieurs grandes villes n'ont pas encore généralement adopté ce progrès de l'hygiène. Autrefois, dans les plus grands hôtels, on ne voyait que des chaises percées. Plus tard, dès le règne de François Iᵉʳ, vinrent les privés, que l'on appelait *fiantoires*, et qui furent, pendant longtemps, des fosses très-petites et très-peu profondes. Ces constructions étaient encore rares au xviiᵉ siècle, mais on commença, dès cette époque, à chercher le moyen de les rendre *inodores*, problème qui n'a été complétement résolu que de notre temps. Voyez VIDANGE.

FOUDRE. — La *Foudre* est un météore dû à l'action de l'Électricité atmosphérique, et l'on sait que la production de ce météore est ordinairement accompagnée d'une lumière très-vive, que l'on nomme *éclair*, et d'un bruit plus ou moins fort, que l'on appelle *tonnerre*. La découverte de la cause de la *Foudre* est une des plus merveilleuses conquêtes de la science moderne : elle date du milieu du dernier siècle, c'est-à-dire de l'époque où l'étude de l'Électricité commença à faire de grands progrès. Toutefois, l'analogie des effets de la Foudre avec ceux du fluide électrique est si frappante qu'elle fut aperçue par les premiers savants qui firent des recherches sur l'Électricité. En effet, un des contemporains d'Otto de Guericke, le physicien anglais Wall, ayant vu, pour la première fois, l'étincelle tirée d'un morceau d'ambre, remarqua aussitôt qu'elle ressemblait à la lumière de l'éclair. Ayant ensuite réussi à obtenir de la même substance une étincelle plus forte, qui fut accompagnée d'un petit craquement, il n'hésita pas à comparer ce craquement au bruit du tonnerre. Les mêmes remarques furent faites successivement, à partir de 1735, d'abord par Étienne Grey, Jean Freke et Benjamin Martin, puis par l'abbé Nollet, Winckler, Hales et plusieurs autres. Enfin, en 1750, l'Académie de Bordeaux couronna un mémoire d'un médecin de Dijon, nommé Bergeret, qui soutenait l'analogie de la Foudre et de l'Électricité. Cependant, cette analogie n'existait encore qu'à l'état de probabilité, mais sa démonstration pratique ne tarda pas à être effectuée. Dès le mois d'août de cette même année 1750, de Romas, assesseur au présidial de Nérac, se fondant sur les effets produits par un coup de tonnerre sur le château de Tampouy, affirma que la Foudre et l'Électricité étaient une seule et même chose, et imagina, pour détourner le fluide électrique, un instrument très-imparfait, que son ami de Vivens l'empêcha de faire construire, à cause probablement [des dangers que son imperfection aurait pu occasionner. Le 29 juillet précédent, avaient paru en Amérique des lettres de Benjamin Franklin, où, après avoir exposé le pouvoir des pointes, ce savant annonçait que si, comme il le pensait, la Foudre et l'Électricité étaient identiques, on pourrait constater la réalité de ses conjectures au moyen d'une barre, pointue et isolée, qui soutirerait le fluide électrique des nuages électrisés. Cette constatation fut faite, pour la première fois, le 10 mai 1752, à Marly-la-Ville, par le physicien français Thomas-François Dalibard, à l'aide d'un appareil construit d'après les indications de l'illustre Américain. Cette expérience, qui ne laissa plus aucun doute sur la nature de la Foudre, fit le tour de toute l'Europe, sous le nom d'*Expérience de Marly*. Parmi ceux qui s'empressèrent de la répéter, il faut surtout citer Louis-Guillaume Lemonnier et de Romas, à cause des faits nouveaux dont elle leur donna l'occasion d'enrichir la science. Le premier prouva qu'il existe de l'Électricité dans l'air par les temps les plus calmes. Quant au second, il découvrit que les phénomènes électriques sont d'autant plus énergiques que les barres sont plus élevées au-dessus du sol, et il démontra publiquement sa découverte au moyen d'un cerf-volant gigantesque, dont il conçut l'idée au mois d'août 1752, mais qu'il ne put lancer que le 14 mai 1753. Franklin, à qui on attribue à tort l'idée première de cette expérience, n'a eu réellement d'autre mérite que de l'avoir exécutée un peu avant notre compatriote, dont il ignorait d'ailleurs les travaux.

FOULAGE DES DRAPS. — Dans la fabrication des draps, on est obligé de *fouler* l'étoffe après le tissage, c'est-à-dire de la soumettre à une action mécanique prolongée et assez énergique, afin de lui donner la consistance, le corps et le moelleux qui caractérisent cette classe particulière de produits. De temps immémorial, cette opération s'est faite avec des *Moulins à foulon*, c'est-à-dire avec des pilons ou maillets, mus par une roue hydraulique, et agissant par percussion. Les *Machines à cylindres tournants et pressants*, dont on se sert aujourd'hui dans toutes les grandes manufactures, ont été inventées en Angleterre, en 1833, par le mécanicien Dayer, mais ce constructeur ne put les faire accepter par les fabricants de son pays à cause des nombreux défauts qu'elles présentaient. Trois ans après, c'est-à-dire en 1836, MM. John Hall, Powel et Scott les introduisirent en France, où elles furent si rapidement perfectionnées, soit par les importateurs, soit par MM. Valery et Lacroix, de Rouen, qu'elles devinrent aussitôt industriellement applicables. Des fabricants de draps de Leeds se trouvèrent même dans la nécessité de s'adresser à nos constructeurs, pour obtenir l'invention de leur compatriote graduellement améliorée et donnant, enfin, de très-beaux résultats.

FOULOIR. — Voyez Vin.

FOUR. — Voyez CHAUX, PAIN, etc.

FOURCHETTES. — Comme le font encore les Orientaux, les Grecs et les Romains se servaient de cuillers pour puiser les mets liquides. Quant aux mets solides, ils les mangeaient avec les doigts, et les élégants avaient imaginé des règles pour le faire proprement. Le même usage se maintint pendant tout le moyen âge et une grande partie des temps modernes. Les anciens connaissaient cependant les Fourchettes. On a même trouvé deux ou trois instruments de ce genre qui sont incontestablement d'origine romaine, mais on ignore quel emploi ils en faisaient. Chez les modernes, les Fourchettes commencent à figurer dans les inventaires à la fin du XIIIe siècle. Toutefois, elles furent d'abord très-rares, et ne sortirent pas des habitations des plus grands princes, où elles servaient uniquement pour quelques mets exceptionnels, par exemple « pour prendre les mûres.. » Peu après cependant, leur usage s'étendit aux diverses préparations culinaires solides. Cette innovation existait déjà en France, en 1589, car un satirique de cette époque fait remarquer qu'il était alors « défendu en ce pays-là de toucher la viande avec les mains. » Voyez COUVERTS DE TABLE.

FOURRURE. — Les peaux de bêtes ont été les premiers vêtements de l'homme. Les auteurs les plus anciens sont unanimes sur ce point. Le même usage existe encore aujourd'hui dans les pays froids, mais, dans ceux où la température est modérée, les Fourrures sont autant des objets d'agrément que des objets d'utilité, que les caprices de la mode font alternativement adopter et abandonner. La difficulté où l'on se trouve en Europe de se procurer économiquement les Fourrures véritables a fait naître de bonne heure l'idée de les imiter, et l'on est aujourd'hui parvenu, au moyen de la teinture et de l'apprêt, à obtenir, avec la dépouille du lapin domestique, des Fourrures à bon marché qui reproduisent, souvent avec une rare perfection, les Fourrures les plus recherchées.

FRAC. — Voyez HABIT.

FRAISE. — Au XVIᵉ siècle, on donna ce nom à une espèce de collet en toile fine, plissé et empesé, dont la mode fut importée d'Italie en France et en Espagne. Cette mode commença sous Henri II et se maintint, chez les hommes aussi bien que chez les femmes, jusque sous le règne de Louis XIII. Du temps de Henri III, les élégants portaient des Fraises, ou Rotondes, à plusieurs rangs étagés de plis, dont les dimensions étaient si monstrueuses et l'étoffe si roide que, suivant un contemporain, leur tête ressemblait « au chef de saint Jean-Baptiste dans un plat. » C'est de cette partie de la toilette que dérivent le Col et la Collerette modernes.

FRANC. — Sous la première race, il existait en France une monnaie de compte, appelée Livre (libra), qui avait été introduite dans notre pays par les Romains. Cette monnaie ayant été diminuée de poids, vers la fin du VIᵉ siècle, Charlemagne créa, pour la remplacer, une livre nouvelle, dont il fixa la valeur a 20 sous d'argent, et que l'on appela Libra francica ou Nummus francus, par abréviation Francus, et, en français, Franc. Comme la précé-

dente, cette livre française n'était qu'une monnaie de compte ; mais, plus tard, quand on fit des monnaies réelles valant juste 20 sous, on leur donna, par analogie, le nom de Franc. On fabriqua des Francs d'or et des Francs d'argent. Les premiers parurent, pour la première fois, en 1360, sous le roi Jean : on les nomma Francs à cheval, parce que leur type présentait une figure royale à cheval. Plus tard, Charles V en fit faire d'autres où il se fit représenter à pied, et que l'on appela, pour ce motif, Francs à pied. Cette monnaie d'or cessa d'être fabriquée sous Louis XI. Les premiers Francs d'argent furent frappés en 1575, par ordre de Henri II, qui fit faire, en même temps, des Demi-francs et des Quarts de franc. C'est à cette monnaie que notre unité monétaire actuelle a emprunté sa dénomination. La fabrication des Francs d'argent fut continuée par Henri IV et Louis XIII. Enfin, Louis XIV la supprima, et elle ne reparut qu'à l'époque de l'établissement du système décimal.

FRANÇAISE (Académie). — L'Académie française a été fondée par des lettres patentes de Louis XIII, datées du 2 janvier 1635, pour travailler « à l'ornement, embellissement et augmentation » de la langue nationale. L'usage des Discours de réception a été introduit en 1640. Quant à l'origine de ses Fauteuils, voici comment elle est rapportée dans les Pièces intéressantes pour servir à l'Histoire de la littérature, de Laplace : « Le cardinal d'Estrées, devenu très-infirme, et cherchant un adoucissement à son état dans son assiduité aux assemblées de l'Académie, demanda qu'il lui fût permis de faire apporter un siége plus commode que les chaises qui étaient alors en usage ; car il y avait seulement un fauteuil pour le directeur. On en rendit compte à Louis XIV, qui, prévoyant les conséquences d'une pareille distinction, ordonna à l'intendant du garde-meuble de faire porter quarante fauteuils à l'Académie, et confirma par là l'égalité académique. » Dès ses premières réunions, l'Académie songea à faire un dictionnaire de la langue française, mais elle ne commença à s'en occuper sérieusement qu'en 1637. Ce travail parut en 1694. Il en a été fait depuis cinq éditions, en 1718, 1740, 1762, 1813 et 1835.

FREIN. — On entend par ce mot tout appareil que l'on oppose à une machine, pour l'empêcher de marcher ou la forcer de s'arrêter. La forme et la disposition de ces appareils diffèrent naturellement suivant l'usage particulier que l'on veut en faire, mais c'est surtout à perfectionner ceux qui sont destinés au service des Chemins de fer que les mécaniciens de notre époque se sont le plus appliqués. Toutefois, on a souvent exagéré l'importance de ces derniers, en leur demandant beaucoup plus qu'ils ne peuvent donner. Sans aucun doute, de bons Freins sont des éléments de sûreté très-réels, indispensables même, mais ils ne sauraient entièrement suffire : la sécurité repose, avant tout, sur une bonne organisation de service et sur un bon système de signaux ponctuellement appliqué. D'un autre côté, une foule d'inventeurs se sont étrangement mépris sur la nature du problème qu'ils avaient à résoudre. Ils se sont mis à la recherche d'un Frein qui pût arrêter instantanément les trains en marche, et n'ont pas compris que leur appareil, en supposant qu'il fût possible, n'aurait d'autre résultat que de rendre les accidents plus effroyables. On porte à plus de 3,000 le nombre des Freins proposés depuis une vingtaine d'années. Parmi ces appareils, ceux de MM. Laignel, Didier, Guérin, Bricogne, Newall et Molinos sont les seuls qui aient obtenu un véritable succès. On a fait aussi plusieurs essais pour appliquer l'Électricité à la manœuvre des Freins, mais ils ont généralement échoué à cause de la délicatesse des mécanismes. C'est un de nos compatriotes, M. Achard, ancien élève de l'École polytechnique, qui a construit jusqu'à présent le *Frein électrique* le mieux conçu. — En mécanique, on appelle *Frein dynamométrique* un appareil qui, malgré son nom, n'est nullement destiné à arrêter le mouvement d'une machine : il sert, au contraire, à évaluer sa puissance. Son invention, qui date de 1826, est due à l'ingénieur Prony. Cet appareil a beaucoup contribué aux progrès de la mécanique pratique, en permettant de calculer directement l'effet utile produit par les moteurs et, par suite, de comparer pratiquement les dispositions diverses de ceux-ci, pour adopter les plus convenables.

FRESQUE. — Ce mot, qu'on écrivait autrefois *fraisque*, vient de l'italien *fresco*, qui signifie *frais*. On l'emploie pour désigner une espèce de peinture que l'on exécute sur un enduit encore frais. La Fresque est la peinture monumentale par excellence. Les Grecs y avaient habituellement recours pour orner les murailles de leurs temples et de leurs habitations particulières. Avant eux, les Égyptiens en avaient aussi fait un très-grand usage. Les Romains cultivèrent également la Fresque avec beaucoup de succès, et tous les fragments de peinture qu'on a découverts à Herculanum et à Pompéi paraissent appartenir à ce genre. Pendant le moyen âge, la Fresque reçut de nombreuses applications pendant la période romano-byzantine, mais ce fut surtout au XVIe siècle, et en Italie, qu'elle atteignit son apogée. A partir de cette dernière époque, la peinture à l'huile la fit peu à peu abandonner ; elle fut même si complétement délaissée qu'au dernier siècle il n'existait plus d'artistes capables de l'exécuter avec talent. Toutefois, elle s'est relevée depuis 1820, et elle a produit, de nos jours, plusieurs œuvres d'un grand mérite.

FRIGORIFIQUES (*Mélanges*). — Ce sont des compositions qui produisent un abaissement de température plus ou moins considérable. On y a journellement recours pour obtenir artificiellement la congélation de l'eau. La théorie de ces compositions est fondée sur ce principe, que les sels, pourvus de leur eau de cristallisation, produisent du froid au moment où on les dissout, parce que, pour devenir liquides, ils enlèvent du calorique à l'eau et aux corps environnants. Les mélanges frigorifiques paraissent avoir été inventés en Italie, au XVIe siècle. Toutefois, dans le principe, le nitre fut la seule substance dont on se servit pour les composer. Plusieurs historiens rapportent, qu'on l'employait communément à Rome, en 1550, mélangé avec la neige, pour rafraîchir l'eau et le vin. Un peu plus tard, lord Bacon reconnut la possibilité de geler l'eau avec un mélange de neige et de sel marin. D'autres mélanges furent indiqués par la suite par Robert Boyle, Réaumur et d'autres chimistes, mais le physicien anglais Walker fut le premier qui parvint à faire de la glace au milieu de l'été : on n'avait obtenu jusqu'alors que des neiges artificielles. Il existe aujourd'hui un très-grand nombre de mélanges frigorifiques. Un des plus remarquables se prépare en mélangeant 12 parties de glace ou de neige pilée, 5 de sel marin et 5 de nitrate d'ammoniaque : il fait descendre le thermomètre jusqu'à 31 degrés au-dessous de zéro. Le mélange de certains métaux donne également un abaissement de température très-remarquable. Ainsi 1 partie de zinc, 1 de plomb et 3 de bismuth, réduites en poudre et additionnées de 12 parties de mercure, produisent un froid de 20 degrés. Voyez GLACE.

FROID ARTIFICIEL. — Voyez GLACE.

FROID (*Conservation par le*). — Voyez au COMPLÉMENT.

FROMENT. — On ignore de quel pays le *Froment* est originaire. On ne connaît pas plus l'époque où l'homme a commencé à le cultiver. Ce qui rend d'ailleurs la solution de ces deux questions impossible, c'est qu'on ne connaît pas la signification positive des termes par lesquels les auteurs les plus anciens désignent la plupart des plantes alimentaires exploitées, soit de leur temps, soit auparavant. Ainsi, malgré les nombreux commentaires dont les Livres saints ont été l'objet, on ne sait pas si, par *chitah*, Moïse a voulu parler du Froment proprement dit ou de l'Épeautre. La même incertitude existe pour le mot *pyros*, que l'on trouve dans l'Iliade, et que les uns traduisent par Froment, et les autres par Orge. Une chose seulement est certaine, c'est que l'Épeautre est la céréale la plus anciennement cultivée en Italie. Quoi qu'il en soit, il est admis que les peuples agricoles les plus avancés de l'antiquité ne connaissaient que six à sept variétés de Froment, tandis que nous en possédons aujourd'hui plus de trois cents. Un autre fait incontestable, c'est que le Froment n'existait pas en Amérique à l'époque de la découverte, et qu'il y fut introduit, en 1528, par les compagnons de Fernand Cortez.

FRONDE. — La *Fronde* a été employée par tous les peuples de l'antiquité. Les Grecs et les Romains en attribuaient l'invention, les uns aux Étoliens ou aux Acarnaniens, les autres aux habitants des îles Baléares. On lançait avec cette arme, tantôt des galets, tantôt des balles ou des olives de plomb, d'autres fois des traits très-courts et très-lourds. La Fronde a également figuré communément dans les armées européennes du moyen âge et des temps modernes, jusqu'à la fin du XVIe siècle. Il paraît toutefois qu'en France, on ne l'employa d'abord qu'à la chasse, et qu'on ne s'en servit, d'une manière générale, dans les batailles, qu'à l'époque des croisades. C'est peut-être au siége de Sancerre, en 1572, que la Fronde a été usitée, pour la dernière fois, dans notre pays. A défaut d'armes à feu, les protestants, qui défendaient cette ville, prirent des Frondes et en obtinrent de si merveilleux effets que l'ennemi fut obligé de décamper, ce qui, dit d'Aubigné, fit donner aux engins de cette espèce le nom « d'Arquebuses de Sancerre. »

FRONTON. — Le *Fronton* est originaire de la Grèce et a été imaginé par les architectes de ce pays pour représenter le toit et le comble. Ce qui le démontrerait, si la chose avait besoin de preuves, c'est que cet ornement ne se trouve point dans les édifices qui naquirent d'un autre principe que l'architecture des Grecs. Ainsi, par exemple, aucun monument égyptien n'a encore présenté des traces de Fronton, parce que l'idée de figurer des indications de comble ou de toiture en charpente n'a pu venir dans un pays où il ne pleut jamais, et où, par conséquent, les couvertures doivent être de simples terrasses, tandis que le Fronton, n'étant que la continuation du toit à deux égouts, accuse le besoin de mettre l'intérieur des édifices à l'abri des eaux pluviales. Il est à remarquer que, dans le principe, les anciens se servirent principalement du Fronton pour orner les temples, et qu'ils l'employèrent très-peu pour les autres monuments publics, et jamais pour les habitations particulières. Jules César, fut, dit-on, le premier qui obtint l'autorisation de faire placer un Fronton sur sa maison, et, à partir de cette époque, les palais des empereurs et, un peu plus tard, ceux des plus riches citoyens adoptèrent le même genre de décoration.

FROTTEMENT. — Le *Frottement* est la résistance qu'apporte, au mouvement de ceux corps l'un sur l'autre, l'inégalité de leur surface. Les lois auxquelles cette résistance est soumise sont d'une très-grande importance en mécanique, et cependant on ne paraît pas s'être occupé de leur étude avant le XVIIe siècle. Parmi les premiers savants qui en ont fait l'objet de leurs recherches, il faut surtout citer Guillaume Amontons, Léonard Euler, Théophile Désaguliers, Vince, John Rennie, Parent, François-Joseph Camus, et Charles-Auguste Coulomb, dont les travaux ont servi de guide jusqu'à notre époque, où le général Arthur Morin a repris en grand les mêmes expériences, et les a portées à un degré supérieur de précision.

FUCHSINE. — Substance colorante extraite de l'Aniline. Elle a été entrevue, dès 1858, par M. Hoffmann, de Londres, mais c'est M. Verguin, de Lyon, qui, au commencement de 1859, est parvenu le premier à la fabriquer d'une manière régulière et a compris tout le parti que l'industrie pouvait en tirer comme matière colorante. M. Verguin céda aussitôt son procédé de fabrication à MM. Renard frères, également de Lyon, qui le firent breveter le 8 avril 1859, et donnèrent, en même temps, au nouveau produit, le nom de *Fuchsine*, pour rappeler la ressemblance de sa couleur avec celle de la fleur de Fuchsia. La Fuchsine, qu'on appelle aussi *Rouge d'aniline*, fournit toutes les nuances du rouge : on en fait un grand usage pour la coloration des tissus légers destinés à la fabrication des fleurs artificielles.

FUITES DE GAZ. — Comme le gaz d'éclairage, en s'échappant par les fissures qui se produisent accidentellement dans les conduites, peut donner lieu à de graves accidents, on a cherché de bonne heure le moyen de remédier au mal. Dans les lieux en plein air ou parfaitement ventilés, on recherche les fuites par le *flambage*, c'est-à-dire en approchant une flamme du lieu présumé de la fuite. Dans toute autre circonstance, on fait usage d'appareils vulgairement appelés *Cherche-fuites*, *Indique-fuites*, *Contrôleurs des conduites de gaz*, etc., et dont il existe un très-grand nombre d'espèces. Les meilleurs sont ceux dont la construction repose sur le principe de la compression de l'air. Ces derniers se composent essentiellement d'une pompe foulante : ils introduisent de l'air, jusqu'à une certaine pression, dans la conduite qu'il s'agit de vérifier, et alors, soit par le petit sifflement qui se produit aux fuites, soit même à la main, on reconnaît en quel point l'air s'échappe. Au lieu d'air, on peut aussi fouler de l'eau, ce qui permet de nettoyer les vieilles conduites plus ou moins obstruées intérieurement. On a aussi proposé de se servir de la lumière électrique pour rechercher les fuites de gaz, mais ce moyen n'a pas été adopté à cause des difficultés à peu près insurmontables qu'il aurait rencontrées dans la pratique.

FULGURITES. — Quand la Foudre frappe certains terrains sablonneux recouvrant des couches humides, elle fond le sable en formant un tube vitrifié, dont le diamètre intérieur varie de 1 à 50 millimètres, tandis que sa longueur peut atteindre jusqu'à 10 mètres. C'est aux tubes de cette espèce que l'on donne le nom de *Fulgurites* ou *Tubes fulminaires*. Ils ont été remarqués, pour la première fois, en Silésie, par Hermann, en 1711. On les regarda d'abord comme des incrustations faites autour de racines qui avaient disparu ; puis comme des cellules construites par des vers antédiluviens ; puis encore, comme des espèces de stalactites. Enfin, Hentzen reconnut le premier leur véritable origine, et son opinion fut développée complètement par Blumenbach et Siegler. Depuis le commencement de ce siècle, on a pris plusieurs fois la nature sur le fait. On est même parvenu à produire artificiellement des Fulgurites en déchargeant de puissantes batteries électriques à travers des couches de verre pilé ou de sable mêlé de sel.

FULMICOTON. — Le *Fulmicoton*, qu'on appelle aussi *Pyroxyline*, *Pyroxyle* et *Coton-poudre*, constitue une des plus remarquables découvertes de la chimie moderne. Son histoire a donné lieu à de nombreuses controverses, mais il est maintenant admis que si les travaux des chimistes français Braconnot et Pelouze, qui datent de 1832, pour le premier, et de 1838, pour le second, ont puissamment contribué à faire connaître ce produit, c'est le chimiste bâlois Schœnbein, qui, au mois d'août de cette dernière année, a eu, le premier, la gloire de constater ses propriétés balistiques, et de l'employer, dans les armes de guerre, à la place de la poudre ordinaire. Le Fulmicoton a été préparé, pour la première fois, à Paris, au mois de septembre 1838, par l'ingénieur civil Morel. Comme il produit des effets trois fois plus considérables que la poudre à canon, on crut d'abord qu'on pourrait le substituer avec avantage à cette dernière, mais l'expérience ne tarda pas à faire évanouir les espérances qu'on avait conçues. En effet, le Fulmicoton a le défaut de mettre très-rapidement les armes hors de service, et de rendre, en même temps, leur tir très-irrégulier. De plus, appliqué aux mines, il ne produit pas toujours des résultats très-satisfaisants. Enfin, son maniement est des plus dangereux, et sa conservation à peu près impossible. Voyez COLLODION.

FULMINANTS. — Les chimistes donnent l'épithète de *fulminants* à des composés qui possèdent la propriété de détoner quand on les chauffe légèrement, ou qu'on les triture, ou qu'on les soumet à une certaine pression. Les deux plus importants sont le *Fulminate de mercure* et celui *d'argent*, qui ont été découverts, au commencement de ce siècle, par le chimiste anglais Howard. C'est avec le Fulminate de mercure que l'on fabrique les *Amorces* des armes à percussion, et avec le fulminate d'argent que l'on confectionne les *Bonbons chinois*, si connus des enfants, et le *Papier fulminant* dont quelques voyageurs attachent des bandes à la porte de leur chambre à coucher, afin d'être éveillés par la détonation qui a lieu quand on ouvre la porte pendant la nuit.

FUMAGE. — Voyez BOUCANAGE et CONSERVES ALIMENTAIRES.

FUMÉE. — La *Fumée* est le résultat d'une combustion imparfaite, provenant presque toujours de ce que l'air mis en contact avec les produits de la distillation du combustible n'afflue pas en assez grande abondance ou à une température assez élevée. On réussit sans trop de peine, dans les habitations ordinaires, à remédier aux inconvénients qu'elle présente, mais le problème est infiniment plus difficile à résoudre dans les usines, surtout dans celles où l'on fait usage de la houille. Depuis cinquante ans, l'étude de cette dernière question a donné lieu, en Europe et aux Etats-Unis, à un nombre très-considérable de recherches, et fait inventer une quantité si considérable de procédés que l'on élève à plus de cinq cents ceux qui ont été brevetés en France seulement, et à plus de huit cents ceux qui ont été proposés en Angleterre. Le moyen qui a donné les meilleurs résultats consiste à injecter de l'air chaud au milieu des produits non brûlés, ou à construire des grilles mécaniques, fixes ou mobiles, destinées à faire passer les produits de la combustion de la houille fraîche sur la houille enflammée, de manière à brûler sur place la Fumée produite par la houille nouvellement ajoutée. Parmi les appareils imaginés pour l'appliquer, on cite surtout les *Grilles fumivores* de MM. Tembrinck, Taillefer, Dumery, Jucker, Fauvel, de Marsily, Guillemet-Raymondière, etc.; les *Appareils* Beaufumé, Molinos et Pronnier, Grar, Fairbairn, Prideaux, etc. ; les *Distributeurs* de Collier, etc. D'autres inventeurs, tels que MM. Thierry fils, en France, et Clarke, en Angleterre, activent l'action de l'air par l'injection, dans le foyer, de plusieurs jets de vapeur, lesquels agissent comme une véritable machine soufflante. Il n'est aucune de ces inventions qui n'ait donné des résultats satisfaisants, quand elle a été appliquée à des foyers bien disposés et confiés à des chauffeurs attentifs et un peu intelligents. « On cite, il est vrai, de nombreux insuccès, mais ils sont tous imputables à un défaut d'harmonie entre les appareils et les foyers auxquels on a voulu les adapter, ou bien à la négligence des chauffeurs, des contre-maîtres et propriétaires d'usines, et, le plus souvent, à ce qu'on a voulu forcer la production de vapeur en dépassant les limites en vue desquelles les appareils avaient été primitivement établis. »

FUMIGATION. — L'usage des *Fumigations* est immémorial, mais ce n'est qu'après la découverte du Chlore que ce moyen de désinfection a pu donner des résultats satisfaisants. En effet, les substances aromatiques, telles que le benjoin, le camphre, les clous fumants, les pastilles du sérail, les vapeurs de sucre et de vinaigre, etc., que l'on a employées à diverses époques et dont on se sert même encore souvent aujourd'hui, ne peuvent produire aucun effet utile : elles ne sont bonnes qu'à masquer les principes délétères et à ajouter une odeur de plus aux odeurs qui existent déjà. Les Fumigations les plus énergiques sont celles de Chlore et d'Acide azotique. Les premières ont été mises en honneur, en 1773, par Guyton de Morveau, circonstance qui leur a fait donner le nom de *Fumigations guytoniennes :* elles se font en décomposant du chlorure de sodium et du bioxyde de manganèse par l'acide sulfurique. Les secondes ont été popularisées beaucoup plus tard par le chimiste anglais Smith : elles se font en décomposant de l'azotate de potasse par l'acide sulfurique.

FUNÉRAIRE (*Drap*). — L'usage des *Draps funéraires*, appelés aussi *Draps mortuaires* ou *Couvertures funèbres*, remonte aux premiers temps de l'Église. Autrefois, on les plaçait, non-seulement sur le cercueil, comme on le fait aujourd'hui, mais encore sur la pierre tombale, dans certaines occasions solennelles. Quant à la couleur, elle était ordinairement noire, mais, pour les grands personnages, on les faisait souvent aussi d'étoffe rouge, verte, pourpre, bleue ou jaune, suivant l'émail dominant des armoiries du défunt. La croix que l'on représente sur le Drap mortuaire signifie la foi du décédé et son espérance du salut par les mérites de la rédemption opérée par Jésus-Christ sur l'arbre de la croix.

FUSÉE DE GUERRE. — Les *Fusées de guerre* paraissent avoir été connues, de très-bonne heure, en Chine et dans l'Inde. Les écrivains chinois les appellent *Flèches à feu*, parce que, aujourd'hui comme autrefois, leurs artificiers les arment ordinairement d'une pointe métallique en forme de fer de flèche. Introduites dans l'empire grec, pendant le VIIe siècle, elles devinrent, entre les mains des ingénieurs militaires de ce pays, et sous les noms de *feux volants* et de *feux ailés*, un des moyens dont ils se servirent le plus souvent pour lancer le Feu grégeois. Deux cents ans plus tard, ces artifices pénétrèrent chez les Arabes, qui en firent le même usage que les Grecs de Byzance, c'est-à-dire les employèrent pour projeter des compositions incendiaires. On ignore à quelle époque précise les Européens occidentaux connurent les Fusées de guerre, mais, ce qui est certain, c'est que les Italiens les possédaient déjà en 1379. En effet, dans le courant de cette année, les Padouans en firent usage pour incendier la petite ville de Mestre. En 1380, les Vénitiens en lancèrent également sur la tour delle Bebbe, à Chioggia. Enfin, un inventaire de l'arsenal de Bologne, en 1381, apprend que cet établissement en possédait un grand nombre dont le cartouche était muni d'une pointe de fer. Les Italiens appelaient les Fusées *Rochette*, mot que les auteurs latins traduisirent par *rocheta* et *rochetus*, les Français par *Rochette*, et les Anglais par *Rocket*. Des comptes appartenant à plusieurs villes, et dont les plus anciens connus appartiennent aux années 1418 et 1419, apprennent que les Fusées de guerre étaient communément employées dans certaines parties de la France, au commencement du XVe siècle. Ces artifices sont souvent désignés, dans ces textes, sous le nom de *Fusées à jeter feu* et sous celui de *Fusées à feu grégeois*. On les regardait surtout comme des moyens d'incendie propres à la guerre de siége, mais on les employait aussi quelquefois dans les batailles, pour effrayer les chevaux. Afin d'augmenter leurs effets dans ce dernier cas, l'ingénieur italien Louis Collado, en 1586, et l'artificier lorrain Hanzelet, en 1630, proposèrent de les armer, le premier, de pétards, et le second, de grenades, mais leurs idées passèrent inaperçues. Du reste, à l'époque où ce dernier écrivait, on les avait abandonnées partout à cause de l'incertitude de leur tir. Mais si les Fusées disparurent dans les armées européennes, elles continuèrent à être employées chez les peuples de l'Inde et de la Chine. Ce furent même les effets qu'en obtinrent les troupes de Tippoo-Saëb, sultan de Mysore, contre les Anglais, en 1799, qui donnèrent, dit-on, l'idée à William Congrève, alors capitaine au service de la Compagnie des Indes, de les introduire de nouveau en Europe. Toutefois, avant cette époque, le colonel français Prévôt, alors attaché aux armées russes, s'était servi avec succès, notamment au siége d'Otchakof, en 1788, de Fusées de son invention qu'il avait garnies de projectiles crêux et de matières incendiaires. Des engins du même genre, mais simplement incendiaires, avaient été également proposés et essayés en France par les artificiers Ruggieri, en 1760, et Torré, en 1775, et par un nommé Chevallier, en 1796, 1797 et 1798. Les Fusées de W. Congrève furent expérimentées à l'arsenal de Woolwich, en 1804, et employées, pour la première fois, en 1806, contre notre flottille de Boulogne, qui n'en éprouva que des dommages insignifiants, et, en 1807, contre la ville de Copenhague, où elles produisirent d'assez grands résultats. Dès ce moment, tous les gouvernements de l'Europe firent exécuter, sur les Fusées de guerre, de nombreuses expériences, à la suite desquelles ils en adoptèrent successivement l'usage. Ces artifices doivent la plupart des perfectionnements qui en ont rendu l'emploi véritablement utile au capitaine danois Schoumacher et au général autrichien baron Augustin. Ils forment aujourd'hui deux catégories distinctes, celle des *Fusées de campagne*, qui sont armées de boîtes à balles ou d'obus, et celle des *Fusées de siége*, qui sont, tantôt simplement incendiaires, tantôt munies de projectiles explosifs de fort calibre.

FUSÉE DE JOIE. — Les artifices de ce genre ont la même origine que les précédents, et n'en diffèrent que par leurs dimensions, qui sont plus petites, et par leurs garnitures, qui sont inoffensives. Ce sont ces Fusées qui figurent dans les feux d'artifice et que l'on emploie pour faire des signaux.

FUSÉE DE SAUVETAGE. — Voyez PORTE-AMARRE.

FUSÉE DE SURETÉ. — Voyez MINES.

FUSIL. — I. Au commencement du XVIIe siècle, on imagina de diminuer le poids du Mousquet de manière à obtenir une arme assez légère pour être tirée sans appui. En même temps, on inventa un mécanisme qui mettait le feu à l'amorce par le choc d'un morceau de silex sur une pièce d'acier, de la même manière que le vulgaire briquet enflammait l'amadou. Or, comme le briquet s'appelait alors *fusil*, on donna, par analogie, le même nom au mécanisme

lui-même et, enfin, à l'arme tout entière. Toutefois, on dit d'abord *Mousquet à fusil*, puis, par abréviation, simplement *Fusil*. On ne connaît pas l'époque précise de l'invention du nouveau mécanisme ou *Platine à pierre*. On sait seulement qu'on ne l'appliqua d'abord qu'aux Pistolets, et qu'il existait déjà en 1649, car, à cette date, le parlement de Paris rendit un arrêt pour fixer le prix des *Pistolets à fusil*. Quant aux Mousquets, on ne dut pas tarder à les faire profiter de ce perfectionnement, mais il fallut très-longtemps pour que le gouvernement comprît son importance. Une ordonnance du 24 décembre 1653 alla même jusqu'à punir de mort les soldats qui, ayant pris, malgré les défenses antérieures, les Mousquets à fusil, ne les abandonneraient pas immédiatement, pour reprendre les Mousquets ordinaires ou Mousquets à mèche. Cette sévérité provenait d'une idée qui dominait alors, et suivant laquelle les armes légères ne produisaient pas autant d'effet que les armes pesantes. Quant aux soldats, s'ils avaient adopté d'eux-mêmes le Fusil, c'était à cause de sa légèreté relative, et parce que, pouvant se tirer à l'épaule, il les dispensait de porter la fourchette du Mousquet. Peu à peu cependant, on entra dans une voie meilleure, mais ce fut très-lentement. Ainsi, une ordonnance du 6 février 1670 permit de donner des Fusils à quatre soldats par compagnie. Ce nombre fut porté à six, en 1687, et à vingt et un, en 1692. Dans l'intervalle, c'est-à-dire en 1671, le Fusil avait été exclusivement adopté pour l'armement des premières troupes régulières d'artillerie qu'il y ait eu en France, et qui, pour ce motif, reçurent le nom de *Régiment des fusiliers du Roi*. Enfin, vers 1699, l'infanterie toute entière abandonna la Pique et le Mousquet et prit le Fusil à baïonnette. Cette grande réforme, que l'on attribue aux conseils de Vauban, fut complète en 1703. A partir de cette époque, le Fusil n'éprouva aucun changement bien important jusqu'à l'invention de la *Platine à percussion*. Ce nouveau progrès naquit vers 1786, mais il ne devint pratiquement réalisable qu'en 1807, où l'armurier anglais Forsyth obtint la première patente dont il ait été l'objet. Il fut introduit, en France, l'année suivante, par l'arquebusier Pauly. Les nouveaux Fusils reçurent le nom de *Fusils à piston* à cause de la forme du marteau qui servait alors à écraser l'amorce. Comme toutes les choses qui commencent, ils furent d'abord très-imparfaits, et il fallut de nombreux perfectionnements pour les mettre en état de fonctionner d'une manière satisfaisante. Leur construction fut même, dans le principe, tellement compliquée que, pendant très-longtemps, on ne crut pas qu'ils pussent jamais servir pour la guerre. Le premier Fusil militaire de ce système paraît avoir été fabriqué, en 1812, par l'armurier parisien Julien Leroy. Des essais du même genre furent successivement faits, à partir de cette époque, dans toutes les parties de l'Europe ; et c'est à la suite des résultats qu'ils produisirent, que les nouvelles armes furent, après 1840, données aux troupes des divers pays. La plus grande amélioration qu'aient reçue depuis les Fusils percutants date à peine de quelques années : c'est celle qui a produit les *Fusils rayés*, lesquels ne sont qu'une application particulière du principe de la Carabine. — A l'origine, la platine des fusils à percussion était établie à peu près comme celle des fusils à pierre. C'est M. Georges Howel, directeur de la manufacture royale d'armes d'Ensfield, en Angleterre, qui a imaginé la disposition qu'on lui donne généralement aujourd'hui. Toutefois, cette platine présente un inconvénient. C'est que le chien percute fortement la cheminée et l'endommage peu à peu. De plus, des parcelles de poudre fulminante peuvent y adhérer et donner lieu à des accidents. Mais cet inconvénient peut être évité en adoptant une disposition inventée par M. Fontenau, de Nantes, et qui a, de plus, pour objet de prévenir les accidents qui arrivent fortuitement dans le maniement des armes à feu à la chasse. Pour obtenir ce dernier résultat, on a proposé un grand nombre d'autres systèmes plus ou moins compliqués, et dont quelques-uns seulement ont eu du succès. Un des plus simples est celui de M. Guérin, de Paris, qui est combiné de telle sorte, que le chien ne peut s'abaisser que lorsque l'arme est appuyée à l'épaule.

II. Les Fusils se chargent ordinaire-ment par la bouche. L'idée du *chargement par la culasse* remonte au XVIᵉ siècle, car il existait déjà, au moins en 1540, des Arquebuses construites sur ce principe. Cette idée fut reprise plusieurs fois par la suite, mais toujours sans succès, à cause de l'imperfection des mécanismes employés. On a été plus heureux, à notre époque, surtout depuis 1866. Ce sont les arquebusiers parisiens Robert et Lefaucheux qui ont le plus contribué à populariser en France les Fusils du nouveau système. — Depuis le XVIIᵉ siècle, on a aussi très-souvent essayé de faire des *Fusils à plusieurs coups*, les uns à canon unique avec charges superposées, les autres à canons multiples, tournants ou non tournants, mais ces essais n'ont servi qu'à produire des objets de curiosité. Parmi les autres singularités imaginées par les arquebusiers, et qui toutes n'ont eu aucun succès, il faut citer les *Fusils à lunette*, pour l'usage des myopes, proposés, au dernier siècle, par un industriel parisien.

FUSIL A VENT. — La première arme destinée à lancer les projectiles au moyen de la force élastique de l'air a été construite, 120 ans environ avant notre ère, par le mécanicien Ctésibius d'Alexandrie, qui lui donna le nom d'*Aérotone* et en emprunta l'idée au physicien Héron. Cette invention fut renouvelée, au XVIᵉ siècle, d'abord, vers 1530, par un armurier nurembergeois, appelé Gunther, puis, un peu plus tard, par un mécanicien français, Marin Bourgeois, de Lisieux, qui passait, à juste titre, pour un des hommes les plus ingénieux de son temps. Ce dernier fit hommage de son *Arquebuse à vent*, comme on disait alors, au roi Henri IV, qui en fit faire plusieurs expériences. Depuis cette époque, des armes du même genre ont été proposées par divers inventeurs, mais il n'a jamais été possible de les employer utilement parce qu'on a reconnu qu'elles produisent beaucoup moins d'effet que les Fusils ordinaires. La seule application qu'on en ait faite dans les armées paraît avoir eu lieu pendant les premières campagnes de la Révolution. Le gouvernement autrichien en donna alors à quelques corps de tirailleurs, mais leur peu d'efficacité le força à les mettre de côté. Vers 1810, il fut question, en France, de renouveler cet essai ; le ministre de la guerre fit même, dit-on, fabriquer deux mille Fusils à vent, mais on ne donna pas suite au projet. L'arme à vent la plus puissante qui ait été jamais imaginée est certainement celle qui fut établie, en 1831, par l'ingénieur civil Perrot, de Rouen. Elle présentait deux modèles, l'un, qui était monté sur des roues, pour être transporté à la suite des troupes, l'autre, qui était fixe, pour servir à la défense des brèches, dans la guerre de siége. Les nombreuses expériences auxquelles l'administration militaire la soumit, constatèrent ses effets éminemment destructeurs, mais des raisons de haute politique n'en permirent pas l'adoption. L'inventeur fut même, dit-on, engagé à ne pas en publier les dispositions.

G

GALACTOMÈTRE. — Instrument destiné à l'essai du lait. Il en existe plusieurs variétés. Le plus usité en France est celui des chimistes Chevallier père, Dinocourt et Ossian Henry, qui date de 1835. Comme le Lacto-densimètre de M. Quevenne, il fait connaître la densité du lait, et s'emploie concurremment avec le Crémomètre.

GALACTOSCOPE. — Autre instrument destiné à l'essai du lait, mais reposant sur un autre principe que le précédent. Il est fondé sur ce fait, que le lait a une opacité d'autant plus grande que la quantité des globules butyreux qu'il renferme est plus considérable. Le Galactoscope a été inventé, en 1842, par le docteur Alfred Donné. Son emploi constitue un procédé tout scientifique, et ne saurait être adopté par le commerce.

GALÈNE. — C'est un sulfure de plomb. Les potiers s'en servent, sous le nom d'*Alquifoux*, pour vernir les poteries grossières. Cet usage est originaire d'Orient, d'où il a été introduit en Europe par les Arabes d'Espagne. Il en est question, pour la première fois, en France, dans un texte de l'an 1283. Voyez CÉRAMIQUE et POTERIE VERNISSÉE.

GALIOTE A BOMBES. — Voyez BOMBARDE.

GALLES. — Excroissances arrondies qui se développent sur les rameaux et les feuilles des chênes, par suite de la piqûre de petits insectes du genre Cynips. Les Galles ont été utilisées de tout temps dans l'art de la teinture, à cause de l'action qu'exercent sur les sels de fer les acides tannique et gallique qu'elles renferment. Leur décoction constitue même un des meilleurs réactifs pour reconnaître le fer en dissolution dans un liquide. L'emploi de ces substances comme réactif du fer était déjà connu du temps de Pline le Naturaliste, mort en 79 de notre ère, mais c'est Tachenius, chimiste westphalien du XVIIe siècle, qui l'a généralisé pour la distinction des dissolutions métalliques.

GALLIQUE (*Acide*). — Il a été découvert, en 1786, par le chimiste suédois Charles-Guillaume Scheele, qui l'appela ainsi parce qu'il le trouva dans les excroissances ligneuses du chêne si connues sous le nom de *galles*. On s'en sert dans les ateliers de teinture et pour la fabrication de l'encre, à cause de l'action remarquable qu'il exerce sur les sels de fer. On l'utilise aussi, dans les laboratoires, à la place de la noix de galle usitée autrefois, pour distinguer les dissolutions métalliques, parce qu'il forme, avec la plupart d'entre elles, des précipités qui varient de couleur suivant la nature du métal qu'elles renferment. En traitant l'Acide gallique à une température élevée, M. Braconnot a obtenu, en 1831, un nouvel acide qu'il a nommé *pyrogallique*, et qui a reçu, de nos jours, plusieurs applications utiles. Les photographes l'emploient pour réduire les sels d'argent. On en fait aussi usage pour analyser les mélanges gazeux et pour donner aux cheveux une belle couleur blonde.

GALVANISATION. — C'est une des applications de la Galvanoplastie. Elle consiste à préserver les objets oxydables ou faciles à s'altérer en les recouvrant d'une couche métallique adhérente, qui est assez mince pour ne pas altérer la délicatesse de leurs détails, et cependant assez résistante pour les mettre à l'abri des causes de dégradation venant de l'extérieur. C'est au moyen de la Galvanisation que l'on revêt journellement des statuettes, des bois sculptés, même des fruits et des plantes, d'une pellicule d'or, d'argent ou de cuivre. On peut aussi, comme M. Michiels, pharmacien à Anvers, l'a fait avec succès en 1843, enfermer des pièces d'anatomie dans des enveloppes de métal qui, en interceptant complètement le contact de l'air, assurent indéfiniment leur conservation. Enfin, c'est au moyen de la Galvanisation que l'on garantit des ravages de l'oxydation les monuments de fonte qui décorent les lieux publics. Dans ce dernier cas, l'opération prend le nom de *Cuivrage galvanique*, parce que c'est à l'aide du Cuivre que l'on galvanise les objets. La fabrication du Fer dit *galvanisé* n'a rien de commun avec les procédés galvanoplastiques. C'est un simple étamage au Zinc. Voyez ÉTAMAGE.

GALVANISME. — Les savants ne connaissaient encore que l'Électricité statique, c'est-à-dire développée par les machines à frottement, lorsque, dans un mémoire, publié en 1791, Louis Galvani, professeur d'anatomie à Bologne, annonça l'existence d'une autre Électricité, qui a été appelée depuis *Électro-Galvanisme* et plus simplement *Galvanisme*. Cette forme du fluide électrique avait bien été déjà soupçonnée par Sulzer, en 1767, et de Cotugno, en 1786, mais aucun d'eux n'avait songé à tirer parti des observations qu'il avait pu faire. En 1780, comme il faisait des expériences sur le système nerveux, Galvani remarqua que les membres d'une grenouille décapitée, même depuis plusieurs heures, se contractaient très-fortement, sans l'intervention d'aucune Électricité étrangère, toutes les fois qu'il plaçait deux lames de métaux différents entre un muscle et un nerf. Il reconnut aussitôt qu'il y avait une grande analogie entre l'agent de ce phénomène et l'Électricité ordinaire, mais il ne crut pas à leur identité, et il pensa que cet agent était une Électricité particulière, une espèce d'*Électricité animale*. Lorsqu'il publia le résultat de ses travaux, tous les physiciens adoptèrent son opi-

nion, mais, en 1799, Alexandre Volta, de Côme, reconnut que les deux fluides étaient absolument identiques, et prouva que le contact de deux métaux de nature différente donne lieu à un dégagement continuel d'Électricité. C'est du nom de cet observateur et des circonstances où elle se produit que l'Électricité dynamique a reçu aussi les noms d'*Électricité voltaïque* et d'*Électricité par contact*. L'étude de la nouvelle Électricité reçut des recherches de ce grand physicien une impulsion immense ; on peut même dire que c'est à lui que la science et l'industrie sont redevables de toutes les applications utiles que l'on a faites depuis du fluide électrique. Voyez ÉLECTRICITÉ, PILE, etc.

GALVANOGRAPHIE. — Voyez ÉLECTROGRAPHIE.

GALVANOPLASTIE. — On a créé ce mot, qui signifie « art de façonner par le galvanisme », pour désigner un ensemble de moyens qui permettent de précipiter, par l'action d'un courant galvanique, un métal en dissolution dans un liquide, sur un autre objet naturellement conducteur de l'Électricité ou artificiellement rendu tel, de manière à former à la surface de celui-ci une couche continue reproduisant tous les détails de l'original. La découverte de la Galvanoplastie a été (1799), une des principales conséquences de la Pile de Volta, mais le fait sur lequel elle repose n'a été signalé d'une manière positive qu'en 1837, c'est-à-dire trente-huit ans après. Dès 1801, Volta avait remarqué que si l'on soumet à l'action de la Pile la dissolution d'un sel métallique, cette dissolution se trouve aussitôt réduite en ses éléments, et que le métal vient se déposer au pôle négatif. Des observations du même genre furent faites, d'abord, par Brugnatelli, en 1802, puis, par Daniell, vers 1826, et M. de la Rive, en 1827, mais tous ces faits passèrent inaperçus. Les choses étaient dans cet état, quand, en 1837, les procédés galvanoplastiques furent découverts, presqu'en même temps, par le docteur Jacobi, à Saint-Pétersbourg, et M. Thomas Spencer, à Londres. Ces deux savants, s'étant aperçus, chacun de son côté, que le cuivre déposé par le courant galvanique sur des lames de platine reproduisait fidèlement les plus petites irrégularités de leur surface, essayèrent de reproduire par ce moyen, le premier des planches gravées, le second des caractères typographiques et des médailles : le succès fut le plus complet, et, dès ce moment, un art nouveau se trouva inventé. MM. Jacobi et Spencer reconnurent en même temps que, pour que l'opération réussît parfaitement, il fallait que le courant fût faible et d'une intensité constante. Enfin, en imaginant les *Électrodes solubles*, l'un d'eux, M. Jacobi, rendit les résultats plus prompts et plus certains. Ce fut lui aussi qui créa le mot *Galvanoplastie*. La découverte du nouvel art eut un grand retentissement. Ce ne fut cependant qu'à partir de 1840 que les savants et les industriels de tous les pays songèrent à en multiplier les applications. Les inventeurs n'opérant que sur le cuivre, on chercha d'abord à réduire les autres métaux, et l'on réussit admirablement pour l'or, l'argent, le platine, le zinc, le fer, le plomb, l'étain et le nickel. A ce premier progrès en succéda bientôt un autre. Les métaux étant seuls conducteurs de l'Électricité, la Galvanoplastie ne pouvait recevoir qu'un emploi très-limité. Mais M. Murray, en Angleterre, et M. Boquillon, en France, découvrirent simultanément qu'il était possible de communiquer la propriété conductrice à tous les corps qui ne la possédaient pas, en les recouvrant d'une très-légère couche de plombagine. Dès ce moment, les procédés galvanoplastiques purent recevoir une foule d'usages, et leur introduction dans les ateliers révolutionna plusieurs industries importantes. En même temps, leurs applications devinrent tellement nombreuses, qu'on fut obligé d'en former des groupes distincts, à plusieurs desquels on ne tarda pas à donner des dénominations particulières. Aujourd'hui, la Galvanoplastie a toujours pour objet de déposer un métal sur un corps quelconque, mais, dans certains cas, la couche métallique doit adhérer au corps qu'elle recouvre, tandis que, dans d'autres, elle doit pouvoir en être détachée. A la première section appartiennent l'Argenture et la Dorure électro-chimiques, ainsi que la Galvanisation, et à la seconde la Galvanoplastie proprement dite qui s'occupe de la reproduction des objets en relief et en creux, et les

applications galvanoplastiques à la Typographie et à la Gravure. Voyez ARGENTURE, AUTOGRAPHIE, CLICHAGE, DORURE, ÉLECTROTYPIE, GALVANISATION, GALVANOGRAPHIE, GRAVURE, etc.

GALVANO-PONCTURE.—Voyez ACUPONCTURE.

GALVANO-TYPIE. — Voyez ÉLECTROTYPIE.

GAMME. — Le nom de *Gamme*, sous lequel on désigne la série des sons musicaux, vient de l'usage où l'on était au moyen âge de représenter par la lettre grecque *gamma* la note la plus grave de l'échelle des sons. On attribue généralement son introduction dans la langue musicale au moine italien Guido d'Arezzo, de l'abbaye de Pompose, qui l'aurait faite dans la première moitié du XIe siècle, mais, suivant M. Fétis, cet artiste en parlerait comme d'une chose connue avant lui. On croit aussi que les sons et, par suite, les notes qui les représentent, doivent leur dénomination actuelle à ce religieux, dénomination qui n'est autre que la première syllabe de la strophe suivante de l'hymne de saint Jean-Baptiste :

> *Ut* queant laxis
> *Re*sonare fibris
> *Mi*ra gestorum
> *Fa*muli tuorum,
> *Sol*ve polluti
> *La*bii reatum,
> Sancte Joannes.

La note *si* paraît avoir été ajoutée, en 1684, par le compositeur français Lemaire.

GAMMIER. — Sous ce nom, M. Frelon, professeur de musique à Paris, a imaginé un ingénieux appareil, qui facilite singulièrement l'enseignement musical, quelle que soit la méthode que l'on suit. Le Gammier est construit sous deux formes, l'une pour l'enseignement théorique, l'autre, pour l'enseignement pratique. Dans le premier cas, il consiste en un tableau sur lequel la baguette du maître fait suivre et comprendre à de nombreux élèves les divers éléments de l'art musical. Dans le second cas, c'est une série de plaques métalliques qui se placent sur le clavier et complètent, en les reproduisant, les indications du tableau.

GAMMOGRAPHE.—Instrument inventé, en 1791, par M. Rohberger, de Paris, pour régler le papier. On peut le considérer comme le type des divers appareils que l'on emploie aujourd'hui, et qui n'en diffèrent que par des dispositions de détail.

GANACHE. — Voyez FAUTEUIL.

GANTS. — De tout temps, on a porté des *Gants* dans les pays civilisés. Cependant, chez les anciens, leur usage fut beaucoup plus répandu en Perse et dans quelques contrées du Nord qu'en Grèce et à Rome, où ils étaient surtout réservés aux chasseurs, aux laboureurs et aux personnes délicates. La mode des Gants prit beaucoup d'extension en Europe, pendant le moyen âge, mais ce fut au XVIᵉ siècle que ses plus grands développements commencèrent. A cette dernière époque, les élégants les portaient généralement de soie. Ceux de peau ne prirent le dessus qu'au siècle suivant, sous Louis XIV, et ils l'ont toujours conservé depuis. La fabrication des Gants est florissante partout aujourd'hui. Néanmoins les Gants français jouissent, sur tous les marchés, d'une réputation d'élégance et de bonté qu'ils doivent à l'esprit inventif des industriels parisiens. C'est un de ces industriels, M. Xavier Jouvin, qui, en créant, vers 1834, la coupe à l'emporte-pièce, et en imaginant, un peu plus tard, un ingénieux système de mesure, a le plus contribué aux progrès modernes de la ganterie.

GARANCE. — La *Garance* est une des plantes tinctoriales les plus utiles. Elle croît naturellement dans le Levant et au nord de l'Afrique, mais on a réussi, de très-bonne heure, à la naturaliser dans plusieurs parties du centre et du midi de l'Europe. La matière colorante contenue dans sa racine est utilisée, de temps immémorial, en teinture, et c'est avec cette matière que les Orientaux obtiennent, depuis plusieurs siècles, le fameux *rouge d'Andrinople*, dont la préparation n'a été connue des industriels européens qu'à une époque tout à fait moderne. Les teinturiers grecs et romains employaient souvent la Garance. Du vivant de Pline le Naturaliste, ces derniers la tiraient de l'Asie Mineure, de la Galilée et des environs de Ravenne. A la même époque, la culture de cette plante existait déjà dans plusieurs provinces de la Gaule, notam-

ment dans l'Artois et l'Aquitaine. Sous le règne de Dagobert Iᵉʳ, c'est-à-dire au VIIᵉ siècle, il se tenait à Saint-Denis, près de Paris, un marché important où la Garance jouait un rôle considérable. Au commencement du XIIᵉ siècle, il existait dans la Normandie de vastes garancières dont les produits servaient aux teinturiers du pays pour teindre les étoffes de laine, dont une, *l'Écarlate de Caen*, était très-recherchée en France et en Italie. Ces garancières jouirent d'une grande prospérité jusqu'au XVIᵉ siècle, où la culture de la Garance fut exploitée avec tant de soin par la Hollande, que ce pays réussit à monopoliser presque entièrement cette branche de l'industrie agricole. En 1750, la Garance n'était plus cultivée, chez nous qu'aux environs de Lille, mais, en 1760, Frauzen, de Haguenau, en dota l'Alsace, et, un peu plus tard, de 1762 à 1774, le persan Jean Althen, qui s'était établi à Avignon, l'introduisit dans le Comtat Venaissin. Aujourd'hui, cette plante est cultivée, sur une grande échelle, non-seulement dans le Levant, son pays d'origine, mais encore en Turquie, en Italie, en Algérie, en Allemagne et dans nos départements de Vaucluse, du Haut et du Bas-Rhin. Son emploi a même acquis, depuis une quarantaine d'années, pour la teinture et l'impression des tissus, une importance si considérable, qu'on peut la regarder jusqu'à un certain point comme une plante tinctoriale universelle. Elle sert principalement pour la teinture en rouge, mais en l'appliquant à des tissus préalablement traités par des mordants appropriés, on en obtient un nombre infini de nuances, depuis le brun le plus foncé jusqu'au rose le plus tendre. Pendant longtemps, on ne l'a utilisée que sous la forme d'une poudre grossière, mais les chimistes modernes sont parvenus à isoler son principe colorant, et leurs travaux ont conduit à la découverte de plusieurs produits tinctoriaux dont l'industrie s'est aussitôt emparée. Voyez ALIZARINE, COLORINE, GARANCINE et au *Complément*.

GARANCINE. — Substance colorante extraite de la racine de Garance. Elle a été découverte, en 1827, par les chimistes Robiquet et Colin, qui l'appelèrent *Charbon sulfurique de garance.*

14

Mise, deux ans après, dans le commerce, par MM. Thomas et Laugier d'Avignon, elle fut employée aussitôt par M. E. Barbet, fabricant de toiles peintes à Rouen. Toutefois, son usage ne devint général, en Normandie, qu'en 1839, et, en Alsace, qu'en 1841. En 1843, M. Léonard Schwartz, de Mulhouse, a imaginé de fabriquer une variété de Garancine, qu'il a nommée *Garanceux*, avec les résidus de la Garance qui a déjà servi à la teinture. Cette matière a une valeur tinctoriale beaucoup inférieure à celle de la Garancine proprement dite ; néanmoins, elle rend d'utiles services à l'industrie.

GARDE-MONTRE. — Appareil inventé, en 1792, par le mécanicien Billiaux, de Paris, pour retenir la montre dans le gousset, et l'empêcher de sortir contre la volonté du propriétaire. Il n'a pas eu plus de succès que d'autres inventions du même genre faites de nos jours.

GARDE-NOTE. — Instrument construit, en 1810, par M. Robert, de Paris, pour réunir tous les papiers qui, par leurs petites dimensions, peuvent être facilement égarés, ou ceux que l'on a besoin d'avoir continuellement sous les yeux. La même idée a été reprise plusieurs fois depuis, et a toujours donné lieu à la construction d'appareils dont la trop grande complication n'a pas permis d'adopter l'usage.

GARDE-TEMPS.—Voyez CHRONOMÈTRE.

GARGOUSSE. — Voyez CARTOUCHE.

GARROT. — Voyez HÉMORRHAGIE.

GAUDE. — La *Gaude* ou *Vouède* est une des plantes tinctoriales le plus anciennement connues. On croit qu'elle est le *struthium* des anciens. On la cultive, dans presque toutes les parties de l'Europe, pour la substance colorante jaune que renferment toutes ses parties, mais plus abondamment ses feuilles les plus élevées et les enveloppes de son fruit. Les chimistes modernes ont réussi à extraire son principe colorant et ils l'ont appelé *Lutéoline*, du latin *luteola*, nom scientifique de la plante.

GAVOTTE. — Voyez DANSE.

GAZ. — I. Ce mot, qui vient de l'allemand *gas*, esprit, a été introduit dans la science, par Van Helmont, mort en 1644, qui l'appliqua d'abord, à la vapeur qui se produit pendant la fermentation du raisin et la combustion du charbon, puis à toute substance invisible qui se dégage des corps, soit par l'action du feu, soit par les réactions chimiques. Enfin, au siècle suivant, le chimiste français Macquer le fit définitivement adopter pour désigner toutes les espèces d'*airs* différents de l'air atmosphérique, qui seul a conservé cette dernière dénomination. C'est un autre de nos compatriotes, le chimiste Moitrel d'Elément, qui, le premier, a enseigné le moyen de recueillir les gaz avec une éprouvette. On a cru, pendant longtemps, que les gaz étaient permanents, c'est-à-dire ne pouvaient changer d'état, mais, depuis une quarantaine d'années, on est parvenu à en liquéfier et même à en solidifier un très-grand nombre. Comme en subissant alternativement ces changements d'état, les gaz acquièrent une expansion énorme, Humphry Davy en conclut, en 1823, qu'il serait peut-être possible de les employer comme agents mécaniques, à la place de la vapeur d'eau, mais, à l'exception de celle de notre compatriote Lenoir, qui date de 1861, toutes les *Machines à gaz* proposées jusqu'à présent n'ont pu recevoir aucune application utile. Voyez EXPLOSION (*Machines à*), CARBONIQUE, etc.

II. L'*Eclairage au gaz* est une invention française, mais c'est à l'Angleterre que revient l'honneur de l'avoir rendu pratique. Jean Tardin, de Tournon, en 1618, Thomas Shirley, en 1659, Hales, en 1669, Dalsemius, en 1686, James Clayton, en 1691, le docteur Watson, en 1769, le docteur Chaussier, en 1776, Minkelers, en 1785, lord Drummond, en 1786, et Driller, en 1787, avaient remarqué que l'on obtient de la distillation de la Houille un gaz éminemment combustible qui produit en brûlant une lumière très-brillante, mais aucun d'eux n'eut l'idée de faire de cette découverte une application utile à la société. C'est un Français, Philippe Lebon, ingénieur des ponts-et-chaussées, qui, dès 1786, non-seulement conçut cette idée, mais encore entreprit de la réaliser. Toutefois, il ne fit connaître le résultat de ses recherches qu'en 1798, et, l'année suivante, il prit un brevet d'invention pour un appareil, qu'il appelait *Thermolampe*, parce qu'il le destinait à fournir de la lumière et de la chaleur. Un an après, il se servit de cet appareil, d'abord, au Havre, où il voulut l'employer pour extraire du bois un gaz propre à l'éclairage des phares, puis, à Paris, où il éclaira les jardins et les appartements de l'hôtel qu'il habitait, rue Saint-Dominique, avec le gaz de la houille, mais ces essais ne purent pas attirer l'attention publique, à cause de la fétidité du nouveau combustible, qu'on ne savait pas encore purifier. A la même époque, un ingénieur anglais, nommé Murdoch, s'occupait de recherches analogues à celles de Lebon. Après divers essais, dont le premier datait de 1792, cet ingénieur fut chargé, en 1798, d'appliquer son système d'éclairage au bâtiment principal de la fabrique de machines que James Watt et Boulton avaient fondée à Soho, près de Birmingham. Cette innovation étonna beaucoup ; néanmoins, ce ne fut qu'à partir de 1802 qu'elle commença à se développer. On l'introduisit alors dans un grand nombre de manufactures de Birmingham, de Manchester et d'Halifax. Le nouvel éclairage était désormais acquis aux établissements industriels ; restait à le faire adopter pour l'usage des villes et des maisons particulières : c'est cette tâche qu'entreprit l'allemand Frédéric-Albert Winsor, qui s'était déjà fait connaître par une traduction d'un mémoire de Lebon sur le Thermolampe, et qui avait servi d'aide à Murdoch pour l'établissement des appareils de Soho et d'ailleurs. En 1804, Winsor prit une patente pour éclairer les rues de Londres avec le gaz de la houille, mais il ne put faire triompher définitivement ses idées qu'après plus de dix années d'efforts. Enfin, l'Éclairage au gaz fut définitivement établi dans la capitale de l'Angleterre, d'où il se répandit peu à peu dans les grandes cités de ce pays, ainsi que sur le continent. La France en fut dotée par Winsor lui-même, qui, s'étant rendu à Paris en 1815, y construisit, deux ans après, pour le service du passage des Panoramas, le premier gazomètre qu'on ait vu dans cette ville. Toutefois, le nouveau système d'éclairage rencontra, chez une foule de nos compatriotes, une opposition des plus violentes, qui ne cessa guère qu'à partir de 1820. Winsor fut aidé, dans la réalisation de son œuvre à Paris, par un mécanicien très-habile, Jean-Augustin-

Alexis Sauvage, qui contribua plus que tout autre au succès de l'entreprise en organisant avec soin le service et en dotant les appareils d'une foule d'utiles perfectionnements. Sauvage inventa encore les premiers moyens de contrôle dans la distribution du gaz, imagina les *Compteurs*, et créa les *Bougies à gaz*, ainsi que les effets de soleil par le gaz dans les décorations de théâtre, et les dispositions qui, dans les salles de spectacle, permettent d'élever et d'abaisser les lustres. — L'Éclairage au gaz est général aujourd'hui dans tous les pays où les arts industriels sont en honneur, et, s'il a pris une si grande extension, il le doit surtout aux améliorations de détail que des centaines d'inventeurs ont apportées, soit à la disposition des appareils qui servent à produire ou à brûler le gaz, soit aux procédés destinés à l'épurer. Le gaz qui sert à l'appliquer peut s'extraire d'un grand nombre de substances, mais on préfère employer la Houille, parce que le traitement de ce combustible est plus économique, et que son prix d'achat est plus que couvert par la vente du Coke et de divers autres produits de l'opération. Quelques-uns de ces derniers ont même reçu des applications assez importantes pour constituer des industries particulières. Toutefois, depuis quelques années, on fait aussi usage, dans plusieurs villes, de ce qu'on est convenu d'appeler le *Gaz à l'eau*, c'est-à-dire de gaz extraits de l'eau et saturés de carbures d'hydrogène liquides. Cette innovation paraît avoir été imaginée par l'anglais Donavan, en 1830, mais elle n'est devenue véritablement pratique que plusieurs années après, à la suite de perfectionnements dus à MM. Jobard (1832), Selligue (1834), Leprince (1843), et Girard (1846). Le gaz fourni par le système de ce dernier est généralement désigné sous le nom de *Gaz platine*, parce qu'au lieu de carburer l'hydrogène de l'eau, comme on l'avait fait jusqu'alors, on lui donne le pouvoir éclairant en plaçant au milieu de sa flamme un petit cylindre en tissu de platine. D'autres inventeurs ont conservé le gaz ordinaire, mais, afin d'éviter les frais de la canalisation et l'emploi des becs fixes, ils ont eu l'idée de le réduire à un très-petit volume, en le comprimant à trente ou quarante atmosphères, afin de pouvoir renfermer la quantité, nécessaire pour une soirée, dans des réservoirs portatifs et faciles à mettre en communication avec des lampes ordinaires. Ce système est né en Angleterre, vers 1820 : il constitue l'Éclairage au *Gaz portatif comprimé*. Il a eu beaucoup de vogue, pendant quelques années, après quoi on y a renoncé à cause des dangers qu'il présente. Il a été remis à la mode, vers 1845 par M. Houzeau-Muiron, de Reims, qui a réussi à le débarrasser de ses inconvénients en supprimant la compression, ce qui a produit le *Gaz portatif non comprimé*. Voyez CHAUFFAGE, GOUDRON, etc.

GAZ LIQUIDE. — Voyez HYDROCARBURES.

GAZÉ. — La fabrication du tissu de ce nom est immémoriale en Orient. Elle a été également connue des Grecs et des Romains, comme le prouvent plusieurs monuments sur lesquels on voit représentées des femmes, couvertes de robes ou de voiles de Gaze. Les auteurs latins désignent les vêtements de ce genre sous le nom de *Coa vestis*, parce que, dans les derniers temps, c'est de l'île de Cos que l'on tirait le tissu qui servait à les confectionner. Toutefois, chez les deux peuples, la Gaze n'était guère portée que par les femmes de plaisir, comme les chanteuses et les danseuses. — Les *Gazes métalliques* dont on se sert, pour faire les fanaux usités à bord des navires, ont été inventées, en 1797, par l'astronome-navigateur Alexis-Marie Rochon, de Brest. On les obtient en plongeant des panneaux de toile métallique de laiton dans une décoction de colle de poisson, qui en remplit toutes les mailles et s'y coagule par le refroidissement, après quoi on les vernit pour les soustraire à l'action de l'humidité. Le produit de cette industrie est quelquefois désigné sous le nom de *Corne artificielle*.

GAZETTE. — Voyez JOURNAL.

GAZOGÈNE. — Voyez EAUX MINÉRALES et HYDROCARBURES.

GAZOMÈTRE. — Appareil de physique destiné à recueillir les gaz. Dans les usines où l'on prépare le gaz pour l'éclairage, on donne le même nom au réservoir destiné à l'emmagasiner au sortir des cornues pour le diriger dans les tuyaux de distribution.

GAZOSCOPE. — Appareil inventé, en 1841, par M. Chuard, pour annoncer la présence du feu grisou dans les mines de houille, et celle du gaz d'éclairage, dans les habitations, par suite d'une fuite des conduites. Le Gazoscope donne ses indications quand la proportion de l'hydrogène deutocarboné dans l'air n'est encore que de 1/177 ; or, pour que le mélange soit détonant, il faut que cette proportion soit au moins de 1/12. L'indication est donc toujours donnée en temps utile.

GÉLATINE. — La *Gélatine* s'extrait de la peau, des os, des tendons et des cartilages des animaux. Elle doit son nom à la propriété que possède sa solution dans l'eau bouillante de former par le refroidissement une *gelée* transparente. Cette substance a été usitée de très-bonne heure, comme moyen adhésif, et pour préparer plusieurs variétés de colles, mais l'idée de l'appliquer à la nourriture de l'homme ne remonte pas au delà des dernières années du XVIIe siècle. C'est, en effet, à cette époque, que Denis Papin, médecin français réfugié à Londres, signala, pour la première fois, les propriétés nutritives de la Gélatine, inventa, pour l'extraire des os, l'appareil qui porte son nom (*Marmite de Papin*), et proposa au gouvernement anglais de l'employer, dans les hôpitaux, pour l'alimentation des pauvres et des malades. Cette innovation fut accueillie avec empressement par nos voisins, mais, sur le continent, où elle pénétra presque aussitôt, elle excita des railleries qui ne permirent pas d'en apprécier l'utilité. Plus tard cependant, des chimistes, en France, en Allemagne et ailleurs, se mirent à étudier avec soin les diverses questions qui se rattachaient à la Gélatine alimentaire, et réussirent, enfin, au commencement de ce siècle, en perfectionnant les procédés de fabrication, à faire définitivement entrer ce produit dans les usages domestiques. On dut surtout ce résultat aux efforts persévérants des français Proust, Darcet père et Cadet de Vaux, et de l'anglais Hatchett. C'est Darcet qui a créé, en 1820, le procédé généralement suivi aujourd'hui pour extraire la Gélatine des os en soumettant ces derniers à l'action de l'acide chlorhydrique. Aujourd'hui, on consomme surtout la Gélatine sous forme de *Gelées*, de *Bouillons économiques* et de *Tablettes de bouillon*. Les confiseurs et les pharmaciens la font également entrer dans une foule de préparations. Voyez COLLE, DIGESTEUR, IMPRESSION, MOULAGE, OS, etc.

GÉNÉRATEUR A VAPEUR. — Voyez CHAUDIÈRE.

GÉNÉRATION SPONTANÉE. — Doctrine physiologique suivant laquelle un être vivant peut être produit sans l'intervention des individus de même espèce. Cette doctrine remonte à une très-haute antiquité. Elle était admise par la plupart des philosophes grecs, qui, se fondant sur l'observation de cette multitude de petits animaux que l'on voit apparaître dans les substances en putréfaction, croyaient qu'ils se formaient de toutes pièces aux dépens des éléments de ces substances. La science moderne a prouvé que ces animaux sont produits par les procédés ordinaires de la nature, et proviennent de germes déposés par des êtres de même espèce. Malgré cela, le système des générations spontanées compte encore aujourd'hui des partisans.

GENOU. — On ignore l'origine du mécanisme de ce nom, dont les applications à l'industrie sont aujourd'hui si multipliées. Tout ce qu'il est possible de savoir, c'est qu'il était déjà connu en 1780, époque à laquelle James Watt l'employa pour la manœuvre des tiroirs de sa machine à vapeur.

GÉOCYCLIQUE. — Voyez PLANÉTAIRE.

GÉODÉSIGRAPHE. — Instrument de géodésie qui réunit les propriétés de la Planchette à celles du Graphomètre, et rend les opérations indépendantes de l'habileté de l'opérateur. Il a été inventé, en 1811, par le général Sokolnicky, mais son usage ne s'est pas répandu.

GÉOGRAPHIE. — La *Géographie* date du moment où, chez des nations déjà sorties de l'état sauvage, naquirent les deux arts du Commerce et de la Navigation. La Bible, le plus ancien livre qui soit parvenu jusqu'à nous, en renferme à peine des traces. Du reste, avant la conquête d'Alexandre, les Juifs n'eurent aucun rapport avec les nations éloignées, et ne possédèrent, par conséquent, qu'une instruction géographique très-bornée. Leurs connaissances n'atteignirent pas la Grèce, à l'ouest, et l'Indus, à l'est. Elles ne dépassèrent pas le Caucase, au nord. Enfin, au sud, elles se bornèrent à l'Égypte et à l'Arabie. De tous les peuples de l'antiquité, les Phéniciens furent les premiers qui contribuèrent aux progrès de la Géographie, mais ils ne nous ont transmis aucun monument écrit. On sait seulement, par les écrivains grecs et hébreux, que leurs navires sillonnèrent la Méditerranée, la mer Noire, et les parties de l'Atlantique qui baignent immédiatement l'Europe, et qu'ils fondèrent de nombreuses colonies partout où ils le jugèrent utile à leur commerce. Il est même probable qu'ils pénétrèrent dans l'Inde, par la mer Rouge. Enfin, un de leurs navigateurs exécuta un voyage de circumnavigation autour de l'Afrique. Après les livres juifs, c'est dans les poëmes d'Homère que l'on rencontre les premières notions géographiques. Du temps de ce poëte, et il en fut encore ainsi plusieurs siècles après lui, les Grecs ne connaissaient avec quelque certitude que la Grèce et ses îles, l'Égypte et l'Asie Mineure. Au delà de ces limites, le monde ne leur apparaissait qu'au travers du prisme du merveilleux. Ils regardaient surtout les contrées de l'ouest et du nord-est comme remplies de monstres, de nations fabuleuses ou de séjours de délices. Hérodote, mort vers l'an 405 avant notre ère, contribua beaucoup à étendre l'instruction géographique de ses compatriotes, et les renseignements qu'il puisa dans ses relations avec les savants des pays qu'il visita, lui permirent de rectifier un grand nombre d'erreurs. Ses connaissances s'étendaient jusqu'au cœur de la Russie, aux monts Ourals, à la mer d'Aral, aux confins de la Tartarie et de l'Inde, et aux peuplades nègres qui habitent les bords du Nil supérieur, mais elles étaient très-vagues et très-imparfaites sur l'Europe occidentale. Il ignorait également les découvertes des Carthaginois Hannon et Himilcon, qui, longtemps avant lui, s'étaient avancés, le premier, sur la côte occidentale d'Afrique, jusqu'en Guinée, le second, dans les mers du nord de l'Europe, jusqu'aux

Sorlingues. Dans les trois siècles qui suivirent cet historien, la Géographie fit de grands progrès, grâce aux voyages de Scylax, de Caryandra, qui signala aux Grecs, pour la première fois, les travaux des Carthaginois ; de Pythéas, de Marseille, qui explora la mer du Nord et pénétra dans la mer Baltique ; à la retraite des dix mille compagnons de Xénophon, à travers l'Asie centrale ; à l'expédition d'Alexandre le Grand ; et, enfin, au développement énorme que prirent les relations commerciales sous les successeurs du prince macédonien. Bientôt après, les conquêtes des Romains en Europe, en Afrique et en Asie, reculèrent au loin les connaissances géographiques, que Strabon, né cinquante ans environ avant notre ère, résuma dans son admirable ouvrage. Un peu plus tard, vers le milieu du second siècle de notre ère, Ptolémée consigna tous les faits acquis de son temps, dans un traité célèbre qui, pendant douze cents ans, servit de guide aux navigateurs et à l'enseignement. Malgré l'état d'ignorance où l'Europe se trouva plongée pendant une grande partie du moyen âge, la Géographie s'enrichit encore de nouvelles acquisitions. Ainsi, pendant que, d'un côté, les Arabes fournissaient de précieuses indications sur les parties de l'Asie et de l'Afrique où les armes musulmanes avaient pénétré, de l'autre, l'obscurité qui régnait sur les contrées du centre et du nord de l'Europe disparaissait peu à peu par suite des guerres de Charlemagne et des courses des Scandinaves ; ces derniers atteignirent même le Groenland et quelques points de l'Amérique du Nord. Les croisades à leur tour exercèrent une heureuse influence sur les expéditions maritimes, que l'emploi de la Boussole permit de rendre plus longues. Au XIIIᵉ siècle, les voyages de Carpin, de Rubruquis et de Marco Polo donnèrent sur plusieurs portions de l'Asie centrale des renseignements qui rectifièrent les connaissances que l'on possédait déjà. Enfin, arriva le grand siècle des découvertes, le XVᵉ, que les Portugais ouvrirent en reconnaissant toute la côte occidentale d'Afrique, et qui fut glorieusement fermé par les voyages de Gama au cap de Bonne-Espérance et de Christophe Colomb en Amérique. A partir de cette époque, la Géographie n'a cessé de s'enrichir d'une multitude de faits nouveaux, et, quoiqu'elle ait encore beaucoup à acquérir, elle n'a plus cependant rien à redouter des fausses théories ou des systèmes erronés.

GÉOLOGIE. — Quoique la *Géologie* ne soit devenue une science véritable que depuis un demi-siècle, on trouve cependant, chez les peuples les plus avancés de l'antiquité, des notions parfois très-exactes sur les principaux problèmes qui forment son étude. Ainsi, les Égyptiens admettaient, il y a plus de trois mille ans, la fluidité primitive de notre planète, son séjour prolongé sous les eaux, et des bouleversements successifs à sa surface, produits, suivant eux, par le déplacement de l'axe des pôles, qu'ils supposaient avoir été primitivement parallèle à celui de l'écliptique. Ils transmirent leurs connaissances aux savants de la Grèce, qui, à leur tour, les firent passer aux Romains, et plusieurs d'entre eux y apportèrent de précieuses modifications. Xénophane de Colophon, par exemple, qui vivait 535 ans avant Jésus-Christ, enseignait que les coquilles trouvées dans le sein de la terre provenaient de ce que notre globe avait été jadis couvert par la mer. Plus tard, Aristote étudia plusieurs phénomènes géologiques importants, tels que le comblement des rivières, la formation des deltas, l'élévation de certaines contrées par l'action volcanique, etc. Plus tard encore, Strabon, qui écrivait l'an 1ᵉʳ de notre ère, repoussant l'hypothèse de la diminution et du retrait des mers, avancée par Xanthus de Lydie, pour expliquer l'existence des coquilles fossiles à de grandes hauteurs et à de grandes distances des mers actuelles, l'attribua hardiment à des soulèvements et à des abaissements des continents eux-mêmes. Quelques années auparavant, Lucrèce avait dit qu'avant l'apparition de l'homme et des animaux actuellement vivants à la surface de la terre, celle-ci avait produit des êtres extraordinaires et des végétaux d'une grandeur colossale. On trouve aussi, dans Ovide, une curieuse énumération des causes qui tendent à modifier la partie extérieure de la croûte terrestre. Si l'on en juge par ce que dit Justin, son abréviateur, Trogue Pompée croyait à l'origine ignée de notre planète, et pensait que le refroidissement avait dû commencer par les pôles. Enfin, à une époque postérieure, plusieurs pères de l'Église, entre autres, saint Augustin et Tertullien, regardaient les coquilles fossiles trouvées sur les montagnes comme la preuve de la réalité du déluge de Noé. L'étude des phénomènes géologiques disparut avec l'empire romain ; on oublia même les faits qu'elle avait déjà découverts, et il faut arriver jusqu'à la Renaissance pour la voir cultiver de nouveau. La question des coquilles fossiles fut le premier problème agité par les savants. La plupart les regardaient comme des jeux de la nature, ou professaient sur leur origine les hypothèses les plus bizarres. Cependant, vers 1500, Léonard de Vinci avança qu'elles étaient les restes d'animaux qui avaient vécu aux lieux mêmes où on les trouvait. Dix-sept ans après, Fracastor soutint énergiquement cette opinion, et montra que l'on ne pouvait attribuer la présence de ces débris au déluge, comme quelques-uns le croyaient. Enfin, en 1575, Bernard Palissy établit que les terres où ils sont enfouis avaient dû être anciennement recouvertes par les eaux. Au siècle suivant, la science fit de nouveaux progrès. En 1626, Fabio Colonna distingua les coquilles en marines et fluviatiles, et les divisa en genres et en espèces. En 1670, Sténon avança le premier que les végétaux fossiles sont les restes de plantes autrefois vivantes, et que la formation des montagnes est postérieure à la création de la terre. En 1693, Leibnitz exposa la théorie de l'incandescence primitive du globe et de son refroidissement successif. A partir de cette époque, l'étude des phénomènes géologiques marcha d'un pas rapide. En 1728, Hooker émit les vues les plus ingénieuses sur la nature des fossiles, l'extinction des espèces, la température tropicale des premiers âges du monde, l'action des feux volcaniques, les soulèvements et les affaissements des terrains, etc. En 1735, Swedenborg publia des hypothèses très-hardies sur la fluidité primitive de notre planète, l'apparition successive des diverses espèces végétales et animales, etc. En 1740, Marsili reconnut que les fossiles ne sont point distribués au hasard, mais par groupes de genres, fait qui fut peu après con-

firmé par Donati. En 1754, Targioni démontra que les éléphants fossiles découverts en Italie avaient vécu aux lieux mêmes où gisaient leurs débris. En 1759, Arduino et Lehmann imaginèrent, l'un en Italie et l'autre en Prusse, la première classification des roches en dépôts primaires, secondaires et tertiaires. En 1785, le docteur Hutton fit paraître sa *Théorie de la terre*, et devint le chef de l'école des *Vulcanistes* qui attribuaient une origine ignée à tous les terrains. En 1787, Werner, professeur à l'école des mines de Freyberg, soutint au contraire qu'ils provenaient tous de l'action des eaux, et fonda l'école des *Neptuniens*. D'autres savants, surtout de Saussure, Pallas, Dolomieu, Deluc et Soldani, travaillaient, de leur côté, à élever la Géologie au rang des sciences positives. Enfin, en 1811, sous le titre d'*Introduction à la géologie*, Scipion de Breislak fit paraître le premier traité régulier de Géologie qui ait été publié, et les découvertes de Georges Cuvier, ouvrant de nouveaux horizons aux études géologiques, leur donnèrent un caractère de rigueur et de précision qu'elles n'avaient pu encore avoir. A partir de ce moment, la Géologie n'a cessé de marcher à pas de géant, et est devenue une science tout à fait positive. Au premier rang des savants qui ont le plus contribué à ses progrès, on cite surtout : Alexandre et Adolphe Brongniart, Cordier, Élie de Beaumont, Alcide d'Orbigny, Brochart de Villiers, Dufresnoy, d'Omalius d'Halloy, Constant Prévost, Beudant, d'Archiac, etc., en France ; Buckland, de la Bèche, Lyell, Murchison, etc., en Angleterre ; Léopold de Buch, Alexandre de Humboldt, de Léonhard, Keferstein, en Allemagne ; Agassiz, Auguste Pictet, Thurmann, etc., en Suisse.

GÉOMÉTRIE. — Les Égyptiens passent généralement pour les inventeurs de la *Géométrie*, mais cette science était fort peu avancée entre leurs mains et se réduisait à quelques connaissances pratiques. La Géométrie purement scientifique est née en Grèce, et c'est à Thalès de Milet et à Pythagore qu'en sont dus les premiers essais. Thalès, qui vivait au viie siècle avant notre ère, et qui puisa, dit-on, les éléments de la science en Égypte, se servit, le premier, de la circonférence pour la *Mesure des angles*, et détermina la hauteur des pyramides de Memphis par l'étendue de leur ombre, méthode fondée sur la théorie des *Lignes proportionnelles* ou des *Triangles semblables*. Au siècle suivant, Pythagore découvrit les propriétés du *Carré de l'hypoténuse*. Au milieu du ve siècle, Philolaüs de Crotone appliqua la Géométrie à la Mécanique, et Archytas de Tarente donna le problème des *Moyennes proportionnelles*. Anaxagore de Clazomènes, mort vers 428, paraît être le premier qui se soit occupé de la *Quadrature du cercle*. Vers la même époque, Hippocrate de Chio fit la découverte de la *Quadrature des lunules*. Platon, qui vint ensuite, trouva une solution très-simple de la *Duplication du cube*, et ses disciples créèrent la théorie des *Sections coniques*. Enfin, au ive siècle, parut Euclide, qui, réunissant en un corps d'ouvrage les propositions de Géométrie élémentaire trouvées par ses prédécesseurs et y joignant celles qui lui étaient propres, en composa son traité des *Éléments*, qui est encore classique. Un peu plus tard, Apollonius de Perge étudia d'une manière toute spéciale la théorie des Sections coniques, et développa toutes les propriétés de ces courbes. A la même époque, Archimède de Syracuse fit faire de grands progrès à la science. Entre autres choses, il découvrit les rapports qui existent entre la *Sphère* et le *Cylindre*, ainsi que la Quadrature rigoureuse *de la parabole*, et publia de savants travaux sur les *Conoïdes* et les *Sphéroïdes*. Les savants de l'école de Thalès et de Pythagore avaient créé la *Trigonométrie rectiligne*. La *Trigonométrie sphérique* fut fondée, cinquante ans avant notre ère, par le géomètre Théodose que l'on croit être né en Bithynie. Les savants qui s'occupèrent ensuite de recherches géométriques ne firent guère que développer les connaissances acquises par leurs prédécesseurs. Après la destruction de l'empire romain, la Géométrie tomba dans l'oubli, comme toutes les autres sciences, et ce furent les Arabes qui, à partir du ixe siècle, en remirent l'étude en honneur. Ces derniers rendirent populaires les ouvrages d'Euclide, d'Archimède et d'Apollonius, et les enrichirent de nouvelles découvertes : la Trigonométrie leur doit surtout de grandes obligations, car,

en substituant l'usage des *Sinus* à celui des cordes précédemment appliqué, ils facilitèrent singulièrement les opérations de la Géométrie pratique. C'est au xve siècle que les chrétiens occidentaux commencèrent à étudier la Géométrie, mais, pendant longtemps, ils ne firent que reproduire les ouvrages des anciens et des Arabes. Enfin, arriva le xviie siècle, et alors surgit une science toute nouvelle, celle de l'Analyse. Pendant que, par l'*Application de l'Algèbre à la Géométrie*, Descartes créait une des branches les plus importantes de la Géométrie générale, et jetait, avec Pascal, les bases de la *Géométrie descriptive*, Cavalieri publiait sa *Géométrie des indivisibles*, Fermat sa *Méthode des maxima et des minima*, et Isaac Barrow sa *Méthode des tangentes*. Enfin, en créant simultanément le *Calcul différentiel*, Newton et Leibnitz portaient la science à son plus haut degré de perfectionnement, en la faisant définitivement passer des considérations particulières aux considérations générales. Depuis cette époque, la Géométrie n'a cessé de suivre la voie où ces grands hommes l'avaient conduite, et ses différentes branches ont été enrichies de découvertes nouvelles par les savants de tous les pays, surtout par Wren, Christian Huyghens, Roberval, Gaspard Monge, Léonard Euler, Jacques et Daniel Bernouilly, Claude Clairaut, Colin Maclaurin, Gabriel Cramer, d'Alembert, Laplace, Lagrange, Charles-Frédéric Gauss, de Prony, Louis Poinsot, le général Victor Poncelet, etc.

GÉORAMA. — Ce mot, qui signifie « vue de la terre », a été créé pour désigner un des nombreux spectacles produits par l'invention du Panorama. Le Géorama consiste en un tableau peint sur la surface d'une sphère, et disposé de manière que le spectateur, étant placé au centre de cette dernière, voit se dérouler sous ses regards toute l'étendue du globe terrestre. D'ingénieux artifices d'optique donnent aux terres et aux mers l'aspect général qu'elles ont dans la nature. Le Géorama a été inventé à Paris, en 1823, par Delanglard, et renouvelé, en 1844, dans la même ville, par Charles-Auguste Guérin. Il est oublié depuis longtemps.

GIBERNE. — Voyez CARTOUCHE.

GILET. — Cette partie de l'habillement de l'homme a, dit-on, été ainsi appelée du nom d'un sieur Gillet, célèbre bouffon du dernier siècle ; mais rien n'est moins prouvé.

GIRAFE. — La singulière conformation de la *Girafe* a attiré de très-bonne heure l'attention des hommes. Ce qu'il y a de certain, c'est qu'on la trouve souvent représentée sur les monuments de l'Égypte et de la Nubie. Quelques écrivains croient que l'animal désigné par Moïse sous le nom de *zemer* est la Girafe, mais d'autres pensent que l'auteur sacré a voulu parler d'une espèce d'antilope. Quoi qu'il en soit, le géographe Agatharcides, qui vivait un siècle avant Jésus-Christ, est le premier qui ait positivement signalé la Girafe. Depuis cette époque, la plupart des voyageurs et des écrivains en ont parlé. Les Éthiopiens l'appelaient *nabus,* et les Grecs et les Romains *camelopardalis.* Quant à son nom actuel, il n'est qu'une altération du mot *zeraffa* par lequel les Arabes la désignent depuis le XIIIᵉ siècle au moins. La première Girafe qu'on ait vue en Europe, est celle que le dictateur Jules César fit paraître à Rome dans les jeux du cirque qu'il donna au peuple, l'an 45 avant notre ère. Plusieurs exhibitions du même genre eurent lieu par la suite, sous les empereurs. Dans les temps modernes, ce sont les Grecs de Constantinople qui ont possédé les premiers des Girafes vivantes. Quant aux chrétiens occidentaux, ils ne connaissaient encore la Girafe que par les récits des voyageurs, quand le sultan d'Égypte en envoya une à l'empereur Frédéric II, mort en 1250. Plus tard, une seconde fut envoyée à Mainfroy, fils naturel de ce prince, et une troisième à Laurent de Médicis, en 1486. La première qu'il y ait eu en France est celle qui fut donnée à Charles X, en 1826, par Ismaïl-Pacha, et qui a figuré, dans la ménagerie du Jardin des Plantes, à Paris, jusqu'au mois de janvier 1845, date de sa mort.

GIROUETTE. — La plus ancienne Girouette connue paraît être celle que l'architecte macédonien Andronic de Cyresthes établit à Athènes sur le monument appelé Tour des vents. Pendant le moyen âge, on mit habituellement des Girouettes sur les tours des châteaux et les clochers des églises, mais en leur attribuant, dans le premier cas, une destination à laquelle les Grecs et les Romains n'avaient pas songé. Ainsi, on les regardait comme une marque de noblesse, et, par suite de cette opinion, leur usage était interdit aux roturiers. On variait même leur forme suivant le rang des personnes dans la hiérarchie féodale. Les Girouettes des églises reçurent aussi une signification symbolique : on les considérait comme l'emblème des prédicateurs qui, de même qu'elles « font face au vent, vont courageusement à la rencontre des âmes rebelles. »

GLACE. — I. Ce n'est qu'au XVIIᵉ siècle, que l'on a commencé à étudier le singulier phénomène de la solidification de l'eau par le refroidissement. Parmi les expériences curieuses auxquelles cette étude a donné lieu, on cite surtout celles qui ont eu pour objet la dilatation qu'éprouve ce liquide en se solidifiant. Ainsi, le physicien anglais Williams, ayant rempli d'eau une bombe de plus de 3 centimètres d'épaisseur, la ferma avec un tampon de bois, et l'exposa à un froid de plusieurs degrés au-dessous de zéro : au moment de la congélation, le tampon fut lancé avec force à une grande distance et le projectile se rompit en trois endroits. Des membres de l'académie del Cimento à Florence firent crever de la même manière une sphère de cuivre si épaisse que Muschenbroeck estima que l'effort qu'il avait fallu pour la rompre aurait suffi pour soulever un poids d'environ 13,860 kilogrammes. La Glace possède, en outre, une force de résistance très-considérable. C'est ce que l'on observa lorsque, au mois de janvier 1740, on fit avec des blocs de Glace, à Saint-Pétersbourg, six canons de 6 et deux mortiers. L'un de ces canons, dont les parois n'avaient que 11 centimètres d'épaisseur, fut chargé avec 125 grammes de poudre, et lança, sans éprouver aucun dommage, un boulet qui alla percer, à 60 pas de distance, une planche épaisse de 5 centimètres 1/2. On construisit, à la même époque, un palais de Glace, long de 17 mètres, large de 5ᵐ,28, et haut de 6ᵐ,60, dont les diverses pièces furent garnies de meubles également de Glace. En décrivant cet édifice, le physicien Krafft avança que l'on pourrait tra-

14.

vailler la Glace au tour, la tailler, la peindre et même la mettre impunément au feu, après l'avoir, dans ce dernier cas, frottée de naphte. D'autres expérimentateurs, ont découvert que la Glace jouit de la propriété de réfracter la lumière et la chaleur : aussi, l'un d'eux, Edme Mariotte, est-il parvenu à construire avec cette substance une lentille qui concentrait assez bien les rayons du soleil pour enflammer la poudre à canon. Enfin, un autre observateur, Charles Achard, de Berlin, s'est assuré que la Glace peut être rendue électrique par le frottement, ce qui montre que le refroidissement détruit la faculté conductrice de l'un des corps qui, dans les circonstances ordinaires, possèdent cette propriété à un très-haut degré.

II. La Glace est employée en médecine et dans les laboratoires, mais sa consommation est surtout considérable dans l'économie domestique, où elle sert à conserver les substances alimentaires, à rafraîchir les boissons et à obtenir les préparations si connues sous les noms de *Glaces* et *Sorbets*. L'usage des boissons glacées est immémorial dans tous les pays chauds. A l'imitation des Orientaux et des Grecs, les Romains rafraîchissaient le vin et l'eau, soit en les entourant de Neige ou de Glace, soit en y ajoutant, au moment de les boire, une petite quantité de l'une ou de l'autre de ces deux substances, soit, enfin, en les passant dans un filtre rempli de neige. Les matières rafraîchissantes étaient transportées à Rome sur des chariots, et emmagasinées dans des glacières à peu près disposées comme celles de nos jours. La mode des liquides glacés se maintint en Italie, en Espagne et en Grèce, après la chute de l'empire. C'est au premier de ces pays que la France l'emprunta, au xvie siècle, à la suite des guerres de François Ier, et quelques années lui suffirent pour se répandre dans les classes aisées. Dans le principe, on se contenta de rafraîchir les boissons comme les anciens le faisaient : encore ne pouvait-on y réussir que pendant une partie de l'année. Enfin, vers 1660, le florentin Procopio Cultelli, appliquant avec intelligence les procédés de congélation artificielle découverts par ses compatriotes et perfectionnés par la chimie, commença à vendre de la Glace en tout temps et introduisit l'usage des sorbets. Toutefois, on ne parvint à donner de la consistance aux préparations glacées qu'à partir de 1776, et cette innovation, qui paraît due au propriétaire du café *le Caveau*, à Paris, créa les Glaces proprement dites.

III. Dans les pays où les hivers ne sont pas toujours assez rigoureux pour qu'on puisse trouver la Glace nécessaire aux besoins des arts et de l'économie domestique, on est souvent obligé de faire venir cette substance de lieux très-éloignés. Ainsi, plus d'une fois, les glacières parisiennes ont dû tirer leur approvisionnement de la Norwége. C'est pour éviter ces transports, toujours très-coûteux, que l'on a cherché le moyen de produire artificiellement la Glace. Les procédés proposés sont fondés, les uns sur l'évaporation des liquides, les autres sur la dilatation des gaz, d'autres, enfin, sur l'emploi des mélanges frigorifiques. — Les procédés de la première espèce sont les plus anciens. Dans l'Inde, où ils sont connus de temps immémorial, on se contente d'abandonner l'eau, dans des vases très-larges et peu profonds, pendant les nuits d'été. Quand le ciel est serein et l'air calme, le liquide se congèle, même lorsque la température ambiante reste à 10° au-dessus de zéro. On a essayé, il y a une quarantaine d'années, d'appliquer ce système à Saint-Ouen, près de Paris, mais l'usine qu'on avait montée à cet effet n'a pu fonctionner assez économiquement pour se soutenir. De nos jours, plusieurs inventeurs, sachant que l'on accroît les effets de l'évaporation en opérant dans le vide, et en faisant absorber, par des substances très-hygrométriques, les vapeurs qui se dégagent, ont entrepris de tirer parti de ce principe et créé des appareils qui, après un grand nombre de tentatives infructueuses, ont enfin réussi à donner les résultats les plus satisfaisants. C'est à un de nos compatriotes, M. Carré, qu'appartient la gloire d'avoir résolu complétement le problème. Les appareils de ce chimiste datent de 1857. Ils ne sont pas, du reste, exclusivement destinés à la fabrication de la Glace : ils peuvent également recevoir les applications les plus variées dans toutes les industries où il est nécessaire de produire du froid. —

Le procédé basé sur la dilatation des gaz paraît avoir été créé, en 1835, par Thilorier, à l'occasion de ses expériences sur la congélation de l'acide carbonique, mais il n'a pas encore été employé industriellement. — Le procédé des mélanges frigorifiques date du xvie siècle : c'est celui dont on s'est le plus servi jusqu'à présent. On a inventé, pour l'appliquer, plusieurs appareils très-ingénieux, appelés *Congélateurs* ou *Glacières*, et dont les meilleurs sont ceux de MM. Villeneuve et Goubaud, de Paris, du docteur Boutigny, d'Évreux, et de M. Malapert, de Poitiers. Voyez FRIGORIFIQUES (*Mélanges*).

GLACES ET MIROIRS. — Voyez MIROIR.

GLACES DISCRÈTES. — Voyez VITRES.

GLACIÈRE. — Le besoin de conserver les approvisionnements de Glace a donné l'idée des constructions de ce nom, dont l'usage est immémorial dans plusieurs parties de l'Asie. Les Grecs et les Romains empruntèrent aux Orientaux l'idée des *Glacières :* ils les disposaient à peu près de la même manière qu'on le fait encore aujourd'hui. Notre pays ne les connaissait pas encore lorsque, dans la relation de son voyage au Levant, en 1553, le médecin-botaniste Pierre Belon décrivit celles qu'il avait vues en Turquie. Enfin, quelques années plus tard, on établit à Paris les premières qu'il y ait eu en France. Il est à remarquer que le mot qui sert à désigner ces constructions ne figurait pas encore dans nos dictionnaires en 1636.

GLAÇURE. — Terme générique par lequel on désigne l'enduit vitreux au moyen duquel la pâte des produits de la céramique est rendue imperméable. On appelle *Vernis* la Glaçure plombifère des Poteries communes, *Émail* la Glaçure stannifère de la Faïence italienne, et *Couverte* la Glaçure de la Porcelaine. Plusieurs antiquaires ont avancé que les peintres-verriers du moyen âge avaient appliqué une Glaçure particulière sur le revers de leurs tableaux afin de donner à l'ensemble le ton général et harmonieux qu'on y remarque, mais on admet généralement aujourd'hui que ce ton n'existait pas primitivement et qu'il est uniquement dû à l'action lente et incessante de l'intempérie des saisons.

GLOBE. — Chez les Romains, le globe était un signe de la puissance de l'empereur sur le monde entier. On le trouve, avec cette signification, sur les médailles d'Auguste et de la plupart de ses successeurs. Les empereurs chrétiens conservèrent ce symbole, mais en le surmontant d'une croix. A leur exemple, les rois mérovingiens et les empereurs francs firent placer le Globe crucifère sur leurs monnaies. Hugues Capet et son fils Robert firent également graver le Globe sur leurs sceaux, mais en supprimant la croix. A partir de cette époque, le Globe ne figure plus sur les sceaux des rois de France, à l'exception de celui que Louis XII fit exécuter à son départ pour l'Italie. Enfin, en 1804, à l'occasion de son sacre, Napoléon Ier adopta le Globe crucifère comme emblème de la puissance souveraine.

GLOBE TERRESTRE, etc. — Le premier *Globe terrestre* dont il soit fait mention est celui que le géographe arabe Édrisi construisit, vers 1150, pour Roger II, roi des Deux-Siciles : c'était une sphère d'argent pesant environ 800 marcs et sur laquelle on avait représenté par la gravure en creux toutes les parties du monde connu. Ce Globe a disparu, on ignore à quelle époque, et le plus ancien que l'on ait conservé parmi ceux qui furent établis par la suite, est celui que l'astronome-navigateur allemand Martin Behaïm exécuta en 1492, et qui se trouve à la Bibliothèque de Nuremberg : il est gravé comme le précédent, mais sur cuivre. A partir du xvie siècle, le développement des connaissances géographiques fit sentir la nécessité de multiplier les Globes terrestres, et, pour en rendre l'acquisition facile, on se mit à la recherche de moyens de construction plus prompts et plus économiques que ceux que l'on avait employés jusqu'alors. C'est pour répondre à ce besoin que l'on imagina la méthode, encore généralement usitée de nos jours, de les former de fuseaux de papier, dessinés à la main ou imprimés, et collés sur une boule de bois ou d'autre matière dure. On attribue l'invention de cette méthode au grand artiste nurembergeois Albert Durer, mort en 1528, mais le fait n'est pas prouvé. Tout ce que l'on peut affirmer, c'est qu'elle était déjà connue en 1530. Depuis cent cinquante ans, la fabrication des Globes a donné lieu, à peu près partout, à un grand nombre d'inventions plus ou moins heureuses. Une des plus ingénieuses est celle qui a été réalisée, vers 1857, par M. More, de Gray (Haute-Saône); elle donne le moyen d'établir des Globes de grande dimension, et, néanmoins, très-portatifs et très-peu encombrants, en les exécutant en toile et les munissant d'un mécanisme intérieur analogue à celui des parapluies ; on peut ainsi les plier, quand on ne veut plus s'en servir, et les enfermer dans un meuble ou même dans une malle. A une époque plus rapprochée de nous, un autre de nos compatriotes, M. Silbermann jeune a imaginé un procédé qui permet d'imprimer les Globes d'un seul coup, soit en relief, soit en creux, et quelle que soit la matière employée. — Pour l'étude de l'astronomie, on se sert d'appareils analogues aux précédents, quant à la forme, et que l'on appelle *Globes célestes* parce qu'on y indique la disposition des étoiles sur la voûte du firmament. Ils datent probablement d'une époque beaucoup plus ancienne, mais on ne possède aucun renseignement sur leur origine. Il est à remarquer que ces appareils représentent le ciel à l'envers, puisqu'il apparaît à nos yeux comme une voûte concave, tandis qu'ils ne nous laissent apercevoir que leur surface convexe. Toutefois, on en fait quelquefois d'assez grandes dimensions qui permettent à l'observateur de pénétrer dans leur intérieur et, par conséquent, lui montrent leur surface concave. Les Globes de ce système sont en quelque substance transparente, le plus souvent en verre. — Sous le nom de *Globe géo-céleste*, M. Georges, de Paris, construisit, en 1817, une sphère creuse qui représentait la surface de la terre sur sa convexité et la voûte céleste sur sa concavité, et pouvait remplacer à la fois les Globes terrestres et les Globes célestes. Cet appareil se composait de deux parties égales, placées l'une sur l'autre et se séparant à l'équateur. L'hémisphère inférieur était d'une seule pièce, mais le supérieur se divisait en quatre triangles sphériques dont il suffisait d'enlever un seul pour voir parfaitement les constellations tracées sur la concavité des autres, et dans leur posi-

tion naturelle. Enfin, des mécanismes accessoires placés à volonté, soit dans l'intérieur, soit à l'extérieur du Globe géo-céleste, donnaient le moyen de résoudre une foule de problèmes de géographie et d'astronomie. Voyez GÉORAMA et PLANÉTAIRE.

GLOBE DE COMPRESSION. — Voyez MINES DE GUERRE.

GLU MARINE. — Mastic élastique, très-adhésif et insoluble dans l'eau, qui se prépare en faisant dissoudre du caoutchouc dans de l'huile de houille additionnée de résine laque pulvérisée. La *Glu marine*, appelée aussi *Colle navale*, a été inventée, en 1842, par M. Jeffery, de Londres. Elle doit les deux noms sous lesquels on la désigne à la propriété qu'elle possède de faire adhérer de la manière la plus solide les bois destinés aux constructions navales, mais on peut l'employer également toutes les fois que l'on veut opérer un rapprochement intime entre des bois, des pierres et des tissus. La Glu marine présente ce résultat bien remarquable de résister à une traction de 20 à 25 kilogrammes par centimètre carré, tandis que la résistance pratique du sapin, en travers des fibres, ne dépasse pas 12 à 15 kilogrammes, d'où il suit que, grâce à son emploi, les chances sont moindres de voir rompre une pièce de bois par le joint collé qu'à travers le bois lui-même.

GLUCOSE. — En 1783, le duc de Bouillon trouva une espèce particulière de Sucre dans le raisin, les groseilles, les pruneaux et dans tous les autres fruits de nos climats, qui à une saveur douce en joignent une autre un peu acide. C'est à cette espèce de Sucre que l'on donne le nom de *Glucose* ou *Glycose*, d'un mot grec qui veut dire « doux ». Au commencement de ce siècle, plusieurs industriels français essayèrent de le préparer en grand, suivant les procédés imaginés par les chimistes Chaptal, Proust et Parmentier, mais ils abandonnèrent leurs essais aussitôt que la fabrication du Sucre de betterave se fut établie. Toutefois, l'extraction du Glucose ne devait pas être entièrement délaissée. Elle reparut, en effet, quelques années après, et, cette fois, ce fut pour rester. Cette innovation fut provoquée par le chimiste russe Kirchhoff qui, reprenant, en 1811, des expériences exécutées, en 1785, par le docteur Irving, trouva le moyen de transformer industriellement en Glucose l'amidon des céréales et la fécule des pommes de terre. La préparation du *Sucre de fécule*, comme on appelle vulgairement le Glucose, prit aussitôt une extension qui a toujours augmenté depuis. Cette substance s'obtient en faisant réagir l'acide sulfurique sur la fécule. On l'emploie surtout pour fabriquer l'eau-de-vie dite *Eau-de-vie de pommes de terre* ou *Eau-de-vie de fécule*. En Champagne et en Bourgogne, on en fait aussi usage pour assurer la conservation des vins, en augmentant la force alcoolique de ces liquides.

GLUCYNIUM. — En 1797, le chimiste français Vauquelin découvrit, dans l'émeraude et le béryl, une substance nouvelle que l'on appela *Béryl*, *Glucyne* et *Terre de glucyne*, ces deux dernières dénominations, qui rappellent un de ses caractères, venant d'un mot grec qui signifie « doux ». Plus tard, on reconnut que cette substance était un oxyde, dont le radical fut isolé, pour la première fois, en 1827, par M. Wœhler, en décomposant la Glucine par le potassium. C'est ce métal que l'on désigne sous le nom de *Glucynium*, mais on l'appelle aussi quelquefois *Béryllium*. Il est sans usage.

GLUTEN. — Quand on malaxe, sous un filet d'eau, de la pâte de farine de blé, jusqu'à ce que le liquide qui s'écoule ne soit plus lactescent, il reste entre les mains une substance membraneuse, molle, collante et très-élastique, à laquelle les chimistes ont donné le nom de *Gluten*. Cette substance est la partie nutritive des farines, et c'est elle qui communique à leurs pâtes la propriété de lever. On attribue généralement sa découverte au physicien italien Jean-Baptiste Beccaria, de Mondovi, qui vivait au milieu du dernier siècle; mais cette assertion est inexacte, car le Gluten avait déjà été signalé, cent cinquante ans auparavant, par Duchesne, appelé en latin *Quercetanus*, un des médecins attachés à la cour de Henri IV. Quoi qu'il en soit, le Gluten n'a d'abord été employé que pour faire un pain particulier destiné aux diabétiques. Depuis quelques années, on s'en sert aussi pour fabriquer, sous le nom de *Gluten granulé*, un produit d'excellente qualité avec lequel on confectionne des potages. Cette nouvelle application a été créée, vers 1843, par les frères Véron, amidonniers à Ligugé, près de Poitiers.

GLYCÉRINE. — Substance liquide, incristallisable et de consistance sirupeuse, qui se trouve dans les graisses et les huiles. Découverte, en 1783, par le chimiste suédois Scheele, qui l'appela *principe doux des huiles*, elle fut plus tard étudiée par le chimiste français Chevreul, qui fixa ses caractères chimiques, et lui donna le nom qu'elle porte aujourd'hui, d'un mot grec qui signifie « doux », afin de rappeler une de ses principales propriétés. La Glycérine n'a eu, pendant longtemps, aucun usage sérieux, mais, depuis 1852, ses applications ont acquis une importance considérable. On l'emploie généralement aujourd'hui, comme excipient, en pharmacie, en parfumerie et dans l'art vétérinaire. On s'en sert aussi pour faciliter le tissage des étoffes, pour lubrifier les organes mécaniques, maintenir la terre des mouleurs et des sculpteurs dans un état convenable de souplesse, rendre le papier assez absorbant pour qu'on puisse y exécuter des impressions à sec, préparer la nitroglycérine, etc.

GLYPHOGRAPHIE. — Voyez ÉLECTROTYPIE.

GLYPTIQUE. — C'est l'art de graver sur pierres dures (agates, cornalines, sardoines, etc.), soit en creux, pour faire des *Intailles*, soit en relief, pour obtenir des *Camées*. La Glyptique passe pour avoir été inventée en Égypte ; c'est du moins à ce pays qu'appartiennent les plus anciennes *pierres gravées* que l'on connaisse, et elles sont antérieures à l'époque de Joseph. Elle fut cultivée par tous les peuples civilisés de l'antiquité, surtout par les Grecs qui la portèrent au plus haut degré de perfection où elle soit parvenue. Ses procédés disparurent en Occident quand les barbares du Nord détruisirent l'empire romain, mais ils continuèrent à être pratiqués quoique avec peu d'habileté par les Grecs de Byzance. Cette ville ayant été prise par les Turcs en 1453, ses artistes allèrent chercher un asile en Italie, et, grâce à leurs indications, la Glyptique put voir renaître de beaux jours. Le foyer principal de ce mouvement fut la Toscane, dont les grands-ducs Laurent le Magnifique (1469-1492) et Pierre II, son fils (1492-1495), étaient amateurs passionnés des beaux-arts. Ces princes formèrent une riche collection de pierres antiques, et appelèrent à Florence les meilleurs maîtres du temps. C'est à cette école que se forma Giovanni, dit *delle Corniole*, c'est-à-dire des cornalines, à cause de son habileté, et que l'on regarde comme le premier restaurateur de la Glyptique. Il eut bientôt pour concurrent le milanais Domenico, qui reçut, pour le même motif, le surnom *de' Cammei*, ou des camées. Sur les traces de ces grands artistes marchèrent Michelino, le peintre Francesco Francia, l'orfèvre Caradosso, Giovanni Bernardi, Valerio Vicentino, Matteo dal Nassaro, Alessandro Cesari, et une foule d'autres. Matteo dal Nassaro, qui vint en France, vers 1525, à la suite de François Ier, y apporta le goût de la Gravure sur pierres fines, et le premier de nos compatriotes dont les œuvres se firent remarquer fut Julien de Fontenay, dit Coldoré, qui était valet de chambre de Henri IV. Le milanais Clément Birague, qui vivait aussi au XVIe siècle, passe pour avoir réussi le premier à graver le diamant. La Glyptique déchut beaucoup au XVIIe siècle; elle fut même si peu cultivée que plusieurs de ses procédés disparurent, et il fallut que les grands artistes qui la relevèrent au siècle suivant en inventassent de nouveaux. L'un de ces derniers, le tyrolien Jean Pichler, qui passa presque toute sa vie en Italie, s'éleva jusqu'à la hauteur des plus habiles graveurs de l'antiquité. La Glyptique compte aujourd'hui un assez grand nombre d'artistes de mérite, principalement à Rome, à Florence, à Venise, à Naples et à Paris, mais sans produire des œuvres comparables à celles d'autrefois. De plus, à la différence de leurs prédécesseurs, les graveurs de nos jours recourent ordinairement à l'emploi des acides pour accélérer le travail. On regarde généralement MM. Michellini, Weiss-Muller, Lalondre, Samsonn, etc., comme les chefs de la Glyptique française contemporaine. — Le prix élevé des pierres dures et la difficulté de les travailler ont fait chercher d'assez bonne heure le moyen de produire économiquement les Camées, en se servant de matières plus abondantes et d'une mise en œuvre plus facile. Après bien des tentatives, on a reconnu que la coquille marine appelée « grand Casque des Indes orientales » dont le test présente des couleurs blanches, roses, jaunes, brunes, etc., était la substance la plus convenable. Toutefois, pendant longtemps, la fabrication des Camées artificiels sur coquille a été, en quelque sorte, monopolisée par les artistes de Rome et de Naples, mais, depuis le commencement de ce siècle, cette branche des arts industriels a réussi à se naturaliser dans quelques autres parties de l'Europe, plus particulièrement dans notre pays. Aujourd'hui, nos graveurs sur coquilles produisent des œuvres qui soutiennent la comparaison avec celles des plus habiles caméistes de l'Italie. Au premier rang des plus renommés, on s'accorde à placer MM. Albita-Titus, Reynaud, Lamant, Blanchet et de Grégory, tous à Paris, et Bentoux, de Marseille.

GNOMON. — Instrument qui sert à mesurer la longueur de l'ombre projetée par le soleil, et, par suite, la hauteur de cet astre. Le *Gnomon* est peut-être le premier instrument astronomique qui ait existé. Il est du moins certain qu'il a été employé par les plus anciens peuples, tels que les Égyptiens, les Chaldéens, les Chinois et les Grecs. Plusieurs Gnomons sont célèbres par leur élévation. Le plus considérable qui ait été construit est celui que Paul Toscanelli fit placer dans la coupole de la cathédrale de Florence, en 1467 : il n'a pas moins de 92 mètres. Le plus grand qu'on ait fait en France est celui de l'église Saint-Sulpice à Paris : il est haut de 16 mètres, et a été établi, en 1742, par l'astronome Pierre-Charles Lemonnier.

GNOMONIQUE. — C'est la science qui enseigne à construire les Cadrans solaires. Son histoire se confond, par conséquent, avec celle de ces instruments. Voyez CADRAN SOLAIRE.

GOMME ÉLASTIQUE. — Voyez CAOUTCHOUC.

GONIOMÈTRE. — Instrument usité en Cristallographie pour mesurer les angles des cristaux. Le plus simple et le plus ancien Goniomètre est celui de *Garengeot*, ou *Goniomètre par application*, qui a été inventé, dans la première moitié du dernier siècle, par le chirurgien français Croissant de Garengeot, mais il ne peut donner que des valeurs approchées, et a, de plus, le défaut de déformer les corps qui n'ont pas une grande dureté. Ces deux inconvénients l'ont fait abandonner, et l'on se sert généralement aujourd'hui du *Goniomètre de réflexion*, qui est construit sur d'autres principes et n'a pas les défauts du précédent. William Wollaston, Louis Mallus et plusieurs autres savants ont attaché leur nom à des instruments de ce genre, mais le plus usité de tous est celui de M. Babinet.

GOTHIQUE. — Voyez ARCHITECTURE et OGIVE.

GOUDRON. — On donne ce nom à plusieurs produits fournis par la distillation des matières végétales et par celle de la Houille. — Le *Goudron ordinaire* ou *Goudron végétal* est surtout obtenu par la torréfaction des pins épuisés de térébenthine. On l'emploie, dans l'industrie, pour conserver les voiles, les cordages et les bois des navires. La médecine et l'art vétérinaire en font également usage pour le traitement de certaines maladies. Cette substance s'obtient aussi, comme produit secondaire de la distillation du bois, dans les fabriques d'acide pyroligneux. C'est dans le Goudron qui a cette origine, que le baron de Reichenbach a découvert la Paraffine et la Créosote, en 1830. — Le *Goudron de houille*, appelé aussi *Goudron minéral* et *Coaltar*, est un des résidus de la fabrication du gaz d'éclairage. Pendant longtemps, on l'a simplement utilisé comme combustible, mais, à mesure qu'on a mieux connu ses propriétés, on lui a trouvé des applications très-intéressantes. On en fait usage aujourd'hui pour préparer les agglomérés et les charbons moulés, et pour désinfecter les fosses d'aisances, les plaies suppurantes et fétides, ainsi que les matières animales en décomposition. De plus, on en extrait des composés divers qui servent, les uns pour l'éclairage, les autres pour travailler le caoutchouc, d'autres pour faire des enduits, etc. Enfin, on en retire d'admirables matières colorantes, telles que l'Acide picrique, l'Aniline, etc., et un antiseptique des plus puissants, l'Acide

phénique. Voyez ANILINE, CRÉOSOTE, PARAFFINE, PHÉNIQUE, PICRIQUE, etc.

GOUVERNAIL. — Le *Gouvernail* constitue une des parties les plus utiles et les plus délicates des navires, mais il est encore aujourd'hui tel à peu près qu'il a été inventé dans les temps primitifs. L'introduction de l'Hélice donne cependant à penser qu'il pourrait recevoir quelques perfectionnements, car, par suite de l'emploi du nouveau propulseur, ses conditions se trouvent améliorées, sa puissance est accrue. Il serait peut-être possible de le faire plus petit, et de le placer à l'abri des coups de mer, surtout à l'abri des atteintes des projectiles. Les inventeurs sont d'ailleurs à l'œuvre en France, en Angleterre et aux États-Unis, et nul doute que leurs efforts ne soient prochainement couronnés de succès.

GRADUATION DES CERCLES. — La *Graduation* des cercles et des autres instruments employés pour les observations célestes, remonte à l'origine même de l'Astronomie, mais, à défaut d'appareils convenables pour l'effectuer avec exactitude, elle a été, pendant très-longtemps, tout-à-fait défectueuse. Les premiers essais d'amélioration paraissent ne pas être antérieurs à la fin du XVIIe siècle. En 1690, l'astronome danois Olaüs Rœmer entreprit de résoudre le problème et ne put y réussir. Soixante-quatorze ans après, c'est-à-dire en 1764, l'anglais Bird publia une méthode excellente, mais qui, pour donner de bons résultats, exigeait une dextérité peu commune, un coup d'œil parfait et des connaissances scientifiques très-étendues. Enfin, en 1765, un de nos compatriotes, le duc de Chaulnes, soumit à l'examen de l'Académie des Sciences un procédé de son invention, qui avait toutes les qualités de celui de Bird et n'en avait pas les défauts, et que l'on peut considérer comme le point de départ des meilleurs travaux du même genre qui ont été faits depuis. Parmi ceux qui, après les savants qui précèdent, ont exécuté des recherches dans la même voie, le plus célèbre, par ordre chronologique, est l'opticien Jessé Ramsden, de Halifax, dans le comté d'York ; il fit paraître, en 1774, la description d'une machine propre à graduer très-rapidement les instruments de marine, et qui fut achetée, pour être livrée au domaine public, par le Bureau anglais des Longitudes. C'est cet inventeur qui a définitivement introduit l'usage de la Vis micrométrique dans l'art de la Graduation. Son appareil fut introduit en France par le président Bochard de Sarron. Enfin, un peu plus tard, un autre artiste anglais, appelé Troughton, imagina une nouvelle méthode, dans laquelle il fit entrer tous les éléments de celle du duc de Chaulnes, mais avec de curieuses modifications. Depuis le commencement de ce siècle, l'art de la graduation a reçu, principalement en France, en Angleterre et en Allemagne, des perfectionnements d'une grande importance. On obtient même aujourd'hui une telle exactitude dans les divisions, que l'on n'est plus obligé d'avoir recours à la répétition des angles aussi souvent que par le passé.

GRAINE D'ÉCARLATE. — Voyez KERMÈS.

GRAINES JAUNES. — Baies non mûres et desséchées de plusieurs arbrisseaux, du genre *Rhamnus*, que l'on désigne vulgairement sous le nom générique de *Nerpruns des teinturiers*, et qui croissent en abondance dans le midi de la France, en Espagne, en Turquie, en Perse et dans l'Asie Mineure. Les plus estimées viennent de Perse. Les Graines jaunes sont employées, depuis très-longtemps, pour teindre en jaune et pour fabriquer la substance appelée *Stil de grain*, dont on fait usage pour peindre les parquets, les cuirs, les décors de théâtre, etc. De nos jours, on est parvenu à extraire leur principe colorant, et le chimiste Kane a donné à ce produit le nom de *Chrysorhamnine*, qui rappelle sa couleur jaune d'or et le végétal qui le fournit.

GRAINS (*Conservation des*). — Pendant leur emmagasinage, les grains, surtout le blé, sont exposés à deux causes principales de destruction : l'humidité et les insectes. On combat assez facilement la première en n'enfermant les récoltes que lorsque leur dessiccation est parfaite, et en tenant ensuite les greniers dans des conditions atmosphériques convenables. Quant à la seconde, elle présente beaucoup plus de difficultés, et c'est pour en prévenir les effets que l'on a imaginé cette multitude de procédés tant prônés à diverses époques, et dont quelques-uns seulement sont véritablement praticables. En Espagne et ailleurs, on met, dans les greniers, des bergeronnettes ou de grosses fourmis, mais ce moyen ne peut être employé que pour de très-petits approvisionnements. Le procédé, proposé, en 1785, par le célèbre agronome Augustin Parmentier, et qui consiste à passer le blé dans un four chauffé à 70° centigrades, est trop lent et trop coûteux : il a d'ailleurs le défaut de détruire la faculté germinative du grain et de donner au pain une odeur peu agréable. On a aussi recommandé de déposer dans les greniers, tantôt de la graine d'oignon, tantôt de la fleur de sureau, d'autres fois d'y faire des fumigations de chlore, d'acide sulfureux, d'acide carbonique, etc. : aucun de ces procédés n'a été adopté. L'invention des Silos a été plus heureuse : il en a été de même des appareils appelés *Greniers mobiles, Greniers aérifères, Greniers conservateurs, Trémies superposées*, etc., qui sont fondés, les uns sur le principe du pelletage, les autres sur l'emploi d'agents chimiques. On a également obtenu d'excellents résultats avec le *Tue-teignes* du professeur Doyère, et le *Tarare brise-insectes* du docteur Herpin. Voyez GRENIER, SILOS, TARARE, etc.

GRANITE. — Voyez PIERRES DURES.

GRAVIMÈTRE. — Instrument de la famille des Aréomètres, inventé, en 1795, par le physicien français Guyton de Morveau. Il sert à déterminer la densité des corps solides et des corps liquides.

GRAVITATION. — La *Gravitation* ou *Attraction universelle* a été découverte par l'illustre physicien anglais Isaac Newton, en 1682. Toutefois, l'idée de faire dépendre d'un principe unique tous les phénomènes de l'univers, remonte à une époque très-ancienne. On la retrouve, en effet, dans tous les ouvrages d'Aristote, mais, dit M. de Humboldt, « l'état d'imperfection de la science, l'igorance où l'on était à cette époque de la méthode expérimentale, qui consiste à susciter les phénomènes dans des conditions déterminées, ne permettait pas d'embrasser le lien de causalité qui unit ces phénomènes, même en les divisant en groupes peu nombreux. » Platon eut de l'Attraction universelle une idée moins confuse qu'Aristote, mais il ne put saisir l'unité du système du monde. Plutarque émit encore sur ce point des idées un peu plus claires. A partir de ce dernier, l'idée de la Gravitation se précisa d'âge en âge jusqu'à Newton, qui, suivant l'expression de M. Arago, « a eu la gloire de trouver la cause physique capable de faire parcourir aux planètes des courbes fermées, et de placer dans des forces le principe de la conservation du monde. »

GRAVITÉ. — C'est au géomètre syracusain Archimède que l'on doit les premières considérations sur le *Centre de gravité*, et les premières recherches entreprises pour déterminer sa position. Les travaux de ce grand homme ont été continués et développés par les géomètres du xviie siècle et des siècles postérieurs.

GRAVURE. — La *Gravure proprement dite* est l'art d'exécuter par incision, sur des matières dures, des dessins propres à être multipliés par impression. On la dit *en relief* ou *en creux*, suivant que les dessins sont formés par des saillies ou par des creux, et *sur bois, sur cuivre, sur acier, sur zinc, sur pierre, sur verre*, etc., suivant la nature de la matière sur laquelle on opère.

I. *Gravure sur bois* ou *Xylographie*. C'est la plus ancienne manière de graver : elle est en relief. Plusieurs auteurs prétendent qu'elle a été employée en Chine, dès le xie siècle, et dans l'Inde, dès le xiiie. Quant à l'Europe, elle y a été connue au commencement du xve siècle, peut-être même à la fin du xive. La France, l'Allemagne et l'Italie s'en disputent l'invention. Pendant longtemps, on a regardé un *Saint-Christophe*, portant le millésime de 1423, comme le plus ancien produit avec date de la Xylographie européenne, mais on a découvert à Malines, en 1841, une estampe plus vieille de cinq ans : c'est une image de *la Vierge debout tenant l'enfant Jésus dans ses bras*, qui est datée de 1418. On ignore dans quel pays ces deux estampes ont été exécutées. Cultivée avec un succès inouï dans toute l'Europe, pendant le xvie siècle et une partie du xviie, la Gravure sur bois fut ensuite presque entièrement abandonnée pour la Gravure en creux sur cuivre,

Vers 1775, un anglais, nommé Thomas Bewick, réussit cependant à la relever, et, en renouvelant sa partie technique, il lui ouvrit une nouvelle ère de prospérité. C'est à ce graveur que l'on doit les procédés généraux employés de nos jours, et qui consistent, non-seulement à travailler le bois de fil et au canif au lieu de l'attaquer debout et au burin, comme on faisait anciennement, mais encore à varier la hauteur des tailles-reliefs pour obtenir des teintes mieux graduées. Ces procédés ne furent d'abord appliqués qu'en Angleterre. Vers 1805, la Société d'encouragement essaya de les introduire en France, mais nos artistes ne les employèrent sérieusement qu'à partir de 1825, après l'arrivée du graveur anglais Thompson à Paris, et c'est à l'exposition de 1827 que l'un d'eux, M. Godard fils, d'Alençon, montra les premières œuvres d'un mérite réel que notre pays ait produites. Depuis cette époque, la Gravure sur bois n'a cessé de faire des progrès, et tout le monde connaît l'extension inouïe que lui ont donnée les publications dites *pittoresques*. Elle s'imprime typographiquement, ce qui permet de la combiner avec le texte, et toutes les méthodes de Clichage lui sont applicables.

II. *Gravure sur cuivre* ou *Chalcographie*. Elle renferme plusieurs genres, qui diffèrent par leurs moyens d'exécution et datent d'époques différentes. 1º *Gravure en taille-douce*. On l'appelle aussi *Gravure au burin* du nom de l'outil avec lequel on attaque le métal. Elle est née vers le milieu du xve siècle. Les Italiens en attribuent l'invention à l'orfèvre florentin Thomas Finiguerra, et les Allemands à un de leurs compatriotes, le peintre Martin Schœn ou Schongauer, nommé aussi Martin de Flandre. Quoi qu'il en soit, la plus ancienne estampe sur cuivre avec date certaine que l'on connaisse est un *Saint-Bernard*, de l'an 1454, dont l'exemplaire unique se trouve à la Bibliothèque impériale de Paris. Il existe bien des estampes portant des dates antérieures, notamment une de 1422, mais ces dates n'ont rien d'authentique. On possède également des Nielles d'une époque beaucoup plus reculée, mais ces pièces n'avaient pas été exécutées en vue de l'impression. — 2º *Gravure à l'eau-forte*. Elle a été ainsi appelée de la substance qui sert à creuser le cuivre. On croit qu'elle date de la fin du xvᵉ siècle. Les Italiens en rapportent l'invention à François Mazzuoli, dit le Parmesan, et les Allemands à Albert Durer. On a prouvé, de nos jours, qu'elle a été créée par Wenceslas, d'Olmutz. Le Musée de Londres possède une estampe de cet artiste, qui est datée de 1496, tandis que la plus ancienne d'Albert Durer est de 1515. Quant au Parmesan, ses œuvres sont encore plus modernes, puisqu'il naquit seulement·en 1505. — 3º *Gravure à la manière noire* ou *Mezzo-tinto*. Elle a été imaginée, vers 1643, par Louis de Siegen, officier au service du landgrave de Hesse-Cassel, qui l'employa, pour la première fois, pour le portrait de la princesse Amélie de Hanau, veuve du landgrave Guillaume V. Le prince Robert, palatin du Rhin et neveu de Charles Iᵉʳ, en ayant appris les procédés de l'inventeur lui-même, les fit connaître en Angleterre, où on les appliqua aussitôt avec le plus grand succès. — 4º *Gravure au pointillé.* Elle est due à deux artistes français du xviiᵉ siècle, Jean Boulanger, d'Amiens, et Jean Morin, de Paris. On la confond quelquefois avec un genre analogue, dit· *Gravure au maillet,* qui était déjà connu au moins en 1581. Souvent aussi, on lui donne le nom de *Manière anglaise au pointillé,* parce que ce sont les Anglais qui en ont fait surtout usage. — 5º *Gravure au lavis* ou *Aquatinta.* On attribue les premiers essais de ce genre à Jean-Adam Schweikard, de Nuremberg, qui les fit à Florence, en 1750. Vers la même époque, Jean-Baptiste Leprince, de Paris, s'occupa de travaux du même genre, et avec un succès parfait, mais son procédé ne fut connu qu'après sa mort, en 1781. — 6º *Gravure imitant le crayon, Manière sablée* ou *Gravure à la roulette.* Elle a été créée, en 1740, par Jean-Charles François, graveur à Paris. Toutefois cet artiste n'obtint des résultats bien satisfaisants qu'à partir de 1756. — Tous les·genres de Gravure sur cuivre qui précèdent sont *en creux,* mais on grave aussi *en relief* sur ce métal. Les premiers essais de cette manière datent du milieu du xvᵉ siècle, et les plus anciens produits qu'on en connaisse paraissent avoir été exécutés en Allemagne, entre les années 1450 et 1452. Abandonnée, on ignore à quelle époque, elle a été reprise de nos jours. On l'emploie fréquemment pour exécuter des dessins, que l'on imprime typographiquement, et que l'on substitue, dans les ouvrages illustrés, aux bois obtenus par les procédés de la Xylographie.

III. *Gravure sur acier* ou *Sidérographie.* Au xvᵉ et au xviᵉ siècle, quelques artistes allemands, tels que Albert Durer et François Stœber, se servirent de planches de fer pour exécuter leurs gravures. Toutefois, ce genre de Gravure finit peu à peu par être abandonné, et il était complétement oublié, lorsque, dans le commencement de ce siècle, on imagina de le faire revivre, mais en remplaçant le fer par l'acier. Les plus anciens essais dans cette voie nouvelle paraissent avoir été réalisés en France, entre 1805 et 1811, mais ce sont les graveurs Perkins, Fairman et Heath, de Philadelphie, qui, en 1816, ont réussi à rendre les procédés véritablement pratiques : aussi, regarde-t-on généralement ces trois artistes comme les véritables inventeurs de la Sidérographie. Aujourd'hui, on grave sur acier, tantôt en creux, tantôt en relief, de la même manière que sur cuivre, c'est-à-dire au burin ou à l'eau-forte.

IV. *Gravure sur pierre.* Ses commencements ont eu lieu en Bavière pendant le xvᵉ siècle. Le plus ancien spécimen qu'on en connaisse paraît être une inscription qui se trouve, au Musée du Louvre, sur un buste de Louis V, le Pacifique, duc de Bavière, mort en 1559. C'est le physicien Dufay qui a décrit le premier ses procédés, en 1738. Quelques années plus tard, l'abbé Schmidt, professeur à Munich, les employa pour exécuter des figures de botanique dont il se servait dans ses cours. Enfin, Aloïs Senefelder, qui ignorait probablement les travaux de ce dernier, en fit usage, en 1795 ou 1796, pour graver de la musique. Depuis le commencement de ce siècle, la Gravure sur pierre a reçu des applications assez nombreuses. On l'exécute, tantôt en creux, au moyen du burin ou des acides, tantôt en relief avec des acides. Un procédé, imaginé, vers 1840, par M. Paul Dupont, imprimeur à Paris, permet d'obtenir des produits, appelés *Clichés-pierre,* qui s'intercalent dans le texte, comme les bois gravés, et s'impriment typographiquement.

V. *Gravure sur verre.* Voyez HYALOGRAPHIE.

VI. *Gravure sur zinc* ou *Zincographie.* Elle paraît avoir été pratiquée, pour la première fois, au commencement de ce siècle, par les frères André, éditeurs de musique à Offenbach. Elle était alors en creux. Aujourd'hui, on l'exécute également en relief en faisant mordre le métal par des acides. Voyez PANICONOGRAPHIE, etc.

VII. *Gravure en couleur.* Ce n'est pas, à proprement parler, une manière de graver, mais une application particulière de l'Impression polychrome. Voyez IMPRESSION.

VIII. *Gravure galvanique.* Application particulière de la Galvanoplastie. Ses nombreux procédés forment deux groupes distincts, celui de l'*Électrographie* et celui de l'*Électrotypie.* Voyez ÉLECTROGRAPHIE et ÉLECTROTYPIE.

IX. *Gravure héliographique.* Elle date de l'origine de la Photographie, et c'est pour la réaliser que M. Nicéphore Niepce de Saint-Victor entreprit les recherches qui conduisirent à la découverte de cette dernière. Voyez HÉLIOGRAPHIE.

X. *Gravure magnétique.* C'est un genre intermédiaire entre la Lithographie et le Mezzo-tinto. Son invention, qui date de 1840, est due à un artiste anglais, M. William Jones.

GRAVURE EN MÉDAILLES. — Voyez MÉDAILLE.

GRAVURE MÉCANIQUE. — Afin d'abréger le travail de l'artiste dans les divers genres de Gravure en creux sur métaux, on a inventé des instruments auxquels on donne génériquement le nom de *Machines à graver,* et dont l'emploi constitue la *Gravure mécanique.* Le plus ancien paraît avoir été construit, en 1803, par notre compatriote Nicolas-Jacques Conté, pour l'exécution des planches du grand ouvrage de la Commission d'Égypte : de nombreux perfectionnements y ont été apportés depuis par les mécaniciens Turret, Petitpierre, Gallet, etc. On l'emploie surtout pour obtenir les effets qui peuvent résulter des lignes parallèles. Une autre machine, dite *Machine Colas,* du nom de son inventeur, a été imaginée, en 1816, par un autre Français, M. Achille Colas, mais le premier ouvrage important auquel on l'ait appliquée est le *Trésor de Numismatique et de Glyptique,* dont la publication fut commencée en 1834. Elle est aujourd'hui très-souvent employée pour reproduire les objets en bas-relief et graver les billets de banque. La Machine-Colas n'a été publiquement décrite qu'en 1837. L'année précédente, un appareil à peu près semblable avait été imaginé à Berlin, par l'opticien F.-G. Wagner. Voyez SCULPTURE MÉCANIQUE.

GRAVURE SUR PIERRES DURES. — Voyez GLYPTIQUE.

GREFFE. — La découverte de cette opération agricole paraît due au hasard. Pline le Naturaliste rapporte à ce sujet qu'un laboureur, voulant enclore sa maison de palissades, eut l'idée de coucher en terre des troncs de lierre, et d'y arrêter les pieux de sa palissade, afin qu'elle durât plus longtemps. Or, il arriva que ces pieux, probablement encore verts, reprirent et poussèrent des surgeons, ce qui fit comprendre qu'ils s'étaient nourris aussi bien dans ces troncs de lierre, que si on les eût plantés en terre. Les réflexions auxquelles ce phénomène donna lieu firent naître l'art de greffer. Suivant Théophraste, cet art aurait eu une autre origine. Un oiseau, dit-il, ayant emporté une graine entière, la laissa tomber dans le creux d'un arbre, où elle germa et produisit un autre arbre enté sur le premier. Ce fait aurait donné lieu aux mêmes réflexions que le précédent et conduit au même résultat. Quoi qu'il en soit de ces deux versions, il est certain que la Greffe a été pratiquée par tous les peuples agricoles, et l'on y a partout recours, dans la culture des végétaux à fleurs ou à fruits, pour fixer et multiplier des races que tout autre mode de propagation ne pourrait maintenir.

GRÉGEOIS (*Feu*). — Voyez FEU GRÉGEOIS.

GRÉGORIEN. — Voyez CALENDRIER et MUSIQUE.

GRÊLE. — Plusieurs physiciens ont cherché à expliquer le phénomène de la *Grêle,* mais les opinions émises jusqu'à présent sont plus ingénieuses que satisfaisantes. Suivant Alexandre Volta, la formation de ce météore dépend d'une action mécanique dont l'Électricité est l'agent principal. Deux nuages, dit ce physicien, situés l'un au-dessus de l'autre et inversement électrisés, attirent et repoussent tour à tour les gouttes d'eau qui se trouvent dans l'intervalle qui les sépare. Ce mouvement produit dans ces petites masses de liquide une évaporation d'où résulte un refroidissement qui amène la formation du noyau ; et comme la température de ce noyau peut, pour ainsi dire, baisser indéfiniment, la vapeur avec laquelle il se trouve en contact, l'enveloppe et augmente son volume jusqu'à l'instant où son poids, devenu supérieur à l'action électrique, lui fait crever la nuée inférieure et le force de se précipiter à la surface de la terre. Cette théorie donne l'explication de plusieurs circonstances, mais elle en laisse d'autres de côté. Toutefois, celles qu'on a imaginées pour la remplacer ne sont pas plus complètes.

GRENADE. — Ce projectile dérive des marmites incendiaires que les Arabes du XIIIe siècle lançaient avec les machines à fronde. Il en est déjà question, sous le nom de « pomme de cuivre à jetter feu », dans un titre français de 1428, mais il date probablement d'une époque plus ancienne. Plus tard, on l'appela *Grenade-Migraine*, puis simplement *Grenade*, à cause de sa ressemblance avec le fruit du grenadier. Les Grenades furent d'abord exclusivement employées, dans l'attaque des places, pour mettre le feu aux habitations. On eut ensuite l'idée de s'en servir contre les hommes. Dans tous les cas, leur usage ne commença à se répandre que dans les premières années du XVIIe siècle, quand les Hollandais furent parvenus à rendre leur éclatement plus sûr et plus prompt, en les munissant d'une fusée de bois. De tout temps, les Grenades ont été fabriquées généralement en fonte. Quelquefois cependant, on en a fait en verre. Des projectiles de cette matière ont été employés en France, sous le règne de Louis XIV. Il en existait encore une grande quantité à Sarrelouis, en 1815. Enfin, de nos jours, on a proposé de les munir d'un mécanisme à percussion, ce qui a produit les Grenades dites *percutantes*. Les Grenades se lancent à la main, ou avec des frondes ou avec une espèce de châssis, suivant leur grosseur et leur poids. Au dernier siècle, on imagina de les projeter avec une arme à feu à canon très-court, que l'on appelait *Grenadier*, mais, après quelques essais, on revint à l'ancien système. En 1657, Gustave-Adolphe, roi de Suède, en fit fabriquer de très-petit calibre qui se lançaient avec le mousquet, et que l'on peut regarder comme l'origine de nos balles explosives. Voyez PORTE-AMARRE.

GRENADIER. — Cet arbrisseau est originaire du nord de l'Afrique ; son nom scientifique, *Punica*, rappelle même les Carthaginois, en latin *Pœni*, dans le pays desquels il croissait en abondance. L'époque précise de son introduction en Europe est inconnue. On sait seulement que sa culture était déjà ancienne en Italie, du temps de Pline le Naturaliste. Les médecins romains se servaient de l'écorce de sa racine pour détruire le tænia. Cet usage tomba plus tard dans l'oubli, mais il a été remis en vigueur, il y a une trentaine d'années, d'abord dans l'Inde, puis en Angleterre, en France, en Allemagne, et dans tous les autres pays où l'art de guérir est avancé.

GRENIER. — On donne ce nom à des appareils diversement disposés qui servent à conserver les céréales. Le *Grenier-glacière* a été inventé, en 1822, par le général Demarçay, mais sa construction n'a été publiée qu'en 1838. Les Greniers dits *aérifères* sont très-nombreux. On cite, parmi les plus parfaits, le *Grenier mobile*, de M. Vallery, qui date de 1835 ; le *Grenier grand conservateur*, de M. Kalinowski, qui date de 1846 ; le *Grenier conservateur aérifère mobile*, de M. Gaillard, qui date de 1848 ; le *Grenier à air et mobile*, de M. Proux, qui date de 1849 ; le *Grenier vertical*, de M. Huart, qui date de 1845, mais dont l'idée primitive remonte au dernier siècle et appartient au physicien Duhamel. Les *Greniers conservateurs* de MM. Salaville, Basin, Chaussenot et Haussman, reposent sur d'autres principes et rendent également de grands services.

GRÈS FACTICE. — Voyez MATÉRIAUX ARTIFICIELS.

GRILLAGE DU COTON. — Malgré les progrès de la filature du Coton, on n'est pas encore parvenu à obtenir des fils absolument sans duvet. Or, ce duvet altérant l'aspect des tissus et les empêchant de se prêter facilement à certaines manipulations, on est obligé de s'en débarrasser par le moyen du feu. C'est l'opération destinée à cet effet que l'on appelle *Grillage* ou *Flambage*. Pendant longtemps, on l'a exécutée en faisant passer rapidement les toiles sur une plaque de fonte chauffée au rouge. Mais ce système offre des inconvénients qui l'ont fait généralement abandonner. Le procédé moderne consiste à faire passer les tissus sur des lignes de becs de gaz hydrogène. Imaginée, au commencement de ce siècle, par notre compatriote Molard, cette invention n'a été rendue pratique qu'en 1817, par le mécanicien anglais Samuel Hall. M. Descroizilles fils a proposé, en 1826, de remplacer le gaz par l'esprit-de-vin, mais ce mode de grillage n'a pas été adopté parce qu'on l'a trouvé trop dispendieux.

GRILLE FUMIVORE. — Voyez FUMÉE.

GRILS DE CARÉNAGE. — Ce sont des planchers en charpente, dont les pièces sont disposées comme un grillage, et qui servent, dans les ports qui ne possèdent point de formes et où l'on ne peut en établir économiquement, à opérer le carénage des navires sans avoir recours à l'abattage. Ces appareils paraissent avoir été inventés en Angleterre, vers 1830, mais c'est aux États-Unis qu'ils ont été appliqués sur la plus grande échelle. Il en existe aujourd'hui plusieurs systèmes, tels que les *Grils à glissières*, les *Grils élévateurs à vis*, les *Grils hydrostatiques*, les *Grils à berceau roulant*, les *Grils flottants divisés*, etc. Les mécaniciens Morton, John Thomas, Phineas Burgess, Daniel Dodge, John Stuart-Gilbert, etc., se sont spécialement occupés de leur construction.

GROTTE AUX FÉES. — Voyez ALLÉES COUVERTES.

GRUES. — Machines destinées à lever les fardeaux et à les transporter d'un point à un autre en leur faisant décrire une circonférence de cercle. Les Grues paraissent avoir été connues de tous les peuples industriels de l'antiquité, mais leurs dispositions actuelles ne sont guère antérieures au xviie siècle. Depuis une centaine d'années, les progrès des arts mécaniques ont permis de les doter d'une

multitude de perfectionnements, qui ont régularisé ou facilité leur action et multiplié leurs applications. Autrefois, les Grues étaient surtout utilisées dans l'art de bâtir, pour la mise en place des matériaux d'un poids considérable. Aujourd'hui, on les emploie également pour le chargement et le déchargement des bateaux et des navires, pour le sauvetage des bâtiments naufragés, ainsi que pour le transport des voitures sur les wagons des chemins de fer, et pour celui des pièces très-pesantes dans les usines. De plus, pour rendre leur emploi plus commode, on les monte souvent sur un petit chemin de fer et on les met en mouvement au moyen d'une Locomobile. On fait encore des Grues, dites *dynamométriques*, qui permettent de soulever les fardeaux et de les peser en même temps. Une machine de ce genre fut construite, en 1763, par Vaucanson, mais elle ne passa point dans la pratique. Les *Grues-balances*, comme on appelle quelquefois les Grues dynamométriques, n'ont pénétré dans les ateliers, du moins en France, que depuis une trentaine d'années, grâce aux modifications introduites dans leur construction par les ingénieurs mécaniciens George, François Calla, Decoster, etc. Quant aux *Grues hydrauliques*, usitées dans les docks pour élever les corps lourds, ce sont des appareils de la nature des Machines à colonne d'eau, et qui n'ont que le nom et l'usage de commun avec les Grues proprement dites ou *Grues élévatoires*. Dans les chemins de fer on donne le même nom à des appareils qui ont à peu près la même forme que ces dernières et servent à amener l'eau nécessaire à l'approvisionnement des tenders des locomotives.

GUANO. — La substance fertilisante, si connue aujourd'hui sous le nom de *Guano* ou *Huano*, provient de l'accumulation, à la suite des siècles, d'excréments et de débris d'oiseaux. Elle se trouve en amas énormes dans plusieurs îles de l'Amérique du Sud, principalement dans celles de l'archipel Chincha, sur les côtes du Pérou. Les agriculteurs péruviens paraissent en avoir tiré parti de temps immémorial. Le premier auteur qui ait parlé du Guano est probablement l'inca Garcilasso de la Véga, mort en 1568, mais dont l'ouvrage ne fut publié qu'en 1609. Plus tard, le père Louis Feuillée signala les propriétés de cet engrais dans un recueil d'observations scientifiques qu'il avait faites dans le nouveau monde, et qui parut à Paris en 1714-1725. Enfin, au commencement de ce siècle (1804), pendant son voyage en Amérique, M. de Humboldt envoya des échantillons de Guano aux chimistes Fourcroy et Vauquelin, qui en firent l'objet d'une communication à l'Institut. Malgré tous ces faits, le Guano n'était encore connu en Europe que par les récits des voyageurs, lorsque dans le courant de 1841, une société de commerçants péruviens eut l'idée d'en expédier un chargement en Angleterre. La faveur avec laquelle l'agriculture de ce pays accueillit la nouvelle matière fertilisante donna lieu aussitôt à de nombreuses expéditions, mais le gouvernement du Pérou ayant soumis à des droits très-élevés l'autorisation d'exploiter les dépôts de l'archipel Chincha, une foule d'industriels se mirent à en chercher de nouveaux partout où ils purent supposer qu'il pourrait en exister. C'est ainsi que l'on en découvrit de plus ou moins importants aux îles Ichaboé, Baker, Jarvis, Sombrero, Kouria-Mouria, etc., ainsi qu'au Mexique, en Australie, en Patagonie, au cap de Bonne-Espérance, même en Europe, dans certaines grottes de la Sardaigne, de la France, etc. Toutefois, c'est le Guano du Pérou qui renferme au plus haut degré les principes fertilisants dont le sol a besoin, et qui est, par conséquent, le plus estimé. Pendant que ces recherches s'effectuaient, on imagina, dans plusieurs parties de l'Europe, de fabriquer des *Guanos artificiels*, mais les produits désignés sous ce nom n'ont rien de commun avec les Guanos naturels. Ce sont de simples engrais animaux dont la composition varie suivant les usines qui les préparent. Un des plus renommés est le *Guano de poisson* ou *Ichthyo-Guano*, qui s'obtient en soumettant à certaines manipulations les résidus de la grande pêche et les menus poissons dédaignés par les consommateurs. En France, ce produit a été fabriqué, pour la première fois, sur une grande échelle, dans un établissement fondé à cet effet, près de Quimper, par MM. de Molon et Thurneyssen.

GUÈDE. — Voyez PASTEL.

GUIDE-ACCORD. — Appareil destiné à faciliter l'accord des instruments à cordes et à clavier. Il a été inventé, vers 1854, par M. Delsarte, professeur de chant, à Paris. L'emploi du Guide-accord ou *Sonotype*, car l'appareil porte aussi ce dernier nom, non-seulement simplifie le travail de l'accordeur, mais permet aussi aux personnes qu'une circonstance quelconque prive d'un accordeur, d'accorder elles-mêmes leur piano sans la moindre difficulté.

GUILLOCHER (*Machines à*). — Voyez TOUR.

GUILLOTINE. — Cet instrument de supplice n'a pas été inventé, comme on le croit généralement, par le docteur Joseph-Ignace Guillotin, au commencement de la Révolution, car il a été surabondamment prouvé qu'il existait, longtemps auparavant, non-seulement en Italie, sous le nom de *Mannaia*, et en Écosse, sous celui de *Maiden*, mais encore en Allemagne et, même, dans quelques-unes de nos provinces, notamment en Languedoc. Seulement, le 28 novembre 1789, comme l'Assemblée nationale s'occupait de la révision de notre législation criminelle, ce médecin proposa d'épargner aux patients des souffrances inutiles, en substituant la décapitation aux divers genres de supplices usités jusqu'alors, et indiqua comme éminemment propre à donner ce résultat la mannaia italienne, dont il avait probablement lu la description dans quelqu'une de ses études. La proposition fut adoptée, mais on se contenta de la soumettre à l'examen de l'Académie de médecine, et ce ne fut qu'en 1792 que, par un décret du 20 mars, la Convention en ordonna la réalisation pratique. La première machine fut construite par le facteur de pianos Schmidt, sous la surveillance du docteur Antoine-Louis, secrétaire de l'Académie, qui la dota de divers perfectionnements. Après divers essais, elle fut livrée aux exécuteurs, qui l'employèrent, pour la première fois, le 25 avril 1792, pour la décollation de Nicolas-Jacques Pelletier, condamné à mort, le 24 janvier précédent, pour vol à main armée sur la voie publique. Quant à son nom, la machine fut d'abord appelée *Louisette* ou *petite Louison*, à cause du docteur qui en avait dirigé la construction. On proposa aussi, dès 1789, de la nommer *Mirabelle*, du nom de Mirabeau, qui était alors l'objet d'attaques très-violentes. Enfin, une mauvaise plaisanterie d'un journaliste mit en avant la dénomination qui est restée. On prétend aussi que le docteur Guillotin fut une des premières victimes de sa prétendue invention, tandis que cet homme de bien mourut paisiblement dans son lit, le 26 mai 1814, après une vie des plus laborieusement remplies.

GUIMBARDE. — Sorte d'instrument de musique qui se compose d'une branche de fer recourbée, et d'une languette d'acier soudée par une de ses extrémités au milieu de la courbure. On ignore la date et le lieu de son invention. Tout ce qu'on sait, c'est que son usage n'est pas moins répandu en Asie que dans certaines parties de l'Europe, notamment en Allemagne et dans les Pays-Bas. La Guimbarde n'est guère qu'un jeu d'enfants; cependant, plusieurs artistes allemands ont su en tirer un parti extraordinaire. L'un d'eux, Scheibler, avait même imaginé, sous le nom d'*Aura*, un instrument formé de douze Guimbardes, au moyen duquel il produisait des effets merveilleux.

GUITARE. — C'est le seul instrument à cordes pincées et à manche qui existe aujourd'hui en Europe. Les instruments de ce genre sont originaires de l'Orient, où ils datent d'une époque immémoriale. Ils étaient déjà d'un usage général chez les anciens Égyptiens. C'est aux Arabes que l'Europe paraît en devoir la connaissance. L'instrument favori des Maures d'Espagne était l'*Éoud* ou *Luth*, qui, modifié de mille manières, donna naissance à une famille nombreuse où l'on distinguait l'*Archiluth*, la *Mandore*, la *Mandoline*, la *Pandore*, la *Guitare*, etc., qui jouirent d'une grande vogue pendant tout le moyen âge et la première partie des temps modernes. La Guitare, entre autres, fut très-répandue en France, dès le XIe siècle. Elle figura dans les palais des rois et des grands seigneurs jusque bien avant le XVIIe, où le Clavecin la fit peu à peu abandonner. Elle n'est plus guère usitée maintenant qu'en Espagne, en Portugal et en Italie. Dans ce dernier pays, on se sert aussi quelquefois de la *Mandoline* et du *Colas-* *cione*, qui en est une variété. A diverses époques, on a essayé d'adapter à la Guitare des mécanismes particuliers, pour en augmenter les effets ou lui en faire produire de nouveaux; mais ces inventions n'ont eu aucun succès. Parmi les Guitares nées à la suite de ces essais, il suffira de citer la *Guitare-lyre*, du facteur Mougnot, de Lyon (1811); la *Guitare d'amour*, du luthier Staufer, de Vienne (1823), etc.

GUTTA-PERCHA. — Matière gommo-résineuse qui découle de plusieurs arbres de la presqu'île de Malacca, des îles de la Sonde et de presque toute la Malaisie. La Gutta-percha sert, de temps immémorial, à une foule d'usages, dans les pays de production : on en fait surtout des vases et des manches d'outils. Elle a été connue en Angleterre dès 1650, mais on la considéra comme une curiosité digne tout au plus de figurer dans les collections d'histoire naturelle. En 1842, le docteur Montgomery, qui habitait alors Singapore, découvrit que cette substance pourrait recevoir d'utiles applications en Europe, et, de concert avec le négociant portugais José d'Alméida, il en fit passer l'année suivante de nombreux échantillons à la Société des Arts de Londres. Au mois d'août 1844, MM. Haussmann, Hedde, Renard et Natalis Rondot, attachés, comme délégués commerciaux, à la mission Lagrenée, en Chine, ayant fait, à leur passage à Singapore, les mêmes observations que Montgomery, apportèrent, en 1845, à leur retour en France, une assez grande quantité de Gutta-percha, que le gouvernement distribua aux principaux fabricants de Caoutchouc. Trois de ces derniers, MM. Alexandre, Cabirol et Duclos, se livrèrent aussitôt à des essais, à la suite desquels, comprenant l'avenir réservé au nouveau produit, ils prirent (28 juillet 1846) un brevet pour l'exploiter. A la même époque, l'art de travailler la Gutta-percha recevait en Angleterre d'heureux perfectionnements. Les applications de cette substance sont aujourd'hui très-variées. On l'emploie pour faire des tuyaux, des ornements moulés, des cadres, des coffrets, des vases de toutes formes, des robinets, des soupapes, des courroies pour les machines, des bobines et des rouleaux pour les filatures, des ustensiles de voyage qui ne se cassent pas, des instruments de chirurgie, etc. On en tire aussi parti pour isoler les fils télégraphiques qui doivent séjourner dans l'eau ou sous le sol, pour construire des bouées et des canots de sauvetage, pour fabriquer des moules, des semelles de souliers, des baleines de corsets, des manches d'ombrelles, de couteaux et de canifs, et des poignées de parapluie. Elle fournit encore des plaques et des feuilles, qui reçoivent de nombreuses destinations dans certaines industries. Enfin, en chirurgie, on se sert de la dissolution de la Gutta-percha pour le pansement des plaies.

GYMNASTIQUE. — Dans l'antiquité, les Grecs furent les premiers qui cultivèrent la *Gymnastique* avec le plus de soin. Ils lui accordaient même une telle importance qu'ils lui consacraient beaucoup plus de temps qu'à toutes les autres branches de l'éducation. Aussi lui durent-ils cette perfection de formes, ces admirables proportions qui les distinguaient de tous les autres peuples. Elle donna, en outre, à leur esprit cette puissance et cette souplesse que l'on remarque dans les œuvres de leurs écrivains et de leurs artistes. La Gymnastique avait encore à leurs yeux une très-grande utilité au point de vue hygiénique, et ils regardaient avec raison les exercices corporels comme aussi nécessaires à la conservation de la santé que la théra-peutique à la guérison des maladies. Les Romains n'envisagèrent la Gymnastique qu'au point de vue militaire, et il en fut de même, chez les populations chrétiennes, pendant tout le moyen âge. Ces dernières finirent même par l'abandonner entièrement, quand les armes à feu vinrent se substituer à la force corporelle pour décider du gain des batailles. Toutefois, à la fin du XVIIIe siècle, plusieurs hommes éclairés reconnurent qu'il y avait quelque chose à recueillir dans l'héritage du passé, et l'un d'eux, Salzmann, fonda à Munich une école de Gymnastique, qui eut bientôt des imitations dans la plupart des États allemands. C'est de cette époque que date la Gymnastique moderne. Quant à la France, elle n'en fut véritablement dotée qu'en 1820, et c'est au colonel espagnol Amoros que notre pays est redevable de ce bienfait. Le gouvernement français abandonna d'abord cet art aux efforts des particuliers, mais, quelques années plus tard, il l'introduisit dans les établissements militaires. Enfin, dans ces dernières années (13 mars 1854), son enseignement a été rendu obligatoire dans tous les lycées de l'empire.

GYROSCOPE. — Instrument inventé, en 1852, par le physicien français Léon Foucault pour démontrer la déviation d'un corps tournant à la surface de la Terre. Voyez TERRE.

H

HABIT. — L'*Habit* ou *Frac* dérive du vêtement de dessus, appelé *Jacque* ou *Pourpoint à basques*, que les hommes de guerre portaient au XIIIe siècle, et qui venait lui-même d'une espèce de surtout, nommé *Surcot*, dont les deux sexes avaient adopté l'usage. Dans les temps qui suivirent, ce Pourpoint à basques se modifia d'une foule de manières, et c'est d'une de ces modifications que, sous le règne de Louis XIV, sortit, sous le nom d'*Habit à la française*, la première forme du vêtement moderne. Enfin, vers le milieu du XVIIIe siècle, un changement apporté à ce dernier produisit l'*Habit habillé* ou *Frac*. Ce dernier était encore nouveau en 1772. Voyez COSTUMOMÈTRE et VÊTEMENTS.

HACHE. — La *Hache* est peut-être le premier outil que l'homme ait inventé, car non-seulement elle a été connue de tout temps, mais on a encore trouvé son usage répandu chez les peuples les plus barbares. Seulement, au lieu de Haches métalliques, les nations les plus arriérées ont employé des Haches de pierre. Dès la plus haute antiquité, la Hache a été utilisée comme arme de guerre. Cependant, elle paraît avoir reçu plus spécialement cette destination chez les Orientaux et les peuples du Nord. Quand les Francs envahirent la Gaule, ils avaient pour arme favorite une Hache à fer très-épais et à manche très-court, à laquelle on a donné le nom de *Francisque* : elle était pour eux autant une arme de jet qu'une arme de main. Une Hache semblable, mais à long manche, était aussi l'arme nationale des Anglo-Saxons, à la fin du XIᵉ siècle. Cette Hache se perpétua, dans toute l'Europe, jusqu'à la fin du moyen âge, mais non sans recevoir des modifications à la suite desquelles naquirent les nombreux systèmes de *Haches d'armes* que l'on voit dans les musées. La Hache n'existe plus, comme arme, que dans la marine, où on l'emploie, dans les attaques à l'abordage, soit pour lutter corps à corps, soit pour couper les cordages.

HACHE-PAILLE. — Comme leur nom l'indique, les *Hache-paille* sont destinés à diviser la paille et les fourrages en menus brins de longueurs variables. Ces appareils paraissent dater de la fin du dernier siècle, mais ce n'est que depuis une quarantaine d'années qu'ils ont commencé à se répandre dans notre pays. Les premiers Hache-paille adoptés par notre agriculture sont le *Hache-paille à levier* ou *Hache-paille allemand*, importé vers 1815 et perfectionné peu après par MM. Guillaume et Mathieu de Dombasle, et le *Hache-paille à cylindre et à lames en hélice* inventé, vers 1825, par le mécanicien Molard. Le *Hache-paille hollandais*, qui est également à levier, paraît avoir été introduit à la même époque. Les meilleurs Hache-paille employés aujourd'hui ont un volant muni de deux ou de quatre lames courbes et accompagné de deux cylindres qui font avancer le fourrage sous les couteaux. On cite, parmi ceux qui donnent les résultats les plus satisfaisants, ceux de MM. Radidier, Laurent, Bodin, Albaret, etc.

HACHICH. — Voyez HASCHISCH.

HALAGE. — Voyez REMORQUE.

HALLEBARDE. — Arme d'hast d'origine suisse, qui fut introduite en France sous le règne de Louis XI (1461-1483). Son fer portait, d'un côté, une hache, et, de l'autre, un croc, un marteau ou une pointe. Enfin, il était surmonté d'une longue pointe. Sauf quelques exceptions, la Hallebarde n'a guère jamais été qu'une arme de parade. Aujourd'hui, elle n'est plus portée, en France, que

par les suisses d'église, mais il existe encore des corps de hallebardiers à Rome et en Espagne.

HALLECRET. — Voyez CUIRASSE.

HAQUET. — Espèce de charrette sans ridelles, qui fait la bascule à volonté, et sur le devant de laquelle est un moulinet qui sert, au moyen d'un câble, à charger et décharger les fardeaux. Le Haquet a été inventé, au XVIIᵉ siècle, par Blaise Pascal.

HARDIT. — Voyez LIARD.

HARENG. — Le *Hareng* habite l'océan Boréal, mais, à une certaine époque de l'année, il descend dans l'océan Atlantique jusqu'au 45ᵉ degré de latitude. Comme il ne se montre jamais dans la Méditerranée, les peuples civilisés de l'antiquité ne l'ont pas connu, tandis qu'il a été, au contraire, recherché de tout temps par les nations du Nord. La pêche de ce poisson était déjà très-florissante dans la Baltique et la mer du Nord, lorsque, dans le courant du Xᵉ siècle, en se convertissant au christianisme, les populations scandinaves renoncèrent à la piraterie. A la suite de cet événement, la plupart des anciens pirates se firent pêcheurs, et leur nouvelle industrie prit une extension d'autant plus rapide que l'observation des lois de l'Église relatives aux jours d'abstinence était alors très-rigoureuse. En France, dès 1030, la pêche du Hareng avait lieu sur une grande échelle sur les côtes de Normandie, où elle constituait une espèce de monopole entre les habitants de Calais, de Dieppe, de Fécamp et du Tréport. Quant à la Hollande, qui lui est redevable de sa prospérité, ce n'est guère qu'à partir du XIIᵉ siècle, qu'elle a commencé à y recevoir des développements un peu considérables. De tout temps, les pêcheurs ont eu recours à la salaison et, peut-être aussi, au fumage, pour conserver les Harengs, mais l'art de caquer ces poissons a été, sinon inventé, du moins amené à l'état où il est encore pratiqué aujourd'hui par le hollandais Gilles Beuckels, de Hughenvliet, en Zélande, qui vivait à la fin du XIVᵉ et au commencement du XVᵉ siècle. Ce pêcheur fut, dit-on, aidé dans ses recherches par un de ses compatriotes, Jacques Quien, d'Ostende, dont le nom a été laissé dans l'oubli par la plupart des historiens.

HARMONICA. — Cet instrument paraît avoir été inventé, vers le milieu du dernier siècle, par un irlandais nommé Puckeridge. Il consistait en un certain nombre de verres à patte, de différentes grandeurs et disposés en amphithéâtre dans une caisse. On les accordait entre eux en y versant une certaine quantité d'eau, et on en tirait des sons en frottant leur bord avec les doigts préalablement mouillés. En 1763, l'Harmonica fut amélioré par Franklin, qui indiqua surtout le moyen d'obtenir des verres propres à fournir des sons purs, et c'est après ce perfectionnement qu'il vint en Europe, où deux anglaises, les sœurs Davies, le mirent momentanément en réputation. En 1776, l'abbé Mazucchi imagina de faire parler les verres, non plus avec les doigts, mais avec un archet enduit d'une matière résineuse, ce qui produisit un *Harmonica à archet.* Douze ans plus tard, c'est-à-dire en 1788, un facteur d'orgues d'Augusta, appelé Jean Stein, modifia la forme de l'instrument : il le construisit avec de petites clochettes de verre traversées par un axe de fer et mises en mouvement par une roue que l'on faisait tourner avec le pied, pendant qu'un clavier d'une construction particulière faisait avancer sur le bord des clochettes un tampon de peau qui remplaçait les doigts de l'exécutant. Le nouvel Harmonica fut appelé *Harmonica à clavier* ou *Harmonica à cordes.* Des inventions plus ou moins analogues parurent par la suite, mais aucune ne put passer dans la pratique. L'*Harmonica de Lenormand*, qui, sous la Restauration, a eu une certaine vogue comme jouet d'enfants, n'a que le nom de commun avec les précédents. Il se compose de lames de verre d'inégale longueur, formant des séries diatoniques, et fixées sur des fils ou des rubans qui leur laissent toute liberté de vibration : on en joue en frappant les lames de verre avec un petit marteau de liége.

HARMONICORDE. — Voyez HARMONIUM.

HARMONIE. — On admet généralement que les musiciens grecs et romains ne connaissaient pas l'Harmonie, et que les premières traces de cette science ne sont pas antérieures au xıe siècle. Toutefois, elle resta longtemps dans un grand état de barbarie ; ce ne fut même que vers le milieu du xive siècle que quelques artistes italiens, entre autres, Francesco Landino et Jacobo di Bologna, commencèrent à lui donner des formes plus douces. Cinquante ans plus tard, elle fut encore dotée de nouveaux perfectionnements par les français Guillaume Dufay et Gilles Bincbois, et par l'anglais John Dunstaple. On ne faisait encore usage que d'accords consonnants et de quelques prolongations qui produisaient des dissonances préparées, lorsque, vers 1590, le vénitien Monteverde imagina les accords dissonants naturels et substitutions. Quinze ans après, un autre Italien, Viadana, ayant eu l'idée de représenter les accords par des chiffres, il fut obligé de considérer chacun d'eux isolément, et c'est à cette occasion que le mot *accord* fut introduit dans le langage musical. Ces premiers progrès accomplis, la science de l'Harmonie demeura stationnaire jusqu'en 1699, époque à laquelle le géomètre français Sauveur, répétant une expérience indiquée, en 1636, par le père Mersenne, en tira des conséquences inaperçues avant lui. Entre autres choses, il distingua le son fondamental et les sons dérivés, distinction qui, en 1722, servit de base à la théorie de Rameau, le premier essai de systématisation scientifique de l'Harmonie. Ce dernier découvrit également le mécanisme du renversement des accords. En 1781, l'allemand Kirnberger fit faire un nouveau pas à la science en créant la théorie de la prolongation des sons, qui fut ensuite perfectionnée, en 1802, par Charles-Simon Catel. Depuis cette époque, d'autres artistes ont étudié avec soin les diverses questions qui se rattachent à l'Harmonie, et l'ont portée à un point remarquable de précision et de clarté. On doit à l'un d'eux, M. Fétis, l'explication du mécanisme de la substitution et de la combinaison de cette même substitution avec les prolongations et les altérations.

HARMONIFLUTE. — Voyez ACCORDÉON.

HARMONIPHON. — Instrument à vent et à clavier, qui s'insuffle au moyen d'un tube élastique, et produit simultanément plusieurs sons analogues à ceux du Hautbois. Il a été inventé, en 1837, par M. Paris, facteur à Dijon.

HARMONIUM. — Orgue expressif de petite dimension, qui ressemble extérieurement à un Piano carré, et qui parle au moyen d'anches libres vibrant par l'action de l'air. L'origine de cet instrument remonte aux essais entrepris, en 1810, par le bordelais Grenié pour appliquer les anches de cette espèce à la construction des orgues, mais sa réalisation pratique n'est devenue possible qu'après une multitude de perfectionnements apportés à l'invention de ce facteur, d'abord, en Allemagne, par Eschenbach, Voit, Reich, Hackel, etc. ; puis, en France, par Christian Dietz et Fourneaux père. Enfin, vers 1841, M. François Debain, facteur d'orgues à Paris, complétant et améliorant les travaux de ses devanciers, leur fit subir une de ces transformations radicales qui deviennent une véritable révolution industrielle, et construisit le premier *Orgue de chambre et de chapelle* qui ait véritablement pu être utilement employé. Cet artiste appela son instrument *Harmonium*, parce qu'il peut produire une très-grande variété d'effets harmoniques. D'autres instruments semblables naquirent presque aussitôt, mais un surtout, le *Mélodium* de M. Alexandre, attira vivement l'attention. Ces deux petites orgues, l'Harmonium et le Mélodium, sont restées depuis le type de toutes les inventions analogues, qui, quels que soient les noms particuliers qu'on leur a donnés ou qu'on leur donne (*Séraphine, Concertine, Symphonista*, etc.), n'en sont que des modifications plus ou moins importantes. Parmi les innovations les plus heureuses qu'on a apportées à leur construction, il faut surtout citer celle de la *percussion*, qui, d'abord proposée par M. Pape, de Paris, puis réalisée par M. Martin, de Provins, a doté l'Harmonium de ce qu'on appelle le coup de langue dans les instruments à bouche. On doit aussi à ce dernier l'idée première du mécanisme qui permet de prolonger à volonté une note ou un accord, après que les mains ont quitté le clavier, mécanisme qui a été modifié depuis par le facteur parisien Mustel et qui produit une espèce de double expression. L'Harmonium est aujourd'hui répandu partout ; il sert à exécuter la musique de chambre aussi bien que celle d'église. Pour en faciliter l'emploi aux personnes qui ne savent pas la musique, on le munit quelquefois d'organes particuliers qui permettent de jouer un certain nombre de morceaux en tournant une manivelle semblable à celle des Orgues de Barbarie. Il existe aussi des Harmoniums, spécialement destinés aux besoins du culte, qui sont disposés de telle sorte que le chantre le plus inexpérimenté peut accompagner sa voix. D'autres, enfin, transposent, les uns instantanément, les autres, après une courte préparation, la musique profane et la musique religieuse. Enfin, plusieurs facteurs ont imaginé de réunir ensemble l'Harmonium et le Piano. C'est à la réalisation de cette idée que l'on doit le *Piano-mélodium* de M. Alexandre, et l'*Harmonicorde* de M. Debain, le premier renfermant un Piano complet ordinaire, tandis que le second n'a qu'un Piano à une seule corde : ils sont, tous les deux, construits de manière que les deux instruments dont ils se composent peuvent être joués isolément, ou se réunir à volonté pour produire des effets combinés.

HARPE. — I. La *Harpe* est un des instruments de musique les plus anciens. Elle est souvent représentée sur les monuments de l'Égypte pharaonique et de l'Assyrie. On en a même trouvé des modèles tout montés dans les tombeaux de l'ancienne Thèbes. On pense que le *Kinnor* avec lequel David dansa devant l'arche était une petite Harpe portative. Les Chinois et les Indiens ne paraissent pas avoir connu cet instrument ; néanmoins, la question est douteuse pour ces derniers. Quant aux Grecs et aux Romains, on admet généralement qu'ils ne se servaient que de Harpes portatives, qu'ils appelaient *Trigona, Sambuca, Barbytum, Cinara, Nablum*, suivant les dispositions particulières qu'elles affectaient. La Harpe proprement dite, c'est-à-dire de grandes dimensions, était, au contraire, d'un usage universel chez les peuples du nord de l'Europe, et c'est par ces derniers qu'elle fut introduite, vers le Vᵉ siècle, dans les parties méridionales de notre continent. C'est dans les œuvres de Venantius Fortunatus, qui vivait au siècle suivant, qu'on la trouve désignée, pour la première fois, sous son nom moderne, *Harpa*. A partir de cette époque, elle devint peu à peu l'instrument de prédilection de nos pères, et joua, pendant le moyen âge, le même rôle que le Piano remplit aujourd'hui.

Toutefois, elle ne commença à recevoir de grands perfectionnements qu'au xviie siècle, parce que les changements qui s'opérèrent alors dans la musique nécessitèrent sa transformation. Vers 1660, un facteur tyrolien dont le nom est inconnu, imagina d'élever le son des cordes en les tirant au moyen de *crochets* ou *sabots* fixés à la console. Ces crochets furent d'abord manœuvrés à la main, mais, en 1720, Hochbrucker, luthier de Donawert, inventa le mécanisme des *pédales*, qui, introduit en France, en 1740, par Stecht, fut beaucoup amélioré, en 1775, par Nadermann. Les crochets avaient cependant deux grands défauts : ils ne pouvaient élever les cordes que d'un demi-ton, et ils étaient sujets à de fréquents dérangements. On se mit donc à la recherche de nouveaux perfectionnements. En 1782, Cousineau, de Paris, proposa de remplacer les sabots par un mécanisme dit *à béquilles*, qui ne fut pas adopté. Le problème ne fut résolu qu'en 1787, par l'invention du mécanisme *à fourchette* de Sébastien Érard, mais cet artiste ne le fit connaître qu'en 1794. Enfin, pour couronner ses travaux, ce facteur célèbre inventa la *Harpe à double mouvement*, qui parut, pour la première fois, à Londres, en 1811. La Harpe est presque entièrement abandonnée aujourd'hui : néanmoins, elle compte encore quelques amateurs de mérite, et c'est pour eux que M. Domeny, de Paris, a perfectionné, dans ces dernières années, l'œuvre déjà si belle de Sébastien Érard.

II. L'appareil musical appelé *Harpe éolienne* ou *Harpe météoréolique* n'a aucun rapport avec l'instrument qui précède : il est uniquement destiné à produire des sons harmonieux par l'action du vent. Quant à son invention, on l'attribue généralement au père Kircher, mais le fait est douteux : on croit même en avoir trouvé l'idée dans plusieurs écrivains de l'antiquité. La Harpe éolienne a fourni de curieuses expériences à l'acoustique. On a aussi essayé de construire, sur son principe, plusieurs instruments de musique, tels que l'*Anémocorde* de Schnell, en 1789, et le *Violon éolique* de M. Isoard, de Paris, en 1836, mais toutes ces tentatives ont échoué.

HARPO-LYRE. — Voyez LYRE.

HARPON. — Aujourd'hui comme autrefois, le Harpon avec lequel on attaque la Baleine, dans la pêche de ce cétacé, se lance à la main, les essais faits pour le projeter avec des machines ou des armes à feu n'ayant pu entrer dans la pratique. Dans ces dernières années, le physicien allemand Jacobi a proposé d'augmenter la puissance de cet instrument en faisant intervenir l'Électricité. Le *Harpon électrique* qu'il a imaginé à cet effet est construit de telle sorte que l'animal doit être étourdi à chaque coup par la décharge d'une forte machine de Clarke. Cette innovation n'a eu jusqu'à présent aucun succès.

HASCHISCH. — Préparation dont le Chanvre indien (*Cannabis indica*) est la base, et qui est douée de propriétés narcotiques et exhilarantes fort singulières. Cette préparation est en usage en Asie depuis une époque immémoriale. Elle paraît avoir été connue des anciens Égyptiens, et des travaux assez récents ont prouvé qu'elle n'est autre chose que le *Népenthès* dont il est question dans l'Odyssée d'Homère. Enfin, c'est avec elle que le Vieux de la Montagne composait le breuvage qu'il faisait prendre à ses disciples pour les fanatiser : de là le nom de *Haschischins*, ou mangeurs de Haschisch, par corruption *Assassins*, donné à ces sectaires par les historiens des Croisades. Le Haschisch n'était connu en Europe que par les récits des voyageurs, lorsqu'en 1840 le docteur Aubert-Roche, le premier, attiré l'attention sur ses effets. On a reconnu depuis que si son emploi n'a pas de grands inconvénients quand il est accidentel, il peut, si l'on y a trop souvent recours, amener un état permanent d'hallucination qui nuit à la santé et rend incapable de tout travail sérieux. Le docteur Moreau, de Tours, a fait usage du Haschisch chez des aliénés, mais on n'a pu encore obtenir des résultats assez généraux pour l'introduire dans la thérapeutique.

HAUBERT. — Voyez ARMURE.

HAUT-APPAREIL. — Voyez LITHOTOMIE.

HAUTBOIS. — Cet instrument paraît originaire de l'Inde, où il existe encore sous sa forme primitive, ainsi que dans plusieurs autres parties de l'Asie. Les Grecs et les Romains l'ont également connu. Le Hautbois a figuré communément dans tous les orchestres du moyen âge : il constituait même, dès le xvᵉ siècle, une famille complète, dont le Hautbois actuel était le soprano. A cette époque, le Hautbois avait huit trous et pas de clefs. C'est en 1690 qu'on a commencé à lui donner ce dernier mécanisme. A partir de cette époque, on a successivement augmenté le nombre des trous et celui des clefs, et ces modifications, jointes à une multitude de perfectionnements de détail, dus, en grande partie, au bavarois Théobald Boehm et à notre compatriote Triebert, ont fait du Hautbois un des plus précieux instruments de la musique moderne.

HAUT-FOURNEAU. — Voyez FER.

HAUTE-LISSE. — Voyez TAPIS et TISSAGE.

HAUTEURS (*Mesure des*). — Voyez HYPSOMÉTRIE.

HEAUME. — Voyez CASQUE.

HÉLÉPOLE. — Voyez TOUR ROULANTE.

HÉLICE PROPULSIVE. — L'idée d'appliquer l'*Hélice* à la propulsion des navires paraît d'origine française et appartenir à l'ingénieur Duquet, qui expérimenta un appareil de ce genre, d'abord, au Havre, en 1693, puis, à Marseille, en 1697. Plus tard, en 1740, le mathématicien Bouguer la fit revivre théoriquement dans son ouvrage sur la *Construction des navires*, et il fut imité, en 1768, par Paucton, qui la développa dans son *Traité sur la vis d'Archimède*. En 1797, l'américain Busnhell adapta une Hélice à un bateau plongeur. En 1794, William Littleton munit d'un appareil semblable un bateau qu'il fit naviguer dans un dock de Londres. Des expériences du même genre furent faites à Gibraltar, en 1802, par John Shorter, et simplement proposées, en 1803, par Charles Dallery, d'Amiens. Un peu plus tard, d'autres inventeurs essayèrent de résoudre le problème, mais ce fut surtout, à partir de 1820, quand la navigation à vapeur commença à se développer, que leur nombre augmenta en France, en Angleterre et aux États-Unis. Alors parurent les tentatives du capitaine Delisle (1823), de Dubois et Debergue (1823), des frères Bourdon (1824), de Jacob Perkins (1825), de Pierre-Louis-Frédéric Sauvage (1827), du colonel Maceroni (1827), de Littleton (1828), de Cummerow (1829), de

William Church (1829), de Bennet Wood-Craft (1832), etc. Tous ces expérimentateurs obtinrent un certain succès, mais aucun ne put produire un appareil véritablement applicable. Enfin, parurent William Petit Smith et John Ericcson, dont les recherches, commencées presque en même temps, dans le courant de 1835, et poursuivies, pendant plusieurs années, avec la plus grande persévérance, eurent pour résultat final de créer définitivement la marine à Hélice. Toutefois, Smith fit patenter son Hélice le 31 mai 1836, tandis qu'Ericcson ne fit breveter la sienne que le 31 juillet suivant. Les essais du premier eurent lieu, d'abord, avec un très-petit bateau, sur un étang du Middlesex, à Hendon, et dans la galerie Adélaïde, à Londres, puis, avec un navire de six tonneaux, qui, après avoir navigué, pendant plus d'une année, sur la Tamise, exécuta, au mois de septembre 1837, plusieurs heureux voyages le long des côtes d'Angleterre. Encouragé par le succès, Smith fit construire, en 1838, un navire plus considérable, l'*Archimède*, de 237 tonneaux et 90 chevaux de force, qui, soumis, dès l'année suivante, à de nombreuses épreuves, répondit tellement aux espérances que l'amirauté adopta aussitôt le nouveau propulseur pour la marine militaire : ce ne fut cependant qu'en 1841 que le gouvernement anglais mit sur le chantier son premier bâtiment à Hélice, le *Ratler*. Ericcson fit ses premiers essais dans les derniers mois de 1836, et il les continua, avec autant de succès que Smith, jusqu'en 1838, où, ne pouvant trouver en Angleterre les mêmes encouragements qu'on avait donnés à son rival, il porta son invention aux États-Unis, qui l'accueillirent avec enthousiasme. L'appareil d'Ericcson était tout différent de celui de Smith. Ce fut celui que l'on adopta d'abord en France, et le premier bateau auquel on l'appliqua, dans notre pays, fut *le Napoléon*, appelé plus tard *le Corse*, qui fut construit au Havre, en 1841, par MM. Normand et Barns, et lancé le 6 décembre 1842. L'invention de l'Hélice a complétement transformé la navigation maritime, mais de toutes les applications de ce propulseur, la plus importante est celle qui en a été faite aux navires à voiles, et qui, en produisant les *Navires mixtes*, a révolutionné l'art des constructions navales. Au premier rang des hommes de mérite qui ont étudié avec le plus de soin le nouveau moteur, on cite le capitaine anglais Halsted, qui a posé, en 1850, les véritables principes de la construction des bâtiments mixtes, et, dans notre pays, le lieutenant de vaisseau Labrousse, les capitaines Paris et Bonnafoux, et les ingénieurs maritimes Moll, Bourgois et Mangin.

HÉLICOMÈTRE. — Appareil dynamométrique construit, vers 1850, par l'ingénieur civil Taurines, ancien professeur à l'École navale de Brest, pour mesurer la force utilisée par le propulseur, dans les navires à Hélice. Il a valu à son inventeur une récompense de premier ordre, à l'Exposition universelle de 1851.

HÉLIOCHROMIE. — C'est la branche de la Photographie qui a pour objet de reproduire les objets avec leurs couleurs naturelles. Les premiers essais paraissent être dus à M. Edmond Becquerel, qui, en 1848, parvint à obtenir sur une plaque d'argent l'image du spectre solaire. Depuis cette époque, M. Niepce de Saint-Victor, qui s'occupe spécialement de l'étude de la question, a réussi à reproduire les différentes couleurs, mais ces résultats n'ont pu encore avoir qu'un intérêt scientifique, parce qu'on n'a pas trouvé le moyen de fixer les couleurs. Les images colorées ne peuvent être conservées que dans l'obscurité et disparaissent en quelques instants aussitôt qu'on les expose au grand jour. Il est inutile d'ajouter que les photographies coloriées que l'on voit à l'étalage de la plupart des photographes ne sont que des épreuves ordinaires coloriées après coup. V, au COMPLÉMENT.

HÉLIOGRAPHE. — Voyez TÉLÉGRAPHIE SOLAIRE et HÉLIOTROPE.

HÉLIOGRAPHIE. — C'est l'art de graver par l'action de la lumière. Cette branche de la Gravure a été créée, ainsi que son nom, avant 1822, par Nicéphore Niepce de Saint-Victor, et c'est en l'expérimentant que cet inventeur découvrit la Photographie. On l'appelle aussi quelquefois *Héliogravure*. Ses procédés sont aujourd'hui très-nombreux : néanmoins, ils peuvent tous être distribués en quatre groupes principaux. Dans ceux du premier, l'action de la lumière n'a d'autre destination que de dépouiller plus ou moins de sa préparation une plaque daguerrienne, que l'on traite ensuite comme une planche à l'eau-forte : à ce groupe appartiennent les procédés de Niepce, et de MM. Donné, Berres, etc. Dans la seconde section, l'action de la lumière produite' sur certaines substances a pour effet secondaire de donner lieu, par suite d'une préparation subséquente, à des inégalités d'épaisseur qui, une fois moulées, constituent une matrice avec laquelle la gravure peut être clichée : les procédés de MM. Poitevin, E. Rousseau, Masson, Beuvières, etc., ont été imaginés pour fournir ce résultat. Les procédés du troisième groupe sont ceux dans lesquels l'action électrique vient aider celle de la lumière : les principaux sont dus à MM. Grove, Fizeau, Heller, Arthur Chevalier, etc. Enfin, les procédés du quatrième groupe sont ceux dans lesquels l'empreinte daguerrienne se trouve transportée directement sur une pierre lithographique. A cette section appartiennent les procédés de MM. Rondini, Lerebours, Lemercier, Barreswil, Bry, etc.

HÉLIOMÈTRE. — Sorte de Micromètre qui sert à mesurer, soit les diamètres du soleil, de la lune ou des planètes, soit certaines petites distances apparentes entre les corps célestes. Un instrument de ce genre paraît avoir été proposé, en 1743, par l'anglais Savery, mais c'est le géomètre français Pierre Bouguer, qui, en 1747, a fait construire et a employé le premier Héliomètre connu. Depuis son invention, cet instrument a été beaucoup perfectionné par plusieurs savants, principalement par John Dollond, contemporain de Bouguer et opticien à Londres, et par Joseph de Fraunhofer, opticien à Munich, mort en 1826. On l'appelle aussi quelquefois *Astromètre* ou *Micromètre objectif*. C'est avec un Héliomètre que l'astronome allemand Guillaume Bessel, mort en 1846, est parvenu à déterminer, pour la première fois, la distance si longtemps inconnue d'une étoile fixe à la terre.

HÉLIOSCOPE. — Instrument d'optique qui sert à observer le soleil sans offenser la vue. On en attribue généralement l'invention à l'astronome allemand Christophe Scheiner, mort en 1650, mais plusieurs auteurs le croient beaucoup plus ancien, et pensent que ce savant ne fit que le perfectionner en substituant des verres colorés aux verres ordinaires de l'oculaire.

HÉLIOSTAT. — Lunette montée sur un axe parallèle à l'axe du monde, et qui, au moyen d'un mouvement d'horlogerie, suit la marche du soleil ou de tout autre astre, sans que le déplacement de celui-ci puisse gêner l'observateur. On attribue son invention au physicien hollandais Guillaume-Jacob Gravesande, mort en 1742.

HÉLIOTROPE. — Instrument de physique inventé, en 1821, par le physicien allemand Frédéric Gauss. Il est destiné à donner des signaux à de grandes distances au moyen de la réflexion de la lumière solaire sur un miroir. C'est au moyen d'un appareil fondé sur le même principe, et qu'il a nommé *Héliographe*, que notre compatriote Leseurre a imaginé la Télégraphie solaire.

HÉMISPHÈRES DE MAGDEBOURG. — Appareil de physique destiné à démontrer la puissance de la pression atmosphérique. Il a été inventé, en 1650, par le physicien Otto de Guericke, bourgmestre de Magdebourg.

HÉMATINE. — Voyez CAMPÊCHE.

HÉMIONE. — Espèce du genre Cheval, qui vivait autrefois dans presque toute l'Asie centrale, ainsi que dans l'Inde et la Syrie, mais qu'on ne trouve plus guère aujourd'hui que dans la Mongolie et la Dzoungarie. L'Hémione ou Dziggetaï (*Equus hemionus*) était bien connu des anciens. C'est le voyageur prussien Pierre-Simon Pallas qui, à la fin du dernier siècle, en a publié, pour la première fois, une description exacte. Les premiers sujets qu'on ait vus en France ont été apportés, en 1848, par M. Dussumier, armateur de Bordeaux, au Muséum d'histoire naturelle de Paris, et la manière dont ils se sont comportés a fait concevoir l'espérance de leur acclimatation dans notre pays.

HÉMIPPE. — Autre espèce du genre Cheval. L'Hémippe n'est connu que depuis quelques années. Il habite le grand désert de Syrie, entre Palmyre et Bagdad. On croit qu'il sera également possible de l'acclimater en France.

HÉMORRHAGIE. — On a imaginé un grand nombre de moyens pour arrêter l'écoulement du sang dans les opérations chirurgicales. La *Ligature* et la *Torsion des artères* étaient déjà connues du temps de Galien, au second siècle de notre ère, mais elles tombèrent plus tard dans l'oubli. Le premier procédé fut réinventé, en 1582, par Ambroise Paré. Quant au second, le chirurgien Léveillé essaya de le faire revivre en 1812 et ne put y réussir : ce sont les docteurs Velpeau, Amussat et Thierry qui, à notre époque, l'ont introduit dans la pratique ordinaire. Parmi les appareils imaginés pour obtenir le même résultat, le plus ancien est le *Garrot*, dont on attribue l'invention au chirurgien Morel, de Besançon, en 1674. Au siècle suivant, le chirurgien Jean-Louis Petit, de Paris, imagina le *Tourniquet* (1718). Le *Compresseur de Dupuytren*, qui date de 1816, n'est qu'une modification de ce dernier : il doit son nom à son inventeur, mais il est peu employé parce qu'il est très-lourd et très-difficile à entretenir.

HENNÉ. — Nom vulgaire d'un arbrisseau qui croît dans tout l'Orient, ainsi qu'en Égypte et dans l'Afrique du Nord, et que l'on suppose être le même que l'*acopher* des Livres saints. Réduites en poudre et délayées dans l'eau sous la consistance de pâte, ses feuilles colorent fortement en rouge orangé brun les parties du corps sur lesquelles on les applique. C'est avec cette pâte que, de temps immémorial, les femmes de l'Orient se teignent les mains, les pieds, le front, les joues, quelquefois même les lèvres et les gencives. Les Orientaux s'en servent aussi pour teindre les cheveux, la laine, le cuir, les crins des chevaux, etc. Le Henné renfermant une assez forte proportion d'acide gallique, Berthollet a pensé qu'il pourrait, jusqu'à un certain point, remplacer le cachou. Dans ces dernières années, le chimiste lyonnais Tabourin a essayé de l'appliquer à la teinture en noir, mais comme on n'a pu en obtenir que des nuances analogues à celles du sumac, et que ce dernier est plus économique, on n'a trouvé aucun avantage à l'employer.

HENNIN. — Sorte de bonnet gigantesque que les dames françaises adoptèrent au xive et au xve siècle. Il était si élevé que, suivant un écrivain du temps, les dames ne pouvaient passer sous les portes sans se baisser. Le Hennin consistait ordinairement en une corne haute de plus d'un mètre, et du sommet de laquelle pendait un voile qui traînait jusqu'à terre. D'autres fois, cependant, il avait la forme d'un croissant très-évasé. Les prédicateurs prêchèrent une croisade contre cette mode. Au dire de Monstrelet, l'un d'eux, frère Thomas, qui vivait en 1426, avait coutume, quand il voyait une dame coiffée du Hennin « de esmouvoir après icelle tous les petis enfans et les faisoit cryer hault : *au hennin, au hennin.* » Le Hennin disparut sous Charles VII. On croit que la coiffure actuelle des Cauchoises en dérive. Dans tous les cas, elle peut en donner une idée. C'est aussi une espèce de Hennin que la corne d'argent que portent aujourd'hui même les femmes des Maronites du Liban.

HÉRALDIQUE (*Art*). — Voyez BLASON.

HERNIE. — Le *Débridement des hernies* a été inventé, vers 1560, par le chirurgien provençal Pierre Franco, mais c'est l'illustre Ambroise Paré qui l'a fait définitivement entrer dans la pratique. Cette invention a produit les plus admirables résultats, et le nombre des malades qui lui doivent la vie est aujourd'hui incalculable.

HERSE. — Cet instrument d'agriculture remonte à la plus haute antiquité. Il était déjà connu, en Palestine, du temps de Job, mais les annales chinoises en font dater l'invention d'une époque beaucoup plus reculée. La Herse des anciens consistait en un lourd râteau (*irpex*) qu'on faisait traîner par des bœufs. Elle existe encore sous cette forme dans plusieurs pays, mais, en général, elle se compose aujourd'hui d'un châssis horizontal, garni en dessous de fortes dents, et auquel on attelle les bêtes de travail. On fait ce châssis triangulaire, carré, rectangulaire ou parallélogrammique. C'est cette dernière disposition qui paraît la meilleure et que présente la Herse dite *de Valcour*, du nom de celui qui l'a introduite d'Angleterre en France. Une seule Herse n'occupant pas suffisamment un conducteur, plusieurs constructeurs ont essayé de parer à cet inconvénient en faisant conduire par le même homme plusieurs de ces instruments réunis ensemble. Beaucoup d'essais ont été faits à ce sujet. Les moins imparfaits sont d'origine anglaise et ont produit la *Herse en zigzag*, de Howard, et la *Herse en diagonale*, de Williams et Saunders. Les Herses ordinaires sont *traînantes*. Divers inventeurs en ont fait de *roulantes*. L'instrument de ce nouveau système qui jusqu'à présent a donné les meilleurs résultats est la *Herse norwégienne*, ainsi appelée du pays où elle a été imaginée, et dont l'usage, déjà très-répandu en Angleterre, en Allemagne et en Belgique, commence aussi à s'introduire en France. M. Lentillac, de Lavallade (Dordogne), l'a simplifiée de manière à en rendre l'acquisition possible aux plus petits cultivateurs.

HIÉROGLYPHES. — Les *Hiéroglyphes* sont les caractères de l'Écriture en usage dans l'ancienne Égypte. Leur nom vient de trois mots grecs qui signifient « signes sacrés gravés », et par lesquels les écrivains de la Grèce les désignèrent, parce qu'ils les trouvèrent sculptés en inscriptions nombreuses sur les murs de la plupart des temples et des tombeaux de la vallée du Nil. L'Écriture égyptienne forme trois branches ou écritures distinctes : l'*Écriture hiéroglyphique* proprement dite, qui se compose d'environ 800 signes représentant des objets de la nature ou des arts; l'*Écriture hiératique*, qui en est une simplification; et l'*Écriture démotique*, qui n'est qu'un extrait de cette dernière. Ces trois espèces d'écritures étaient comprises et employées par tout le monde. Néanmoins, la première servait plus particulièrement pour les inscriptions monumentales ; la seconde était surtout à l'usage des prêtres ; enfin, la troisième était celle des usages ordinaires de la vie. Les Hiéroglyphes furent abandonnés à l'époque de l'introduction du christianisme. Les habitants de l'Égypte adoptèrent alors l'alphabet grec, et perdirent peu à peu la signification des anciens caractères. Quinze cents ans plus tard, le père Kircher essaya, le premier, de retrouver le sens des Hiéroglyphes, mais son *Œdipus ægyptiacus*, qui parut en 1652, et dans lequel il prétendit expliquer les inscriptions des obélisques de Rome, ne servit qu'à prouver son ignorance et son peu de jugement. D'autres tentatives du même genre, qui eurent lieu, soit à la fin du XVIIe siècle, soit dans la première moitié du XVIIIe, ne furent pas plus heureuses. Enfin, arriva la découverte qui devait donner le moyen de résoudre le problème. Au mois d'août 1799, en faisant exécuter des fouilles à l'ancien fort de Rosette, le capitaine français Boussard trouva une pierre de granit noir qui portait trois inscriptions en trois caractères différents. L'une de ces inscriptions, qui était en grec et en caractères grecs, apprit que les deux autres n'en étaient que la transcription en Écriture hiéroglyphique et en Écriture démotique. Le monument fut aussitôt copié, et plusieurs savants, s'aidant du texte grec, entreprirent l'interprétation du texte égyptien. Les premiers résultats furent obtenus, en 1802, par Sylvestre de Sacy et confirmés, un peu plus tard, par le suédois Ackermann. Quelques années après, le docteur anglais Thomas Young fit faire de nouveaux progrès au déchiffrement. Enfin, en 1821, Champollion-Figeac jeune commença des recherches qui lui permirent de dévoiler le mystère de l'ancienne Écriture égyptienne, et dont il publia l'analyse dans son immortel *Précis du système hiéroglyphique des anciens Égyptiens,* qui parut à Paris, en 1824. Depuis cette époque, les principes établis par ce grand homme ont été confirmés, complétés et développés par Lepsius, en Allemagne ; Rosellini, en Italie ; Birch, en Angleterre ; et par MM. Letronne, Emmanuel de Rougé, Prisse d'Avesnes, de Saulcy, Dulaurier, Dujardin, Lenormant, Antoine Ampère et Wladimir Brunet, en France. Cependant, tout n'a pas encore été dit sur les Hiéroglyphes, car, malgré les nombreuses découvertes dont on a enrichi la science, il n'est pas toujours possible de donner le mot à mot certain de tous les textes qu'on étudie.

HIPPISCAPHE. — Ce mot, qui signifie « bateau pour chevaux », a été créé, en 1855, par M. Billot aîné, pour désigner des navires spécialement destinés au transport des troupes de cavalerie.

HIPPODROME. — Voyez COURSES DE CHEVAUX.

HIPPOPHAGIE. — Voyez CHEVAL.

HIRUDICULTURE. — Voyez SANGSUE.

HISSOIR. — Appareil usité en Angleterre, dans les manufactures importantes, pour transporter rapidement, d'un étage à l'autre, les ouvriers et les employés. C'est une plate-forme mobile, qui est encaissée dans une espèce de puits vertical et assez grande pour recevoir une demi-douzaine de personnes. Le mouvement ascendant et descendant est donné à l'appareil par la machine à vapeur de l'usine, et il est tellement doux qu'on peut l'arrêter à l'instant et à volonté vis-à-vis de l'une ou de l'autre des issues pratiquées dans les parois du puits vertical au niveau du plancher des appartements. L'idée théorique du Hissoir, en anglais *teagle*, date du XVIIᵉ siècle, mais sa réalisation pratique ne paraît pas de beaucoup antérieure à 1820. Voyez ESCALIER et MACHINES D'EXTRACTION.

HISTOIRE NATURELLE. — Voyez BOTANIQUE, GÉOLOGIE, MINÉRALOGIE, etc.

HISTOLOGIE. — Partie de l'Anatomie qui étudie spécialement les tissus animaux. Cette science a été fondée, au commencement de ce siècle, par l'illustre Bichat, mais ses progrès les plus importants datent de 1838, époque à laquelle le docteur allemand Schwann démontra le premier l'unité de composition de l'organisme animal. Parmi ceux qui, depuis ce moment, ont le plus contribué à la faire avancer, il suffira de citer notre compatriote Charles Robin, et les allemands Henri Weber, Jean Müller, Charles Henle, Rodolphe Wagner, Albert Kœlliker, Herman Lebert et Gustave Valentin.

HOMŒOGRAPHIE. — Procédé lithographique au moyen duquel on transporte directement sur pierre de vieilles estampes et de vieux imprimés, après quoi on les reproduit par des tirages inépuisables. L'Homœographie a été inventée, en 1844, par M. Édouard Boyer, chimiste de Nimes. On s'en est servi pour faire des fac-simile d'une très-grande beauté, mais elle n'a pas eu le succès industriel que des esprits enthousiastes avaient cru pouvoir lui prédire. Voyez TRANSPORTS LITHOGRAPHIQUES.

HOMŒOPATHIE. — L'*Homœopathie* consiste à traiter les maladies par des médicaments que l'on suppose capables de déterminer au sein de l'organisme, dans l'état de santé, des symptômes morbides semblables à ceux que l'on veut combattre. Cette singulière méthode thérapeutique a été imaginée, en 1790, par le docteur Samuel Hahnemann, de Leipzig. Son originalité, et, on peut le dire, le charlatanisme dont on l'entoure trop souvent, ont réussi à la mettre à la mode, et elle compte aujourd'hui de nombreux adeptes dans toutes les parties du monde.

HORLOGE. — I. Chez les Romains, le mot *horologium*, d'où est venu le mot français *horloge*, était un terme générique qui servait à désigner tous les instruments destinés à marquer l'heure, c'est-à-dire les Gnomons, les Clepsydres, les Sabliers et les Cadrans solaires. Les appareils de chronométrie auxquels on donne aujourd'hui le même nom dérivent des Clepsydres à rouages imaginées par Ctésibius, d'Alexandrie, et datent du jour où un homme de génie eut l'idée de faire mouvoir le mécanisme, non plus au moyen d'une crémaillère poussée par un flotteur, mais à l'aide d'un poids attaché à l'arbre de la roue principale. On attribue généralement cette invention au moine Gerbert, d'Aurillac, devenu pape, en 999, sous le nom de Sylvestre II, mais, comme toutes les choses nouvelles, elle fut d'abord peu appréciée et ne se répandit qu'avec une extrême lenteur. Les premières Horloges n'avaient point de sonnerie. Elles donnaient simplement l'heure, après quoi celle-ci était annoncée par des crieurs. Le mécanisme de la sonnerie ne tarda pas cependant à être réalisé. On ignore à quelle époque et à quel artiste on en est redevable. On sait seulement qu'il existait en 1120, car il en est question, sous cette date, dans les *Usages* de l'abbaye de Cluny. « Le sacristain, lit-on dans cet ouvrage, réglera l'Horloge de manière qu'elle sonne et l'éveillé avant les matines. » Les Horloges de ces temps reculés étaient nécessairement très-grossières et, par suite, très-inexactes. Toutefois, elles excitèrent si bien l'admiration générale, que, malgré leurs nombreux défauts, on les regarda comme répondant suffisamment à tous les besoins. De plus, au lieu de les perfectionner, on ne chercha, pendant très-longtemps, qu'à les compliquer de surprises et d'enfantillages. De là les Horloges à personnages et à carillons, et celles à mécanismes indiquant le cours des astres, le quantième du mois, les jours de la semaine, le flux et le reflux de la mer, etc., qui furent si à la mode au XIVe et au XVe siècle. Il faut remarquer, en passant, que

la première Horloge qu'il y ait eu à Paris, fut construite par l'allemand Jean de Vic et placée, en 1370, par ordre de Charles V, sur la tour du Palais. Dans le principe, les Horloges avaient de grandes dimensions, et ne servaient qu'à orner l'extérieur des édifices. L'idée finit cependant par venir d'en faire d'assez petites pour pouvoir être placées dans les appartements. Il existait déjà des Horloges de ce genre, ou *Horloges de chambre*, à la fin du XIIIe siècle, mais elles ne devinrent communes que cent cinquante ans plus tard, quand on eut imaginé de remplacer le poids moteur par un *Ressort spiral* renfermé ou non dans un barillet. L'invention du *Réveil* suivit de très-près celle de ce mécanisme, et les deux innovations furent aussitôt exploitées, sur la plus grande échelle, dans toute l'Europe, principalement à Nuremberg et à Augsbourg, qui possédaient alors des ateliers d'horlogerie admirablement organisés. L'adoption du ressort moteur produisit un autre résultat : elle rendit possible la fabrication des *Horloges de poche* ou *Montres*, dont les premières parurent vraisemblablement dans les dernières années du XVe siècle. A partir de ce moment, la construction des instruments d'horlogerie ne reçut aucune amélioration importante jusqu'au XVIIe siècle où, pour la première fois, elle fut soumise à des règles véritablement scientifiques. Enfin, la substitution, vers 1657, du *Pendule* au balancier des Horloges d'église et des Horloges de chambre vint donner aux unes et aux autres une régularité qu'elles n'avaient jamais eue auparavant. Les artistes qui se sont formés depuis ce temps ont perfectionné de mille manières les inventions de leurs prédécesseurs et ont entièrement transformé leur art. Ils ont surtout obtenu ce résultat en remplaçant les procédés manuels jusqu'alors usités par des procédés mécaniques habilement combinés. La grosse horlogerie contemporaine est redevable de presque tous ses progrès, du moins en France, aux artistes parisiens Lepaute, Janvier, Henri et Jean Wagner, Hulot, Pons et Salleneuve. Voyez CARILLON, ÉCHAPPEMENT, MONTRE, PENDULE, RÉVEILLE-MATIN, RESSORT SPIRAL, etc.

II. De nos jours, l'invention de la Télégraphie a produit une classe nouvelle d'Horloges, celle des *Horloges élec-triques* ou *Horloges électro-télégraphi-ques*. Ces appareils forment trois groupes principaux. — 1° Dans le plus ancien système, on met en communication des cadrans placés dans les différentes par-ties d'un édifice ou d'une ville, avec une Horloge directrice, de manière à leur faire marquer instantanément l'heure fournie par cette dernière. M. Steinheil, à Munich, en 1839, et M. Wheatstone, à Londres, en 1840, sont les premiers qui aient réalisé cette idée, mais c'est à M. Paul Garnier et à M. Froment, tous les deux à Paris, qu'appartient l'hon-neur de l'avoir fait passer dans la pra-tique. Les appareils employés pour l'appliquer sont ordinairement appelés *Compteurs électro-chronométriques*. Plus tard, on a imaginé de disposer, dans les rues de certaines villes, des *Lanternes-horloges*, donnant, par l'in-termédiaire d'un courant, l'heure du régulateur qui les commande. Les pre-mières paraissent avoir été établies à Gand, par M. Nollet. — 2° Dans le se-cond système, on se propose de con-struire des Horloges à pendule dont le mouvement soit perpétué au moyen de l'Électricité. Ce sont les appareils de cette espèce que l'on désigne spéciale-ment sous le nom d'*Horloges électri-ques*. M. Bain a construit le premier en 1840. En France, MM. Froment et Robert Houdin se sont spécialement occupés de leur perfectionnement. — 3° Dans le troi-sième système, on rend solidaires les unes des autres plusieurs Horloges ayant cha-cune leur moteur ordinaire, de manière qu'elles restent toujours parfaitement d'accord. Au lieu donc de faire aller des compteurs au moyen d'une Horloge type, on fait marcher d'accord plusieurs Horloges ordinaires commandées par un même régulateur. Ce système remonte à la même époque que le précédent. Il a été surtout étudié par MM. Baines, Bre-guet et Faye. — Malgré les avantages incontestables qu'elle présente, l'Horlo-gerie électrique n'a reçu encore qu'un très-petit nombre d'applications; on n'a guère pu l'employer jusqu'à présent que pour le service des gares des chemins de fer, et de quelques grands ateliers ou édifices publics.

HORLOGE D'EAU. — Voyez CLEPSYDRE.

HORLOGE DE FLORE. — Il existe des fleurs qui s'ouvrent et se ferment à des heures assez fixes, pour que leur inspec-tion puisse annoncer d'une manière assez approximative l'heure de la jour-née. En conséquence, au dernier siècle, le naturaliste suédois Linné se servit des heures bien connues de certaines espèces, pour former un tableau qu'il appela *Horloge de Flore*, *Horloge bota-nique* ou *Horloge végétale*. Mais, ce tableau n'est véritablement exact que pour le climat d'Upsal, l'épanouisse-ment des fleurs ayant lieu plus tôt à mesure qu'on s'approche de l'équateur. Il faut donc en faire autant qu'il y a de climats sur la terre. Toutefois, sui-vant Adanson, il suffirait d'exécuter ce travail de dix en dix degrés.

HORLOGE ORNITHOLOGIQUE. — On a donné récemment ce nom à un tableau analogue au précédent et que l'on a formé en notant les heures de réveil et de chant de certains oiseaux; mais il ne peut servir que pour le matin. De plus, ses indications sont peu exactes.

HORLOGE POLAIRE. — Instrument d'op-tique destiné à indiquer l'heure par l'ob-servation du plan de polarisation de la lumière du ciel bleu dans la direction du pôle. Sa construction est fondée sur ce principe découvert par Arago, que la lumière en un point quelconque du ciel bleu est polarisée dans le plan qui passe par l'œil de l'observateur et le soleil, d'où il résulte que, si l'observateur vise toujours au pôle nord, le plan de pola-risation coïncidera à chaque instant avec le cercle horaire du lieu de l'ob-servation. L'Horloge polaire, que l'on appelle aussi *Polariscope*, a été inven-tée, vers 1847, par le physicien anglais Wheatstone, et beaucoup perfectionnée depuis par M. Soleil, constructeur d'in-struments de physique à Paris.

HORLOGE DE SABLE. — Voyez SABLIER.

HOROGRAPHE. — M. Redier, horloger à Paris, a donné ce nom à un instrument de son invention qui appartient à la fa-mille des Compteurs enregistreurs, et qui sert à contrôler la marche des con-vois sur les chemins de fer. Une feuille de papier, placée dans la boîte de l'Ho-rographe, au départ du convoi, donne, à l'arrivée, les heures réelles d'arrivée et de départ à chaque station, impri-mées en caractères typographiques.

HORTENSIA. — Cette plante, qu'on

appelle aussi *Rose du Japon*, est originaire de la Chine et du Japon. Elle a été décrite, pour la première fois, par le naturaliste Buchoz, en 1776, et dédiée plus tard, par le botaniste Commerson, à madame Hortense Lepaute, femme du célèbre horloger parisien, et c'est de là que lui vient son nom vulgaire. Quant à son introduction en Europe, les uns l'attribuent à M. Satler, en 1790, et les autres à lord Macartney, qui l'aurait faite, en 1794, au retour de son ambassade en Chine.

HORTICULTURE. — Quoique les renseignements manquent sur l'état complet de l'Horticulture dans l'antiquité, ceux que l'on possède sont cependant assez étendus pour qu'on puisse savoir que cette partie de l'art d'exploiter le sol était arrivée, du moins chez les Romains, à un très-haut degré de perfection. Suivant Pline le Naturaliste, les pépiniéristes de son temps avaient poussé si loin la culture des vergers qu'un seul arbre pouvait produire annuellement pour plus de deux cents francs de fruits. Les jardiniers savaient aussi forcer les plantes culinaires ou d'agrément au moyen de *Couches* où des lames de talc tenaient lieu de verre, et où l'eau chaude circulait dans des murs artistement construits. Pendant le moyen âge, l'Horticulture fut presque exclusivement cultivée dans les couvents, et les moines durent employer les procédés généraux connus des Romains. Dans les temps modernes, c'est au XVIe siècle que la culture des jardins d'utilité paraît avoir fait ses premiers progrès. L'usage des *Semis* et des *Plantations sur couches* commença alors à se généraliser. On imagina en même temps de couvrir les melons de *Cloches de verre* pour activer leur développement. Olivier de Serres parle aussi de boîtes roulantes dans lesquelles on cultivait ces derniers, et que l'on traînait dans des serres souterraines quand l'état de la température l'exigeait. Au siècle suivant, les précieux enseignements de Jean de la Quintinie, jardinier en chef du potager de Versailles, exercèrent la plus heureuse influence sur les progrès de l'Horticulture. La culture des primeurs fut beaucoup perfectionnée, et l'emploi des *Châssis*, jusqu'alors très-limité, commença à se répandre. Toutefois, jus-

qu'aux premières années du XVIIIe siècle, les innovations réalisées par la Quintinie et ses élèves ne sortirent guère des jardins royaux ou de ceux de quelques grands seigneurs. Mais alors les maraîchers entreprirent de les exploiter, et ils ne tardèrent pas à en retirer de grands bénéfices. Vers 1776, un jardinier de la rue de la Santé chauffait des fraises sous panneaux, et vendait 24 livres la première douzaine de ces fruits. En 1788, un autre jardinier cultivait le premier les pois et les haricots sous châssis, les carottes sur couches, etc. En 1791, un maraîcher de l'allée des Veuves imagina de forcer la chicorée fine d'Italie. En 1791, on commença à forcer les asperges blanches, et, vers 1800, les asperges vertes. Depuis cette époque, l'Horticulture n'a cessé de s'enrichir de perfectionnements nouveaux qui ont permis à ses différentes branches d'atteindre un degré de perfection qu'il semble difficile de pouvoir dépasser.

HOUBLON. — Plante à tige herbacée et grimpante que l'on cultive en grand en Angleterre, en France, en Belgique et en Allemagne, pour ses fleurs, qui sont employées dans la fabrication de la bière. Le Houblon est originaire de l'Europe, mais sa culture ne paraît avoir commencé à prendre de l'extension qu'au XVe siècle, c'est-à-dire à l'époque où son usage a été introduit dans les brasseries. Afin d'assurer sa conservation et de faciliter son transport, M. Eugène-Nicolas Lorenz, brasseur à Nancy, a eu l'idée, vers 1848, d'en former des blocs compactes et maintenus par un emballage en fil de fer. Cette innovation offre la plus grande analogie avec celle du Foin comprimé. Comme cette dernière, elle a reçu d'utiles applications.

HOUE. — La *Houe à main* est probablement un des premiers instruments agricoles que l'homme ait imaginés, mais la *Houe à cheval* est une invention toute moderne. Cette dernière paraît avoir été construite, pour la première fois, en Angleterre, à la fin du XVIIe siècle ou au commencement du XVIIIe. Elle est répandue aujourd'hui dans tous les pays agricoles, mais les mécaniciens l'ont modifiée de mille manières. Les meilleures Houes à cheval anglaises sont celles de MM. Garett et William Smith. En France, on emploie surtout celles de MM. Gustave Hamoir, Hugues et Mathieu de Dombasle.

HOUILLE. — I. La *Houille* est si abondante dans la nature et ses propriétés combustibles sont si faciles à apprécier qu'on a dû l'employer, dès la plus haute antiquité, dans les pays où elle se montre à la surface du sol. Toutefois, ce n'est que depuis l'invention de la Machine à vapeur qu'elle est devenue un des principaux éléments du progrès industriel. Théophraste d'Éressos, qui vivait 315 ans avant notre ère, est le premier auteur ancien qui parle d'un combustible minéral : il l'appelle *lithanthrax* et dit que les forgerons de la Grèce en faisaient un grand usage. Il est aussi question d'un Charbon fossile (*carbo fossilis*) dans plusieurs textes latins. Mais on ignore si ces deux produits étaient de la Houille proprement dite, ou simplement du Lignite ou de l'Anthracite. Jusqu'à présent, le plus ancien document connu qui constate l'exploitation de la Houille en Europe est une charte latine de l'an 853, relative aux redevances dues à leur seigneur par les vassaux de l'abbaye de Peterborough, en Angleterre. Cette charte prouve donc que la Houille n'a pas été découverte, aux environs de Liége, en 1198 ou 1200, par le forgeron Hullos, comme l'ont dit plusieurs historiens flamands. Il est même à remarquer que cette substance paraît avoir été connue en Belgique longtemps avant le XIIe siècle, peut-être même dès 1049. Quant à la France, des titres qui existent à Saint-Étienne établissent que la Houille était employée dans cette ville au moins au milieu du XIIIe siècle, et, d'après un acte de 1489, plusieurs des mines de Brassac passaient alors pour avoir été exploitées de tout temps. Du reste, cette substance fut d'abord exclusivement destinée à la consommation locale, et quand, par la suite, la diminution des richesses forestières en fit étendre l'usage au chauffage domestique, la fumée et l'odeur qu'elle produit la firent longtemps proscrire de l'intérieur des villes. Les préjugés qui s'attachaient à son emploi existaient même encore au commencement du siècle dernier. Il est à remarquer que la première Houille qui ait été consommée à Paris était d'origine anglaise et provenait du bassin de Newcastle. A l'exception de celles de Saint-Étienne et de Brassac, dont il vient d'être question, presque toutes nos houillères n'ont été, sinon découvertes, du moins exploitées sur une grande échelle, qu'à une époque tout à fait moderne : celles d'Anzin, vers 1734; de Saint-Georges, en 1737; de Litry, en 1749; de Carmeaux, en 1759; de Vouvant, en 1789; d'Alais, en 1809; etc. Depuis le commencement de ce siècle, la Houille joue un rôle immense dans l'industrie. Non-seulement, elle sert au chauffage domestique et aux divers besoins des usines, mais elle fournit encore le gaz d'éclairage, ainsi qu'une multitude de produits de nature très-diverse dont la préparation et les applications ont créé plusieurs sources de richesses inconnues autrefois. En Angleterre, on emploie aussi quelquefois la plus belle qualité de Houille pour faire des ornements de deuil, des vases et d'autres objets d'utilité ou d'agrément. Cette *Houille artistique*, comme on l'appelle, ne paraît pas avoir encore été mise en œuvre dans notre pays, où, jusqu'ici, le Jais en a tenu lieu.

II. L'origine de la Houille est encore enveloppée de quelque obscurité. Cependant, on admet généralement aujourd'hui, que ce précieux combustible est le produit de l'altération plus ou moins profonde d'arbres et de plantes d'espèces différentes, existant dans les premiers âges du monde, avant l'apparition de l'homme, et qui ont été détruits et enfouis sous le sol par les déluges et autres grands cataclysmes auxquels on attribue les transformations subies à diverses reprises par la surface du globe. Dans tous les cas, de quelque manière que cette altération se soit opérée, il est certain que ses causes premières n'existent plus. Or, le fait étant connu, et la consommation de la Houille augmentant de plus en plus, on s'est demandé si les mines en exploitation ne seraient pas bientôt épuisées, mais il a été prouvé que les seuls gisements connus peuvent suffire à tous les besoins pendant plus de quarante siècles. Du reste, avant que ce combustible vienne à manquer, la science aura probablement trouvé d'autres moyens de produire de la chaleur. L'étude du problême de l'origine de la Houille a porté plusieurs savants à essayer de fabriquer artificiellement cette substance. M. Baroilhet, de Saint-Étienne, paraît avoir résolu ce problème intéressant avec un succès à peu près complet. Il a obtenu une matière qui ressemble tout à fait à la Houille en soumettant des débris végétaux, disposés par couches entre des lits de marne, à une température d'environ 200 degrés, et en vases imparfaitement clos. Les expériences de ce savant semblent prouver, comme le pensent d'ailleurs beaucoup de géologues, que le feu a joué un rôle important dans la formation de la Houille. Voyez ACCLOMÉRÉS, COKE, GAZ, GOUDRON, etc.

HOUPPELANDE. — Au XIIᵉ siècle, on appelait *Huque, Huyke* ou *Houppelande*, une pièce d'étoffe triangulaire, qui était percée au centre d'un trou par lequel on passait la tête, et dont les extrémités étaient réunies au moyen d'une patte. Peu à peu, ce vêtement changea de forme, et devint une espèce de robe à longues manches que l'on garnissait le plus souvent de fourrures. Le 17 octobre 1409, le sire de Montaigu portait une Houppelande de cette espèce quand on le conduisit au supplice. Depuis cette époque, la Houppelande n'a cessé de figurer dans le costume des hommes, mais non sans subir, suivant les temps, des modifications plus ou moins importantes. C'est d'elle que dérive la *Douillette* de nos ecclésiastiques.

HOUSEAU. — Voyez BOTTE.

HUILE. — Voyez BALEINE, CAOUTCHOUC, PEINTURE, PÉTROLE, SCHISTE, etc.

HUITRE. — Les *Huîtres* ont été recherchées des gourmets de l'antiquité avec autant d'empressement que par ceux de nos jours. Les Romains surtout en faisaient une grande consommation : ils les considéraient comme une nourriture saine et délicate. Suivant Pline le Naturaliste, c'est un spéculateur appelé Sergius Aurata, qui, un siècle environ avant notre ère, imagina, le premier, de les engraisser en les faisant parquer, c'est-à-dire en les enfermant dans des viviers ou parcs, quelque temps avant de les livrer à la consommation. A l'époque où cet écrivain vivait, les Romains avaient déjà reconnu la supériorité des Huîtres de la Manche et de la mer du Nord, sur celles de la Méditerranée :

les marchands profitaient de l'hiver pour les transporter en Italie, et, afin qu'elles ne pussent pas se gâter pendant le voyage, on avait soin de les envelopper de neige. La consommation des Huîtres est devenue aujourd'hui si considérable que, malgré leur prodigieuse fécondité, ces mollusques étaient naguère menacés de disparaître de nos marchés. En effet, plusieurs des bancs où les pêcheurs vont les chercher étaient épuisés, et les autres à la veille de subir le même sort. Mais on est parvenu à prévenir cet effet au moyen de l'*Ostréiculture*, c'est-à-dire d'un ensemble de mesures destinées, les unes à assurer la conservation des bancs existants en soumettant leur exploitation à certaines règles, les autres à provoquer la formation de bancs artificiels. — A diverses époques, on a imaginé des *Ouvre-huîtres*, c'est-à-dire des instruments propres à ouvrir les Huîtres. Le meilleur qui existe aujourd'hui a été inventé, en 1832, par le coutelier parisien Mignard-Billinge, et perfectionné, en 1851, par un autre coutelier de la même ville, nommé Picault.

HYALITHE. — Verre opaque et ordinairement noir, qui sert à fabriquer divers objets d'utilité ou d'agrément, même des vases destinés à contenir des liquides bouillants, tels que théières, tasses à café, etc. L'Hyalithe a été obtenu, pour la première fois, dans les verreries du comte de Bouquoi, en Bohème.

HYALOGRAPHIE. — C'est l'art de graver sur verre. L'Hyalographie se pratique de deux manières, mécaniquement ou chimiquement. La gravure mécanique était très-bien connue des anciens. Comme les modernes, ils exécutaient des dessins sur le verre au moyen du sable et de l'émeri appliqués sur une petite roue qui, en tournant, traçait des lignes creuses d'une légère profondeur. On croit même qu'ils se servaient quelquefois du Diamant. Plusieurs auteurs pensent que les procédés se perdirent par la suite, et qu'ils ne furent retrouvés que dans la seconde moitié du XVᵉ siècle, mais le fait n'est pas prouvé. Les premiers essais de gravure chimique paraissent avoir eu lieu vers 1670, époque à laquelle Henri Schwanhard, de Nuremberg, grava sur verre des dessins en creux et en relief au moyen d'un corrosif dont on ne connaît pas la nature. Plus tard, en 1725, le docteur Mathieu Pauli, de Dresde, obtint des résultats analogues en attaquant le verre avec un mélange d'acide nitrique et d'émeraude verte de Bohême ou fluate de chaux. Toutefois, ces faits étaient peu connus, lorsque, dans le courant de 1771, le chimiste suédois Scheele découvrit l'acide fluorhydrique. Dès 1790, deux constructeurs d'instruments de physique, Klindworth, de Leipzig, et Renard, de Strasbourg, employaient déjà le nouveau corps pour exécuter les échelles des thermomètres. En 1810, le peintre Landelle fit usage du même moyen pour graver des glaces. Enfin, en 1810, les chimistes français Thénard et Gay-Lussac firent entrer définitivement la gravure à l'acide fluorhydrique dans le domaine de l'industrie en créant un procédé beaucoup plus facile que tous ceux qu'on avait imaginés jusqu'alors. Aujourd'hui, on ne grave guère le verre que par cet acide. On y a recours, non-seulement pour orner les objets de verrerie de dessins plus ou moins gracieux, mais encore pour obtenir des planches de verre propres à l'impression. Cependant, comme ces planches se brisent facilement sous l'action de la presse, on les reproduit le plus souvent par l'Électrotypie, et ce sont alors leurs clichés qui servent au tirage.

HYDRAULIQUE. — Voyez BALANCIER, BÉLIER, CHAUX, CHEMIN DE FER, HYDRODYNAMIQUE, HYDROSTATIQUE, LEVIER, ORGUE, PRESSE, etc.

HYDROCARBURES (*Éclairage par les*). — Il consiste à remplacer les huiles ordinaires par des liquides composés comme elles d'hydrogène et de carbone, mais dans des proportions différentes. Son invention, qui date de 1823, a été faite à Bruxelles par un de nos compatriotes, M. Jobard, de Baissey (Haute-Marne). Toutefois, ce sont les États-Unis qui, vers 1827, l'ont employé en grand pour la première fois. Introduit en France, en 1832, par M. Breuzin, lampiste à Paris, à qui le comte Réal avait appris son existence en Amérique, il ne donna, dans notre pays, des résultats satisfaisants qu'à partir de 1844, quand on eut réussi à fabriquer convenablement les lampes particulières qu'il nécessite. Dans le principe, on brûlait des mélanges d'alcool et de térébenthine, improprement appelés *Gazogène*, *Gaz liquide*, *Hydrogène liquide*, *Liquide gazifiable*, etc., et dans lesquels on remplaçait quelquefois l'alcool par l'éther ou l'esprit de bois, et la térébenthine par le pétrole, ou les huiles de schiste, de goudron de houille, de résine ou de naphte. Aujourd'hui, on a presque entièrement renoncé à ces compositions parce que leur emploi présente des inconvénients qu'on n'a pu faire disparaître : on aime mieux se servir de l'huile de schiste, que l'on brûle de la même manière que l'huile ordinaire, et que son prix peu élevé rend, dans une foule de circonstances, plus économique que celle-ci. Voyez PÉTROLE et SCHISTE.

HYDROCÉRAME. — Voyez ALCARAZAS.

HYDROCHLORIQUE (*Acide*). — Voyez CHLORHYDRIQUE.

HYDROCYANIQUE (*Acide*). — Voyez PRUSSIQUE.

HYDRODYNAMIQUE. — Branche de la physique qui a pour objet l'étude du mouvement des fluides et la détermination des lois d'équilibre et de pression auxquelles ils sont soumis. On donne le nom d'*Hydraulique* à sa partie pratique, c'est-à-dire à la science qui s'occupe spécialement de la conduite et de l'élévation des eaux, et des machines propres à cet effet. Les progrès de l'Hydrodynamique datent du IIIe siècle avant notre ère, époque à laquelle Archimède de Syracuse découvrit le principe de la pression des liquides sur les corps qui y sont plongés. Plus tard, les mathématiciens de l'école d'Alexandrie, principalement Ctésibius et Héron, l'enrichirent de faits nouveaux, et inventèrent plusieurs appareils de démonstration encore employés de nos jours. Dans les temps modernes, ce n'est qu'au XVIe siècle que l'Hydrodynamique a commencé à être étudiée sérieusement. Le géomètre flamand Stévin, qui florissait alors, reprit les travaux d'Archimède et en publia la démonstration. Au siècle suivant, Galilée, Torricelli, Pascal et Mariotte, étudièrent les différentes questions qui se rattachent à la science, et en donnèrent des solutions qui furent ensuite développées par les deux Bernouilli, Euler et Maclaurin. D'autres savants s'occupèrent surtout de faire passer dans la pratique les découvertes théoriques de leurs devanciers et de leurs contemporains, et l'on vit successivement paraître les traités d'Hydraulique du père Schott (1657), de Morland (1685), de Charles Fontana (1690), du comte de Wahl (1716), de Bernard Bélidor (1737-1753), de Dominique Bernouilli (1738), de Bossut (1777), etc., qui ont été depuis dépassés par ceux de Riche de Prony (1790-1791), de Wiebeking (1798), de Génieys (1829), etc. Dans ces dernières années, c'est aux travaux de l'ingénieur d'Aubuisson de Voisins, du colonel Émy, des généraux Victor Poncelet et Arthur Morin, que l'Hydrodynamique et l'Hydraulique sont presque entièrement redevables de l'état de perfection où elles sont parvenues de nos jours.

HYDRO-EXTRACTEURS. — Ce sont des appareils à force centrifuge dont l'invention, qui date de 1836, est due au mécanicien Penzoldt, alors facteur de pianos à Paris. On les appelle aussi *Toupies mécaniques, Diables* et *Turbines*. Ces appareils ont été primitivement employés pour effectuer l'essorage des étoffes, d'où le nom d'*Essoreuses* qu'on leur donne encore, mais, depuis 1840, on a beaucoup étendu leurs applications. Ainsi, aujourd'hui, on en tire également parti pour extraire les liquides de toute espèce de substances, filtrer et concentrer les liqueurs, clarifier, raffiner et mouler le sucre, etc. L'industrie est redevable de ces diverses innovations aux mécaniciens Seyrig, Rohlfs, Ohnesorge, Mermet, Cail, Robertson, Tulpin aîné, Bezault, Gautrou, etc. On ne s'est même pas contenté d'introduire les Hydro-extracteurs dans les usines, on en a aussi construit de dimensions très-limitées pour les besoins de l'économie domestique, où on les applique surtout au séchage du linge. Les meilleures de ces *Essoreuses domestiques* sont celles de M. Charles, de Paris.

HYDROFÈRE. — Appareil inventé, en 1860, par un savant français, M. Mathieu, de la Drôme, pour économiser les liquides employés à la balnéation. L'eau enfermée dans un vase de cuivre s'en échappe, entraînée par un jet d'air comprimé, et, pulvérisée par cet air, elle pénètre dans une boîte de bois analogue à celle usitée dans les fumigations, et où se trouve le malade. Le mélange d'air et de liquide, s'étalant de bas en haut, retombe en pluie fine sur le baigneur. L'Hydrofère est une simple application de la méthode de la pulvérisation des eaux minérales créée, en 1858, par le docteur Sales-Girons. Les expériences auxquelles il a été soumis depuis son invention, semblent indiquer que ce nouveau système de bain produit d'aussi bons résultats que le système ordinaire, et qu'on pourrait obtenir avec 3 ou 4 litres d'eau pulvérisée le même effet qu'on obtient avec 2 ou 3 hectolitres dans un bain de l'ancien système. Si ces résultats se confirmaient, M. Mathieu, de la Drôme, aurait rendu un très-grand service aux classes pauvres, en mettant à leur portée, par son extrême économie, la balnéation, en tout lieu, non-seulement à l'eau commune, mais encore à l'eau minérale et à l'eau de mer.

HYDROFUGES. — Les *Enduits, Vernis* ou *Mastics hydrofuges* sont des mélanges de cire, de résine, de corps gras, d'huile de lin cuite, que l'on emploie dans toutes les circonstances où l'on veut rendre imperméable l'intérieur des magasins, des caves et des appartements. En préservant les murs de l'humidité, ces mélanges empêchent la détérioration des peintures sur pierre et sur plâtre, et arrêtent la formation du salpêtre, qui, comme on le sait, détruit très-promptement les maçonneries les plus épaisses et, en apparence, les plus solides. Les Enduits hydrofuges ont été imaginés, en 1813, par les chimistes Thénard et d'Arcet. On les fait pénétrer dans les murs au moyen d'une chaleur très-intense. Une des plus belles applications qu'on en ait faites en France a eu pour objet de garantir la coupole du Panthéon, à Paris, des dangereux effets de l'infiltration des eaux pluviales, et, depuis cinquante ans que cette coupole a été préparée, les peintures du baron Gros qui les recouvrent n'ont éprouvé aucune altération. Au lieu des enduits qui précèdent, on emploie souvent, surtout pour les rez-de-chaussée, des mélanges bitumineux qui donnent aussi de bons résultats et dont la composition varie suivant les fabricants. Dans les appartements un peu humides, on obtient également d'excellents effets en recouvrant les murs de feuilles de plomb que l'on fixe avec de petits clous de cuivre, et sur lesquelles on colle le papier de tenture. Ces feuilles pèsent de 250 à 125 grammes le décimètre carré, et sont tout à fait imperméables à l'eau. On remplace quelquefois le plomb par du paillon de Cooke, ou par un alliage de plomb, d'étain, de bismuth et de zinc, imaginé par MM. Rousseau et Poisson, de Paris. — A diverses époques, on a imaginé des Chapeaux dits *hydrofuges*, parce que la sueur ne pouvait pénétrer leur tissu et former à l'extérieur cette couche graisseuse si désagréable à la vue. On obtenait ce résultat en les garnissant d'un cuir ou d'une toile imperméable. Mais, pour éviter un inconvénient, on tombait dans un autre encore plus grand, car, au lieu d'être absorbée par l'étoffe, la sueur s'écoulait sur le front. De plus, ces coiffures présentaient de graves défauts au point de vue hygiénique.

HYDROGÈNE. — L'*Hydrogène* a été plusieurs fois entrevu par les chimistes du xvie et du xviie siècle, notamment par Paracelse, Robert Boyle, Mayerne, Polinière et Mayow, mais c'est Henri Cavendish qui, le premier, l'a obtenu, en 1766, dans un état de pureté parfaite et qui a reconnu sa nature véritable. Ce savant l'appela *Air* ou *Gaz inflammable*, à cause de la facilité avec laquelle il prend feu, et cette dénomination lui fut conservée jusqu'à l'époque où la découverte des éléments de l'eau eut fait reconnaître le rôle immense qu'il joue dans la composition de ce liquide : on lui donna alors le nom qu'il a toujours porté depuis, et qui signifie « générateur de l'eau. » L'Hydrogène est journellement employé, dans les laboratoires de chimie et dans l'industrie, pour produire des combustions très-actives. On s'en sert aussi dans l'aérostation. Enfin, mêlé avec d'autres substances, il constitue le Gaz d'éclairage. Voyez AÉROSTAT, CHALUMEAU, GAZ, GRILLAGE, etc.

HYDROGRAPHIE. — L'*Hydrographie* proprement dite est la Topographie maritime, c'est-à-dire la science qui a pour objet de lever le plan des côtes et des mers et d'en dresser les cartes. Son histoire se confond en quelque sorte avec la partie théorique de l'art de la Navigation, que l'on appelle aussi Hydrographie, et, comme cette dernière, elle n'a commencé à prendre un caractère scientifique que dans le courant du xve siècle, lorsque les grands voyages des Portugais en Afrique et dans l'Inde forcèrent les navigateurs à s'écarter des routes connues. Depuis cette époque, l'invention de nouveaux instruments de précision, et la découverte de procédés graphiques plus parfaits et de formules plus exactes et plus expéditives, lui ont fait atteindre, dans tous les pays maritimes, un degré de perfection qui répond à tous les besoins. L'Hydrographie forme, en France, les attributions d'un corps spécial d'ingénieurs, dits *ingénieurs hydrographes*, dont l'organisation régulière date du 6 juin 1814. Le recueil des travaux de ce corps est connu sous le nom d'*Hydrographie française*. Il est placé au *Dépôt des cartes et plans*, annexé au ministère de la marine, qui en fait exécuter les copies ou les réductions nécessaires aux besoins de la Navigation. Voyez NAVIGATION.

HYDRO-LOCOMOTIVE. — M. Planavergne, professeur de mathématiques au lycée impérial de Cahors, a donné ce nom à un bateau de son invention qui est destiné à marcher à très-grande vitesse sur les cours d'eau, afin de pouvoir lutter avec les Chemins de fer pour le transport des voyageurs et des marchandises. L'Hydro-locomotive date de 1854. Suivant son inventeur, elle pourrait parcourir vingt lieues à l'heure, mais il ne paraît pas qu'elle ait été soumise à des expériences suivies.

HYDROPATHIE. — Voyez HYDROTHÉRAPIE.

HYDROPHOBIE. — Voyez RAGE.

HYDROSTATIQUE. — C'est la partie de la physique qui s'occupe des conditions de l'équilibre des liquides et des pressions qu'ils exercent sur les parois des vases qui les renferment. L'Hydrostatique a été fondée par Archimède de Syracuse, mort 212 ans avant notre ère, auquel on doit la découverte du principe qui porte son nom et suivant lequel un corps plongé dans un fluide perd de son poids un poids égal à celui du fluide qu'il déplace. A partir de ce grand homme, la science resta stationnaire jusqu'à la fin du xviie siècle, époque à laquelle le géomètre flamand Stévin consacra un ouvrage spécial à la démonstration des propositions trouvées par l'illustre syracusain, et expliqua, pour la première fois (vers 1585), le phénomène connu sous le nom de *paradoxe hydrostatique*. Toutefois, les progrès importants ne commencèrent véritablement qu'au siècle suivant, lorsque Pascal eut établi le principe d'égalité de pression, d'où dérivent presque toutes les lois de l'Hydrostatique, lesquelles furent presque aussitôt découvertes, soit par Pascal lui-même, soit par Torricelli, Mariotte et Guglielmini. Une fois que ces lois eurent été formulées, la déduction mathématique de leurs conséquences devint le but des efforts des plus grands géomètres, et ces derniers enrichirent la science d'une multitude de conquêtes qui contribuèrent à l'avancement de l'Hydrostatique, avec laquelle l'Hydrodynamique est d'ailleurs inséparable.

HYDROTHÉRAPIE. — On appelle ainsi, parce qu'elle est basée sur l'emploi de l'eau froide, une méthode thérapeutique qui a été imaginée, en 1827, par un paysan de Græfenberg, dans la Silésie autrichienne, nommé Vincent Priessnitz. Il est toutefois à remarquer que l'emploi de l'eau froide à une époque très-reculée, puisqu'il en est question dans les œuvres d'Hippocrate, de Celse, de Galien, et d'une foule d'autres; seulement les anciens médecins n'y avaient recours que pour certaines maladies, tandis que Priessnitz a prétendu en faire une méthode exclusive et applicable à presque toutes les affections. L'Hydrothérapie est quelquefois désignée sous les noms d'*Hydropathie* et d'*Hydrosudopathie*.

HYDROTIMÈTRE. — Instrument destiné à mesurer la dureté des eaux de sources et de rivières, ainsi que la proportion des matières incrustantes qu'elles déposent sous l'influence d'une ébullition prolongée. Il a été inventé, en 1854, par les chimistes Boutron et Boudet. On donne le nom d'*Hydrotimétrie* à la méthode d'essai qui est fondée sur l'emploi de l'Hydrotimètre.

HYGROMÈTRE. — Instrument destiné à déterminer l'état hygrométrique de l'air, c'est-à-dire la quantité d'humidité répandue dans l'atmosphère. On croit son invention d'origine anglaise, mais on ignore à quelle époque elle a eu lieu. Il existe aujourd'hui plusieurs espèces d'Hygromètres. Les plus anciens sont les Hygromètres par absorption, dont

le plus connu est l'*Hygromètre à cheveu*, qui date de 1782, et qu'on appelle aussi *Hygromètre de Saussure*, du nom du savant qui l'a inventé. Les Hygromètres dits *Hygroscopes* appartiennent au même système, mais ils indiquent simplement si l'humidité de l'air augmente ou diminue, et ne peuvent faire connaître la quantité de cette humidité. Les *Hygromètres par évaporation* sont d'une époque assez moderne. Un des plus employés est celui du physicien August, de Berlin, qui lui a donné le nom de *Psychromètre*. Il existe encore des *Hygromètres à condensation*, dont l'idée première est due au docteur Leroy, de Montpellier. Un des premiers construits est celui du physicien anglais Daniell, qui date de 1820, mais le plus exact est celui de notre compatriote Victor Regnault, qui l'a fait connaître en 1845.

HYGROSCOPE. — Voyez HYGROMÈTRE.

HYGIÈNE. — De toutes les parties de la médecine, l'*Hygiène* est celle que les anciens ont cultivée avec le plus de succès. Les modernes n'ont même presque rien ajouté à ce que l'esprit observateur des Égyptiens, des Juifs, des Perses et des Grecs leur avait révélé à cet égard. Les livres de Moïse, d'Hérodote, de Diodore de Sicile et de Xénophon, nous apprennent que, chez tous ces peuples, les préceptes hygiéniques étaient devenus des lois rigoureuses, que souvent même, ils avaient été transformés en pratiques religieuses par de sages législateurs. Cette Hygiène antique de l'Orient a été conservée dans les lois que Mahomet a données à l'Orient moderne. C'est dans les ouvrages d'Hippocrate que l'on trouve, pour la première fois, l'Hygiène réduite en principes et considérée médicalement, mais ce grand homme ne fit évidemment que coordonner et compléter les faits observés avant lui. Plutarque et Aulu-Gelle écrivirent plus tard sur le même sujet. Plus tard encore, Galien enrichit la science de nouvelles découvertes et y introduisit la division généralement suivie par les auteurs de nos jours. Au XIIᵉ siècle, l'École de Salerne publia un traité d'hygiène en vers latins, dont plusieurs aphorismes sont devenus populaires. Enfin, à une époque plus récente, les progrès généraux de toutes les branches de l'art de guérir ont permis d'étudier l'Hygiène d'une manière beaucoup moins empirique qu'on ne l'avait fait jusqu'alors. Toutefois, plusieurs questions importantes sont encore à résoudre, mais on finira par trouver leur solution. Les grandes conquêtes de la chimie, rendant plus parfaits les moyens d'analyse, permettent même d'espérer qu'un temps viendra où l'on pourra reconnaître, d'une manière certaine, la présence, dans l'air ou dans les liquides, des principes nuisibles qui ont échappé jusqu'à présent à toutes les investigations.

HYPERBOLE. — Voyez CONIQUES (Sections).

HYPOCHLORITES. — Les *Hypochlorites*, ou Chlorures désinfectants et décolorants, sont employés, à la place du Chlore, dont ils sont des composés, pour blanchir les tissus et purifier l'air. Il en existe trois. 1° L'*Hypochlorite de potasse* a été découvert par Berthollet en 1784. Il servait déjà au blanchiment en 1789. On appelait alors sa dissolution *Eau de Javelle,* nom qui lui est resté dans le langage vulgaire, parce que sa fabrication avait commencé au hameau de Javelle, près de Paris. 2° L'*Hypochlorite de chaux* a été indiqué, vers 1790, par le chimiste rouennais Descroizilles, mais ce sont les Anglais à qui G. Tennant l'avait fait connaître, qui, les premiers, ont songé à l'utiliser. En 1798, un de leurs fabricants de produits chimiques, appelé Mackintosh, en vendait déjà d'énormes quantités, sous le nom de *Poudre de Tennant, de Knox* ou *de blanchiment.* 3° L'*Hypochlorite de soude* a été proposé en 1799. Les Hypochlorites ne furent d'abord employés que pour le blanchiment. Mais, en 1793, le chirurgien Percy, alors attaché à l'armée du Rhin, eut, le premier, l'idée d'en faire des applications médicales : il se servit, avec succès, de celui de potasse, contre la pourriture d'hôpital. Quelques années après, en 1809, le docteur Mazuyer, professeur à l'école de médecine de Strasbourg, en tira parti pour la désinfection de l'air. Mais ce fut surtout M. Labarraque, pharmacien à Paris, qui, à partir de 1822, contribua le plus à en populariser l'usage, comme désinfectant. Ce pharmacien a même laissé son nom à une des préparations les plus usitées, la *Liqueur de Labarraque,* qui s'obtient en faisant dissoudre de l'hypochlorite de chaux et du carbonate de soude dans de l'eau. On l'emploie, tantôt, à l'état pur, pour faire des aspersions hygiéniques, et, tantôt, étendue d'eau, pour faire des lotions, des injections, des gargarismes, etc., contre les plaies gangreneuses ou cancéreuses, la gale, les affections cutanées, etc., ainsi que pour dissimuler la mauvaise haleine.

HYPNOTISME. — On a donné ce nom à un procédé thérapeutique qui permet de provoquer, à volonté, chez l'homme, un état de sommeil caractérisé particulièrement par la catalepsie des membres, l'anesthésie de la peau et la surexcitabilité du sens de l'ouïe. Pour produire ces effets, il suffit de faire regarder fixement à une personne, des deux yeux à la fois et de manière à loucher en dedans, un objet brillant d'un très-petit volume, que l'on maintient, pendant quatre ou cinq minutes, sur la ligne médiane, à vingt ou vingt-cinq centimètres de distance du visage, vis-à-vis de la racine du nez. L'Hypnotisme, qu'on appelle aussi *sommeil nerveux,* a été observé, pour la première fois, par le docteur anglais Braid, en 1843. Le mémoire que ce médecin publia à cette occasion, fit beaucoup de bruit en Angleterre et aux États-Unis, mais il n'excita, en France, l'attention de personne. Toutefois, les docteurs Littré et Robin crurent devoir consacrer quelques lignes à l'état hypnotique dans leur édition du dictionnaire de Nysten, qui parut en 1855. Vers la même époque, le docteur Azam, médecin adjoint à l'hospice des aliénés de Bordeaux, ayant vu des charlatans produire sur des poules des phénomènes analogues à ceux qu'avait décrits le docteur anglais, entreprit de vérifier les expériences de ce dernier, et obtint le succès le plus complet. Enfin, dans un voyage qu'il fit à Paris à la fin de 1859, il communiqua le résultat de ses expériences au docteur Broca. Celui-ci crut voir dans le sommeil cataleptique provoqué par un moyen si simple, une manière nouvelle de suspendre la sensibilité pendant les opérations chirurgicales, et il se livra à des essais qui réussirent complétement, et qui furent communiqués à l'Institut dans la séance du 5 décembre. On crut alors que l'art chirurgical venaît d'être doté d'un procédé anesthésique destiné, par sa simplicité, à remplacer l'emploi de l'Éther et du Chloroforme, mais la pratique ne tarda pas à faire reconnaître que si l'existence de l'Hypnotisme ne saurait être contestée, ce procédé ne peut que dans des cas très-rares abolir suffisamment la douleur pour que la chirurgie puisse en tirer un parti utile.

HYPOCARDE. — Sous ce nom, M. Joran, directeur d'une filature à Colmar, a inventé, en 1855, une espèce de Carde qui, tout en faisant disparaître divers inconvénients reprochés aux Cardes ordinaires, aurait encore l'avantage de procurer une économie de main-d'œuvre très-considérable.

HYPOCAUSTE. — Voyez CHAUFFAGE.

HYPOTÉNUSE. — Voyez GÉOMÉTRIE.

HYPSOMÉTRIE. — Partie de la physique qui s'occupe de la mesure des hauteurs. Pour apprécier l'élévation d'un point quelconque au-dessus de la mer, on a eu d'abord recours à des opérations trigonométriques, mais, outre sa longueur et ses difficultés pratiques, ce procédé exige des connaissances spéciales que tout le monde ne peut posséder. La méthode généralement usitée aujourd'hui est fondée sur l'emploi du Baromètre, et date de l'origine même de cet instrument, c'est-à-dire du XVIIe siècle. En effet, les premières expériences barométriques ayant appris que le mercure baisse à mesure qu'on s'élève dans l'atmosphère, on conclut aussitôt de ce fait que l'on pourrait, pour mesurer les hauteurs, substituer les observations du Baromètre aux opérations trigonométriques. Descartes et, après lui, Pascal furent les premiers qui eurent cette idée. Toutefois, l'opération se trouva beaucoup moins simple qu'on ne le supposait alors, à cause des éléments variés qui affectent la densité des couches atmosphériques. « Plus tard, Halley d'abord et Newton ensuite établirent une formule de calcul qui fut aussitôt adoptée par la science, mais qui avait le défaut de supposer que la pesanteur de l'air est la même dans toutes les couches comprises entre les deux stations, et que la densité de ces couches ne varie que par l'effet de la compression. Or l'expérience prouve que la température diminue progressivement à mesure qu'on s'élève dans l'atmosphère, circonstance qui affecte aussi la densité et à laquelle personne n'avait songé avant Dominique Bernouilli. Un grand nombre d'observateurs ont cherché à perfectionner cette formule, en comparant les résultats qu'elle donne avec ceux fournis par les mesures trigonométriques. Il suffira de citer Charles Pictet, de Saussure, Ramond, Bouguer, surtout Deluc, qui proposa, vers 1760, la règle, longtemps célèbre, qui porte son nom, et dans laquelle il a cherché le premier à tenir compte des différences de température. Cette règle est abandonnée, depuis que Laplace a calculé une formule générale où il est tenu compte de toutes les causes qui peuvent modifier les densités des couches atmosphériques. »

I

ICONOGRAPHIE. — L'*Iconographie* et l'*Iconologie* sont les branches de l'Archéologie qui s'occupent de l'histoire et de l'explication des monuments peints, gravés ou sculptés. Ces deux sciences n'ont commencé à être méthodiquement cultivées qu'au XVIe siècle, et l'on cite Michel-Ange et l'antiquaire romain Orsini parmi les premiers qui en ont fait l'objet de leurs études. Depuis cette époque, elles ont, l'une et l'autre, donné lieu à un très-grand nombre de recherches, mais, pendant plus de trois cents ans, on s'est exclusivement occupé des produits de l'art païen. L'Iconographie chrétienne date à peine de 1830 ; ses premiers progrès sérieux ne sont même pas antérieurs à 1840 : elle est surtout redevable de l'état où elle est parvenue de nos jours aux travaux de MM. Guénebault et Adolphe Didron, des pères jésuites Arthur Martin et Cahier, et de l'abbé Crosnier. — En 1796, le peintre Redouté donna le nom d'*Iconographie* à un procédé d'Impression en couleur qu'il avait inventé pour faciliter la publication de ses œuvres.

ICONOSTASE. — Dans les premiers temps de l'Église, il était d'usage de fermer la vue du sanctuaire aux fidèles pendant une partie de l'office divin. Les Occidentaux se servaient pour cela de draperies suspendues au-dessus de la balustrade qui séparait le chœur de la nef, et les Orientaux d'une sorte de cloison en planches qu'ils appelaient *Iconostase*, parce qu'elle était ornée d'images pieuses. Cette coutume a disparu depuis très-longtemps dans l'Église latine, mais elle s'est toujours maintenue dans l'Église grecque.

ICONOSTROPHE.—Instrument d'optique qui a la propriété de faire voir les objets renversés. Il a été inventé, en 1793, par le peintre Jean-Jacques Bachelier, qui le destinait aux graveurs et aux dessinateurs obligés de copier à contre-sens de l'original. C'était un petit prisme de cristal ajusté sur une monture de bésicles et se mettant sur le nez comme des lunettes ordinaires.

IDÉOGRAPHIQUE (*Écriture*). — Voyez ÉCRITURE.

IF. — L'If croît naturellement dans les parties tempérées et un peu froides de l'hémisphère boréal, dans l'ancien continent aussi bien que dans le nouveau. De tout temps, il a joué un rôle important à cause de l'abondance de son feuillage, qui est persistant, et de la facilité avec laquelle il se prête à la tonte. L'art de le tailler était déjà très-avancé chez les Romains, qui en faisaient des palissades, des vases, des colonnes et des portiques; mais il atteignit son apogée au XVIIe et au XVIIIe siècle, en France, en Angleterre, en Allemagne et dans les autres parties de l'Europe, quand la mode des jardins dits *à la française* fut dans toute sa fureur. On s'en servit alors pour exécuter une espèce de sculpture végétale parfois très-compliquée. Parmi les curiosités que les artistes de ce temps imaginèrent, on cite un parc dans lequel des Ifs taillés représentaient une chasse tout entière. Ce qui rend encore l'If précieux pour la décoration des jardins, c'est l'énorme longévité à laquelle il peut arriver. Il en existe un à Fotheringall, en Écosse, qui n'a pas moins de 5 mètres 48 centim. de diamètre et dont l'âge doit être d'environ 2,700 ans. En 1660, on en montrait un

autre à Braburn, dans le comté de Kent, qui était encore plus âgé : il avait 6 mètres 10 centim. de diamètre et datait de 3,000 ans au moins.

IGNAME. — Les *Ignames*, ou *Dioscorées*, sont originaires, les unes de l'Amérique et les autres de l'Asie, où on les cultive en grand à cause de leur tubercule alimentaire. L'espèce la plus répandue est l'*Igname ailée*, appelée vulgairement *Yam* ou *Inham*, d'où est venu le mot français *Igname*, dont la culture est générale dans toute l'Asie équatoriale et dans les îles de l'archipel Indien et de l'Océanie. Une autre espèce, l'*Igname Batate*, est surtout cultivée dans le nord de la Chine : c'est celle qui a été introduite en France, par M. de Montigny, en 1849. D'abord cultivée au Muséum d'histoire naturelle de Paris, par les soins du botaniste Decaisne, cette plante est ensuite arrivée entre les mains de plusieurs horticulteurs qui en ont fait l'objet d'une exploitation très-étendue et très-productive. Elle figure déjà communément sur nos principaux marchés. Une autre espèce, l'*Igname du Japon*, a été importée un peu plus tard, mais elle n'a pas encore été l'objet d'essais bien importants.

ILIAQUE (*Table*). — Fragment de bas-relief en stuc, qui a été découvert, au XVIIe siècle, dans les ruines d'un temple, sur la voie Appienne, et qui a été ainsi nommé parce qu'on y voit représentés les principaux événements de la guerre de Troie ou Ilion. Ce monument est conservé à Rome, dans le musée Capitolin. Il paraît avoir été publié, pour la première fois, par Beger, dans l'ouvrage intitulé : *Bellum et excidium Trojæ*, Berlin, 1669. On suppose que les professeurs romains s'en servaient pour mieux faire comprendre à leurs élèves les événements racontés par Homère.

ILLUSTRÉS (*Livres*). — Voyez LIVRE et MINIATURE.

ILMÉNIUM. — Corps simple métallique qui a été découvert, en 1846, par le chimiste allemand Hermann, dans certains minéraux du mont Ilmen, en Russie, d'où son nom. Il est encore peu connu et sans usages.

IMMORTELLE. — On croit que cette plante est originaire de l'île de Crète, et que son introduction dans l'Europe occidentale a eu lieu en 1629. Jusqu'en

1815, l'Immortelle a été simplement considérée comme un objet d'ornement. Depuis cette époque, on la cultive industriellement sur une assez grande échelle, à cause de ses fleurs, qui sont employées, soit dans leur état naturel, soit teintes en rouge, en vert, en noir, etc., pour faire des bouquets et des couronnes. En France, le centre de cette culture se trouve dans le département du Var.

IMPERMÉABILISATION DES TISSUS. — La fabrication des *Tissus imperméables*, c'est-à-dire non susceptibles d'être mouillés par l'eau, ne paraît pas remonter au delà des premières années du dernier siècle, mais ce n'est que depuis les développements de l'industrie du Caoutchouc qu'elle a pu être organisée sur une grande échelle. En 1713, Réaumur annonça qu'il serait possible d'obtenir des résultats satisfaisants en appliquant sur les étoffes une couche de quelque matière gommeuse. Plus tard, en 1784, un M. Motelay composa un vernis qui, disait-il, répondait à tous les besoins, et convenait aux toiles de chanvre et de lin aussi bien qu'aux lainages et aux soieries. D'autres inventions du même genre eurent lieu par la suite, mais on ne put en tirer parti que pour préparer de grossiers tissus propres à recouvrir les voitures et les ballots. Les étoffes imperméables pour la confection des vêtements ne devinrent véritablement possibles que lorsqu'on imagina de les enduire de Caoutchouc. Ce fut un nommé Besson qui, en 1790, fit les premiers essais dans cette nouvelle voie. Il fut imité par Durand, en 1798, et Champion, en 1810, et probablement par quelques autres, mais aucun de ces expérimentateurs ne put obtenir des résultats satisfaisants, parce qu'on n'avait pas encore appris à travailler convenablement la substance imperméabilisatrice. Ce furent les anglais Thomas Hancock et Charles Mac-Intosh qui, en 1820, réussirent à résoudre le problème, et leurs procédés furent introduits en France, en 1830, par MM. Rattier et Guibal. Depuis cette époque, les vêtements rendus imperméables au moyen du Caoutchouc sont devenus d'un usage général : toutefois, ils ont le défaut de ne pas être perméables aux gaz et à la transpiration, ce qui peut, dans certaines circonstances,

donner lieu à de graves accidents. C'est pour remédier à cet inconvénient que l'on a, de nos jours, cherché de nouveaux moyens d'imperméabilisation. Le procédé qui, jusqu'à présent, paraît présenter les conditions les plus convenables est celui qui a été inventé, en 1856, par le chimiste Thieux, de Marseille, et qui consiste à plonger les tissus dans une solution d'acétate d'alumine et à les soumettre ensuite à l'exposition de l'air pendant quelques jours. Dans les premiers mois de 1861, les américains Barnwell et Wollaston ont imaginé d'imperméabiliser les étoffes en les recouvrant d'une légère couche de collodion dissous dans une huile végétale. Ce procédé semble donner des produits impénétrables à l'eau, mais on ne les a pas suffisamment expérimentés pour savoir s'ils laissent ou non passer la transpiration. Parmi les autres industriels qui, à notre époque, se sont spécialement occupés de l'imperméabilisation des tissus, il faut citer M. Gagin, de Paris, qui a créé, en 1836, une fabrique très-importante de toiles caoutchouquées destinées à mettre les marchandises à l'abri, et à faire des tentes de campement et des couvertures de voitures. En 1854, un autre industriel parisien, M. Fritz-Sollier, a produit des résultats non moins remarquables en se servant d'un enduit formé d'huile de lin lithargyrée traitée par l'acide azotique. Cet enduit, qui n'est autre que le Caoutchouc des huiles découvert, en 1846, par les chimistes Sacc et Jonas, est applicable, non-seulement à la préparation des toiles pour les couvertures et les emballages, mais encore à celle des cuirs de sellerie et des articles de voyage. On l'emploie aussi pour soustraire le bois, les pierres et les métaux à l'action des agents atmosphériques. Enfin, en 1840, les chimistes rouennais Louis Girardin et Bidard, ayant remarqué que l'on peut rendre les tissus imperméables à l'eau, en les trempant successivement et à diverses reprises dans des solutions d'alun et de savon, cette observation fut utilisée aussitôt par l'industrie et servit à créer un nouveau procédé d'imperméabilisation qui a été beaucoup amélioré, en 1859, par MM. Muzmann et Krakowiser.

IMPRESSION. — Action d'imprimer. Les procédés sont très-nombreux, mais quelques-uns seulement alimentent des industries importantes.

I. *Impression chimique sur Zinc* ou *Zincographie.* Ses premiers essais sont dus à Aloïs Senefelder, le créateur de la Lithographie. Vers 1818, cet inventeur reconnut que les métaux sont susceptibles de retenir les traces graisseuses et peuvent être disposés à repousser l'encre d'imprimerie quand on applique des acides ou des dissolutions de gomme sur leurs parties dégraissées. Il eut aussitôt l'idée de tirer parti de cette découverte pour remplacer les pierres lithographiques par des plaques de fer, d'étain ou de zinc, mais ses tentatives ne furent pas heureuses. M. Knecht, son associé, à Paris, et M. Joseph Trentscnsky, à Vienne, obtinrent des résultats plus satisfaisants. En imprimant lithographiquement sur des planches de zinc, ils produisirent, l'un et l'autre, en 1822, des épreuves d'une remarquable netteté. C'est donc à ces deux artistes que revient la réalisation pratique de la Zincographie. Depuis cette époque, de nouveaux procédés ont été imaginés dans presque toutes les parties de l'Europe. Un des plus ingénieux est connu sous le nom d'*Impression anastatique*, mais ce n'est à proprement parler qu'une méthode particulière de transport qui est surtout convenable pour faire des fac simile. Son invention, qui date de 1844, paraît due à M. Baldermns, lithographe à Berlin.

II. *Impression en Caractères.* — Voyez CARACTÈRES et TYPOGRAPHIE.

III. *Impression en couleurs* ou *Polychromie.* Elle consiste à imprimer des textes ou des dessins en plusieurs couleurs. Elle forme aujourd'hui deux branches distinctes, la *Chromotypie* et la *Chromolithographie.* On imprime aussi en couleur par les procédés de l'Autographie galvanoplastique. A ce genre d'impression appartient encore ce qu'on appelait anciennement la *Gravure en couleur.* Cette prétendue Gravure se faisait avec des planches gravées sur bois ou sur cuivre. Le système qui employait les bois gravés est quelquefois désigné sous le nom de *Gravure en camaïeu* ou *en clair-obscur.* Il avait pris naissance au XVIe siècle. Vasari en attribue l'invention à Ugo da Carpi, qui vivait en 1500, mais les plus anciennes

épreuves avec date certaine qui soient connues sont un *Saint-Christophe* et un *Amour et Vénus*, de Lucas Cranach, qui portent tous les deux le millésime 1506, tandis que la plus ancienne de l'artiste italien est de 1518. Le système qui se servait de planches de cuivre avait été créé, au XVIIe siècle, par deux artistes hollandais, le peintre Lastmann et le graveur Pierre Schenk, et par un ingénieur anglais, appelé Taylor, qui était alors au service du roi de Prusse. Toutefois, il ne produisit des résultats satisfaisants que dans le siècle suivant, lorsqu'il eut été perfectionné par les français Christophe Leblond, Robert et Gautier. C'est celle des deux méthodes qui a eu le plus de succès. On l'a fréquemment employée, pour l'exécution des planches d'histoire naturelle, jusqu'à l'invention de la Chromolithographie, qui l'a fait presque entièrement abandonner. Un de ses procédés, imaginé, en 1796, par le peintre Redouté, est connu, dans l'histoire des arts, sous le nom d'*Iconographie.* Voyez CHROMOLITHOGRAPHIE et CHROMOTYPIE.

IV. *Impression en filets typographiques.* — Voyez TYPOMÉTRIE.

V. *Impression à la Gélatine.* Elle consiste à imprimer, avec la même planche et en se servant de minces feuilles de Gélatine, des épreuves plus grandes ou plus petites que l'original. Ce genre a été inventé, à Paris, en 1818, par un peintre en miniature nommé Gonord, qui l'employait pour obtenir des réductions de dessins. Chaque épreuve étant imprimée à la manière ordinaire, cet artiste la plongeait dans de l'alcool parfaitement pur ; la Gélatine cédait à ce liquide une partie de l'eau qu'elle renfermait, et se contractait par suite de cette perte de substance. En répétant la même opération, Gonord arrivait, par plusieurs moulages successifs, à telle réduction qu'il voulait. L'Impression à la Gélatine n'est guère usitée que pour la décoration de la porcelaine et de la faïence. Avant 1840, M. Louis Colas, un des inventeurs de la Gravure mécanique, l'exécutait avec une telle perfection, qu'un cliché, petit in-folio du *Magasin pittoresque*, laissait encore lire les caractères sur les épreuves lorsque la réduction de la page était amenée à trois centimètres de hauteur.

VI. *Impression lithographique.* Voyez Lithographie.

VII. *Impression de la Musique.* Dans les premiers temps de l'Imprimerie, on laissait en blanc dans les livres la place destinée à recevoir les signes de la Musique, et l'on exécutait ces derniers à la main, après le tirage. Plus tard, on imagina d'imprimer la Musique, soit en taille-douce, soit typographiquement.

— 1° Le procédé d'*Impression en taille-douce* passe pour avoir été inventé en Italie, au commencement du XVIᵉ siècle ; le plus ancien de ses produits qui soit parvenu jusqu'à nous a été publié à Augsbourg, entre 1500 et 1515, par Erhard Oeglin, appelé en latin Ocellus.

— 2° L'*Impression typographique* date de 1490, comme le prouve le *Psautier* imprimé, cette même année, à Mayence. Le plain-chant de cet ouvrage a été exécuté au moyen de deux tirages, l'un pour les portées, qui sont en rouge, l'autre pour les notes, qui sont en noir, ces dernières gravées sur bois et intercalées dans le texte. Ce système fut d'un usage à peu près général pendant le XVIᵉ siècle, où il fut appliqué avec plus ou moins de succès, en Allemagne, par Froschawer, d'Augsbourg (1500), Nicolas Wollick, de Cologne (1502), etc.; en Italie, par Ottavio Petrucci, de Venise (1503); et, en France, par Pierre Hautin (1525) et Pierre Atteignant (1530), qui travaillaient tous les deux à Paris. En 1552, Adrien Leroy, maître de musique de Henri II, obtint, pour lui et pour son beau-frère Robert Ballard, le privilége d'exploiter exclusivement un procédé d'impression musicale, dû au graveur Guillaume Lebé et dans lequel les portées et les notes s'imprimaient séparément. En 1639, un autre artiste français, Jacques de Sanlecque, se fit accorder, par Louis XIII, un privilége semblable pour un système de son invention. Ces deux priviléges donnèrent lieu à une foule de tracasseries, à la suite desquelles l'Impression en taille-douce, jusqu'alors peu employée dans notre pays, fut adoptée par la plupart des imprimeurs et finit par supplanter l'Impression typographique. Toutefois, celle-ci continua à être cultivée à l'étranger. Un imprimeur allemand, Emmanuel Breitkopf, de Leipzig, réussit même, en 1754, à la doter de plusieurs perfectionnements remarquables. C'est à lui que l'on doit l'usage de former les notes de plusieurs parties mobiles, tandis que ses prédécesseurs les avaient faites d'un seul morceau. Cette innovation fut adoptée presque aussitôt par Enschédé, de Harlem, Cooper, de Londres, Rosart, de Bruxelles, etc. : Reinhart, de Strasbourg, Fournier jeune, de Paris, et quelques autres l'introduisirent dans notre pays. Depuis le commencement de ce siècle, l'Impression typographique de la Musique a reçu, tant en Allemagne qu'en France et en Angleterre, de très-nombreuses améliorations, et, en la combinant avec le Clichage, on a réussi à l'élever au rang d'une industrie assez importante. Toutefois, malgré les efforts des esprits ingénieux qui en ont fait l'objet de leurs études, et au premier rang desquels se placent les imprimeurs Sinclair, d'Édimbourg; Tauchnitz, Breitkopf et Hærtel, de Leipzig; et nos compatriotes Duverger, Cordel, Derriey, Curmer et Tantenstein, on n'a pu encore en obtenir des résultats satisfaisants que pour les tirages ordinaires et à très-grand nombre. On préfère toujours la Taille-douce et la Lithographie pour la musique de salon et les œuvres dont il faut peu d'exemplaires, parce qu'elles sont plus économiques et donnent des produits d'une plus grande beauté. Voyez Pyrosténéotypie.

VIII. *Impression naturelle* ou *Impression originale.* Elle a pour objet de fournir des planches gravées propres à l'impression, dont le dessin est fourni par les objets eux-mêmes. Les premiers essais de ce genre d'impression datent du XVIᵉ siècle, comme l'apprend le *Livre sur les arts* d'Alexis Pedemontanus, qui a été publié en 1572, et où l'on voit qu'on s'en servait alors pour former des copies de plantes. Au siècle suivant l'Impression naturelle fut cultivée avec beaucoup de soin par plusieurs artistes, principalement par le Danois Walkenstein. Enfin, au siècle dernier, l'Anglais Kirnhals et les Allemands Funke, Trampe, Henning, Scutter, etc., l'employèrent, sur une grande échelle, pour l'exécution de planches destinées à l'étude de la Botanique. Au commencement de ce siècle, M. Félix Abate, de Naples, obtint des résultats peut-être encore supérieurs à ceux de ses devanciers, au moyen d'un procédé de son invention qu'il appelait *Thermographie* ou art d'imprimer par la chaleur. Presque entièrement tombée en désuétude après la propagation de la Lithographie, l'Impression naturelle a été remise à la mode, depuis 1852, par MM. Aloys Auer, directeur de l'Imprimerie impériale de Vienne, et André Worring, prote de ce même établissement, et amenée, par ces deux artistes, grâce à l'intervention de la Galvanoplastie, au plus haut degré de perfection qu'elle semble pouvoir atteindre. Le procédé de ces inventeurs a reçu le nom d'*Autographie galvanoplastique :* il permet de reproduire, avec une vérité et une exactitude des plus parfaites, des objets de nature fort diverse, tels que des dentelles, des broderies au crochet, des fossiles, des fleurs, des feuilles d'arbres, même des plantes entières. En même temps que MM. Auer et Worring faisaient leurs recherches, le professeur Leydolt, également de Vienne, essayait d'autographier les minéraux par un procédé analogue, et il y réussit, du moins pour certains, au moyen d'une méthode qu'il appela *Minéralographie* et *Minéralotypie,* suivant que les planches étaient en creux ou en relief.

IX. *Impression en Or et Argent.* Elle date de l'origine même de la Typographie. Le plus ancien ouvrage à l'exécution duquel elle ait été employée, est l'*Euclide,* publié à Venise, par Érard Ratdolt, en 1482, et dont la dédicace est en lettres d'or. Ce genre d'Impression a reçu de nos jours une assez grande extension, mais on n'en a jamais fait usage en Typographie que pour les initiales, les titres et quelques passages de peu d'étendue. Toutefois, il existe quelques livres qui ont été imprimés exceptionnellement tout entiers en lettres d'or. Le plus volumineux a été exécuté à Dresde, en 1734, dans les ateliers de Nicolas Gerlachen : c'est un in-octavo de 920 pages.

X. *Impression des Tissus.* Dans le principe, on exécutait les dessins sur les étoffes au moyen du pinceau : c'est même ainsi qu'on procède encore dans plusieurs parties de l'Asie. On obtient aujourd'hui le même résultat de cinq manières différentes : au *Bloc* ou à la *Planche,* à la *Planche plate,* au *Rouleau,*

à la *Perrotine* et au *Métier à surface.* — L'*Impression au bloc* consiste à produire les dessins à l'aide d'une planche gravée en relief, que l'on applique sur l'étoffe, à la main, après l'avoir trempée dans la couleur. Elle date de la fin du XVIIe siècle, mais on ignore le lieu et l'auteur de son invention. Elle fut d'abord uniquement employée dans les fabriques d'indiennes, mais elle ne tarda pas à être introduite dans celles de lainages et de soieries. — Le procédé de la *Planche plate* diffère surtout du précédent en ce que les dessins sont gravés en creux sur une plaque de cuivre et s'impriment avec une presse qui ressemble à celle dont on fait usage pour la multiplication des estampes en taille-douce. Il a été inventé vers 1766 ou 1768, on ne sait où ni par qui. Toutefois, quelques auteurs assurent qu'il a été employé, pour la première fois, vers 1770, par un Écossais appelé Bell. Quoi qu'il en soit, la rapidité de son exécution le fit adopter aussitôt par toutes les grandes manufactures. — L'*Impression au rouleau* a lieu au moyen d'une machine dont la partie caractéristique est un cylindre sur la surface duquel les dessins sont gravés en creux ou formés de petites lames de laiton. Il n'existe aucun renseignement positif sur la date, l'auteur et le lieu de son invention. Il paraît cependant qu'elle existait déjà en Angleterre au moins en 1785 ; seulement les machines qu'on employait alors n'avaient qu'un seul cylindre, et elles marchaient à l'aide de manivelles mues à bras. La découverte de ce système révolutionna l'Impression des tissus autant peut-être que la Mull-Jenny avait révolutionné le filage, et les mécaniciens anglais le dotèrent de bonne heure de nombreux perfectionnements. C'est la maison Oberkampf, de Jouy, qui, vers 1801, en a introduit l'usage dans notre pays. Pour rendre le travail plus prompt, on a construit de nos jours d'immenses machines à deux, trois, quatre, jusqu'à douze cylindres, qui impriment un égal nombre de couleurs et sont mises en mouvement par des machines à vapeur. — La *Perrotine* est une machine à planches plates qui imprime plusieurs couleurs, et qui a été imaginée pour remplacer économiquement le travail à la planche. Elle date de 1834 et porte le nom de son inventeur, M. Perrot, de Rouen. — Le *Métier à surface* est d'origine anglaise. Il a été inventé, il y a quelques années, pour appliquer les couleurs qui présentent des difficultés dans l'Impression au rouleau. Son emploi n'est guère bien répandu qu'en Angleterre.—La Gravure des dessins a éprouvé également de nombreuses modifications, mais c'est celle des rouleaux qui a le plus exercé le génie des artistes. Aujourd'hui, on exécute cette dernière de quatre manières principales : *au poinçon et au balancier*, système créé à Paris, en 1792, par les mécaniciens Gingembre et Fiesinger ; au *poinçon-molette*, à l'aide d'une machine inventée en Angleterre, vers 1800, par l'américain Perkins ; *à la molette roulante*, système aussi d'origine anglaise, et qui date de la même époque ; *à l'eau-forte* et *au burin*, au moyen d'un tour à guillocher dû au mécanicien anglais White. Outre ces trois derniers procédés de gravure, l'industrie des tissus imprimés doit aux Anglais presque tous les appareils destinés à préparer ou à compléter l'Impression proprement dite, mais c'est à nos chimistes qu'elle est redevable des progrès les plus remarquables qu'elle a faits dans l'art de préparer, de fixer et de combiner les couleurs.

IMPRIMERIE. — Voyez LITHOGRAPHIE, TAILLE-DOUCE et TYPOGRAPHIE.

IMPRIMURES. — C'est un des premiers procédés imaginés pour copier les dessins. Les figures semblables que présentent les peintures de l'ancienne Égypte et les vases peints improprement appelés étrusques, attestent sa haute antiquité. Il est d'ailleurs si simple qu'il a dû être employé chez tous les peuples et à toutes les époques. Les miniaturistes du moyen âge en ont fait généralement usage pour exécuter une grande partie des lettres ornées et des enroulements qu'offrent les manuscrits du VIIe au XVIe siècle.

IMPROVISATEUR MUSICAL. — Voyez COMPONIUM.

IMPROVISATIONS MUSICALES (*Enregistreur des*). — Voyez MUSICOGRAPHIE.

INCENDIE. — I. Les ravages du feu ont de tout temps attiré l'attention des hommes, et les ont engagés à la recherche de moyens propres à les arrêter. Le procédé le plus simple et probablement le plus ancien est celui qui consiste à jeter de l'*Eau* sur les objets enflammés. Toutefois, on finit par reconnaître qu'il est impuissant pour l'extinction des feux considérables, ce qui conduisit à l'idée d'augmenter son efficacité en ajoutant à l'eau quelque substance particulière. A Rome, sous les empereurs, au lieu d'eau pure, on se servait d'un mélange d'eau, d'argile et de vinaigre. Dans les temps modernes, c'est au dernier siècle que l'on a principalement étudié cette question. Un peu avant 1740, le chimiste Jean Fagot recommanda de délayer des cendres dans l'eau ou d'y ajouter de l'alun, du sulfate de fer, de la potasse, du sel de cuisine, de la craie ou de la chaux. En 1750, le pharmacien Nystroem, de Norkœping, fit la même recommandation, et ajouta aux matières déjà signalées la saumure de harengs, la lessive de cendres et l'argile bien séchée. En 1803, dans une lettre au chimiste Berthollet, le physicien hollandais Van Marum annonça que son compatriote Van Akem avait réussi à éteindre rapidement les feux les plus violents en faisant usage d'eau additionnée d'un mélange de sulfate de fer, de sulfate de zinc, de colcothar et d'argile. En 1805, Six, ingénieur attaché au corps des pompiers, à Paris, proposa d'alimenter les pompes avec de l'eau saturée de sel marin. En 1809, un journal scientifique conseilla l'usage d'une dissolution de potasse, procédé qui fut annoncé, en 1817, comme une invention nouvelle, par le capitaine anglais Manby. En 1818, un autre Anglais, M. John Moore, préconisa les heureux effets de l'eau additionnée d'argile ou de chaux éteinte. En 1830, le chevalier Origo, colonel des pompiers de Rome, fit une publication semblable pour l'eau alunée et tenant de l'argile en suspension. Enfin, M. Augustin Gaudin, en 1836, et le docteur Clanny, en 1843, ont proposé d'employer, le premier, l'eau chargée de chlorure de calcium, le second, une dissolution de sel ammoniac à raison de 28 grammes de ce sel par litre d'eau. Aucune des inventions qui précèdent n'est entrée dans la pratique. Au lieu de projeter l'eau à l'état liquide, on a aussi essayé d'en faire usage à l'état de *vapeur*. Ce procédé paraît avoir été appliqué, pour la première fois, en 1825. Il était à peu près oublié lorsque le docteur Dujardin, de Lille, l'a fait revivre, en 1837. Les nombreuses expériences en auxquelles il a été soumis depuis cette époque, en ont démontré l'efficacité, mais il n'est applicable que dans les édifices qui possèdent une Machine à vapeur. Le gaz *acide carbonique*, proposé, vers 1835, par l'anglais Reid, produit également de bons effets. Toutefois, son emploi présente des inconvénients qui n'en ont pas encore permis l'adoption. A diverses époques, principalement au dernier siècle (1722, 1725, 1759, 1771, 1781), on a proposé d'éteindre les incendies au moyen de projectiles creux et de poudres dites *anti-incendiaires* : aucune de ces inventions n'a pu entrer dans la pratique.

II. Aujourd'hui, comme autrefois, c'est avec l'eau pure que l'on attaque universellement les incendies. Dans le principe, on s'est contenté de lancer ce liquide à la main, mais aussitôt que les arts mécaniques ont eu fait des progrès, on s'est servi de pompes d'une construction particulière et appelées pour ce motif *Pompes à incendie*. Il existait déjà des appareils de ce genre, à Rome et à Byzance, au plus tard au VIIᵉ siècle, car il en est question dans le code rédigé, en 630, sous le nom de *Digeste*, par ordre de l'empereur Justinien. Comme celles de nos jours, les Pompes de ces temps reculés se composaient de deux cylindres verticaux disposés de manière à fournir un jet continu. Enfin, leur manœuvre était confiée à un corps de troupes analogue à celui des *Pompiers* modernes. Oublié pendant le moyen âge, l'usage des Pompes à incendie ne reparut que dans le commencement du XVIᵉ siècle. Il en est fait mention, pour la première fois, en 1518, dans un compte de dépenses de la municipalité d'Augsbourg. Les Pompes que cette ville possédait alors avaient été construites par un mécanicien de Friedberg, nommé Antoine Blatner; elles étaient grossières, mais on ne tarda pas à les améliorer. Vers 1658, Jean Hautsch imagina de rendre la *lance mobile*, ce qui permit de diriger le jet dans tous les sens. En 1672, Jean et Nicolas Van der Heyden inventèrent le *tuyau flexible* à une des extrémités duquel cette lance est fixée. Enfin, en 1720, Jacques Leupold réalisa le *réservoir d'air* qui sert à régulariser la sortie du liquide. A mesure que ces perfectionnements se produisirent, l'emploi des Pompes se répandit en Allemagne, dans les Pays-Bas, en Angleterre et dans les autres parties de l'Europe. C'est au mois d'octobre 1699 qu'il fut officiellement introduit à Paris. Les premières Pompes qui fonctionnèrent dans cette ville furent construites par un sieur Dumouriez-Duperrier, d'après un modèle arrivé de Hollande. Il paraît qu'elles servirent, pour la première fois, en 1705. Depuis le commencement de ce siècle, les Pompes à incendie ont été, dans tous les pays, l'objet d'une multitude d'améliorations de détail. Parmi ceux de nos compatriotes qui ont le plus contribué à les amener au point de perfection où elles sont parvenues, il suffira de citer les constructeurs parisiens Letestu, Flaud, Guérin, Harmois, Vasselle, Romain Thirion, etc., et MM. Auger, de Beauvais, Debausseaux, d'Amiens, Charles Kress, de Colmar, etc., qui ont tous obtenu de hautes récompenses aux Expositions de l'industrie. Outre les Pompes ordinaires, qui sont mues à bras, on en fait aussi qui sont mises en mouvement par une Locomobile, mais ces dernières ne sont guère encore usitées qu'en Angleterre et aux États-Unis.

III. On a inventé une foule d'appareils propres à faciliter le sauvetage des personnes ou à pénétrer dans les lieux incendiés. Pour obtenir le premier résultat, on se sert habituellement d'échelles diversement disposées et de sacs en forte toile, qui, fixés aux étages supérieurs des bâtiments, reçoivent les habitants de ces derniers et les conduisent en lieu de sûreté. Pour obtenir le second, on fait usage de vêtements particuliers qui permettent d'attaquer de très-près les foyers les plus ardents sans être incommodé par les flammes et par la fumée. On a également construit des instruments destinés à signaler rapidement les incendies. Voyez ALDINI, BLOUSE CONTRE L'ASPHYXIE, CHEMINÉE, INCOMBUSTIBILITÉ, TOILES MÉTALLIQUES, THERMO-INDICATEUR, TOPOSCOPE, TUBES RESPIRATOIRES, etc.

INCINÉRATION DES MORTS. — Voyez INHUMATION.

INCLINAISON DE L'AIGUILLE AIMANTÉE. — Elle a été découverte, en 1576, par Robert Norman, constructeur d'instruments de physique à Londres. Jusque-là on avait supposé que l'Aiguille devait être horizontale, et lorsqu'en Europe on voyait son pôle austral s'abaisser, on se contentait d'admettre que le centre de gravité était mal déterminé. Robert Norman, observateur plus ingénieux et plus précis qu'on ne l'était alors, mesura le contrepoids qu'il fallait ajouter, et fut ainsi conduit à une des plus importantes découvertes du Magnétisme. Voyez BOUSSOLE, DÉCLINAISON et MAGNÉTISME.

INCOMBUSTIBILITÉ. — On a essayé à diverses époques de soumettre les matières combustibles à des préparations particulières ayant pour objet de les empêcher, non pas de brûler, comme on le croit vulgairement, mais de s'enflammer, et, par conséquent, de communiquer le feu aux objets voisins. Les anciens savaient déjà que l'on obtient ce résultat en recouvrant les substances ligneuses de sels alcalins et alumineux, puisque, suivant Plutarque, au siége d'Athènes par Sylla, les soldats romains ne purent incendier une tour de bois parce que le gouverneur de la ville l'avait fait enduire d'alun. Après cet écrivain, il n'est plus question, dans les textes, de procédés d'Incombustibilité, jusqu'à l'époque où la chimie moderne commença à faire de grands progrès. En 1740, le chimiste Jean Fagot, membre de l'Académie des Sciences de Stockholm, annonça qu'on pouvait rendre les charpentes ininflammables en les imprégnant d'une dissolution d'alun, de sulfate de fer ou de quelque autre sel astringent. En 1744, Stalberg recommanda le même moyen, et il fut imité aussitôt par d'autres savants. En 1786, Arfird expérimenta avec succès le phosphate d'ammoniaque sur des bois et des tissus, et Brugnatelli réussit à rendre le papier incombustible en le trempant dans une dissolution de sulfate d'alumine, de sulfate de soude ou de sulfate de potasse, ou bien de muriate de potasse, ou encore d'oxyde de silicium. En 1820, M. Gay-Lussac, reprenant les recherches de ses devanciers, proposa d'imprégner les bois, les tissus et le papier, soit avec le phosphate et le borate d'ammoniaque, soit avec un mélange en parties égales de phosphate d'ammoniaque et de sel am-

moniac, ou de borate de soude et de sel ammoniac. En 1821, aux substances déjà connues, Hemptine ajouta le muriate de chaux, qu'il appela *antiflamme*, ainsi que le sulfate de zinc et le carbonate de potasse. En 1825, le chimiste bavarois Fuchs signala les bons effets du Verre soluble. En 1841, M. de Breza recommanda un mélange d'alun, de sulfate d'ammoniaque et d'acide borique, qu'il faisait dissoudre dans de l'eau additionnée de gélatine et d'empois. En 1843, M. Morin, de Genève, indiqua l'oxyde de zinc. Depuis cette époque, l'ingénieur belge Henri Masson a obtenu de bons résultats avec le chlorure de calcium; l'anglais Verzmann, avec le tungstate de soude; et l'ingénieur civil français Carteron, avec un mélange de son invention, appelé *carteronine*, dont la composition a été tenue secrète, mais qui n'est vraisemblablement, sous un nom nouveau, qu'une des préparations précédemment usitées. Ce sont les mélanges indiqués par MM. Gay-Lussac, de Breza et Carteron qui, jusqu'à présent, paraissent avoir produit les meilleurs effets. Dans tous les cas, il est important de remarquer que l'emploi des agents incombustibles ne préserve pas indéfiniment les tissus et les bois, quand ils sont exposés à la pluie : on est obligé de renouveler l'imprégnation de temps en temps. La même précaution est encore indispensable quand les tissus sont exposés à être froissés ou pliés fréquemment.

INCRUSTATIONS. — Toutes les eaux renferment des substances salines qui, en se déposant peu à peu, produisent dans les tuyaux de conduite en fonte et dans les chaudières à vapeur, des croûtes ou incrustations épaisses capables de les mettre promptement hors de service. On a proposé divers moyens pour enlever ces incrustations quand elles sont formées, ou pour les empêcher de se former. M. Mary, ingénieur des eaux de la ville de Paris, a résolu, le premier, ce double problème pour les tuyaux de conduite. Il détache les incrustations en faisant rouler dans les tuyaux une boule de fer garnie d'aspérités, et il prévient leur formation, soit en immergeant les tuyaux, avant leur pose, dans un mélange de cire jaune et d'huile de lin lithargyrée porté à une température de plus de 100 degrés, soit en remplaçant les tuyaux de fonte par des tuyaux de verre ou de terre cuite. Quant aux chaudières à vapeur, on a d'abord essayé de détacher les incrustations à coups de burin, ou de les dissoudre au moyen de l'acide chlorhydrique, mais ces deux méthodes n'ayant pas donné des résultats bien satisfaisants, on a fini par y renoncer. Plusieurs inventeurs se sont alors appliqués à empêcher les dépôts de se produire. Une multitude de procédés ont été imaginés à ce sujet. Un des plus simples et des plus répandus consiste à mettre dans la chaudière une certaine quantité de pommes de terre : il est dû à un chauffeur anglais dont le nom n'est pas connu. Parmi les autres substances dont on a recommandé l'usage, les plus efficaces sont les carbonates alcalins de soude et de potasse, qui ont été proposés, en 1839, par M. Kuhlmann, de Lille, et la décoction de tan ou de bois de campêche, qui a été signalée, à la même époque, par MM. Kurtz et Néron. D'autres constructeurs ont entrepris de résoudre le problème en suivant une autre voie : ils ont cherché à forcer les incrustations à se réunir sur certains points déterminés, d'où il est alors facile de les enlever. M. Duméry est arrivé à ce résultat au moyen d'un appareil très-simple qu'il a nommé *Déjecteur*. Cet appareil consiste en un tube disposé de manière à donner lieu à une circulation continue de l'eau de la chaudière dans un second tube latéral terminé à sa partie inférieure par une capacité, dans laquelle les matières terreuses et incrustantes viennent se réunir à l'état de boue, et d'où on les extrait à des intervalles convenables. Un autre appareil, dû à M. Wagner, qui l'a appelé *Hydratmo-purificateur*, fonctionne aussi parfaitement. Il est construit de telle sorte que les substances incrustantes se déposent sur des plaques, qui peuvent être enlevées toutes ensemble et remplacées par d'autres quand ces substances y ont acquis une certaine épaisseur.

INCUBATION ARTIFICIELLE. — L'art de faire éclore artificiellement les œufs paraît avoir pris naissance en Égypte, environ quatre cents ans avant notre ère, et, depuis cette époque, il a toujours

constitué une des branches principales de l'industrie de ce pays. Les Romains l'ont aussi connu, mais on ignore s'ils l'ont pratiqué. Quant aux peuples de l'Europe moderne, ils n'ont commencé à s'en occuper que vers la fin du xve siècle, et ce sont les Toscans qui, dit-on, ont donné le premier signal de ce progrès. Au siècle suivant, il existait déjà, en France, de petits *Couvoirs* portatifs que l'on chauffait avec une lampe et qui fonctionnaient assez régulièrement. Deux cents ans plus tard, le physicien Réaumur et plusieurs autres savants étudièrent avec soin les diverses questions qui se rattachent à l'Incubation artificielle, mais ce fut Bonnemain qui contribua le plus au développement de cet art : non-seulement, cet homme utile porta les procédés au point de haute perfection où ils sont parvenus de nos jours, mais il les pratiqua en grand, pour la première fois, et créa, à cet effet, un vaste établissement qui, dès 1777, fournit une partie des approvisionnements de Paris, mais qui ne put se maintenir à cause du prix élevé de la nourriture des jeunes poulets. Les essais du même genre qui ont eu lieu depuis, en Angleterre et aux États-Unis, ont échoué pour le même motif. Toutefois, si l'Incubation artificielle n'a pu réussir jusqu'à présent comme industrie spéciale, il a toujours été possible d'en obtenir des résultats satisfaisants en l'exploitant dans les ménages. On a imaginé pour cela un grand nombre d'appareils plus ou moins ingénieux, à la tête desquels se placent le *Caléfacteur-couvoir* d'Alexandre Lemare, qui date de 1822, et les *Couveuses artificielles* de MM. Sorel, W. Cantelo et Vallée, qui appartiennent à ces dernières années.

INCUNABLES. — Ce mot, qui n'est autre chose que le mot latin *incunabula* (berceau) francisé, sert à désigner les premiers produits de la Typographie. On fixe généralement leur nombre total à 1500 environ, et ils ont été exécutés depuis l'année 1420 jusqu'à l'année 1500, suivant les uns, et 1520, suivant les autres. Voyez DONAT, XYLOGRAPHIE, TYPOGRAPHIE, etc.

INDÉLÉBILE (*Encre*). — Voyez ENCRE.

INDIENNES. — On a donné ce nom aux Toiles peintes parce que l'art de les produire est originaire de l'Inde. Autrefois, on les appelait aussi *perses* ou *persiennes*, parce que le commerce d'Europe les tirait du pays de production par l'intermédiaire des caravanes de la Perse. Cette dénomination est réservée aujourd'hui à un genre particulier de ces tissus. Voyez IMPRESSION SUR TISSUS et TOILES PEINTES.

INDIGO. — Substance tinctoriale bleue qui est fournie par plusieurs plantes, vulgairement appelées *Indigotiers,* qui croissent naturellement dans les contrées chaudes de l'Asie, de l'Amérique et du nord-est de l'Afrique. L'Indigo a été employé de temps immémorial en Chine, dans l'Inde et au Japon. Les teinturiers de l'ancienne Égypte paraissent aussi l'avoir connu. Quant aux Grecs et aux Romains, ils en ont ignoré l'usage, car le produit appelé *indicum* par Pline et Dioscoride n'était qu'une composition obtenue avec le Pastel ou quelque coquillage. On croit généralement que l'Indigo a été introduit du Levant en Italie, au XIIᵉ ou au XIIIᵉ siècle, par des marchands juifs, mais il est plus probable qu'à cette époque les Arabes l'avaient apporté en Espagne, et que c'est de ce dernier pays qu'il pénétra dans les autres parties de l'Europe. Quoi qu'il en soit, ce ne fut qu'après la découverte du cap de Bonne-Espérance que l'usage de cette précieuse matière se répandit dans l'industrie européenne : ce fut, dit-on, le Portugais Odoardo Barbora qui, le premier, en apporta de l'Inde, par cette voie, en 1516. Toutefois, son usage rencontra, pendant très-longtemps, une vive opposition de la part des producteurs du Pastel. En France, cette opposition était encore très-puissante au commencement du dernier siècle : nos teinturiers n'obtinrent même qu'en 1737 la permission de l'employer à volonté. Dans le principe, l'Indigo fut exclusivement fourni par l'Inde, mais, depuis le XVIIᵉ siècle, l'Amérique et l'Égypte en envoient aussi des quantités considérables. A diverses époques, on a essayé d'acclimater les Indigotiers dans plusieurs parties de l'Europe, notamment à Malte, en Sicile, en Toscane, dans les Calabres, en Andalousie, en Allemagne et dans quelques-uns de nos départements méridionaux, mais ces essais ont prouvé que

leur culture est impossible dans nos climats. Toutefois, on espère être plus heureux en Algérie. L'Indigo vrai est fourni par les Indigotiers, mais, par analogie, on donne le même nom à une matière colorante bleue que l'on extrait de plusieurs autres plantes, telles que le Pastel et l'Eupatoire. Les chimistes modernes sont parvenus à isoler son principe colorant, qu'ils ont appelé *Indigotine.*

INDIQUE-FUITES. — Voyez FUITES DE GAZ.

INDISINE. — Matière colorante extraite de l'Aniline. Elle a été isolée, pour la première fois, en 1856, par le chimiste anglais Perkin, qui fit patenter, l'année suivante, son procédé de préparation. On l'emploie principalement pour obtenir sur la laine et la soie des pourpres, des violets et des lilas d'un éclat magnifique, mais qui se modifient rapidement à l'air et changent de ton. On l'appelle aussi *Violet d'aniline.*

INDUCTION. — Voyez ÉLECTRO-DYNAMIQUE.

INDUSTRIE(*Expositions de l'*). —Voyez EXPOSITION.

INFLEXION. — L'*Inflexion de la lumière* est la déviation qu'éprouvent les rayons lumineux quand ils rasent la surface des corps opaques. Le physicien Grimaldi, dont les travaux datent de 1660, est le premier qui en ait donné la théorie ; il l'attribuait à l'action réciproque des corps et de la lumière.

INHUMATION. — Depuis l'antiquité la plus reculée, on dépose dans le sein de la terre les cadavres humains afin de les soustraire à des profanations et à la rapacité des animaux carnivores, et de se mettre à l'abri des émanations putrides produites par leur décomposition. C'est à cet usage que l'on donne le nom d'*Inhumation.* Toutefois, on a trouvé, dans quelques pays, des coutumes particulières dont l'origine est assez difficile à expliquer. Ainsi, chez plusieurs anciens peuples, on jetait les cadavres dans des précipices ou on les abandonnait dans des vallées et des déserts. Chez d'autres, on les livrait au courant des fleuves ou aux vagues de la mer. Dans l'Inde, on ne les enterrait qu'après les avoir préalablement desséchés et enveloppés dans de riches étoffes. Ailleurs, on les réduisait en cendres, procédé qui a reçu de nos jours le nom de *Créma-tion* ou *Incinération*. En Égypte, on les embaumait avec soin, après quoi on les conservait dans les habitations particu-lières ou dans des édifices destinés à cet effet. Chez quelques peuplades de l'A-mérique, on pilait les ossements et l'on en mêlait la poudre aux boissons, ou bien on brûlait les corps entiers pour en introduire la cendre dans les ali-ments. En Europe, c'est le système de l'Inhumation, qui a généralement été usité. Toutefois, après l'avoir longtemps pratiqué, les Grecs le remplacèrent par celui de l'Incinération dont ils durent, dit-on, la connaissance aux Phrygiens, et qu'ils transmirent plus tard aux Ro-mains. Ces derniers l'appliquèrent à toutes les parties de la population, à l'exception des enfants morts avant la dentition, des personnes frappées de la foudre, et des membres de quelques grandes familles, pour lesquels on conserva l'ancien usage. Toutefois, le procédé de l'Inhumation reparut au IIIe siècle de notre ère, et, dès le règne de Constantin le Grand, il fut seul usité. Dans ces dernières années, no-tamment en 1856 et 1857, quelques es-prits, faisant revivre une idée émise en 1794 par un architecte parisien, ont proposé de rétablir l'Incinération, du moins dans les grandes villes, mais cette proposition a été repoussée, non-seulement parce qu'elle est en opposi-tion avec les mœurs actuelles, mais aussi à cause des difficultés insur-montables qu'elle rencontrerait dans la pratique.

INOCULATION. — C'est en introduisant artificiellement le virus variolique dans l'économie animale que l'on a d'abord cherché à combattre la petite vérole. Cette pratique médicale paraît dater du Xe siècle et avoir pris naissance à Bokhara, dans la Tartarie, d'où elle se répandit peu à peu, d'un côté, dans l'Inde et en Chine, par les caravanes ; de l'autre, à la Mecque, par les pèleri-nages musulmans, et de cette ville, en Égypte, dans la Barbarie et dans les autres parties de l'empire turc. L'Ino-culation était encore inconnue de l'Eu-rope chrétienne, lorsque, au mois de décembre 1713, le médecin grec Emma-nuel Timone, qui habitait Constantino-ple, en signala les heureux effets au docteur anglais Woodward. A la même époque, un autre médecin grec, appelé Jacques Pilarini, qui se trouvait aussi dans la capitale de la Turquie, consacra à l'apologie de l'Inoculation un petit traité, qui parut à Venise en 1715. En-fin, en 1717, lady Wortley Montague, femme de l'ambassadeur du roi d'An-gleterre près du sultan, ne craignit pas de faire inoculer son fils unique, et, à son retour à Londres, en 1720, elle dé-cida plusieurs grandes familles à suivre son exemple. Ces essais ayant complète-ment réussi, l'Inoculation devint géné-rale en Angleterre, d'où elle ne tarda pas à pénétrer sur le continent. En ce qui concerne la France, on connaissait déjà, en 1723, les résultats obtenus chez les Anglais, mais on n'osa faire des ex-périences que trente-un ans plus tard. Le premier enfant inoculé fut le fils unique de Turgot, alors ministre des requêtes, et le premier adulte le cheva-lier de Chastellux : ils furent opérés tous les deux au commencement de 1754. Enfin, en 1756, le duc d'Or-léans fit pratiquer l'opération sur ses deux enfants, et trois dames de la cour, la marquise de Villeroy et les comtesses Valle et de Forcalquier, donnèrent le signal à leur sexe. L'Inoculation fut dès lors acquise à notre pays, et les prati-ciens les plus distingués s'empressèrent de la répandre dans toutes les pro-vinces. L'invention de la Vaccine a fait aujourd'hui renoncer à son usage.

INJECTEUR-GIFFARD. — Appareil des-tiné à l'alimentation des chaudières à vapeur, et dont l'invention, qui date de 1859, est due à l'ingénieur-mécanicien français H. Giffard. Il diffère des autres appareils employés précédemment en ce qu'il supprime les pompes alimentaires, si faciles à se déranger, et qu'il se sert de la pression même de la vapeur pour introduire dans le générateur l'eau li-quide nécessaire à son entretien. La su-périorité de l'Injecteur est si incontes-table que l'emploi de cet appareil a déjà passé, d'une manière très-sérieuse, dans la pratique industrielle. Aussi, l'A-cadémie des Sciences a-t-elle cru de-voir, dès son apparition, décerner à son inventeur le prix de mécanique de fon-dation Monthyon.

INJECTION. — Voyez Bois et Embau-mement.

INSCRIPTIONS. — I. L'usage des *Inscriptions* remonte à une époque immémoriale, mais il a été beaucoup plus répandu chez les anciens que chez les modernes, parce que, avant l'invention de l'Imprimerie, il constituait le seul moyen que l'on possédât pour soustraire à la destruction les documents que l'on voulait conserver. Ainsi, non-seulement les peuples de l'antiquité en faisaient les diverses applications encore usitées aujourd'hui, mais ils s'en servaient également pour la publication des actes importants de l'autorité, même pour celle des lois. Pendant le moyen âge, les nations orientales, tirant un admirable parti des formes de leurs caractères graphiques, firent aussi, surtout dans les pays de langue arabe, avec les documents épigraphiques, des décorations monumentales de la plus grande beauté, et l'on sait que la plupart des ornements des édifices musulmans ne sont que de grandes Inscriptions dont les lettres joignent l'ampleur du trait à la majesté de l'enlacement. Le même usage a été à la mode, pendant longtemps, dans plusieurs parties de l'Europe chrétienne. Ainsi, en France, par exemple, au XIIIe siècle et au XIVe, les murs des salles des châteaux étaient souvent couverts de ballades amoureuses, de sentences morales, de cris de guerre, de devises et de pensées religieuses, qui, en se détachant en or ou en argent sur des fonds de couleurs variées, contribuaient singulièrement à leur décoration.

II. La société savante qui existe à Paris sous le nom d'*Académie des Inscriptions et Belles-lettres* a été fondée, en 1663, par le grand Colbert. On l'appela d'abord *Petite Académie*, et ses membres eurent pour fonctions spéciales de fournir des dessins pour les tapisseries du roi, de faire les devises des jetons du trésor, des bâtiments et de la marine, et de dresser ou d'examiner les plans de décoration destinés au palais de Versailles. Un peu plus tard, on la chargea de rédiger une histoire de Louis XIV par les médailles, et alors on lui donna le nom d'*Académie des Inscriptions et Médailles*. Sa dénomination actuelle date de 1716. C'est aussi vers cette époque qu'elle commença à s'occuper des travaux d'érudition qui lui ont valu la célébrité dont elle jouit dans toute l'Europe. L'Académie fut supprimée en 1793. A la création de l'Institut, en 1795, ses attributions furent confiées à diverses sections de la seconde et de la troisième classe, mais, en 1803, elle fut indirectement reconstituée sous le nom de *Classe d'histoire et de littérature anciennes.* Enfin, en 1816, cette nouvelle classe reprit son ancienne dénomination, et elle l'a toujours conservée depuis. Aujourd'hui, l'Académie des Inscriptions a pour objet l'étude de toutes les branches des sciences historiques, mais en s'attachant plus particulièrement à la philologie, à l'état des connaissances scientifiques et technologiques, et aux antiquités des peuples anciens et de ceux du moyen âge. Ses travaux antérieurs à la Révolution forment un recueil intitulé : *Histoire de l'Académie royale des inscriptions et belles-lettres, depuis son établissement jusqu'à présent* (1717), *avec les Mémoires de littérature des registres de cette Académie, depuis son renouvellement;* Paris, 1717-1808, 50 vol. in-4, plus un volume supplémentaire, publié par de l'Averdy, et deux volumes de tables. Depuis 1803, elle a fait paraître un *Rapport historique sur les progrès de l'histoire et de la littérature anciennes depuis* 1789, etc., rédigé par Dacier, Paris, 1810, in-4; et un recueil de *Mémoires*, dont le premier volume date de 1815, et qui se continue. L'Académie est, en outre, chargée de publier ou de continuer l'*Histoire littéraire de la France*, le *Recueil des historiens des croisades*, les *Ordonnances des rois de France*, le *Recueil des historiens des Gaules et de la France*, etc.

INSECTES TINCTORIAUX. — Voyez COCHENILLE et KERMÈS.

INSTITUT. — I. La Convention ayant, par un décret du 8 août 1793, supprimé toutes les Académies dotées ou patentées par l'État, s'occupa aussitôt de les réorganiser sur de nouvelles bases. En conséquence, la constitution de l'an III (1794) décréta qu'il y aurait un *Institut national* « chargé de recueillir les découvertes et de perfectionner les arts et les sciences », et la loi sur l'instruction publique, qui parut le 25 octobre de l'année suivante, disposa que cet Institut se composerait de trois classes, chacune partagée en plusieurs sections : 1re classe, *Sciences physiques et mathématiques*, 10 sections : Mathématiques, Arts mécaniques, Astronomie, Physique expérimentale, Chimie, Histoire naturelle et Minéralogie, Botanique et Physique générale, Anatomie et Zoologie, Médecine et Chirurgie, Économie rurale et Art Vétérinaire. 2e classe : *Sciences morales et politiques*, 6 sections : Analyse des sensations et des idées, Morale, Science sociale et Législation, Économie politique, Histoire, Géographie. 3e classe, *Littérature et Beaux-Arts*, 8 sections : Grammaire, Langues anciennes, Poésie, Antiquités et Monuments, Peinture, Sculpture, Architecture, Musique et Déclamation. L'Institut fut constitué au mois de décembre 1796 et officiellement installé le 11 avril 1797. Il exista, tel que la Convention l'avait organisé, jusqu'au 23 janvier 1803, époque à laquelle un arrêté des consuls supprima la classe des Sciences morales et remania les autres de manière à en former quatre : 1re classe, *Sciences physiques et mathématiques*, répondant à l'ancienne Académie des Sciences, et composée des mêmes sections que précédemment, plus une nouvelle pour la Géographie et la Navigation ; 2e classe, *Langue et Littérature françaises*, ayant les attributions de l'ancienne Académie française ; 3e classe, *Histoire et Littérature anciennes*, répondant à l'ancienne Académie des Inscriptions ; 4e classe, *Beaux-Arts*, composée de cinq sections, Peinture, Sculpture, Architecture, Gravure, Composition musicale. En 1811, l'Institut, qui, jusqu'alors, s'était successivement appelé *Institut national* (1796-1806), *Institut de France* (1806), et *Institut des Sciences, Lettres et Arts*. (1807-1811), prit le titre d'*Institut impérial*, qu'il conserva jusqu'en 1814, où il devint *Institut royal*. Le 21 mars 1816, une ordonnance de Louis XVIII modifia une troisième fois l'Institut. Elle lui laissa son nom et sa division en quatre classes, mais elle rendit chacune d'elles indépendante des autres, et leur appliqua les anciennes dénominations d'*Académie française*, *Académie des Inscriptions et Belles-Lettres*, *Académie des Sciences* et *Académie des Beaux-Arts*. Enfin, le 26 octobre 1832, une ordonnance de Louis-Philippe compléta le cadre de l'Institut en rétablissant la classe des Sciences morales et politiques, sous le nom d'*Académie des Sciences morales et politiques*. L'Institut proprement dit n'a donc existé que depuis le mois de décembre 1796 jusqu'au 21 mars 1816. Il a publié, dans cet intervalle, deux comptes rendus de ses travaux annuels, vingt-neuf volumes de Mémoires, et divers rapports sur l'état et le progrès des sciences, des lettres et des arts depuis 1789, etc. Voyez BEAUX-ARTS, FRANÇAISE, INSCRIPTIONS, SCIENCES, etc.

II. Pendant la campagne d'Égypte, le général en chef de l'armée française créa, sous le nom d'*Institut d'Égypte*, une société scientifique qui devait spécialement s'occuper : 1° des progrès et de la propagation des lumières dans le pays conquis ; 2° de la recherche, de l'étude et de la publication des faits naturels, industriels et historiques de ce pays. Ce corps savant tint sa première séance au Caire le 6 fructidor an VI (24 août 1798). Entre autres travaux, on lui doit la publication célèbre connue vulgairement sous le titre d'*Ouvrage de l'Expédition d'Égypte*, qui forme 10 volumes in-fol. de texte, et 12 recueils atlantiques renfermant 894 planches.

INSUBMERSIBLES (*Bateaux*). — Voyez BATEAU.

INTAILLE. — Voyez GLYPTIQUE.

INTÉGRAL (*Calcul*). — La méthode de calcul de ce nom est l'opposé du Calcul différentiel et consiste à trouver la quantité finie dont une quantité infiniment petite proposée est la différentielle. Le Calcul intégral est dû à Jacques Bernouilli, mais quelques-uns en attribuent l'invention à Leibnitz et à Newton.

INTERFÉRENCE. — Les physiciens appellent *Interférence de la lumière* l'action naturelle que deux rayons lumineux exercent l'un sur l'autre, et dont l'effet le plus curieux est l'extinction plus ou moins complète de leur lumière. Ce curieux phénomène a été observé, pour la première fois, en 1650, par le jésuite Grimaldi, mais c'est Thomas Young qui, le premier, en 1801, l'a mis dans tout son jour au moyen d'expériences précises, et l'a posé comme une conséquence immédiate du système des ondulations.

INTERSATIURA. — Voyez MARQUETERIE.

INVENTION (*Brevets d'*). — Les *Brevets*

16.

d'invention ont pour objet de garantir aux inventeurs l'exploitation exclusive, mais momentanée, des machines, procédés, substances, etc., qu'ils ont imaginés ou dont ils se prétendent les auteurs. Ils ont été créés, en Angleterre, en 1623, mais ils sont aujourd'hui en usage dans tous les pays industriels : dans quelques-uns, on les désigne sous le nom de *Patentes.* Leur établissement en France a eu lieu en vertu des lois du 7 janvier et du 25 mai 1791, qui ont été remplacées depuis par celle du 5 juillet 1844. On compte aujourd'hui par milliers les Brevets qui se prennent chaque année, mais il est à remarquer qu'il en est très-peu qui soient d'un intérêt capital, et, parmi les autres, la plupart sont absolument sans valeur. Avant le régime des Brevets d'invention, c'est en se faisant accorder des *priviléges* que les inventeurs pouvaient exploiter leurs créations.

IODE. — La substance de ce nom a été découverte, en 1811, par le salpêtrier parisien Bernard Courtois, qui la trouva dans la lessive de la soude de varechs. Signalée à l'Institut, à la fin de 1813, elle fut aussitôt étudiée par plusieurs chimistes, qui réussirent en très-peu de temps à déterminer sa nature et ses caractères. Ce fut l'un d'eux, l'illustre Gay-Lussac, qui lui donna le nom sous lequel elle a été toujours désignée depuis : il le tira d'un mot grec qui veut dire « violet » pour rappeler la couleur admirable de sa vapeur. Depuis une trentaine d'années, la présence de l'Iode a été reconnue dans plusieurs autres matières, notamment dans différents fucus marins, dans des eaux minérales sulfureuses, dans des mollusques et polypiers, dans des minerais de plomb et d'argent, et, enfin, dans des plantes terreuses, des eaux douces, jusque dans l'air atmosphérique. La découverte de l'Iode fait époque dans la science, à cause des applications utiles auxquelles elle a donné lieu. Le docteur Coindet, de Genève, ayant démontré, en 1819, que les éponges incinérées que l'on emploie pour traiter le goître, doivent leurs propriétés thérapeutiques à l'Iode qu'elles renferment, les préparations iodurées devinrent aussitôt d'un usage général pour combattre cette terrible affection. On s'en sert également aujourd'hui pour la guérison des scrofules, de la goutte, de la phthisie tuberculeuse, etc. En 1840, M. Dupasquier, de Lyon, a imaginé de doser le soufre des eaux minérales sulfureuses au moyen d'une solution alcoolique d'Iode, et, en 1853, le docteur américain Brainard a prouvé qu'une solution semblable est un contre-poison efficace contre le curare et la morsure des serpents à sonnettes. Dans l'industrie, on emploie quelquefois un des composés de l'Iode, l'*iodure de mercure,* pour obtenir des rouges écarlates. Dans les analyses chimiques, on tire journellement parti de l'Iode pour constater la présence de la fécule dans les mélanges où on l'a introduite dans une intention frauduleuse. Enfin, l'Iode constitue un des agents principaux de la Photographie.

IPÉCACUANHA. — Le médicament de ce nom est la racine de plusieurs plantes de la famille des Rubiacées, qui sont propres à l'Amérique méridionale. Il paraît avoir été apporté, presque simultanément, du Brésil en Portugal et du Pérou en Espagne, au commencement du XVIe siècle. Son introduction en France eut lieu en 1672, mais il ne commença à être fréquemment employé dans notre pays qu'à partir de 1686, époque à laquelle le docteur hollandais Adrien Hevelius, alors établi à Reims, le mit à la mode. Toutefois, on ignora sa nature véritable jusqu'en 1690, où Louis XIV en acheta le secret et le rendit public. L'Ipécacuanha est émétique et purgatif. Il doit ses propriétés à une substance particulière, l'*Émétine,* qui a été isolée, en 1817, pour la première fois, par les chimistes Pelletier et Magendie.

IRIDIUM. — Ce métal a été découvert, en 1803, par Descotils et Smithson-Tennant, dans les minerais de platine, où il se trouve, tantôt isolé, tantôt à l'état de combinaison. C'est le plus réfractaire de tous les métaux. Il pourrait, à cause de cette propriété remarquable, rendre de nombreux services dans les arts. Il n'a encore été employé que pour faire des bouts de plumes métalliques. C'est M. Mallat, de Paris, qui, le premier, en France, a eu, en 1843, l'idée de l'appliquer à cet usage.

ISTHME. — La nécessité d'abréger la durée des voyages maritimes a fait naître l'idée du percement des isthmes. Trois surtout ont vivement préoccupé les particuliers et les gouvernements, ceux de Corinthe, de Panama et de Suez.

I. L'*isthme de Corinthe* a une largeur de 5,900 mètres. Démétrius Poliorcète, Jules César, Caligula, Néron et plusieurs autres conçurent le projet de le couper pour que les navires pussent passer du golfe de Lépante dans celui d'Athènes, sans faire le tour de la Morée, mais Néron paraît être le seul qui ait tenté sérieusement l'entreprise. Par les ordres de ce prince, des ateliers furent ouverts aux deux extrémités à la fois, et les travaux poussés de part et d'autre avec une très-grande activité. On n'avait plus que 2,564 mètres de canal à exécuter, lorsque l'œuvre fut abandonnée parce que des géomètres égyptiens firent entendre à Néron que, s'il ouvrait l'isthme, les eaux du golfe de Lépante inonderaient le pays. La superstition vint d'ailleurs en aide à l'opinion égyptienne, qui n'était peut-être pas tout à fait désintéressée : le sang avait jailli sous la pioche, on avait entendu des lamentations, des fantômes s'étaient montrés aux ouvriers effrayés. La question du percement a été reprise dans ces dernières années, mais, jusqu'à présent, tout s'est borné à des nivellements.

II. Émise, dès 1520, par Fernand Cortez, l'idée d'une communication artificielle entre l'océan Atlantique et le Pacifique par l'*Isthme de Panama* fut reprise plus tard par plusieurs des vice-rois du Mexique, mais c'est à M. Alexandre de Humboldt que revient l'honneur d'avoir le premier, au commencement de ce siècle, abordé et traité d'une manière complète les questions qui se rattachent à ce grand travail. Depuis cette époque, une foule de projets ont été présentés aux divers gouvernements du pays, mais l'examen auquel on les a soumis a conduit à cette conclusion que, s'il est possible d'établir une jonction entre les deux Océans, cette communication ne pourrait exercer aucune influence sur le commerce général du monde, et que les bénéfices probables qu'on en retirerait s'élèveraient à peine à 11,400,000 francs, somme tout à fait disproportionnée avec l'immensité de l'entreprise. Enfin, il a été reconnu que la traversée rapide de l'isthme, intérêt tout américain, pouvait être obtenue plus économiquement par le tracé de bonnes routes ordinaires, ou mieux encore par le tracé de voies ferrées. Dès ce moment, des projets de chemins de fer ont succédé aux projets, mais jusqu'à présent un seul de ces projets a abouti. Depuis 1855, on passe en quelques heures d'un Océan à l'autre, au moyen d'une voie ferrée qui part d'Aspinwall, sur le golfe du Mexique, et aboutit à Panama, sur le Pacifique. Ce railway a été construit par des négociants de New-York et a coûté près de 33,000,000 de francs.

III. La question du percement de l'*Isthme de Suez* remonte à la plus haute antiquité, mais elle a successivement changé suivant les temps. Les Pharaons se proposèrent simplement de relier la mer Rouge à la vallée du Nil pour faciliter les relations entre l'Égypte et l'Arabie, et ils y réussirent en ouvrant un canal qui, entretenu avec soin par leurs successeurs, fut en activité jusqu'au VIII° siècle. Pendant l'occupation de l'Égypte, le général Bonaparte retrouva au nord de Suez les vestiges de cet ouvrage et chargea l'ingénieur Lepère de rédiger un mémoire sur la communication des deux mers. Cet ingénieur proposa de rétablir l'œuvre des anciens rois, avec des additions qui devaient en augmenter l'utilité, mais il n'osa pas demander la coupure directe de l'isthme entre Suez et Péluse, parce qu'il partageait l'erreur, répandue chez les anciens, que l'entreprise était inexécutable à cause de la différence de niveau des deux mers. Cette différence de niveau avait cependant été contredite par Strabon. A l'époque de la publication du travail de M. Lepère, Laplace et Fourier la nièrent de nouveau. Enfin, à la suite de nivellements exécutés par eux-mêmes, le major Chesney, en 1834, et des officiers anglais, en 1841, démontrèrent qu'elle n'existait pas. Dès ce moment, la question du percement de l'isthme fut mise en avant par M. Linant-Bey, ingénieur en chef du gouvernement égyptien, et, après de nombreuses opérations préparatoires, M. Ferdinand de Lesseps, ancien consul général de France au Caire, obtint, le 30 novembre 1854, du vice-roi Mohammed-Saïd, l'autorisation de constituer une compagnie pour l'exécution et l'exploitation du canal. Toutefois, l'opposition malveillante de l'Angleterre parvint à tout entraver pendant plusieurs années. Enfin, les travaux furent commencés le 25 avril 1859, et le canal fut inauguré le 17 novembre 1869. Le commerce maritime de l'Europe et de l'Asie s'est trouvé ainsi doté de la plus gigantesque ligne de navigation artificielle qui ait jamais été créée.

ITINÉRAIRES. — De tout temps, chez les peuples civilisés, on a compris l'importance des *Itinéraires*, ou *Routiers*, c'est-à-dire des ouvrages destinés à offrir le tableau des grands chemins d'un pays, ou même simplement à décrire la route parcourue par une armée ou par un voyageur. Comme les modernes, les anciens avaient deux espèces d'Itinéraires: les uns, peints, dessinés ou gravés, qui étaient de véritables cartes routières; les autres, écrits sur parchemin ou sur papyrus, qui ne donnaient ordinairement que les noms, l'ordre et la distance des lieux. Le plus célèbre Itinéraire que l'antiquité nous ait transmis est la célèbre *Table de Peutinger*. C'est une carte routière, qui paraît avoir été rédigée vers 230 après Jésus-Christ, et dont l'origine se rattache à un grand travail géodésique exécuté dans l'empire romain, de l'an 44 à l'an 19 avant notre ère. Toutefois, nous n'en possédons qu'une copie qui a été faite au XIII° siècle par un moine alsacien, et qui, composée primitivement de douze peaux de parchemin, n'en a plus aujourd'hui que onze, présentant une longueur totale de quatre pouces sur une hauteur de vingt et un pieds. En 1265, cette carte se trouvait dans une abbaye de Colmar. En 1439, elle était à Spire. En 1507, elle fut transportée à Worms. A cette dernière époque, elle fut vendue à Conrad Celtes Protuccius, professeur à Vienne, qui la légua en mourant à son ami Conrad Peutinger, dans la famille duquel elle resta jusqu'en 1714. Elle devint alors la propriété du libraire Paul Kuz, qui la céda, peu de temps après, au prince Eugène de Savoie, dont les collections furent réunies à la Bibliothèque de Vienne, en 1738. Depuis ce temps, elle est conservée dans ce dernier établissement. La Table de Peutinger a été publiée, pour la première fois, d'abord, partiellement, en 1591, par Marc Welser, d'après des cuivres gravés, après 1511, par les soins de Conrad Peutinger, puis, en entier, en 1598, par Jean Moret, d'après une réduction exécutée par Jean Moller, sous la surveillance du géographe Abraham Ortel ou Ortélius. Beaucoup plus tard, en 1753, un fac-similé de l'original fut édité à Vienne par François-Christophe de Scheyb, et ce sont les planches de ce dernier, corrigées par Valentin Vodnik et Frédéric de Bartch, qui ont servi, en 1824, pour faire la belle édition donnée par l'Académie royale de Bavière.

IVOIRE. — I. *Ivoire animal.* Il a été connu de tous les peuples de l'antiquité. Il est même probable que les premiers hommes qui purent se procurer des dents d'éléphant cherchèrent aussitôt à tirer parti de cette précieuse matière, mais, manquant d'outils convenables pour la travailler, ils ne durent d'abord utiliser que les parties naturellement forées : ils en firent de grossiers anneaux qu'ils portaient, comme c'est encore l'usage sur la côte orientale d'Afrique, enfilés aux bras et aux jambes. On a trouvé, dans les tombeaux de l'ancienne Égypte, ainsi que dans l'Inde et dans les contrées de l'extrême Asie, une multitude d'objets d'ivoire habilement sculptés qui remontent à une époque immémoriale. On sait aussi, par les Livres saints, que les Hébreux recherchaient l'Ivoire avec soin et qu'ils en décoraient leurs meubles, leurs instruments, jusqu'aux murs de leurs palais. En Europe, les Grecs furent, dit-on, les premiers qui employèrent cette substance. Suivant Heyne, ils en durent la connaissance à leurs rapports avec les peuples asiatiques, à l'époque de la guerre de Troie. Depuis cette époque, le travail de l'Ivoire n'a cessé de constituer, dans tous les pays civilisés, une branche industrielle très-importante qui comprend la fabrication d'une multitude d'objets d'utilité ou d'agrément, de formes et de dimensions variables à l'infini. Toutefois, aujourd'hui, cette industrie est circonscrite dans un petit nombre de localités. Ainsi, en France, par exemple, Dieppe a le monopole presque exclusif des pièces sculptées. Les importations d'Ivoire en Europe dépassent actuellement 525,000 kilogrammes, et l'on estime à une quantité égale la masse de celui qui est employé en Asie. L'Ivoire ayant le défaut de jaunir au contact de l'air, M. Spengler, de Copenhague, a reconnu, il y a une trentaine d'années, qu'il est possible de le soustraire à cette altération, en tenant les objets dans une cage de verre hermétiquement close. Il a aussi trouvé le moyen de lui rendre sa blancheur primitive quand il l'a perdue, en la brossant avec de la pierre-ponce délayée et le soumettant ensuite, encore humide et enfermé sous une cloche de verre, à l'action de la lumière solaire. D'autres inventeurs ont imaginé de teindre l'Ivoire de différentes couleurs en le plongeant dans des bains de nature appropriée. En le faisant séjourner dans une solution concentrée d'acide phosphorique pur, on est encore parvenu à le rendre translucide et aussi flexible que du cuir fort, ce qui a permis d'en multiplier l'emploi. Enfin, en 1843, M. Thomas Alessandri, de Paris, a réussi, au moyen d'une machine de son invention, à dérouler l'ivoire, quelle que soit la conformation de la dent, de manière à obtenir des feuilles légères d'une grande dimension qui ont

trouvé aussitôt d'utiles applications.

II. *Ivoire végétal*. Depuis une quinzaine d'années, on remplace souvent l'Ivoire animal par une matière éburnacée d'une grande blancheur, qu'on appelle *Ivoire végétal* ou *Corozo*. Cette matière n'est autre chose que la partie intérieure des graines d'un arbrisseau des forêts de l'Amérique méridionale, le *Phytelephas macrocarpa*, graines désignées vulgairement sous les noms plus ou moins impropres de *Noix de tagua*, *Noix de palmier*, *Marrons* et *Noix de coco*. Le Corozo se travaille parfaitement au tour et reçoit très-facilement les colorations les plus variées. On en fabrique une foule d'objets élégants, que l'on pourrait livrer à très-bas prix, mais que l'on fait généralement payer fort cher, parce qu'on les vend comme Ivoire animal. Le chimiste Pasquier, de Liége, a indiqué un moyen très-simple de distinguer les deux Ivoires. En mettant ces substances en contact avec de l'acide sulfurique concentré, l'Ivoire animal ne change pas, tandis que l'Ivoire végétal prend, au bout de quelques minutes, une teinte rose qu'un simple lavage à l'eau fait disparaître.

J

JACQUARD (*Métier à la*). — Voyez TISSAGE.

JACQUELINES. — Pots de grès en usage dans les Pays-Bas et dans le nord de la France. L'origine de cette dénomination est des plus obscures, et a donné lieu à des fables ridicules. Voici ce qu'on raconte à ce sujet. Jacqueline, comtesse de Hollande, née en 1400, morte en 1436, aimait à tirer au papegai, d'autres disent aux lapins, et pour se rafraîchir pendant cet exercice, se faisait porter à boire dans des pots de grès qu'elle jetait, une fois vidés, dans les fossés de son château. En 1635, on trouva de ces pots dans les fossés du château de Rosenburg, entre Leyde et La Haye, et cela suffit pour réveiller ce souvenir. Heemskerck, qui écrivait alors sa *Batavische Arcadia*, dont la première édition parut en 1637, accueillit la tra-

dition, et c'est sur cette autorité que reposent le fait et le nom. Plusieurs écrivains ont répété les paroles de Heemskerck; d'autres ont été plus loin, et, sans se fonder sur l'autorité d'aucun document, sans s'inquiéter de la position d'une souveraine et des mœurs du temps, même lorsque cette souveraine est une extravagante, ils ont transformé la comtesse Jacqueline en potier de grès, pétrissant la terre, tournant les pots et surveillant la fournée.

JADE. — La pierre de ce nom est employée de temps immémorial en Asie, surtout en Chine, pour faire une multitude d'objets d'utilité ou de simple ornement. Les Chinois, qui l'appellent *ju*, lui attribuent plusieurs propriétés médicales, notamment celle de calmer les coliques néphrétiques. Les Grecs et les Romains recherchaient aussi le Jade avec soin, mais les artistes européens du moyen âge ne paraissent pas l'avoir connu. Quant à ceux de nos jours, ils ne le travaillent pas, et les pièces montées par nos orfèvres arrivent toutes faites de l'Inde et de la Chine.

JAIS. — Le *Jais*, *Jayet* ou *Ambre noir*, est une variété de lignite qui est noire, luisante et assez dure pour être travaillée au tour et polie. On en fait, depuis longtemps, divers ornements de deuil, notamment des pendants d'oreilles, des colliers, des boutons, des bracelets, des croix, des broches, etc. Toutefois, comme il est très-fragile et très-combustible, on lui préfère généralement aujourd'hui, soit le *Jais artificiel*, sorte de verre noir tiré en tubes plus ou moins déliés, soit la *Fonte de Berlin,* qui n'est que de la fonte de fer moulée avec beaucoup de soin, soit encore les bijoux d'acier ou les bijoux ordinaires recouverts de vernis ou d'émaux noirs.

JAMBE ARTIFICIELLE. — L'invention des *Jambes artificielles* pour les amputés date d'une époque fort ancienne. Le chirurgien Percy dit, en effet, avoir vu sur des bas-reliefs antiques des guerriers rentrant dans leurs foyers avec des appareils de cette espèce dans leur bagage. Dans les temps modernes, Ambroise Paré, mort en 1590, est, dit-on, le premier qui ait décrit des Jambes artificielles. Il attribue l'exécution de celles qu'il décrit, à un mécanicien nommé Petit Lorrain. A partir de ce temps, une foule d'artistes ont cherché à résoudre le problème, mais ce n'est qu'assez tard que l'on a obtenu des résultats un peu satisfaisants. Les premières Jambes artificielles ne furent guère que de simples pilons, dont la construction grossière rendait l'usage assez incommode. Au xvIIᵉ siècle, surtout au xvIIIᵉ, les progrès commencèrent à se montrer, et l'on vit paraître les appareils de Ravaton, White, Addisson, Bruninghausen, Wilson, Garat, Dupont, Constin, Oudet, Sonneck, etc., dont les uns étaient des pilons perfectionnés, tandis que les autres avaient la forme d'une jambe naturelle et étaient munis d'articulations qui leur permettaient d'exécuter des mouvements de flexion et d'extension. De nouvelles améliorations ont été apportées de nos jours à la construction

des Jambes de ce dernier genre : les plus importantes sont dues à MM. Mille, d'Aix, Grosmith, de Londres, Charrière, Mathieu, Valérius, Béchard, et Ferdinand Martin, de Paris. Les Jambes articulées de ces mécaniciens occasionnent si peu de gêne, qu'une jeune fille, opérée par le docteur Blandin et portant un appareil de M. Ferdinand Martin, a pu « danser avec grâce et faire, sans se fatiguer, des courses très-longues et très-pénibles. » Toutefois, ces appareils ont le défaut d'être toujours très-compliqués et, par conséquent, d'un prix très-élevé. Mais on a aussi beaucoup perfectionné le modeste pilon, la jambe du pauvre, comme l'appelait Ambroise Paré. C'est ainsi que, d'après les indications du comte de Beaufort, M. Charrière a remplacé le disque du pilon par un pied de bois de frêne, qui simule le pied naturel, glisse moins que l'ancien appareil et donne plus d'assurance à la marche. Il est, en outre, à remarquer, que, malgré cette amélioration, le pilon du comte de Beaufort ne coûte guère plus que le pilon ordinaire.

JARDINS. — L'*Art des Jardins* a été cultivé avec plus ou moins de goût par tous les peuples civilisés de l'antiquité, et tout le monde connaît la célébrité des Jardins de Babylone, que les écrivains grecs et latins ont signalés comme une des sept merveilles du monde. Cet art disparut à l'époque des invasions des Barbares, mais il fut remis en honneur en Italie, au xvIᵉ siècle, et c'est de ce pays qu'il se répandit peu à peu dans les autres parties de l'Europe. Toutefois, ce fut en France que les nouveaux Jardins reçurent leurs principaux perfectionnements. André Lenôtre, jardinier de Louis XIV, les enrichit même de si grandes améliorations qu'ils furent universellement désignés sous le nom de *Jardins français* ou *Jardins à la française*. On les appela aussi *Jardins réguliers* à cause de la régularité qui constituait leur caractère distinctif. Mais, comme tout ce qui dépend du goût des hommes, ce système de Jardins finit par tomber dans une exagération de régularité et de symétrie qui le rendit ridicule et bizarre ; au naturel orné avec art on ne tarda pas à substituer un genre uniforme et compassé qui devint fastidieux. Cette décadence **de** l'art amena la proscription du goût dit français qui régnait alors dans toute l'Europe, et ce fut le chancelier Bacon qui le premier, en Angleterre, proposa de dessiner les Jardins sur un principe tout opposé : se souvenant des descriptions que les voyageurs avaient faites des Jardins chinois, il engagea à reproduire dans les Jardins les accidents de la nature et la variété que présentent les points de vue pittoresques de la campagne. Pope et Addison appuyèrent ce nouveau système, et, vers 1720, il se trouva un homme du plus grand mérite, William Kent, qui parvint à le réaliser avec succès. Dès ce moment les *Jardins irréguliers* ou *Jardins anglais* devinrent à la mode. Quoique le goût de ces Jardins soit aujourd'hui général, celui des Jardins français n'est pas pour cela tout à fait abandonné. Les deux systèmes ont des avantages et des inconvénients, et la préférence à donner à l'un ou à l'autre dépend exclusivement de l'étendue de terrain dont on peut disposer.

JARDINS BOTANIQUES. — Dans l'antiquité et au moyen âge, les *Jardins* ne furent cultivés que pour l'agrément ou pour l'utilité matérielle qu'en retiraient leurs propriétaires, mais, à la renaissance des lettres, quand l'étude de la Botanique prit un caractère scientifique, on ne tarda pas à comprendre que, dans l'impossibilité où l'on était d'exécuter de lointains voyages, ce n'était que par eux que l'on pouvait obtenir des résultats positifs. Alphonse d'Este, duc de Ferrare, mort en 1534, donna le signal : par les conseils de Mussa Brassavolus, il institua, aux portes de sa capitale, le premier *Jardin botanique* qui ait existé. L'exemple de ce prince fut presque aussitôt suivi par plusieurs grands personnages, tels que Acciajuoli, de Ferrare, Micheli et Cornaro, de Venise, Gabrichi, de Padoue, les Doria, de Gênes, les Borghèse et les Barberini, de Rome, etc. Toutefois, ces Jardins étaient à proprement parler de simples jardins d'amateurs et n'avaient pas pour but principal les progrès de la science. Le plus ancien des établissements de ce genre qui ait été spécialement consacré à l'enseignement de la Botanique fut fondé à Pise, en 1534, par Cosme de Médicis, grand-duc de Toscane. L'Université de Padoue

eut le sien en 1546. Un troisième fut annexé à l'Université de Bologne, en 1568, et un quatrième à celle de Rome, en 1569. Au delà des Alpes, ce fut la Hollande qui imita la première l'Italie : dès 1577, son Université de Leyde posséda un Jardin botanique, qui, en très-peu de temps, renferma de grandes richesses. Le plus ancien Jardin qu'il y ait eu en Allemagne est celui de Léipzig (1580) ; le plus ancien de France, celui de Montpellier (1593); le plus ancien d'Angleterre, celui d'Oxford (1640) ; le plus ancien de Danemark, celui de Copenhague (1640) ; le plus ancien de Suède, celui d'Upsal (1657) ; le plus ancien d'Espagne, celui de Madrid (1753) ; le plus ancien de Portugal, celui de Coimbre (1773). Depuis la fin du dernier siècle, les établissements de ce genre se sont beaucoup multipliés; et, aujourd'hui, il y en a toujours un dans chaque école de médecine ou autre dont l'organisation est un peu complète.

JARRETIÈRE. — Les *Jarretières* datent du moyen âge. Toutes les femmes portaient alors des Chausses ou caleçons rattachées au bas (Bas de chausses), au-dessous du genou, par des liens, ou Jarretières, d'autant plus ornés, qu'il y avait moins d'inconvénient à les laisser voir et plus d'occasion de les montrer. En effet, l'exercice du cheval et l'ensemble un peu brusque des habitudes découvraient souvent la jambe. Aussi, les Bas de chausses étaient-ils richement brodés et les Jarretières de véritables bijoux. On doit donc, quand on parle de la Jarretière du moyen âge, éloigner toutes les pensées légères qui se rattachent à celle de nos jours. Pendant très-longtemps, on a fait les Jarretières avec toute espèce de tissus. Mais, depuis une trentaine d'années, on les confectionne à peu près exclusivement avec des étoffes spéciales, dont la fabrication constitue une branche d'industrie assez importante.

JASMIN. — Le Jasmin est originaire d'Asie, mais il est aujourd'hui naturalisé dans toutes les parties méridionales et tempérées de l'Europe. Ses fleurs étaient autrefois admises dans la thérapeutique, comme antispasmodiques ; elles ne sont plus recherchées aujourd'hui que par les parfumeurs, qui en fixent l'arome par divers procédés, et le font ainsi entrer dans une foule de cosmétiques.

JAUGE. — Instrument destiné à faire connaître, en le rapportant à une mesure cubique connue, le volume de liquide que contient un vase sans dépoter ce liquide. On a inventé un assez grand nombre de Jauges. Il suffira de citer la *Jauge logarithmique* de Gattey, de Paris (1806); la *Jauge universelle* de Bazaine, aussi de Paris (1811); et la *Jauge métrique* de Caston, de Toulouse (1813).

JAVELOT. — Arme de jet et d'hast dont l'usage fut très-répandu chez presque tous les peuples de l'antiquité, plus particulièrement chez les Grecs, les Romains et les Gaulois. C'était une espèce de pique dont la hampe était munie d'une courroie destinée à augmenter la force d'impulsion du bras quand on lançait le Javelot. Une arme du même genre faisait partie de l'équipement des Francs, quand ils envahirent la Gaule.

JAYET. — Voyez JAIS.

JAYOTYPE. — Autrefois, on faisait les chapeaux sur quatre ou cinq formes banales, sans tenir aucun compte de la conformation particulière de la tête. Aussi arrivait-il souvent que ces coiffures blessaient pendant quelque temps et souvent allaient fort mal. C'est pour remédier à cet inconvénient que M. Jay père, chapelier à Paris, inventa, en 1841, l'instrument appelé de son nom *Jayotype*. Cet industriel imagina d'abord le *Jayotype moulé*, c'est-à-dire le moyen de prendre, avec un bandeau de plomb très-mince, la forme de la tête, avec ses sinuosités et ses protubérances, et de conserver cette forme par le moulage. L'expérience aidant, il imagina plus tard le *Jayotype métrique*, aujourd'hui seul usité, appareil beaucoup plus compliqué que le précédent, dont la circonférence, pouvant s'étendre et se resserrer à volonté, permet de noter exactement avec deux ou trois chiffres la mesure de toutes les têtes.

JEANNETTE. — Voyez FILATURE.

JET D'EAU. — Les anciens connaissaient la loi hydrostatique en vertu de laquelle un liquide coulant dans un tuyau tend à s'élever au niveau de son point de départ. Ils savaient aussi que, par extension de la même loi, le fluide monte verticalement au sortir du tuyau à une hauteur proportionnée à la force de compression qui agit sur lui. Les Romains utilisèrent cette double connaissance pour distribuer les eaux dans l'intérieur des villes et pour construire des *Jets d'eau*, qu'ils désignaient sous le nom de *saliens* (jaillissant). Pline l'Ancien rapporte qu'Agrippa en établit cent cinq dans l'intérieur de Rome, et les peintures de Pompéi représentent plusieurs de ceux qui existaient dans cette ville au moment de sa destruction.

JET DE VAPEUR. — Les *Jets de vapeur* ont été d'abord employés pour activer le tirage des Cheminées, et l'on sait que leur application, pour cet usage, aux Locomotives, par Georges Stephenson, en 1829, a été une des causes principales du succès des Chemins de fer. Plus tard on les a utilisés, dans les machines à vapeur, comme Sifflets d'alarme. Enfin, en 1859, les ingénieurs français H. Giffard et Flaud en ont tiré parti, le premier, pour alimenter les générateurs, et le second, pour faire fonctionner des pompes d'épuisement. Voyez ÉOLIPYLE.

JETON. — Dans le principe, on s'est servi de petites pierres (*calculi*, cailloux) pour effectuer les opérations de l'arithmétique : c'est même à cette circonstance que les mots français *calcul* et *calculer* doivent leur origine. Cet usage était encore général au moyen âge; seulement, au lieu de cailloux, on employait alors de petites pièces métalliques, appelées *Jetons* ou *Jetoirs*, parce que, dans les administrations publiques, à la cour des comptes, par exemple, chaque conseiller, muni d'une bourse de ces pièces, suivait attentivement la lecture qui était faite, et, à chaque article entendu, en *jetait* une sur une table en signe d'approbation ou de désapprobation. Pour calculer par les Jetons, on les disposait sur des lignes d'un tableau graphique, en observant des règles de convention qui variaient ordinairement, dans certaines parties, suivant les maisons de commerce, les académies, les compagnies souveraines, etc. Cette méthode de calculer était encore très-répandue dans la première moitié du XVIIe siècle. Elle n'existe plus aujourd'hui que dans quelques jeux. Voyez MÉREAU.

JOINT BRISÉ UNIVERSEL. — En mécanique, on donne ce nom à un appareil ingénieux, qui sert à transmettre le mouvement entre deux arbres qui ne sont pas dans le prolongement l'un de l'autre. Les Anglais en attribuent l'invention au docteur Robert Hooke, en 1676, et les Français à Jérôme Cardan, mort en 1575. Ce qu'il y a de certain, c'est qu'il n'en est pas question dans les ouvrages de ce dernier.

JOB. — Voyez PAILLON.

JOURNAL. — Chez les anciens, les Romains paraissent être les seuls qui aient eu des publications analogues aux *Journaux*. Ils les appelaient tantôt *Acta diurna* (Nouvelles du jour), par abréviation *Diurna*, tantôt *Acta urbana* ou *publica* (Nouvelles de Rome, Nouvelles publiques). Ces publications existaient déjà avant le premier consulat de Jules César. On y annonçait, comme on le fait aujourd'hui, les mariages importants, la mort des personnages illustres, les spectacles, etc. Les canards et les réclames y avaient également leur place. Les Journaux disparurent au Ve siècle, avec l'empire romain. Le moyen âge ne les fit pas revivre, mais on les vit surgir de toutes parts presque aussitôt après l'invention de l'Imprimerie, qui seule pouvait d'ailleurs leur permettre de se développer. Toutefois, les premiers Journaux modernes furent très-modestes, car ils ne consistèrent qu'en de petits feuillets volants que l'on faisait paraître à des époques indéterminées et toujours très-éloignées les unes des autres. Les plus anciens furent publiés, entre 1457 et 1460, par des imprimeurs de Strasbourg ou de Mayence, mais les premiers qui acquirent une certaine célébrité furent créés à Venise, en 1563, pendant la guerre que cette ville soutenait alors contre les Turcs. D'abord appelées *Notizie scritte* (Nouvelles écrites), parce qu'elles étaient écrites à la main, le gouvernement n'en permettant pas l'impression, ces feuilles vénitiennes reçurent ensuite le nom de *Gazette*, parce que, pour les lire, il fallait donner une petite pièce de monnaie dite *gazetta*. Les Journaux réguliers, c'est-à-dire paraissant à jour fixe, datent du XVIIe siècle, mais on ignore dans quel pays ils ont pris naissance. Du reste, ils ne furent d'abord que des recueils de faits divers, et ils ne commencèrent à exercer de l'influence sur l'esprit public que lorsque, au commencement du siècle

suivant, ils renfermèrent des articles de critique, innovation qui fut, à ce qu'il paraît, introduite par les Anglais. Le premier Journal véritable qu'il y ait eu en France fut fondé, sous le règne de Louis XIII, par le médecin Théophraste Renaudot, qui lui donna le nom de *Gazette*, et dont le premier numéro parut le 30 mai 1631 : il était simplement hebdomadaire. D'autres entreprises du même genre eurent lieu par la suite, mais la première qui parut régulièrement chaque jour fut le *Journal de Paris*, créé le 1er janvier 1777. Beaucoup d'écrivains anglais regardent, comme le vrai fondateur de la presse périodique dans leur pays, Roger l'Estrange, qui commença, le 31 août 1661, son *Public intelligencer and the news*, mais il y avait eu, avant cette époque, à Londres, comme dans tous les autres grandes villes de l'Europe, plusieurs feuilles de nouvelles à publication irrégulière. Le premier Journal belge paraît avoir été fondé en 1605; le premier Journal allemand, en 1612; le premier Journal suédois, en 1643; le premier Journal américain, en 1704, etc. Il est à remarquer que, presque à son origine, la presse périodique fut attaquée par l'Église. Ainsi, le pape Grégoire XIII, mort en 1585, lança une bulle expresse contre les gazetiers, appelés alors *menanti*, en Italie, et que, à l'aide d'un jeu de mots, il désigna par l'épithète de *minantes* (menaçants).

JOUVENCE. — Les anciens avaient bien découvert les principales qualités des eaux naturelles, mais, à côté des saines notions qu'ils possédaient sur ce point, on trouve dans leurs écrits des assertions exagérées, des idées folles et ridicules, qui attestent combien le merveilleux a toujours eu de pouvoir sur les esprits. Ainsi, Pline le Naturaliste raconte sérieusement qu'il y a, dans la Béotie, deux sources, dont l'une a la propriété de fortifier la mémoire, et l'autre celle de la faire perdre; qu'il y a, dans la Cilicie, une source dont l'eau donne de l'esprit, et qu'une autre, dans l'île de Cos, rend stupide; qu'enfin, à Cyzique, il y a la fontaine de Cupidon, qui guérit de l'amour ceux qui boivent de son eau. Pendant tout le moyen âge, en Europe, aussi bien qu'en Orient, on a cru fermement à l'existence d'une *Eau de Jouvence*, qui rajeunissait les vieillards, et, au XVIᵉ siècle, plusieurs aventuriers espagnols se mirent à chercher en Amérique la source qui la produisait.

JUBÉ. — Les premiers architectes chrétiens élevaient dans les églises, parallèlement au chœur et sur ses côtés, deux petites tribunes sur lesquelles les diacres se plaçaient, pendant la messe, pour lire l'épître et l'évangile. Ces tribunes se nommaient *Ambons*, du grec *anabaineïn*, monter, parce qu'on y accédait par un escalier. Elles éprouvèrent, par la suite, plusieurs modifications dans leur forme et leur décoration, même dans leur emplacement. Enfin, vers la fin du XIIIᵉ siècle ou au commencement du XIVᵉ, on les supprima tout à fait, et on leur substitua une galerie haute, qui courait d'un côté à l'autre de la nef, et que l'on appela *Jubé*, du premier mot de la formule *jube, domine, benedicere* par laquelle les diacres demandaient la bénédiction du célébrant avant de commencer leurs lectures. L'usage de cette galerie se maintint jusqu'au XVIIᵉ siècle, époque à laquelle on y renonça parce que la partie inférieure de la construction avait l'inconvénient de cacher la vue de l'autel à la plupart des fidèles. Les Jubés furent donc alors démolis, sauf pourtant quelques-uns que leur beauté fit conserver, et cette innovation fit rétablir, dans quelques églises, la mode des Ambons.

JUJUBIER. — Cet arbrisseau, le *Rhamnus ziziphus* des botanistes, est originaire de Syrie, d'où il a été introduit en Italie vers la fin du règne d'Auguste. Il est acclimaté, depuis très-longtemps, dans plusieurs de nos départements du sud-est, où on le cultive pour ses fruits, qui sont employés en pharmacie. Une autre espèce de Jujubier, le *Ziziphus lotus*, qui est très-commune dans la régence de Tunis, produit les fruits qui, dans l'antiquité, constituaient la nourriture des Lotophages. Suivant les poëtes grecs, ce fruit était tellement délicieux que les voyageurs qui en mangeaient perdaient le souvenir de leur patrie.

JUPITER. — Cette planète a été connue de tout temps, mais les diverses circonstances qui se rattachent à son histoire sont la conquête de la science moderne. Sa *rotation* a été découverte, en 1665, en Italie, par Jean-Dominique

Cassini. Vers la même époque, cet astronome remarqua que son disque n'était pas circulaire, et que l'axe de son équateur surpassait la ligne des pôles, ce qui le conduisit, en 1691, à constater son *aplatissement*. Les premières observations des *bandes* de Jupiter paraissent avoir été faites à Rome, le 17 mai 1630, par le père Zucchi. La découverte des quatre *satellites* de cet astre a été un des premiers fruits de l'application des Lunettes à l'étude du ciel. Elle a été faite à Padoue, par Galilée, du 7 au 13 janvier 1610. On a bien voulu en faire honneur au mathématicien allemand Simon Marius, qui l'aurait, dit-on, réalisée dès le commencement de décembre 1609, mais les écrivains impartiaux de tous les pays ont été unanimes à rejeter cette prétention. Quant à l'astronome anglais Harriot, à qui on a voulu aussi l'attribuer, il résulte de ses propres ouvrages qu'il observa les satellites, pour la première fois, le 17 octobre 1610, c'est-à-dire plusieurs mois après Galilée. L'idée de faire servir les *éclipses des satellites* de Jupiter à la détermination des longitudes paraît s'être présentée de très-bonne heure à Galilée, mais elle n'a pu devenir pratique que très-longtemps après, grâce aux travaux d'une foule de savants, surtout de Laplace. Enfin, c'est en observant ces mêmes satellites que Rœmer mesura, en 1675, la vitesse de la Lumière.

JUMELLE. — Voyez LORGNETTE.

JUTE. — Le *Jute* ou *Chanvre de l'Inde* est fourni par deux plantes distinctes, le *Corchorus olitorius* et le *Corchorus capsularis*, qui sont cultivées, de temps immémorial et sur la plus vaste échelle, en Chine et dans l'Asie méridionale, à cause de leurs fibres qui servent à faire des tissus, des cordages et du papier. Cette substance a été introduite en Angleterre vers 1845. C'est M. Adolphe Blanqui qui, le premier, l'a fait connaître en France, dans ses *Lettres sur l'Exposition de Londres en 1851*. On a beaucoup exagéré l'utilité du Jute, mais si, comme le pensent aujourd'hui les praticiens les plus compétents, cette matière ne peut pas remplacer le Chanvre et le Lin pour la fabrication des étoffes, il est toujours possible de l'employer avec avantage pour celle des cordages, du carton et du papier.

K

KALÉIDOSCOPE. — Appareil d'optique au moyen duquel un fragment de dessin forme, en se multipliant, des dessins entiers d'une régularité parfaite et en nombre infini. On fait dater son invention de 1817, et on l'attribue au docteur anglais Brewster, mais la vérité est que ce savant n'a fait que populariser une chose connue depuis longtemps de tous les physiciens. En effet, le Kaléidoscope se trouve décrit, d'abord, dans la *Magie naturelle* du napolitain Jean-Baptiste Porta, Naples, 1558; puis, dans le *Grand art de la lumière et de l'ombre* du père Kircher, Rome, 1646; puis encore, dans la *Magie universelle* du père Schott, Wurtzbourg, 1657. C'est surtout en s'appropriant et perfectionnant les données de ce dernier, que le docteur Brewster réalisa son instrument. Le Kaléidoscope fut introduit en France, au mois d'avril 1818, par M. Jecker, opticien à Paris, qui l'appela *Transfigurateur*. On lui donna aussi le nom de *Joujou merveilleux*, et, enfin, celui de *Kaléidoscope*, qui est resté, probablement à cause de son origine étrangère. La vogue immense dont il jouit presque aussitôt en fit imaginer plusieurs variétés que l'on nomma *Aphanéidoscope*, *Métamorphosiscope*, *Polyoscope*, etc. Le Kaléidoscope est avant tout un jouet d'enfant. Cependant, vers 1843, M. Rouget de Lisle l'a doté de certaines modifications qui en rendent l'usage très-utile aux dessinateurs industriels.

KAMPTULICON. — Matière élastique faite d'un mélange de liége, de bourre de coton et de caoutchouc : on remplace quelquefois ce dernier par de l'huile lithargirée rendue solide par la vulcanisation. Le Kamptulicon a été ainsi nommé d'un mot grec qui signifie « courber ». C'est une invention anglaise qui date d'une dizaine d'années. On l'emploie principalement pour faire des tapis et pour former, dans les salles très-fréquentées, un sol inusable et sur lequel les chaussures les plus grossières ne produisent aucun bruit. On a aussi proposé, en Angleterre, d'en appliquer une couche de 30 à 35 centimètres d'épaisseur, sur la muraille intérieure des navires en fer, pour éviter ou du moins diminuer les dégâts occasionnés par les projectiles.

KAOLIN. — C'est une variété d'argile qui sert à fabriquer la Porcelaine de Chine ou *vraie Porcelaine*. Elle n'existe, du moins à l'état pur, que sur un petit nombre de points privilégiés. Les plus anciens gisements connus en Europe sont ceux de Schoneberg, sur le territoire d'Aue, en Saxe, dont la découverte permit à Bottger d'obtenir, pour la première fois, de la Porcelaine chinoise en Europe (1709). En 1765, le chimiste français Guettard en trouva un gîte près d'Alençon, mais les échantillons qu'on en retira étaient d'une impureté telle qu'on ne put pas les utiliser. Le célèbre Kaolin de Saint-Yrieix de la Perche (Haute-Vienne), qui alimente aujourd'hui notre industrie des porcelaines, a été découvert, en 1768, par madame Darnet, femme d'un chirurgien de cette localité. Cette dame le prit pour une terre savonneuse propre au blanchissage ; mais son mari, lui soupçonnant d'autres propriétés, fit part de ses soupçons à Villaris, pharmacien à Bordeaux. Ce dernier, croyant reconnaître les caractères du Kaolin dans le nouveau produit, en envoya un échantillon au chimiste Macquer qui, au moyen de l'analyse, découvrit la vérité. Dès ce moment, la fabrication de la Porcelaine dure fut fondée en France. Voyez PORCELAINE.

KÉRATOTOMIE. — Voyez CATARACTE.

KERMÈS. — Plusieurs substances portent ce nom. — Le *Kermès minéral* est le sulfure d'antimoine hydraté des chimistes. Il a été découvert, au XVIᵉ siècle, par le médecin chimiste Glauber. Au commencement du XVIIIᵉ siècle, le frère Simon, pharmacien des Chartreux, l'ayant administré avec succès à un moine de son couvent, cette cure fit beaucoup de bruit, et, dès ce moment, l'emploi du Kermès fut admis dans la pratique médicale. Toutefois, la préparation de ce produit fut d'abord tenue secrète, mais, en 1720, le gouvernement français l'acheta au chirurgien La Ligerie, et la rendit publique. — Le *Kermès animal* ou *Kermès végétal* est une espèce de Cochenille indigène dont on se sert, de temps immémorial, pour la teinture en rouge. Il est aussi la base de la liqueur dite *alkermès*, si recherchée des Italiens. On a cru, pendant longtemps, que le Kermès était la graine d'un végétal, et c'est pour ce motif qu'on le désigne encore quelquefois, dans le langage vulgaire, sous le nom de *Graine d'écarlate*. Depuis la découverte de l'Amérique, le Kermès est généralement remplacé par la Cochenille, qui donne une couleur plus riche. Néanmoins, on s'en sert encore, même en Europe, dans certains cas particuliers. Ainsi, par exemple, c'est avec un mélange de Garance et de Kermès que l'on teint généralement les bonnets rouges qui forment la coiffure de nos zouaves et de la plupart des populations musulmanes.

KÉROSOLÈNE. — C'est un des nombreux produits de la distillation du bois. On l'appelle aussi *Kérosoforme*. En 1861, les chirurgiens américains Bigloss et Ephraïm Catter, ayant reconnu des propriétés anesthésiques au Kérosolène, ont proposé de l'employer, à la place de l'Éther et du Chloroforme, pour rendre les malades insensibles à la douleur, mais, jusqu'à présent, cette innovation n'a pas eu de succès.

KINNOR. — Voyez HARPE.

KLIPPER. — Voyez CLIPPER.

KOURGANE. — Voyez TUMULUS.

KOUSSO. — Plante originaire de l'Abyssinie, où ses sommités fleuries sont employées, de temps immémorial, pour expulser les vers intestinaux. C'est un médecin français, le docteur Brayer, qui l'a fait connaître à l'Europe, en 1822, mais les travaux de ce savant passèrent inaperçus. En 1840, un autre Français, le voyageur Rochet d'Héricourt, qui venait de parcourir les hautes vallées du Nil, appela de nouveau l'attention sur le Kousso, dont il avait eu plusieurs fois l'occasion de constater les effets. Les médecins exécutèrent alors des expériences à la suite desquelles ils obtinrent la confirmation des propriétés vermifuges de ce végétal. Depuis cette époque, le Kousso est journellement administré, et avec le plus grand succès, contre le tænia, ainsi que contre les ascarides et les oxyures vermiculaires.

KYANOL. — Voyez ANILINE.

L

LABYRINTHE.— Les anciens appelaient *Labyrinthes*, soit des galeries souterraines très-sinueuses et très-étendues, soit des édifices renfermant un grand nombre de chambres, d'allées et de corridors. Pendant le moyen âge, on donna le même nom à des compartiments de pavé que l'on plaçait quelquefois au milieu de la grande nef des églises, et qui étaient composés de bandes de dalles, courbes ou rectilignes, formant des contours plus ou moins compliqués. On a émis plusieurs opinions sur l'origine et la destination de ces pavés, mais on les regarde généralement, aujourd'hui, comme de simples jeux de patience des ouvriers. Toutefois, quelques archéologues persistent à y voir des chemins que parcouraient, à genoux ou pieds nus, les pèlerins hors d'état d'accomplir les pèlerinages qui leur avaient été imposés, et dont ils faisaient ainsi une espèce d'équivalent.

LAC-DYE. — Voyez LAC-LAKE.

LACRYMATOIRE. — Nom créé, au XVIe siècle, pour désigner des espèces de fioles que l'on trouve quelquefois dans les tombeaux de l'époque romaine. On les appela ainsi parce qu'on s'imagina qu'elles servaient à renfermer les larmes, en latin *lacrymæ*, des pleureuses à gages et des parents des morts. On ne voit plus aujourd'hui dans ces prétendus Lacrymatoires que de simples flacons à parfums.

LAC-LAKE. — La *Gomme* ou *Résine-laque* est une substance résineuse qui est fournie par une espèce de Cochenille particulière à l'Inde. Cette substance renferme une matière colorante qui se comporte avec les sels comme celle de la Cochenille du Nopal. Elle donne même des couleurs plus solides que cette dernière, quoique un peu moins belles. La Gomme-laque a été employée, de tout temps, dans l'Inde, en Turquie, en Perse, en Chine et au Japon, pour la teinture en rouge écarlate ou en cramoisi sur laine et sur soie. Ce n'est guère que depuis la fin du dernier siècle qu'elle a été introduite dans l'industrie d'Europe. Les produits appelés *Lac-lake* et *Lac-dye* ou *Lac des teinturiers* n'en sont que des préparations particulières.

LACTIQUE (*Acide*). — Cet acide a été découvert, en 1780, par le chimiste suédois Scheele, qui le trouva dans le lait aigri. Il est quelquefois employé en médecine sous forme de limonade ou de tablettes. L'acide lactique forme avec les bases plusieurs sels ou *lactates*, qui sont aussi usités en thérapeutique. Le plus important est le *lactate de fer*, que l'on administre contre la chlorose, et dont la préparation a été créée, en France, vers 1840, par les pharmaciens Gélis et Conté.

LACTO-BUTYROMÈTRE. — Instrument inventé, en 1854, par M. Marchand, de Fécamp, pour l'essai du lait. Un lait étant donné, il fait connaître, en dix ou douze minutes, la quantité exacte de beurre qu'il renferme.

LACTO-DENSIMÈTRE. — Instrument inventé, en 1841, par M. Quevenne, pharmacien chimiste à Paris, pour l'essai du lait. Il donne la densité ou pesanteur spécifique du lait, et indique, par conséquent, si ce liquide a été additionné d'eau, et dans quelles proportions.

LACTOSE. — Le *Lactose*, ou *Sucre de lait*, a été signalé, pour la première fois, en 1619, par le chimiste italien Fabricius Bartoletti ; mais, suivant Kœmpfer, les Brahmanes de l'Inde le connaissaient bien longtemps avant cette époque. Cette substance n'a qu'un très-petit nombre d'applications. On l'emploie souvent, dans un but frauduleux, pour allonger les cassonades.

LACTUCARIUM. — On appelle ainsi le suc laiteux de la laitue montée, obtenu par incision et desséché au soleil. Les anciens, et particulièrement Dioscoride, connaissaient l'action calmante de cette substance, et l'ont signalée comme ayant des propriétés analogues à celles de l'o-

pium. Dans les temps modernes, c'est le docteur Coxe, de Philadelphie, qui, en 1792, a appelé, le premier, l'attention sur les bons effets que l'on pourrait obtenir de l'emploi du suc de laitue, et les assertions de ce praticien furent confirmées, peu de temps après, en Angleterre, par les docteurs Anderson, Duncan, Scudamore, et autres, qui se livrèrent à ce sujet à de nombreuses expériences. Des expériences analogues furent faites, un peu plus tard, en France, par le docteur Bidault de Villiers, et avec un égal succès : ce dernier imagina même, en 1820, un procédé de préparation, qu'il exploita, pendant plusieurs années, et aux produits duquel il donna le nom de *Thridace*. Toutefois, cette méthode présentait de nombreux inconvénients qui empêchèrent l'usage du nouvel agent thérapeutique de se répandre. Le suc de laitue n'a commencé à pénétrer sérieusement dans la pratique qu'après 1840, lorsque M. Aubergier, pharmacien à Clermont-Ferrand, a eu trouvé le moyen de le préparer économiquement sur une vaste échelle. C'est ce pharmacien qui a créé le mot *Lactutarium* sous lequel on le désigne généralement aujourd'hui.

LAINE. — I. L'usage de la *Laine* pour la confection des tissus remonte aux premiers âges de la civilisation. Il a été répandu chez tous les peuples anciens. Les ouvriers d'autrefois connaissaient même et employaient avec une grande habileté, pour la mettre en œuvre, presque tous les procédés usités aujourd'hui. « Le progrès moderne, dit à ce sujet M. Michel Alcan, se borne exclusivement à l'amélioration et au perfectionnement des machines qui ont contribué à fabriquer plus vite, plus régulièrement et plus facilement. Or, ce progrès remonte à peine à plus d'un demi-siècle, et paraît être arrivé à sa limite, si nous en jugeons par les nombreuses et vaines tentatives faites journellement dans la même direction sans pouvoir sortir des errements connus. » Voyez CHALE, DRAP, FEUTRE, FILATURE, FOULAGE, PEIGNEUSE, TISSAGE, etc.

II. Les vieux *chiffons de Laine* n'ont d'abord été employés que pour préparer des papiers propres au filtrage. Plus tard, on a imaginé de les utiliser comme engrais et pour faire du noir animal. Plus tard encore, on a eu l'idée de les détisser brin à brin, et de les filer de nouveau, mélangés avec de la Laine neuve, pour les faire resservir, sous le nom de *Laine renaissance*, à la fabrication d'étoffes communes. Cette curieuse application paraît dater de 1815 ou 1816, mais elle n'est devenue manufacturière que plusieurs années après, quand on a eu trouvé le moyen d'exécuter économiquement le détissage à l'aide des machines dites *Effilocheuses*. Depuis cette époque, elle s'est répandue dans tous les pays où l'industrie est florissante. Comme la Laine se dissout dans les alcalis caustiques, les chimistes Jacobi et Vanni ont pensé les premiers, en 1829, qu'il serait possible de tirer parti de cette propriété pour retirer l'indigo des vieux draps teints avec cette substance. De là est née une nouvelle branche industrielle qui a reçu à la longue d'assez grands développements.

III. La Laine n'est pas, comme on le croit trop souvent, le produit exclusif de l'espèce ovine ; on la trouve également chez d'autres animaux. Ainsi, de temps immémorial, le Chameau fournit aux peuples nomades de l'Asie et de l'Afrique la matière première de grosses étoffes et de cordes qui sont, pour eux, d'une grande utilité. Le gouvernement russe en fait fabriquer des capuces précieux pour ses soldats. Enfin, tout récemment, en France et en Angleterre, on en a tiré des tissus pour paletot qui sont aussi remarquables par la souplesse et le moelleux que par la chaleur et l'imperméabilité à l'eau. En Amérique, la Laine de la Vigogne, du Lama et de l'Alpaca est employée, depuis longtemps, pour le tissage, et, depuis plusieurs années, l'industrie européenne en confectionne des étoffes rases fort estimées. Celle des Chèvres donne lieu à une fabrication analogue. La Laine du Cochon, qu'il ne faut pas confondre avec les soies de cet animal, est utilisée journellement pour faire des sommiers et de la bourre. Déjà aussi, on commence à tirer parti, pour les feutres, de la Laine du Mulet, et on a réussi à filer celle de la Vache. Enfin, tout porte à croire que l'on réussira à utiliser la Laine du Chien et de beaucoup d'autres espèces, chez lesquelles l'hygiène et la sélection pourraient probablement accroître d'une manière notable la sécrétion de cette matière si éminemment utile à l'homme.

IV. En soumettant à des manipulations appropriées les feuilles de plusieurs plantes, on obtient une substance filamenteuse qui peut être employée pour faire des cordes et des tissus. C'est à cette substance que l'on donne le nom de *Laine végétale*. Dans le nord de l'Afrique, on prépare cette substance avec le Palmier nain ; en Amérique, avec diverses espèces du genre Agave ; en Chine et dans l'Archipel indien, avec le Palmier arenga. Enfin, en Allemagne, MM. Joseph Weiss et de Pannewitz sont parvenus, en 1842, à l'extraire des feuilles de plusieurs Conifères, principalement de celles du Pin d'Écosse, et, aujourd'hui, il existe en Prusse plusieurs fabriques de cette *Laine de Pin* ou *Laine de bois*.

LAIT. — Dans les villes où la consommation du *Lait* est très-considérable, il est rare qu'on le vende complétement pur. Les marchands l'écrèment presque toujours et, comme, dans cet état, il a acquis une plus grande densité, ils y ajoutent de l'eau qui le ramène à sa densité primitive. Pour découvrir cette fraude, on a imaginé des instruments appelés génériquement *Lactomètres* ou *Galactomètres*, et dont les plus usités sont le *Crémomètre* de l'anglais Banks, le *Lacto-Densimètre* de M. Quevenne, pharmacien à Paris, et le *Lacto-Butyromètre* de M. Martin, de Fécamp. — Depuis le commencement de ce siècle, on a fait de nombreuses tentatives pour retarder l'altération spontanée du lait. Appert, le premier, le fit évaporer et concentrer avant de le soumettre à son procédé. Les conserves ainsi préparées sont bonnes, mais, pendant les voyages prolongés, il est difficile d'empêcher l'agglomération partielle de la matière grasse, et, dans ce cas, le Lait, privé d'une partie de ses globules butyreux, ressemble au Lait écrémé. En 1855, M. Mabru, chimiste à Paris, a ingénieusement modifié l'invention d'Appert, mais sans pouvoir en corriger entièrement le défaut. A diverses époques, les chimistes Braconnot, Grimaud, Calais, de Villeneuve, Robinet, Lesson et plusieurs autres, ont indiqué des moyens de réduire le Lait en tablettes, en pâtes sucrées ou bien en sirop. Mais tous ces moyens ont présenté, dans la pratique, des inconvénients si considérables qu'il a été impossible d'en tirer industriellement parti. Un cependant a donné de bons résultats : c'est celui de M. Martin de Lignac, qui l'a fait breveter le 6 décembre 1847. Cet inventeur prend du Lait de très-bonne qualité, y fait dissoudre 75 à 80 grammes de sucre blanc par litre, et le concentre dans des chaudières à fond plat et peu profondes ; puis, quand le liquide est réduit au cinquième de son volume primitif, il l'enferme dans des boîtes en fer-blanc, qu'il tient immergées, pendant une demi-heure, dans un bain-marie chauffé à 105°. Les *Conserves-Lignac* sont aujourd'hui adoptées, de préférence à toutes les autres, à bord des navires de l'Etat.

LAITON. — Le *Laiton*, qu'on appelle aussi *Cuivre jaune*, à cause de sa couleur, pour le distinguer du Cuivre ordinaire ou *Cuivre rouge*, constitue un des plus importants alliages de ce dernier. Les Grecs le nommaient *chalcos*, et les Romains *œs*. Quant à sa dénomination actuelle, elle a pris naissance au moyen âge, on ignore à quelle occasion et à quelle époque. Le Laiton se compose ordinairement de cuivre et de zinc, mais on y introduit presque toujours un peu de fer, d'étain ou de plomb, suivant l'usage particulier qu'on veut en faire. Les variétés, dites *Chrysocale*, *Similor*, *Métal du prince Robert* ou *Or de Manheim*, servent principalement pour faire de la fausse bijouterie. On a découvert, de nos jours, qu'il est possible de communiquer au Laiton plusieurs colorations très-persistantes, en se servant de certaines dissolutions métalliques indiquées par le professeur Wagner. Ainsi, on peut le colorer en noir très-foncé en le mouillant d'abord avec une solution d'azotate de protoxyde de mercure, puis, avec une solution de sulfure de potassium ; et si l'on remplace la dissolution de foie de soufre par une dissolution de foie d'antimoine ou d'arsenic, on obtient un beau bronze dont la couleur peut varier du brun foncé au brun jaune.

LAMA. — Le genre Lama se compose de trois races d'animaux reléguées dans la cordillère des Andes au Pérou. Une de ces races, la *Vigogne*, ne se trouve qu'à l'état sauvage, tandis que les deux autres, l'*Alpaca* et le *Lama*, sont soumises, depuis longtemps, à la domesticité. Elles fournissent toutes une laine très-estimée et dont l'usage se répand de plus en plus dans l'industrie européenne. C'est en raison des services que cette matière textile est appelée à rendre, que l'on a songé, dès le dernier siècle, à introduire le Lama et ses congénères dans les montagnes d'Europe. Buffon, le premier, en France, qui ait compris l'importance de cette innovation, écrivait, en 1765, « que ces animaux seraient une excellente acquisition pour l'Europe, spécialement pour les Alpes et les Pyrénées, et produiraient plus de bien réel que le métal du nouveau monde. » En 1782, l'abbé Béliardy, qu'un long séjour en Amérique avait mis à même de recueillir beaucoup de renseignements sur les Lamas et les Alpacas, insista sur l'utilité de leur acclimatation dans nos montagnes. Les idées de ces deux savants firent une certaine impression sur le gouvernement ; mais on ne crut pas devoir y donner suite, parce qu'on craignit que les nouveaux ruminants ne pussent trouver une nourriture convenable dans nos climats. Depuis le commencement de ce siècle, on a fait plusieurs tentatives pour réaliser l'idée de Buffon. La première est due à l'impératrice Joséphine. En 1806, cette princesse fit demander à la cour d'Espagne des Lamas, des Alpacas et des Vigognes. Sur les instructions de don Francisco de Théran, intendant de la province de Séville, trente-six de ces animaux furent conduits par terre du Pérou à Buenos-Ayres, où on les embarqua pour l'Europe, mais neuf seulement arrivèrent vivants dans le port de San Lucar de Baraméda : encore même ne purent-ils pas parvenir en France, à cause de la guerre qui était survenue entre les deux pays, et la chaleur du climat de l'Andalousie ne tarda pas à les faire périr. Une seconde tentative a été faite, après 1830, par le gouvernement de Louis-Philippe et n'a pas été plus heureuse. Il en a été de même d'une troisième, qui a eu lieu en 1849, par les ordres de M. de Lanjuinais, alors ministre de l'agriculture. Depuis le rétablissement de l'empire, deux nouveaux essais ont été faits, l'un par un particulier, M. Porcel, l'autre, par la *Société d'acclimatation ;* c'est ce dernier qui a le mieux réussi. En effet, quarante-trois animaux sur cent que la Société avait achetés au Pérou, sont arrivés en bon état à Paris, et ont été divisés entre le bois de Boulogne et le dépôt de reproducteurs qu'elle possède dans le Cantal, où ils ont jusqu'à présent assez bien prospéré. Toutefois, le problème est encore loin d'être résolu. Au reste, ce n'est pas en France seulement que les avantages de l'acclimatation des Lamas sont reconnus. Dans ces dernières années, ces animaux ont été introduits aux États-Unis et dans l'Australie. L'Autriche et l'Espagne ont également fait des efforts pour en doter leur agriculture.

LAMINOIR. — Cette machine a été créée en France dans la première moitié du XVIᵉ siècle, mais on ne sait pas d'une manière précise à quel mécanicien on en est redevable, les uns en attribuant l'invention au menuisier Aubry ou Aubin Olivier, et les autres au graveur Antoine Brucher ou Brulier, qui vivaient tous les deux sous Henri II. On sait seulement qu'on s'en servait à Paris, en 1553. Le Laminoir ne fut d'abord employé que pour la préparation des flans des monnaies et des médailles, et ses grandes applications industrielles ne commencèrent qu'au siècle suivant. Ce furent les Anglais qui donnèrent le signal de ce progrès. Ils utilisèrent d'abord le Laminoir, peut-être à Shew, près de Richmond, en 1663, pour faire des tôles et des barres de fer, puis, un peu plus tard, pour fabriquer de grandes tables de plomb. Cette dernière innovation fut introduite en France, vers 1728, par le plombier parisien Fayolle. En 1751 ou 1752, un autre industriel parisien, le serrurier Chopitel, établit à Essonnes des cylindres lamineurs avec lesquels il profilait des plates-bandes, des tringles de fer, et divers autres objets de serrurerie, mais cette usine fut, pendant très-longtemps, la seule de ce genre qui existât dans notre pays. En 1791, MM. Jamain et Poncelet, de Sédan, dotèrent l'industrie nationale de l'usage des grands Laminoirs pour la fabrication des tôles de fer et des plaques d'acier. Pendant que ses applications s'étendaient, le Laminoir recevait des mécaniciens anglais Keane, Fitz-Gérard (1758) et Wasbroug (1779), et du Français Jean-Pierre Droz (1783-1784),

des perfectionnements qui permettaient de donner à sa marche plus de précision et de régularité. Enfin, dans les premières années de ce siècle, l'emploi de cette utile machine se généralisa peu à peu chez tous les peuples industriels, et la fabrication des rails des Chemins de fer, jointe à celle des fers à T pour charpente, des ponts tubulaires, et des navires cuirassés, lui a donné de nos jours une importance de premier ordre. Voyez ESTAMPAGE et MONNAYAGE.

LAMPE. — Les *Lampes à huile* remontent à une époque immémoriale, mais on connaît très-imparfaitement les dispositions qu'on leur donnait à l'origine. Il est cependant probable que les plus anciennes ne différaient pas, du moins quant aux principes de leur construction, de celles dont se servaient les Grecs et les Romains. Or, ces dernières consistaient simplement en un lampion de terre cuite ou de métal, muni d'un côté d'anses ou d'anneaux pour les porter ou les suspendre, et, de l'autre, d'un ou de plusieurs becs destinés à recevoir une mèche située au niveau du réservoir et dans laquelle le liquide montait en vertu des lois de la capillarité. On sait bien, par les écrits de Héron d'Alexandrie, qui vivait 120 ans avant Jésus-Christ, qu'il existait aussi de son temps, des Lampes à mécanismes dont la mèche s'attisait toute seule, et que d'autres étaient construites sur le principe des Lampes hydrostatiques de nos jours, mais ces Lampes compliquées étaient des objets de curiosité que l'on ne trouvait que dans les cabinets de quelques savants. Les mêmes faits ont d'ailleurs existé pendant le moyen âge et les premiers siècles de l'époque moderne. La fabrication des Lampes pour l'usage ordinaire n'a commencé à recevoir des perfectionnements importants que vers la fin du XVIIᵉ siècle. Le premier consista à remplacer les mèches rondes par des *Mèches plates*, ce qui permit d'obtenir une combustion un peu plus complète, et, par conséquent, une flamme un peu plus éclairante, et le second à adapter aux Lampes un mécanisme propre à monter et baisser la mèche à volonté. Enfin, en 1783, commencèrent les grands progrès. C'est, en effet, à cette époque, que le médecin genevois Ami ou Amé Argand, alors établi à Paris, substitua la *Mèche circulaire* à la mèche plate et le *Bec à double courant* au bec à courant unique. Cette double invention, qui fut adoptée peu à peu dans tous les pays, eut pour résultat de produire une lumière plus vive et plus abondante et de faire disparaître l'épaisse fumée qui, jusqu'alors, avait accompagné l'éclairage à l'huile. Mais l'honneur en fut ravi à son auteur par le pharmacien Quinquet et le ferblantier Lange, qui, en 1784, firent paraître la nouvelle Lampe sous le nom de *Quinquet*. Toutefois, quelques années plus tard, l'Académie des Sciences, informée de ce qui s'était passé, par M. Abeille, inspecteur général des manufactures, reconnut publiquement les droits d'Argand, et décida que la Lampe, appelée Quinquet par le vulgaire, se nommerait à l'avenir *Lampe d'Argand*. Lange fit cependant une amélioration importante à l'appareil du médecin genevois : il supprima la cheminée de tôle, adoptée par ce dernier, et la remplaça par une *Cheminée de verre*, qu'il eut même la précaution de rétrécir au niveau de la flamme, ce qui activa encore la combustion en rejetant l'air sur cette dernière. Le bec de toutes les Lampes imaginées depuis 1784 est construit sur les principes établis par Argand. Les seuls changements qu'on y ait faits ont eu pour objet de rendre mobile la cheminée, qui, dans le principe, était fixée à demeure au porte-mèche, et de faciliter la manœuvre de la mèche. Le premier perfectionnement a été réalisé, en 1800, par Carcel, et le second, en 1804, par Philippe de Girard. C'est ce dernier qui a introduit l'usage de la *Crémaillère à pignon*, innovation qui fut complétée, quelques années plus tard, par l'invention, due à Gagneau père, des *Griffes à ressort*. On doit aussi à Philippe de Girard l'emploi des *Globes de verre*. Enfin, MM. Coessin et Rouen, lampistes à Paris, ont créé, en 1829, le procédé au moyen duquel toutes les lampes peuvent brûler à blanc, mais ce procédé n'a été réellement rendu pratique que beaucoup plus tard, par M. Wiessnegg. — Les inventions qui précèdent ont révolutionné l'éclairage à l'huile ; néanmoins, elles n'auraient pu permettre aux Lampes de recevoir les applications qu'on leur

donne aujourd'hui, si l'on n'était parvenu à utiliser toute la lumière qu'elles fournissent. En effet, dans le principe, les Lampes à bec d'Argand étaient à réservoir supérieur, et l'on sait que cette disposition laisse toujours un certain espace dans l'obscurité. Cet inconvénient, qui était un obstacle à l'introduction des nouvelles Lampes dans les salons, n'a disparu entièrement que lorsqu'on a eu l'idée de placer l'huile à la partie inférieure des appareils, d'où elle est ensuite élevée jusqu'à la mèche. La solution de ce problème a fait imaginer trois espèces principales de Lampes : les *Lampes mécaniques*, dans lesquelles l'huile monte au moyen d'une force mécanique ; les *Lampes hydrostatiques*, où le même effet est produit par l'application des principes de l'hydrostatique ; et les *Lampes solaires*, où on l'obtient par la capillarité seule de la mèche. — 1° La *Lampe mécanique* la plus ancienne est la *Lampe Carcel*, ainsi appelée de son inventeur, le parisien Carcel, qui la fit breveter le 24 octobre 1800, en société avec le capitaliste Carreau, sous le nom de *Lampe lychnomena* : l'huile y est mise en mouvement par un mécanisme d'horlogerie, qui la refoule dans un tube ascensionnel par l'intermédiaire d'une pompe foulante à double effet. Cette Lampe fonctionne parfaitement, mais sa complication et son prix élevé n'ont pu en répandre beaucoup l'usage, malgré les efforts qu'une foule d'artistes, surtout MM. Gagneau et Gotten, ont faits pour la simplifier et la rendre moins chère. On a donc été amené à rechercher d'autres moyens pour obtenir plus économiquement le même résultat. Enfin, après un très-grand nombre d'essais, on a reconnu que le moyen le meilleur était l'emploi d'un piston agissant de haut en bas sur l'huile à l'aide d'un ressort à boudin. La première idée de ce système date de 1803 et appartient à M. Philippe de Girard, mais il n'est devenu industriellement praticable qu'en 1836, par l'invention de la *Lampe à modérateur* de M. Franchot, qui réunit, en les complétant, les perfectionnements de tous ses devanciers. C'est à un de ces derniers, M. Allard, que l'on doit l'invention du mécanisme appelé *Modérateur* (1827) ; à un autre, M. Malbouché, celle du *Piston en cuir*, substitué à celui de fonte jusqu'alors employé (1832) ; et, enfin, à un troisième, M. Joanne, la disposition que l'on a toujours donnée depuis à ce piston et qu'il exécuta, en 1833, pour sa *Lampe astéare.* Les Lampes à modérateur sont aujourd'hui les plus répandues : elles sont redevables de cette circonstance à leur extrême simplicité et, par suite, au prix peu élevé auquel on est parvenu à les livrer au commerce. — 2° Les *Lampes hydrostatiques* appartiennent à deux systèmes. Les plus anciennes ont été inventées en Angleterre, en 1787, par l'écossais Keir : elles sont construites sur cette loi d'hydrostatique, que si deux vases communiquants sont remplis de liquides de densités différentes, les hauteurs de ces deux liquides sont en raison inverse de leurs densités. Des appareils analogues ont été proposés à diverses époques, notamment, en 1796, par le suédois Edelcrantz, en 1803, par les frères de Girard, et, en 1825, par M. Thilorier, mais certains inconvénients qu'elles présentent n'ont pas permis d'en adopter l'usage. Les Lampes hydrostatiques du second système sont une application de la fontaine de Héron. La première connue a été inventée, en 1804, par les frères de Girard. Ces lampes n'ont pas eu plus de succès que les précédentes, et pour les mêmes raisons, malgré les modifications que divers inventeurs, notamment M. Galy-Cazalat, en 1829, ont introduites dans leur construction. — 3° Les *Lampes solaires* reposent sur un principe patenté en Angleterre, en 1828, au nom du lampiste Upton, et développé plus tard par les anglais Bynner et Smith, et le français Coignet. Elles ont été, vers 1843, beaucoup améliorées par MM. Chabrié et Neuburger, aux efforts desquels elles doivent l'état de perfection où elles sont parvenues aujourd'hui. Elles sont cependant encore peu répandues. — Les Lampes qui précèdent sont spécialement destinées à l'éclairage de luxe. Une multitude d'appareils plus simples ont été imaginés pour les classes pauvres. Les plus répandus sont les Lampes dites *économiques*, en forme de chandelier et à pompe, qui ont peut-être été inventées par l'abbé de Preigney, en 1755, et dont la *Lampe de*

cuisine, envoyée, en 1844, par M. Vallon, à l'Exposition de l'Industrie, passe pour le modèle le plus parfait. On a aussi beaucoup parlé, en 1855, de la *Lampe du pauvre* ou *Lampe pour un*, de M. Jobard, de Bruxelles, mais elle n'a pas eu, dans la pratique, le succès qu'elle avait fait concevoir. Voyez RÉVEIL, ROBERT (*Éclairage*), VEILLEUSE, etc.

LAMPE HYDROPLATINIQUE. — Voyez BRIQUET.

LAMPE PHILOSOPHIQUE. — L'appareil de laboratoire de ce nom n'a pas été imaginé par le chimiste anglais Priestley, comme on le croit généralement. Il est dû à un savant français, appelé Polinière, qui professait au Jardin des Plantes de Paris sous Louis XIV, et aux leçons duquel ce prince assista quelquefois.

LAMPE SOUS-MARINE. — Appareil d'éclairage inventé, il y a une dizaine d'années, par M. N. Day, de New-York, pour être employé sous l'eau. Il permet de voir la nuit, soit directement, soit par réflexion, au moyen d'une glace, les objets que l'on veut examiner. On l'emploie fréquemment aux États-Unis, pour visiter les parties submergées des navires. Une autre Lampe sous-marine a été construite, en 1855, par M. Guigardet, ferblantier à Marseille. Elle se compose essentiellement d'une lampe, alimentée par l'hydrogène liquide, et entourée d'une cage de verre hermétiquement fermée. Un flotteur sert à la soutenir, et un lest la maintient fixe et verticale. Les produits de la combustion s'échappent par un tube placé à la partie supérieure de la cage, et deux autres tubes amènent à sa partie inférieure l'air nécessaire à l'alimentation de la flamme. Les trois tubes sont disposés de manière que leur extrémité supérieure soit au-dessus de l'eau de 50 centimètres à un mètre. La Lampe-Guigardet a été essayée avec succès sur la Seine, à Paris, en 1859, mais elle ne paraît pas pouvoir produire des résultats complétement satisfaisants à la mer, surtout quand les flots sont agités. Celle qu'un autre de nos compatriotes, M. Cabirol, constructeur d'appareils de plongeur à Paris, a envoyée à l'Exposition universelle de Londres, en 1863, semble beaucoup supérieure. Elle a jusqu'à présent fonctionné de la manière la plus convenable, et tout fait espérer qu'elle rendra à la marine et aux constructeurs de travaux hydrauliques autant de services que le Scaphandre du même inventeur, dont elle est d'ailleurs comme le complément.

LAMPE DE SURETÉ. — Les accidents occasionnés, dans les mines de Houille, par l'inflammation du gaz hydrogène carboné, vulgairement appelé *feu grisou*, ont donné naissance à l'appareil de ce nom. M. de Humboldt, en 1796, et le docteur anglais Clanny, en 1813, essayèrent de construire des Lampes propres à les empêcher, et ne purent y réussir. Enfin, dans le courant de cette dernière année, effrayés par les explosions qui se produisaient à chaque instant, et dont une seule venait de faire périr plus de cent ouvriers, des industriels et des savants formèrent une société dans le but spécial de chercher le moyen de prévenir le retour de pareils désastres. Après plusieurs tentatives infructueuses, un des associés, le docteur Gray, eut l'idée de recourir aux lumières du grand chimiste Humphry Davy, et devint ainsi l'occasion d'une des plus heureuses inventions des temps modernes. Le problème paraissait d'une solution bien difficile : empêcher les gaz inflammables de détoner au contact du feu, c'était demander presque l'impossible. Davy cependant ne désespéra point : il se mit d'abord à analyser les gaz, détermina les proportions dans lesquelles leurs mélanges détonent, et observa le premier que la flamme ne se propage pas dans des tubes de petite dimension, ou à travers les mailles étroites d'un réseau métallique. Cette observation fut pour lui un trait de lumière et, après quelques essais, il parvint à construire un petit appareil fort simple qui lui parut présenter toutes les conditions désirables : c'était la Lampe à laquelle la reconnaissance publique a fait donner le nom de *Lampe de Davy*, et que l'on appelle aussi *Lampe de sûreté*, à cause de sa destination. Davy présenta sa Lampe à la Société royale de Londres, le 11 janvier 1816, et il eut le bonheur de la voir adopter aussitôt par la plupart des compagnies houillères. Toutefois, l'ingénieur Georges Stephenson, qui avait aussi fait des recherches dans la même voie, essaya de lui disputer l'honneur de l'invention, mais il fut établi par une enquête que les appareils des deux savants constituaient deux choses distinctes, et que le mérite de l'un ne pouvait rien ôter au mérite de l'autre ; d'ailleurs, celui de Davy avait été publié le premier : c'est également le seul qui soit entré dans la pratique. Cependant, dans le principe, la Lampe de Davy était très-imparfaite, et si elle remplit aujourd'hui toutes les conditions réclamées par l'usage auquel elle est destinée, elle en est redevable aux perfectionnements qui ont été successivement apportés à sa construction, en Angleterre, par le mineur Roberts, et les mécaniciens Watson, Waring, Higgs, Crawley, Jones, Charlton, etc. ; en Belgique, par les ingénieurs Mueseler et Arnoux ; et, en France, par le baron Dumesnil, l'ingénieur Combes, et les mécaniciens Lermusiaux et Dubrulle-Arandel. Dans les mines de notre pays, c'est la Lampe de M. Combes que l'on emploie le plus souvent : elle date de 1845. — En 1862, deux de nos compatriotes, le docteur Benoît et l'ingénieur Dumas, ont soumis à l'examen de l'Académie des Sciences, une Lampe de sûreté qui diffère complétement des précédentes. Cette Lampe, dont l'expérience ne paraît pas avoir encore suffisamment permis de constater la valeur, est basée sur l'emploi de la Lumière électrique, produite, comme dans les Tubes éclairants de Gaisseler, avec une bobine d'induction.

LANCE. — La *Lance* a été, de très-bonne heure, l'arme de prédilection de la cavalerie, comme la Pique était celle de l'infanterie. Comme cette dernière aussi, son fer a varié de forme et de dimensions, suivant les temps et les lieux. Au moyen âge, la Lance était l'arme noble par excellence. Jusqu'à la fin du XIIIe siècle, elle se composa d'une hampe unie d'un bout à l'autre, et d'un fer aigu. Au commencement du XIVe, on commença à munir son bois d'un étranglement, ou poignée, qui servait à la saisir, et que l'on remplaça un peu plus tard par une rondelle de cuir ou de métal destinée à garantir la main. Vers la fin du XVIe, la cavalerie française commença à délaisser la Lance, dont le maniement exigeait de trop longs exercices, et le règne de Henri IV vit disparaître nos derniers corps de lanciers. Toutefois, la Lance fut conservée dans plusieurs parties de l'Europe, surtout en Turquie, en Russie et en Pologne, et ce furent les services qu'elle rendit aux troupes de ces pays, qui engagèrent le gouvernement français à en rétablir l'usage dans notre cavalerie. Un premier essai eut lieu, en 1712, sous Louis XIV, mais il ne réussit pas. Enfin, en 1801, cette arme fut introduite de nouveau chez nous, et, cette fois, d'une manière définitive.

LANCETTE (*Style à*). — Voyez OGIVE.

LANGUES. — L'origine du langage parlé a été l'objet de nombreuses controverses : les uns, tels que Locke, Condillac et de Tracy, le regardant comme une invention exclusivement humaine; les autres, et tous les théologiens sont de ce nombre, le croyant d'institution divine. Quoi qu'il en soit, c'est le philologue allemand Meiser qui paraît avoir essayé le premier de classer les langues parlées : il en compta 40 (1592). Plus tard, Claude Duret en énuméra 150 (1613). Plus tard encore, Pallas en trouva 200 (1787); et le jésuite espagnol Hervaz, 300 (1784). En 1820 et 1822, Christophe Adelung et Vater publièrent l'oraison dominicale en 500 langues. A une époque plus rapprochée de nous, le géographe-statisticien Adrien Balbi en a porté le nombre à 860, divisées en 5,000 dialectes, dont 53 en Europe, 153 en Asie, 115 en Afrique, 117 dans l'Océanie, et 422 en Amérique.

LANTERNE. — Les *Lanternes* ont été connues en Chine dès la plus haute antiquité, et c'est de ce pays que nous tenons les Lanternes dites improprement *vénitiennes*, dont l'usage existait déjà en France et en Angleterre du temps de Louis XIV. La plupart des autres peuples anciens paraissent s'être également servis de Lanternes. Les premières Lanternes des Grecs et des Romains étaient des espèces de petits falots que l'on portait au moyen d'un manche de bois. Les Lanternes transparentes ou Lanternes véritables vinrent ensuite : elles furent faites, suivant les époques, avec des bandes de vessie, des feuilles de corne ou des vitres. Les Romains avaient aussi des *Lanternes sourdes :* ils les employaient souvent à la guerre

pour les marches de nuit. L'usage des Lanternes ne fut pas moins répandu pendant le moyen âge qu'il ne l'avait été dans l'antiquité. Plusieurs auteurs attribuent à Alfred le Grand, roi d'Angleterre, l'invention des Lanternes de corne, mais, comme on vient de le voir, ces appareils sont beaucoup plus anciens que ce prince, qui ne fit réellement que vulgariser une chose déjà vieille. Les Lanternes n'avaient encore été utilisées que pour l'éclairage des habitations, lorsque Louis XI voulut essayer de les appliquer à l'éclairage des villes. Toutefois, il ne put y réussir, et ce fut Louis XIV qui réalisa ce progrès. Les Lanternes se pavanèrent alors dans nos villes principales, et il en fut ainsi jusqu'en 1763, où les Réverbères furent mis à leur place. Les Lanternes ne servent plus aujourd'hui que dans certaines circonstances où les autres appareils d'éclairage auraient trop d'inconvénients. Le perfectionnement le plus utile qu'on ait introduit de nos jours dans leur construction, est dû au chevalier Aldini, et date de 1830 : il consiste à les entourer d'une toile métallique, pour prévenir les incendies qu'elles ont trop souvent occasionnés, dans les magasins à fourrages et autres dépôts de matières combustibles. Les Lanternes ainsi disposées sont désignées sous le nom de *Lanternes de sûreté*. Voyez ÉCLAIRAGE.

LANTERNE MAGIQUE. — Instrument d'optique au moyen duquel on fait paraître en grand, sur une surface blanche, des figures peintes en petit, sur des lames de verre, avec des couleurs transparentes. Il a été appelé *lanterne*, à cause de sa forme extérieure, et *magique*, à cause des effets surprenants qu'il produit. On attribue généralement l'invention de la Lanterne magique au père Athanase Kircher, qui en donne effectivement une description dans son ouvrage intitulé *Ars magna lucis et umbræ* publié à Rome, en 1646, mais c'est une chose véritablement plus ancienne. En effet, outre qu'on trouve l'idée de cet appareil dans les écrits du moine anglais Roger Bacon, mort en 1294, il est admis aujourd'hui que les prêtres et les savants de l'antiquité égyptienne, grecque et romaine le connaissaient très-bien : on en a même découvert à Herculanum un petit modèle encore en assez bon état. Voyez Fantasmagorie et Mégascope.

Lanterne des morts. — C'était l'usage, au moyen âge, d'élever dans les cimetières, principalement dans ceux qui bordaient les grands chemins, des espèces de colonnes creuses dont la base était souvent munie d'un autel, tandis que le sommet était disposé de manière à pouvoir contenir une lampe. Les constructions de ce genre sont généralement désignées sous le nom de *Lanternes des morts*. On les appelle aussi quelquefois *Fanaux de cimetière*. On a émis les opinions les plus singulières sur la destination de ces monuments. Toutefois, les archéologues sérieux admettent aujourd'hui que la lampe allumée, sinon toujours, du moins dans certaines occasions, était une sorte d'hommage rendu à la mémoire des morts; un signal rappelant aux passants la présence des trépassés et réclamant leurs prières pour eux.

Lapis-Lazuli. — Voyez Outremer.

Laque (*Meubles de*). — Ce sont des objets de tabletterie (paravents, guéridons, boîtes à thé, tables à ouvrage, etc.) recouverts d'un vernis particulier qui leur donne un brillant magnifique et presque inaltérable. La fabrication des Laques est originaire de la Chine et du Japon. Les premiers paraissent avoir été apportés en Europe, à la fin du xve siècle, par les Portugais et les Hollandais. Toutefois, ils n'ont commencé à être bien connus en France que vers le milieu du siècle suivant, époque à laquelle les missionnaires jésuites en firent plusieurs envois à Louis XIV. Leur originalité et leur beauté les mirent promptement à la mode. Ils furent même si recherchés que l'usage s'introduisit d'envoyer, dans l'extrême Orient, pour les faire laquer, une foule d'objets d'un travail précieux fabriqués avec des bois indigènes ou exotiques. A l'exemple de Christian Huyghens et du peintre Martin, plusieurs artistes européens cherchèrent cependant à imiter les Laques, mais leurs efforts furent longtemps infructueux. Ce n'est même que depuis 1832 que l'on a commencé à obtenir des résultats un peu satisfaisants. L'industrie des meubles de laque est aujourd'hui florissante en Angleterre, en France, en Belgique et en Autriche.

Toutefois, elle n'a pu encore rien produire de comparable aux *vrais laques*, c'est-à-dire à ceux de la Chine et du Japon. Cette infériorité provient de ce que les qualités qui distinguent les Laques orientaux ne peuvent s'obtenir qu'avec une grande dépense de temps et d'argent, tandis que le consommateur européen voulant surtout des objets à bon marché, on est obligé d'employer, pour l'exécution des faux laques, des procédés rapides et peu coûteux et, par suite, très-imparfaits.

Laryngoscope. — Instrument de chirurgie qui permet d'éclairer, pour les soumettre à l'inspection directe de la vue, l'arrière-gorge, l'isthme du gosier et les parties du larynx le plus profondément situées. Le *Laryngoscope* a pour point de départ le petit miroir dont les dentistes se servent depuis longtemps pour examiner la face postérieure de l'arcade dentaire. En 1855, le chanteur Manuel Garcia, renouvelant un essai du docteur anglais Liston, qui datait de 1840 et qu'il ne connaissait pas, eut l'idée de porter au fond de la gorge, au moyen d'une tige longue et flexible, un miroir semblable, ce qui lui permettait d'examiner par réflexion les parties profondes de l'organe de la voix. En 1857, le docteur Turck, de Vienne (Autriche), reprenant l'idée de Garcia, construisit un instrument spécial, dont il fit aussitôt diverses applications à l'art de guérir, et qui, à la suite de perfectionnements inventés, à la fin de 1859, par M. Czermak, professeur de physiologie à Pesth (Hongrie), est devenu le *Laryngoscope* actuel.

Latine (*Architecture*). — Voyez Romane.

Laurier. — Le *Laurier ordinaire*, ou *Laurier d'Apollon*, croît naturellement en Asie Mineure et dans toutes les parties de l'Europe qui avoisinent la Méditerranée, d'où il s'est répandu dans quelques contrées moins méridionales. On sait le rôle qu'il jouait dans les mœurs des anciens, aux yeux desquels il était le symbole de l'immortalité. On donne aussi vulgairement le nom de *Laurier* à plusieurs arbustes qui n'appartiennent pas à la famille des Laurinées. Un des plus communs dans nos jardins est le *Laurier-cerise* ou *Laurier-amande*, qui est originaire des environs de Trébizonde, sur la mer Noire. Il a été introduit à Constantinople, vers le milieu du XVIe siècle. Le premier pied qu'on ait vu dans l'Europe occidentale paraît être celui que le voyageur Belon donna au jardin du prince Doria, à Gênes, en 1570. En 1576, un second pied fut envoyé au botaniste L'Écluse par David Ungnad, ambassadeur de l'empereur d'Allemagne près la Porte ottomane.

LAVE. — Matière lapidifique qui est rejetée par les volcans à cratère. Cette matière est employée, de temps immémorial, dans les pays où elle se trouve, pour la construction des édifices. On en fait aussi une multitude d'objets d'utilité ou de simple décoration, tels que vases, statues, coffrets, etc. Deux innovations importantes ont été introduites à notre époque dans l'emploi de la Lave. L'une, qui a été créée, vers 1820, par M. Mortelecque, consiste à remplacer par des plaques de Lave, pour la peinture monumentale, la toile, le bois et les mortiers usités jusqu'à présent, et à exécuter les dessins sur ces plaques, avec des couleurs vitrifiables qui, soumises ensuite à l'action du feu, s'incorporent à la matière subjective et deviennent indestructibles : c'est ce qu'on appelle la *Peinture en émail sur lave*, dont les *Grès psammites émaillés* de MM. Gautier et Morel, de Paris, et les *Ardoises émaillées* de M. Magnus, de Londres, ne sont que des applications particulières. L'autre innovation est d'origine anglaise et a été introduite en France, vers 1856, par M. Stanley : elle consiste à fabriquer des objets de décoration ou d'utilité, chapiteaux, statues, cheminées, pavés, tuyaux, etc., avec des Laves fondues, puis moulées, gravées, et, au besoin, émaillées. — Dans ces dernières années, une compagnie s'est organisée à Paris pour exploiter un mastic préparé avec des bitumes artificiels convenablement épurés, et auquel on a donné improprement le nom de *Lave fusible*. Ce mastic se fabrique aujourd'hui sur une grande échelle. On l'emploie surtout pour le dallage des trottoirs, des terrasses et des vestibules, ainsi que pour le revêtement des caves, des canaux, des bassins et des étangs. On en fait aussi des mosaïques d'un assez bel effet et d'un prix très-peu élevé.

LAVIS (*Gravure au*). — Voyez GRAVURE.

LAZULITE. — Voyez OUTREMER.

LECTURE (*Abonnement de*). — Le besoin de mettre les livres à la portée de ceux qui ne peuvent les acheter a fait imaginer les *Abonnements de lecture*. Ces abonnements existaient déjà, en Angleterre, en 1740. Le plus ancien exemple qu'on en connaisse en France appartient à l'année 1759, date de la publication de la *Nouvelle Héloïse* de Jean-Jacques Rousseau. Deux ans après, c'est-à-dire en 1761, le libraire Fr. Aug. Quillau ouvrit à Paris, rue Christine, le premier *Cabinet de lecture* qu'il y ait eu dans notre pays.

LÉGUMES (*Conservation des*). — Voyez CONSERVES.

LÉIOCOME. — Voyez DEXTRINE.

LEMBERTINE. — Voyez PAIN.

LENTILLES. — Voyez LOUPE et VERRES ARDENTS.

LENTISQUE. — L'arbuste de ce nom est originaire du Levant, d'où il a été introduit, à une époque inconnue, dans les îles grecques, en Sicile, en Espagne, en Italie, jusque dans notre ancienne Provence. On le cultive pour une résine ou mastic qu'il fournit, et qui a plusieurs applications dans les arts.

LESSIVAGE. — La première idée du *Lessivage mécanique* est née en Angleterre, au milieu du dernier siècle. En 1753, il existait déjà, dans ce pays, une machine, dite *Blanchisseuse d'York*, au moyen de laquelle on exécutait le savonnage à la main par un simple ballottement. Cette machine consistait en un cuvier fermé par un couvercle, dans lequel on agitait le linge, au milieu d'un bain chaud de savon, à l'aide d'un arbre vertical à chevilles, que l'on faisait tourner avec une manivelle. Elle fut un peu modifiée, en 1763, par un théologien bavarois, nommé Schœffer, qui publia une notice sur la manière de la construire et de l'employer, notice qui fut traduite en français, en 1769. La Blanchisseuse d'York jouit, pendant longtemps, d'une certaine vogue, mais on finit par reconnaître qu'elle était trop fatigante, qu'elle déchirait le linge et donnait peu d'économie. Les inventeurs se mirent donc à l'œuvre, et bientôt parurent des appareils mieux conçus. Dès 1786, le blanchisseur Monnet, de Paris, se servait d'une machine de son invention qui produisait de bons résultats. Une quinzaine d'années plus tard, les Anglais créèrent la *Roue à laver* ou *Dash-wheel*, qui fut introduite en France, en 1815, par l'abbé de la Meilleraie, mais qui ne peut guère être employée que dans les grands ateliers, parce que, pour opérer économiquement, elle a besoin d'un moteur hydraulique ou à vapeur. Depuis cette époque, une foule de machines destinées au même usage ont été proposées, dans presque tous les pays, surtout en Angleterre, en France, en Allemagne et aux États-Unis, mais il n'en est encore aucune qui ait pénétré dans l'économie domestique, parce qu'elles ont toutes le défaut de détériorer plus ou moins le linge.

LETTRE. — Chez les Grecs et les Romains, les écrits destinés à la correspondance étaient ordinairement expédiés sous forme de rouleau. On les exécuta d'abord sur des feuilles de Papyrus de petites dimensions, puis, à partir du IVe siècle, sur des feuilles de Parchemin. Il paraît cependant, d'après un passage de saint Augustin, qu'il n'était pas convenable d'employer ce dernier pour toute sorte de personnes. L'usage du Papier a commencé à la fin du XIIe siècle ou au commencement du XIIIe, et l'on sait qu'une lettre du sire de Joinville au roi Louis le Hutin est un des trois ou quatre plus anciens textes que l'on possède sur papier de chiffon. — La mode, aujourd'hui si générale, de séparer le corps de la lettre de son enveloppe, date à peine d'une quarantaine d'années. Dans le principe, on fit les enveloppes à la main, mais il existe maintenant des machines ingénieuses auxquelles il suffit de livrer une feuille de papier pour qu'elles la rendent presque instantanément transformée en une enveloppe prête à servir. Les plus anciennes machines de ce genre paraissent être celles que les papetiers parisiens Maquet et Marion firent breveter en 1842. Comme toutes les choses qui débutent, elles étaient très-imparfaites; de plus, elles ne faisaient que découper et plier le papier. Enfin, en 1845, parurent les premières qui aient été complètes et construites avec tout le soin nécessaire : elles furent inventées presque en même temps, en France, par M. Verdat du Trembley, et en Angleterre, par MM. Edwin Hill et Thomas de la Rue ; non-seulement elles effectuaient, comme les précédentes, les opérations du découpage et du pliage, mais encore elles collaient et gommaient les enveloppes. Depuis cette époque, les *Machines à enveloppes* ont reçu de nombreuses améliorations qui ont beaucoup contribué à propager leur usage. Elles sont en grande partie redevables de l'état de perfection où elles sont parvenues aux mécaniciens Rémond, de Birmingham, Legrand, Rabatté et Retig, de Paris. — On s'est souvent plaint de ce que l'emploi des enveloppes peut enlever à la lettre l'authenticité et la certitude de date que lui donnaient les timbres apposés par la poste. Des essais ont été faits pour obtenir des enveloppes adhérentes à la lettre elle-même, mais ils n'ont pas encore été complétement satisfaisants.

LETTRE DE CHANGE. — Voyez CHANGE.

LEVAIN, LEVURE. — L'emploi du *Levain* pour la fabrication du pain remonte à une très-haute antiquité : il était déjà connu, en Égypte à l'époque de Moïse. Quant à la *Levûre de bière*, ce sont les Gaulois qui, suivant Pline le Naturaliste, eurent, les premiers, l'idée de l'introduire dans la pâte à la place du Levain ordinaire. Cette substance fut plus tard abandonnée, mais on y revint au XVIIe siècle, malgré l'opposition de la Faculté de médecine de Paris, qui, par un décret du 24 mars 1668, crut devoir la proscrire comme nuisible à la santé. Depuis cette époque, elle n'a cessé d'être employée dans les boulangeries des villes.

LEVIER. — I. Suivant une tradition qui, comme tant d'autres, ne reposait sur aucun fondement solide, les Grecs attribuaient l'invention du Levier à un roi de Chypre, nommé Cinyre, qui vivait 1240 ans environ avant notre ère. La vérité est que cette machine doit dater de l'origine même des arts, car, sans son usage, les premiers constructeurs n'auraient jamais pu exécuter leurs travaux. Elle a dû même être connue des peuplades les plus sauvages, qui y ont eu incontestablement recours pour mettre en place les grossiers monolithes, dolmens, menhirs et autres, qui existent encore dans toutes les parties du monde. Quoi qu'il en soit, c'est le géomètre Archimède, de Syracuse (mort l'an 212 avant Jésus-Christ), qui, le premier, a découvert et exposé la théorie du Levier. Ce grand homme avait une idée si exacte de la puissance de cet appareil, qu'il disait : « Donnez-moi un Levier assez long et un point d'appui, et je soulèverai la terre. » On a calculé depuis qu'il faudrait quarante millions de siècles à un seul homme pour déplacer le globe terrestre de l'épaisseur d'un cheveu : cela résulte du principe qu'on perd en temps ce que l'on gagne en force. Toutefois, Archimède ne s'était occupé que du Levier ordinaire ou Levier droit. C'est le mathématicien italien Jean-Baptiste Benedetti, mort en 1590, qui a étendu les principes de l'illustre Syracusain au Levier courbe, en introduisant les perpendiculaires aux forces pour bras de Levier.

II. A diverses époques, on a inventé des machines destinées à des applications plus ou moins utiles et auxquelles la forme de leurs organes principaux a fait donner le nom de *Levier*. Il suffira de citer le *Levier hydraulique* de Cadet, qui avait pour objet de faciliter la purification des huiles (1805), et les *Leviers hydraulique* et *air-hydraulique* du mécanicien Godin, qui devaient servir, celui-ci à élever l'eau des puits et des marais au moyen du vent, celui-là à élever l'eau des fleuves et des rivières par la force seule du courant (1816). Aucune de ces inventions n'a pu passer dans la pratique. Il en a été autrement de l'appareil appelé *Levier de Lagarouste*, du nom de son inventeur. Cet appareil est chaque jour employé, dans les usines et les ateliers de construction, pour changer un mouvement de bascule en mouvement de rotation continue. Il date de la fin du XVIIe siècle, et a été décrit, dès 1702, dans le *Recueil des machines* approuvées par l'Académie des Sciences.

LIARD. — Avant l'établissement du système métrique, le *Liard* était une ancienne monnaie dauphinoise, qui avait été introduite dans le reste de la France, d'abord, par Charles V, Charles VI et Charles VII, puis, et surtout, par Louis XI. Elle avait été de billon jusqu'en 1649, et de cuivre à partir de cette époque. Quant à son nom, que l'on a fait venir à tort de celui d'un monnayeur

dauphinois, appelé Guignes Liard, il dérivait simplement des mots français *li ars*, le brûlé, traduction du latin *arsus*, par lesquels on désignait souvent, au moyen âge, la monnaie de billon. Le Liard valait trois deniers. On l'appelait aussi *Blanc*, d'où l'on donna, aux monnaies de trois liards et de six liards qui furent frappées par Henri III et ses successeurs, le nom de *pièces de trois* et de *six blancs*. Les derniers Liards furent fabriqués en 1792. — Au XIVe siècle, Édouard III, roi d'Angleterre, mit en circulation en Aquitaine une petite monnaie de billon, qui reçut le nom d'*Ardit* ou *Hardit*, forme également altérée des mots *li ars*. Cette monnaie avait la même valeur que le Liard, avec lequel elle se confondit sous le règne de François Ier.

LIBRATION. — Voyez LUNE.

LICHAVEN. — On appelle ainsi des monuments celtiques qui représentent, par leur disposition, des espèces de portes. Ils se composent de trois pierres brutes, dont deux sont plantées verticalement dans le sol, tandis que la troisième est posée horizontalement sur leur extrémité supérieure. On suppose que les Lichavens étaient des autels d'oblation.

LICHENS TINCTORIAUX. — Voyez ORSEILLE.

LIÉGE. — Comme les modernes, les anciens se servaient du Liége pour garnir les filets de pêche, faire des bouchons et fabriquer des chaussures. A notre époque, on emploie encore le Liége, tantôt en fragments plus ou moins volumineux, tantôt, et le plus souvent, réduit en poudre, pour confectionner des gilets, des ceintures et des matelas de sauvetage. En brûlant en vase clos la poussière de Liége, on obtient un noir magnifique que l'on utilise pour la préparation de l'encre d'imprimerie. Enfin, en pétrissant la même poussière avec du caoutchouc ou d'autres substances agglutinantes, on fait des mastics qui reçoivent d'utiles applications dans les arts. Voyez PHELLOPLASTIQUE.

LIGATURE DES ARTÈRES. — Voyez HÉMORRHAGIE.

LILAS. — On regarde le *Lilas commun*, appelé plus simplement *Lilas*, comme originaire du Levant, mais, depuis longtemps, il s'est naturalisé sur divers points de l'Europe. Le premier pied qu'on en ait vu dans l'Europe moyenne fut transporté de Constantinople à Vienne par l'ambassadeur Busbeck, à la fin du XVIᵉ siècle, et c'est, dit-on, de ce pied que sont sortis tous ceux qui se trouvent aujourd'hui dans nos jardins. Jusqu'à ces dernières années, le Lilas n'a été considéré que comme une plante d'ornement, mais la médecine le compte aujourd'hui au nombre de ses agents. C'est le docteur Cruveilhier qui, le premier, a attiré l'attention des praticiens sur ce végétal, en annonçant que l'extrait préparé avec ses capsules vertes jouit de propriétés. fébrifuges très-prononcées. Les graines du Lilas ont été aussi proposées comme des succédanées du café.

Lime. — Les *Limes* sont des outils très-coûteux : aussi les remplace-t-on de jour en jour, pour les grosses pièces, par des machines dites *à raboter*, mais leur emploi est indispensable pour les objets de petites dimensions. On a plusieurs fois essayé d'en diminuer le prix, et le moyen qui a paru le plus simple pour produire ce résultat a consisté à les tailler mécaniquement. Le premier appareil imaginé à cet effet, du moins en France, est peut-être celui que le sieur Duverger, menuisier à Paris, présenta à l'Académie des Sciences, en 1699, et dont, trois ans après, le *Journal des savants* publia la description. Depuis cette époque, l'étude de ce problème a exercé, dans tous les pays industriels, le génie et la patience d'une foule de mécaniciens, mais aucune des machines proposées jusqu'à présent n'a pu fonctionner d'une manière entièrement satisfaisante; on n'a obtenu de bons résultats que lorsqu'on a voulu simplement tailler les petites limes à l'usage de l'horlogerie. Pour toutes les autres Limes, il a encore été impossible de disposer les appareils de manière à leur faire présenter cette finesse de tact que possède la main de l'ouvrier, et qui lui fait varier, suivant une foule de circonstances difficiles à définir, la forme et la position du ciseau, la force et la direction du coup de marteau. — Ce qui rend l'emploi des Limes si dispendieux, c'est qu'il est impossible de les affûter. Or, tout outil qui ne peut être réparé à mesure qu'il s'use est un outil imparfait. Pour remédier à cet inconvénient, on a essayé de faire des Limes susceptibles d'être repassées, mais la complication de ces instruments est devenue alors si grande que leur prix s'est trouvé hors de proportion avec l'avantage produit. C'est à un essai de ce genre que l'on a dû les *Limes perpétuelles* inventées, en 1795, par le mécanicien anglais John White, alors établi à Paris. — Pendant très-longtemps, l'Angleterre et l'Allemagne ont eu le privilége de fournir toutes les bonnes Limes au commerce. Aujourd'hui, on en fabrique d'excellentes presque partout. Toutefois, c'est à Paris que se font les meilleures pour l'horlogerie.

Limites (*Méthode des*). — On ne trouve dans les ouvrages des géomètres de l'antiquité aucune exposition dogmatique de la méthode de calcul ainsi désignée. Du reste, ils ne pouvaient pas en avoir la possession pleine et entière, parce qu'elle suppose la notion nette et précise de la fonction, et que cette notion date seulement de Descartes. Cependant, il est incontestable qu'ils en avaient l'intuition à un très-haut degré. Quoi qu'il en soit, c'est au XVIIIᵉ siècle que les principes de la Méthode des limites ont été, pour la première fois, arrêtés et clairement énoncés, et la science est redevable de ce progrès à Maclaurin et à d'Alembert.

Lin. — La patrie du *Lin* est inconnue : on sait seulement que cette plante a été cultivée, de temps immémorial, en Égypte, dans le Levant et dans plusieurs parties de l'Europe. L'usage des tissus de Lin remonte également à une époque immémoriale. Leur usage était général chez les Assyriens, ainsi que chez la plupart des autres peuples de l'antiquité. Aux yeux des Juifs et des Égyptiens, ils passaient pour les plus purs, et, par conséquent, pour les plus convenables aux vêtements sacerdotaux. C'est même parce qu'ils étaient vêtus de Lin que les Romains donnaient le nom de *Linigeri* (porte-lin) aux prêtres d'Isis. A Rome on estimait beaucoup une variété de Lin, appelée *Carbasus*, que l'on tirait de l'Espagne. Du temps de Pline le Naturaliste, le Lin de Cumes, en Italie, jouissait d'une très-grande réputation pour faire des filets de chasse et de pêche. En Gaule, c'était celui du pays des Cadurques qui était le plus

17.

renommé. Du reste, malgré l'imperfection relative de leurs procédés de filage, les anciens savaient obtenir des résultats si remarquables que Pline le Naturaliste parle de fils de Lin composés de 150 et même de 355 brins. Ils employaient ces fils pour fabriquer des étoffes d'une merveilleuse finesse, analogues à nos batistes et à nos gazes, et dont, suivant l'expression des poètes, certaines semblaient tissues de vent. Aujourd'hui, l'industrie du Lin est encore plus avancée que dans l'antiquité. Elle produit des fils capables de fournir des toiles dont le prix varie de 1 à 20 fr. par mètre et au delà. On lui doit encore ceux qui servent à la fabrication des plus riches dentelles, et dont le kilogramme présente une longueur de 200 kilomètres environ. — Dans ces dernières années, on a essayé de faire revivre, sous le nom de *Cotonisation du Lin*, un procédé inventé, vers le milieu du XVIIIe siècle , pour donner au Lin les propriétés du coton ; mais, comme on devait s'y attendre, on n'a obtenu aucun résultat satisfaisant. Voyez DENTELLE, FIBRILIA, FILATURE, ROUISSAGE, etc.

LIN INCOMBUSTIBLE. — Voyez AMIANTE.

LIN DE LA NOUVELLE-ZÉLANDE. — Voyez PHORMIUM TENAX.

LINGE. — Ce mot, qui vient du latin *linum*, lin, a d'abord exclusivement désigné la toile de lin : plus tard, par extension, on a donné le même nom à celle de chanvre. Le Linge dit *damassé* a été ainsi appelé parce que les dessins dont il est orné lui donnent une certaine ressemblance avec le damas blanc de soie. Suivant la plupart des auteurs, sa fabrication en Europe a été créée en Flandre, pendant le XVe siècle, mais d'autres en attribuent les premiers essais à un industriel rouennais, appelé André Graindorge, qui vivait au siècle suivant. La vérité est que, sur ce point, comme sur tant d'autres, on ne possède aucun renseignement certain.

LIPOGRAMMATIQUE. — Ce mot sert à désigner toute œuvre littéraire, soit en prose soit en vers, où l'on a omis à dessein une lettre de l'alphabet. Le plus ancien auteur qui se soit occupé de futilités de cette espèce est le poëte grec Lasos d'Hermione, qui vivait 550 ans avant Jésus-Christ : Élien et Athénée nous ont conservé quelques fragments de son *Hymne à Cérès*

et de son ode des *Centaures*, où manque la lettre S. Suivant ce dernier, Pindare composa aussi une ode qui était dépourvue de la même lettre. Enfin, plus tard, à l'époque de la décadence de la littérature gréco-romaine, Nestor de Laranda, contemporain de l'empereur Sévère, fit une Iliade en vingt-quatre chants, dont le premier était sans A, le second sans B, et ainsi des autres. A l'imitation de ce rimailleur, Tryphiodore écrivit, deux siècles après, une Odyssée qui présentait le même nombre de chants et la même particularité. Le moyen âge a aussi compté quelques ouvrages lipogrammatiques. Parmi les modernes, ce sont les Italiens qui se sont le plus exercés dans ces compositions ridicules.

LIQUEUR DES CAILLOUX. — Voyez SILICIUM et SILICATISATION.

LIQUEURS DE TABLE. — Il y a eu de tout temps et chez tous les peuples civilisés des boissons de luxe destinées au même usage que nos liqueurs de table, mais leur composition a nécessairement varié suivant les lieux et la nature des matières premières dont on a pu disposer. Les Liqueurs modernes, c'est-à-dire faites d'eau-de-vie sucrée et aromatisée, ont été, dit-on, imaginées par les Italiens, et l'on croit qu'elles ont été introduites en France, vers 1533, à l'époque du mariage de Catherine de Médicis avec le dauphin Henri, fils de François Ier.

LIT. — I. Si l'on en juge par les dessins que nous possédons, les *Lits* des anciens, et, par ce dernier mot, il faut entendre les Grecs et les Romains, étaient de petites dimensions et d'une hauteur si grande qu'il fallait, pour y monter, un tabouret ou une petite échelle. De plus, ils avaient la forme de nos sofas et manquaient de rideaux. Enfin, leur garniture consistait en un épais matelas, supporté par des sangles, et sur lequel on mettait un traversin et un oreiller. Pendant le moyen âge, les Lits reçurent des proportions tellement considérables qu'une famille entière pouvait y trouver place. Ils devinrent, en outre, par les draperies dont on les décora, une des principales pièces de l'ameublement, et la manière dont on disposa ces draperies donna naissance aux Lits appelés *à l'ange, en que-*

nouille, à la duchesse, à la polonaise, etc., dont quelques-uns existent encore dans certains pays. Aujourd'hui, comme autrefois, tout Lit se compose de deux parties distinctes, le Lit proprement dit et la garniture. Le Lit proprement dit varie de forme et de décoration suivant les caprices de la mode : pendant long-temps, on l'a exclusivement fait en bois, mais, depuis une vingtaine d'années, l'emploi du fer, dont les premiers essais datent de la fin du XVIIe siècle, a permis, en se développant, d'y introduire d'utiles améliorations. Quant à la garniture, son plus grand perfectionnement a eu pour objet de remplacer la paillasse traditionnelle par le Sommier élastique : né en 1802, ce progrès n'a commencé à se répandre qu'après 1830. A diverses époques, on a proposé de remplir la paillasse d'air, au lieu de paille, de feuilles sèches ou de varech, mais ces Lits d'air, comme on les appelait autrefois, n'ont jamais eu qu'un succès de curiosité : il en est déjà question dans la Vénerie de Jacques du Fouilloux, publiée à Poitiers, en 1561. Parmi ceux qui, depuis le XVIe siècle, ont cherché à les mettre à la mode, il suffira de citer le mécanicien Vaucanson, en 1785, et l'anglais John Clarke, en 1813. Une autre invention a été plus heureuse : c'est celle des Lits doubles et des Lits triples, qui a eu pour origine le besoin de faire coucher séparément plusieurs personnes dans un espace restreint. Il existait anciennement des Lits de ce genre dans les châteaux, mais ils constituaient alors des raretés, et ce n'est qu'à partir de 1839 que les ébénistes se sont sérieusement occupés d'en répandre l'usage. On sait que les Lits doubles se composent de deux lits superposés dont l'inférieur, disposé comme un tiroir, glisse sur des roulettes. Les Lits triples n'en diffèrent que par le nombre de leurs lits, qui est de trois, au lieu de deux. La cause qui a fait imaginer ces meubles a fait également inventer les Canapés-lits et les Divans-lits, dont l'emploi est aujourd'hui si général dans les grandes villes. Voyez SOMMIER ÉLASTIQUE.

II. Un grand nombre d'inventeurs se sont occupés de la fabrication de Lits mécaniques pour le soulagement des malades et des blessés. Les recueils scientifiques du dernier siècle renferment la description de plusieurs appareils de ce genre, dus aux mécaniciens Hanot (1742), Garat (1771), Mathieu (1780), etc., qui furent plus tard beaucoup perfectionnés par le parisien Daujon (1803). En 1843, M. Rabiot, de Paris, a rendu toutes ces inventions inutiles en créant un châssis à support, auquel il a donné le nom de Nosophore, et qui, pouvant s'adapter aux Lits ordinaires, permet de soulever les malades, de les transporter d'un lieu à un autre, et de les maintenir sans fatigue au bain. Il faut encore citer le Lit de mine ou Lit de sauvetage, inventé, en 1834, par le docteur Valat, de Blanzy (Saône-et-Loire), qui est destiné au transport des ouvriers blessés en travaillant dans les galeries de mines. Cet appareil a valu à son auteur un des prix Monthyon décernés par l'Académie des Sciences.

LITHARGE. — C'est un protoxyde de plomb. On l'emploie généralement, dans les fabriques, pour préparer les sels de plomb dont on a besoin. On s'en sert aussi pour faire certains verres, pour rendre l'huile de lin siccative, et pour obtenir plusieurs couleurs jaunes qui rendent de grands services dans la peinture à l'huile à cause de leur éclat et de leur fraîcheur. L'une de ces couleurs, le Jaune minéral, a été découverte, il y a environ cent cinquante ans, en Angleterre, par un nommé Turner : il en existe plusieurs variétés, que l'on appelle Jaune de Turner, Jaune de Cassel, Jaune de Paris, Jaune de Vérone. Une autre couleur a été inventée à Naples, vers le milieu du dernier siècle : de là le nom de Jaune de Naples sous lequel on la désigne. Enfin, une troisième, dite Jaune minéral surfin ou Jaune d'antimoine, a été trouvée, vers 1801, par le peintre français Mérimée.

LITHIUM. — En 1817, le chimiste Arfwedson découvrit un nouvel oxyde alcalin dans plusieurs minéraux très-rares provenant des mines de fer d'Utoé, en Suède, et il lui donna le nom de Lithine, d'un mot grec qui signifie « pierre ». Quelques mois après, Humphry Davy, ayant soumis cet oxyde à l'action de la Pile voltaïque, en isola le radical et il l'appela Lithium. Depuis cette époque, le Lithium et ses composés ont été successivement étudiés par les chimistes Hermann, Rammelsberg, Hugo Muller, Mayer, Bunsen, Matthiessen, et, enfin, en 1857, par M. L. Troost, qui en a fait une étude complète. Ce métal est sans usage, mais, depuis quelque temps, les sels de Lithine commencent à être employés en médecine, particulièrement contre la goutte.

LITHOCHROMIE. — Genre d'impression lithographique destinée à imiter les tableaux à l'huile. Après avoir peint sur pierre avec des couleurs à l'huile, on transporte les peintures sur la toile au moyen de la presse. La Lithochromie a été inventée, en 1827, par un artiste parisien appelé Malapeau. Depuis cette époque, on a créé, pour l'appliquer, en France, en Angleterre et en Allemagne, une multitude de procédés plus ou moins analogues, mais c'est celui de M. Liepmann, de Berlin, qui le premier a fourni des résultats véritablement satisfaisants : il date de 1839. Au XVIIe siècle, c'est-à-dire longtemps avant la découverte de la Lithographie, on avait imaginé un moyen barbare pour obtenir des imitations de la peinture à l'huile : on prenait une estampe ordinaire, on l'huilait, et on la coloriait par derrière. On doit à ce procédé, qui fit fureur pendant plusieurs mois, la destruction d'un très-grand nombre de pièces précieuses. Voyez CHROMOLITHOGRAPHIE.

LITHOGLYPTIQUE. — Nom donné par plusieurs auteurs à la *Gravure sur pierres dures*, pour la distinguer de la *Gravure sur coquilles*. Voyez GLYPTIQUE.

LITHOGRAPHIE. — Vers 1793, un pauvre choriste du théâtre de Munich, nommé Alois Senefelder, se trouvant réduit à copier de la musique pour gagner sa vie, se mit à la recherche d'un moyen qui pût lui permettre d'accélérer économiquement son travail. Après avoir vainement essayé de la Gravure à l'eau-forte, il eut l'idée d'employer la Gravure sur pierre, et c'est en réalisant pratiquement cette idée qu'il fut conduit à la création de la Lithographie. L'invention fut terminée en 1798. Le nouveau genre d'impression se répandit presque aussitôt, en partie par les soins de Senefelder lui-même, qui en vendit les procédés à divers industriels, en partie par l'indiscrétion de plusieurs associés à qui son caractère expansif les fit connaître. Senefelder appelait son invention *Impression chimique* ou *Impression sur pierre*. Plus tard, les bavarois Mitterer, Steiner et Weichselbaum lui donnèrent le nom de *Lithographie*, qui est resté. Après Munich, c'est la ville d'Offenbach qui a possédé la première une imprimerie lithographique : un établissement de ce genre y fut fondé, en 1799, par Senefelder et Frédéric André, un de ses associés. L'année suivante, c'est-à-dire en 1800, un artiste de Strasbourg, nommé Niedermayer, et l'éditeur de musique Pleyel essayèrent d'introduire la Lithographie à Paris et ne purent y réussir. Plusieurs tentatives du même genre furent faites, sans plus de succès, en 1802, par Senefelder et André, en 1808, par Choron, en 1809, par White, etc. Enfin, en 1814, le comte Charles-Philibert de Lasteyrie parvint à organiser à Paris un atelier dont les produits forcèrent l'opinion publique à accorder à la Lithographie l'attention qu'elle méritait. Presqu'en même temps, M. Godefroy Engelmann fonda à Mulhouse un établissement semblable, qu'il transporta à Paris en 1816. C'est aux efforts réunis de ces deux hommes utiles que l'invention de Senefelder doit d'avoir été définitivement naturalisée dans notre pays. Elle a été exploitée sur une assez grande échelle, en Angleterre, dès 1801, et en Autriche, dès 1803. Enfin, elle a pénétré en Belgique et en Prusse, en 1817 ; en Italie, en 1818 ; en Espagne, en 1825 ; aux États-Unis, en 1828, etc. La Lithographie constitue aujourd'hui une industrie très-importante, et les perfectionnements qu'elle a reçus depuis 1830 ont permis d'en multiplier tellement les applications, qu'elle est devenue, pour une foule d'usages, le complément obligé de la Typographie. Voyez CHROMOLITHOGRAPHIE, PIERRES LITHOGRAPHIQUES, PRESSES LITHOGRAPHIQUES, TRANSPORTS LITHOGRAPHIQUES, etc.

LITHOPHANIE. — On appelle ainsi un procédé ingénieux qui consiste à exécuter des dessins sur des lames de porcelaine tendre, de manière qu'en les regardant à la lumière ou au jour, ils produisent le même effet que s'ils avaient été faits à l'encre de Chine. La Lithophanie a été inventée, en France, vers

1827 : on l'emploie surtout pour faire des écrans et des abat-jour. V. au COMPL.

LITHOPHOTOGRAPHIE. — Procédé de reproduction des images photographiques qui consiste à les transporter sur pierre lithographique, après quoi on les imprime comme des lithographies ordinaires. La Lithophotographie est d'origine française : elle a été inventée, à Paris, en 1852, par MM. Lemercier, Lerebours, Barreswil et Davanne. Un grand nombre d'inventions du même genre ont été faites depuis dans tous les pays où l'on cultive la Photographie, et, en ce qui concerne la France, par MM. Herman Halleux (1854), Poitevin (1855), Émile Rousseau (1855), Ernest Conduché (1856), etc. C'est au moyen des procédés lithophotographiques que l'on imprime la plupart des grandes vues de monuments qui, depuis quelques années, sont si nombreuses aux étalages des marchands d'estampes.

LITHOTOMIE. — Avant l'invention de la Lithotritie, on extrayait les calculs urinaires en pratiquant une ouverture à la vessie, et c'est à cette opération que l'on donnait les noms de *Lithotomie*, de *Taille* et de *Cystotomie*. Cette opération remontait à une haute antiquité, mais ses procédés avaient varié suivant les époques. Le procédé le plus ancien était celui du *petit appareil*, ainsi nommé à cause du petit nombre d'instruments qu'il nécessitait ; on l'appelait aussi *procédé de Celse*, parce qu'il se trouve décrit, pour la première fois, dans les ouvrages du médecin grec de ce nom. Il fut seul connu jusqu'au XVIᵉ siècle, où le *procédé latéralisé* fut inventé par le chirurgien français Jacques de Beaulieu ; le *grand appareil*, par les chirurgiens italiens Batista da Rapallo, Jean des Romains et Marianus Sanctus ; et le *haut appareil* ou *taille hypogastrique*, par le chirurgien provençal Pierre Franco. Aujourd'hui, on a très-rarement recours à la Lithotomie, parce que la Lithotritie permet d'obtenir le même résultat sans incision de parties, sans effusion de sang, surtout sans le danger et la souffrance qui l'accompagnent presque toujours.

LITHOTRITIE. — Opération chirurgicale qui consiste à broyer, au moyen d'instruments introduits par les voies ordinaires, les calculs urinaires contenus dans la vessie ou dans l'urètre. Contrairement à l'opinion de quelques savants, qui ont prétendu qu'elle avait été connue du chirurgien arabe Abul Cassis, au XIIᵉ siècle, et, plus tard, d'Ambroise Paré, de Fabrice de Hilden, et de plusieurs autres, il est aujourd'hui universellement admis que si, à diverses époques, il y a eu des cas particuliers de broiement de calculs, la Lithotritie, comme méthode, est une invention tout à fait moderne. L'idée scientifique de cette opération a été émise, en 1812, par le docteur bavarois Gruithuysen. En 1822, le docteur Amussat a rendu possible l'emploi des instruments lithotriteurs, et le docteur Leroy d'Étiolles a, le premier, imaginé, construit et fait connaître des instruments véritablement propres à être appliqués. Enfin, en 1825, le docteur Civiale a, le premier, opéré avec succès sur l'homme vivant.

LITHOTYPOGRAPHIE. — MM. Paul et Auguste Dupont, imprimeurs à Paris, ont créé ce mot, en 1839, pour désigner un procédé de leur invention, à l'aide duquel ils transportent sur pierre de vieilles impressions typographiques, après quoi ils multiplient ces transports par les moyens ordinaires de la Lithographie. Le produit le plus important de la Lithotypographie est le tome XIII de la *Collection des historiens de France*, énorme in-folio de 966 pages, qui manquait à presque tous les exemplaires. De tous les procédés analogues, la Lithotypographie est le seul qui ait donné lieu à des applications véritablement industrielles.

LIVRE. — Le mot latin *liber*, d'où est venu le français *livre*, a d'abord été employé, par les Romains, pour désigner la pellicule de Papyrus sur laquelle on écrivait : plus tard, on a, par extension, donné le même nom au manuscrit exécuté sur cette pellicule, à ce que l'on appelle aujourd'hui un Livre. Avant l'invention de l'Imprimerie, les Livres étaient entièrement copiés à la main, et, comme ce travail était extrêmement long, le prix s'en trouvait naturellement très-élevé, et, par suite, leur acquisition très-difficile. Aussi, n'y avait-il que les églises, les couvents, les princes et les riches particuliers qui pussent se procurer des Livres. Les premiers essais pour exécuter les Livres économiquement remontent aux premières années du XVᵉ siècle. On imagina d'abord de graver les pages entières en relief, sur des planches de bois : quand ces planches étaient terminées, on les encrait, puis, appliquant par-dessus une feuille de papier, on transportait, par la pression, les pages sur cette feuille. Ce procédé constitua ce qu'on a nommé depuis l'*Impression tabellaire* ou *xylographique*. Il constituait un véritable progrès, mais on s'aperçut bientôt qu'il était encore beaucoup trop lent et trop coûteux, et de nouvelles recherches conduisirent enfin à l'*Impression en caractères mobiles* ou *Typographie*. Les premiers imprimeurs n'ayant pas daté leurs produits, il n'est pas possible de savoir quel est le premier Livre qui a été exécuté typographiquement. Toutefois, le plus ancien qui soit parvenu jusqu'à nous paraît être une *Bible latine*, sans date, que l'on croit avoir été publiée à Mayence, entre 1450 et 1456, et le plus ancien, qui porte une date, est le célèbre *Psautier*, édité, en 1457, dans la même ville, par Faust et Schœffer. Les premiers Livres imprimés furent en *Caractères gothiques*. On ne commença à se servir du *Caractère romain* qu'après 1466, et du *Caractère italique* qu'à partir de 1500. Les ressources de la Typographie augmentant à mesure qu'elle se répandait, on put ainsi de bonne heure imiter les caractères de quelques langues étrangères. Le premier *Livre hébreu* parut en 1530, et le premier *Livre grec* en 1476. Les *Livres illustrés* remontent à l'origine même de la Typographie, mais, parmi les premiers imprimeurs, les uns intercalèrent des gravures sur bois dans le texte, tandis que les autres firent exécuter les ornements à la main, après le tirage. Le plus ancien Livre où l'on trouve des gravures sur cuivre est le *Monte santo di Dio* d'Antoine Bettini, qui parut à Florence, en 1477 ; et le plus ancien où l'on trouve des cartes de géographie, le *Ptolémée*, édité à Rome, en 1478, par Swenheym et Pannartz. Les premiers imprimeurs ne se servaient pas de certains accessoires qu'on a imaginés depuis pour faciliter le maniement des livres. Les *Réclames* datent de 1468 ou de 1469 ; le *Registre*, les *Préfaces* et les *Notes marginales*, de 1469 ; les

Titres sur feuillets détachés et la *Pagination*, de 1470 ; les *Signatures*, de 1472 ; les *Errata*, de 1478, etc. Quant au *Format*, les premiers Livres furent in-folio ; l'in-quarto parut en 1467, l'in-12 en 1470, l'in-8° en 1500, etc. On a commencé à faire des *Catalogues* de livres en 1470. Enfin, l'usage des publications par *Souscription* a été introduit en 1657, et celui des *Abonnements de lecture* en 1740. Le *Dépôt légal* des livres a été, dit-on, prescrit, pour la première fois, par le sénat de Venise, en 1603, mais déjà, en 1556, Henri II, roi de France, avait ordonné aux éditeurs de remettre à sa bibliothèque particulière un exemplaire sur vélin et relié de tous les ouvrages qu'ils publieraient. Toutefois, ce n'est qu'en 1723 que cette formalité a commencé, en France, à être soumise à une législation régulière. Voyez CARACTÈRES, CARTES GÉOGRAPHIQUES, GRAVURE, IMPRESSION, MANUSCRIT, PRESSES TYPOGRAPHIQUES, SOUSCRIPTION, TYPOGRAPHIE, etc.

LIVRÉE. — Au moyen âge, les rois, les princes et les seigneurs donnaient à leurs adhérents, non pas des appointements fixes, mais une part dans les droits et avantages qui leur revenaient comme droits féodaux ou comme droits de guerre, et cela s'appelait des *livraisons*. Or, parmi ces livraisons se trouvaient des vêtements qui avaient une certaine uniformité par la couleur et plus encore par les devises et les ornements de la manche. Les vêtements ainsi distribués se nommaient *Livrées* : ils étaient donc de véritables livrées, dans le sens que l'on attache aujourd'hui à ce mot, et signifiaient une sorte de dépendance, ou du moins le signe d'un attachement. Les Livrées modernes dérivent de ces vêtements ; seulement, en appliquant ce mot au costume des valets, on l'a détourné de son acception première en oubliant que ces derniers ont remplacé la noble et chevaleresque domesticité des temps d'autrefois.

LIVRET D'OUVRIER. — L'origine des *Livrets d'ouvriers* remonte, du moins en France, à l'année 1746, où des lettres patentes interdirent aux « garçons et compagnons » de quitter leurs patrons sans un « congé » écrit destiné à constater l'exécution des engagements et le remboursement des avances, et aux patrons d'employer aucun garçon ou compagnon qui ne serait point muni d'un congé de ce genre. Ces certificats furent d'abord délivrés sur des feuilles volantes, mais comme, sous cette forme, on pouvait facilement les perdre, d'autres lettres patentes les remplacèrent, en 1781, par un *petit livre* ou *cahier*, qui est devenu le Livret actuel.

LOCH. — Instrument usité à la mer pour mesurer le sillage d'un navire, c'est-à-dire sa vitesse et sa marche. Il a été imaginé en Angleterre, au commencement du XVIIᵉ siècle, et l'on croit qu'il porte le nom de son inventeur : il n'était pas encore connu en France en 1643. Avant son invention, on obtenait le même résultat au moyen d'appareils grossiers dont on ignore la disposition véritable. Aujourd'hui, le Loch est employé par les marins de tous les peuples civilisés. Cependant, on lui reproche certains défauts qui altèrent beaucoup l'exactitude de ses indications. Ce fait a engagé plusieurs mécaniciens à construire, pour le remplacer, des instruments diversement combinés, auxquels ils ont donné les noms de *Diogiromètres*, *Lochs perpétuels*, *Sillomètres*, *Trochomètres*, *Vélocimètres*, etc., mais aucun de ces instruments n'a été trouvé assez parfait pour mériter de lui être préféré. Toutefois, le *Loch-sondeur*, proposé, en 1852, par M. Adolphe Pecoul, de Marseille, paraît remplir les conditions désirables; il a du moins été constaté, par des expériences nombreuses, qu'il produit des résultats satisfaisants dans certaines circonstances de navigation. La double dénomination que lui a donnée son inventeur vient de ce qu'il fait connaître en même temps la vitesse du navire et la profondeur du fond où ce navire passe. — Avec quelque soin que le Loch soit construit et de quelque manière qu'il fonctionne, il ne peut jamais fournir que des repères plus ou moins éloignés les uns des autres. On a donc cherché de nos jours à obtenir, par l'emploi de mécanismes particuliers, des indications continues. Le physicien anglais Baine a résolu le problème, en 1842, en faisant intervenir l'Électricité. Avec les *Lochs électriques*, non-seulement les différentes phases de la vitesse du navire peuvent être appréciées à chaque instant du jour, mais les distances parcourues se trouvent inscrites d'une manière continue sur un cadran, dans la chambre même du capitaine. Toutefois, malgré ces avantages, l'invention de M. Baine n'est pas encore entrée dans la pratique.

LOCOMOBILE. — On a créé ce mot pour désigner des Machines à vapeur de petites dimensions et facilement transportables. C'est à l'application des moteurs de ce genre aux travaux de construction et aux instruments agricoles que l'on doit les progrès réalisés, depuis quarante ans, dans ces deux branches industrielles, sous le double rapport de la célérité et de l'économie de la main-d'œuvre. Les *Locomobiles* ont d'abord été employées aux États-Unis et en Angleterre, d'où elles ont été introduites peu à peu dans les autres pays. Leur usage en France ne remonte guère au delà de 1839, et l'on cite MM. Rouffet et Carillion, mécaniciens à Paris, comme ceux qui, les premiers, ont le plus contribué à les répandre dans notre pays. Depuis cette époque, une foule de constructeurs habiles, entre autres, MM. Breval, Calla, Cavé, Farcot et Flaud, à Paris, Duvoir, à Liancourt (Oise), Lotz et Renaud, à Nantes, etc., les ont popularisées, d'abord, dans les ateliers, puis, à partir surtout de 1851, dans les grandes fermes, où elles servent principalement à faire marcher les Batteuses, les Faucheuses, les Faneuses et les Moissonneuses mécaniques. Afin de faciliter le déplacement des Locomobiles puissantes, plusieurs mécaniciens ont imaginé de les munir d'une petite voie, qu'elles portent elles-mêmes et qu'elles placent sur le sol à mesure qu'elles marchent. Une des plus ingénieuses machines de ce système est celle de l'anglais Boydell, qui date de sept à huit ans. Sa voie se compose simplement de six sabots de bois articulés sur chacune des roues et retenus auprès de la jante par des brides en anse de panier. Par suite de cette disposition, les sabots viennent successivement se placer, par une de leurs extrémités, entre la roue et le sol, et se relèvent, par l'extrémité opposée, aussitôt que, la roue venant à les quitter, ils ne doivent plus agir.

LOCOMOTIVE. — La *Locomotive* a pour origine les essais entrepris au dernier siècle pour appliquer la Machine à vapeur à la traction des voitures sur les routes ordinaires. La première machine de ce genre date de 1804 : elle fut construite par les mécaniciens anglais Trewithick et Vivian, qui l'expérimentèrent sur le chemin de fer de Merthyr-Tydwill, dans le pays de Galles. Cette Locomotive ne remorquait que 10 tonnes de poids utile, à la vitesse de 8 kilomètres à l'heure, et avait, en outre, des défauts énormes. Néanmoins, les résultats qu'elle fournit furent si satisfaisants que l'on comprit aussitôt que l'industrie des transports était à la veille d'une immense révolution, et une foule d'ingénieurs habiles se mirent à l'œuvre pour la perfectionner. Alors parurent successivement les machines de Blenkinsop (1811), de William et Edward Chapman (1812), de Brunton (1813), et de plusieurs autres, qui ne répondirent que très-imparfaitement aux espérances de leurs constructeurs. Dans le courant de cette même année 1813, l'ingénieur Blackett fit faire un grand pas à la solution du problème, en prouvant par l'expérience, ce qu'on ignorait encore, que l'adhérence des roues des Locomotives sur les rails de la voie était suffisante pour permettre à ces machines de se mouvoir sans avoir besoin des engrenages et des autres appareils plus ou moins compliqués dont on avait cru jusqu'alors nécessaire de les munir. La construction des Locomotives fit peu de progrès jusqu'en 1829, mais alors figura, au concours ouvert par la compagnie du chemin de fer de Liverpool à Manchester, la première machine *à chaudière tubulaire avec tirage par un jet de vapeur*. Cette machine se nommait *la Fusée (the Rocket)* : elle avait été conçue par Georges Stephenson et exécutée par son fils Robert. On y trouvait certaines dispositions, expérimentées, l'année précédente, par M. Marc Séguin, sur le chemin de Saint-Étienne à Lyon, mais avec des améliorations qui en faisaient une chose toute nouvelle. La Fusée remporta le prix, et ses avantages parurent si considérables que toutes les compagnies s'empressèrent de l'adopter. C'est à la machine de Georges Stephenson que les Chemins de fer doivent d'être devenus ce que nous les voyons aujourd'hui, car sans elle, ils n'auraient jamais pu fournir de grandes vitesses. Toutes les Locomotives qu'on a faites depuis ont été construites sur les mêmes principes : on a seulement augmenté leur puissance en augmentant leurs dimensions, et exécuté leurs différentes parties avec plus de perfection. Il suffira de citer, parmi ceux qui ont le plus contribué à leurs progrès, les ingénieurs anglais Crampton et Sharp Roberts, l'ingénieur allemand Engerth, et les ingénieurs français Polonceau et Arnoux. Voyez CHEMIN DE FER et DILIGENCE.

LOGARITHMES. — Les *Logarithmes* sont des nombres en progression arithmétique qui répondent à d'autres nombres en progression géométrique. Leur découverte est généralement attribuée au baron écossais John Napier ou Neper. On croit cependant qu'ils étaient connus de Stirelius et de Juste Byrge, qui les auraient imaginés, en 1606, pour leur usage particulier. Quoi qu'il en soit, c'est Neper qui les a fait connaître le premier au monde savant, en 1614. L'invention des Logarithmes a changé complétement la marche des calculs mathématiques, en permettant d'exécuter en quelques instants des travaux qui exigeaient auparavant des mois entiers. Toutefois, les Logarithmes de Neper ne sont pas ceux dont on se sert aujourd'hui : ces derniers ont été établis, en 1618 et 1624, sur sa recommandation, par Henri Briggs, professeur au collège de Gresham, dont les travaux furent achevés, en 1633, par Henri Gellibrard. Depuis la fin du XVIIe siècle, les tables de Briggs ont été successivement améliorées par Gregory, Mercator, Newton, Borda, Taylor, Gardiner, Jean-François Callet, etc. Les meilleures et les plus commodes qui existent aujourd'hui sont celles de ce dernier : elles ont été publiées, pour la première fois, en 1795, et leur impression donna lieu à la première application du procédé de stéréotypage inventé par M. Firmin Didot.

LOGARITHMIQUE. — C'est la courbe dont les abscisses sont proportionnelles aux logarithmes des ordonnées correspondantes. On l'appelle aussi *Courbe logistique*. Elle a été proposée, au XVIIe siècle, par le père Grégoire de Saint-Vincent, peu de temps après la découverte des Logarithmes, et ses principales propriétés ont été exposées, pour la première fois, par Christian Huyghens. Voyez RÈGLE A CALCUL.

Logographie. — Nom donné, en 1790, à un procédé imaginé pour recueillir les discours de l'Assemblée nationale, et qui excluait l'emploi des signes abréviatifs. Plusieurs scribes étaient rangés autour d'une table, et chacun devait, d'après un ordre convenu d'avance, écrire, sur des bandes de papier préparées à cet effet, celles des paroles de l'orateur qu'il avait pu saisir. La Logographie fut abandonnée aussitôt que l'on posséda une bonne méthode sténographique. En 1783, un anglais, appelé H. Johnson, s'était déjà servi de ce mot de *Logographie* pour désigner un procédé d'impression dont il était l'inventeur, et qui devait fournir des textes beaucoup plus corrects que les systèmes usités. « Par cette méthode, disait le prospectus, les erreurs seront plus rares qu'elles ne le sont ordinairement ; il ne peut pas y avoir de fautes d'orthographe, ni omission, ni substitution, déplacement ou transposition de lettres, etc. » Malheureusement, le texte de cette pièce était peu fait pour donner une idée favorable du procédé, car on y lisait *Najesty* pour *Majesty*.

Logotypes. — Voyez CARACTÈRES.

Lo-kao. — Voyez VERT DE CHINE.

Longitudes (*Bureau des*). — Établissement scientifique créé à Paris, le 7 messidor an III (25 juin 1795), par la Convention nationale, pour travailler au perfectionnement des tables astronomiques et des méthodes usitées pour calculer les longitudes. Il publie régulièrement le répertoire si connu sous le nom de *Connaissance des temps*, et un *Annuaire* qui, outre des extraits de ce répertoire, renferme des notices intéressantes sur divers sujets. Voyez ANNUAIRE et CONNAISSANCE DES TEMPS.

Longue-vue. — Voyez LUNETTE.

Lorgnette. — L'instrument d'optique de ce nom n'est autre chose qu'une Lunette de Galilée de très-petite dimension. Il a un champ peu étendu et ne peut servir qu'à voir les objets peu éloignés ; aussi l'emploie-t-on surtout au théâtre, et c'est de là que vient le nom de *Lunette de théâtre* qu'on lui donne aussi quelquefois. Les Lorgnettes à un seul corps sont les plus anciennes. Les Lorgnettes à deux corps ou *Jumelles*, qui ne sont qu'une imitation des Télescopes ou Longues-vues binoculaires du XVIIᵉ siè- cle, datent d'une époque plus moderne ; on croit qu'elles étaient déjà connues au dernier siècle, avant la découverte de l'Achromatisme, mais elles n'ont commencé à devenir communes qu'entre les années 1825 et 1830. Les Lorgnettes ont été l'objet d'une multitude de modifications plus ou moins importantes, qui leur ont fait appliquer un égal nombre de dénominations particulières. Avant la Révolution, comme il était défendu de lorgner la reine au spectacle, on éluda les défenses de la police en inventant, un peu avant 1749, les *Lorgnettes à la reine* ou *Lunettes de jalousie*, qui permettaient de regarder indirectement les personnes placées dans les loges, sans qu'on pût s'en douter. Les *Lorgnettes à oculaires gradués* ont été ainsi nommées parce qu'elles sont munies de plusieurs oculaires concaves de divers degrés de courbure, qu'un mécanisme amène successivement ou simultanément devant l'objectif, suivant l'effet que l'on veut obtenir : elles datent du dernier siècle, et Ramsden et Dollond paraissent s'être occupés les premiers de leur construction. A la classe des Lorgnettes à deux corps appartiennent les *Jumelles à douze verres* dont l'invention, qui appartient à ces dernières années, a transformé les Lunettes de théâtre : les *Jumelles-duchesses* et les *Jumelles-marquises* des opticiens parisiens en sont les variétés,

Lorgnon. — L'époque de son invention est inconnue. Tout ce qu'on sait, c'est que les anciens connaissaient l'effet des verres concaves pour éclaircir la vue des myopes, et Pline rapporte que Néron se servait d'une émeraude ainsi taillée pour mieux voir les combats des gladiateurs. Ce prince avait donc un véritable Lorgnon à un seul verre ou *Monocle*.

Loterie. — Ce jeu de hasard était connu des Romains, mais il paraît qu'il n'avait pas chez eux le caractère d'immoralité qu'il a eu depuis. Dans les temps modernes, la Loterie s'est d'abord montrée en Italie, où son usage s'était probablement maintenu depuis l'antiquité, et c'est de ce pays qu'elle pénétra en France sous le règne de Louis XII. Elle ne fut d'abord employée, chez nous, que par des marchands ou des particuliers, qui s'en servaient pour se défaire, les uns, de produits difficiles à écouler, les autres, d'objets de grande valeur. Plus tard, en 1529, François Ier y eut recours pour se procurer des ressources, mais l'entreprise ne réussit pas. D'autres essais du même genre eurent lieu quelques années après et n'eurent pas plus de succès. Enfin, en 1656, le banquier italien Lorenzo Tonti fut autorisé à établir une Loterie dont le produit devait servir à la reconstruction d'un pont de bois sur la Seine, qu'un incendie avait détruit. La manie des jeux de hasard avait alors tellement perverti les différentes classes de la société, que l'on vit pulluler ces institutions immorales dans la plupart de nos grandes villes, surtout à Paris : le gouvernement en consacra même le principe en créant, le 11 mai 1700, à l'hôtel de ville de Paris, une Loterie au capital de dix millions de livres, dont les lots gagnants devaient être des rentes de 300 à 20,000 livres. Enfin, le 30 juin 1776, un arrêt du Conseil supprima toutes les Loteries et les remplaça par une Loterie royale de France, dont l'exploitation fut réservée à l'État. Cette Loterie fut supprimée par la Convention (1794), rétablie par le Directoire (1797), et, enfin, abolie définitivement par le gouvernement de juillet (1832). Depuis cette dernière époque, il n'y a plus eu en France que des Loteries de bienfaisance ou soi-disant telles, mais il existe encore, dans plusieurs pays, des Loteries officielles. Du reste, sous quelque titre qu'elles fonctionnent, ces institutions sont toujours désastreuses, et, comme disait avec raison le parlement de Paris, au xvie siècle, ne sont bonnes qu'à faire « la ruine du peuple. »

Loto. — C'est un jeu d'origine italienne, qui paraît dater du xviiie siècle, et dont on attribue l'invention à un moine napolitain appelé Célestin Galiani. Dans ces derniers temps, M. Van Noorden, de Londres, a imaginé un Loto musical pour apprendre aux enfants à lire les notes de la musique. Les cartons de ce Loto sont en papier réglé, et les numéros du jeu ordinaire sont remplacés par des notes distribuées sur les portées. Ce sont également des notes, au lieu de numéros, que l'on tire du sac. Quand la note est appelée, il faut la marquer sur les cartons, afin d'arriver à faire des quines, ce qui excite les enfants à lire vite pour pouvoir marquer à temps.

Louis. — La monnaie française appelée Louis a été fabriquée, pour la première fois, sous Louis XIII. Quant à son nom, elle l'a dû à l'effigie de ce prince que présentait une de ses faces. Il y a eu des Louis d'or et des Louis d'argent. — Les Louis d'or furent frappés le 24 février 1640. On fit en même temps des demi-Louis, des doubles-Louis, ainsi que des pièces de quatre, six, huit et dix Louis, mais ces quatre dernières n'eurent jamais cours dans le commerce. La fabrication des Louis fut continuée pendant les règnes de Louis XIV, Louis XV et Louis XVI, mais non sans changer plusieurs fois de valeur et même partiellement de type. C'est à des modifications de ce dernier genre que certains Louis du temps de Louis XV durent les dénominations de Louis de Noailles, Louis de Malte, Louis mirliton, Louis à la lunette, etc. Les Louis disparurent en 1792, époque à laquelle les monnaies d'or qui les remplacèrent reçurent le nom de Pièces de vingt-quatre livres. Sous Napoléon Ier, la monnaie d'or s'appela Napoléon. Elle reprit son ancien nom de Louis à l'avénement de Louis XVIII, et, depuis la mort de ce prince, l'habitude le lui a conservé, bien que ses successeurs se soient autrement appelés depuis 1852, on les nomme généralement pièces d'or de 20 fr., de 40 fr., etc. — Les Louis d'argent furent fabriqués, pour la première fois, en 1641. On fit en même temps des demi-Louis, des quarts de Louis et même des dixièmes de Louis. Le Louis valait soixante sous : aussi l'appelait-on également, pour ce motif, écu blanc, petit écu et écu de trois livres. Ces diverses monnaies cessèrent d'être frappées sous Louis XV.

Loup. — Voyez Diable et Masque.

Loupe. — Les anciens connaissaient parfaitement les propriétés amplifiantes des lentilles bi-convexes ou Loupes; ils se servaient de ces instruments de la même manière que les modernes, non-seulement pour lire les écritures très-fines, mais encore pour graver les pierres fines. On a trouvé à Herculanum et à Pompéi des Loupes parfaitement conservées. Le docteur anglais Brewster en a même possédé une, en 1852, qui avait été découverte dans les ruines de Ninive.

Voyez Microscope et Verres Ardents.

Loxodromie. — Les navigateurs nomment ainsi la courbe qu'un bâtiment décrit en suivant une route qui coupe tous les méridiens sous un même angle. La découverte de cette courbe est attribuée au mathématicien portugais Pedro Nuñez, plus connu sous le nom de Nonius : elle date de l'année 1600.

Lumière. — I. La *Lumière* est l'agent mystérieux qui nous fait connaître l'existence des corps par l'organe de la vue. La détermination de sa nature a donné lieu à de nombreux systèmes, mais deux seulement ont véritablement fixé l'attention des savants. Ils sont connus sous les noms, l'un de *Système de l'émission*, l'autre de *Système des ondulations*. Dans le premier, on admet que la Lumière est un fluide très-subtil qui émane de certains corps, dans toutes les directions, et qui se meut en ligne droite avec une rapidité extrême. Dans le second, la Lumière n'a plus pour cause le transport d'un agent matériel : « Il existe dans tout l'espace un fluide éminemment élastique, auquel on donne le nom d'*éther*. Les corps lumineux vibrent comme les corps sonores, mais avec une rapidité inconcevable. Ces vibrations se communiquent à l'éther, se propagent dans ce fluide, et donnent lieu à des ondes qui produisent sur l'œil des sensations de Lumière. » Le système de l'émission a été créé et soutenu par Newton : il a régné presque sans partage jusqu'au premier quart de ce siècle. Le système des ondulations est dû à Descartes, mais c'est Huyghens qui lui a donné sa forme scientifique : il est aujourd'hui généralement admis parce qu'il a l'avantage de rendre compte de tous les phénomènes sans exception connus jusqu'à présent, et particulièrement de ceux, tels que les interférences, la diffraction, etc., qui résistent au précédent. « La théorie des ondulations, dit John Herschell, si elle n'est pas fondée en réalité, est certainement une des plus admirables fictions que le génie de l'homme ait jusqu'ici conçues pour lier ensemble les phénomènes naturels, aussi bien que la plus heureuse dans la confirmation qu'elle a reçue de tous les phénomènes optiques qui, à l'époque de leur découverte, paraissaient inconciliables avec elle. Cette théorie est, en fait, dans toutes ses applications et dans tous ses détails, une succession de *bonheurs*, à ce point que nous dirions volontiers d'elle : si elle n'est pas vraie, elle mérite de l'être. »

II. Les anciens croyaient que la transmission de la Lumière est instantanée. Au XVIIe siècle, Bacon soupçonna le contraire quand il écrivit dans son *Organum :* « Ces étoiles, que nous voyons briller, n'existent déjà plus, peut-être ! » Enfin, en 1675, l'astronome danois Olaüs Rœmer mit le fait en évidence à la suite d'une série d'observations qu'il fit sur les satellites de Jupiter. Les mêmes observations lui permirent de mesurer la *vitesse de la Lumière :* il calcula que la Lumière devait employer de 10 à 11 minutes pour traverser l'espace qui sépare le soleil de la terre. Plus tard, Delambre, sollicité par Laplace, reprit la question, et, s'appuyant sur de très-nombreuses observations, fixa ce temps à 8 minutes 13 secondes, ce qui le conduisit à déclarer que la lumière parcourt en une seconde 77,000 lieues de 4,000 mètres, ou 308,000 kilomètres. En 1849, M. Louis Fizeau, expérimentant avec un appareil de son invention, est arrivé à des résultats un peu différents : il a trouvé 78,706 lieues ou 314,824 kilomètres. Enfin, tout récemment, un autre de nos compatriotes, M. Léon Foucault, appliquant à la détermination expérimentale de la vitesse de la Lumière des procédés imaginés par lui dès 1850, a découvert que cette vitesse n'est que de 74,500 lieues, ou 298,000 kilomètres, c'est-à-dire plus petite de 2,500 lieues ou 10,000 kilomètres que celle qui avait été obtenue par Delambre. Voyez Aberration, Polarisation, Réflexion, Réfraction, etc.

Lumière de Bude. — Voyez Oxygène.

Lumière électrique. — La première expérience de *Lumière électrique* a été faite à Londres, en 1801, par Humphry Davy. Ce grand chimiste ayant eu l'idée d'armer les pôles d'une Pile voltaïque de deux morceaux de charbon de bois taillés en pointe et d'opérer la décharge par leurs extrémités, il vit aussitôt jaillir une lumière d'un éclat supérieur à toute lumière artificielle et comparable à celle du soleil. Cette expérience fut reproduite dans les cours de physique, mais, comme les piles alors connues ne pouvaient produire longtemps un courant énergique, la durée du phénomène se trouvait par cela même extrêmement limitée. La découverte de Davy ne serait même jamais sortie des laboratoires, si l'invention de la Pile de Bunsen, en 1843, ne fût venue donner aux physiciens le moyen d'obtenir un courant continu et d'une grande énergie. Aussitôt que ce nouvel appareil fut connu, un de nos compatriotes, le physicien Léon Foucault, imagina d'appliquer la Lumière électrique à l'éclairage du Microscope solaire, et, au mois d'avril 1844, il présenta à l'Académie des Sciences, en commun avec le docteur Donné, un Microscope photo-électrique dont les résultats produisirent une grande sensation. A la fin de cette même année, un de nos principaux opticiens, M. Joseph-Louis Deleuil, essaya d'employer la Lumière électrique pour l'éclairage public, et fit, sur la place de la Concorde, à Paris, des expériences qui furent ensuite répétées par plusieurs autres savants. Depuis cette époque, on a fait, dans toutes les parties de l'Europe, un grand nombre de tentatives pour éclairer électriquement les rues et les places des villes, mais on n'a pu résoudre pratiquement le problème parce qu'il présente des difficultés que l'on n'a pas encore appris à résoudre. Jusqu'à présent, la Lumière électrique n'a pu être réellement utilisée que dans quelques circonstances exceptionnelles, comme pour produire des effets de théâtre, éclairer momentanément des ateliers importants, embellir les fêtes publiques, remplacer la lumière solaire dans les expériences sur la Lumière, et photographier des objets microscopiques fortement grossis par un système de lentilles. Toutefois, on croit qu'il serait possible d'en tirer également parti pour faire des signaux à la guerre, démasquer les travaux nocturnes de l'assiégeant, etc., ainsi que pour éclairer les phares, les navires, les travaux sous-marins, les galeries de mines, etc.

LUMIÈRE ZODIACALE. — On a donné ce nom à un phénomène lumineux que l'on aperçoit quelquefois, dans nos climats, avant le lever et après le coucher du soleil et qui se présente sous la forme d'un fuseau très-allongé s'étendant le long du zodiaque. On attribue généralement au naturaliste anglais Josué Childrey la découverte, ou, si l'on veut, la première observation que l'on ait faite de ce phénomène, mais quelques auteurs pensent que les anciens en avaient connaissance. Ce qui est certain, c'est que ce savant en parle, dans son livre intitulé *Britannia Baconica*, Londres, 1661, comme l'ayant remarqué pendant plusieurs années consécutives. Quoi qu'il en soit, les premières recherches vraiment scientifiques, exécutées sur la Lumière zodiacale, datent du mois de mars 1683, et sont dues à Jean-Dominique Cassini.

LUNE. — Après le soleil, la *Lune* est, pour les habitants de la terre, l'astre le plus intéressant au point de vue astronomique. Aussi, la variété de ses phases, ses éclipses, et la rapidité avec laquelle elle change de place parmi les étoiles fixes, ont-elles attiré l'attention des premiers observateurs. Le phénomène des *Phases* a dû être remarqué de tout temps. Pour l'expliquer, l'astronome chaldéen Bérose, que l'on croit avoir vécu au IVe siècle avant notre ère, soutenait que la Lune était moitié de feu et qu'elle tournait sur elle-même de manière à nous montrer successivement ses différentes parties. Cette opinion est d'autant plus étrange que le philosophe grec Thalès de Milet, qui florissait en 620, professait déjà que la Lune était éclairée par le soleil. Vers le milieu du IIIe siècle, Aristarque de Samos trouva non-seulement la véritable explication des phases, mais il en déduisit encore une méthode ingénieuse propre à déterminer théoriquement les distances de la Lune et du soleil à la terre. Parmi les autres inégalités que présente le mouvement de la Lune, celle que l'on appelle *Évection* a été découverte en Égypte par Claude Ptolémée, qui commença ses travaux vers l'an 128 après J.-C., et cette découverte constitue son principal titre à la reconnaissance des astronomes. On doit aussi à ce savant les observations d'où l'on a déduit l'existence de l'*Équation annuelle*. Quant à la découverte de la *Variation*, on l'a attribuée pendant longtemps à Tycho-Brahé, astronome suédois du XVIe siècle, mais, de nos jours, l'orientaliste Sédillot l'a trouvée constatée dans un traité de l'astronome arabe Aboul Wéza ou Wéfa, qui vivait en 975. La *Libration en latitude*, la *Libration diurne* et la *Libration en longitude*, ont été découvertes, au xviie siècle, les deux premières, par l'illustre Galilée et la troisième par l'astronome allemand Jean Hévélius. Enfin, c'est à l'astronome anglais Edmond Halley, mort en 1742, qu'est due l'observation de laquelle il résulte que le mouvement de la Lune s'est accéléré depuis les anciennes recherches. Les premières notions exactes sur la *Constitution physique* de la Lune datent de l'invention des Lunettes. Au ve siècle avant notre ère, le philosophe grec Anaxagore de Clazomènes disait bien que cet astre a des vallées, des montagnes et des habitants, mais ce n'était là qu'une rêverie, parce que les instruments d'observation manquaient alors. Dès 1610, Galilée, observant la Lune avec sa lunette, y vit des phénomènes qui ne pouvaient s'expliquer que par l'existence de hautes montagnes et de profondes vallées, et il appliqua les principes d'une sévère géométrie à la mesure de la hauteur de ces montagnes et de la profondeur de ces vallées. Plus tard, en 1788, l'astronome allemand Schrœder découvrit qu'il existe encore, sur la surface de la Lune, des *Rainures*, c'est-à-dire des espèces de sillons très-étroits qui s'étendent en lignes tantôt droites, tantôt légèrement courbées. En 1821, M. Gruithuysen, professeur à Munich, a cru voir des *Fortifications*, exécutées par les habitants de la Lune, mais on a reconnu depuis que ces prétendus travaux de défense n'étaient que des accidents naturels du sol. Du reste, malgré toute leur perfection, les instruments dont on dispose aujourd'hui ne sont pas encore assez puissants pour qu'on puisse apercevoir les édifices de la Lune et ceux qui les ont élevés, en supposant qu'elle soit habitée. — La première carte complète de la Lune a été dressée, en 1647, par Hévélius.

LUNETTE. — I. Les instruments d'optique de ce nom forment deux classes distinctes : les *Lunettes simples*, plus connues sous le nom de *Besicles* et de *Lorgnons*, et les Lunettes *composées*, qui comprennent les *Télescopes* proprement dits et les *Lunettes d'approche* ou *Longues-vues*. Ces dernières ont été inventées au commencement du xviie siècle, mais le principe de leur construction avait été déjà vaguement décrit, non

par Roger Bacon, comme on l'a dit, mais par le véronais Jérôme Fracastor, en 1538, et le napolitain Jean-Baptiste Porta, en 1590. Quant à l'homme de génie qui a eu le premier l'idée d'en fabriquer, les uns nomment Jean Lippershey ou Lippersheim, lunetier à Middelbourg (1606); les autres, Jacques Métius, fils d'un bourgmestre d'Alcmaer (1608); d'autres, enfin, Zacharie Jans ou Jansen, autre lunetier de Middelbourg (1608 ou 1609). Une seule chose est certaine, c'est que les premières Longues-vues s'appelaient *Lunettes bataves* ou *Lunettes hollandaises*, ce qui détermine suffisamment leur pays d'origine, et qu'on en vendait, sous ce nom, à Paris, dès le mois d'avril 1609. Au mois de mai suivant, Galilée, ayant appris par ouï-dire, l'existence de ces instruments, n'eut pas de peine à les imiter, et, ce qui constitue sa part de gloire dans leur histoire, c'est qu'il s'en servit le premier pour ses observations astronomiques. Les Lunettes hollandaises se nommèrent aussi, dès ce moment, *Lunettes de Galilée*. Elles se composaient d'un objectif convergent et d'un oculaire divergent, c'est-à-dire concave, ce qui permettait de voir les objets dans leur position naturelle, mais elles avaient peu de champ. Pour faire disparaître cet inconvénient, Képler proposa, en 1611, de remplacer l'oculaire concave par un oculaire convexe, idée qui fut réalisée, quelques années plus tard, par le père Rheita, suivant les uns, ou le père Scheiner, suivant les autres. Cette innovation produisit la *Lunette astronomique*, qui est spécialement destinée aux observations célestes, et dont l'opticien romain Campani réussit, vers 1650, à élargir le champ, en formant l'oculaire de deux lentilles. Comparé à la Lunette de Galilée, cet instrument constituait un grand progrès, mais il renversait les images, ce qui n'a aucun inconvénient pour l'étude des astres, tandis qu'il en est autrement quand on veut observer des objets terrestres. Pour l'approprier à ce dernier usage, Képler indiqua une disposition qui ne répondit pas à ses espérances, mais le P. Rheita résolut le problème en créant, vers 1620, la *Lunette terrestre* ou *Longue-vue* proprement dite, qui renferme quatre verres, dont deux, placés entre l'oculaire et l'objectif, servent à redresser les images. C'est celle que l'on emploie universellement comme Lunette d'approche et pour les travaux de géodésie. La clarté est un peu diminuée dans cet instrument par les. réflexions aux surfaces des verres, mais on compense cette diminution en donnant une plus grande ouverture à l'objectif. C'est ce qu'on fait notamment pour les Lunettes dites *de nuit*, afin que les images puissent être distinctes malgré la faible clarté des objets. Cette modification a été imaginée, dit-on, au XVIIe siècle, par Robert Hooke. Une autre modification, due à Hévélius, donna lieu, à la même époque, à l'invention de la *Lunette de guerre* ou *Polémoscope,* qui devait fournir aux chefs d'armées le moyen d'observer l'ennemi sans danger, et qui n'a jamais été qu'un appareil de cabinet. D'autres Lunettes terrestres pour l'usage de la guerre ont été construites dans ces dernières années. On cite, parmi les meilleures, la *Lunette-cornet* et la *Lunette Napoléon III* de M. Porro, opticien à Paris, qui ne réclament que l'emploi d'une seule main, et qui, malgré leur peu de longueur, ont une puissance très-considérable. La première est munie d'un micromètre, composé de plusieurs fils horizontaux, qui permet d'évaluer approximativement les distances : de là le nom de *Lunette télémètre* sous lequel on la désigne aussi quelquefois.

II. Avant le XVIIe siècle, les astronomes ne pouvaient faire que des conjectures arbitraires sur la constitution physique des corps célestes: C'est l'invention des Lunettes grossissantes qui, seule, a permis de faire entrer l'astronomie dans la voie de progrès où nous la voyons aujourd'hui, et qui, en permettant de pénétrer dans la profondeur de l'espace, a donné le moyen d'étudier à fond la structure des cieux. L'application des Lunettes munies d'un micromètre focal aux instruments de mesure, a aussi puissamment contribué à l'avancement de la physique et de la science des astres, car elle a permis de mesurer les angles avec une précision que ne pouvaient fournir les alidades à pinnules précédemment usitées. On a vu plus haut que c'est Galilée qui, en 1609, a le premier appliqué les Lunettes à l'observation des astres. Quant à l'idée de remplacer les alidades à pinnules par des Lunettes, elle est d'origine française. Suggérée, dès 1634, par Simon Morin, elle fut réalisée pratiquement, en 1667, par Auzout et Picard. Cette innovation, d'où date l'exactitude de l'astronomie moderne, et qui, depuis, a été jugée assez capitale pour que les savants anglais aient cru devoir la revendiquer en faveur de leur compatriote Gascoigne, fut, à son origine, rejetée par plusieurs observateurs, notamment par Hévélius, mais bientôt la mesure de la terre exécutée en entier par Picard avec des instruments de la nouvelle construction, vint montrer leur grande supériorité et leva tous les doutes. Voyez ACHROMATISME, BÉSICLES, BINOCLE, LORGNETTE, MICROMÈTRE, TÉLESCOPE, VERRES D'OPTIQUE, etc.

LUSTRE. — L'appareil d'éclairage que l'on appelle *Lustre* existait chez les anciens. Les Romains lui donnaient le nom de *Lychnuchus pensilis,* et le formaient d'un plateau circulaire , diversement orné, sur lequel ils plaçaient un grand nombre de lampes. Pendant le moyen âge, les Lustres furent surtout destinés aux cérémonies du culte. On les appelait ordinairement *Roues* ou *Couronnes de lumière,* parce qu'ils consistaient en un cercle de métal garni de cierges ou de lampes. On y fixait souvent des pièces de verre, soit comme simple ornement, soit pour augmenter l'éclat de la lumière. Au lieu d'un cercle unique, on en disposait quelquefois plusieurs, de diamètres différents, l'un au-dessus de l'autre, ce qui produisait comme une pyramide de feu. L'usage des Couronnes dura jusqu'au XVIIe siècle, où il fut remplacé par celui des Lustres actuels, en verroteries, et cette innovation pénétra en même temps dans les habitations particulières et les établissements publics. Avant cette époque, les Lustres destinés à l'usage civil étaient d'une extrême simplicité : comme l'apprennent les miniatures d'un grand nombre de manuscrits, ils consistaient en deux traverses de bois assemblées en croix, et portant une chandelle à chacune de leurs extrémités.

LUTÉOLINE. — Voyez GUÈDE.

LUTH. — Instrument à cordes pincées d'origine orientale qui fut introduit en Europe par les Arabes d'Espagne. Il a servi de type à une famille nombreuse qui a eu une grande vogue jusqu'au XVIIe siècle, et dont il ne reste aujourd'hui que la Guitare et la Mandoline. Voyez GUITARE.

LYRE. — La *Lyre* a été de tout temps en usage en Orient et en Égypte. Les anciens Grecs en attribuaient l'invention à Orphée, Linus, Amphion, Apollon, etc., mais plus généralement à Mercure. Toutefois, il est plus probable d'admettre qu'ils l'avaient empruntée aux Égyptiens ou aux Orientaux. Quoi qu'il en soit, la Lyre était, chez les anciens, le type d'une famille d'instruments à cordes pincées, dont on ignore les différences caractéristiques. Elle existe encore en Asie, mais elle a disparu, en Europe, pendant les premiers siècles du moyen âge. Depuis cent cinquante ans, on a fait plusieurs fois revivre son nom pour l'appliquer à des instruments diversement disposés, et que leur imperfection a empêchés de se répandre. On cite, parmi ces instruments, la *Lyre barbarine*, de l'italien Doni, espèce de violoncelle à quatorze cordes (1763) ; la *Lyre organisée*, de Ledhuy, de Coucy-le-Château, qui ressemblait au piano et se jouait comme lui, mais en donnant des sons plus doux (1806); et la *Harpo-Lyre*, de Salomon, de Besançon (1820).

M

MACADAMISAGE.— Au lieu de construire les routes, comme on le faisait anciennement, en les établissant sur des fondations solides et en maintenant leurs côtés par des bordures, on se contente aujourd'hui d'étendre sur le sol un lit de pierres ou de cailloux concassés qui, en s'enchevêtrant les uns dans les autres, finissent par former un corps ferme, compacte et impénétrable. Ce système de construction porte le nom de l'ingénieur écossais John Loudon Mac-Adam, qui l'a popularisé en Angleterre en 1819 ou 1820, mais qui n'en est point l'inventeur, comme on le croit généralement. Il a été, en effet, prouvé que le Macadamisage est pratiqué en Chine depuis un temps immémorial, et l'on assure que Mac-Adam en apprit les procédés de sir Georges Staunton qui avait eu occasion de les étudier, en 1792, à l'époque de son voyage à Pékin, en qualité de secrétaire de l'ambassadeur lord Macartney. De plus, on a démontré que les Romains en faisaient un très-fréquent usage, et qu'importé par eux dans la Gaule, il a été employé d'une manière presque générale, dans plusieurs de nos provinces, surtout en Languedoc, en Guyenne et en Limousin, jusqu'au milieu du XVIIIe siècle. On sait encore que, pendant son intendance de Limousin, Turgot fit appliquer le Macadamisage aux routes de cette province, et que M. Trésagueur, inspecteur général des ponts-et-chaussées, perfectionna beaucoup les moyens d'exécution. — Dans ces dernières années, M. Ledru, architecte à Clermont-Ferrand, a donné le nom de *Macadam bitumineux* à un système d'empierrement de son invention qui consiste à former la chaussée des routes avec des pavés de 50 centimètres de côté, obtenus par le moulage avec du grès bitumineux réduit en pâte : quand les matériaux sont en place, on remplit leurs joints avec du grès fondu ou de l'huile chargée de bitume.

MACARONIQUE (*Poésie*). — Genre de poésie dans lequel on se sert de mots latins et de mots empruntés à une langue vulgaire, mais en donnant une terminaison latine à ces derniers. Ce genre a pris naissance en Italie, et son nom vient de l'italien *macaroni*, pâte composée de divers ingrédients. La plus ancienne Macaronée imprimée que l'on connaisse a pour auteur Tifi degli Odassi, et a été publiée à Rimini, vers 1490; mais le premier qui ait produit quelque œuvre de mérite est le poëte mantouan Théophile Follengo, vulgairement appelé Merlin Coccaïe, c'est-à-dire Merlin le cuisinier (*Merlinus coquus*), dont les ouvrages parurent à Venise, en 1517. Le poëte macaronique le plus estimé de notre pays est Antoine de la Sable (*Antonius de Arena*), dont on a un récit burlesque de l'expédition de Charles-Quint en Provence (*Meygra entrepriza*

Catholiqui imperatoris, Avignon, 1537).

MACHINES A COUDRE. — Voyez COUDRE (*Machines à*).

MACHINES A DESSINER. — Voyez DESSIN.

MACHINES A DIVISER. — Voyez ENGRENAGE et GRADUATION.

MACHINES AGRICOLES. — Voyez AGRICULTURE, BATTEUSE, CHARRUE, COUPERACINES, DRAINAGE, FANEUSE, FAUCHEUSE, MOISSONNEUSE, etc.

MACHINES A AIR CHAUD. — Voyez AIR et VAPEUR.

MACHINES A CALCULER. — Voyez CALCULER (*Machines à*).

MACHINES ÉLECTRIQUES. — Elles sont destinées à développer de grandes masses d'Électricité par le frottement et à les accumuler sur un corps au moyen de conducteurs. La première machine de ce genre a été inventée, vers 1666, par le physicien Otto de Guericke, bourgmestre de Magdebourg, et décrite, par ce savant lui-même, dans le courant de 1672. Elle se composait primitivement d'un globe de soufre, que l'on faisait tourner rapidement, d'une main, avec une manivelle, tandis que, de l'autre, on tenait un morceau d'étoffe de laine qui opérait le frottement. Otto s'en servit pour faire de curieuses expériences, mais, comme elle ne donnait que de très-faibles effets électriques, les autres physiciens n'en firent presque pas usage. Vers 1709, l'anglais Francis Hauksbée essaya de la perfectionner en substituant un cylindre de verre au globe de soufre, et ne réussit qu'imparfaitement. Vers 1733, le professeur Boze, de Wittemberg, remplaça ce cylindre par une boule de même matière et y ajouta des conducteurs de fer-blanc pour emmagasiner l'Électricité, à mesure qu'elle se formait. Ces conducteurs étaient soutenus par un homme, et le frottement s'effectuait avec la main. Sept ans après, c'est-à-dire en 1740, Haüsen et Winckler, de Leipsig, dotèrent l'appareil ainsi modifié de deux nouveaux perfectionnements, le premier, en faisant supporter les conducteurs par des pieds de verre ou des cordons de soie attachés au plafond, le second, en employant un coussinet pour opérer le frottement. Enfin, vers 1768, Jessé Ramsden, opticien de Londres, remplaça le globe de verre par un plateau circulaire tournant à frottement entre quatre coussinets, disposition qui a été généralement adoptée depuis. Toutefois, malgré l'extension qu'on a donnée à son emploi, la machine d'Otto de Guericke, transformée par les savants qui précèdent, présente un grave inconvénient : c'est qu'elle est à peu près exclusivement destinée à produire de l'Électricité positive. Celles du physicien anglais Nairne et du physicien hollandais Van Marum, qui datent toutes les deux du dernier siècle, donnent, au contraire, à volonté, l'une ou l'autre Électricité : aussi les appelle-t-on, pour ce motif, *Machines à deux fluides*. Enfin, vers 1841, M. Armstrong, de Newcastle, a inventé une Machine électrique à vapeur, qu'il a nommée *Machine hydro-électrique*.

MACHINES ÉLECTRO-MOTRICES. — Voyez MOTEURS ÉLECTRO-MAGNÉTIQUES.

MACHINES D'EXTRACTION. — Appareils destinés à élever à la surface du sol les matières extraites des galeries des mines. On les appelle aussi *Monte-charge*. Les plus anciennes consistent en un cabestan vertical dont l'arbre porte un tambour sur lequel s'enroulent deux câbles, en sens inverse l'un de l'autre, et à l'extrémité inférieure de chacun desquels est fixée une tonne en bois cerclée de fer. Dans quelques localités, on remplace ces tonnes ou bennes par des plates-formes carrées portant une ligne de rails sur lesquels arrivent les chariots qui ont servi au transport dans les galeries, et qu'on y fixe par des traverses. Les plates-formes sont suspendues au câble par quatre chaînes et guidées, dans leur mouvement ascensionnel, par des longuerines de bois ou de fer, ou par des câbles métalliques. Dans tous les cas, le cabestan est mû par des chevaux, des roues hydrauliques ou des machines à vapeur. — Les ouvriers descendent ordinairement dans les mines et en sortent, soit en se plaçant dans les bennes, soit au moyen d'échelles fixées contre la muraille des puits. Chacun de ces deux systèmes ayant de graves inconvénients, on a imaginé plusieurs procédés pour les remplacer. Un des plus anciens appareils inventés à cet effet est celui que M. Darell fit placer, en 1833, dans les mines de Zellerfeld, dans le Hartz. Deux longuerines, munies de marchepieds et de poignées de distance en distance, recevaient un mouvement alternatif d'un balancier mû par une machine à vapeur. Les marchepieds venant toujours, à chaque oscillation, en présence d'une tige à l'autre, servaient ainsi à opérer la montée ou la descente des mineurs. Cette machine fut désignée sous le nom de *Fahr-kunst*; elle fut adoptée presque aussitôt dans plusieurs mines d'Allemagne, d'Angleterre et de Belgique : un ingénieur de ce dernier pays, M. Abel Warocqué, y apporta même d'utiles améliorations. Toutefois, on ne tarda pas à lui reconnaître un grand inconvénient : c'est qu'occupant la section presque entière du puits où elle était établie, il était impossible de faire servir ce dernier à l'extraction du minerai. Plusieurs constructeurs se mirent donc à l'œuvre, et bientôt parurent des Monte-charges applicables à la fois au transport des hommes et des produits minéraux. Un des premiers fut imaginé, vers 1848, par M. Mehu, ingénieur des mines d'Anzin. Plusieurs autres ont été proposés depuis, mais le mieux combiné paraît être celui du constructeur Cavé, de Paris, qui date de 1858, et qui se recommande surtout par sa simplicité : il a, en outre, l'avantage de marcher d'une manière continue, tandis que tous les autres ne fonctionnent que par intermittences. Voyez PARACHUTE.

MACHINES A EXPLOSION. — Voyez EXPLOSION (*Machines à*).

MACHINES A GAZ. — Voyez EXPLOSION (*Machines à*).

MACHINES A GRAVER. — Voyez GRAVURE MÉCANIQUE.

MACHINES A IMPRIMER. — Voyez IMPRESSION DES TISSUS et PRESSES.

MACHINES INFERNALES. — C'est au XVIe siècle que l'on a commencé à faire usage de *Machines infernales* pour l'attaque des places. La plus célèbre de cette époque est celle dont se servit l'ingénieur italien Jambelli, en 1585, au siége d'Anvers par les Espagnols, pour détruire un pont de 800 mètres à l'aide duquel ces derniers interceptaient les communications des assiégés avec la Zélande. C'était un vieux navire rempli de poudre, de projectiles et de matières combustibles, auquel un mouvement d'horlogerie devait mettre le feu. Au siècle suivant, les Anglais employèrent des engins du même genre contre Dunkerque et Saint-Malo. Les Machines infernales sont aujourd'hui tombées en désuétude, l'expérience ayant prouvé que leurs effets ne répondent jamais aux dépenses qu'elles occasionnent. Par analogie, on a donné le même nom aux moyens de destruction exceptionnels auxquels on a eu recours, à diverses époques, soit, dans un but criminel, pour faire périr des individus, soit, dans un but de défense nationale, pour détruire des bâtiments ennemis. Tels sont l'appareil employé, en 1800, contre le premier consul, et celui qui, en 1835, servit à commettre l'attentat de Fieschi. Parmi les machines destinées à la guerre navale, on peut citer celle que M. Parizot inventa, en 1810 : elle s'enfonçait sous l'eau, et sa charge s'enflammait d'elle-même aussitôt qu'un vaisseau venait à la rencontrer. Une invention analogue a été faite, en 1855, par le physicien allemand Jacobi, pour le compte du gouvernement russe, qui a inutilement essayé d'en faire usage contre la flotte anglo-française de la Baltique.

MACHINES MAGNÉTO-ÉLECTRIQUES. — Appareils destinés à produire de l'Électricité dynamique, par les courants d'induction, de la même manière qu'on obtient de l'Électricité statique avec les Machines électriques ordinaires. Le premier appareil de ce genre a été inventé, en 1832, par M. Hippolyte Pixii, de Paris. Depuis cette époque, on a imaginé un très-grand nombre de machines semblables, mais le souvenir de celle de M. Pixii restera dans la science, parce qu'elle se rattache à une des découvertes les plus inattendues : la décomposition chimique de l'eau obtenue par un aimant.

MACHINES-OUTILS. — On comprend spécialement sous ce nom les machines qui servent au dressage ou rabotage des surfaces, au mortaisage, au tournage, à l'alésage, au forage, au taraudage, au filetage, et à la division des dents d'engrenage. Toutes ces machines sont nées dans les fabriques d'horlogerie, à des époques complétement inconnues, et c'est à la nécessité de faire des pièces de grandeur inusitée exigées par la construction des appareils à vapeur, coïncidant avec l'extension des ressources qu'offrait la fonte de fer, que l'on doit attribuer les dimensions qu'on leur donne aujourd'hui et les applications qu'on en fait au travail des métaux. Ce grand progrès est né en Angleterre à la fin du dernier siècle (1784-1800). Il commença dans les ateliers de James Watt et Boulton, à Soho, près de Birmingham, d'où il se répandit peu à peu dans ceux des Rennie, de Maudslay, des Woolf, des Stephenson. Grâce à l'esprit ingénieux de ces mécaniciens d'élite, l'Angleterre se trouva dotée d'un outillage mécanique des plus complets à une époque où la France et l'Europe presque entière étaient plongées dans les horreurs de la guerre, et celles-ci ne commencèrent à les adopter que plusieurs années après le retour de la paix générale. Parmi ceux qui, depuis 1815, ont le plus contribué à introduire la construction et l'emploi des machines-outils dans notre pays, il faut surtout citer MM. Calla père, Saulnier, John Collier, Edwards, Aitken, Steel, Laborde, Pihet frères, Cavé, Decoster, Pauwels, tous établis à Paris ; Hallette, à Arras ; Casalis et Cordier, à Saint-Quentin ; Mazeline, au Havre ; André Kœchlin, à Mulhouse ; Rixler et Dixon, à Cernay ; Nicolas Schlumberger, à Guebwiller ; Humbert, à Wesserling ; Schneider et Bourdon, au Creuzot ; Bennett, à Marseille ; Stehelin et Huber, à Bitschwiller ; Gache, à Nantes, etc. Voyez ALÉSER, DIVISER, FENDRE, FORER, LAMINOIR, RABOTER, TOUR, etc.

MACHINES A POUDRE. — Voyez EXPLOSION (*Machines à*).

MACHINES A VAPEUR. — Voyez LOCOMOBILE, LOCOMOTIVE et VAPEUR.

MACHINES PARLANTES. — L'imitation de la voix humaine a plus d'une fois occupé les esprits. A diverses époques, ce problème a même été résolu avec un certain succès. Ainsi, le père Mersenne parle d'un orgue qui prononçait les voyelles et les consonnes. Au dernier siècle, l'abbé Mical construisit deux têtes qui prononçaient trois ou quatre petites phrases. Presque en même temps, le baron de Kempelen inventa un *Automate parlant* qui fit beaucoup de bruit. Enfin, dans ces dernières années, des physiciens et des physiologistes sont parvenus à imiter les sons de la voix humaine au moyen de glottes artificielles. On a également réussi à imiter le chant des Oiseaux. C'est ainsi qu'en 1778, un nommé Davis montrait à Paris un *Mi-crocosme* ou *Monde en miniature* où l'on voyait plusieurs oiseaux chantants. Un tour de force du même genre a été réalisé de nos jours, avec le plus grand succès, par notre célèbre mécanicien Robert Houdin.

MACHINE PNEUMATIQUE. — Voyez PNEUMATIQUE.

MADIA. — La plante de ce nom est originaire du Chili. Elle a été introduite en Europe, en 1794, par le père Feuillé, de la compagnie de Jésus. Toutefois, elle n'a commencé à attirer l'attention des agriculteurs qu'à partir de 1835, époque à laquelle M. Bosch, de Stuttgard, la recommanda pour l'huile que fournissent ses graines. Le Madia fut alors exploité sur une grande échelle, mais sa culture n'ayant pas donné tous les résultats qu'on en attendait, on a fini par l'abandonner.

MADRAS. — Ce genre de tissu tire son nom de la ville de Madras, dans l'Inde, sur la côte de Coromandel, qui en a été d'abord le centre de fabrication le plus important. On le fabrique aujourd'hui dans un grand nombre de villes d'Europe, notamment, en ce qui concerne la France, à Paris, Lyon, Rouen et Nimes.

MAGNÉSIE. — La *Magnésie* a été ainsi appelée parce qu'elle possède la propriété de happer à la langue, de l'attirer, pour ainsi dire, comme l'aimant, en grec *magnès*, attire le fer. On l'a confondue avec la Chaux jusqu'aux premières années du siècle dernier. Frédéric Hoffmann l'entrevit en 1722 ; mais elle ne fut définitivement reconnue comme une substance distincte qu'en 1755, par le chimiste écossais Joseph Black. Un peu plus tard, Sigismond Margraff, de Berlin, et les chimistes suédois Olof Bergmann et Scheele étudièrent ses propriétés. Toutefois, on la regarda d'abord comme un corps simple. En 1807, à l'époque de la découverte du Sodium et du Potassium, l'analogie la fit ranger dans la classe des oxydes, mais son radical, le *Magnésium*, ne fut isolé que longtemps après, en 1829, par notre compatriote Bussy. La Magnésie ne se trouve pas dans la nature à l'état libre. Deux de ses composés, le sulfate et le carbonate, sont employés en médecine comme laxatifs doux. Le minéral appelé *Magnésite* ou *Écume de mer*, avec lequel on fait des pipes très-recherchées, et la substance vulgairement connue sous les noms de *Stéatite, Talc* et *Craie de Briançon*, ne sont autre chose que des silicates de magnésie. Quant au Magnésium lui-même, il n'a encore reçu aucune application.

MAGNÉSITE. — Voyez ÉCUME DE MER et MAGNÉSIE.

MAGNÉSIUM. — Voyez MAGNÉSIE.

MAGNÉTISME. — Le *Magnétisme* est la partie de la Physique qui s'occupe spécialement de l'étude des phénomènes que présentent les aimants naturels ou artificiels, et des lois qui régissent ces phénomènes. Cette branche de la science est toute moderne, bien que le fait qui lui sert de fondement soit connu depuis un très-grand nombre de siècles. Les premiers phénomènes magnétiques qui aient été remarqués sont les attractions que les aimants naturels exercent sur le fer. Plus tard, on observa que les aimants suspendus librement prennent une direction particulière : cette découverte fut d'une grande importance parce qu'elle conduisit à l'invention de la Boussole. Mais, comme l'action de la terre sur les aimants paraissait dépendre uniquement de sa constitution intime, une obscurité impénétrable continua à régner sur la cause réelle de ces phénomènes. On fut ainsi conduit à chercher dans des hypothèses l'explication mathématique des faits observés, et l'on donna à l'ensemble de la théorie le nom du premier phénomène constaté, du grec *magnés*, pierre d'aimant. Cette théorie resta isolée jusqu'en 1819, époque à laquelle OErsted, professeur de physique à Copenhague, fit une découverte qui liait intimement les phénomènes magnétiques aux phénomènes électriques. Toutefois, longtemps auparavant, on avait pu vaguement soupçonner la corrélation du Magnétisme et de l'Électricité. Ainsi, plusieurs physiciens avaient remarqué quelques effets de la foudre et des décharges des batteries sur des fils d'acier et des aiguilles aimantées; on avait vu aussi l'aiguille de la Boussole s'agiter sous l'influence du feu Saint-Elme; mais c'étaient là des faits isolés et sans lien théorique. Peu de temps après l'invention de la Pile de Volta, on essaya de faire agir les pôles de cet appareil sur les aimants, mais comme on avait soin

de ne pas fermer le circuit, pour ne pas décharger l'instrument, parce qu'on ne savait pas encore ce que c'était que l'Électricité dynamique, on ne put obtenir aucun résultat. En 1807, OErsted, guidé par les doctrines de Ritter, qui régnaient alors en Allemagne, et dans lesquelles on admettait que la terre avait des pôles électriques, annonça que, même dans son état le plus latent, l'Électricité devait agir sur l'aiguille aimantée. Toutefois il ne commença des recherches à ce sujet que dans les premiers mois de 1819. Il découvrit alors le fait capital de la déviation de l'aiguille aimantée par le courant, phénomène qui fut aussitôt étudié par MM. A. de la Rive, Arago, Pictet, Faraday, de Saussure, Prévost, Schweigger, Colladon, etc., et l'on fut ainsi amené à reconnaître les propriétés particulières de l'Électricité en mouvement, ou Électricité dynamique. Cette grande découverte donna lieu à un immense mouvement scientifique, pendant lequel les progrès se succédèrent avec une rapidité inouïe. En même temps, plusieurs sciences nouvelles, telles que l'*Électro-magnétisme*, l'*Électro-chimie* et l'*Électro-dynamique*, prirent naissance et ne tardèrent pas à recevoir d'utiles applications. Voyez ÉLECTRO-AIMANT, ÉLECTRO-CHIMIE, ÉLECTRO-MAGNÉTISME, ÉLECTRO-DYNAMIQUE, etc.

MAGNÉTISME ANIMAL. — On désigne sous ce nom une action puissante que la volonté d'un homme exercerait sur celle d'un autre sans le secours d'aucun intermédiaire physique perceptible aux sens. Le *Magnétisme animal* a été ainsi appelé à cause de l'analogie qu'on a cru lui trouver avec le Magnétisme ordinaire ou Magnétisme minéral. Il constitue une espèce de science occulte dans laquelle se classent une foule de phénomènes, les uns imaginaires, les autres encore inexpliqués ou même imparfaitement prouvés. Les idées qui servent de base au Magnétisme animal remontent à une époque très-reculée, et ne sont à proprement parler que la reproduction plus ou moins modifiée des croyances des alchimistes et des astrologues du moyen âge, qui les avaient eux-mêmes puisées dans les élucubrations des Orientaux. Au XVIe siècle, Paracelse les réunit en corps de doctrine, et, deux cents ans plus tard, le médecin allemand Mesmer leur donna une vogue immense en les appliquant au traitement des maladies. Ce médecin débuta, en 1766, par la publication d'un mémoire intitulé : *De l'influence des planètes sur le corps humain,* puis, quelques années après, il s'annonça comme possesseur d'un fluide particulier, à l'aide duquel il pouvait guérir les affections les plus rebelles. Il plaçait les malades autour d'un baquet et leur faisait tenir des barres de fer qui en sortaient : c'était par ces barres que le fluide opérait. Il fit un grand nombre d'adeptes, mais, à la fin, attaqué violemment comme un charlatan et un imposteur, il fut obligé de s'expatrier, et, après avoir parcouru la Suisse, il vint se réfugier à Paris, où il arriva au mois de février 1778. Sa méthode jouit, dans cette ville, d'une vogue immense jusqu'en 1786, époque à laquelle M. de Puységur, un de ses plus chauds partisans, mit de côté le baquet et les barres, et imagina de traiter les malades par des attouchements et des passés. Le nouveau procédé reçut le nom de *Somnambulisme* ou *Noctambulisme magnétique,* à cause de la ressemblance qu'on lui trouva avec le somnambulisme naturel. Depuis cette époque, le Magnétisme animal n'a cessé de compter de nombreux partisans, mais sans jamais pouvoir convaincre de sa réalité les esprits véritablement sérieux, qui ne voient que des charlatans dans ceux qui l'exploitent.

MAGNOLIER. — Ce bel arbre porte le nom du botaniste français Magnol. De tout temps, la beauté de son feuillage et la grandeur de ses fleurs l'ont fait placer au nombre des végétaux d'ornement les plus précieux. Il renferme plusieurs espèces dont les unes sont originaires de l'Asie tropicale, et les autres de l'Amérique du Nord. Les espèces américaines ont été introduites les premières en Europe : le *Magnolier glauque,* en 1688, par Banister ; le *Magnolier à grandes fleurs,* en 1732 ; le *Magnolier parasol,* en 1752, etc. Parmi les espèces asiatiques, le *Magnolier yulan,* qui est le plus recherché, a été apporté, de Chine en Angleterre, en 1789, par Joseph Banks. Depuis le commencement de ce siècle, les Magnoliers se sont répandus dans toutes les parties de l'Europe où leur culture est possible.

MAILLECHORT. — De temps immémorial, les Chinois font des alliages de cuivre, de nickel et de zinc, qui imitent assez bien l'argent, et que l'on appelle *Toutenague, Packfond* et *Cuivre blanc.* Des alliages analogues ont également été employés de très-bonne heure dans plusieurs parties de l'Allemagne, et c'est de ce pays qu'ils paraissent avoir été introduits en France, vers 1819. Un industriel parisien, appelé Maillet, ayant pris alors un brevet d'invention pour leur exploitation, eut l'idée de leur donner son nom, et c'est à cette circonstance que le Packfond français doit sa dénomination de *Maillechort,* par corruption *Melchior,* sous laquelle on le désigne généralement : on l'appelle aussi *Argentan,* à cause de son apparence extérieure. Le Maillechort sert principalement pour faire une multitude d'ustensiles de ménage, ainsi que des montres, des éperons et des ornements de harnais. On l'emploie souvent doré ou argenté. C'est au Maillechort argenté que les Allemands donnent les noms de *Chinasilber* (argent de Chine), *Neusilber* (nouvel argent), *Perusilber* (argent du Pérou), etc. La plupart des progrès que la fabrication du Maillechort a faits chez nous sont dus à deux industriels parisiens, MM. Péchiney et Gombault.

MAIN ARTIFICIELLE. — La première *Main artificielle* ou *Main mécanique* à l'usage des amputés, se trouve décrite dans les ouvrages d'Ambroise Paré, mort en 1590, mais il est probable que l'invention des appareils de cette espèce est beaucoup plus ancienne. Cette Main avait été fabriquée par un serrurier, nommé Petit Lorain. Elle était en ferblanc, et pouvait, au moyen de ressorts, exécuter, avec assez de précision, les mouvements de flexion et d'extension, et même celui de la préhension des objets. Dans le même siècle, un mécanicien de Nuremberg fit, pour le chevalier Gœtz de Berlichingen, qui avait perdu la main droite au siége de Landshut, une Main en tôle qui devint célèbre dans toute l'Allemagne, mais qui avait le défaut d'être trop lourde. Deux cents ans plus tard, M. Baillif, de Berlin, exécuta un appareil plus simple et plus léger qui fut considéré comme un grand perfectionnement. Au dernier siècle, on parla beaucoup en France de deux

Mains mécaniques qui furent faites, l'une, par le carme Sébastien Truchet et le mécanicien Duquet, pour M. de Gunterfield, gentilhomme suédois, et l'autre, par le mécanicien Laurent, pour un artilleur, appelé La Violette. Depuis le commencement de ce siècle, une foule d'artistes ont cherché à améliorer les travaux de leurs devanciers, et plusieurs d'entre eux, tels que MM. Charrière, Mathieu, Béchard et autres, sont parvenus à produire des Mains mécaniques qui joignent à une extrême légèreté la possibilité de remplir les fonctions les plus importantes des mains naturelles. Ces appareils font généralement partie des Bras artificiels, mais il en existe aussi qui ne se composent que de la Main proprement dite et sont spécialement destinés aux manchots.

Maïs. — On croit communément que le *Maïs*, qu'on appelle aussi *Blé de Turquie*, *d'Espagne* ou *d'Inde*, *Millet* et *gros Millet*, est originaire d'Amérique et qu'il a été introduit en Europe, vers 1543, par les Espagnols; mais il a été prouvé que si ce végétal était cultivé en grand dans le nouveau monde, à l'époque de la découverte, il l'était aussi, de temps immémorial, dans plusieurs parties de l'Asie, ainsi qu'en Égypte, où l'on en a trouvé de nombreux spécimens dans plusieurs tombeaux. Quelques auteurs pensent même qu'il ne devait pas être tout à fait inconnu, pendant le moyen âge, en Espagne, en Italie et dans nos provinces méridionales, où il pouvait avoir été apporté par les Arabes et les croisés. Quoi qu'il en soit, ce n'est qu'à partir du xvie siècle que les Européens se sont occupés de cultiver en grand le Maïs. Cette plante est répandue aujourd'hui sur tous les points du globe. Son exploitation a même, dans certains pays, une importance plus considérable que celle du blé. On emploie ses graines pour la nourriture de l'homme, ses extrémités fleuries pour l'alimentation des bestiaux, les enveloppes de ses épis pour la confection des lits ou d'une espèce de papier, ses râfles pour remplacer le bois de chauffage là où ce dernier manque. Le parenchyme qui remplit le chaume du Maïs renferme une matière sucrée dont on a plusieurs fois tiré parti pour obtenir du sucre d'excellente qualité.

Pendant très-longtemps, les chimistes, se fondant sur une opinion émise par l'agronome Parmentier, se sont obstinés à regarder ce sucre comme incristallisable. Cependant, dès 1784, Bonrepos, de Toulouse, avait retiré du Maïs un pain de sucre cristallisé. Naihrolt, en 1810, et Burger, en 1811, obtinrent le même résultat. Enfin, ce fait, de la cristallisation du sucre de Maïs, a été mis hors de doute, en 1834, par les savantes recherches de Pallas. En 1860, M. Aloys Auer, directeur de l'Imprimerie impériale de Vienne, a découvert un procédé qui permet d'extraire des feuilles et de la tige du Maïs une matière textile susceptible de recevoir une foule d'applications utiles.

MAISONS MONOLITHES. — Voyez MONOLITHES.

MAJOLICA. — Voyez FAÏENCE.

MALIQUE (*Acide*). — Il a été découvert, en 1785, par le chimiste suédois Scheele, qui le trouva dans le suc des pommes aigres, d'où son nom, du latin *malum*, pomme. M. Donovan l'a trouvé, en 1814, dans le jus des fruits du sorbier. Enfin, plus tard, M. Braconnot a prouvé qu'il existe également, soit libre, soit combiné, dans presque tous les fruits, particulièrement dans les fruits rouges, ainsi que dans d'autres parties des plantes. L'Acide malique n'a pas encore reçu d'applications, mais on pourrait l'employer aux mêmes usages que les acides citrique et tartrique.

MALADIE DE LA VIGNE. — Voyez OÏDIUM.

MALLÉABLE (*Fonte*). — Voyez FONTE.

MANCHON. — Dans le principe, on a donné le nom de *Manchon* à la garniture de la manche, quelle que fût sa matière, fourrures, broderies ou objets de bijouterie. Les Manchons modernes ne paraissent pas remonter plus haut que le xvie siècle, où leur usage fut, dit-on, sinon tout à fait introduit, du moins beaucoup répandu, par la reine Catherine de Médicis. On les appela d'abord *Contenances* ou *Bonnes grâces*, et ils ne reçurent leur dénomination actuelle que sous le règne de Louis XIV. Les Manchons sont spécialement destinés aux femmes; cependant, au dernier siècle, les élégants en portèrent, pendant quelque temps, de très-petites dimensions, qu'ils attachaient avec des rubans, un peu au-dessous de leur veste, pour avoir la liberté des mains.

MANDOLINE. — Voyez GUITARE.

MANGANÈSE. — Ce métal n'a été découvert qu'au dernier siècle. Mais on connaissait depuis longtemps son peroxyde, que l'on employait pour la fabrication des verres colorés : seulement, on le confondait avec l'Aimant, en latin *Magnes*, d'où le nom de *Magnésie noire* sous lequel on le désignait. En 1740, le minéralogiste Pott démontra le premier que cette Magnésie noire n'était pas un minerai de fer, comme on l'avait cru jusqu'alors, et, en 1770, Kaïm y signala la présence d'un nouveau métal, qui fut enfin définitivement reconnu par Scheele, en 1774, et isolé par Gahn, peu de temps après. Le Manganèse métallique n'est qu'un objet de curiosité, mais, aujourd'hui, comme autrefois, son peroxyde est utilisé, dans l'industrie, pour faire des émaux et des verres de couleur. On en tire également parti, et c'est même là son principal usage, pour la fabrication du Chlore et des Chlorures décolorants. Le chlorure de manganèse est encore employé, dans la teinture, pour obtenir les couleurs brunes dites solitaires, et, dans quelques usines à gaz, d'après les indications de M. Mallet, pour épurer le gaz d'éclairage.

MANIPULE. — Le vêtement ecclésiastique de ce nom a pour origine un linge ou mouchoir que, dans la primitive Église, les officiants portaient au bras gauche pour s'essuyer le visage. Au Xe siècle, ce linge avait déjà perdu son caractère d'utilité pour devenir un simple ornement, et on l'enrichissait d'or, d'argent et de pierres précieuses. Ainsi, on lit, dans la vie de Riculphe, évêque d'Elne en Roussillon, qu'en 915 ce prélat fit don à son église de « six manipules ornés d'or, dont l'un avait de petites clochettes. »

MANNE. — Le mot *Manne* est la forme française de l'hébreu *man*, par lequel Moïse désigne un aliment que Dieu envoya aux Israélites dans le désert de Sin. On a fait de nombreuses hypothèses sur la nature et l'origine de cette substance. Les uns ont cru la reconnaître dans le fruit du Ghorkad ou dans la matière sucrée qui découle du Tamarix · mannifera. Les autres l'ont vu dans le Tarfa, autre matière sucrée qui

est fournie par le Tamarix .orientalis. Enfin, dans ces dernières années, plusieurs écrivains ont avancé que la Manne était l'espèce de lichen connu sous le nom de Parmenia ou Lecanora esculenta, qui, dans les déserts de l'Orient, se montre subitement, de temps à autre, sur une vaste étendue de terrain.

MANNEQUINS. — Les *Mannequins* à l'usage des peintres ont été imaginés pour vaincre la difficulté qu'oppose à une parfaite imitation cette mobilité naturelle qui empêche une figure vivante de demeurer dans une assiette invariable. On ignore l'époque de leur invention, mais on croit qu'elle ne remonte pas beaucoup au delà de la fin du XVe siècle ou du commencement du XVIe. Ces appareils ont reçu de nos jours de très-grands perfectionnements, dus, pour la plupart, aux fabricants parisiens Mauduit, Dussauce et Faure. Ceux de ce dernier ont été considérés, pendant longtemps, comme supérieurs, pour l'armature, à tous ceux de ses rivaux. — Les Mannequins pour la démonstration de l'art des accouchements paraissent dater de la fin du XVIIe siècle ou des premières années du XVIIIe. Ils ont été améliorés beaucoup depuis, d'abord, en 1781, par le mécanicien Adorne, de Strasbourg ; puis, en 1820, par M. Verdier, chirurgien de notre marine militaire.

MANOMÈTRE. — Autrefois, on appelait *Manomètres* des instruments destinés à mesurer la raréfaction de l'air, et qui n'étaient que des baromètres diversement disposés. Aujourd'hui, on réserve généralement ce nom aux appareils qui servent à déterminer la force élastique des gaz et des vapeurs, quand elle surpasse la pression atmosphérique. Des appareils de cette espèce accompagnent toujours les machines à vapeur. Il en existe trois espèces principales : les *Manomètres à air comprimé*, inventés, au XVIIe siècle, par le physicien Mariotte ; les *Manomètres à air libre*, qui sont presque aussi anciens, et dont on ne connaît pas l'auteur ; et les *Manomètres métalliques*, qui ont été créés, vers 1835, par le prussien Schinz, mais dont la réalisation pratique est due à un de nos compatriotes, l'ingénieur Isidore Bourdon. Les Manomètres à air comprimé sont interdits en France et dans la plupart des autres pays, à cause d'inconvénients dont on n'a pu les débarrasser. Quant aux deux autres variétés, ce sont les Manomètres métalliques qui sont les plus répandus, avantage qu'ils doivent à leur solidité, ainsi qu'à la facilité de leur transport et de leur installation. Parmi les Manomètres à air libre les plus usités dans notre pays, les meilleurs sont ceux MM. Desbordes et Galy-Cazalat, constructeurs d'instruments de précision à Paris.

MANSARDE. — Ce genre de toits brisés passe pour avoir été inventé par François Mansard, architecte du temps de Louis XIV ; mais il est beaucoup plus ancien, car il a été employé, vers 1540, par Jean Bullant, lors de la construction du château d'Écouen. Il est seulement probable que Mansard mit à la mode ce qui avant lui était d'un usage exceptionnel, et mérita ainsi de lui donner son nom.

MANUSCRITS. — Les plus anciens *Manuscrits* connus ont été trouvés dans des tombeaux égyptiens : ils sont tous sur papyrus, et au moins contemporains de Moïse. Les plus anciens Manuscrits grecs et romains sont également sur papyrus, mais ils ont été découverts, sous la forme de rouleaux carbonisés, dans les ruines d'Herculanum, et il n'a été possible d'en déchiffrer que quelques lignes. Les plus anciens qui nous soient parvenus intacts sont sur parchemin et ne remontent pas au delà du IIIe siècle de notre ère : encore même, n'a-t-on pas de preuves absolument certaines de cette antiquité, à cause de l'extrême rareté des éléments de comparaison.

MARBRE. — Les propriétés si remarquables des *Marbres* ont de bonne heure attiré l'attention des architectes. Aussi trouve-t-on ces précieuses matières employées, dans les constructions, dès les premiers progrès de l'art de bâtir. Dans l'antiquité, ce sont les Grecs qui, les premiers, ont exploité les Marbres en grand pour la décoration des édifices. Goguet prétend qu'ils ne les connaissaient pas encore à l'époque de la guerre de Troie, mais Millin est d'un avis contraire : ce dernier pense seulement qu'ils ne se servaient alors que de Marbres blancs et qu'ils ne découvrirent que plus tard ceux de couleur. Les Romains ne paraissent avoir employé les Marbres qu'après la conquête de la Grèce, et, suivant Tite-Live, ce fut Métellus Macédonicus, le vainqueur d'Andriscus, qui fit élever à Rome le premier temple de Marbre. Leurs architectes employèrent d'abord le Marbre en blocs de dimensions variables. Du temps de César, ils imaginèrent d'en faire des placages, et suivant Cornélius Népos, ce fut le chevalier Mamurra, qui, le premier, appliqua cette innovation à la décoration de son palais du mont Cœlius. Sous l'empereur Claude, un artiste inconnu trouva le moyen de colorer artificiellement le Marbre, et cette invention reçut de si rapides perfectionnements que, au dire de Pline, « les ouvriers de Tyr et de Lacédémone, si supérieurs dans la teinture de la pourpre, portaient envie à la beauté et à l'éclat de la couleur purpurine qu'on donnait au Marbre. » Enfin, dès le règne de Néron, on savait dorer le Marbre, et en faire des compartiments dont on variait les nuances à volonté. Les Romains ne connurent d'abord que les Marbres de la Grèce, mais, à mesure que leur domination s'étendit, ils exploitèrent tous ceux qu'ils purent découvrir dans leurs nouvelles possessions. Les carrières qu'ils ouvrirent dans les différentes parties de l'Europe, furent abandonnées à l'époque de l'invasion des Barbares ; elles finirent même par être oubliées, et ce ne fut que plusieurs siècles après qu'on parvint à les retrouver. L'exploitation des marbrières françaises, dans les temps modernes, date surtout du règne de François Ier. Elle fut ensuite puissamment encouragée par Henri IV et Louis XIV, principalement par ce dernier. Enfin, elle a pris de nos jours une extension très-considérable, et les travaux auxquels elle a donné lieu, ont fait découvrir, dans les Pyrénées, des Marbres statuaires analogues aux Marbres étrangers les plus renommés, et reconnaître l'origine nationale de Marbres célèbres employés par les Romains, et que l'on croyait avoir été apportés de l'Orient. En même temps que nos richesses marbrières se sont accrues, l'art de les mettre en œuvre a fait aussi de très-grands progrès, grâce aux nombreux secours qu'il a tirés de la mécanique. Aujourd'hui, dans toute l'Europe, le travail du Marbre se fait avec autant de facilité que celui du bois, et avec un outillage mû par des machines à vapeur ou des roues hydrauliques. On sait aussi, comme autrefois, donner au Marbre les colorations artificielles les plus variées. Enfin, on le grave avec des mordants appropriés, et on le sculpte mécaniquement à l'aide d'appareils très-ingénieux qui fonctionnent avec la régularité la plus parfaite et la rapidité la plus merveilleuse. Voyez SCULPTURE MÉCANIQUE.

MARBRES ARTIFICIELS. — Voyez STUC.

MARBRES DE PAROS OU D'ARUNDEL. — Voyez PAROS.

MARÉES. — Le phénomène des *Marées* a été observé de bonne heure. Ainsi Hérodote et Diodore de Sicile, en parlant de la mer Rouge, disent que chaque jour on y voit les eaux s'élever et s'abaisser, mais ils n'indiquent aucune des particularités de ce mouvement et ne font aucune conjecture sur la cause qui le produit et sur les lois auxquelles il est assujetti. Pythéas de Marseille, qui vivait trois cents ans avant notre ère et qui parcourut une grande partie des mers du nord de l'Europe, eut non-seulement connaissance des oscillations de l'Océan, mais encore il remarqua qu'elles sont en rapport avec les révolutions de la lune. Aristote, son contemporain, connut aussi ce dernier fait. Toutefois, il ne put en parler que par ouï-dire, parce que, ne s'étant jamais éloigné de la Grèce et de l'Asie Mineure, il n'eut pas l'occasion de faire lui-même des observations sur le phénomène. Du reste, ses compatriotes étaient si peu instruits sur le fait des Marées que rien n'égala la frayeur des soldats d'Alexandre lorsque, parvenus à l'embouchure de l'Indus, le mouvement des eaux de l'océan Indien leur offrit un spectacle dont la Méditerranée, la seule mer qui leur fût familière, ne leur avait pas donné d'exemple. Quand les Romains eurent conquis la Gaule et la Grande-Bretagne, ils purent facilement étudier les Marées. Aussi voit-on chez Strabon que Possidonius, ami et contemporain de Pompée et de Cicéron, en connaissait assez exactement les principales modifications. Plus tard, Pline le Naturaliste, fut mieux instruit encore, car il crut pouvoir les attribuer à l'action simultanée du soleil et de la lune. C'est sur le même principe que Newton, en 1687, assit sa théorie luni-solaire des Marées, mais il eut seul le mérite de l'élever au rang des vérités scientifiques démontrées, tandis que Pline n'avait fait que donner des aperçus extrêmement vagues. La théorie de Newton fut plus tard modifiée et complétée par Euler, Maclaurin, Daniel Bernouilli, Laplace et plusieurs autres géomètres et astronomes anglais, français et allemands. Toutefois, malgré les découvertes nouvelles dont ces savants l'enrichirent, elle présente encore, en ce qui concerne quelques circonstances particulières, un certain nombre de lacunes que l'on réussira vraisemblablement un jour à combler.

MARÉOGRAPHE. — Instrument inventé, en 1847, par M. Chazallon, ingénieur hydrographe de la marine, pour mesurer la hauteur de la marée : il enregistre lui-même ses indications. Le premier modèle a été placé, en 1848, à l'embouchure de la Rance, près de Saint-Malo. Si le Maréographe répond aux espérances qu'il a fait concevoir, il donnera peut-être le moyen de découvrir la loi qui régit les marées de détail sur les divers points des côtes de la Méditerranée, de la Manche et de l'Océan. M. Th. du Moncel a construit, en 1855, un *Maréographe électrique* qui est spécialement destiné à enregistrer les différentes hauteurs de la marée en pleine mer, mais qui peut également être employé pour enregistrer à distance les différentes hauteurs du niveau de l'eau dans les réservoirs d'alimentation des villes, soit pour indiquer si l'état d'approvisionnement de ces réservoirs est suffisant, soit pour calculer la dépense de l'eau consommée ; avec cet appareil, le directeur de l'usine affectée au service des réservoirs, peut avoir ces diverses données à toute heure du jour, et sans sortir de son bureau.

MARGARIQUE (*Acide*). — Il a été découvert, en 1811, par M. Chevreul, qui le trouva dans plusieurs huiles végétales. C'est une substance blanche, solide, et ayant presque l'aspect de la nacre de perle : de là son nom, du latin *margarita*, perle. On l'emploie pour la fabrication des Bougies dites *stéariques*. Voyez BOUGIE.

MARGINALES (*Notes*). — Voyez NOTES MARGINALES.

MARINE. — Toutes les populations primitives ont compris que l'Océan n'était pas une dernière limite, et que ses eaux constituaient un puissant moyen de communication dont il était nécessaire d'étudier l'emploi. Les premières embarcations furent nécessairement très-grossières, mais elles se perfectionnèrent peu à peu, à mesure que les arts firent des progrès, et le canot du sauvage devint graduellement le navire actuel, en subissant une multitude de transformations, dont les textes et les monuments ne font pas connaître la succession. Toutefois, il faut se garder de croire que le génie naval soit resté dans l'enfance jusqu'au XVIIe siècle. Il a été, au contraire, très-développé chez toutes les grandes nations maritimes de l'antiquité et du moyen âge, et il leur a rendu, relativement à leurs besoins, tout autant de services qu'en retirent les peuples modernes. Sous le rapport des dimensions, par exemple, les anciens savaient faire, quand il le fallait, autre chose que de grandes barques, comme on le croit généralement. Ainsi, deux cents ans avant notre ère, la marine égyptienne avait un bâtiment, *l'Isis*, qui était juste aussi grand que le plus gros vaisseau du dernier siècle. Pendant les croisades, il existait des navires qui pouvaient recevoir de mille à quinze cents personnes, non compris l'équipage. Des bâtiments encore plus considérables furent construits, au XVe siècle. Telle était, entre autres, *la Charente*, de Louis XII, qui portait 200 canons de divers calibres, « 1200 hommes de guerre sans les aides », avec des vivres et des munitions pour neuf mois, et qui cependant était si bonne voilière « qu'en mer n'étoient pirates ni écumeurs qui devant elle tinssent vent. » La découverte de l'Amérique et les grandes expéditions maritimes qui en furent la suite, donnèrent une très-grande impulsion à l'art des constructions navales. Toutefois, les progrès furent d'abord très-lents ; ils ne commencèrent même à devenir importants que dans la seconde moitié du XVIIe siècle, et ce fut l'Académie des Sciences de Paris, qui eut l'honneur de les provoquer. En effet, à peine constituée, cette assemblée célèbre encouragea les travaux des astronomes et des constructeurs d'instruments nautiques, ouvrit des concours sur les diverses améliorations qu'il serait utile d'introduire dans les formes, l'arrimage, la voilure et l'impulsion des navires, et soumit aux plus grands géomètres la solution d'une foule de questions que les constructeurs seuls eussent pu difficilement trouver. C'est à la suite de cet appel que les Bernouilli, les Bouguer, les Euler, les Forfait, les Duhamel du Monceau, posèrent les vrais principes de l'architecture navale. Ces principes furent même appliqués, pour la première fois, par l'ingénieur français Sané, dont les navires servirent plus tard de modèle dans les arsenaux de la Grande-Bretagne ; mais les ingénieurs anglais, plus avancés que ceux du continent, quant aux moyens d'exécution, créèrent une multitude de perfectionnements de détail, qui, d'abord simplement destinés à la marine militaire, furent peu à peu adoptés par la marine marchande. C'est un de ces ingénieurs, Robert Seppings, qui, pour renforcer la carène, a fait définitivement adopter, vers 1796, l'usage des porques obliques, proposé, dès 1755, par notre compatriote Chauchot. Deux autres anglais, sir William Symonds et Fairbairn, ont imaginé, en 1832, le premier, de diminuer le lest, sans nuire à la stabilité, en élargissant la surface de flottaison ; le second, d'augmenter la légèreté et la solidité des navires, en substituant le fer au bois. Au commencement de ce siècle, l'application de la Machine à vapeur à la propulsion des navires est venue ouvrir de nouvelles voies aux constructions navales, et l'extension qu'a prise de nos jours l'emploi de ce nouveau moteur a complétement transformé la marine de tous les pays civilisés. Voyez ANCRE, BATEAU A VAPEUR, CABLES-CHAINES, CLIPPER, COURANTS, HÉLICE, NAVIGATION, VAISSEAU CUIRASSÉ, etc.

MARIONNETTES. — Comme la plupart des autres jouets d'enfants, les *Marionnettes* remontent à une époque, pour ainsi dire, immémoriale. Tous les peuples les ont connues. Les procédés de fabrication ont seuls varié. Un fait cependant à noter, c'est qu'elles ont à peu près partout d'abord servi aux besoins du culte, avant d'être appliquées aux usages populaires. Les Égyptiens avaient des Marionnettes sacrées, mais ils ne paraissent pas avoir connu les Marionnettes théâtrales. Les Grecs, au contraire, possédèrent les deux espèces. Ils les faisaient mouvoir, quelquefois en enfermant du mercure dans leur intérieur, le plus souvent, comme les modernes, au moyen de cordons attachés à leurs membres. A Athènes, et dans les autres villes, il y avait des montreurs de Marionnettes, qui exerçaient leur industrie dans les rues et sur les places publiques, et que l'on faisait venir dans les maisons, après les festins. Chez les Romains, les Marionnettes servaient aussi à l'amusement des enfants et des grandes personnes. On les faisait souvent figurer dans de petites pièces où leurs gestes étaient expliqués par un cornac, tandis que, d'autres fois, elles étaient censées débiter elles-mêmes leurs rôles. Comme celles de l'antiquité, les Marionnettes modernes ont également une origine religieuse. Pendant le moyen âge, c'était l'usage de faire représenter par des poupées articulées les événements principaux de l'histoire sacrée, et c'est à cet usage que les petits acteurs de bois doivent leur dénomination actuelle. Le mot *Marionnette* n'est en effet qu'un diminutif du nom de Marie : on s'en servit d'abord pour désigner les *Marioles* ou *Marions*, c'est-à-dire les poupées qui représentaient la Vierge, puis, on l'appliqua, par extension, à celles qui figuraient les autres personnages. Les Marionnettes se sécularisèrent au xvie siècle, et, à partir de ce moment, sauf quelques rares exceptions, elles ne montèrent plus que sur des théâtres profanes. C'est aussi alors que naquirent la plupart des types nationaux, entre autres, Polichinelle et la mère Gigogne, qui ont encore le privilége d'amuser les grands et les petits enfants. Enfin, au siècle suivant, un charlatan, qui est resté classique comme son singe Fagotin, le célèbre Jean Brioché, donna à ses acteurs de bois, la vogue qu'ils ont toujours conservée depuis. Voyez PANTIN, POUPÉE, etc.

MARMITE DE PAPIN. — Voyez AUTOCLAVE.

MARNE. — L'emploi de la *Marne* comme amendement remonte à une époque très-ancienne. Il était déjà très-répandu chez les Gaulois et les Bretons.

Plusieurs auteurs pensent aussi qu'il n'était pas inconnu des Grecs et des Romains, et que la substance, appelée *leuc-argillos* par les premiers et *marga* par les seconds, n'était autre chose que notre Marne. Quoi qu'il en soit, il est communément question de ce produit dans les documents du moyen âge qui sont relatifs au travail des champs.

MAROQUIN. — La fabrication du *Maroquin* paraît immémoriale dans plusieurs parties de l'Asie, d'où les Arabes l'introduisirent dans les contrées du nord de l'Afrique et dans les provinces méridionales de l'Espagne. Ce dernier pays le fournit presque exclusivement au reste de l'Europe, jusqu'au xive siècle, mais à partir de cette époque, qui vit périr l'industrie moresque, le commerce fit venir ses approvisionnements, quelquefois du Levant, le plus souvent de la côte de Barbarie et du Maroc : c'est même à cette dernière circonstance que cette espèce de cuir doit le nom sous lequel il est aujourd'hui universellement désigné. Les peuples du centre et du nord de l'Europe ne commencèrent à faire le Maroquin que dans la première moitié du dernier siècle. La première fabrique qu'il y ait eu en France fut fondée, en 1738, au faubourg Saint-Antoine, à Paris, par un nommé Garon, qui essaya d'y appliquer les procédés usités en Orient, tels qu'un voyageur, le chirurgien de marine Granger, les avait inexactement décrits trois ans auparavant. En 1749, un sieur Barrois monta, dans la même ville, un établissement semblable, qui fut érigé en manufacture royale en 1765. Ces deux tentatives, qui furent bientôt suivies de quelques autres, obtinrent très-peu de succès, et ne purent fournir que des produits bruns, rouges ou jaunes, d'une qualité très-inférieure. La maroquinerie française ne commença à prendre son essor qu'en 1797, lorsque MM. Fauler et Kemph créèrent, à Choisy-le-Roi, une grande usine qui existe encore. Toutefois, ces industriels ne firent d'abord que les nuances connues de leurs prédécesseurs, mais en y apportant des perfectionnements de premier ordre, qui furent peu à peu imités par les autres fabricants. Enfin, de 1815 à 1820, ils entrèrent dans des voies nouvelles, et réussirent à obtenir des bleus, des violets, des pensées, des lilas, et des couleurs légères très-brillantes, très-vives et d'une extrême solidité. Ce fut aussi vers le même temps qu'à l'exemple de ce qui avait lieu, depuis plusieurs années, en Allemagne, des maroquiniers de Strasbourg importèrent le mordoré à reflets métalliques. Depuis ce moment, l'industrie des Maroquins n'a cessé de recevoir des améliorations, et elle est parvenue, à force de soins, de recherches et de travail, à pouvoir imiter de la manière la plus exacte et parfaitement rassorties à la soie et à la laine, les diverses nuances réclamées par les branches industrielles qui emploient ses produits.

MARQUETERIE. — C'est l'art d'exécuter, avec des lames très-minces de bois précieux, d'écaille, de nacre, de cuivre, d'étain, etc., découpées et assemblées avec précision, des dessins plus ou moins compliqués pour la décoration des meubles de prix. Cet art a été cultivé, de très-bonne heure, en Chine et dans l'Inde. Il fut également en grande faveur chez les Romains, qui en avaient probablement appris les procédés des Orientaux. Dans l'Europe moderne, c'est en Italie que la Marqueterie paraît s'être montrée pour la première fois. Elle y jouissait déjà d'une vogue immense au xiiie siècle. Toutefois, les artistes de ce pays ne surent d'abord faire que l'*Intersatiura*, c'est-à-dire des dessins géométriques avec des bois blancs ou noirs et des plaques d'ivoire, mais, à la fin du siècle suivant, ils trouvèrent le moyen de colorer artificiellement les bois ordinaires, ce qui leur permit d'obtenir des teintes assez variées pour imiter le feuillage des arbres et la limpidité des eaux, et produire, par la dégradation des tons, les effets du lointain. L'Italie conserva le monopole de la Marqueterie jusqu'aux dernières années du xve siècle, où la France et l'Allemagne commencèrent à lui faire une sérieuse concurrence. Dans ce dernier pays, c'est à Augsbourg, à Nuremberg et à Dresde, que s'exécutèrent les premières pièces. Quant à la France, elle possédait déjà d'habiles artistes sous Louis XIII; mais ce fut sous Louis XIV qu'elle vit se produire les œuvres les plus remarquables. La Marqueterie française atteignit alors son apogée. Les incrustations de cuivre

et d'étain sur fond d'écaille devinrent surtout à la mode, et André-Charles Boule, tapissier du roi, sut tirer un si merveilleux parti de ce genre qu'il mérita d'y attacher son nom. Depuis le xviiie siècle, la Marqueterie n'a pas dégénéré de ce qu'elle était aux époques précédentes. Elle s'est même enrichie de nouvelles combinaisons de bois divers, qui, jointes à l'invention de procédés mécaniques d'une ingéniosité remarquable, lui permettent d'obtenir des effets qui auraient été impossibles avec ses moyens d'autrefois. On cite, au premier rang de ceux qui ont le plus contribué à ses progrès contemporains, les artistes parisiens Barbedienne, Bellangé, Fourdinois, Cremer, Grohé, Marcellin, Tahan, etc.

MARRONNIER D'INDE. — Ce bel arbre est généralement regardé comme originaire de l'Inde. Il fut introduit à Constantinople, vers 1550, mais on ignore comment. Quoi qu'il en soit, c'est de cette ville qu'il pénétra dans les autres parties de l'Europe. Le premier pied qui parut en Allemagne fut envoyé à Clusius, qui habitait alors Vienne; ce savant le reçut en 1570, mais il ne l'avait pas encore vu fleurir en 1588, quand il quitta cette ville. Un Marronnier existait à Venise, en 1581. A la même époque, il y en avait aussi quelques-uns en Angleterre. Quant à la France, elle ne connut ce végétal qu'en 1615, époque à laquelle le naturaliste Bachelier, qui s'était formé à Constantinople une riche collection de plantes rares, en apporta un pied qui fut planté à Paris, dans la cour de l'hôtel Soubise, au Marais. C'est de ce pied et d'un second, qui arriva en 1650, et qui fut placé au Jardin des Plantes, que proviennent, dit-on, tous ceux qui existent aujourd'hui dans notre pays. Le Marronnier est maintenant acclimaté dans presque toute l'Europe. On le cultive surtout comme arbre d'ornement. On utilise cependant quelquefois son écorce pour la teinture en jaune et le tannage, et son fruit pour le blanchissage du linge. On a aussi plusieurs fois essayé d'appliquer ses graines à la nourriture de l'homme, mais leur amertume extrême a forcé d'y renoncer. On est seulement parvenu à en extraire une fécule abondante, qui est comparable à celle de la pomme de terre et peut lui être substituée dans tous ses emplois. Dans ces derniers temps, le chimiste Rochleder a trouvé, dans les fleurs et les fruits du Marronnier, le même principe colorant qui existe dans le quercitron, ce qui explique ses propriétés tinctoriales. D'autres savants ont découvert dans son fruit la *Saponine*, c'est-à-dire la substance à laquelle la saponaire doit ses vertus détersives, ce qui a donné l'explication de l'emploi des marrons d'Inde pour le blanchissage.

MARS. — Cette planète a été connue de tout temps. Chez les Hébreux, elle portait un nom qui signifiait « embrasé ». Chez les Grecs, qui l'appelaient aussi Hercule, on lui appliquait ordinairement une épithète, qui signifie « incandescent. » Enfin, suivant M. Bopp, les anciens peuples de l'Inde la nommaient Angaraka, charbon ardent, et Lohitanga, c'est-à-dire « corps rouge. » Mars est la seule planète supérieure qui offre des espèces de *phases*, lesquelles, déjà soupçonnées par Galilée, en 1610, n'ont été nettement reconnues qu'en 1638, par Fontana. Cet astronome est aussi le premier qui ait observé les *taches* de Mars : en 1636, il aperçut une place obscure sur le disque de l'astre. Des places semblables furent signalées, en 1640, par le père Zucchi, et, en 1644, par le père Bartholi. Quelques savants n'ayant pas distingué aux heures de leurs observations les taches indiquées par ce dernier, commencèrent à soupçonner que la planète avait un mouvement de *rotation;* mais ce fait ne fut mis hors de doute qu'en 1666, à l'aide d'observations directes exécutées à Bologne par Jean-Dominique Cassini. Au siècle suivant, William Herschel essaya le premier de déterminer la position de l'axe de rotation. Le même astronome fit aussi, en 1784, les premières observations relatives à l'*aplatissement* de Mars.

MARTEAU A VAPEUR. — Le *Marteau à vapeur* ou *Marteau-pilon* est regardé avec raison comme une des plus belles inventions dont le génie moderne a doté la machinerie des ateliers de forgeage mécanique. Le principe de sa construction a été établi, d'abord, en Angleterre, par M. William Deverell, en 1806, puis, en France, par M. Cavé, en 1836; mais il n'est devenu d'un emploi possible qu'à la suite de nombreux perfectionnements imaginés, dans les deux pays, d'une part, en 1841, par MM. Schneider, directeur du grand établissement métallurgique du Creuzot, et M. Bourdon, leur ingénieur; d'autre part, en 1843, par M. James Nasmyth, maître de forges à Patricoff, près de Manchester. Depuis cette dernière époque, le Marteau à vapeur s'est répandu dans toutes les grandes usines, où il est devenu l'âme de la fabrication des pièces de forge de toutes les dimensions. De plus, des mécaniciens intelligents en ont créé des variétés dont la manœuvre est si simple, la commande si facile et le volume si réduit qu'on peut les employer partout, quel que soit le mode de puissance motrice dont on puisse disposer. Ainsi, il existe aujourd'hui non-seulement des Marteaux-pilons à vapeur de toute dimension, mais encore des Marteaux-pilons mus par des moteurs à rotation ordinaire, avec des transmissions manœuvrées par des machines à vapeur, ou des roues hydrauliques, ou même des hommes ou des animaux. Parmi les mécaniciens qui ont le plus contribué, en France, à perfectionner ces machines-outils, il faut surtout citer MM. Ernest Gouin, Weber, Truck et Farcot, de Paris; Revollier, de Saint-Étienne; Guillemin fils et Minary, de Besançon; Gâche, de Nantes, etc.

MASQUE. — Les *Masques* ont été connus de tout temps et à peu près partout. On en a même trouvé l'usage très-répandu chez plusieurs peuplades sauvages du nouveau monde et de l'Océanie. Leur matière et leur forme ont seules varié à l'infini. Dans l'antiquité classique, les Masques paraissent avoir pris naissance, en Grèce, aux fêtes de Bacchus, où ceux qui y prenaient part avaient l'habitude de se déguiser. De là, ils furent introduits dans les représentations dramatiques, qui, à l'origine, n'étaient qu'une des parties des réjouissances célébrées en l'honneur de ce dieu. Les Masques grecs couvraient non-seulement la figure, mais encore, et c'était le plus souvent, la tête tout entière : aussi les ajustait-on à peu près comme un casque. Ils exprimaient toujours les sentiments du personnage que l'acteur représentait, ce qui obligeait d'en avoir autant d'espèces particulières qu'il y avait de rôles différents dans les pièces. Quant à la matière, on les fit d'abord en écorce d'arbre, puis en cuir et en bronze. A l'exemple des Grecs, les Romains adoptèrent les Masques de théâtre, mais ils ne s'en servirent d'abord que dans les Atellanes. Ce fut, dit-on, l'acteur Roscius Gallus qui, le premier, un siècle avant notre ère, les introduisit dans la comédie et la tragédie. Pendant le moyen âge, les Masques ne figurèrent pas sur le théâtre, mais alors prit naissance l'usage, qui ne paraît pas avoir existé chez les anciens et qui s'est perpétué jusqu'à nos jours, de les employer dans les danses et autres divertissements. Le xvie siècle vit naître une autre innovation. A la suite de nos rapports avec l'Italie, les dames françaises adoptèrent la mode, déjà ancienne dans ce pays, de se couvrir en public et même dans l'intérieur des appartements, de Masques de velours noir doublé de toile. Ces Masques, qu'on appelait Loups ou Cachelaid, furent ensuite pris par les hommes. Tout le monde en porta, à Paris, depuis Henri II jusqu'à Henri III, après quoi ils tombèrent peu à peu en désuétude, et on les réserva pour les mascarades et les jours de carnaval. Cependant, leur usage existait encore en 1695. Il se maintint même plus tard dans quelques parties de l'Europe; qui avaient suivi le torrent, notamment en Espagne, où il n'avait pas tout à fait disparu à la fin du dernier siècle. Du reste, les Loups ne firent jamais partie que du costume des hautes classes : ils constituaient même une espèce de mode nobiliaire interdite aux roturiers. Il est à remarquer qu'en France, à la cour de Louis XIV, tous les ballets s'exécutaient sous le Masque, et que cet usage fut maintenu à l'Opéra jusqu'en 1766, époque à laquelle, au grand étonnement des habitués, Gardel l'aîné, rompant avec le passé, dansa, le premier, à visage découvert. Autrefois, Venise avait le monopole de la fabrication des Masques. Aujourd'hui, cette industrie est presque entièrement concentrée à Paris ; la première fabrique qu'il y ait eu dans cette ville fut établie, en 1799, par l'italien Marassi.

MASSE, MASSUE. — La Massue a été, selon toutes les probabilités, la première arme offensive. Elle se trouve encore aujourd'hui, sous les noms de Casse-tête, de Tomahawk, etc., entre les mains des sauvages de l'ancien monde et du nouveau. Au moyen âge, la Massue s'appela Masse d'armes et fut employée par tous les peuples de l'Europe, mais en variant de forme à l'infini. Elle ne disparut qu'après l'invention des armes à feu.

MATÉRIAUX ARTIFICIELS. — Les Matériaux artificiels, appelés aussi quelquefois Pierres artificielles et Bétons moulés ou agglomérés, constituent une application des plus curieuses des mortiers et des ciments hydrauliques. La première idée de leur fabrication est due à l'illustre ingénieur Vicat, qui l'émit en 1823, mais elle ne passa dans la pratique que quelques années après. Aujourd'hui, on fait avec ces mortiers, par le moulage, des dalles pour trottoirs, des seuils et des marches d'escalier, des carrelages, des conduites pour l'eau et le gaz, des vases, des colonnes, des statues, des bas-reliefs et une foule d'autres objets d'utilité ou de simple ornement. Enfin, en y ajoutant des cailloux de petit volume, on obtient des blocs de grande dimension que l'on emploie pour les travaux à la mer. Avec ce même mélange, on fait encore, et tout d'une pièce, des réservoirs, des fontaines filtrantes, des voûtes, des galeries d'égout, jusqu'à des ponts et des maisons entières. Dans ces dernières années, M. A. Bérard, de Paris, a proposé, pour les travaux à la mer, des matériaux artificiels formés, par la fusion, avec les scories de forge. Un autre industriel, M. Dumesnil, de Mareuil-lez-Meaux, en a imaginé d'autres qui s'obtiennent avec des mélanges de plâtre aluné, de chaux, de sable et d'ocre jaune : ils durent autant que les pierres naturelles, et, quand on les emploie à l'extérieur, on recouvre habituellement leur surface de deux ou trois couches de silicate de potasse dissous dans l'eau. En 1845, M. Durand, de Monestrol, a inventé un Grès factice, qui se fabrique en mélangeant à chaud, du sable, de la chaux et du bitume, mais dans lequel on peut remplacer le sable par de l'argile ou de la craie. La Pierre artificielle de Ransome, si renommée en Angleterre, se prépare avec du sable, de l'argile pulvérisée, de la craie et du silicate de soude liquide. On mélange ces substances à froid, on leur donne, par le moulage, la forme que l'on désire, et l'on termine en les plongeant dans une dissolution de chlorure de calcium. Voyez CIMENT, MONOLITHES, etc.

MATHÉMATIQUES. — Voyez ALGÈBRE, ARITHMÉTIQUE, ASTRONOMIE, GÉOMÉTRIE, OPTIQUE, PHYSIQUE, etc.

MAUSOLÉE. — Les anciens appelaient ainsi le tombeau qui fut élevé à Mausole, roi de Carie, par la reine Artémise II, sa femme. Ce monument fut construit environ 350 ans avant notre ère par quatre des plus célèbres artistes de l'époque, Scopas, Bryaxis, Timothée et Léccharès, et sa magnificence le fit placer au nombre des sept merveilles du monde. En 1856, ses ruines ont été découvertes à Boutroun, l'ancienne Halicarnasse, par une commission anglaise aux ordres de M. Newton, et l'on en a tiré des bas-reliefs d'une très-haute valeur qui ont été apportés en Angleterre, à la fin de 1857, et déposés au *British Museum*. C'est par analogie que, chez les modernes, l'on donne le nom de Mausolée aux monuments funéraires d'une certaine beauté.

MAXIMILIENNES (*Tours*). — Voyez TOUR.

MAZARINADES. — Les *Mazarinades* sont, à proprement parler, les pamphlets, en vers et en prose, publiés, du mois de janvier 1649 au mois d'octobre 1652, contre le cardinal Mazarin, ministre de Louis XIV. Ce nom leur est venu de la plus célèbre de ces pièces, la *Mazarinade*, qui parut le 11 mars 1651. Enfin, plus tard, on a, par extension, appliqué la même dénomination aux écrits composés en faveur de ce personnage. Le nombre des Mazarinades fut énorme. M. C. Moreau, qui en a dressé le catalogue, en 1850, porte à 4,000 environ celles qui ont été imprimées, et à plus de 1,000 celles qui sont restées manuscrites.

MAZURKA. — Voyez DANSE.

MÉCANIQUE. — Tous les peuples civilisés de l'antiquité portèrent à un très-haut degré de perfection la *Mécanique* pratique, c'est-à-dire l'art de construire et d'employer les machines, mais, jusqu'à Archimède, ils ignorèrent la Mécanique rationnelle, c'est-à-dire la partie purement théorique de la science. Aristote lui-même, qui résumait toutes les connaissances de son époque, n'avait que des idées fausses ou confuses sur la nature de l'équilibre et du mouvement. « C'est Archimède, dit le docteur de Vorepierre, qui, dans son traité *De æquiponderantibus*, a posé les premiers principes de la science. Il démontra, le premier, la théorie du levier, dans lequel il entrevit les lois générales de la Mécanique ; il trouva la propriété des centres de gravité ; il découvrit le principe fondamental d'hydrostatique qui porte son nom ; il expliqua les principes des machines simples qui se rapportent à la statique, le plan incliné, la vis et la spirale. Après lui, la Mécanique théorique reste stationnaire jusqu'au XVIe siècle, où Stévin formule le fameux principe du parallélogramme des forces, principe si fécond en conséquences de tout genre. Bientôt après, Galilée pose les bases de la Dynamique par sa découverte des lois des forces accélératrices. Celles de la communication du mouvement, ébauchées par Descartes, sont établies par Wallis, Wren et Huyghens. Par sa belle théorie des forces centrales, celui-ci devient le précurseur de Newton, entre les mains duquel la Mécanique prend une nouvelle forme. En effet, dès ce moment, et grâce au secours qu'elle trouve dans l'application de l'analyse moderne aux recherches mécaniques, la science marche d'un pas assuré de progrès en progrès, de découverte en découverte. »

MÉDAILLE. — L'usage s'est introduit d'appeler *Médailles* tous les monuments de la Numismatique des anciens peuples, mais les Médailles proprement dites sont les pièces spécialement destinées à perpétuer le souvenir d'un événement plus ou moins mémorable. La plus ancienne Médaille commémorative d'origine française paraît avoir été frappée, en 1491, sous Charles VII, après l'expulsion des Anglais : c'est une magnifique pièce d'or du poids de 219 grammes et de 82 millimètres de diamètre. — La *Gravure en médailles* a nécessairement pris naissance avec la Numismatique. Dans l'antiquité, ce furent les artistes de la Grèce qui la cultivèrent avec le plus d'habileté. Grossièrement pratiquée pendant tout le moyen âge, elle se releva cependant en Italie, au commencement du XVe siècle, et bientôt après dans les autres parties de l'Europe. C'est alors que parut Vittore Pisano, de Vérone, qui devint le chef d'une école célèbre. Au siècle suivant, la France compta plusieurs graveurs de talent, tels que Rondel, Étienne Delaulne et Dupré. Parmi ceux de nos compatriotes qui, au XVIIe siècle, produisirent les œuvres les plus remarquables,. on cite Molart, Roussel, Jean du Vivier, Bernard, Mauger, Jean le Blanc et Chéron. Le XVIIIe fut illustré par les deux Roettiers, Dollin, Breton, Duvivier, Marteau, Jean-Pierre Droz, Nicolas Gatteaux et Auguste Dupré. Enfin, au premier rang des graveurs de médailles de notre époque, on s'accorde à placer Depaulis, Barre, Brenet, Galle, Oudiné, Caunois, Michaud et Vatinelle.

MÉDECINE. — On ne possède aucune donnée précise sur l'état des connaissances médicales des premières nations civilisées, mais Hérodote nous a conservé un fait curieux qui prouve la haute antiquité de la *Médecine spécialiste*. « En Égypte, dit cet historien, chaque médecin s'occupe d'une espèce de maladie et non de plusieurs. Les médecins foisonnent en tous lieux, les uns pour les yeux, d'autres pour la tête, d'autres pour les dents, d'autres pour le ventre, et d'autres pour les maux internes. » Chez les Grecs, l'exercice de la Médecine fut, pour ainsi dire, le privilége exclusif d'une famille, celle des Asclépiades, qui prétendait descendre d'Esculape. Après avoir, dit-on, tiré de l'Égypte les principes de l'art de guérir, ce dieu avait fondé, pour les conserver, trois grandes écoles, l'une à Rhodes, l'autre à Cnide, et la troisième à Cos. C'est de cette dernière que sortit Hippocrate (né 460 ans avant notre ère). Entre autres mérites, ce grand homme eut celui d'établir nettement la nécessité de l'observation comme méthode, et d'arracher la science aux vaines spéculations des philosophes. Toutefois, après sa mort, Thessalus, son fils, et Polybe, son gendre, retombèrent dans les erreurs qu'il avait voulu détruire, et fondèrent la secte dite des *dogmatiques*, parce que ses adeptes, laissant de côté la voie de l'observation et de l'expérience, prétendaient trouver par le raisonnement l'essence même des maladies et leurs causes occultes. Les opinions de cette secte dominèrent jusqu'au

IIIe siècle avant notre ère, époque à laquelle Sérapion, d'Alexandrie, et Philinus, de Cos, créèrent celle des *empiriques*, qui mettait au-dessus de tout l'observation clinique, mais en repoussant l'étude de l'anatomie. Ces deux écoles se partagèrent le monde médical pendant près de trois cents ans. Elles furent alors remplacées par celles des *méthodistes* et des *pneumatistes*, qui reconnaissaient pour fondateurs, la première, Asclépiade, de Bithynie, la seconde, Athénée, de Cilicie, et qui, l'une et l'autre, se complaisaient en vaines subtilités. Enfin, après une tentative faite inutilement, pour les réconcilier, par Agathinus de Sparte et Archigène d'Apamée, tentative qui produisit la secte des *éclectiques*, parut Galien de Pergame (né 131 ans avant Jésus-Christ), qui renouvela la doctrine des dogmatistes, mais en lui donnant une forme régulière et systématique. Les opinions de ce savant firent autorité pendant près de quatorze cents ans. Paracelse, au XVIe siècle, fut le premier qui osa les attaquer : il essaya de les remplacer par une sorte de médecine chimique qu'il appelait *Médecine spagirique*, et à laquelle il joignait des rêveries astrologiques et cabalistiques. Elles furent enfin renversées au siècle suivant, et alors on vit successivement s'élever à leur place une foule de systèmes plus ou moins ingénieux, tels que la *Chimiatrie* ou *Iatrochimie* de Sylvius (1660), l'*Iatromécanisme* de Borelli (1662), l'*Animisme* de Stahl (1690), le *Solidisme* de Boerhaave (1708), de Frédéric Hoffmann (1720) et de Brown (1780), qui devint la base du *Contre-stimulisme* de Rasori (1786), et, enfin, l'*Homœopathie* de Hahnemann (1790). Ainsi, depuis la Renaissance jusqu'à la fin du dernier siècle, les doctrines médicales ont surgi à la suite les unes des autres. Toutefois, pendant ce temps, les sciences positives qui constituent la base nécessaire de l'art de guérir firent des progrès non interrompus, et, à mesure qu'ils s'accomplirent, la Médecine pratique en tira parti; les maladies furent mieux connues dans leurs altérations fonctionnelles et organiques; les moyens de diagnostic se perfectionnèrent; l'action des médicaments fut étudiée avec soin; la thérapeutique s'enrichit d'une foule de substances précieuses ; l'observation et l'expérience prirent la place des spéculations et des hypothèses. Aujourd'hui, grâce aux efforts des hommes qui ont imprimé cette direction purement scientifique aux recherches médicales, et parmi lesquels se placent au premier rang les français Cabanis, Corvisart, Broussais, Bichat, Laennec et Pinel, la Médecine présente un phénomène tout nouveau dans son histoire : c'est l'absence de toute spéculation *à priori*. Sans doute, dit avec raison le docteur B.-D. de Vorepierre, il existe bien des opinions particulières, bien des divergences sur un certain nombre de questions non encore résolues d'une manière définitive, mais tous les hommes qui se consacrent à l'étude ou à l'exercice des différentes branches de la science, sont d'avis de n'accepter qu'une seule autorité : celle de l'observation et de l'expérimentation. — L'*Académie de médecine* de Paris a été fondée en 1731, mais son organisation actuelle ne date que du 28 octobre 1829. — Voyez ANATOMIE, CHIRURGIE, ÉLECTRO-THÉRAPIE, HOMŒOPATHIE, etc.

MÉGASCOPE. — Instrument d'optique par le moyen duquel les objets opaques sont représentés en grand de la même manière que les objets transparents le sont dans la Lanterne magique. Le Mégascope n'est connu que depuis la fin du dernier siècle, et comme il a été perfectionné, en 1780, par le physicien Charles, on attribue généralement son invention à ce savant. On l'a souvent employé pour obtenir des copies amplifiées de statuettes, de bas-reliefs, de tableaux, de gravures, etc. On pourrait s'en servir également pour agrandir les épreuves photographiques, mais on préfère appliquer à cet usage un autre appareil beaucoup plus parfait, appelé *Mégascope réfracteur achromatique*, qui a été créé, en 1838, par M. Charles Chevalier, opticien à Paris, et beaucoup amélioré depuis par M. Arthur Chevalier, fils de l'inventeur.

MÉLASSE. — Voy. au *Complément*.

MÉLODIUM. — Voyez ANCHE LIBRE et HARMONIUM.

MÉLODRAME. — Ce mot a d'abord désigné des pièces de théâtre destinées à être mises en musique. On l'applique aujourd'hui à un genre dramatique bâtard où le tragique est mêlé au comique. Ce genre a été introduit sur la scène française, au dernier siècle, par La Chaussée. Il a fait, pendant longtemps, la fortune des théâtres du Boulevard, mais il a, de nos jours, presque entièrement disparu.

MELON. — Le *Melon* est originaire d'Asie, suivant les uns, de Barbarie, suivant les autres. Il était connu des anciens, du moins des Romains, qui avaient même remarqué la singulière propriété qu'il possède de se détacher de sa racine quand il est arrivé à sa maturité. Il paraît avoir été introduit en France, dans le XVIe siècle, à la suite des grandes guerres d'Italie. La variété dite *Cantaloup* a été ainsi appelée parce qu'elle a été créée, ou du moins cultivée, pour la première fois, à Cantalupo, maison de campagne des papes, à peu de distance de Rome.

MÉLOPHONE. — Instrument à vent et à anches libres qui ressemble extérieurement à une grande vielle. L'air est introduit dans des tuyaux par un soufflet à double vent que l'exécutant manœuvre avec la main droite, tandis que, de la main gauche, il attaque de petites saillies servant de touches. Le Mélophone date de 1834, mais son inventeur, l'horloger parisien Leclerc, ne le rendit public qu'en 1839. Il eut une assez grande vogue à son début, après quoi les imperfections de son mécanisme le firent peu à peu abandonner.

MÉLOPLASTE. — Voyez NOTATION MUSICALE.

MEMBRES ARTIFICIELS. — Voyez BRAS ARTIFICIEL, JAMBE ARTIFICIELLE, etc.

MENHIR. — Les *Menhirs* ou *Peulvans* sont les plus simples de tous les monuments celtiques. Ils se composent d'une pierre, de forme allongée, plantée verticalement en terre. Leur destination véritable est inconnue. Quelques-uns cependant paraissent avoir eu pour objet d'indiquer des sépultures, des champs de bataille, des limites territoriales, etc.

MENUET. — Voyez DANSE.

MER. — Voyez COURANTS, EAU DE MER et MARÉES.

MERCURE. — Le *Mercure*, qu'on appelle aussi *Vif argent*, est le seul métal qui soit liquide à la température ordinaire. C'est une des substances minérales les plus anciennement connues.

C'est aussi un des corps qui ont le plus exercé la patience des alchimistes. Ceux-ci le regardaient comme un état imparfait de l'or et de l'argent, et croyaient pouvoir, au moyen de certaines opérations, le convertir en l'un ou en l'autre de ces deux métaux. Par suite de cette croyance, le Mercure fut manipulé de mille manières, pendant le moyen âge, mais, si l'on ne réussit pas à obtenir sa transmutation, on y gagna la connaissance de ses propriétés principales et de ses composés les plus importants. Les mines de Mercure en exploitation sont peu nombreuses. Les plus célèbres et les plus productives sont celles d'Almaden, en Espagne, qui paraissent avoir été connues plus de huit cents ans avant l'ère chrétienne, et celles d'Idria, dans la Carniole, dont la découverte a été faite en 1497. Le Mercure a, dans les sciences et dans les arts industriels, un très-grand nombre d'applications. Les médecins l'emploient sous toutes les formes pour traiter diverses maladies. Ses propriétés antisyphilitiques ont été découvertes, suivant les uns, au xv⁵ siècle, par Torella, médecin du pape Alexandre VI, et Jean Widman, dit Meichinger, professeur de médecine à Heidelberg; suivant les autres, en 1520, par Bérenger, médecin à Carpi. Parmi ses composés, les plus usités sont ceux que l'on appelle vulgairement *Cinabre*, *Calomel* et *Sublimé corrosif*. Ses azotates sont employés pour la dorure des métaux et, dans la chapellerie, pour le sécrétage des poils. Parmi ses alliages, que l'on désigne spécialement sous le nom d'Amalgames, plusieurs servent pour l'étamage des glaces, le plombage des dents cariées, etc. Voyez ARGENTURE, CALOMEL, CINABRE, DORURE, MIROIR, SUBLIMÉ, etc.

MERCURE. — La planète de ce nom a été connue de tout temps, mais on sait encore très-peu de chose de sa constitution physique, parce que sa trop grande proximité du soleil rend les observations très-difficiles. Toutefois, l'astronome allemand Schrœter lui attribue une atmosphère d'une densité considérable, ainsi que des montagnes très-élevées. On est aussi parvenu à bien déterminer ses *phases*. Enfin, son premier passage sur le disque solaire a été observé, le 7 novembre 1631, par Gassendi, à Pa-

ris. La deuxième observation de ce curieux phénomène a été faite, à Surate, en 1651, par Skakerlœus, et la troisième, à Dantzig, en 1661, par Hévélius. Enfin, en 1677, pendant son séjour à Sainte-Hélène, Edmond Halley, vit un passage complet, c'est-à-dire l'entrée et la sortie de la planète sur le disque solaire : c'est la première fois que le phénomène ait été observé pendant toute sa durée.

MÉRÉAUX. — Les *Méréaux* sont des pièces de présence qui se distribuaient autrefois dans les assemblées capitulaires, dans quelques confréries religieuses et dans certaines corporations civiles. Ils sont le plus souvent en cuivre, et quelquefois en argent. On en a aussi trouvé en cuir. Les plus anciens Méréaux paraissent dater du xiiie siècle, mais ce fut surtout au siècle suivant que leur usage prit des développements importants. Par la suite, ils furent adoptés par diverses compagnies savantes, mais on leur donna alors la dénomination impropre de *Jetons de présence*.

MÉRINOS. — Les *Moutons mérinos* sont originaires d'Espagne. Ils ont été ainsi nommés d'un mot espagnol, qui signifie « d'outre-mer », parce que les premiers ont été obtenus au moyen de croisements de brebis indigènes avec des béliers du nord de l'Afrique. On ignore à quelle époque précise ce progrès a été réalisé, mais on sait que, depuis la domination romaine jusqu'au xve siècle, les divers gouvernements qui se sont succédé dans la péninsule hispanique ont fait des importations de moutons africains. Jusqu'au dernier siècle, les moutons mérinos ont été exclusivement élevés en Espagne, d'abord, parce que des lois très-sévères en interdisaient l'exportation; ensuite et surtout, parce qu'on croyait qu'ils ne pouvaient prospérer qu'avec le régime de la transhumance, et qu'aucun état n'était envieux de les posséder à ce prix. Cette croyance fut détruite en 1732, époque à laquelle quelques individus ayant été introduits en Suède par Alstroemer, y vécurent parfaitement sans aucun soin particulier. Cette expérience ouvrit aussitôt les yeux à tous les pays, et chacun d'eux entreprit des essais d'acclimatation. La Saxe donna le signal en 1765. Elle fut imitée par la Prusse en 1768, par l'Autriche en 1775, et successivement par les autres parties de l'Allemagne. Quant à la France, elle avait déjà introduit quelques Mérinos, sous Colbert et plus tard, mais sans beaucoup de succès, quand l'illustre Daubenton établit, en 1766, dans sa terre de Montbard, en Bourgogne, un troupeau qui fournit, en très-peu de temps, des reproducteurs aux agriculteurs voisins : c'est à ce grand homme que notre pays est redevable des premiers essais d'importation qui aient réussi. Vingt ans après, en 1786, Louis XVI obtint du roi d'Espagne un deuxième troupeau, mais beaucoup plus considérable, qui fut placé à Rambouillet. Enfin, en 1796, une troisième importation encore plus importante fut effectuée par le Directoire, à la suite du traité de Bâle. Les Mérinos furent d'abord peu recherchés par nos éleveurs, mais, à partir de 1800, les choses changèrent de face, et chacun s'empressa de les multiplier. La race mérine existe aujourd'hui dans tous nos départements, soit pure, soit croisée avec des races indigènes ou anglaises, et c'est elle qui fournit presque toute la laine fine et extrafine employée par nos manufactures de draperie et de tissus de fantaisie. Les étoffes dites *Mérinos*, parce qu'elles ont été faites primitivement avec des laines de ce nom, ont été créées, en 1803, par le célèbre manufacturier Guillaume-Louis Ternaux, de Sedan.

MESSAGERIES. — Il est, pour la première fois, question d'une institution analogue aux *Messageries*, à l'époque de la domination romaine. En effet, les empereurs entretenaient des chars à tous les relais de poste, mais ces véhicules étaient spécialement destinés aux agents de l'État, et les particuliers ne pouvaient s'en servir que moyennant une autorisation expresse du souverain. Dans les temps modernes, c'est l'Université de Paris, créée, ou du moins régulièrement organisée sous Philippe-Auguste, au XIIIe siècle, qui paraît avoir fait, en France, et, probablement aussi, dans toute l'Europe, les premiers essais pour transporter les personnes et les denrées. Mais, à mesure que d'autres institutions du même genre s'établirent ailleurs, chacune d'elles obtint la permission d'organiser des services de chevaux et de voitures qui, d'abord uniquement destinés à ses écoliers, devinrent peu à peu accessibles à tout le monde. Au XVe siècle, la Cour des comptes et les divers parlements eurent aussi leurs Messageries. Toutefois, ces diverses institutions ne purent jamais se développer : elles étaient même plutôt destinées au transport des dépêches et des paquets de faible volume qu'à celui des voyageurs. Les premières voitures publiques qui aient véritablement circulé sur nos grandes routes ne sont pas antérieures au 10 octobre 1575, époque à laquelle des lettres patentes d'Henri III accordèrent à un industriel dont le nom n'a pas été conservé, le privilège d'établir un service de carrosses sur les routes de Paris à Orléans, Troyes, Rouen et Beauvais. Cette innovation fut étendue peu à peu aux autres parties du royaume, et, dès le règne de Louis XIV, elle existait dans presque toutes les provinces. En 1775, toutes les entreprises de Messageries appartenaient à des particuliers. Louis XV les supprima alors, et les réunit en une administration unique dont l'État se réserva l'exploitation. Ce monopole fut maintenu jusqu'en 1790. Enfin, après divers tâtonnements, une loi du 9 vendémiaire an VI (30 septembre 1797) proclama le principe de la libre concurrence, qui a toujours existé depuis. En même temps, l'amélioration des voies de communication permit d'introduire d'utiles perfectionnements dans la construction des véhicules, et les premières années de ce siècle virent paraître les grandes entreprises de Messageries, que l'établissement des Chemins de fer a fait reléguer de nos jours sur les routes secondaires.

MÉTALLURGIE. — L'art d'extraire les métaux de leurs minerais a été pratiqué dans tous les temps et dans tous les pays. Dans l'antiquité, chaque peuple en attribuait l'invention à des personnages que la reconnaissance publique avait transformés en divinités, et conservait sur cette partie de son histoire des traditions dont l'origine se perdait dans la nuit des âges. Toutefois, les procédés métallurgiques furent, pendant très-longtemps, de la plus grande grossièreté. C'était à force de bras et à l'aide d'outils d'une extrême simplicité que l'on arrachait les minerais du sein de la terre, et par des moyens très-imparfaits que l'on parvenait à isoler les métaux que ces minerais renfermaient. Quelquefois, cependant, on facilitait la désagrégation des roches par l'application du feu. La Métallurgie n'a commencé à faire des progrès qu'au XIVe siècle, à l'époque de l'invention des Hauts-fourneaux et de la fabrication de la Fonte. Enfin, au XVIIe siècle, l'adoption de la Poudre pour l'abatage des roches, qui fut suivie de l'invention de puissants moyens d'épuisement et de soufflerie, donna à l'extraction et au traitement des matières métalliques, une impulsion énorme, que de nouvelles améliorations, introduites dans les procédés et dans l'outillage, conduisirent peu à peu à l'état de perfection où ils sont parvenus de nos jours. En même temps, les progrès de la Chimie ajoutèrent de nouveaux métaux à ceux dont les anciens avaient transmis la connaissance. Voyez COUPELLATION, LAMINOIR, MARTEAU A VAPEUR, MÉTAUX, MINES, POMPE, SOUFFLET.

MÉTAUX. — Sept métaux, l'*Or*, l'*Argent*, le *Fer*, le *Cuivre*, le *Mercure*, le *Plomb* et l'*Étain*, ont été connus de tous les peuples civilisés de l'antiquité. Trois autres, le *Cobalt*, le *Zinc* et le *Nickel*, paraissent ne l'avoir été que par deux d'entre eux, le premier, par les Romains et les Chinois, les deux derniers, par les Chinois seulement. L'*Antimoine* et le *Bismuth* ont été indiqués, pour la première fois, par Basile Valentin, à la fin du XVe siècle. L'*Arsenic* a été découvert, en 1733, par Georges Brandt ; le *Platine*, en 1740, par Charles Wood ; et le *Manganèse*, en 1774, par Scheele et Gahn. Voici l'énumération des conquêtes nouvelles qui ont été faites depuis cette dernière époque, avec l'indication de leur date et des savants auxquels la science en est redevable : *Tungstène*, 1781, d'Elhuyart ; *Molybdène*, 1782, Hielm ; *Titane*, 1791-1794, Grégor et Klaproth ; *Chrome*, 1797, Vauquelin ; *Tantale* ou *Colombium*, 1801-1802, Hatchett et Ekeberg ; *Palladium* et *Rhodium*, 1803, Wollaston ; *Iridium*, 1803, Descotils et Smithson-Tennant ; *Osmium*, 1803, Smithson-Tennant ; *Cérium*, 1803, Berzélius et Hisinger ; *Potassium* et *Sodium*, 1807, Humphry Davy ; *Baryum*, *Calcium* et *Strontium*, 1807-1808, Humphry Davy

et Seebeck ; *Cadmium*, 1817-1818, Hermann et Stromeyer ; *Lithium*, 1817, Arfwedson ; *Zirconium*, 1824, Berzelius ; *Aluminium*, 1827, Wœhler ; *Yttrium* et *Glucinium*, 1828, Wœhler ; *Magnésium*, 1829, Bussy ; *Thorium*, 1829, Berzelius ; *Vanadium*, 1830, Sefstrom ; *Lanthane*, 1839, Mosander ; *Uranium*, 1841, Péligot ; *Didymium*, 1842, Mosander ; *Terbium* et *Erbium*, 1843, Mosander ; *Pélopium* et *Niobium*, 1844, H. Rose ; *Ruthénium*, 1845, Clauss ; *Ilménium*, 1846, Hermann ; *Cæsium* et *Rubidium*, 1861, Kirchhoff et Bunsen ; *Thallium*, 1862, Crookes.

MÉTÉOROLOGIE. — Partie de la Physique qui étudie les phénomènes atmosphériques. L'importance de la *Météorologie* a de tout temps été comprise par les hommes voués aux travaux agricoles : aussi, les premières recherches qu'elle ait produites ont-elles été des tentatives empiriques pour prévoir les divers changements de temps. Des recherches de ce genre ont été faites, dès les temps les plus anciens, par tous les peuples ; mais elles ne pouvaient avoir aucune valeur, parce que ceux qui les exécutaient manquaient des connaissances nécessaires. Il n'en pouvait d'ailleurs être autrement, car la Météorologie n'est qu'une science secondaire dont les progrès sont absolument subordonnés à ceux de la Chimie et de la Physique. Les météorologistes n'ont pu commencer à obtenir des résultats satisfaisants que lorsque ces deux branches des connaissances humaines ont eu reçu de grands développements, c'est-à-dire à partir du milieu du dernier siècle. On vit alors se succéder rapidement les travaux de Demaison sur la congélation, de Bénédict de Saussure sur la pluie, les nuages et les vapeurs, de Franklin sur l'électricité, de Mairan sur les aurores boréales, de Dufay sur la formation de la rosée, de Volta sur la grêle, etc. Parmi les savants qui, depuis le commencement de ce siècle, se sont le plus spécialement occupés d'études météorologiques, il suffira de citer : en France, Fourier, Arago, Gay-Lussac, Pouillet, Becquerel, Peltier, Saigey, Bravais, etc. ; et, à l'étranger, Humphry-Davy, de Humboldt, Chladni, Brandes, Forbes, de la Rive, Sabine, Maury, Hansteen, etc.

MÉTIERS A BRODER, etc. — Voyez BRODERIE, FILATURE, FILETS DE PÊCHE, TISSAGE, TULLE, etc.

MÉTRER (*Machines à*). — Elles sont destinées à exécuter le mesurage des étoffes. Dans chacune d'elles, un cadran à aiguilles enregistre le travail à mesure qu'il s'effectue. De plus, dans presque toutes, des organes particuliers opèrent en même temps le pliage du tissu. Les machines de cette espèce datent à peine d'une trentaine d'années. Toutefois, malgré leur origine récente, elles sont déjà très-répandues dans les manufactures. On cite parmi les meilleures qui ont été inventées dans notre pays, celles de Josué Heilmann, de Mulhouse, et de MM. François Ruff, Haranger et Bellier, de Paris, A. Vimont, de Vire, Caplain, de Petite-Couronne, Tulpin, de Rouen, et Mannier, de Wesserling.

MÉTRIQUES (*Mesures*). — Elles sont d'origine française et datent de la Révolution. Le 8 mai 1790, l'Assemblée nationale, voulant faire disparaître la confusion que présentaient les poids et mesures alors usités, décréta, sur la proposition d'un de ses membres, Talleyrand-Périgord, qu'une commission, désignée par l'Académie des Sciences, serait chargée de lui présenter un nouveau système dont l'emploi exclusif serait ensuite rendu obligatoire dans toutes les parties du territoire. Cette commission fut composée de Borda, Laplace, Lagrange, Monge et Condorcet. Elle s'occupa d'abord de déterminer la division du système, le choix de l'unité, et le rapport des différentes mesures à cette unité. La division décimale offrait une supériorité si incontestable sur toutes les autres, qu'elle fut adoptée aussitôt, et son adoption entraîna la solution de la troisième question. Quant à l'unité, il fut résolu, après une longue discussion, qu'elle serait la dix-millionième partie du quart du méridien terrestre ; on lui donna le nom de *mètre*, du grec *Métron*, mesure, comme étant la mesure par excellence. Le 17 mars 1791, l'Académie soumit le résultat des travaux de ses membres à l'Assemblée, qui le sanctionna par une loi du 26-30 du même mois. Cette loi prescrivit en même temps à l'Académie de former des commissions pour mesurer un arc du méridien compris entre Dunkerque et Barcelone. Des observations faites en 1739 et 1740 par Lacaille et Cassini de Thury, auraient bien pu fournir les données dont on avait besoin, mais on pensa qu'une nouvelle mesure, exécutée avec des moyens plus exacts, inspirerait en faveur du nouveau système un intérêt propre à le répandre. Cette grande opération fut confiée à Méchain et à Delambre, qui ne purent la terminer qu'en 1799. Avant son achèvement, la Convention, impatiente de faire jouir le public des avantages des poids et mesures métriques, chargea Berthollet, Borda, Brisson, Lagrange, Laplace et Prony, de créer un mètre provisoire, basé sur les observations de Lacaille, et d'employer ce mètre pour achever la construction du système. Le travail de ces savants fut approuvé par un décret du 1er août 1793, mais la nomenclature proposée ayant paru vicieuse, une loi du 7 avril 1795 (18 germinal an III) la remplaça par celle qui existe aujourd'hui. Aussitôt que la mesure du quart du méridien fut terminée, le gouvernement invita les nations étrangères à prendre part, par des commissaires, à la détermination définitive du mètre ; mais quelques-unes seulement répondirent à son appel. La commission internationale se trouva ainsi composée : pour la France, Borda, Brisson, Coulomb, Darcet, Delambre, Haüy, Lagrange, Laplace, Lefèvre-Gineau, Méchain et Prony ; pour l'Espagne, Ciscar et Pedrayès ; pour le Danemark, Bugge ; pour la Savoie, de Balbe et, plus tard, Vassali ; pour la Toscane, Fabbroni ; pour la République batave, Æneau et Van Swinden ; pour la République cisalpine, Mascheroni ; pour la République helvétique, Trallès ; pour la République ligurienne, Multedo ; et, pour la République romaine, Franchini. Cette commission s'occupa d'abord de fixer la longueur du mètre, en prenant pour base les valeurs de la méridienne mesurée par Méchain et Delambre, puis, elle fit dériver de cette unité de longueur les unités de poids, de monnaie, de superficie, de volume et de capacité. Enfin, le 22 juin 1799, elle présenta le résultat de ses travaux au Corps législatif, et le système des poids et mesures métriques se trouva ainsi définitivement constitué. Toutefois, les nouvelles mesures ne furent déclarées légales qu'à dater du 2 novembre 1801 ; elles ne sont même réellement devenues obligatoires que depuis, le 1er janvier 1840. Leur supériorité les a fait adopter par presque tous les états de l'Amérique du Sud, et par plusieurs de ceux de l'Europe.

MÉTRONÈTRE. — Voyez MÉTRONOME.

MÉTRONOME. — Instrument destiné à faire connaître le mouvement propre à chaque composition musicale. Il a été inventé, en 1809 ou 1810, par le mécanicien hollandais Winkel, et introduit dans la pratique, en 1815, par le facteur bavarois Jean Maelzel. De nos jours, M. Jean Wagner, horloger-mécanicien à Paris, l'a doté de perfectionnements qui ont beaucoup contribué à en répandre l'usage. Avant Winkel, une foule de savants et d'artistes avaient essayé de résoudre le problème, et imaginé à cet effet une foule d'appareils plus ou moins compliqués, parmi lesquels il suffira de citer les *Chronomètres* du père Mersenne, de Loulié, de Laffilard, de Harrison, de Davaux, etc.; l'*Échomètre* de Sauveur ; le *Rhythmomètre* de Duclos ; le *Métromètre* de Gabory ; le *Plexi-chronomètre* de Renaudin ; le *Chronomètre musical* de Stœckel, etc.

MEUBLES EN FER. — Quoique l'idée de substituer le Fer au Bois, dans la confection des meubles remonte à une époque très-ancienne, ce n'est cependant que depuis une quarantaine d'années qu'elle est devenue industriellement réalisable, grâce aux progrès de la Métallurgie et à l'invention des machines-outils spécialement destinées au travail des métaux. Toutefois, dans le principe, on s'est surtout appliqué à faire servir le Fer à la fabrication des objets de literie, mais, à mesure que les avantages de cette fabrication ont été reconnus par les consommateurs, le domaine de la nouvelle industrie s'est considérablement accru ; et, aujourd'hui, il n'est, pour ainsi dire, aucune partie de l'ameublement qui lui soit étrangère. L'exportation a surtout contribué à développer l'usage des Meubles de fer, parce qu'ils conviennent admirablement aux pays chauds, où les attaques des insectes et l'action du climat mettent promptement ceux de bois hors de service. Les uns sont exclusivement en *Fer plein*. Les autres sont une combinaison de *Fer plein* et de *Fer creux*. D'autres, enfin, admettent en proportion notable la Fonte et même le Cuivre. Tous d'ailleurs sont susceptibles de l'ornementation la plus variée. Parmi les industriels qui ont le plus contribué à développer la fabrication des meubles de fer en France, nous citerons surtout MM. Tronchon, Pihet, Bainée, Laure, Huret, Léonard, Calard, Laury, Dupont, etc., à Paris; Clairin, à Versailles, etc.

MEULES. — Les *Meules aes moulins à blé* ont toujours été faites avec des pierres dures, telles que le grès, l'arkose, le granit, le porphyre, le grauwacke et le pouddingue. Toutefois, les Romains préférèrent toujours celles de laves scorifiées, et ils en introduisirent l'usage dans tous les pays où ils purent établir leur domination. Ces dernières conservèrent même plus tard leur vogue, du moins en France, jusqu'à la découverte du quartz molaire carié ou pierre meulière de la Ferté-sous-Jouarre (Seine-et-Marne). On ignore l'époque de cette découverte, mais il est certain qu'elle est très-ancienne. On se servit d'abord de cette matière pour faire des Meules d'un seul morceau, mais, afin d'obtenir, dans toutes les parties de la Meule, le même grain, la même dureté et la même porosité, on eut bientôt l'idée de les former de plusieurs fragments choisis avec soin et joints ensemble avec du ciment et des armatures de fer. Enfin, plus tard, de nouveaux perfectionnements firent comprendre qu'il y aurait avantage à réduire les dimensions des Meules. Cette dernière innovation est née, à la fin du dernier siècle, aux États-Unis, d'où elle a été successivement introduite en Angleterre, en France et dans les autres parties de l'Europe. C'est aussi aux États-Unis qu'est né le système de rayonnage des Meules si répandu aujourd'hui, mais on ne sait pas qui en est l'inventeur : il est seulement certain qu'il est antérieur à 1790. On a tenté, en Angleterre, de donner aux sillons une forme circulaire, au lieu de la forme rectiligne généralement adoptée, mais cette disposition, que rien ne justifie, n'a produit aucun bon résultat. L'idée de faire les *Meules en fonte*, proposée par plusieurs mécaniciens américains, anglais, français, etc., n'a pas eu plus de succès. Il en a été autrement de l'emploi de machines propres à exécuter le rhabillage des Meules ; et il existe aujourd'hui plusieurs appareils de ce genre qui paraissent fonctionner d'une manière satisfaisante. Les meilleures *Machines à rhabiller* imaginées en France sont celles de MM. Dard, de Troyes, et Touaillon, de Saint-Denis. Le broiement du grain sous la meule donnant lieu à une élévation de température qui prédispose la farine à la fermentation, on a créé une foule de moyens pour faire disparaître cet inconvénient. Les recherches opérées dans ce but ont produit les *Meules aérifères* de M. Gosme, de Coulommiers, et de M. Train, de la Ferté-sous-Jouarre, qui sont disposées de manière à projeter de l'air frais, pendant le travail, dans la matière broyée.

MEZZO-TINTO. — Voyez GRAVURE.

MICROMÈTRE. — Les *Micromètres* sont des instruments destinés à mesurer les dimensions linéaires les plus petites ou les moindres changements qui surviennent dans le diamètre apparent des corps célestes. Les uns appartiennent à la Physique et les autres à l'Astronomie. Dans la première série se placent le *Vernier* ou *Nonius*, qui a été décrit, en 1631, par le mathématicien français Vernier, son inventeur ; le *Comparateur* et la *Vis micrométrique*, dont on ne connaît pas l'origine certaine. A la seconde série se rapportent le *Micromètre à fils parallèles*, imaginé par l'anglais Gascoigne, en 1640, perdu ensuite et réinventé par Auzout, de Rouen, en 1666 ; le *Micromètre annulaire*, créé par Boscovich, en 1740 ; l'*Héliomètre* de Bouguer, qui date de 1747 ; le *Micromètre à prisme* ou *à double image* de Rochon, qui a paru, pour la première fois, en 1777.

MICROSCOPE. — I. Les instruments appelés *Microscopes* ont pour objet d'amplifier les images afin de rendre visibles les objets que leur petitesse soustrait à l'organe de la vue. Il y en a de simples et de composés. — Le *Microscope simple* ou *Loupe* a été connu le premier. Son invention remonte à une époque très-reculée, puisqu'on en a trouvé un dans les ruines de Ninive. En Grèce et à Rome, les graveurs sur pierres dures en faisaient généralement usage. Toute-

fois, ce n'est qu'au XVIIe siècle qu'on a eu l'idée de l'appliquer à l'étude de l'histoire naturelle. Les premières descriptions d'observations faites avec cet instrument appartiennent à l'année 1625, et sont dues à J. Stellutin, qui s'en servit alors pour étudier les organes des abeilles. Cependant, Fontana prétend l'avoir employé dès 1618. C'est avec de simples Loupes, qu'il fabriquait lui-même, que Leuvenhoeck fit ses belles découvertes. Depuis ce temps, surtout depuis le commencement de notre siècle, plusieurs inventeurs ont imaginé des Microscopes simples qui sont infiniment préférables aux Loupes ordinaires, et parmi lesquels il suffira de citer le *Microscope de Stanhope*, la *Loupe de Coddington*, la *Loupe de Brewster* et le *Microscope Raspail*. — Le *Microscope composé* a une origine toute moderne. Il a été imaginé, vers 1590, par le hollandais Zaccharie Jansen, opticien à Middelbourg. Quelques auteurs en attribuent bien l'invention à Cornelius Drebbel, professeur de physique à Alkmaer, en 1610, mais il est constant que ce dernier l'avait empruntée à Jansen. Quoi qu'il en soit, les premiers Microscopes composés étaient si défectueux qu'on leur préférait les Microscopes simples. Depuis la découverte de l'Achromatisme en 1758, surtout depuis une quarantaine d'années, on a porté leur construction à un degré de perfection admirable. On est redevable de leurs plus grands perfectionnements à MM. Amici, Charles Chevalier, Oberhauser, Frauenhofer, Nachet et Selligues. C'est M. Amici qui, pour rendre les observations moins pénibles, a imaginé de rendre horizontal l'axe de l'oculaire tout en laissant celui de l'objectif vertical, ce qui a produit le microscope dit *horizontal*. D'autres savants ont eu l'idée d'ajuster des chambres claires au porte-oculaire, et les naturalistes tirent fréquemment parti de cette disposition pour dessiner le contour des images grossies par le Microscope.

II. L'appareil appelé *Microscope solaire* n'a pour ainsi dire que le nom de commun avec les instruments qui précèdent. C'est une espèce de Lanterne magique destinée à peindre sur une surface blanche l'image amplifiée d'objets vivement éclairés. Il a été inventé à Berlin, vers 1738, par le docteur Lieber-kühn. On l'emploie surtout pour montrer à une nombreuse assemblée les détails de l'organisation de très-petits animaux, la structure des tissus des plantes, ainsi que les infusoires contenus dans les eaux stagnantes et dans certains liquides en fermentation. On éclaire ordinairement le Microscope avec la Lumière solaire, mais, dans ces dernières années, on a eu l'idée d'y appliquer la Lumière Drummond et la Lumière électrique, ce qui a produit le *Microscope à gaz* de M. Galy-Cazalat et le *Microscope photo-électrique* de MM. Donné et Léon Foucault.

MILLÉSIME. — La date de la fabrication a été indiquée de tout temps sur les Monnaies, mais on ne sait pas de quelle manière les anciens la marquaient. Ce qui est cependant certain, c'est que, parmi les nombreux signes accessoires que l'on remarque sur, les produits du monnayage de l'antiquité, un au moins était destiné à cet usage. Le *Millésime* proprement dit ne remonte pas au delà du XVᵉ siècle. La plus ancienne pièce connue, sur laquelle on le trouve, est une monnaie d'argent de Jean de Heinsberg, évêque de Liége, dont la fabrication a eu lieu en 1428. Quant à la France, on le trouve, pour la première fois, sur un Lion d'argent de Charles le Téméraire, duc de Bourgogne, qui a été frappé en 1471. Vingt-sept ans plus tard, c'est-à-dire en 1498, Louis XII le fit placer sur un Écu d'or de la reine Anne, fabriqué au nom de cette princesse, comme duchesse de Bretagne. Plus tard encore, en 1532, il parut, mais accidentellement, sur des monnaies royales de François Iᵉʳ. Enfin, le 31 janvier 1549, une ordonnance de Henri II l'introduisit définitivement dans nos ateliers de monnayage.

MINÉRALOGIE. — L'étude des corps inorganiques remonte aux premiers âges de la société, car le premier qui sut distinguer l'or du cuivre et le plomb de l'argent, fut un minéralogiste. Toutefois, ici, comme partout ailleurs, la pratique a précédé la théorie de plusieurs siècles. Aristote, qui vivait trois cents ans avant notre ère, paraît être le premier qui ait essayé d'introduire quelque méthode dans l'étude de la Minéralogie. Il fut imité, d'abord, par Théophraste, son disciple, puis, beaucoup plus tard,

par Dioscoride et Pline le Naturaliste, mais on ne trouve rien dans leurs écrits qui présente un caractère scientifique. Le moyen âge ne produisit pas de minéralogistes d'un grand mérite. Cependant, l'un d'eux, Avicenne, démontra le premier l'utilité de l'analyse pour distinguer les minéraux, et un autre, l'alchimiste Isaac, introduisit des procédés méthodiques dans l'analyse des métaux. La Minéralogie ne commença véritablement à faire des progrès qu'à partir du milieu du XVIᵉ siècle, et ce fut Georges Agricola qui, vers 1546, lui donna la première impulsion. Bientôt, Encelius (1557), Gessner (1563), Bernard Palissy (1575), Césalpin (1596), et plusieurs autres exécutèrent des travaux qui éclairèrent d'une vive lumière plusieurs parties encore obscures. En même temps, le goût des collections naquit, on étudia le gisement des minéraux avec soin, et l'on sentit le besoin de les classer d'après des principes stables. A la classification déjà proposée par Césalpin, succédèrent, à partir de 1723, celles de Cramer, Henckel, Bromel, Woltersdorfl, Cronstedt, Vallerius, Bergmann, Werner, etc., les unes fondées sur l'analyse chimique, les autres sur les caractères extérieurs, d'autres sur des combinaisons résultant d'emprunts faits aux précédentes. Enfin, Linné introduisit dans la science l'importante considération de la forme cristalline, et établit que les formes géométriques des cristaux constituent le caractère le plus essentiel des corps inorganiques; mais, « préoccupé qu'il était de certaines idées cristallogéniques erronées, » il ne sut pas tirer un parti convenable de ces données. Après lui, Romé de Lisle (1783) et Daubenton (1784) dirigèrent la Minéralogie dans la voie qu'il avait indiquée; mais ce fut l'abbé Haüy (1784-180), qui, en découvrant les lois fondamentales de la Cristallographie, eut la gloire de l'asseoir sur une base désormais inébranlable. La science des minéraux ainsi constituée, toutes les découvertes modernes faites en physique et en chimie ont répandu sur elle de nouvelles lumières et ont puissamment contribué à son avancement. Parmi les savants de notre époque aux travaux desquels elle est le plus redevable de ses progrès les plus sérieux, nous citerons, en France,

MM. Berthier, Brochant, Brongniart, Dufrénoy, Delafosse, Beudant, Ébelmen, de Sénarmont, etc.; et à l'étranger, MM. Berzelius, Brewster, Neuman, Wollaston, Stromeyer, Mohs, Tennant, Arfwedson, Mitscherlich, etc.

MINÉRALOGRAPHIE, MINÉRALOTYPIE. — Voyez IMPRESSION NATURELLE.

MINES. — Chez les anciens, c'était à force de bras et avec des outils très-simples que l'on procédait à l'exploitation des richesses minérales et à l'extraction des matériaux de construction. Quelquefois, cependant, on facilitait l'abatage des roches dures par l'application du feu. La Poudre n'a commencé à être employée à cet usage que dans les premières années du XVIIᵉ siècle, vers 1615. Pendant très-longtemps, on s'est contenté de pratiquer les trous de mine les uns après les autres, et au moyen d'un fleuret d'acier sur la tête duquel on frappait avec un marteau, mais il existe aujourd'hui d'ingénieuses machines, généralement appelées *Machines à forer* ou *Perforateurs*, qui, mues par des hommes, des animaux, la vapeur ou l'air comprimé, en font un grand nombre à la fois, et avec une économie considérable de temps et d'argent. Il est cependant à remarquer que ces machines ont été spécialement inventées pour l'exécution des travaux que nécessitent la construction des routes ordinaires et des chemins de fer, et l'enlèvement des masses rocheuses qui embarrassent souvent les ports de mer. Une autre invention non moins importante et qui a aussi pour objet les mêmes travaux, a été faite, vers 1841 ou 1842, par un de nos compatriotes, l'ingénieur Courbebaisse, alors attaché au service des routes du département du Lot. Au lieu des trous ordinaires, qui sont cylindriques et de petites dimensions, cet ingénieur a eu l'idée de se servir de trous terminés à leur partie inférieure par des chambres ou capacités dont on peut faire varier le diamètre à volonté. Les Mines de ce genre, ou *Mines chambrées*, produisent des effets énormes, sans bruit et sans projection de matières : on les a généralement adoptées pour les travaux des ports de mer. Quelques années auparavant, en 1831, l'ingénieur anglais Bickford de Camborne était parvenu à remédier aux accidents produits trop souvent

par les amorces ordinaires, en substituant à ces dernières des *Étoupilles* ou *Fusées de sûreté*, qui brûlent avec assez de lenteur pour donner le temps aux ouvriers de se mettre à l'abri. Enfin, ces diverses inventions ont été complétées par l'emploi de l'Électricité, comme moyen d'inflammation, pour les Mines considérables, emploi qui, après de nombreux essais, a été rendu pratique, en 1853, par un officier du génie espagnol, le lieutenant-colonel don Gregorio Verdu. Depuis cette époque, l'expérience a démontré que l'application du fluide électrique aux Mines monstres présente, à la fois sécurité pour les ouvriers, sûreté pour l'opération, augmentation d'effet mécanique, et économie de 60 pour cent dans le procédé d'inflammation lui-même. L'exploitation des richesses souterraines a plus ou moins profité des progrès qui précèdent, mais elle a été, de son côté, l'objet d'améliorations très-importantes, relatives, pour la plupart, au transport des hommes et des matières extraites et à la sûreté des travailleurs dans les galeries. Voyez GAZOSCOPE, LAMPE DE SÛRETÉ, MACHINES D'EXTRACTION, PARACHUTE, TUYAU DE SAUVETAGE, etc.

MINES DE GUERRE. — L'usage des *Mines de guerre* remonte à une époque très-reculée. Énée le tacticien, qui vivait vers le milieu du IVᵉ siècle avant notre ère, en parle comme d'une chose déjà très-ancienne. Avant l'invention de la Poudre, les Mines étaient de simples galeries souterraines au moyen desquelles l'assiégeant cherchait à s'introduire furtivement dans la place qu'il attaquait. Quelquefois, il les arrêtait sous les remparts, dont il démolissait les premières assises, sur une certaine étendue, en ayant soin de soutenir la maçonnerie avec des étais de bois. Le travail terminé, il mettait le feu aux étais, et la muraille, en s'écroulant, ouvrait une brèche aux colonnes d'assaut. Les Mines à poudre ont été imaginées, au XVᵉ siècle, dans l'Europe orientale. On croit que les chrétiens occidentaux les ont employées, pour la première fois, en 1487, époque à laquelle les Génois s'en servirent contre le château de Sarzanello. Toutefois, elles ne commencèrent à produire des effets satisfaisants qu'à partir de 1501, quand leur construction eut été perfectionnée par l'ingénieur espagnol Pierre de Navarre, et c'est pour ce motif qu'on lui en attribue généralement l'invention. Dès ce moment, les Mines jouèrent un rôle capital dans la guerre de siége. L'attaque s'en servit pour hâter la prise des forteresses, et la défense pour la retarder. Celle-ci ne se borna même pas à attendre les travaux de l'assaillant : elle les prévint pendant la paix en s'emparant d'avance, par des ouvrages souterrains, de tous les emplacements où l'ennemi pourrait s'établir. Cet usage produisit les *Contre-mines*, et eut pour conséquence de donner aux assiégés une supériorité, qu'ils conservèrent jusqu'à l'invention des *Globes de compression*. On appelle ainsi des Mines surchargées qui sont disposées de manière à crever les Contre-mines de la défense. Les Mines de cette espèce ont été imaginées, en 1732, par l'ingénieur français Bélidor, mais c'est aux Prussiens qu'appartient le mérite de les avoir appliquées, pour la première fois, en 1762, à l'attaque des places : ils s'en servirent alors contre Schweidnitz, et leur durent, en grande partie, la prise de cette ville. Depuis cette époque, plusieurs perfectionnements de détail ont été introduits dans la pratique des Mines de guerre. Le plus important est probablement celui qui a eu pour objet d'employer le fluide électrique pour enflammer leur charge. Toutefois, cette idée est beaucoup plus ancienne qu'on ne pourrait le croire, car elle remonte aux travaux de Franklin sur l'Électricité, en 1751, mais elle n'est devenue praticable qu'à partir de 1853, après l'invention de l'appareil de Ruhmkorff, et c'est, principalement, aux expériences de don Gregorio Verdu, lieutenant-colonel du génie espagnol, que l'art militaire est redevable de ce progrès. V. TORPILLES, au *Complément*.

MINIATURES. — On a d'abord ainsi appelé les peintures des Manuscrits, parce que, dans le principe, elles étaient simplement exécutées en *minium*, c'est-à-dire en vermillon. Les plus anciennes dont il soit question dans les textes sont les sept cents portraits dont Marcus Varron, contemporain de Cicéron, illustra une Biographie des hommes célèbres; et les plus anciennes qui soient parvenues jusqu'à nous, sont les vignettes du *Térence* et du *Virgile*, dits *du Vatican*, qui appartiennent, celui-ci au vᵉ, celui-là au ivᵉ siècle de notre ère. Le moyen âge aima beaucoup à orner les livres de Miniatures. Toutefois, on les réserva d'abord aux ouvrages de piété, et on ne commença qu'au xiiiᵉ siècle à les introduire dans les recueils de fabliaux et les romans de chevalerie. Les premières années du xivᵉ siècle virent se produire un progrès important : antérieurement, on arrêtait le dessin à la plume et on le terminait au pinceau; on ne se servit plus alors que de ce dernier instrument. En même temps, les artistes remplacèrent les fonds unis par des détails d'intérieur, puis, faisant de la perspective aérienne et de la perspective linéaire, donnèrent des paysages pour fonds à leurs compositions. Le xivᵉ, le xvᵉ et le xviᵉ siècle furent l'apogée de la peinture des Manuscrits. Mais, à mesure que la Gravure sur bois et sur métal se perfectionna, les Miniatures tombèrent peu à peu dans l'abandon, et leur nom finit par passer à une branche de la peinture des portraits.

MINIUM. — Le *Minium* ou oxyde rouge de plomb, qu'il ne faut pas confondre avec le Cinabre, auquel les Romains donnaient le même nom, ne paraît avoir été employé, dans les arts, d'une manière suivie, que depuis environ deux cents ans. On l'emploie surtout dans la fabrication du strass, du cristal et du flint-glass. On s'en sert encore pour former le vernis des poteries communes, et, à cause de sa belle couleur, pour colorer les papiers de tenture, les cires molles et les cires à cacheter. Enfin, en le mélangeant avec de l'huile et de la céruse, on obtient un mastic rouge qui est généralement adopté pour luter les joints d'assemblage des pompes et des chaudières. Voyez CINABRE.

MIRAGE. — Le *Mirage* se fait surtout remarquer à la surface de la mer, et dans les plaines arides et sablonneuses de la Basse-Égypte. Bien qu'il ait été observé de très-bonne heure, il n'a ce-pendant attiré sérieusement l'attention des physiciens qu'à la fin du dernier siècle. On ne trouve, en effet, jusqu'à cette époque, que des indications superficielles. En 1797, M. Huddart entrevit la cause qui produit le phénomène, mais il ne put en expliquer d'une manière

19

satisfaisante les diverses apparences. Enfin, deux ans après, dans un mémoire remarquable, lu à l'Institut d'Égypte, l'illustre Monge, non-seulement donna la première relation exacte du Mirage, mais encore il en établit la théorie sur des bases certaines. A peu près dans le même temps, M. Wollaston, en Angleterre, s'occupant des mêmes recherches, fut conduit aux mêmes résultats, et indiqua des moyens très-simples pour reproduire artificiellement, et à volonté, l'ensemble des particularités les plus remarquables du phénomène. MM. Biot et Babinet ont, de nos jours, résumé, rectifié et confirmé ce qui avait été dit avant eux.

MIROIR. — Les *Miroirs* sont peut-être ce qu'il y a de plus ancien parmi les ustensiles de l'homme civilisé. Aussi en trouve-t-on l'usage établi dès les premiers âges de la civilisation. Il en est plusieurs fois question dans le livre de l'Exode et dans celui de Job. On les trouve également représentés sur des monuments égyptiens de beaucoup antérieurs à Moïse. Les Miroirs des anciens étaient de métal poli. On se servit d'abord d'un alliage d'étain et de cuivre. Plus tard, on donna la préférence à l'argent, soit pur, soit à un titre inférieur. Plusieurs auteurs parlent même de Miroirs d'or. Il paraît aussi que les Romains connurent des Miroirs semblables aux nôtres, c'est-à-dire formés d'une plaque de verre garnie par derrière d'une lame de métal, mais on ignore si ces objets, qui, suivant Pline, se fabriquaient à Sidon, servaient réellement à la toilette. Quoi qu'il en soit, les Miroirs des anciens étaient en général petits, ronds ou ovales, et munis d'un manche pour les tenir à la main. Il y en avait cependant de grandes dimensions que l'on fixait à la muraille, et dont on garnissait quelquefois des chambres tout entières. Les Miroirs employés dans les premiers temps du moyen âge furent de métal : on les faisait d'argent, d'acier ou d'un alliage de cuivre et d'étain. Les Miroirs de verre, dont la fabrication s'était perdue pendant les invasions des barbares, furent réinventés à Venise, au commencement du XIII° siècle. Un passage de Vincent de Beauvais prouve qu'ils étaient déjà connus en France en 1250. Ces nouveaux Miroirs, qu'on appelait alors *Verres à mirouer*, et que l'on a depuis ordinairement nommés *Glaces*, se composaient d'une feuille de verre doublée d'une lame de plomb ou d'étain : ce ne fut que plus tard, mais on ignore à quelle époque, qu'on imagina l'étamage au mercure. Leur fabrication fut monopolisée par les Vénitiens jusqu'au XVI° siècle, où elle pénétra en Allemagne. Au siècle suivant, elle fut également introduite en France. Les premiers essais qui eurent lieu dans notre pays furent exécutés à Paris, à la fin de 1630, par Eustache Grammond et Antoine d'Autonneuil, mais ils ne réussirent pas. Enfin, en 1665, Colbert fit venir des ouvriers français qui travaillaient à Venise, et les réunit à la verrerie de Tourlaville, près de Cherbourg, où ils fondèrent l'industrie des Glaces françaises. Cette usine exploita d'abord exclusivement les procédés vénitiens, mais, dès 1684, plusieurs autres verreries obtinrent le même privilége. Ces procédés ne produisaient que des *Glaces soufflées*, c'est-à-dire de petites dimensions et obtenues à la manière du verre à vitres. Enfin, vers 1686, un verrier normand, appelé Lucas de Néhou, inventa le *coulage des glaces*, c'est-à-dire la méthode qui est exclusivement suivie aujourd'hui pour les pièces de grande proportion. Les premières Glaces coulées furent fabriquées à Paris, dans un établissement créé à cet effet par Abraham Thévart, pour le compte d'une compagnie, dont il était le représentant, et qui fut transporté à Saint-Gobain, en 1692. Cette usine, qui existe encore aujourd'hui, a servi de type à toutes celles que l'on a montées depuis dans toutes les parties de l'Europe. La première manufacture de ce genre qu'il y ait eu en Angleterre fut fondée en 1773, à Revenhead, dans le Lancashire : c'est dans ses ateliers que prit naissance, en 1788, le *polissage des glaces à la mécanique*, opération qui, jusqu'alors, s'était faite à la main. Depuis quelques années, on fait des glaces où la couche de mercure est remplacée par une couche d'argent déposée au moyen d'un procédé chimique. Cette *argenture des glaces*, comme on appelle le nouvel étamage, a été inventée théoriquement, vers 1835, par le chimiste allemand Justus Liebig, et réalisée pratiquement, en 1844, par le chimiste anglais Drayton. C'est M. Tourasse qui en a introduit les procédés en France, en 1845.

MIROIRS ARDENTS. — Les anciens connaissaient la propriété que possèdent les Miroirs concaves de produire à leur foyer une chaleur assez élevée pour enflammer les corps qui s'y trouvent exposés, et même pour les vitrifier ou les fondre, suivant leur nature. C'est cette propriété qui a fait donner à ces Miroirs le nom de *Miroirs ardents.* Tous les historiens racontent qu'Archimède de Syracuse incendia, avec des appareils de cette espèce, les vaisseaux des Romains qui assiégeaient sa ville natale. Ils rapportent encore qu'en 514 Proclus se servit du même moyen contre la flotte de Vitalien, qui attaquait Byzance. Ces faits ont été révoqués en doute; mais, vrais ou faux, le père Kircher, Buffon et plusieurs autres, ont prouvé la possibilité de l'opération. Parmi les Miroirs modernes les plus célèbres, on cite surtout celui que Tschirnhausen fit construire en 1687. Ce miroir était de cuivre mince et avait 2 mètres 32 de courbure et 1 mètre 74 d'ouverture : il enflammait le bois instantanément, fondait le cuivre et l'argent en quelques minutes, fondait et vitrifiait la brique, etc.

MISÉRICORDE. — Voyez STALLE.

MITRAILLE. — La première mention du *tir à Mitraille* date peut-être du siége d'Oudenarde, en 1452. Toutefois, plusieurs écrivains en font remonter le premier emploi à la bataille de Marignan ou au siége de Vérone, qui eurent lieu en 1515. Il y en a même qui en attribuent l'invention à Gustave-Adolphe, roi de Suède, en 1620, mais ils sont évidemment dans l'erreur. Quoi qu'il en soit, le tir à Mitraille s'est d'abord exécuté avec des projectiles irréguliers de nature fort diverse. L'usage des *Boîtes à balles,* tel qu'il existe aujourd'hui, a été imaginé au commencement du XVIIe siècle, et c'est, dit-on, au siége d'Ostende, en 1602, qu'on y a eu recours pour la première fois. En 1862, un inventeur anglais a proposé de remplacer la Mitraille ordinaire par de la fonte en fusion. On se servirait pour cela de boulets creux que l'on remplirait, au moment de les introduire dans la pièce, de fonte liquéfiée sur place au moyen d'un fourneau à la Wilkinson.

MITRE. — Dans le principe, les Grecs donnèrent le nom de *Mitre* à une espèce de ruban ou de bandeau tissé qu'on roulait autour de la tête pour retenir les cheveux. Par la suite, ils l'appliquèrent plus spécialement à une sorte de bonnet pointu que portaient les prêtres de Cybèle, ainsi qu'à une coiffure pyramidale qui était très-répandue dans plusieurs parties de l'Asie. C'est de cette coiffure orientale que dérive la Mitre des hauts dignitaires de l'Église. Les évêques l'adoptèrent de très-bonne heure. Toutefois, elle ne devint définitivement un des insignes de l'épiscopat qu'à partir du Ve siècle. A cette époque, la Mitre consistait en un simple bonnet rond, pointu et orné de deux bandelettes ou fanons qui pendaient sur les épaules. A la fin du siècle suivant, on fendit la pointe en deux parties, disposition qui a été conservée depuis. Les premières Mitres à deux pointes furent très-basses. Au XIVe siècle, elles s'élevèrent un peu, et atteignirent la perfection. Au XVIe siècle, elles augmentèrent encore leurs dimensions, soit en hauteur, soit en largeur. Enfin, au XVIIe, on exagéra encore leurs proportions, et elles reçurent alors la forme disgracieuse qu'elles ont encore aujourd'hui.

MNÉMONIQUE. — La *Mnémonique ,* qu'on appelle aussi *Mnémotechnie,* est l'art de fortifier et d'aider la mémoire au moyen de procédés artificiels. Son origine est très-ancienne. En effet, Cicéron et Quintilien attribuent à Simonide (535 avant notre ère) l'invention de la méthode topologique qui a servi de base à presque tous les systèmes postérieurs. On dit même qu'Aristote composa un ouvrage spécial sur cet art, et Pline le Naturaliste rapporte qu'un contemporain de Cicéron, Métrodore, lui donna une forme scientifique et systématique. Au moyen âge, Raymond Lulle enrichit son *Ars magna* (1276) de tables synoptiques fondées sur les principes de la Mnémotechnie ancienne. Néanmoins cet art resta fort négligé jusqu'au XVe siècle. Vers 1482, Publicius fit connaître son *Ars memorativa,* où se trouve exposé pour la première fois le système de la symbolisation. En 1719 parut la *Pratique de la mémoire artificielle* de Claude Buffier, qui eut beaucoup de succès à son apparition, et dont le procédé, loin de constituer un système nouveau, consistait simplement à aider la mémoire au moyen du rhythme et de la rime. Enfin, en 1730, Gray publia son livre intitulé *Memoria technica* dans lequel on trouve le premier emploi de la méthode numérique, si souvent proposée depuis, mais non sans d'utiles perfectionnements. Parmi les hommes qui, depuis le commencement de ce siècle, se sont occupés avec le plus de succès de propager la Mnémonique, il faut citer M. Aimé Paris, dont les *Principes et applications de la Mnémonique* sont remplis de vues neuves et originales, et la *Méthode polonaise* de Jazwinski, beaucoup améliorée par le général Bem, laquelle a joui, pendant quelques années, d'une certaine vogue.

MOIRÉ MÉTALLIQUE. — A la fin du dernier siècle, le chimiste français Proust remarqua que lorsqu'on passe, sur du fer-blanc légèrement chauffé, une éponge imbibée d'eau aiguisée d'acide nitrique, ou d'acide chlorhydrique, ou d'un mélange de ces deux acides, il se forme à la surface du métal des cristallisations très-variées et des dessins chatoyants d'un très-bel effet : c'est à ces cristallisations et à ces dessins que l'on donne le nom de *Moiré métallique.* Cette découverte passa inaperçue, mais, en 1816, le parisien Allard réussit à la rendre pratique, et en fit sortir une industrie nouvelle dont les produits jouirent d'une vogue immense pendant plus de vingt ans. Aujourd'hui, les caprices de la mode ont abandonné le Moiré métallique, mais, comme cela est arrivé pour tant d'autres choses, ils le feront peut-être revivre un jour.

MOISSONNEUSE MÉCANIQUE. — Pline l'Ancien et Palladius parlent de chars employés par les Gaulois pour arracher les épis, en laissant la paille sur pied dans les champs ; mais ces appareils, dont nous ignorons d'ailleurs la disposition, ne peuvent pas être considérés comme l'origine des Moissonneuses modernes. C'est en Angleterre que ces machines ont pris naissance. A la fin du dernier siècle, l'agriculture de ce pays avait déjà commencé sa marche en avant, et ses hommes d'État, comme ses hommes d'industrie, prévoyaient dès lors quelles seraient les nécessités de l'avenir. On comprenait d'ailleurs que le climat pluvieux des trois royaumes exigeait que la récolte pût se faire avec une grande promptitude. C'est pour obtenir ce résultat que l'on imagina les machines auxquelles leur destination a fait donner le nom de *Moissonneuses mécaniques.* La première de ces machines fut probablement celle que Boyce fit patenter en 1799. Elle se trouva nécessairement très-défectueuse, et n'eut, pour ce motif, aucun succès, mais on n'en sentit pas moins les services qu'elle rendrait un jour, si l'on pouvait la perfectionner, et les sociétés agricoles ouvrirent à l'envi des concours pour aider à la solution du problème. Alors parurent successivement, de 1805 à 1814, les Moissonneuses de Plucknet, de Glastone, de Salmqn, de Scott, de Smith, qui ne répondirent pas aux espérances de leurs inventeurs. Les mécaniciens durent donc se remettre à l'œuvre, et de 1821 à 1832, Jérémiah Baily, Henri Ogles, Brown, Patrick Bell et Joseph Mann, présentèrent des appareils dont les organes mieux conçus annonçaient qu'on s'approchait du but. La machine de Bell, une des moins défectueuses, fut même adoptée par plusieurs grands propriétaires, mais là s'arrêta le progrès, parce que l'agriculture anglaise n'était pas encore assez dépourvue de bras pour être obligée de substituer le travail mécanique à celui de l'homme. Cette nécessité ne se présenta qu'en 1850, quand la maladie des pommes de terre, ayant forcé une partie de la population pauvre de l'Irlande à s'expatrier, les fermiers de l'Angleterre et de l'Écosse se virent privés des ouvriers de ce pays qui venaient, chaque année, à l'époque de la récolte, leur apporter une main-d'œuvre abondante et à bon marché. On fut donc ainsi obligé de recourir aux machines. Toutefois, ce n'est pas à l'industrie anglaise qu'on demanda les premières. On s'adressa aux États-Unis, où l'énorme élévation des salaires avait déjà, depuis plusieurs années, fait donner au moissonnage mécanique des développements très-considérables. C'est même un des plus habiles mécaniciens de ce pays, M. Mac-Cornick, de Chicago, dans l'Illinois, qui a découvert (1831-1844) le principe véritable d'après lequel les Moissonneuses doivent être établies. Ces appareils sont aujourd'hui très-répandus dans tous les pays où la propriété n'est pas trop morcelée, et on les regarde avec raison comme un des progrès les plus considérables de l'agriculture moderne. Ils sont tous construits sur les principes de celui de Mac-Cornick, et n'en diffèrent que par les détails.

Molybdène. — Indiqué, en 1778, par Guillaume Scheele, comme formant le radical d'un minéral gris bleuâtre que l'on avait confondu jusqu'alors avec la plombagine (en grec *molybdaina*, d'où son nom), ce métal a été isolé, pour la première fois, en 1782, par le chimiste suédois Hielm. On ne lui a encore trouvé aucune application industrielle.

Monnaie. — L'usage de la *Monnaie* remonte aux premiers âges de la société. Toutefois, les hommes n'ont pas toujours employé les métaux précieux en manière de Monnaie. Ainsi, on s'est servi de sel dans l'Abyssinie, de pelleteries dans le nord de l'Amérique, de grains de cacao au Mexique, de pièces de cuir en Russie, de petits coquillages aux Maldives et dans plusieurs parties de l'Afrique, etc. Le choix de ces marchandises n'a, du reste, jamais été arbitraire : il a toujours été subordonné à certaines circonstances particulières à chaque pays. Peu à peu, cependant, on comprit que les métaux précieux réunissaient seuls les qualités voulues pour constituer une Monnaie parfaite, mais on ne les utilisa d'abord que sous forme de poudre ou de lingots et au poids. Aujourd'hui même, il en est encore ainsi dans l'empire chinois. Enfin, plus tard, on imagina de faciliter les transactions en fractionnant d'avance l'or et l'argent en morceaux d'un poids déterminé, et c'est alors que prit naissance la Monnaie proprement dite. Les Grecs, qui s'attribuaient toutes les inventions utiles, réclamaient celle des métaux monnayés, et il paraît assez difficile de la leur contester. En effet, les Égyptiens, les Perses, les Mèdes, les Assyriens et les Babyloniens, ne nous ont laissé aucune Monnaie, tandis que, dès le vi[e] siècle avant notre ère, nous trouvons déjà les Monnaies grecques en grande abondance. Cependant, les plus anciennes Monnaies d'origine grecque, dont la date soit bien connue, sont probablement celles d'Alexandre Ier (499-454) et d'Archélaüs (429-405), rois de Macédoine. Il faut se garder de croire que l'on ait d'abord frappé des pièces de tous métaux. Dans le principe, les Grecs ne firent que des Monnaies d'argent. Ils ne commencèrent à se servir du bronze que vers l'an 450. Quant à l'or, ils ne le monnayèrent que sous le règne de Philippe, père d'Alexandre le Grand (359-330), mais, à l'époque de ce prince, il existait déjà, depuis longtemps, dans l'Asie Mineure et en Perse, des pièces de ce métal. Chez les Romains, au contraire, ce fut le bronze que l'on employa d'abord, et, s'il faut en croire le témoignage de Pline, ce fut dès le règne de Romulus. On ne frappa des Monnaies d'argent qu'en 259, et des Monnaies d'or que vers l'an 206. En ce qui concerne la France, on a fabriqué des Monnaies d'or, d'argent et de bronze avant la conquête de César, mais beaucoup plus des premières que des secondes. Sous la domination romaine, on monnaya surtout le bronze. Les Mérovingiens ne firent monnayer que l'or et l'argent, et les Carlovingiens que l'argent, d'abord très-pur, puis fortement altéré. Sous les six premiers rois de la troisième race, on ne frappa que des pièces de billon. L'or et l'argent reparurent sous saint Louis (1226-1270). Enfin, le cuivre pur commença à être employé sous Henri III, en 1575. Avant cette époque, les pièces de billon tenaient lieu de la menue monnaie de ce métal. Voyez Effigie, Millésime, Monnayage, etc.

Monnayage. — Les Monnaies ont d'abord été fabriquées, soit par le *moulage*, c'est-à-dire en versant le métal fondu dans des moules ; soit au *marteau*, c'est-à-dire en imprimant les types sur les flans au moyen d'un coin sur lequel on frappait avec un marteau. Quelques auteurs ont cru le second procédé plus ancien que le premier, mais il est généralement admis aujourd'hui qu'ils ont été employés tous les deux simultanément, dès les temps les plus reculés. Le Monnayage au marteau a été seul usité pendant le moyen âge, et, à l'époque moderne, jusqu'au milieu du xvie siècle. Le Monnayage au *balancier* fut inventé alors, en France, mais on ne possède que des renseignements peu précis sur ses commencements. En effet, les uns en attribuent l'invention au graveur Antoine Brulier ou Brucher, et les autres au menuisier Aubry ou Aubin Olivier. On n'est pas plus d'accord sur les mécanismes qui le constituaient. Toutefois, l'aspect des premières pièces à la fabrication desquelles il fut appliqué, tend à faire croire qu'il se composait du Laminoir, du Découpoir et du Balancier. Quoi qu'il en soit, le nouveau système fut introduit, en 1553 ou 1554, dans un hôtel monétaire établi par Henri II, dans une île de la Seine, à Paris, et qui fut appelé *Monnoie au moulin*, parce qu'un des ateliers, probablement celui du laminage, avait pour moteur la roue d'un moulin. Les produits de cet établissement excitèrent l'admiration générale, mais comme ils coûtaient plus cher que par l'ancien procédé, on revint à celui-ci en 1585. Le Monnayage au balancier reparut en 1640, à la suite de quelques améliorations attribuées à Warin ou à Nicolas Briot, mais ce ne fut que pour quelques essais. Enfin, au mois de mars 1645, Louis XIV en prescrivit l'usage exclusif. Cependant, malgré les ordres de ce prince, il ne fut réellement employé avec un peu de suite qu'à partir de 1685; encore même éprouva-t-il, dans les années postérieures, de fréquentes interruptions, à cause de l'imperfection des mécanismes. A la même époque, le *Cordonnage* des monnaies fut introduit dans nos hôtels monétaires : on l'exécutait avec une machine, dite *Castaing*, du nom de son inventeur. Le Monnayage au balancier ne fit aucun progrès jusqu'en 1807, où le Balancier de Philippe Gengembre fut adopté par le gouvernement et introduit peu à peu dans les autres parties de l'Europe. Ce Balancier est encore employé aujourd'hui pour les Médailles et les autres pièces du même genre, mais il a été remplacé, en 1846, pour les Monnaies, par la *Presse monétaire* inventée, en 1827, par M. Heinrich Uhlhorn, de Grevenbroich, près d'Aix-la-Chapelle, et perfectionnée depuis par une foule d'artistes, surtout par M. Thonnelier, mécanicien à Paris. Voyez BALANCIER, PRESSE, etc.

MONOGRAMME. — Sorte de caractère ou de chiffre qui est généralement formé de plusieurs lettres entrelacées. L'em-ploi des *Monogrammes* est très-ancien, car on trouve des chiffres de ce genre sur plusieurs monnaies grecques du temps de Philippe II, roi de Macédoine, et de son fils Alexandre le Grand ; mais ce fut surtout pendant le moyen âge qu'il se répandit. On mit alors habituellement des Monogrammes sur les monnaies, sur les sceaux et sur les étendards. On alla même jusqu'à s'en servir en guise de signature, sur les diplômes royaux. En France, l'usage des Monogrammes pour signer les actes commença sous les Mérovingiens, devint général sous les Carlovingiens, et se maintint, sous les Capétiens, jusqu'au règne de Philippe IV, où il tomba en désuétude.

MONOLITHES (*Constructions*). — L'idée de ces constructions remonte à une époque très-reculée, mais, autrefois, elles constituaient des exceptions très-rares, tandis qu'elles ont passé aujourd'hui dans la pratique habituelle de l'art de bâtir. Les plus anciens ouvrages de ce genre sont disséminés dans plusieurs parties de l'Angleterre, de l'Écosse, de l'Alsace et de la Bretagne, où on les appelle vulgairement *Châteaux de verre*, parce qu'ils se composent de matériaux vitrifiés. On suppose qu'ils ont été exécutés avec des blocs siliceux chauffés sur place jusqu'à la fusion de leurs silicates. Quant à leur âge, on l'ignore absolument, mais il est certain qu'ils sont antérieurs de beaucoup à l'ère chrétienne. L'ingénieur anglais John Williams est le premier qui les ait signalés à l'attention des savants (1770). Les constructions monolithes modernes ont eu pour point de départ les travaux de l'ingénieur Vicat sur les Ciments et les Mortiers hydrauliques. On les élève avec ces mélanges par les procédés ordinaires du moulage. M. Lebrun, de Moissac, paraît être le premier qui ait construit un édifice entier en ciment : il exécuta de cette manière, en 1830, une maison pour son usage personnel. Peu de temps après, il employa le même moyen pour construire plusieurs ponts, dont l'un, celui de l'écluse d'Alby, se composait d'une seule arche de 31 mètres et demi d'ouverture sur 2 mètres 60 centimètres de flèche. Depuis cette époque, le système des constructions monolithes n'a cessé de se développer.

Dans ces dernières années, M. Coignet, de Lyon, un de ceux qui ont le plus contribué à le perfectionner, a proposé de l'appliquer, sur la plus grande échelle, à l'édification des habitations ouvrières, ce qui diminuerait considérablement la dépense.

MONOTYPIE. — Voyez CLICHAGE.

MONSTRANCE. — Voyez OSTENSOIR.

MONTAGNES. — Les géologues ont longtemps discuté sur l'origine des Montagnes. On admet généralement aujourd'hui qu'elles sont l'effet d'un soulèvement du centre à la circonférence du globe. Les plus hautes montagnes ont servi à des expériences intéressantes sur les effets physiques et physiologiques de la raréfaction de l'air et de la diminution de la pression atmosphérique. C'est Newton qui, le premier, a calculé la déviation qu'éprouve le fil à plomb dans leur voisinage, par suite de l'attraction qu'elles exercent sur cet instrument en raison de leur masse. Dans son Traité *De mundi systemate*, il dit qu'au pied d'une montagne hémisphérique de 4,828 mètres de hauteur et de 9,656 de longueur à la base, le fil à plomb doit dévier de la perpendiculaire d'environ 1 minute 18 secondes. Voyez BAROMÈTRE et HYPSOMÉTRIE.

MONTAGNES RUSSES. — Sorte d'amusement qui consiste à se laisser glisser, assis dans un traineau, sur un plan incliné que supportent de solides charpentes. Cet amusement est d'origine russe, mais, en Russie, c'est sur de véritables collines que, quand la terre est couverte de neige ou de glace, qu'on fait marcher les véhicules. Introduit à Paris, en 1816, par un nommé Populus, il jouit, pendant plusieurs années, d'une très-grande vogue, après quoi il tomba dans l'oubli. Depuis l'invention des Chemins de fer, on a essayé de le faire revivre, mais sans beaucoup de succès.

MONTGOLFIÈRE. — Voyez AÉROSTAT.

MONTE-CHARGES. — Voyez MACHINES D'EXTRACTION.

MONTE-COURROIES. — M. Herland, mécanicien à Paris, a donné ce nom à un appareil de son invention qui a pour objet le remplacement facile et sans danger des courroies sur les poulies de transmission, opération des plus difficiles, quand on l'exécute à la main, et qui occasionne chaque année de très-nombreux accidents. Cet appareil, qui date de 1860, est très-simple, peu coûteux, et a, de plus, l'avantage, de supprimer, dans une foule de cas, l'emploi si coûteux des poulies folles.

MONTRE. — L'invention du ressort-moteur conduisit à celle des *Horloges de poche* ou *Montres*, mais on ne connaît ni le lieu, ni la date, ni l'auteur de ce nouveau progrès. Tout ce qu'on sait, c'est qu'il y avait déjà des fabricants de Montres, à Paris et à Nuremberg, au commencement du XVIe siècle, peut-être même à la fin du XVe. Dans le principe, les Montres variérent beaucoup quant à la forme et aux dimensions. Relativement à la forme, on en fit de presque globulaires, de cylindriques, d'octogonales, de cruciformes, d'ovales, etc. : celles de Nuremberg étaient le plus souvent ovoïdes, ce qui leur valut le nom d'*œuf* dans le langage vulgaire. Sous le rapport des dimensions, elles furent généralement massives, mais on en fabriqua aussi de très-petites, de si petites même qu'on pouvait les enfermer dans le chaton d'une bague. Comme toutes les choses qui commencent, les premières Montres furent nécessairement très-imparfaites ; leur boîte avait souvent une grande valeur artistique, mais leur mécanisme était si grossier, qu'elles ne marquaient l'heure que d'une manière approximative. Un premier progrès fut réalisé, vers le milieu du XVIe siècle, par l'invention de la *Fusée*, qui fut faite on ne sait où ni par qui. Cette pièce fut liée au barillet par une cordelette de boyau, jusqu'en 1674, où le genevois Gruet, alors établi à Londres, remplaça cette cordelette par la *Chaînette d'acier* usitée aujourd'hui. Ce perfectionnement fut bientôt suivi d'un autre bien plus important. En 1675, Huyghens imagina le *Régulateur à ressort-spiral*, dont l'idée lui fut disputée par l'abbé Hautefeuille, d'Orléans, et le physicien anglais Hooke. En 1676, parurent les *Montres à répétition*, qui furent inventées, presque en même temps, à la fois, par trois horlogers de Londres, Barlow, Quare et Tompion : la première qu'on vit en France fut envoyée à Louis XIV par le roi Charles II. Dès ce moment, la construction des Montres fit des progrès très-rapides, à la réalisation desquels contribuèrent le plus, au siècle suivant, les anglais Graham et Harrison, les français Pierre et Julien Leroi, Ferdinand et Louis Berthoud, Jean-Baptiste Lepaute, et le suisse Abraham-Louis Bréguet. C'est à Graham que l'on doit les Montres dites *à cylindre*, qui furent introduites dans notre pays, en 1758, par Julien Leroi. Harrison créa les *Montres marines* ou *Garde-temps* (1736). Entre autres inventions, Bréguet remplaça le timbre au moyen duquel les Montres à répétition sonnaient les heures, par le *Ressort-timbre*, usité depuis, innovation qui conduisit à l'invention des *Montres-tabatières* et des *Boîtes à musique*. On doit au même artiste les Montres appelées *perpétuelles*, parce qu'elles se remontent d'elles-mêmes par le mouvement qu'on leur imprime en marchant. Parmi les innovations les plus importantes réalisées depuis le commencement de ce siècle, nous en citerons deux seulement : celle des *Montres plates*, qui sont dues à l'horloger parisien Lépine, et celle des *Montres sans clé*, qui se montent à l'aide de l'anneau qui sert à les porter. Voyez CHRONO-MÈTRE, HORLOGE, etc.

MORDANT. — A l'origine des arts de la Teinture et de l'Indiennerie, les couleurs appliquées sur les tissus n'avaient aucune fixité : elles s'altéraient en peu de temps, et un simple lavage à l'eau suffisait souvent pour les enlever ; mais on finit par les rendre solides en y introduisant certaines substances ou *Mordants*, les unes d'origine minérale, telles que l'alun et les sels de fer, les autres d'origine organique, comme la noix de Galle et les apprêts huileux. L'emploi de plusieurs de ces substances remonte à une époque très-ancienne. Celui de l'alun, par exemple, est immémorial dans l'Inde. On s'est longtemps mépris sur la nature et l'action des Mordants. On a cru, en effet, jusqu'aux premières années du dernier siècle, et c'est même de là qu'ils ont reçu leur nom, que cette action était purement mécanique, et que, doués de propriétés corrosives, ils servaient simplement à ouvrir les pores de l'étoffe, afin de faciliter l'action de la matière colorante. Mais Dufay, en 1737, Bergmann, en 1776, Macquer, en 1778, Berthollet, en 1790, et de nos jours, M. Chevreul, ont démontré que

leur action est toute chimique ; qu'ils ont pour la substance du tissu une affinité qui les fait adhérer à cette dernière, tandis que, de son côté, la matière colorante se fixe au mordant en vertu de l'affinité qu'elle a pour lui.

MORPHINE. — Voyez OPIUM.

MORTIER (*Architecture*). — Plusieurs anciens peuples ont élevé des constructions d'une admirable solidité sans recourir à aucune substance pour en lier les différentes parties, mais ce système, qui nécessite l'emploi de matériaux d'un énorme volume, a été abandonné aussitôt que les progrès des arts ont permis d'obtenir le même effet en se servant de matériaux de petite dimension réunis au moyen de mélanges de chaux et de sable appelés *Mortiers*. Toutefois, on est généralement porté à croire que les architectes de l'antiquité, surtout ceux des Romains, avaient, pour préparer leurs mortiers, des procédés supérieurs à ceux des modernes, et on appuie cette opinion sur la dureté de celles de leurs maçonneries qui se sont conservées jusqu'à nous. On ne réfléchit pas qu'autrefois, comme aujourd'hui, il y avait des constructions monumentales, pour lesquelles on n'épargnait pas la dépense, et d'autres, élevées pour les besoins du moment, et pour l'établissement desquelles on apportait peu de soin. Or, ces dernières ayant disparu, ce sont les premières qui ont survécu et que l'on compare aux constructions médiocres de notre époque. Les Mortiers des édifices romains doivent leur dureté à leur ancienneté, parce qu'il est de la nature de ces mélanges de durcir en vieillissant. Le moyen âge lui-même nous a laissé des monuments au moins aussi solides que ceux des anciens. Enfin, aujourd'hui, surtout depuis les grands travaux de l'ingénieur Vicat, on élève des maçonneries qui, en deux ans, acquièrent plus de dureté que celles des anciens. La solidité des Mortiers dépend en grande partie du choix et des proportions des matières dont ils sont formés, et de la manière dont ils sont fabriqués. Ce principe, qui est passé maintenant à l'état d'axiome, a été méconnu pendant très-longtemps : on peut même dire que, jusqu'à notre époque, la fabrication des Mortiers a été, en quelque sorte, livrée au hasard, et que ses progrès réels ne remontent guère au delà des premières années de ce siècle. Voyez CHAUX, CIMENT et POUZZOLANE.

MORTIER (*Artillerie*). — La Bouche à feu de ce nom a été ainsi appelée à cause de sa forme, qui ressemble à celle du mortier à piler. Elle date de l'origine même de l'artillerie. On s'en servait, dans le principe, pour lancer des pierres ou des matières incendiaires, et elle ne reçut sa destination actuelle que dans la seconde moitié du XVIe siècle, quand les Hollandais eurent rendu pratique le tir des Bombes. Les variétés dites *à la Coehorn, à la Gomer*, etc., doivent leur dénomination aux officiers qui les ont imaginées ou fait adopter. Une des plus fortes pièces de ce genre que l'on ait fabriquées est le *Mortier-monstre*, coulé, en 1832, sur les dessins du colonel Paixhans, et employé au siége d'Anvers : il avait 60 centimètres de diamètre et lançait une bombe de 500 kilogrammes. V. CANON.

MORUE. — Le plus ancien texte relatif à la pêche de la Morue appartient à l'année 888 : il apprend qu'elle existait alors dans les eaux de l'île d'Héligoland, à l'embouchure de l'Elbe, mais il est certain qu'elle se faisait déjà, depuis une époque immémoriale, et sur la plus grande échelle, sur les côtes de la Norwège, particulièrement autour de l'archipel de Lofoden. Les Islandais et les peuples du nord-ouest de l'Écosse se sont aussi livrés de très-bonne heure à cette industrie : ces derniers exploitaient plus particulièrement la mer d'Irlande et la partie de l'océan Atlantique qui baigne les Hébrides. Les Anglais et les Hollandais n'ont commencé à se livrer activement à la pêche de la Morue que dans les premières années du XIVe siècle. La découverte de l'Amérique du Nord, à la fin du XVe siècle, vint donner une extension inouïe à cette pêche. Ce fut, dit-on, un armateur de la Rochelle, appelé Rivedou, qui, le premier, en 1536, essaya d'exploiter régulièrement le banc de Terre-Neuve, mais il ne put y réussir. Deux nouvelles tentatives, exécutées un peu plus tard, par deux autres français, La Giraudière, de Nantes, et le normand Doublet, ne furent pas plus heureuses. Les pêcheries de cette partie du globe n'ont commencé à prendre des développements un peu considérables que dans la première moitié du XVIIe siècle.

MOSAÏQUE. — Sorte de marqueterie qui est faite avec des fragments de marbre, de pierre ou de matières vitrifiées, assemblés au moyen d'un mastic. L'art d'exécuter les ouvrages de ce genre paraît avoir été ainsi nommé, de l'italien *musaico*, dérivé lui-même du latin *musa*, parce que les Grecs et les Romains s'en servaient surtout, dans le principe, pour décorer les édifices consacrés aux Muses. On admet généralement qu'il est né en Asie : ce qu'il y a de certain, c'est qu'il était cultivé, plusieurs milliers d'années avant notre ère, en Assyrie et en Égypte, ainsi qu'en Palestine. Toutefois, parmi les peuples de l'antiquité, ce furent les Grecs et les Romains qui le portèrent au plus haut degré de perfection. Ces derniers se servaient des Mosaïques pour décorer les pavés, les murs et les plafonds de leurs édifices. Ils les recherchaient même avec tant de fureur qu'ils en faisaient de portatives pour les tentes des généraux. La Peinture en mosaïque ne disparut pas, comme tant d'autres choses, à l'époque de l'invasion des Barbares, au Ve siècle ; seulement, elle fut plus cultivée dans l'empire grec que partout ailleurs, et en Italie que dans les autres parties de l'occident de l'Europe. Au commencement du XIe siècle, la Mosaïque italienne reçut une impulsion remarquable qui fut provoquée par des artistes byzantins appelés à Venise par le doge Orso Patriciaco pour travailler à la décoration de l'église de Saint-Marc. Ces artistes formèrent une école d'élèves habiles, dont l'un, le florentin Andréa Tafi, qui vivait à la fin du XIIIe siècle, dota sa patrie de la nouvelle industrie. La Toscane devint alors le centre principal de la fabrication des Mosaïques italiennes, et, tout en exploitant les genres déjà connus, ses mosaïstes en créèrent deux nouveaux, ceux que l'on désigne aujourd'hui sous les noms de *Mosaïque florentine en marqueterie* et de *Mosaïque florentine en relief*. Au commencement du XIVe siècle, Rome acquit la prééminence, grâce au talent de deux artistes de premier ordre, Giotto et Cavallini, et elle la conserva pendant les siècles suivants. Ce fut au XVIe siècle que naquit, dans cette ville, le genre dit *Mosaïque romaine*, dont les papes tirèrent, un peu plus tard, un admirable parti pour soustraire à la destruction les plus beaux tableaux de la basilique Saint-Pierre. Après l'Italie, c'est en France que la Mosaïque a été cultivée avec le plus de succès. Toutefois, cet art n'avait encore rien produit de remarquable dans notre pays, quand, au commencement de ce siècle, Napoléon Ier établit à Paris, sur la proposition de l'antiquaire Denon, une École de mosaïque dont la direction fut confiée à l'italien Belloni. La chute de l'Empire fit disparaître cette école avant qu'elle eût pu rendre les services qu'on en attendait. L'art de la Mosaïque aurait même alors entièrement disparu de notre pays, sans les efforts et la persévérance de quelques artistes distingués, la plupart formés aux leçons de Belloni, et parmi lesquels il suffira de citer Perinot, Théret, Ciuli, Quinet, Philippe et Bossy, tous établis à Paris. On exécute encore aujourd'hui de très-belles mosaïques à Rome, à Florence, à Paris et à Londres, mais le prix énorme auquel reviennent les pièces de grande dimension est un obstacle invincible au développement de cet art.

Motet. — Au moyen âge, on donnait ce nom, probablement parce qu'elles étaient faites sur une période très-courte (*motet*, petit mot), à des pièces de musique dont les paroles étaient tantôt en prose et tantôt en vers. Il y avait des *Motets religieux* et des *Motets profanes*, les uns en latin, les autres en langue vulgaire. Dans les temps modernes, le sens de ce mot s'est un peu modifié. Il ne désigne plus aujourd'hui que des pièces de musique exclusivement destinées à l'Église et composées sur des paroles latines. Les Motets ont été fort à la mode pendant les trois derniers siècles, mais on n'en fait presque plus aujourd'hui.

Moteurs a gaz. — Voyez Explosion (*Machines à*), et au Complém.

Moteur pompe. — Machine hydraulique inventée, en 1848, par M. Girard, qui l'a ainsi nommée parce qu'elle se compose d'une machine motrice et d'une pompe réunies en un seul appareil. Le Moteur-pompe n'est en réalité qu'une Machine à colonne d'eau à simple effet et à piston creux. Son effet utile paraît être égal à celui des meilleures roues hydrauliques employées à élever l'eau.

Moteurs électro-magnétiques. — L'idée d'utiliser l'énorme puissance des Électro-aimants pour produire un travail mécanique a dû s'offrir de bonne heure à la pensée des physiciens. Aussi, des essais ont-ils été faits, dans cette direction, au moins à partir de 1829, et presque simultanément, en France, en Allemagne, en Italie, en Angleterre et aux États-Unis. Toutefois, les premières expériences suivies et bien authentiques d'un appareil électro-magnétique ont été exécutées à Saint-Pétersbourg, en 1839, par le physicien Jacobi. Installée sur une chaloupe munie de roues à aubes et portant douze personnes, la machine de ce savant lui fit remonter la Néva, malgré un vent violent. Toutefois, quoique le courant lui fût fourni par une pile de 128 grands couples de Grove, elle ne put produire qu'un travail mécanique à peine égal à 3/4 de cheval-vapeur. Depuis cette époque, des tentatives analogues, mais sur une plus grande échelle, ont été faites aux États-Unis, par M. Page; en Angleterre, par MM. Davidson et Wheatstone; en France, par MM. Nicklès, Breton, Larmenjeat, Roux, etc.; mais les résultats n'ont jamais répondu aux espérances des inventeurs. « Quel que soit l'avenir réservé aux Machines électromotrices, dit très-bien M. B.-D. de Vorepierre, elles ne sont pas près de détrôner les machines à vapeur. Dans la mécanique appliquée, l'invention d'un appareil capable de produire un travail plus ou moins considérable n'est que la moindre partie du problème; la question des frais doit passer avant toutes choses. Des expériences comparatives ont été faites en 1855 sur le travail fourni par plusieurs Moteurs électriques qui figuraient à l'Exposition universelle de Paris. La dépense a été, en zinc seulement, de 1 fr. 25 cent. par heure et par force de cheval; on n'a pas tenu compte de la valeur des acides. Or, à Paris, une Machine à vapeur donne la même force motrice pour 15 cent. de houille. Il résulte de ces considérations que les Machines à vapeur présentent, au point de vue de l'économie, une immense supériorité sur les Moteurs électro-magnétiques. Ajoutons que l'on n'a pu jusqu'à présent atteindre qu'à peine la force d'un cheval, et que les machines pesaient alors plus de 800 kilogrammes. Quel poids devrait donc avoir un appareil puissant, à supposer qu'on puisse jamais l'obtenir ! Toutefois, les nouveaux moteurs paraissent appelés à rendre des services dans quelques cas particuliers. Ainsi, par exemple, ils sont supérieurs aux moteurs à vapeur quand il s'agit d'avoir de petites forces et de très-grandes vitesses, ainsi qu'une grande régularité dans les mouvements. »

MOUCHES. — On a donné ce nom, soit parce qu'ils étaient de la grandeur d'une aile de mouche ou qu'ils offraient une certaine ressemblance avec cet insecte, à des morceaux de taffetas noir gommé que les élégantes d'autrefois se mettaient sur le visage pour faire mieux ressortir la blancheur de leur teint. Quelques écrivains pensent que la mode des *Mouches* est originaire de la Perse et de l'Arabie, où, disent-ils, les taches noires du visage passent pour une beauté, et d'où les croisés l'auraient rapportée en Europe, mais cette opinion ne s'appuie sur aucun fondement. On admet généralement, et avec plus de raison, qu'elle est née en France au commencement du XVIIᵉ siècle. Dans tous les cas, ce qu'il y a de certain, c'est que, dès la fin du règne de Louis XIV et pendant tout celui de Louis XV, les dames ne sortaient jamais sans leur *Boîte à mouches*, dont le couvercle, muni d'un petit miroir, leur permettait de rattacher ceux de ces ornements qu'un accident venait à faire tomber. Cette mode singulière disparut peu à peu à l'époque de Louis XVI. Il est bon de remarquer que les Mouches étaient très-bien connues à Rome sous l'empire. En effet, Ovide rapporte que les dames de son temps collaient sur leur figure, pour en relever les agréments, de petits morceaux de peau noire découpés en forme de croissant.

MOULAGE. — Le *Moulage* est au moins contemporain de la sculpture : mais on n'a pas de renseignements précis sur ses procédés chez les anciens. En effet, Pline et les écrivains grecs et latins qui nous ont transmis le catalogue des plus beaux bronzes de l'antiquité, ne nous disent rien sur le mode de fabrication. Une chose seule est certaine, c'est qu'il était très-perfectionné, et les monuments sont là pour témoigner de la haute intelligence des fondeurs qui les ont exécutés. On pense que les anciens faisaient leurs moules avec un mélange d'argile de fleur de farine. De plus, et nous avons la preuve qu'au lieu de chercher à fondre leurs statues d'un seul jet, ils s'attachaient, au contraire, à fractionner le travail, et qu'ils réunissaient ensuite, au moyen de soudures et d'attaches, les différentes parties de leurs pièces. En agissant ainsi, ils se mettaient à l'abri des fontes manquées et des défauts d'homogénéité. Depuis la Renaissance jusqu'à nos jours, le Moulage en cire perdue a été presque exclusivement usité, et nous lui devons les monuments du XIVᵉ au XVIIIᵉ siècle; mais ce procédé est abandonné aujourd'hui, ou n'est plus employé que par exception, parce qu'il exige trop de frais et de temps, ainsi que l'intervention de l'artiste : il est d'ailleurs soumis à des chances de non-réussite que l'industrie moderne ne peut plus courir. Les fondeurs de notre époque coulent à un seul jet, et réussissent à traduire en bronze, avec promptitude et économie, les modèles les plus compliqués, sans en altérer le sentiment ni la délicatesse. Ce progrès remarquable est dû, en partie à une division intelligente du travail, en partie à la substitution de la gélatine aux matières précédemment employées pour la confection des moules. Le Moulage à la gélatine, ou *Moulage daguerréotypé*, comme on l'appelle aussi quelquefois, paraît avoir été inventé, vers 1833, par M. Hippolyte Vincent, modeleur à Paris. Les avantages inappréciables qu'il offre l'ont fait adopter, depuis, dans tous les ateliers. En effet, il donne des moules sans coutures, ce qui dispense de retouches toujours défavorables à la pureté de l'original; il conserve admirablement le modèle, qui, dans les anciens procédés, se détériorait entièrement après plusieurs moulages; il permet de procéder avec une économie de temps et de moyens inconnue autrefois; enfin, il reproduit avec une exactitude rigoureuse tous les détails du sujet, et rend faciles les dépouilles, qui étaient anciennement tout à fait impossibles.

MOULINS A BLÉ. — Les machines destinées à réduire ies céréales en farine remontent à une époque immémoriale. Elles étaient déjà communes en Égypte, du temps de Moïse, et c'est peut-être de ce pays qu'elles se répandirent peu à peu en Grèce et en Asie, quoique le fait soit peu probable pour les peuples civilisés de l'extrème Orient. Les Grecs en rapportaient bien l'invention à Mylès, fils de Lélex, premier roi de la Laconie, mais ce prince n'avait probablement fait qu'importer ou perfectionner le Moulin asiatique ou égyptien. Quoi qu'il en soit, tous les peuples de race hellénique fabriquaient la farine avec des Moulins, que les Romains en étaient encore réduits à concasser le grain dans un mortier de pierre avec un pilon de bois garni de fer : ceux-ci ne commencèrent même à se servir de ces machines que 190 ans avant l'ère chrétienne, après leurs premières guerres en Orient. On sait par divers passages de la Bible et des poëmes d'Homère que les Moulins, usités à l'époque où ces ouvrages furent écrits, se composaient de deux petites meules superposées, l'inférieure fixe et taillée en dessus sous la forme d'un cône, la supérieure mobile et creusée en dessous de manière à pouvoir coiffer la précédente : une femme, un esclave ou un homme de peine faisait tourner cette dernière en saisissant avec la main droite un petit bâton fixé près du bord, tandis que, avec la main gauche, il introduisait peu à peu le grain dans un trou pratiqué au centre de sa surface supérieure. En pénétrant entre les deux cônes, le grain était broyé par les deux pierres, et la farine tombait sur un plateau destiné à la recevoir. Des Moulins disposés de cette manière sont encore journellement employés en Asie et même dans plusieurs parties de la Russie. Tels étaient encore ceux dont les Romains se servaient, sauf quelques modifications accessoires destinées à faciliter et à accélérer le travail. Ce peuple en avait de deux espèces : de petits (*molæ versatiles*), qui se manœuvraient à bras, et de grands (*molæ asinariæ*), qui marchaient au moyen de manéges ou de manivelles. Aux moteurs déjà connus, la fin du second siècle avant J.-C. en vit ajouter un autre. On imagina alors de mettre en mouvement les Moulins à l'aide d'une roue hydraulique, ce qui

donna naissance aux *Moulins à eau*. Cette invention fut faite dans l'Asie Mineure, peut-être même dans la partie de cette contrée qui constituait le royaume du Pont. Elle fut introduite en Italie du temps de César. Il paraît que les premiers Moulins de cette espèce que les Romains construisirent furent établis sur le Tibre, en pleine rivière, c'est-à-dire sur des bateaux, et que ce ne fut qu'à partir du ive siècle de notre ère qu'on les éleva sur le bord des cours d'eau. Toutefois, plusieurs auteurs pensent que la première idée de les monter sur des bateaux appartient à Bélisaire, et que ce général eut recours à cette innovation, en 637, pendant le siége de Rome par Vitigès, roi des Ostrogoths. Quoi qu'il en soit, il est certain qu'à l'époque de ce siége, la plupart des ruisseaux de l'Italie et de la Gaule étaient pourvus de Moulins à barrages. Au viiie siècle, les Moulins reçurent un nouveau moteur. C'est, en effet, alors que l'Europe posséda les premiers *Moulins à vent*. Les appareils de ce genre sont également originaires de l'Orient, mais ils n'ont pas été introduits dans notre continent, à la suite des croisades, comme on le croit communément, car à l'époque où ces grandes expéditions eurent lieu, ils étaient déjà connus, depuis plusieurs siècles, en Russie, en Pologne et en Hongrie, où ils avaient probablement pénétré par les routes du nord de la Caspienne : il en est question, pour la première fois, dans un acte hongrois de l'an 718. Aux moteurs qui précèdent, l'industrie moderne en a ajouté un autre : la Machine à vapeur. Le premier *Moulin à vapeur* qui ait fonctionné régulièrement a été établi en Angleterre en 1789. — Depuis le commencement de ce siècle, les machines à moudre le grain ont reçu des améliorations si nombreuses et si importantes que les Moulins établis suivant les nouveaux principes n'ont, pour ainsi dire, rien de commun avec ceux qui les ont précédés, et qui sont encore si communs dans les campagnes. Toutefois, ce n'est pas à l'emploi de la vapeur ou de roues hydrauliques plus puissantes que les anciennes que les nouveaux Moulins doivent leur supériorité, mais aux dispositions particulières appliquées aux diverses parties de leur mécanisme, et à une multitude d'appareils accessoires dont on les a munis. Ils sont redevables de leurs principaux perfectionnements aux anglais James Watt, Boulton, Rennie, Woolf et Maudslay, et à l'américain Oliver Evans, et ce sont nos compatriotes Cartier, Armengand et Benoist qui ont le plus contribué à doter notre pays des inventions de ces mécaniciens illustres. C'est vers la fin de l'Empire que le système des Moulins dits *à l'anglaise*, qui diffèrent surtout des Moulins *à la française* par la petitesse de leurs meules et l'exécution plus soignée de leur mécanisme, a été définitivement arrêté : il fut importé en France, en 1816 ou 1817, mais il ne commença à se répandre chez nous qu'à partir de 1825. — Les Moulins à vent ne sont guère employés, pour la mouture du grain, que dans les pays dépourvus de cours d'eau convenables ; mais, dans certaines contrées, on en tire journellement parti pour mettre en mouvement des pompes destinées à élever l'eau. Ils ont aussi reçu, à notre époque, d'utiles perfectionnements, dus à MM. Berton, Lassye, Durand, etc. Voyez MEULES, PANÉMORES, MOUTURE, etc.

MOURRE. — Le jeu de la *Mourre* remonte à une très-haute antiquité. Les Égyptiens le connaissaient ; seulement, ils se tenaient assis et se servaient des deux mains, tandis que les modernes se tiennent debout et ne font usage que de la main droite. Les Romains avaient une certaine prédilection pour la Mourre, qu'ils appelaient *micatio.* Aujourd'hui on n'en trouve guère plus l'usage qu'en Italie et dans nos départements du sud-est.

MOUSQUET. — L'arme ainsi appelée a servi de transition entre l'Arquebuse et le Fusil. Elle différait de l'Arquebuse par la forme de la crosse, qui était moins recourbée ou tout à fait droite, et par son calibre, qui était plus considérable. On regarde généralement le *Mousquet* comme originaire d'Espagne, et, suivant Brantôme, c'est le duc d'Albe qui l'introduisit dans les troupes de ce pays, avant 1561. Quant à son nom, qui paraît venir de l'italien *moschetta*, petite mouche, on le lui aurait donné, en manière de plaisanterie, à cause de la grosseur de ses projectiles. Quoi qu'il en soit, il y eut presque en même temps des *Mousquets à mèche* et des *Mousquets à rouet*, et la supériorité de leur tir sur celui des Arquebuses les fit peu à peu substituer à ces dernières. Brantôme en attribue l'importation en France au maréchal de Strozzi, en 1573. Le Mousquet d'infanterie, qui était le Mousquet proprement dit, était à mèche : on était obligé, à cause de son poids, de l'appuyer sur une fourchette pour le tirer. Cette arme jouit d'une vogue universelle jusqu'en 1650, époque de l'invention du Fusil, mais son usage ne disparut entièrement qu'entre les années 1701 et 1704.

MOUSSELINE. — Pendant le moyen âge, on appliquait le mot *Mousseline* à des étoffes de soie généralement brochées d'or, que l'on tirait de Mossoul, sur le Tigre, un des principaux entrepôts du commerce de l'Europe avec l'Asie intérieure. Dans les temps modernes, on a transporté ce nom à des tissus de coton dont les lisières seules renferment des fils d'or. Les Mousselines de coton ont été fabriquées, en France, pour la première fois, en 1781.

MOUSTACHE. — L'usage des *Moustaches* remonte à une très-haute antiquité. Les Grecs et les Romains l'ont tour à tour adopté et abandonné. Les Orientaux, surtout les Chinois, l'ont toujours conservé. Les Francs portaient des Moustaches, quand ils arrivèrent en Gaule, au Ve siècle. Ils les quittèrent vers le IXe, pour les reprendre au XIe, à l'époque des croisades. Presque abandonnées à la fin du XIVe siècle, les Moustaches reparurent au XVIe, sous François Ier, et furent à la mode, même dans l'ordre ecclésiastique, jusqu'au règne de Louis XIV. Les hussards seuls les conservèrent, quand tout le monde y renonça. Pendant les guerres de la Révolution, elles s'étendirent à d'autres corps de troupes. Un règlement de 1805 les imposa à toute la cavalerie, à l'exception des dragons, mais, peu à peu, elles furent prises par ces derniers et par l'infanterie. Enfin, après des variations assez nombreuses, elles ont été adoptées par tous les corps de l'armée indistinctement, d'où elles se sont introduites dans les carrières civiles. Voyez BARBE.

MOUTARDE. — La *Moutarde*, qu'on écrivait autrefois *Mustarde* et *Moustarde*, est d'invention très-ancienne. Il y avait déjà, au commencement du XIIIe siècle, à la cour des princes, des officiers particuliers, appelés *moustardiers*, qui étaient spécialement chargés de la fourniture de cette préparation. Les graines de la variété dite *Moutarde blanche*, sont employées comme évacuant, depuis une cinquantaine d'années. Cet usage paraît avoir pris naissance en Angleterre, d'où il s'est peu à peu répandu dans les autres parties de l'Europe.

MOUTON. — Voyez PILOTIS.

MOUTURE. — Pendant très-longtemps, on n'a connu que la *Mouture à la grosse*, qui consiste à passer le blé une fois seulement sous la meule, après quoi on sépare les farines des sons par des blutages convenables. Ce système est même encore exclusivement employé dans les pays arriérés. La *Mouture économique* ou *Mouture française*, dans laquelle on écrase le blé à plusieurs reprises de manière à obtenir à chacune un produit différent, paraît avoir été décrite, pour la première fois, par l'allemand Muller, en 1616; mais, à l'époque où cet écrivain publia son livre, elle était déjà pratiquée en France depuis une quarantaine d'années au moins, notamment à Senlis, où le meunier Pigeaut passait pour l'avoir inventée. Les procédés de cette Mouture furent tenus secrets, dans notre pays, jusqu'en 1760, où le gouvernement, qui en avait jusqu'alors prohibé l'application, eut le bon esprit d'en répandre la connaissance, et il fut fortement secondé, dans cette circonstance, par le boulanger parisien Malisset et le meunier-mécanicien Charles Buquet, de Senlis, qui contribuèrent beaucoup, par leur exemple et leurs écrits, à en faire apprécier les bienfaits. La Mouture économique a été généralement pratiquée dans la plupart de nos Moulins pendant près de trois quarts de siècle, mais, depuis 1816 ou 1817, toutes nos grandes usines l'ont remplacée par la Mouture forcée et accélérée, dite *anglaise* ou *américaine*, qui a été introduite dans notre industrie en même temps que les Moulins à l'anglaise. Dans ce nouveau système, on écrase tout le grain d'un seul coup et l'on sépare, par des blutages, les sons et les différentes espèces de farines.

MOUVEMENT PERPÉTUEL. — « En considérant les modifications si variées qu'il est possible d'imprimer à un mouvement quelconque, au moyen d'organes de transformation convenablement choisis,

certains esprits superficiels ont conçu l'espoir d'arriver à construire des machines qui conserveraient indéfiniment le mouvement qu'une force leur aurait une fois communiqué : c'est en cela que consiste le *Mouvement perpétuel*. Ceux qui se sont livrés à la recherche de cette chimère ont généralement cherché à produire le mouvement à l'aide d'un corps tombant d'une certaine hauteur, et que la machine devait elle-même remonter tout en produisant un certain travail utile. D'autres fois, c'est une roue hydraulique mise en mouvement par la chute d'un certain volume d'eau placée dans un réservoir supérieur : en même temps que la roue produit du travail, elle agit sur des pompes qui remontent l'eau dans le réservoir, etc. Il suffit d'énoncer de pareilles conditions pour en démontrer l'impossibilité et l'absurdité absolues. En effet, il n'est, dans aucune science, aucune vérité qui soit plus évidente et mieux démontrée que celle-ci, savoir : tout travail moteur doit surpasser le travail résistant de tout l'effet dû aux résistances passives. Raisonnant donc sur l'exemple précédent, il s'ensuit que le poids de l'eau élevée par la machine ira constamment en diminuant d'une quantité correspondante au travail moteur absorbé par les frottements, et que, nécessairement, le mouvement ne tardera pas à s'arrêter, quand bien même la machine ne produirait aucun effet utile. Pour qu'un mouvement pût s'entretenir d'une façon continue, il faudrait que le travail moteur se régénérât ou se multipliât successivement ; or, tout au contraire, les machines absorbent et consomment à chaque instant une portion plus ou moins grande du travail produit. » C'est donc avec raison, quoi qu'on en ait dit, que l'Académie des Sciences a décidé, en 1775, qu'à l'avenir elle ne s'occuperait plus des machines prétendant réaliser le Mouvement perpétuel, et son exemple a été suivi par la Société royale de Londres et les autres institutions analogues. Mais la maladie des chercheurs de Mouvement perpétuel est incurable, et il ne se passe pas d'année qu'il ne soit pris une demi-douzaine de brevets d'invention par des gens qui croient avoir résolu cet absurde problème.

MOXA. — Petite opération chirurgicale qui consiste à produire une escarre superficielle par la combustion d'une substance facilement inflammable. Pour obtenir ce résultat, on a employé, suivant les temps et les lieux, des mèches de coton, de chanvre ou de lin, la poudre à canon, l'amadou, le phosphore, les huiles essentielles, etc. On croit généralement que le Moxa a été inventé en Chine et au Japon, d'où son usage a été introduit en Europe par les navigateurs portugais de la fin du XVe siècle, mais il se trouve décrit par Hérodote, qui l'avait vu appliquer chez les peuples de l'Éthiopie.

MOYETTE. — L'usage des petites meules ou meulons, appelées *Moyettes*, date du dernier siècle, mais ce n'est qu'à une époque assez rapprochée de nous qu'il a commencé à se répandre. Les Moyettes dites *flamandes* ont été proposées, dès 1760, par un ancien échevin de Péronne nommé Louis Rose, et on a commencé à les employer en 1816, dans les départements du Nord, où leurs bons effets les ont fait conserver depuis. Les Moyettes dites *picardes* ont été imaginées, en 1771, par l'agronome Ducarne de Blangy. Elles sont plus difficiles à construire que les précédentes, mais elles conservent beaucoup mieux le grain. Elles ont été recommandées aux agriculteurs, d'abord, par l'abbé Rozier, en 1784, puis, successivement, par le gouvernement, en 1799, par Parmentier, en 1802, par Bosc, en 1816, par Mathieu de Dombasle, en 1826, etc. Enfin, dans ces dernières années, leurs avantages ont été signalés de nouveau aux préfets par le ministre de l'intérieur et aux évêques par le ministre de l'instruction publique, afin que ce mode admirable de préservation des céréales reçût la plus grande publicité possible.

MULTIPLICATEUR. — On donne ce nom en physique à un instrument qui permet d'accumuler continuellement les quantités les plus minimes d'Électricité, de manière à les rendre sensibles à l'Électromètre. Les Multiplicateurs ne sont en réalité que des Condensateurs. Un des plus élégants est celui auquel le physicien anglais Cuthberson a donné son nom, et le plus usité celui d'un autre savant anglais, M. Nicholson, qui lui a donné le nom de *Multiplicateur à révolutions.*

MUREXIDE. — En 1776, le chimiste suédois Scheele découvrit, dans l'urine de l'homme, un acide particulier qu'il appela *Acide urique.* Plus tard, on remarqua que cet acide peut être transformé par une légère action oxydante, en un corps blanc, salé et très-astringent, que le chimiste italien Gaspard Brugnatelli décrivit, en 1817, sous le nom d'*Acide érythrique,* et que MM. Frédéric Wœhler et Justus Liebig ont nommé depuis *Alloxane.* Enfin, en 1818, le docteur Proust constata que, sous l'influence de l'ammoniaque, l'Alloxane se transforme en une belle matière colorante d'un rouge pourpre, qu'il appela *Acide purpurique,* et que l'on appelle actuellement *Murexide.* En 1840, M. Liebig, faisant revivre une idée émise par Proust, vingt-deux ans auparavant, annonça que la Murexide pourrait rendre de grands services à l'art de la Teinture, mais l'industrie ne s'empara de cette idée qu'en 1853, époque à laquelle MM. Sacc et Albert Schlumberger, de Mulhouse, introduisirent la nouvelle substance tinctoriale dans les ateliers de l'Alsace, d'où elle pénétra aussitôt dans ceux de l'Angleterre et de l'Allemagne. Dès ce moment, on fit un grand usage de la Murexide pour produire, sur la laine, le coton et la soie, des rouges, des jaunes, des orangés et des amarantes d'une grande beauté. Toutefois, on ne tarda pas à s'apercevoir que ces couleurs n'avaient aucune solidité, et que, de plus, leur production présentait de grands inconvénients pour les ouvriers. Ces deux circonstances firent renoncer peu à peu à l'emploi de la Murexide dans les manufactures de tissus. Aujourd'hui, on ne se sert guère de cette matière que pour la peinture et pour la coloration des fleurs artificielles.

MURIATIQUE (*Acide*). — Voyez CHLORHYDRIQUE.

MURIER. — Comme la plupart de nos arbres fruitiers, le *Mûrier noir (Morus nigra)* est originaire de l'Asie, mais son importation en Europe est si ancienne qu'il serait impossible d'en préciser la date. Ce sont les Romains qui l'ont introduit dans notre pays. Les anciens ne se contentaient pas de manger son fruit et d'employer son bois pour faire des ouvrages de menuiserie : ils administraient encore son écorce comme purgatif et vermifuge. Dioscorides croyait même qu'elle pouvait servir pour détruire le tænia. — Le *Mûrier blanc* (*Morus alba*) a aussi une origine orientale. C'est de la Chine, sa patrie primitive, qu'il s'est successivement répandu en Perse, en Syrie, dans l'Asie Mineure, puis en Grèce, en Italie, en Provence et en Espagne. Les Chinois font remonter à l'an 2698 avant notre ère, l'époque à laquelle on a commencé à le cultiver, dans leur pays, en vue de l'éducation du Ver à soie, et ils attribuent la première idée de cette industrie nouvelle à l'impératrice Houï-Tsen, femme de l'empereur Hoang-Ti. Les Grecs connurent le Mûrier un peu avant les guerres d'Alexandre, mais ils ne s'adonnèrent à sa culture que sous le règne de Justinien (527-565), c'est-à-dire après l'introduction du Ver à soie dans le Péloponèse. C'est des environs de Naples que la France a tiré cet arbre, pendant les guerres de Charles VIII en Italie. Les premiers pieds furent, dit-on, apportés, en 1494, par Guy-Pape de Saint-Auban, seigneur d'Allan, près de Montélimart, qui les fit planter dans ses terres, où l'un d'eux existait encore en 1802. On savait déjà, au XVIᵉ siècle, qu'il est possible d'extraire de l'écorce et du bois du Mûrier une matière textile propre à la fabrication des étoffes. Olivier de Serres, à qui l'on attribue cette découverte, nous a transmis de curieux renseignements sur ce point. Il fit même confectionner, avec la *Soie du Mûrier*, un vêtement complet, qui fut offert à Henri IV. Dans ces dernières années, l'idée de retirer une substance textile du Mûrier a été reprise par MM. Duponchel, ingénieur en chef des ponts-et-chaussées, Junior Cambon, de Montpellier, et M. Cabanis, de Paris, mais on n'a pas encore expérimenté sur une assez grande échelle pour qu'il soit possible de savoir jusqu'à quel point elle est industriellement réalisable.

MURRHINS (*Vases*). — Les auteurs latins parlent souvent de vases appelés Murrhins (*Vasa murrhina*) qui étaient considérés comme des objets du plus grand luxe, et que l'on tirait de l'intérieur de l'Asie, principalement de la Caramanie. On les recherchait surtout pour la variété et l'éclat de leurs couleurs. Les premiers avaient été apportés à Rome par Pompée, qui les avait trouvés dans le trésor de Mithridate, roi de Pont. Aucun de ces vases n'étant parvenu jusqu'à nous, on n'a pu faire que des conjectures sur leur nature. Plusieurs antiquaires ont pensé qu'ils étaient faits avec quelque verre coloré ou une espèce d'onyx, mais on croit généralement aujourd'hui qu'ils n'étaient autre chose que de la Porcelaine de Chine. Ce qui semble venir à l'appui de cette dernière opinion, c'est que, suivant l'archéologue anglais William Gell, cette belle poterie était fréquemment désignée, en Europe, avant 1555, sous le nom de *Mirrha di Smyrna*.

MUSÉE. — Les Grecs et les Romains appelaient *Muséum*, d'où est venu le français *Musée*, tout lieu consacré aux Muses, mais ils n'employèrent jamais ce mot dans le sens qu'on lui donne généralement aujourd'hui, c'est-à-dire pour désigner une collection d'objets d'art ou d'objets scientifiques. L'origine des collections de ce genre n'est pas antérieure au XVᵉ siècle, et c'est en Italie que les premières ont été fondées. Depuis cette époque, tous les souverains de l'Europe ont rivalisé d'efforts pour créer des Musées dans leurs capitales, mais il est à remarquer que, pendant très-longtemps, ces établissements ont eu un caractère exclusivement privé : aujourd'hui même, il en est encore plusieurs qui ne sont pas librement accessibles. Le plus important qui existe en France est celui du Louvre. On en fait généralement dater la fondation du règne de François Iᵉʳ, mais la collection formée par ce prince et augmentée par ses successeurs, n'était en réalité qu'une chose particulière, car le public n'y était point admis. C'est la Convention qui, par son décret du 27 juillet 1793, a véritablement créé le *Musée du Louvre*. Dès le 8 septembre suivant, cet établissement fut ouvert à tous les citoyens, sous le nom de *Muséum français*, remplacé plus tard par celui de *Musée central des arts*. Il forme aujourd'hui seize sections qui constituent autant de Musées distincts : Musée de peinture ou galerie du Louvre, renfermant plus de 1 800 tableaux ; Musée des dessins et des pastels, Musée des gravures, Musée de sculpture antique, Musée de sculpture du moyen âge, Musée de sculpture moderne, Musée des émaux, Musée assyrien, Musée égyptien, Musée étrusque, Musée américain, Musée de la marine, Musée des souverains, Musée ethnographique, Musée Sauvageot, Musée Napoléon III.

MUSETTE. — Instrument de musique analogue à la Cornemuse, mais d'une construction plus soignée. On ne possède aucun renseignement sur son invention, qui, dans tous les cas, est très-ancienne. L'opinion qui fait venir le mot *Musette* du nom d'un musicien du XIIIe siècle, appelé Colin Muset, ne repose sur aucun document sérieux.

MUSÉUM. — Chez les Grecs et les Romains, le mot *Muséum* désignait un lieu consacré aux Muses. Plus tard, Ptolémée Philadelphe, roi d'Égypte, donna, par analogie, le même nom à une institution célèbre qu'il établit à Alexandrie, vers l'an 280 avant notre ère, pour entretenir et propager le culte des lettres et de la philosophie. Suivant Strabon, ce Muséum renfermait une riche bibliothèque, des portiques pour la promenade, des salles de conversation et de lecture, et un vaste réfectoire où les savants attachés à son service prenaient ensemble leurs repas. Il paraît même, d'après Philostrate, qu'un jardin botanique et une ménagerie en faisaient partie. Aujourd'hui, dans plusieurs parties de l'Europe, on appelle *Muséum* les collections d'objets d'art que les autres nomment Musées, mais, en France, on applique exclusivement cette dénomination à un grand établissement consacré aux sciences naturelles qui existe à Paris. La fondation de cet établissement, le plus vaste et le plus complet qu'il y ait au monde, date du règne de Louis XIII et du ministère du cardinal de Richelieu. Il a été créé par lettres patentes du mois de mai 1626, à l'instigation de Jean Herouard, premier médecin, et de Guy La Brosse, médecin ordinaire du roi, mais sa première installation, due tout entière à ce dernier, n'est pas antérieure à 1640. Sous le nom modeste de *Jardin du roi*, il fut d'abord simplement destiné à la culture et à l'étude des plantes médicinales, mais on y joignit bientôt des cours de chimie et d'anatomie, ainsi que des collections d'objets appartenant aux trois règnes de la nature. C'est un décret de la Convention, en date du 10 juin 1793, rendu sur la proposition de Lakanal, qui lui a donné le nom et l'organisation qu'il a aujourd'hui. Indépendamment des travaux personnels de ses professeurs, le Muséum a successivement publié les ouvrages suivants : *Annales du Muséum*, 1802-1813, 20 vol. in-4 ; *Mémoires du Muséum*, 1815-1832, 20 vol. in-4 ; *Nouvelles Annales du Muséum*, 1832-1835, 4 vol. in-4 ; et *Archives du Muséum*, 1839-1863 (en cours de publication).

MUSICOGRAPHIE. — Beaucoup de compositeurs trouvent leurs plus beaux motifs en promenant les doigts sur le Piano dans leurs moments d'inspiration. Mais comment retrouver ces motifs une fois qu'ils ont été joués ? comment les noter pour ne plus les perdre ? Or, c'est là précisément le problème que l'on a voulu résoudre en inventant les *Musicographes*. Les appareils de ce nom sont donc destinés à écrire la musique à mesure qu'on la compose. Le plus ancien connu paraît avoir été construit en 1769. Depuis cette époque, une quinzaine d'artistes ont fait des tentatives dans la même voie, et toujours sans succès. Nous citerons, parmi les plus récentes, celles qui ont produit les *Pianos sténographes* d'Eisenmenser (1836), et du facteur Pape (1844), et le *Pianographe* de M. Guérin jeune (1842). En 1854, le vicomte Théodore Dumoncel, s'écartant des voies suivies par ses prédécesseurs, a imaginé un Musicographe, qu'il a nommé *Enregistreur électrique des improvisations musicales*, et dans lequel il a fait intervenir l'Électricité pour rendre le Piano libre de tout mécanisme encombrant. A la différence des autres appareils proposés jusqu'alors, le Musicographe de ce savant est tout à fait indépendant et peut être placé en tout endroit que l'on veut. Enfin, il est construit de manière à faire réagir électriquement les touches du Piano sur un petit clavier composé d'aiguilles de fer et mis à la portée d'un mécanisme enregistreur électro-chimique. Voyez PIANO.

MUSIQUE. — La *Musique* est de tous les lieux et de tous les temps, mais, à l'origine, elle ne se produit point comme art : elle n'est qu'une manifestation spontanée de l'état de l'âme, l'expression instinctive des sentiments, et particulièrement de la joie. Toutefois, les anciens prétendaient assigner des dates précises à l'invention de la Musique, et ils en faisaient honneur à divers personnages. Ainsi, les Hébreux l'attribuaient à Jubal, les Égyptiens à Hermès, les Indiens à Brahma, les Chinois à Fo-hi, les Grecs à Apollon, à Orphée, à Linus, à Amphion. Chez les Hébreux, on cite comme un des plus anciens chants avec accompagnement instrumental, le cantique de Mirian, sœur de Moïse, qui fut chanté après le passage de la mer Rouge. Il est probable que la Musique de ce peuple différait peu de celle des Égyptiens, car la plupart des instruments dont il se servait se trouvent représentés sur les monuments de ces derniers. Suivant presque tous les érudits, c'est de l'Égypte que la Musique passa en Grèce, où elle prit un merveilleux et rapide développement. En effet, dès le vi° siècle avant notre ère, les Grecs portèrent un esprit scientifique dans l'étude de cet art, car Pythagore, qui vivait alors, inventa le *Monocorde* afin de pouvoir déterminer mathématiquement les rapports des sons. Au siècle suivant, Lasus, maître de Pindare, fut, dit-on, le premier qui écrivit sur la théorie de la Musique. Les artistes de la Grèce paraissent avoir connu les diverses parties constitutives de la Musique, telles que la *Mélodie*, le *Rhythme*, l'*Expression*, les *Modulations*, l'*Instrumentation*, etc., mais on croit généralement qu'ils ont ignoré l'*Harmonie*. Les Romains empruntèrent d'abord la Musique et les instruments des Étrusques, qui les tenaient peut-être eux-mêmes de l'Égypte. Après l'asservissement de la Grèce, ils héritèrent des progrès qu'elle avait faits dans ce pays, mais elle ne fut jamais chez eux un art national populaire. Seulement, le luxe excessif qui suivit l'établissement de l'empire amena un grand mouvement matériel dans l'art et une sorte d'habitude des pompes musicales. L'histoire de la Musique moderne commence au iv° siècle de notre ère. A cette époque (vers 384), saint Ambroise, archevêque de Milan, détermina la nature des chants qui devaient être employés dans son église, et son système fut adopté dans la plupart des autres pays. A la fin du vi° siècle (vers 590), le pape saint Grégoire le

Grand élargit le cercle du *Chant ambrosien*, appliqua au rituel les meilleures mélodies religieuses en usage avant lui, et simplifia le système de Notation musicale. Telle fut l'origine du *Chant grégorien*, en général si plein de pathétique et d'onction religieuse, et qui constitue encore aujourd'hui, sous le nom de *Plain-chant*, le chant ecclésiastique proprement dit. Dans la première moitié du xi° siècle, l'invention de la *Gamme*, vulgairement attribuée au moine Gui d'Arezzo, celle du *Contrepoint*, l'usage de plus en plus général de l'Orgue, et le perfectionnement de la partie graphique de l'art contribuèrent beaucoup au développement de la Musique. C'est au xiii° siècle que la Musique profane paraît avoir été nettement distinguée de la Musique sacrée, et se séparer de la poésie à la remorque de laquelle elle s'était péniblement traînée jusqu'alors. Le siècle suivant offre le premier exemple connu d'un morceau écrit à quatre parties : c'est une messe qui fut chantée au sacre de Charles V, et qui est de la composition de Guillaume de Machault. C'est aussi dans le même siècle que le nom de *Contrepoint* a été substitué à celui de *Déchant* pour désigner l'art d'écrire à plusieurs voix. D'immenses progrès avaient déjà été réalisés à la fin du siècle suivant. La France et la Belgique, qui étaient alors à la tête du mouvement, possédaient un grand nombre d'habiles compositeurs, dont plusieurs, tels que Guillaume Dufay (1432), Jean Ockeghem (1465), et, un peu plus tard, Joaquim Desprez, le plus grand musicien de son temps (1500), et Claude Goudimel (1550), qui fut le maître de Palestrina, portèrent leur art en Italie et dans les autres parties de l'Europe. Mais les artistes de cette époque se préoccupaient tellement des combinaisons harmoniques, qu'en général ils perdaient entièrement de vue le sens des paroles et la destination de leurs œuvres. De plus, ils prenaient pour thèmes de leurs compositions sacrées les mélodies des chansons populaires les plus inconvenantes. Ce dernier abus était même poussé si loin que la papauté songeait à proscrire la Musique des cérémonies du culte, quand Palestrina parvint à rendre à la Musique religieuse son ancienne majesté

(1560). A la même époque, les améliorations introduites dans la Musique profane ne tardèrent pas à produire une révolution de laquelle sortit la *Musique dramatique*. Cette innovation eut lieu en Italie, et le premier drame lyrique, véritablement digne de ce nom, fut joué à Mantoue, en 1607 : c'était l'*Orfeo* du vénitien Claude Monteverde. C'est cet artiste qui, le premier, a fait usage de la quinte diminuée comme consonnance. Il pratiqua également la septième dominante, la septième sensible et la neuvième sans préparation. Enfin, il introduisit les dissonnances doubles et triples et les accords diminués et altérés. Dès ce moment, l'art musical, désormais délivré des liens scolastiques qui enchaînaient son essor, s'élança dans la voie nouvelle qui venait de lui être ouverte. La Musique dramatique prit même tellement le dessus qu'elle fit, pendant longtemps, presque complétement négliger celles de chambre et de chapelle. Ce fut d'abord l'Italie, où brillèrent Scarlatti, Léo, Durante, Léonard Vinci, Paésiello, Sacchini, Piccini, Cimarosa, Jamelli, et plusieurs autres, qui seule produisit des œuvres d'un grand mérite. La France et l'Allemagne ne vinrent qu'après, la première, avec Lulli, Rameau, Gluck, Monsigny et Grétry ; la seconde, avec Sébastien Bach et Hœndel,

dont les chefs-d'œuvre préparèrent ceux de Haydn et de Mozart. Parmi les compositeurs les plus célèbres de notre siècle, on cite surtout, au premier rang : en Italie, Spontini, Paer, Mercadante, Rossini, Pacini, Donizetti, Morlacchi et Bellini ; en France, Mehul, Cherubini, Boïeldieu, Lesueur, Hérold, Auber, Halevy, Berlioz, Gounod et Félicien David ; en Allemagne, Weber, Meyerbeer, Mendelssohn, et Beethoven. Les autres pays n'ont produit que des artistes de second ordre. Voyez HARMONIE, IMPRESSION DE LA MUSIQUE, NOTATION MUSICALE, OPÉRA, etc.

MYRIORAMA. — Voyez PATIENCE (*Jeu de*).

MYSTÈRES. — Les *Mystères* constituent les premiers essais de l'art dramatique moderne. Ce sont des pièces de théâtre grossièrement charpentées et dont le sujet est toujours tiré de l'Ancien et du Nouveau Testament, ou de la vie des saints. Un des plus anciens qui aient été représentés en français paraît être le *Jeu de Saint Nicolas*, de Jehan Bodiaux ou Bodel d'Arras, qui l'écrivit en 1250. On jouait encore des Mystères à la fin du xvie siècle, mais au siècle suivant les chefs-d'œuvre de nos grands auteurs dramatiques les firent tomber dans l'oubli.

N

NACRE. — La *Nacre de perle* a reçu de tout temps des applications très-variées en Chine, au Japon et dans l'Inde. Les Grecs et les Romains en firent aussi un très-grand usage. Pendant le moyen âge, elle joua également un rôle très-élevé dans la tabletterie : on lui donnait généralement alors le nom de *porcelaine*. De nos jours, M. Pinson père, à Paris, a inventé une *Nacre artificielle*, que l'on emploie, sous le nom de *Gélatine Pinson*, pour faire des placages, des médaillons, des mosaïques et une foule d'autres objets du même genre.

NANDOU. — Le *Nandou* est l'Autruche de l'Amérique méridionale. Dans ces dernières années, on a proposé son acclimatation en Europe, à titre d'oi-

seau insectivore et à cause de la production annuelle de ses plumes, si recherchées pour la toilette. Cet oiseau est tellement utile comme destructeur d'insectes, que, dans toute la République argentine, il est défendu de lui donner la chasse. Quant à sa plume, elle forme annuellement un poids total de plus de 200 grammes, ayant une valeur de plus de 200 francs. Le Nandou rendrait également de grands services à cause de ses œufs et de sa viande, qui sont éminemment comestibles.

NAPHTALINE. — Substance cristalline et incolore qui se forme, mélangée avec des huiles empyreumatiques, pendant la distillation sèche des matières organiques. Dans ces dernières années, M. Léchelle a proposé de l'employer, à cause de son odeur forte et très-pénétrante, pour mettre les collections de zoologie à l'abri des attaques des insectes parasites. Toutefois, on n'en fait encore usage que pour la fabrication du noir de fumée, mais elle est évidemment destinée à servir à la production de couleurs pour la Teinture et l'Impression des tissus. Déjà même M. Troost en a obtenu un violet qui a des qualités toutes spéciales, et M. Roussin en a préparé une matière rouge qu'à la première vue on a pu prendre pour de l'Alizarine ou de la Purpurine.

NAPHTE. — Voyez BITUMES.

NARCOTINE. — Voyez OPIUM.

NATATION. — I. On a inventé de bonne heure des appareils propres à faciliter l'exercice de la Natation. Les *Vessies* et les *Gourdes* remplies d'air ont probablement été employées, de temps immémorial, à cet effet ; leur usage est même encore très-répandu dans tous les pays. On a imaginé plus tard les *Scaphandres*, les *Nautiles* et les *Ceintures de natation*. Les Scaphandres et les Nautiles sont à proprement parler une seule chose sous deux noms différents. Ils consistent tous en une espèce de gilet composé de plaques ou de morceaux de liége cousus sur une forte toile ou enfermés entre deux forts tissus, et ils ne diffèrent les uns des autres que par des dispositions de détail qui varient suivant le caprice des inventeurs. Depuis le commencement du XVIIᵉ siècle, on a proposé une multitude de vêtements de ce genre. Il suffira de citer ceux du docteur lithuanien Bachstrom, en 1641, de Borel, de Digne, en 1659, de l'allemand Wagenseil, vers 1685, de Gelaci, en 1751, du comte de Puységur, en 1756, de Wilkinson, en 1765, de l'abbé de la Chapelle, en 1765, de Spenser, en 1802, de Mangin, en 1804, etc. Au lieu de plaques de liége, on a souvent proposé de former les Scaphandres avec des vessies enfermées dans des enveloppes d'étoffe, et que l'on emplissait d'air avec la bouche au moyen d'un petit robinet de cuivre ou de buis. Un appareil de cette espèce fut imaginé, en 1785, par un nommé Paulot. Mais déjà, l'année précédente, l'Académie des Sciences de Paris avait examiné un Scaphandre du même genre, présenté par un sieur Le Comte ; seulement, il se composait de quatre ballons de cuir fixés sur un gilet et disposés de telle sorte que si trois d'entre eux venaient à crever, le dernier était encore suffisant pour soutenir le nageur. Les *Ceintures de natation*, appelées aussi *Ceintures de sûreté*, ne sont en réalité que des diminutifs des appareils qui précèdent. Les unes consistent en une espèce de boyau de toile fine que l'on remplit de râpure de liége, et les autres en une enveloppe en tissu imperméable que l'on insuffle avec la bouche.

II. A diverses époques, on a proposé des appareils, pouvant servir aux mêmes usages que les précédents, mais destinés en réalité à d'autres applications. Tel est le vêtement proposé, vers 1760, par un officier, pour faire passer les rivières aux troupes d'infanterie, sans pont ni gué. Le soldat qui en était muni conservait une position verticale, avait la liberté de ses bras, et marchait dans l'eau, sans toucher le fond, presque aussi facilement que sur la terre. Des inventions analogues furent faites un peu plus tard par l'abbé de la Chapelle (1767) et un professeur de mathématiques de Lyon, nommé Étevenard (1786). Enfin, la même idée a été reprise plusieurs fois de nos jours, notamment, par M. Lejuste, architecte à Douai, dont l'appareil a été expérimenté à Paris, pendant l'été de 1861. — Quelques inventeurs ont essayé de construire des machines disposées de manière à permettre de marcher sur l'eau, mais, parmi les tentatives exécutées dans cette voie, et dont la première est peut-être celle du peintre allemand François Kesler, vers 1615, les unes n'ont été que des mystifications et les autres n'ont abouti qu'à des déceptions. Ce genre de recherches a produit les *Podoscaphes* ou nacelles de pied : les appareils de ce nom se composent de deux étroites pirogues, une pour chaque pied, qui sont ordinairement réunies ensemble par des traverses, et que l'on fait marcher à l'aide d'une pagaie d'une forme particulière.

NATROMÈTRE. — Voyez ALCALIMÈTRE.

NATRON. — Voyez SOUDE.

NAUMACHIE. — Dans l'ancienne Rome, on appelait ainsi la représentation d'un combat naval que l'on donnait de temps en temps au peuple en manière d'amusement. Dans le principe, ce genre de spectacle avait lieu dans le cirque ou l'amphithéâtre, dont on transformait l'intérieur en lac en y amenant l'eau du Tibre ou des aqueducs, mais, par la suite, on y consacra des édifices spéciaux auxquels on donna aussi le nom de Naumachies. Le premier de ces édifices fut élevé par Jules César, qui le fit placer au Champ de Mars.

NAUFRAGES. — Voyez PORTE-AMARRE et BATEAU DE SAUVETAGE.

NAUSCOPIE. — A diverses époques, il s'est trouvé des personnes qui possédaient la faculté de signaler des objets placés bien au delà des limites de l'horizon visible. C'est une découverte de ce genre que fit, en 1764, un colon de l'île de France, appelé Bottineau. Il avait, disait-il, trouvé le moyen certain de reconnaître, de jour et de nuit, et sans lunettes, les terres et les navires à une distance de plus de 1,000 kilomètres en mer, en combinant les effets qu'ils produisent sur l'atmosphère et sur l'eau, et il donnait à ce moyen, qui, suivant lui, constituait une science nouvelle, le nom de *Nauscopie*. Le fait est que, passant une partie de son temps sur le bord de la mer et l'œil fixé sur l'horizon, il excitait l'étonnement général par l'exactitude de ses indications. On n'a jamais connu les procédés qu'il employait.

NAUTILE, NAUTILUS. — On a donné ce nom à des Bateaux sous-marins, à des appareils de natation et à des appareils de plongeur. Voyez BATEAU SOUS-MARIN, NATATION et SCAPHANDRE.

NAVETTE. — Voyez TISSAGE.

NAVIGATION. — L'origine de la *Navigation* remonte à la plus haute antiquité. La vue de quelque arbre flottant en suggéra probablement la première idée, et le stimulant le plus actif de toutes les inventions, la nécessité, dut exciter les hommes à se servir de ce grossier moyen de transport, soit pour descendre le cours des rivières ou traverser les bras de mer, soit pour échapper aux inondations et aux cataclysmes, qui furent si fréquents aux premiers âges des sociétés. Plus tard, les facilités que les races trouvèrent, pour se rendre d'un point à un autre, en lançant à la mer de simples troncs creusés avec des cailloux aiguisés, durent éveiller en elles l'esprit d'aventure et les engager à émigrer vers les rives nouvelles. Plus tard encore elles durent les engager à se servir du même moyen comme agent d'agression. Ce ne fut qu'à une époque relativement moderne que les progrès de la civilisation, en créant les relations commerciales, imprimèrent à la Navigation une impulsion nouvelle, et alors commença son rôle véritablement utile, le seul peut-être qui lui restera un jour. Dès ce moment, elle fit une alliance étroite avec l'industrie, et les développements de l'une furent subordonnés à ceux de l'autre. Dans l'antiquité, ce furent les Arabes et les Phéniciens qui monopolisèrent le commerce maritime, et qui, par conséquent, furent les navigateurs les plus hardis et les plus expérimentés. Les premiers exploitaient les mers de l'Inde, tandis que les seconds fréquentaient les bassins de la Méditerranée et s'aventuraient, sur l'Atlantique, jusqu'au cap Vert et aux îles Britanniques. Les Carthaginois héritèrent des connaissances nautiques des Phéniciens et ne furent pas moins aventureux. Quant aux peuples européens qui entretinrent des flottes nombreuses, c'est-à-dire les Grecs et les Romains, ils ne les considérèrent, en général, que comme des instruments de guerre. La Navigation disparut avec l'empire romain, mais, à partir du X° siècle, les grandes villes commerçantes de l'Italie, de l'Espagne et du midi de la France, Marseille, Naples, Gênes, Amalfi, Venise et Barcelone, essayèrent de la relever, et leurs navires commencèrent à sillonner la Méditerranée. Toutefois, l'art de naviguer resta longtemps dans l'enfance. Comme ceux de l'antiquité, les premiers marins du moyen âge n'osaient perdre de vue le rivage. La connaissance des vents périodiques et la marche du soleil constituaient toute la science de leurs pilotes, qui, la nuit, se guidaient avec la lune et l'étoile polaire. Mais l'invention de la Boussole, au XII° siècle, vint leur donner le moyen de se hasarder en pleine mer, et bientôt commencèrent les explorations lointaines, que l'usage d'instruments, tels que l'Astrolabe et l'Arbalète, maniés par l'astrologue du bord, rendait sûres d'elles-mêmes. Les Portugais donnèrent le signal : ils allèrent aux Açores, aux Canaries, à la côte de Guinée, au cap de Bonne-Espérance, aux grandes Indes, tandis que les Espagnols découvrirent l'Amérique, en sorte que, suivant l'expression d'un écrivain du xvıe siècle, de 1490 à 1521, « le monde entier se trouva pratiqué. » Ces grands événements excitèrent une émulation générale, et bientôt tous les autres peuples maritimes, anglais, français, hollandais, coururent à la recherche de nouvelles terres. En même temps, on s'occupa de perfectionner la construction et l'armement des navires ; on améliora les cartes marines ; on inventa le Loch, afin de pouvoir estimer le chemin parcouru ; enfin, reconnaissant l'insuffisance des instruments employés jusqu'alors pour déterminer la position du navire, on les remplaça peu à peu par d'autres appareils plus parfaits, mais ce dernier progrès ne fut définitivement réalisé qu'au xvıııe siècle par l'invention des Montres marines et des instruments à Réflexion. Des progrès d'une importance non moins considérable ont été effectués depuis le commencement de ce siècle, d'abord, par l'application de la vapeur à la marche des navires et de nouvelles améliorations apportées aux différentes branches de l'architecture navale, puis, par une étude plus approfondie des phénomènes météorologiques. Aussi, les navigateurs de nos jours peuvent-ils effectuer leurs voyages en moitié moins de temps que ceux d'autrefois, et avec une sécurité et un bien-être qui étaient inconnus à leurs prédécesseurs. Voyez Bateau a vapeur, Boussole, Cable-Chaine, Chronomètre, Conserves, Courants, Loch, Marine, etc.

NAVIGATION AÉRIENNE. — La plus ancienne tentative de Navigation aérienne est probablement celle dont il est question dans l'histoire de Dédale et d'Icare, mais il faut ensuite arriver jusqu'au milieu du xıe siècle de notre ère pour en rencontrer une nouvelle. Ceux qui ont essayé de résoudre le problème forment deux catégories. En effet, les uns ont simplement cherché le moyen d'élever dans l'air des individus isolés, tandis que les autres ont voulu construire des machines pouvant contenir plusieurs personnes à la fois. Au nombre des premiers, on cite, après Icare, le moine anglais Olivier de Malmesbury, mort en 1060 ; le mathématicien italien

Jean-Baptiste Dante, à la fin du xve siècle ; le saltimbanque français Allard et l'allemand Kook, au xvııe ; le mécanicien manceau Le Besnier, le marquis de Baqueville et quelques autres, au xvıııe ; un nommé Calais, en 1799, etc. Ils ont tous voulu imiter le vol des oiseaux et se sont, en conséquence, servis d'appareils en forme d'ailes, mais aucun n'a pu réussir, parce que, ainsi qu'on l'a démontré mathématiquement, en 1782, il est impossible de résoudre le problème avec des appareils de ce genre. Au nombre de ceux qui ont suivi la seconde voie, se placent le jésuite italien Pierre Lana, en 1670 ; le père Galien, d'Avignon, en 1755 ; le portugais Gusman, en 1736 ; l'abbé Desforges, d'Étampes, en 1772 ; Blanchard, en 1782, etc. Ils ont construit des *Bateaux* ou des *Chars volants*, et n'ont pas eu plus de succès que les précéde.ts. L'invention des Aérostats a fait croire qu'ils pourraient servir à créer la Navigation aérienne, mais, malgré les milliers d'expériences qui ont été exécutées dans toutes les parties de l'Europe, et qui se continuent encore, les résultats n'ont pas répondu aux espérances. La difficulté consiste à pouvoir diriger la marche de ces machines ; or, tous les esprits non prévenus admettent que, dans l'état actuel des sciences, elle est absolument insurmontable. Toutefois, ce n'est pas une raison de désespérer, mais, une fois la direction des Aérostats rendue possible, on se demande, dit avec raison l'ingénieur Perdonnet, quels avantages on pourra en retirer. Les premières tentatives pour résoudre ce problème ont été faites, en France, d'abord, théoriquement, par Monge, en 1783, et Meunier, en 1784, et pratiquement, par Testut-Brissy, Alban et Vallet, en 1785. C'est à un de ces appareils imaginés pour diriger les Aérostats que M. Gustave de Ponton, son inventeur, a donné, en 1861, le nom d'*Aéronef.*

NAVIGATION SOUS-MARINE. — Voyez Bateau sous-marin.

NAVIRE. — Voyez Bateau a vapeur, Clipper et Vaisseau cuirassé.

NÉBULEUSES. — C'est à William Herschell que l'on doit presque toutes les données que l'Astronomie possède aujourd'hui sur les objets célestes appelés *Nébuleuses*. On en avait découvert quelques-unes depuis l'invention des Lunettes : une ou deux même sont visibles à l'œil nu. Toutefois, en 1716, Halley n'en connaissait en tout que 6. Un peu plus tard, les travaux de Messier et de Lacaille portèrent ce nombre à 196. Enfin, à la fin du dernier siècle et au commencement de celui-ci, Herschell en découvrit à lui seul plus de 2,500. Au mois de novembre 1861, M. d'Arrest, directeur de l'Observatoire de Copenhague, a constaté l'un des faits les plus étranges de l'Astronomie, savoir qu'il existe des Nébuleuses changeantes. Voyez VOIE LACTÉE.

NÉCESSITÉ (*Pièces de*). — Voyez OBSIDIONAL.

NEIGE. — On ne connaît pas encore d'une manière certaine la nature de la formation de la Neige. On n'a guère bien étudié que les formes qu'affecte cette substance. Ces formes présentent plusieurs centaines de variétés ; néanmoins, elles paraissent pouvoir toutes se ramener à cinq ou six types principaux. On a également remarqué que, dans tous les cas, les cristaux isolés se réunissent sous des angles de 30, 60 et 120 degrés. La Neige rouge qui tombe si souvent sur les Alpes et dans les régions polaires, doit sa coloration à des myriades de globules sphériques qui, d'après M. Bauër, sont de petits champignons du genre *Uredo*. La Neige a été employée de temps immémorial pour rafraîchir les boissons et conserver les substances alimentaires. Voyez GLACE et CONSERVES.

NEUSILBER. — Voyez MAILLECHORT.

NÉOGRAPHIE. — Procédé d'impression inventé, vers 1853, par M. Désiré Chevallier, afin d'obtenir de nouvelles surfaces imprimantes destinées à remplacer la Lithographie. Sur une planche ou tissu perméable, on écrit ou dessine des figures ou des caractères avec une encre essentiellement soluble. Cela fait, on recouvre la planche, du côté du dessin ou des caractères, avec une légère couche de gutta-percha, et lorsque cette couche est séchée, on lave à grande eau. Les figures et les caractères s'effacent aussitôt en emportant la gutta-percha dont ils sont recouverts, et en laissant à leur place la planche perméable à nu. Sur le verso de la planche ainsi traitée, on applique alors l'encre d'impression aux endroits voulus, puis, plaçant une feuille de papier sur le recto, on soumet le tout à la presse, et l'encre, traversant les espaces perméables laissés par les caractères effacés, se transporte sur le papier.

NÉORAMA. — Genre de spectacle inventé à Paris, en 1827, par le peintre Jean-Pierre Alaux. C'était un tableau représentant l'intérieur d'un édifice animé par des personnages, et que le spectateur, placé dans un point central, apercevait avec des effets de lumière changeants. Le Néorama était une imitation modifiée du Panorama. Il disparut après avoir attiré la curiosité publique pendant quelques mois.

NÉPER (*Bâtons de*). — Voyez BATONS DE NÉPER.

NEPTUNE. — Cette planète n'est connue que depuis 1846, mais sa découverte a été un événement inouï dans l'histoire de la science. En 1821, en calculant les tables d'Uranus, M. Alexis Bouvard reconnut l'existence de certaines perturbations qui lui parurent inexplicables, à moins d'admettre la présence d'un astre troublant situé au delà de l'astre troublé. L'hypothèse de ce savant était généralement admise par les astronomes, lorsqu'en 1845, M. Leverrier entreprit de résoudre le problème. En comparant toutes les observations faites depuis 1696 jusqu'alors, l'illustre géomètre constata que les inégalités d'Uranus présentent des phases continues d'accroissement et de décroissement très-lentes. Il en conclut aussitôt que l'astre perturbateur ne pouvait être ni une comète, qui se trouverait accidentellement dans le voisinage de notre système, ni un satellite encore inaperçu, parce qu'un corps céleste de cette classe ne pourrait produire que des inégalités à courte période. Ce ne pouvait donc être qu'une planète. Ce point obtenu, M. Leverrier se livra à de nouvelles recherches pour déterminer la partie du ciel où elle pouvait être. Enfin, le 31 août 1846, il annonça qu'elle devait se trouver dans la constellation du capricorne, et le 23 septembre suivant, l'astronome Galle, de Berlin, l'y découvrit en effet.

NEUMES. — Voyez NOTATION MUSICALE.

NEZ ARTIFICIEL. — Au lieu de faire

disparaître, au moyen de la Rhinoplastie, la difformité produite par la
perte du nez, on obtient quelquefois
le même résultat en remplaçant l'organe
qui n'est plus par un nez, ordinairement
en argent, auquel on donne une coloration convenable. On ignore à quelle
époque on a commencé à se servir de
ces *Nez artificiels*, mais il est généralement admis que ce n'est que depuis une
quarantaine d'années qu'on est parvenu
à les fabriquer d'une manière satisfaisante. Pendant longtemps, on s'est contenté de les fixer à l'aide d'un ressort
passant sur le front et prenant un point
d'appui sur l'occiput. Aujourd'hui, ainsi
que le célèbre artiste parisien Charrière
l'a imaginé, on préfère les maintenir
en place avec des lunettes, qui dissi-
mulent en très-grande partie la difformité que l'appareil présente, dans l'ancien système, à la racine du nez.

NICKEL. — Ce métal paraît avoir été
connu en Chine de temps immémorial,
mais il n'a été découvert en Europe
qu'en 1752, par le minéralogiste suédois
Cronstedt, et il n'a été obtenu à l'état
de pureté parfaite que dans les premières années de ce siècle, par Richter.
Il est cependant à remarquer que, dès
1692, le métallurgiste Hierne avait signalé le minerai dans lequel il se trouve.
Le Nickel n'est pas employé seul, mais
on en forme, avec le cuivre, l'étain, le
zinc et le fer, des alliages très-usités
dans l'industrie. C'est à des alliages de
ce genre que l'on donne les noms de
*Toutenague, Cuivre blanc, Packfond,
Argentan, Maillechort*, etc.

NICOTINE. — Voyez TABAC.

NIELLES. — Incrustations qui s'obtiennent en gravant au burin des plaques d'argent et remplissant les tailles
avec un émail de couleur foncée. Elles
ont été ainsi nommées, du latin *nigel-
lus*, noir, à cause de la nuance noirâtre
des dessins qu'elles présentent. On croit
que l'art de nieller est né en Égypte,
vers le commencement de l'ère chrétienne, et c'est, dit-on, de ce pays qu'il
pénétra, d'abord, chez les peuples orientaux, puis, chez les Grecs de Byzance,
qui l'appliquèrent, comme moyen de décoration, à une foule d'objets de bijouterie et d'orfèvrerie. On croit aussi que
ces derniers en apprirent les procédés
aux Européens occidentaux. Au VIIIe

siècle, les nielleurs de Marseille jouissaient en France d'une grande réputation d'habileté. Les Nielles furent très-
recherchées en Occident pendant tout
le moyen âge, mais, au XVe siècle, leur
fabrication, qui était, depuis environ
trois cents ans, une dépendance de l'orfévrerie, se trouva, par suite des révolutions de la mode, presque entièrement
concentrée en Italie. Enfin, au siècle
suivant, les Occidentaux cessèrent peu
à peu de pratiquer la niellure. Toutefois, elle continua d'être cultivée dans
plusieurs villes de la Russie, principalement à Vologda et à Toula, où elle s'est
perpétuée jusqu'à nos jours. Vers 1830,
des Nielles russes, importées en Allemagne, où elles étaient regardées comme
des curiosités, donnèrent au bijoutier
parisien Charles Wagner l'idée de faire
revivre dans notre pays un art oublié
depuis longtemps. Les premiers produits
de cet artiste parurent à l'Exposition de
1834, et valurent à leur auteur une des
plus hautes récompenses. Depuis cette
époque, les Nielles ont reconquis, en
France, une grande partie de leur ancienne vogue. On les emploie, comme
autrefois, pour orner des pièces d'orfèvrerie et de bijouterie, notamment des
tabatières d'argent, improprement appelées *tabatières de platine*.

NIEPÇOTYPIE. — Nom donné par quelques artistes à la Photographie sur
verre, parce qu'elle a été créée par
M. Niepce de Saint-Victor. Voyez PHO-
TOGRAPHIE.

NIOBIUM. — Voyez MÉTAUX.

NITRE. — Ce sel existe tout formé
dans la nature. On le trouve dans tous
les lieux habités, sur les murs des maisons basses, dans les étables, dans les
écuries, sur le sol des caves, etc., ainsi
qu'à la surface des vastes plaines de
l'Asie centrale. C'est pour cela qu'il a
été connu de tout temps. Les Grecs et
les Romains l'appelaient *Nitron* ou *Ni-
trum*, d'où est venu le mot français *Nitre*.
Il est aussi désigné, dans quelques écrivains grecs, sous le nom de *Pierre d'Assos*, parce que les anciens en tiraient
beaucoup de la ville d'Assos, en Mysie.
La même raison lui fit appliquer la dénomination de *Sel* ou *Neige de Chine*
par les auteurs arabes et persans du
moyen âge. Vers le VIIIe siècle, les alchimistes chrétiens l'appelèrent *Sel de*

pierre ou *Salpêtre*. Aujourd'hui, dans le langage vulgaire on l'appelle presque toujours *Nitre* ou *Salpêtre;* mais les chimistes le nomment *Nitrate* ou mieux *Azotate de potasse*. La nature de cette substance a été longtemps ignorée. Au XVIIe siècle, le chimiste anglais Robert Boyle démontra synthétiquement qu'elle est formée de potasse et d'eau-forte. Néanmoins, sa composition véritable ne fut exactement déterminée qu'au siècle suivant par Lavoisier. Le Nitre a de nombreux usages. On l'emploie surtout dans la fabrication de la Poudre, de l'Acide nitrique et de l'Acide sulfurique. C'est de l'Inde que le commerce européen l'a généralement tiré jusqu'à nos jours. Depuis quelques années, on le remplace, dans la plupart de ses applications, par un autre sel, l'*Azotate de soude*, dont il existe des dépôts très-considérables dans plusieurs provinces du Pérou. On croit à tort que ce sel a été découvert, en 1821, par le naturaliste Mariano de Rivero. Ce naturaliste n'a réellement fait que signaler les gisements d'Atacama et de Tarapaca, car, dès 1780, l'abbé Rozier avait appelé l'attention des industriels sur ceux des environs de Lima. L'Azotate de soude est désigné dans le commerce sous les noms de *Salpêtre du Pérou, du Chili* ou *des mers du Sud*.

NITRIQUE (*Acide*). — Il est question, pour la première fois, de cet acide dans les ouvrages de l'alchimiste arabe Geber, qui vivait à la fin du VIIIe siècle ou au commencement du IXe. Ce savant l'appelait *Eau dissolvante*, parce qu'il l'employait comme dissolvant : il l'obtenait en distillant un mélange de vitriol de Chypre, de nitre et d'alun. Plus tard, Albert le Grand, né en 1193, le nomma *Eau prime* ou *Eau philosophique au premier degré de perfection*, et il en décrivit les principales propriétés, surtout celles de séparer l'or et l'argent et d'oxyder les métaux. C'est donc à tort que l'on a quelquefois attribué la découverte de l'Acide nitrique à Raymond Lulle, né en 1235. Il n'a d'autre mérite que de l'avoir appelé le premier *Eau forte*, nom encore usité dans le commerce, et d'avoir imaginé le *Nitre dulcifié*, mélange d'Acide nitrique et d'esprit-de-vin employé en médecine. Dans les temps modernes, on a aussi

appelé l'Acide nitrique *Esprit de nitre, Acide du nitre, Acide nitreux* et *Acide du salpêtre*, parce qu'on le préparait en distillant un mélange de nitre et d'argile. On l'a confondu avec un autre acide de l'azote, l'*Acide hypoazotique*, jusqu'en 1774, époque à laquelle le chimiste suédois Scheele le distingua de ce dernier. Quant à sa nature chimique, elle n'a été reconnue qu'en 1784, par Henri Cavendish, qui détermina en même temps les proportions de ses principes constituants. Enfin, un peu plus tard, l'illustre Lavoisier lui donna le nom d'*Acide nitrique*, qui a été remplacé de nos jours par celui d'*Acide azotique*. Cet acide n'existe pas dans la nature à l'état de liberté. On le prépare au moyen d'un procédé qui a été indiqué par Basile Valentin, vers la fin du XVe siècle. L'Acide nitrique a de nombreuses applications industrielles. On l'emploie pour décaper les métaux, graver sur cuivre et sur acier, affiner l'or et le platine, faire l'essai des monnaies, produire certaines couleurs sur les tissus, fabriquer le coton-poudre et les amorces fulminantes, etc. Enfin, étendu d'eau, il constitue l'*Eau seconde* des orfèvres, et, avec l'Acide chlorhydrique, il forme l'*Eau régale*.

NITROBENZINE. — La substance de ce nom a été découverte, en 1834, par le chimiste allemand Mitscherlich, en traitant la Benzine par l'acide nitrique fumant. Les parfumeurs l'emploient, depuis 1848, sous le nom d'*Essence de mirbane*, pour remplacer l'essence d'amandes amères, dont elle a l'odeur. Aujourd'hui, elle a son principal emploi dans la fabrication de l'Aniline.

NITROGLYCÉRINE. — V. ce mot au *Complément*.

NIVEAU. — Le *Niveau de maçon* a probablement été connu de tout temps, et employé, chez les anciens, au même usage qu'en font les modernes, c'est-à-dire pour vérifier l'horizontalité des surfaces. Les Romains l'appelaient *libella*, et c'est de ce mot que sont venus l'italien *levello*, l'anglais *level* et le français *niveau*, que l'on écrivait autrefois *liveau*. Le *Niveau à plomb* ou *à perpendicule*, dont on se sert souvent à la place du précédent, date, dit-on, du XVIIe siècle, et on en attribue l'invention au géomètre-astronome Picard. — Les Niveaux spécialement destinés aux travaux de géodésie sont également très-anciens. Pline le Naturaliste attribue l'invention du *Niveau d'eau* à Théodore de Samos, l'un des architectes du temple de Diane à Éphèse, mais il doit remonter à une époque beaucoup plus reculée, car il est impossible d'admettre que les ingénieurs qui couvrirent l'Égypte de canaux ne l'aient pas connu. Quant au *Niveau à bulle d'air*, plusieurs auteurs pensent qu'il n'était pas inconnu des astronomes de l'Inde antique, tandis que d'autres croient qu'il a été imaginé, en 1621, par le géomètre français Thévenot. Dans les temps modernes, ces deux instruments ont reçu une multitude de perfectionnements de détail, dont quelques-uns seulement ont été adoptés par la pratique. C'est Christian Huyghens qui a, dit-on, construit, en 1629, le premier Niveau à bulle d'air à lunette et à réticule.

NOELS. — Dans le principe, on donna le nom de *Noëls* à des espèces de cantiques faits pour la solennité de la naissance de Jésus-Christ. Plus tard, on l'employa pour désigner des chansons satiriques dirigées contre les hommes en réputation ou en crédit, et principalement contre les gens de cour.

NOIR ANIMAL. — En calcinant des matières animales à l'abri de l'air, on obtient du charbon animal pour résidu, et c'est ce produit qui, après avoir été pulvérisé, constitue le *Noir animal*. De tous les noirs que l'on prépare de cette manière, le plus important est celui que donne la calcination des os. Ses applications industrielles sont très-nombreuses, mais la principale est celle qu'on en fait pour la décoloration et la purification du sucre brut. Presque aussitôt après la découverte par Lowitz, en 1790, des propriétés désinfectantes et décolorantes des charbons, on se servit, dans les raffineries, du charbon de bois pulvérisé, et il en fut ainsi jusqu'en 1811, quand M. Figuier, chimiste à Montpellier, reconnut que ces propriétés existent à un degré beaucoup plus élevé dans le charbon animal. Dès l'année suivante, M. Charles Derosne proposa de substituer ce dernier au précédent, et ce perfectionnement fut adopté peu à peu par tous les raffineurs. Depuis cette époque, la fabrication du Noir animal a pris d'énormes développements. En même temps, on a imaginé plusieurs moyens propres à le révivifier, c'est-à-dire à rendre à celui qui a servi, afin de pouvoir l'employer de nouveau, sa première force décolorante, très-amoindrie par le traitement des sirops. Le procédé de révivification qui donne les meilleurs résultats paraît être celui de MM. Laurens et Thomas, qui date de 1839. Comme le Noir animal absorbe rapidement la chaux, le chimiste Louis Girardin a eu, en 1835, l'heureuse idée de l'employer pour faire disparaître un grave inconvénient que présentent toujours les citernes nouvellement construites. On doit aussi au même chimiste, le premier emploi qui ait été fait de ce produit, sur une grande échelle, pour approprier les eaux infectes aux besoins de l'homme. Enfin, dans ces dernières années, on a proposé d'utiliser le Noir animal pour combattre les empoisonnements par le cuivre, l'arsenic et les sucs végétaux.

NOMBRE D'OR. — Voyez CYCLE.

NONIUS. — Voyez VERNIER.

NORIA. — Les machines hydrauliques de ce nom datent d'une époque très-ancienne. Les Égyptiens y avaient souvent recours pour conduire l'eau du Nil dans leurs champs, et c'est probablement de leur pays que les Romains les introduisirent en Italie. Dans le principe, elles se composaient d'une grande roue à palettes, dont la partie inférieure plongeait dans un cours d'eau et sur la circonférence extérieure de laquelle des pots de terre étaient fixés avec des cordes. En agissant sur les palettes, l'action du courant faisait tourner la machine, et chaque pot venait successivement se remplir d'eau et allait ensuite se vider dans un réservoir supérieur. Des Norias de cette espèce existent encore en Égypte, en Chine et dans plusieurs parties de l'Europe. Toutefois, les Norias le plus souvent employées aujourd'hui sont disposées d'une autre manière. Elles consistent, en effet, en une double chaîne sans fin, qui est munie d'augets de bois sur toute sa longueur, et qui s'enroule sur deux tambours, dont l'un plonge dans l'eau, tandis que l'autre est placé au niveau du bassin destiné à recevoir le liquide. On les met en mouvement en faisant tourner le tambour supérieur avec un moteur quelconque, généralement avec un manége. Les Norias bien construites donnent un effet utile à peu près égal à 80 pour cent du travail dépensé. On les emploie de nos jours, non-seulement pour les irrigations et les épuisements, mais encore, dans certaines usines, pour monter des liquides ou des matières pulvérisées aux étages supérieurs. Elles reçoivent surtout cette dernière application dans les grands moulins à farine, où l'on remplace les chaînes par des courroies garnies de godets en fer-blanc.

Nosophone. — Voyez Lit.

Notation musicale. — Partie de l'art musical qui s'occupe de la représentation graphique des sons. Son histoire est entourée d'une grande obscurité. On croit généralement que les anciens écrivaient la Musique avec les lettres de l'alphabet, mais ce système n'était pas aussi universel qu'on le suppose. On se servait le plus souvent de signes ou Notes, appelés Neumes, qui ressemblaient aux caractères de la sténographie tironienne. C'est avec ces signes que saint Grégoire nota son antiphonaire, et leur usage fut constant du IXe au XIIe siècle. Les Neumes avaient un grand avantage sur les lettres : c'est qu'ils indiquaient le degré d'intonation suivant la place plus ou moins élevée qu'ils occupaient au-dessus des paroles, tandis que celles-ci n'avaient aucune relation avec les sons à exécuter. Toutefois, ils offraient un inconvénient très-grave, parce que leur position n'étant soumise à aucune règle fixe, la négligence ou l'inhabileté des copistes la faisait varier à volonté. Aussi, régnait-il une grande divergence d'opinions sur la valeur exacte qu'il fallait leur attribuer, et, par suite, une grande confusion dans les principes de la Notation. Ce fut un religieux italien, Guido d'Arezzo, moine de Pompose, qui, dans la première moitié du XIe siècle, mit un terme à ces discussions en inventant la Portée, c'est-à-dire en plaçant les Neumes dans un système de lignes, et en se servant en même temps des intervalles que ces mêmes lignes laissaient entre elles, de manière à déterminer la place que chaque Neume devait occuper invariablement. Ce fut également lui qui, dit-on, donna aux Notes pour nom la

première syllabe de chaque vers du chant de l'hymne de saint Jean-Baptiste, et qui appliqua la dénomination de Gamme à la série des sons musicaux. La Notation musicale une fois établie sur des bases fixes, il ne restait plus qu'à y introduire les perfectionnements dont la pratique ferait reconnaître l'utilité. Malheureusement, ces perfectionnements eurent lieu successivement, sans qu'une conception générale présidât à leur réalisation, et c'est ce qui explique la complication que la Notation actuelle présente et l'absence de corrélation de ses diverses parties, ainsi que les difficultés qu'a offertes jusqu'à présent la vulgarisation de la Musique. Vers le milieu du dernier siècle, dans le but de rendre l'étude de l'art musical plus accessible aux masses, Jean-Jacques Rousseau, reprenant une idée de Souhaity, proposa un nouveau système d'écriture, fondé sur l'emploi des sept premiers chiffres pour représenter les sept sons de la gamme diatonique. C'est ce système qui, perfectionné par Pierre Galin, de Bordeaux, en 1818, et Aimé Paris, en 1829, est devenu de nos jours, grâce aux efforts de ce dernier et de M. Émile Chevé, le fondement d'un enseignement populaire qui a déjà produit des résultats merveilleux, et qui, suivant le compositeur Berton, est destiné à vulgariser un jour la Musique. Il est généralement appelé Méthode du Méloplaste, du nom du tableau dont le professeur se sert pour diriger ses élèves. Voyez Gamme.

Notes marginales. — Brefs sommaires placés à la marge extérieure d'un livre, et embrassant les matières traitées dans un ou plusieurs paragraphes. On les appelle aussi Manchettes ou Additions. L'usage de ces Notes date au moins du IVe siècle, car il fut adopté par Optatien, dans son panégyrique en vers de Constantin. Le plus ancien ouvrage imprimé dans lequel on le trouve est l'édition d'Apulée publiée à Rome, en 1469, par Swenheim et Pannartz. La plupart des livres sérieux ont été imprimés avec des Manchettes jusqu'à la fin du dernier siècle, mais, depuis le commencement de celui-ci, cette bonne coutume est devenue une exception.

Notes tironiennes. — Signes (notæ) de l'écriture sténographique des Romains. On en attribue généralement l'invention à Tullus Tiron, un des affranchis de Cicéron, mais il est probable qu'il ne fit que les perfectionner. Elles furent plus tard améliorées par Vipsanius, Philargius, Aquila, Mécène, saint Cyprien et plusieurs autres. Les Notes tironiennes furent d'un usage très-répandu jusque vers la fin du ixe siècle, époque à laquelle on commença à les abandonner, et on ne s'en servit plus à partir du commencement du xie. C'est l'abbé Trithème qui en a publié le premier spécimen (1550), mais le premier travail sérieux auquel elles aient donné lieu est l'*Alphabetum tironianum* du moine bénédictin dom Carpentier, Paris, 1747. En 1850, M. Jules Tardif a résolu de la manière la plus heureuse toutes les difficultés qu'avait présentées jusqu'alors leur interprétation.

NOYER. — Cet arbre paraît originaire de la Perse, mais son introduction en Europe est si ancienne qu'il est impossible d'en fixer l'époque.

NOYÉS (*Secours aux*). — Les Hollandais passent pour s'être occupés, les premiers, de régulariser les mesures propres à rappeler les noyés à la vie, et l'on fait remonter cette innovation à l'année 1740, époque à laquelle la Société de Harlem recueillit et publia les meilleures pratiques employées jusqu'alors. Trente-deux ans après, c'est-à-dire en 1772, l'échevin Pia et le médecin Gardanne entreprirent d'organiser un système de secours à Paris, et firent confectionner des appareils, qui furent presque aussitôt perfectionnés par le mécanicien Scanegatti. Enfin, en 1776, grâce aux indications du docteur Portal et du physicien Réaumur, les *Boîtes de secours* se trouvèrent disposées telles à peu près qu'elles le sont encore aujourd'hui. On n'a guère fait, depuis cette époque, qu'y introduire les améliorations de détail dont l'expérience a fait reconnaître l'utilité. On a également inventé des instruments destinés, les uns, comme le *Filet* du docteur Leroy d'Étiolles, à saisir les corps nageant entre deux eaux, les autres, comme la *Drague à cuiller* de M. Charrière, et le *Sondeur à pince* de M. Godde de Liancourt, à chercher et à ramener de loin les noyés, à la place des gaffes ou crocs précédemment employés. Enfin, on a imaginé des embar-

cations particulières pour opérer le sauvetage des personnes tombées sous la glace. Voyez BATEAU DE SAUVETAGE.

NUMÉROTAGE DES MAISONS. — Le premier essai de *Numérotage des maisons* qui ait été fait en France, et peut-être en Europe, remonte à l'année 1512, époque à laquelle cette innovation si utile, fut appliquée aux soixante-trois maisons du pont Notre-Dame à Paris. « En ceste année mil Ve et XII, dit Philippe de Vigneulle, dans ses Mémoires, fut achevé le pont Nostre-Dame de Paris, lequel avoit été cheus et fondus en la rivier, en l'an mil IIIIc iiijxx et XIX (1499). Et fut ledit pont la plus belle pièce d'evvre que je vis oncques et je croys qu'il n'y ait point de pareille pont à monde, sy biaulx ne sy riche et y a sus ledit pont lxiij maixons, et chacune maixon sa 'boucticque ; lesquelles maixons avec les bouticques sont faictes sy tres fort semblables et pareilles, tout en grandeur comme en laigreur, qu'il n'y a rien a dire et a une chacune maixon une escripture sur son huis, faicte en or et en azur, là où est escrit le nombre de ycelle maixon, c'est assavoir en comptant une, ij, iij, jusques à lxiij. » On ne s'explique pas bien comment un moyen aussi simple de se reconnaître dans une grande ville ne fut pas étendu à d'autres rues, mais, ce qu'il y a de certain, c'est qu'il ne commença à être généralisé qu'en 1787 ; encore même ne fut-il rendu obligatoire qu'en 1805. De Paris le Numérotage des maisons pénétra dans les départements. Toutefois, ses progrès furent si lents que plusieurs villes importantes, principalement dans nos départements méridionaux, ne l'ont possédé que plus de vingt ans après.

NUMISMATIQUE. — Divers passages des auteurs latins prouvent que, chez les Romains, quelques personnages recueillaient des séries de monnaies comme objets de curiosité, mais l'étude proprement dite de la Numismatique n'a véritablement commencé qu'à l'époque de la Renaissance. Pétrarque paraît être un des premiers qui se soient occupés de l'étude de cette science. Il forma une nombreuse collection de monnaies et médailles antiques, et son exemple fut suivi par plusieurs de ses contemporains. Andréas Fulvius (1553), Enea Vico (1555), Guillaume du Choul (1556), Sébastien

Erizzo (1559), Hubert Goltz (1566), et Antoine Lepois (1579), publièrent les premiers ouvrages généraux sur ces monuments. Au siècle suivant, Ezéchiel Spanheim (1664), André Morell (1683), Charles Patin (1695), firent paraître des travaux analogues, mais ce fut Jean Foi-Vaillant qui contribua le plus aux progrès de la science, en publiant, de 1662 à 1706, des traités où, pour la première fois, une saine critique se trouva réunie à un ordre convenable. Au XVIIIe siècle, parurent successivement les recherches d'Anselme Banduri (1718), de Jacques Gessner (1735), de Mangeart (1760), de Pellerin (1762), et, enfin, le *Lexique de numismatique générale* de Rasche (1785), et la *Doctrine des médailles antiques* d'Eckel (1792). Depuis cette époque, les diverses branches de la Numismatique n'ont cessé d'être l'objet de travaux remarquables, parmi lesquels il suffira de citer ceux de Mionnet, de Visconti, de Millingen, de Sestini, de Letronne, de Cousinery, de Charles Lenormant, etc. En même temps, plusieurs numismatistes contemporains, s'écartant des routes suivies par leurs devanciers, qui avaient presque exclusivement étudié les monuments de l'art gréco-romain, ont porté leurs investigations sur les monnaies et médailles des peuples du moyen âge. Nous nommerons surtout l'illustre polonais Lelewel, et, en ce qui concerne spécialement la France, MM. Duchalais, Longpérier, Combrouse et Poey d'Avant, qui, complétant et refondant les ouvrages de Leblanc et de Tobiésen-Duby, ont porté la lumière dans plusieurs parties, jusqu'alors obscures, de l'histoire nationale.

NURAGHE. — C'est le nom que l'on donne à des constructions antiques, particulières à l'île de Sardaigne, et consistant, en général, en une espèce de tour cunéiforme posée sur un soubassement et entourée d'un mur, le tout en blocs de grandes dimensions et sans ciment. Trois chambres superposées se trouvent dans chaque Nuraghe, et l'on y pénètre par un couloir pratiqué dans l'épaisseur des parois. L'origine de ces monuments est inconnue. Toutefois, M. Petit-Radel croit qu'ils ont été élevés par les Pélasges, quatorze cents ans environ avant Jésus-Christ. Quant à leur destination, on s'accorde généralement à les considérer comme des tombeaux, mais leurs dispositions ont dû plusieurs fois permettre de les transformer en lieux de refuge ou de défense.

NYCTOGRAPHE. — Voyez CÆCOGRAPHIE.

O

OBÉLISQUE. — Les *Obélisques* sont des monuments particuliers à l'ancienne Égypte, et les produits les plus simples de l'architecture de ce pays célèbre. Les Égyptiens les appelaient *djeri anschaï*, colonnes écrites, à cause des inscriptions dont ils les chargeaient. Quant à leur nom moderne, qui vient du grec *obéliscos*, brochette, dérivé lui-même de *obélos*, broche, il paraît leur avoir été donné, à cause de leur forme, par l'esprit caustique et malin des Grecs d'Alexandrie. Tous les rois égyptiens ont élevé des Obélisques, mais celui qui porte la plus ancienne date est dû à Osortasus Ier, qui régnait vers l'an 2530 avant l'ère chrétienne. L'Obélisque de la place de la Concorde, à Paris, remonte au XVIe siècle avant la même ère : Moïse a pu le voir en place. On a beaucoup écrit sur l'usage de ces monuments. On sait aujourd'hui qu'ils avaient une destination essentiellement commémorative, et qu'on les élevait à l'entrée des temples et des palais, afin d'annoncer, par leurs inscriptions, le motif, la date et les autres circonstances relatives à la construction de ces édifices.

OBSERVATOIRE. — Il est probable qu'il y a eu des *Observatoires* aussitôt que les hommes ont commencé à étudier les phénomènes célestes d'une manière suivie et régulière, et l'on pense que la fameuse tour de Bélus, à Babylone, en tenait lieu aux astronomes de la Chaldée. On admet aussi que les Chinois et les Indiens ont possédé des édifices de ce genre dès la plus haute antiquité. Dans les temps plus rapprochés de nous, le premier Observatoire véritablement digne de ce nom est celui que le calife Hakem fit élever sur le mont Mokattam, près du Caire, au commencement du xe siècle de notre ère. Plus tard, les souverains musulmans en construisirent un grand nombre dans les divers pays soumis à l'Islamisme. Le plus célèbre fut établi à Méragah, vers l'an 1250, par l'astronome Nassir-Eddin-Thoussi, d'après les ordres des khans mongols Mangou et Houlagou. Celui de Samarkhand, qui jouit, pendant très-longtemps, d'une grande réputation dans tout l'Orient, fut créé, vers 1475, par l'illustre Oulough-Beg, qui y fit lui-même des observations. Le plus ancien Observatoire qu'il y ait eu en Europe est celui de Cassel : il fut élevé, en 1561, par les soins de Guillaume IV, landgrave de Hesse. Vient ensuite celui que Tycho-Brahé construisit, à ses frais, en 1576, dans l'île de Hween, et qu'il appela Uranienbourg. L'Observatoire de Paris fut commencé en 1662 et terminé en 1672. Celui de Greenwich fut érigé en 1675. Copenhague en avait déjà un depuis 1656. Enfin, Leyde eut le sien en 1690 et Nuremberg en 1692. A la fin du siècle suivant, il n'existait aucune ville importante de l'Europe qui n'en possédât un. Voici la date de la construction des principaux : Berlin, 1711; Altorf, 1713; Bologne, 1714; Utrecht, 1726; Lisbonne, 1728; Pise, 1730; Upsal, Venise et Rome, 1739; Giessen et Gottingue, 1740; Stockholm, Cadix et Wilna, 1753; Vienne, 1755; Prague, 1760; Milan, 1765; Wurtzbourg, 1768; Oxford et Florence, 1772; Genève, 1771; Bude, 1780; Palerme, Vérone et Cracovie, 1787; Hall, Gotha et Leipzig, 1788; Polling (Bavière) et Turin, 1790; Madrid, 1792, etc. Depuis le commencement de ce siècle, de nouveaux établissements de ce genre ont été élevés, soit en Europe, soit hors d'Europe. Les plus importants, parmi ces derniers, sont ceux de Boston, de Washington et d'Albany, aux États-Unis ; celui du Cap, dans l'Afrique australe; celui de Paramatta, dans l'Australie ; et celui de Madras, dans l'Inde anglaise.

OBSIDIENNE. — Roche volcanique, qui est ordinairement noire, et quelquefois verte, rouge ou jaune. Suivant Pline le Naturaliste, elle a été ainsi nommée d'un certain Obsidius qui le premier la

trouva en Éthiopie. L'Obsidienne est très-dure et susceptible d'un beau poli. Les anciens peuples du Pérou et du Mexique s'en servaient pour faire des couteaux et des miroirs. Les Européens modernes emploient les variétés noires et vert foncé pour les parures de deuil. L'Obsidienne a été longtemps appelée *Agate d'Islande*, parce qu'on la tirait de cette île. On la reçoit aujourd'hui des îles Lipari, de la Hongrie et de l'Amérique du Sud.

OBSIDIONAL. — Les *Monnaies obsidionales* ou *Pièces de nécessité* sont des pièces frappées dans une ville assiégée pour tenir lieu de la monnaie courante devenue trop rare. Elles sont presque toujours d'un mauvais métal et d'une forme irrégulière. Les plus anciennes connues datent du xvie siècle : on pense qu'elles ont été faites à Pavie (1524) et à Crémone (1526), pendant les guerres de François Ier en Italie. Celles que le général Barbanègre fit frapper à Huningue, en 1815, sont les dernières d'origine française.

OBUS. — Dès l'origine de l'artillerie, on se servait de boulets creux que l'on projetait avec des mortiers, à la manière des Bombes. Plus tard, on imagina de les lancer horizontalement, comme des Boulets ordinaires, et c'est alors qu'ils reçurent le nom d'*Obus*. Cette innovation eut lieu au xviie siècle. Suivant le général Paixhans, elle aurait été faite au siège d'Ostende, en 1602, par l'ingénieur français Renaud de Ville, mais tous les autres écrivains militaires s'accordent à lui attribuer une origine hollandaise. Les *Obus à balles*, ainsi appelés parce qu'ils renferment un certain nombre de balles de fonte, ont été également inventés au xviie siècle : Furtembach les connaissait déjà en 1629. Sous le consulat, le colonel anglais Schrapnell introduisit, dans leur fabrication, des perfectionnements auxquels il dut de leur donner son nom. Les *Obus schrapnells* furent essayés, en 1803, au polygone de Mounts-Bay, et, quelques années plus tard, l'artillerie anglaise les employa, pour la première fois, en Portugal et en Espagne, contre nos armées. La fusée des Obus étant exposée à s'éteindre facilement, Simienowicz proposa, en 1649, de supprimer cet accessoire et de le remplacer par un appareil qui fut trouvé trop imparfait pour pouvoir être adopté. D'autres procédés furent imaginés par la suite pour obtenir le même résultat, mais le problème n'a été résolu qu'à notre époque par l'invention des *Obus percutants*, dont l'œil est muni d'un mécanisme à percussion qui met le feu à la charge aussitôt qu'ils touchent le but. La première idée de ce progrès paraît dater de 1831 ou 1832, et être due au docteur Leroy d'Étiolles. Enfin, l'adoption toute récente des pièces rayées a donné naissance aux *Obus allongés*, à forme cylindro-ogivale, lesquels sont le plus souvent à percussion.

OBUSIER. — Au XVᵉ siècle, on essaya de lancer des projectiles creux avec les canons ordinaires, mais on éprouva de si grandes difficultés pour le chargement qu'on finit par y renoncer. Au commencement du XVIIᵉ siècle, les Hollandais, ayant repris les expériences, parvinrent à résoudre le problème en modifiant la dimension des pièces. Les nouvelles bouches à feu furent d'abord appelées *Obus*, de l'allemand *Haubitz*, puis, elles reçurent le nom d'*Obusier*, qui leur est resté. Les Hollandais en apprirent presque aussitôt la fabrication aux Anglais, et les deux peuples ne manquèrent pas d'en tirer parti dans leurs guerres contre Louis XIV. L'époque de l'introduction des Obusiers dans l'artillerie française n'est pas bien connue. On croit cependant que ce furent des pièces de ce genre, prises à la bataille de Nerwinden, en 1693, et à l'attaque de Saint-Malo par les Anglais, en 1695, qui servirent de modèle à nos fondeurs. Quoi qu'il en soit, ce ne fut guère qu'à partir de 1765 que les Obusiers figurèrent habituellement dans nos armées. — En 1741, on inventa un petit obusier portatif, dit *Fusil-obusier*, qui, monté sur un support ou sur une crosse, se tirait, appuyé contre l'épaule, comme un fusil ordinaire, et était muni d'une platine à pierre. Voyez CANON.

OCRES. — Les *Ocres* sont des argiles très-ferrugineuses qui se trouvent dans plusieurs pays en couches parfois considérables. Elles ont été employées, comme matières colorantes, par tous les peuples civilisés. Théophraste et Pline le Naturaliste nous apprennent que, de leur temps, on en calcinait plusieurs variétés, pour fabriquer des rouges artificiels. Dans les temps modernes, les Hollandais sont les premiers qui aient exploité cette industrie sur une grande échelle, mais elle est aujourd'hui florissante dans presque tous les pays. Ce sont ses produits que l'on désigne sous les noms de *Brun Van-Dyck*, *Terre d'ombre*, *Terre de Sienne*, *Rouge de Venise*, *Rouge d'Anvers*, *Rouge d'Angleterre*, *Terre de montagne*, *Terre d'Italie*, *Ocre de rue*, *Terre d'Almagra*, etc.

OCTANT. — L'instrument de ce nom a été inventé, en 1731, par l'astronome anglais John Hadley; on l'appelle aussi *Quartier de réflexion*. Voyez SEXTANT.

ODÉON. — Les Grecs appelaient ainsi, du mot *odè*, chant, un édifice destiné aux concours de musique et de poésie. On y faisait aussi les répétitions des pièces qui devaient être représentées sur le théâtre. Le plus ancien monument de ce genre paraît être celui que Périclès fit construire à Athènes : il servit de modèle à tous ceux que l'on éleva plus tard dans les principales villes de la Grèce et de l'Asie Mineure. Les Romains, qui se plaisaient à imiter les Grecs, eurent aussi des Odéons, mais seulement sous l'empire. Les deux plus importants furent construits à Rome, l'un par Domitien et l'autre par Trajan. Septime Sévère en fit bâtir un troisième à Carthage. Enfin, on en a trouvé un quatrième à Pompéia, et les ruines d'un cinquième à Catane. Il existe aujourd'hui à Munich une salle de concert, dite *Odéon*, ce qui est conforme à l'étymologie. Quant au théâtre de l'Odéon à Paris, il a été ainsi nommé parce que, dans le principe, on devait y jouer des pièces mêlées de chant.

ODOMÈTRES. — Ce sont des instruments de la famille des Compteurs : seulement, ils ont spécialement pour objet de mesurer la distance parcourue, dans un temps donné, par une voiture ou par un homme à pied. Les Odomètres destinés aux voitures, ou *Odomètres roulants*, ont été inventés les premiers. Vitruve, qui vivait sous César et Auguste, en parle déjà comme d'une chose très-ancienne. Suivant Capitolin, l'empereur Commode en avait un à sa voiture. Ces instruments disparurent en Europe pendant le moyen âge, et ne s'y montrèrent de nouveau qu'au XVIᵉ siècle, mais, dans l'intervalle, ils parurent plusieurs fois en Chine, notamment de l'an 806 à l'an 820 et en 1027. Le premier Odomètre dont il soit question dans les textes modernes est celui dont on trouve la description et le dessin dans la traduction de Vitruve par Césarino, imprimée à Côme, en 1521. Quatre ans après, c'est-à-dire vers 1525, le mathématicien Fernel se servit d'un appareil de ce genre pour mesurer la distance de Paris à Amiens. Depuis cette époque, des Odomètres plus ou moins perfectionnés ont été proposés par divers inventeurs, notamment par les anglais Buchanan (1678) et Betterfield (1681), et les français Meynier (1728) et Outhier (1742), mais il n'a jamais été possible d'en faire usage, parce qu'ils ont le défaut de tenir compte de toutes les ondulations du terrain, et, par conséquent, d'allonger d'autant la distance vraie. Les Odomètres destinés aux hommes à pied paraissent dater du xviie siècle. On les appelle généralement *Odomètres de poche, Compte-pas, Podomètres* ou *Pédomètres*. Les premiers marquaient en même temps les pas faits en arrière, ce qui altérait singulièrement leurs indications. On réussit cependant à les disposer de manière qu'ils ne pussent enregistrer que les pas faits en allant dans la même direction. Toutefois, malgré cette amélioration, ils n'ont pas eu plus de succès que les précédents, parce qu'ils présentent le même inconvénient.

ŒIL ARTIFICIEL. — Voyez YEUX ARTIFICIELS.

ŒILLETTE. — La plante oléagineuse de ce nom n'est cultivée en France que depuis les premières années du xviie siècle, mais, pendant très-longtemps, l'huile extraite de ses graines fut regardée comme si nuisible à la santé que la vente en fut interdite. Cette prohibition ne fut levée qu'en 1774. Dès ce moment, la culture de l'Œillette, qui, jusqu'alors, avait été particulière à la Flandre, se répandit dans l'Alsace, la Lorraine et l'Artois, d'où elle pénétra plus tard dans d'autres provinces. Ses progrès furent d'ailleurs favorisés par la rigueur de plusieurs hivers qui, en décimant les oliviers, obligèrent à propager le végétal qui seul fournit une huile propre à remplacer celle de ces derniers.

ŒILLETS MÉTALLIQUES. — Ils ont été inventés, en 1823, par M. Rogers, de Paris. Ce sont aussi des industriels de cette ville, principalement MM. Daudé, Coullier, Julien et Chambellan, qui ont introduit dans leur fabrication tous les perfectionnements qu'elle a reçus depuis. Les Œillets métalliques ont été primitivement destinés aux corsets et à quelques autres parties du costume de l'homme et de la femme, mais on les applique aujourd'hui à une foule d'autres objets, notamment aux guêtres, aux blutoirs, aux voiles et aux bâches, et leur usage se répand de plus en plus. Jusqu'à présent, c'est la France qui les a presque entièrement fournis au commerce, ainsi que les petites mécaniques pour les river. En 1845, les délégués commerciaux attachés à l'ambassade de M. Lagrenée les ont fait connaître en Chine, où ils ont été accueillis avec faveur.

ŒUFS. — L'idée de conserver les Œufs en les mettant à l'abri du contact de l'air remonte à une très-haute antiquité ; les procédés seuls ont varié. En Asie, on obtient ce résultat en les entourant d'une couche de cendres humectées avec de l'eau de mer. Dans les campagnes de l'Europe, on les dispose par couches dans des tonneaux et on les recouvre de cendres, de sable fin, de son, de sciure de bois, de plâtre ou de charbon pulvérisé. Au dernier siècle, Réaumur et l'abbé Nollet imaginèrent de les enduire de graisse de mouton, de suif frais, de cire, d'huile d'olive, ou de solutions alcooliques de résine-laque ou de cire d'Espagne, substances qui ont été remplacées, de nos jours, par la gomme, la gélatine et le collodion, mais l'emploi de ces substances, quoique parfaitement efficace, est beaucoup trop dispendieux pour être introduit dans les ménages. Toutefois, dans ces dernières années, M. Cormier, du Mans, est parvenu à composer un vernis très-économique, qu'il applique, sur une grande échelle, aux Œufs destinés aux approvisionnements de la marine. Au commencement de ce siècle, Cadet de Vaux a imaginé de plonger les œufs, pendant vingt secondes, dans l'eau bouillante, afin d'y former une pellicule d'albumine qui s'oppose à l'introduction de l'air, puis, de les essuyer et de les placer dans un vase qu'on remplit de cendres tamisées. Ce procédé est souvent employé pour l'approvisionnement des grandes villes ; mais il a un défaut, c'est que, si l'immersion des œufs n'est pas faite avec beaucoup de soin, ils durcissent inévitablement. Un autre procédé, de beaucoup préférable, a été indiqué par Cadet-Gassicourt : il consiste à tenir les œufs dans de l'eau où l'on a délayé un dixième de chaux éteinte. Enfin, en 1852, M. Chambord a inventé une nouvelle méthode, spécialement applicable aux approvisionnements maritimes. Cette méthode consiste à exposer à l'étuve, sur des plaques de faïence ou de verre, les jaunes et les blancs, seuls ou mélangés, et en couches de 2 millimètres d'épaisseur. Après vingt-quatre heures, on obtient une masse que l'on pulvérise et que l'on conserve à l'abri de l'air. Chaque kilogramme de cette poudre d'œuf équivaut à 100 œufs, et, quand on veut s'en servir, il suffit de la délayer dans 2 kilogrammes d'eau froide.

OGIVE. — Il n'y a pas, dans l'histoire de l'Architecture, de question qui ait été plus controversée que celle de l'origine de l'*Ogive*, mais on admet généralement aujourd'hui que la forme d'arc ainsi nommée est née en Orient, et non en France, en Angleterre ou en Allemagne, comme on a prétendu le démontrer. Entre autres preuves à l'appui de cette opinion, on a fait remarquer qu'il existe au Caire plusieurs grandes mosquées dont les arcades sont en Ogive, et qui ont été bâties au VIIIe, au IXe et au Xe siècle, c'est-à-dire bien avant l'époque de l'apparition de l'Ogive en Europe. Des arcades semblables se trouvent au palais de la Ziza, construit à Palerme, au Xe siècle, par les conquérants arabes. L'origine orientale de l'Ogive une fois admise, il reste à savoir comment cette variété d'arc a pénétré en Europe. Beaucoup d'hypothèses ont été faites à ce sujet, mais le problème est encore à résoudre et le sera probablement toujours, parce que les documents font défaut. Si, maintenant, on veut déterminer dans quelle partie de l'Occident a pris naissance, non pas, l'emploi de l'Ogive, mais le système architectonique appelé *ogival* ou *gothique*, le débat ne peut être qu'entre la France et l'Allemagne, car l'Angleterre a été mise hors de cause, la comparaison des dates prouvant que les premières possèdent des cathédrales ogivales beaucoup plus anciennes que les siennes. Quant aux deux autres pays, le procès est encore pendant. Néanmoins, la balance semble pencher en faveur de la France, de l'aveu même des archéologues d'outre-Rhin. Au reste, il n'y aurait rien de déraisonnable à admettre que l'Architecture ogivale s'est développée presque simultanément dans les deux contrées, grâce à l'existence des loges maçonniques où les artistes de l'une et de l'autre étaient fraternellement réunis. — L'Architecture dite *ogivale* a régné sans partage depuis la fin du XIIe siècle jusqu'au milieu du XVIe, mais elle a reçu, pendant ce long intervalle de temps, des modifications de détail, qui servent à reconnaître ses produits et à les faire classer chronologiquement. Elle se divise en trois époques distinctes. La première comprend le XIIIe siècle : c'est le *style ogival primitif* ou *à lancette*. La seconde embrasse le XIVe siècle : c'est le *style ogival secondaire* ou *rayonnant*. Enfin, la troisième renferme le XVe siècle et le commencement du XVIe : c'est le *style ogival tertiaire* ou *flamboyant*. Il est inutile d'ajouter que cette division ne peut pas s'appliquer rigoureusement à tous les pays, parce que des causes, généralement peu connues, ont souvent retardé, sur certains points, les modifications architecturales qu'elles ont avancées sur d'autres.

OÏDIUM. — *Oïdium* est le nom d'un champignon microscopique qui, depuis bientôt dix-huit ans, désole les vignobles. On emploie encore ce mot pour désigner la maladie occasionnée par ce champignon. La maladie de la vigne a été observée, pour la première fois, en 1845, dans des serres des environs de Margate, en Angleterre. Le jardinier Tucker, qui la découvrit alors, se mit aussitôt à étudier sa marche, pendant que le botaniste Berkeley se livrait à des observations qui l'amenèrent à en déterminer l'origine. Elle ne cessa pas un instant de croître. En 1847, elle fut reconnue dans les cultures forcées de la banlieue de Paris. En 1848, on la signala à Versailles, dans les serres et sur les treilles. En 1849, elle atteignit les vignes de la Belgique et de nos départements du Nord. En 1850, elle pénétra dans le Bordelais et en Languedoc, ainsi qu'en Italie et en Espagne. Toutefois, jusqu'à la fin de 1851, elle ne se propagea que d'une manière très-capricieuse, frappant çà et là, épargnant ici, se montrant partout, mais ne produisant que des ravages restreints. Les choses changèrent en 1852. En effet, à partir de ce moment, l'Oïdium dévasta tous les vignobles, excepté ceux de la Champagne et de la Bourgogne, et, partout où il sévit, les récoltes furent presque entièrement anéanties. Pendant quatre ou cinq ans, on n'évalua pas à moins de 200 millions de francs les pertes annuelles de la viticulture française seulement. On finit cependant par trouver dans le soufre en poudre un énergique remède qui, jusqu'à présent, a parfaitement réussi. L'idée d'employer cette substance pour combattre la maladie de la vigne est due à M. Kyle, de Leyton, en Angleterre. La première application en France a été faite, d'abord, par le docteur Duchartre, puis, sur une plus grande échelle, par M. Gontier, de Montrouge. Enfin, c'est M. H. Marès, secrétaire de la Société d'agriculture du département de l'Hérault, qui a démontré l'efficacité absolue du moyen curatif et a réglé les conditions de son emploi dans tous les vignobles. Parmi les savants et les agriculteurs qui, par leurs expériences ou leur exemple, ont le plus contribué à propager la méthode du soufrage dans notre pays, il faut encore citer MM. Bergmann, Jules Bouscaren, Cazalis-Allut, Rose Charmeux, comte Duchâtel, Galos, Desèze, Laforgue, De la Vergne, Pescatore et Scawinski.

OLÉIQUE (Acide). — Cet acide a été découvert, en 1811, par M. Chevreul. Il est liquide et constitue le principe fondamental des huiles non siccatives : c'est de cette dernière circonstance que vient son nom, du latin oleum, huile. L'Acide oléique s'obtient, comme produit secondaire, dans la fabrication des bougies stéariques. On l'emploie, après l'avoir purifié, pour falsifier les huiles pourvues d'une odeur forte, pour faire des savons, et pour alimenter les lampes des orfèvres et de tous les autres industriels qui soudent à la lampe. Enfin, en 1839, le professeur Alcan et le chimiste Péligot l'ont introduit dans les fabriques de draps, pour l'ensemage de la laine, à la place de l'huile d'olive.

OLÉOMÈTRES. — Instruments destinés, comme les Élaiomètres, à constater les falsifications des huiles. On distingue l'Oléomètre à chaud, inventé, en 1840, par M. Laurot, de Rouen, et qui a surtout pour objet l'essai des huiles de colza ; et l'Oléomètre à froid, imaginé, en 1844, par M. Lefebvre d'Amiens, et qui sert pour toutes les espèces d'huiles. C'est ce dernier qui est le plus usité, parce que son emploi est beaucoup plus facile, et que ses indications sont plus exactes.

OLIVIER. — Cet arbre est originaire de l'Asie tropicale, où il croît spontanément, surtout en Perse, en Syrie et dans l'Asie Mineure. La Grèce est la partie de l'Europe qui l'a connu la première, mais son introduction dans ce pays remonte à une époque immémoriale. Suivant les mythographes, Minerve l'aurait apporté dans l'Attique, au temps de la fondation d'Athènes, et ce serait de cette province qu'il aurait peu à peu pénétré dans les autres contrées du sol hellénique. L'Olivier n'existait pas encore en Italie sous le règne de Tarquin l'Ancien. Sa première importation en Gaule est généralement attribuée aux Grecs phocéens, fondateurs de Marseille, au VIIe siècle avant notre ère. Plus tard, les conquêtes des Romains le répandirent dans toutes les parties de l'Europe méridionale qui purent se prêter à sa culture. Aujourd'hui, l'Olivier est cultivé en Europe dans tous les lieux qui ne sont pas trop éloignés de la mer, et dont la température de l'hiver est peu inférieure à 4° au-dessous de zéro.

OMBRELLE. — Le Parasol ou Ombrelle est originaire des pays chauds, où la nécessité de mettre le visage à l'abri du soleil a dû le faire inventer de très-bonne heure. Aussi en trouve-t-on l'usage répandu, de temps immémorial, chez tous les peuples orientaux. Il figure souvent sur les monuments de l'ancienne Égypte, de la Perse et de l'Assyrie, tantôt fixé sur des chars, tantôt porté par des esclaves. Les écrivains chinois en parlent aussi comme existant, dans leur pays, depuis plus de deux mille ans avant notre ère. Aux yeux des asiatiques, le Parasol n'était pas seulement un objet de toilette ; ils le considéraient aussi comme un attribut des dieux et un symbole de la royauté, et il est à remarquer que les idées relatives à cette distinction régnèrent plus tard en Grèce et chez les nations chrétiennes du moyen âge : elles existent même encore dans le royaume de Siam. Chez les Grecs, c'était surtout aux fêtes de Bacchus que le Parasol avait un rôle religieux. Comme objet de toilette, il était réservé aux dames, qui le faisaient porter par leurs suivantes, usage qui fut ensuite adopté par les matrones romaines. Pendant le moyen âge, le Parasol figura universellement dans les cérémonies religieuses jusqu'à l'invention du Dais, qui le fit abandonner ; mais on le conserva pendant longtemps encore comme un des insignes de la papauté : il devint même, vers 1179, un de ceux du doge de Venise. Quant à son emploi dans la vie privée, il est probable qu'il exista toujours en Italie, mais ce n'est qu'au XVIᵉ siècle que les textes commencent à en parler. A partir de 1550, tout le monde, dans ce pays, hommes et femmes, se servait du Parasol, et il en était de même en Espagne et en Portugal. C'est de l'Italie que le Parasol pénétra en France, vers 1590, et, un peu plus tard, vers 1610, en Angleterre. Toutefois, il n'y devint commun que pendant le XVIIIᵉ siècle. Roland de la Platrière rapporte qu'à Lyon, vers 1780, les hommes portaient des Parasols aussi bien que les femmes. Vers la même époque, un fabricant de Londres imagina les petites Ombrelles que l'on appelle aujourd'hui *Marquises*.

OMBRES CHINOISES. — Comme leur nom l'indique, les *Ombres chinoises* sont originaires de l'extrême Asie, où leur invention remonte, dit-on, à une époque très-ancienne. On pense que leur introduction en Europe n'est pas antérieure au milieu du dernier siècle, et qu'elle eut lieu d'abord en Allemagne. La première exhibition de ce genre de spectacle qu'on ait vue en France, fut faite à Paris, en 1767, mais elle ne réussit pas. Une deuxième tentative, qui eut lieu à Versailles, en 1780, fut un peu plus heureuse. Toutefois, les Ombres chinoises ne commencèrent véritablement à prendre faveur, dans notre pays, qu'à partir de 1784, quand Séraphin eut fondé, dans les galeries du Palais-Royal, le petit théâtre qui a existé jusque dans ces dernières années.

OMNIBUS. — Les voitures appelées *Omnibus*, d'un mot latin qui veut dire « pour tous », ont été inventées en France, dans la seconde moitié du XVIIᵉ siècle. Les nobles et les gens de finance avaient déjà des Carrosses et des Fiacres pour se faire transporter d'un point de Paris à l'autre ; mais il manquait encore, pour les classes peu aisées, un système de voitures publiques propres à faire communiquer ensemble, avec régularité et économie, les différents quartiers de cette grande ville. C'est à ce besoin que trois gentilshommes de la cour de Louis XIV, le duc de Roannez, le marquis de Crénan et le marquis de Sourches, entreprirent de répondre. En conséquence, ils furent autorisés, par lettres patentes du mois de mars 1662, à « faire... dans la ville et fauxbourgs, ...un establissement de carrosses qui feroient toujours les mesmes trajets...d'un quartier à autre, et partiroient toujours à heures réglées, quelque petit nombre de personnes qui s'y trouvassent aux dites heures et mesme à vuide. » Ces voitures reçurent le nom de *Carrosses à cinq sous*, parce qu'il fallait payer « cinq sols marquez » pour y monter. Elles commencèrent leur service le 18 du même mois, et obtinrent aussitôt une grande vogue. Toutefois, leur organisation renfermait un vice qui devait amener leur ruine. En effet, les fondateurs avaient eu l'intention de les rendre accessibles à toutes les conditions sociales sans distinction, mais, quand il enregistra leur privilége, le parlement eut l'idée malencontreuse d'en interdire l'usage aux « soldats, pages, laquais, et autres gens de livrée », même aux « manœuvres et gens de bras. » Dès lors, ceux qui pouvaient en profiter n'étant plus assez nombreux pour couvrir les frais, l'entreprise ne put se soutenir, et elle cessa d'exister vers 1679. Les Carrosses à cinq sous avaient disparu depuis au moins cent quarante ans, lorsque des spéculateurs anglais songèrent à les faire revivre. Le nouveau système fut organisé à Londres en 1820. Sur le continent, la ville de Nantes en fut dotée la première, en 1827. Paris ne le posséda que le 30 janvier 1828, mais il est à remarquer que, depuis 1819, il avait été plusieurs fois question d'y établir des véhicules de ce genre. C'est à Paris que les anciens Carrosses à cinq sous ont reçu le nom d'*Omnibus*, qui est si bien approprié à leur destination. Quelques auteurs ont attribué à tort à Pascal l'invention des Omnibus du xviie siècle. Il paraît seulement que ce grand homme engagea des fonds dans l'entreprise du duc de Roannez, son ami. — En 1834, le vicomte de Botherel fit circuler dans les rues de Paris ce qu'on appelait des *Omnibus-restaurants,* c'est-à-dire des voitures qui transportaient à domicile les aliments tout préparés. Cette innovation rencontra, dans la pratique, de si grandes difficultés qu'elle ne put se soutenir. Un essai du même genre, mais sur une échelle beaucoup plus restreinte, avait été déjà fait à Rouen, au xvie siècle.

Opéra. — L'*Opéra* est né en Italie, dans la seconde moitié du xvie siècle. Vers 1580, il existait à Florence un gentilhomme toscan, nommé Jean Bardi, comte de Vernio, dont le palais était le rendez-vous de tout ce qu'il y avait, dans cette ville, de poëtes et d'artistes distingués. C'est de cette espèce d'académie privée que sortirent les premiers essais de Musique dramatique. En 1500, Vincent Galilée, père du grand philosophe, mit en musique l'épisode de *la mort d'Ugolin* de Dante, qu'il chanta lui-même en s'accompagnant sur la viole. Cette nouveauté fit une grande sensation, et émerveilla toute l'Italie. Quelque temps après, Emilio del Cavaliere fit un pas de plus dans la forme dramatique, en composant successivement la musique de deux pastorales de Laura Guidiccioni : *il Satiro* et *la Desperazione di Fileno*, qui furent joués à la cour du duc de Toscane, en 1590. Quatre ans après, c'est-à-dire en 1594, parut *la Dafne*, paroles d'Ottavio Rinuccini, musique de Giacomo Péri et de Giulio Caccini, que l'on regarde comme le premier Opéra qui mérite véritablement ce nom. En 1600, ces trois artistes composèrent l'*Euridice*, qui fut représentée à l'occasion du mariage de Marie de Médicis avec le roi de France Henri IV. Enfin, Claude Monteverde agrandit l'idée de ses prédécesseurs dans son Opéra d'*Orfeo e Euridice*, qui fut joué à la cour de Mantoue, en 1607, et ce génie éminemment créateur acheva la révolution commencée vingt ans avant lui, en trouvant dans l'emploi fréquent de la dis-

sonnance naturelle le vrai langage de la passion. C'est lui qui a réellement créé la Musique dramatique. L'Opéra fut introduit en France, en 1645, par le cardinal Mazarin, mais on ne joua, pendant longtemps, dans notre pays, que des pièces italiennes. Le premier essai d'un Opéra français fut fait, en 1659, par l'abbé Perrin et un sieur Cambert, qui composèrent, celui-ci la musique, celui-là les paroles, mais il ne réussit pas. Lulli fut plus heureux, et, dès 1672, notre Opéra national se trouva fondé. L'*Opéra buffa* est également né en Italie : il ne diffère de l'Opéra ordinaire, *grand Opéra* ou *Opéra seria*, que par la gaieté folâtre qui en fait toujours le fond. Le premier paraît avoir été joué à Venise en 1624. Ce genre fut également introduit en France par Mazarin. Quant à notre *Opéra comique*, c'est aux théâtres de la Foire qu'il doit son origine. Une pièce à ariettes, intitulée l'*Inconstant vaincu*, qui fut représentée en 1661, passe pour la plus ancienne composition de ce genre, attendu que les vaudevilles intercalés dans la pièce, au lieu d'être chantés sur des airs connus, furent mis sur des airs nouveaux composés tout exprès. Cependant, ce ne fut qu'en 1715 que les comédiens forains donnèrent à leur théâtre le titre d'*Opéra-Comique.*

Ophicléide. — Cet instrument doit son origine à la Trompette à clefs, dont il peut être regardé comme l'alto, le ténor ou la basse, suivant les dimensions qu'on lui donne. Il a été inventé, un peu avant 1810, dans le Hanovre, et introduit en France, vers 1820, par les facteurs parisiens Labbaye et Halary. Les nombreux défauts qu'il présente en ont déjà presque entièrement fait disparaître l'usage. On le remplace ordinairement par des Saxhorns.

Ophthalmoscope. — Instrument destiné à examiner l'intérieur de l'œil. Il a été inventé, vers 1858, par le docteur Helmholz, de Kœnigsberg, et perfectionné par divers oculistes, notamment par MM. Desmares, Follin, Cusco, Coccius, Galinzowski, Giraud-Teulon, etc.

Opium. — L'*Opium* est le suc épaissi des fruits du Pavot blanc. Les propriétés de cette substance ont été connues de très-bonne heure. Hippocrate et Galien en parlent, dans leurs ouvrages, ainsi que de leurs applications thérapeutiques. Plusieurs auteurs de l'antiquité ont même dit que sans l'Opium l'art de guérir perdrait presque toute sa puissance, et serait impossible à exercer. C'est qu'en effet, les préparations opiacées constituent des médicaments héroïques dont il serait très-difficile de se passer. Depuis le commencement de ce siècle, l'analyse chimique a fait reconnaître dans l'Opium plusieurs alcaloïdes remarquables dont quelques-uns participent de ses propriétés générales. Les principaux sont : la *Morphine*, qui, entrevue par Ludwig, en 1688, a été obtenue, pour la première fois, en 1803, par Derosne ; la *Narcotine*, également découverte par Derosne, en 1803, d'où le nom de *Sel de Derosne* qu'on lui donne quelquefois ; la *Codéine*, qui a été découverte, en 1832, par Pelletier ; et la *Méconine*, qui date aussi de 1832, et a été découverte par Couerbe. L'Opium est fourni au commerce par l'Orient, principalement par l'Asie Mineure, la Perse, l'Inde et l'Égypte. Dans ces dernières années, on a fait, en France, en Angleterre et en Algérie, plusieurs essais pour extraire cette substance des diverses variétés de pavots indigènes. Ces essais ont donné des produits d'excellente qualité, mais ils n'ont pas encore eu lieu sur une assez grande échelle pour qu'on en puisse apprécier les résultats au point de vue économique et commercial. On doit les plus importants à MM. Aubergier, pharmacien à Clermont-Ferrand ; Benard et Deschamps, d'Amiens ; Hardi, directeur de la pépinière d'Alger ; et Pereira, chimiste à Londres.

OPTIQUE. — Les premières notions théoriques relatives à l'*Optique* se trouvent dans les œuvres de Platon. Elles se bornent à la propagation de la Lumière en ligne droite, et à la propriété que possèdent les rayons lumineux de se réfléchir en faisant un angle d'incidence égal à l'angle de réflexion. Toutefois, à l'époque de ce philosophe, on savait, depuis déjà très-longtemps, fabriquer des Miroirs de métal, et l'usage des Verres ardents était assez commun pour qu'Aristophane y ait fait allusion dans sa comédie des *Nuées*. On croit qu'Empédocle (445 ans avant Jésus-Christ) est le premier savant qui ait écrit sur la Lumière, mais le plus ancien ouvrage sur ce sujet que nous possédions

est un traité attribué à Euclide (320 avant Jésus-Christ) ; encore même ne nous est-il parvenu que très-défiguré et très-incomplet : dans la partie que nous possédons, il n'est question que de la propagation de la Lumière et de sa réflexion. Plus tard (130 ans après Jésus-Christ), Claude Ptolémée composa sur l'Optique un écrit plus étendu, qui n'a d'abord été connu que par le commentaire de l'astronome arabe Alhazen (IXe siècle), mais qui a été découvert de nos jours dans une des bibliothèques de Paris : on y trouve les premières notions sur les phénomènes de la Réfraction. Les chrétiens ne commencèrent à étudier l'Optique que dans le courant du XIIIe siècle ; ils ne firent d'abord que reproduire, en les résumant, les connaissances acquises par les Grecs et les Arabes, et ce ne fut que trois cents ans plus tard qu'ils enrichirent la science de faits nouveaux. Le géomètre sicilien François Maurolico fut un des premiers qui ouvrirent la voie. Il publia, en 1575, de curieuses recherches sur la Vision. En inventant la Chambre obscure, le napolitain Jean-Baptiste Porta, son contemporain, prépara la théorie de la Vision, qui fut complétement établie par Kepler, en 1609. En 1621, Marc-Antoine de Dominis ébaucha l'explication de l'Arc-en-ciel. En 1637, parut la *Dioptrique* de Descartes, qui changea la face de la science en faisant connaître les lois fondamentales de la Réfraction. Cet ouvrage eut encore pour effet de diriger sur l'Optique les recherches d'un grand nombre de savants, et l'on vit se succéder, à de courts intervalles, l'*Optica promota* de Grégory (1663), les *Leçons d'optique* de Barrow (1667), et le *Traité sur la Lumière* de Huyghens (1678). Ces ouvrages contribuèrent puissamment à étendre le domaine de la science, que l'on pouvait croire entièrement exploré, quand, en 1706, le *Traité d'optique* de Newton vint montrer qu'on n'avait encore fait qu'en parcourir les contours. En effet, on connaissait depuis longtemps les principales propriétés de la Lumière, sa réflexibilité, sa réfrangibilité, sa chaleur quand elle est réunie au foyer d'un miroir ardent, mais on ne supposait pas qu'elle pût être décomposée. Newton, le premier, pénétra ce grand secret, et, en le révélant, donna le moyen de compléter toutes les théories et de rendre raison d'une foule de phénomènes jusqu'alors inexplicables. En 1747, en cherchant à remédier à la dispersion des couleurs produite par la réfraction des verres de lunettes, Euler trouva des résultats différents de ceux de Newton ; il s'éleva à cette occasion une discussion mémorable à la suite de laquelle l'opticien anglais Dollond découvrit l'Achromatisme, et Euler composa son traité de *Dioptrique*, où il ramena à des formules générales et en même temps très-simples, la théorie de l'Aberration de réfrangibilité et celle de l'Aberration de sphéricité. Depuis cette époque, l'Optique n'a cessé de s'enrichir de nouvelles acquisitions, dont plusieurs ont renouvelé sa face. Il faut surtout citer les recherches de Young et de Fresnel sur les Interférences, la démonstration, par Malus et Wollaston, de la loi de la double Réfraction, la découverte, par Malus, de la Polarisation, et celle des propriétés chimiques des rayons lumineux qui a suscité l'invention de la Photographie. Voyez Aberration, Achromatisme, Lumière, Miroirs ardents, etc.

Opsiomètres. — Instruments destinés à mesurer la force des yeux, c'est-à-dire la distance de la vision distincte. On les appelle aussi *Optomètres.* Il en existe de plusieurs espèces. Les plus usités ont été imaginés par P. Arterfield, Mile, Hyoung et Lehot. Pour en faciliter l'emploi, Hyoung a calculé des tables au moyen desquelles chacun peut; en partant des résultats donnés par l'Optomètre, trouver immédiatement le verre convenable à sa vue.

Or. — C'est le métal qui, à toutes les époques de la civilisation, a occupé le premier rang dans l'estime des hommes. La connaissance de l'Or remonte au moins au temps d'Abraham, car les Livres saints rapportent que ce patriarche en possédait beaucoup. On en faisait déjà des vases et des ornements. On s'en servait également comme de monnaie. Les historiens sont remplis de détails sur les divers usages de l'Or aux époques postérieures, mais ce qui précède suffit et au delà pour montrer la haute antiquité de sa découverte. Au reste, ce fait n'a rien d'étonnant, parce que ce métal se rencontre partout à

l'état natif, et qu'il ne faut souvent que des moyens purement mécaniques pour le débarrasser des matières étrangères qui l'accompagnent. Les anciens tiraient l'Or de l'Inde, de la Thrace, de la Macédoine, de l'Espagne, de l'Arabie et de l'Éthiopie. Après avoir extrait le minerai du sein de la terre, ils le réduisaient en fragments avec des pilons ou des marteaux de fer, puis, le plaçant sur des plans inclinés, le soumettaient à l'action d'une eau courante qui le dépouillait de ses substances terreuses. Ce procédé de lavage existe encore aujourd'hui : seulement, les modernes y ont introduit l'emploi de machines. Les anciens connaissaient aussi l'industrie des orpailleurs : elle existait à peu près partout. Non-seulement les anciens savaient débarrasser l'Or des substances terreuses, ils savaient également l'affiner, mais leurs procédés étaient très-imparfaits. L'Or est surtout employé à l'état métallique, et l'on sait qu'il alimente plusieurs industries importantes. L'art médical tire aussi parti de quelques-uns de ses composés pour le traitement de certaines maladies, et d'autres ont d'utiles applications dans les arts. C'est avec l'un d'eux, vulgairement appelé *pourpre de Cassius,* parce qu'il a été découvert par le médecin suisse André Cassius (1668), que les peintres sur verre et sur porcelaine obtiennent ces belles couleurs pourpres, roses et violettes qui ornent les vitraux des églises et les porcelaines.

Oranger. — Cet arbre est, dit-on, originaire de l'Inde au delà du Gange, d'où il arriva en Arabie vers la fin du IXᵉ ou au commencement du Xᵉ siècle de notre ère. De ce dernier pays, il pénétra rapidement en Syrie, en Égypte et dans la Barbarie. On croit que les Arabes l'introduisirent en Sicile, dans les dernières années du Xᵉ siècle ou dans les premières du XIᵉ. Enfin, pendant les croisades, surtout au XIIIᵉ siècle, il parut dans l'Italie continentale, d'où la culture le répandit, avec le Limonier, jusqu'à Nice et à Hyères. Plusieurs passages d'écrivains arabes autorisent à penser que ces deux arbres existaient également alors en Espagne, où leurs compatriotes les avaient apportés et où ils étaient déjà cultivés sur une assez grande échelle. L'Oranger ne s'écarta qu'assez tard des bords de la Méditerranée. D'après un compte cité par Valbonnais, il fut introduit en Dauphiné, vers 1333, par Humbert II, dauphin de Viennois. Au XVIe siècle, il n'en existait encore qu'un pied dans le nord de la France ; c'est celui que l'on voit à l'orangerie de Versailles, et qui est désigné sous les noms de *François Ier*, de *Grand Connétable* et de *Grand Bourbon*. Il avait été semé à Pampelune, en 1421 ; acheté, en 1500, par le connétable de Bourbon, qui l'avait fait transporter dans sa terre de Chantilly ; et, enfin, saisi, en 1523, avec les domaines de ce prince, par François Ier, qui l'avait fait placer à Fontainebleau. C'est Louis XIV qui l'a fait conduire à Versailles, en 1684. La variété, dite *Oranger de Portugal*, est originaire de la Chine, d'où les Portugais l'ont apportée en Europe, vers 1655.

ORATORIO. — Pièce de musique religieuse, composée d'airs, de récitatifs, de duos, de trios, de chœurs, etc., dont le sujet est toujours tiré de l'Écriture sainte, et dont le texte a une forme dramatique. On attribue communément l'invention de l'Oratorio à saint Philippe de Néri, fondateur de la Congrégation de l'Oratoire, et c'est de cette circonstance que serait venu son nom. On cite, parmi les artistes qui se sont le plus distingués dans ce genre de composition, Hændel, Jomelli, Haydn, Mozart, Cimarosa, Beethoven et Mendelssohn.

ORCÉINE. — Voyez ONSEILLE.

ONCHÉSOGRAPHIE. — Voyez CHORÉGRAPHIE.

ORCHESTRINO. — En 1805, un sieur Poulleau créa ce mot pour désigner un Piano dont les cordes, attaquées par un archet, rendaient des sons filés comme ceux du violon et du violoncelle. Pendant quelques mois, on parla beaucoup des effets merveilleux de cet instrument, après quoi il n'en fut plus question. L'Orchestrino était oublié depuis longtemps lorsque, dans ces dernières années, M. Léandre Clément, mécanicien à Rochefort, a essayé de le faire revivre. Le nouveau Piano à archets a été essayé à Paris, en 1859, mais il ne paraît pas avoir eu le succès industriel que des amateurs enthousiastes avaient cru pouvoir annoncer.

ORCHESTRION. — Deux instruments à clavier, tous deux nés à la fin du dernier siècle, ont été désignés sous ce nom. L'un, construit à Amsterdam, en 1789, sur les plans de l'abbé Vogler, était une espèce d'Orgue portatif sans tuyaux : on l'a employé, pendant assez longtemps, comme orgue de chapelle. L'autre, imaginé à Prague, en 1796, par le facteur Thomas-Antoine Kuntz, était un Piano uni à quelques registres d'orgue.

ORDRES D'ARCHITECTURE. — Ce sont les systèmes architectoniques en usage chez les Grecs et les Romains. On en distingue cinq. 1° *Ordre toscan*. Il a été ainsi appelé parce qu'on le croit originaire de l'ancienne Étrurie. C'est celui dont les Romains se servirent avant la conquête de la Grèce. Il ne nous est parvenu aucun monument que l'on puisse regarder comme lui appartenant. On a seulement découvert à Volci, à Bomarzo, et sur plusieurs autres points de l'Italie, quelques fragments que l'on croit pouvoir lui rapporter. Il ne nous est donc réellement connu que par ce qu'en disent Vitruve et Pline le Naturaliste. 2° *Ordre dorique*. C'est le plus ancien des ordres grecs. Suivant une tradition rapportée par Vitruve, il aurait été inventé par Dorus, fils d'Hellen, roi de l'Achaïe et du Péloponèse. Il en existe de nombreux modèles. Les plus curieux sont le Parthénon et le temple de Thésée à Athènes, le temple de Jupiter Panhellénien à Égine, le temple de la Concorde à Agrigente, et les temples de Pæstum, d'Égeste et de Sélinonte. 3° *Ordre ionique*. Son invention fut faite dans cette partie de l'Asie Mineure que l'on appelait Ionie, mais on ignore à quelle époque. Les Grecs d'Europe ne paraissent l'avoir employé qu'après les guerres médiques, et l'on regarde comme un des premiers monuments auxquels ils l'appliquèrent le temple de la Victoire sans ailes que le général athénien Cimon fit élever dans sa ville natale, après sa victoire sur les Perses (405 avant Jésus-Christ), près de l'Eurymédon, en Pamphylie. Les temples de Minerve Poliade et d'Erechthée, également à Athènes, lui appartiennent. 4° *Ordre corinthien*. Les Grecs en attribuaient la création à l'architecte Callimaque de Corinthe, qui vivait au VIe siècle avant notre ère, mais il n'atteignit tout son développement qu'entre les mains des artistes romains postérieurs à Auguste. Ses principaux modèles sont : pour le Corinthien grec, la Tour des vents et le monument choragique de Lysicrate, à Athènes; pour le Corinthien romain, les temples de Jupiter Stator et de Jupiter Tonnant et le Panthéon, à Rome, et le temple de la Sibylle, à Tivoli. 5° *Ordre composite* ou *romain*. Il a été inventé à Rome vers le règne d'Auguste. C'est celui que les architectes romains ont le plus employé. Il en existe de très-nombreux exemples, parmi lesquels il suffira de citer le temple de Bacchus, les thermes de Dioclétien, et les arcs de Titus, de Septime Sévère et des Orfèvres, tous à Rome. — Après la chute de l'empire romain, les ordres dégénérèrent rapidement. Ils disparurent même pendant la période où régna l'art ogival. Mais au XVIe siècle, les architectes de l'Italie les remirent en honneur, et ils furent peu à peu imités par ceux des autres parties de l'Europe. En France, on donna d'abord la préférence à l'Ionique et au Corinthien, et on ne commença à faire un fréquent usage du Dorique qu'à l'époque de Louis XV.

ORGANOSCOPE. — Appareil imaginé, en 1860, par M. Fonssagrives, chirurgien de la marine à Cherbourg, avec l'aide du physicien Théodore Dumoncel, pour éclairer les cavités obscures du corps humain, afin d'en rendre l'examen facile. L'Organoscope est susceptible de nombreuses applications médicales. Il est surtout utile pour l'examen des parties malades dans les pharyngites, les ulcérations pharyngiennes, les obstructions du conduit auriculaire et des fosses nasales, les fistules vésico-vaginales, etc. On peut également s'en servir, dans les arts, pour l'éclairage des réticules des lunettes astronomiques, et des galeries des mines, ainsi que pour la visite des soutes aux poudres dans les navires de guerre.

ORGUE. — On admet généralement que l'*Orgue* doit son origine à la flûte de Pan ou Syrinx, mais il est absolument impossible d'assigner une date à son invention. Il paraît cependant que sa construction et ses dimensions reçurent de très-bonne heure de grands perfectionnemens. Le premier instrument de ce genre sur lequel les écrivains de l'antiquité nous.aient transmis quelques renseignements, est celui que Ctésibius d'Alexandrie imagina, 130 ans environ avant notre ère, et qui reçut le nom d'*Hydraulis*, littéralement « flûte à eau », parce que c'était au moyen de la pression de l'eau que sa soufflerie était mise en mouvement. Les passages qui en parlent sont trop obscurs pour qu'on puisse se faire une idée de ses dispositions : ils apprennent seulement qu'il renfermait un clavier, des soupapes pour ouvrir et fermer les tuyaux, des leviers coudés qui aboutissaient du clavier à ces soupapes, et des registres pour les différents jeux. Cet orgue jouit d'une très-grande vogue, et fut introduit, par les Romains, dans les solennités du cirque et dans les théâtres. Plus tard aussi, à partir du VIe siècle, les chrétiens en adoptèrent l'usage pour les cérémonies du culte. Tertullien, l'empereur Julien, Claudien et plusieurs autres auteurs sont remplis de détails sur les grands effets qu'il produisait. On ignore à quelle époque l'Orgue actuel ou *Orgue pneumatique* proprement dit a été inventé, mais il était déjà connu en Afrique, du temps de saint Augustin ; il ne fut généralement substitué à l'Hydraulis, ou *Orgue hydraulique*, que dans le courant du XIIe siècle. Le premier Orgue du nouveau système que l'on ait vu en France est, dit-on, celui que l'empereur grec Constantin Copronyme envoya, en 757, à Pépin le Bref, qui le fit placer dans l'église Saint-Corneille, à Compiègne. A partir du siècle suivant, les instruments de ce genre se répandirent peu à peu, et leur construction, jusqu'alors monopolisée par les facteurs de Byzance, pénétra dans le reste de l'Europe. Le premier artiste d'Occident qui acquit quelque réputation fut le moine vénitien Grégoire qui vivait sous le règne de Louis le Débonnaire. Les Orgues de ces temps reculés étaient nécessairement très-imparfaites, mais les progrès ne tardèrent pas à se produire. Les premiers furent réalisés en Italie et en Allemagne. Au XIIIe siècle, l'italien François Landino se fit une grande réputation comme facteur et organiste, d'où le nom qu'on lui donna de *Francesco degli Organi*, mais on ne sait pas en quoi consistèrent ses travaux. Au siècle suivant (1470), l'allemand Bernard, alors établi à Venise, inventa les *Pédales*. Au XVIe siècle (1570), un autre allemand, Jean Lobsinger, imagina les *Soufflets à éclisses* encore employés aujourd'hui. Le plan général de l'instrument se trouva ainsi successivement arrêté, et il ne resta plus qu'à en perfectionner les détails et le mécanisme. C'est presqu'entièrement à notre époque qu'appartiennent ces nouvelles améliorations : on en est surtout redevable aux facteurs Hill, de Londres, Aristide Cavaillé-Coll, de Paris, et Walker, de Louisbourg, après lesquels on s'accorde à placer les anglais Green, Davies, Eliot et Barker, et nos compatriotes Sébastien Erard, Ducroquet et Daublaine. — On a longtemps regretté que l'Orgue, qui est doué d'une si remarquable puissance d'effet, manquât d'expression, c'est-à-dire ne possédât pas le moyen d'augmenter et de diminuer l'intensité du son. Au XVIIe siècle, l'architecte Claude Perrault eut l'idée de réaliser ce progrès, mais il n'y donna pas suite. Au siècle suivant, plusieurs artistes français et allemands firent des essais dans le même but, et ne réussirent pas. Ce problème fut, enfin, résolu, en 1809, par le bordelais Grenié, qui obtint ce résultat remarquable en appliquant à l'instrument le système, déjà ancien, mais négligé jusqu'alors, des *Anches libres*. C'est à cette innovation que l'on doit cette multitude de petites *Orgues expressives* de chapelle et de chambre, qui, perfectionnées depuis par MM. Martin, de Provins, Müller, Fourneaux, Alexandre et Debain de Paris, Clergeau de Sens, et Guichené, de Mont-de-Marsan, sont si répandues de nos jours sous les noms d'*Harmoniums*, de *Mélodiums*, de *Symphonistas*, etc. Voyez ANCHE LIBRE et HARMONIUM.

ORIENTEUR. — Instrument de mathématiques inventé, en 1819, par M. Champion, de Paris, pour déterminer le midi vrai chaque jour de l'année.

ORME. — L'arbre de ce nom est indigène des parties méridionales de l'Europe, de l'occident de l'Asie et du nord de l'Afrique. Les Romains l'employaient, en Italie, pour servir de soutien à la vigne, usage qui s'est maintenu jusqu'à nos jours dans l'ancien royaume de Naples. En France, il fut négligé jusqu'au règne de François Ier. Il paraît même que l'usage d'en former des allées et de le planter sur les promenades ne commença que vers 1540. Mais ce fut principalement sous Henri IV que son emploi reçut de grands développements, et qu'il prit le premier rang dans les plantations des routes, des places et, généralement, de tous les lieux publics. Sully contribua beaucoup à le propager : il existe même encore, dans plusieurs localités, de magnifiques Ormes qui ont été plantés par ordre de ce grand ministre. La variété dite *Orme d'Amérique* a été introduite de l'Amérique septentrionale en Angleterre, vers 1752. Les premiers pieds qu'on ait vus en France proviennent de graines envoyées des États-Unis, en 1807, par le naturaliste André Michaux.

ORSEILLE. — Matière colorante que l'on obtient en soumettant plusieurs espèces de Lichens, appelées aussi génériquement *Orseilles*, à l'action simultanée de l'air, de l'humidité et de l'ammoniaque. C'est une des principales substances employées en teinture pour obtenir des nuances amarante et grenat sur la laine et sur la soie. Les Romains s'en servaient déjà à l'époque de Pline le Naturaliste. Il paraît que sa préparation se perdit en Europe au commencement du moyen âge. Au XIVe siècle, le florentin Fédérigo, en ayant appris les procédés dans le Levant, les importa dans son pays, et leur exploitation devint, pour sa famille, l'origine d'une grande fortune. Plus tard, les Portugais apprirent à extraire l'Orseille des Lichens des Canaries et des îles du Cap-Vert. Plus tard encore, nos paysans de l'Auvergne et du Vivarais trouvèrent le moyen de la préparer avec ceux de leurs montagnes. Enfin, il est à remarquer que les habitants des côtes de Suède, d'Écosse, d'Irlande et du pays de Galles, emploient, de temps immémorial, les Lichens à l'état brut pour la teinture en rouge. Pendant très-longtemps, la fabrication de l'Orseille a été livrée à l'empirisme le plus grossier. C'est M. Cocq, commissaire des poudres et salpêtres à Paris, qui, en 1812, a fait les premiers essais pour l'améliorer. Mais les travaux sérieux n'ont véritablement commencé qu'en 1829, époque à laquelle le chimiste Pierre Robiquet découvrit l'*Orcéine*, ou principe colorant de l'Orseille. Depuis lors, d'autres savants, entre autres, MM. Schuncke et Stenhouse, ont créé des procédés nouveaux qui permettent d'obtenir des produits beaucoup plus purs et plus solides que l'Orseille ordinaire. La plupart de ces produits ont reçu des noms particuliers. Les plus importants sont l'*Orseille solide* de M. Helaine de Lyon ; l'*Orcéine solide* de M. Meissonnier de Paris ; et la *Pourpre française* de MM. Guinon, Marnas et Bonnet, de Lyon. Le *Cudbear* et le *Persio* sont des Orseilles en poudre sèche.

ORTHOPÉDIE. — L'*Orthopédie* est cette branche de l'art de guérir qui a pour objet de prévenir et de corriger les difformités que présentent les enfants. Cette science était à peu près inconnue des anciens, chez lesquels l'usage universel des exercices gymnastiques et les habitudes sociales suffisaient presque toujours pour empêcher la production des difformités si communes aujourd'hui. Le premier traité spécial sur cette matière est celui que le chirurgien Andry publia, en 1741, à Paris. Néanmoins, ce n'est guère que depuis une trentaine d'années que l'Orthopédie est sortie de la voie purement empirique et a pris un caractère véritablement scientifique. Elle est surtout redevable de ce résultat aux travaux du professeur Delpech, qui la soumit pour la première fois, à des règles fixes dans son *Orthomorphie*, publiée à Montpellier, en 1828. Après ce praticien, on cite, parmi ceux de nos compatriotes qui ont le plus contribué à la faire avancer, les docteurs Humbert, Salade-Lafond, V. Duval, Ch.-J. Pravas, Bouvier, Chassaignac, Harrisson, Malgaigne, Levacher et Jules Guérin.

ORTIE. — Les plantes de ce nom appartiennent à la même famille que le Chanvre et sont, comme lui, éminemment textiles. Mais l'espèce la plus renommée pour la beauté de ses fibres est l'*Ortie de neige* (Urtica nivea), signalée par le botaniste Kæmpfer, dès le xvii⁰ siècle, et qui est cultivée en Chine et dans la Malaisie, de temps immémorial, sur une grande échelle. Ce sont les fibres de ce végétal qui constituent le *China-grass* des Anglais : on les appelle aussi quelquefois *Lin* ou *Chanvre*

de *Chine*. On les emploie, dans les pays de production, pour faire des cordes, des filets et des tissus d'une très-grande beauté. On a proposé, dans ces derniers temps, d'introduire l'Ortie de neige en Algérie et dans nos départements méridionaux, où sa culture donnerait vraisemblablement de bons résultats.

OS. — I. Dans l'état de vie, les *Os* sont recouverts par une membrane mince, transparente, nommée *périoste*, dans laquelle pénètrent les vaisseaux sanguins qui amènent les matières nécessaires au développement du tissu osseux. Dans ces dernières années, M. Flourens, répétant des expériences exécutées par Duhamel et d'autres physiologistes, a été amené à penser que si, dans certains cas où l'ablation d'un Os est indispensable, on pouvait l'enlever en conservant cette membrane, l'Os devrait se reproduire intégralement. Cette suggestion de l'illustre académicien a été comprise par d'habiles chirurgiens, et la médecine opératoire s'est enrichie d'un procédé inestimable. Aujourd'hui donc, au lieu d'amputer un membre malade, quand cette amputation est simplement nécessitée par une fracture ou un état morbide de l'Os, on se contente d'extraire l'Os brisé ou malade, en conservant le périoste, et ce dernier se reproduit de telle manière que le membre malade reprend l'aspect et les fonctions qu'il avait dans l'état sain. Ce sont les docteurs Maisonneuve, de Paris, Lamarre-Picquot, de Honfleur, et Richarme, de Rive-de-Gier, qui, en 1860 et 1861, ont fait les premières applications heureuses de cette découverte, mais ils avaient été précédés, dans cette voie, par M. Mottet, de Paris, qui, en 1858, avait eu recours à la propriété reproductive du périoste pour traiter une fracture de la jambe. En 1860, le docteur Ollier a fait une observation très-remarquable. Il a reconnu que cette propriété est telle que si l'on transporte des lambeaux de périoste détaché d'un Os, au milieu d'autres tissus normalement dépourvus de toute ossification, il se forme de véritables Os au sein de ce milieu inaccoutumé.

II. Les chimistes modernes ont constaté que les Os de tous les animaux se composent à peu près des mêmes matières minérales, et que leur tissu cellulaire est identique. En 1758, Hérissant observa, pour la première fois, que si l'on traite les Os par l'acide chlorhydrique, ils cèdent à cet acide toutes les matières minérales, et ne conservent plus que le tissu cellulaire. Ce fait fut étudié avec soin, en 1806, par Hatchett, et, en 1810, Darcet père le mit à profit pour obtenir de la Colle forte et de la Gélatine alimentaire. Ces deux substances ne sont, en effet, que le tissu cellulaire des Os plus ou moins purifié. L'industrie est parvenue à faire des Os d'autres applications utiles. Ainsi, la tabletterie en consomme annuellement d'énormes quantités. Soumis à la calcination, ils fournissent le Noir animal. La graisse qu'ils renferment sert, sous le nom de *suif d'os*, à fabriquer des Savons. Enfin, ils constituent un engrais dont les effets sont très-considérables et d'une très-grande durée.

OSANORE. — Voyez DENTS ARTIFICIELLES.

OSEILLE (*Sel d'*). — Voyez OXALIQUE.

OSMIUM. — Corps simple métallique qui a été découvert, en 1803, par le chimiste anglais Smithson-Tennant, dans un minerai de platine. Il a été ainsi nommé, d'un mot grec qui signifie « odeur », pour rappeler l'odeur forte et piquante qui le caractérise. L'*Osmium* n'est employé que pour faire des pointes de plumes métalliques.

OSSELETS. — Ils étaient déjà connus à l'époque de la guerre de Troie, puisque Homère raconte que les poursuivants de Pénélope y jouaient devant le palais d'Ulysse. Les Grecs les appelaient *Astragaloï* et les Romains *tali*. Chez ces deux peuples, on se servait des Osselets eux-mêmes, ou d'imitations faites le plus souvent en pierre ou en bronze. Ces imitations n'avaient que quatre côtés plats, au lieu de six, les deux autres étant assez arrondis pour que l'Osselet ne pût se tenir debout ni sur l'un ni sur l'autre. De plus, les côtés plats étaient marqués de points comme nos dés. Enfin, on jetait les osselets, soit avec la main, soit avec un cornet.

OSTENSOIR. — L'usage d'exposer la sainte Hostie aux regards des fidèles a donné lieu à l'invention de l'instrument sacré appelé, en raison même de sa destination, d'abord *Monstrance*, du vieux français *Monstrer*, puis *Ostensoir*, du latin *Ostendere*, qui a la même signification. Cet instrument date des premiers temps de l'Église, mais ce n'est que depuis le XVIe siècle qu'on lui donne la forme d'un soleil. Avant cette époque, il représentait un simple coffret, une tourelle, une croix, une petite église, etc. Le plus ancien Ostensoir qui existe en France paraît dater du XIIIe siècle : il fait partie du trésor de la cathédrale de Reims.

OTOPLASTIE. — Partie de l'Autoplastie qui a pour objet de refaire les oreilles. Elle est aussi ancienne que la Rhinoplastie et a la même histoire. Toutefois, il n'en était plus question depuis le chirurgien bolonais Gaspard Tagliacozzi, au XVIe siècle, lorsque le chirurgien prussien Frédéric Dieffenbach a essayé, de nos jours, de la faire revivre, mais elle n'est pas encore complétement entrée dans la pratique, probablement parce que la difformité occasionnée par la perte de l'oreille n'est pas aussi choquante que celle qui résulte de l'absence du nez, et qu'il est ensuite facile de la masquer au moyen de la coiffure.

OUBLIES. — Pendant le moyen âge, on appelait *Oublies* plusieurs variétés de pâtisseries légères que l'on faisait avec la pâte et les fers qui servaient à fabriquer les hosties destinées au sacrement de l'Eucharistie. Or, comme ces dernières s'appelaient *oblata*, c'est-à-dire « choses offertes pour le saint sacrifice, » on leur appliqua, par extension, la même dénomination. Les Oublies correspondaient à nos plaisirs. Ceux qui en faisaient le commerce se nommaient *Oublieurs* ou *Oblayers* : ils les débitaient dans les rues et les jouaient aux dés sur le couvercle du coffret qui les contenait. Nous avons dans les marchands de macarons et de plaisirs les dernières lueurs de cet usage.

OUTREMER. — Le *Bleu d'outremer* se prépare avec le *Lapis lazulite* ou *Pierre d'azur*, minéral excessivement rare qui ne se trouve que dans quelques parties de l'Asie, principalement en Chine, en Perse et dans la Grande-Boukharie. C'est même à cause de son pays d'origine qu'il a reçu le nom sous lequel on le désigne, parce qu'on était autrefois dans l'usage de qualifier d'*outre-mer*, abréviation de *oultre-mer*, tout ce que l'on tirait du Levant. En raison de sa rareté, cette substance était anciennement très-chère, et ses applications très-bornées, mais les choses ont changé à notre époque, par suite de la découverte de procédés qui permettent de la fabriquer de toutes pièces. La fabrication de l'*Outremer artificiel* a eu pour point de départ une observation faite, en 1814, par M. Tassaert, qui remarqua qu'il se forme de l'Outremer dans les fours à soude. Presqu'en même temps, M. Kuhlmann, de Lille, reconnut une formation semblable dans les fours où l'on calcine le sulfate de soude. Enfin, M. Vauquelin, ayant analysé avec soin les matières observées par ces chimistes, démontra leur identité avec le Lazulite, et entrevit, le premier, la possibilité de faire artificiellement de l'Outremer. La solution de ce problème préoccupa aussitôt tous les chimistes, mais elle ne fut obtenue que dans les derniers mois de 1827, et presque simultanément, par MM. Guimet, de Lyon, et Christian Gmelin, de Tubingue. La fabrication de l'Outremer artificiel existe aujourd'hui dans tous les pays où l'industrie est florissante. Les produits qu'elle livre au commerce sont aussi riches de ton et aussi solides que l'Outremer naturel, et ont, de plus, l'avantage de coûter plus de mille fois moins. En raison de cette immense baisse de prix, l'Outremer ne sert plus seulement pour les travaux de peinture artistique, comme autrefois : on l'emploie aussi pour l'azurage du linge et du papier, et pour l'impression des tissus et des papiers de tenture.

OXALIQUE (*Acide*). — L'Oseille, en latin *Oxalis*, doit la saveur acide qui la caractérise à un sel particulier, appelé vulgairement *Sel d'oseille,* lequel résulte de la combinaison de la potasse avec un acide particulier auquel on a donné le nom d'*Acide oxalique*. Cité pour la première fois, au commencement du XVIIᵉ siècle, par le médecin Angelus Sala, ce sel n'a été décrit qu'en 1668, par Duclos, mais ce chimiste n'en connut point la nature. Enfin, vers 1770, Sigismond Margraff, de Berlin, y démontra l'existence de la potasse, et, en 1784, Scheele isola l'acide. L'Acide oxalique est utilisé, dans les laboratoires, comme réactif ; en teinture, comme rongeant et pour aviver certaines couleurs ;

dans l'économie domestique, pour nettoyer les ustensiles, enlever sur le linge les taches d'encre et de rouille, et constater la présence des sels calcaires dans les eaux naturelles. Le Sel d'oseille sert à la plupart des mêmes usages. Tout récemment, le chimiste Dale, de Manchester, a révolutionné la fabrication de l'Acide oxalique en dotant cette industrie de procédés plus économiques et plus expéditifs que ceux dont on s'était servi jusqu'alors.

OXFORD (*Marbres d'*). — Voyez PAROS.

OXYGÈNE. — La découverte de ce gaz fait époque dans la science, parce que c'est d'elle que datent les grands progrès de la Chimie moderne. Elle a été faite en 1774, et, presque simultanément, en France, par Lavoisier, en Angleterre, par Priestley, et, en Suède, par Scheele. On a plusieurs fois essayé de savoir auquel de ces trois savants on doit attribuer la priorité, mais on n'est jamais parvenu à s'entendre. L'Oxygène fut d'abord appelé *Air vital, Air de feu, Air déphlogistiqué, Air éminemment respirable.* Il est redevable de sa dénomination actuelle à Lavoisier. On emploie souvent l'Oxygène dans les laboratoires pour activer les combustions propres aux analyses. On a aussi essayé d'en tirer parti, dans les cloches à plongeur, pour maintenir les propriétés respirables de l'air, et, dans l'industrie, pour produire de la chaleur ou de la lumière, mais ces applications n'ont pas réussi. C'est à un système d'éclairage par l'oxygène que les Anglais ont donné le nom de *Lumière de Bude,* du nom de la résidence de Goldworthy Gurney, son inventeur. Ce système fit son apparition en 1838. Toutefois, il était moins nouveau qu'on ne le crut alors, car il avait déjà été expérimenté aux États-Unis, par le professeur Hare, de Philadelphie, et en Angleterre, par le docteur Thomas Young, le docteur Ure et l'ingénieur Drummond. A la même époque, un de nos compatriotes, le physicien Gaudin, émit sérieusement l'idée d'employer l'Oxygène pour constituer ce qu'il appelait l'*Éclairage sidéral,* c'est-à-dire pour éclairer toute une ville, ou du moins tout un quartier, au moyen d'un seul foyer de lumière, d'une espèce de phare placé à une certaine hauteur ; mais on n'eut pas de peine à démontrer que l'entreprise était pratiquement irréalisable.

OZONE. — Depuis la plus haute antiquité, on avait remarqué l'odeur particulière qui se développe autour des lieux frappés par la Foudre. C'est en cherchant la cause de cette odeur que le professeur Schœnbein, de Bâle, découvrit, en 1839, qu'elle provenait d'un corps qu'il appela *Ozone*, d'un mot grec qui veut dire « sentir. » Toutefois, il crut que ce corps était une combinaison d'hydrogène très-oxygénée; mais, peu de temps après, MM. Marignac et de la Rive reconnurent qu'il n'est que de l'Oxygène électrisé. On sait aujourd'hui que l'Ozone joue un grand rôle dans la nature, mais les questions qui se rapportent à son action ne sont pas résolues. Il paraît cependant établi qu'il concourt à purifier l'air des émanations miasmatiques. V. au COMPLÉM.

P

PAGINATION DES LIVRES. — La *Pagination* manque dans les premiers produits de la Typographie : on laissait aux acheteurs le soin de chiffrer leurs livres. Le plus ancien ouvrage où on la trouve paraît être le *Sermo ad populum prædicabilis*, opuscule in-4, publié à Cologne, en 1470, par Arnold Theroernen. Cet usage fut adopté peu à peu par les autres imprimeurs, mais, dans le principe, beaucoup se contentèrent de numéroter le recto de chaque feuille, et ce ne fut qu'assez tard qu'on le fit également pour le verso.

PAILLASSONS MÉCANIQUES. — Les *Paillassons* ont peut-être été employés de tout temps pour protéger les plantes contre la rigueur du froid, ou les soustraire à l'influence des rayons du soleil, pendant les grandes chaleurs de l'été. Vers 1854, M. le docteur Jules Guyot, administrateur du domaine de Sillery, a résolu avec bonheur le problème de leur fabrication économique en appliquant à cette fabrication le métier ordinaire du tisserand, auquel il a apporté une modification très-ingénieuse qui le rend propre au tissage grossier de la paille. Avec un métier du prix de 100 francs, on produit des Paillassons d'une longueur indéfinie et d'une largeur de 70 centimètres, qui ne coûtent pas plus de 7 à 8 centimes le mètre courant. L'invention du docteur Jules Guyot a déjà rendu de très-grands services à l'agriculture, principalement aux pépinières, aux jardins potagers et à la culture de la vigne.

PAILLE. — Vers le milieu du XVIIe siècle, quand les grands seigneurs commencèrent à faire mettre la façade de leurs hôtels sur la rue, au lieu de la placer au fond d'une cour, ils ne tardèrent pas à se sentir incommodés par le bruit. De ce moment date l'usage de répandre de la Paille ou du fumier devant la maison où repose un malade. On sait la naïveté du comte de Roncy, amant de la marquise de Richelieu, qui, suivant Saint-Simon, lui proposa sérieusement de faire mettre du fumier à sa porte, pour la garantir du bruit des cloches.

PAILLON. — Les feuilles d'étain, que l'on appelle vulgairement *Job* ou *Paillon*, sont obtenues par le martelage, ce qui rend leur fabrication très-coûteuse. En 1854, pour diminuer les frais de cette fabrication, un industriel américain, nommé Cooke, a imaginé de couler, autour d'un lingot de plomb, de l'étain fondu qui se soude parfaitement avec le premier. Ce double lingot, dans lequel l'étain peut être en quantité très-faible, parce qu'il est tout entier à l'extérieur, est alors soumis au laminage et étiré en feuilles aussi minces qu'on le désire. On se procure ainsi des feuilles qui, dans une foule de cas, peuvent être substituées avec économie au Paillon d'étain pur, par exemple, pour faire les capsules métalliques et les enveloppes à tabac. On peut encore les employer, à la place des feuilles métalliques habituellement usitées, pour garantir les appartements de l'humidité.

PAIN. — I. L'art de faire le *Pain* a dû être inventé, à différentes époques, dans les différents pays, à mesure que l'homme s'est éloigné de l'état de barbarie. Les Livres saints apprennent que les Hébreux connaissaient le Pain du temps d'Abraham, mais il est probable que ce n'était encore qu'une simple galette. Le même peuple était beaucoup plus avancé au siècle de Moïse, puisqu'il savait faire alors le Pain avec ou sans Levain, dont il avait peut-être appris la fabrication pendant son séjour en Égypte. Chez les Grecs, on attribuait l'invention ou plutôt l'importation des procédés de panification à Pan ou à Cérès. Quant aux Romains, on croit qu'ils ne les connurent qu'après les grandes invasions gauloises. Dans tous les cas, ils acquirent en très-peu de temps une grande habileté. Afin d'augmenter la blancheur de leurs produits, ils ajoutaient à la farine une matière blanche, qui était vraisemblablement le carbonate de chaux. Ils fabriquaient aussi une grande variété de Pains de luxe et la plupart de nos petits fours. Le Pain paraît avoir été introduit dans la Gaule par les Grecs de Marseille, et l'on suppose que c'est de ce pays que son usage se répandit peu à peu chez les nations du nord de l'Europe. Ce sont les Gaulois qui ont eu les premiers l'idée de remplacer le Levain ordinaire par la Levûre de bière. Au reste, quoique tous les peuples qui précèdent connussent parfaitement le moyen de faire lever la pâte, ils n'en conservèrent pas moins une certaine prédilection pour le Pain sans levain, et ce goût se maintint jusqu'au xive siècle. Pendant le moyen âge, on fabriquait même une espèce particulière de Pain azyme que l'on découpait en tranches, et l'on se servait de ces tranches, sous le nom de *Tranchoirs* ou *Tailloirs*, en guise d'assiettes, pour recevoir et découper les viandes. Enfin, comme ceux de l'antiquité, les boulangers de cette période faisaient une multitude de Pains d'espèces différentes, qu'ils appropriaient au goût des diverses classes de consommateurs. On peut même dire que si la panification a fait quelques progrès de nos jours, c'est moins dans la manipulation elle-même de la matière première que dans l'invention de machines destinées à remplacer le pétrissage à bras, et dans l'adoption de fours d'une forme particulière qui rendent la cuisson plus régulière, plus salubre et plus économique. Dans ces derniers temps, M. Mège-

Mouriès, boulanger à Paris, est parvenu à doter la boulangerie d'un perfectionnement d'une très-haute importance. Au moyen d'un procédé qu'il a imaginé, et dont le gouvernement a publié la description en 1860, on peut faire du Pain blanc d'excellente qualité avec la farine renfermant du son, ce qui supprime le Pain bis, et l'on obtient, avec la même quantité de farine, un huitième de Pain de plus que par le procédé communément usité.

II. Toutes les céréales peuvent servir à faire du Pain, mais le Pain par excellence est celui de froment. À diverses époques, on a aussi essayé de panifier la pomme de terre, les châtaignes, les marrons d'Inde, les graines de diverses légumineuses, la citrouille, les glands, ainsi que les racines de bryone, de colchique, d'iris, de glaïeul, de flambe, de pied de veau, de serpentaire, de petite chélidoine, de filipendule, de chiendent, de mandragore, de fumeterre bulbeuse, d'ellébore à feuilles d'aconit, etc. Toutefois, à l'exception de deux ou trois, toutes ces substances ne peuvent fournir qu'une nourriture très-imparfaite, et leur emploi ne peut être de quelque utilité que dans les cas d'extrême disette : encore même, est-on toujours obligé d'y ajouter une certaine quantité de farine de céréales.

III. Il y a une dizaine d'années, deux de nos compatriotes ont eu l'idée d'assurer la conservation du Pain en le comprimant au moyen de la Presse hydraulique, idée qui a été reprise tout récemment par M. Faultre de Puyparlier, sous-intendant militaire à Beauvais. Le Pain qui a subi cette opération résiste à l'humidité, à la fermentation, au moisi, et est éminemment propre aux approvisionnements de la marine, des armées en campagne et des places de guerre. On lui donne d'ailleurs les formes les plus convenables pour faciliter son arrimage. Il remplacera probablement un jour le Biscuit, auquel il paraît supérieur sous tous les rapports.

IV. Si l'on en croit Suidas, on serait redevable de l'invention du *Four à pain* à un Égyptien, nommé Annos, qui paraît avoir vécu plusieurs milliers d'années avant notre ère. Jusqu'à ces derniers temps, les constructions de ce genre ont présenté les dispositions les plus vicieuses; mais, aujourd'hui, dans toutes les boulangeries bien organisées, on se sert de Fours d'une nouvelle espèce qui produisent une cuisson plus régulière, plus salubre et plus économique que les anciens. Ces nouveaux Fours sont tous à foyer extérieur, mais les uns sont échauffés par un courant d'air chaud, d'où le nom d'*aérothermes* qu'on leur donne habituellement, tandis que les autres ont la même disposition qu'un moufle, autour duquel circulent la flamme et les produits de la combustion. Les premiers ont été inventés par MM. Lemare et Jametel, et beaucoup perfectionnés par MM. Grouvelle et Mouchot. Parmi les seconds, le meilleur paraît être celui de M. Rolland.

V. Pour remplacer les geindres des boulangers, on a inventé des appareils plus ou moins compliqués que l'on appelle *Pétrins* ou *Pétrisseurs mécaniques*. Le plus ancien connu est probablement celui que M. Solignac, ancien négociant à Louisbourg, présenta à l'Académie des Sciences, en 1760. Plus tard, en 1796, M. Lembert, boulanger à Paris, conçut l'idée d'en établir un autre, et il le soumit, en 1811, sous le nom de *Lembertine*, à l'examen de la Société d'Encouragement, qui lui décerna un prix de 1,500 francs. C'est ce dernier qui a servi de point de départ à toutes les machines analogues qui existent aujourd'hui. Cependant, le premier Pétrin mécanique qui ait été breveté en France ne date que du 15 avril 1829 (c'est celui de M. Maugeret), mais, dans le courant de la même année, dix autres brevets furent pris par MM. Selligue, Ferrand, Lasgorseix, Lahore, Maisonneuve, Gui, Cavalier frères, etc. D'autres Pétrins furent inventés, en 1830, par MM. Corrège, Haize, David, Richefeu et Flescheslie; en 1831, par M. Cayton; en 1832, par M. Besnier-Duchaussois; en 1835, par M. Fontaine, etc. Enfin, en 1842, parut le Pétrin de MM. Moret et Mouchot, et, en 1847, celui de M. Boland : ce sont les premiers qui aient eu un succès durable. Depuis cette époque, d'autres machines du même genre ont été inventées, tant en France qu'à l'étranger, et leur introduction dans la boulangerie a fait disparaître un des plus graves inconvénients de cette industrie. Parmi ceux de nos compatriotes qui, dans ces

dernières années, ont le plus contribué à leur perfectionnement, on cite surtout MM. Rolland, Bourguignon, Lesobre, L. Lebaudy et Drouot.

PAIX. — Le baiser de paix, recommandé par saint Paul aux fidèles, ne put être longtemps pratiqué dans l'Église, sans choquer à la fois la pudeur et la distinction des rangs. On fut donc amené à le remplacer par un baiser symbolique, qui conservait son principe de communauté fraternelle, et pour lequel on fit d'abord usage d'un objet quelconque, comme une croix, un crucifix, une relique ou un texte. Plus tard, quand chacun des offices de l'Église eut ses ustensiles particuliers, on consacra spécialement à ce baiser de petits tableaux, en matières précieuses, représentant quelque sujet religieux ciselé, gravé, émaillé ou peint, et on leur donna des noms différents, mais se rapportant toujours à leur destination. Ainsi, on les appela, en latin, *osculatorium*, *tabula pacis*, *instrumentum pacis*, *asser ad pacem*, *pax*, etc., et, en français, *Table de paix*, *porte-paix* et *paix*. C'est en fabriquant une de ces Paix que, suivant l'opinion commune, l'orfèvre florentin Tomaso Finiguerra aurait été amené à l'invention de la Gravure en taille-douce, mais comme cet instrument n'était pas destiné à l'impression, c'est à d'autres artistes que la Chalcographie doit réellement sa réalisation pratique.

PALATINE. — Pièce de fourrure dont les femmes se couvrent les épaules et la poitrine. On l'appelle ainsi, parce que la mode en a été introduite en France, en 1671, par Charlotte-Élisabeth de Bavière, fille de l'électeur *palatin*, et seconde femme de Monsieur, frère unique de Louis XIV.

PALATOPLASTIE. — Partie de l'Autoplastie qui a pour objet de combler les brèches produites par certaines maladies à la voûte et au voile du palais. Elle doit ses progrès principaux aux chirurgiens modernes, notamment aux docteurs Roux, Sédillot, Dieffenbach, Krimer, Velpeau, etc. Toutefois, malgré l'ingéniosité des procédés employés, on obtient rarement des résultats très-satisfaisants, et l'on préfère souvent fermer les vides au moyen d'obturateurs diversement disposés, dont l'origine paraît remonter à une époque très-ancienne.

PALÉONTOLOGIE. — Cette science n'existe que depuis la fin du dernier siècle. Plusieurs savants, tels que Léonard de Vinci, au XVᵉ siècle, Bernard Palissy, au XVIᵉ, et, plus tard, Sténon, Antoine de Jussieu, Marsili, Donati, Targioni, etc., avaient bien émis des idées, souvent très-justes, sur les animaux et les végétaux qui ne sont plus, mais leurs travaux constituaient des observations isolées et ne formaient pas un corps de doctrine. La Paléontologie est sortie tout entière du cerveau de Georges Cuvier, et date de la publication, en 1796, du mémoire de cet illustre naturaliste sur les Éléphants fossiles. Dès ce moment, une multitude de savants, tant français qu'étrangers, s'élancèrent dans la voie nouvelle, et les découvertes succédèrent aux découvertes. Parmi ceux qui ont le plus contribué à faire avancer la science, il suffira de citer nos compatriotes Adolphe Brongniart, de Blainville, Constant Prévost, Marcel de Serres, Lartet, Alcide d'Orbigny, etc., et, à l'étranger, Louis Agassiz, Buckland, Richard Owen, Sowerby, Claussen, Cotta, Lindley, Martius, Parkinson, etc. Voyez GÉOLOGIE.

PALETOT. — Ce mot, que l'on écrivait anciennement *palletocq*, lequel dérivait lui-même du latin *pallium*, désignait au moyen âge un vêtement à capuchon, une sorte de casaque, à l'usage des aventuriers, des gens sans aveu et des laquais. Toutefois, on le surchargeait quelquefois d'orfévrerie, tant étaient grands alors le luxe et la profusion. Il est question, dans des textes du XVᵉ siècle, de « palletots d'orfaivrerie richement chargez. » De nos jours, en supprimant le capuchon, on a fait de ce vêtement de laquais le vêtement de l'homme à la mode.

PALIMPSESTES. — Ce sont des manuscrits dont on a effacé l'écriture primitive pour la remplacer par un texte nouveau. Cette pratique funeste, que la rareté du Parchemin a fait imaginer, a causé la perte d'un très-grand nombre d'ouvrages précieux. Toutefois, elle n'a pas été inventée par les copistes du moyen âge, comme on le croit communément, car les Romains eux-mêmes y avaient souvent recours. Par bonheur, l'écriture ancienne n'a pas toujours si complétement disparu qu'on ne puisse encore l'apercevoir; on peut même quelquefois la faire reparaître au moyen d'agents chimiques, et c'est en procédant de cette manière que le cardinal Angelo Mai, le professeur Niebuhr et quelques autres ont retrouvé des textes très-importants que l'on croyait perdus pour toujours, entre autres, la *République* de Cicéron et les *Institutes* de Gaius. Les Palimpsestes sont ordinairement sur Parchemin. On a cependant des preuves qu'il en existe sur Papyrus. Un Palimpseste d'une autre espèce se trouve à la bibliothèque de Wolffenbuttel : c'est un exemplaire des *Constitutiones Clementinæ*, imprimé par Jenson, à Venise, en 1476, sur du Parchemin ayant déjà servi et dont on a effacé l'écriture.

PALLADIUM. — Ce métal a été découvert, en 1803, par le chimiste anglais Wollaston, qui le trouva dans les minerais de Platine de la Colombie. Son nom vient de celui de la planète Pallas. Le Palladium appartient à la classe des métaux précieux et se place entre l'argent et le platine. Sa blancheur, son inoxydabilité à la température ordinaire, sa ductilité et ses qualités réfractaires, le rendraient très-utile dans les arts, si sa rareté et les difficultés de son extraction n'en élevaient énormément le prix. Jusqu'à présent, on ne s'en est servi que pour faire quelques bijoux. Les dentistes l'emploient aussi, allié à un dixième d'argent, pour les montures des dents artificielles. La plus grande pièce qu'on ait faite avec ce métal est probablement la coupe que M. Bréant envoya à l'Exposition de 1827, et qui fut achetée par le roi Charles X : elle pesait un kilogramme et avait 45 centimètres de diamètre sur 12 de profondeur.

PALLIUM. — Dans le principe, le mot *Pallium* désignait un manteau d'une forme particulière qui faisait partie du costume grec, et dont les Romains adoptèrent plus tard l'usage. Aujourd'hui, on n'appelle plus ainsi qu'un ornement ecclésiastique consistant en une bande d'étoffe de laine blanche, ornée de croisettes noires, et qui se met autour des épaules. Dans l'Église grecque, tous les évêques portent cet ornement; mais, dans l'Église latine, il est spécialement destiné aux patriarches, aux primats et aux archevêques, et les évêques ne peuvent le prendre qu'en vertu d'un privilége spécial du souverain pontife.

PANAMA. — Voyez CHAPEAU et ISTHME.

PANAULON. — Nom donné, en 1820, par le facteur viennois Trexler, à une flûte traversière de son invention, qui descendait jusqu'au *sol* grave du violon. Cet instrument fit beaucoup de bruit à l'époque de son apparition, mais on ne tarda pas à lui reconnaître des défauts qui n'en permirent pas l'adoption.

PANÉMORE. — 'Ce mot, qui signifie « poussé par tous les vents », pourrait être employé pour désigner tous les Moulins à vent, mais on le réserve aux Moulins horizontaux ou *Moulins à la polonaise*, et même plus particulièrement à ceux de ces appareils dont la surface des ailes est une sorte de conoïde présentant alternativement sa convexité et sa concavité à l'action du vent. On ne possède aucun renseignement sur l'origine des Moulins de ce genre ; on sait seulement qu'en 1699 Duquet et Couplet s'occupèrent de leur construction. Depuis cette époque, plusieurs mécaniciens, tels que Gallon, Dubost, Desquinemare, etc., ont essayé d'en faire adopter l'usage, et n'ont pu y réussir, parce que, à conditions égales, les Panémores produisent beaucoup moins d'effet que les Moulins ordinaires ou Moulins à la hollandaise.

PANHARMONICON. — On a donné ce nom à deux instruments de musique construits, au commencement de ce siècle, par le mécanicien bavarois Jean Maelzel. Le premier fut terminé en 1805. Il imitait à s'y méprendre plusieurs instruments de l'orchestre, notamment la trompette, la clarinette, la viole et le violoncelle, avec toutes les nuances du piano et du forte. Son constructeur le fit voir, d'abord à Vienne, puis à Paris et ailleurs, où il excita l'admiration ; Chérubini ne dédaigna même pas d'écrire pour lui un morceau avec des effets d'écho d'une beauté remarquable. Maelzel ayant vendu son Panharmonicon, en 1807, en commença aussitôt un autre, qui fut terminé l'année suivante. Cette nouvelle invention offrait aux yeux une réunion d'automates, exécutant chacun sa partie sur un instrument particulier. On admirait surtout les violonistes pour l'agilité des doigts, la grâce et la précision des mouvements. L'instrument faisait entendre des morceaux de grande étendue, tels que l'ouverture de *Don Juan*, de Mozart, de la *Vestale*, de Spontini, et de l'*Iphigénie*, de Gluck. Après avoir étonné l'Europe, il passa entre les mains de spéculateurs américains, qui le montrèrent dans les principales villes des États-Unis.

PANICONOGRAPHIE. — Procédé de gravure par les acides qui consiste à reproduire en relief, sur une planche de zinc, de manière à pouvoir l'imprimer typographiquement, toute épreuve autographique, lithographique ou typographique, comme aussi tout dessin au crayon ou à l'estompe. Il a été inventé, en 1850, par M. Gilot, de Paris. Des nombreux procédés imaginés pour remplacer la Gravure sur bois, c'est presque le seul qui ait pu être exploité commercialement. Toutefois, il ne paraît avoir encore rien produit qui ait une valeur véritablement artistique. Il convient surtout pour la multiplication des cartes géographiques, dont la gravure sur bois ou sur métal est longue, difficile et coûteuse.

PANIERS. — Voyez CRINOLINE.

PANOPTIQUE (*Lunette*). — Dans ces dernières années, M. Serres, d'Alais, a donné ce nom à des besicles de son invention, qui, au lieu de verres, sont munies de deux plaques ou disques en cuivre noirci, portant une fente horizontale recouverte par une plaque mobile, maintenue elle-même par des coulisses. Au centre est un trou de la dimension de l'extrémité de la tige d'une épingle, et c'est par ce trou que la lumière doit passer pour affecter la rétine. Au moyen de ces lunettes sans verre, on obtient des effets très-remarquables sur toutes les vues. « Les vues normales elles-mêmes ne sont plus limitées pour les petites distances ; elles peuvent lire à la distance du nez les caractères les plus menus, qui apparaissent ainsi extrêmement grossis. Les presbytes jouissent dès lors du même privilége, et distinguent les objets les plus rapprochés et les plus petits. Conséquemment, les myopes ont aussi l'avantage de distinguer nettement à distance, et même de fort loin, si le trou est suffisamment réduit. Quant aux myo-presbytes, il leur est impossible de trouver une différence notable entre la portée d'un œil et la portée de l'autre ; ils voient également bien des deux côtés. »

PANORAMA. — On a créé ce mot pour désigner un grand tableau circulaire et continu, disposé de telle sorte que le spectateur, placé au centre, voit les objets représentés comme si, se trouvant sur un lieu élevé, il découvrait tout l'horizon environnant. Le Panorama produit des effets merveilleux, et passe pour le triomphe de la perspective. Ce genre de spectacle a été inventé, vers 1779, par le professeur Breysig, de Dantzig. En 1787, Robert Barker, peintre de portraits à Édimbourg, l'introduisit en Angleterre. Enfin, dans les derniers mois de 1798, l'américain Robert Fulton l'importa en France, et le fit voir à Paris, dès 1800, dans un édifice construit sur l'emplacement occupé aujourd'hui par le passage qui, de cette circonstance, a reçu le nom de *passage des Panoramas*. L'exhibition de Fulton se composait de deux tableaux, exécutés par les peintres Jean Mouchel, Denis Fontaine, Pierre Prévost et Constant Bourgeois, et représentant, l'un, une vue de Paris, prise de la terrasse du pavillon central des Tuileries, et l'autre, une vue de Toulon au moment de la retraite des Anglais en 1793. Depuis cette époque, le Panorama a été exploité en France par plusieurs artistes d'un très-grand mérite, principalement par Pierre Prévost et le colonel Jean-Charles Langlois. C'est à ce dernier que l'on doit les grandes pages militaires offertes, depuis 1825, à la curiosité publique, et dont la dernière, *le siége de Paris*, attire journellement la foule. Le Panorama a donné lieu à l'invention de plusieurs spectacles analogues, mais une seule de ces imitations, celle qui a produit le *Diorama*, a eu un succès durable.

PANORAGRAPHE. — Instrument proposé, en 1824, par le mathématicien français Louis Puissant, pour obtenir immédiatement, sur une surface plane, le développement de la vue perspective des objets qui entourent l'horizon du spectateur, et qui seraient représentés à la manière des panoramas. Il fut approuvé, l'année suivante, par l'Académie des sciences; mais, malgré cette approbation, il n'a pu entrer dans la pratique.

PANTALON. — Sous un nom nouveau, c'est une chose fort ancienne. En effet, ce genre de vêtement n'est autre chose que la longue culotte, appelée *Braies*,

que portaient, dans l'antiquité, les Gaulois, les Bretons, les Perses, les Mèdes, etc. Il doit sa dénomination actuelle à un personnage de la comédie italienne, *il signor Pantalone*, qui, en sa qualité de Vénitien, portait le costume usité dans son pays, c'est-à-dire un habit à larges boutons, une longue robe de dessus et une culotte prolongée jusqu'aux pieds. Quand les acteurs italiens vinrent à Paris sous Louis XIII, il signor Pantalone conserva son costume national, et l'on donna à sa longue culotte le nom de celui qui la portait. Depuis la fin du XVIe siècle, les hommes portaient le Haut de chausses, appelé plus tard *Culotte courte*. Ils n'adoptèrent la culotte longue ou Pantalon que pendant les guerres de la Révolution. Cette innovation prit naissance dans l'armée, d'où elle pénétra peu à peu dans le costume civil. — Ce n'est pas seulement au printemps de 1809, comme on le croit généralement, que les dames françaises ont commencé à porter des Pantalons sous leurs robes. Elles en portaient déjà au XVIe siècle : seulement, elles les appelaient alors des *Caleçons*.

PANTIN. — De tout temps et partout on a fait des *Pantins* pour les enfants, mais ce qu'aucun peuple n'a probablement connu, c'est la mode étrange que ces joujoux firent naître en France, au mois de janvier 1747. Tout le monde alors, à Paris, jeunes et vieux, hommes et femmes, s'amusa avec les Pantins. On les portait partout, dans les salons, au théâtre, même à la promenade. « La postérité, écrivait d'Alembert, aura peine à croire qu'en France des personnes d'un âge mûr aient pu, dans un accès de vertige, assez longtemps s'occuper de ces jouets ridicules, et les rechercher avec un empressement que, dans d'autres pays, on pardonnerait à peine à l'âge le plus tendre. » De Paris, la manie des Pantins se répandit dans les provinces, mais le ridicule ne tarda pas à la faire disparaître.

PANTOGRAPHE. — Instrument qui sert à copier mécaniquement un dessin déjà tracé sur le papier, soit en conservant les dimensions de l'original, soit en les amplifiant ou les réduisant. Le Pantographe paraît avoir été imaginé au commencement du XVIIe siècle, par le mathématicien français de Marolais, qui le décrivit dans la première édition de sa *Théorie de la perspective*, Paris, 1615. Toutefois, on en attribue généralement l'invention au jésuite allemand Christophe Scheiner, qui l'aurait faite dès 1603, mais ce savant ne le fit connaître qu'en 1631, dans son ouvrage intitulé : *Pantographia, seu ars delineandi res quaslibet.* Dans tous les cas, la priorité de la divulgation appartient à notre compatriote. Depuis cette époque, le Pantographe a été perfectionné de mille manières : au dernier siècle, par Langlois, Canivet, de Maisonpierre, Louvrier, Letellier, Buchotte, Thomson, Baradelle, etc., et, au nôtre, par MM. Ernst, Breton frères, Adrien Gavard, etc., etc. Ces améliorations ont beaucoup contribué à étendre son usage : toutefois, comme il est difficile à conduire et qu'il opère avec lenteur, les dessinateurs de profession aiment mieux en général se servir de la méthode des carreaux. Aux applications déjà connues, les Anglais en ont, depuis quelques années, ajouté une nouvelle en employant le Pantographe pour la gravure des rouleaux destinés à l'impression des tissus. Cette innovation a été imaginée, en 1834, par le mécanicien Hooten Deveril, mais ce sont MM. Isaac Taylor, de Nottingham (1848), et William Rigby, de Manchester (1858), qui l'ont rendue pratique.— Le *Pantographe des sculpteurs* est une machine destinée à mettre au point les statues et les bustes de marbre. Il paraît avoir été inventé en 1820.

PANTOMÈTRE. — Voyez PORTRAIT.

PANTOMIME. — C'est l'art d'exprimer les passions, les sentiments, les idées par des gestes et des attitudes, sans le secours de la parole. La Pantomime fut peu cultivée en Grèce, mais, à Rome, elle devint, à partir du premier siècle avant J.-C., un art des plus goûtés. Les progrès qu'elle fit sous Auguste furent même si considérables que plusieurs écrivains prétendirent qu'elle était née sous ce prince et avait été créée par les acteurs Pylade et Bathylle. La Pantomime conserva une grande vogue pendant le moyen âge, mais en se livrant à des écarts qui lui attirèrent plusieurs fois de sévères répressions. La vraie Pantomime théâtrale ne parut en France qu'en 1577. Toutefois, ce genre de spectacle devint si peu à la mode que le mot n'en était même pas encore compris en 1670. Au siècle suivant, quelques acteurs lui donnèrent une certaine vogue. Aujourd'hui, elle est entièrement abandonnée.

PANTOSCALE. —Instrument de mathématiques principalement destiné à rapporter sur le papier les levers exécutés à l'équerre d'arpenteur par les géomètres du cadastre, et à mesurer sur un plan la superficie d'un polygone dont les côtés sont ou des droites ou des courbes. Il existe plusieurs appareils qui servent à exécuter les diverses opérations dont les géomètres ont à s'occuper, mais chacun a pour objet une opération spéciale, tandis que le Pantoscale les réunit tous en un seul. Cet instrument a été inventé, en 1841, par M. John Miller.

PAON. — Il est originaire de l'Inde, probablement de l'île de Java. Les Grecs ne le connurent bien qu'à l'époque des guerres d'Alexandre. Chez les Romains, il passait pour un mets estimé. Il en fut de même en France jusqu'au XVIe siècle, mais aujourd'hui on ne l'élève plus que comme oiseau d'agrément.

PAPIER. — Le mot *Papier* vient du latin *papyrus*, nom que les Romains donnaient à une des substances sur lesquelles ils écrivaient.

I. Le Papier se fait, soit avec le coton, soit avec le chanvre et le lin, mais l'emploi de ces diverses matières n'a pas commencé à la même époque. — Le *Papier de coton*, le plus ancien de tous, est originaire de l'empire chinois : on en attribue l'invention à un empereur de la dynastie des Tsing, qui vivait 180 ans avant notre ère. De la Chine, il pénétra dans la Boukharie, où les Arabes le connurent, au VIIIe siècle, quand ils s'emparèrent de ce pays. Enfin, une centaine d'années plus tard, ils l'introduisirent en Espagne et dans l'empire grec, d'où il se répandit peu à peu dans les autres parties de l'Europe. Les plus anciens manuscrits qui existent en France sur Papier de coton appartiennent au Xe ou au XIe siècle, et les plus anciens actes au XIIe.— La connaissance du Papier de coton conduisit bientôt à celle du *Papier de chiffons*, c'est-à-dire de chanvre et de lin, mais on ignore absolument la date et le lieu de cette innovation. On sait seulement que le nouveau Papier existait en 1156. Les plus anciens spécimens connus sur Papier de chiffons sont une lettre écrite par le sire de Joinville au roi Louis le Hutin, qui régna de 1314 à 1316, et un acte de l'an 1320 qui se trouve aux archives d'Augsbourg. — Les *premières papeteries* qu'il y ait eu en Europe paraissent avoir été celles que les Arabes établirent en Espagne, au IXe siècle. En France, il y en avait déjà plusieurs, sur l'Hérault, dans la seconde moitié du XIIe siècle. Les plus anciennes de l'Italie sont probablement celles de Fabriano, dans les États de l'Église, et de Colle-di-val-d'Elsa, en Toscane, qui existent encore et qui étaient déjà florissantes avant 1300. C'est de la fin du XIVe siècle que datent les premières papeteries allemandes : il y en avait une très-renommée à Nuremberg, en 1390. Celles de la Hollande prirent naissance un peu plus tard. Quant à l'Angleterre, elle tira son Papier du continent jusqu'aux dernières années du XVIe siècle. Un nommé John Tate essaya bien, vers 1495, de monter une papeterie dans ce pays, mais il paraît qu'il ne réussit pas, car on regarde comme le plus ancien établissement de ce genre qui ait véritablement fonctionné chez nos voisins celui que le joaillier John Spielmann établit à Dartford, en 1588.

II. Jusqu'aux premières années de ce siècle, le Papier a été exclusivement fabriqué à la main, ce qui obligeait à ne lui donner que des dimensions très-restreintes. C'est même encore de cette manière qu'on le produit dans les usines de très-peu d'importance; mais, dans les établissements organisés sur une grande échelle, on le fabrique exclusivement par des procédés mécaniques. Le Papier obtenu par le premier système est connu sous le nom de *Papier de cuve* ou *Papier à la main*, tandis que celui qui est fourni par le second constitue le *Papier mécanique* ou *Papier sans fin*. La machine à fabriquer le Papier est d'origine française. Elle fut inventée, en 1799, par Louis Robert, employé à la papeterie de François Didot, à Essonnes. Toutefois, elle était si imparfaite qu'il ne fut possible d'en tirer aucun parti. Quelques années après, M. Didot-Saint-Léger, comprenant qu'elle renfermait le germe d'un progrès

important, s'en rendit acquéreur, moyennant la somme de 25,000 francs, et la transporta en Angleterre, où, après de nombreux tâtonnements, le mécanicien Bryan Donkin réussit à la faire régulièrement fonctionner, et, dès 1803, les frères Foudriner l'introduisirent dans leur papeterie de Frogmore, dans le comté d'Hereford. Pendant quelques années, les Anglais profitèrent seuls de l'invention de notre compatriote, mais, bientôt, les nations du continent en dotèrent leur industrie. La première machine qu'on ait vue en France fut construite, en 1811, par M. Calla, mécanicien à Paris, sur les plans envoyés de Londres, par M. Didot-Saint-Léger, et placée dans la papeterie de MM. Berte et Grewenich, à Sorel, près d'Anet. Depuis cette époque, la fabrication mécanique du Papier n'a cessé de recevoir des améliorations, dont plusieurs l'ont en quelque sorte transformée, et parmi ceux qui ont le plus contribué à la porter au degré de perfection où elle est parvenue de nos jours, on cite surtout les anglais John Dickenson, Wise, Middleton, et notre compatriote M. Canson, d'Annonay. C'est un autre français, M. Jacquier, qui, en 1831, a trouvé le moyen de donner au Papier à la mécanique l'apparence du Papier à la main; malheureusement, cette invention n'a guère été utilisée jusqu'à présent que pour tromper une classe assez nombreuse de consommateurs.

III. La consommation croissante du Papier et la rareté de plus en plus grande des chiffons ont engagé les papetiers à rechercher s'il ne serait pas possible de remplacer par d'autres matières celles qui ont été, jusqu'à présent, habituellement employées. Des essais ont été faits dans toutes les parties du monde, mais, malgré les résultats obtenus, le problème est encore à résoudre. Cette idée est, du reste, plus ancienne qu'on ne le croit généralement, car elle remonte au moins au commencement du dernier siècle. On peut même dire que la plupart des inventions faites, de nos jours, à ce sujet, sont entièrement renouvelées des Grecs. Jean-Charles Schœffer, un de ceux qui, avant la Révolution, se sont le plus occupés de l'étude de cette question, publia, en 1772, un résumé de ses travaux dans un volume qui ne présente pas moins de soixante échantillons de Papier fabriqué avec autant de substances différentes.

IV. Les différentes grandeurs du Papier portent, dans le commerce, des noms particuliers, qui n'ont plus aujourd'hui de raison d'être, mais que l'habitude a fait conserver. La plupart de ces noms ont pour origine les marques des anciens fabricants : tels sont ceux de *cloche, couronne, coquille, grand aigle, écu, jésus*, etc. Quelques-uns proviennent d'autres circonstances. Ainsi, le *Papier tellière* ou *Papier ministre* a été ainsi appelé parce qu'il a été primitivement fabriqué pour le Tellier, marquis de Louvois, ministre de Louis XIV. Le Papier de soie, dit *Papier Joseph*, a reçu cette dernière dénomination parce que c'est Joseph Montgolfier qui l'a préparé en France, pour la première fois. Quant au *Papier vélin*, il a été ainsi nommé parce que, placé entre l'œil et la lumière, il offre l'aspect du vélin véritable. Il a été inventé, en 1750, par l'imprimeur anglais Baskerville, et introduit en France, en 1780 ou 1781, par M. Johannot, papetier à Annonay.

V. Outre les papiers ordinaires, il existe ce qu'on appelle les *Papiers spéciaux*, qui ne diffèrent des autres que par certaines opérations qu'on leur fait subir, le plus souvent après leur fabrication, pour les rendre propres aux besoins particuliers qu'ils sont destinés à satisfaire. Tels sont les *Papiers autographiques*, dont les lithographes font un si grand usage, et qui ont été inventés, en 1796, par Aloïs Senefelder, et beaucoup perfectionnés depuis par MM. Trudot, Lemercier, etc. ; les *Papiers maroquinés*, imaginés en Allemagne, vers 1800, et introduits en France, en 1805 et 1806, par MM. Boehm et Rœderer, de Strasbourg ; les *Papiers de fantaisie*, dont la fabrication a été fondée à Paris, en 1810, par Pierre-François Audrand ; les *Papiers porcelaine*, inventés en Allemagne, après 1815, importés en France, en 1827, par M. Longet, de Francfort-sur-Mein, et entièrement transformés, à partir de 1833, par M. Louis Boudon, de Paris ; les *Papiers incombustibles et imperméables*, préparés, peut-être, pour la première fois, en 1778, par le chimiste italien Carburi ; le *Papier parchemin*, inventé, il y a quelques années, en

France, en Angleterre et en Allemagne, et qui remplace avantageusement le parchemin dans une foule de circonstances ; les *Papiers à décalquer*, qui existaient déjà au commencement du XVIIᵉ siècle, où on les employait non-seulement pour calquer les dessins, mais encore pour apprendre aux enfants les premiers principes de l'écriture ; le *Papier Berzélius*, inventé en Suède, vers 1820, probablement d'après les indications du chimiste dont il porte le nom, et dont la fabrication a été introduite en France par M. Journet, papetier dans les Vosges ; et le *Papier de Chine*, que l'industrie européenne a longtemps tiré de l'empire chinois, et qui a été introduit dans la typographie française, en 1781, époque à laquelle l'imprimeur parisien Pierres s'en servit pour la publication d'une lettre de Henri IV à la reine Marguerite.

PAPIERS DE SURETÉ. — Ce sont des Papiers d'une nature particulière qui sont destinés à mettre les actes publics et les papiers de commerce à l'abri des falsifications. Ils sont en très-grand nombre, mais aucun ne paraît présenter absolument les garanties nécessaires. Le plus ancien est peut-être celui qui a été inventé, en 1791, par Maugard. L'année suivante, Molard aîné en proposa un autre. Un troisième fut imaginé, en 1811, par Léorier, Delisle et Guyot. Ce dernier paraît être l'origine des papiers dits *sensitifs*, dont il a surgi une multitude de variétés, et qui ont été ainsi nommés parce qu'ils changent de couleur sous l'action des réactifs employés par les faussaires. Parmi les Papiers de sûreté inventés depuis cette époque, il suffira de citer ceux de Dorsay (1818), Mozart (1833), Grimpé (1835), Bressier (1837), Zuber, Knecht et Deburges (1839), et Louis Tissier (1842).

PAPIERS PEINTS. — Les *Papiers peints* ou *Papiers de tenture* sont originaires de la Chine et du Japon. Ils ont été introduits en Europe par les Hollandais, vers le milieu du XVIᵉ siècle. Les premiers essais pour les imiter eurent lieu dans la première moitié du siècle suivant, et consistèrent à fabriquer une espèce de papier dit *velouté*, qui faisait comme une suite aux magnifiques tapisseries dont l'usage était alors très-répandu. Les Anglais réclament cette innovation pour un de leurs compatriotes, nommé Jérôme Lanyer, qui, en 1634, obtint une patente de Charles Ier, tandis que les Français l'attribuent à un gainier de Rouen, appelé Lefrançois, qui l'aurait imaginée en 1620. Quoi qu'il en soit, une vive émulation s'établit bientôt, pour ce genre de produits, entre les industriels des deux pays, et les perfectionnements ne tardèrent pas à commencer. Jean Hautsche, de Nuremberg, mort en 1670, réussit le premier à donner de l'éclat à certaines parties du Papier en y fixant du talc pulvérisé, ce qui donna naissance aux *Papiers pailletés*. En 1668, le graveur français Jean Papillon se servit de la Gravure en couleur pour orner les papiers de dessins variés. Au siècle suivant, Abraham Mieser, d'Augsbourg, réussit le premier à obtenir des ornements d'or et d'argent. A la même époque, on faisait à Paris une sorte de papier appelé *Domino* sur lequel on imprimait des dessins en couleur avec des patrons découpés. Malgré ces diverses améliorations, la fabrication des Papiers peints avait encore reçu de très-faibles développements, lorsque, vers 1785, le parisien Réveillon introduisit, dans sa manufacture du faubourg Saint-Antoine, des procédés d'exécution si extraordinaires, que cette branche d'industrie en fut comme révolutionnée. C'est à cet inventeur que les Papiers de tenture doivent leurs premiers progrès sérieux, et, après lui, il faut citer, en première ligne, M. Zuber, de Rixheim, dans le Haut-Rhin, dont l'usine date de 1797. C'est ce dernier qui a inventé la fabrication des rouleaux sans fin, le procédé des teintes fondues, l'impression avec les cylindres de cuivre, l'appareil à faire le papier rayé, etc. L'industrie des Papiers peints est florissante aujourd'hui en Angleterre, en Allemagne, aux États-Unis et en France ; mais c'est de notre pays que sortent presque tous les articles de goût.

PAPYRINE. — Voyez **PARCHEMIN.**

PAPYROGRAPHIE. — Nom donné, en 1817, par Aloïs Senefelder, à une application de la Lithographie : elle consistait à exécuter les dessins et les écritures non pas sur des pierres, comme à l'ordinaire, mais sur une espèce de fort papier qu'il appelait *Papier-pierre*.

PAPYRUS. — Le *Papyrus* est la substance que les anciens ont le plus employée pour copier les livres et écrire les actes. On le préparait en collant l'une sur l'autre les minces pellicules que renferme la tige d'une plante du genre Souchet, autrefois très-commune sur les bords du Nil. La fabrication de cette espèce de papier fut toujours concentrée en Égypte, mais on ignore à quelle époque elle y avait commencé. Tout ce qu'on sait, c'est que les écrivains de ce pays se servaient déjà du Papyrus plus de 1700 ans avant notre ère, ainsi que le prouvent des contrats trouvés dans des tombeaux, et qui remontent à l'an 1730. D'Égypte, le Papyrus passa d'abord dans l'Asie Mineure et en Grèce, puis en Italie, d'où il pénétra en Gaule, en Angleterre et en Allemagne. Il servit surtout, dans ces dernières contrées, pour la transcription des actes, et son usage s'y maintint jusqu'au XIe siècle, c'est-à-dire jusqu'au moment où, à la suite de la conquête des Arabes, l'industrie égyptienne se trouva anéantie.

PARABOLE. — La ligne courbe de ce nom a été découverte par le géomètre grec Apollonius de Perge, qui vivait 250 ans avant notre ère. La Parabole dite *semi-cubique* est célèbre dans l'histoire de la science comme étant la première courbe que l'on ait rectifiée, c'est-à-dire que l'on ait trouvée égale en longueur à une ligne droite assignable. Cette découverte a été faite au XVIIe siècle et, à peu près en même temps, par le géomètre anglais William Neil et le géomètre hollandais Heuraet. On avait cru jusqu'alors qu'il était impossible d'assigner une ligne droite égale à l'arc d'une courbe algébrique quelconque. Depuis cette époque, le Calcul différentiel a montré qu'il existe des classes innombrables de courbes qui sont susceptibles de rectification indéfinie.

PARACHUTE. — I. Des appareils plus ou moins analogues au *Parachute* ont été imaginés par plusieurs de ceux qui se sont occupés de Navigation aérienne : on en trouve même un parfaitement figuré dans le *Recueil de machines*, de Fauste Veranzio, publié à Venise, en 1617 ; mais la machine que l'on adapte aujourd'hui aux Aérostats pour servir de moyen de sauvetage ne date réellement que de la fin du xviii° siècle. Cette machine paraît avoir eu pour origine des expériences faites, en 1783, à Montpellier, par le physicien Sébastien Lenormand, afin de s'assurer si, comme il l'avait lu dans des relations de voyages, on pouvait, en se précipitant d'une grande hauteur, un grand parasol à la main, arriver à terre sans se faire de mal. Quelques années après, des expériences du même genre furent exécutées, à Paris et ailleurs, par l'aéronaute Blanchard, qui, pour augmenter l'attrait de ses ascensions, lançait, du haut des airs, des animaux attachés à des espèces de parasols. Enfin, le 22 octobre 1797, dans le parc de Monceaux, Jacques Garnerin eut, le premier, le courage d'effectuer une descente en Parachute, et c'est pour ce motif, qu'on le regarde habituellement comme l'inventeur véritable de cet appareil. Il est d'ailleurs à remarquer que le Parachute lui doit la forme et les diverses dispositions qu'on lui a toujours données depuis.

II. Dans ces dernières années, on a donné le nom de *Parachute des mines* à des appareils de sûreté employés, dans les puits des mines, pour empêcher la chute des tonnes ou des cages, lorsque le câble auquel elles sont attachées vient à se rompre. La première idée de ces appareils paraît dater de 1721, et appartenir au célèbre architecte Claude Perrault, mais le premier qui ait fonctionné est celui qui a été appliqué, en 1845, aux mines de Decize, par M. Machecourt, son inventeur, et qui a été perfectionné, en 1849, par M. Fontaine, chef d'atelier aux houillères d'Anzin. Les Parachutes des mines sont passés aujourd'hui à l'état de grande application pratique, principalement en France et en Belgique, et un grand nombre d'ouvriers leur ont déjà dû la vie.

PARAFFINE. — Substance solide et incolore qui a été découverte, en 1830, par le baron de Reichenbach, dans les produits de la distillation du bois. On l'a également trouvée depuis dans les goudrons de houille et de tourbe, ainsi que dans plusieurs autres matières organiques ou inorganiques, notamment dans les schistes bitumineux. Elle a été ainsi appelée, de deux mots latins, *parum affinis*, « qui a peu d'affinité », à cause de l'indifférence qu'elle manifeste pour les différents agents chimiques, le chlore excepté. On l'emploie pour faire des bougies de bonne qualité qui coûtent un peu moins que les bougies stéariques proprement dites. Sa fabrication en grand a été créée, en France, il y a quelques années, par le chimiste F. Rohart.

PARAFLAMMES. — Appareil de sûreté inventé, en 1768, par un sieur Babu, pour garantir les édifices de l'attaque des flammes d'un incendie voisin. Suivant l'inventeur, trente de ces appareils pouvaient suffire aux besoins d'une petite ville ou d'un quartier d'une grande ville.

PARAFOUDRE. — Voyez PARATONNERRE.

PARAGRÊLES. — En 1820, un inventeur américain, reprenant une idée émise au dernier siècle par le physicien français Bertholon, imagina de préserver les campagnes des ravages de la Grêle, au moyen de perches armées de pointes de fer communiquant avec le sol, et appelées *Paragrêles*. Ces appareils furent introduits en Europe, et jouirent, pendant quelque temps, d'une vogue immense, mais on ne tarda pas à reconnaître leur inefficacité. « Si, dit à ce sujet le physicien Daguin, le foyer où se forme le météore était fixe, et si l'Électricité ne s'y renouvelait pas continuellement, les pointes pourraient, en déchargeant les nuages, empêcher les grêlons de s'y former ; mais ce foyer se déplace rapidement ; il peut même arriver, comme il paraît que l'observation l'a démontré, que le nuage arrivant sur un pays garni de Paragrêles y verse aussitôt une grande quantité de grêlons, qui seraient tombés plus loin, si les pointes n'avaient point déchargé le nuage. » Au lieu de perches, on a proposé d'employer des ballons captifs ou des cerfs-volants, munis de pointes métalliques et d'une corde conductrice de l'Électricité, mais ces appareils n'ont pas eu plus de succès que les précédents.

PARALLÈLES. — Voyez SIÈGE.

PARALLÉLOGRAMME. — Voyez VAPEUR (*Machine à*).

PARALLÉLOGRAPHE. — Instrument destiné à tracer des lignes parallèles, soit droites, soit courbes, soit ondulées. Il a été inventé, en 1770, par M. de Peignère, de Caen. Une foule d'inventions analogues ont été faites à peu près partout depuis le commencement de ce siècle.

PARAPLUIE. — De tous les peuples de l'antiquité, les Chinois sont les seuls qui aient fait usage du *Parapluie*. Les Grecs et les Romains connaissaient cependant l'Ombrelle, mais ils n'eurent pas l'idée d'augmenter ses dimensions pour en faire un abri contre la pluie. Ils se préservaient des eaux du ciel en s'enveloppant dans un manteau ou en se couvrant d'une pièce de cuir, et la même coutume exista, dans toute l'Europe, jusqu'à la fin du xviie siècle. Les Parapluies paraissent être nés en France dans les dernières années du règne de Henri IV, mais ils furent d'abord si grossiers et si lourds qu'on éprouvait une sorte de répugnance à s'en servir. Ce furent des modifications imaginées sous Louis XV et Louis XVI qui, en les rendant plus légers, commencèrent à en répandre l'emploi. Toutefois, malgré leurs perfectionnements, ils eurent beaucoup de peine à prendre dans certains pays. A Londres, par exemple, ils étaient encore une nouveauté au milieu du dernier siècle. On n'y en trouva même, pendant plusieurs années, que dans les principaux cafés, où on les prêtait à ceux des consommateurs qui n'avaient pas de voiture. Enfin, là même où ils étaient le plus usités, en France notamment, on les regardait comme un meuble de famille auquel on ne touchait qu'avec précaution, et que chaque génération transmettait religieusement à celle qui la suivait. C'est en créant des procédés de fabrication économique que l'industrie de notre siècle a réussi à rendre l'usage du Parapluie universel. Un grand nombre d'inventions plus ou moins singulières données de nos jours comme nouvelles datent du dernier siècle. Ainsi, on vendait à Paris des *Parapluies-cannes* en 1758. En 1761, un fabricant nommé Reynard, faisant revivre une idée déjà émise en 1705 et 1740, mit à la mode des Parapluies qui se pliaient de manière à tenir dans la poche. En 1785, on en faisait d'autres qui s'ouvraient tout seuls. Toutes ces innovations et beaucoup d'autres ont été plusieurs fois renouvelées, avec des modifications et des complications à l'infini, mais sans jamais pouvoir être autre chose que des curiosités.

PARASOL. — Voyez OMBRELLE.

PARATONNERRE. — Quelques écrivains, se fondant sur des textes mal compris, ont cru que plusieurs peuples de l'antiquité connaissaient les *Paratonnerres*, mais ces appareils ont incontestablement une origine tout à fait moderne. Ils datent de la seconde moitié du dernier siècle, c'est-à-dire de l'époque où l'on a découvert l'identité de la Foudre et du fluide électrique, et la propriété que possèdent les pointes de soutirer l'Électricité des nuages. C'est à Benjamin Franklin que l'on doit le Paratonnerre : il fit construire le premier, en 1760, pour la maison d'un négociant de Philadelphie, nommé West. Toutefois, cette admirable invention ne reçut pas d'abord en Europe l'accueil qu'elle méritait. En effet, dans plusieurs pays, en Angleterre, par exemple, on la repoussa par un ridicule amour-propre national, tandis que, dans d'autres, en France notamment, la mesquine jalousie de quelques savants s'efforça d'en atténuer la valeur. La vérité finit cependant par triompher, mais Paris dut à l'opposition de l'abbé Nollet, un des plus violents détracteurs du Paratonnerre, de ne posséder cet appareil qu'en 1782, tandis que les abbés Chappe et Bertholon, mieux inspirés que leur confrère, l'avaient déjà répandu dans plusieurs provinces, principalement en Languedoc, dans le Lyonnais et en Bretagne. L'Angleterre n'adopta le Paratonnerre qu'en 1788, date de l'établissement de celui de la cathédrale de Londres, le premier qui ait existé dans cette ville. Ce fut aussi vers la même époque qu'il pénétra en Allemagne et dans la plupart des autres parties de l'Europe. Il est à remarquer que l'idée d'armer les navires de Paratonnerres appartient au sénat de Venise. Il existe, en effet, un décret de cette assemblée, du 30 juillet 1778, qui prescrit d'en munir les bâtiments de tout tonnage, ainsi que les magasins à poudre. Au dernier siècle, on imagina aussi de petits *Paratonnerres portatifs* à l'usage des personnes, mais cette invention, qui fut d'abord faite par Barbeu Dubourg, puis renouvelée par le père Paulian, n'eut aucun succès parce qu'on n'eut pas de peine à reconnaître qu'elle ne pouvait être d'aucune utilité.

PARATREMBLEMENT DE TERRE. — En 1772, l'abbé Bertholon, professeur de physique à Montpellier, donna ce nom à un instrument de son invention qui était destiné à prévenir les effets des Tremblements de terre. La construction de cet instrument était fondée sur ce fait, avancé, en 1746, par le physicien anglais Stukeley et soutenu, depuis, par le père Beccaria, que les Tremblements de terre sont produits par l'Électricité qui règne dans l'intérieur du globe. En conséquence, l'abbé Bertholon proposa de soutirer cette Électricité en enfonçant dans le sol, à de grandes profondeurs, de longues verges métalliques dont chaque extrémité serait munie de pointes divergentes très-aiguës. De cette manière, les pointes de l'extrémité inférieure attireraient le fluide répandu dans la région souterraine, et le transmettraient, par le moyen des verges, aux pointes de l'extrémité supérieure qui le disperseraient dans l'atmosphère. Les Paratremblements de terre n'ont jamais été essayés sur une grande échelle, tous les gouvernements ayant reculé devant la dépense d'une expérience sur le succès de laquelle on n'a point de données certaines.

PARCHEMIN. — I. L'usage d'écrire sur des peaux d'animaux remonte à la plus haute antiquité, mais, sous le règne d'Eumène II, roi de Pont, mort 241 ans avant notre ère, la préparation de ces peaux reçut à Pergame de si grands perfectionnements qu'on leur donna le nom de cette ville. En conséquence, on les appela génériquement *charta Pergami*, *membrana pergamena*, ou simplement *pergamenum*, et c'est de ce dernier mot qu'est venu le français *parchemin*. Le progrès fut, dit-on, provoqué par les rois d'Égypte qui, en interdisant l'exportation du Papyrus, forcèrent les peuples étrangers à créer une matière propre à le remplacer. Le Parchemin a été employé, pendant très-longtemps et concurremment avec le Papyrus, pour la transcription des livres et des actes ; mais l'invention du Papier, qui est beaucoup moins cher et beaucoup plus facile à fabriquer, l'a fait peu à peu abandonner, et il ne sert plus guère aujourd'hui que pour l'impression des diplômes des sociétés savantes et des universités. Les plus anciens manuscrits sur Parchemin qui soient parvenus jusqu'à nous ne sont pas antérieurs au IIIe siècle de notre ère, et les plus anciens actes appartiennent au VIIe siècle.

II. En 1846, deux chimistes français, MM. Poumarède et Figuier, remarquèrent que si l'on plonge du Papier ordinaire dans un bain d'acide sulfurique, il se transforme en un produit nouveau, qui a l'apparence et la solidité du vélin. Ils donnèrent à ce produit le nom de *Papyrine*, et annoncèrent que l'industrie pourrait un jour en tirer un parti avantageux. Leur prévision s'est, en effet, réalisée, puisqu'en 1857 le chimiste anglais Gaines a monté une fabrique de *Parchemin végétal*, qui n'est autre chose que du Papier traité comme nos compatriotes l'avaient fait onze ans auparavant. Ce Parchemin est actuellement répandu partout. Il se prête aux mêmes applications que le parchemin animal, qui est le parchemin véritable. On l'appelle quelquefois, mais très-improprement, *papier anglais*.

PARFUMS. — L'usage des *Parfums* est immémorial en Orient, peut-être même dans tous les pays, mais il est aujourd'hui beaucoup moins répandu qu'autrefois, du moins en Europe, parce que les progrès de la propreté en ont diminué l'utilité. Les anciens connaissaient plusieurs huiles essentielles à l'état de pureté, telles que celles de citron, de térébenthine, de laurier, etc.; mais leurs compositions odoriférantes les plus usitées étaient des solutions d'essences dans les huiles grasses, obtenues par la macération des plantes aromatiques dans l'huile d'olive. Les mêmes procédés ont été seuls employés jusqu'à notre époque, où l'on est parvenu à extraire les principes odorants des végétaux par des moyens beaucoup plus prompts et plus efficaces. Ce perfectionnement est dû à M. Millon, chef de la pharmacie militaire centrale d'Alger. En 1856, ce savant, faisant des recherches sur l'application des dissolvants volatils à la fabrication des Parfums, soumit les fleurs les plus aromatiques à l'action du sulfure de carbone : il reconnut qu'au contact de cet agent elles se dépouillaient de toute odeur, et en conclut que leur principe odorant devait s'y être dissous. Il eut dès lors la pensée de distiller les solutions ainsi obtenues de manière à chasser tout le sulfure, et la distillation lui donna pour résidu des substances généralement huileuses, inconnues jusque-là, et constituant essentiellement le Parfum des plantes les plus agréables et les plus suaves. La nouvelle méthode d'extraction est exploitée aujourd'hui sur une grande échelle. Elle a, entre autres avantages, celui de ne pas exiger, comme l'ancienne, qu'on opère sur des plantes parfaitement fraîches, ce qui permet d'aller recueillir sous les latitudes les plus éloignées, pour les employer dans nos contrées, les Parfums concentrés de fleurs qui nous sont entièrement inconnues. Voyez ESSENCES.

PARIAN. — Les Anglais donnent ce nom, parce qu'elle imite le marbre de Paros, à une variété de porcelaine, qui se prépare avec un mélange de feldspath géologiquement pur et d'une matière plastique destinée à faciliter le façonnage. Le Parian a été créé, en 1842, par Thomas Battam, employé à la manufacture de porcelaine de M. Alderman Copeland à Stoke-sur-Trent, dans le comté de Stafford. On l'emploie communément aujourd'hui pour fabriquer une multitude d'objets d'utilité ou d'ornement, et pour imiter les marbres antiques. Ce produit a une nuance jaunâtre agréable. En exagérant cette nuance, on obtient une pâte qui ressemble parfaitement à l'ivoire, et dont on se sert pour faire des coffrets et des boîtes à bonbons du plus bel effet.

PARLANTES (*Machines*). — Voyez MACHINES PARLANTES.

PAROS (*Marbres de*). — On appelle *Marbres* ou *Chronique de Paros* une plaque de marbre que le comte Thomas Howard d'Arundel fit venir de Grèce, avec d'autres antiquités, en 1627, et que son fils Henri donna, en 1667, à l'université d'Oxford, dans le musée de laquelle elle se trouve encore aujourd'hui. On ne connaît pas d'une manière précise l'époque et le lieu de la découverte de ce monument. On croit cependant qu'il provient de l'île de Paros, et c'est de là que vient le nom sous lequel on le désigne ordinairement. On l'appelle aussi quelquefois *Marbres d'Arundel*, à cause de son premier possesseur, et *Marbres d'Oxford* de la ville qui le possède. La Chronique de Paros offre un des documents les plus précieux des annales de la Grèce. On y trouve, en effet, une table chronologique des événements les plus remarquables de l'histoire d'Athènes, depuis Cécrops (1582 ans avant Jésus-Christ) jusqu'à l'année 264 : malheureusement la partie postérieure à l'an 354 est presque entièrement mutilée. Le texte des Marbres de Paros a été publié, pour la première fois, en 1629, par Jean Selden, dans ses *Marmora Arundelliana*.

PARQUESINE. — Matière plastique inventée, vers 1858, par un industriel anglais, appelé Alexandre Parkes, qui lui a donné son nom. On l'emploie pour faire des imitations d'écaille, de corne, d'ivoire et de bois.

PASIGRAPHIE. — On désigne sous ce nom une écriture universelle qui serait applicable à toutes les langues. Ceux qui ont essayé de résoudre ce problème forment deux classes. Les uns, et ce sont les plus nombreux, ont voulu créer une écriture dans laquelle chaque idée serait représentée par un signe particulier et invariable quant à sa figure graphique, et qui, d'ailleurs, pourrait se prononcer de mille façons différentes ; mais les recherches faites dans cette direction sont absolument chimériques. Les autres se sont simplement proposé de former un système de caractères qui serait applicable à toutes les langues, c'est-à-dire qui renfermerait tous les signes alphabétiques nécessaires pour rendre tous les sons et toutes les articulations qui entrent dans la parole humaine. A la différence de la précédente, cette question n'est pas impossible à résoudre, mais elle présente des difficultés que personne encore n'a pu surmonter.

PASTEL. — Les propriétés tinctoriales du *Pastel* ou *Guesde* ont été utilisées de très-bonne heure pour la teinture. Dans le principe, la culture de cette plante était presque entièrement concentrée dans l'Asie occidentale, mais elle fut introduite peu à peu en Afrique, en Espagne et en Italie, d'où elle se répandit dans quelques autres parties de l'Europe. Au XIIe siècle, elle était très-florissante dans plusieurs de nos provinces, surtout dans les anciens diocèses de Toulouse, de Montauban, d'Alby, de Lavaur, de Saint-Papoul et de Mirepoix. Quatre cents ans plus tard, la

Normandie l'exploitait également sur une grande échelle, et c'est avec les produits de cette industrie que les teinturiers de Rouen faisaient la couleur, dite *bleu de Perse*, que les Orientaux recherchaient avec fureur. Avant l'introduction de l'Indigo, c'était avec le Pastel que l'on obtenait toutes les nuances bleues sur les tissus, mais, depuis ce temps, on l'a, partout, presque entièrement abandonné ; il ne sert plus aujourd'hui que pour la teinture d'un petit nombre d'étoffes communes. Voyez INDIGO et VERT DE CHINE.

PASTEL (*Peinture au*). — On appelle ainsi un genre de dessin qui s'exécute avec des couleurs réduites en pâte, autrefois *paste*, et moulées sous forme de crayons. Les uns en attribuent l'invention à Thièle, d'Erfurth, né en 1685, mort en 1727 ; et les autres, à Mᵉ Heid, de Dantzig, née en 1688, morte en 1753. Il a été fort à la mode sous le règne de Louis XV, mais on l'a très-peu cultivé depuis à cause du peu de solidité de ses produits. En effet, les couleurs adhèrent si peu, qu'elles se détachent très-facilement du fond, ce qui amène forcément un affaiblissement des teintes. Pour remédier à cet inconvénient, on est obligé d'enfermer les tableaux entre deux glaces soigneusement collées sur les bords. Quelquefois, on se contente d'appliquer une couche d'eau gommée ou de vernis sur les couleurs, mais ce procédé leur fait perdre une partie de leur transparence et de leur velouté. Voyez DESSIN.

PATCHOULY. — Plante de la presqu'île indienne dont les feuilles sont employées, à cause de leur odeur aromatique très-prononcée, pour préserver les hardes et les fourrures de l'attaque des teignes. Elle a été introduite en Europe entre 1820 et 1825.

PATÈNE. — Dans les premiers temps de l'Église, quand on communiait sous les deux espèces, la *Patène* était le plat dans lequel on offrait le pain. Vers le xᵉ siècle, à l'époque de l'introduction de l'hostie, le Ciboire a remplacé ce plat, et la Patène, devenue dès lors sans objet, n'a plus servi qu'à recouvrir ce dernier. Ce changement de destination lui a fait perdre, en même temps, une grande partie de ses dimensions, mais elle les a conservées dans l'Église grec-que, parce qu'on y est resté fidèle à l'ancien rite.

PATIENCE (*Jeu de*). — Il n'existe aucun renseignement sur l'origine de ce jeu, que l'on appelle aussi *Casse-tête*. On sait qu'il consiste à rapprocher dans leur ordre véritable, en les emboîtant les unes dans les autres, les parties d'une tablette de bois ou de carton, que l'on a bizarrement découpée après y avoir collé un dessin ou une carte de géographie, et dont on présente aux joueurs les fragments détachés et pêle-mêle. Le *Myriorama*, imaginé à Paris, il y a quelques années, par un nommé Brès, est une variété du Casse-tête.

PATIN. — Il y a eu, à diverses époques, des chaussures appelées *Patins*, mais celle que l'on désigne aujourd'hui sous ce nom est spécialement destinée à glisser sur la glace. On la regarde généralement comme originaire de la Hollande, mais le fait n'a jamais été prouvé. On serait peut-être moins éloigné de la vérité en admettant qu'elle a été connue de tout temps dans tous les pays où la glace et la neige rendent, pendant une partie de l'année, les communications difficiles. Quoi qu'il en soit, l'exercice du Patin, qui n'est, dans les pays tempérés, qu'un amusement, est, au contraire, une nécessité chez les peuples du Nord. Ainsi, en Hollande, en Suède et en Norwège, c'est avec des Patins que les paysans voyagent pendant l'hiver. Il y a même des corps spéciaux de patineurs dans l'armée suédoise. En 1819, M. Petitbled fit breveter en France des Patins destinés à « exécuter, dans les appartements, tout ce que les patineurs peuvent faire sur la glace avec des patins ordinaires ; » ils ne différaient de ces derniers qu'en ce que la lame d'acier fixée sous la semelle était remplacée par des roulettes. Ces *Patins à roulettes* ont été plusieurs fois réinventés depuis, mais sans jamais pouvoir en tirer quelque parti utile. Jusqu'à présent, ils n'ont pu servir que pour simuler des scènes de patinage sur le théâtre. V. au COMPLÉM.

PAUME. — Le *Jeu de Paume* a été ainsi nommé parce qu'il consistait primitivement à lancer une balle avec la main. Il en est déjà question dans l'*Odyssée*. Suivant Hérodote, c'est aux Lydiens que l'on en devrait l'invention.

Les Grecs et les Romains l'eurent toujours en grande estime, et ils avaient, les uns et les autres, des établissements spéciaux pour s'y livrer. Le Jeu de Paume a été également fort à la mode pendant le moyen âge et dans les temps modernes. Toutefois, jusqu'au xv⁵ siècle, on renvoya la balle avec la main nue. A partir de cette époque, on commença à garnir la main d'un gant rembourré ou gantelet. Un peu plus tard, on l'enveloppa de cordes tendues et serrées. Enfin, sous Henri IV, on inventa la *Raquette*. A partir du règne de Louis XIII, le Jeu de paume perdit graduellement de son ancienne vogue. Toutefois, il conserva de nombreux partisans, surtout parmi les seigneurs de la cour, jusqu'à la Révolution, où il disparut à peu près entièrement.

PAVAGE. — D'après une tradition rapportée par Isidore de Séville, c'est aux Carthaginois que l'on doit l'usage de paver les rues des villes. Les Romains l'adoptèrent plus tard, mais ils ne l'appliquèrent qu'aux principales villes, et même qu'aux rues les plus importantes de chacune d'elles. Au reste, le Pavage des villes a été, pendant tout le moyen âge, une chose d'une grande rareté. Paris ne le connaissait pas encore lorsqu'en 1185 le roi Philippe-Auguste entreprit de l'en doter. Toutefois, on ne pava d'abord que deux grandes rues, celles qu'on appelait *la croisée de Paris*, parce qu'elles se croisaient au centre de la ville, l'une allant du nord au sud et l'autre de l'est à l'ouest. En 1832, en creusant l'égout de la rue Saint-Denis, on a trouvé, à 20 ou 30 centimètres du sol, des restes du pavé de la première; c'était un revêtement en dalles de grès d'environ 17 centimètres d'épaisseur, sur 1 mètre 17 centimètres de longueur et autant de largeur. Le pavage des rues n'est devenu général que vers le xv⁵ ou le xvi⁵ siècle. Quant aux matériaux employés à sa construction, ils ont nécessairement varié suivant les localités, mais on a toujours donné la préférence aux matières les plus dures, ici aux *cailloux roulés*, là au *grès*, au *basalte*, au *porphyre*, etc. Dans les pays où la pierre manque, on a quelquefois fait usage de *briques*, le plus souvent posées de champ et en épis. C'est ainsi que sont

encore pavées les rues de la Hollande et celles de Venise. Dans les contrées où le *bois* est très-abondant, on a aussi essayé de l'appliquer au Pavage des villes. Ce Pavage en bois a été employé, pour la première fois, à Saint-Pétersbourg, en 1834. Depuis cette époque, on a fait, en Angleterre, à partir de 1838, et, en France, à partir de 1839, un très-grand nombre de tentatives pour l'introduire à Londres et à Paris, mais, malgré les systèmes, plus ou moins ingénieux, proposés par divers inventeurs, et dont le meilleur est celui de l'ingénieur anglais Hogson, on a été obligé d'y renoncer à cause des difficultés et des dépenses que son entretien aurait occasionnées. Le Pavage en blocs de terre cuite ou *Pavés céramiques*, inventé, il y a quelques années, en France, par l'ingénieur Polonceau père, et, en Angleterre, par M. Prosser, a présenté, à première vue, des inconvénients si considérables qu'on ne l'a même pas soumis à des expériences en grand. L'emploi des *Pavés de fonte*, patenté en Angleterre dès 1817 et renouvelé plus tard, n'a pas été plus heureux : on a toujours été obligé d'y renoncer après les premiers essais. On a également expérimenté et on expérimente encore les *Mastics bitumineux* et le système d'empierrement dit *à la Mac-Adam*, mais les premiers ne paraissent convenir que pour les rues où la circulation des voitures est peu développée, et le dernier donne lieu à des frais d'établissement et d'entretien énormes. La seule amélioration qui ait réussi en France en fait de Pavage, depuis une vingtaine d'années, est celle qui a eu pour objet de durcir les grès tendres, jusqu'alors sans utilité, ce qui a permis de les employer à la place des grès durs, partout où ceux-ci sont trop rares ou manquent tout à fait. On obtient ce résultat d'une manière très-simple, car il suffit d'immerger les blocs, pendant quelques instants, dans un bain de bitume. Une autre innovation, qui a également réussi, a eu pour objet d'introduire l'emploi des machines dans la fabrication des pavés de pierres dures.

PAVOT. — Voyez ŒILLETTE et OPIUM.

PÊCHE. — Voyez BALEINE, FILETS, HARENG, MORUE, etc.

PÊCHER. — Cet arbre est originaire

de la Perse, ce qui lui fait donner le nom d'*Amandier persan* (*Amygdalus persica*) par Linné. C'est M. de Girardot, chevalier de Saint-Louis, qui a créé, sous Louis XIV, à Montreuil et à Bagnolet, les Pêches que l'Europe envie à ces deux localités.

PÉDOMÈTRE. — Voyez ODOMÈTRE.

PEIGNE. — Le *Peigne*, dit M. de la Borde, a succédé aux doigts de la main aussitôt que l'homme a eu quelque sentiment de la propreté : c'est donc un objet usuel aussi vieux que le monde. Aussi le voit-on figurer dans les peintures les plus anciennes. On en a également trouvé un très-grand nombre de modèles dans les tombeaux égyptiens, ainsi que dans les ruines des monuments grecs et romains. Les Peignes du moyen âge sont les objets de toilette les plus curieux que nous possédions de cette époque. Ils sont le plus souvent de bois, de corne ou d'ivoire, rarement d'or et d'argent, et presque toujours sculptés ou travaillés à jour. Enfin, leur dimension et leur forme présentent la plus grande variété. Les textes du temps nous apprennent que l'on enfermait quelquefois les plus petits dans des étuis de toilette, appelés *pignères*, qui contenaient, en même temps, une brosse pour les nettoyer, un miroir, une paire de ciseaux, une paire de rasoirs, et une brochette d'ivoire qui servait à suivre sur la tête une ligne droite pour séparer les cheveux régulièrement. Les Peignes modernes ne diffèrent guère de ceux des anciens, quant à la forme. Mais, aux matières employées autrefois, on en ajoute plusieurs autres, telles que la Gutta-percha et le Caoutchouc durci. De plus, au lieu de les faire exclusivement à la main, on les fait aussi au moyen de machines.

PEIGNEUSE MÉCANIQUE. — Pendant longtemps, on a exécuté le peignage des matières textiles en les faisant passer à plusieurs reprises et à la main sur des dents métalliques implantées dans un bloc de bois. C'est pour remplacer cet appareil grossier qu'ont été imaginées les *Peigneuses mécaniques*. Les premières machines de ce genre ont été destinées au travail du Chanvre et du Lin. On en a ensuite construit d'autres pour celui de la Laine. Enfin, plus tard, on en a établi de nouvelles pouvant s'appliquer à toutes ces substances.

I. La plus ancienne machine à peigner le Chanvre et le Lin paraît avoir été inventée en Angleterre, en 1805, par le mécanicien Porthouse; mais la première qui ait présenté des dispositions véritablement rationnelles est celle que l'illustre Philippe de Girard fit breveter en France, au mois d'août 1810. C'est cette dernière que l'on regarde comme le point de départ de tous les appareils analogues qui ont été proposés depuis, et qui, d'ailleurs, sont tous établis sur les mêmes principes. Toutefois, la Peigneuse-Girard eut le même sort que les autres créations de cet inventeur. Ce furent les Anglais qui en apprécièrent les premiers la valeur, et elle fonctionnait déjà depuis longtemps dans plusieurs de leurs manufactures, qu'elle était encore inconnue de nos mécaniciens. Les premières tentatives pour doter la France du peignage mécanique du Lin et du Chanvre ont eu pour origine un concours ouvert, en 1828, par la Société d'encouragement, et qui devait être fermé en 1833. Neuf concurrents se présentèrent, mais aucun n'obtint le prix, parce que les conditions du programme ne se trouvèrent pas suffisamment remplies. Toutefois, des encouragements furent accordés à Philippe de Girard et à MM. Charles Schlumberger, de Paris, et David, de Lille. Malgré son peu de succès, ce concours eut cependant un résultat utile : c'est qu'il excita l'émulation de nos constructeurs, et peu d'années leur suffirent pour établir des machines aussi parfaites que celles des Anglais. M. Decoster, de Paris, fut un de ceux qui contribuèrent le plus à ce progrès : il réussit, dès 1835, à populariser dans nos manufactures la Peigneuse de Girard, pendant qu'en Angleterre, MM. Evans, Peter Fairbairn, Wordsworth, Roberts et Sharps y apportaient des améliorations qui en répandaient l'usage dans leur pays.

II. La première machine à peigner la Laine a été inventée, en 1814, par M. Rawle, de Rouen, mais la première qui ait donné de bons résultats est celle que M. Godard, d'Amiens, fit breveter en 1826. Toutefois, malgré sa supériorité sur celles qui l'avaient précédée, cette dernière était encore très imparfaite, et elle ne devint réellement pratique qu'à partir de 1832, après qu'elle eut été perfectionnée par M. John Collier, mécanicien à Paris, qui s'était rendu acquéreur des droits de l'inventeur. M. John Plotte, de Salford, l'avait importée en Angleterre, en 1827, telle qu'elle était sortie des mains de M. Godard.

III. Le problème du peignage mécanique des différentes substances filamenteuses par la même Peigneuse a été résolu, en 1845, par M. Josué Heilmann, de Mulhouse. La création de cette machine célèbre fut provoquée par la fondation, faite en 1843, par M. Bourcart, un des associés de la maison Nicolas Schlumberger, d'un prix pour l'invention d'une machine propre à exécuter le battage et le peignage à la main du Coton de Géorgie longue-soie. Heilmann, stimulé par M. Schlumberger, se mit à l'œuvre, dès l'année suivante, et, le 17 décembre 1845, sa Peigneuse se trouva réalisée, mais il mourut avant d'avoir pu l'amener au degré de perfection qu'il aurait voulu. Heureusement, son fils aîné, Jean-Jacques Heilmann, put continuer son œuvre, et il eut le bonheur de triompher des dernières difficultés. Conformément au programme du concours-Bourcart, la machine ne devait d'abord servir qu'à la préparation du Coton longue-soie, mais le génie de son illustre inventeur ne tarda pas à étendre ses applications à toutes les matières textiles. Son adoption par l'industrie date surtout de 1851, et on la regarde, avec raison, comme le plus grand progrès fait en Europe, dans la Filature, depuis la découverte de la Filature du lin par M. Philippe de Girard, en 1810.

PEINTURE. — I. Comme tous les autres arts, la Peinture remonte à la plus haute antiquité. Toutefois, il y a peu de chose à dire de ses origines avant l'ère des Grecs. Chez les Égyptiens, elle ne présenta jamais que des teintes plates, cernées par un trait de force qui limitait les figures, toujours vues de profil ; et il paraît qu'il en fut à peu près de même chez les Indiens, les Assyriens et les Persans. En Grèce, la Peinture fut d'abord monochrome, c'est-à-dire à une seule couleur, ce que nous appelons, aujourd'hui camaïeu. Plus tard, à mesure que le dessin fit des progrès, on exprima

d'une manière de plus en plus exacte le modelé des formes par la gradation des lumières et des ombres. Enfin, on imagina la Polychromie ou Peinture à plusieurs couleurs. On ignore à quelle époque précise cette dernière innovation prit naissance. On sait seulement qu'elle existait vers 716 avant Jésus-Christ, car Bularchus s'en servit alors pour peindre une bataille des Magnésiens, qui fut achetée par Candaule, roi de Lydie. Suivant Pline, Cimon, de Cléone, qui paraît avoir été contemporain de Solon (640), fut le premier qui osa faire des raccourcis. Enfin, parut Polygnote de Thasos (463), et avec lui commença la série des grands peintres de la Grèce. On cite, parmi ses contemporains, Denys de Colophon, Plisténète et Panænus, tous deux frères de Phidias, et Micon d'Athènes. Après eux, brillèrent Apollodore d'Athènes (420), Zeuxis d'Héraclée, Parrhasius d'Ephèse, Eupompe de Sicyone, et Timanthe de Cythnus, qui vivaient tous au IVᵉ siècle. Au siècle suivant, parurent Pausias de Sicyone, Nicias d'Athènes, Euphranor de Corinthe, Protogène de Caunus, Nicomaque et Aristide de Thèbes, et, enfin, Apelle d'Éphèse, le seul artiste auquel Alexandre permit de faire son portrait, et l'auteur de la Vénus Anadyomène, c'est-à-dire sortant des flots, que les anciens regardaient comme le chef-d'œuvre de l'art. Pendant les troubles qui désolèrent la Grèce sous les successeurs du héros macédonien, la Peinture dégénéra rapidement. Ceux qui la cultivèrent se vouèrent surtout aux travaux de genre et à la pornographie, et la Grèce n'eut plus un grand nom à enregistrer. Les Romains ne commencèrent à savoir apprécier les produits de la Peinture qu'après qu'ils eurent soumis les pays de race hellénique à leur empire ; mais ils ne la considérèrent jamais comme un art libéral, et, sauf quelques exceptions, tous leurs peintres furent d'origine grecque. A partir d'Auguste, ils l'appliquèrent même exclusivement à la décoration des habitations et des tombeaux des riches. Enfin, sous Constantin, les artistes grecs quittèrent Rome pour se transporter à Byzance, et cette espèce d'émigration en masse fut suivie d'une décadence si complète que l'on oublia jusqu'aux pratiques matérielles de l'art. Cependant, sur les ruines de la Peinture antique, se forma bientôt un art nouveau. Les anciens types étant abandonnés, il fallut en créer de nouveaux pour décorer les temples consacrés au vrai Dieu, et c'est à cette œuvre que se consacra l'*École byzantine*. Cette école se manifesta dans tout son éclat du viie au xie siècle, et, dans cette longue période, elle se borna à reproduire les sujets adoptés par la symbolique chrétienne, négligeant la perspective et le clair-obscur, sacrifiant complétement la forme matérielle à l'expression du visage. Transporté en Italie, vers le viiie siècle, par des artistes qui fuyaient les persécutions des iconoclastes, le style byzantin conserva ses caractères distinctifs, jusqu'au moment où trois artistes florentins, Cimabué (1240-1300), Giotto (1276-1336), et Giovanni di Fiesole (1387-1455), plus connu sous le nom de Fra Angelico, rompant avec les anciennes traditions, donnèrent le signal d'un mouvement qui devait porter la Peinture à un degré de splendeur que l'art antique n'avait jamais pu, atteindre. Ces artistes fondèrent l'*École florentine*, qui compta, parmi ses représentants les plus éminents, Léonard de Vinci (1452-1519), Baccio della Porta, appelé ordinairement Fra Bartolomeo (1469-1517), Michel-Ange Buonarotti (1474-1564), et André del Sarto (1488-1530). Dans le même siècle, se formèrent l'*École romaine*, l'*École vénitienne* et l'*École lombarde*, où l'on distingua surtout : dans la première, le Pérugin (1446-1524), Raphaël Sanzio (1483-1520), et Jules Romain (1492-1546) ; dans la seconde, les frères Bellini (1421-1516), Barbarelli, dit le Giorgione (1478-1511), le Titien (1477-1576), le Tintoret (1512-1594), et Paul Véronèse (1530-1588) ; et dans la troisième, Mantegna (1430-1506), Allegri, dit le Corrége (1494-1534), et Mazzuoli, dit le Parmesan (1503-1540). Au xvie siècle, Louis, Annibal et Augustin Carrache (1551-1619) créèrent l'*École bolonaise*, qui fut illustrée par Michel-Ange Amerighi, dit le Caravage (1569-1609), Guido Reni (1575-1642), Domenico Zampieri, dit le Dominiquin (1581-1641), Lanfranc (1581-1647), l'Albane (1578-1660), Barbieri, dit le Guerchin (1597-1667), et les deux derniers

représentants de l'art italien, Pietro di Cortone (1596-1669) et Luca Giordano (1612-1703). Le mouvement imprimé à la Peinture par les maîtres italiens du xve et du xvie siècle ne s'arrêta pas à l'Italie. Il pénétra aussi dans les autres parties de l'Europe, principalement en Espagne, en Allemagne, dans les Pays-Bas et en France, et y donna naissance à de nouvelles écoles. *École espagnole* : Moralès (1509-1586), Juan de Joannès (1531-1581), Ribeira, dit l'Espagnolet (1586-1656), Zurbaran (1598-1682), Velasquez de Silva (1599-1660), Alonzo Cano (1600-1676), Esteban Murillo (1618-1682). *École allemande* : Albert Dürer (1471-1528), Jean Holbein (1498-1554), Raphaël Mengs (1728-1779). *École flamande* : Jean Van Eyck (1370-1450), Pierre Breughel le Drôle (1530-1590) et ses deux fils Pierre Breughel d'Enfer et Breughel de Velours, Rubens (1577-1640), Antoine Van Dyck (1599-1641), Van Ostade (1610-1685), Jordaens (1594-1678), Téniers (1582-1694). *École hollandaise* : Lucas de Leyde (1494-1533), Rembrandt (1606-1674), Gérard Dow (1613-1680), Gabriel Metzu (1615-1660), François Miéris (1689-1763), Paul Potter (1625-1654), Ruysdaël (1636-1681), Berghem (1624-1683). *École française* : Jean Cousin (1530-1590), Simon Vouet (1582-1641), Nicolas Poussin (1594-1663), Claude Lorrain (1600-1682), Philippe de Champagne (1602-1674), Eustache Lesueur (1617-1655), Lebrun (1619-1690), Jean Jouvenet (1647-1717), Joseph Vernet (1714-1789), Greuze (1725-1805). Au xviiie siècle, l'art français tomba dans la décadence la plus complète, avec Coypel (1684-1734) et Boucher (1704-1770), mais il ne tarda pas à être relevé par Vien (1716-1809) et David (1748-1825). Toutefois, en voulant réagir contre le mal, celui-ci tomba dans l'excès opposé à celui qu'il avait combattu, et il fallut tout le talent de ses élèves Gros, Girodet, Prudhon, Guérin et Géricault pour faire rentrer la Peinture dans ses véritables limites. *École anglaise* : Hogarth (1697-1764), Reynolds (1723-1798). De nos jours, il n'existe pas d'écoles nationales proprement dites : un immense éclectisme règne en peinture, et toutes les écoles semblent fondues en une seule, dont la France est le centre.

II. Les procédés matériels de la Peinture n'ont pas été les mêmes à toutes les époques. Les anciens connaissaient la *Détrempe*, la *Fresque*, l'*Encaustique*, et, probablement, aussi l'*Aquarelle*, dont la *Gouache* n'est qu'une variété, mais les modernes y ont ajouté le *Pastel* et la *Peinture à l'huile*. On croit généralement que cette dernière a été inventée, vers 1410, par Jean Van Eyck, plus connu sous le nom de Jean de Bruges, mais cette croyance a probablement pour origine un malentendu. En effet, le moine Théophile, qui vivait au XIIᵉ siècle, recommande de broyer les couleurs avec de l'huile de lin. D'un autre côté, on a trouvé une ordonnance de Henri III, roi d'Angleterre, datée de l'an 1239, qui est relative au payement de l'huile, du vernis et des couleurs employées à la décoration de la chambre de la reine à Westminster. Enfin, on a cité deux compositions peintes à l'huile sur bois, en 1357, l'une par Thierry de Prague et l'autre par Nicolas Wurmser de Strasbourg, ainsi qu'un portrait de Richard II, roi d'Angleterre, exécuté de la même manière en 1405. Toutefois, si Jean Van Eyck n'est pas l'inventeur de la Peinture à l'huile, il paraît établi que c'est aux perfectionnements qu'il y introduisit que ce procédé dut d'être adopté par les artistes de tous les pays, perfectionnements qui consistèrent probablement dans la découverte d'un siccatif et d'un vernis supérieurs à ceux que l'on connaissait auparavant. Antonello de Messine, son contemporain, passe pour avoir, le premier, pratiqué la Peinture à l'huile en Italie. — Les artistes de la Grèce et de Rome peignaient leurs tableaux portatifs sur le bois ou sur l'ivoire. La toile ne paraît avoir été employée que par quelques peintres romains du temps de Néron. Les peintres de Byzance peignirent aussi beaucoup sur bois. Le même usage fut adopté par ceux d'Occident, mais, dès le XIIᵉ siècle, afin d'assurer la conservation de leurs œuvres, ces derniers imaginèrent de recouvrir les panneaux, soit avec de la toile, soit avec une pièce de cuir préalablement enduite de plâtre. Enfin, peu à peu, l'emploi de la toile prit le dessus, et il fut à peu près exclusivement adopté à partir du XVᵉ siècle. Voyez ÉMAIL, ENCAUSTIQUE, FRESQUE, MANNEQUINS, MOSAÏQUE, MI-

NIATURES, PASTEL, VITRAUX PEINTS, etc.

PANTÉLÉGRAPHE. — Voyez TÉLÉGRAPHIE.

PANTOMÈTRE. — Instrument inventé en 1752, par un abbé Louvrier, qui le soumit à l'examen de l'Académie des Sciences, et au moyen duquel on gravait d'après nature des portraits de profil. Un autre Pantomètre fut construit, en 1787, par un musicien de Versailles. Cet artiste proposa au ministre de la guerre de reproduire avec son appareil « tous les soldats des régiments de France, opération très-peu coûteuse, très-prompte et fort propre à rendre d'un usage plus sûr le signalement des déserteurs. » On a eu l'idée, il y a quatre ou cinq ans, d'appliquer la Photographie au même usage pour les malfaiteurs.

PENDULE. — La découverte de l'Isochronisme des oscillations du *Pendule* a donné lieu à plusieurs opinions contradictoires. Édouard Bernard, orientaliste anglais du XVIIᵉ siècle, l'attribue aux astronomes arabes du moyen âge, et un autre savant de la même nation, le docteur Thomas Young, ajoute qu'un de ces derniers, Ebn-Jounis, qui vivait au Xᵉ siècle, en tira parti pour mesurer le temps; il dit aussi qu'en 1612, le médecin italien Sanctorius s'en servit pour régulariser le mouvement d'un rouage. Mais les assertions de ces deux écrivains ne paraissent pas reposer sur des preuves assez concluantes pour qu'on puisse les admettre, et l'on croit généralement, sur le témoignage de Viviani, que la propriété remarquable de l'Isochronisme a été découverte par Galilée, vers 1565, quand ce grand homme, alors âgé de 20 à 22 ans, étudiait la médecine et la philosophie à Pise. Viviani ajoute qu'après s'être assuré que les oscillations du Pendule ont une durée égale, Galilée proposa d'appliquer un appareil de ce genre à la mesure du pouls, qu'il l'employa aussi dans des observations célestes, et qu'enfin, peu de temps avant sa mort, il eut l'idée de s'en servir pour modérer et régulariser la descente du poids moteur des Horloges, mais que, n'ayant pu, à cause de la faiblesse de sa vue, donner suite à cette idée, il en confia la réalisation à son fils, qui l'effectua en 1649. Révoquée en doute par la plupart des historiens,

l'exactitude de cette dernière assertion a été démontrée, en 1861, par M. Boquillon, conservateur de la Bibliothèque du Conservatoire des Arts et Métiers. Toutefois, si l'application du Pendule aux instruments chronométriques est due à Galilée, c'est à Huyghens qu'appartient l'honneur de l'avoir fait passer dans la pratique : ce grand progrès date de 1656. Les Horloges qui furent munies d'un Pendule furent d'abord appelées *Horloges à pendule*, puis, par abréviation, *Pendules*, mais l'usage s'introduisit bientôt de réserver ce nom aux Horloges portatives de chambre, et de donner exclusivement celui d'*Horloges* aux grandes Horloges des édifices, bien qu'elles eussent, les unes et les autres, le même régulateur. Cependant, on ne tarda pas à s'apercevoir qu'en faisant varier la longueur du Pendule, les changements de température altéraient la régularité de sa marche. Alors, pour parer à cet inconvénient, on inventa les *Pendules compensateurs* ou *Pendules à compensation*. Le premier, le *Pendule à mercure*, fut construit par l'horloger anglais Graham, en 1721. En 1736, un autre anglais, Harrison, proposa le *Pendule à grille*, qui est encore très-employé, et que l'horloger parisien Leroy perfectionna, en 1738. Depuis cette époque, une foule d'appareils du même genre ont été inventés dans tous les pays où l'horlogerie est cultivée avec soin : on les applique surtout, ainsi que les précédents, aux Horloges de chambre. Ces mêmes Horloges ont été, à diverses époques, l'objet de plusieurs autres inventions plus ou moins utiles. Les Pendules dites *à répétition*, qui sonnent l'heure quand on tire un cordon ou qu'on pousse un bouton, ont été imaginées, en 1676, par Barlow, horloger à Londres : leur mécanisme fut plus tard donné aux Montres. Les *Pendules à équation* sont également d'origine anglaise : elles datent de 1692. — Le Pendule n'a d'abord été employé que comme régulateur des horloges, mais on lui a trouvé plus tard d'autres applications. On s'en sert également, aujourd'hui, pour démontrer que la pesanteur sollicite tous les corps avec la même intensité, et pour déterminer l'intensité de la pesanteur aux différentes latitudes, et, par suite, la figure du globe terrestre. Enfin, en 1842,

M. Foucault en a fait usage pour démontrer expérimentalement le mouvement de rotation diurne de la terre.

PÉRAS ARTIFICIELS. — Voyez AGGLOMÉRÉS.

PERCALE. — *Percale* vient d'un mot tamoul qui veut dire « tissu très-fin. » Le nom et la chose qu'il désigne sont d'origine indienne. Les premières Percales qu'on ait vues en France y furent apportées de l'Inde au commencement du XVIIᵉ siècle. Les Anglais réussirent à les imiter dès 1670, et nos fabricants seulement en 1780.

PERCUSSION. — On a donné ce nom à une méthode d'exploration au moyen de laquelle, en frappant sur les parois d'une partie du corps, on peut reconnaître les lésions des organes contenus dans cette cavité. La Percussion constitue un des plus précieux moyens d'investigation. Indiquée, dès 1761, par le médecin viennois Avenbrugger, elle a été introduite dans la pratique, au commencement de ce siècle, par notre illustre Corvisart. Un autre de nos compatriotes, le docteur Adolphe Piorry, a beaucoup contribué à en répandre l'usage par l'invention d'un instrument, appelé *Plessimètre*, qui permet de l'appliquer sans que le malade éprouve de la douleur.

PERCUSSION (*Armes à*). — Voyez FUSIL.

PERLES. — Tout le monde sait que les *Perles* sont des concrétions calcaires qui se forment dans la coquille de certains mollusques. Les plus belles et les plus estimées sont fournies par la mer des Indes, où leur recherche donne lieu, de temps immémorial, à une pêche des plus actives. Elles ont, de tout temps, servi de parure aux populations du midi de l'Asie, mais elles ne paraissent avoir été connues des Grecs qu'à l'époque des guerres médiques. On en a trouvé dans des tombeaux égyptiens au moins contemporains de Moïse. A Rome, elles furent d'une extrême rareté jusqu'aux guerres de la République avec Mithridate. A partir de ce temps, elles devinrent plus communes, et entrèrent définitivement dans la toilette des femmes. Les auteurs latins sont remplis d'anecdotes sur les folies auxquelles la manie des Perles poussait les dames romaines. Dans plusieurs circonstances, Lollia Paulina, femme de l'empereur Caligula, en porta pour plus de huit millions de notre monnaie. Sénèque le Philosophe et saint Jérôme nous apprennent que les élégantes en mettaient jusque sur leurs chaussures de campagne. Pendant le moyen âge, on ne tomba pas dans les mêmes raffinements, mais on n'en rechercha pas moins les Perles avec empressement. On les fit entrer dans la décoration des meubles d'apparat, aussi bien que dans celle des pièces de grosse orfévrerie, des vêtements et des menus objets de bijouterie. L'usage des Perles a beaucoup perdu aujourd'hui, en Europe, de son ancienne vogue, mais il se maintient encore en Orient et dans plusieurs parties de l'Amérique.

II. Le prix élevé des Perles naturelles a suggéré de bonne heure l'idée de les imiter. Comme ces concrétions paraissent provenir d'une sécrétion morbide accidentelle, on a cru qu'il serait possible de forcer les huîtres perlières à les produire. Le poëte Apollonius raconte à ce sujet que les pêcheurs des bords du golfe Persique, ayant observé que ces mollusques sécrètent, quand ils sont blessés, une liqueur particulière offrant à l'état sec un éclat brillant et irisé, imaginèrent de tirer parti de ce fait pour obtenir des *Perles artificielles.* En conséquence, ils pêchaient des huîtres vivantes, les piquaient avec un fer pointu qu'ils passaient entre les valves, après quoi, ils les jetaient dans un tamis placé au dessus d'un vase plein d'eau, dans lequel la liqueur, qui s'échappait des blessures, tombait sous forme de gouttes rondes et nacrées. Cette seconde partie du récit d'Apollonius n'est évidemment qu'une fable, mais la première indique un procédé véritablement praticable, et dont les Chinois tirent journellement parti. Les industriels de ce peuple percent l'une des valves de l'huître, y enfoncent un fragment de fil de fer, et rejettent l'animal dans l'eau. Le mollusque blessé par ce corps étranger dépose autour une couche de substance nacrée qui se durcit peu à peu et augmente de volume par l'adjonction d'autres dépôts. On le repêche alors et l'on enlève la concrétion. Toutefois, les Perles ainsi obtenues ne sont jamais d'une belle forme, et ne peuvent servir que pour certaines applications. Les historiens de la Chine attribuent l'invention de cette méthode à un habitant de Hutchefou, appelé Ye-jiu-Yang, qui vivait au XIIIᵉ siècle. Au siècle dernier, Linné la retrouva, et, après en avoir publié le principe dans la cinquième édition de son *Systema naturæ,* prétendit plus tard en faire un secret qu'il vendit, en 1761, à un marchand de Gottembourg, nommé Bagge, lequel essaya vainement de l'exploiter. C'est en dirigeant leurs efforts dans une autre voie que les fabricants d'Europe ont réussi à faire des *Perles fausses.* Les premiers essais datent de la fin du XIIIᵉ siècle. On fit d'abord des Perles avec la nacre orientale, mais on renonça bientôt à cette substance à cause de son peu d'éclat, et, faisant revivre un procédé anciennement employé en Égypte, en Phénicie, à Rome même, on la remplaça par le verre. Cette innovation fut, dit-on, imaginée, vers 1400, par les verriers vénitiens Cristoforo Brioni et Domenico Miotto. Les *Perles de Venise,* comme on appela les nouvelles Perles, étaient de verre blanc nacré, soufflé, et rempli de gomme arabique ou de cire. Leur fabrication prit une extension rapide, mais, comme elles manquaient d'orient, on ne tarda pas à se mettre à la recherche de perfectionnements. Enfin, le problème fut résolu, en 1680, par un patenôtrier parisien nommé Jacquin. Cet industriel fit d'abord ses Perles avec des boulettes d'albâtre ou de papier-pâte, qu'il recouvrait extérieurement d'une couche très-mince d'essence d'Orient, c'est-à-dire de lamelles d'ablettes ramollies par l'ammoniaque. Plus tard, à partir de 1685 ou 1686, il se servit de petites boules de verre enduites intérieurement de la même composition. Cette dernière méthode a toujours été employée depuis, et, grâce aux améliorations de détail qu'y ont introduites, de nos jours, plusieurs fabricants parisiens, notamment MM. Constant Valès et Truchy, elle donne des produits d'une très-grande beauté qui sont recherchés pour les plus riches parures, même dans les pays où l'on trouve les Perles naturelles.

PERLES D'ACIER. — Leur invention paraît assez ancienne, mais on ignore à quelle époque elle a eu lieu. Il y a à peine un demi-siècle, elles se faisaient exclusivement à la main, et revenaient si cher qu'on payait alors 15 et 20 francs la même quantité qui coûte aujourd'hui

15 et 20 centimes. C'est en employant des procédés mécaniques que l'on est parvenu à révolutionner leur fabrication, et l'on cite M. Cordier, de Paris, comme l'un de ceux qui ont le plus contribué à ce progrès. L'établissement de cet industriel confectionne plus de 40,000 Perles par minute, ou plus de 2,400,000 par heure. Ces Perles ne se font pas, du reste, exclusivement en acier. On en fait aussi en fer et en cuivre, mais les premières sont celles dont l'usage est le plus répandu.

PERPÉTUEL (*Mouvement*).—Voyez MOUVEMENT.

PERROTINE. — Deux machines ont été ainsi appelées, du nom de leur inventeur, le mécanicien rouennais Perrot. La première par ordre chronologique date de 1834. Elle a été imaginée pour remplacer, dans les ateliers d'impression sur coton et sur laine, le travail à la planche, toujours si lent et si coûteux, et ses avantages inappréciables l'ont fait adopter rapidement dans tous les établissements bien organisés. La seconde Perrotine est une presse à imprimer mécaniquement en lithographie. Elle remonte à 1840. Elle est disposée de manière que la pierre lithographique étant posée à plat sur un chariot, qui doit la faire marcher, le mouillage, l'encrage, la pose du papier, l'impression et l'enlèvement des épreuves sont effectués mécaniquement et d'une manière continue.

PERRUQUE. — L'usage des Perruques ou coiffures de faux cheveux remonte à une très-haute antiquité. Suivant Xénophon, il était immémorial chez les Mèdes et les Perses. D'autres auteurs grecs le représentent également comme très-répandu en Égypte, à Carthage et dans la plupart des petits États de race hellénique. A Rome, il était si général à l'époque de l'empire que, parmi les bustes de dames romaines qui sont parvenus jusqu'à nous, il en existe un grand nombre que les artistes avaient munis de coiffures mobiles, afin de pouvoir les changer suivant les caprices de la mode. Il paraît aussi que les élégantes recherchaient surtout les Perruques d'un blond ardent : c'est même à cette circonstance que ces coiffures artificielles ont dû leur nom, du grec *purrikhos*, rougeâtre. Les Perruques traver-

sèrent les premiers siècles de l'Église, malgré les anathèmes du clergé. Elles finirent cependant par disparaître à peu près complétement au XIIᵉ siècle, mais ce fut pour reparaître au XVIᵉ, et, cette fois, les ecclésiastiques eux-mêmes qui, jusqu'alors, n'avaient cessé de déclamer contre les faux cheveux, se soumirent à la loi commune. Dès ce moment, elles régnèrent sans contestation pendant plus de trois cents ans, mais non sans changer souvent de forme et de dimensions. Les Perruques dites *à l'italienne* parurent sous Henri III : elles consistaient en une calotte de drap garnie de cheveux. Les *Perruques in-folio* furent inventées sous Louis XIV : elles étaient si lourdes qu'elles pesaient quelquefois un kilogramme, et les blondes, qui étaient les plus recherchées, se vendaient souvent 3,000 francs : on en attribue l'invention à un perruquier nommé Binette. L'incommodité de ces coiffures fit bientôt imaginer les *Perruques écourtées*, que l'on ne porta d'abord qu'en négligé. D'autres eurent l'idée de nouer les boucles pendantes qui se mêlaient à tout mouvement un peu brusque, et l'on eut ainsi les *Perruques à nœuds*. Sous la régence, on enferma les boucles ainsi nouées dans une espèce de bourse qui pendait par derrière, ce qui produisit les *Perruques à bourse*. On vit ensuite paraître les *Perruques à la brigadière*, *à la Sartine*, *à trois marteaux*, etc. Enfin, dans les dernières années qui précédèrent la Révolution, les cheveux naturels reprirent le dessus sur toutes les têtes, et les Perruques ne furent conservées que par quelques vieillards entêtés qui voulurent rester fidèles aux anciens usages. Elle ne sont plus portées aujourd'hui que par ceux qu'une calvitie prématurée condamne à cette coiffure incommode. Depuis le commencement de ce siècle, quelques améliorations ont été introduites dans la fabrication des Perruques. C'est ainsi que les Perruques dites à filet ont fait place aux Perruques à cheveux implantés. L'on est même parvenu, en mariant les deux méthodes, à faire des Perruques qu'il est très-difficile de distinguer des cheveux naturels. — Au dernier siècle, quand les Perruques commencèrent à disparaître, la mode s'introduisit de réunir les cheveux de derrière en un seul faisceau, que l'on attacha avec un ruban et que l'on appela *Queue*. Cette Queue fit partie du costume militaire aussi bien que du costume civil. Un peu plus tard, les militaires la remplacèrent par une pelote de cheveux roulés, que l'on désignait sous le nom de *Catogan*. Sous le Directoire, les hussards portaient encore la Queue.

PERSICAIRE. — La *Persicaire des teinturiers* est une plante originaire de la Chine, où on la cultive, de temps immémorial, pour appliquer à la teinture une matière colorante, analogue à l'Indigo, que ses feuilles renferment. Elle a été introduite en Europe, par John Blacke, en 1776, mais on n'a connu ses propriétés tinctoriales qu'en 1789, où elles furent signalées par Aiton, dans sa relation du voyage de lord Macartney à Pékin. On a proposé, en 1830 et après 1835, d'en doter notre agriculture; des essais assez nombreux ont même été faits, mais on a dû les discontinuer, parce qu'on n'a pas encore trouvé un moyen simple et facile pour extraire la matière colorante.

PERSIL. — On croit qu'il est originaire de l'Égypte, et qu'il a été introduit en Europe, vers le milieu du XVIe siècle. Autrefois, on le faisait entrer dans les mélanges d'herbes odoriférantes dont on se servait pour relever le goût du fromage, et c'est probablement de cet usage que vient le mot français *persiller* par lequel on désigne cette opération.

PERSPECTIVE. — I. Quelques écrivains ont prétendu à tort que les anciens ne connaissaient pas la *Perspective*. En effet, non-seulement les artistes de la Grèce et de Rome peignaient très-exactement sur les murs des sujets d'architecture, mais ils savaient encore parfaitement appliquer les règles de la Perspective aux décors de leurs théâtres. Suivant Vitruve, le premier qui laissa un traité sur ce sujet fut le peintre Agatharque, contemporain d'Eschyle, qui exécuta des décorations pour le théâtre d'Athènes. A son exemple, Démocrite et Anaxagore écrivirent sur la même matière. Entre autres choses, « ils enseignèrent comment on pouvait, d'un point fixe donné pour centre, si bien imiter la disposition naturelle des lignes qui partent des yeux en s'élargissant, qu'on parvenait à faire illusion et à représenter sur la scène de véritables édifices,

qui, peints sur une surface droite et unie, paraissent les uns près, les autres éloignés. » Les grands artistes de l'antiquité ne se contentaient pas de reconnaître l'absolue nécessité de la Perspective pour les décors de théâtre; ils en professaient aussi l'utilité pour la peinture en général; l'un d'eux, Pamphile, de l'école de Sicyone, allait même jusqu'à dire que l'on ne pouvait peindre parfaitement si l'on ne connaissait la géométrie. Les plus anciens ouvrages sur la Perspective qui soient parvenus jusqu'à nous sont ceux de Bartolomeo Bramantino, de Milan, et de Pietro del Borgo, qui écrivaient tous les deux vers 1440. C'est dans le traité de Guido Ubaldi, publié en 1600, que l'on trouve, exposé pour la première fois, le principe général des *points de fuite*. Albert Dürer avait déjà trouvé, en 1535, le *point fixe* servant de point de vue.

II. On a inventé un grand nombre de procédés pour dessiner la Perspective. Le plus ancien connu paraît avoir été fait par Pietro della Francesca, qui vivait vers 1450. Pour démontrer la théorie de la Perspective, ce savant imagina un tableau transparent placé entre l'objet et le spectateur, et démontra ainsi que le tracé des rayons, étendu de l'œil aux extrémités visibles de l'objet, forme sur le tableau, en le traversant, une image semblable à l'objet. Après lui, Bramante et Léonard de Vinci indiquèrent le moyen de dessiner sur une vitre ou une gaze verticale, avec un pinceau enduit de couleur, tous les contours des objets tels qu'ils apparaissent à l'œil nu. En 1521, Viator publia une manière de mettre les objets en perspective sur le papier à l'aide d'une planchette et d'une équerre à T de son invention. En 1535, Albert Dürer fit paraître la description et le dessin d'un appareil à vitre verticale pour dessiner d'après les principes posés par Pietro della Francesca. Vers 1575, Jean-Baptiste Porta créa ou du moins rendit pratique la *Chambre obscure*, et, en 1600, le peintre florentin Cigoli inventa l'instrument appelé *Équerre de Cigoli*, qui, perfectionné, en 1808, par Rennenkampf, et, plus tard, par Ronalds, de Croydon, et plusieurs autres, doit être considéré comme l'origine du *Diagraphe* de M. Charles Gavard. En 1628, l'ingénieur de Marolais décrivit un nouvel appareil de son invention pour dessiner les objets en perspective sur un plan horizontal. Il eut successivement pour imitateurs de Vaulezard (1635), Hérigone (1642), Thompson (1664), Bion (1752), Louvrier (1753), James Peacok (1793), etc. Depuis le commencement de ce siècle, on a encore proposé une multitude d'instruments nouveaux ou donnés pour tels, et parmi lesquels il suffira de citer la *Règle centrale* de Nicholson (1814), le *Parallèle universel* de Verzy (1810), le *Quarréographe* d'Aueracher (1820), le *Métroscope* de Brunelle de Varennes (1824), le *Perspectographe* d'Alasson (1825), le *Panoragraphe* de Puissant (1824), le *Sécateur perspectif* de Lalanne (1828), le *Stéréographe* de Fevret de Saint-Mesmin (1829), l'*Agatographe* de Symian (1832), etc.

PERSPECTOGRAPHE. — Voyez PERSPECTIVE.

PERTUISANE. — Arme d'hast d'origine suisse qui fut introduite en France à la même époque que la Hallebarde, avec laquelle elle présentait une grande analogie. Elle fut donnée aux gardes du corps sous François Ier, et aux officiers d'infanterie sous Henri III. En 1670, on la supprima dans l'armée active, mais on la laissa aux invalides et aux gardes des arsenaux.

PERTURBATIONS. — La découverte des *Perturbations*, c'est-à-dire des inégalités que présente le mouvement elliptique des Planètes, date de celle de la Gravitation universelle, à la fin du XVIIe siècle. « Newton lui-même, dit le docteur de Vorepierre, a signalé les effets généraux que doivent produire les attractions mutuelles des Planètes, et il a appliqué sa théorie à la recherche de la Précession des équinoxes et des inégalités lunaires. Le problème des trois corps a été résolu, vers le milieu du dernier siècle, par Clairaut, d'Alembert et Euler. Euler le premier a démontré la périodicité des variations produites dans les orbites de Jupiter et de Saturne par leurs Perturbations réciproques. Laplace a fait voir que, d'après l'état actuel de notre système planétaire, toutes les variations dont les orbites sont susceptibles sont périodiques et renfermées dans d'étroites limites. Enfin, Lagrange a démontré d'une manière générale qu'au-

cune inégalité séculaire, ou terme proportionnel au temps, ne peut entrer dans l'expression du grand axe de l'orbite, ou du mouvement moyen qui en dépend. On peut dire que les découvertes de ces deux grands géomètres ont complété la science de la Mécanique céleste. Quant aux travaux des savants qui leur ont succédé dans cette carrière, ils n'ont guère eu pour objet et pour résultat que d'étendre et de simplifier leurs théories. »

PESANTEUR. — On sait que les corps, quand ils sont abandonnés à eux-mêmes, se précipitent vers la surface de la terre. C'est à la cause de ce phénomène que l'on donne le nom de *Pesanteur* ou de *Gravité*. La Pesanteur est due à l'attraction du globe sur les corps, attraction qui n'est qu'un cas particulier d'une force générale de la nature, l'attraction des corps les uns pour les autres. Cette cause générale a été découverte dans les corps célestes par Newton, qui en a défini les lois et lui a donné le nom de *Gravitation* ou *Pesanteur universelle*. C'est l'astronome français Richer qui a montré, par l'expérience, en 1672, que la Pesanteur des corps diminue à mesure qu'on s'approche de l'équateur. Voyez CHUTE DES CORPS, CENTRE DE GRAVITÉ, GRAVITATION, etc.

PÈSE-ACIDE, PÈSE-LIQUEUR, etc. — Voyez ARÉOMÈTRE, ALCOOMÈTRE, CRÉMOMÈTRE, OLÉOMÈTRE, LAIT, etc.

PÈSE-VOITURE. — Voyez PONTS A BASCULE.

PESO-COMPTEUR. — Voyez BALANCE.

PESO-MESUREUR. — Variété de Balance-bascule, inventée, en 1860, par M. Catenot-Béranger, de Lyon, et au moyen de laquelle on peut peser avec tous les poids comme avec la Balance ordinaire. On peut aussi peser avec une certaine mesure de grain ou de liquide, et lire sur l'échelle du curseur le nombre qui exprime le rapport entre les deux volumes comme on lit le rapport entre les deux poids. Cet instrument paraît appelé à un grand succès, en ce qu'il permet, en pesant un litre de grains, de déterminer immédiatement et avec la plus grande exactitude la contenance d'un sac rempli de ce même grain, ou en pesant avec un litre le liquide de jaugeage exact d'une futaille.

PÉTARD. — Quelques auteurs prétendent qu'au siége de Dieppe, en 1444, Louis XI se servit de *Pétards* pour pénétrer dans une bastille défendue par le parti anglais, mais on admet généralement que ces machines ont une origine beaucoup plus moderne, et qu'elles ont été inventées dans le Rouergue, entre les années 1570 et 1579, par des artificiers protestants, pour suppléer à l'artillerie dans l'attaque des postes. Suivant d'Aubigné, ce fut à la prise de Cahors par Henri de Navarre, en 1590, qu'on en fit le premier emploi important. Les Pétards sont destinés à enfoncer les portes et les palissades. En 1627 ou 1628, les Anglais en imaginèrent d'une espèce particulière pour détruire les défenses des ports. Ces nouveaux Pétards étaient *flottants*, et leur charge prenait feu aussitôt qu'ils rencontraient un corps résistant. On peut les considérer comme les précurseurs des engins de destruction fabriqués par les Russes, en 1855, d'après les instructions du professeur Jacobi. Voyez MACHINES INFERNALES et, au *Compl.*, TORPILLES.

PETITE-POSTE. — Voyez POSTES.

PÉTROLE. — Bitume liquide qui s'échappe du sol, sous forme huileuse, dans plusieurs parties du globe. Cette espèce d'huile minérale a été connue de tout temps. A l'époque d'Hérodote, les habitants de Zante employaient déjà, pour le chauffage et l'éclairage, celle que fournissent encore les montagnes volcaniques de cette île. Les sources de Pétrole des bords de la mer Caspienne ont également été appliquées de temps immémorial aux mêmes usages. Plus tard, les Anglais en ont rencontré d'autres dans l'Inde et dans l'empire Birman. Il en existe également quelques-unes en Italie et en Europe. Toutefois, le Pétrole avait encore été peu utilisé en Europe, lorsque, dans ces dernières années, on en a trouvé d'une richesse inouïe au Canada, dans la Nouvelle-Écosse et en Pensylvanie. L'exploitation du bitume fluide d'Amérique a lieu aujourd'hui sur la plus grande échelle. On en extrait, par la distillation, un grand nombre de produits différents, notamment des huiles d'éclairage, que l'on appelle vulgairement *Petroleum*, *Pétroléine*, *Luciline*, etc. On en extrait aussi des matières pour le graissage des machines, et des essences plus ou moins lourdes qui sont utilisées pour la fabrication de la Benzine et de la Paraffine.

PEULVAN. — Voyez MENHIR.

PHANTASCOPE. — Voyez FANTASMAGORIE.

PHARE. — Le besoin de signaux de feu pour indiquer l'entrée de certains ports, l'embouchure de certaines rivières, souvent même quelque point particulier, de la côte a été senti dès l'origine de la navigation maritime. Aussi l'usage des *Phares* remonte-t-il à une époque très-reculée. Homère y fait plusieurs fois allusion. Toutefois, la plus ancienne construction de ce genre dont les textes nous aient conservé le souvenir est celle dont parle le poëte Leschès, qui vivait au VIIe siècle avant notre ère : elle avait été établie sur le promontoire de Sigée, à l'entrée du détroit des Dardanelles, pour signaler une rade voisine aux navires qui passaient de l'Archipel dans la mer de Marmara. Mais le Phare le plus célèbre de l'antiquité est celui que, l'an 283 avant Jésus-Christ, l'architecte Sostrate de Cnide éleva, par ordre de Ptolémée-Philadelphe, roi d'Égypte, sur la petite île de Pharos, à l'entrée du port d'Alexandrie. C'était une tour de marbre, haute, dit-on, de 300 coudées, et qui s'apercevait de cent milles en mer. Ce Phare a donné son nom, emprunté lui-même du lieu où il était bâti, à tous les édifices du même genre. A l'exemple des autres peuples, les Romains construisirent un grand nombre de Phares sur les côtes de leur vaste empire, soit dans la Méditerranée, soit sur l'Océan. En 1643, on voyait encore les restes de celui qu'ils avaient établi à Boulogne-sur-Mer pour diriger les navires qui traversaient la Manche. Aujourd'hui même, on montre à Douvres les ruines d'un monument semblable qui date de l'époque romaine. Si l'on en juge par les médailles, les Phares anciens, tels qu'on les élevait dans les derniers temps, étaient des tours rondes, carrées ou polygonales, ordinairement à plusieurs étages qui allaient en diminuant de la base au sommet, et sur la plate-forme desquelles on entretenait des feux de bois ou de grosses torches allumées. Le moyen âge ne changea rien à ces dispositions, et il en fut à peu près de même, dans les temps modernes, jusqu'au dernier siècle. Ce fut d'abord de l'amélioration de l'éclairage que les inventeurs s'occupèrent. Aux torches et aux feux de bois ou de houille, le chevalier Borda eut le premier l'idée de substituer de grandes lampes à réflecteur. Ce premier progrès fut perfectionné, en 1785, par M. Lemoyne, maire de Boulogne, qui, en faisant adopter les Lampes d'Argand, donna le moyen d'obtenir une plus grande lumière. Après avoir rendu les Phares plus visibles, ces deux savants voulurent empêcher qu'on ne pût les confondre avec les étoiles de première grandeur ou avec les feux allumés par hasard sur le rivage. A cet effet, le premier imagina de faire disparaître la lumière à intervalles égaux en se servant de feux tournants et à éclipses. Le second eut une idée analogue : seulement, il proposa de laisser les feux immobiles, mais de faire tourner autour d'eux des écrans qui produiraient des éclipses dans l'ordre qu'on voudrait. Aucun de ces systèmes ne put passer dans la pratique, mais, un peu plus tard, un ingénieur suédois améliora si bien celui de Lemoyne, que toutes les nations s'empressèrent de l'adopter. Enfin, en 1819, Augustin Fresnel révolutionna entièrement l'éclairage des Phares en munissant leurs lampes de mèches concentriques à double courant d'air, et en remplaçant les réflecteurs jusqu'alors employés par des lentilles dioptriques de cristal. Le premier appareil de ce genre fut installé au Phare de Cordouan, en 1823. Dans ces dernières années, on a plusieurs fois essayé d'appliquer la Lumière électrique aux Phares, mais, quoique les expériences auxquelles on s'est livré aient donné des résultats assez satisfaisants sous certains rapports, ce mode d'éclairage n'a paru ni assez économique, ni assez pratique pour qu'on pût le substituer à l'ancien. Depuis le commencement de ce siècle, la partie matérielle des Phares, c'est-à-dire la construction des tours, a fait, de son côté, de nombreux progrès, ce qui a permis d'en élever sur des points jusqu'alors jugés impraticables. Quand le manque de matériaux ne permet pas de les établir en maçonnerie, on les fait en fonte. De plus, là où le sol ne pourrait supporter un poids considérable, on les remplace par des charpentes légères en bois ou en fer qui reposent sur des Vis

à terrain. Enfin, on a imaginé, en Angleterre, de construire des Phares flottants en tôle établis sur des bouées de balisage.

PHARMACIE.—Pendant très-longtemps, la *Pharmacie* a été confondue avec la Médecine. Elle s'est séparée de cette dernière dans le courant du xii⁰ siècle, mais ce n'est que six cents ans plus tard qu'elle a commencé à prendre un caractère scientifique. Avant cette époque, en effet, les médicaments étaient formés de drogues associées sans discernement, et comme au hasard ; mais, à mesure que les progrès de la Chimie permirent d'analyser exactement les substances médicamenteuses, on apprit à connaître celles qui étaient véritablement actives, et, en vérifiant expérimentalement leur mode d'action, on put réduire la composition des préparations pharmaceutiques à ce qui est simplement nécessaire. Depuis le milieu du dernier siècle, la Pharmacie est devenue une science exacte, au même titre que la Physique et la Chimie, et, aujourd'hui, elle constitue une véritable profession libérale.

PHELLOPLASTIQUE. — C'est l'art de reproduire en liége, sur une échelle réduite, les monuments de l'architecture. On admet généralement que la Phelloplastique a été créée, à Rome, vers 1785, mais il est probable qu'elle est plus ancienne. Quoi qu'il en soit, malgré le talent avec lequel Mey, d'Aschaffenbourg, Stamaty, de Marseille, Pelet, de Nîmes, et quelques autres, l'ont cultivée, on range la plupart de ses produits dans la classe des inutilités.

PHÉNIQUE (*Acide*). — C'est un des produits secondaires que la Chimie contemporaine est parvenue à retirer de la Houille. On l'emploie, depuis quelques années, pour obtenir l'Acide picrique et l'Azuléine, mais son application la plus intéressante et la plus considérable est celle qui a pour objet la conservation des matières organiques putrescibles. En effet, l'Acide phénique possède la propriété d'arrêter, dans leur reproduction et même dans leur développement, les êtres organisés dont la formation accompagne les phénomènes de fermentation. Ajouté en dissolution très-étendue aux urines, aux liquides des fosses, aux eaux des égouts, il en em·

pêche la putréfaction. Enfin, il entrave la décomposition des cadavres, fait disparaître l'infection des plaies, et tout porte à croire qu'il empêcherait aussi la transmission des germes de décomposition putride qui produit la pourriture d'hôpital. La Médecine, l'art vétérinaire et l'industrie des engrais d'origine animale tirent journellement parti des propriétés antiseptiques de l'Acide phénique.

PHILIPPIQUES. — Les Grecs appelaient ainsi les harangues virulentes que l'orateur athénien Démosthènes prononça, de 349 à 338 avant notre ère, contre Philippe, roi de Macédoine, dont la politique ambitieuse menaçait l'indépendance de leur pays. Par allusion à ces harangues, Cicéron donna plus tard le même nom aux quatorze discours qu'il composa contre Antoine. Enfin, au siècle dernier, on s'est servi du même mot pour désigner les diatribes que l'auteur dramatique Lagrange-Chancel, mort en 1758, fit circuler contre le duc d'Orléans, régent de France, pendant la minorité de Louis XV.

PHLOGISTIQUE. — Voyez CHIMIE.

PHORMIUM TENAX. — Plante de la famille des Liliacées qui croît en abondance et sans culture dans les îles de la Nouvelle-Zélande. On retire de ses feuilles des filaments dont les habitants de ce pays se servent, de temps immémorial, pour faire des cordes et des câbles d'une extrême solidité. Des expériences comparatives ont prouvé que les cordes de *Phormium tenax* sont une fois et demie au moins plus résistantes que celles de Lin ou de Chanvre. Ce végétal remarquable a été signalé, pour la première fois, par le capitaine Cook. Les Anglais l'ont acclimaté dans l'Inde, dans la Nouvelle-Galles du Sud, ainsi que dans plusieurs parties de l'Écosse et de l'Irlande. Au commencement de ce siècle, l'agronome André Thouin et le botaniste Labillardière ont proposé de l'introduire dans nos départements de la Méditerranée, mais, jusqu'à présent, cette idée n'a pas été réalisée. Depuis quelques années, la marine britannique fait un grand usage de câbles de *Phormium tenax*. Néanmoins, on n'a pas encore tiré de cette plante précieuse tout le parti que l'on peut espérer obtenir d'après ses qualités.

PHOSPHORE. — Les anciens chimistes donnaient le nom de *Phosphore*, c'est-à-dire « porte-lumière », à toute substance capable de briller dans l'obscurité, mais le corps que l'on appelle aujourd'hui ainsi a été découvert, en 1669, par un marchand ruiné de Hambourg, nommé Brandt, qui le trouva par hasard en cherchant la pierre philosophale. Toutefois, les historiens racontent qu'un alchimiste arabe du XIIᵉ siècle, appelé Alchild Béchil, connaissait une *escarboucle* artificielle, qui brillait d'un vif éclat et s'obtenait en distillant de l'urine avec de l'argile, de la chaux et des matières charbonneuses. Il est possible que ce produit fût du Phosphore, mais, dans tous les cas, sa connaissance ne sortit pas du laboratoire où le hasard l'avait fait trouver, et la science moderne ne doit pas moins l'acquisition de ce corps à la seconde moitié du XVIIᵉ siècle. Le chimiste Jean Kunkel, de Wittemberg, ayant eu connaissance de la découverte de Brandt, se mit aussitôt en rapport avec ce dernier, mais il ne put en obtenir aucun renseignement. Il apprit seulement qu'il avait travaillé sur l'urine, et cela suffit pour l'engager à se mettre à la recherche du nouveau corps. Enfin, après plusieurs semaines de travaux, il parvint à isoler le Phosphore, et communiqua gratuitement son procédé de fabrication à plusieurs personnes : on était alors en 1670. Presque en même temps, mais un peu plus tard, l'anglais Robert Boyle, ayant vu un morceau de Phosphore entre les mains de Krafft, conseiller de l'électeur de Saxe, qui l'avait acheté à Brandt et l'avait apporté à Londres pour le montrer au roi Charles II, se mit aussi à l'œuvre et arriva aux mêmes résultats que Kunkel. Boyle céda son procédé à Godfrey Haukwitz, son préparateur, qui se mit à l'exploiter sur une grande échelle, et il dut à cette circonstance de fournir, pendant longtemps, au commerce, tout le Phosphore que les physiciens employaient. En France, on ne connaissait encore que le Phosphore de cet industriel, ou *Phosphore d'Angleterre*, lorsqu'en 1737, un ouvrier étranger vendit au gouvernement un procédé de préparation qui fut publié aussitôt dans les *Mémoires* de l'Académie des Sciences. Comme ceux que l'on exploitait en Allemagne et en Angleterre, ce procédé reposait sur l'emploi de l'urine, et il était très-long, dispendieux et dégoûtant. Enfin, en 1769, le chimiste suédois Gahn, ayant reconnu que les os des animaux contiennent une grande quantité de Phosphore à l'état de phosphate de chaux, Scheele, son compatriote, trouva le moyen de l'extraire des os calcinés, et créa le procédé qui, sauf quelques modifications dues au chimiste français Lepelletier, est universellement employé aujourd'hui. Le Phosphore n'a d'abord servi qu'à faire des expériences de physique et des tours de prestidigitation. Il n'a même été employé industriellement qu'à la suite de l'invention des Allumettes chimiques. Dans ces dernières années, l'histoire de cette substance a fait une acquisition importante. On avait déjà remarqué que le Phosphore se colore en rouge et acquiert des propriétés particulières quand on le place dans certaines conditions. En 1849, le chimiste viennois Schrœtter est parvenu à fabriquer économiquement ce *Phosphore rouge* ou *Phosphore amorphe*, et, comme il n'est pas nuisible à la santé comme le Phosphore ordinaire, ou *Phosphore blanc*, l'industrie s'en est aussitôt emparée pour fabriquer les Allumettes dites *de sûreté*. Voyez ALLUMETTES.

PHOTOGRAPHIE. — C'est l'art de fixer, par la seule action de la Lumière, les images des objets sur une surface préparée. Le premier germe de sa découverte date du moment où l'on a reconnu la propriété que possèdent les sels d'argent de noircir au contact des rayons lumineux. On attribue la première connaissance de ce fait au chimiste suédois Scheele, qui l'aurait acquise vers 1777, mais plusieurs écrivains pensent avec raison qu'il avait dû être déjà observé par les alchimistes du moyen âge. Quoi qu'il en soit, ce n'est que dans les dernières années du XVIIIe siècle que l'on a songé à en tirer parti. Dans les cours que le professeur Charles faisait alors à Paris, ce physicien obtenait des silhouettes par l'action des rayons lumineux sur un papier dont il tint la préparation secrète. Plus tard, en 1802, le physicien anglais Wedgwood et l'illustre chimiste Humphry Davy parvinrent à reproduire des vitraux peints et d'autres objets transparents sur des papiers enduits de nitrate ou de chlorure d'argent, mais ils durent renoncer à exploiter leur procédé, parce que les images obtenues noircissaient au grand jour et ne tardaient pas à disparaître. La gloire de créer la Photographie était réservée à la France. En 1813, un homme à jamais célèbre, Charles-Joseph-Nicéphore Niepce de Saint-Victor, de Châlons-sur-Saône, se mit en tête de fixer, par l'action chimique de la lumière, les images de la Chambre obscure sur des plaques de métal, qu'il devait ensuite transformer en planches gravées en les traitant par la méthode de la Gravure à l'eau-forte. Après des essais multipliés, il vit, dès 1824, le succès couronner ses efforts. Toutefois, le procédé qu'il avait imaginé et qu'il appelait *Héliographie*, c'est-à-dire « gravure par le soleil », était très-imparfait, et ne pouvait devenir praticable que moyennant de nombreux perfectionnements. Ces perfectionnements furent réalisés par le peintre Louis-Mandé Daguerre, avec lequel Niepce s'était associé en 1829. Non-seulement cet artiste créa la méthode générale qui constitue la Photographie, mais, le premier aussi, il eut l'idée d'obtenir directement des images photographiques à demeure, car Niepce n'avait songé qu'à faire des plaques un intermédiaire pour produire des copies imprimées sur papier. Les travaux de Daguerre furent terminés en 1838. La découverte de la Photographie fut connue, pour la première fois, par l'annonce qu'en fit Arago à l'Académie des Sciences, dans la séance du 7 janvier 1839, mais le procédé ne fut divulgué que le 19 août suivant, quand le gouvernement en eut acquis la propriété. On comprit aussitôt l'avenir immense qui était réservé à cette admirable invention, et une multitude d'expérimentateurs se mirent à lui chercher des applications, tandis que d'autres s'attachèrent surtout à l'améliorer, car la *Daguerréotypie*, comme on disait alors, présentait encore de grands inconvénients. En premier lieu, on ne pouvait obtenir les images qu'après un quart d'heure au moins d'exposition. En second lieu, les épreuves s'altéraient rapidement par suite de la volatilisation du mercure. Enfin, les plaques miroitaient de la manière la plus désagréable. Ces deux derniers défauts disparurent, dès

22

1840, par les soins de M. Fizeau. Dans le courant de la même année, l'opticien Charles Chevalier diminua beaucoup le premier en apportant à la Chambre obscure des modifications qui réduisirent la durée de l'exposition à deux ou trois minutes, mais cette partie du problème ne fut entièrement réalisée que l'année suivante, par l'emploi, dû à M. Claudet, des substances dites *accélératrices*, innovation qui, donnant le moyen d'obtenir les épreuves en une demi-seconde, permit d'appliquer la Photographie à la reproduction de la nature animée. A ces divers perfectionnements en succédèrent bientôt plusieurs autres. Comme les plaques étaient lourdes, très-chères, faciles à se détériorer et embarrassantes dans les voyages, on chercha s'il ne serait pas possible de les remplacer par d'autres surfaces qui n'auraient pas ces défauts. Alors naquirent la *Photographie sur papier* et la *Photographie sur verre*. Comme son nom l'indique, la première forme les épreuves sur des papiers imprégnés de sels d'argent. Elle a été créée, en 1835, par un amateur anglais, M. Nathaniel Fox Talbot, qui, à l'insu de Niepce et de Daguerre, se livrait, depuis 1832, à des essais de Photographie ; mais c'est M. Blanquart-Evrard, de Lille, qui, au commencement de 1847, en a publié, pour la première fois, les procédés d'une manière complète. Dès son apparition, les artistes de tous les pays lui reconnurent de si grands avantages qu'ils se hâtèrent de l'adopter, et ils n'employèrent plus dès lors la Photographie sur plaque que dans quelques cas particuliers. On ne tarda pas cependant à remarquer que les épreuves sur papier n'avaient ni la vigueur ni la délicatesse des épreuves métalliques. Mais on s'aperçut aussitôt que cette infériorité provenait de la texture fibreuse du papier et des inégalités de son grain, et qu'il suffisait, pour y remédier, de recouvrir le papier d'une substance propre à lui donner une surface parfaitement lisse et homogène. Dès 1847, M. Blanquart-Evrard obtint ce résultat en se servant d'albumine. Un peu plus tard, MM. Legray et Fabre de Romans introduisirent l'usage de la cire. Un peu plus tard encore, M. Baldus imagina d'employer la gélatine. En faisant des recherches dans

la même direction, M. Niepce de Saint-Victor, neveu de Joseph - Nicéphore Niepce, eut l'idée de supprimer entièrement le papier pour les épreuves négatives, et fut ainsi conduit à créer la *Photographie sur verre*. Cette invention eut lieu en 1847, mais elle ne fut complète qu'en 1851, époque à laquelle le photographe anglais Archer, prenant des essais commencés, en 1850, par M. Legray, et continués ensuite par ses compatriotes Bingham et Cundel, eut le bonheur de rendre pratique l'emploi des glaces collodionnées. Depuis cette époque, on a réussi à transporter les images photographiques sur pierre lithographique, sur porcelaine, sur bois, sur cuivre, etc., mais rien n'est changé, quant aux principes fondamentaux établis par Daguerre, Talbot, Niepce de Saint-Victor et Archer. Le problème qui préoccupe aujourd'hui le plus les esprits est celui de la *Photographie polychrome* ou *Héliochromie*, qui a pour objet de reproduire les objets avec leurs couleurs naturelles ; mais, malgré les nombreuses expériences que l'on a faites à ce sujet, les résultats obtenus jusqu'à ce jour n'ont pu avoir qu'un intérêt purement scientifique. — Dans le principe, les applications de la Photographie se bornaient à reproduire les monuments et les paysages. Elles ont reçu de nos jours de si grands développements qu'il n'est presque aucun objet qu'elles ne puissent embrasser. L'admirable rapidité avec laquelle on opère permet même de saisir l'image des navires en marche, des trains de chemins de fer lancés à toute vitesse, des phénomènes météorologiques les plus courts, etc. On a également réussi à obtenir l'image du fond de la mer à une profondeur de plus de dix mètres. D'un autre côté, des progrès très-remarquables ont été réalisés quant aux dimensions des épreuves. Ainsi pendant que certains artistes exécutent des images de la grandeur d'une tête d'épingle et présentant des groupes de personnages ou des paysages parfaitement distincts, d'autres en produisent qui sont aussi grandes que l'original. On peut encore, au moyen d'appareils grossissants, tels que le Mégascope réfracteur achromatique de Charles Chevalier, amplifier une image de très-petites dimensions, de manière à la transformer en une image de grandeur naturelle. Voyez HÉLIOCHROMIE, HÉLIOGRAPHIE, etc.

PHOTOMÈTRES. — Instruments destinés à mesurer l'intensité de la lumière. Les tentatives pour déterminer les intensités relatives de différentes sources lumineuses ont commencé au XVIIe siècle. Les premières furent faites par le physicien hollandais Christian Huyghens, qui, ayant essayé de comparer la lumière du soleil et celle de Sirius, conclut de ses observations que la distance de cette étoile à la terre est 27,664 fois plus grande que celle du soleil. Toutefois, c'est à l'astronome suédois André Celsius qu'appartient la gloire d'avoir, le premier, proposé de mesurer directement, au moyen d'un appareil particulier, qu'il appela *Lucimètre*, les intensités comparatives de deux lumières. Enfin, notre compatriote Pierre Bouguer posa les véritables bases de la Photométrie, et consigna les résultats de ses recherches dans son *Essai d'optique*, qui fut publié à Paris en 1729. Depuis cette époque, cette branche de la physique n'a cessé de s'enrichir de nouvelles découvertes, qui ont donné lieu à l'invention de plusieurs ingénieux Photomètres, parmi lesquels on cite surtout ceux de Rumford, Ritchie et Wheatstone.

PHOTOPHORE. — Ce mot, qui signifie « porte-lumière », a été employé, au dernier siècle, pour désigner un réflecteur d'une forme particulier qui fut présenté, en 1770, à l'Académie des Sciences de Berlin, par un sieur Lambert, son inventeur. C'était une espèce de cône tronqué en fer-blanc que l'on maintenait, au moyen d'une petite armature, à la hauteur de la mèche d'une bougie ou d'une lampe. Avec cet appareil, une lampe ordinaire à deux mèches éclairait autant que dix-huit lampes semblables. En 1801, un industriel parisien, appelé Bérard, y apporta d'utiles perfectionnements. — Dans ces dernières années, un autre de nos compatriotes, M. Lebrun Bretignères, reprenant et améliorant une idée déjà très-ancienne, a imaginé d'empêcher la bougie de couler et, en même temps, de régler sa lumière, en l'enfermant dans un tube de verre, de cristal ou de porcelaine, auquel il a donné le nom de *Photophore*.

PHOTO-SCULPTURE. — Procédé de sculpture mécanique au moyen duquel on peut obtenir un nombre quelconque de reproductions sculpturales d'un même type, en opérant sur un nombre suffisant de photographies prises sur ce type. A cet effet, on dispose un Pantographe de manière que pendant qu'une de ses pointes suit les contours des images photographiques, l'autre pointe dépouille, dans une masse de terre à mouler, une statue en relief exactement semblable au modèle, de dimensions égales ou de dimensions diminuées ou agrandies dans une proportion quelconque. La Photo-Sculpture a été inventée, en 1861, par un artiste français, M. François Willème.

PHRÉNOLOGIE. — Ce mot signifie littéralement « science de l'esprit, de l'entendement », mais on l'emploie plus particulièrement pour désigner un système physiologique qui pose en principe : 1° que le cerveau est composé d'un certain nombre de parties distinctes, qui sont, chacune, l'organe d'une faculté spéciale ; 2° que le pouvoir de manifester chacune de ces facultés dépend toujours du développement ou de l'activité de l'organe cérébral correspondant ; 3° qu'il est possible, pendant la vie, de déterminer le développement de chacun de ces organes par l'observation des saillies correspondantes à la surface du crâne. La Phrénologie a été créée, à la fin du dernier siècle, par le docteur badois François-Joseph Gall, sous les noms caractéristiques de *Crâniologie* ou *Crânioscopie*. Ce médecin produisit d'abord sa doctrine à Vienne, en Autriche, en 1796 : mais elle parut dangereuse au gouvernement autrichien, et il se vit obligé de quitter le pays.. Il partit alors pour Paris, où il arriva en 1807, et y compta promptement un grand nombre de sectateurs enthousiastes. Depuis cette époque, la Phrénologie s'est répandue dans toutes les parties civilisées de l'ancien et du nouveau monde. On lui reproche, non sans raison, de conduire aux plus désastreuses conséquences, car elle détruit la liberté de l'homme, renverse le fondement de la responsabilité des actes, et fait de l'homme le jouet du fatalisme.

PHYSHARMONICA. — Instrument à anches libres et à clavier, inventé, en 1818, par Antoine Hæckel, facteur d'orgues à Vienne, en Autriche. Ce n'était qu'un diminutif de l'Éoline du bavarois

Voit. Le Physharmonica fut introduit à Paris en 1823. Trois ans après, il fut imité par un facteur de Nantes et par le facteur parisien d'Avrainville. Enfin, en 1828, Charles Dietz, mécanicien à Paris, y apporta plusieurs modifications à la suite desquelles il créa un nouvel instrument qu'il appela *Aéréphone*, et qui était un véritable Harmonium à un seul clavier.

PHYSIOGNOMONIE. — C'est l'art de connaître les hommes d'après leur physionomie, c'est-à-dire d'après la considération des traits du visage. Aristote paraît être le premier qui ait fait des observations à ce sujet : il concluait de ce que certains hommes ont des traits de ressemblance avec ceux des animaux, qu'ils doivent avoir des inclinations identiques. Dans les temps modernes, une foule de savants ont fait des recherches dans la même direction. Toutefois, c'est l'anatomiste zurichois Pierre-Gaspard Lavater, qui, à la fin du dernier siècle et au commencement du nôtre, leur a donné les plus grands développements. La Physiognomonie a toujours compté de chaleureux partisans, mais les hommes désintéressés sont tous d'accord sur ce point, savoir, qu'elle n'a pas de bases fixes et invariables. Cependant, elle n'en offre pas moins un certain intérêt, et, dans quelques circonstances, elle peut donner lieu à des conjectures assez plausibles.

PHYSIONOTRACE. — Espèce de Pantographe vertical au moyen duquel on calque en quelques minutes et d'une manière infaillible, un portrait d'après nature presque aussi grand que l'original. On peut ensuite réduire le dessin avec le Pantographe ordinaire ou Pantographe horizontal. On attribue l'invention de cet instrument aux artistes français Chrétien et Quenedey, qui, dès 1788, en firent de très-nombreuses applications. Ils ne purent d'abord en obtenir que des portraits de profil et au trait, mais, après y avoir introduit des perfectionnements, ils parvinrent à en faire dans toutes les positions et ombrés. Le Physionotrace jouit, pendant quelques années, d'une certaine vogue, après quoi il tomba dans l'oubli.

PHYSIONOTYPE. — Appareil destiné à prendre l'empreinte d'une personne vivante, après quoi le moule peut transmettre cette empreinte à une matière plastique quelconque et en autant d'exemplaires qu'on le désire. C'est une espèce de brosse composée de fils métalliques mobiles et très-serrés. Quand on applique cette brosse sur le visage, les fils sont repoussés par toutes les parties saillantes ; en les fixant alors dans la position qu'ils ont prise, on obtient un moule en creux dans lequel on coule du plâtre, du stuc ou toute autre substance analogue. Le Physionotrace a été inventé, vers 1834, par Louis Sauvage, le même qui a contribué à la création des bateaux à hélice. Lors de son apparition, des faiseurs s'empressèrent de fonder une société en commandite pour l'exploiter, mais les résultats de l'entreprise furent désastreux. Il n'en a plus été question depuis.

PIANO. — Au commencement du XVIIIe siècle, afin de faire disparaître le son grêle et désagréable du Clavecin, on imagina de remplacer par de petits marteaux les sautereaux qui, dans ce dernier, servaient à mettre les cordes en vibration. La première idée de ce perfectionnement appartient à Bartolomeo Cristofali, de Padoue, qui l'émit en 1711 et ne put la réaliser. En 1716, un facteur parisien, nommé Marius, fit un nouvel essai et présenta à l'Académie des Sciences quatre instruments de sa fabrication, qu'il appelait *Clavecins à maillets*, et dont la construction était des plus grossières. L'année suivante, l'allemand Amédée Schrœtter, organiste à Nordhausen, qui ne connaissait probablement pas les essais précédents, commença deux instruments du même genre, qu'il ne put achever faute de ressources, mais ses travaux mirent les facteurs de son pays sur la voie du succès. Enfin, en 1750, Godefroy Silbermann, fabricant d'orgues à Freyberg, en Saxe, réussit à vaincre toutes les difficultés, et, dès ce moment, le Piano fut acquis à l'art musical. Les premiers instruments du nouveau système furent *à queue*, c'est-à-dire triangulaires comme les Clavecins. On leur donna le nom de *Piano-forte* ou *Forte-piano*, parce que leur mécanisme permet d'adoucir et de renforcer les sons à volonté. Vers 1752, Friedrich, de Géra, imagina la forme *carrée*, et il appela les produits de sa fabrication *Forte-bien*, pour les distinguer des précédents, mais cette dénomination tomba peu à peu en désuétude, et celle de *Piano-forte*, par abréviation *Piano*, fut seule adoptée pour désigner tous les Clavecins à marteaux, quelle que fût leur forme. Après l'Allemagne, l'Angleterre s'occupa la première de la fabrication des Pianos : ses facteurs eurent même, pendant longtemps, le monopole du marché français. Le plus renommé de ces artistes, John Broadwood, établit à Londres, en 1772, une manufacture qui existe encore et qui devint, en peu d'années, la plus importante du monde entier. Le premier établissement semblable qu'ait eu la France, fut fondé à Paris en 1785, par Sébastien Erard, mais ce ne fut guère qu'à partir de 1825, après la création de la maison Pleyel par Ignace Pleyel, que cette branche de notre industrie nationale a commencé à prendre une extension véritablement importante. Depuis le commencement de ce siècle, des améliorations sans nombre ont été introduites dans la fabrication des Pianos : les principales ont eu pour objet d'augmenter leur étendue et leur volume, d'améliorer leur son et leur mécanisme. Parmi les Français qui ont le plus contribué à ces progrès, on cite au premier rang les facteurs parisiens Érard, Pleyel, Pape, Boisselot, Roller, Montal, Blondel, Kriegelstein, etc. C'est Roller qui, réalisant une idée émise par un ouvrier de la maison Érard, nommé Bulmer, a créé les *Pianos droits* dont l'usage est aujourd'hui si répandu. — Outre les Pianos ordinaires, on en a fait à diverses époques qui s'éloignent plus ou moins des systèmes généralement adoptés. Les *Pianos à sons soutenus* sont de ce nombre. On les appelle ainsi parce qu'ils jouissent de la propriété de soutenir certains sons pendant que d'autres sont étouffés. Les premiers paraissent avoir été fabriqués, en 1843, par les frères Boisselot, de Marseille. Toutefois, il est à remarquer que l'idée de donner aux instruments à clavier la faculté de soutenir les sons est beaucoup plus ancienne qu'on ne le croit généralement, car elle a été appliquée, dès 1600, aux Clavecins par le facteur nurembergeois Jean Heyden. Les *Pianos octaviants* donnent à volonté l'octave de la note que

l'on touche. On attribue leur invention à Philippe de Girard, 1805 ; mais Hans Ruckers, d'Anvers, avait déjà construit, en 1610, une Épinette sur le même principe. Les *Pianos scandés* permettent de produire simultanément, dans les différentes parties du clavier, les nuances les plus opposées, et de faire ainsi dominer à volonté, suivant le développement de la pensée musicale, les basses, le médium ou les dessus de l'instrument. Ils ont été inventés, en 1856, par les facteurs parisiens Lenz et Houdard. Les *Pianos trémolophones* sont ainsi nommés parce qu'ils permettent d'exécuter le trémolo, sans que le doigt ait besoin de faire autre chose que d'appuyer sur la touche. Philippe de Girard passe pour les avoir inventés. Pape les a beaucoup améliorés en 1836. Les *Pianos mélographes*, appelés aussi *Pianographes* et *Pianos sténographes*, ont pour objet d'écrire la musique à mesure que le compositeur l'improvise. La possibilité de leur construction a été émise, d'abord, en 1747, par l'anglais Creed, puis, en 1749, par un conseiller de justice de Brunswick, nommé Jean-Frédéric Unger, mais le premier modèle connu a été construit, en 1769, par le mécanicien allemand Hohlfeld. Une foule d'essais analogues ont été faits depuis, mais toujours sans succès. Les plus récents sont ceux de Carrère (1827), d'Eisenmenger (1836), de Pape (1844), de Guérin (1844), et d'Adorno (1855). Voyez MUSICOGRAPHE. Les *Pianos transpositeurs* ont été imaginés pour permettre de jouer, dans tous les tons, un morceau écrit dans un ton quelconque. Leur origine est assez ancienne, mais ce n'est que depuis quelques années qu'on est parvenu à en obtenir des résultats assez satisfaisants : un des meilleurs est celui de M. Montal. Les *Pianos-orgues* réunissent les effets du Piano à ceux de l'Orgue. Ils se composent d'un Piano ordinaire et d'un jeu d'Orgue à anches libres, et leur mécanisme permet de jouer des deux instruments à la fois, ou seulement de l'un d'eux. Ces Pianos datent d'une trentaine d'années : on cite, parmi les moins imparfaits, le *Piano-mélodium* de M. Alexandre, et l'*Harmonicorde* de M. Debain. Les *Pianos mécaniques* sont à deux fins : ils se jouent comme à l'ordinaire; mais quand on ne sait pas la musique, on peut y exécuter plusieurs morceaux en tournant une manivelle qui met en mouvement un cylindre ou des planchettes piquées. Ces instruments, qui sont la négation de tout ce qu'il y a de poésie dans l'art, paraissent avoir été imaginés en Allemagne au commencement de ce siècle.

PIANOTYPE. — Voyez COMPOSEUSE.

PICRATES. Voyez au *Complément*.

PICRIQUE (*Acide*). — Il a été découvert, en 1788, par le chimiste Jean-Michel Haussmann, de Colmar. On l'a successivement appelé *Amer de Welter*, *Acide carbazotique*, *Acide nitro-picrique*, *Acide nitro-phénisique*, etc. C'est l'illustre Thenard qui lui a donné son nom actuel, d'un mot grec qui signifie « amer », pour rappeler son excessive amertume. L'Acide picrique a été introduit, dans l'art de la teinture, en 1847, par M. Guinon, de Lyon. Il teint en jaune tous les tissus animaux, sans l'intermédiaire des mordants : malheureusement les nuances qu'il donne ne sont pas très-solides. En mélangeant un de ses sels, le picrate de soude, au carmin d'indigo, on colore la soie, la laine et les fleurs artificielles en vert d'une exquise fraîcheur. L'Acide picrique se prépare généralement en faisant réagir l'acide nitrique sur l'acide phénique, au moyen d'un procédé indiqué, en 1841, par M. Auguste Laurent, de Langres.

PIERRES ARTIFICIELLES. — Voyez MATÉRIAUX ARTIFICIELS.

PIERRES DURES. — Malgré les difficultés qu'offre leur travail, les Pierres dures ont été utilisées de bonne heure, non-seulement pour exécuter des objets de simple décoration, tels que vases, camées, etc., mais encore pour construire des édifices tout entiers. Dans l'antiquité, ce furent les Égyptiens qui les appliquèrent, sur la plus grande échelle, à l'art de bâtir. Ils mirent surtout le Granite en œuvre, et les monuments pour lesquels ils l'employèrent sont encore si nombreux, si remarquables et si gigantesques, que l'imagination en reste véritablement confondue. Aucune nation après eux n'a élevé des monuments semblables, et, sous ce rapport, ils occuperont dans l'histoire un rang tout à fait à part. Les Romains cependant, qui avaient le sentiment des choses grandes et durables, ont laissé beaucoup d'objets en Granite et en Porphyre, qui ornent aujourd'hui nos musées. Lors des invasions des barbares, l'art de travailler les Pierres dures disparut entièrement et il faut arriver jusqu'à la fin du XIVᵉ siècle pour le voir renaître. Ce fut l'Italie qui donna le signal. Dès 1379, un artiste toscan, Benedetto Peruzzi, s'était rendu célèbre, et, en 1472, Francesco Ferrucci, surnommé le Tadda, retrouva à Florence le moyen de travailler et de sculpter le Porphyre. C'est donc en Toscane que les pierres dures et les roches feldspathiques ont été travaillées, pour la première fois, dans les temps modernes. Depuis le dernier siècle, des ateliers plus ou moins importants ont été créés en Suède, en France, en Angleterre et en Russie, mais si l'on compare l'état actuel de cette industrie avec ce qu'elle était chez les Égyptiens, même chez les Romains, on ne peut s'empêcher de reconnaître qu'elle est infiniment moins répandue et moins développée. D'un autre côté, sauf quelques rares exceptions, on n'emploie guère aujourd'hui les Pierres dures, dans l'art de bâtir, que pour la confection d'objets de décoration dont les dimensions sont généralement très-restreintes. Voyez GLYPTIQUE et MOSAÏQUE.

PIERRES FAUSSES. — Voyez PIERRES PRÉCIEUSES.

PIERRES GRAVÉES. — Voyez GLYPTIQUE.

PIERRES LITHOGRAPHIQUES. — Les lithographes exécutent leurs travaux sur des pierres calcaires à grain très-fin, qui ont une affinité très-grande pour les corps gras. Comme ces pierres sont assez rares, on a essayé, à diverses époques, de les remplacer par des compositions artificielles, mais on n'a pu obtenir des résultats satisfaisants. Senefelder lui-même fit, en 1819, des essais dans cette direction. On a été plus heureux en se servant de plaques de zinc, et l'emploi de ces plaques constitue aujourd'hui un procédé d'impression que l'on exploite, sur une assez grande échelle, pour certains ouvrages spéciaux.

PIERRES PRÉCIEUSES. — Il est probable que les *Pierres précieuses* ou *Pierres fines* ont figuré de tout temps parmi les objets de toilette, mais leur rareté et, par suite, leur prix élevé, ont, de bonne heure, fait naître l'idée de les imiter. Suivant Pline le Naturaliste et Diodore de Sicile, les verriers égyptiens furent les premiers qui s'occupèrent de ces imitations ; ils réussirent même à les faire avec tant d'habileté qu'ils finirent par en monopoliser la fabrication. Les *Pierres fausses* égyptiennes les plus renommées étaient celles de Thèbes : elles s'exportaient au loin par l'intermédiaire des Phéniciens et des Carthaginois. Plus tard, ce genre d'industrie passa aux verriers de l'empire grec et à ceux de Venise, dont les produits jouirent, pendant tout le moyen âge, d'une réputation universelle. Les *Pierres de voirre*, comme on appelait alors les Pierres fausses, étaient quelquefois « si semblables aux vrayes », dit un écrivain du XIIIe siècle, que les plus habiles y étaient « bien souvent déceulx. » Toutefois, malgré le talent des artistes d'autrefois, ce n'est que depuis l'invention du Strass, vers le milieu du dernier siècle, que l'imitation des Pierres fines a atteint son plus haut degré de perfection. Au premier rang de ceux de nos contemporains qui ont le plus contribué à ce progrès, on s'accorde à placer MM. Douault-Wieland, Lancon, Bourguignon, Bon, Pirlot, Savary et Mosbach, tous de Paris. L'Angleterre et l'Allemagne fabriquent également des Pierres fausses d'une très-grande beauté, mais ce sont celles de nos artistes qui sont les plus estimées. Dans ces derniers temps, une voie nouvelle a été ouverte à cette branche d'industrie. Au lieu d'imiter les Pierres fines avec du Strass, plusieurs chimistes ont cherché à les reproduire de toutes pièces. Les premiers essais dans cette voie nouvelle sont dus à M. Augustin Gaudin. En 1844, ce savant, tirant un admirable parti de la haute température développée par le chalumeau à gaz oxy-hydrogène, obtint des saphirs, des rubis et des corindons opaques et microscopiques. En 1847 et 1851, M. Ébelmen fit faire un pas de plus à la solution du problème. Au moyen de procédés de son invention, il produisit des rubis spinelles, des émeraudes et des corindons absolument semblables aux naturels, mais encore beaucoup trop petits pour pouvoir être utilisés. Enfin, un peu plus

tard, en continuant et modifiant ses travaux antérieurs, M. Gaudin a presque entièrement résolu la question, et les saphirs que donne sa nouvelle méthode sont déjà assez gros pour être employés dans les trous à pivots des petites montres.

PIEUX A VIS. — Ce sont des pieux ou pilots dont le sabot est remplacé par une forte vis de fonte ou de fer forgé. On les appelle aussi *Vis à terrain*. Les Pieux à vis sont employés, à la place des pilots ordinaires, dans les circonstances où ceux-ci ne pourraient servir, et on les fait entrer dans le sol à la manière des vis. L'idée de visser dans la terre est assez ancienne, mais on ne l'appliquait autrefois qu'aux sondages. L'abbé de la Chapelle est peut-être le premier qui ait songé d'en tirer un autre parti. En 1775, il proposa d'employer, pour certains travaux de surprise à la guerre, de petits pieux qui, ayant leur partie inférieure disposée en forme de vis, pourraient s'enfoncer sans bruit, mais cette innovation passa inaperçue. C'est M. A. Mitchell, de Belfast, qui a fait entrer les Pieux à vis dans les usages de l'industrie, et cette innovation, qui date de 1833, s'est promptement répandue dans toute l'Europe, dans l'Inde et aux États-Unis, où elle a permis d'exécuter des travaux impossibles à entreprendre autrement.

PIGEONS (*Poste aux*). — Voyez POSTE.

PILE ÉLECTRIQUE. — Elle a été inventée, à la fin de 1799, par Alexandre Volta, célèbre physicien de Côme, qui la décrivit, pour la première fois, le 20 mars 1800, dans une lettre à sir Joseph Banks, président de la Société royale de Londres. Volta donna au nouvel instrument le nom d'*Électromoteur*, mais les autres savants l'appelèrent *Pile voltaïque*, à cause de son inventeur, ou *Pile galvanique*, parce que c'étaient des recherches sur le *Galvanisme* qui avaient conduit à sa création. Toutefois, il ne comprit que très-imparfaitement le mode d'action et l'importance de la Pile : il n'y vit qu'une espèce de bouteille de Leyde spécialement propre aux expériences physiologiques, qu'une sorte de batterie électrique différant des batteries ordinaires en ce qu'elle fonctionnait constamment, et que sa charge se rétablissait d'elle-même, après chaque explosion. Ce furent quatre savants anglais, le chirurgien Anthony Carlisle, les physiciens William Nicholson et William Cruikshank, et le grand chimiste Humphry Davy qui découvrirent les effets chimiques et physiques de la Pile. La Pile dont se servait Volta et qu'employèrent aussi les premiers expérimentateurs, était tantôt *à colonne*, tantôt *à couronne de tasses*. Mais à mesure qu'on apprit à mieux connaître l'appareil, on chercha à le perfectionner, et l'on fut ainsi successivement amené à imaginer les diverses dispositions usitées de nos jours. La *Pile à auges* fut imaginée, en 1806, par William Cruikshank. Quelques années après, Robert Hare, professeur de physique à Philadelphie, inventa la *Pile en hélice*. Proposée, en 1803, par nos compatriotes Hachette et Desormes, et, en 1809, par le physicien suisse Deluc, la *Pile sèche* fut définitivement réalisée, en 1812, par Zamboni, professeur à Vérone. La première *Pile à deux liquides* ou *à courant constant*, fut construite, en 1836, par le chimiste anglais Daniell. Une seconde fut réalisée, en 1839, par un autre savant de la même nation, le physicien William-Robert Grove. C'est en modifiant cette dernière que M. de Bunsen, chimiste à Heidelberg, créa la Pile qui porte son nom, et que l'on appelle aussi *Pile à charbon*. Depuis cette époque, on a fait, dans tous les pays, une multitude de recherches pour améliorer les Piles déjà connues ou pour en imaginer de nouvelles, mais, jusqu'à présent, aucun des appareils proposés n'a pu réussir à se substituer aux anciens. Nous citerons seulement la *Pile mobile* inventée, en 1862, par l'ingénieur piémontais Bonelli, et qui diffère surtout des autres, en ce qu'au lieu d'être fixe, comme elles le sont toutes, elle peut changer de place à chaque instant. Voici sur quelles expériences repose cette invention. On prend trois bobines de forme quadrilatère, et on les dispose sur une ligne droite, à 60 centimètres de distance l'une de l'autre. Elles sont reliées entre elles par deux rails qui reposent sur leur plan inférieur. Enfin, sur ces rails court un petit chariot à quatre roues, revêtu d'une chemise de fer, portant une Pile de Grove de huit couples, et construit dans des dimensions qui lui permettent de traverser l'intérieur des bobines. Les choses étant ainsi disposées, si l'on place le chariot à l'entrée de la première bobine, les spirales de celle-ci se trouvent aussitôt en communication avec les pôles de la Pile dont il est porteur, et il est subitement attiré au centre de la bobine par la force axiale. Mais aussitôt, grâce à une disposition particulière, le courant se trouve interrompu, de sorte que le chariot continue à courir en vertu de l'impulsion qui lui a été communiquée par la force axiale, et vient se présenter à l'ouverture de la deuxième bobine, dont les fils se trouvent à leur tour mis en communication avec les pôles de la Pile. De là nouveau développement de la force axiale, interrompue à temps pour laisser le chariot courir et arriver à la troisième bobine ; il arriverait ainsi à la millième, si l'on en avait disposé mille de suite. La Pile mobile paraît susceptible de plusieurs utiles applications. Il serait probablement possible de l'employer au transport des dépêches, car il suffirait de faire circuler le chariot dans un conduit souterrain et d'y ménager un compartiment pour les lettres et les paquets.

PILOTIS. — Les anciens ont employé les *Pilotis* dans les mêmes circonstances que les modernes, mais les ingénieurs de notre époque ont doté l'établissement de ces ouvrages de plusieurs améliorations que les progrès des arts mécaniques ont seuls pu rendre possibles. Ainsi, au lieu de la *Sonnette à bras*, qui a été probablement usitée de tout temps, pour le battage des pieux ou pilots, on se sert souvent aujourd'hui de puissantes *Sonnettes à vapeur* dont le mouton est soulevé par une Locomobile, ce qui permet d'obtenir avec rapidité et économie des résultats que le système ordinaire ne pourrait produire qu'avec une dépense énorme de temps et d'argent. Dans certains cas extraordinaires, on fait même usage du Marteau ou Pilon à vapeur. L'opération du recepage des pieux a également donné lieu à plusieurs inventions utiles, dont la principale est celle des *Machines à receper*. Pour l'établissement de certains grands ponts, on emploie aussi quelquefois les *Pilotis en maçonnerie* ou *Fondations tubulaires*. Enfin, dans certaines circonstances où les autres systèmes seraient inapplicables, on se sert de *Pieux à vis*, c'est-à-dire de pilots de bois terminés inférieurement par une vis de fer forgé ou de fonte. Quant aux *Pilots de sable*, leurs applications ont été jusqu'à présent très-bornées. Pour les établir, on enfonce dans le sol un pieu de 2 mètres de longueur, sur 15 centimètres environ de diamètre, puis, on l'arrache et on remplit le trou avec du sable. Les pilots de cette espèce paraissent avoir été inventés, vers 1820, par le colonel d'artillerie Diesbach, qui s'en servit alors à Bayonne pour raffermir des terrains compressibles destinés à supporter des constructions que l'administration de la guerre faisait exécuter. Voyez FONDATIONS TUBULAIRES et PIEUX A VIS.

PINTADE. — Ce Gallinacé est originaire de l'Afrique, où il vit à l'état sauvage, depuis la Barbarie jusqu'au cap de Bonne-Espérance. Il était déjà domestiqué chez les Grecs et les Romains, qui l'avaient sans doute connu, les premiers, par Cyrène, et les seconds, par Carthage. Il paraît qu'il se perdit en Europe pendant le moyen âge, et qu'il n'y reparut qu'à l'époque où commencèrent les grands voyages de découvertes le long de la côte occidentale d'Afrique. Quant à son nom de *Pintade* ou *Peintade*, qui est une simple altération de l'expression *poule peinte*, il lui a été donné à cause de la coloration de son plumage.

PIPE. — L'usage de fumer était général en Amérique à l'époque de la découverte. Il paraît avoir également existé, sinon chez toutes, du moins chez plusieurs des anciennes peuplades de l'Asie et du centre et du nord de l'Europe. Seulement, à la place du Tabac, qu'elles ne connaissaient pas, celles-ci fumaient des plantes indigènes, telles que le Chanvre et la Sauge. On a trouvé, en Angleterre, en Suisse, en Allemagne, même en France, des Pipes grossières en terre cuite, qui prouvent la haute antiquité de l'usage de fumer dans ces pays, et que l'on désigne vulgairement sous les noms de *Pipes celtiques*, *Pipes danoises*, *Pipes des fées*, etc., suivant les localités.

PIQUAGE D'ONCE. — La Soie perd au décreusage 25 à 30 pour 100 de son poids, tandis qu'à la teinture elle gagne, par l'addition de la matière colorante, une surcharge qui peut aller jusqu'à 85 pour 100. Ces variations du poids brut de cette substance présentent des changements continuels qui sont impossibles à déterminer d'une manière exacte. De là est née la fraude désignée sous le nom de *Piquage d'once*, et qui consiste à soustraire une partie plus ou moins importante de la soie donnée aux décreuseurs et aux teinturiers. En 1772, quand Lyon ne comptait que 10,000 métiers, on élevait à un million de livres la valeur de la soie soustraite annuellement aux fabricants de cette ville : on la portait à six millions de francs en 1830. Aujourd'hui, cette plaie hideuse a presque entièrement disparu, grâce à l'invention, due au mécanicien lyonnais Jean-Antoine Arnaud, d'un procédé très-simple, qui date de 1831, et qui permet d'apprécier et de constater avec la plus grande exactitude, le rendement des filaments confiés à l'ouvraison ou à la teinture.

PIQUE. — Avant l'invention de la Poudre à canon, la *Pique* était l'arme principale des troupes à pied, comme la Lance était celle des troupes à cheval ; seulement, la longueur de sa hampe, comme la forme et les dimensions de son fer, variaient presque à l'infini. Pendant le moyen âge, les Suisses et les Flamands lui durent presque tous leurs succès militaires. La Pique figura de très-bonne heure dans les armées françaises ; mais ce ne fut que sous le règne de Louis XI qu'elles eurent des corps réguliers de Piquiers. Toutefois, il paraît que la difficulté de son maniement répugna toujours au caractère national, car on était obligé, pour retenir les Piquiers, de leur donner une plus forte solde qu'aux arquebusiers et aux mousquetaires. En 1630, quand le Fusil fut substitué au Mousquet, chaque régiment avait encore un tiers de ses hommes armés de Piques. Enfin, l'invention de la Baïonnette à douille, ayant fait du Fusil une arme d'hast en même temps qu'une arme de jet, la Pique se trouva désormais sans objet, et Louis XIV la supprima (1703-1705). Vauban fut un des principaux instigateurs de cette grande réforme.

PISCICULTURE. — L'art d'élever les poissons, après leur génération natu-

22.

relle, remonte probablement à la plus haute antiquité, mais celui de les féconder artificiellement est une des plus importantes conquêtes de la science moderne. Toutefois, ce dernier est plus ancien qu'on ne le croit communément, car il a été connu et pratiqué en Chine de très-bonne heure. En France même, il fut, au xive siècle, momentanément cultivé par un moine bénédictin de l'abbaye de Rhéome, nommé dom Pinchon. Quoi qu'il en soit, les essais de ce religieux étaient complétement oubliés, lorsque, quatre cents ans plus tard, la science aborda l'étude de la question. Au milieu du xviiie siècle, on savait déjà depuis longtemps que, dans le phénomène de la fécondation des truites et des saumons, le contact des œufs et de la semence se fait en dehors des organes qui les ont expulsés. De cette observation à l'idée que ce qui a lieu normalement dans la nature pourrait être imité artificiellement dans un récipient, il n'y avait qu'un pas, et c'est ce que le naturaliste allemand J.-L. Jacobi comprit avec une admirable sagacité. En conséquence, ce savant se livra à des expériences qui furent couronnées du succès le plus complet, et à la suite desquelles il créa la fécondation artificielle, telle qu'elle se pratique encore aujourd'hui. Jacobi publia le résultat de ses recherches dans le courant de 1763, mais elles étaient déjà connues de plusieurs personnes, à qui il les avait communiquées. L'une de ces dernières, le comte de Golstein, grand chambellan des duchés de Berg et de Juliers, en avait même, en 1758, envoyé au père du célèbre chimiste Fourcroy un exposé sommaire qui fut traduit en français et inséré, cinq ans après, dans le *Traité général des pêches* de Duhamel. Enfin, en 1770, on fit, près de Nortelen, dans le Hanovre, des essais de fécondation artificielle, sur une grande échelle, et avec des résultats si satisfaisants, que le gouvernement anglais crut devoir décerner une récompense à leur auteur. Dès ce moment, la méthode de Jacobi fut constamment reproduite dans les ouvrages sur l'histoire des poissons, ainsi que dans les livres de pêche, et la science ne manqua jamais de s'en servir, dans les laboratoires, toutes les fois que cela fut nécessaire. On ne doit

donc pas être étonné que des tentatives de fécondation artificielle, qui n'eurent que le tort de ne pas être poussées assez loin, aient été, faites, en France, vers 1820, par plusieurs propriétaires de la Haute-Marne et de la Côte-d'Or, principalement par MM. Hivert et Pilachon. Plus tard, en 1837, l'écossais John Shaw employa le même moyen avec succès pour repeupler la Neith, d'où le saumon avait disparu ; et, en 1841, l'ingénieur anglais Boccius y eut recours pour multiplier les truites dans les cours d'eau de plusieurs grands propriétaires. Vers cette dernière époque, un pêcheur du village de la Bresse, dans les Vosges, nommé Rémy, d'abord seul, puis, en société avec un aubergiste, appelé Gehin, entreprit les recherches qui ont eu depuis tant de retentissement, mais il ne fit en réalité que découvrir des faits déjà connus, et réinventer la méthode créée, il y avait près d'un siècle, par Jacobi. Quoi qu'il en soit, Rémy et Gehin communiquèrent ce qu'ils croyaient leur découverte à la Société d'émulation des Vosges qui leur accorda une médaille d'encouragement. Toutefois, elle serait peut-être restée enfouie dans les archives de cette société sans une lecture faite, en 1848, à l'Académie des Sciences, par M. Quatrefages, et dans laquelle ce naturaliste, exposant les travaux de Jacobi, rappelait aux agriculteurs que la science leur fournissait un moyen, éprouvé depuis longtemps, de pourvoir au repeuplement des eaux. Cette lecture provoqua, de la part de la Société d'émulation des Vosges, une réclamation en faveur de Rémy et de Gehin. Cet incident donna lieu à de vives discussions, qui eurent pour résultat d'appeler l'attention publique sur la fécondation artificielle, et d'en faire reconnaître l'importance. Enfin, M. Coste, professeur d'embryogénie au collége de France, s'emparant aussitôt de la méthode de Jacobi, se donna la mission de la populariser, et d'y introduire en même temps tous les perfectionnements dont la pratique pourrait lui faire reconnaître l'utilité. Grâce aux efforts de ce savant, la question du repeuplement des cours d'eau se trouva bientôt complétement résolue, et les pays étrangers s'empressèrent d'adopter les procédés qu'il avait imaginés. Toutefois, dans le principe, on ne s'occupa que de la Pisciculture fluviale, mais la dépopulation des côtes finit par éveiller la sollicitude des savants et du gouvernement, et M. Coste étudia aussi et réussit à fonder la Pisciculture maritime.

PISÉ. — Les constructions en terre crue comprimée ou *Pisé* paraissent avoir été connues des Romains, qui en auraient appris la pratique des Carthaginois. Toutefois, Vitruve n'en parle point, mais Pline le Naturaliste rapporte que l'usage en était répandu en Espagne et en Afrique, où elles résistaient beaucoup mieux que celles en maçonnerie, aux vents, aux pluies et aux incendies. Il ajoute même qu'on admirait encore de son temps les guérites et les tours en terre élevées par Annibal sur les montagnes de l'Espagne. Le Pisé a continué d'être employé dans les pays qui précèdent. Il a également été introduit, on ignore à quelle époque, en Italie et dans plusieurs de nos départements méridionaux, où il sert principalement pour élever des habitations rurales. Quand il est fait avec soin, il acquiert, avec le temps, une aussi grande dureté que la pierre de taille. Au dernier siècle, l'architecte Rondelet et un entrepreneur lyonnais, nommé Cointereau, proposèrent de le remplacer par des *Pierres factices* en terre crue comprimée qu'on pourrait préparer à l'avance, dans les moments perdus; mais cette innovation, qui n'était, en réalité, que la reproduction, sous un nom nouveau, d'un usage immémorial, celui des briques crues, n'eut aucun succès, parce qu'elle ne présentait aucun avantage. On a toujours pensé qu'il valait mieux exécuter le Pisé sur place, et en quelque sorte d'une seule pièce, ce qui permet d'obtenir des constructions presque monolithes. Voyez MATÉRIAUX ARTIFICIELS et MONOLITHES.

PISTACHIER. — Il est originaire d'Orient, où il croît naturellement depuis la Syrie jusqu'à Bokhara et au Caboul. Suivant Pline le Naturaliste, ses fruits furent apportés, pour la première fois, à Rome, sous le règne de Tibère, par Lucius Vitellius, gouverneur de Syrie. On commença, vers la même époque, à l'acclimater en Italie, d'où un chevalier, nommé Flaccus Pompeius, l'introduisit en Espagne. Le Pistachier est cultivé aujourd'hui dans toute l'Europe méridionale, à cause de ses fruits dont les amandes sont très-employées par les confiseurs et les glaciers.

PISTOLET. — Le *Pistolet* date de la première moitié du XVIᵉ siècle, mais il n'existe aucun renseignement précis sur le lieu, la date et l'auteur de son invention. On ne connaît pas mieux l'origine de son nom. Toutefois, cette arme paraît avoir été ainsi appelée, non, comme on le croit généralement, parce qu'elle aurait été inventée, soit à Pistoia, en Italie, soit par un gentilhomme sédanais, nommé Sébastien Pistollet, mais parce que son calibre primitif avait le même diamètre que la pièce de monnaie dite *pistole*. Les historiens français parlent déjà du Pistolet en 1544. Trois ans après, une ordonnance du 9 février 1547 le donna aux archers du ban et de l'arrière-ban. Enfin, les reîtres allemands qui figurèrent un peu plus tard dans nos armées en étaient tous munis, ce qui les fit appeler *pistoliers*. Le Pistolet, n'étant qu'un diminutif de l'Arquebuse, a naturellement présenté, quant à son mécanisme, les mêmes dispositions générales que cette dernière. Il y a donc eu, suivant les temps, des Pistolets à mèche, à rouet, à pierre et à piston, ainsi que des Pistolets à canon carabiné, à chargement par la culasse, à deux, trois et même quatre coups, etc. Les armes de cette espèce étaient primitivement destinées à la cavalerie, mais leurs dimensions étaient souvent si grandes qu'on ne pouvait les tirer qu'en appuyant leur crosse sur la poitrine. Plus tard, on les allégea beaucoup, et alors on appela *Pistolets d'arçon* les plus longs, parce qu'on les attachait à l'arçon de la selle, tandis que les autres furent désignés sous le nom de *Pistolets demi-arçon*, qui a disparu depuis longtemps. Au XVIᵉ et au XVIIᵉ siècle, on imagina aussi d'adapter des pistolets aux haches et au talon des lames de sabres et d'épées, tant était répandue alors l'idée de combiner les armes à feu et les armes de main. Parmi les Pistolets singuliers qu'on a proposés à diverses époques, il suffira de citer le Pistolet à un seul canon et à sept coups, présenté, en 1793, au gouvernement français, par le chimiste Gass, et le Pistolet à trois canons divergents, inventé en 1782 et reproduit plusieurs fois depuis, qui tirait à la fois dans trois directions différentes. Quant au *Pistolet à réveil*, imaginé, en 1800, par le mécanicien Edme Régnier, ce n'était qu'un Pistolet ordinaire qui se fixait, au moyen d'une griffe à vis de pression, sur un objet quelconque, et dont la détente était mise en communication, par un cordon, avec la porte ou la croisée de la pièce que l'on voulait garantir de l'attaque des malfaiteurs. Une mèche fixée au bassinet allumait une bougie aussitôt que le coup partait. Voyez RÉVOLVER.

PISTONS (*Instruments à*). — Ils ont été inventés, au commencement de ce siècle, par les facteurs prussiens Stoelzel et Bluhmel. Dans le principe, on appliqua seulement les Pistons au Cor, mais peu à peu on en étendit l'usage au Cornet, à la Trompette et au Trombone. Cette innovation fut introduite en France par Spontini, alors directeur de la musique du roi de Prusse, qui, vers 1823, envoya à nos facteurs les premiers instruments qui leur servirent de modèle.

PLACAGE. — Quoique le *Placage* soit aussi ancien que la fabrication des meubles de prix, ses grands progrès ne datent cependant que du dernier siècle, et ce sont les perfectionnements introduits dans ses procédés qui ont permis à l'Ébénisterie de prendre l'énorme extension qu'elle a aujourd'hui. Les fabricants de Placage tirent ordinairement dix à douze feuilles d'une planche de 2 centimètres d'épaisseur, mais, quand le bois est très-précieux, ils peuvent quelquefois doubler ce nombre. On est aussi parvenu à obtenir d'une seule dent d'éléphant une feuille d'ivoire assez large pour couvrir le dessus d'un piano : seulement, ce n'est pas par un simple sciage que l'on produit ce résultat, mais en combinant l'action de la scie avec une opération chimique, qui ramollit l'ivoire et le force à se dérouler à mesure que l'instrument l'attaque. Ce procédé, qui est également applicable au bois, a, dit-on, été inventé en Russie. Il y a quelques années, un industriel de Châlons-sur-Saône soumit à l'examen de la Société d'Encouragement des feuilles de bois si minces que cinquante formaient à peine une épaisseur totale de 3 centimètres : elles n'avaient pu être obtenues par le sciage, car cinquante passages de

scie exigeraient, sans rien produire, une plus grande épaisseur, mais on ne tarda pas à reconnaître qu'elles n'étaient que de simples copeaux produits avec un fer large conduit, d'une manière uniforme, par un appareil qui le tenait fixe.

PLAIN-CHANT. — Voyez MUSIQUE.

PLACEMENT (*Bureaux de*). — Voyez RENSEIGNEMENTS.

PLANCHERS. — Le Fer avait déjà été plusieurs fois employé, mais accidentellement, pour la construction des combles et des ponts, lorsqu'on eut l'idée, au dernier siècle, de s'en servir également pour l'établissement des Planchers ordinaires. On attribue la première idée de cette innovation à un architecte français nommé Ango, qui l'aurait eue en 1780, mais le fait est plus que douteux. Une chose seule est certaine, c'est que l'établissement des *Planchers de fer* fut, en 1785 et 1786, l'objet de plusieurs communications intéressantes à l'Académie des Sciences et à l'Académie d'Architecture. On fit même, quelque temps après, des applications assez importantes de ce système dans les bâtiments du Palais-Royal et du Théâtre-Français, mais, à partir de cette époque, il fut à peu près entièrement négligé jusqu'en 1824, où on l'adopta pour le Palais de la Bourse. A partir de ce temps, l'usage des Planchers de fer s'est peu à peu répandu, et il a pénétré aujourd'hui dans tous les pays où l'art de bâtir est en progrès. — De temps immémorial, on a fait, chez plusieurs peuples, des *Planchers en poteries creuses*. Les Indiens paraissent les avoir connus. Les Romains y ont également eu souvent recours, et il est probable que l'Europe centrale en a dû la connaissance à ces derniers. Ces Planchers sont, du reste, faciles à construire. On les forme avec des pots en terre cuite, creux, et de forme un peu conique, que l'on place les uns à côté des autres, la base la plus large en haut, et dont on remplit les intervalles avec du plâtre ou du mortier. Ce système de construction présente une très-grande solidité, et, comme son poids est relativement très-peu considérable, il permet de réduire l'épaisseur des murs de soutien, et, par suite, procure une grande économie de main-d'œuvre.

PLANÉTAIRES. — Appareils mécaniques ayant pour objet de représenter les mouvements des astres autour du soleil. On les appelle proprement *Planétaires*, quand ils sont destinés à l'étude de toutes les planètes en général, et *Géocycliques*, quand ils servent spécialement à démontrer les mouvements de la terre et de la lune. L'origine de ces machines est assez ancienne. Néanmoins, ce n'est guère que depuis le dernier siècle que l'emploi paraît s'en être répandu, grâce aux améliorations que Georges Graham, célèbre horloger de Londres, et lord Orrery, petit-fils du physicien Robert Boyle, apportèrent alors à leur construction. Depuis cette époque, une foule de mécaniciens se sont occupés de les perfectionner, mais, comme elles sont toujours très-coûteuses et d'une manœuvre assez délicate, on les remplace généralement aujourd'hui, dans les écoles, par des instruments plus simples, dont chacun sert à représenter un phénomène isolé. Parmi ces instruments, il suffira de citer ceux de M. Henri Robert, horloger à Paris, dont l'usage est très-répandu dans nos établissements d'instruction. Quant aux Géocycliques, les meilleurs sont ceux de M. Rosé, autre horloger parisien. Ce sont les seuls qui permettent de placer dans la position naturelle l'aspect de l'horizon pour une latitude, un jour et une heure donnés.

PLANÈTES. — On en distingue deux classes, celle des *Planètes principales* ou *grandes Planètes*, qui ont des dimensions considérables, et celle des *Planètes secondaires*, *petites Planètes* ou *Astéroïdes*, qui, relativement aux précédentes, sont extrêmement petites. Les premières sont au nombre de huit, mais les anciens n'en ont connu que six : *Mercure*, *Vénus*, la *Terre*, *Mars*, *Jupiter* et *Saturne*; les deux autres, *Uranus* et *Neptune*, n'étant pas visibles à l'œil nu, n'ont pu être découvertes qu'après l'invention du Télescope. Tous les grands phénomènes qui se rattachent à l'histoire de ces astres ont été ignorés des savants de l'antiquité. C'est l'astronome wurtembergeois Jean Képler, mort en 1630, qui a reconnu le premier la forme de leurs orbites, les diverses circonstances de leur mouvement dans ces mêmes orbites et le rapport qui existe entre la durée de leur révolution et leur distance au soleil, ce qui le conduisit, en 1619, à formuler les *Lois* célèbres qui portent son nom. La relation improprement appelée *Loi de Bode*, parce que l'astronome Jean-Élert Bode, de Hambourg, mort, en 1826, directeur de l'Observatoire de Berlin, en a fait l'objet d'études particulières, a été signalée, pour la première fois, par le professeur Titius, de Wittemberg. Enfin, l'astronome anglais James Gregory est le premier qui ait indiqué (1663) le parti que l'on pourrait tirer de l'observation des passages des Planètes inférieures, c'est-à-dire de Mercure et de Vénus, sur le disque solaire pour déterminer la distance de la terre au soleil. Des deux grandes Planètes que les modernes ont ajoutées à celles que les anciens connaissaient, l'une, *Uranus*, a été découverte, en 1781, par William Herschel, et l'autre, *Neptune*, en 1846, par M. Leverrier. Les Astéroïdes, ne pouvant être aperçus qu'à l'aide d'instruments très-puissants, n'ont été connus qu'à une époque très-moderne. Le premier, *Cérès*, a été découvert, le 1er janvier 1801, par Joseph Piazzi, directeur de l'Observatoire de Palerme. Un second, *Pallas*, fut signalé, le 28 mars 1802, par Mathias Olbers, de Brême. Un troisième, *Junon*, fut reconnu, le 1er septembre 1804, par Harding; et un quatrième, *Vesta*, le 29 mars 1807, par Olbers. Le nombre des petites Planètes resta fixé à quatre jusqu'au 8 décembre 1845, où l'astronome allemand Hencke en découvrit une cinquième, *Astrée*. Deux ans après, le 1er juillet 1847, le même savant en signala une sixième, *Hébé*. Depuis cette époque, une foule de découvertes semblables ont été faites en France, par MM. Goldschmitt, Chacornac et Laurent; en Angleterre, par MM. Hind, Marth et Pogson; en Irlande, par M. Graham; aux États-Unis, par M. Fergusson; en Italie, par M. de Gasparis; en Allemagne, par M. Luther, etc. On connaît aujourd'hui plus de 170 Astéroïdes, et leur multiplicité fait penser qu'ils constituent, non autant de Planètes uniques, mais des fragments d'un astre plus considérable dont les différentes parties se montrent successivement aux yeux des observateurs.

PLANIMÈTRE. — Instrument usité dans le cadastre pour mesurer la surface des figures planes. Les principes de sa construction ont été nettement exposés, pour la première fois, dans un mémoire publié, à Florence, en 1825, par le géomètre Tito Gonnella. Deux ans après, pendant que cet inventeur faisait exécuter son appareil, M. Oppikofer, arpenteur à Berne, imagina un instrument semblable, mais d'après un système différent, et il en confia la construction à M. Ernst, un des plus habiles constructeurs d'instruments de précision de la Suisse. C'est ce constructeur qui a fait entrer le Planimètre dans la pratique, et les perfectionnements qu'il y a introduits lui ont fait décerner, en 1837, par notre Académie des Sciences, le prix de mécanique de la fondation Monthyon.

PLANS INCLINÉS. — Dès l'origine des Chemins de fer, on a imaginé de se servir de *Plans inclinés* pour franchir à peu de frais les pentes considérables. En effet, comme il est facile de le concevoir, ce système dispense des travaux les plus coûteux, tels que les viaducs, les tunnels et les tranchées profondes, qui, pour une portion presque insignifiante de la longueur totale d'un chemin, absorbent une partie notable de la dépense générale. Dans la plupart des cas, les convois sont remorqués sur les Plans inclinés au moyen d'un câble qui s'enroule sur un tambour mis en mouvement par une machine à vapeur établie à demeure au sommet de la construction. D'autres fois, et c'est ce qui arrive le plus souvent sur les chemins destinés seulement au transport des marchandises, la machine à vapeur est remplacée par une sorte de grande poulie horizontale dans la gorge de laquelle se meut le câble de traction. Les wagons vides sont alors attachés à une des extrémités de ce câble, les wagons pleins à l'autre extrémité, et les premiers sont entraînés par le poids des seconds. — Les résultats obtenus sur les Chemins de fer ont donné l'idée d'employer les Plans inclinés sur les canaux, au lieu d'écluses, pour raccorder entre eux les biefs successifs quand la différence de niveau à racheter est très-considérable. Cette innovation paraît être originaire des États-Unis, où elle a été appliquée, pour la première fois, vers 1832, sur le canal Morris, qui met en communication l'Hudson avec la Delaware. Elle a été, un peu plus tard, introduite en Angleterre. En 1843, M. Montet, alors ingénieur en chef des ponts-et-chaussées à Toulouse, en a proposé l'adoption pour des canaux à établir dans les Pyrénées, mais les travaux qu'il avait exécutés à ce sujet sont restés à l'état de projet.

PLAQUÉ. — Le *Plaqué* ne date pas du dernier siècle, comme on le croit généralement, car il existe des preuves matérielles qu'il a été connu de tous les peuples civilisés de l'antiquité et du moyen âge ; seulement, c'est à cette époque que ses usages, précédemment très-limités, ont pris une extension si considérable que sa fabrication est devenue une branche d'industrie très-importante. Cette industrie est d'origine anglaise. Elle a eu pour point de départ des essais faits, en 1742, par Thomas Bolsover, compagnon coutelier à Sheffield, pour imiter d'anciens manches de couteau plaqués d'argent qu'on lui avait donné à réparer. Toutefois, cet ouvrier ne fit que des tabatières, des boutons et quelques autres objets de peu de valeur, probablement parce qu'il n'eut pas les ressources nécessaires pour opérer sur une grande échelle. Ces premiers produits ayant été goûtés du public, Thomas Hancock, maître coutelier dans la même ville, s'appropria aussitôt les procédés de Bolsover, en multiplia les applications, et réussit peu à peu à créer une nouvelle industrie dont Birmingham ne tarda pas à partager les profits. Il y avait déjà longtemps que l'orfévrerie plaquée était florissante en Angleterre, quand on eut l'idée de l'introduire en France. Les premières tentatives en furent faites, en 1769, par deux industriels parisiens, l'horloger Deranton et l'orfèvre Vincent Huguet, mais il paraît qu'ils ne réussirent pas, car on considère comme la première fabrique qui ait véritablement marché, dans notre pays, celle que MM. Daumy et Tugot fondèrent, en 1785, à l'Hôtel de Pomponne, à Paris, et à laquelle Louis XVI donna un encouragement de 100,000 livres. Cet établissement exista jusqu'à la Révolution, où les circonstances politiques amenèrent sa fermeture. Vers 1797, MM. Patoulet, Lebeau et Audry créèrent à Longjumeau une usine semblable, qui ne put se soutenir. Enfin, quelques années après, les frères Perrier et M. Jalabert furent plus heureux, et, dès 1809, la France se trouva dotée de l'industrie du Plaqué. A partir de ce moment, le Plaqué français ne cessa de se développer. Toutefois, ses grands progrès ne commencèrent qu'en 1820, quand M. Thourot eut substitué le repoussage au tour au repoussage au marteau jusqu'alors seul employé, et, en 1832, M. Gandais contribua beaucoup à en populariser l'usage en important des procédés d'origine anglaise qui décuplaient la durée des objets. Le Plaqué donne encore lieu aujourd'hui à un grand mouvement d'affaires, dans la plupart des parties de l'Europe, mais l'emploi de la dorure et de l'argenture galvaniques diminuent chaque jour le nombre de ses consommateurs, qu'ont d'ailleurs dégoûtés le peu de sincérité du titre du métal précieux utilisé, et l'impossibilité de tirer un parti utile des pièces hors de service.

PLASTIQUE MONUMENTALE. — C'est l'art de fabriquer des objets de terre cuite pour la décoration des édifices. Plusieurs écrivains pensent que cet art a précédé la sculpture en marbre et en pierre. Les Grecs en attribuaient l'introduction dans leur pays au sculpteur Dibutade, qui vivait 900 ans environ avant notre ère. Dans l'antiquité, tous les peuples civilisés cultivèrent la Plastique, ainsi que le prouvent les nombreux objets en terre cuite, statues, chapiteaux, figurines, bas-reliefs, etc., que l'on a trouvés en Assyrie, en Égypte et dans l'Inde, aussi bien qu'en Grèce et en Italie. Le moyen âge la négligea jusqu'au XIII° siècle, mais elle reparut alors en Italie, où Nicolo d'Arezzo la porta rapidement à un très-haut degré de perfection. Au siècle suivant, Simon et Delsa, de Florence, et Guido Paganini, de Modène, remplirent leur pays de pièces d'une très-haute valeur. Le XVIᵉ siècle vit surtout briller l'espagnol maître Miguel et le français Germain Pilon. L'art dégénéra au XVIIᵉ, mais il se releva un peu au XVIIIᵉ. La Plastique monumentale a pris, de nos jours, une extension assez considérable. Elle doit, en France, ses progrès les plus saillants à MM. Virebent, de Toulouse, et Fouques et Arnoux, de Valentine, près de Saint-Gaudens, dont les produits sont universellement appliqués, dans nos départements du Midi, à la décoration des monuments religieux. Quant à l'étranger, c'est à Munich que paraît se trouver le centre principal de cette intéressante industrie.

PLATINE. — En 1790, l'italien Cortinovis a essayé de prouver que le Platine était l'Electrum des anciens, mais on sait d'une manière certaine que celui-ci était un simple alliage d'or et d'argent. En 1824, l'antiquaire normand Rever a donné beaucoup plus de probabilité à l'opinion que les Grecs et les Romains connaissaient et employaient le Platine, les premiers, sous le nom d'Or blanc, les seconds, sous celui de Plomb blanc. Toutefois, malgré le nombre des textes rapportés par ce savant, la question ne sera probablement jamais résolue faute de preuves suffisantes. Quoi qu'il en soit, le Platine était inconnu en Europe, avant 1748, mais il avait été distingué depuis longtemps par les Espagnols de l'Amérique du Sud, qui le regardaient comme une espèce d'argent de qualité inférieure, et l'appelaient, pour ce motif, platina, c'est-à-dire « petit argent. » Indiqué, en 1557, par Jules-César Scaliger, comme un métal infusible qu'on trouvait dans le nouveau monde, le Platine n'a été signalé avec précision qu'en 1748, par don Antonio de Ulloa, mathématicien espagnol, qui avait eu occasion de le voir au Pérou, où il avait accompagné, en 1736, les académiciens français chargés de mesurer un arc du méridien terrestre. Il paraît cependant que Charles Wood, essayeur à la Jamaïque, l'avait déjà découvert en 1740 ou 1741, mais il n'en parla qu'en 1749. L'existence du Platine une fois bien constatée, plusieurs chimistes en firent l'objet de leurs études. Contrairement à l'opinion générale qui n'y voyait qu'une modification de l'argent, Watson reconnut qu'il constituait un métal particulier, tandis que Théodore Schœffer le regarda comme une espèce d'or et l'appela, en conséquence, Or blanc. Un peu plus tard, Buffon tomba dans une autre erreur : il prétendit que le Platine était un composé d'or et d'argent, et son opinion subsista jusqu'en 1777, époque à laquelle Bergmann en démontra la fausseté, et prouva, en même temps, que le Platine est véritablement un corps simple, doué de propriétés caractéristiques et spéciales. D'autres savants s'occupèrent principalement de la métallurgie du nouveau métal et de ses applications. Le premier procédé d'extraction qui ait été exploité en grand fut créé, vers 1790, par l'orfèvre parisien Jeannety. Il fut remplacé, en 1829, par un autre, beaucoup plus parfait, dû à Wollaston, et ce dernier a été lui-même abandonné, en 1859, où l'on a donné la préférence à un troisième, imaginé par MM. Deville et Debray. Quant à ses applications, le Platine paraît avoir été employé, pour la première fois, en 1780, pour l'exécution d'une médaille qui fut frappée à Madrid par le chimiste français Pierre-François Chabaneau, alors établi en Espagne. En ce qui concerne la France, le premier objet dans la confection duquel on le fit entrer fut une montre, offerte, en 1788, à Louis XVI, et dont il servit à faire les axes et les palettes de la roue de rencontre. Cependant, ce ne fut qu'à partir de 1790 que, grâce aux travaux de Jeannety, on commença à s'en servir d'une manière un peu suivie. Aujourd'hui, le Platine est surtout utilisé pour faire des ustensiles de laboratoire, des instruments de précision, des médailles, des grains de lumière et des armatures de dents artificielles, mais son poids et son peu d'éclat l'ont fait presque entièrement abandonner pour la bijouterie. Enfin, plusieurs de ses alliages avec l'iridium, le rhodium et le ruthénium sont usités par la bijouterie et l'art de l'émailleur, tandis qu'un autre de ses composés, le chloride, est employé pour la décoration de la Porcelaine. Ce dernier emploi a été créé, en 1793, par le chimiste prussien Klaproth, et beaucoup amélioré, en 1848, par le chimiste français Salvetat. Les premières mines de Platine connues sont celles du Pérou. On en a plus tard trouvé d'autres dans la Nouvelle-Grenade. A la fin du siècle dernier, Vauquelin signala la présence de ce métal dans les minerais argentifères de l'Estramadure espagnole. Enfin, on l'a découvert, en 1823, dans les sables aurifères des monts Ourals, et, en 1847, l'ingénieur Gueymard l'a reconnu sur plusieurs points du Dauphiné et de la Savoie.

PLATRE. — Les anciens ont employé le *Plâtre* aux mêmes usages généraux que les modernes. Ils s'en servaient surtout pour crépir les murs et faire des ornements moulés. Aux applications d'autrefois, les modernes en ont ajouté de nouvelles, tout en perfectionnant celles déjà connues. Ainsi, aujourd'hui, on utilise encore le Plâtre pour hâter la dessiccation des couleurs broyées en pâte, et celle de la fécule et de la levûre humides, ainsi que pour diminuer l'activité de la fermentation des vins blancs légers et de certains vins rouges, ce qui les empêche de passer à l'aigre. Le Plâtre sert encore pour amender les terres que l'on veut convertir en prairies artificielles, application qui a été introduite dans la pratique agricole, à la fin du dernier siècle, par l'illustre Benjamin Franklin. Dans ces dernières années, un employé de l'imprimerie impériale de Vienne, ayant remarqué que le Plâtre prend un retrait uniforme quand on le lave à plusieurs reprises avec de l'alcool, a tiré parti de cette curieuse propriété pour faire des réductions de médailles et de bas-reliefs. Comme le Plâtre a le défaut de ne pas résister à l'humidité, plusieurs chimistes ont imaginé de l'en débarrasser, l'un, M. Kuhlmann, de Lille, en le gâchant avec une dissolution de silicate de potasse, l'autre, M. Sorel, de Paris, en le travaillant avec une solution de zinc. Enfin, M. Keane, de Londres, dont les procédés ont été introduits en France par MM. Greenwood et Savoye, a obtenu des résultats encore plus considérables en faisant tremper, dans un bain saturé d'alun, le Plâtre déjà cuit et le chauffant ensuite jusqu'au rouge brun. Le Plâtre ainsi préparé est connu dans le commerce sous le nom de *Plâtre aluné* ou *Ciment anglais.* On s'en sert journellement pour faire des enduits et des ornements d'une très-grande solidité, dont on varie à volonté la coloration en y introduisant des poudres colorantes. On l'emploie également pour fabriquer des stucs, des marbres et d'autres matériaux artificiels d'une dureté remarquable.

PLÉORAMA. — Espèce de Panorama dans lequel, au lieu d'être immobiles, comme dans ce dernier, les objets sont mis en mouvement par un mécanisme qui montre le paysage fuyant à peu près de la même manière, que lorsqu'on s'éloigne dans une barque. Le Pléorama a été inventé, en 1831, par M. Langhaus, de Breslau.

PLESSIMÈTRE. — Voyez PERCUSSION.

PLEXI-CHRONOMÈTRE.— Voyez MÉTRONOME.

PLIAGE DES TISSUS. — Voyez MÉTRER (*Machines à*).

PLOMB. — Le *Plomb* est une des premières substances métalliques que les hommes ont su employer. Cela s'explique par l'abondance de ses minerais et la facilité avec laquelle on en extrait le métal. Dès la plus haute antiquité, on a su réduire le Plomb en tables ou en feuilles, et l'on se servait de ces feuilles pour couvrir les édifices, orner les meubles et les armures, faire des tuyaux, transcrire les actes publics, etc. Ainsi, on lit dans Homère que la cuirasse et le bouclier d'Agamemnon étaient revêtus de bandes de plomb. Job faisait des vœux pour que ses discours fussent gravés sur des tables de ce métal. Enfin, Pausanias rapporte que les poésies d'Hésiode furent écrites sur le Plomb. Pour réduire le Plomb en feuilles, on commença probablement par le couler sur des tables recouvertes de sable; mais, comme ce procédé ne pouvait pas donner des feuilles minces et unies, on remplaça plus tard le sable, d'abord, par une étoffe de laine, puis, par du coutil croisé enduit de suif. Le laminage du Plomb a été créé, en Angleterre, à la fin du XVIIe siècle, et introduit en France, vers 1728, par un plombier parisien nommé Fayolle. En 1843, un autre industriel parisien, M. Poulet, est parvenu à tirer le Plomb en fils de toute longueur et de tout diamètre, sans altérer en aucune façon la nature du métal. Ces fils sont recherchés dans plusieurs industries, telles que l'horticulture, la galvanoplastie, la fabrication des pianos, etc. Le Plomb n'est pas seulement utilisé à l'état métallique ; on tire aussi parti de plusieurs de ses composés. Voyez BLANC DE PLOMB, GALÈNE, LITHARGE, etc.

PLOMBAGINE. — Variété de carbone altérée plus ou moins par un mélange de terre contenant du fer. On l'appelle aussi *Graphite* et *Mine de plomb*. Cette substance rend une foule de services dans les arts. On l'emploie surtout pour fabriquer des Crayons et pour rendre conducteurs du fluide électrique les objets qui ne le sont pas naturellement. Voyez CRAYON et GALVANOPLASTIE.

PLONGEUR (*Appareils de*). — Voyez BATEAU A AIR, BATEAU SOUS-MARIN,

CLOCHE A PLONGEUR et SCAPHANDRE.

PLUMES A ÉCRIRE. — Pour écrire sur le Papyrus et le Parchemin, les anciens se servaient de petits Roseaux (*calami, arundines*) qu'ils taillaient comme nos Plumes. Les meilleurs venaient d'Égypte, de Cnide et des environs du lac Anaïtique en Asie. L'usage des *Plumes d'oiseau* (*pennæ*) paraît avoir commencé du temps de Juvénal, né l'an 42 de notre ère, mais on n'a des renseignements précis à ce sujet qu'à partir du VIIe siècle. On sait, en effet, par le témoignage de saint Isidore de Séville, que les écrivains de cette époque employaient concurremment les deux espèces d'instruments. Peu à peu cependant les Plumes prirent le dessus, et, au Xe siècle, les Roseaux étaient entièrement abandonnés. — On attribue généralement l'invention des *Plumes métalliques* à un mécanicien français nommé Arnoux, qui l'aurait faite vers 1750, mais elles étaient déjà connues par les Grecs du Bas-Empire, car, suivant le père Mabillon, les patriarches de Constantinople se servaient d'une Plume d'or pour leurs souscriptions. Il semble aussi résulter de divers textes que leur usage existait, pendant le moyen âge, dans quelques couvents. Toutefois, les Plumes métalliques n'avaient encore été que des objets de consommation locale, on peut même dire tout à fait exceptionnelle, lorsque, dans la seconde moitié du dernier siècle, les Anglais conçurent l'idée de les fabriquer sur une grande échelle. Les commencements de la nouvelle industrie furent peu heureux, à cause de la mauvaise qualité de ses produits. Les choses ne prirent même une tournure favorable que vers 1820, quand on eut imaginé de substituer des tôles d'acier aux feuilles de cuivre mises en œuvre jusqu'alors. Cette amélioration, jointe à d'ingénieux procédés d'exécution inventés, pour la plupart, par James Perry, de Londres, améliora tellement les Plumes métalliques que l'usage de ces petits instruments devint peu à peu général. Aujourd'hui l'emploi de ces Plumes est répandu partout. Pendant très-longtemps, l'Angleterre les a fournies au monde entier; mais, depuis quelques années, il s'est formé, dans plusieurs parties de l'Europe, des fabriques qui, après de nombreux tâtonnements, ont fini par deve nir florissantes. Malgré divers essais faits en France, en 1807, par les parisiens Bouvier et Barthelot, et, en 1820, par M. Dejernon, cette industrie n'existe véritablement dans notre pays que depuis 1847, époque à laquelle MM. Poure et Blanzy établirent à Boulogne-sur-Mer une manufacture importante qui atteignit rapidement un haut degré de prospérité. Depuis cette époque, cette manufacture a pris de si grands développements, que non-seulement notre commerce ne tire presque plus de Plumes d'Angleterre, mais que les Plumes qui en sortent font une rude concurrence aux Plumes anglaises. Les Plumes métalliques se font le plus souvent en acier laminé à froid. Cependant, on en fait aussi quelquefois en argent, en or et en platine. Quelquefois même, pour en prolonger la durée, on munit ces Plumes de luxe de pointes de rubis ou d'iridium. Les plumes à pointes de rubis paraissent avoir été imaginées, vers 1840, par M. Doughty, de Londres. C'est le parisien Mallat qui les a introduites en France, en 1843 ; c'est lui qui a également imaginé de remplacer le rubis par l'iridium. En 1855, on a beaucoup parlé, comme d'une chose nouvelle, de Plumes métalliques disposées de manière que, une fois chargées d'encre, elles pouvaient tracer des milliers de lettres sans avoir besoin d'être plongées dans l'encrier ; mais des Plumes de ce genre ont été plusieurs fois proposées au dernier siècle et dans le nôtre : on les appelait autrefois *Plumes perpétuelles*, *Encriers-plumes*, etc.

PLUIE. — Il est souvent question, dans les auteurs de l'antiquité, du moyen âge et même des temps modernes, de *Pluies de cendres, de soufre* et *de sang*. Autrefois, on regardait ces phénomènes comme des signes particuliers de la colère céleste, mais l'analyse scientifique les a réduits, de nos jours, à leur juste valeur. Les Pluies de cendres sont dues à des éruptions volcaniques qui peuvent avoir lieu sur des points très-éloignés, car le vent porte quelquefois à des distances énormes les matières pulvérulentes lancées par les volcans. Les Pluies de soufre sont formées par le pollen de certaines fleurs, particulièrement des pins, des aulnes, des lycopodes, des sureaux, etc. ; le vent emporte cette sub-stance dans l'air, d'où elle tombe ensuite entraînée par la pluie. Quant aux Pluies de sang, elles doivent leur coloration à une poussière impalpable, transportée aussi par le vent et colorée en rouge par des animalcules ou des végétaux microscopiques. On a aussi parlé de *Pluies de pierres*, mais ce phénomène n'est autre chose qu'une chute abondante de petits aérolithes.

PLUVIOMÈTRES. — Les instruments appelés *Pluviomètres*, *Ombromètres* ou *Udomètres*, sont destinés à mesurer la quantité de pluie qui tombe dans un lieu donné. Le premier a, dit-on, été établi, en 1688, à l'Observatoire de Paris, par l'académicien Sédileau, d'après les dessins de l'architecte Perrault. Depuis cette époque, l'usage de ces instruments s'est répandu partout. On a, en même temps, modifié leurs dispositions de mille manières. Dans ces dernières années, M. Flaugergues a imaginé un Pluviomètre qui indique la quantité de pluie tombée par chaque vent. Plus récemment encore, l'ingénieur Hervé-Mangon en a inventé un autre qu'il a nommé *Pluvioscope*, et qui enregistre l'heure et la durée de chaque pluie, compte les gouttes d'eau tombées pendant une ondée, pèse ces mêmes gouttes et détermine la direction de leur chute.

PNEUMATIQUE (*Machine*). — Environ 120 ans avant notre ère, Héron d'Alexandrie imagina de petites Ventouses dans lesquelles il faisait le vide en aspirant l'air avec la bouche. Ces instruments peuvent être considérés comme le point de départ des Machines pneumatiques modernes. La première de ces machines a été construite, entre les années 1650 et 1654, par le physicien Otto de Guericke, bourgmestre de Magdebourg, pour compléter les recherches de Torricelli et de Pascal sur la pesanteur de l'air. On l'appela *Pompe germanique*. Cet appareil était très-imparfait ; néanmoins, il permit à son inventeur de faire plusieurs belles expériences, auxquelles on donna le nom d'*expériences de Magdebourg*, et qui furent décrites, pour la première fois, en 1657, par le père Schott. La machine d'Otto n'avait qu'un cylindre. Elle fut améliorée, sous cette forme, vers 1660, par le physicien anglais Robert Boyle, circonstance qui lui fit appliquer par les Anglais la dénomination de *Ma-*

chine de Boyle. Un peu avant 1674, Denis Papin, qui était alors réfugié à Londres, la construisit avec deux cylindres, et la disposa telle à peu près qu'elle est aujourd'hui. Enfin, au siècle suivant, le physicien français Dortous de Mairan y ajouta l'accessoire appelé *éprouvette,* au moyen duquel on connaît à chaque instant la pression qui reste dans le récipient. Le perfectionnement le plus important qu'on y a introduit depuis cette époque consiste dans un ingénieux mécanisme, dû à M. Babinet, et qui permet de pousser le vide beaucoup plus loin qu'on ne le faisait auparavant. La Machine pneumatique, ou *Pompe à air,* n'a d'abord servi qu'en physique, et c'est son emploi qui a donné le moyen de se faire une idée exacte des propriétés mécaniques des gaz et des effets de la pression atmosphérique. Mais, depuis quelques années, on lui a trouvé d'utiles applications industrielles. Ainsi, c'est avec des appareils de ce genre, établis sur une grande échelle, que l'on fait le vide dans les tuyaux des Chemins de fer atmosphériques et de la Poste atmosphérique. On les emploie encore pour activer l'évaporation des liquides, dans le raffinage du sucre et la fabrication artificielle de la glace, et pour attirer et faire passer à travers les tissus le gaz enflammé destiné à les flamber.

PODOMÈTRE. — Voyez ODOMÈTRE.

PODOSCAPHE. — Voyez NATATION.

POÊLES. — Ces appareils de chauffage paraissent avoir été inventés en Allemagne, pendant le moyen âge. Dès le xve siècle, ceux de ce pays jouissaient en France d'une grande réputation. Les Poêles constituent le système de chauffage le plus économique, car ils utilisent presque toute la chaleur développée par le combustible. Aussi, leur usage est-il général aujourd'hui partout où les hivers sont longs et humides. On les fait en tôle, en fonte ou en terre cuite, et l'on varie leurs dimensions et leur forme suivant les applications particulières qu'on veut leur donner. Beaucoup même, parmi ceux de métal, sont disposés de manière à servir en même temps au chauffage des habitations et à la cuisson des aliments. Comme ils ont le défaut de cacher la lumière du foyer, M. Duval, de Paris, en a imaginé une variété

qui en est débarrassée. Les appareils de ce fabricant ont leurs parois formées de tubes de verre verticaux et juxtaposés : ils sont connus, dans le commerce, sous le nom de *Poêles* ou *Calorifères lumineux.* Voyez CALORIFÈRES et CHAUFFAGE.

POIKILORGUE. — Instrument à clavier et à anches libres du genre de l'Harmonium. Il a été inventé, il y a une dizaine d'années, par M. Cavaillé-Coll, facteur d'orgues à Paris.

POIRIER. — Cet arbre est indigène en Europe. Il croît naturellement à l'état sauvage dans un grand nombre de forêts de cette partie du monde, mais la culture l'a si bien transformé que ses fruits sont devenus les meilleurs de ceux qu'on appelle *fruits à pepin.* On en a, en même temps, créé des variétés que l'on porte aujourd'hui à plus de 600.

POIVRE. — L'usage du *Poivre,* pour relever le goût des aliments, est immémorial dans l'Asie intertropicale. Il date en Europe de plus de huit cents ans avant notre ère. Toutefois, cette substance a été, pendant très-longtemps, très-rare dans nos pays, et ce n'est que depuis la découverte du cap de Bonne-Espérance, à la fin du xve siècle, que le marché européen a commencé à en être abondamment approvisionné. Pendant le moyen âge, le Poivre fut, de toutes les épiceries, celle qui figura le plus généralement dans les préparations culinaires. Il y eut même une époque où le mot *Poivre* servit à désigner toutes les épices. Du reste, cette grande consommation ne faisait qu'augmenter le prix du *Poivre,* et alors naquit le proverbe *Cher comme poivre,* que l'on ne manquait pas de citer quand on voulait parler d'une chose extrêmement chère.

POLARISATION. — Le phénomène de la *Polarisation de la lumière* par réflexion, par simple réfraction et par double réfraction, a été découvert, en 1810, par le physicien français Malus, mais l'explication que ce savant en donna fut, peu de temps après, profondément modifiée par un autre de nos compatriotes, l'illustre Fresnel. Depuis cette époque, ce phénomène a été étudié, avec soin, par une foule de savants, tant français qu'étrangers, plus particulièrement par MM. Arago, Young, Brewster, Babinet, Biot, Haïdinger, Delzenne et Seebeck. C'est M. Arago qui, le premier, a découvert la Polarisation dite *circulaire*. Les expériences auxquelles a donné lieu l'étude de la Polarisation ont fait imaginer plusieurs instruments appelés *Polariscopes*, dont le plus ingénieux est dû à Noremberg. — La *Polarisation de la chaleur* a été découverte, en 1810, par le docteur Bérard, de Montpellier, mais c'est au physicien anglais Forbes et au physicien italien Melloni que l'on doit les premières recherches véritablement remarquables entreprises pour l'étudier.

POLKA. — Voyez **DANSE.**

POLYCHROMIE. — L'étude des produits de l'art antique a permis de constater que les anciens peuples civilisés étaient dans l'usage de peindre, en tout ou en partie, à une ou à plusieurs couleurs, les monuments de l'architecture et de la sculpture. C'est à cette application de la peinture que l'on donne le nom de *Polychromie* ou *Peinture Polychrome*. On n'a jamais élevé des doutes sur l'existence de cet art chez les Égyptiens, parce que les preuves matérielles sont trop abondantes. On sait aussi, par le témoignage d'Hérodote, de Diodore de Sicile et d'autres écrivains, qu'il était cultivé par les Éthiopiens, les Perses, les Mèdes et les Babyloniens. Quant aux Grecs, on a d'abord essayé de leur contester l'emploi de la Polychromie, mais on n'a pas eu beaucoup de peine à prouver qu'ils la pratiquaient comme les autres peuples. A leur exemple, les Romains firent aussi de l'architecture et de la sculpture polychromes. Les artistes du moyen âge en tirèrent également plusieurs fois parti, surtout pendant la période romane. Enfin, la Polychromie tomba peu à peu en désuétude, et, quand la Renaissance arriva, elle était entièrement oubliée. On a fait de nos jours, en France, en Angleterre et en Allemagne, plusieurs essais pour la faire revivre, mais les résultats n'ont pas répondu aux espérances. Ce genre de peinture ne saurait, en effet, convenir aux climats brumeux et humides : il ne peut vivre et se développer que dans les pays où la chaleur et l'éclat du soleil sont permanents.

POLYMÈTRE. — Instrument inventé, en 1806, par M. Bouvier, de Paris, pour être employé dans les travaux de bâtiment. Il se compose de deux règles de métal fixées l'une sur l'autre au moyen d'un boulon, et pouvant se mouvoir à

volonté de manière à former par leurs différentes positions la plupart des appareils usités dans les constructions, notamment une fausse équerre, une équerre droite, une équerre à chapeau, un compas de proportion, un compas de réduction, un compas d'épaisseur, un trusquin, un niveau de vérification d'avant-corps et d'arrière-corps, un niveau angulaire, etc.

POLYTRACE. — Voyez **AMBOTRACE.**

POLYTYPIE. — Voyez **CARACTÈRES.**

POMME DE TERRE. — La *Pomme de terre* est originaire des Andes de l'Amérique méridionale. Nous la devons au Chili, où, comme l'a reconnu le botaniste Claude Gay, elle vit à l'état sauvage. On n'est pas bien renseigné sur le nom de celui qui l'a introduite en Europe. Il paraît cependant que la première tentative qui ait été faite pour en doter nos climats, appartient au capitaine anglais John Hawkins. En 1565, cet officier en apporta quelques tubercules en Irlande, où ils furent entièrement délaissés. Peu de temps après, un de ses compagnons de voyages, le navigateur Francis Drake, prévoyant tous les services que cette plante pourrait rendre aux classes pauvres, entreprit de faire un nouvel essai. Il commença d'abord par acclimater la Pomme de terre dans la Virginie, où elle réussit admirablement, et ce ne fut qu'après ce succès qu'il se décida à la faire connaître à son pays. En conséquence, en 1586, à son retour en Angleterre, il en confia plusieurs tubercules à son jardinier, avec ordre de prendre le plus grand soin des plantes qui en sortiraient. En même temps, il en donna quelques autres au botaniste Gérard, à Londres, qui en envoya une partie à quelques-uns de ses amis, notamment au naturaliste Charles de l'Écluse. Tout porte à croire que, vers la même époque, il arriva des Pommes de terre en Espagne, par les conquérants du Pérou, mais les documents que l'on possède à ce sujet ne sont pas très-précis. Quoi qu'il en soit, la plante nouvelle ne fut appréciée nulle part. Il paraît même qu'on finit par l'oublier, car on regarde généralement l'amiral Walter Raleigh comme son véritable importateur dans l'ancien monde. En 1623, Raleigh, prenant de nouveaux tubercules en Virginie, les apporta en Irlande et en Angleterre, et, cette fois, les agriculteurs de ces pays en reconnurent si bien l'utilité qu'ils mirent le plus grand empressement à les multiplier. En 1684, la culture de la Pomme de terre était déjà très-répandue dans le comté de Lancastre et dans les comtés voisins. D'Angleterre, cette culture pénétra sur le continent, mais ce fut en Saxe, où elle existait déjà en 1717, qu'elle reçut ses premiers développements. En ce qui concerne la France, la Pomme de terre y fut recommandée, en 1588, par Charles de l'Écluse, qui, ainsi qu'on l'a vu plus haut, en devait la connaissance au botaniste anglais Gérard. Quatre ans après, c'est-à-dire en 1692, Gaspard Bauhin décida plusieurs fermiers du Lyonnais et des Vosges à faire des essais qui réussirent parfaitement, mais auxquels on ne donna pas suite, parce qu'on répandit le bruit que la Pomme de terre était un aliment dangereux. De nouvelles tentatives eurent cependant lieu, vers 1750, dans d'autres provinces, et avec le même succès que les précédentes. Enfin, à partir de 1783, les efforts de plusieurs amis de l'humanité, ceux surtout de l'illustre Parmentier, parvinrent à triompher de tous les obstacles, et la nouvelle culture se trouva définitivement acquise à notre pays. La Pomme de terre est aujourd'hui répandue dans toute l'Europe, et l'on sait le rôle immense que ses tubercules jouent, dans certaines contrées, pour la nourriture de l'homme. On en extrait aussi une fécule abondante dont les applications industrielles ont une très-grande importance. Depuis Faignet, qui, en 1761, présenta à l'Académie des Sciences du pain fait avec un mélange de froment, de seigle et de pommes de terre, on a plusieurs fois essayé de panifier isolément cette dernière, mais les recherches dans cette direction sont véritablement inutiles, puisque la Pomme de terre forme naturellement un pain tout fait. Voyez FÉCULE et ALCOOL.

POMMIER. — Il est originaire des parties tempérées de l'ancien continent, où sa culture est immémoriale. On en distingue trois espèces, le *Pommier commun*, le *Pommier acerbe* et le *Pommier paradis* ou *Pommier de Saint-Jean*, mais c'est aux deux premières que se rattachent toutes les variétés, au nombre de plusieurs centaines, qui existent aujourd'hui. On cultive aussi, mais seule-

ment comme arbres d'ornement, plusieurs autres arbres qui appartiennent au même genre. Les plus importants sont le *Pommier à bouquets*, qui a été importé d'Amérique au commencement du XVIIIe siècle, et le *Pommier de Chine*, qui est arrivé de l'Asie orientale vers 1780.

POMPES. — Les *Pompes* constituent une des plus remarquables et des plus utiles applications du ressort de l'air modifié par la dilatation et la condensation. Comme celle de tant d'autres machines, l'époque de leur invention est inconnue, mais on sait que les *Pompes aspirantes* et les *Pompes foulantes à simple effet* étaient employées en Égypte sous le règne de Ptolémée Évergète Ier, mort 222 ans avant Jésus-Christ, et que Ctésibius d'Alexandrie s'en servit, un peu plus tard, pour construire la première *Pompe à effet continu* dont l'histoire de la mécanique a conservé le souvenir. Cette machine reçut le nom de son inventeur (*ctesibica machina*) : elle se composait de deux corps ou tubes cylindriques disposés comme ceux de nos Pompes à incendie. Il paraît qu'elle fut perfectionnée, peu après son invention, par Héron, un des principaux disciples de Ctésibius, et c'est probablement au système imaginé à cette occasion qu'appartenait la Pompe que l'on trouva, au siècle dernier, aux environs de Civita-Vecchia. On n'a pas de renseignements sur les modifications que les mécaniciens du moyen âge ont pu introduire dans la construction des Pompes de l'antiquité; mais celles qui ont été imaginées dans les temps modernes sont si nombreuses que leur description exigerait plusieurs gros volumes. Au premier rang des contemporains qui ont le plus contribué au perfectionnement de ces machines, dans notre pays, il faut surtout citer MM. Le Testu, Flaud, Guérin, Faure, Harmois, Vasselle, etc., de Paris; Arnollet, de Dijon; Champonnois, de Chaumont; Delpech, de Castres; Nillus, du Havre; Japy frères, de Beaucourt, etc. Les appareils de ces constructeurs se recommandent tous par des dispositions plus ou moins ingénieuses, et leurs dimensions sont subordonnées à l'usage spécial qu'on veut en faire, c'est-à-dire varient suivant qu'ils doivent être employés pour les épuisements, pour attaquer des incendies, ou pour satisfaire aux besoins de l'économie domestique. — Aux systèmes connus des anciens, les modernes en ont ajouté plusieurs autres qui peuvent, dans certaines circonstances, rendre d'utiles services. La *Pompe des prêtres*, si usitée dans les Lampes mécaniques, a été imaginée, vers 1730, par l'abbé Denisart, du diocèse de Laon, qui s'associa avec un de ses confrères pour l'exploiter : c'est probablement à la qualité de ses inventeurs qu'elle doit le nom sous lequel elle a toujours été désignée depuis. La *Pompe spirale* date aussi du dernier siècle. On a longtemps attribué son invention à un ferblantier de Zurich, appelé André Wirtz, mais elle paraît réellement appartenir au mécanicien hollandais Evettman (1756). La Pompe aspirante et foulante *à piston-pendule* est beaucoup plus ancienne qu'on ne le croit généralement, puisque le principe de sa construction a été clairement indiqué par Ramelli, en 1585. Toutefois, elle n'a été exécutée que beaucoup plus tard. La *Pompe centrifuge* date du commencement du xviie siècle. La première machine de ce genre paraît avoir été construite à cette époque par l'ingénieur italien Blancano. Des appareils basés sur le même principe furent imaginés, au siècle suivant, par les français Le Demour (1732), Ducrest (1777) et Pajot Descharmes (1787), et par le mécanicien américain Barker (1732), mais ils n'eurent aucun succès. C'est l'ingénieur Charles Combe qui les a fait revivre en France, en 1838. Depuis cette époque, plusieurs mécaniciens, tels que MM. William Appold, Gwynne et Bessemer, ont beaucoup amélioré leur construction. Néanmoins, elles sont encore très-peu répandues.

PONCIS. — Procédé au moyen duquel on exécute mécaniquement des dessins semblables. Il est probablement très-ancien, mais on ne possède aucun renseignement précis sur son origine. Quoi qu'il en soit, la préparation des Poncis a eu lieu exclusivement à la main jusqu'en 1824, époque à laquelle M. Barthélemy Thimonnier, d'Amplepuis, imagina de l'opérer mécaniquement, mais la machine qu'il construisit à cet effet ne put être utilement employée qu'à partir de 1830, quand on l'eut perfec-

tionnée. C'est aux dessinateurs parisiens Revol et Rigondet que l'on doit la méthode généralement usitée pour rendre les dessins poncés ineffaçables, méthode qui consiste à remplacer le charbon pulvérisé employé autrefois par une poudre résineuse que l'on fixe ensuite à l'aide de la chaleur. Cette invention date de 1807.

PONTS. — I. *Ponts de bois.* Ce sont probablement les premiers que l'on ait su construire, car, dans le principe, il a suffi, pour les établir, de jeter quelques troncs d'arbre en travers d'une rivière. Mais ce système, convenable pour franchir de petites distances, a dû être nécessairement abandonné quand on s'est trouvé en présence de cours d'eau d'une largeur considérable. Alors ont été imaginés les *Ponts à travées* et les *Ponts en arc de cercle.* — Les *Ponts à travées* sont composés d'un tablier en charpente reposant sur des points d'appui aussi en charpente ou sur des piles en maçonnerie. On ne connaît ni l'époque, ni le lieu, ni l'auteur de leur invention. Tout ce qu'on sait, c'est qu'ils ont été employés par tous les peuples civilisés de l'antiquité et des temps modernes. Néanmoins, ce n'est que depuis l'origine des Chemins de fer que l'on a sérieusement étudié les divers problèmes relatifs à leur construction. Les Ponts dits *à treillage* diffèrent surtout des Ponts à travées ordinaires par la disposition de leurs travées, lesquelles sont formées de pièces de bois assemblées comme les lattes d'un treillage et solidement chevillées entre elles : ils ont été créés, vers 1830, aux États-Unis, par l'ingénieur Ithies Town, et c'est à cause de leur pays d'origine qu'on les appelle aussi quelquefois *Ponts américains* ou *Ponts à l'américaine.* Les ponts de ce genre offrent, dans une foule de cas, des avantages incontestables ; aussi, leur usage s'est-il répandu dans les deux mondes. — Aussi soigneusement construits qu'ils puissent être, les Ponts à travées nécessitent des points d'appui très-nombreux, qui gênent beaucoup la navigation. C'est pour remédier à cet inconvénient qu'ont été inventés les *Ponts en arc de cercle,* c'est-à-dire composés d'arches en bois d'une ouverture plus ou moins considérable et reposant par leurs extrémités sur des piles en maçonnerie. Cette combinaison nouvelle des bois de charpente est d'origine française, mais ce sont les Anglais qui l'ont fait entrer dans la pratique. Proposée, en 1811, par l'ingénieur Saint-Phar, pour la construction d'un pont sur le Rhin, à Mayence, et, en 1819, par le colonel Émy, pour celle d'un hangar, elle a été employée, pour la première fois, en 1825, par ce dernier, lors de l'édification d'un magasin de l'artillerie, à Marac, près de Bayonne. Enfin, en 1827, en l'appliquant à la construction du pont de Scotswood, sur la Tyne, en Écosse, les ingénieurs anglais John et Benjamin Green, qui ne connaissaient pas les travaux de nos compatriotes, l'ont définitivement fait adopter par l'art de bâtir.

II. *Ponts de pierre.* Le plus ancien dont l'histoire ait conservé le souvenir est, dit-on, celui qui fut construit sur l'Euphrate, à Babylone, par Nitocris, suivant Hérodote, ou par Sémiramis, suivant Diodore. Mais il est à remarquer que ce monument n'était pas un Pont de pierre proprement dit, car il consistait en un tablier de charpente reposant sur des piles en maçonnerie. Ce sont les Romains qui ont véritablement élevé les premiers Ponts de ce système, et ceux qu'ils nous ont laissés témoignent de l'habileté des architectes qui les ont établis. Les Ponts romains avaient toujours peu de largeur. De plus, ils étaient, tantôt étendus sur un plan presque horizontal, tantôt disposés en dos d'âne. En outre, leur chaussée était pavée de larges dalles et munie de trottoirs et de parapets. Enfin, leurs arches avaient une forme semi-circulaire. Les ingénieurs du moyen âge se bornèrent d'abord à copier les Ponts des Romains; ce ne fut même qu'assez tard qu'ils cherchèrent à les modifier. Dans tous les cas, ils firent leurs ponts très-étroits et supprimèrent les trottoirs, mais, pour tenir lieu de ces derniers, ils ménagèrent, au-dessus des piles, des espèces d'enfoncements destinés à recevoir les passants quand la chaussée était encombrée par les voitures. Quant aux arches, ils leur donnèrent une forme semi-circulaire ou ogivale, suivant les époques, et diminuèrent régulièrement leur diamètre du centre aux extrémités, de manière que la construction offrait un dos d'âne très-prononcé. L'établissement

des Ponts de pierre reçut quelques améliorations à la fin du XVIe siècle, mais ses grands progrès ne commencèrent véritablement, du moins en France, que dans la seconde moitié du XVIIIe. A cette époque, l'illustre ingénieur Perronet constata que l'on avait jusqu'alors donné aux piles et aux voûtes de ces ouvrages des épaisseurs exagérées et nuisibles, et dressa, pour déterminer leurs dimensions, des tables précieuses qui ont servi depuis de guide aux constructeurs. Peu de temps après, un ingénieur anglais, Thomas Telford, remarquant l'extrême solidité des monuments irlandais, désignés sous le nom de *Tours rondes*, comprit l'avantage qu'on pourrait retirer des maçonneries creuses, et appliqua, pour la première fois, ce système, en 1795, aux culées du pont de Montfort. Un peu plus tard, c'est-à-dire en 1813, M. Deschamps, ingénieur du pont de Bordeaux, imagina des dispositions particulières qui diminuèrent le poids des voûtes beaucoup plus qu'on n'avait encore su le faire. Enfin, vers le même temps, M. John Rennie fit définitivement entrer dans la pratique l'usage des parements courbes, qui avait déjà été essayé en Angleterre et en Suède. Depuis 1830, l'extension prise par les Chemins de fer a imprimé une nouvelle impulsion à la construction des Ponts de pierre. En effet, les ingénieurs de ces voies de communication, ayant à exécuter de très-nombreux ouvrages, ont dû chercher à les faire très-économiquement, tout en conservant leur solidité, et ils ont résolu ce double problème en multipliant les massifs creux et les parements courbes, et en faisant un emploi fréquent et judicieux des contre-forts. Les Ponts des Chemins de fer ont encore produit une innovation très-remarquable : la construction des *Arches biaises.*

III. *Ponts métalliques.* Suivant le père du Halde, qui écrivait en 1735, des Ponts métalliques auraient été construits en Chine à une époque assez reculée. L'idée d'en doter l'Europe paraît avoir été conçue en Italie, au XVIe siècle, mais ce sont les Anglais qui, deux cents ans plus tard, l'ont réalisée pour la première fois. Le premier Pont de fer qu'il y ait eu en Angleterre fut établi, en 1779, à Coalbrookdale, par John Wilkinson et Abraham Darby, sur les plans de l'ingénieur Farnolls Pritchard. Un grand nombre d'édifices du même genre furent élevés, dans les années suivantes, par Wilson, Thomas Telford et John Rennie. En ce qui concerne la France, plusieurs ponts furent projetés pendant le même siècle, d'abord, en 1753, par un peintre lyonnais dont le nom n'a pas été conservé, puis, en 1783, par Vincent de Montpetit, en 1785, par le père dom Pradines, en 1786, par Racle, en 1787, par Thomas René, etc., mais aucun ne fut exécuté. Notre pays ne commença même à être doté des Ponts métalliques qu'à partir de 1803, époque à laquelle M. Dillon construisit le Pont des Arts, à Paris. Les ouvrages de ce genre ont reçu de nos jours de très-nombreuses applications : on les emploie non-seulement pour joindre ensemble les bords des rivières, mais encore pour faire passer les vallées aux Chemins de fer. Aux systèmes anciens, les ingénieurs contemporains en ont ajouté de nouveaux. Les deux plus importants ont donné naissance aux *Ponts tubulaires* ou *Ponts-tubes* et aux *Ponts d'Hercule*. Les Ponts tubulaires sont une des plus belles créations de Robert Stephenson. On sait qu'ils consistent en un énorme tube rectangulaire en tôle, qui repose sur des piles en maçonnerie, et dans l'intérieur duquel circulent les piétons et les voitures. Le premier a été construit, en 1848 et 1849, par Stephenson lui-même, pour faire franchir la crique de Conway au chemin de fer de Chester à Holy-Head. Les ponts d'Hercule ont été imaginés par l'ingénieur français J.-L. Vergniais, qui en a fait la première application, en 1852, sur le Lignon, dans le département de la Loire. Ils se composent ordinairement d'une arche gigantesque en fer forgé et en fonte, et à claire-voie, à laquelle le tablier est suspendu.

IV. *Ponts suspendus*. Quand les Espagnols arrivèrent dans l'Amérique méridionale, au commencement du xvie siècle, ils y trouvèrent des *Ponts suspendus* établis par les indigènes long-temps avant l'invasion. Ces ouvrages, que les conquérants européens appelèrent *Ponts de Hamac*, consistaient en un tablier de nattes attaché à des cordages tendus en travers du cours d'eau à franchir. Des ponts de ce genre ont également existé, de temps immorial, en Chine, au Japon et au Thibet, mais les habitants de ces pays ont appris de bonne heure à les perfectionner, en remplaçant les nattes par un plancher de bois et les cordages par des chaînes de fer. Les écrivains chinois donnent aux ponts établis d'après ce système, le nom de *Thie-Khiao*, c'est-à-dire « ponts de fer. » Il en existe encore un sur le fleuve Lan-tsan-Kiang, au nord-est de King-toun, qui a été construit entre les années 58 et 76 de notre ère, sous le règne de l'empereur Ming-Ti. En ce qui concerne l'Europe, c'est dans les ouvrages du moine anglais Roger Bacon, mort en 1294, qu'il est, pour la première fois, fait mention de Ponts suspendus, mais ce religieux n'en parle que comme d'une chose possible et dont on obtiendra un jour de grands services. Des recueils, publiés au xvie siècle et au commencement du xviie, donnent aussi les dessins et la description de plusieurs projets de ponts à tablier de bois avec des câbles ou des chaînes de suspension. Enfin, les historiens militaires de ces mêmes siècles rapportent que, pendant les guerres qui désolèrent alors l'Allemagne et l'Italie, les armées construisirent souvent des ponts suspendus en cordages. Quoi qu'il en soit de ces divers témoignages, l'industrie actuelle des Ponts suspendus ne remonte pas au delà de 1741, époque à laquelle les Anglais établirent sur la Tees, à la séparation des comtés de Durham et d'York, une passerelle, longue de 21 mètres et large de 60 centimètres, dont le tablier était suspendu à des chaînes de fer. Cette passerelle était simplement destinée au passage des piétons. Cinquante-cinq ans plus tard, c'est-à-dire en 1796, les Américains élevèrent à Jacob's Creek un ouvrage semblable, mais en lui donnant des dimensions suffisantes pour que les voitures pussent y circuler. Le premier Pont suspendu qu'il y ait eu en Europe pour servir, comme ce dernier, à la grande circulation, est celui que le capitaine Brown jeta, en 1819, sur la Tweed. Dans les années qui suivirent, les Anglais dotèrent d'autres ponts du même genre plusieurs de leurs rivières les plus importantes. Le premier Pont suspendu qu'ait eu notre pays est celui que les frères Séguin, d'Annonay, établirent, en 1826, sur le Rhône, entre Tain et Tournon : il différait des précédents en ce que la suspension y était opérée par des câbles en fil de fer et non par des chaînes.

VI. *Ponts-Levis.* Ils ont été imaginés pour servir au passage des fossés des places fortes. On ignore l'époque, le lieu et l'auteur de leur invention, mais leur usage ne s'est bien répandu que pendant le moyen âge. La plupart des constructions militaires de cette époque en avaient même deux d'inégales dimensions, un pour les piétons, et l'autre pour les cavaliers et les voitures. Les plus anciens Ponts-levis sont les *Ponts à flèche*, que l'on emploie encore quelquefois à cause de la simplicité de leur construction. Les *Ponts-levis à chaînes et à contre-poids* datent du XVIIe siècle, et paraissent avoir été imaginés par Bélidor : ils ont été beaucoup améliorés de nos jours par deux de nos compatriotes, le capitaine Derché et le général Poncelet. Un autre ingénieux système, qui date aussi de notre époque, est dû au capitaine Delile et au colonel Bergère.

VII. *Ponts militaires.* — Ces ouvrages sont spécialement destinés au service des armées en campage, et leur existence est toujours provisoire. Toutes les nations militaires se sont occupées de leur construction. Les plus anciens paraissent avoir été établis au moyen de bateaux. Tels étaient, suivant Diodore, ceux dont se servit Sémiramis dans son expédition contre les Indiens. Si l'on en croit cet historien, cette princesse aurait même eu ce qu'on appelle des *Équipages de pont*. Dans leurs grandes guerres avec les Scythes et les Grecs, les Perses firent aussi usage de ponts du même genre, mais ils les construisaient avec les matériaux qu'offraient les localités et qu'ils travaillaient sur place. De tous les peuples de l'antiquité, ce furent les Romains qui s'occupèrent avec le plus de soin des Ponts militaires : ils créèrent de bonne heure des corps de pontonniers et des équipages régulièrement organisés. Leurs ponts se composaient d'un tablier solide reposant quelquefois sur des tonneaux, le plus souvent sur des bateaux d'osier revêtus de cuir extérieurement. Les équipages disparurent pendant le moyen âge, mais on les vit renaître au XVIe siècle, à l'é-

poque des grandes guerres d'Italie. Dès ce moment, les armées eurent presque toujours un certain nombre d'hommes dressés à la construction des ponts, et traînèrent le matériel le plus indispensable pour le passage des cours d'eau. Quant aux Ponts eux-mêmes, on les établit de différentes manières, suivant la nature des lieux, les ressources que l'on avait, le temps dont on pouvait disposer. Ainsi, tantôt on jetait des Ponts de bateaux ou de tonneaux, tantôt des Ponts de chevalets ou des Ponts sur pilotis, d'autres fois, des Ponts suspendus en cordages. Au XVIIe siècle, on imagina de substituer aux bateaux ordinaires, soit des *Pontons* ou bateaux de cuivre ou de fer-blanc, soit des bateaux d'osier doublés de cuir : le chevalier Folard proposa même des batelets en cuir bouilli de son invention, mais il ne put les faire adopter. Au siècle suivant, de nombreux perfectionnements de détail furent apportés aux Ponts militaires, et c'est en les complétant que les divers gouvernements de nos jours sont parvenus à doter leurs armées des admirables équipages que tout le monde connaît.

PONTS A BASCULE. — On a donné ce nom à des Balances-bascules de grande dimension destinées au pesage des voitures. L'usage de ces appareils a été prescrit par la loi afin de prévenir la destruction des routes produite par la surcharge des véhicules, mais, pendant très-longtemps, ils n'ont que très-imparfaitement répondu au but qu'on se proposait. Le *Pèse-voiture*, inventé, en 1843, par M. Galy-Cazalat, ingénieur-mécanicien à Paris, est le premier Pont à bascule qui ait fonctionné avec succès. Depuis cette époque, le problème a été encore plus heureusement résolu par M. Bérenger, de Lyon, dont le *Pont régulateur*, qui date de 1854, répond, de l'avis des hommes les plus compétents, à toutes les exigences. Cet appareil indique en même temps le poids de chacune des roues de la voiture et celui du chargement total, ce qui permet d'arriver, d'une façon très-rapide, à l'égalité de charge. D'autres constructeurs se sont plus spécialement occupés d'établir des Ponts à bascule propres au pesage des locomotives. De ce nombre est M. Sagnier, de Montpellier : une bas-

23

cule de ce mécanicien « est munie de douze plateaux différents, dont les dimensions sont calculées pour servir aux différents écartements des essieux, et, pour régler, par conséquent, toute locomotive à quatre, six, huit et même douze roues. »

PONTS FLOTTANTS A VAPEUR. — Grands bacs à vapeur, destinés au service des rivières à marées : ils sont dirigés, dans les traversées, par des chaînes de fer tendues au fond de l'eau, de l'une à l'autre rive. Les appareils de ce genre n'existent encore qu'en Angleterre, où ils ont été inventés. Le premier a été établi à Darmouth, en 1832, par l'ingénieur Rennel, mais le plus considérable est probablement celui que ce même ingénieur a construit, en 1834, à Torn-point, près de Devonport.

PORCELAINE. — Cette belle poterie est originaire de la Chine, où sa fabrication paraît avoir commencé dans l'intervalle compris entre l'an 185 avant Jésus-Christ et l'an 87 de notre ère. Les Romains la connurent pendant leurs grandes guerres au centre de l'Asie, et les antiquaires les plus compétents sont d'avis que les célèbres Vases murrhins n'étaient autre chose que des pièces de Porcelaine colorée. Les marchands de Rome la recevaient, sans en connaître la provenance, par les carayanes de la Tartarie, qui se la transmettaient de mains en mains. A la suite des bouleversements qui, après Constantin le Grand, détruisirent le commerce oriental, la Porcelaine disparut entièrement du marché, et elle ne s'y montra de nouveau que très-longtemps après. Les Arabes la connaissaient déjà au IXe siècle ; elle leur arrivait, d'un côté, par la voie de terre, au moyen des caravanes, de l'autre, par la voie de mer, à l'aide des marchands de l'Inde. Ils l'introduisirent de bonne heure en Égypte, et c'est probablement de ce pays qu'elle pénétra en Europe, vers la fin du XVe siècle ou, au plus tard, au commencement du XVIe, par les navigateurs marseillais et italiens. Toutefois, les arrivages furent d'abord très-rares et très-peu importants ; ils ne commencèrent à devenir fréquents et un peu considérables que lorsque la découverte du cap de Bonne-Espérance eut permis aux Portugais et aux Hollandais d'établir des relations directes et suivies avec l'extrême Orient. Dès son apparition, la Porcelaine fut recherchée avec passion, mais on ignora longtemps sa nature véritable. On la prenait généralement pour une matière analogue à la Nacre, et c'est pour ce motif qu'on lui donna le nom sous lequel on désignait cette dernière. On finit cependant par reconnaître qu'elle n'était qu'une poterie plus belle que les autres, et, alors, partout où se trouvaient des potiers et des chimistes habiles, on se mit à faire des essais pour l'imiter. Toutefois, comme on n'avait aucune donnée sur la composition de sa pâte et de sa glaçure, on fut obligé de procéder par tâtonnements. On obtint d'abord, par des moyens très-compliqués, une Porcelaine artificielle, qui ne renfermait aucun des éléments de la Porcelaine chinoise, mais qui en avait l'aspect et presque toutes les qualités. Cette poterie, qui a été appelée depuis *Porcelaine tendre artificielle*, *Porcelaine vitreuse*, *Porcelaine française*, *Porcelaine frittée* et *Vieux Sèvres*, fut fabriquée, pour la première fois, à Saint-Cloud, en 1695. La vraie Porcelaine de Chine ou *Porcelaine dure*, fut obtenue, quatorze ans après, c'est-à-dire en 1709, à Meissen, en Saxe, par Jean-Frédéric Böttcher ou Bötger, après de nombreux travaux qu'il avait commencés en société avec Ehrenfried Walter de Tschirnaus, et qu'il avait terminés seul après la mort de ce dernier, arrivée en 1706. L'année suivante, le gouvernement saxon créa, pour exploiter le nouveau produit, une fabrique qui fut placée au château d'Albert, à Meissen : c'est la première manufacture de Porcelaine dure qui ait existé en Europe. D'autres établissements semblables furent successivement fondés dans d'autres localités : à Vienne, en 1720 ; à Hochst, près de Mayence, en 1740 ; à Neudeck, en Bavière, en 1747 ; à Berlin, en 1750, etc. Quant à la France, elle ne sut faire que de la Porcelaine tendre jusqu'en 1769, époque à laquelle la découverte du Kaolin de Saint-Yrieix lui permit de fabriquer aussi la Porcelaine chinoise. Outre ces deux variétés de Porcelaine, il en existe encore une troisième, qui tient le milieu entre l'une et l'autre : c'est la *Porcelaine tendre naturelle*, ou *Porcelaine anglaise*, qui a été inventée, en 1740, par les potiers de Chelsea, en Angleterre, et dont la fabrication a été introduite dans notre pays, il y a une quarantaine d'années, par M. Johnston, de Bordeaux, Lebœuf et Millet, de Creil. Quant aux poteries appelées *Porcelaine opaque* et *demi-porcelaine*, ce ne sont que des Faïences fines auxquelles le charlatanisme des commerçants a donné des dénominations inexactes. Voyez CÉRAMIQUE, FAÏENCE et KAOLIN.

PORCELAINE DE RÉAUMUR. — Voyez DÉVITRIFICATION.

PORTE-AMARRE. — Les sinistres les plus fréquents à la mer ont lieu près des côtes, et, dans le plus grand nombre des cas, le salut de l'équipage dépend de la possibilité de jeter de la côte au navire un câble pouvant servir à établir un va-et-vient. Une foule d'essais ont été faits pour assurer le succès de cette manœuvre. Ainsi, en 1784, près de Berlin, on exécuta des expériences sur le tir de cylindres de fer et de bois auxquels était attaché le bout d'une corde et que l'on projetait au moyen d'un canon. Elles échouèrent complétement. La même idée fut reprise plus tard, mais on ne commença à obtenir des résultats satisfaisants que dans les premières années de ce siècle. Parmi ceux qui, depuis cette époque, se sont occupés de l'étude du problème, les uns ont proposé d'envoyer la corde de sauvetage avec des espèces de flèches lancées par des arcs ou des balistes, les autres avec des cerfs-volants ou des ballons, d'autres avec des fusées de fort calibre, d'autres enfin avec des boulets munis ou non de grappins et projetés au moyen de canons ordinaires ou de pièces d'une forme particulière. Les systèmes qui, jusqu'à présent, ont fonctionné avec le plus de succès sont dus au capitaine anglais Manby, à nos compatriotes Gustave Delvigne, ancien lieutenant d'infanterie, et E.-N. Tremblay, capitaine d'artillerie de marine, et à l'ingénieur piémontais Bertinetti. Le système du premier consiste à lancer la corde avec un boulet armé de crocs et un obusier fabriqué exprès : il a été inventé en 1810. Celui de M. Delvigne emploie un canon ordinaire de petit calibre, et renferme l'amarre dans un cylindre de bois, où elle est roulée en hélice : il date de 1846. Celui du capitaine du Tremblay sup-

prime toute bouche à feu, et envoie la corde avec une fusée de guerre munie d'un grappin : il a été imaginé en 1849. Enfin, le système de l'ingénieur Bertinetti, qui remonte à la fin de 1853, mais dont les dispositions définitives n'ont été arrêtées qu'en 1855, projette la corde avec un canon léger et une fusée servant de projectile.

PORTE-VOIX. — Comme son nom l'indique, c'est un instrument destiné à transmettre la voix à de grandes distances. Le Porte-voix a été connu en Chine de très-bonne heure. Les anciens paraissent aussi en avoir fait usage, et l'on assure qu'Alexandre le Grand s'en servait sur les champs de bataille. Toutefois, le Porte-voix actuel ne remonte pas au delà du milieu du XVIIe siècle. Il a été imaginé, vers 1645, par le père Kircher, et perfectionné presque aussitôt par le physicien anglais Samuel Moreland, à qui, pour ce motif, on en a quelquefois attribué l'invention. Cet instrument n'est guère employé que dans la marine.

PORTRAIT. — L'art qui s'occupe de reproduire, sur une matière quelconque, la figure des individus, remonte à une époque très-ancienne. Les Livres saints parlent déjà de l'image des défunts. Chez les Égyptiens, c'était l'usage de conserver, par la peinture ou la sculpture, les traits des rois et des grands personnages, mais il paraît que ce peuple s'en tenait le plus souvent à une représentation symbolique et négligeait la ressemblance. C'est en Grèce, où l'on honorait les citoyens illustres en plaçant leurs bustes ou leurs statues sur les places publiques, dans les théâtres ou sur les tombeaux, que l'art des portraits est véritablement né. Il paraît cependant que Démétrius d'Athènes, qui vivait 545 ans avant Jésus-Christ, fut le premier artiste qui s'appliqua à représenter exactement le modèle. Les Romains cultivèrent aussi l'art des portraits avec soin, par suite de l'usage où étaient leurs familles nobles de conserver les images des ancêtres. Tous les peuples modernes ont suivi le même exemple. De nos jours, l'application de la Photographie à la reproduction réduite de portraits pouvant servir de cartes de visite, a donné lieu à une industrie intéressante. Les premiers *Portraits-cartes* paraissent dater de 1856. A peine connus, ils se multiplièrent à l'infini, et bientôt naquit l'idée de les collectionner. Pour les réunir, on se servit d'abord de petits cadres reliés les uns aux autres, ou d'albums ordinaires dont on fendait les feuillets. Enfin, en 1859, M. Marx, de Paris, inventa les *Albums photographiques à passe-partout* dont l'usage est répandu aujourd'hui dans tous les pays. Voyez PANTOMÈTRE, PHOTO-SCULPTURE, PHYSIONOTRACE, PHYSIONO-TYPE, etc.

POSTES. — I. *Poste aux chevaux, Poste aux lettres.* De tout temps, les peuples civilisés ont connu la *Poste,* mais les textes fournissent très-peu de renseignements sur l'état de cette institution dans l'antiquité. Il paraît cependant qu'en général elle fut à peu près partout presqu'entièrement réservée aux souverains. De plus, au lieu de relais de chevaux, c'était à des relais d'hommes que le service était quelquefois confié. C'est une Poste de ce dernier genre que les Espagnols trouvèrent établie au Pérou, au XVIᵉ siècle. Les Romains attribuaient à Auguste la première organisation de leurs Postes *(cursus publicus).* Chez eux, cette institution était spécialement destinée au transport des dépêches et des agents du gouvernement. Cependant, dans certaines circonstances, les particuliers pouvaient obtenir l'autorisation de s'en servir. Les premiers rois francs, comprenant l'utilité de la Poste, telle que les Romains l'avaient établie, s'efforcèrent de la conserver, mais les bouleversements qui remplirent le VIIᵉ siècle, la firent disparaître entièrement. Au commencement du IXᵉ siècle, Charlemagne essaya de la faire revivre, et créa trois grandes lignes de relais qui mettaient en communication les parties principales de son vaste empire. Toutefois, comme il n'est plus question de ces lignes après sa mort, il est probable qu'elles furent abandonnées sous ses premiers successeurs, et, au plus tard, sous Charles le Chauve. Depuis cette époque, il n'y eut plus de Postes en France jusqu'à leur rétablissement par Louis XI. Le 19 juin 1464, ce prince, adoptant et généralisant un système de relais organisé, depuis au moins 1315, par l'Université de Paris, pour faciliter les rapports de ses élèves avec leurs parents, établit, sur toutes les grandes routes du royaume, des *Maîtres tenant les chevaux du roy,* appelés plus tard *Maîtres de poste,* pour porter, de relais en relais, les dépêches et paquets qui leur seraient adressés sous le sceau du *Conseiller grand-maître des coureurs de France.* C'est de cette époque que datent, dans notre pays, la *Poste aux chevaux* et la *Poste aux lettres,* mais comme cela avait eu lieu dans l'antiquité, les deux services furent d'abord exclusivement réservés aux besoins du roi. Les courriers n'obtinrent l'autorisation de prendre les paquets des particuliers que vers la fin du XVIᵉ siècle, et ils ne furent chargés de la correspondance du public, qu'en 1622, sous l'administration de M. d'Almeiras, contrôleur général des postes. Cinq ans après, c'est-à-dire en 1627, on publia le premier *Tarif des lettres.* Deux ans plus tard, c'est-à-dire en 1629, on régularisa, pour la première fois, le transport des *Articles d'argent* et on organisa l'*Exemption de taxe* pour les hauts fonctionnaires. D'autres améliorations furent introduites successivement dans le service. En 1793, les voitures appelées *Malles-postes* furent importées d'Angleterre : elles circulèrent sur nos routes jusqu'en 1819, où d'autres véhicules beaucoup plus légers vinrent les remplacer. Ce fut en 1828 que les courriers, qui jusqu'alors n'étaient partis que deux ou trois fois par semaine, commencèrent à partir chaque jour. Enfin, l'année d'après, on créa le *Service rural,* et on plaça une boîte aux lettres dans chaque commune. De nos jours l'établissement des Chemins de fer a presque complétement désorganisé la Poste aux chevaux, tandis que la Poste aux lettres y a gagné quant à la rapidité de ses opérations. Ce progrès a nécessité la création des *Bureaux ambulants,* dont le premier a été organisé, en 1845, sur la ligne de Paris à Rouen. Voyez TIMBRES-POSTE.

II. *Petite poste.* Dans le principe, la Poste ne transportait que les lettres d'une ville à l'autre, et l'on était obligé de confier à des messagers particuliers les lettres destinées aux divers quartiers d'une même ville. Au mois d'août 1653, plusieurs capitalistes entreprirent de combler cette lacune, et obtinrent l'autorisation d'établir, sur plusieurs points de Paris, des bureaux qui se chargeaient de remettre les lettres et paquets à domicile. Telle est l'origine de la *Petite poste*, en France, et, peut-être aussi, dans toute l'Europe; mais ce premier essai ne réussit pas. Une deuxième tentative, qui fut faite en 1662, par un sieur François Presdeseigle, ne fut pas plus heureuse. La Petite poste ne fut établie définitivement à Paris qu'en 1759, par M. Pierron de Chamousset, conseiller à la Cour des comptes, qui prit pour modèle une institution analogue fondée à Londres en 1680, par un nommé Dockwar. Dès la première année, ce nouveau service donna cinquante mille livres de bénéfice à son fondateur, ce qui engagea l'État à le prendre pour son compte. La Petite poste fut donc réunie alors à la grande, et on désintéressa M. de Chamousset en lui accordant une pension viagère.

III. *Poste atmosphérique.* Elle a été imaginée pour améliorer la Petite poste. Ce nouveau système de transport consiste à faire circuler les dépêches dans l'intérieur des villes, en se servant, soit du vide opéré dans un cylindre, soit de l'air comprimé, pour mettre en mouvement un piston suivi d'une capacité renfermant les paquets. La Poste atmosphérique n'est donc en réalité qu'une application particulière des Chemins de fer qui portent le même nom. C'est même aux premières tentatives faites, en 1810 et 1812, par le danois Medhurst, pour la réaliser, que ces derniers ont dû leur invention, mais elle n'a pu entrer dans la pratique que dans ces dernières années. Une première ligne de tuyaux a été posée à Londres, de Moorgate-street au General Post-office, dans le courant de 1857, par l'ingénieur Latimer Clarke, et elle a donné, dès le principe, de si beaux résultats, qu'une compagnie a été autorisée par bill du parlement à étendre le même moyen de communication à toute la ville, ainsi qu'aux principales cités de l'Angleterre. En ce qui concerne la France, les premiers essais sérieux de Poste atmosphérique paraissent avoir été faits, en 1855, par M. Galy-Cazalat, mais ce n'est qu'en 1859 que la question a été définitivement résolue par M. Antoine Kieffer. Le projet de ce dernier a été soumis à l'examen d'une commission spéciale, mais diverses circonstances en ont jusqu'à présent fait ajourner l'exécution.

IV. *Poste électrique.* Vers le milieu de 1862, en faisant courir une Pile à l'intérieur des bobines qu'elle électrise successivement, l'ingénieur piémontais Bonelli a créé un nouveau moyen de transport qui paraît être d'une application facile au service de la Poste aux lettres, soit d'une ville à l'autre, soit entre les différents quartiers d'une même ville. « Avec ce système, dit un de ses plus chauds partisans, on aurait des communications moins dispendieuses, plus étendues et plus claires qu'avec le Télégraphe, plus fréquentes et plus rapides qu'avec la Vapeur, et pouvant se faire à de plus grandes distances qu'avec le système pneumatique. » La Poste électrique n'a encore été l'objet d'aucune expérience.

V. *Poste aux pigeons.* Elle est d'origine arabe. Dès le VIIIe siècle, les principales villes de l'Asie musulmane communiquaient régulièrement entre elles au moyen de pigeons messagers qui se relayaient, de distance en distance, dans des tours construites à cet effet. Suivant l'historien Khalil Dhaheri, la première application de cette Poste aérienne aurait été faite à Mossoul. Elle fut maintenue jusqu'au XVIIe siècle, où l'insouciance des Turcs la fit disparaître.

POTASSE. — La *Potasse* s'appelait autrefois *Alcali végétal* ou *Alcali fixe.* Elle doit son nom moderne à Guyton de Morveau, qui l'a introduit dans la science en 1787. On l'a regardée pendant longtemps, comme un corps simple, mais, au commencement de ce siècle (1807-1808), sir Humphry Davy, Thénard et Gay-Lussac ont prouvé qu'elle est un oxyde de Potassium. La Potasse s'obtient par le lessivage des cendres des végétaux terrestres. On l'emploie, comme matière première, dans une foule d'industries, surtout dans les fabriques de verre de Bohême, de cristal et de savons mous, ainsi que pour le blanchissage du linge, le chamoisage des peaux, la préparation des cordes harmoniques, etc. Plusieurs sels de Potasse reçoivent aussi de nombreuses applications dans les arts. Ainsi, on utilise le silicate de potasse pour durcir les pierres calcaires, rendre les matières combustibles ininflammables, etc. ; le chlorate de potasse, pour fabriquer les allumettes chimiques et les amorces fulminantes ; l'acétate de potasse, pour faire plusieurs préparations pharmaceutiques ; les chromates et les prussiates de potasse, pour obtenir diverses couleurs, etc. La *Potasse factice* n'est autre chose que de la Soude artificielle à laquelle on a donné l'aspect de la Potasse d'Amérique. Elle a été créée, il y a une quarantaine d'années, par un fabricant de produits chimiques nommé Ador. V. au COMPL.

POTASSIUM. — Ce métal a été découvert, en 1807, par Sir Humphry Davy, au moyen de la décomposition de la Potasse par un fort courant électrique. Ses composés seuls ont des applications dans les arts.

POTERIE ÉMAILLÉE. — C'est la poterie dont la pâte est recouverte d'une glaçure à base d'étain, en d'autres termes, la *Faïence commune.* — Voyez FAÏENCE.

POTERIE VERNISSÉE. — La poterie de ce nom se distingue des autres produits de l'art du potier par la composition de sa glaçure, qui est à base de plomb. Elle a été inventée en Orient, à une époque très-ancienne : on croit même qu'elle y était déjà connue du temps de Salomon. C'est au XIVe siècle que la Glaçure plombifère a été introduite, dans la pratique ordinaire de l'industrie européenne, par les potiers de la Toscane et de la Romagne, qui en devaient la connaissance aux Arabes d'Espagne. Toutefois, elle avait déjà été employée par un potier de Schelestadt, mort en 1283, qui en avait fait la découverte, on ignore comment. Cette glaçure sert spécialement pour rendre imperméables les poteries communes, mais, comme elle possède des propriétés vénéneuses très-actives, on a cherché de bonne heure à supprimer ce danger. On y était déjà parvenu, en 1690, en vernissant les pièces avec du sel marin. De nos jours, on a obtenu le même résultat en se servant de glaçures exclusivement terreuses.

POUDRE A CANON. — On a fait honneur de l'invention de la *Poudre à canon* aux Chinois, aux Arabes, aux Grecs de Byzance, aux Indiens, à Roger Bacon, à Albert le Grand, à un moine allemand appelé Berthold Schwartz, et à une foule d'autres, mais il est aujourd'hui bien établi qu'elle n'a été découverte par personne. Une chose seule est incontestable, c'est que la Poudre dérive de ces compositions incendiaires, si usitées au moyen âge sous le nom générique de *Feu grégeois*, et qui se sont successivement modifiées de manière à devenir, de simples mélanges *fusants* qu'elles étaient d'abord, des mélanges essentiellement *détonants*, sans qu'on puisse savoir à quelle époque, à quel pays, à quel individu appartient l'honneur de cette transformation. Parmi les compositions dont se servaient les Byzantins et les Arabes, plusieurs avaient les mêmes éléments que la Poudre, mais comme le salpêtre qu'elles renfermaient était dans un grand état d'impureté, elles brûlaient lentement et par couches, et ne pouvaient servir que pour faire des amorces ou des fusées. Ces mélanges ne devinrent notre Poudre de guerre que lorsqu'on eut découvert l'art de raffiner le salpêtre, car ils acquirent alors la propriété de prendre feu instantanément, et en dégageant une masse énorme de gaz. Après cette découverte, quelque hasard heureux vint sans doute donner l'idée d'utiliser la force expansive de ces gaz, soit pour faire sauter les édifices, soit pour lancer des projectiles, mais, comme on l'a déjà vu, on ignore absolument où, quand et par qui ce progrès fut réalisé. Des documents découverts de nos jours semblent cependant établir que ce fut à la fin du XIIIe siècle et dans quelqu'une des provinces européennes de l'empire grec. L'usage de la Poudre aurait ainsi pénétré chez les nations occidentales par l'Allemagne et l'Italie. Il en est déjà question, dès 1319, dans des textes cités par Georges Stella, mais le premier monument original où on le voit figurer est un décret de l'ancienne république de Florence, qui est daté du 11 février 1326. Quant à la France, on le trouve cité, pour la première fois, dans un titre du 2 juillet 1338. — La Poudre s'est toujours composée de soufre, de charbon et de nitre, mais les proportions de ces substances n'ont été rigoureusement déterminées qu'à une époque très-moderne. De plus, il est à remarquer qu'au XVe siècle on y ajoutait souvent de l'arsenic, et c'est sans doute à cause de cet usage que les armes à feu ont été longtemps regardées comme faisant des blessures empoisonnées. Quant aux procédés de fabrication, ils se sont naturellement améliorés à mesure que l'industrie générale s'est enrichie de conquêtes nouvelles. Ainsi, c'est en 1523 que, suivant Moritz Meyer, on a commencé à *grener* la Poudre, que l'on avait jusqu'alors employée à l'état de poussière. La substitution des meules aux pilons, dans l'opération du triturage, a eu lieu, du moins en France, à partir de 1754. Enfin, la carbonisation du bois dans des cylindres a été inventée en Angleterre, en 1783, par l'évêque Watson, et décrite, pour la première fois, dans notre pays, en 1802, par le colonel Villantroys. V. au COMPLÉM.

POUDRE-COTON. — Voyez FULMICOTON.

POUDRE A CHEVEUX. — Voyez CHEVEUX.

POUDRES ALIMENTAIRES. — Xiphilin rapporte que les habitants de l'Armorique se nourrissaient de viande desséchée et réduite en poudre, pendant leurs expéditions militaires. Le même usage a existé de tout temps chez les nations guerrières de l'Asie centrale. On l'a également trouvé dans plusieurs parties de l'Amérique. Toutefois, si cette *Poudre de viande* peut convenir à des peuples grossiers, il n'en saurait être de même dans les pays quelque peu civilisés. Aussi, les essais que l'on a faits en Europe, à diverses époques, notamment en France, en 1680, pour l'introduire dans le régime alimentaire des troupes, ont-ils complétement échoué. Au dernier siècle, une autre Poudre alimentaire fut proposée par le sieur Bombe, chirurgien major du régiment de Salis. Cette préparation fut expérimentée, en 1753, sur plusieurs soldats de ce régiment, et abandonnée après quelques jours. Suivant le docteur Morand, qui en fit l'analyse, ce n'était autre chose que de la farine de maïs torréfiée, à laquelle on avait ajouté un peu de sel de cuisine. La même invention a été renouvelée de nos jours, mais avec des raffinements, car, au lieu de donner leurs préparations comme de simples substances alimentaires, les charlatans contemporains n'ont pas manqué de les enrichir de propriétés thérapeutiques qui en font de véritables panacées.

POUDRES FULMINANTES. — Voyez CHLORATE DE POTASSE et FULMINANTS.

POULAINE (*Chaussures à la*). — Chaussures dont l'extrémité s'allongeait en pointe droite ou recourbée, ornée parfois de grotesques figurines. Tous les historiens prétendent que Foulques V, comte d'Anjou, mort en 1140, inventa cette mode pour cacher la difformité de ses pieds ; mais c'est une erreur que démontrent des textes positifs. En effet, le moine Richer, qui vivait à la fin du x° siècle, et Ascelin Adalbéron, sacré évêque de Laon en 977, disent que, de leur temps, on portait des souliers à becs recourbés. Quoi qu'il en soit, l'usage des Poulaines ne devint général qu'au xıv° siècle, et il se maintint jusqu'au siècle suivant, malgré l'opposition des prédicateurs, qui les qualifiaient de péché contre nature et d'outrage fait au Créateur.

POULIES. — Comme tant d'autres machines simples, les *Poulies* datent des premiers âges des arts industriels. Aussi, les voit-on représentées, soit isolément, soit combinées plusieurs ensemble pour former des mouffles, sur des monuments d'une très-haute antiquité. Les modernes n'ont fait qu'augmenter le nombre de leurs applications. On croit que Richard Arkwright est le premier qui ait employé des Poulies de fonte avec courroies sans fin ; il fit cette innovation, en 1775, dans les filatures de coton de Cromford et de Delper. Une autre invention, qui est aussi exclusivement moderne, est celle qui a eu pour objet de remplacer, dans la fabrication des Poulies de bois, le travail de l'homme par des procédés mécaniques. Quelques essais paraissent avoir été faits à ce sujet, d'abord, en 1759, par le mécanicien Taylor, de Southampton, puis, un peu plus tard, par le général Samuel Bentham, mais le problème n'a été résolu qu'en 1799, par notre compatriote Marc-Isambard Brunel, alors établi à Londres, dont les appareils furent introduits, quelques années après, dans tous les arsenaux anglais.

POUPÉE. — Les Poupées ont servi, de tout temps et dans tous les pays, à l'amusement des petites filles. Le mot *pupa*, par lequel les Romains les désignaient et d'où vient leur nom français, n'avait même pas, dans le principe, d'autre signification que celle de « petite fille. » Du reste, les anciens avaient, comme les modernes, des Poupées de toute espèce, même des *Poupées articulées*. L'usage des *Poupées de modes* existait déjà au xviie siècle, peut-être même avant. Chaque année, dès le temps de Louis XIII, on envoyait de Paris, en Angleterre et en Allemagne, pour servir de modèles aux dames du pays, de grandes Poupées habillées dans le dernier goût de la mode courante.

POURPRE. — Les anciens attribuaient à des habitants de Tyr la découverte de la matière tinctoriale nommée *Pourpre*, mais ils racontaient à ce sujet une anecdote trop puérile pour mériter d'être prise au sérieux. Ils tiraient cette substance de plusieurs mollusques du genre Murex, et ils s'en servaient pour obtenir, surtout sur laine, de très-belles nuances qui variaient du rouge cramoisi au violet. Tous les peuples industriels de l'antiquité ont su teindre en Pourpre. Néanmoins, les Phéniciens conservèrent toujours, sous ce rapport, une immense supériorité, et la *Pourpre de Tyr*, comme on appelait génériquement leurs produits, avait une réputation universelle. Les procédés de la teinture en Pourpre disparurent à une époque qu'on ne saurait préciser. Dans les temps modernes, on a trouvé, en Angleterre (xviie siècle) et sur les côtes de France (xviiie siècle), des coquillages qui fournissent une substance colorante entièrement conforme à celle dont parlent les auteurs latins, et qui n'est certainement autre chose que la Pourpre phénicienne, mais on n'a pas songé à en tirer parti, parce que les progrès de la Chimie et la découverte du nouveau monde ont doté l'industrie de matières beaucoup moins chères et infiniment plus riches. Voyez ANILINE, MUREXIDE, ORSEILLE, etc.

POUZZOLANES. — On appelle ainsi des argiles poreuses ou arénacées d'origine volcanique, qui, mêlées avec de la chaux grasse, la rendent instantanément hydraulique. Elles ont été ainsi nommées parce que les premières qu'on ait employées provenaient des environs de Pouzzoles, au pied du Vésuve. C'est avec ces substances que les architectes romains préparaient les mortiers pour les constructions qu'ils voulaient faire avec soin. On connaissait, depuis plus de vingt siècles, les propriétés des Pouzzolanes, mais on en ignorait la cause.

C'est l'illustre ingénieur Vicat qui a découvert cette cause, ce qui lui a permis de fabriquer artificiellement ces précieuses matières, et il y est parvenu en calcinant légèrement une argile quelconque avec une petite quantité de chaux. Depuis cette époque, l'usage des Pouzzolanes, qui, anciennement, était particulier à quelques pays privilégiés, s'est répandu dans toutes les parties du monde civilisé, où il a singulièrement contribué aux progrès de l'art des constructions hydrauliques.

PRAIRIES. — L'utilité des *Prairies* a été reconnue de tout temps dans les pays où l'agriculture a été en honneur. Aussi Columelle rapporte-t-il que les Romains leur accordaient le premier rang dans les terres cultivées. Toutefois, on n'a guère d'abord connu que les *Prairies naturelles*, et ce n'est que depuis environ deux cent cinquante ou trois cents ans que les *Prairies artificielles* sont entrées dans la pratique agricole ordinaire. Cette innovation serait due, suivant les uns, à l'agronome lombard Camille Torello, qui vivait au xvie siècle, et, suivant les autres, à l'anglais Hartlib, qui florissait au siècle suivant. Quoi qu'il en soit, l'Angleterre fut le premier pays qui en reconnut l'utilité. Elle comprit en même temps la nécessité d'accroître ses ressources en fourrages en augmentant le nombre des espèces végétales qu'elle avait cultivées jusqu'alors. Ainsi, en 1645, Richard Wetton appela l'attention de ses compatriotes sur le *Trèfle rouge* et les *Navets*, qui, déjà depuis longtemps, rendaient de grands services aux agriculteurs de la Flandre. Ces deux plantes furent bientôt adoptées par les éleveurs anglais, et leur introduction fut suivie de celle du *Sainfoin*. Vers la même époque, Hartlib les engagea à cultiver la *Lupuline*, qui croissait naturellement sur les collines du comté de Kent. Enfin, un peu plus tard, vers 1677, le docteur Plot leur fit connaître le *Ray-grass*. Au siècle suivant, ils durent le *Timothy* à Timothy Hanson, qui l'importa des États-Unis, le *Vulpin des prés* à William Indge, la *Houlque laineuse* à Marshall, la *Pimprenelle* à Peter Wyche, la *Carotte* à Raynolds, le *Fiorin* à Richardson, la *Chicorée sauvage* à Arthur Young, etc. La France et l'Allemagne ne restèrent pas en arrière de ce mouvement. Pendant que Mœllinger importait la *Luzerne* dans le Palatinat, et Schubart le *Trèfle ordinaire* en Autriche, notre pays était doté de la *Betterave champêtre* ou *Disette* par M. Vilmorin père (1785) ; de la *Chicorée sauvage*, par M. Cretté de Palluel (1786) ; du *Rutabaga*, par M. de Lasteyrie (1789), etc. Les acquisitions nouvelles n'ont pas été moins nombreuses depuis le commencement de ce siècle. La France, par exemple, doit la *Betterave de Silésie* à M. de Lasteyrie, la *Carotte blanche à collet vert* à M. Vilmorin, le *Sainfoin à deux coupes* à M. Princepré de Buire, le *Trèfle incarnat tardif* à M. Planchard, la *Gesse velue* à M. de Val, le *Trèfle élégant* à M. Galliot, la *Spergule géante* à M. de Bossin, le *Chou de lanilis* à M. de Boessière, etc.

PRÉCESSION DES ÉQUINOXES. — Variation annuelle dans la position de la ligne d'intersection du plan de l'écliptique et de celui de l'équateur. Elle a pour effet de faire revenir le soleil au même point équinoxial avant qu'il ait complété sa révolution apparente par rapport aux étoiles fixes. Ce phénomène a été découvert, 120 ans avant notre ère, par l'astronome grec Hipparque. Toutefois, ce n'est qu'à partir du xviie siècle que l'emploi d'instruments plus parfaits que ceux des anciens, a permis de faire des observations assez exactes pour déterminer sa valeur précise. Maskelyne et, après lui, Bradley, furent ceux qui s'occupèrent alors plus spécialement de l'étude de la Précession des équinoxes. Bradley découvrit, à cette occasion, la perturbation connue sous le nom de *Nutation de l'axe terrestre* (1747), découverte qui fut une conséquence de celle de l'*Aberration de la lumière*, qu'il avait faite dix-neuf ans auparavant.

PRÉFACE. — Le premier livre imprimé qui ait une Préface est l'*Aulu-Gelle*, publié à Rome, en 1469, par Swenheym et Pannartz.

PRESSES. — Considérée dans la variété infinie de ses usages, la *Presse* est incontestablement la machine qui a le plus exercé le génie des inventeurs modernes, et les travaux dont elle a été l'objet ont donné lieu à une multitude d'appareils plus ou moins compliqués, qui se distinguent entre eux, soit par leur mode d'action, soit par leurs dispositions particulières. Les anciens ne connaissaient que les *Presses à coin*, les *Presses à vis* et les *Presses à levier*, qu'ils appliquaient surtout au pressurage des olives et des raisins. Tous les autres systèmes sont d'origine moderne.

I. *Presse à cylindre*. Elle date du xvie siècle. On l'appelle généralement *Laminoir*, quand on l'applique au travail des métaux, et *Calandre*, quand c'est au travail des étoffes. Elle a donné naissance aux *Machines à imprimer*, généralement usitées aujourd'hui dans les ateliers de typographie et d'indiennerie, ainsi qu'aux *Presses continues rotatives*, spécialement destinées à l'extraction des sucs et des liquides, et dont les plus anciennes paraissent avoir été construites, du moins dans notre pays, par MM. Clément et Olivier, un peu avant 1819. Voyez CALANDRE, LAMINOIR, IMPRESSION DES TISSUS.

II. *Presse hydraulique*. Elle repose sur un principe exposé par Blaise Pascal, en 1653, et, un peu plus tard, par le physicien anglais Robert Hooke, mais elle n'a été réalisée qu'en 1796 et, presque simultanément, d'un côté, en Angleterre, par le mécanicien Joseph Bramah, de l'autre, en France, par Joseph Montgolfier, d'Annonay. Toutefois, c'est le premier qui a le plus contribué à la rendre pratique : c'est à lui aussi qu'appartient la priorité de sa réalisation. Enfin, le premier brevet qui ait été pris, dans notre pays, pour l'emploi de cette machine, a été délivré, au mois de janvier 1797, au nom des frères Perrier et de l'ingénieur de Bettancourt. Aujourd'hui, la Presse hydraulique joue un rôle immense dans une foule de branches industrielles. On y a recours toutes les fois que l'on a besoin d'une très-grande pression, notamment pour réduire le volume de certaines marchandises encombrantes, telles que les cotons et les fourrages, pour comprimer les étoffes et les papiers, pour extraire les huiles des graines qui les renferment, pour fabriquer le sucre de betterave, la bougie stéarique et les pâtes d'Italie, pour éprouver les câbles de fer destinés à la marine, etc. Enfin, dans ces dernières années, on s'en est servi, en Angleterre, pour hisser sur leurs piles les travées du pont-tube Britannia.

23.

III. *Presse centrifuge à essorer.* Cette machine a été inventée, en 1836, par M. G. Pentzoldt, mécanicien à Paris, pour expulser, par la simple action de la force centrifuge, les liquides des tissus et des matières pulvérulentes. Elle est plus généralement connue sous le nom d'*Hydro-extracteur.* Voyez HYDRO-EXTRACTEURS.

IV. *Presse à excentriques.* C'est la moins employée de toutes les machines à comprimer, parce que le principe de sa construction ne permet d'en obtenir que des réductions très-peu considérables. On ne l'emploie guère que pour le traitement des graines oléagineuses. Les Presses de cette espèce sont quelquefois appelées *Presses muettes,* parce qu'elles ne produisent aucun choc, et, par conséquent, aucun bruit. Leur invention paraît dater des premières années du xvIIIᵉ siècle.

V. *Presse monétaire.* Elle a été inventée, en 1827, par le mécanicien allemand Heinrich Ulhorn. Dans le principe, elle était exclusivement destinée à la fabrication des monnaies; mais on n'a pas tardé à lui trouver d'autres applications. Voyez ESTAMPAGE et MONNAYAGE.

VI. *Presses lithographiques.* Elles sont manuelles ou mécaniques. — Les Presses manuelles ou *Presses à bras* sont naturellement les plus anciennes. La plus communément employée est la *Presse à moulinet* et à râteau tournant, inventée, en 1805, par M. Mitterer, professeur de dessin à Munich. Elle a reçu deux perfectionnements importants, qui sont tous les deux d'origine française et datent de 1826. L'un, dû au mécanicien Cloué, de Paris, a eu pour objet de remplacer le moulinet par deux roues d'engrenages qui sont mises en mouvement au moyen d'une manivelle. Par l'autre, qui appartient à MM. François jeune et Benoît, de Troyes, un rouleau de pression de carton ou de fonte a été substitué au râteau. Entre autres avantages, cette dernière disposition a celui de donner le moyen d'imprimer en marchant en arrière comme en avant, ce qui évite les pertes de temps occasionnées par le recul du chariot. — La première *Presse mécanique* a été proposée, en 1814, par M. Marcel de Serres, mais la première qui ait pu être utilement employée est celle que M. Lachevardière

fit breveter en 1832. Depuis cette époque, un grand nombre d'appareils du même genre ont été inventés dans presque toutes les parties de l'Europe, surtout en France, en Angleterre et en Allemagne, et leur introduction dans les ateliers a puissamment contribué à étendre les applications de la Lithographie. Parmi les hommes de mérite auxquels notre pays est le plus redevable de ce progrès, il suffira de citer MM. Perrot de Rouen (1840), Paul Dupont, de Paris (1849), et Huguet et Vaté, aussi de Paris (1853), dont les presses ont été adoptées par les meilleurs établissements. M. Paul Dupont est encore le premier qui ait appliqué la vapeur aux Presses mécaniques lithographiques.

VII. *Presses typographiques.* Comme les précédentes, elles forment deux classes distinctes, celle des *Presses à bras* et celle des *Presses mécaniques.*— La plus ancienne *Presse à bras* a été inventée par Guttemberg, à Strasbourg, entre les années 1436 et 1445. Dans le principe, c'était une machine très-grossière et presque tout en bois, qui présentait, quant à ses dispositions principales, la plus grande analogie avec le pressoir à vis verticale usité, dès les temps les plus anciens, pour la fabrication du vin et de l'huile. Elle reçut peu à peu une foule de perfectionnements de détail dont on ne connaît ni la date, ni les auteurs. Les *Presses en fer,* c'est-à-dire ayant leur bâti, leur platine et leur table entièrement en fonte, sont d'origine anglaise. La première fut établie, en 1795, par lord Charles Stanhope, qui lui donna son nom. Les excellentes qualités de cette Presse la firent adopter aussitôt par les meilleurs imprimeurs de l'Angleterre, dont l'exemple ne tarda pas à être suivi par ceux des États-Unis et du continent de l'Europe. Néanmoins, elle ne parut en France qu'en 1818, époque à laquelle les frères Didot l'introduisirent dans leurs ateliers. La Presse Stanhope est l'origine de toutes les Presses manuelles qui existent aujourd'hui et qui sont généralement distinguées par le nom de leurs constructeurs. Il suffira de citer, parmi ceux qui ont le plus contribué à les répandre dans notre pays, les mécaniciens parisiens Frapié, Giroudot, Gaveaux, Thonnelier, Terzuolo, Dutartre et Lenormant.— Comparées à la Presse de Guttemberg, les Presses en fer constituent un progrès très-remarquable, mais elles fonctionnent avec une trop grande lenteur pour les publications périodiques, dont le tirage demande une très-grande rapidité. C'est pour répondre à ce besoin que l'on a inventé les *Presses mécaniques* ou *Machines à imprimer*. Imaginée, en 1790, par le journaliste américain William Nicholson, la première machine de ce genre n'eut aucun succès pratique ; elle ne servit qu'à ouvrir les idées de ceux qui faisaient des recherches dans la même voie. Le problème ne fut même résolu qu'en 1814 par l'horloger saxon Frédéric Kœnig, alors établi à Londres, à la suite d'essais commencés en 1793, suivant les uns, seulement en 1804, suivant les autres, et continués avec une infatigable persévérance, grâce au concours du mécanicien allemand Bauer, qui l'aida de ses connaissances technologiques, et de celui de MM. Bensley et Taylor, celui-ci éditeur, celui-là imprimeur du journal *le Times*, qui lui fournirent les fonds nécessaires. La première Presse de Kœnig fut installée dans les ateliers de ce journal, et y fut employée, pour la première fois, le 28 novembre 1814. Cependant, comme toutes les choses qui commencent, elle offrait encore des imperfections très-considérables, que les mécaniciens anglais, bientôt imités par ceux des États-Unis et de l'Europe continentale, entreprirent aussitôt de faire disparaître. Alors parurent les Presses d'Auguste Applegath et d'Edward Cowper, son associé, qui, brevetées en France et en Angleterre, dans le courant de 1818, ne marchèrent convenablement qu'en 1823, et furent bientôt suivies de celles des mécaniciens Church, Edward Cartwright, Roch, Taylor, John Smith, et d'une foule d'autres. Les premières tentatives faites dans la même direction par des mécaniciens français paraissent dater de 1819 et appartenir à M. Durand, de Paris ; elles furent renouvelées, en 1821, par l'horloger Selligue, alors établi à Genève ; en 1822, par M. Pinard, de Bordeaux, etc., mais elles n'obtinrent qu'un succès douteux, plusieurs même ne furent pas continuées, et ce ne fut qu'après 1830 que la Typographie nationale put trouver chez nos constructeurs les machines qu'elle avait été jusqu'alors obligée de

tirer d'Angleterre. Parmi ceux qui contribuèrent le plus à ce résultat, les mécaniciens parisiens Gaultier-Laguionie, Tissier, Gaveaux, Normant, Giroudot, Dutartre et Rousselet occupent le premier rang.

PROBABILITÉS (*Calcul des*). — Méthode de calcul qui sert à déterminer la probabilité de l'occurrence d'un événement quelconque. Le Calcul des probabilités est né vers le milieu du XVII° siècle, époque à laquelle Pascal s'en servit, le premier, pour résoudre la question de jeu dite *problème des partis*, dont Fermat donna peu après une solution plus générale. Après ces deux illustres savants, Huyghens, Montmort, Jacques Bernouilli et Abraham Moivre firent une étude particulière de cette nouvelle branche de l'analyse, et en étendirent considérablement les limites. Dès ce moment, le Calcul des probabilités fut appliqué à divers problèmes d'un tout autre intérêt que celui des jeux de hasard. On y eut notamment recours pour trouver la solution de plusieurs questions de statistique et d'administration, telles que les lois de la mortalité, les rentes viagères, les assurances sur la vie, les assurances maritimes, les assurances en cas d'incendie, etc. On en fit également l'application aux sciences physiques naturelles, particulièrement à la physique générale et à l'astronomie.

PROJECTION. — La construction des cartes géographiques offre des difficultés qui ont toujours vivement préoccupé les astronomes. Les plus anciennes, dites *cartes plates*, étaient projetées grossièrement, et, par suite, fourmillaient d'inexactitudes : leurs méridiens étaient des lignes droites, parallèles et égales entre elles, et leurs degrés de longitude étaient égaux entre eux. Les cartes modernes n'ont pas ce défaut. Celles qui donnent en entier les deux hémisphères, c'est-à-dire les mappemondes, s'obtiennent au moyen d'une des Projections appelées orthographique, stéréographique et homalographique. Quant aux cartes particulières, on les construit le plus souvent à l'aide de développements. La *Projection orthographique* est la plus ancienne de toutes : elle paraît due à l'astronome grec Apollonius, qui vivait 200 ans avant J.-C. Ce système représente en vraie grandeur les régions centrales ; mais plus on se rapproche des bords de la carte, plus les contours sont déformés. La *Projection stéréographique* a été créée par Hipparque, de Nicée, au IIᵉ siècle avant notre ère : elle donne une véritable perspective de l'hémisphère que l'on veut représenter, mais les diverses figures tracées sur le globe ne sont pas réduites dans le même rapport ; sur les bords de la carte, il n'y a pour ainsi dire pas de réduction, tandis que, vers le centre, toutes les lignes sont réduites à la moitié, et toutes les surfaces au quart. La *Projection homalographique* a été imaginée, en 1853 ou 1854, par l'astronome français Babinet : c'est la meilleure des trois, car elle reproduit fidèlement l'étendue de toutes les parties du globe sans altérer leurs dimensions relatives. Dans ce système, des portions égales de la carte représentent des portions égales du globe, et l'on a sous les yeux un tableau véritable qui rectifie les idées que donnent, sur l'étendue comparative des divers pays, les mappemondes ordinaires aux personnes qui n'ont pas suffisamment réfléchi sur ces questions.

PROMPT-COPISTE. — Procédé inventé, en 1841, par M. Lanet, de Bordeaux, pour multiplier les écritures. Après avoir écrit sur une feuille de papier ordinaire avec une encre mucilagineuse, on transporte, par une légère pression, l'écriture sur une toile cirée, après quoi on répand sur cette dernière une poudre renfermant les éléments d'une encre hygrométrique qui ne se fixent que sur les parties où les caractères se sont déposés. Il ne reste plus alors qu'à mouiller une feuille de papier, et à l'appliquer sur cette toile. On obtient avec la même toile deux copies nettes et lisibles de l'original, et chacune d'elles peut servir pour préparer une nouvelle toile.

PROMPT-CUBATEUR. — Instrument au moyen duquel on peut connaître, en très-peu de temps, la circonférence d'un arbre en grume sur pied, à 1 mètre 30 centim. du sol, et obtenir immédiatement, sur cette seule indication, la circonférence moyenne et le cubage de la pièce. Le Prompt-cubateur a été inventé, en 1847, par MM. Dulac et Gillet, employés aux forêts du domaine. On le considère comme le plus parfait des instruments du même genre.

PRONOSTIQUEUR DES TEMPÊTES. — On sait que les sangsues ont l'habitude d'annoncer, par des pronostics infaillibles, l'approche d'une tempête. Alors elles sortent de leur état d'engourdissement, s'agitent d'autant plus que la tempête sera plus violente, et cherchent à s'échapper du vase qui les renferme. Vers 1850, le docteur anglais Merryweather a tiré parti de ce fait pour construire un ingénieux instrument auquel on a donné le nom de *Pronostiqueur des tempêtes.* Cet instrument consiste en une table sur laquelle sont disposées plusieurs bouteilles remplies d'eau aux deux tiers, et contenant chacune une sangsue. Un tube de verre ou de métal verni plonge dans le liquide et communique à l'extérieur par le goulot. Ce tube est obstrué en partie par une petite tringle en baleine qui, à son tour, est articulée à un fil communiquant au battant d'une sonnette. La sangsue, inquiétée par l'état électrique de l'atmosphère, suit son instinct et monte dans le tube : elle déplace la baleine, et le bruit de la sonnette fait ainsi connaître l'état atmosphérique.

PROPULSEURS. — Après la *Voile* et l'*Aviron*, qui remontent à l'origine même de la Navigation, les *Roues à palettes* sont probablement le plus ancien propulseur que l'on ait employé. Pendant la première guerre punique, une armée romaine fut, dit-on, transportée en Sicile sur des radeaux qui marchaient au moyen de roues de ce genre mises en mouvement par des bœufs. Dans son ouvrage, intitulé *De re militari*, qui parut en 1472, Robert Valturio décrit plusieurs bâtiments munis de roues à palettes. Proposé, en 1693, par le français Duquet, le même système de propulsion fut expérimenté à Londres, vers la même époque, par le prince Robert, en présence du marquis de Worcester, du capitaine Savery et de Denis Papin. Le navire qui servit aux expériences portait un manège mû par des chevaux, et c'est, dit-on, la manière dont il se comporta qui donna à notre illustre compatriote l'idée de son Bateau à vapeur. Le système de propulsion à l'aide des Roues à palettes et des chevaux fut proposé de nouveau, en 1732, par le prince Maurice de Saxe, alors maréchal de France. Enfin, quelques années plus tard, le comte Battyangi fit marcher sur le Danube, à Vienne, un bateau dont les roues à palettes étaient mues par des hommes qui marchaient dans une espèce de tambour installé au centre de l'embarcation. La première idée de l'emploi de l'*Hélice*, qui a révolutionné de nos jours la marine à vapeur, date de l'année 1693 : elle est due à Duquet, le même mécanicien dont il vient d'être question. Vers la même époque, le physicien anglais Robert Hooke proposa de faire marcher les navires au moyen d'espèces d'ailes enfoncées sous l'eau et mises en mouvement par des moulins à vent horizontaux. Au milieu du siècle suivant, Daniel Bernouilli imagina le système qui porte son nom, et qui consiste à refouler à l'arrière des masses d'eau prises à l'avant, de manière à faire avancer le navire par la réaction résultant du refoulement du liquide sous la quille. Peu de temps après, en 1759, un prêtre suisse, appelé Genevois, inventa le Propulseur que l'on désigne communément sous le nom d'*Appareil palmipède*, appareil consistant en une sorte de jambe articulée qui, comme le pied des oiseaux aquatiques, s'ouvre en s'appuyant sur l'eau pour imprimer un mouvement de progression en avant, et se referme quand ce mouvement est produit. Depuis la création de la marine à vapeur, le besoin de remédier à divers inconvénients que présentent les Roues à aubes a fait inventer une multitude de nouveaux propulseurs destinés à les remplacer. Les uns, renouvelant le système de Bernouilli, ont construit ce qu'ils ont appelé des *Bateaux sans roues*. Les autres ont fait revivre l'appareil palmipède. Quelques-uns ont conservé les roues, mais en les plaçant horizontalement dans la cale, partie en dehors et partie en dedans. D'autres, enfin, ont proposé de faire mouvoir les bateaux par l'explosion d'un mélange d'air et d'hydrogène renfermé dans un tuyau fixé à l'arrière et sous l'eau. L'emploi de l'Hélice a fait disparaître les défauts les plus importants reprochés autrefois aux Bateaux à vapeur, mais cette circonstance n'a pas découragé les inventeurs. Toutefois, si l'on en juge par les modèles envoyés à l'Exposition universelle de 1862, les nouveaux appareils n'offrent guère que des idées bizarres. Du reste, jusqu'à présent, les Roues à aubes et l'Hélice sont les seuls agents propulseurs dont l'expérience ait mis hors de doute les avantages. Voyez BATEAU A VAPEUR, HÉLICE et TURBINELLE.

PRUNIER. — Quelques Pruniers sauvages sont indigènes à l'Europe. Il est même possible qu'il en soit de même de plusieurs espèces de Prunier cultivé, mais il est certain que la plupart de ces dernières sont originaires de l'Orient, car Pline rapporte qu'il n'en existait point en Italie avant Caton l'Ancien. C'est du temps de ce personnage que le Prunier de Damas paraît avoir été introduit dans cette partie de notre continent.

PRUSSIQUE (*Acide*). — Cet acide a été découvert, en 1780, par le chimiste suédois Scheele, qui le retira du bleu de Prusse, d'où son nom. Sa composition fut ignorée jusqu'en 1787, époque à laquelle Berthollet y reconnut la présence du carbone, de l'azote et de l'hydrogène. Enfin, en 1815, Gay-Lussac constata qu'il est le résultat d'une combinaison en proportions définies d'hydrogène et de cyanogène. Le nom de cet acide fut alors changé en celui d'*Acide hydrocyanique*, qu'on a remplacé depuis par celui d'*Acide cyanhydrique*. L'Acide prussique existe dans plusieurs organes des plantes, notamment dans les feuilles du laurier-cerise et du pêcher, ainsi que dans les amandes amères de l'amandier, du pêcher, de l'abricotier, du prunellier, du cerisier et des autres arbres à noyau. C'est un des poisons les plus violents que l'on connaisse. On vient de voir qu'il a été découvert en 1780. Toutefois, plusieurs écrivains pensent qu'il n'était pas inconnu des prêtres de l'ancienne Égypte, lesquels, suivant le chimiste Hœfer, le préparaient en distillant les fleurs et les amandes du pêcher et s'en servaient pour faire périr les initiés qui avaient trahi les secrets de l'art sacré. Le même savant pense que les *eaux amères*, dont il est question dans les Livres saints, étaient également une préparation contenant de l'Acide prussique.

PSEUDOSCOPE. — Instrument d'optique inventé, vers 1840, par le physicien anglais Wheatstone, et au moyen duquel les objets en relief paraissent en creux, et les objets en creux se présentent en relief. Il produit donc l'effet opposé du Stéréoscope.

PUGILAT. — Le *Pugilat* ou combat à coups de poing était un des exercices en usage dans le gymnase des anciens. Il fut introduit aux Jeux olympiques 688 ans avant notre ère. La *Boxe* anglaise est un reste de cet amusement de sauvages.

PUITS. — Deux méthodes sont employées pour construire les Puits. La plus usitée consiste à creuser le sol jusqu'à la profondeur voulue, après quoi on élève le revêtement destiné à soutenir les terres. Dans la seconde, on creuse le sol et on établit en même temps le revêtement. A cet effet, quand on a fait une excavation d'un mètre à un mètre et demi de profondeur, on pose un rouet au fond et on y élève les premières assises. Cela fait, on travaille la terre par-dessous le rouet, de manière à faire descendre la maçonnerie par son propre poids. C'est en appliquant ce dernier procédé sur une grande échelle, que l'on a créé le système des Fondations tubulaires dont l'emploi est aujourd'hui si répandu. Voyez FONDATIONS TUBULAIRES.

PUITS ARTÉSIENS. — Les *Puits forés* ont été ainsi appelés parce que les premiers que l'on ait connus en France se trouvent dans l'ancienne province d'Artois. L'art de les établir est beaucoup plus ancien qu'on ne le croit généralement. Il est, en effet, reconnu qu'il a existé, dès une époque immémoriale, dans plusieurs parties de l'Asie, notamment en Chine, en Perse et en Syrie, ainsi que dans toute l'Afrique septentrionale. Toutefois, les Puits des Oasis égyptiennes sont les seuls sur lesquels nous possédons des renseignements précis. Le plus ancien auteur qui en parle est Diodore, évêque de Tarse, mort vers l'an 390 de notre ère. Olympiodore, qui vivait au ve siècle, et qui, de plus, était né et avait été élevé dans la Grande-Oasis elle-même, nous apprend qu'ils avaient souvent une profondeur de 230 mètres, et qu'ils rejetaient quelquefois des débris de poissons et même des poissons entiers. L'existence des Puits de cette oasis est donc ainsi hors de doute à partir du ive siècle de notre ère, mais, comme cette partie de l'Égypte a été renommée, dès la plus haute antiquité, pour la richesse de sa végétation, on peut regarder comme prouvé que l'usage de ces Puits y date de l'époque où les historiens ont commencé à parler de sa fertilité, ce qui le ferait remonter au moins à quatre cents ans avant Jésus-Christ. Du reste, comme toutes les terres semblables qui l'avoisinent, la Grande-Oasis ne doit encore aujourd'hui sa verdure qu'aux Puits artésiens dont elle est criblée. Les Romains, ayant longtemps possédé l'Égypte, durent nécessairement y apprendre l'art d'établir les Puits forés, et tout porte à croire, quoique leurs écrivains n'en disent rien, qu'ils l'appliquèrent dans celles de leurs autres provinces où ils le jugèrent utile. Une opinion assez répandue veut même qu'ils l'aient importé dans le Sahara algérien, mais le fait est très-douteux, car, à leur arrivée dans ce pays, ils y trouvèrent des oasis verdoyantes qui ne devaient évidemment leur végétation qu'aux sources jaillissantes, et ils se bornèrent probablement à imiter les indigènes, sauf à exécuter les travaux avec le soin qu'ils apportaient à tout ce qui avait un caractère d'utilité publique. Du reste, la pratique des Puits artésiens n'a jamais disparu de l'Afrique du Nord. Les plus anciens Puits forés que possède l'Europe se trouvent en Italie, où ils datent vraisemblablement de l'époque romaine. En France, le premier dont parlent les textes est celui qui fut creusé, en 1126, dans un couvent de Chartreux, à Lilliers, dans le département actuel du Pas-de-Calais, mais il dut s'en établir beaucoup d'autres pendant les années qui suivirent, en raison des conditions particulières que présente le terrain de cette partie de notre territoire. Toutefois, ce n'est qu'à partir de 1815 que l'on a compris l'utilité agricole et industrielle des Puits forés, et que des ingénieurs se sont spécialement appliqués à leur construction. Le point de départ de ce progrès a été, chez nous et peut-être aussi dans toute l'Europe, un prix proposé, en 1818, par la Société d'encouragement, et qui fut décerné, en 1821, à M. Garnier, ingénieur en chef des mines. Depuis cette époque, l'art de forer les Puits artésiens n'a cessé de se perfectionner. Il est redevable de presque toutes les améliorations qu'il a reçues à nos compatriotes Eugène Flachat, Mulot et Degousée, et au sondeur saxon Kind, qui, entre autres choses, ont créé l'admirable outillage dont on se sert dans tous les pays. Il est bon de noter en passant que Bernard Palissy est le premier auteur moderne qui parle du forage des Puits artésiens (1580); encore même ne donne-t-il pas le procédé comme étant appliqué de son temps, mais simplement comme pouvant l'être. Aujourd'hui, on n'établit pas seulement les Puits de ce genre pour obtenir de l'eau propre aux usages domestiques. On les recherche aussi comme moteurs, même dans les pays où les cours d'eau ne sont pas rares, parce que leur température constante et élevée permet de les employer au service des usines, soit directement quand ils donnent une masse de liquide assez considérable, soit indirectement comme moyen de fondre les glaçons qui arrêtent le mouvement des roues hydrauliques. On s'en sert encore pour établir des cressonnières artificielles, et même pour opérer le chauffage des habitations.

PULVÉRISATION DE L'EAU. — Procédé d'administration des eaux minérales introduit, en 1859, par le docteur Sales-Girons dans le traitement des affections des voies respiratoires. Il consiste à comprimer fortement les eaux dans un appareil particulier, d'où elles s'échappent sous la forme d'une poussière très-ténue. Le docteur Sales-Girons pense que les eaux absorbées de cette manière par l'appareil respiratoire agissent avec plus d'efficacité qu'introduites par la voie de l'appareil digestif, mais l'expérience n'a pas encore suffisamment prononcé ce sujet.

PUPITRES. — De singulières inventions ont été faites autrefois pour faciliter le maniement des livres. Ainsi, en décrivant une des premières bibliothèques formées, aussitôt après l'invention de l'Imprimerie, par la famille des Percy, l'historien Leland rapporte ce qui suit : « Il y avait, dit-il, huit côtés et huit pupitres égaux suspendus au plafond, qui descendaient au moyen d'un ressort pour supporter le livre que l'on voulait lire. Voilà, ajoute le bonhomme, une bien délicieuse invention. »

PURPURINE. — Substance vitreuse d'un rouge un peu violacé dont les verriers vénitiens faisaient autrefois un grand usage. On croit généralement que le secret de sa composition est perdu. Toutefois, plusieurs auteurs pensent que c'était un verre coloré par le protoxyde de cuivre ou par de l'or employé à l'état de pourpre de Cassius. Les Allemands, qui soutiennent cette opinion, prétendent même que la Purpurine fut retrouvée, en 1679, par le chimiste Kunckel. Ils assurent, en outre, que la fabrication de cette substance fut reprise entre les années 1820 et 1830, par le comte de Bucquoy, un des principaux verriers de la Bohême. Quoi qu'il en soit, cette tentative n'a pas été renouvelée depuis, du moins avec quelque suite. — On donne aussi le nom de *Purpurine* ou de *Pourpre d'aniline* à une matière colorante violette que l'on retire de l'Aniline.

PYRAMIDES. — Plusieurs peuples anciens ont construit des *Pyramides*, mais les plus célèbres sont celles de l'Égypte. Il existe encore, dans ce pays, 39 monuments de ce genre, dont 33 se trouvent dans l'Heptanomide, au sud du Delta. Les plus colossales sont les trois qui se voient près du village de Ghizeh, sur la rive gauche du Nil, à 12 kilomètres environ de ce fleuve, et à 15 au sud-est du Caire. Les anciens les mettaient au nombre des Merveilles du monde, et les modernes leur ont donné le nom de *grandes Pyramides* à cause de leurs énormes dimensions. Quoiqu'elles aient été beaucoup dégradées par la main des hommes et par l'action du temps, elles présentent encore les proportions suivantes : 1° *Pyramide de Chéops*, la plus considérable de toutes ; hauteur verticale, 137 mètres 30 centimètres (primitivement, 146 mètres) ; longueur de chaque côté à la base, 227 mètres 37 centimètres (primitivement, 232 mètres 85 centimètres) ; 2° *Pyramide de Chéphren*, hauteur verticale, 136 mètres 31 centimètres (primitivement 138 mètres 45 centimètres), longueur de chaque côté, 207 mètres 48 centimètres (primitivement, 215 mètres 71 centimètres) ; 3° *Pyramide de Mycérinus*, hauteur verticale, 61 mètres 87 centimètres (primitivement, 66 mètres 44 centimètres) ; largeur de chaque côté, 108 mètres 04 centimètres (primitivement, 117 mètres 15 centimètres). On a calculé que les matériaux des trois Pyramides suffiraient pour élever un mur de 3 mètres de hauteur, 33 centimètres d'épaisseur et 469 myriamètres de longueur, c'est-à-dire qui serait suffisant pour traverser toute l'Afrique, depuis

Alexandrie jusqu'à la côte de Guinée. On a émis les opinions les plus singulières sur la destination de ces monuments. Ainsi, on a prétendu qu'ils avaient été élevés pour asservir le peuple en l'accablant de travaux, ou pour arrêter les sables du désert, ou pour tenir lieu de greniers d'approvisionnement, ou pour servir de phare au moyen de feux allumés sur leur sommet, etc. ; mais toutes les explorations des modernes ont démontré qu'ils étaient simplement des tombeaux, et que telle était aussi l'unique destination des autres Pyramides égyptiennes.

PYRAMIDE MARITIME. — Voyez BALISE.

PYRÉOLOPHORE. — Machine inventée, en 1806, par les frères Joseph-Nicéphore et Claude Niepce, et dans laquelle l'air brusquement dilaté devait produire les effets de la vapeur. On obtenait la dilatation de l'air en lançant successivement dans un cylindre à piston, avec un soufflet, soit du lycopode, soit un mélange de houille et de résine pulvérisées, qui prenaient feu en passant devant une lampe. Le Pyréolophore était fondé sur le même principe que la Machine à air chaud construite de nos jours par l'ingénieur américain Ériccson. Il eut un grand succès de curiosité, mais on ne le jugea pas susceptible d'une application industrielle.

PYROLIGNEUX. — Au XVIIᵉ siècle, le chimiste anglais Robert Boyle remarqua le premier qu'il se produit un acide dans la distillation du bois, et il l'appela *Vinaigre radical du bois.* Plus tard, le chimiste hollandais Boerhaave lui donna le nom d'*Esprit acide du bois.* Enfin, à une époque plus rapprochée de nous, l'usage s'est introduit de l'appeler *Acide pyroligneux* ou *Vinaigre de bois.* Philippe Lebon est le premier qui ait songé à distiller le bois en grand. Le procédé qu'il imagina à cet effet en 1785 est encore très-répandu aujourd'hui en France et en Allemagne, mais il a été successivement amélioré, d'abord, par les frères Mollerat, puis, par Kurtz et Lhomond. Enfin, ce sont les chimistes Fourcroy et Vauquelin qui, les premiers, ont démontré que l'acide Pyroligneux, après sa purification, est identique avec l'Acide acétique extrait du vinaigre. Cet acide sert pour faire des acétates, c'est-à-dire ce qu'on appelle vulgairement des *Pyrolignites.* On l'emploie aussi, quand il est pur, pour la fabrication de vinaigres de table : dans ce cas, on l'étend d'eau et on l'aromatise. — L'*Éther pyroligneux*, appelé aussi *Esprit pyroxylique*, *Esprit de bois* et *Alcool de bois*, a été découvert, en 1812, par M. Philips Taylor, dans les produits volatils de la distillation du bois. MM. Dumas et Péligot ont montré, de nos jours, qu'il a tous les caractères de l'Alcool du vin. Aussi, dans certaines industries, l'emploie-t-on souvent à la place de ce dernier.

PYROMÈTRES. — Instruments destinés à mesurer les températures très-élevées pour lesquelles on ne pourrait employer le thermomètre à mercure, parce que le liquide se volatiliserait et le verre lui-même se fondrait. Leur construction repose sur la dilatation de quelque corps solide, susceptible de supporter une très-haute température. Le premier Pyromètre connu a été inventé, au XVIIᵉ siècle, par le physicien hollandais Musschenbroek, et successivement perfectionné par le physicien anglais Désaguliers et par un de nos compatriotes, l'abbé Nollet, mais il est abandonné depuis longtemps à cause de sa trop grande complication. Celui qu'on emploie le plus généralement aujourd'hui a été imaginé au dernier siècle par le célèbre potier anglais Josiah Wedgwood, dont il porte le nom : il est fondé sur le retrait qu'éprouve l'argile par la calcination. On lui reproche de ne pas donner des indications d'une exactitude rigoureuse. Néanmoins, malgré ce défaut, on en a toujours conservé l'usage, les autres appareils analogues qu'on a proposés n'ayant pas paru assez avantageux pour mériter de lui être substitués. Parmi ces derniers, il suffira de citer le Pyromètre de Guyton de Morveau, qui date de 1802, et dont la construction est basée sur la presque infusibilité du platine.

PYRONOME. — Composition explosive pour les mines, qui a été inventée, en 1859, par l'ingénieur belge Reynaud de Trest. C'est un mélange de nitrate de soude, de résidu de tan et de soufre pilé. A volume égal, elle produit le même effet que la poudre et coûte beaucoup moins cher ; mais ce qui paraît surtout en recommander l'usage, c'est que, mouillée et séchée de nouveau, elle n'a perdu aucune de ses propriétés primitives et peut être employée comme après sa préparation première.

PYROPHORE. — Ce mot, qui veut dire « porte-lumière », sert à désigner des substances qui s'embrasent spontanément au contact de l'air. Le fer, le nickel et le cobalt réduits par l'hydrogène à une très-haute température, jouissent de cette propriété remarquable : on les appelle génériquement *Pyrophore de Magnus*, du nom du savant qui la leur a reconnue. L'alun calciné avec du charbon est également pyrophorique. On le désigne ordinairement sous le nom de *Pyrophore de Homberg*, parce que c'est ce chimiste qui l'a obtenu le premier. Voyez ÉTRIER.

PYROSCAPHE. — Voyez BATEAU A VAPEUR.

PYROSTÉNÉOTYPIE. — Procédé d'impression typographique de la musique, dont l'invention, qui date de 1861, est due à l'administration de l'Imprimerie impériale de Paris. On grave en creux sur bois avec la machine à brûler usitée dans l'indiennerie, après quoi, en versant du métal en fusion dans ce moule matrice, on obtient des planches solides fondues d'un seul jet, au moyen desquelles on effectue le tirage à la presse typographique. La Pyrostéréotypie peut également servir pour l'impression de toutes les figures au trait, à lignes courbes ou diagonales, si difficiles à exécuter avec les matériaux ordinaires dont dispose l'Imprimerie, ou si coûteux à graver.

PYROTECHNIE. — L'art de faire les feux d'artifice paraît avoir été cultivé de très-bonne heure en Chine et dans l'Inde. Aujourd'hui même, il est encore très-avancé dans le premier des deux pays. En ce qui concerne l'Europe, les connaissances pyrotechniques ont été très-bornées jusqu'à l'introduction de la Poudre à canon. Avant cette époque, les artificiers européens ne savaient préparer que des mélanges incendiaires pour l'usage des armées. La Pyrotechnie moderne doit tous ses progrès aux grandes découvertes opérées par les chimistes, depuis le XVIIe siècle. Elle forme deux branches distinctes : la *Pyrotechnie civile*, qui exécute les pièces destinées à être brûlées sur les théâtres et dans les fêtes publiques ; et la *Pyrotechnie militaire*, qui fabrique les artifices employés à la guerre pour incendier, éclairer, faire des signaux, etc. Voyez FEU GRÉGEOIS et FUSÉE DE GUERRE.

PYROXYLE. — Voyez FULMI-COTON.

Q

QUADRATRICE. — Sous ce nom, les géomètres désignent diverses courbes transcendantes au moyen desquelles on peut déterminer mécaniquement la quadrature d'une surface curviligne. La plus célèbre est la *Quadratrice de Dinostrate*, qui a été découverte, vers l'an 360 avant notre ère, par le géomètre grec Dinostrate, un des principaux disciples de Platon.

QUADRATURE. — Réduction d'une figure curviligne à une figure carrée de surface égale. — Le problème de la *Quadrature du cercle* a été l'écueil de tous les géomètres anciens et modernes, parce que sa solution est véritablement impossible. Il existe cependant encore bon nombre de personnes qui se flattent de l'espoir chimérique de pouvoir le résoudre, ou qui croient même y être parvenues. C'est pour se débarrasser de ces prétendus inventeurs que l'Académie des Sciences de Paris décida, en 1775, qu'elle n'examinerait plus à l'avenir les communications qui lui seraient faites à ce sujet. Le même parti fut pris, en 1776 ou 1777, par la Société royale de Londres. On doit à Archimède de Syracuse la détermination du rapport si connu de 7 à 22, qui sert aujourd'hui pour la solution de la plupart des problèmes de la vie ordinaire. Dans les temps modernes, on a porté jusqu'à 150 le nombre des décimales exactes de ce rapport. — La *Quadrature de la parabole* a été également trouvée par Archimède ; celle des *lunules*, par Hippocrate, de Chio (429 avant Jésus-Christ) ; et celle de l'*hyperbole*, par Mercator (XVIIe siècle). On n'a pas encore découvert la *Quadrature de la cycloïde*, mais Wren, Huyghens, Leibnitz, Jacques Bernouilli, etc., ont réussi à en quarrer quelques segments.

QUART DE CERCLE. — Instrument de mathématiques qui sert à mesurer la hauteur des astres au-dessus de l'horizon. Son nom vient de ce qu'il se compose d'un arc de cercle gradué égal au quart de la circonférence. Le *Quart de cercle* ou *Quadrant* existait déjà du temps de Ptolémée, qui l'employa pour déterminer l'obliquité de l'Écliptique. C'est en 1667 que Picard et Auzout, appliquant une idée émise, en 1634, par Simon Morin, ont, pour la première fois, remplacé par des Lunettes les alidades à pinnules de cet instrument. Le *Quart de cercle mural* est un Quart de cercle ordinaire solidement soutenu, dans le plan du méridien, par un axe horizontal fixé dans un mur massif, et c'est de cette disposition, imaginée par Tycho-Brahé, vers 1580, que vient son nom. Toutefois, le premier Mural qui ait été fait avec un grande précision, est celui que Graham construisit, en 1725, pour l'Observatoire de Greenwich : il fut remplacé, en 1750, par un autre de Bird, avec lequel Bradley fit ses célèbres observations.

QUARTIER ANGLAIS. — Instrument de mathématiques qui servait anciennement à prendre en mer la hauteur du soleil. On attribue son invention à l'anglais Davis, qui la fit, dit-on, vers 1700. Sa supériorité sur les instruments analogues, *Arbalète*, *Flèche*, *Radiomètre*, etc., usités auparavant, le fit substituer à ces derniers. Une raison analogue le fit ensuite abandonner pour l'*Octant*, le *Sextant* et le *Cercle*, qui sont seuls employés aujourd'hui.

QUARTIER DE RÉFLEXION.— Voyez OCTANT.

QUERCITRON.— Le *Quercitron* ou *Chêne jaune* est un grand arbre du genre Chêne, qui est indigène de l'Amérique du Nord. Il est surtout abondant dans les forêts de la Pensylvanie, de la Géorgie et des deux Carolines. On l'exploite pour son écorce qui fournit à l'art de la teinture une matière colorante analogue à celle de la Gaude. Les propriétés tinctoriales de cette écorce ont été signalées, pour la première fois, en 1775, par le chimiste anglais Bancroff, qui obtint du parlement un privilége d'exploitation pour un certain nombre d'années. Un peu

plus tard, le rouennais Bunel eut, en France, un privilége semblable dont la durée fut fixée à six ans. Depuis cette époque, l'emploi de cette substance est devenu général dans toutes les fabriques de tissus teints ou peints. Les chimistes de nos jours sont parvenus à isoler la matière colorante du Quercitron, et l'un d'eux, M. Bolley, lui a donné les noms de *Quercitrine* et d'*Acide quercitrique*. En traitant cette matière par l'acide sulfurique, M. Rigaud en a obtenu un nouveau principe colorant qu'il a nommé *Quercétin*, et qui donne aux tissus une couleur plus pure et plus vive. C'est un mélange de ces deux substances qui parait constituer la poudre, dite *Flavine*, dont l'usage est très-répandu en Angleterre et aux États-Unis, et qui a, dit-on, un pouvoir tinctorial seize fois plus grand que le Quercitron. Le Quercitron a été introduit en France, en 1818, par le botaniste François-André Michaux, que le gouvernement chargea d'en faire un très-grand semis dans le bois de Boulogne, près de Paris. Des semis semblables ont été exécutés, à partir de 1821, dans le département de la Seine-Inférieure. Ces essais paraissent avoir assez bien réussi, mais ils n'ont pas encore donné des résultats appréciables.

QUEUE. — Voyez PERRUQUE.

QUILLE. — M. Maskell, de Franklin, dans la Louisiane, a donné le nom de *Quille à coulisse* à une Quille mobile en fer qui, au moyen d'un mécanisme mis en mouvement à l'intérieur du navire, sort de la quille et y rentre dans une coulisse pratiquée à cet effet. Ce système, qui date de 1851, permet de faire naviguer en haute mer des bâtiments qui, pour pénétrer dans les rivières, doivent avoir un faible tirant d'eau, mais l'expérience ne paraît pas en avoir encore bien démontré la valeur pratique.

QUINCONCE. — Plantation d'arbres disposés à distances égales sur deux ou plusieurs lignes parallèles, de manière qu'ils forment en tous sens des allées droites et parallèles. Cette disposition n'était pas inconnue des anciens, surtout des Romains. Elle a même été ainsi appelée parce que chaque arbre forme le sommet d'un triangle ou d'une figure représentant la majuscule V, qui, dans la langue de ces derniers, exprime le nombre cinq (*quinque*).

QUINIDINE. — Alcaloïde découvert, en 1833, dans l'écorce de certains quinquinas, par les chimistes français Henry et Delondre. Il n'est pas employé.

QUININE. — C'est le plus important des alcaloïdes du Quinquina. La *Quinine* a été découverte, en 1820, par les chimistes français Pelletier et Caventou. A l'état pur, elle n'est pas employée en médecine, mais un de ses sels, le sulfate, que l'on confond souvent avec elle, est le spécifique de toutes les maladies périodiques à courtes périodes, surtout des fièvres intermittentes. La consommation de ce sel est si considérable qu'en France seulement elle s'élève à plus de 25,000 kilogrammes chaque année. Aussi, sa fabrication constitue-t-elle une industrie très-importante, qui a été monopolisée par notre pays jusqu'en 1830, époque à laquelle le gouvernement eut la singulière idée de frapper d'un impôt l'alcool nécessaire à ses opérations. Dès ce moment, l'étranger, principalement l'Angleterre, put nous faire une concurrence efficace. Aujourd'hui, les choses sont arrivées au point que nos usines fournissent à peine le quart de la production totale. D'un autre côté, depuis plusieurs années, le prix de la Quinine augmentant de plus en plus, par suite de l'épuisement des forêts de Quinquina, les chimistes se sont mis à l'œuvre pour chercher le moyen de fabriquer cette substance, ainsi que ses sels, sans recourir à l'écorce des Cinchonas, et il y a lieu d'espérer qu'ils réussiront à résoudre entièrement ce problème important.

QUINQUET. — Voyez LAMPE.

QUINQUINA. — Les Quinquinas sont des arbres de l'Amérique méridionale dont l'écorce constitue le plus précieux fébrifuge que l'on existe. L'histoire médicale de cette écorce est entourée de beaucoup d'obscurité. Ainsi, les uns prétendent qu'elle a été employée, de temps immémorial, dans les lieux de production, tandis que les autres assurent que ses propriétés n'ont été révélées aux Indiens que par les Européens. Quoi qu'il en soit, l'introduction du Quinquina en Europe date de la première moitié du XVIIᵉ siècle. On raconte à ce sujet qu'en 1638 ou 1640, la femme de Geronimo Fernandez de Cabrera, comte del Cinchon, alors vice-roi du Pérou, ayant été guérie

des fièvres intermittentes, grâce à l'emploi de cette substance, en fit passer une petite quantité en Espagne. De là, le nom de *Poudre de la comtesse* que l'on donna au Quinquina en poudre, forme sous laquelle cette écorce fut, pendant longtemps, exclusivement connue. De là aussi le mot de *Cinchona* que Linnée créa plus tard pour désigner génériquement les végétaux qui la fournissent. En 1649, le Quinquina n'existait encore qu'en Espagne, lorsque les Jésuites de Rome en reçurent, de leurs missions d'Amérique, un envoi considérable qu'ils distribuèrent à leurs confrères d'Italie, circonstance qui valut encore au Quinquina la dénomination de *Poudre des Pères* ou *Poudre des Jésuites*. Enfin, le cardinal de Lugo l'ayant apporté en France en 1650, on l'appela aussi *Poudre de Lugo*. Ces différentes appellations ont disparu depuis très-longtemps. Celle de Quinquina qui les a remplacées n'est autre chose qu'une altération du mot *kin-kin* par lequel les indigènes du Pérou désignaient autrefois et désignent encore les arbres à Quinquina. Dans le principe, le Quinquina ne fut administré que par un très-petit nombre de médecins, qui tenaient son origine secrète et le vendaient fort cher. Cette espèce de monopole ne cessa qu'en 1680, époque à laquelle Louis XIV acheta le prétendu secret à l'anglais sir Robert Talbot. Dès ce moment, l'usage du Quinquina devint rapidement populaire dans toute l'Europe. Néanmoins, on ignora encore pendant longtemps de quel végétal il provenait. Ce fut La Condamine qui donna les premières indications à ce sujet. En 1768, au retour d'un voyage au Pérou, il publia la description et la figure de l'arbre qui avait fourni l'écorce livrée à la comtesse del Cinchon, et qu'il avait trouvé sur une montagne des environs de Loxa. Depuis cette époque, l'histoire naturelle du Quinquina s'est enrichie d'une foule de faits nouveaux ; néanmoins, elle laisse encore beaucoup à désirer. Le Quinquina a été d'abord employé en nature, mais, depuis que l'on est parvenu à découvrir et à isoler ses principes actifs, on administre spécialement ces derniers dans la plupart des circonstances. Ces principes sont au nombre de trois principaux, la *Quinine*, la *Cinchonine* et la *Quinidine*, mais le premier est le plus, on peut même dire le seul usité. Voyez Qui-NINE.

QUINTESSENCE. — Les alchimistes donnaient ce nom, qui signifie *cinquième élément. (quinta essentia)*, à toutes les substances qui, suivant eux, jouaient un rôle dans la transmutation des métaux. Tel était, par exemple, le calomélas ou protochlorure de mercure dont une partie pouvait, selon Rupescissa, un des plus habiles, changer cent parties de mercure en argent ou en or. Aujourd'hui, on n'emploie plus le mot Quin-tessence qu'au figuré, pour désigner ce qu'il y a de meilleur dans une science ou un écrit.

QUIPOS. — Cordes de laine nouées de différentes manières dont les anciens Péruviens se servaient, soit pour calculer, soit pour se transmettre leurs pensées. Un usage analogue existait aussi chez les Indiens de l'Amérique du Nord. Boturini a également prétendu que les Mexicains employaient les Quipos, mais les autres historiens de ce peuple sont d'un avis contraire.

R

RABAT. — Dans le principe, le *Rabat* n'était autre chose que le col de la chemise rabattu sur la casaque. Plus tard, il devint une pièce de toile qui faisait le tour du cou et retombait sur la poitrine. Sous cette dernière forme, le Rabat fut porté, au XVIIᵉ siècle, par tous les hommes. Il a disparu, depuis longtemps, du costume civil, où il a été remplacé par la Cravate, mais il fait encore partie du costume officiel des magistrats, des professeurs et des avocats. Les ecclésiastiques ont également conservé le Rabat, mais en le modifiant.

RABDOLOGIE. — Procédé de calcul imaginé, au XVIIᵉ siècle, par le baron écossais Neper, et au moyen duquel on réduit la multiplication à une addition et la division à une soustraction, en se servant de petites baguettes ou bâtons sur lesquels les nombres simples sont écrits. Voyez BATONS DE NEPER.

RABOTER (*Machines à*). — Machines destinées au dressage des métaux. Elles paraissent avoir été imaginées dans les ateliers de James Watt et Bolton, à Soho, près de Birmingham, mais ce n'est guère que depuis une vingtaine d'années qu'elles sont devenues d'un usage général, dans les ateliers de construction, par suite de l'extension énorme que les Chemins de fer et les Ponts métalliques ont donnée au travail du fer.

RADEAU-DRAGUEUR. — Machine destinée à effectuer le nettoyage des cours d'eau. Il en existe plusieurs systèmes, mais le plus efficace paraît être celui de M. Antoine Thénard, ancien ingénieur en chef des ponts et chaussées à Bordeaux. Ce radeau se compose de plusieurs parties que l'on réunit sur place, et chacune d'elles porte des volets que le flot relève, et qui, se rabaissant au jusant, dirigent les eaux sur les parties à approfondir.

RADEAU-PLONGEUR. — Voyez REMORQUE.

RADEAU A VAPEUR. — Sorte de Batterie flottante cuirassée, proposée, en 1855, au gouvernement anglais, par le capitaine de marine Cowper Coles pour attaquer les forteresses russes de la mer Noire et de la Baltique. Elle différait des Batteries flottantes ordinaires par une innovation importante : c'est qu'elle avait le pont surmonté d'une coupole fixe en charpente recouverte d'une épaisse chemise de fer, et c'est dans cette coupole que se trouvaient les pièces. La proposition du capitaine Coles ne fut pas agréée. Cet officier la renouvela de nouveau en 1859, sans plus de succès. Dans l'intervalle, il avait beaucoup amélioré sa machine, d'un côté, en armant sa proue d'un énorme éperon, et, de l'autre, en rendant la coupole mobile sur son axe, afin de pouvoir changer instantanément la direction du tir. Voyez VAISSEAU CUIRASSÉ.

RAGE. — On ne connaît aucun exemple authentique d'hydrophobie développée spontanément chez l'homme. Cette maladie terrible lui est toujours communiquée par la morsure d'un animal. On ne possède encore aucun moyen de la guérir, mais on peut prévenir ses ravages en détruisant promptement, par la cautérisation, le virus rabique dans le lieu où il a été déposé. Quant aux spécifiques que certaines personnes prétendent posséder, ils n'ont jamais guéri que des individus bien portants.

RAIDISSEUR. — Voyez ÉCHALAS.

RAILWAY. — Mot d'origine anglaise qui signifie « chemin à barres ». On l'emploie comme synonyme de « chemin de fer ». Voyez CHEMIN DE FER.

RÂTEAU. — Le *Râteau à main* date vraisemblablement de l'origine même de l'Agriculture, mais le *Râteau mécanique* ne remonte guère au delà d'une centaine d'années. Ce dernier a été inventé en Angleterre, où, la nature du climat ne permettant pas de compter sur un beau temps durable, on est obligé de ramasser rapidement le foin aussitôt qu'il est sec. Les Râteaux mécaniques sont disposés pour être traînés, les uns par un homme, les autres par un cheval. Enfin, il en est qui servent, non-seulement à ramasser le foin après le fauchage, mais encore à rassembler les racines et les tiges des plantes traçantes. On cite, parmi les meilleurs, le Râteau à main et le Râteau à cheval des frères Howard, de Bedford, le Râteau à cheval de MM. Smith et Ashby, de Stamford, et le Râteau, également à cheval, de notre École impériale de Grignon. Mais, si grands que soient les services rendus par les Râteaux mécaniques, ces instruments ne peuvent pas toujours remplacer les Râteaux ordinaires ; ceux-ci sont même les seuls possibles dans certains cas. Aussi, plusieurs inventeurs se sont-ils ingéniés à les perfectionner. On sait que ceux de ces appareils qui sont en bois, se trouvent assez promptement hors de service, non pas tant parce que leurs dents s'usent que parce qu'elles se perdent. Dans ces dernières années, ce défaut a été détruit d'une manière très-simple par les frères Béroud, de Saint-Martin-du-Frêne (Ain). Les Râteaux de ces inventeurs sont disposés de manière à s'user entièrement sans jamais s'édenter.

RAYONNANT (*Style*). — Voyez OGIVE.

RÉACTION (*Roues à*). — Voyez ROUES HYDRAULIQUES.

RÉBUS. — On ignore à quelle époque ces espèces d'énigmes parlantes ont commencé, mais ce qu'on sait, c'est qu'elles ont toujours été condamnées par les hommes sérieux. Déjà, au xvie siècle, Rabelais les appelait des « homonymies tant ineptes, tant fades, tant rusticques et barbares, que l'on deburoyt attacher une queue de regnard au collet, et faire ung masque d'une bouze de vache à ung chascun d'yceulx qui en vouldroyent doresnavant user. » Quant à l'origine de leur nom, voici comment on l'explique. Autrefois, les bazochiens de Picardie faisaient, pendant le carnaval, des libelles, intitulés *De rebus quæ geruntur* (Sur les choses du temps), et qui renfermaient, sous une forme hiéroglyphique, la chronique scandaleuse de la ville. Du titre du livre, le nom de *rébus* serait ainsi passé au contenu. Ce qui paraît rendre cette étymologie vraisemblable, c'est que, au xve siècle et au suivant, les Rébus étaient généralement appelés *Rébus picards*.

RECEPER (*Machines à*). — Voyez PILOTIS.

RÉCLAMES. — Pour faciliter la mise en ordre des cahiers des manuscrits, les copistes de l'antiquité et du moyen âge écrivaient à la fin de chaque cahier le premier mot du cahier suivant : c'est aux mots ainsi disposés que l'on a donné le nom de *Réclames*. Le même usage fut adopté dès l'origine de l'Imprimerie. On attribue généralement l'introduction des Réclames dans les livres imprimés à Jean de Spire, imprimeur à Venise, qui s'en serait, dit-on, servi dans un *Tacite*, sans date, mais publié, à ce que l'on croit, en 1488 ou 1489. Toutefois, quelques écrivains en font honneur à Vendelin, frère de ce typographe, qui imprimait dans la même ville, en 1470. Enfin, l'abbé Rive assure que le premier exemple connu des Réclames se trouve dans le *Confessionale* de saint Antonin, publié à Bologne, en 1472, par un imprimeur inconnu que l'on croit être Balthazar Azoguidus. Quoi qu'il en soit, ce furent les Aldes qui généralisèrent l'emploi des Réclames, et l'on s'en est servi jusqu'à ces dernières années : on les a abandonnées parce qu'elles faisaient double emploi avec les Signatures.

REDINGOTE. — Vêtement d'origine anglaise dont l'introduction en France date de 1725. Comme son nom l'indique (*Riding coat*), c'était, dans le principe, une espèce de casaque pour aller à cheval. En conséquence, elle était très-longue afin de pouvoir envelopper les jambes, et elle était munie de deux à trois collets superposés pour garantir les épaules de la pluie. En multipliant ce dernier accessoire, on produisit plus tard les *Redingotes à trente-six collets*, qui étaient à la mode en 1803, et dont les *Carricks* furent bientôt une variété.

REDOWA. — Voyez DANSE.

REFENDRE (*Machines à*). — Elles ont été inventées en Angleterre, à la fin du dernier siècle, et introduites en France, en 1809, par l'ingénieur marseillais Degrand ; mais, malgré les travaux exécutés par divers constructeurs pour les améliorer, notamment par Lauzenberg (1827), Plummer (1838) et Duport (1840), elles n'ont donné de bons résultats et ne sont devenues industrielles qu'à partir de 1844, par suite de perfectionnements imaginés à cette époque par M. Émile Pecqueur, mécanicien à Paris. Les Machines à refendre sont également désignées sous le nom de *Machines à forer*. Elles ont d'abord été exclusivement destinées à diviser le cuir par le milieu de son épaisseur, de manière à l'ouvrir, sans le découper sur les côtés, afin de pouvoir en fabriquer des objets creux sans couture ni collage. Vers 1840, un des inventeurs qui précèdent, M. Duport, de Paris, proposa de les employer pour refendre le drap-feutre, et créa, à cet effet, un modèle qu'il envoya plus tard à l'exposition de 1844. Cette application nouvelle fut étendue presque aussitôt, par MM. Boas (1842), Macaigne (1842), Barbe-Proyart et Bosquet (1843), etc., aux châles, aux velours, et à tous les tissus brochés doubles, et donna lieu à l'invention de plusieurs appareils très-ingénieux, qui firent alors beaucoup de bruit, à cause de l'économie que leur emploi paraissait devoir procurer, mais dont on se servit très-peu parce que l'expérience ne leur fut pas favorable. Voyez CUIR et FEUTRE.

RÉFLECTEURS DIURNES. — A diverses époques, on a essayé d'éclairer les lieux obscurs au moyen de Réflecteurs fixés aux ouvertures extérieures et disposés de manière à renvoyer la lumière dans l'intérieur. A la fin du dernier siècle, on essaya d'obtenir ce résultat avec des volets garnis de glaces, que l'on remplaça ensuite par des surfaces métalliques. Ce nouveau système fut essayé dans plusieurs grands établissements, notamment aux docks des Indes occidentales, à Londres. M. Jacquesson, de Châlons-sur-Marne, en fit également usage, vers 1843, pour ses caves à vins de Champagne. Toutefois, ce mode d'éclairage était encore très-peu répandu, lorsqu'en 1850, M. Trousseau, de Paris, entreprit d'en populariser l'usage et inventa à cet effet une variété de Réflecteurs métalliques qu'il appela *Réflecteurs diurnes*. Ces appareils sont formés d'une feuille de plaqué, enfermée dans un cadre vitré, et sillonnée de cannelures qui donnent du soutien à la feuille et dispersent la lumière en brisant la réflexion régulière. Dans certains cas, ils se composent de bandes parallèles que l'on suspend à la manière des lames de jalousie, et qui conservent assez de mobilité pour qu'on puisse varier la direction du reflet. Les Réflecteurs diurnes ont déjà rendu de grands services tant à l'étranger qu'en France, et leur emploi se répand de plus en plus.

RÉFLEXION. — La *Réflexion de la lumière* est la déviation qu'éprouvent les rayons lumineux quand ils rencontrent une surface polie ; ils font alors, en se réfléchissant, un angle égal à l'angle d'incidence. L'étude de ce phénomène forme l'objet de la *Catoptrique*. La découverte des lois de la Réflexion de la lumière remonte à une époque très-ancienne, puisque Platon et les autres savants de la Grèce la connaissaient, mais ce sont les physiciens du XVIe siècle, surtout ceux du suivant, qui en ont tiré toutes les conséquences. A cette dernière époque, Newton, reconnut entre autres choses, que chaque couleur d'un rayon lumineux a un degré de réflexion différent des autres, et, en 1675, en mesurant l'image d'un astre réfléchi sur l'objectif d'un télescope, Huyghens réussit à déterminer son diamètre apparent. La connaissance des lois de la Réflexion de la lumière a donné lieu à plusieurs utiles applications, notamment à l'invention des Miroirs et à celle d'un grand nombre d'appareils de physique, tels que l'Héliostat de Gambey, le Goniomètre de Charles, le Kaléidoscope de

Brewster, etc. C'est encore sur les propriétés des rayons réfléchis qu'est fondée la construction des instruments dits *à réflexion*, dont les marins se servent pour mesurer les angles. La première idée d'appliquer la Réflexion à la mesure des angles date de 1664 et appartient au physicien anglais Robert Hooke. Plus tard, vers 1700, cette idée fut reprise par Newton, qui modifia le procédé. Enfin, en 1731, à la suite de recherches exécutées dans la même voie et sans avoir connaissance de celles qui avaient eu lieu auparavant, un autre savant anglais John Halley arriva aux mêmes résultats que ses deux compatriotes, puis, passant, pour la première fois, de la théorie à la pratique, construisit l'Octant et le Sextant. C'est pour ce motif qu'on l'a toujours regardé depuis, et avec raison, comme l'inventeur des *Instruments à réflexion*.

RÉFRACTION. — Les physiciens appellent *Réfraction de la lumière* la déviation qu'éprouvent les rayons lumineux quand ils passent obliquement d'un milieu transparent dans un autre milieu transparent, et ils donnent le nom de *Dioptrique* à la branche de la science qui étudie spécialement ce phénomène. Les savants de l'antiquité avaient remarqué de bonne heure la Réfraction de la lumière. Ils savaient aussi que le rayon incident, la normale et le rayon réfracté sont toujours dans un même plan, mais ils ignoraient la loi relative à la constance du rapport des sinus d'incidence et de réfraction. La découverte de cette loi est due à René Descartes, qui la fit connaître, en 1657, dans la première édition de sa *Dioptrique*. Toutefois, beaucoup de savants étrangers en font honneur au géomètre hollandais Willebrod Snellius, mort en 1626. Mais il est à remarquer que Snellius ne publia jamais son travail, lequel ne fut édité par ses amis qu'après l'ouvrage de notre compatriote. D'ailleurs, il n'arriva pas à la formule de ce dernier, et se borna seulement à établir l'existence d'un rapport constant entre l'inclinaison du rayon incident à la surface et l'obliquité du rayon réfracté. — La *double Réfraction* a lieu quand un faisceau lumineux incident simple, en pénétrant dans le milieu plus réfringent, se divise en deux rayons qui suivent chacun une direction différente. Elle a été observée, pour la première fois, par Érasme Bartholin, qui fit connaître sa découverte, en 1669, dans ses *Experimenta crystalli islandici*. En 1673, Christian Huyghens en donna une explication fondée sur le système des ondulations, et qui a été complétée, au commencement de ce siècle, par les physiciens français Louis Malus et Jean Fresnel. — Par *Réfraction astronomique*, on entend l'élévation angulaire apparente des corps célestes au-dessus de leurs lieux vrais, parce que cette élévation apparente est le résultat de la réfraction qu'éprouvent les rayons lumineux en traversant l'atmosphère terrestre. Les astronomes de l'antiquité connaissaient parfaitement l'existence de ce phénomène, mais ils en ignoraient la valeur réelle, ainsi que les lois. Bernard Walter, de Nuremberg, est le premier qui ait cherché à évaluer les effets de la Réfraction près de l'horizon : ses recherches datent de 1480. Bientôt après, en 1590, Tycho-Brahé construisit, d'après ses observations, une *Table de réfraction*, qui a été depuis beaucoup améliorée. — La *Réfraction terrestre* n'est autre chose que le *Mirage:* il en a été question ailleurs. Voyez MIRAGE.

RÉFRIGÉRANTS (*Mélanges*). — Voyez FRIGORIFIQUES et GLACE.

REGISTRES. — I. Afin de faciliter aux relieurs le classement des feuilles des livres, les premiers imprimeurs imaginèrent de mettre au commencement ou à la fin de chaque feuille une table composée des premiers mots de la moitié de ses feuillets. C'est aux tables de ce genre que l'on a donné le nom de *Registres*. Cet usage fut inventé, en 1469, par Ulric Han, Swenheim et Pannartz, imprimeurs à Rome. Il a été abandonné, vers la fin du XVIe siècle, parce que l'emploi des Réclames et des Signatures rendait les Registres inutiles.

II. Pendant très-longtemps, on a exécuté la *Reliure des Registres* de la même manière que celle des livres ; mais, depuis le commencement de ce siècle, les procédés ont été tellement modifiés que leur application a créé un art nouveau. Ce progrès a eu pour point de départ l'adoption des parties doubles qui, en exigeant des livres plus volumineux que les parties simples, ont forcé les papetiers à changer leur fabrication. Parmi les premiers qui ont le plus contribué à le réaliser, on cite le relieur anglais Williams, qui, en 1799, inventa les *Dos métalliques*. Cette invention fut importée en France, en 1807, par le papetier parisien Delaville, et perfectionnée, une année après, par les frères Cabany, ses cessionnaires. On doit à un autre papetier parisien, Clément, qui le fit breveter en 1812, l'usage, général aujourd'hui, de remplacer les nerfs par des rubans. En 1814, un papetier lyonnais, nommé Sastre, obtint un brevet où l'on trouve le principe de plusieurs perfectionnements adoptés depuis, notamment le faux dos avançant sur les cartons qu'il embrasse, et la doublure en carton mince. A la même époque, un autre ouvrier lyonnais, appelé Dareau, imagina d'appliquer les faux dos, comme on le fait maintenant, c'est-à-dire au moyen de deux toiles, l'une collée en dehors et l'autre en dedans. En 1825, M. Sat, de Paris, complétant et transformant une idée du lyonnais Sastre, forma chacun des deux plats de ses registres de deux feuilles de cartons superposées, ce qui le conduisit à créer le système d'encartage dit *Reliure française*. Enfin, l'importation, en 1832, par M. Willemsens, du système d'encartage usité à Londres et appelé, pour ce motif, *Encartage anglais*, dota notre fabrication d'un nouvel élément de succès. C'est même de l'introduction de cet encartage que date la supériorité de nos registres. Depuis cette époque, une foule de fabricants se sont efforcés d'améliorer encore les inventions de leurs devanciers. A leur tête se placent les parisiens Sy, Bellangé, Dessaigne, Bruyer, Acker, Gaymard, Géraudet, Neraudeau; et MM. Devillers, de Mulhouse; Marie, de Rouen; Pottin, de Nantes; Bruneteau, de la Rochelle, etc.

RÈGLE A CALCUL. — Elle a été inventée, en 1624, par le mathématicien anglais Edmond Gunter, qui la réalisa en transportant les Logarithmes sur une échelle linéaire, d'où les noms de *Règle logarithmique* et d'*Échelle de Gunter*, sous lesquels elle est également désignée. Cet instrument a été depuis beaucoup perfectionné par une foule de savants. La variété dite *Règle à coulisse* ou *Règle glissante* a été décrite, dès 1750, par Charles Leadbetter, et même, suivant quelques auteurs, dès 1627, par Wingate; l'invention n'en est donc pas due, comme on le croit généralement, à l'ingénieur Jones, vers 1814. La Règle logarithmique permet d'exécuter avec la plus grande rapidité les calculs les plus compliqués : elle réduit la multiplication à une addition, la division à une soustraction, etc. Son usage s'est répandu de très-bonne heure en Angleterre, et il était général, depuis longtemps, dans les ateliers anglais, qu'il n'était pas encore sorti, dans notre pays, du cabinet de quelques savants. C'est l'ingénieur-géographe François Jomard, membre de l'Institut, qui, le premier, a essayé, vers 1815, de la populariser en France, mais c'est l'ingénieur Léon Lalanne qui a le plus contribué à ce résultat en lui donnant, vers 1839, une forme beaucoup plus commode, et en imaginant, en même temps, un mode de construction plus économique. Plusieurs auteurs ont essayé de donner à la Règle logarithmique une disposition circulaire. La première idée de cette innovation date de 1696, époque à laquelle Biler l'appliqua à un instrument de son invention qu'il appela *Instrument mathématique universel*. En 1795, le mathématicien Leblond renouvela cette tentative, et il fut imité, quelques années après, par Gattey, qui se servit de la disposition adoptée par Biler pour construire, en 1798, un *Cudran à calcul*, et, en 1810, une machine du même genre, mais plus compliquée, à laquelle il donna le nom d'*Arithmographe*. Aucun de ces instruments circulaires n'a été adopté par la pratique.

RÈGLE CENTRALE. — Voyez PERSPECTIVE.

RÈGLES PANTOGRAPHES. — Dans ces dernières années, M. Portant, géomètre du cadastre, a donné ce nom à des règles graduées de son invention, au moyen desquelles on peut obtenir sans calcul, sans compas, sans pantographe, et dans un rapport de grandeur voulue, une figure géométrique semblable à une autre figure donnée. Ces instruments sont susceptibles d'une foule d'applications utiles, mais ils ne peuvent servir à opérer que les réductions et les amplifications que comporte leur graduation particulière, ce qui oblige les dessinateurs à en avoir un assortiment considérable. Elles sont, sous ce rapport, très-inférieures au Pantographe, ce dernier permettant de réduire ou d'amplifier un dessin dans toutes les proportions imaginables.

RÉGULATEURS. — Le mot *Régulateur* sert à désigner tout système qui, dans un travail quelconque, a pour objet de mettre en rapport la cause et l'effet, de manière à obtenir l'uniformité et la régularité désirables.—Les *Régulateurs pour machines* remontent incontestablement aux premiers temps de la mécanique. Les *Freins* sont peut-être les plus anciens. On peut en dire autant des *Volants à ailettes* et des *Volants à jantes pesantes*. Le *Pendule conique*, appelé aussi *Modérateur à boules* et *Régulateur à force centrifuge*, paraît également dater d'une époque très-reculée, mais ce qui l'a surtout rendu célèbre, c'est l'application que James Watt en a faite à la Machine à vapeur. Dès ce moment, l'usage de cet appareil s'est beaucoup répandu. Toutefois, on a fini par remarquer qu'il ne produit pas toujours les effets qu'on en attend, ce qui a conduit à le remplacer par d'autres systèmes plus efficaces. Parmi les systèmes d'origine française que l'on a inventés à cet effet, nous citerons ceux de MM. Destigny et Langlois (1840), Morel (1843), Farcot (1843), Pecqueur (1847), etc. ; mais celui qui a eu le plus de succès est le *Régulateur à air* de M. Molinié, qui date de 1837, et qui a été depuis beaucoup amélioré par M. la Rivière. — Les *Régulateurs de pression pour les gaz* trouvent leurs applications ordinaires dans l'industrie de l'éclairage. Un des plus usités est celui que M. Pauwels a fait construire il y a quelques années, et auquel il a donné le nom de *Gazocompensateur*. Pour le gaz comprimé il suffira de citer celui de M. Nicolas Boquillon. — Les *Régulateurs-compensateurs* ont pour objet de rendre la marche des instruments de chronométrie indépendante des variations de la température. Il en a été question aux mots HORLOGE, MONTRE et PENDULE. — De tout temps, on a vraisemblablement su, dans les arts industriels, obtenir un chauffage à peu près égal, soit en manœuvrant à la main des clefs ou registres ou la porte des fours et fourneaux, soit en conduisant convenablement le feu. Ce n'est

qu'à une époque assez moderne, mais très-difficile à préciser, qu'on a eu l'idée de produire le même effet en se servant d'appareils disposés de manière à fonctionner par la marche même du foyer, sans que l'intervention de l'ouvrier soit nécessaire. Les plus anciens de ces *Régulateurs de température* sont fondés sur la propriété que possèdent les métaux de s'allonger ou de se raccourcir suivant que la température augmente ou diminue. En conséquence, ils se composent d'une ou plusieurs tiges de fer, de cuivre ou de zinc, qui traversent la capacité dont le degré de chaleur doit être maintenu invariable, et qui communiquent par des leviers et des engrenages avec des valves ou registres en communication avec l'extérieur. Quand la température devient trop grande, la dilatation de ces tiges fait fermer les valves, ce qui diminue l'activité de la combustion en interceptant le passage de l'air. Quand, au contraire, elle n'est pas assez grande, le raccourcissement de ces mêmes tiges fait ouvrir les registres, ce qui augmente le tirage. Ce système, dont le *Thermostat* du docteur Ure est une ingénieuse modification, a été appliqué à des poêles, à des cheminées, à des étuves, etc.; mais, quand les barres métalliques sont un peu longues, il exige des complications coûteuses et finit même, au bout d'un certain temps, par ne plus fonctionner. Aussi, lui préfère-t-on, dans une foule de circonstances, le *Régulateur Sorel*, qui a été inventé par l'ingénieur français de ce nom, et dont la construction repose sur la dilatation de l'air renfermé dans une capacité close. En 1852, le vicomte Théodore Dumoncel a proposé un *Régulateur électrique*, qui marche avec une parfaite régularité et permet de maintenir à un degré constant la température d'une pièce quelconque. « Pour apprécier les avantages de cet appareil, il faut savoir, dit l'éminent physicien, que, dans certaines industries, telles que les minoteries, les magnaneries, certaines usines de produits chimiques, il est important de maintenir à un degré voulu la température d'un milieu de grandeur limitée. Dans ce cas, l'électricité peut être utilisée avec avantage. C'est alors le thermomètre qui est l'organe régulateur, l'électricité l'organe automatique, et la fonction de ces deux organes est de réagir sur des bouches calorifiques et réfrigérantes disposées en conséquence. Si le degré de chaleur déterminé n'est pas atteint, la bouche de chaleur s'ouvre sous l'influence d'un électro-aimant en rapport avec le thermomètre. Ce degré de chaleur vient-il, au contraire, à être outrepassé, la bouche de chaleur se ferme et la bouche réfrigérante s'ouvre à son tour. »

Reliure. — Les anciens connaissaient deux espèces de Reliures, une pour les livres en rouleaux, l'autre pour les livres carrés. La Reliure des premiers consistait à fixer à une de leurs extrémités un petit bâton de bois léger, autour duquel la bande de parchemin ou de papyrus s'enroulait, et dont on garnissait les deux bouts de croissants ou de disques d'ivoire ou d'os pour garantir les tranches. Le titre était écrit à l'encre rouge sur une bandelette de parchemin attachée à une des tranches. Pour les livres carrés, on posait les feuillets les uns sur les autres, comme on le fait aujourd'hui, puis, après les avoir cousus, on les enveloppait dans un morceau d'étoffe, ou bien on y attachait deux planchettes de bois, ordinairement de hêtre, auxquelles on adaptait des fermoirs de métal ou de cuir. Ce dernier système fut généralement usité pendant le moyen âge, mais on y introduisit presque toujours, surtout sous le rapport de la décoration et de la richesse, des perfectionnements que l'antiquité n'avait pas connus. De plus, pour les volumes de petites dimensions, on remplaça le plus souvent le bois par des feuilles de carton recouvertes de peau ou de velours. Depuis le xve siècle jusqu'au xviiie, on n'a guère fait que deux genres de Reliures : la Reliure pleine en peau, avec nerfs apparents, et la Reliure en vélin. Cette dernière, que les Hollandais exécutaient avec le plus de succès, était une sorte d'emboîtage à dos brisé, mais dans lequel la solidité s'unissait à la souplesse et à la légèreté; elle est à peu près abandonnée aujourd'hui. La Reliure en peau et à nerfs est antérieure à l'invention de l'Imprimerie : c'est celle que les bibliophiles ont le plus recherchée. Elle a reçu, au dernier siècle, deux modifications importantes, qui ont

produit, l'une, la *Reliure à la grecque*, que ses défauts ont fait longtemps proscrire et qui tend à disparaître entièrement; et l'autre, la *Reliure à dos brisé*, qui a été universellement adoptée pour les gros volumes et pour ceux qui doivent être beaucoup feuilletés, comme les dictionnaires et les livres de lutrin. Une autre modification, qui appartient à notre siècle et paraît due à l'Allemagne, a fait inventer la *Demi-reliure*, dont l'usage est maintenant si général. Vers 1825, un relieur parisien, appelé Bradel mit à la mode un cartonnage léger auquel on donna son nom, mais qui a été délaissé à cause de son peu de solidité. Enfin, de nos jours, la multiplicité croissante des livres à bon marché a fait imaginer un autre genre de Reliure légère, qui n'est qu'un emboîtage recouvert d'une toile de couleur et souvent gaufrée. Ce sont les Anglais qui ont créé ce genre : il leur tient lieu de la brochure, qu'ils ne pratiquent presque pas. La Reliure a toujours compté des artistes d'un très-grand mérite. Parmi ceux qui, à notre époque et dans notre pays, ont le plus contribué à la maintenir à la hauteur où leurs devanciers l'avaient portée, il suffira de citer MM. Bauzonnet, Bozérian, Capé, Duru, Kœhler, Lortic, Niédrée, Pasdeloup, etc., dont les œuvres seront toujours recherchées des bibliophiles. — De nos jours, on a essayé d'introduire des procédés mécaniques dans les ateliers de reliure, mais on n'a guère réussi qu'à supprimer le battage par un satinage énergique, et à rendre la dorure plus rapide et plus régulière au moyen de plaques gravées et de l'estampage. Quant aux inventeurs qui ont cherché à construire des machines propres à exécuter l'endossage et la rognure des gouttières, leurs essais ne paraissent pas avoir eu tout le succès qu'ils s'en étaient promis. Du moins, leurs appareils sont en général trop compliqués et trop dispendieux pour que l'usage puisse s'en répandre, et ils ne peuvent réellement être employés avec profit que dans les établissements, en très-petit nombre, où l'on relie à la fois des centaines de volumes de même format. Jusqu'à présent, les machines à endosser les plus ingénieuses sont celles de MM. Pfeiffer, de Paris; et Sauborn et Carter, de Boston (États-Unis); et les machines à rogner, celles de MM. Richard, de Châlons-sur-Saône; et Pfeiffer, de Paris, le même dont il vient d'être question.

REMORQUE. — La *Remorque* sur les canaux et les rivières se fait généralement aujourd'hui à l'aide de bateaux à vapeur ou au moyen de câbles tirés par des hommes ou des animaux : dans ce dernier cas, elle se nomme *Halage*. Un autre système, appelé *Touage*, consiste à employer un point fixe sur le rivage, puis, à l'aide de treuils et de moteurs transportés par un bateau, on agit sur ce point fixe pour faire avancer le bateau, qui traîne après lui un convoi plus ou moins considérable. Ce système paraît avoir été expérimenté, pour la première fois, en 1732, par le maréchal de Saxe, qui se servait de chevaux pour faire tourner les treuils. Mais il n'est devenu praticable que lorsqu'on a eu l'idée de mettre ces appareils en mouvement au moyen d'une machine à vapeur. Dès 1813, le mécanicien Sullivan, de Paris, essaya de réaliser ce progrès. D'autres inventeurs firent presque aussitôt des recherches dans la même voie, mais ce furent surtout MM. Tourasse et Courteault, ingénieurs mécaniciens à Lyon, qui contribuèrent le plus à résoudre le problème. A la suite de nombreuses expériences exécutées, de 1819 à 1821, sur le Rhône et la Saône, ils établirent leur système sur cette dernière rivière, à Lyon, où il n'a cessé de rendre de grands services : il a été adopté, dans ces dernières années, pour la Seine, dans la traversée de Paris. On sait qu'il consiste à faire agir le treuil du bateau toueur sur un câble en fer installé dans le lit de la rivière et sur toute la longueur du trajet à parcourir. Tout récemment, M. Bouquié, ingénieur civil, l'a modifié de manière à le rendre possible, sur les canaux et les rivières, sans rien changer au matériel actuel de la batellerie. Dans le système de cet inventeur, chaque bateau se remorquerait lui-même au moyen d'une petite locomobile, arrêtée, à l'avant du bateau, sur un châssis portant une roue destinée à recevoir les mailles de la chaîne noyée. On a aussi proposé d'opérer le touage à vapeur, en agissant sur des bouts de câble munis d'ancres et que l'on transportait successivement en avant du toueur à mesure que celui-ci avançait;

mais cette innovation n'a pu passer dans la pratique. On doit en dire autant de diverses tentatives faites, soit avant, soit après l'invention des Bateaux à vapeur, pour faire remonter les bateaux par le courant même de l'eau. La plus ancienne description des tentatives de ce genre est peut-être celle qui se trouve dans les ouvrages de Daniel Bernouilli, mort en 1782. Parmi celles qui ont eu lieu dans des temps plus modernes, les plus ingénieuses sont dues au mécanicien Thilorier, qui exécutait la Remorque au moyen d'un appareil appelé *Radeau-plongeur* (1811), et à l'ingénieur Bourdon, qui obtenait le même résultat à l'aide de bateaux d'une forme particulière, auxquels il avait donné le nom d'*Aquamoteurs* (1825).

RENAISSANCE. — Voyez LAINE.

RENSEIGNEMENTS. — On ignore si les grandes villes de l'antiquité eurent des institutions analogues à nos *Bureaux de placement et de renseignements;* mais on sait que, pendant le moyen âge, il y avait à Paris et probablement ailleurs des femmes qui faisaient métier de placer les domestiques. Ces *Recommanderesses,* comme on les appelait, habitaient même une rue particulière qui portait leur nom. Toutefois, c'est Pierre Eyquem, père du grand Montaigne, qui paraît avoir eu la première idée d'un Bureau de placement et de renseignements organisé sur une grande échelle. La même idée fut reprise plus tard par Barthélemy de Laffemas, valet de chambre de Henri IV, mais elle ne reçut un commencement de réalisation que sous le règne de Louis XIII, quand le médecin Théophraste Renaudot fonda son *Bureau d'adresses* et son journal des *Petites affiches*.

REPASSAGE. — Le lissage et le repassage du linge se sont faits, pendant longtemps, avec l'instrument si connu sous le nom de *Fer à repasser*. Toutefois, on a cherché d'assez bonne heure à rendre l'emploi de cet instrument plus économique en y adaptant un réservoir destiné à contenir le feu. Au commencement du dernier siècle, il existait déjà des fers de ce genre en Angleterre, où on en attribuait l'invention à un nommé Twamley. Plus tard, vers 1786, on commença, dans les grands ateliers, à se servir de *Presses à vis*. Plus tard encore, vers de la chose et peut-être aussi les attraits 1828, quelques grands blanchisseurs essayèrent d'employer des *Presses hydrauliques*. Mais la machine qui a eu le plus de succès est la *Presse à cylindres*, appelée aussi *Mangle* ou *Calandre*, qui, inventée en Angleterre, avant 1735, et appliquée d'abord uniquement au moirage et au lustrage des étoffes, a été adoptée, dès 1824, peut-être même avant, pour le repassage du linge uni, c'est-à-dire dépourvu de plis et de boutons, parce que, outre l'économie qu'elle procure, quant au temps, elle permet encore d'opérer sans l'intervention de la chaleur.

RÉPÉTITION. — Le principe de la *Répétition des angles* a été découvert, en 1752, par Tobie Mayer, professeur à Gottingue, mais c'est un de nos compatriotes, le capitaine de vaisseau Jean-Charles de Borda, qui en a fait la première application, en 1775, à la construction des instruments astronomiques. Voyez CERCLE. — Les *Montres à répétition* sont une invention anglaise, qui date de 1676. Voyez MONTRE.

REPOUSSÉ (*Travail au*). — C'est la sculpture en métal, c'est-à-dire les idées de l'artiste mises en relief à coups de marteau, dans une plaque de métal posée sur un mastic élastique. L'antiquité et le moyen âge ont fait des prodiges en ce genre. À cette dernière époque, châsses, bijoux, tombeaux, reliquaires, tout enfin fut ainsi exécuté quand la matière employée était assez précieuse pour l'épargner, l'œuvre assez recommandable pour la travailler avec soin et la laisser unique. Quand on demanda à l'artiste plus d'ouvrage qu'il n'en pouvait faire lui-même, il eut recours à la fonte, et ce procédé expéditif, résultat du développement des arts, finit bientôt par l'emporter, et le Repoussé ne fut plus que d'un emploi exceptionnel.

RÉSÉDA. — Cette plante est originaire de l'Égypte, d'où elle a été transportée en Europe, à une époque inconnue. On la cultive aujourd'hui partout à cause de l'odeur suave de ses fleurs.

RESSORT. — I. *Ressort atmosphérique*. M. Audenelle, de Paris, a donné ce nom à un mécanisme ingénieux dans lequel il se sert de la pression atmosphérique comme d'un ressort. Cet inventeur a réalisé cette pensée, vers 1842, en partant de ce principe, que si on fait le vide derrière un piston, il faut employer pour le déplacer un effort constant d'environ 1 kilogramme par chaque centimètre carré de la surface de ce piston. M. Audenelle a notamment employé son appareil pour mettre en mouvement les arbres des tours et faire fonctionner des scies à chantourner, des jets d'eau, des seringues, et quelques autres appareils hygiéniques.

II. *Ressort moteur*. Il en est, pour la première fois, question dans Aristote, qui l'appelle *principe caché*. C'était aussi un Ressort que cet *esprit renfermé* qui, suivant le poëte Claudien, faisait marcher une machine uranographique d'Archimède.

III. *Ressort-spiral*. Deux mécanismes d'horlogerie portent ce nom. Le *grand Ressort*, qui met en mouvement les rouages, a été imaginé au commencement du règne de Louis XI, mais on ignore par qui, bien que quelques auteurs en attribuent l'invention à l'horloger parisien Carovage : c'est à son emploi que nous devons les Montres et les Pendules de cheminée. Le *petit Ressort* ou *Régulateur à ressort spiral* date de 1675 : l'horlogerie en est redevable à Huyghens, à qui l'abbé Hautefeuille et le physicien anglais Robert Hooke en disputèrent l'idée. Son emploi a doté les Montres de la même précision que le Pendule avait donnée aux Horloges.

IV. *Ressort-timbre*. C'est à l'aide de ce mécanisme que les Montres à répétition sonnent les heures. On en doit l'invention à l'illustre horloger parisien Bréguet père.

RESTAURANT. — Le mot *Restaurant* est moderne, mais la chose qu'il désigne est fort ancienne. Le premier établissement culinaire désigné sous ce nom fut fondé à Paris, en 1765, dans la rue des Poulies, par un sieur Boulenger. On lisait sur son enseigne ce passage de l'Évangile : « Venite ad me omnes qui stomacho laboratis, ego vos *restaurabo*. » C'est de ce dernier mot que vient celui de *Restaurant*, ainsi que son dérivé *Restaurateur*. Boulenger ne vendait que des volailles au gros sel et des œufs frais, et tout cela était servi promptement sur de petites tables de marbre, sans nappe ni serviette. La nouveauté de sa femme, qui était fort jolie et que l'on appelait *la belle restauratrice*, ne manquèrent pas d'attirer la foule, et le nouvel établissement ne tarda pas à se développer. Il prit alors le caractère des Restaurants d'aujourd'hui, et, en même temps, Boulenger trouva un grand nombre d'imitateurs.

RÉTABLE. — Décoration qui surmonte quelquefois les autels, principalement ceux qui sont adossés à une muraille. Il n'y eut point de Rétables avant le XIIIe siècle, parce qu'ils auraient caché le trône de l'évêque, placé jusqu'alors au fond de l'abside. Ils furent d'abord très-bas et souvent formés de diptyques encadrés dans des marqueteries, mais, à partir du XVe siècle, on leur donna des dimensions considérables qui en firent de véritables monuments.

REUMAMÈTRE. — Instrument inventé, en 1809, par le mécanicien Edme Regnier, à Paris, pour mesurer la force du courant des fleuves et des rivières.

RÉVEIL. — Le mécanisme d'horlogerie de ce nom a été inventé à la fin du règne de Charles VII ou au commencement de celui de Louis XI, mais on n'en connaît pas l'auteur. Plusieurs écrivains pensent cependant qu'il pourrait être dû à l'horloger parisien Carovage. Une seule chose est certaine, c'est que cet artiste exécuta, pour le jurisconsulte Alciat, une horloge de chambre qui était à réveil, et qui, de plus, battait le briquet et allumait une bougie. Il est, en outre, à remarquer qu'une foule de dispositions brevetées de nos jours comme nouvelles étaient déjà connues et appliquées au XVIe siècle. Parmi les Réveils les plus remarquables dus à l'horlogerie contemporaine, il suffira de citer celui que M. Robert-Houdin envoya à l'exposition de 1844. « Le soir, on le mettait près de soi ; et, à l'heure désirée, un carillon réveillait le dormeur, en même temps qu'une bougie sortait tout allumée d'une petite boîte où elle se trouvait enfermée. »

RÉVERBÈRE. — Voyez ÉCLAIRAGE.

REVERSI. — Voyez CARTES A JOUER.

REVOLVER. — Les *Armes tournantes* datent de l'origine même de l'Artillerie. La plus ancienne connue paraît être une Arquebuse à mèche, que l'on croit être du XVe siècle, et qui se trouve à la Tour de Londres : elle est à culasse tournante et à quatre tonnerres. Le Musée d'artillerie de Paris possède trois Arquebuses du même système appartenant au XVIIe siècle, dont l'une est à huit coups et les autres à cinq seulement. On montre encore dans les galeries de cet établissement et dans celles du Musée de Cluny, des Fusils et des Mousquets offrant les mêmes dispositions. Quoi qu'il en soit, ces armes n'avaient jamais été que des objets de curiosité, et gisaient à peu près ignorées dans les collections où le hasard les a fait placer, lorsqu'en 1836, le colonel américain Colt, qui, d'ailleurs, ne connaissait pas les essais faits antérieurement en Europe, réussit, en créant son *Pistolet-revolver*, non-seulement à les réinventer, mais encore à les rendre pratiques. Les premiers Pistolets de cet officier furent fabriqués à Patterson, et les services qu'ils rendirent aux troupes des États-Unis, d'abord, en 1837, contre des tribus indiennes, puis, en 1847, dans la guerre du Mexique, en firent si bien apprécier l'utilité, que l'usage en devint promptement général. Les Pistolets-revolvers, appelés plus simplement *Revolvers*, de l'anglais *revolve*, tourner, sont répandus aujourd'hui dans tous les pays, mais on a introduit de nombreux perfectionnements dans leur construction. Les premiers se composaient de plusieurs canons groupés autour d'un axe, qui exécutait un mouvement de rotation à chaque coup. On les fait aujourd'hui à un seul canon, le plus souvent rayé, qui est immobile, et le mouvement tournant est exécuté par un cylindre ou tambour placé à la partie postérieure de l'arme, et portant les charges. Il y en a à effet intermittent et à effet continu. Ces derniers sont une invention de l'arquebusier anglais Deane Adams, de Londres. Parmi ceux de nos compatriotes qui ont le plus contribué à les améliorer, on cite surtout les armuriers parisiens Lefaucheux et Devismes. En 1861, le colonel Lemat, de la Nouvelle-Orléans, a proposé un Revolver à neuf canons, dont huit sont à balle, et le neuvième, qui occupe le centre, est à mitraille, mais cette invention ne paraît pas avoir eu de suite. D'autres inventeurs ont essayé de faire des *Fusils*, des *Canons-revolvers*, et n'ont pas eu plus de succès.

RHABILLER (*Machines à*). — Voyez MEULES.

RHINOPLASTIE. — C'est la branche de l'Autoplastie qui a été cultivée avec le plus de succès. Elle a pour objet de remplacer le nez en empruntant la substance nécessaire à une autre partie du corps. La Rhinoplastie est née dans l'Inde, à une époque très-ancienne. Son invention fut provoquée par l'usage où étaient les souverains de ce pays de condamner fréquemment les criminels à la perte du nez, usage qui dut nécessairement conduire à la recherche d'un moyen propre à faire disparaître les traces du supplice. Les premiers rhinoplastes se contentèrent de réappliquer le nez immédiatement après l'amputation, et le succès de cette méthode fut si complet qu'une loi prescrivit de jeter au feu la partie retranchée. On eut alors l'idée de faire un nouveau nez en découpant un lambeau de peau sur le front (*procédé indien*). La Rhinoplastie passa de l'Inde en Perse et dans plusieurs autres parties de l'Asie. Les Grecs et les Romains la connurent également, mais ils en firent de très-rares applications. Perdue ou négligée pendant le moyen âge, elle fut remise en honneur, au XVe siècle, par plusieurs chirurgiens de la famille calabraise des Branca, qui eurent l'idée de prendre ailleurs que sur le front la peau nécessaire à l'opération (*procédé italien*). A partir de cette époque, la Rhinoplastie n'a plus cessé de faire partie de la pratique chirurgicale. Elle doit la plupart des améliorations qu'elle a reçues depuis au chirurgien anglais Carpue, dont les travaux ont eu, au commencement de ce siècle, un très-grand retentissement.

RHODIUM. — Ce métal a été découvert, en 1804, par le chimiste anglais William Wollaston, qui le trouva dans le minerai de platine. Il doit son nom, du grec *rhodon*, rose, à la couleur de la plupart de ses composés. Il n'a reçu encore aucune application dans les arts.

RICIN. — On ignore la patrie primitive de ce végétal, mais on sait qu'il était cultivé, plusieurs milliers d'années avant notre ère, en Égypte et en Asie, pour l'huile que fournissent ses graines, et qui, suivant Hérodote, était principalement appliquée à l'éclairage. Aujourd'hui, la culture du Ricin existe sur une très-grande échelle, non-seulement dans tout le Levant, mais encore en Chine, dans l'Inde, en Amérique, en Sicile, en Espagne et en Algérie. On la trouve également dans quelques-uns de nos départements méridionaux, surtout dans ceux du Var et des Bouches-du-Rhône, où ses premiers développements datent de 1809. L'huile de ricin n'est guère utilisée, en Europe, qu'en médecine comme purgatif, et dans la fabrication des savons. Dans tous les autres pays, on l'emploie presque entièrement, comme dans l'antiquité, pour l'éclairage. Dans l'Inde, on se sert aussi des feuilles du Ricin pour nourrir une espèce particulière de vers à soie, que l'on cherche à acclimater dans notre pays.

RICOCHET (*Tir à*). — Voyez SIÉGE DES PLACES.

RIGOLEUSES. — Charrues destinées à remplacer économiquement le travail de l'homme dans la création des rigoles que l'on ouvre dans les prairies pour faciliter les irrigations ou l'écoulement des eaux stagnantes. Une des meilleures est celle qu'un de nos compatriotes, le savant agronome Louis Bella, a fait construire en 1854. Outre son usage ordinaire, elle peut aussi être employée pour ouvrir, jusqu'à 15 et même 25 centimètres, les drains et les collecteurs, dans la pratique du Drainage.

RIME. — On a émis les opinions les plus singulières sur l'origine de la *Rime*. Un écrivain du XVIe siècle, par exemple, a poussé l'extravagance jusqu'à en attribuer l'invention à Samothée, fils de Japhet. Jean Lemaire, qui vivait à la même époque, n'est pas allé aussi loin : il s'est contenté de faire dater le premier emploi de la Rime de sept cents ans environ avant la guerre de Troie. La vérité est que la Rime a été connue de tout temps en Asie, parce que l'élément prosodique des langues orientales n'est pas assez développé pour servir de base à un système régulier de versification. Parmi les peuples de l'antiquité classique, les Romains eux-mêmes y eurent quelquefois recours, ainsi que le prouvent les œuvres d'Horace, d'Ennius, de Phèdre, de Virgile et de Sénèque le Tragique, mais ils la négligèrent habituellement comme un ornement inutile. La Rime fut, au contraire, mise en honneur par les poëtes de la décadence, qui en firent alors un jeu d'esprit. Elle finit même par devenir une nécessité. En effet, aux époques d'ignorance et de barbarie qui suivirent la chute de l'empire romain, la quantité et la mesure n'étant plus observées dans la poésie latine, on fut obligé d'employer la Rime pour distinguer les vers de la prose. La plus ancienne pièce rimée que nous ait transmise le moyen âge, appartient au vi^e siècle : c'est une chanson latine qui fut faite en l'honneur de Clotaire II, mort en 628, à l'occasion d'une expédition heureuse de ce prince contre les Saxons. Quelques siècles plus tard, quand le latin eut disparu comme langue vulgaire, la Rime fut absolument nécessaire pour caractériser la forme poétique des nouveaux idiomes qui le remplacèrent. Dès le xiiie siècle, les trouvères du nord de la France et les troubadours de la Provence et du Languedoc connaissaient déjà les *Rimes croisées* et la plupart des autres arrangements bizarres qui eurent plus tard tant de vogue. Ils connaissaient aussi la succession régulière des Rimes masculines et féminines, mais cette succession ne devint une loi que vers le milieu du xvie siècle, c'est-à-dire avant Malherbe auquel on a quelquefois le tort de l'attribuer. A la même époque, quelques poëtes essayèrent de bannir la Rime de notre prosodie, et de faire revivre les règles de la prosodie latine, mais ils échouèrent, et ils ne devaient, en effet, obtenir aucun succès, la langue française étant la moins accentuée de toutes les langues modernes. Le premier qui fit une tentative de ce genre fut un nommé Mousset, qui traduisit l'Iliade et l'Odyssée en vers métriques.

Riz. — Cette céréale passe pour originaire de l'Inde et de la Chine, où elle constitue, depuis un temps immémorial, la nourriture principale de la population ; mais la culture l'a propagée dans toutes les contrées tropicales, et même dans beaucoup de pays tempérés. Toutefois, elle était encore très-peu connue en Europe à l'époque de Dioscoride et de Pline le Naturaliste. Le Riz nourrit aujourd'hui plus de la moitié des habitants du globe. L'art de guérir l'emploie aussi comme émollient. Enfin, avec sa paille, on fait une grande partie des tissus dits *de paille d'Italie.*

Robert (*Éclairage*). — On a donné ce nom à un ingénieux système d'éclairage qui consiste à alimenter un grand nombre de lampes à huile placées dans les différentes parties d'un édifice, au moyen d'un réservoir unique et de tuyaux de conduite convenablement disposés. Cet éclairage a été imaginé, en 1842, par M. Robert, de Paris. Il est spécialement destiné aux ateliers et aux établissements d'instruction, et constitue une des plus remarquables applications des lois de l'hydrostatique aux besoins de l'homme.

Robinet a plusieurs issues. — La plus ancienne description de cet appareil se trouve dans un des ouvrages de Héron d'Alexandrie, célèbre mécanicien grec qui vivait vers l'an 120 avant notre ère. On sait qu'il est employé par les faiseurs de tours pour faire sortir différentes liqueurs d'un même vase. « Il ne paraît pas, dit un de nos contemporains, qu'aucun auteur ait remarqué l'analogie qui existe entre le *Robinet à plusieurs issues* et le *Robinet à plusieurs fins*, qui, proposé d'abord par Papin pour la machine à vapeur à haute pression, a été employé dans certains systèmes de machines à colonne d'eau, et a été remplacé, dans les machines à vapeur modernes, par le *Tiroir de Watt*, qui joue un rôle semblable. Encore un exemple de plus d'un jouet qui renfermait le germe d'une application éminemment utile ! »

Rochette. — Voyez Fusée de guerre.

Rocou. — Matière tinctoriale qui entoure les graines du Rocouyer (*Bixa orellana*), arbrisseau des parties méridionales de l'Amérique. Elle a été introduite en Europe dans la première moitié du xvie siècle, c'est-à-dire peu de temps après la découverte du nouveau monde. Le Rocou est principalement usité pour teindre la soie en aurore et en orangé, et le coton en chamois. On l'emploie aussi pour rehausser le ton de plusieurs nuances, et pour colorer les vernis, les huiles, les graisses, le beurre et le fromage. Les chimistes y ont découvert deux principes colorants, un principe jaune qu'ils ont nommé *Orelline*, et un principe rouge qu'ils ont appelé *Bixine*. En 1848, M. du Montel, de Cayenne, a également donné ce dernier nom à du Rocou préparé par un procédé de son invention, et qui a un pouvoir tinctorial beaucoup plus considérable que le Rocou ordinaire.

ROMAIN (*Caractère*). — Voyez CARACTÈRES.

ROMAINE. — La *Balance romaine*, plus généralement appelée *Romaine*, a été ainsi nommée à cause du fréquent usage qu'en faisaient les Romains. On ne connaît pas son origine, mais, comme sa construction suppose des connaissances scientifiques assez étendues, il est certain que son invention a eu lieu après celle de la Balance à deux plateaux ou Balance ordinaire. Pendant très-longtemps, cet instrument a laissé beaucoup à désirer sous le rapport de l'exactitude. Ce n'est même qu'à une époque assez moderne qu'on est parvenu à le doter d'une précision convenable. De plus, en superposant deux Romaines, et en employant des poids curseurs, les balanciers de nos jours ont rendu l'appareil primitif beaucoup plus puissant et plus sensible, sans augmenter sa longueur, ce qui a permis de l'appliquer à des pesages auxquels son ancienne disposition le rendait impropre. M. Bérenger, de Lyon, est un de ceux qui ont le plus contribué à ce progrès.

ROMANCES. — Ce mot a d'abord servi à désigner les poëmes chevaleresques de l'Europe méridionale du moyen âge, parce qu'ils étaient écrits en langue romane ou romance, mais, plus tard, on l'a également appliqué, par extension, aux chansons, divisées en couplets et ordinairement avec refrain, dont le sujet est le plus souvent tendre, plaintif ou mélancolique. Les Romances de la première sorte sont l'origine du *Roman* moderne. Quant à celles de la seconde espèce, elles jouèrent en Espagne, en Portugal, en Provence et en Languedoc le même rôle que les Ballades dans les contrées du Nord. Ce genre de littérature prit surtout en Espagne un développement très-considérable, et l'on sait le parti que des écrivains modernes ont su en tirer pour éclaircir certains points obscurs de l'histoire de ce pays. Les Romances espagnoles ont été recueillies dès l'origine de l'Imprimerie; la première collection datée est celle qui fut publiée à Saragosse, en 1550, par Stevan de Nagera, sous le titre de : *Sylva de varios romances, en que estan recopilados la mayor parte de los romances castellanos que hasta agora se han compuesto.* Une foule de publications du même genre ont été faites depuis, mais la plus importante est celle que Don Agustin Duran a éditée à Madrid, en 1832, sous le nom de *Coleccion de romances castellanos anteriores al siglo* XVIII, et qu'il a fait réimprimer, quelques années après, avec des additions, dans le *Romancero general,* qui fait partie de la *Biblioteca de autores españoles* de Ribadeneyra. Le premier travail a été publié à Paris, en 1838, par M. Eugenio de Ochoa, dans son *Tesoro de los romanceros y cancioneros españoles historicos, caballeriscos, moriscos y otros.*

ROMANE (*Architecture*). — La période architecturale désignée sous ce nom comprend les monuments élevés, principalement en France, depuis le vᵉ siècle jusqu'au XIIᵉ. Elle est caractérisée par l'emploi de l'arc circulaire ou plein cintre. On la divise en deux époques : l'une dite *latine*, parce que, pendant sa durée, du vᵉ au xᵉ siècle, le style romain, plus ou moins dégénéré, fut en usage ; l'autre appelée *romano-byzantine,* parce que, au style en faveur pendant la précédente, vinrent se mêler des emprunts faits à l'art grec de Byzance. L'architecture latine est aussi appelée par plusieurs écrivains, *romane primordiale, romano-byzantine primordiale, gallo-romaine, carlovingienne, teutonique, Lombarde, Saxonne,* etc.; et l'architecture romano-byzantine, *romano-byzantine secondaire, romano-secondaire,* ou simplement *romane.*

ROMANS. — Le mot *roman* est moderne, mais la chose qu'il désigne est très-ancienne. Le Roman remonte, en effet, à une très-haute antiquité, mais il est à remarquer que, partout où on l'a cultivé, il n'est venu qu'après la période épique ou héroïque, c'est-à-dire à une époque de civilisation où la lecture devient une distraction. Les plus anciens Romans sont ceux des Orientaux. Les Grecs ne connurent ce genre littéraire qu'après leur asservissement par Alexandre le Grand. Encore même les Romans qu'ils nous ont transmis, tels que les *Amours de Théagène et de Chariclée,* par Héliodore, et *Daphnis et Chloé,* par Longus, sont, e premier, du vᵉ siècle, et le second, du vi⁰ de notre ère. Les Romains durent aux Grecs la connaissance du Roman, mais ils ne le cultivèrent pas. Le seul ouvrage de ce genre qu'ils aient possédé est l'*Ane d'or* d'Apulée, qui a été écrit vers l'an 160 après Jésus-Christ. Dans les temps modernes, c'est au xiie siècle que la littérature romanesque a commencé à se montrer. On vit d'abord paraître les Romans purement chevaleresques, auxquels se joignirent presque aussitôt les Romans d'amour, et un peu plus tard, les Romans satyriques et allégoriques, les uns et les autres, presque exclusivement écrits en vers, ou mieux en prose rimée. Enfin, à la fin du xve siècle, avec la découverte de l'Imprimerie, les Romans en prose remplacèrent entièrement les Romans en vers, et, dès ce moment, les œuvres des romanciers reçurent, chez tous les peuples de l'Europe, une extension énorme, qui alla toujours croissant jusqu'aux premières années de ce siècle, où elles ont pris une prépondérance des plus marquées sur les autres genres de littérature.

RONDEAU. — Le petit poëme de ce nom paraît avoir été créé par les poëtes français du xve siècle, mais sa forme a varié suivant les temps. La composition musicale appelée aussi *Rondeau*, est originaire d'Italie. C'est Gluck qui l'a introduite dans notre opéra.

ROSES. — Un grand nombre d'espèces de Rosiers croissent naturellement en Europe, tandis que les autres sont d'origine étrangère ; elles ont toutes produit, par la culture, plusieurs centaines de variétés. Ces arbustes constituent des plantes d'ornement de premier ordre, et aucune ne peut leur être comparée pour la beauté, l'élégance et le parfum de leurs fleurs. De tout temps, la Rose a été considérée comme la reine des fleurs. Nulle autre aussi n'a été tant chantée par les poëtes, et n'a donné lieu à plus de fables où l'imagination des anciens se donnait librement carrière. Les mythographes de la Grèce lui attribuaient une origine surnaturelle, et la faisaient naître, tantôt du sang d'Adonis, tantôt de celui de Vénus elle-même. Chez les Athéniens, les jeunes gens se couronnaient de Roses aux fêtes de l'hymen. Cet usage s'introduisit également dans les festins ; les Romains

poussèrent même ce genre de luxe jusqu'à couvrir de Roses les tables et les lits sur lesquels se plaçaient les convives. Aujourd'hui, les Rosiers ne sont pas seulement cultivés pour l'ornement des jardins. On en tire également parti pour la préparation de liqueurs odoriférantes employées en pharmacie et en parfumerie. La plus importante de ces liqueurs, l'*Essence de roses*, s'obtient aux Indes, en Perse, en Turquie, avec plusieurs variétés de Roses très-odorantes, qui sont beaucoup plus aromatiques dans les pays chauds que sous nos climats. On croit généralement qu'elle a été découverte, en 1612, par une princesse Nour-Djihan, femme du grand-mogol Djihanguyr, mais d'autres pensent qu'elle a dû être connue beaucoup plus tôt, puisque l'eau distillée de Roses a été usitée dans toute l'Asie méridionale à une époque très-ancienne. Quoi qu'il en soit, les livres orientaux n'en parlent pas avant le commencement du xviie siècle.

ROUE DE LUMIÈRE. — Voyez LUSTRE.

ROUE A PISTON. — Moteur hydraulique inventé, vers 1843, par M. de Lamolère, de Sours (Eure-et-Loire), et qui est, en principe, le renversement, comme fonctions, de l'ancien chapelet. Il se compose d'un tuyau prismatique rectangulaire, fixé dans une position verticale, et dans lequel se meut une chaîne munie d'augets, en cuir flexible. L'appareil est établi sous une chute d'eau qui, tombant dans le tuyau rectangulaire, y entraîne successivement tous les augets, et fait, par conséquent, tourner le treuil, et mouvoir les machines mises en communication avec lui. Les augets en cuir flexible sont appliqués par la pression du liquide contre les parois du tuyau, et empêchent toute perte d'eau entre eux et ces parois. Il résulte de là que le poids total du liquide concourt à l'effet utile.

ROUES HYDRAULIQUES. — Les moteurs de ce nom forment deux grandes catégories, celle des *Roues verticales*, dont l'axe est horizontal, et celle des *Roues horizontales*, dont l'axe est vertical.

I. *Roues verticales*. Elles présentent plusieurs systèmes qui datent d'époques différentes. Les Roues dites *pendantes* ou *à ailes*, les plus simples de toutes, doivent probablement à cette circonstance, d'avoir été connues les premières. On les monte sur un bateau amarré au milieu d'une rivière, ou sur une charpente que l'on peut élever ou abaisser à volonté, suivant les variations du niveau de l'eau, pour que leurs ailes ou palettes planes soient toujours immergées dans le courant. Toutefois, comme elles ne peuvent recevoir que des applications très-limitées, on a dû se mettre de bonne heure à la recherche d'une disposition meilleure, et l'on a été ainsi conduit à inventer les *Roues en dessous*, c'est-à-dire celles qui, placées dans un coursier ou canal rectiligne, sont mues par l'eau qui agit par choc à leur partie inférieure. Les machines de cette espèce étaient déjà très-employées chez les Romains, dont les ingénieurs les introduisirent dans les autres parties de l'Europe. Plus tard, on imagina les *Roues en dessus* ou *Roues à augets*, mais celles-ci se répandirent beaucoup moins, parce que leurs dispositions particulières ne les rendent possibles que dans un petit nombre de circonstances. Les Roues qui précèdent furent construites avec grossièreté jusqu'aux premières années du dernier siècle, où l'on commença à se préoccuper de leur amélioration. Les études des savants et des mécaniciens se portèrent naturellement alors sur celles qui étaient les plus usitées, c'est-à-dire sur les Roues en dessous. En 1704, le géomètre Parent essaya, le premier, de soumettre leur construction à des principes rationnels, mais il commit plusieurs erreurs, qui ne disparurent qu'en 1767, époque à laquelle l'illustre Borda créa le système que l'on applique encore aujourd'hui. A la fin du même siècle, l'ingénieur anglais John Smeaton démontra, le premier, les avantages des Roues à aubes enfermées dans un coursier circulaire, ce qui le conduisit à inventer les *Roues de côté*. Toutefois, on ne construisit des Roues de cette espèce que vers le commencement de ce siècle, et ce ne fut qu'en 1819 qu'on les décrivit dans un ouvrage français. Les Roues en dessous dépensent en pure perte une très-grande partie de la force motrice, et sont, sous ce rapport, très-inférieures aux Roues en dessus et aux Roues de côté, mais, d'un autre côté, leur établissement est peu dispendieux,

et, de plus, elles peuvent recevoir une assez grande vitesse sans perdre notablement de leur effet. Cette dernière circonstance a fait concevoir l'idée de les modifier de manière à leur faire utiliser une plus grande fraction du travail moteur, sans leur rien ôter des autres qualités, et le général Poncelet a réalisé ce progrès en inventant les roues qui portent son nom et que l'on appelle aussi *Roues à aubes courbes*, à cause de la forme de leurs aubes. Ces nouvelles Roues ont été décrites, pour la première fois, dans un mémoire que leur auteur envoya à l'Académie des Sciences, en 1825, et qui lui valut le prix de mécanique Monthyon.

II. *Roues horizontales*. On les regarde comme moins anciennes que les Roues verticales, mais il est certain que leur usage est immémorial, pour les Moulins à blé, en Lorraine, en Provence, en Languedoc, en Bretagne, en Dauphiné, en Angleterre, jusqu'en Algérie. Il en existe deux espèces principales : les unes, appelées *Roues à rouet volant* ou *à cuillers*, recevant, dans des ailes ou aubes en forme de cuiller, le choc d'un courant d'eau amené par un canal de bois ou une buse pyramidale ; les autres, nommées *Roues à cuve* ou *à réaction*, enfermées dans des cuves cylindriques de bois ou de maçonnerie dans lesquelles l'eau arrive, tangentiellement à leur circonférence, au moyen d'un coursier qui aboutit au-dessus de la face supérieure de la Roue. Ce sont ces dernières qui ont exclusivement attiré l'attention des constructeurs. Les premières tentatives pour les perfectionner ont eu lieu au commencement du XVIIIe siècle, et vraisemblablement en Angleterre : elles sont exposées dans un traité de physique publié à Londres, en 1719, par le docteur Jean-Théophile Désaguliers. Des travaux du même genre furent exécutés par la suite, d'abord en Allemagne, en 1750, par le professeur Segner, et, en 1752, par Euler ; puis, aux États-Unis, vers 1792, par le docteur Barker ; et, enfin, en France, en 1803, par M. Manoury-d'Ectot ; en 1816, par M. Petit, professeur à l'École polytechnique, et, en 1819, par l'ingénieur Navier. Toutefois, on s'occupait encore très-peu des Roues à axe vertical, lorsqu'en 1822, M. Burdin, ingénieur des mines à Saint-Étienne, soumit à l'examen de l'Académie des Sciences le résultat d'études qu'il avait faites sur ces machines, et à la suite desquelles il avait été amené à leur donner des dispositions infiniment supérieures à celles que l'on avait imaginées jusqu'alors. Pour distinguer les Roues verticales de son invention, M. Burdin les appela *Turbines*, et il chargea un de ses anciens élèves, le mécanicien Fourneyron, du soin de les construire. C'est à l'association de ces deux savants que nous devons la première Turbine qui ait donné des résultats très-favorables. Elle fut projetée et construite en 1823, mais diverses circonstances n'en permirent l'installation qu'en 1827, époque à laquelle elle fut montée au moulin de Pont-sur-l'Ognon, dans la Haute-Saône. Depuis ce temps, les Turbines se sont répandues dans tous les pays, et ont reçu diverses améliorations qui sont principalement dues, en ce qui concerne la France, à MM. Caillon, Passot, Cardiat, Fontaine-Baron, Jonval, Humbert, André Kœchlin, etc. Les Roues dites *hydro-pneumatiques* sont une invention particulière de M. L.-D. Girard, qui les a ainsi nommées parce qu'elles marchent dans un réservoir d'air comprimé.

ROUET A FILER. — Plusieurs auteurs allemands prétendent qu'il a été inventé dans leur pays, suivant les uns, au XVIIᵉ siècle, par un ecclésiastique dont ils ne disent pas le nom, suivant les autres, vers 1530, par un nommé Burgenz, de Wattenmuttel, près de Brunswick; mais, comme ils ne donnent aucune preuve à l'appui de leur opinion, il est permis de supposer qu'il en est de cette prétention comme de celles qui concernent une foule d'autres inventions, dues au progrès lent des arts mécaniques, et dont plusieurs pays s'attribuent à tort et, très-souvent, par pure ignorance, le mérite exclusif. Quoi qu'il en soit, le Rouet constitue une machine complète et admirablement disposée, et il a servi de point de départ à tous les grands appareils de filature employés par l'industrie moderne.

ROUISSAGE. — L'opération qui porte ce nom a pour objet de faciliter la séparation des fibres du Chanvre et du Lin en dissolvant la matière gommo-résineuse qui les agglutine. Elle s'est faite,

de temps immémorial, en tenant les tiges immergées, pendant plusieurs jours, dans une eau courante ou stagnante. Mais, outre des difficultés pratiques, ce procédé donne toujours lieu à des dégagements de gaz nuisibles, et l'on admet généralement que les eaux dans lesquelles on l'applique altèrent la santé des bestiaux et font mourir le poisson. Il serait donc à désirer que l'on pût trouver le moyen de le remplacer. Beaucoup d'inventions ont été faites à cet effet. On a proposé de soumettre les tiges à l'action de l'eau chaude ou de l'eau froide tombant d'une certaine hauteur, ou à celle de la vapeur à diverses pressions, ou de les faire tremper dans un lait de chaux ou dans des dissolutions alcalines, ou bien dans une dissolution de savon vert chauffée à 90 degrés. On a aussi imaginé de les enfouir dans la terre, ou de les faire fermenter en les mettant en tas, ou encore de les travailler avec des machines particulières. Mais aucune de ces inventions n'a pu passer dans la pratique. Plusieurs même n'ont pas été suffisamment expérimentées pour qu'on ait pu apprécier exactement leur valeur. Du reste, la question présente plutôt des difficultés rurales que scientifiques. Ce qu'il faut trouver avant tout, ce n'est pas un moyen propre à rouir convenablement quelques poignées de Chanvre ou de Lin dans un laboratoire (un chimiste habile y réussira toujours), mais découvrir une méthode assez simple pour être à la portée des populations agricoles et ne coûtant pas plus que le procédé ordinaire. Jusqu'à présent, le procédé qui a donné les meilleurs résultats est celui que l'on appelle *procédé irlandais*, mais son application n'est possible que dans les manufactures: il consiste à tenir les tiges, pendant soixante heures, dans une cuve d'eau chauffée à 32 degrés centigrades, après quoi, on les fait sécher, d'abord à l'air, puis dans une étuve. Un autre procédé, qui est beaucoup plus simple, est celui de notre compatriote Rouchon. Après avoir fait tremper les tiges dans une eau légèrement chargée d'acide sulfurique, on les met en tas et on les arrose avec de l'eau ordinaire. On continue ainsi les immersions et les arrosages jusqu'à ce que le Rouissage soit terminé.

ROULEAUX AGRICOLES. — Dès les premiers progrès de la culture du sol, on a dû comprendre la nécessité d'écraser et d'aplanir la terre afin de la rendre propre à recevoir la semence et les hersages. Les Romains se servaient pour cela de Rouleaux ou cylindres unis de bois, qu'ils faisaient traîner par des animaux ou qu'ils manœuvraient à la main, suivant leurs dimensions. Pendant très-longtemps, les modernes ont employé le même procédé, mais en substituant quelquefois la pierre au bois. Enfin, au dernier siècle, les Anglais ont eu l'idée de faire les Rouleaux en fonte. Toutefois, de quelque matière que les Rouleaux unis soient faits, ils ont le défaut d'être sans action sur les terres argileuses très-compactes. C'est pour remédier à cet inconvénient que l'on a inventé les *Rouleaux à pointes* ou *Rouleaux brise-mottes* et les *Rouleaux à disques*, qui sont, les uns et les autres, d'origine anglaise et datent, les premiers, du commencement du XVIIe siècle, et les seconds d'une cinquantaine d'années plus tard. Les Rouleaux à pointes sont en bois et munis de pointes de fer ou de bois : ils sont aujourd'hui assez répandus, mais on leur reproche d'exiger de fréquentes réparations, et de fonctionner assez mal dans les terres humides. Aussi leur préfère-t-on généralement les Rouleaux à disques qui produisent de bons résultats dans toute espèce de sols et se dérangent très-difficilement. Le premier appareil de ce genre qui ait été connu en France est celui que Mathieu de Dombasle importa d'Angleterre, vers 1822, et qui est désigné, tantôt sous le nom de son introducteur, tantôt sous celui de *Rouleau-squelette*. Il a rendu de grands services à notre agriculture, mais il a été détrôné, de nos jours, dans presque toutes les grandes cultures, par le *Rouleau Croskill*, ainsi appelé du nom de son inventeur, qui passe avec raison pour le plus énergique qui existe. On a aussi construit, pour les terres labourées en billons, des Rouleaux composés de deux troncs de cône en pierre, qui sont montés sur le même axe et disposés de manière à s'appliquer à la convexité du billon. Le meilleur Rouleau de ce système qui ait été fait dans notre pays paraît être celui de M. Malingié.

ROULEAU COMPRESSEUR. — Autrefois, quand une route nouvelle était livrée à la circulation, on laissait au roulage le soin de la rendre viable. On a reconnu, de nos jours, qu'il y a de grands avantages à adopter l'usage contraire. Avant donc de permettre aux voitures de parcourir les chaussées neuves ou réparées, on les soumet à un cylindrage énergique qui tasse les matériaux et leur fait prendre la place qu'ils doivent définitivement occuper. Cette opération s'effectue en faisant passer plusieurs fois sur la route un lourd cylindre appelé *Rouleau compresseur*. Le premier appareil de ce genre paraît avoir été proposé, en 1787, par M. de Cessart, alors inspecteur général des ponts et chaussées ; mais le premier qui ait été employé avec suite est probablement celui dont l'ingénieur Polonceau se servit, en 1829, dans le département de Seine-et-Oise. Depuis cette époque, l'usage des Rouleaux compresseurs s'est répandu partout. En même temps, on en a inventé de plusieurs systèmes. On cite surtout, parmi les plus ingénieux, celui de l'ingénieur Schattenmann, qui est d'origine allemande, et celui de M. Bouillant, mécanicien à Ménilmontant.

ROULEAUX D'IMPRIMERIE. — La première idée de remplacer les *Balles* par des *Rouleaux* pour distribuer l'encre sur les caractères, date de l'origine même des Presses mécaniques. En 1795, lord Charles Stanhope se servait de cylindres de bois revêtus d'un cuir doux sans coutures apparentes. En 1810, M. Harrild imagina de substituer à ce cuir une toile enduite d'une couche de mélasse et de colle forte. En 1813, M. Bryan Donkin perfectionna cette innovation en employant la gélatine. Ainsi améliorés, les Rouleaux furent introduits en France, en 1815, par M. Burks. M. de Lasteyrie s'en servit l'année suivante, et, trois ans plus tard, c'est-à-dire en 1819, M. Amédée Durand les adapta à une presse de son invention. Toutefois, ils ne commencèrent à se répandre dans nos ateliers que quelques mois après le brevet pris par ce dernier, lorsque leur composition eut été perfectionnée par le pharmacien chimiste Gannal : les premiers Rouleaux de cet inventeur furent employés dans l'établissement de M. Smith, imprimeur à Paris.

RUBIDIUM. — Voyez CŒSIUM et SPECTRE.

ROULETTE. — L'invention de ce jeu de hasard date, dit-on, du siècle dernier. Il fut introduit à Paris sous l'administration du lieutenant de police de Sartines, et quelques années lui suffirent pour se répandre dans toute la France. La loi de 1838 l'a interdit, mais on le joue encore à l'étranger, surtout en Allemagne, dans les villes de bains.

RUBRIQUE. — Chez les Romains, on désignait quelquefois le droit civil sous le nom de *Rubrique*, de *ruber*, rouge, parce que, dans les manuscrits, le titre des lois était écrit à l'encre rouge. Le même usage fut adopté par les copistes du moyen âge et par les premiers imprimeurs pour les titres dès chapitres de toute espèce de livres, ainsi que pour les initiales des alinéas et pour les passages sur lesquels on voulait plus particulièrement appeler l'attention : de là le nom de *Rubriques* donné à ces initiales, à ces passages, etc. Les premiers imprimeurs mirent aussi à l'encre rouge le nom du lieu d'impression : de là encore, le mot *Rubrique* servit à désigner la ville où le livre avait été ou était censé avoir été imprimé. La dénomination de *Rubriques* que l'on applique encore aujourd'hui aux avis qui, dans les livres d'église, enseignent la manière de faire ou de dire l'office divin, a la même origine : on appelle ainsi ces avis parce que, dans le principe, ils étaient à l'encre rouge.

RUCHES. — Les appareils destinés à l'habitation des Abeilles ont de tout temps attiré l'attention des apiculteurs. Aussi en a-t-on imaginé plusieurs centaines d'espèces. Toutefois, les plus employés sont ceux qu'on appelle *Ruches simples*, et qui sont, soit des paniers coniques de paille ou de vannerie, soit des boîtes de planches ne présentant intérieurement aucune division. Les Romains les faisaient aussi quelquefois en écorce ou en poterie, mais ils regardaient les ruches fabriquées avec ces matières comme très-mauvaises, parce que, dit Varron, les Abeilles y souffraient beaucoup du froid en hiver et du chaud en été. Les Ruches dites *composées* sont toujours formées d'un certain nombre de pièces ou hausses, tantôt verticales, tantôt horizontales, qui se séparent facilement les unes des autres. Une des plus répandues est la *Ruche villageoise* de Lombard, qui a

été très-heureusement perfectionnée par M. Radouan. Une Ruche qui n'a pas encore en tout le succès qu'elle mérite est celle de M. Hamet, professeur d'apiculture à Paris. On cite également, parmi les plus récentes, celles de MM. Lefebvre, de Dompierre (Somme), Sauria, de Poligny (Jura), et Paix de Beauvoys, de Seiches (Maine-et-Loire). M. Lefebvre a ajouté à sa Ruche un appareil très-simple et très-ingénieux pour nourrir les jeunes essaims, qu'on y a récemment introduits, quand le temps est trop mauvais pour qu'ils puissent sortir. Une invention du même genre a été envoyée à l'Exposition de 1849 par M. Damainville, de Poudron (Oise). — Pour extraire le miel des ruches, on a de tout temps enfumé les abeilles ; mais ce procédé barbare tend à être remplacé, de nos jours, par une espèce de chloroformisation. On s'est servi avec succès d'éther et de plusieurs variétés de champignons ; mais, suivant M. Paix de Beauvoys, il y a de grands avantages à faire usage de filasse trempée dans du nitrate de potasse.

RUHMKORFF (*Machine de*). — Voyez ÉLECTRO-DYNAMIQUE.

RUNES. — Caractères graphiques dont l'usage paraît avoir été anciennement général dans tout le nord-ouest de l'Europe. Leur nom vient, suivant les uns, du scandinave *runa*, mystères, parce qu'ils constituaient une sorte d'écriture mystérieuse, et, suivant les autres, du verbe *runen*, faire une entaille, parce qu'on les traçait au moyen d'entailles faites sur la pierre, le bois ou le métal. Les Runes ont été principalement employées pour tracer des inscriptions : on trouve encore, dans plusieurs parties de la Suède, surtout dans la province d'Upland, beaucoup de rochers couverts de monuments de cette espèce. Les opinions les plus diverses ont été émises sur l'époque à laquelle on a commencé à se servir des Runes, mais il a été prouvé que les plus anciens spécimens ne sont guère antérieurs à l'ère chrétienne. L'origine de cette écriture a été également l'objet de nombreuses controverses, mais on admet généralement aujourd'hui qu'elle est venue de l'Asie. Les Runes étaient encore usitées au XIVᵉ siècle. Elles furent abandonnées peu de temps après, et d'une manière si complète que leur signification se perdit entièrement. Vers le milieu du xvie siècle, quelques savants suédois entreprirent de retrouver leur explication, mais

sans pouvoir y réussir. Ce n'est que depuis une cinquantaine d'années qu'on est parvenu à obtenir des résultats assez satisfaisants.

S

SABLIER. — Le Sablier paraît avoir été employé, dans le principe, par les Grecs, et, plus tard, par les Romains, pour mesurer le temps de chaque orateur dans les cours de justice. Son usage a traversé tout le moyen âge, mais il ne sert plus guère aujourd'hui que dans la marine, pour déterminer, à l'aide du Loch, le chemin parcouru par un bâtiment.

SABOT. — Aujourd'hui, comme autrefois, les *Sabots* constituent, pendant l'hiver, la chaussure habituelle de la population des campagnes. Comme autrefois aussi, leur fabrication a lieu exclusivement à la main. Dans ces dernières années, on a bien essayé de les faire par des procédés mécaniques, mais cette innovation n'est point passée dans la pratique. La plus ancienne machine destinée à faire les Sabots est peut-être celle que notre compatriote Grimpé fit breveter en 1838. D'autres inventions du même genre ont été faites depuis par MM. Dunod (1841), Fargues (1845) et Roignot (1854).

SABRE. — Le *Sabre* date de la même époque que l'Épée, avec laquelle on l'a quelquefois confondu, parce que, chez les anciens, celle-ci était souvent large et tranchante et servait à la fois à frapper d'estoc et de taille. Tous les peuples paraissent avoir fait usage du Sabre, mais c'est surtout chez les Orientaux que cette arme a toujours été le plus à la mode. Les Sabres de l'Europe moderne dérivent même du *Cimeterre* des Turcs et des Tartares. On en a, du reste, suivant les temps et les lieux, imaginé de nombreuses variétés, les unes à lame droite, les autres à lame courbe. En France, l'infanterie a porté le *Sabre-briquet* depuis 1747 jusqu'en 1831, où elle a adopté le *Sabre-poignard*. A une époque plus rapprochée de nous, plusieurs corps ont reçu, d'abord, le *Sabre-baïonnette*, puis le *Sabre-yatagan*.

SACS. — A diverses époques, on a imaginé de faire des *Sacs de toile sans couture*, mais cette innovation n'a jamais pu se bien répandre. Une autre invention, qui date à peine de quelques années, a eu beaucoup plus de succès : c'est celle qui a pour objet la fabrication mécanique des *Sacs de papier*. Les machines à faire les Sacs de ce genre dérivent de celles qui servent à obtenir les Enveloppes de lettres : il en existe aujourd'hui, en Angleterre, en France, aux États-Unis, etc., qui fonctionnent avec une remarquable précision. Nous citerons, entre autres, celle de M. Bréval, mécanicien à Paris, qui date de 1848 et produit en moyenne 20 sacs à la minute, soit près de 15,000 en douze heures de travail. Une autre, construite, en 1852, par M. Rives aîné, également de Paris, fait, d'un côté, des Sacs, et, de l'autre, des Enveloppes de lettres.

SAFRAN. — Le *Safran (Crocus sativus)* est originaire du Levant, d'où il a été introduit en Europe, on ignore à quelle époque. Tout ce qu'on sait, c'est que sa culture a été décrite avec soin, dès le xiiie siècle, par l'arabe Ebn-el-Avam ; puis, successivement, en 1373, par de Cressens ; en 1543, par Heresbach ; en 1551, par Quiqueran, etc. A cette dernière date, le Safran était exploité sur une si grande échelle dans trois de nos anciennes provinces, le Lauraguais, l'Angoumois et l'Albigeois, que le produit brut de sa récolte dépassait chaque année 300,000 livres. Cette plante est encore cultivée en grand dans le Gâtinais et les départements de Vaucluse et de la Charente, ainsi qu'en Espagne, en Italie et dans quelques parties de l'Angleterre et de l'Allemagne. Déjà, du temps d'Homère, qui en parle le premier, le Safran était employé comme parfum et comme médicament. On l'utilise surtout aujourd'hui comme assaisonnement. Les teinturiers, les liquoristes et les confiseurs en consomment aussi de fortes quantités à cause d'une matière colorante, appelée *Safranine*, qui fournit un beau jaune doré. Cette matière portait autrefois le nom de *Polychroïte* (plusieurs couleurs), parce que l'acide azotique la fait passer au vert et l'acide sulfurique au bleu et au lilas. Voyez CARTHAME et CURCUMA.

SAGOU. — Fécule exotique que l'on retire de la moelle du Sagouier (*Sagus farinifera*), grand arbre du genre Palmier, qui croît dans les Moluques. Le Sagou a été introduit en France, en 1767, par le docteur Malouin, mais il était déjà connu, depuis longtemps, dans plusieurs parties de l'Europe, notamment en Espagne et en Angleterre. On l'emploie pour faire des potages. Le *Sagou indigène* ou *Sagou français* n'est autre chose que de la fécule de pommes de terre.

SALEP. — La matière féculente de ce nom n'est autre chose que les petits tubercules, épluchés, lavés à l'eau bouillante et desséchés, de plusieurs espèces d'Orchis (*Masculæ*), qui croissent en Perse et dans l'Asie Mineure. On l'emploie, en Europe, sous forme de bouillie ou de gelée, pour l'alimentation des phthisiques. Le *Salep français* ou *Salep indigène* se prépare avec de la fécule de pommes de terre additionnée d'un peu de gomme adragante et de gomme arabique pulvérisées.

SALINOMÈTRE. — Instrument destiné à constater le degré de saturation de l'eau de mer contenue dans les chaudières de marine. L'expérience a prouvé que lorsque cette eau renferme, à la température de 100 degrés centigrades, un seizième de son poids de sel, il y a danger d'incrustation et, par suite, d'explosion, et qu'il faut, par conséquent, purger la chaudière, c'est-à-dire produire son exhaustion. C'est pour remédier à cet inconvénient que l'on a inventé les *Salinomètres*. Un des plus simples est celui du mécanicien français François Cavé, qui l'a fait breveter au mois de mars 1850 ; il indique, à première vue et à tout instant, l'état de l'eau d'une chaudière en activité.

SALPÊTRE. — Voyez NITRE.

SANDALE. — C'est probablement la première chaussure que l'homme ait imaginée. Elle a été portée par tous les peuples anciens. Elle n'existe plus aujourd'hui, du moins en Europe, que dans quelques maisons religieuses.

SANGSUES. — Les *Sangsues* ont été connues dès la plus haute antiquité, mais on ignore à quelle époque précise on a commencé à les employer comme agent thérapeutique. Hippocrate ne dit rien de leur usage médicinal. Pline le Naturaliste garde le même silence. Toutefois, la plupart des auteurs pensent que le médecin grec Thémison, qui était contemporain d'Auguste, y avait déjà recours. Quoi qu'il en soit, on s'en servait fréquemment du temps de Cœlius Aurelianus, à la fin du IIe siècle de notre ère, et, depuis cette époque, l'emploi de ces annélides n'a cessé de se développer. Ce n'est cependant qu'au XVIIe siècle qu'elles sont devenues la matière d'écrits spéciaux un peu importants, et le premier travail étendu auquel elles aient donné lieu, paraît avoir été publié, en 1665, par le docteur italien Jérôme Nigrisoli. L'usage des Sangsues a pris de nos jours une importance si considérable que la production spontanée de ces animaux ne suffit plus pour répondre aux besoins de la consommation. Cette circonstance a donné l'idée de les multiplier par des moyens artificiels, et alors est née l'*Hiruciculture*, ou culture des sangsues. Cette nouvelle branche d'industrie est très-florissante dans plusieurs de nos départements, principalement dans ceux des Landes, de la Gironde, de Seine-et-Oise, d'Eure-et-Loire, de l'Indre et de Maine-et-Loire. Elle est redevable de presque tous ses progrès aux publications théoriques de MM. Moquin-Tandon, Vayson, Soubeiran, Levieux, Masson, Rollet, Boudard, etc., et aux travaux pratiques de MM. Béchade, Wilman, Devès, Franceschi, etc. C'est M. Béchade, qui en a doté le département de la Gironde, où elle n'occupe pas moins de 5,000 hectares de mauvais terrain. — Avant la création de l'Hiruciculture, et même depuis, on a eu l'idée de remplacer les Sangsues par des instruments, nommés *Bdellomètres*, *Sangsues artificielles*, *Scarificateurs*, etc. On a aussi inventé, pour l'usage des hôpitaux et des pharmacies, des appareils conservateurs diversement disposés : les plus efficaces de ces appareils sont ceux de MM. Soubeiran, professeur à Paris ; Desseaux-Valette, pharmacien à Montereau, et Mollier, pharmacien à Fontainebleau. On a proposé, à diverses époques, plusieurs procédés de dégorgement afin de rendre les Sangsues qui ont servi propres à être employées de nouveau. Le plus sûr consiste à les faire dégorger par une pression mécanique exercée avec les doigts, et à les réappliquer aussitôt sur les mêmes piqûres. On obtient aussi de bons résultats en les retournant au tiers ou au quart. Enfin, quelques praticiens ont avancé qu'en coupant l'extrémité anale d'une Sangsue appliquée, elle n'en continuerait pas moins à sucer le sang, qui alors tomberait à terre à mesure qu'il serait tiré, mais ce moyen n'a pas encore été suffisamment expérimenté pour qu'on puisse connaître sa valeur réelle. Voyez SCARIFICATEUR.

SANTAL. — Le *Santal rouge* est le bois d'un grand arbre, le *Pterocarpus santalinus*, qui croît dans l'Asie méridionale. On l'emploie, dans l'Inde, de temps immémorial, pour teindre la soie et le coton. Son introduction dans l'industrie européenne paraît dater du moyen âge, mais il est probable qu'il n'était pas inconnu des Romains. Son principe colorant, la *Santaline*, a été isolé, en 1814, par M. Pelletier. Les bois dits *de Caliatour, de Madagascar, Bar-Wood* et *Cam-Wood* paraissent en être des variétés. Une autre espèce de Santal, le *Santal citrin*, qui est fournie par le *Santalum album*, est très-usitée en parfumerie. On tire aussi parti du bois de Santal dans la tabletterie.

SAPAN. — Le *Sapan* est le bois d'un très-bel arbre, le *Cæsalpinia sappan*, qui vient dans l'Asie tropicale, principalement dans l'Inde, en Chine, au Japon, dans l'Indo-Chine, et dans l'archipel des Moluques. On l'a également trouvé aux Antilles et dans plusieurs parties de l'Amérique méridionale. Ce bois a été employé de très-bonne heure pour les teintures en rouge. Les anciens, du moins les Romains, en faisaient déjà usage : ils le tiraient de l'Inde par la voie d'Alexandrie. Voyez BRÉSIL.

SAPONINE. — Substance découverte, en 1832, par le chimiste français Alexandre Bussy, dans la Saponaire d'Égypte et la racine de Quillaia. On l'a aussi trouvée dans le Marron d'Inde et les racines de la Luzerne. La Saponine doit son nom à la propriété qu'elle possède de communiquer à l'eau toutes les vertus détersives du Savon. C'est même pour ce motif qu'on emploie, de temps immémorial, les plantes qui la renferment, pour le nettoyage du linge. La composition, appelée *Saponine* ou *Gantéine*, dont on se sert, depuis quelques années, pour nettoyer les gants, n'est autre chose que du savon blanc aromatisé.

SATELLITES. — Voyez JUPITER, LUNE, NEPTUNE, SATURNE et URANUS.

SATURNE. — Cette planète a été connue dès la plus haute antiquité, mais les divers faits qui se rattachent à son histoire n'ont été découverts que dans les temps modernes. Soupçonnée, dès 1683, par Dominique Cassini, la *Rotation* de Saturne fut constatée, quelques années plus tard, par Christian Huyghens, mais sa durée ne fut déterminée qu'en 1794, par William Herschel. Ce dernier avait déjà, en septembre 1789, découvert l'*aplatissement* de la planète. En 1610, en dirigeant ses lunettes sur Saturne, Galilée remarqua, dans la figure de cet astre, des singularités que la faiblesse de ses instruments ne lui permit pas d'expliquer. Ce ne fut qu'en 1659 que l'on sut à quoi s'en tenir à ce sujet, lorsque Huyghens eut remarqué qu'elles étaient dues à la présence d'un *anneau lumineux*, qui entoure la planète. On a trouvé depuis que cet anneau n'est pas continu, mais se compose de plusieurs anneaux concentriques. Les huit *Satellites* de Saturne ont été découverts, savoir : 1, par Huyghens, en 1655 ; 4, par Cassini, en 1671, 1672 et 1684 ; 2, par Herschel, en 1789 ; et 1, par MM. Bond et Lassell, en 1848.

SAUVETAGE. — Voyez BATEAU DE SAUVETAGE, BOUÉE, NATATION, NAUTILE, PORTE-AMARRE, SCAPHANDRE, etc.

SAVON. — L'origine du *Savon* est si obscure, qu'il est impossible de déterminer l'époque et de nommer le pays où la fabrication de ce produit a commencé, car, comme le dit M. Wolowski, « il faut une riche imagination ou une grande bonne volonté pour retrouver le Savon, tel que nous le connaissons aujourd'hui, dans les indications des auteurs anciens. » Il est cependant probable que les mélanges composés de cendres et de corps gras ont d'abord été employés pour oindre et lisser les cheveux et que ce n'est que plus tard qu'on a songé à les appliquer au nettoyage des étoffes. Quoi qu'il en soit, l'art de faire ces mélanges n'a pu naître qu'à une époque où l'industrie avait déjà fait de grands progrès. Pline le Naturaliste est le premier qui parle de compositions analogues au Savon. Il leur donne le nom de *Sapo*, que plusieurs auteurs croient être une forme latinisée de l'allemand *Seife*, et en attribue la découverte aux Gaulois, qui les obtenaient avec des cendres et du suif. Du temps de cet écrivain, les Romains savaient aussi fabriquer le Savon, puisqu'on a trouvé dans les ruines de Pompéi, ensevelie, sous les cendres du Vésuve, l'an 79 de notre ère, un atelier complet de savonnerie, avec ses différents ustensiles et des baquets pleins de Savon évidemment formé par la combinaison de l'huile avec un alcali. A la même époque, les élégants de Rome se teignaient les cheveux avec un cosmétique savonneux que l'on tirait de la Germanie. Athénée, qui vivait à la fin du second siècle de notre ère, est le premier auteur grec dont les ouvrages renferment le mot *sapo*. Enfin, cent cinquante ans plus tard, Aétius parle d'un Savon noir, et les médecins arabes du moyen âge signalent souvent l'emploi du Savon en médecine et dans le blanchiment du linge. Toutefois, les documents certains sur la fabrication du Savon ne commencent à se montrer qu'au xvᵉ siècle. Les premières usines de Savons doux de soude, tels qu'on les fait aujourd'hui, furent, dit-on, fondées alors à Savone, en Italie, et c'est du nom de cette ville et non d'une altération du latin *sapo*, que, suivant plusieurs auteurs, viendrait le mot français *savon*. Les habitants de Savone monopolisèrent cette industrie jusqu'au xviiᵉ siècle, époque à laquelle les Génois réussirent à s'en emparer. Les savonneries de Gênes prirent alors un développement très-considérable, mais leur succès ne dura pas longtemps. En effet, la vente étant devenue pour ainsi dire forcée, les manufacturiers génois crurent pouvoir diminuer la qualité, et ils se livrèrent à des fraudes si nombreuses que les marchés se fermèrent à leurs produits. Colbert profita de

cette circonstance pour introduire l'industrie savonnière en Provence. Une première fabrique, créée par ses soins à Toulon, vers 1650, sous la direction d'un sieur Ravel, fit de si beaux Savons que sa marque fut bientôt recherchée dans toute l'Europe. Peu de temps après, des établissements analogues furent fondés à Marseille. Cette ville en comptait déjà sept en 1660. Ce ne fut cependant qu'à partir de 1669 que la nouvelle industrie prit une importance réellement considérable. Dans les dernières années qui précédèrent 1789, Marseille était le centre principal de la fabrication des Savons. Des usines plus ou moins florissantes existaient également en Italie et en Espagne, surtout à Gênes, à Gaëte et à Alicante. Il y en avait aussi quelques-unes en Angleterre, où elles dataient, dit-on, de 1524. Depuis cette époque, les progrès de l'industrie ont doté tous les pays de la préparation d'un produit dont le développement de l'aisance générale a rendu l'usage universel. Aujourd'hui, la France fabrique à elle seule plus d'un million de quintaux métriques de Savons, dont la moitié environ est fournie par les usines de Marseille. — Pendant très-longtemps, les *Eaux de Savon* provenant du dégraissage des tissus de laine ont été regardées comme sans valeur et nuisibles à la santé. Au commencement de ce siècle, le chimiste Darcet père eut le premier l'idée d'en extraire la matière grasse pour la faire servir à l'éclairage et à d'autres usages économiques. Enfin, vers 1831, M. Houzeau-Muiron, de Reims, reprenant cette idée, se servit des eaux de savon pour obtenir un gaz d'éclairage qui fut aussitôt adopté par plusieurs villes, et cette innovation lui valut, en 1837, un des prix Monthyon décernés par l'Académie des Sciences.

SAXHORN. — Instrument de cuivre, à vent et à bocal, inventé, en 1843, par M. Adolphe Sax, pour remplacer le Bugle-horn, le Cor, le Trombone et l'Ophicléide. Le Saxhorn forme une famille complète, qui comprend sept variétés distinguées par les noms de soprano, mezzo-soprano, alto, ténor, baryton, basse et contre-basse. — Le même facteur a inventé, en 1845, un autre instrument analogue, auquel il a donné le nom de *Saxo-tromba*, et qui constitue aussi une famille complète. Ce dernier est intermédiaire, pour la qualité du son, entre le Saxhorn et la Trompette à cylindre.

SAXOPHONE. — Instrument de cuivre, à vent et à anche, inventé, en 1846, par M. Adolphe Sax. On le regarde avec raison comme une des plus précieuses conquêtes de la musique moderne. Il a le son le plus beau et le plus sympathique qu'on puisse entendre, et offre cette particularité, que, tandis que tous les autres instruments ne sont que des perfectionnements les uns des autres, il a été créé de toutes pièces et s'est trouvé parfait du premier coup. Le Saxophone forme une famille entière composée de huit variétés, qui, dans leur ensemble, renferment toute l'échelle des sons perceptibles. Ces variétés sont : le soprano aigu, le soprano, l'alto, le ténor, le baryton, la basse, la contre-basse en *mi* bémol et la contrebasse en *si* bémol.

SAXTUBA. — Instrument de cuivre, à vent et à bocal, inventé, vers 1844, par M. Adolphe Sax. Sa forme n'a pas été empruntée, comme son nom pourrait le faire croire, à la *tuba* des Romains, mais à leur *cornu*. Il ressemble à une conque recourbée, et un appareil de pistons lui donne l'échelle chromatique. Comme le Saxhorn et le Saxophone, le Saxtuba constitue une famille complète. Il produit un son d'une très-grande puissance et qui surpasse en force celui de tous les instruments connus, sans cesser d'être d'une sonorité claire et saisissable, et sans tomber dans le bruit.

SCAPHANDRE. — On a donné ce nom à des appareils de natation et à des appareils de plongeur. Ces derniers, qui sont les plus importants sous tous les rapports, paraissent dater d'une époque très-ancienne ; mais, très-grossiers à l'origine, ils ne sont devenus d'un emploi véritablement utile que depuis une trentaine d'années. Les plus anciens connus sont probablement ceux dont Léonard de Vinci, mort en 1519, nous a conservé les dessins. Ils se composaient d'un vêtement qui enveloppait la tête et une partie de la poitrine, et qui communiquait avec l'atmosphère au moyen d'un tube flexible dont l'extrémité était soutenue à la surface de l'eau par un flotteur. Dans la seconde moitié du XVIIe siècle, les Anglais perfectionnèrent ces appareils en les formant d'une espèce d'armure de fer-blanc ou de cuivre, mise en communication avec l'extérieur par deux tuyaux de cuir dans lesquels on établissait un courant d'air avec un soufflet. Malgré ces améliorations, les Scaphandres n'étaient bons que pour les petites profondeurs, parce qu'on ne pouvait pas donner à l'air qu'on y envoyait une pression assez grande pour résister à celle de l'eau. On imagina une foule de dispositions pour remédier à cette difficulté, mais on n'obtint de bons résultats que lorsque des inventeurs américains, dont les noms n'ont pas été conservés, imaginèrent, on ignore à quelle époque, d'alimenter les Scaphandres avec un courant d'air continu, produit au moyen de pompes, comme Smeaton l'avait fait, en 1788, pour la Cloche à plongeur. En même temps, on réduisit les appareils à ne plus être que de simples casques métalliques munis d'oculaires de verre. Ces nouveaux Scaphandres furent introduits en Angleterre, vers 1830. Deux mécaniciens de ce pays, MM. Dean et Siebe, s'occupèrent aussitôt de les perfectionner, et ils y réussirent en ajoutant au casque le vêtement imperméable que les Américains avaient supprimé. Dès ce moment, les Scaphandres prirent une grande importance, l'art de la construction à la mer en adopta régulièrement l'usage, et une foule d'esprits ingénieux se mirent à les doter d'une multitude de perfectionnements de détail ayant pour objet l'amélioration des pompes, des oculaires, des soupapes et de la matière du vêtement. Il en existe aujourd'hui un grand nombre, mais ils sont tous identiques quant au principe de leur construction. Un des meilleurs est celui de notre compatriote, M. Cabirol, de Paris ; c'est même le seul que l'on emploie en France pour les recherches sous-marines et pour les constructions qui exigent que l'on travaille sous l'eau. Voyez LAMPE SOUS-MARINE et NATATION.

SCARIFICATEUR. — I. Les instruments agricoles appelés *Scarificateurs* ont été inventés, il y a une quarantaine d'années, pour remplacer la Charrue dans les labours superficiels. Le plus ancien connu paraît avoir été construit par le mécanicien anglais Geffrey. Depuis cette époque, on en a imaginé un grand nombre d'espèces. Les plus usités en France sont ceux de MM. Bataille et Pasquier, qui sont généralement connus, le premier, sous le nom de *Herse Bataille*, le second, sous celui de *Charrue-herse*. On cite encore, parmi les plus parfaits, celui de M. Coleman, perfectionné par M. Bella.

II. En chirurgie, on appelle *Scarificateurs* des instruments destinés à faire des Ventouses scarifiées. Une figure des œuvres d'Ambroise Paré prouve qu'ils étaient déjà connus au xvi° siècle ; mais ce n'est que depuis une quarantaine d'années que l'on a essayé d'en répandre l'usage. Il faut citer, parmi ceux qui ont le plus contribué à les perfectionner, les fabricants d'appareils de chirurgie Deleuil (1823) et Charrière (1841), et le docteur Blatin (1844). Plusieurs de ces instruments ont reçu des noms particuliers. Tels sont les *Bdellomètres* du docteur Sarlandière (1819) et du mécanicien Defert (1840), la *Weigandine* de M. Weigand (1849), la *Ventouse pneumatique* de M. Burnand (1848), l'*Hémoclyse* de M. Bidault (1849). Les Scarificateurs ayant été proposés pour remplacer les Sangsues, dans certains cas, cette circonstance explique l'origine des expressions suivantes adoptées par certains constructeurs : *Sangsue-pompe* (Loffel, 1846), *Sangsue artificielle* (Guidicelli, 1846 ; Alexandre, 1847), *Sangsue mécanique* (Alexandre, 1847), etc.

SCEAU. — Divers passages des Livres saints et les nombreux cylindres gravés en creux que l'on a trouvés dans l'ancienne Assyrie, prouvent que l'usage de sceller les actes et les lettres remonte à la plus haute antiquité. Cet usage a été imaginé pour suppléer à l'ignorance et tenir lieu des signatures. Toutefois, même dans l'antiquité, on a eu souvent recours aux deux moyens. En France, sur les diplômes des deux premières races, le Sceau accompagne ordinairement le monogramme ou la souscription royale. Quelquefois cependant il la remplace entièrement. Sur les actes du viiie au xe siècle, les Sceaux sont rares ; on n'en trouve guère que sur ceux des souverains. Dès la fin du xe, quelques grands vassaux se firent faire des Sceaux. A partir de ce moment, l'emploi de ces instruments se répandit de plus en plus, et il finit par devenir général. On vit alors les seigneurs laïques, les prélats, les communautés, les églises, même les femmes et les simples bourgeois adopter à l'envi des types particuliers, qui favorisaient l'ignorance en dispensant de signer. Enfin, vers le temps de la Renaissance, la vulgarisation de l'écriture fit remplacer peu à peu les Sceaux par les signatures autographes. Aujourd'hui, l'usage des Sceaux est réservé à l'État et aux établissements publics, et ceux des particuliers ne sont plus que de vulgaires cachets dépourvus de toute espèce d'autorité.

SCHISTE. — L'exploitation des *Schistes bitumineux* constitue une industrie intéressante, dont les débuts datent de 1818, mais qui ne s'est développée que depuis une vingtaine d'années. La variété dite *Bog-head* d'Écosse sert à produire un gaz très-riche, dont l'usage se répand de plus en plus, à la place du gaz de la houille, pour l'éclairage des établissements particuliers. La distillation des autres variétés fournit un liquide bitumineux, vulgairement appelé *Huile de schiste*, qui est journellement employé, dans une foule d'ateliers et même dans l'économie domestique, où son prix peu élevé tend à le substituer à l'huile à brûler ordinaire. En même temps que des matières inflammables, les Schistes bitumineux donnent des matières goudronneuses et autres qui trouvent de nombreuses applications dans les arts.

SCIE. — Les Grecs attribuaient l'invention de la *Scie* au mécanicien Dédale ou à son fils Icare, mais à l'époque où ils rapportaient cet événement, cet instrument était connu, depuis très-longtemps, en Égypte et en Phénicie : il est même probable qu'il a été imaginé partout, aussitôt que les arts ont commencé à être cultivés. Quoi qu'il en soit, il résulte de l'examen des monuments peints ou sculptés que l'antiquité nous a transmis, que les Scies des anciens étaient faites comme les nôtres, et qu'elles variaient de formes et de dimensions suivant l'emploi particulier qu'on voulait en faire. Toutefois, les Scies qui figurent sur ces monuments sont toutes des *Scies à main*. Les *Scieries mécaniques* paraissent dater du ive siècle de notre ère : il en est du moins question, pour la promière fois, dans les œuvres du poëte Ausone, qui vivait alors. Elles étaient à lames verticales et à mouvement alternatif, et leur moteur était une roue hydraulique. Ces machines ne servirent d'abord que pour travailler le marbre. Elles furent cependant bientôt appliquées au débitage du bois, dans les pays de forêts, mais les textes fournissent de très-rares indications à ce sujet. On sait seulement que, dès 1420, il en existait déjà plusieurs en Allemagne, notamment à Breslau et à Erfurth, et que, vers la même époque, les Portugais en montèrent un certain nombre dans l'île de Madère, pour exploiter les richesses forestières de cette terre qu'ils venaient de découvrir. On sait aussi qu'elles étaient encore très-rares en Angleterre au milieu du siècle suivant. Les Scieries mécaniques à mouvement continu sont une des plus précieuses acquisitions de l'industrie moderne. Elles diffèrent surtout des précédentes en ce que leur outil coupant est une *Scie circulaire*, c'est-à-dire un disque d'acier muni de dents sur sa circonférence, et percé d'un trou central dans lequel passe un arbre de fer qui reçoit d'un moteur quelconque, le plus souvent d'une machine à vapeur, un mouvement de rotation très-rapide. On attribue généralement leur invention à l'illustre Isambart-Marc Brunel, qui l'aurait faite en 1805, mais Samuel Bentham s'en servait déjà en Angleterre depuis au moins 1793. Elles n'étaient même pas tout à fait inconnues dans notre pays, où, en 1798, le mécanicien Albert en avait fait breveter plusieurs, qu'il appelait *Scies sans fin*. Une chose cependant appartient à Brunel, c'est que ce sont les perfectionnements dont il dota les Scies de ce genre qui ont répandu l'usage de ces appareils. Depuis le commencement de ce siècle, peut-être même avant, on a plusieurs fois essayé, dans les scieries mécaniques à mouvement continu, d'employer des Scies formées, soit de plusieurs petites lames ajustées comme les anneaux des chaînes à la Vaucanson, soit d'un ruban unique d'acier, soudé par les deux bouts et roulant sur deux cylindres ou sur deux poulies. Ces innovations ont donné naissance aux *Scies à ruban*. V. au *Compl.*

SCIENCES (*Académie des*). — Vers 1635, le père Mersenne réunit chez lui un cer-

tain nombre d'amis qui s'occupaient en commun d'expériences de physique. Plus tard, ces réunions scientifiques se tinrent chez Montmort et le voyageur Thévenot. Les savants qui en faisaient partie formèrent le noyau de l'*Académie royale des Sciences* qui fut fondée à Paris, en 1666, par Louis XIV, sur la proposition du grand Colbert. Comme les autres académies, cette institution célèbre se proposa quelque grand travail, et la mesure du méridien, ordonnée par elle et exécutée par ses membres, répondit à l'attente de la France. Elle fut supprimée en 1793, mais, en 1795, ses attributions furent confiées à la première classe de l'Institut national. Enfin, le 21 mars 1816, lors de la réorganisation de ce dernier, elle reprit son ancien titre. L'Académie des Sciences a fait un grand nombre de publications importantes. Pour les temps antérieurs à 1790, on lui doit 129 volumes de *Mémoires* (1666-1790), 9 volumes de *Prix*, 7 volumes de *Machines approuvées*, 116 volumes d'*Éphémérides*, et une grande collection intitulée : *Description des arts et métiers*, dont le commencement parut en 1761. Depuis 1816, elle publie une nouvelle collection de *Mémoires* et des *Comptes-rendus hebdomadaires* de ses séances. Voyez INSTITUT.

SCINTILLATION. — C'est l'espèce de tremblement que l'on remarque dans la lumière des Étoiles. Depuis Aristote, ce phénomène a été étudié par presque tous les astronomes, mais on n'est pas encore parvenu à en trouver la cause.

SCORSONÈRE. — Cette plante est, dit-on, originaire de l'Afrique du Nord, d'où l'on suppose que les Arabes l'ont apportée en Espagne. Son introduction en France paraît avoir eu lieu à la fin du XVIe siècle.

SCULPTURE. — Comme tous les autres arts, la *Sculpture* remonte à l'origine même de la civilisation. Il est donc absurde de rechercher, comme l'ont fait certains auteurs, à quelle nation et à quelle époque on doit en attribuer l'invention. Tout ce qu'on peut dire, c'est que, dans l'antiquité, ce furent les Grecs qui, pour la première fois, la constituèrent en art indépendant. De plus, les sculpteurs de ce peuple la portèrent à un si haut degré de perfection, que leurs chefs-d'œuvre n'ont jamais pu être dépassés. Les artistes de la Grèce ne travaillèrent d'abord que le bois. Vers l'an 720 avant notre ère, Learchus de Rhegium commença à se servir du bronze, mais en formant ses statues de plaques obtenues isolément et assemblées avec des clous. Au siècle suivant, Glaucus de Chios trouva l'art de souder les métaux, et, un peu plus tard, Rhœcus de Samos découvrit celui de les couler. En même temps, on mettait en œuvre la pierre, le marbre et l'argile. Aux matières déjà employées, le vi^e siècle ajouta l'ivoire et les métaux précieux, innovation qui produisit la Sculpture dite *chryséléphantine*. La Sculpture était déjà parvenue à un très-haut degré de perfection, lorsque le siècle de Périclès la vit atteindre à son apogée. Athènes et Argos devinrent alors ses deux centres principaux, la première, avec Phidias (498-430), Agoracrite et Alcamène; la seconde, avec Polyclète de Sicyone (480 440) et Miron d'Éleuthères. Scopas de Paros (460-310) et Praxitèle d'Athènes (360-280), qui vinrent ensuite, remplirent la Grèce de leurs œuvres. Lysippe de Sicyone (350-320), fut le seul artiste à qui Alexandre le Grand permit de le représenter en marbre. La Sculpture continua à être cultivée avec succès dans les divers royaumes qui se formèrent à la mort de ce prince; mais, après la conquête de la Grèce et de l'Asie par les Romains, presque tous les artistes se transportèrent à Rome, parce que ce fut seulement chez le peuple vainqueur qu'ils purent dès lors trouver l'emploi de leur talent. A partir du règne d'Auguste, la Sculpture dégénéra rapidement, et lorsque Constantin monta sur le trône, c'est-à-dire à la fin du iiie siècle de notre ère, elle avait entièrement disparu. Pendant tout le moyen âge, la Sculpture fut réduite à n'être qu'un simple ornement de l'architecture, et elle ne reprit sa place dans le système des beaux-arts qu'à l'époque où l'étude de l'antiquité classique s'empara des esprits. L'Italie donna le signal de ce mouvement. Dès le xiiie siècle, il existait à Pise un sculpteur de mérite, Nicolas, que l'on regarde comme le restaurateur de son art, et qui fit un grand nombre d'élèves habiles. Au siècle suivant, Giotto fonda l'école de Florence, d'où sortit Orcagna; et l'école de Sienne produisit Della Quercia. Le

xve siècle fut d'une richesse inouïe. Il compta Laurent Ghiberti (1378-1455), Donatello (1383-1466), Brunelleschi (1377-1444), André Verrocchio (1422-1483), Dominique Ghirlandaio (1451-1495), qui tinrent tous le premier rang, et auxquels succédèrent Michel-Ange Buonarotti (1474-1563), Bandinelli (1487-1559), Torregiano (1472-1522), Benvenuto Cellini (1500-1570), et Jean de Bologne (1524-1608). Après ces grands artistes, la Sculpture dégénéra beaucoup en Italie, et il faut arriver jusqu'à la fin du siècle dernier pour la voir briller de nouveau, mais momentanément, entre les mains d'Antoine Canova (1757-1822). De toutes les autres parties de l'Europe, c'est la France qui a cultivé la Sculpture avec le plus de succès; on peut même dire que, dans les temps modernes, cette branche des beaux-arts n'a réellement eu que deux grandes écoles, l'école italienne et l'école française. Les plus anciens sculpteurs français appartiennent au xvie siècle : c'est l'époque de Jean Goujon, le premier de tous (1520-1572), de Germain Pilon (1515-1590), et de Jean Cousin (1530-1590). Au xviie parurent François Sarrazin (1590-1660), Michel Anguier (1612-1686), et Pierre Puget (1622-1694), que suivirent Girardon (1630-1715), Coysevox (1640-1720) et Nicolas Coustou (1658-1733). Parmi les artistes les plus distingués du siècle suivant, il suffira de citer Bouchardon (1698-1762), Falconet (1716-1794), Houdon (1740-1828), Allegrain (1710-1795) et Pigalle (1714-1785). Au commencement de ce siècle, notre pays ne posséda aucun sculpteur d'un ordre véritablement supérieur, mais bientôt parurent trois hommes qui rendirent à leur art la place qu'il avait perdue : nous voulons parler de Pradier (1792-1852), de Rude (1784-1855) et de David d'Angers (1789-1856). Quoique les autres parties du continent européen n'aient point formé de véritables écoles de Sculpture, quelques-unes cependant ont produit des artistes d'un talent très-remarquable. Nous citerons seulement le danois Albert Thorwaldsen (1770-1844), les espagnols Alphonse Berruguete (1480-1561) et Joseph Alvarès (1768-1827), et l'anglais John Flaxman (1757-1826). — En 1648, le cardinal Mazarin établit à Paris une *Académie de Sculp-*

ture et de Peinture, dans laquelle il fit entrer les artistes les plus célèbres de l'époque. Toutefois, cette institution ne fut régulièrement constituée qu'en 1655. Supprimée en 1793, ses attributions furent confiées, en 1795, à deux des sections de la quatrième classe de l'Institut national. Enfin, le 21 mars 1816, lors de la réorganisation de ce dernier, ces deux sections formèrent une partie de l'Académie actuelle des Beaux-arts.

SCULPTURE MÉCANIQUE. — On désigne génériquement sous ce nom les procédés inventés pour reproduire économiquement, soit en les réduisant ou les amplifiant, soit en conservant leurs dimensions naturelles, les divers produits de l'art du sculpteur. Parmi ces procédés, ceux du *Moulage* et de l'*Estampage* sont probablement les premiers que l'on ait connus, mais l'industrie moderne ne les a pas trouvés suffisants, et en a demandé de nouveaux au génie des inventeurs. La première idée de la Sculpture mécanique, telle qu'on la comprend aujourd'hui, paraît appartenir à M. de la Condamine, membre de l'ancienne Académie des Sciences. En 1733, ce savant publia la description d'une machine propre à copier un portrait ou une médaille en relief. C'est en se fondant sur le principe de cette machine, qu'en 1749 un artiste dont le nom n'a pas été conservé imagina le *Tour à portrait*, qui, perfectionné un peu plus tard par les mécaniciens Mercklin, Hulot et autres, fut adopté par les graveurs en médailles. Toutefois, malgré les perfectionnements qu'il avait reçus, cet instrument était encore rempli de défauts. Il permettait bien de copier un bas-relief en le réduisant, mais il fallait que les objets n'eussent pas de grandes dimensions : de plus, il ne pouvait reproduire, dans une dimension différente, la sculpture de ronde bosse. Ce sont ces difficultés que M. Achille Colas entreprit de surmonter. Dès 1830, il essaya d'appliquer le Tour à portrait à la copie des rondes bosses, quelles que fussent leurs proportions, et il y réussit en y introduisant des combinaisons nouvelles qu'il fit breveter le 22 mars 1837. Dans le principe, cet artiste découpait le modèle de telle sorte que chaque partie, étant surmoulée isolément, sortait du moule d'une seule pièce, et, en réunissant ensuite les

fragments ainsi obtenus, il produisait une copie identique de l'original. Toutefois, comme ce procédé laissait trop à faire à la dextérité et à l'intelligence du monteur, M. Colas se remit à l'œuvre, et, en 1843, il obtint directement des rondes bosses d'une seule pièce. « La Machine-Colas, disait le rapporteur de l'Exposition qui eut lieu l'année suivante, copie, réduit en grand, en pierre, en ivoire, en plâtre, en bronze, en bois, les statues, les groupes, les bas-reliefs, les rondes bosses, les ornements, enfin, tous les motifs qui lui sont demandés, et le tout avec une fidélité scrupuleuse et l'exactitude la plus sévère. » — Avant, comme après M. Achille Colas, le problème de la Sculpture mécanique a occupé plusieurs esprits, mais il est le seul qui l'ait résolu. D'ailleurs, la plupart de ceux qui ont fait des recherches dans la même voie, tels que MM. Philippe de Girard (1830), Grimpé (1834), Frédéric Sauvage (1836), etc., se sont surtout proposé de construire des appareils propres à des applications spéciales, telles que la fabrication des bois de fusil et de pistolet, des formes de souliers, etc. Un très-petit nombre de ces applications spéciales ont eu quelque succès. Ainsi, en 1836, M. Moreau, de Paris, est parvenu à exécuter sur marbre des ornements en creux ou en relief au moyen d'un moule en fonte qui frappe constamment le marbre pendant qu'une bouillie d'eau et de grès coule en même temps entre les deux corps. En 1838, M. Graenacker, aussi de Paris, a obtenu le même résultat sur bois à l'aide d'une pression très-énergique et de moules en fonte chauffés au rouge. Enfin, en 1839, un autre industriel parisien, M. Ardisson, a imaginé de couvrir le bois d'ornements en le comprimant avec des moules qui refoulent énergiquement les fibres dans le sens vertical ; mais ce procédé n'est en réalité qu'une chose très-ancienne modifiée.

SÉCHAGE. — Le *Séchage à l'air libre* est tellement simple qu'il doit remonter à l'origine même des sociétés, mais son extrême lenteur dans nos climats l'a fait remplacer, dans l'industrie, par des procédés plus expéditifs. Le premier progrès dans cette voie paraît avoir consisté à augmenter, par des moyens naturels ou artificiels, l'activité et le renouvellement de l'air sur les objets à dessécher. Ce système a été appliqué, dès 1800, par notre compatriote Pochon, au séchage du linge, mais il était déjà connu, depuis longtemps, en Angleterre; c'est même dans ce pays qu'il a été jusqu'à présent le plus employé. Le *Séchage à air chaud*, dans des chambres généralement appelées *séchoirs* ou *étuves*, remonte probablement à une très-haute antiquité et a dû être usité par les Romains : toutefois, ce sont les modernes qui l'ont appliqué les premiers sur une grande échelle, et l'on en fait aujourd'hui usage dans une foule d'industries, notamment dans l'indiennerie et la teinturerie. Souvent aussi, dans ces deux branches industrielles, on le remplace par un autre procédé, le *Séchage à la vapeur*, qui consiste à faire passer les étoffes sur des cylindres creux de cuivre ou de fer-blanc dans l'intérieur desquels passe un courant de vapeur. Enfin, pour certains tissus, on se contente de les soumettre à l'action des machines dites *Essoreuses*. Quant au *Séchage à la fumée* ou *Fumage*, il ne sert qu'à soustraire les viandes à la décomposition, et l'on a vu ailleurs qu'il a été employé de tout temps par les Indiens de l'Amérique, ainsi que par les peuples du nord de l'Europe et par ceux de l'Océanie. Voyez ESSORAGE.

SECTEUR ASTRONOMIQUE.— Instrument d'astronomie destiné à faire connaître les différences d'ascension droite et de déclinaison de deux astres qui sont trop grandes pour être observées avec le télescope immobile. Il a été inventé en 1725; suivant les uns, par l'horloger anglais Georges Graham ; suivant les autres, par le mathématicien irlandais Guillaume Molyneux.

SEL. — Le *Sel commun* ou *Sel de cuisine* est un des corps les plus répandus dans la nature. Il manque cependant dans certaines contrées, et c'est à cette circonstance qu'il doit d'y servir de monnaie. Son usage dans l'économie domestique remonte aux premiers âges du monde. Toutefois, chez les Grecs, on attribuait à un nommé Phidippus la première idée de l'employer pour la conservation des aliments. Les peuples modernes ont beaucoup étendu le cercle de ses applications. Ainsi, aujourd'hui, outre son usage dans l'art culinaire, il sert aussi à préparer le sel ammoniac, le savon, le chlore, le carbonate et le sulfate de soude, l'acide hydrochlorique, etc. On l'utilise encore, dans l'agriculture, pour l'amendement des terres et l'engraissement des bestiaux; mais ce dernier emploi était déjà connu au VIᵉ siècle, ainsi que le prouve un passage de saint Grégoire le Grand. La nature de ce produit a été inconnue de tous les peuples de l'antiquité. Ce n'est même que vers le milieu du dernier siècle qu'on a commencé à l'entrevoir. Le chimiste prussien Margraff démontra, le premier, qu'on peut retirer du Sel, outre de l'acide chlorhydrique, un véritable alcali, très-différent de la potasse, qu'il appela *Alcali fixe* minéral, et qui n'est autre chose que notre *Soude*. En raison de sa composition, le Sel fut alors nommé *Muriate* ou *Hydrochlorate de soude*, et il ne reçut, dans la langue de la science, le nom de *Chlorure de sodium*, que longtemps après la découverte de la Soude. Comme les modernes, les anciens retiraient le Sel des eaux de la mer, des sources salées et des mines, et par les mêmes procédés. Il existait de véritables marais salants dans l'île de Crète et sur quelques points du littoral de l'Afrique et de l'Italie : Pline le Naturaliste le dit positivement. Ceux de nos côtes de l'Océan et de la Méditerranée remontent aussi à une époque très-éloignée. Il y en eut également, au moins dès le VIIᵉ siècle, sur les côtes de la Manche, d'où ils ont disparu depuis environ cent cinquante ans. Dans les Gaules, en Germanie, dans l'Asie Mineure et ailleurs, on exploitait, comme on le fait encore, de nombreuses sources salées : on ignore à quelle époque on a commencé, pour la mise en valeur de ces sources, à se servir des appareils appelés *Bâtiments de graduation*, pour hâter l'évaporation de l'eau, mais on sait que la variété dite *Bâtiments à cordes* a été inventée, en 1778, par M. Dubutel. Quant au Sel gemme, on l'extrayait, surtout en Cappadoce, à Agrigente, à Tragasée et à Orchomène. Les célèbres mines de Wieliczka et de Bochnia, près de Cracovie, ont été découvertes, vers le milieu du XIIIᵉ siècle, sous le règne de Boleslas V, roi de Pologne.

SÉLÉNIUM. — Corps simple métallique

découvert, à la fin de 1816, par Berzelius, dans le résidu de chambres à acide sulfurique où l'on brûlait du soufre de Fahlun. L'illustre chimiste l'appela *Sélénium*, d'un mot grec qui signifie *lune*, par opposition au nom de *Tellure*, qui vient du latin *tellus*, terre, et que porte un métal avec lequel il lui trouva quelques points de ressemblance. Le Sélénium est très-rare dans la nature, et n'a pas reçu d'applications. Il accompagne souvent le soufre, avec lequel il est isomorphe, et qu'il peut remplacer.

SELLE. — On admet généralement que les anciens montaient à cheval, soit à poil, soit au moyen d'un *ephippium*, terme générique qui signifiait tantôt une simple couverture, tantôt un coussinet rembourré que l'on couvrait quelquefois, du moins à Rome, avec une housse (*strayula*). Dion Cassius prétend que ce dernier usage ne s'introduisit chez les Romains que sous le règne de Néron, mais c'est une erreur, puisqu'il en est déjà question dans un passage de Jules César, où il est dit que les Germains auraient rougi de se servir de l'*ephippium*. Quant à la Selle proprement dite (*sella equestris*), on suppose qu'elle fut inventée vers le milieu du IVe siècle, car Végèce est le premier auteur qui en parle. On sait, en outre, qu'en 385, un rescrit de l'empereur Théodose défendit à ceux qui prenaient des chevaux de poste de faire usage de Selles pesant plus de 60 livres, et permit de briser celles qui dépasseraient ce poids. Il paraît encore que cette partie du harnachement ne tarda pas à recevoir une très-riche ornementation, puisque, au siècle suivant, l'empereur Léon Ier interdit d'y faire entrer les perles et les pierres précieuses. Les Selles romaines n'avaient point d'Étriers. Pour suppléer à ces derniers, on dressait les chevaux à s'agenouiller au commandement du cavalier. Voyez ÉTRIER.

SEMOIR. — De tout temps, on s'est contenté, pour exécuter l'ensemencement des terres, de répandre les graines à la main. Ce procédé est évidemment très-simple, mais il présente, dans la pratique, de nombreux inconvénients. D'abord, la semence, tombant où le hasard la pousse, se trouve répartie de la manière la plus inégale, surtout quand il fait du vent. Ensuite, toutes les graines n'étant pas placées à la même profondeur, les plantes qui en proviennent mûrissent irrégulièrement : beaucoup même restent improductives parce qu'elles sont trop enfouies ou qu'elles ne le sont pas assez. Il en est, enfin, un grand nombre qui sont dévorées par les oiseaux, parce qu'on ne peut les enterrer assez rapidement. C'est pour remédier à ces divers inconvénients que l'on a inventé les *Semoirs*. Ces instruments paraissent avoir été connus en Chine de très-bonne heure, mais ce n'est qu'à la fin du XVIIe siècle que l'on a eu l'idée d'en doter l'agriculture européenne. Le premier fut proposé par l'espagnol Lucatello; il eut peu de succès. Un second, imaginé, quelques années après, par l'anglais Tull, fut mieux accueilli : Duhamel le fit connaître en France en 1750. Dès ce moment, les mécaniciens agricoles se mirent à l'œuvre, et chacun voulut avoir son Semoir particulier, qu'il ne manqua pas de proclamer supérieur à tous les autres. Le nombre de ces appareils est aujourd'hui très-considérable. Il y en a de toutes les formes et de toutes les dimensions, les uns propres à répandre toutes les graines en général, les autres simplement destinés à une ou à quelques-unes d'entre elles. En France, on cite surtout le *Semoir à cuillères de Grignon*, le *Semoir Hugues*, le *Semoir Jacquet-Robillard*, le *Semoir Barrault*, le *Semoir Calbiac*, le *Semoir Crespel*, et quelques autres. Les Anglais font beaucoup de cas de ceux des ingénieurs Hornsby, Garrett, James Smith et Coleman. En Allemagne, on vantait autrefois les *Semoirs de Thaer* et celui de *Fallemberg*, mais on les a remplacés de nos jours par les Semoirs anglais.

SÉRIMÈTRE. — Instrument inventé, vers 1838, par M. Robinet, maguanier à Poitiers, pour déterminer la ténacité et l'élasticité de la soie. Son usage est aujourd'hui répandu dans toute l'Europe.

SERPENT. — L'instrument de musique, ainsi appelé à cause de sa forme, paraît avoir été inventé, en 1590, par l'abbé Edme Guillaume, chanoine de la cathédrale d'Auxerre. Il a figuré, pendant plus de trois siècles, dans la musique d'église, d'où sa construction vicieuse et la fausseté de la plupart de ses intonations l'ont fait expulser de nos jours.

SERRURE. — Le *Verrou* est sans doute le premier instrument que l'on ait employé pour fermer les habitations, mais on ne dut pas tarder à reconnaître son insuffisance, et cette remarque donna lieu à l'invention de la *Serrure*. Tout porte à croire que le nouvel appareil fut d'abord d'une grande simplicité. Il consista probablement en un seul pêne, que l'on faisait entrer dans un trou du mur en lui imprimant un mouvement de va-et-vient avec une clé à panneton massif. Plus tard, on imagina d'augmenter sa sûreté, en plaçant dans son intérieur des gardes ou garnitures qui s'opposaient à l'introduction de toute clé étrangère. Les Serrures ainsi perfectionnées étaient connues en Égypte plusieurs milliers d'années avant notre ère. Dans la suite, les Grecs et les Romains en firent également usage, et les spécimens que l'on conserve dans les musées prouvent qu'ils cultivaient avec beaucoup de succès cette partie de l'art du serrurier. Pendant le moyen âge, on s'appliqua surtout à l'ornementation extérieure des Serrures. De plus, pensant que la sûreté de ces instruments provenait de leurs dimensions et de la complication de leurs parties intérieures, on les fit généralement très-volumineux, et on les munit de garnitures contournées et agencées de mille manières. Ce n'est qu'à la fin du XVIIe siècle que l'on a commencé à se faire des idées justes des conditions que doivent réunir les bonnes Serrures, mais les plus grands progrès n'ont été réalisés que depuis le commencement du XIXe. Les Serrures ordinaires ne garantissant pas suffisamment les portes des meubles et des appartements, on a essayé, de bonne heure, de remédier à cet inconvénient en imaginant les Serrures dites *de précision* ou *de sûreté*, dont il existe deux espèces, les *Serrures à secret* et les *Serrures à combinaison*. Les Serrures à secret ont été ainsi appelées, parce que, quand elles sont fermées, on ne peut les ouvrir qu'en procédant d'une certaine manière. Leur sûreté consiste ordinairement dans la disposition de leurs garnitures, que l'on fait même quelquefois mobiles. Ces instruments paraissent avoir été connus de tout temps. Les Serrures à combinaison se composent d'un mécanisme dont les pièces doivent être placées dans un certain ordre pour qu'on puisse les ouvrir. Les unes s'ouvrent avec une clé d'une forme particulière, et qu'on ne peut imiter, si on a le soin de ne pas la laisser à tout le monde. Les autres, au contraire, s'ouvrent toutes seules aussitôt que les pièces sont amenées dans la position voulue. Les Serrures du premier genre datent de la plus haute antiquité. La plus ancienne connue est la *Serrure égyptienne*, dont l'usage, général en Égypte, plus de dix siècles avant Jésus-Christ, est encore très-répandu dans tout le Levant. Le principe de sa construction a été appliqué, en Europe, pour la première fois, en 1744, par l'anglais Baron. Quarante ans plus tard, c'est-à-dire en 1784, un autre anglais, Joseph Bramah, l'adopta pour sa *Serrure à pompe*, que Chubbs perfectionna ensuite sous le nom de *Serrure à gorge et à délateur*, et qu'un de nos compatriotes, M. Robin, de Rochefort, améliora de nouveau, vers 1830, en lui donnant une clé changeante. C'est en modifiant l'invention de ce dernier que, de nos jours, les Américains Day et Newell ont créé leur *Serrure à permutation*. Un grand nombre d'autres Serrures ont été construites, dans toutes les parties de l'Europe, sur le même principe, mais il ne paraît pas qu'on ait pu encore en faire une qui soit absolument incrochetable. Les Serrures du second genre semblent dater du XVIe siècle. Elles sont formées de plusieurs viroles portant des lettres, des chiffres ou d'autres signes, et disposées de manière que, pouvant prendre une multitude de positions relatives, une seule de ces positions permet l'ouverture de la Serrure. Les instruments de cette espèce se trouvent le plus souvent sous forme de Cadenas. On cite surtout, parmi ceux qui, depuis le commencement de ce siècle, se sont le plus occupés de leur fabrication, les mécaniciens français Régnier, Robin et Louis Tissier. M. Robin en envoya une, pour coffre-fort, à l'Exposition de 1834, dont les pièces étaient susceptibles de 150, 587, 625, 890 combinaisons, et qui résista à toutes les tentatives que l'on fit pour l'ouvrir. Voyez CADENAS.

SÉSAME. — Le *Sésame* (*Sesamum orientale*) est originaire de l'Orient, où on le cultive, de temps immémorial, comme plante oléagineuse. Hérodote rapporte que les Babyloniens le firent connaître aux Égyptiens, et ceux-ci aux Juifs. Aujourd'hui encore, la culture du Sésame a lieu, sur la plus grande échelle, dans tout le Levant, ainsi qu'en Grèce et au nord de l'Afrique. La France reçoit annuellement, de ces divers pays, 13 à 14 millions de kilogrammes de graines de Sésame, d'où elle extrait une huile qui sert principalement pour l'éclairage.

SEXTANT. — Instrument astronomique à réflexion qui sert à mesurer la distance angulaire de deux points éloignés. Il consiste en un secteur, dont l'arc, divisé en degrés, forme à peu près le sixième (*sexta pars*) de la circonférence, et c'est à cette circonstance qu'il doit son nom. Le principe du Sextant est dû au physicien anglais Robert Hooke, en 1664, mais ce savant n'employa qu'une seule réflexion. Un peu plus tard, Newton proposa un instrument analogue, avec quelques perfectionnements. Enfin, en 1731, sans avoir connaissance des faits précédents, John Hadley publia, sous le nom d'*Octant*, parce que son secteur comprenait le huitième de la circonférence, l'instrument que l'on appelle encore aujourd'hui ainsi. L'idée de cet instrument paraît avoir été émise, à la même époque, par plusieurs autres personnes ; mais, comme Hadley est le premier qui en ait fait construire ou en ait démontré l'utilité pour la navigation, il passe à bon droit pour l'inventeur. L'usage de l'Octant et du Sextant constitue, en effet, un progrès immense dans l'art nautique, en ce qu'il a permis de mesurer en mer les distances angulaires malgré les mouvements du navire.

SIÉGE DES PLACES. — Avant l'invention de la Poudre, la défense des places était de beaucoup supérieure à leur attaque. Quand on ne pouvait pénétrer dans une ville par surprise, il n'était souvent possible de s'en emparer qu'en affamant la garnison, ce qui entraînait une perte de temps énorme. D'autres fois, on cherchait à faire brèche aux remparts, mais on n'y réussissait pas toujours. L'adoption des armes à feu révolutionna complétement l'art des siéges, en faisant passer la supériorité à l'attaque. Aussi, depuis cette époque,

il n'est aucune place qui puisse résister à un siége conduit avec intelligence : de là est venu le proverbe : place attaquée, place prise. Dans le système moderne, on s'approche des ouvrages de défense en cheminant dans des fossés étroits, appelés autrefois *Cheminements* et aujourd'hui *Tranchées*, dont on attribue l'invention aux Turcs qui en auraient fait usage, pour la première fois, en 1529, au siége de Vienne. Dans le principe, ces fossés étaient indépendants les uns des autres, mais, un peu plus tard, on imagina de les relier ensemble par d'autres fossés concentriques à la place, qui ont reçu le nom de *Parallèles*, à cause de leur disposition : cette innovation fut soumise à des règles fixes par le maréchal de Vauban, pendant le siége de Maëstricht, en 1667. Ces parallèles sont accompagnées de bouts de tranchées, nommés *Demi-parallèles*, dont le premier emploi est attribué au maréchal Blaise de Montluc, à l'époque du siége de Thionville, en 1558. Pour dominer les ouvrages de l'ennemi, les Romains construisaient souvent des *Cavaliers de tranchée*, c'est-à-dire des massifs de terre sur lesquels ils établissaient leurs machines. Les Turcs firent revivre cet usage, en 1570, au siége de Famagouste, et l'on assure que Vauban y eut, le premier, recours, dans les armées occidentales, en 1684, au siége de Luxembourg. Le même ingénieur fit adopter le *Tir à ricochet*, déjà indiqué, en 1672, par Thomas Morelli, et il l'employa, pour la première fois, d'une manière régulière, au siége d'Ath, en 1697. On lui doit encore la disposition que l'on a toujours donnée depuis aux *Batteries de brèche*. En effet, dès 1676, il fit ouvrir les remparts avec des pièces de gros calibre tirant de près, tandis que, avant cette époque, on l'avait toujours fait soit avec la mine, soit avec des pièces tirant de loin. Voyez MINES DE GUERRE.

SIGNATURES. — L'usage d'indiquer l'ordre successif des feuilles ou cahiers d'un livre par les lettres de l'alphabet remonte aux premiers temps de l'Imprimerie. On en trouve la première application dans le *Præceptorium divinæ legis* de Jean Nider, publié à Cologne, en 1472, par Jean Kœlhof, mais il ne se généralisa que vers la fin du XVIᵉ siècle. Aujourd'hui, au lieu de lettres, on se sert de chiffres arabes, que l'on met au bas du recto de la première page de chaque feuille.

SIGNAUX DÉTONANTS. — Espèces de pétards de sûreté imaginés, vers 1848, par l'anglais Cowper, d'où le nom de *Cowper's fogsignals* qu'on leur donne en Angleterre. Ils ont d'abord été destinés à servir, en temps de brouillard, sur les Chemins de fer, mais on n'a pas tardé à les employer dans les circonstances ordinaires de l'exploitation. Ainsi, par exemple, quand un train est arrêté sur la voie par une cause accidentelle, on place, à 500 mètres au moins et de distance en distance, un certain nombre de ces pétards, dont la détonation, qui a lieu par la pression des roues de la locomotive, s'il survient un convoi, appelle l'attention du mécanicien de celui-ci, et devient un signal d'arrêt immédiat. M. Le Gavrian, ancien négociant à Orléans, faisant revivre une idée déjà ancienne, a proposé de les remplacer par des *Fusées*, mais l'invention anglaise a été reconnue meilleure.

SIGNAUX MARITIMES. — Le besoin de faire communiquer entre eux, à longue distance, les navires d'une même flotte, a dû faire imaginer, de bonne heure, des signaux de convention. On ne sait pas en quoi consistaient ceux dont les anciens se servaient, mais il est probable qu'ils ne différaient pas beaucoup de ceux du moyen âge. Or, à cette époque, les communications avaient lieu, pendant le jour, avec les voiles et des enseignes, et, pendant la nuit, avec des fanaux, auxquels on donnait des significations particulières suivant la position relative qu'on leur faisait prendre. L'instruction la plus ancienne sur l'emploi des signaux maritimes paraît être celle qui fut rédigée, en 1340, par Fabrigo, grand amiral de Castille. Depuis cette époque, c'est par des moyens analogues que les navigateurs ont constamment communiqué entre eux, mais on y a naturellement introduit les perfectionnements dont la pratique a fait reconnaître l'utilité. Les premières améliorations importantes sont attribuées au duc d'York, devenu roi d'Angleterre sous le nom de Jacques II, qui les aurait réalisées en 1688. C'est le vice-amiral Rosili-Mesros, président des constructions navales sous l'Empire, qui a eu, dit-on,

la première idée du système qui, modifié plus tard par l'amiral Burgues de Missiessy, fut adopté, vers 1826, par la marine française. Il a été remplacé depuis par celui de M. Raynold de Chauvancy, qui date de 1845, mais qui n'est devenu obligatoire qu'en 1855. Le *Code Reynolds*, comme on appelle ce dernier, est tellement supérieur à ceux qu'on avait précédemment imaginés, que presque tous les gouvernements étrangers en ont prescrit l'emploi à leurs nationaux. Cependant, malgré son incontestable supériorité, plusieurs inventeurs ont cru devoir proposer le maintien des anciens signaux, surtout ceux de nuit, mais en les dotant de diverses améliorations, consistant, les unes, à munir les fanaux de verres de couleur, afin de pouvoir les distinguer plus facilement, les autres, à augmenter leur éclat, soit au moyen de lentilles à échelons, soit à l'aide de la lumière électrique ; mais ces innovations n'ont pu entrer dans la pratique.

SILEX. — La *Silice* a été signalée par les plus anciens chimistes, mais on l'a regardée, pendant très-longtemps, comme une terre, que l'on appela successivement *Silex*, *Terre siliceuse* et *Terre vitrifiable*. Elle n'a été reconnue comme un composé acide que depuis les premières années de ce siècle : de là le nom d'*Acide silicique*, qu'on lui a donné depuis. Le radical de cet acide, le *Silicium*, a été isolé pour la première fois, par Berzélius, en 1823. En se combinant avec la potasse et la soude, la silice forme deux sels solubles, le *Silicate de potasse* et le *Silicate de soude*, qui ont reçu de nos jours d'utiles applications industrielles. La dissolution du premier de ces sels dans l'eau bouillante constitue ce que les anciens chimistes appelaient *Liqueur des cailloux*, parce qu'ils se servaient de cailloux pour la préparer. Voyez SILICATISATION et VERRE SOLUBLE.

SILICATISATION. — Vers 1841, en étudiant l'action du silicate de potasse sur la craie, M. Kuhlmann, chimiste à Lille, reconnut qu'une dissolution de cette substance, c'est-à-dire ce qu'on appelait anciennement *Liqueur des cailloux*, possède la propriété de durcir et de rendre compactes en très-peu de temps les pierres calcaires les plus tendres.

Cette découverte a produit dans l'architecture la même révolution que le procédé du docteur Boucherie dans l'industrie du bois. Il suffit, en effet, d'appliquer au pinceau ou par un simple arrosage, une solution de silicate de potasse, sur des statues, des murs ou des enduits calcaires, pour donner presque instantanément à leur surface une dureté énorme qui prolonge indéfiniment leur durée, et les parties durcies sont d'autant plus profondes que la pierre est plus poreuse et la quantité de dissolvant plus grande. Ce procédé a reçu de son inventeur le nom de *Silicatisation.* Il a été déjà appliqué, et presque toujours avec le plus grand succès, à plusieurs monuments publics, tant en France qu'en Angleterre et en Allemagne. M. Kuhlmann s'est encore servi, et non moins heureusement, de la même dissolution, pour remplacer l'huile cuite et l'essence de térébenthine, dans la peinture en détrempe et la peinture à l'huile ; les couleurs ainsi préparées adhèrent admirablement au bois, au verre, à la pierre, à la porcelaine et au métal, et acquièrent très-promptement une dureté excessive. Enfin, il en a fait encore d'heureuses applications à la dorure, à l'impression typographique et à celle des papiers peints et des étoffes. Parmi ceux qui, après M. Kuhlmann, se sont occupés de la Silicatisation et ont le plus contribué à la rendre pratique, on cite surtout notre compatriote Léon Dallemagne et le chimiste anglais Ransome.

SILICIUM. — Voyez **SILEX.**

SILLOMÈTRE. — Voyez **LOCH.**

SILOS. — Excavations que l'on pratique dans le sol pour y conserver diverses récoltes, principalement les céréales. Les *Silos* datent d'une époque immémoriale en Égypte, en Sicile, en Espagne et dans toute l'Afrique du Nord, où ils ont toujours produit d'excellents résultats. On a même trouvé, dans plusieurs de ces pays, du blé qui n'avait perdu aucune de ses propriétés, après plus de mille ans d'ensilotage. Toutefois, si les Silos conviennent parfaitement aux climats chauds, ils ne peuvent être utilement employés dans les contrées tempérées que moyennant des précautions particulières qui en rendent la construction assez dispendieuse. Au commencement de ce siècle, le général Dejean, alors ministre de la guerre, proposa de remplacer les Silos par des vases de métal de grande dimension, auxquels on donna le nom de *Silos métalliques.* Cette invention a été plusieurs fois perfectionnée à notre époque, principalement par M. Louis Doyère, professeur de zoologie agricole à l'Institut agronomique de Versailles.

SIMILIMARBRE, SIMILIPIERRE. — Matière moulable, hydrofuge et incombustible, inventée, en 1859, par MM. Lippmann et Schneckenburger, et qui s'obtient en mélangeant du ciment, du chanvre haché et de l'huile de lin avec différentes substances pierreuses, le tout arrosé, après la préparation, avec une dissolution de sulfate de potasse. Elle a été ainsi nommée parce qu'elle imite le marbre et la pierre. Cette composition est très-dure, très-compacte, d'un aspect agréable, et se laisse facilement travailler. De plus, elle résiste parfaitement à l'action de l'air, ce qui lui donne un grand avantage sur le Plâtre et le Stuc, et lui permet d'être employée à l'extérieur aussi bien qu'à l'intérieur. On se sert ordinairement du Similipierre pour faire des statues, des bas-reliefs et des moulures. On a cherché aussi à l'appliquer à la construction de maisons mobiles pour les colonies, mais, quoique l'expérience n'ait pas encore fait connaître la durée véritable des maisons de ce genre, il est certain qu'elles présentent des avantages réels, car, de même que celles en béton aggloméré, elles ne sont pas exposées aux incendies et aux ravages des insectes. D'ailleurs, elles garantissent beaucoup mieux du froid et du chaud que les constructions en fer, et leur légèreté permet de les transporter facilement à de grandes distances, surtout quand on peut le faire par mer.

SIMILOR. — Voyez **LAITON.**

SIPHON. — On attribue généralement l'invention du *Siphon* à Héron d'Alexandrie (120 avant J.-C.), qui le décrit dans ses *Spiritalia,* mais il résulte de l'étude de monuments de l'ancienne Égypte, sur lesquels cet instrument se trouve représenté, qu'il était employé par les Égyptiens plus de 1600 ans auparavant. Ce peuple s'en servait, non-seulement pour transvaser les liquides, mais encore pour faire passer l'eau par-dessus les collines. Cette dernière application ne fut pas ignorée des ingénieurs romains. Elle paraît aussi avoir été connue en Chine de très-bonne heure. Aujourd'hui même, dans l'Europe moderne, on y a souvent recours pour faire des épuisements. L'appareil de physique connu sous le nom de *Vase de Tantale*, et dont les prestidigitateurs tirent si bon parti, n'est autre chose qu'un Siphon caché dans l'intérieur d'un verre à pied. Entre autres applications industrielles auxquelles le Siphon a donné lieu, à notre époque, une des plus curieuses est celle que M. Bloch (Némis), de Duttlenheim (Bas-Rhin), a faite avec succès, en 1849, pour alimenter les chaudières à vapeur d'une manière permanente et régulière, au moyen de deux appareils de cette espèce placés l'un dans l'autre. Une autre idée a été moins heureuse : c'est celle qui a produit les *Siphons rotatifs*, lesquels pourraient, suivant leurs inventeurs, servir à faire déverser l'eau d'un Siphon au-dessus de la nappe dans laquelle il puise. La première tentative pour la réaliser paraît avoir été faite, en 1816, par un sieur Jorge, et la dernière, en 1860, par M. Hossard, d'Angers : elles ont, l'une et l'autre, entièrement échoué.

SIRÈNE. — Instrument inventé, en 1819, par M. Cagniard de Latour, pour faire connaître le nombre de vibrations d'un son donné. Il a été ainsi nommé parce qu'il peut donner des sons quand on le plonge dans l'eau et qu'il est traversé par un courant du même liquide. On obtient le même résultat avec un appareil dit *Vibroscope*, qui est disposé de manière que le corps vibrant trace lui-même ses vibrations, de sorte qu'il n'y a plus qu'à les compter. Le Vibroscope a été créé par M. Marloye, d'après les indications de M. Duhamel.

SOCQUE. — Chez les Romains, on donnait le nom de *soccus* à une espèce de pantoufle ou de soulier sans cordon, qui couvrait entièrement le pied. C'est de ce mot que vient le français *Socque*, mais ce dernier désigne une chose toute différente. En effet, le Socque moderne est une sous-chaussure dans laquelle on introduit la chaussure ordinaire pour la garantir de l'humidité. Son origine remonte au moins au XVIIᵉ siècle ; on l'ap-

pelait alors *Patin*. Plus tard, on l'a nommé *Claque*. Dans le principe, le Socque consistait en une simple semelle de bois, que l'on fixait au pied au moyen d'une bride ou de cordons. Un petit bord en métal verni était cloué par derrière pour maintenir le talon, et un gousset de cuir était fixé sur le devant pour recevoir la pointe du soulier. Le Socque dit *articulé* fut imaginé, en 1821, par M. Duport, cordonnier à Paris, mais cette invention n'obtint du succès qu'à partir de 1824, lorsqu'un autre cordonnier parisien, M. Devaux, eut remplacé par deux brisures la brisure unique employée par son prédécesseur. A partir de cette époque, le Socque articulé se répandit peu à peu partout, et fit abandonner l'ancien système.

SODIUM. — Ce métal a été ainsi nommé parce qu'il constitue la base de la Soude. Il a été isolé, pour la première fois, en 1807, par sir Humphry Davy. L'année suivante, en faisant réagir le fer sur l'hydrate de soude, à une très-haute température, MM. Thénard et Gay-Lussac l'obtinrent en quantité suffisante pour en faire une étude complète. La méthode de préparation de ces deux savants fut seule connue jusqu'en 1823, où M. Brunner, de Berne, en imagina une nouvelle plus parfaite, qui fut beaucoup améliorée, d'abord en 1852, par les chimistes belges Mareska et Donny, puis, en 1854, par nos compatriotes Sainte-Claire Deville, Rousseau et Morin. Ce sont les perfectionnements imaginés par ces derniers, qui ont créé la fabrication industrielle du Sodium. Aussi, ce métal, qui, il y a vingt ans, se vendait 7,000 francs le kilogramme, et qui coûtait encore de 800 à 1,000 francs en 1853, ne vaut plus aujourd'hui que 6 à 8 francs.

SOIE. — L'industrie de la *Soie* est originaire de la Chine, où, suivant M. Stanislas Julien, ses commencements remonteraient au XXVIᵉ siècle avant Jésus-Christ. De ce pays, elle se répandit peu à peu, mais on ignore à quelle époque, au Japon, dans l'Inde et en Tartarie. Quant à l'Europe, il semble résulter d'un passage d'Aristote que, dès le IVᵉ siècle avant notre ère, il arrivait, de l'Asie centrale à Cos, dans l'archipel grec, de la soie grége, qu'une femme, nommée Pamphile, fut, au dire de cet écrivain, la première à savoir tisser. Il paraît, en outre, que les habitants de cette île devinrent par la suite très-habiles à travailler la nouvelle matière, car c'est de leurs ateliers que sortaient, à la fin de la république, comme sous le règne d'Auguste, ces gazes légères (*coa vestis*) que les dames romaines recherchaient avec fureur, et à la finesse, à la transparence desquelles les poëtes du temps font si souvent allusion. Un peu plus tard, les conquêtes romaines dans le pays des Parthes ayant ouvert une route pour le transport en Italie des productions de l'Asie centrale, que l'on désignait alors sous le nom de pays des Sères, les tissus de Cos perdirent leur ancienne vogue et furent remplacés par ceux de l'Orient. C'est ce qui explique pourquoi, après le siècle d'Auguste, les auteurs latins ne parlent plus que des soieries des Sères. Ces étoffes étaient, tantôt unies, tantôt ornées de broderies à la main ou exécutées au tissage, souvent relevées d'ornements d'or et d'argent. De plus, les unes étaient tout soie (*holoserica*), et les autres mélangées de laine ou de lin (*tramoserica, subserica*). Dans le principe, elles furent uniquement portées par les femmes; mais, plus tard, principalement sous les empereurs efféminés, les hommes en adoptèrent aussi l'usage. Du reste, elles furent toujours d'un prix très-élevé, et, par conséquent, exclusivement réservées aux classes les plus riches. On les regardait même comme un signe de relâchement des mœurs; c'est pour ce motif que Plutarque et, après lui, les Pères de l'Église, engageaient les femmes à ne pas s'en servir. On a cru, pendant longtemps, qu'il ne fut pas fabriqué d'étoffes de Soie en Europe avant le règne de Justinien, au vie siècle, mais on sait aujourd'hui qu'on en faisait déjà à Constantinople au ve, peut-être même au ive. Seulement, cette fabrication fut d'abord très-restreinte à cause de la rareté de la matière première, que l'on tirait à grands frais de l'Asie centrale, et elle ne commença à se développer que lorsque, sous le règne de ce prince, le Ver à soie eut été acclimaté dans l'empire grec. Des manufactures importantes s'élevèrent aussitôt dans plusieurs villes de l'ancienne Macédoine, de l'Hellade et du Péloponèse, notamment à Constantinople, à Athènes, à Thèbes et

à Corinthe. Pendant les premiers siècles du moyen âge, ce furent ces manufactures qui, concurremment avec celles des peuples musulmans de la Syrie, de la Perse et de l'Égypte, alimentèrent le commerce des soieries dans toute l'Europe occidentale. Les choses ne changèrent que vers la fin du xiie siècle, après l'introduction du Ver à soie en Sicile, d'où il pénétra dans l'Italie continentale, depuis la Calabre jusqu'aux Alpes. Des fabriques furent alors successivement créées à Palerme, à Messine, à Naples, à Rome, à Florence, à Lucques, à Venise, à Gênes, à Milan, où les procédés orientaux furent appliqués avec le plus grand succès. A la fin du xiiie siècle, en prenant possession du Comtat-Venaissin, le pape Grégoire X y apporta le mûrier, en même temps que le Ver à soie et l'industrie des Soieries. Grâce aux encouragements de ce pape et de ses successeurs, à partir surtout de Clément V, la nouvelle industrie prit, en quelques années, à Avignon, une extension très-considérable. De cette ville, la fabrication des Soieries se propagea à Nîmes. En 1450, elle s'établit à Lyon, qui n'a cessé depuis d'être son centre principal. Enfin, en 1470, Louis XI en dota Tours. A la fin du siècle suivant, elle existait également à Rouen et à Paris. Au xviie siècle, elle était encore dans l'enfance en Angleterre, mais elle y fut alors développée par les protestants français qui s'expatrièrent à la suite de la révocation de l'édit de Nantes (1689). A la même époque, d'autres Français réfugiés l'apportèrent en Prusse, en Suisse et dans les Pays-Bas. L'industrie des soieries est florissante aujourd'hui dans presque toute l'Europe, mais la production de la France est presque aussi considérable que celle de tous les autres pays réunis. C'est aussi notre pays qui occupe le premier rang pour tous les tissus que recommandent l'élégance et le bon goût. Voyez FILATURE, MURIER, VER A SOIE, etc.

SOIE VÉGÉTALE. — Voyez AGAVE et MURIER.

SOLEIL. — Quand on examine le *Soleil* avec de puissants télescopes, munis de verres colorés pour en absorber la chaleur, on y observe souvent de grandes *Taches*, complétement noires, qu'entoure une espèce de bordure moins sombre, appelée *Pénombre*. On admet qu'il est déjà question de ces taches dans Virgile. Dans ses Annales de la Chine, le père Mailla dit qu'en 321 de notre ère on en aperçut plusieurs à la simple vue. D'autres historiens rapportent qu'en 807, sous Charlemagne, une forte tache se montra sur le Soleil pendant huit jours consécutifs. Enfin, à leur arrivée au Pérou, les Espagnols reconnurent que les Indiens avaient déjà remarqué les taches. Si ces récits sont exacts, s'il est vrai que, dans divers pays, des individus doués d'une vue privilégiée ou mettant à profit des circonstances atmosphériques assez rares, purent, avant le XVII° siècle, regarder le Soleil sans être éblouis et y apercevoir les taches, il est certain qu'ils n'en tirèrent aucune connaissance utile. Chez les modernes, la découverte des taches a donné lieu à un débat ardent et confus, mais il est aujourd'hui reconnu qu'elle a été faite, à la fin de 1610 ou au commencement de 1611, par l'astronome frison Jean Fabricius. Galilée, à qui on a voulu en attribuer l'honneur, a simplement constaté l'existence des *Facules*, en 1612. Quant à la *Pénombre*, elle a été observée, pour la première fois, par le père Christophe Scheiner, pendant cette même année 1612. C'est ce savant qui a également remarqué le premier la présence des *Lunules*, et montré que les grandes taches se forment exclusivement dans une zone étroite, qu'il appela *Zone royale*. Soupçonnée, en 1591, par le napolitain Jordan Bruno, la *Rotation* du Soleil a été définitivement reconnue par Jean Fabricius, et cette découverte a été une conséquence de l'observation des taches. Quant à la détermination exacte de la durée de cette rotation et de la position de l'axe autour duquel elle s'opère, elle est due, non pas à Galilée, comme on le croit, mais à Christophe Scheiner, qui publia le résultat de ses travaux au mois de juin 1630, tandis que l'ouvrage dans lequel le grand philosophe italien en parle ne parut qu'en 1632. La découverte des taches a fait naître une foule de systèmes sur la *Constitution physique* du Soleil, mais le problème n'est pas encore résolu. On a été plus heureux en ce qui concerne le *Mouvement de translation* de cet astre. En effet, il résulte des observations de Bradley (1748),

Tobie Mayer (1760), Lambert (1770), Lalande (1776), William Herschel (1783), etc., que le Soleil est animé d'un mouvement de translation qui le transporte à travers les espaces stellaires. Voyez Système du monde.

Sommiers élastiques. — L'idée de remplacer la paillasse des lits par l'appareil dit *Sommier élastique* date de 1802 et appartient à un charron des environs de Francfort-sur-Mein, appelé Kaiser. Ces appareils ont été introduits en France, en 1812, par M. Darrac, de Paris, et c'est à ce fabricant, ainsi qu'à MM. Thierry, Nuellens, Dupont et Laude, qu'ils doivent leurs plus importants progrès dans notre pays. Dans le principe, les ressorts étaient cylindriques. C'est M. Thierry qui, en 1845, a inventé les *ressorts à double cône* généralement employés aujourd'hui. Plusieurs autres perfectionnements importants ont été introduits dans la fabrication des Sommiers. Les Sommiers doubles de M. Mary sont spécialement appropriés aux lits à deux personnes d'un poids inégal. Chacun d'eux se compose, en quelque sorte, de deux Sommiers réunis dont les ressorts ont de chaque côté une élasticité et un guindage différents. Pour éviter les creux que forment souvent les Sommiers par suite de l'affaiblissement qu'éprouvent souvent les ressorts, M. Larivière a eu l'idée de les composer de bandes d'acier trempé placées transversalement sur une caisse et retenues à leurs extrémités par des lanières à boucles qui permettent de les courber plus ou moins, et, par suite, d'augmenter ou de diminuer leur élasticité aux points convenables. Un autre fabricant, M. Bonnet, supprimant la garniture en toile, a imaginé de faire des Sommiers tout en fer et de manière à laisser les ressorts à découvert, disposition très-avantageuse au point de vue hygiénique parce qu'elle permet à l'air de circuler dans tous les sens, et qui est, pour ce motif, très-appréciée dans les hôpitaux. Les Sommiers de M. Tucker sont construits sur le même principe.

Son. — Voyez Acoustique et Télégraphie.

Sondage. — Quoique l'art du sondeur remonte à une très-haute antiquité, ce n'est cependant que dans ces quarante dernières années qu'il a pris le haut degré de développement auquel il est parvenu de nos jours. De plus, c'est en France et en Allemagne qu'il a reçu tous ses perfectionnements, et il en est redevable à nos compatriotes Mulot et Degousée et aux allemands King et Oeynhausen. Le Sondage reçoit une foule d'applications utiles, mais la plus importante est probablement celle qu'on en fait pour la recherche des nappes d'eaux souterraines ascendantes et des couches perméables absorbantes. C'est même cette dernière qui est la cause des grandes améliorations dont l'art moderne l'a doté. Des trois procédés qui servent à le pratiquer, le plus ancien et aussi le plus simple est celui que l'on appelle *Sondage à la corde*. Il consiste à forer le sol au moyen d'un outil, attaché à une corde, auquel on imprime un mouvement de sonnette et qui, en même temps qu'il attaque le terrain, ramène au jour les matières broyées et détachées. Ce procédé est immémorial en Chine : il est employé dans ce pays, même par les paysans, pour creuser des trous qui servent à l'exploitation des eaux salées et des bitumes, ainsi qu'à l'établissement des puits artésiens et des courants d'hydrogène carboné que l'on utilise pour le chauffage. Il a été signalé, pour la première fois, aux Européens, dans la relation d'un voyage publié en Hollande, au commencement du xviie siècle, mais personne n'y fit alors attention. Plus tard, vers 1824, deux élèves du séminaire des Missions étrangères à Paris étant allés en Chine, l'un d'eux, l'abbé Imbert, fut prié par M. Jobard, de Bruxelles, de lui envoyer des renseignements sur les procédés industriels de ce pays, et c'est dans une lettre écrite, en 1827, par cet ecclésiastique, que se trouve la plus ancienne description détaillée du forage chinois. Le récit du savant missionnaire présentait bien quelque obscurité dans certaines de ses parties; néanmoins, M. Jobard put deviner ce qui lui manquait, et, dès l'année suivante, il réussit à creuser, près de Marienbourg, dans un banc d'ardoise dure, un puits de plus de 23 mètres de profondeur. Cet événement eut beaucoup de retentissement dans toute l'Europe, et, en 1830, sur l'invitation de M. de Humboldt, M. Jobard fit connaître à l'Académie des Sciences de Paris la méthode qu'il avait appliquée. Depuis cette époque, on a souvent employé, tant en Europe qu'en Amérique, le Sondage à la corde. Toutefois, malgré sa simplicité et surtout son économie, ce procédé n'a pas encore reçu toute l'extension qu'il mérite. On lui préfère généralement, on ne sait trop pourquoi, le *Sondage à la barre*, qui nécessite toujours un outillage très-compliqué et occasionne des frais énormes. Dans ce système, on attaque le terrain avec des tarières ou des trépans fixés à l'extrémité de tiges rigides de fer, et qu'on est obligé de remonter, de temps en temps, pour enlever, avec des outils particuliers, les matières qui ont été broyées ou détachées. Il a été indiqué, au xvie siècle, par Bernard Palissy, mais ses premiers progrès ne datent que de 1825, époque où M. Mulot commença à s'en occuper sérieusement. Depuis ce moment, il n'a cessé de se développer, grâce aux efforts de l'ingénieur Degousée et des frères Flachat. Toutefois, malgré l'habileté de ces inventeurs, les forages à de grandes profondeurs présentaient encore des difficultés insurmontables, à cause du poids énorme des tiges et du fouet de celles-ci contre les parois du trou, lorsqu'en 1834 l'ingénieur allemand Oeynhausen imagina de diviser la ligne des tiges en deux parties presque indépendantes par l'interposition d'une ingénieuse coulisse. Cette innovation, qui fut appliquée, pour la première fois, au sondage de Neusalzwerk, en Prusse, permit de descendre sans accident jusqu'à plus de 400 mètres, tandis que précédemment on avait beaucoup de peine à arriver à 260. De plus, elle permit, presque aussitôt, à un autre allemand, le sondeur Kind, d'opérer un nouveau perfectionnement d'une très-grande importance : ce perfectionnement consista, d'un côté, à diminuer la longueur de la partie inférieure de la sonde, et, de l'autre, à former sa partie supérieure, non plus avec des barres de fer, mais avec de longues tiges de bois, pesant un peu moins que le volume d'eau qu'elles déplacent, de manière que le poids à soulever par les ouvriers n'augmente pas avec la profondeur du trou, ce qui dispense d'augmenter le nombre des travailleurs à mesure que celle-ci s'accroît. Enfin, plus tard, M. Kind remplaça la coulisse d'Oeynhausen par un mouvement à déclic qui fonctionne beaucoup mieux. C'est avec cet outillage perfectionné que M. Kind atteignit, en 1838, au trou de sonde de Mondorf, près de Luxembourg, une profondeur de plus de 700 mètres, et qu'il a foré, dans ces dernières années, le puits jaillissant de Passy, qui compte 586 mètres. En 1846, aux deux systèmes de sondage qui précèdent, M. Fauvelle, de Perpignan, en a ajouté un troisième, qui opère en même temps, et d'une manière continue, le forage du trou et l'extraction des substances broyées. Ce système consiste à attaquer le terrain avec une sonde creuse disposée de telle sorte que, pendant qu'elle agit, les détritus sont entraînés, soit dans son intérieur, soit dans un espace annulaire ménagé entre ses parois extérieures et celles du trou, par un courant ascensionnel d'eau projetée par une pompe foulante. M. Fauvelle s'est servi avec succès de son appareil pour établir plusieurs puits artésiens dans nos départements du sud-ouest. Toutefois, l'idée des sondes creuses avait déjà été émise, en 1841, par M. Jobard, mais ce dernier introduisait dans le tube une tige de fer munie d'une soupape en cuir embouti, et il fallait ramener, de temps en temps, cette tige à la surface pour débarrasser la soupape des débris qui s'étaient accumulés sur sa surface supérieure. Voyez PUITS ARTÉSIENS.

SONNET. — Le petit poëme de ce nom passe pour avoir été inventé par le poëte italien Pétrarque, mort en 1374, qui, suivant plusieurs critiques, en aurait emprunté l'idée aux troubadours provençaux du XIIᵉ siècle. Le Sonnet fut, dit-on, introduit dans notre littérature, sous le règne de François Iᵉʳ, par Mellin de Saint-Gelais, Jean du Bellay et Pontus de Thiard. Il eut une grande vogue jusqu'au temps de Louis XIV, après quoi il tomba dans un discrédit dont il n'a pu se relever.

SONNETTE. — L'invention des Sonnettes (tintinnabula) remonte à une époque immémoriale. Chez les anciens, ces instruments avaient la même forme, et servaient aux mêmes usages que chez les modernes. A Rome, par exemple, on en mettait à la porte des maisons pour avertir les esclaves, et dans les établissements de bains pour annoncer que l'eau était prête. On s'en servait aussi dans les cérémonies religieuses, on en ornait les vêtements, on en attachait aux harnais des animaux ; enfin, dans les places fortes, on en donnait souvent aux officiers de ronde. La mode de mettre des Sonnettes aux vêtements exista pendant tout le moyen âge : elle n'avait pas encore disparu sous le règne de Louis XII. Comme les Romains, nos pères employaient les Sonnettes pour appeler les domestiques, mais elles étaient à main. Les Sonnettes mises en mouvement au moyen de fils de fer étaient encore inconnues au commencement du XVIIᵉ siècle. Elles ne parurent que dans les dernières années du règne de Louis XIV, mais elles ne furent généralement adoptées que sous la régence du duc d'Orléans. Depuis l'invention du Télégraphe électrique, on les a remplacées, dans les grands établissements, par des timbres sur lesquels frappent des marteaux mis en mouvement par l'Électricité. Ces nouveaux appareils sont désignés sous le nom de Sonneries électriques : leur première introduction en France paraît due à M. Bréguet.

SONNETTE-MOUTON. — Voyez PILOTIS.

SONOMÈTRE. — Instrument usité, dans les cours de physique, pour faire des expériences d'acoustique. On l'emploie surtout pour trouver les rapports des intervalles harmoniques. Le Sonomètre paraît avoir été inventé, en 1808, par le mécanicien Montu, qui soumit, en même temps, à l'examen de l'Institut, un appareil du même genre, mais beaucoup plus compliqué, auquel il donna le nom de Sphère harmonique.

SONOTYPE. — Voyez GUIDE-ACCORD.

SORBET. — Voyez GLACE.

SORGHO. — Plusieurs plantes portent ce nom. Le Sorgho ou Millet à balais (Andropogon sorghum) est originaire de l'Inde, d'où on l'a introduit en Europe, vers 1590. On le cultive pour ses tiges, dont on fait des balais : de là le nom vulgaire sous lequel on le désigne. On l'appelle aussi quelquefois Millet de l'Inde, à cause du pays qui l'a fourni à notre agriculture. Le Sorgho à sucre (Sorghum saccharatum), ou Canne à sucre de Chine, est cultivé, de temps immémorial, dans tout l'extrême Orient, pour ses tiges qui renferment une matière sucrée très-abondante. Il est aussi connu, depuis très-longtemps, dans plusieurs parties de l'Afrique tropicale, dont la population en tire à la fois des liqueurs enivrantes et des bouillies alimentaires. A la fin du siècle dernier, l'utilité de ce précieux végétal fut signalée par Benjamin Franklin aux agriculteurs des États-Unis. Enfin, de nos jours, on a proposé de l'introduire dans nos départements méridionaux, ainsi qu'en Afrique. Outre le sucre qu'on pourrait en extraire, il serait possible d'appliquer ses graines à la nourriture de l'homme et des animaux. Enfin, à l'exemple des Chinois, on retirerait encore de ses tiges une matière colorante rouge qui trouverait d'utiles applications dans l'industrie des tissus.

Sou. — L'origine de cette monnaie remonte à une réforme que Constantin le Grand opéra dans le système monétaire de l'empire romain, peu de temps après son avénement. Ce prince créa deux monnaies-types : une monnaie réelle d'or, qui fut appelée *Sou d'or* (*Solidus aureus*), parce qu'elle était la plus grosse de ce métal; et une monnaie fictive d'argent, qui, par analogie, fut nommée *Sou d'argent* (*Solidus argenteus*), parce que, si elle eût véritablement existé, elle eût également été la plus grosse de son espèce. Ces deux monnaies furent employées en France sous les deux premières races, mais le Sou d'or disparut vers le x⁰ siècle, et, à l'époque de Philippe-Auguste, le Sou d'argent cessa d'être une monnaie de compte et devint une monnaie réelle, sous le nom de *Blanc* (*Albus argenteus*). D'abord d'argent à un titre très-élevé, ce Blanc dégénéra peu à peu en donnant naissance à une multitude de monnaies d'appellations particulières, et finit, sous le règne de Philippe de Valois, par n'être plus que de billon. Enfin, le règne de Louis XIV vit paraître le *Sou de cuivre*, dont le plus ancien modèle porte la date de 1719. Louis XVI créa le *double Sou* de cuivre ou pièce de deux sous. La fabrication de ces deux monnaies dura jusqu'à l'adoption du système décimal, qui les remplaça par les pièces de *cinq centimes* et de *dix centimes*, auxquelles l'habitude a conservé les anciennes dénominations.

SOUAN-PAN. — Voyez ABAQUE.

SOUCHET. — Voyez CURCUMA.

SOUCI. — Cette plante a été, dit-on, introduite d'Afrique en Europe, en 1533, par l'empereur Charles-Quint. Son nom vient du latin *Solsequium*, qui exprime la propriété qu'elle possède de se tourner toujours du côté du soleil.

SOUDE. — Résidu de l'incinération de certaines plantes qui croissent sur les bords de la mer et dans les terrains salés. Cette substance est connue depuis les temps les plus reculés. Les anciens chimistes l'appelaient *Alcali minéral*, *Salicote*, *Alun salin*, etc. Sa dénomination actuelle a été créée, en 1787, par Guyton de Morveau : elle vient d'une des plantes, la *Salsola soda*, qui servent à la préparer. On l'a regardée comme un corps simple jusqu'aux premières années de ce siècle, où il a été reconnu qu'elle est un oxyde de Sodium. La Soude a des applications industrielles très-nombreuses. On l'emploie surtout pour la fabrication des laques et teintures, de la lessive caustique usuelle, des savons mous et résineux, de plusieurs espèces de verres, et de divers sels utilisés dans une foule d'arts. Avant la Révolution, la France tirait ses approvisionnements de Soude de l'Égypte et de l'Espagne. Pendant les guerres de la République, les marines ennemies ayant détruit notre commerce avec ces deux pays, le Comité de salut public invita les chimistes à chercher s'il n'y aurait pas possibilité de venir en aide à nos manufactures en faisant artificiellement de la Soude. Six procédés furent proposés, mais un seul, celui de Nicolas Leblanc, fut signalé comme pouvant résoudre le problème. Ce procédé existait déjà depuis 1790; il avait même été breveté l'année suivante, et l'inventeur s'était associé, pour l'exploiter, avec le duc d'Orléans, le manufacturier Henri Shée et le chimiste Dizé, mais l'arrestation du prince avait amené la ruine de l'association. A l'appel du gouvernement, Nicolas Leblanc s'empressa de sacrifier ses intérêts privés à l'intérêt public, et autorisa la publication de son procédé, qui put ainsi être employé par tout le monde. Toutefois, la méthode de Leblanc était encore très-imparfaite, et ce ne fut qu'à partir de 1804, quand le chimiste Darcet père l'eut perfectionnée, que la fabrication de la soude artificielle put devenir un art régulier. Voyez Nitre.

Soudure autogène. — Ce système de soudure a été inventé, en 1839, par le comte Desbassayns de Richemont. Il supprime tous les inconvénients du procédé suivi jusqu'alors, et n'a besoin de l'intermédiaire d'aucun alliage. De cette manière, il n'y a plus de soudure proprement dite, mais bien reconstitution de plusieurs pièces métalliques en une seule et même masse parfaitement homogène, et dont aucune partie ne peut être distinguée du reste par une analyse chimique. On obtient ce remarquable résultat au moyen de dards de flamme très-intenses, rendus maniables comme de véritables outils, et qui sont produits avec le Chalumeau aérhydrique.

Soufflet. — Le premier appareil de ce genre a probablement consisté en un simple tuyau de bois ou de métal dans lequel on injectait l'air avec la bouche. Aujourd'hui même, dans plusieurs pays, on excite le feu de cette manière. Plus tard est venu le *Soufflet à main*. On attribue généralement l'invention de ce dernier au scythe Anacharsis, qui vivait 600 ans avant notre ère, mais elle est incontestablement beaucoup plus ancienne, puisqu'il en est question dans les œuvres d'Homère. Des Soufflets absolument disposés comme les nôtres sont représentés sur des monuments grecs et romains : ils sont tous à un seul vent. Ce n'est qu'à la fin du xvie siècle ou au commencement du xviie, qu'on a imaginé les Soufflets à deux vents. A partir de cette époque, ces appareils ont reçu d'assez nombreux perfectionnements, presque tous destinés au service de l'industrie, ce qui a produit les premières *Machines soufflantes* usitées dans les établissements métallurgiques. La plus ancienne de ces machines paraît être le *Soufflet pyramidal*, qui existait déjà, en 1620, dans les forges du Hartz, et que l'on prétend, sans en donner la preuve, avoir été inventé par un chanoine de Bamberg. Peu de temps après, les premières *Caisses soufflantes* parurent en Allemagne. Les *Trompes*, encore usitées dans les Pyrénées, semblent remonter également au xviie siècle. Enfin, vers 1760, en réalisant la *Pompe*

à air, décrite, au iie siècle avant J.-C., par Philon de Byzance, l'ingénieur anglais Smeaton dota l'industrie de la machine la plus répandue aujourd'hui. Parmi les appareils destinés au même objet qu'on a proposés à notre époque, et dont quelques-uns seulement ont été adoptés par l'industrie, nous citerons la *Cagniardelle*, de M. Cagniard de Latour, qui date de 1809 ; le *Tympan de Faye*, qui a été employé, pour la première fois, vers 1840, en Transylvanie, par l'ingénieur Debreczeny ; et le *Ventilateur*, dont l'invention date seulement de quelques années, et qui doit à sa simplicité et à la facilité de son installation de s'être beaucoup plus répandu que les précédents. Du reste, les Machines soufflantes ne servent pas seulement à lancer l'air nécessaire à l'alimentation des feux des établissements métallurgiques ; on les applique aussi à l'aérage des mines, des édifices publics et des habitations particulières.

Soufrage de la vigne. — Voyez Oïdium.

Soufre. — Le Soufre est un des corps les plus anciennement connus. Les anciens, surtout les Grecs et les Romains, l'employaient pour blanchir la laine, faire des fumigations, rendre les mèches et le bois combustibles. Ils s'en servaient aussi pour guérir les maladies de la peau. A ces diverses applications, les modernes en ont ajouté un grand nombre de nouvelles. Ainsi, on fait usage aujourd'hui du Soufre pour combattre la maladie de la vigne, éteindre les feux de cheminée, faire des mastics et des empreintes, travailler le vin, fabriquer la poudre à canon, l'acide sulfurique et l'acide sulfureux. Enfin, son incorporation avec le Caoutchouc a créé, depuis 1844, une nouvelle branche industrielle d'une grande importance. Toutefois, si le Soufre a été connu de tout temps, ce n'est qu'en 1777 que les travaux de Lavoisier ont démontré sa nature véritable, et montré qu'il n'est qu'un corps simple, tandis qu'on l'avait regardé jusqu'alors comme un corps composé. Voyez Allumettes, Blanchiment, Caoutchouc, Oïdium, Sulfureux, Sulfurique, etc.

Soulier. — Le *Soulier* a été porté par tous les peuples civilisés de l'antiquité. Il était fermé comme le nôtre, et s'attachait avec des courroies. Chez les Romains, il constituait la chaussure ordinaire de toutes les classes de la société, à l'exception des esclaves ; mais il différait, sous le rapport de la couleur et des accessoires, selon le rang des personnes. Pendant une partie du moyen âge, le Soulier se termina par une pointe, appelée *Poulaine*, qui atteignait parfois une longueur énorme. Vers la fin du xvᵉ siècle, ces Souliers à pointe furent remplacés par des *Souliers camus*, « boufiz comme ung crapault », qui se maintinrent pendant plus de cent cinquante ans. Enfin, au xviiᵉ siècle, le Soulier reçut à peu près la forme qu'il a aujourd'hui, sauf les variations, plus ou moins importantes, que les caprices de la mode lui ont fait subir. Voyez CHAUSSURE et POULAINE.

SOUPAPE DE SÛRETÉ. — La *Soupape de sûreté*, cet organe important, vital, pour ainsi dire, sans lequel les chaudières à vapeur présenteraient à chaque instant le danger des explosions, est une invention de Denis Papin, qui l'a consignée et figurée dans son *Traité pour amollir les os*, Paris, 1682.

SOURDS-MUETS. — Voyez DACTYLOLOGIE.

SOUSCRIPTION (*Livres par*). — L'usage de publier les Livres par souscription est né en Angleterre, au milieu du xviiᵉ siècle, et le premier ouvrage auquel il ait été appliqué est la *Bible polyglotte* du docteur Walton, Londres, 1657. Ce mode de publication fut introduit, quelques années après, sur le continent, et tout le monde connaît les abus qu'on en a faits de nos jours. Suivant plusieurs auteurs, il fut adopté, en France, dès 1671, par l'éditeur de la *Collection des Conciles* du père Labbe, mais d'autres pensent que sa première application dans notre pays n'eut lieu qu'en 1719, lors de l'impression de l'*Antiquité expliquée* de Bernard de Montfaucon.

SPECTRE SOLAIRE. — Il y a quelques années, le physicien anglais Wheatstone ayant remarqué que le nombre et la disposition des lignes lumineuses dans le Spectre solaire sont caractéristiques de tel ou tel métal, deux physiciens allemands, MM. Bunsen et Kirchhoff, professeurs à Heidelberg, sont partis de ce fait pour exécuter de sérieuses recherches, désignées sous le nom d'*Analyse* spectrale, et à la suite desquelles ils ont fait une foule de curieuses découvertes, notamment celle de deux nouveaux métaux, le Cæsium et le Rubidium (1859). C'est en suivant l'exemple de ces savants, que le chimiste anglais Crookes a découvert le Thallium (1861). Les expériences d'Analyse spectrale se font avec des appareils très-simples, appelés *Spectroscopes*.

SPERMACETI. — Voyez BLANC DE BALEINE.

SPHÈRE. — Voyez ARMILLAIRE et GLOBES TERRESTRES.

SPHYMOGRAPHE. — Appareil destiné à faire connaître les formes du pouls : il les écrit sur une bande de papier mise en mouvement par un mécanisme d'horlogerie. Inventé, il y a une vingtaine d'années, par le docteur Vierordt, il n'est devenu pratique que dans ces derniers temps, grâce aux ingénieuses améliorations qu'y a introduites le docteur Marey.

SPHYGMOMÈTRE. — Instrument qui sert à mesurer la vitesse et la régularité du pouls. Il a été inventé, en 1833, par le docteur Hérisson et M. Paul Garnier, horloger-mécanicien à Paris. Il a été beaucoup amélioré depuis par le docteur polonais Poznanski.

SPIRAL. — Voyez MONTRE.

STALLE. — Dans les premiers temps de l'Église, les membres du clergé se tenaient debout, dans le chœur, pendant les offices. La fatigue, causée par cette attitude prolongée, devenant insupportable aux débiles et aux vieillards, on l'allégea en permettant de s'appuyer la poitrine sur un bâton terminé en béquille. Cette aide n'étant pas suffisante, on le remplaça plus tard par un petit support, appelé *Miséricorde*, qui permettait de s'asseoir à moitié, en restant à moitié debout, et qui était fixé dans la boiserie ou dans le mur. Enfin, plus tard encore, vers le commencement du xiiᵉ siècle, on imagina les Stalles proprement dites, mais, pour rappeler l'ancien usage, on conserva les petits supports : on en fit même un ornement que l'on fixa sous leur siége.

STATISTIQUE. — Ce mot a été créé, en 1749, par Achenvall, professeur de droit public à l'Université de Gottingue, mais la science qu'il désigne est aussi ancienne que les sociétés régulières, car, de tout temps, les gouvernements et les hommes politiques ont été obligés, pour établir les impôts, pour organiser les armées, pour rédiger les tarifs douaniers, etc., de connaître la population, le commerce, les richesses, etc., non-seulement de leur propre pays, mais encore des pays voisins. Toutefois, dans les temps modernes, ce n'est qu'au dernier siècle que l'on a commencé à publier des travaux de Statistique un peu sérieux.

STÉARIQUE (*Acide*). — Il a été découvert, en 1811, par un de nos compatriotes, le chimiste Chevreul, qui le trouva, en combinaison avec la Glycérine, dans les graisses animales et végétales. C'est une substance blanche, solide et sans odeur, dont on se sert pour faire des Bougies d'un excellent usage. La fabrication de cet acide forme aujourd'hui une industrie très-importante qui est d'origine française. Les premiers essais de cette fabrication ont été exécutés à Paris, en 1825, par les chimistes Chevreul et Gay-Lussac, et l'ingénieur J.-L. Cambacérès, mais elle n'a été définitivement constituée qu'en 1831, et dans la même ville, par les docteurs de Milly et Motard. Depuis cette époque, des perfectionnements d'une grande importance ont été introduits dans les procédés d'extraction, en même temps que de nouvelles méthodes ont été ajoutées à celles déjà connues. Il suffira de citer, parmi les savants à qui l'on est redevable de ces progrès, les chimistes Chevreul (1825) et Frémy (1836), qui ont découvert la saponification sulfurique; Dubrunfaut (1841), qui est parvenu, le premier, à distiller les acides gras sans leur faire éprouver de décomposition; Georges Wilson, William Coley, Georges Gwinne et Jones (1842-1844), qui sont les véritables auteurs du procédé de fabrication par la voie sèche; et Tilghmann et Melsens, qui, le premier, aux États-Unis, le second, en Europe, ont imaginé en même temps (1854) la saponification aqueuse en vase clos.

STÉGANOGRAPHIE. — Nom donné à l'art d'écrire de manière à dérober à autrui la connaissance de ce que l'on a tracé. On l'appelle aussi *Cryptographie*. La Stéganographie remonte à la plus haute antiquité, mais ses procédés ont varié à l'infini. Cependant, quelque soin que l'on prenne pour composer une écriture secrète, il n'est pas toujours possible d'en cacher absolument la signification. Il s'est même trouvé à diverses époques des esprits doués d'une habileté de déchiffrement si considérable qu'aucun artifice ne pouvait échapper à leur perspicacité. Ainsi, au xvie siècle, pour établir, entre les parties éparses de ses vastes États, une communication qui ne pût être devinée, le gouvernement espagnol avait imaginé une écriture de convention, composée de plus de cinquante signes, dont il changeait la clef de temps en temps; malgré cela, notre illustre géomètre Viète réussit, non-seulement à la lire, mais encore à la suivre dans toutes ses variations, ce qui fit accuser la cour de France par celle de Madrid d'avoir le diable à ses gages.

STEINKERQUE. — Voyez FICHU.

STÉNOGRAPHIE. — La *Sténographie*, ou art d'écrire aussi vite que la parole, date d'une époque très-ancienne. Les Hébreux paraissent ne l'avoir pas ignorée. Elle fut aussi connue des Égyptiens. En Grèce, ce fut Xénophon qui, au dire de Diogène Laerce, s'en servit le premier : il y eut recours pour recueillir les entretiens de Socrate. Isidore de Séville attribue à Ennius l'invention de l'Écriture sténographique romaine, mais Eusèbe en fait honneur à Tullius Tiro, affranchi de Cicéron. Dans tous les cas, si ce dernier ne créa pas les signes abréviatifs (*notæ*), il y introduisit du moins de grands perfectionnements, puisqu'on les appela de son nom *Notes tironiennes*. Ces signes, améliorés encore par la suite, furent transmis aux copistes du moyen âge, qui les employèrent jusqu'au xie siècle, où finit la Sténographie des anciens. La Sténographie moderne est née en Angleterre, au xviie siècle. Elle dut sa création au besoin que l'on éprouva dans ce pays, dès les débuts du régime parlementaire, de recueillir les discours improvisés dans les assemblées publiques. Les Sténographes anglais se servirent d'abord d'une méthode imaginée, au siècle précédent, par Macaulay, mais, en 1659, ils adoptèrent celle de Shelton, qui fut bientôt suivie d'une trentaine d'autres. En France, ce fut l'abbé Cossard qui, le premier, mit la Sténographie en faveur, par la publication, en 1651, d'une *Méthode pour écrire aussi* *vite que l'on parle.* En 1681, le chevalier Ramsay introduisit chez nous le système de Shelton, et, en 1779, Coulon de Thévenot fit paraître un procédé de son invention, qu'il ne cessa de perfectionner pendant plus de onze ans. Plusieurs autres traités analogues furent publiés en France, en Angleterre et en Allemagne, mais un seul attira l'attention : ce fut celui de l'anglais Samuel Taylor, qui parut en 1786, et que Pierre Bertin traduisit en français, en 1792. Malgré ces divers travaux, l'Écriture sténographique était si peu connue en France au commencement de la Révolution, que le *Moniteur universel* ne put trouver aucun sténographe pour rendre compte des séances de l'Assemblée nationale. Sous l'Assemblée législative, la même cause fit recourir à un singulier moyen, imaginé par le directeur du journal *le Logographe*, et que l'on appelait *Logographie.* Toutefois, les choses s'améliorèrent un peu à partir du Directoire ; mais la Sténographie française n'entra véritablement dans une voie de progrès qu'après 1815, lors de l'établissement du gouvernement représentatif. L'extension qu'elle prit alors fit en même temps pulluler les méthodes, et l'on vit successivement paraître celles d'Astier (1816), de Conen de Prépéan (1817), de Gosselin (1822), d'Hippolyte Prévost (1828), etc., à plusieurs desquelles on donna des noms particuliers, tels que ceux de *Brachygraphie*, *Cryptographie*, *Expédiographie*, *Lacographie*, *Graphodromie*, *Notographie*, *Okygraphie*, *Polygraphie*, *Radiographie*, *Sémigraphie*, *Séméiographie*, *Tachéographie*, *Tachygraphie*, *Typographie*, etc. Toutes les méthodes imaginées se réduisent en réalité à trois principales : la *Tachygraphie*, où chaque son est rendu, d'après sa prononciation et sans avoir égard à l'orthographe, par un signe très-simple ; l'*Okygraphie*, où les lettres, détachées, sont écrites sur des lignes tracées d'avance, comme les portées de la musique ; et la *Sténographie* proprement dite, où les mots sont tracés d'un seul jet et sans lever la plume, au moyen de signes très-expéditifs.

STÉRÉOSCOPE. — Parmi les instruments de physique susceptibles de fournir aux gens du monde des distractions aussi attrayantes qu'utiles, peu ont ac-

quis autant de popularité que le *Stéréoscope.* Le principe de cet appareil remonte à une époque très-éloignée, puisqu'on en attribue la connaissance au géomètre grec Euclide, qui vivait 400 ans avant notre ère. Au xvᵉ siècle, le napolitain Jean-Baptiste Porta ; au xviiᵉ, le français Gassendi, et, un peu plus tard, les anglais Harris et Smith ont eu également des vues très-arrêtées à ce sujet. Toutefois, c'est M. Haldat, de Nancy, qui, vers 1834, a fait les premiers essais pratiques connus ; mais, pendant que ce savant se livrait à ses recherches, le physicien anglais Wheatstone, qui s'occupait de travaux analogues dans le but de déterminer les conditions de la vue simple avec les deux yeux, construisit, sous le nom de *Stéréoscope à deux miroirs*, le premier Stéréoscope qui ait existé, et le présenta, le 25 juin 1838, à la Société royale de Londres. Cet instrument fut peu remarqué : il était même entièrement oublié, lorsque, dix ans après, sir David Brewster le fit revivre, mais en le modifiant profondément. Le nouvel appareil reçut le nom de *Stéréoscope par réfraction :* il fut connu, dès le mois de mars 1849, par un mémoire lu à la Société royale d'Écosse et publié, l'année suivante, dans le *Philosophical magazine.* Cependant, il fut peu apprécié en Angleterre, et il aurait probablement eu le même sort que le précédent, si, dans un voyage qu'il fit à Paris, en 1850, son inventeur ne l'eût montré à M. l'abbé Moigno, directeur du journal *le Cosmos.* Ce dernier fut si émerveillé des admirables effets du Stéréoscope qu'il engagea sir David Brewster à autoriser les opticiens Jules Duboscq et Soleil à le construire. Les Stéréoscopes de ces artistes excitèrent l'étonnement général à l'Exposition universelle, qui eut lieu à Londres l'année suivante, et, dès ce moment, l'invention du savant écossais se répandit dans toutes les parties du monde. — En 1857, le physicien français Faye a découvert le moyen d'obtenir les effets du Stéréoscope à l'aide d'une simple carte percée de deux trous, et l'on a créé le mot *Stéréoscope-omnibus* pour désigner ce nouvel appareil. En 1858, le physicien italien Zinelli a obtenu le même résultat avec une lorgnette d'opéra. Enfin, dans le courant de la même année, le physicien allemand Helmholtz a imaginé, sous le nom de *Télestéréoscope* ou *Stéréoscope du lointain*, un instrument qui permet de réaliser l'effet du relief sur des objets placés à une grande distance dans un paysage naturel.

STÉRÉOTOMIE. — La *Stéréotomie* ou Coupe des pierres est un art relativement assez moderne. Les Égyptiens l'ignorèrent entièrement, car leurs plafonds et leurs architraves étaient monolithes. Les Grecs et les Romains se trouvèrent dans le même cas. Cependant, sous l'Empire, ces derniers connurent les principes de la Stéréotomie, et plusieurs des monuments qu'ils nous ont laissés offrent des exemples de voûtes et de plates-bandes à claveau. Ce fut au moyen âge, principalement dans la période dite gothique, que la Coupe des pierres acquit de l'importance ; elle devint alors une nécessité, à cause de la hardiesse et de la légèreté des voûtes, et les grands architectes de cette époque la portèrent à un si haut degré de perfection que leurs successeurs n'ont eu presque rien à y ajouter. Il ne nous est rien parvenu des traités que les anciens ont pu écrire sur la Stéréotomie. C'est Philibert de Lorme, architecte de Henri II, qui, dans son livre intitulé : *De l'Architecture*, Paris, 1561, a publié le premier traité que l'on connaisse sur cet art.

STÉRÉOTYPIE. — Voyez CLICHAGE.

STÉTHOSCOPE. — Voyez AUSCULTATION.

STRASS. — Sorte de verre destiné à la fabrication des Pierres fausses, et dont l'invention, qui date du milieu du dernier siècle, est due à l'émailleur allemand Strass, d'où son nom. Il est incolore, mais on lui donne toutes les nuances nécessaires au moyen d'oxydes métalliques. La fabrication de ce produit a été monopolisée par l'Allemagne jusqu'en 1819, époque à laquelle le bijoutier parisien Douault-Wieland réussit à l'introduire en France. V. au COMPL..

STRONTIANE. — Cette substance a été découverte, en 1793, dans une mine de plomb du cap Strontian, en Écosse, par les chimistes Hope et Klaproth, qui lui donnèrent le nom du lieu où ils l'avaient trouvée. Plus tard, en 1808, sir Humphry Davy reconnut qu'elle est un oxyde d'un métal, qu'il isola et appela *Strontium*. Ce métal n'a reçu aucune application, mais, comme la Strontiane a la propriété de brûler avec une belle flamme pourpre, on l'utilise quelquefois pour les feux d'artifice. Elle a été introduite dans la Pyrotechnie française, en 1821, par un mime anglais, qui s'en servit, pour la première fois, dans une pièce, intitulée *le Rameau d'or*, qui fut jouée sur le théâtre de la Gaîté, à Paris.

STUC. — Le *Stuc* et les autres compositions analogues qui servent à imiter le Marbre ont été connus, dès la plus haute antiquité, dans tous les pays où les arts étaient cultivés. Comme les modernes, les anciens les employaient pour faire les revêtements intérieurs des édifices publics et des habitations particulières. Ils en recouvraient aussi l'extérieur de piliers et de colonnes dont le noyau était de pierre ou de briques. Quant aux matières premières et aux procédés d'exécution, ils étaient probablement les mêmes que ceux de nos jours, mais on ne possède pas de renseignements certains à ce sujet, et il est impossible de s'en rapporter à ce qu'en disent les antiquaires, parce qu'ils ont beaucoup trop écrit d'imagination. Les anciens savaient aussi donner à leurs Stucs et à leurs Marbres artificiels les colorations les plus variées en y introduisant des substances appropriées. L'art de fabriquer ces compositions ne disparut pas pendant le moyen âge, comme on le croit généralement. Seulement, à cette époque et pendant la première partie des temps modernes, ce furent les Italiens qui le pratiquèrent avec le plus de succès. Ce n'est donc pas, comme plusieurs auteurs le disent, à un artiste génois, nommé Mathieu Mammy, venu à Paris dans le courant du XVIIe siècle, qu'appartient l'invention du Stuc en France. Cet artiste ne fit sans doute qu'apporter à nos stucateurs des méthodes supérieures à celles qu'ils connaissaient. Il paraît cependant que cette importation exerça un heureux effet, car, au siècle suivant, Paris comptait des artistes très-habiles, ainsi que le prouvent les pièces de marbrerie artificielle qui furent exécutées alors à l'Hôtel des monnaies. On n'a guère fait depuis que modifier, en les améliorant, les moyens pratiques usités précédemment, et l'on est arrivé, de nos jours, dans presque toutes les parties de l'Europe, grâce au concours de la chimie et de la physique, surtout depuis l'invention du Plâtre aluné et l'adoption de la Presse hydraulique pour comprimer les mélanges, à une si grande perfection, que les Stucs et les Marbres artificiels imitent às 'y méprendre les Marbres naturels les plus fins et les plus beaux, et en ont absolument tous les caractères.

SUBLIMÉ CORROSIF. — C'est le perchlorure de mercure des chimistes. Il constitue, avec l'acide arsénieux, le poison métallique le plus dangereux qui existe. Il doit même son nom vulgaire à la rapidité avec laquelle il corrode les tissus animaux. On ignore l'époque de la découverte de ce composé, mais il paraît qu'elle remonte à une très-haute antiquité. Dans tous les cas, l'arabe Géber, qui vivait au xe siècle, est le premier qui en ait indiqué la préparation. Le Sublimé corrosif est un antiseptique des plus puissants. Aussi l'emploie-t-on très-souvent pour la conservation des pièces anatomiques et des objets d'histoire naturelle. Les indienneurs en tirent aussi parti pour la composition de certains mordants. Enfin, les médecins en font un très-grand usage pour traiter les maladies de la peau et le virus syphilitique. C'est, dit-on, Paracelse qui l'a administré, pour la première fois, à l'intérieur. Quant à ses propriétés toxiques, elles n'étaient peut-être pas inconnues de la fameuse Locuste, qui préparait pour Néron des breuvages si terribles. Le Sublimé corrosif a été, pendant un temps, appelé *Poudre de succession*, dans notre pays, à cause de l'usage infâme qu'on en faisait. Enfin, c'était un des principaux poisons dont se servait la marquise de Brinvilliers.

SUCCIN. — Voyez AMBRE.

SUCRAGE DES VINS. — Voyez VIN.

SUCRE. — Le *Sucre* existe dans une foule de végétaux, mais c'est de la Canne et de la Betterave que l'on extrait celui qui sert à nos besoins journaliers.

I. *Sucre de Canne.* Il a été employé, de temps immémorial, dans l'Inde, c'est-à-dire dans le pays originaire de la plante qui le fournit. Les Grecs le connurent à l'époque des conquêtes d'Alexandre, mais les quantités que leur commerce put se procurer furent si minimes qu'ils ne le considérèrent que comme un médicament réservé aux riches. Ils l'appelaient *Miel de roseau, Sel indien* et *Saccharon* : c'est de ce dernier mot, dont les Romains firent *Saccharum*, qu'est venu le français *Sucre*. Le Sucre était encore très-rare à Rome, sous l'Empire. Les marchands de cette ville le tiraient, non-seulement de l'Inde, mais encore de l'Arabie, où la Canne avait été introduite après la mort d'Alexandre. Suivant Pline, celui de l'Inde était le meilleur et le plus estimé. Le même écrivain ajoute qu'on le réservait pour la médecine. Comme il ne parle pas de la blancheur de ce produit, on suppose que les Indiens ignoraient encore l'art de le raffiner par l'épuration. Toutefois, plusieurs sinologues assurent que les Chinois étaient, sous ce rapport, beaucoup plus avancés que les autres peuples, et qu'ils savaient, dès la plus haute antiquité, non-seulement extraire le Sucre de la Canne, mais encore l'épurer, le blanchir et le cristalliser. Quoi qu'il en soit, il est généralement admis que les Arabes ont connu le Sucre raffiné longtemps avant les Européens, et que cette substance n'a été apportée dans l'Europe chrétienne qu'à l'époque des premières croisades ou, peut-être, un peu avant. Pancirole prétend bien que le Raffinage fut découvert, en 1471, par un Vénitien, mais ce qu'il dit de cette découverte ne se rapporte évidemment qu'à quelque perfectionnement des procédés, car il est question de Sucre raffiné ou *Sucre blanc*, comme on l'appelait alors, dans des documents bien antérieurs, notamment dans un compte de l'an 1333, pour la maison d'Humbert II, dauphin de Viennois, ainsi que dans une ordonnance du roi Jean, de l'an 1353. Ce Sucre arrivait de l'Inde par la voie d'Alexandrie, où les navires de Venise allaient le chercher pour le vendre à toute l'Europe. Il en venait aussi quelques pains de Malte, de Chypre, de Rhodes et de Candie. Après la découverte du cap de Bonne-Espérance, le monopole du Sucre de l'Inde passa aux Portugais, qui le conservèrent jusque dans les premières années du xviie siècle, époque à laquelle les Hollandais s'en emparèrent, pour en être, à leur tour, dépossédés par les Anglais, après une cinquantaine d'années de jouissance.

Depuis la seconde moitié du XVIᵉ siècle, le Sucre des Canaries et des îles du Cap-Vert faisait concurrence à celui de l'Inde. Les arrivages du Sucre d'Amérique commencèrent un peu plus tard. Enfin, en 1695, nos colonies des Antilles en produisirent assez pour suffire à presque tous nos besoins. Alors seulement, l'usage du Sucre devint un peu général et il cessa d'être exclusivement consommé par les gens riches. Voyez CANNE A SUCRE.

II. *Sucre de Betterave*. Il a été découvert, en 1745, par le chimiste prussien Sigismond Margraff. Toutefois, il ne fut d'abord regardé que comme un produit de laboratoire. Enfin, en 1796, un autre chimiste prussien, Charles Achard, essaya, avec l'aide du baron Koppi, de le fabriquer en grand, et ses expériences, qui durèrent plus de quinze ans, devinrent le point de départ d'une industrie nouvelle, dont les premiers développements eurent lieu en France. En effet, sous le Consulat, la destruction de notre marine ayant anéanti le commerce des colonies, force fut de chercher à remplacer le Sucre d'Amérique par celui des végétaux indigènes. On essaya le raisin, le maïs, la châtaigne, le sorgho, la carotte, etc., mais ce furent les travaux d'Achard qui attirèrent l'attention des savants et du gouvernement, et, le 2 janvier 1812, M. Benjamin Delessert, qui avait, en 1801, fondé à Passy une raffinerie de Sucre colonial, annonça au chimiste Chaptal qu'il avait résolu le problème. La fabrication du Sucre de betterave se trouva ainsi créée. Néanmoins, ses progrès marchèrent avec une grande lenteur. Elle ne devint même véritablement manufacturière que vingt ans après, à partir de 1830, grâce aux perfectionnements apportés dans les procédés par MM. Cellier-Blumenthal, Laporte, Mathieu de Dombasle, Dubrunfaut, Charles Derosne et François Cail. Voyez ÉRABLE, GLUCOSE, LACTOSE, SORGHO, etc.

SULFUREUX (*Acide*). — L'*Acide sulfureux* a dû être un des premiers acides connus, puisqu'il se forme aussitôt qu'on brûle du Soufre au contact de l'air. Toutefois, ce n'est que vers le commencement du XVIIᵉ siècle qu'il a été considéré comme un corps particulier. Le chimiste saxon André Libavius, qui fit cette découverte, lui donna le nom d'*Esprit acide du soufre*. Plus tard, en 1777, Lavoisier détermina sa véritable composition, et les savants qui vinrent après lui achevèrent son histoire. L'Acide sulfureux a reçu de bonne heure d'utiles applications. Les anciens avaient déjà remarqué qu'il possède la propriété de décolorer les substances animales sans les altérer, et ils l'employaient pour le blanchiment des étoffes de laine. Ils connaissaient aussi ses propriétés désinfectantes, et, dès le temps de Pline le Naturaliste, leurs prêtres en ordonnaient l'usage pour purifier les habitations. Ces deux emplois de l'Acide sulfureux ont reçu de très-grands développements chez les modernes. Ainsi, aujourd'hui, on tire parti de ce corps pour blanchir, non-seulement la laine et la soie, mais encore les plumes, la baudruche, les éponges, la gomme adragante, la colle de poisson, les cordes de musique, la paille des céréales et les sparteries. On s'en sert aussi pour assainir les lieux remplis de miasmes putrides, pour désinfecter les vêtements et les objets de literie ; pour détruire les insectes qui attaquent le blé, les plumes, les tissus ; pour préparer les tonneaux destinés à renfermer le vin, la bière, le cidre, etc.; pour enlever certaines taches rouges sur le linge ; pour combattre les feux de cheminée. Enfin, on l'emploie pour guérir les maladies de la peau et plusieurs autres affections. La première idée de cette dernière application a été émise, en 1659, par le médecin chimiste Glauber, mais elle n'est entrée dans la pratique que depuis 1812, grâce aux efforts du docteur Galès, qui en a démontré l'efficacité, et du chimiste Darcet père, qui a inventé les appareils très-simples et très-peu dispendieux encore usités dans les hôpitaux.

SULFHYDRIQUE (*Acide*). — Cet acide a été observé, pour la première fois, vers 1769, par Cartheuser et Baumé ; puis, étudié avec soin par Rouelle jeune, en 1773, et Scheele, en 1777. On l'a désigné, pendant longtemps, sous le nom d'*Air puant*, à cause de sa mauvaise odeur. On l'appelle encore quelquefois *Acide hydrosulfurique* et *Hydrogène sulfuré*. C'est à la présence de cet acide qu'est dû, en grande partie, le danger que présente souvent le nettoyage des fosses d'aisances.

SULFHYDROMÈTRE. — Instrument imaginé, en 1840, par le chimiste lyonnais Alphonse Dupasquier, pour reconnaître et doser le Soufre dans les eaux minérales sulfureuses.

SULFURIQUE (*Acide*). — Cet acide se trouve décrit, pour la première fois, mais en termes vagues et ambigus, dans les ouvrages de l'alchimiste arabe Aboubekr Alrhasès, mort en 940. Au XIIIᵉ siècle, Albert le Grand lui donna les noms de *Soufre des philosophes* et d'*Esprit de vitriol romain*. Au XVᵉ, Basile Valentin décrivit parfaitement sa préparation. Enfin, en 1570, Gérard Dornœus détermina, pour la première fois, les caractères qui le distinguent. Toutefois, sa composition véritable ne fut reconnue qu'à la fin du XVIIIᵉ siècle, par Lavoisier. Aujourd'hui, l'Acide sulfurique forme le plus important de tous les produits chimiques, et il rend de si grands services à l'industrie que la consommation qui en est faite dans un pays peut donner, comme celle du fer, la mesure de l'activité industrielle de ce pays. Dans le principe, on l'obtenait en calcinant, dans une cornue de grès, du sulfate de fer, appelé alors *vitriol vert*, mais, à mesure que ses applications se sont multipliées, on a dû nécessairement créer des procédés de fabrication moins imparfaits. Les premiers progrès datent du commencement du XVIIᵉ siècle. Angelus Sala ayant découvert alors qu'il se forme de l'Acide sulfurique par la combustion du soufre en vase humide, on s'empressa d'adopter cette méthode, et l'on donna à l'acide ainsi produit le nom d'*Huile* ou *Esprit de soufre par la cloche*, à cause de la forme des vases dans lesquels on opérait. Quelques années après, les chimistes français Lefèvre et Lémery améliorèrent l'invention de Sala, en ajoutant du salpêtre au soufre pour faciliter la combustion de ce dernier ; mais cette innovation ne fut d'abord exploitée qu'en Angleterre, dans une fabrique créée, pour cet objet, à Richmond, près de Londres, par un nommé Ward. En 1746, un autre perfectionnement d'une importance encore plus considérable fut réalisé par les anglais Rœbuck et Garbett, qui eurent l'idée de remplacer les ballons de verre employés jusqu'alors par des *Chambres de plomb*, c'est-à-dire par des caisses rectangulaires formées de lames de ce métal. Ce perfectionnement fut appliqué, pour la première fois, à Birmingham, suivant les uns, et à Prestonpans, en Écosse, suivant les autres. Il fit descendre le prix de l'Acide sulfurique de 6 francs le kilogramme à 50 centimes, ce qui permit d'introduire cet acide dans une foule d'industries d'où sa valeur élevée l'avait jusqu'alors exclu. Le procédé de Rœbuck et Garbett pénétra peu à peu dans les usines du continent. C'est celui que l'on suit encore aujourd'hui, mais doté de toutes les améliorations de détail dont la pratique a fait reconnaître l'utilité. Il fut introduit en France, en 1766, par un anglais réfugié, nommé Holker, qui monta ses premières chambres dans un faubourg de Rouen. Parmi ceux de nos compatriotes qui, depuis cette époque, ont le plus contribué à perfectionner la fabrication de l'Acide sulfurique, il faut surtout citer le petit-fils de Holker, Darcet père et Chaptal, au commencement du siècle, et, à une époque plus récente, MM. Péligot, Kuhlmann et Clément Desormes. C'est ce dernier qui a proposé le premier d'extraire directement l'acide des pyrites, mais cette idée n'a été rendue pratique qu'en 1833, par M. Perret, de Lyon. La fabrique de M. Perret fonctionnait régulièrement depuis déjà six ans, lorsque la même invention fut patentée en Angleterre, en 1839, au nom de M. Thomas Tlalmer, qui, à la suite d'expériences multipliées, et dans l'ignorance de ce qui avait eu lieu en France, était arrivé aux mêmes résultats que le savant lyonnais.

SUMAC. — Plusieurs arbrisseaux portent ce nom. Les plus connus sont le *Sumac des teinturiers* ou *Redoul* (*Coriaria myrtifolia*), qui est indigène à l'Europe, et le *Sumac des corroyeurs* (*Rhus coriaria*), qui est originaire d'Asie, d'où il a été introduit, vers 1596, en Espagne, en Sicile, en Portugal, en Italie et dans nos départements méridionaux. On les cultive tous les deux pour leurs tiges et leurs feuilles, qui renferment une substance colorante et astringente, et qui sont souvent employées en teinture, à la place de la Noix de Galle.

SURETÉ (*Appareils de*). — Voyez INCENDIE, LAMPE, MINES, PISTOLET, SERRURE, SOUPAPE, etc.

SYMPATHIE (*Encres de*). — Voyez ENCRE.

SYMPHONISTA. — Orgue expressif de la famille des Harmoniums qui a été inventé, il y a une douzaine d'années, par l'abbé Guichené, curé de Mont-de-Marsan, pour accompagner spécialement le chant d'église dans les communes les plus pauvres. Cet instrument se compose d'un clavier ordinaire qui fait résonner un seul jeu d'anches, mis en mouvement par une soufflerie d'Harmonium, et au-dessus duquel s'en trouve un second, dont les touches, larges et en bois, portent le nom des notes. Le chantre le plus inexpérimenté, qui ne connaît que le plain-chant, tel qu'il est dans les livres de chœur, peut, en posant le doigt sur la touche du second clavier dont le nom correspond à la note du chant, faire entendre une harmonie complète et redoublée dans plusieurs octaves, et accompagner ainsi sa voix.

SYMPIÉZOMÈTRE. — Instrument destiné à mesurer la pression atmosphérique par la température de l'air. Il présente, pour la marine, de très-grands avantages sur le Baromètre ordinaire, dont l'emploi à bord d'un navire offre toujours de grandes difficultés. Inventé, en 1819, par M. Adie, d'Édimbourg, le Sympiézomètre a été beaucoup perfectionné depuis, notamment, en 1847, par le physicien français Gaudin.

SYRINX. — Voyez FLUTE et ORGUE.

SYSTÈME MÉTRIQUE. — Voyez MÉTRIQUES (*Mesures*).

SYSTÈME DU MONDE. — 280 ans avant notre ère, Aristarque de Samos supposa que le Soleil était immobile et que c'était la Terre qui tournait autour de lui, ce qui le fit accuser d'impiété. Un peu plus tard, Cléanthe, d'Assos, essaya, le premier, d'expliquer les phénomènes du ciel étoilé par le mouvement de translation de la Terre autour du Soleil combiné avec le mouvement de cette même Terre autour de son axe. L'explication, dit Plutarque, était tellement neuve, tellement en opposition avec les idées reçues, que plusieurs savants proposè-rent de diriger contre Cléanthe une accusation d'impiété comme on l'avait déjà fait contre Aristarque. D'autres philosophes grecs, tels que Philolaüs, de Crotone, Héraclide, de Pont, Nicétas, de Syracuse, crurent aussi pouvoir admettre l'immobilité du Soleil, et considérer le mouvement diurne de la sphère étoilée comme une simple apparence dépendant du mouvement de rotation de la Terre sur son axe ; mais l'opinion contraire domina généralement dans l'antiquité, ainsi que pendant le moyen âge. Cependant, tout en supposant notre globe immobile, les anciens reconnurent une certaine dépendance entre le mouvement des planètes et le mouvement apparent du Soleil, mais ils ne purent arriver à saisir les inextricables complications qu'offrait le Système du monde, tel qu'ils le concevaient. Au XVIe siècle, l'astronome Nicolas Copernic, de Thorn, entreprit de résoudre toutes les difficultés du problème en revenant aux idées d'Aristarque de Samos. Après avoir démontré que ces idées pouvaient se concilier avec les faits observés, il construisit, sur le principe de la mobilité de la Terre autour du Soleil, le système qui a reçu son nom, et dont il publia l'exposition dans un magnifique ouvrage intitulé : *Des révolutions célestes*, qui parut à Nuremberg, en 1543. Dominés, les uns par une espèce de fanatisme pour l'antiquité, les autres par des scrupules religieux résultant de fausses interprétations de la Bible, les savants et les théologiens attaquèrent avec violence l'ouvrage de Copernic et le firent condamner par la Congrégation de l'index. Au commencement du siècle suivant, Galilée eut pourtant le courage de le défendre, mais il n'y gagna que d'intolérables persécutions. Enfin, l'illustre astronome wurtembergeois Jean Képler, reprenant les idées de Copernic et réformant les imperfections qu'elles renfermaient, établit le Système du monde tel qu'il est aujourd'hui, et découvrit, à cette occasion, les trois immortelles lois qui portent son nom (1596-1619).

T

TABAC. — Le *Tabac* est originaire d'Amérique, mais on le cultive aujourd'hui dans presque tous les pays. Les Européens le connurent en 1492, c'est-à-dire dès leur arrivée dans le nouveau monde. Christophe Colomb raconte à ce sujet qu'aussitôt après son débarquement à San-Salvador, ayant envoyé plusieurs de ses compagnons à la découverte, ceux-ci rencontrèrent des naturels, tant hommes que femmes, qui tenaient à la main un rouleau fait des feuilles d'une certaine herbe, dont ils avaient allumé un bout, tandis qu'ils en aspiraient la fumée par le bout opposé. Suivant Las Casas, les naturels d'Haïti appelaient ces rouleaux *tabaccos*, nom qui a passé à la plante elle-même, et qui n'a pas été emprunté, comme on le croit généralement, à l'île de Tabago. Les Espagnols d'Amérique adoptèrent bientôt l'usage indien. Ils firent même plus : vers 1518, ils envoyèrent des graines de Tabac en Espagne, où l'on s'occupa aussitôt de les cultiver. D'Espagne, la nouvelle plante pénétra en Portugal, et les deux pays la firent connaître peu à peu aux autres parties de l'Europe, à l'exception cependant de l'Angleterre, qui la reçut directement du Brésil, en 1585, par les soins du navigateur Francis Drake. Le Tabac parut, pour la première fois, en France, dans le courant de 1560. Il y fut introduit, par Jean Nicot, ambassadeur de François II à Lisbonne, qui, à son retour à Paris, en apporta une petite quantité à la reine Catherine de Médicis. Le Tabac dut à cette double circonstance de recevoir chez nous, dans le principe, les noms de *Nicotiane*, d'*Herbe à la reine* et d'*Herbe médicée*. On l'appela aussi *Herbe du grand prieur*, parce que le grand prieur de France, prince de la maison de Lorraine, contribua beaucoup à le mettre à la mode ; *Herbe de Tournabon* et *Herbe de Sainte-Croix*, parce que les cardinaux de ce nom le popularisèrent en Italie ; et, enfin, *Herbe sainte* et *Herbe à tous les maux*, à cause des vertus imaginaires qu'on lui attribuait. Le mot *Tabac*, dans le langage ordinaire, et celui de *Nicotiane*, dans le langage de la science, prévalurent beaucoup plus tard. A l'exemple des indigènes de l'Amérique, les Européens se contentèrent d'abord de fumer et de mâcher le Tabac ; ils imaginèrent ensuite de le priser. Dans les premiers temps de son introduction, le Tabac fut considéré comme une panacée universelle par les uns, et comme un poison des plus violents par les autres. Il dut même au triomphe momentané des partisans de cette dernière opinion d'être proscrit dans plusieurs pays, notamment en Angleterre, sous Jacques Ier ; en Turquie, sous Amurat IV ; et en Russie, sous Michel Feodorowitch ; enfin, le pape Urbain VIII excommunia les fidèles qui priseraient dans les Églises. Malgré ces défenses, le Tabac n'en continua pas moins son chemin par le monde, et il n'est aujourd'hui aucun pays où il n'ait pénétré. L'Alsace est la première de nos anciennes provinces qui se soit livrée à la culture du Tabac : elle commença ses plantations peu après 1620, quand le négociant Robert Kœnigsmann lui eut fait connaître les procédés usités en Angleterre. Depuis le commencement de ce siècle, de nombreuses améliorations ont été apportées à la préparation des feuilles de Tabac. Outre d'ingénieuses machines propres à exécuter la pulvérisation du Tabac à priser et le coupage du Tabac à fumer, on en a imaginé d'autres qui remplacent la main de l'ouvrier pour la fabrication des Cigares et des Cigarettes. Les chimistes, de leur côté, ont étudié avec soin la composition du Tabac, ce qui a permis d'expliquer les effets de cette plante sur l'économie animale. Le dangereux alcaloïde connu sous le nom de *Nicotine*, a été découvert, en 1829, par MM. Reimann et Posselt. C'est un des poisons les plus violents. C'est lui aussi qui est la source du montant du Tabac préparé, et la cause de son action narcotique et délétère. Voyez CIGARES.

TACHOMÈTRE. — Nom générique donné

à divers instruments destinés à mesurer les variations qui ont lieu dans la vitesse du mouvement des machines. Il en existe une foule d'espèces. L'un des plus ingénieux est celui que M. Daniel, directeur de l'exploitation du chemin de fer de Montereau à Troyes, a inventé, vers 1852, pour connaître et contrôler la vitesse d'un convoi. Au moyen d'un mécanisme assez simple, et qui reçoit le mouvement du convoi lui-même, un crayon marque sur un carton, convenablement divisé, les diverses vitesses que reçoit le train pendant tout le cours de son trajet. Il indique, en outre, sur un cadran, placé sous les yeux du mécanicien, la rapidité exacte du mouvement.

TACHYGRAPHIE. — Voyez STÉNOGRAPHIE.

TAILLE (*Opération de la*). — Voyez LITHOTOMIE.

TAILLE DU DIAMANT. — Voyez DIAMANT.

TAILLE-DOUCE. — La Gravure dite *en taille-douce* a été inventée au milieu du XVe siècle. Elle a été ainsi nommée, relativement à la Gravure sur bois, parce qu'elle produit des effets plus doux que celle-ci. On l'appelle aussi gravure *au burin*, du nom de l'outil avec lequel on attaque le métal. Depuis son origine, on a exécuté son impression d'une manière très-lente et très-coûteuse. Toutefois, dans ces dernières années, on a essayé de l'opérer par des procédés mécaniques. La première machine destinée à cet effet a été inventée en Angleterre, par M. Robert Neale, qui l'a fait patenter en 1854. Elle est mue par la vapeur, et produit 2,000 exemplaires par jour, y compris le temps perdu, c'est-à-dire environ 300 par heure, résultat admirable, si on le compare à celui de l'ancien système. Voyez GRAVURE.

TAIN DES GLACES. — Voyez MIROIRS.

TALBOTYPIE. — Nom donné par quelques artistes à la Photographie sur papier, parce qu'elle a été inventée par l'amateur anglais Nathaniel Fox Talbot. Celui-ci avait créé, pour désigner son invention, le mot *Calotypie*, qui n'a pas été adopté. Voyez PHOTOGRAPHIE.

TAMBOUR. — I. Le *Tambour* paraît avoir été connu de tout temps en Asie. L'empereur chinois Chao-Hao en prescrivit l'usage pour battre les veilles, ou divisions de la nuit, environ 2000 ans avant Jésus-Christ; mais on en a trouvé des fragments dans des tombeaux égyptiens qui sont d'une époque beaucoup plus ancienne. Les Grecs ne paraissent pas avoir employé cet instrument. Quant aux Romains, Isidore de Séville dit positivement qu'ils ne commencèrent à s'en servir qu'à l'époque de la décadence : ils l'appelaient *Symphonia*, et l'avaient probablement emprunté aux Asiatiques. L'opinion qui attribue aux Maures d'Espagne l'introduction du Tambour dans l'Europe moderne, est fort douteuse. Une chose cependant est certaine, c'est que ce mot *Tambour*, que les anciens écrivains français écrivaient *Tabor* et *Tabur*, n'est autre chose que l'arabe *al tabor*. Froissard est le plus ancien de nos auteurs qui parle du Tambour : il le nomme à l'occasion de l'entrée d'Édouard III, roi d'Angleterre, à Calais, le 3 août 1347. Cette circonstance a fait croire que le Tambour n'aurait été connu en France qu'à cette époque; il est cependant plus probable que les chrétiens occidentaux l'avaient déjà employé sur place, en Orient, pendant les croisades, à l'imitation des Sarrasins, mais ils ne durent en faire usage en Europe que lorsqu'ils commencèrent à posséder une infanterie régulière. C'est au XVIe siècle que le mot *Caisse*, que l'on écrivit d'abord *Quesse*, a été adopté, dans notre langue, pour désigner le Tambour. Ce mot dérive de l'espagnol *Caxa*, nom que les fantassins de Charles-Quint et de Philippe II donnaient à leurs Tambours.

II. Le Tambour à grelots, appelé, on ne sait pourquoi, *Tambour de basque*, car les Basques ne l'ont jamais connu, est aussi d'origine orientale, peut-être même d'origine indienne. Il était habituellement employé, sous le nom de *Tympanum*, par les Grecs et les Romains, dans les fêtes de Cybèle. On en a trouvé plusieurs modèles dans les tombeaux de l'ancienne Égypte.

TAMBOUR A BRODER. — Voyez BRODERIE.

TAM-TAM. — Cet instrument est originaire de la Chine et de l'Inde, où son usage paraît immémorial. On ne l'emploie en Europe que dans la musique dramatique. Le métal qui sert à le fabriquer est un alliage de cuivre et d'étain aussi fragile que le verre lorsqu'il vient d'être coulé, mais on le rend malléable et susceptible d'être travaillé au marteau en le soumettant à une trempe particulière. Autrefois l'Europe tirait tous ses Tam-tams de la Chine et de l'Inde. On les fait aujourd'hui dans nos usines, depuis que le chimiste Darcet père a découvert le secret de leur fabrication. En France, le Tam-tam paraît avoir figuré, pour la première fois, dans un orchestre, aux funérailles de Mirabeau, le 4 avril 1791.

TANNAGE. — La peau des animaux se pourrit aisément, s'imprègne d'eau avec facilité, et se détruit promptement par un frottement répété ; mais on remédie à ces inconvénients en la soumettant à des manipulations particulières dont l'ensemble constitue le *Tannage*. Tous les peuples, même les plus barbares, ont su tanner les peaux : les procédés seuls ont varié. La méthode la plus ancienne a probablement consisté à travailler les peaux avec certains débris des animaux qui les avaient fournies, principalement avec l'huile, la graisse, la cervelle, l'urine et le lait : c'est même encore ainsi que les sauvages du centre de l'Amérique préparent celles des buffles et des élans. Plus tard, on a imaginé de remplacer ces diverses substances par l'écorce du chêne ou *tan*, mais on ignore l'époque et le lieu où cette innovation a pris naissance. On sait seulement qu'elle a été appliquée, avec succès, par tous les peuples civilisés de l'antiquité, notamment par les Grecs et les Romains, qui l'ont transmise aux nations modernes. C'est la méthode universellement suivie aujourd'hui. Toutefois, elle a le défaut d'être d'une excessive lenteur. Aussi, depuis la fin du dernier siècle, s'est-on mis, aussi bien en France qu'à l'étranger, à la recherche de moyens propres à réduire sa durée. C'est ainsi qu'en 1792, les besoins de nos armées ne pouvant être satisfaits par le Tannage ordinaire, Armand Séguin réussit à préparer en vingt-cinq jours les cuirs les plus forts, et, quoiqu'il n'obtînt que des produits de qualité très-inférieure, il n'en rendit pas moins de grands services au pays en lui permettant de fournir des chaussures à ses nombreux soldats. Dans ces dernières années, une foule d'inventeurs, entre autres, MM. Félix Boudet, Du-

rand-Chancerel, Daesbury, William Drake, Knoderer, Knowlis, Ogereau, Pelletreau, Sterlingue, Turnhull, Vauquelin, etc., ont essayé de résoudre le problème ; mais, parmi les améliorations proposées, les unes n'ont donné que de mauvais résultats, et l'expérience n'a pas encore permis de constater suffisamment la valeur des autres. D'ailleurs, la pratique a démontré que le Tannage ne peut être parfait qu'à la condition d'opérer d'une manière très-lente l'action de l'écorce du chêne sur le tissu animal. — Avant d'être livrés au commerce, les cuirs forts ou cuirs à semelles ont été, de bonne heure, soumis à un battage prolongé, afin de régulariser leur épaisseur, de lisser leur surface et d'augmenter leur densité. Cette opération s'est faite, pendant très-longtemps, en les frappant, sur des pierres unies, avec des Marteaux à main. On l'exécute généralement aujourd'hui, soit avec des Marteaux mécaniques, analogues à ceux des forges, soit avec des Cylindres lamineurs. Le premier procédé est le plus ancien : il existait déjà en Suisse, à la fin du siècle dernier, et il paraît avoir été introduit en France au commencement de celui-ci. La tannerie d'Arcier, près de Besançon, qui possédait un marteau vertical au moins en 1815, et celle de M. Brosse, à Lyon, qui avait un marteau horizontal en 1820, sont probablement les premières de nos usines qui en aient été dotées. Quant au procédé des cylindres, il est d'une époque tout à fait récente : il a été créé, vers 1840, par MM. Berendorff, Ogereau et Durand-Chancerel, tanneurs à Paris. Voyez CUIR.

TANNIN. — L'écorce du chêne ou *Tan* est employée de temps immémorial pour durcir la peau des animaux et la transformer en cuir, mais ce n'est qu'à la fin du dernier siècle qu'on a découvert la substance à laquelle elle doit cette propriété remarquable. Entrevue, en 1795, par Armand Séguin, cette substance fut isolée, en 1798, par le chimiste Proust, qui, pour en indiquer l'origine, l'appela *Tannin*, nom que l'on a remplacé de nos jours par celui d'*Acide tannique*.

TANTALE. — En 1803, Hatchett découvrit, dans un minerai de la province de Massachusetts, aux États-Unis, un nouveau métal qu'il appela *Colombium*. Presque en même temps, Ekeberg trouva, dans plusieurs minerais de la Suède, un métal auquel il donna le nom de *Tantale*. Enfin, en 1809, Wollaston reconnut l'identité de ces deux métaux. Le nom de Tantale a généralement prévalu : il rappelle la propriété que possède le corps auquel il a été appliqué d'échapper à la combinaison avec les acides. Ce corps est très-rare et sans applications.

TAPIOCA. — Fécule fournie par un arbrisseau de la famille des Euphorbiacées, le *Jatropha manihot*, qui vient aux Antilles, au Brésil, et dans plusieurs parties de l'Amérique tropicale. Cette substance est employée, depuis très-longtemps, comme aliment, dans les pays de production, mais ce n'est que depuis une vingtaine d'années que son usage s'est répandu en Europe. On fabrique aujourd'hui, en France et ailleurs, un Tapioca factice, ou *Tapioca indigène*, en projetant de la fécule de pommes de terre un peu humide sur des plaques de cuivre rouge chauffées à 100 degrés.

TAPISSERIES. — L'industrie des *Tapis* et des *Tapisseries* est née en Orient, à une époque immémoriale. Elle était déjà très-florissante du temps de la guerre de Troie, et c'est parce que les Grecs eurent, pour la première fois, l'occasion de connaître ses produits, dans la partie de l'Asie Mineure où cette ville était située, qu'ils les appelèrent, d'une manière générale, *Tissus façon de Phrygie*, en latin *opus phrygium*. Ce peuple se servait des Tapisseries, soit pour former des portières, soit pour orner l'intérieur des temples et des habitations. Il recherchait surtout celles qui étaient historiées, et il transmit son goût aux Romains. Aussitôt qu'ils purent célébrer en liberté les cérémonies de leur culte, les Chrétiens employèrent également les Tapisseries pour la décoration des églises. En France, cet usage était déjà très-répandu au VIIᵉ siècle, mais il ne se généralisa qu'au Xᵉ. Beaucoup de ces tissus venaient de l'Orient par l'empire grec ; d'autres, au contraire, étaient d'origine nationale. En 985, il existait une fabrique de Tapisseries à l'abbaye de Saint-Florent, à Saumur. En 1025, Poitiers en possédait une autre dont

les produits s'exportaient jusqu'en Italie. A la même époque, des établissements analogues étaient en pleine prospérité dans les abbayes de Saint-Denis et de Saint-Waast, à Saint-Martin du Canigou et dans plusieurs églises de la Picardie et de la Normandie. C'est aussi au XIᵉ siècle qu'a été exécutée la célèbre Tapisserie de Bayeux, qui représente la conquête de l'Angleterre par Guillaume le Bâtard : c'est une gigantesque broderie à la main, qu'une tradition, dénuée de preuves suffisantes, attribue à la reine Mathilde, femme de ce prince. Les croisades donnèrent une impulsion considérable à l'industrie des Tapisseries, en fournissant aux ouvriers chrétiens le moyen de s'initier aux procédés orientaux. Entre autres innovations, ces grandes expéditions firent créer les *Tapis saracinois*, c'est-à-dire façon d'Asie : il y en avait une fabrique importante à Paris, sous saint Louis. Au XIVᵉ siècle, les Tapisseries d'Arras étaient renommées dans toute l'Europe. Au siècle suivant, ce fut le tour de celles des Flandres et d'Italie. La fabrication de ces tissus était alors en décadence dans notre pays. C'est pour la relever qu'en 1535 François Iᵉʳ fit venir des ouvriers flamands et italiens, et les installa à Fontainebleau, sous la direction de Philibert Rabou, sieur de la Bourdaisière, qui fut remplacé, en 1541, par le peintre Sébastien Serlio. Vers 1550, une seconde manufacture fut créée à Paris par Henri II, qui la plaça dans les bâtiments de l'hôpital de la Trinité. Les guerres de religion arrêtèrent l'essor de ces deux établissements, mais, au retour de la paix, Henri IV en fonda trois nouveaux, tous à Paris, savoir : deux, en 1597 et 1599, pour les Tapisseries de haute lisse, et l'autre, en 1604, pour les Tapis façon de Perse et de Turquie. Ce dernier eut d'abord ses ateliers au Louvre. Il fut transporté, en 1627, à Chaillot, dans un bâtiment dit *de la Savonnerie*, et c'est de là qu'est venu le nom de *Tapis de la Savonnerie*, donné à ses produits. La célèbre manufacture des Gobelins date de 1662, mais elle ne commença à se développer qu'à partir de 1667. Quant à la fabrique de Beauvais, son institution, qui appartient également à Louis XIV, remonte à l'année 1664. Au XVIIIᵉ siècle, l'industrie des Tapis et des Tapisseries était arrivée, dans toute l'Europe, à un très-haut degré de prospérité. On citait surtout les manufactures des Gobelins, de la Savonnerie et de Beauvais, pour les pièces exceptionnelles ; celles de Venise, de Bruges, d'Oudenarde, d'Abbeville et d'Aubusson, pour les pièces moins riches ; et celles de Rouen et de Bergame, où l'on travaillait particulièrement pour la consommation ordinaire. Depuis le commencement de ce siècle, les produits de l'industrie des Tapisseries ont presque entièrement changé de destination : les Papiers peints ayant généralement remplacé les tissus employés autrefois pour la tenture des murailles, ils ne servent plus guère que pour recouvrir les meubles et le sol des habitations.

TARARE. — Le premier moyen de nettoyage du grain après le battage a probablement consisté dans le jet contre le vent. Des peintures et des bas-reliefs antiques montrent des représentations de ce procédé, qui est encore usité en Orient, en Égypte, en Espagne, en Italie et ailleurs. Plus tard, on imagina le *Van*, que l'on trouve également figuré sur plusieurs monuments de l'antiquité. Plus tard encore parut le *Crible à main*, dont l'usage fut aussi général chez les anciens qu'il l'est chez les modernes. Enfin, est née, au dernier siècle, l'idée de combiner l'action du vent avec celle de ces deux appareils, et la réalisation de cette idée a donné lieu à l'invention, attribuée à Duhamel du Monceau, du *Crible à vent* ou *Van mécanique*, plus généralement désigné sous le nom de *Tarare*. La création de cette machine a été un véritable bienfait pour l'agriculture. Aussi, son usage s'est-il répandu rapidement dans tous les pays, mais non sans recevoir une multitude de perfectionnements de détail, dus surtout, en ce qui concerne la France, à MM. Mathieu de Dombasle, Gravier, Yoland, Touaillon, Vachon, Joly et Moutot. — Sous le nom de *Tarare brise-insectes,* le docteur Herpin a inventé, en 1842, un appareil très-ingénieux qui débarrasse les grains des insectes, non pas seulement en chassant ces derniers, mais en les faisant périr. Le *Tue-teignes* du professeur Louis Doyère a la même destination : il date de 1853, et a valu à son auteur, en 1854, un des prix de mécanique, institués par M. de Monthyon, qui sont décernés, chaque année, par l'Académie des Sciences.

TAROTS. — Voyez CARTES A JOUER.

TARTRE. — Le *Tartre* a attiré l'attention des plus anciens chimistes, mais sa nature véritable n'a été connue qu'en 1770, époque à laquelle Scheele prouva qu'il est une combinaison de potasse et d'un acide particulier qu'il isola. Cet acide reçut aussitôt les noms d'*Acide du tartre*, d'*Acide tartareux* et d'*Acide tartarique*, que l'on a remplacés depuis par celui plus court d'*Acide tartrique*. Le Tartre est du tartrate acide de potasse plus ou moins impur. Quand il est purifié, on l'appelle *Crème* ou *Cristaux de tartre*. La teinturerie et les fabriques d'indiennes en consomment, sous cette forme, des quantités considérables, surtout comme rongeant. La boulangerie s'en sert aussi pour obtenir un pain très-blanc avec des farines de médiocre qualité. On emploie encore le Tartre pour préparer des sels qui ont une grande importance en médecine, et dont les plus importants sont : le tartrate de potasse et d'antimoine, vulgairement appelé *Émétique;* le tartrate de potasse et de fer, avec lequel on fait les fameuses *Boules de Mars de Nancy*, remède si populaire contre les contusions ; et le tartrate de potasse et de soude, qui, découvert en 1672, par Seignette, pharmacien de la Rochelle, devint, en quelques mois, le purgatif à la mode. Le Tartre n'a d'abord été reconnu que dans les raisins. Plus tard, on a remarqué qu'il existe dans une foule d'autres plantes, notamment dans les tamarins, les mûres et la racine de betterave. Enfin, en 1859, M. Liebig a constaté qu'il se produit artificiellement quand on fait réagir l'acide nitrique sur le sucre de lait. Voyez ÉMÉTIQUE.

TAXE-MACHINE. — Sorte de Barême mécanique destiné à donner des comptes faits ou des produits de deux nombres. Il existe plusieurs appareils de ce genre ; mais le plus simple paraît être celui qui a été inventé, vers 1849, par M. Baranowski, constructeur d'instruments de précision à Paris.

TAXIDERMIE. — La *Taxidermie* n'est pas une invention moderne, comme on l'a dit quelquefois ; elle remonte, au contraire, à une époque immémoriale : ses procédés seuls ont varié. Les plus anciens produits de cet art sont les animaux sacrés que l'on a trouvés par milliers dans les caveaux funéraires de l'Égypte pharaonique. Ils ont été préparés par une des méthodes usitées, dans ce pays, pour l'embaumement des corps humains, et uniquement en vue de les préserver de la putréfaction. Les Grecs et les Romains cultivèrent aussi la Taxidermie, mais, à la différence des Égyptiens, qui ne s'étaient occupés que de la conservation des sujets, ils cherchèrent en même temps à les soustraire à la décomposition et à conserver leurs formes extérieures. On ne connaît pas bien les procédés qu'ils employèrent, mais divers textes donnent à entendre qu'ils savaient obtenir, quand ils le voulaient, des résultats fort remarquables. Pendant le moyen âge, la Taxidermie ne fut guère qu'un grossier empaillage que l'on appliquait à des oiseaux ou à des animaux rares destinés à figurer, à titre de simples curiosités, dans les trésors des couvents et des châteaux. C'est de la seconde moitié du XVIe siècle que datent les premiers progrès de cet art. Ils furent provoqués par le mouvement qui porta les esprits à l'étude des sciences naturelles, ce qui conduisit nécessairement à la formation de collections propres à faciliter les recherches des savants. Les Anglais Tradescant et James Petiver et l'italien Francesco Calceolari créèrent alors des cabinets célèbres, qui servirent comme de modèles à ceux que l'on vit successivement paraître dans les autres parties de l'Europe. Dès ce moment, des naturalistes se vouèrent spécialement à la préparation des animaux. Toutefois, les premiers qui exécutèrent des travaux de ce genre se proposèrent avant tout d'assurer la conservation matérielle de leurs produits, et ce ne fut qu'après avoir résolu complètement ce problème, qu'ils étudièrent les autres questions qui se rattachent à la Taxidermie. Les taxidermistes modernes conservent non-seulement les espèces animales, en leur laissant leur couleur et l'aspect vrai de leur poil et de leur plumage, mais ils savent aussi les représenter dans leurs mouvements et dans leurs attitudes les plus expressives. Parmi ceux de nos contemporains qui ont le plus contribué à l'avancement de leur art, il suffira de citer MM. Lefèvre, Guérin et Parzudaki, en France ; Bartlett, William et John Gardner, Major, Short et Leadbeater, en Angleterre ; Comba, en Italie ; et Ploucquet, dans le Wurtemberg.

TEILLER (Machines à). — Après le Rouissage, le Chanvre et le Lin sont soumis à une opération, dite Macquage, Broyage ou Teillage, qui est destinée à les rendre propres au travail du peigne, en brisant le brin pour le séparer de ses fibres. Cette opération s'est toujours faite, soit avec des battoirs, soit avec l'instrument appelé Broie. Cependant, comme ces appareils agissent très-lentement et occasionnent beaucoup de dépense, on a cherché à les remplacer par des machines disposées de manière à produire le même effet avec rapidité et économie. Ces machines sont désignées sous le nom de Broies mécaniques ou sous celui de Machines à teiller. Elles datent de la fin du dernier siècle, c'est-à-dire de l'époque où l'on commença les recherches sur la Filature mécanique du Lin. Les premières parurent, du moins en France, en 1789 et 1790 : elles avaient été inventées par MM. Brâlle et Molard, et se composaient essentiellement de cylindres superposés et cannelés entre lesquels on faisait passer la matière à travailler. Elles furent imitées en Angleterre, d'abord, par James Lee, en 1813, puis, par Samuel Hill, en 1815, et, enfin, par William Bundy, en 1819. Aucune de ces inventions ne fut adoptée par la pratique. A cette dernière époque, un de nos compatriotes, le mécanicien Christian, fut plus heureux : il parvint à construire une Teilleuse à laquelle sa simplicité et son prix peu élevé valurent plusieurs années de vogue. Depuis ce temps, on a imaginé, dans tous les pays agricoles, un grand nombre de machines de ce genre ; mais, jusqu'à présent, aucune d'elles n'a pu se répandre d'une manière un peu générale, et il en sera probablement ainsi tant qu'on n'aura pas réussi à concentrer davantage la culture et la préparation mécanique du Chanvre et du Lin, jusqu'ici trop éparpillées dans les campagnes, en raison même de la diversité des besoins locaux et de la rareté des sols appropriés.

26

TEINTURE. — L'art de la *Teinture* a été pratiqué avec succès dès les temps les plus reculés dont l'histoire fasse mention, dans l'Inde, en Perse, en Chine, en Égypte, en Syrie. Malheureusement, nous ne possédons aucun renseignement sur la manière dont les peuples de ces divers pays appliquaient les matières colorantes sur les tissus, parce que les Grecs et les Romains, qui héritèrent de leurs procédés industriels, ont négligé de les décrire. Au ve siècle, tous les arts dépérirent dans l'Occident, mais ils continuèrent à être cultivés dans l'empire grec et dans toute l'Asie, et c'est des fabriques de Byzance et du Levant que l'on tira, pendant près de huit cents ans, les plus belles étoffes colorées. Les Italiens furent les premiers, parmi les Européens occidentaux, qui pratiquèrent la Teinture avec habileté : dès la fin du xiie siècle, il existait à Gênes et à Venise des teintureries renommées. Le mouvement se propagea dans les autres parties de l'Europe, mais avec une grande lenteur. En ce qui concerne particulièrement la France, les grands progrès ne commencèrent même qu'au xviie siècle, principalement sous le ministère de Colbert. Enfin, au siècle suivant, le développement des sciences physiques, les recherches et les écrits des chimistes Macquer, Helot, Dufay, Berthollet, Chaptal et Jean-Michel Haussmann, régularisèrent les pratiques des ateliers et portèrent, dans l'application des recettes, un esprit philosophique qui dégagea l'art des entraves où la routine l'avait jusqu'alors emprisonné. Dans l'origine et pendant très-longtemps, les teinturiers ont exclusivement fait usage de matières colorantes empruntées aux plantes et aux animaux ; à l'exception des sels de fer, dont l'emploi remonte à une date assez ancienne, ce n'est que vers la fin du dernier siècle qu'ils ont commencé à tirer parti des couleurs minérales. L'arsénite de cuivre, découvert par Scheele, avait déjà pénétré dans les teintureries importantes, quand Raymond, de Lyon, se servit du bleu de Prusse, en 1811. Le chimiste Braconnot, en 1819, et Labillardière, en 1828, utilisèrent les sulfures d'arsenic. Le chromate de plomb fut signalé en 1820. Depuis cette époque, le nombre des couleurs n'a cessé de s'augmenter, grâce aux travaux d'une foule de savants appartenant à tous les pays où l'industrie est florissante. En même temps, on a donné aux appareils des dispositions nouvelles qui permettent de teindre mieux et avec beaucoup plus d'économie que par le passé.

TÉLÉGRAPHIE. — L'art télégraphique a été connu chez tous les peuples de l'antiquité ; ses procédés seuls ont varié.

I. *Télégraphie ancienne.* Les anciens transmettaient quelquefois les nouvelles au moyen de cris poussés par des hommes placés de distance en distance; mais, en général, ils se servaient de feux allumés sur les hauteurs. La première application de ce dernier usage en Europe se trouve dans les poëmes d'Homère : on y voit que, pendant la guerre de Troie, Palamède y recourait pour correspondre au loin. Suivant Eschyle, la même méthode fut employée pour annoncer la prise de cette ville à Clytemnestre, qui résidait à Argos : neuf postes avaient été établis à cet effet du mont Ida, en Asie, au mont Arachné, en Grèce. Ces deux procédés, on le comprend sans peine, ne pouvaient faire connaître que des événements prévus. Néanmoins, malgré leur imperfection, les Grecs n'en eurent pas d'autres jusqu'au iiie siècle avant notre ère, époque à laquelle Cléoxène et Démoclyte, ingénieurs de Philippe, père de Persée, roi de Macédoine, en combinant les lettres de l'alphabet avec des flambeaux alternativement découverts et masqués, créèrent une Télégraphie de nuit qui permettait de faire passer toute espèce de nouvelles. Les Romains ne connurent l'art télégraphique que pendant les guerres puniques, où ils l'apprirent, suivant les uns, des Carthaginois, et, suivant les autres, du grec Polybe, commensal du grand Scipion, qui était parfaitement au courant de l'invention macédonienne. Quoi qu'il en soit, il paraît certain que, pendant la conquête de la Gaule, César employa les signaux de feu, et ce n'est que par leur usage que l'on peut expliquer la rapidité et la sûreté de ses mouvements. Plus tard, les Romains établirent des lignes de signaux de cette espèce sur toutes leurs routes principales : il existe même encore un grand nombre des tours dans lesquelles leurs guetteurs se tenaient. Pendant le moyen âge, l'art télégraphique fut négligé comme tous les autres. On sait seulement que, chez les Grecs de Byzance et les Maures d'Espagne, on se transmettait quelquefois les nouvelles au moyen de pavillons, pendant le jour, et de feux, pendant la nuit.

II. *Télégraphie moderne*. La plupart des savants qui, à l'époque de la Renaissance, se livrèrent à l'étude de l'Optique, firent aussi des recherches sur la Télégraphie, mais leurs travaux ne sortirent jamais du domaine de la théorie, et ne furent d'ailleurs, en général, que la reproduction, plus ou moins modifiée, du système macédonien. A la fin du XVIIe siècle, le docteur anglais Hooke aborda de nouveau la question. Abandonnant les routes suivies jusqu'alors, il proposa de se servir d'une espèce de châssis sur lequel on ferait paraître ou disparaître des corps opaques, assez gros pour être vus de loin, et correspondant, les uns à des lettres isolées, les autres à des mots entiers ou à des phrases de convention. Mais son appareil était trop compliqué pour être employé : aussi ne fut-il jamais construit. Il réclamait d'ailleurs une amélioration à laquelle il ne songea pas, l'usage des Lunettes pour faciliter l'observation des signaux. Ce progrès fut réalisé quelque temps après, vers 1693, par le physicien français Guillaume Amontons. « Peut-être, dit Fontenelle, en parlant de l'invention de notre illustre compatriote, ne prendra-t-on que pour un jeu d'esprit, mais du moins très-ingénieux, un moyen qu'il imagina de faire savoir tout ce qu'on voudrait à une très-grande distance, par exemple de Paris à Rome, en très-peu de temps, comme en trois ou quatre heures, et même sans que la nouvelle fût sue dans les postes intermédiaires... Le secret consistait à disposer dans plusieurs postes consécutifs des gens qui, au moyen de Lunettes de longue-vue, ayant aperçu certains signaux du poste précédent, les transmettaient au suivant, et toujours ainsi de suite ; et ces différents signaux étaient autant de lettres d'un alphabet dont on n'avait le chiffre qu'à Paris et à Rome. La plus grande portée des lunettes faisait la distance des postes, dont le nombre devait être le moindre possible ; et comme le second poste faisait les signaux au troisième, à mesure qu'il les voyait faire au premier, la nouvelle se trouvait portée de Paris à Rome presque en aussi peu de temps qu'il en fallait pour faire les signaux à Paris. » Toute la théorie du Télégraphe aérien, tel qu'il fut plus tard exécuté, se trouve dans l'invention d'Amontons. L'appareil de ce physicien fut même expérimenté, mais, malgré les bons résultats qu'il produisit, le gouvernement ne l'adopta pas, parce qu'on ne sentait pas encore la nécessité d'un moyen de correspondance aussi rapide. Le même motif fit rejeter un autre système, proposé, en 1702, par un commissaire de marine, nommé Guillaume Marcel, et sur lequel on ne possède aucun renseignement. Cinquante ans plus tard, la solution du problème fut reprise dans presque toutes les parties de l'Europe. On fit alors presque simultanément des essais de *Télégraphie acoustique*, de *Télégraphie électrique* et de *Télégraphie aérienne*, mais ce fut cette dernière qui attira surtout l'attention des hommes spéciaux, et qui fut la première rendue pratique.

1° *Télégraphie aérienne*. Le premier *Télégraphe aérien* qui ait pu être employé a été inventé en France, par l'abbé Claude Chappe, à la suite de travaux commencés, en 1790, à Brulon, dans la Sarthe, et terminés, en 1791, dans la même ville. En 1793, sur le rapport d'un de ses membres, le représentant Romme, la Convention vota des fonds pour aider l'inventeur à construire une petite ligne d'essai entre Écouen et Ménilmontant. L'invention répondit tellement aux espérances qu'elle avait fait concevoir, que, sur le témoignage des représentants Daunou, Lakanal et Arbogast, qui avaient suivi les expériences, l'Assemblée décréta la construction immédiate d'une grande ligne entre Lille et Paris. Cette ligne fut inaugurée, le 30 novembre 1794, par l'annonce d'une victoire, la reprise de Condé sur les Autrichiens. Dès ce moment, le sort de la Télégraphie fut assuré, et des lignes semblables furent établies peu de temps après pour rattacher toutes les frontières au siége du gouvernement. Le succès obtenu par le Télégraphe de Chappe engagea les gouvernements étrangers à l'adopter, mais ce ne fut, en général, qu'après y avoir introduit des modifications plus ou moins heureuses.

Il excita, en même temps, l'émulation d'une foule d'inventeurs, tels que Bréguet et Bettancourt (1798), Schwenger (1800), Edelcrantz (1800), etc., mais aucun des nouveaux systèmes ne put passer dans la pratique. En 1846, à l'époque de son plus grand développement, le réseau télégraphique français se composait de cinq lignes partant toutes de Paris et aboutissant aux places de Lille, Strasbourg, Toulon, Brest et Bayonne : il mettait 29 villes en communication avec la capitale, et comprenait 534 stations par lesquelles passaient les signaux. En 1814, pendant la campagne de France, Napoléon Ier avait bien songé à joindre tous les chefs-lieux départementaux au siége de l'Empire, mais il n'eut pas le temps de donner suite à cette idée, et les gouvernements qui lui succédèrent ne la reprirent pas. Toutefois, malgré les perfectionnements de détail qu'il avait reçus de Chappe lui-même et de plusieurs membres de sa famille, le Télégraphe aérien avait le grave défaut de ne pouvoir servir pendant la nuit. Claude Chappe, en 1804, et, plus tard, l'amiral de Saint-Haouen (1809), M. Ferrier de Tourette (1831), le docteur Jules Guyot (1840), et MM. Chatau et Villalongue (1842), proposèrent de remédier à ce défaut en fixant à la machine des lampes ou des fanaux diversement disposés, mais aucune des innovations proposées ne fut adoptée, parce qu'on reconnut que, dans notre climat, aucun système d'éclairage, quelque parfait qu'il fût, ne pouvait utilement fonctionner que dans de rares circonstances. Cependant, le nombre toujours croissant des dépêches politiques, et la nécessité de les transmettre avec rapidité, devenue de plus en plus pressante par suite de l'extension des Chemins de fer, allaient décider l'établissement d'un service de nuit, quand l'application de l'Électricité à la Télégraphie vint permettre de résoudre le problème d'une autre manière.

2° *Télégraphie électrique.* L'application de l'Électricité à la Télégraphie a été une des conséquences naturelles de la découverte faite, il y a plus d'un siècle, de l'instantanéité de la transmission du fluide électrique. Le document le plus ancien connu jusqu'à présent, dans lequel cette question se trouve nettement posée et discutée, est une lettre écrite, le 1er février 1753, par un physicien écossais que l'on croit être Charles Marshal. Dans cette lettre, le Télégraphe électrique se trouve, nonseulement indiqué, quant à son principe, mais encore décrit avec les détails les plus minutieux. Après ce savant, on cite les essais du français Louis Lesage, à Genève (1774), de Lomond, en France (1787), de Reiser, en Allemagne (1794), de Bettancourt et de Salva, en Espagne (1787-1796), etc.; mais tous ces inventeurs ne réussirent qu'à produire des appareils de cabinet, et leurs systèmes auraient été inapplicables sur une grande échelle, parce que l'Électricité statique, la seule que l'on connût alors, ne pouvait permettre de résoudre le problème. Au commencement de ce siècle, quand l'invention de la Pile de Volta eut fait découvrir l'Électricité à courant continu, plusieurs physiciens cherchèrent aussitôt à utiliser, pour la transmission des dépêches, les propriétés décomposantes des courants fournis par cet appareil. C'est ainsi que furent combinés les télégraphes de Coxe (1810), de Sœmmering (1811), et de quelques autres. Enfin, en 1819, Œrsted, professeur de physique à Copenhague, ayant constaté la déviation de l'aiguille aimantée par le courant électrique, la possibilité de tirer parti, pour la Télégraphie, de cette nouvelle conquête de la science, vint aussitôt à une foule d'esprits. Déjà même, dans une note, qu'il lut à l'Académie des Sciences, le 2 octobre 1820, notre illustre Ampère énonça clairement le principe de la Télégraphie actuelle, mais l'appareil qu'il proposa était beaucoup trop compliqué pour passer dans la pratique. Enfin, le problème fut résolu, en 1837, par M. Wheatstone, à Londres, et M. Steinheil, à Munich. Quelques mois plus tard, l'américain Morse arriva, de son côté, aux mêmes résultats. Les premières lignes de Télégraphie électrique furent établies en Angleterre et aux États-Unis. Ces deux pays en étaient même déjà couverts que les autres en étaient encore à faire des essais. La plus ancienne qu'il y ait eu en France est celle de Paris à Rouen, qui fut construite en vertu d'une ordonnance royale du 23 novembre 1844. Les Télégraphes électriques employés aujourd'hui forment trois classes principales. Dans les *Télégraphes à aiguilles*, les signaux sont formés par les déviations d'aiguilles aimantées : le plus ancien est celui de Wheatstone (1837). Dans les *Télégraphes à cadran*, une aiguille indique des lettres et des chiffres tracés sur un cadran : ils sont encore dus à Wheatstone (1840). Ces deux systèmes ne conservant pas la trace des dépêches, ne sont plus employés sur les grandes lignes ; les administrations des Chemins de fer en ont seules conservé l'usage. Les *Télégraphes écrivants* transmettent les nouvelles en traçant sur des bandes de papier, des lignes et des points qui forment une écriture de convention : les plus anciens sont ceux de Steinheil (1837) et de Morse (1838). Depuis leur invention, ils ont été l'objet d'un nombre énorme de recherches dont quelques-unes seulement ont donné des résultats satisfaisants. Parmi ceux qui se sont occupés de les perfectionner, les uns, tels que MM. Digney, Baudouin, Dujardin, etc., se sont proposé de rendre les signaux plus visibles en les produisant à l'encre ou au crayon ; les autres, comme MM. Brett, Siemens, Hughes, etc., ont construit des appareils qui impriment les dépêches en caractères typographiques. A la catégorie des Télégraphes écrivants appartiennent le *Télégraphe électro-chimique* de Bain (1852), qui imprime 1500 signaux par minute ; et les *Télégraphes autographiques* de MM. Hippolyte Bonelli, Bienaymé, de Lucy, etc., dont quelques-uns peuvent transmettre une ligne quelconque, un contour, un dessin, même l'écriture de telle ou telle personne. Le *Pantélégraphe* de l'abbé Caselli n'est autre chose qu'un Télégraphe autographique. — Indépendamment de son usage ordinaire, la Télégraphie électrique est encore employée à bord des navires, dans les mines, dans les travaux sous-marins, dans les grands ateliers, etc., pour transmettre des ordres et des nouvelles de toute espèce. On s'en sert aussi pour avertir les pompiers en cas d'incendie, pour annoncer les crues d'eau dans les pays situés dans les lieux bas, etc., etc. V. au COMPL.

3° *Télégraphie acoustique* ou *Télégraphie pneumatique*. Elle consiste à transmettre les nouvelles à l'aide de la propagation du son. Ce procédé de communication existait chez les anciens, mais sous sa forme la plus grossière, puisque, ainsi qu'on l'a vu plus haut, ils faisaient quelquefois connaître les événements par des cris qui se répétaient de poste en poste. Il paraît cependant que certains peuples n'ignoraient pas la propriété que possèdent les tuyaux de transmettre le son à de grandes distances, et c'est, dit-on, de cette manière que les juges du saint-office entendaient les plaintes des malheureux enfermés dans leurs cachots. Quoi qu'il en soit, le premier essai connu de Télégraphie acoustique au moyen de tuyaux ne remonte pas au delà de 1782, époque à laquelle le moine bénédictin dom Gauthey, de l'ordre de Citeaux, annonça à l'Académie des Sciences de Paris qu'il serait possible de faire passer des avis verbaux d'un lieu à un autre en se servant de tubes métalliques établis entre des postes successifs. Une première expérience, qui fut exécutée à Paris, par ordre de Louis XVI, sur une longueur de 800 mètres, dans un des conduits de la pompe de Chaillot, ayant parfaitement réussi, l'inventeur demanda qu'on la répétât sur une plus grande échelle, mais le gouvernement recula devant les frais énormes qu'il aurait fallu faire. Depuis cette époque, les physiciens ont constaté que, non-seulement les tubes cylindriques propagent parfaitement le son, mais qu'ils en augmentent encore la puissance, et que, de plus, le bruit extérieur n'entrave pas les communications. Malgré toutes ces circonstances, les *tubes acoustiques*, comme on les appelle, n'ont pu, jusqu'à présent, trouver d'application que dans les grands ateliers et les administrations, où on les emploie pour transmettre des ordres entre les divers étages. — C'est aussi sur la propagation du son, non pas à travers des tubes, mais à travers des corps opaques, qu'était fondé le *Télélogue*, inventé, vers 1820, par le frère aîné de l'abbé Chappe, pour remédier aux défauts du Télégraphe aérien : cet appareil se composait de lignes de tringles de fer au moyen desquelles on aurait communiqué, en tout temps, entre les stations, en frappant de petits coups sur leurs extrémités. — La *Téléphonie*, ou *Télégraphie musicale*, est encore une forme de la Télégraphie acoustique. Elle a pour objet d'établir une correspondance entre deux personnes éloignées, au moyen de la combinaison de notes empruntées à la gamme musicale. Les signaux peuvent, au besoin, être transmis successivement, par un certain nombre de personnes intermédiaires. Ce système télégraphique a été inventé par M. Sudre, ancien professeur à l'école de Sorèze, à la suite de recherches commencées en 1817 et terminées en 1827. Il est spécialement destiné au service de l'armée. Dans le principe, il employait sept notes, mais M. Sudre réduisit successivement ces dernières à cinq (1829), à quatre (1841), à trois (1850), et même à une seule (1851). Le Télégraphe musical transmet ordinairement ses signaux au moyen du clairon, mais il peut également se servir du tambour, en remplaçant chacune des notes par une batterie particulière. Comme autrefois, dans la Télégraphie aérienne, les stationnaires ne connaissent pas la valeur des sons qu'ils tirent de leur instrument, et le secret des dépêches se trouve garanti par la facilité que l'on a de pouvoir changer la clef des signes à volonté. A l'Exposition de 1855, la Téléphonie a valu à son auteur une récompense extraordinaire de 10,000 francs. Toutefois, malgré les bons résultats qu'on en a obtenus, diverses circonstances n'ont pas encore permis d'en faire usage.

4° *Télégraphie nautique.* Voyez SIGNAUX MARITIMES.

5° *Télégraphie solaire.* Sous ce nom, M. Leseurre, employé de l'administration des télégraphes en Algérie, a imaginé, en 1856, un nouveau moyen de correspondance télégraphique qui repose sur la *réflexion* des rayons solaires, projetant à des distances très-considérables des éclairs lumineux. La répétition de ces éclairs, leur longueur et leur brièveté, forment un alphabet particulier, qui sert à composer une écriture de convention. Les rayons solaires sont reçus sur un appareil très-simple, appelé *Héliographe*, qui ne pèse pas plus de 8 kilogrammes, et se pose sur un trépied de bois. Le succès des expériences auxquelles on a soumis l'invention de M. Leseurre a été des plus complets. Elle paraît surtout convenir aux armées, ainsi qu'aux pays, tels que le sud de l'Algérie, où les autres systèmes télégraphiques sont impraticables. L'astronomie pourrait également en faire usage pour la détermination des longitudes, et l'hydrographie pour l'établissement de mires situées à de grandes distances l'une de l'autre. Depuis que la Télégraphie solaire a été rendue publique, on s'est demandé si, avant M. Leseurre, quelque savant n'avait pas déjà songé à la réaliser. On a cité à ce sujet des travaux de l'allemand Bergstrasser qui, au dernier siècle, indiqua la possibilité d'établir une correspondance au moyen de rayons solaires réfléchis par un miroir, mais les idées de ce savant ne sortirent jamais du domaine de la théorie.

TÉLÉPHONIE. — Voyez TÉLÉGRAPHIE ACOUSTIQUE, et au COMPLÉM.

TÉLESCOPE. — D'après son étymologie, ce mot devrait désigner tous les instruments qui rapprochent et rendent distincts les objets éloignés : c'est même dans ce sens que les gens du monde l'emploient habituellement ; mais les savants le réservent à ceux de ces instruments qui produisent ce résultat au moyen de Miroirs métalliques concaves dont la surface réfléchit les objets. D'anciens historiens rapportent que Ptolémée Évergète, roi d'Égypte, avait fait placer, au sommet du phare d'Alexandrie, un appareil qui permettait de découvrir les navires de très-loin. Si cet appareil a véritablement existé, ce qui n'est pas prouvé, il consistait probablement en un grand Miroir concave à long foyer. Dans tous les cas, ce sont les Miroirs de cette espèce, dont les Romains connaissaient parfaitement les propriétés, qui ont donné l'idée des Télescopes. Ces instruments sont nés au XVIIe siècle, mais on ignore auquel des nombreux savants qui s'occupaient alors d'Optique, on doit en attribuer l'invention. Tout ce qu'il semble permis de savoir, c'est qu'ils ont été décrits théoriquement, d'abord, par le père Zucchi, en 1616, puis, par le père Mersenne, en 1639, et par le physicien écossais Gregory, en 1663, mais que le premier a été construit par l'illustre Newton, en 1672. Le Télescope imaginé alors par ce grand homme est encore connu sous le nom de *Télescope newtonien.* L'année même où il l'exécuta, l'opticien français Cassegrain essaya de construire un instrument analogue dans le système exposé par Grégory et ne réussit pas. John Hadley, qui, vers 1718, adopta le même système, fut plus heureux, et c'est à lui que l'on doit le premier *Télescope de Grégory* susceptible d'un bon service. Les Télescopes réflecteurs ont eu beaucoup de vogue au dernier siècle, mais on les a presque entièrement abandonnés, du moins en France, depuis la découverte des Lunettes achromatiques. Toutefois, un de nos compatriotes, le physicien Léon Foucault, a récemment rappelé l'attention des savants sur ces instruments en remplaçant les Miroirs métalliques jusqu'alors employés, par des Miroirs de verre argentés et travaillés de manière à faire disparaître toute aberration de sphéricité. Les Télescopes ainsi perfectionnés sont infiniment supérieurs à ceux d'autrefois.

TÉLESTÉRÉOSCOPE.—Voy. STÉRÉOSCOPE.

TELLURE. — Ce métal a été découvert, en 1782, par le minéralogiste Muller de Reichenstein, dans les mines d'or de la Transylvanie. Werner l'appela *Sylvan*, mais Klaproth lui donna le nom de *Tellure*, qui est resté. Le Tellure est excessivement rare dans la nature, et n'a reçu aucune application.

TÉNOTOMIE. — Ce mot, employé d'abord pour désigner exclusivement la section des tendons, indique aujourd'hui toute opération ayant pour objet de couper les muscles, les tendons et les autres tissus fibreux plus ou moins annexés aux muscles. On a recours à cette opération pour détruire des brides accidentelles qui empêchent ou gênent certains mouvements, et pour remédier à des difformités provenant de ce que certaines parties du corps sont plus courtes ou plus rigides que dans l'état ordinaire. La Ténotomie est née en Hollande, en 1685, époque à laquelle Isacius Minius la pratiqua pour la première fois. Plusieurs chirurgiens l'appliquèrent par la suite, mais leurs opérations constituèrent de simples faits isolés, parce qu'on supposait les blessures faites aux tissus fibreux beaucoup plus dangereuses qu'elles ne le sont en réalité, et que, de plus, on n'avait pas encore des notions exactes sur la réparation des tendons divisés. Les choses commencèrent à changer de face en 1767, où le médecin anglais John Hunter, s'étant rompu le tendon d'Achille, étudia avec soin la manière dont se réunissent les deux bouts d'un tendon divisé, et fit, sur des animaux vivants, une série d'expériences à la suite desquelles il créa la méthode dite sous-cutanée. C'est de l'invention de cette méthode que datent les progrès de la Ténotomie. Toutefois, elle ne s'est définitivement constituée comme pratique chirurgicale que depuis une trentaine d'années, grâce aux travaux des docteurs Delpech (1829), Gagnebé (1830), Stromeyer (1831), et, à une époque plus rapprochée de nous, de MM. Stœss, Bouvier, Duval, Jules Guérin, etc.

TENUE DES LIVRES. — De tout temps, les commerçants ont dû sentir le besoin d'un système d'écritures propre à leur faire connaître la situation de leurs affaires. La méthode qui résout le mieux le problème est celle qui est connue sous le nom de *partie double*. On l'appelle aussi quelquefois *Méthode italienne*, parce qu'elle a été découverte en Italie, pendant le moyen âge, lorsque ce pays était l'intermédiaire de toutes les relations commerciales entre l'Orient et l'Europe. La plus ancienne exposition que l'on en connaisse se trouve dans la *Summa de Arithmetica*, traité de mathématiques imprimé à Venise, en 1494, et qui a pour auteur Luc Paccioli de Borgo San Sepolcro. On sait par Barème que Colbert eut l'idée, qu'il ne réalisa pas, de l'introduire dans les finances du royaume. Il paraît que, dès 1721, les frères Paris en faisaient usage dans leurs bureaux, mais ce n'est que depuis le commencement de ce siècle, que nos maisons de commerce l'ont généralement adoptée.

TERBIUM. — Voyez MÉTAUX.

TERRE. — Aujourd'hui, il n'y a que l'ignorance la plus grossière qui refuse d'admettre la *Sphéricité de la Terre*. Toutefois, notre globe n'est pas une sphère parfaite. Il résulte, en effet, d'investigations minutieuses que sa véritable figure est elliptique, en d'autres termes, qu'elle est un peu aplatie aux pôles et renflée à l'équateur. Théoriquement mise hors de doute par Newton et Christian Huyghens, aux yeux desquels elle était une conséquence forcée de la Gravitation, cette vérité fut confirmée, en 1672, par la découverte, due à Richer, des variations de longueur du pendule à secondes sous les différentes latitudes.

Enfin, en 1745, une commission de l'Académie des Sciences démontra matériellement l'aplatissement par la mesure de plusieurs degrés. — La détermination des *Dimensions de la Terre* a préoccupé de tout temps les astronomes ; mais il n'a été possible de résoudre ce problème que lorsqu'on a eu connu la figure exacte de notre planète, parce que ce n'est qu'alors qu'on a pu obtenir la longueur véritable du degré terrestre, élément fondamental du calcul. Dans les temps modernes, le médecin français Fernel, vers le milieu du xvi° siècle, le géomètre anglais Norwood et le géomètre hollandais Snellius, au siècle suivant, sont les premiers qui aient étudié la question avec quelque soin ; mais c'est à notre illustre compatriote, l'astronome Jean Picard, qu'appartient l'honneur d'avoir seul, en 1669, commencé à donner aux méthodes employées, la rigueur nécessaire. Il mesura la distance comprise entre Paris et Amiens (1669-1670), et ses travaux furent continués jusqu'à Dunkerque et Collioure, par Dominique Cassini et Lahire (1683-1718). Des erreurs commises par ces derniers engagèrent l'Académie des Sciences à faire mesurer deux arcs de méridien, l'un à l'équateur, et l'autre au pôle. En conséquence, elle envoya au Pérou (1735) Bouguer, Godin et La Condamine, et en Laponie (1736) Maupertuis, Clairaut et Lemonnier, auxquels quelques autres savants se joignirent volontairement. Les deux commissions ayant terminé leur travail (1745), on calcula que la longueur du degré du méridien mesuré à l'équateur était de 56,753 toises, et celle du degré mesuré au pôle, sous le parallèle de 65°,5, de 57,437 toises. Depuis cette époque, on a fait, dans divers pays, des opérations analogues, et les résultats obtenus diffèrent assez peu entre eux pour qu'on puisse les considérer comme égaux. Elles ont toutes conduit à ce fait, que le diamètre équatorial est plus grand que le diamètre polaire, et que le diamètre moyen de la Terre est de 12,733 kilomètres, ce qui donne environ 510 millions de kilomètres carrés pour la surface totale de la planète. — Admis par quelques savants de l'antiquité, nié par tous les autres, le *Mouvement de rotation* de la Terre a été définitivement établi par les travaux de Copernic (1543), de Képler (1596-1619) et de Galilée (1609-1632). Il est aujourd'hui enseigné partout, même à Rome. Outre les preuves théoriques de ce mouvement, il en existe de purement matérielles. Telle est l'expérience de la déviation du fil à plomb, dont la première idée appartient à Newton, qui en donna connaissance à la Société royale de Londres, le 28 novembre 1679. Telles sont encore les deux curieuses expériences dont le physicien Léon Foucault a doté la science en 1851 et 1852, et qui sont fondées, l'une sur le phénomène du déplacement du plan des oscillations du pendule à un seul fil, et l'autre sur le déplacement du plan de rotation d'un corps librement suspendu par son centre de gravité et tournant autour d'un de ses axes de rotation : c'est pour exécuter la seconde que M. Léon Foucault a imaginé l'appareil appelé *Gyroscope*. On a essayé de ravir la découverte de la première à notre savant compatriote, et de l'attribuer à deux physiciens italiens du xvii° siècle, Vincent Viviani et Targioni ; mais les textes cités prouvent seulement que ces deux savants avaient reconnu le déplacement du plan des oscillations du pendule, et ne démontrent pas qu'ils eussent songé à le faire dépendre du mouvement de rotation de notre planète. —On a reconnu de bonne heure que l'on éprouve une chaleur sensible dans la profondeur des mines ; mais, pendant longtemps, au lieu de constater scientifiquement le phénomène, on s'est borné à en chercher l'explication. Au xvii° siècle, les uns, comme Robert Boyle, l'attribuaient à la décomposition des pyrites, ou plutôt à ces espèces de fermentations auxquelles on avait si souvent recours pour expliquer les faits embarrassants ; les autres la regardaient comme une confirmation ou la conséquence de la fameuse hypothèse du *Feu central*, qui avait été imaginée par les savants de l'antiquité, et qui était tour à tour adoptée ou rejetée par les philosophes et les physiciens. Plus tard, quand l'esprit d'examen eut succédé à l'esprit systématique, on comprit que l'existence ou la non-existence de la chaleur souterraine était une des plus grandes questions que la physique pût se proposer, et que, pour la résoudre, une observation thermométrique serait plus efficace que les plus éloquentes dissertations. Notre compatriote Gensanne paraît être le premier qui ait porté le Thermomètre à des profondeurs graduellement croissantes, et qui ait découvert ce fait important : que *la température augmente avec la profondeur* : il expérimenta, en 1740, dans les mines de plomb de Giromagny, dans le Haut-Rhin. Des expériences analogues furent faites, en 1785, par M. de Saussure, dans le canton de Berne, et, en 1791, par MM. de Humboldt et Freiesleben, dans les mines de Freyberg. En 1802, un autre français, l'ingénieur Daubuisson, redonna une nouvelle vie à cette question, et, depuis cette époque, les observations se sont multipliées partout. On admet aujourd'hui qu'en moyenne la température augmente d'un degré centigrade environ pour 30 mètres de profondeur. M. Arago a calculé que la température doit être de 1320° à 40,000 mètres au-dessous de la surface du sol, et qu'à cette profondeur, toutes les matières, même le granit, doivent être en fusion.

TESTON. — Grosse monnaie française d'argent, dont la fabrication commença en 1513, sous Louis XII, et cessa en 1576, sous Henri III. Elle fut ainsi nommée parce qu'on y voyait la tête du roi, en italien *testone*.

THALLIUM. — Ce nouveau métal a été découvert, au commencement de 1861, par le chimiste anglais William Crookes, qui l'a trouvé, au moyen de l'analyse spectrale, dans les dépôts provenant des fabriques d'acide sulfurique de Tilkerode, dans les montagnes du Harz. Toutefois, c'est à M. Lamy, chimiste à Lille, qu'appartient l'honneur de l'avoir obtenu, pour la première fois, à l'état pur. Le Thallium a été ainsi nommé, d'un mot grec qui signifie « bourgeon vert », parce qu'il est caractérisé, dans le spectre, par une raie de couleur verte.

THÉ. — Le *Thé* paraît être originaire du midi de la Chine, mais il a été transplanté, de très-bonne heure, dans d'autres parties de cet empire, ainsi qu'au Japon et en Cochinchine. L'usage de l'employer en infusion est également immémorial dans ces pays, d'où il s'est répandu peu à peu dans l'Inde, en Perse, en Tartarie, jusqu'en Arabie. Le Thé a été signalé, pour la première fois, à l'Europe, en 1590, par le père Mathieu Ricci,

jésuite, qui avait été missionnaire en Chine, mais il n'a commencé à y être importé qu'en 1602, époque à laquelle la compagnie hollandaise des Indes en fit passer quelques balles à Paris et dans les Pays-Bas. L'apologie que firent des propriétés de cette plante le médecin néerlandais Nicolas Turpius (1640) et le médecin français Morisset (1648), le mirent si promptement à la mode, qu'en 1655 l'usage en était déjà presque général dans la plupart des grandes maisons de France et de Hollande. On a cru, pendant longtemps, que le Thé fut introduit en Angleterre, en 1666, par lord Ossory et lord Arlington, mais on sait aujourd'hui qu'il y était déjà connu en 1652. Toutefois, le premier envoi de la compagnie des Indes n'eut lieu qu'en 1669. De France, de Hollande et d'Angleterre, le Thé pénétra dans les autres parties de l'Europe, à l'exception cependant de la Russie, qui le tira directement de la Chine par les caravanes de l'Asie centrale. La première description sérieuse de l'Arbre à Thé fut publiée, en 1712, dans les *Amœnitates exoticæ* de Kœmpfer, dont la traduction française ne parut qu'en 1736. Malgré cette publication, le Thé fut généralement si mal connu que plusieurs savants crurent l'avoir trouvé dans plusieurs plantes d'Europe et d'Amérique. Enfin, on se décida à en faire venir des plants de la Chine. Les premiers pieds qui parurent en Europe furent portés à Linnée par le capitaine suédois Eckberg, et arrivèrent à Upsal le 3 octobre 1763. Quelque temps après, le gouvernement anglais en reçut un certain nombre qu'il distribua aux principaux établissements botaniques de Londres. Le premier arbrisseau de Thé qu'on ait vu en France fut envoyé au chevalier de Jaussen par Gordon, un des premiers pépiniéristes de cette ville : il existait encore à Chaillot, quelques années avant la Révolution. L'Arbre à Thé est aujourd'hui cultivé, comme objet de curiosité, dans un grand nombre de jardins d'Europe, mais son exploitation industrielle n'a pu encore être réalisée sous nos climats.

THÉATRE. — Les premiers Théâtres grecs furent de simples constructions en charpente, que l'on démolissait après les représentations. Cet usage existait encore lorsque, 500 ans avant notre ère,

26.

le poëte Eschyle fit jouer sa première tragédie. Mais un de ces édifices s'étant écroulé, on prit le parti de les élever en maçonnerie. Le premier monument du nouveau système fut bâti sur la pente sud-est de l'acropole d'Athènes. Il ne fut achevé que l'an 340, mais on suppose qu'on s'en servit longtemps avant sa terminaison, et aussitôt que l'avancement des parties principales put le permettre. Quoi qu'il en soit, à partir de cette époque, toutes les villes de la langue grecque firent construire des théâtres sur le plan de celui d'Athènes. Comme les Grecs, les Romains n'eurent d'abord que des Théâtres de bois. Leur premier Théâtre de pierre ne fut même élevé que l'an 55 avant Jésus-Christ, par les soins de Pompée, et l'on suppose que l'architecte prit pour modèle le Théâtre grec de Mitylène. Les Théâtres des anciens différaient, presque sous tous les rapports, de ceux des modernes. Ainsi, ils étaient exclusivement destinés à des représentations de jour, et entièrement découverts, ce qui permettait de leur donner des dimensions si considérables, que certains d'entre eux pouvaient contenir jusqu'à 50,000 spectateurs. Pendant tout le moyen âge, c'est sur des échafaudages temporaires que l'on donna les représentations dramatiques. Les premiers Théâtres permanents furent construits en Italie dans le courant du XVIᵉ siècle ; mais les artistes qui les érigèrent, tels que Bramante, Palladio et Scamozzi, cherchèrent bien plus à imiter les Théâtres antiques qu'à élever des édifices en rapport avec les usages modernes. On ne commença qu'au siècle suivant à leur donner les dispositions qu'ils présentent aujourd'hui. Voyez DÉCORATIONS DE THÉATRE.

THÉODOLITE. — Instrument de géodésie destiné à mesurer les angles. Le Théodolite n'est qu'une modification du Cercle azimutal. On ignore l'époque, l'auteur et le lieu de son invention, mais on croit que son emploi remonte au moins à l'année 1745. Quant à son nom, il n'a aucune étymologie exacte. On croit seulement qu'il a été substitué, par corruption, à celui de *Théodelite* (*theodelitus*), sous lequel l'auteur de la *Pantometria*, publiée en Angleterre, en 1571, désigne un cercle divisé. Quoi qu'il en soit, il doit tous ses perfection-

nements à nos compatriotes Gambey, Borda et Combes.

THÉORBE. — Instrument à cordes pincées de la famille du Luth, qui fut inventé au XVIᵉ siècle par l'italien Bardella, suivant les uns, par le français Hotteman, suivant les autres. Il a été à la mode jusqu'au milieu du siècle dernier.

THERMO-ÉLECTRICITÉ. — Branche de la Physique qui a pour objet l'étude des courants électriques se développant sous l'influence seule de la chaleur. On l'appelle aussi *Thermo-magnétisme*. Cette partie de la science a été créée, en 1821, par le professeur Seebeck, de Berlin.

THERMO-GÉNÉRATEUR. — Nom donné aux appareils destinés à produire de la chaleur par le frottement. Un des plus ingénieux est dû à deux de nos compatriotes, le docteur Alexandre Mayer et le tourneur Beaumont. Il fut admis à l'Exposition universelle de Paris, en 1855, par ordre exprès de l'empereur. Plusieurs filatures de soie en ont adopté l'usage.

THERMOGRAPHIE. — Voyez IMPRESSION NATURELLE.

THERMO-INDICATEUR. — Appareil avertisseur inventé, en 1860, par le docteur Gaucher pour prévenir les incendies des magasins à fourrage. Les sinistres de ce genre ont pour cause une fermentation qui s'établit dans la masse végétale, et qui l'échauffe peu à peu jusqu'au point de provoquer une inflammation spontanée ; mais, avant de prendre feu, la matière reste assez longtemps maintenue à une température de 90 à 100 degrés. C'est en partant de ce dernier fait que le docteur Gaucher a construit son appareil. Il tend, d'un mur à l'autre du grenier, un fil de fer qui, se trouvant enveloppé de toutes parts par le fourrage, doit nécessairement participer à sa température. Ce fil de fer est formé de deux parties isolées, dont l'une est fixée à la muraille, tandis que l'autre, qui est libre, se rend dans une pièce voisine, où son extrémité est munie d'un poids ou communique avec une sonnette. Enfin, ces deux parties sont soudées dans le grenier à un petit cylindre de fonte au moyen d'un alliage fusible à 90 degrés. Quand donc le fourrage atteint cette température, l'alliage entre en fusion, le cylindre tombe, et le fil de fer, n'étant plus retenu, laisse aller le poids ou met en mouvement la sonnette, ce qui suffit pour avertir du danger.

THERMOLAMPE. — Nom donné par Philippe Lebon à l'appareil au moyen duquel il distillait le bois, pour obtenir tout à la fois du charbon, du goudron et des gaz combustibles. Voyez GAZ (*Éclairage au*) et PYROLIGNEUX.

THERMOMÈTRE. — L'invention de cet instrument fait époque dans la science, car il a seul permis d'arriver à la connaissance des lois qui règlent les phénomènes calorifiques, c'est-à-dire à la série la plus importante des découvertes modernes. Au XVIIe siècle, la nécessité d'un appareil propre à mesurer les températures était si bien sentie que plusieurs savants, tels que Galilée, François Bacon, Sarpi, Fludd, Borelli et Van Helmont, firent des recherches dans cette direction, mais le problème ne reçut un commencement de solution que vers 1621, par les soins du hollandais Cornelius van Drebbel. Le Thermomètre de ce physicien consistait en un tube rempli d'air, fermé à son extrémité supérieure, et plongeant, par son extrémité inférieure, qui était ouverte, dans un flacon contenant de l'acide nitrique étendu d'eau. Suivant que la température extérieure augmentait ou baissait, l'air enfermé dans le tube augmentait ou diminuait de volume, et, par suite, le liquide descendait ou montait dans ce même tube. L'instrument de Drebbel était donc ce qu'on a nommé depuis un *Thermomètre à air*, mais sa graduation, qui ne reposait sur aucun principe déterminé, ne fournissait aucune indication comparable. Vers 1650, un membre de l'Académie *del cimento*, à Florence, essaya de l'améliorer, mais sans pouvoir y réussir. Le Thermomètre de ce savant était fondé sur la dilatation des liquides : son tube était rempli d'alcool coloré ; pour le graduer, on le portait dans une cave, et l'on marquait d'un trait le point où s'arrêtait le liquide, après quoi on divisait en cent parties égales les portions situées au-dessus et au-dessous de ce trait. Avec une semblable division, il était impossible de construire deux instruments qui pussent s'accorder. Néanmoins, malgré ce grave défaut, on se contenta, pendant cin-

quante ans, de l'invention de l'académicien toscan. Enfin, dans les dernières années du XVIIe siècle, le physicien Renaldini, de Pise, qui professait alors à Padoue, fit entrer la construction du Thermomètre dans sa voie véritable, en proposant d'adopter, pour établir sa graduation, des *points fixes*, qui fussent invariables et que l'on pût retrouver partout. C'est de cette époque que date le Thermomètre actuel. Le premier instrument produit par cette innovation fut construit par Newton, en 1701 : c'est le plus ancien *Thermomètre à indications comparables* qui ait existé. Le liquide employé pour cet instrument était l'huile de lin, et les points fixes de sa graduation étaient, pour le terme supérieur, la température du corps humain, et pour le terme inférieur, le point où l'huile s'arrêtait au moment de sa congélation. L'intervalle compris entre ces deux points était partagé en douze parties égales, et cette division se prolongeait au-dessus et au-dessous. Le Thermomètre newtonien fut employé par son inventeur dans plusieurs expériences importantes. Néanmoins, comme la faible dilatation de l'huile par l'action de la chaleur, et sa congélation à une température modérée, rendaient son usage délicat et incertain, plusieurs savants se mirent à chercher un agent thermométrique d'une plus grande sensibilité aux influences du calorique. Enfin, en 1714, Gabriel Fahrenheit, fabricant d'instruments de physique à Dantzig, résolut à peu près complétement le problème, en construisant le Thermomètre qui a reçu son nom, et pour lequel il choisit d'abord l'alcool, puis le mercure. Ce Thermomètre fut immédiatement adopté en Allemagne et en Angleterre, où il est encore usité aujourd'hui. Il fut également introduit en France, mais, vers 1730, nos savants donnèrent la préférence à celui que Réaumur venait d'établir. Enfin, en 1741, Celsius, professeur à Upsal, construisit le Thermomètre qui a été désigné depuis sous le nom de *Thermomètre centigrade* ou *de Celsius*. Ces trois instruments sont ceux dont l'usage est le plus répandu, mais il en existe encore quelques autres qui ont été imaginés en vue d'un petit nombre d'applications particulières. De ce nombre est le Thermomètre à mercure, dit *métastatique*, qui a été construit, en 1855, par M. Walferdin, pour mesurer avec exactitude les plus petites différences de température. Le *Thermomètre différentiel* de Leslie, qui date de 1800, est un Thermomètre à air disposé de manière à ne pouvoir être influencé par des changements de pression extérieure. C'est à une variété de cet instrument que Rumford a donné le nom de *Thermoscope*. Le *Thermo-baromètre* est aussi un Thermomètre à air : il sert en même temps à mesurer les variations de la température et celles de la pression atmosphérique. La première idée de sa construction est due à Boyle et à Amontons ; mais c'est M. Bodeur qui est parvenu, le premier, en 1844, à en rendre l'usage commode. L'instrument de ce dernier a été depuis beaucoup perfectionné par MM. Adie, Bunsen, Gaudin et Silbermann : c'est M. Bunsen qui a eu l'idée de l'appeler *Sympiézomètre* (1844). Outre les Thermomètres à air et à liquides, il en existe d'autres qui sont fondés sur la dilatation des métaux. Le plus connu de ces *Thermomètres métalliques* est celui de l'horloger parisien Bréguet, mais aucun d'eux n'a pu entrer dans la pratique ordinaire.

THERMOSIPHON. — Appareil de chauffage à circulation d'eau chaude, dont l'invention, qui date de 1777, est due au physicien français Bonnemain. Il est surtout employé pour les serres.

THORIUM. — Voyez MÉTAUX.

TIARE. — Les Grecs, et, après eux, les Romains, donnaient le nom de *Tiare* (*tiara*) à un bonnet conique d'origine persane. Les juifs, suivant Josèphe, appelaient également ainsi la coiffure liturgique du grand prêtre. Aujourd'hui, on se sert exclusivement de ce mot pour désigner une espèce de bonnet pointu orné de trois couronnes que les papes portent dans certaines cérémonies. On a fait beaucoup d'hypothèses sur l'origine de cette coiffure pontificale, mais, comme elle est le signe du pouvoir temporel, les auteurs chrétiens les plus accrédités admettent qu'elle fut adoptée, pour la première fois, en 708, par Constantin, c'est-à-dire à l'époque où la suprématie politique des souverains pontifes sur Rome et son territoire fut définitivement reconnue. Jusqu'au XIVe siècle, la Tiare ou *Règne* n'eut qu'une

seule couronne. Elle reçut alors un deuxième ornement semblable par les soins de Clément V ou de Jean XXII, afin de symboliser la double possession de Rome et d'Avignon. Quant à la troisième couronne, elle fut prise par Urbain V, élu en 1362. La Tiare ainsi constituée, ou *Trirègne*, aurait signifié, aux yeux de ce pontife, le pouvoir du successeur de saint Pierre, suivant les uns, sur les trois parties du monde alors connues, ou, suivant les autres, sur l'Église militante, souffrante et triomphante.

TIMBALES. — Les *Timbales* ont été usitées de tout temps en Asie. Anciennement, les Indiens s'en servaient, au lieu de trompettes, dans la musique militaire, et ils en augmentaient l'effet en les garnissant intérieurement de clochettes ou de ferrailles. Ils les firent ensuite connaître aux Perses et aux Parthes. Les Huns, qui en faisaient usage à leur arrivée en Europe, les tenaient probablement de ces derniers, et ils les transmirent à leur tour aux Hongrois. A l'époque des croisades, les chrétiens occidentaux les trouvèrent habituellement employées par les Musulmans, sous le nom de *Nacaires*, mais on ignore à quelle époque ils les adoptèrent. On prétend que les Timbales parurent, pour la première fois, en France, en 1457, quand Ladislas, roi de Hongrie, envoya une ambassade pour demander la main de la princesse Hélène, fille du roi Charles VII ; mais plusieurs passages de Froissart prouvent qu'elles y étaient déjà connues depuis longtemps, au moins depuis 1347. Au XVIIe siècle, ces instruments furent introduits dans presque tous nos régiments de cavalerie. Ils existent encore aujourd'hui dans ceux de carabiniers et de cuirassiers, ainsi que dans la musique dramatique. Tout récemment, M. Adolphe Sax a imaginé de les rendre plus portatifs et moins encombrants en supprimant les bassins. « Cette invention est appelée à un rôle important dans l'art musical, en ce qu'elle rend possible d'avoir dans les orchestres des séries diatoniques et même chromatiques de Timbales, et l'emploi de ces séries est d'autant plus utile que, dans les Timbales nouvelles, le bourdonnement disparaît et la tonalité ressort avec une netteté remarquable. »

TIMBRE. — En 537, l'empereur Justinien, voulant empêcher la falsification des actes, ordonna qu'à l'avenir le parchemin porterait en tête l'indication de l'année de sa fabrication et le nom de l'intendant en fonctions. Une mesure analogue fut prise, au moyen âge, par les comtes de Provence. On a cru voir, dans ces deux faits, l'origine de la formalité du *Timbre*, mais c'est une erreur des plus complètes. En effet, l'innovation imaginée à Byzance et à Aix était tout à fait gratuite, tandis que le Timbre a été établi dans un but essentiellement fiscal. Ce dernier ne remonte pas au delà de 1624. Au commencement de cette année, le gouvernement des Pays-Bas ayant besoin d'argent, on lui indiqua, comme un moyen excellent pour s'en procurer, la création d'un impôt nouveau qui frapperait spécialement le papier destiné aux actes civils et judiciaires; ce papier serait empreint d'une marque particulière, et l'État le fournirait aux particuliers, qui, en le payant, se trouveraient payer en même temps l'impôt. Cette idée fut saisie au vol, et, le 13 août suivant, une ordonnance créa le *Papier timbré*. La nouvelle taxe produisit en quelques années des résultats si considérables que la plupart des autres États s'empressèrent de l'adopter. La France et l'Espagne donnèrent le signal en 1655. Elles furent imitées, en 1682, par la Saxe et le Brandebourg, et, un peu plus tard, par le Danemark, la Toscane, la Silésie, etc. L'Angleterre ne suivit le même exemple qu'en 1693. Toutefois, l'usage du Papier timbré rencontra de grandes difficultés pratiques dans certains pays : il ne put même y être établi d'une manière un peu régulière qu'après de très-nombreux tâtonnements. En ce qui concerne la France, il ne devint général qu'à partir de 1774.

TIMBRES-POSTE. — L'idée première des *Timbres-poste* est née en France en 1653. En effet, lorsque, dans le courant de cette année, on fit à Paris le premier essai de la petite Poste, il fut décidé que l'affranchissement serait obligatoire, et que, pour l'opérer, il suffirait de coller à l'extérieur de chaque lettre un petit billet portant les mots *port payé*, et l'indication du mois et du quantième. Ces *Billets de port payé*, comme on les appelait, coûtaient un sou, et se vendaient dans des dépôts établis dans différents quartiers. Ils disparurent, on ne sait pourquoi, à une époque qui est également inconnue. Ils étaient oubliés depuis très-longtemps, lorsque, en 1823, M. Treffenberg, député de la noblesse suédoise, proposa au gouvernement de Stockholm de les faire revivre, mais il ne put y parvenir. Toutefois, cette idée était trop ingénieuse pour qu'elle fût perdue. Aussi, les Anglais ne manquèrent-ils pas de s'en emparer, et, dès 1839, ils la firent passer dans la pratique. C'est donc à ce peuple que l'on est redevable des Timbres-poste actuels. La Belgique les adopta en 1847, mais elle ne les mit en circulation que le 1er juillet 1849. Ils furent introduits en France par la loi du 24 août 1848. L'Espagne, la Bavière, le duché de Bade, le Hanovre, la Prusse, la Suisse et l'Autriche, suivirent le même exemple en 1850; le Wurtemberg, le Danemark et presque tous les États italiens, en 1851; les Pays-Bas, en 1852. La Suède ne les a introduits dans son service postal qu'en 1855, la Russie en 1858, et la Grèce qu'en 1861. Les Timbres-poste existent aujourd'hui dans toute l'Europe, ainsi que dans les divers États fondés par les Européens en Asie, en Afrique, en Amérique et dans l'Océanie. Outre les timbres du gouvernement, il y en a même, principalement en Angleterre et aux États-Unis, qui sont spécialement destinés à l'usage de grandes administrations particulières. Le nombre des types qui sont en circulation ou en ont été retirés dépasse 1,200.

TISSAGE. — L'origine de l'art de former les étoffes par l'entrelacement des fils, se perd, comme celui du Filage, dans la nuit des temps; mais, à la différence de ce dernier, qui est resté longtemps stationnaire, il a, au contraire, fait, de bonne heure, des progrès très-remarquables. Si l'on en juge même par les échantillons que l'industrie du moyen âge nous a transmis, il est incontestable qu'à cette époque on connaissait, tant en Orient qu'en Occident, pour la fabrication des tissus de luxe, tous les artifices que l'on emploie de nos jours. Les modernes n'ont réellement fait que simplifier les procédés usités pour les tissus façonnés et créer le tissage mécanique des tissus unis, et ils ont obtenu ce double résultat au moyen d'un grand nombre d'inventions, dont il n'est pas toujours possible de préciser la date et l'auteur.

I. Le *Tissage mécanique des tissus unis* a précédé celui des tissus façonnés. Il est né en France, mais c'est en Angleterre que les premiers métiers ont été montés. La première idée de ce progrès paraît due à un officier de marine, nommé De Gennes, qui, en 1678, présenta à l'Académie des Sciences de Paris « une machine pour faire de la toile sans l'aide d'aucun ouvrier. » Soixante-sept ans après, c'est-à-dire en 1745, l'illustre Vaucanson essaya de résoudre le problème, mais l'appareil qu'il construisit à cet effet ne fut pas adopté, parce que notre industrie n'était pas encore assez avancée pour qu'elle pût en apprécier l'utilité. Les choses se passèrent autrement en Angleterre, où l'extension de plus en plus croissante de la filature mécanique faisait désirer l'invention de nouveaux procédés de tissage, afin de pouvoir utiliser l'énorme quantité de fil que produisaient les fileurs. Il fut répondu à ce besoin par le docteur Edmond Cartwright, qui, après trois années d'essais, réussit, en 1787, à créer un métier à tisser fonctionnant mécaniquement avec succès. C'est le métier de cet inventeur que l'on regarde avec raison comme le point de départ des machines actuellement employées. Il fut adopté aussitôt par un grand nombre de fabricants, et les services qu'il rendit engagèrent, en même temps, les mécaniciens les plus renommés à le doter de perfectionnement dont la pratique fit successivement reconnaître l'utilité. Parmi les premiers qui contribuèrent le plus à ce résultat, on cite surtout MM. Robert Miller (1796), Horrocks (1803), et Thomas Johnson (1805), dont les travaux ont été complétés, de nos jours, par MM. Sharp et Roberts, de Manchester. Les premières tentatives pour introduire dans notre industrie les machines à tisser, paraissent dues à MM. Biard (1804) et Despiau (1805), mais c'est principalement aux efforts de MM. Vigneron, Debergue, Rixler et Josué Heilmann, qui vinrent après, que nos manufactures sont redevables de ce bienfait.

II. Les premiers essais pour améliorer la fabrication des *Tissus façonnés* sont aussi d'origine française. C'est éga-lement dans notre pays que cette branche d'industrie a jusqu'à présent donné les résultats les plus satisfaisants. Le premier métier paraît avoir été monté à Lyon, en 1606, par Claude Dangon, son inventeur, et il fut successivement perfectionné par J.-B. Garon, en 1717, Basile Bouchon, en 1725, et Falcon, en 1728. Dix-huit ans après ce dernier, c'est-à-dire en 1745, Vaucanson, abandonnant les voies suivies par ses devanciers, construisit un nouvel appareil qui, bien que ne réussissant pas dans la pratique, ne contribua pas moins aux progrès ultérieurs par les idées qu'il fit naître. D'autres inventions du même genre furent faites par Ponson, en 1775, Versier, en 1790-1800, et plusieurs autres. Enfin, après des efforts infructueux, Joseph-Marie Jacquard, s'appropriant, combinant et améliorant les travaux de Falcon, de Vaucanson et de Bouchon, réussit, en 1804, avec l'aide du mécanicien Breton, à résoudre le problème et dota l'industrie du célèbre métier auquel la reconnaissance publique a donné son nom. Ce métier est répandu aujourd'hui dans tous les pays où la fabrication des tissus est florissante, mais il a reçu de si nombreux perfectionnements, dus surtout aux français Breton, Belly, Garnier, Acklin, Michel, Marin et Tranchat, au prussien Bonnardel, aux anglais Wilson et Barlow, que son inventeur aurait beaucoup de peine à le reconnaître. Vers 1852, l'ingénieur piémontais Bonelli a essayé d'employer l'Électricité pour remplacer les cartons percés au moyen desquels il fonctionne, mais cette innovation n'a pu passer dans la pratique : elle est même, aux yeux des esprits non prévenus, une des applications les moins heureuses qu'on ait faites du fluide électrique.

TISSIÉROGRAPHIE. — Procédé de gravure qui a pour but de produire en relief sur pierre les traits qui sont en creux dans la taille-douce. Il s'exécute au moyen d'un décalquage sur une pierre unie, et l'on fait mordre par un acide les parties qui doivent rester en creux. La Tissiérographie a été inventée, en 1841, par M. Tissier, lithographe à Paris, qui lui a donné son nom.

TISSUS D'AMIANTE, DE LAINE, etc. — Voyez AMIANTE, CHALES, DRAP, FEUTRE, SOIE, etc.

TISSUS IMPERMÉABLES. — Voyez IMPERMÉABILISATION.

TISSUS INCOMBUSTIBLES. — Voyez INCOMBUSTIBILITÉ.

TISSUS MÉTALLIQUES. — Voyez TOILES MÉTALLIQUES.

TISSUS PEINTS. — Voyez IMPRESSION DES TISSUS et TOILES PEINTES.

TISSUS RENAISSANCE. — Voyez LAINE.

TISSUS DE VERRE. — On a su, de très-bonne heure, réduire le Verre en brins d'une extrême ténuité, pour en faire des aigrettes destinées à la décoration des autels, ainsi qu'à l'ornement de la coiffure des enfants, comme c'était la mode au dernier siècle. En 1713, après avoir décrit, devant l'Académie des Sciences, les procédés usités pour obtenir ces brins, le physicien Réaumur avança et même prouva que, si l'on pouvait leur donner la finesse de la soie des araignées, il serait possible de les appliquer à l'opération du tissage. Cette idée passa alors inaperçue, mais, après 1830, M. Dubus-Bonnel, de Paris, la reprit et réussit à produire des fils de verre assez flexibles pour les employer, combinés avec des fils de soie ordinaire, à la fabrication de tissus brochés qui imitent les plus beaux brocarts. Ces *Tissus de verre*, comme on les appelle généralement, parurent, pour la première fois, à l'Exposition de 1839. On ne les a guère utilisés jusqu'à présent que pour faire des vêtements ecclésiastiques.

TITANE. — Ce métal a été découvert, en 1781, par William Grégor, dans le sable ferrugineux de la vallée de Menachan, en Cornouailles. Kirwan l'appela *Ménachine*, du nom de cette vallée. Mais Klaproth l'ayant retrouvé dans le schorl rouge de Hongrie, lui appliqua la dénomination de *Titane*, qui lui est restée. Le Titane est sans usage.

TITRE DES LIVRES. — Les premiers produits de l'Imprimerie ne portent pas de Titre sur un feuillet séparé : on trouve seulement en tête de la première page ou au verso du premier feuillet les mots *Incipit liber...*, ou *Cy commence le...*, suivant que l'ouvrage est en latin ou en français. L'usage de placer le Titre sur un feuillet isolé n'a commencé qu'en 1470. C'est, dit-on, Arnold Therhoerden, imprimeur à Cologne, en 1471, qui a mis le premier des *Titres courants* en haut des pages.

TOILES MÉTALLIQUES. — L'art de tresser le Fil de fer et le Fil de cuivre pour former des treillis remonte à une époque assez reculée, ainsi que le prouve l'usage des Cottes de mailles si répandu chez tous les peuples du moyen âge et chez plusieurs nations de l'antiquité. Ce n'est cependant que dans des temps tout à fait modernes que l'on a su travailler ces fils de manière à obtenir de véritables Tissus métalliques. On ne possède aucun renseignement sur l'origine de cette fabrication. On sait seulement qu'elle a été sinon inventée, du moins introduite en France, en 1778, par M. Roswag, de Schelestadt, dont l'établissement existe encore aujourd'hui. Depuis cette époque, l'industrie des Toiles métalliques n'a cessé de se développer, surtout en Angleterre, en France et en Allemagne, et ses procédés ont été tellement perfectionnés, que certains de ses produits ne portent pas moins de 9,225 mailles au centimètre carré, c'est-à-dire 96 fils en chaîne et autant en trame. Les Toiles métalliques ont été imaginées pour remplacer les tissus de soie et de crin dans la fabrication des tamis ; mais l'esprit inventif des industriels leur a créé plusieurs autres applications. C'est ainsi qu'elles sont devenues un des principaux organes des machines à papier continu, et qu'elles servent à faire une multitude d'objets d'utilité ou de fantaisie, tels que meubles de jardin, corbeilles, portefeuilles, bourses, bracelets, etc. La découverte, due à sir Humphry Davy, qu'elles refroidissent suffisamment les gaz qui les traversent pour faire cesser à l'instant la combustion, leur a créé un emploi d'une importance bien plus considérable. Il suffit, en effet, à cet illustre savant d'entourer une lampe d'une toile métallique à mailles serrées pour créer sa Lampe de sûreté. C'est également en se servant des tissus de ce genre que le chevalier Aldini a inventé sa Lanterne de sûreté et son appareil à l'usage des pompiers, et que deux de nos compatriotes, M. Maratuch et le docteur Surmay ont trouvé le moyen, celui-ci de prévenir les incendies si fréquents dans les distilleries, celui-là de rendre impossibles les feux de cheminée. Voyez CHEMINÉE, LAMPE DE SÛRETÉ, LANTERNE, etc.

TOILES PEINTES. — L'art de réaliser

des dessins colorés sur toile est immémorial dans l'Inde, et c'est de ce pays qu'il a été introduit dans les autres contrées du globe. Hérodote, qui vivait plus de 400 ans avant notre ère, donne à entendre qu'il était connu de son temps dans les vallées du Caucase, et les monuments de l'Égypte et de l'Assyrie prouvent qu'il était pratiqué à une époque encore beaucoup plus ancienne sur les bords du Nil, du Tigre et de l'Euphrate. On ignore la date de la première apparition des Toiles peintes en Europe. On sait seulement que, pendant le moyen âge, ces produits étaient encore très-rares dans nos contrées : on les tirait de l'Asie Mineure et de la Syrie, où ils arrivaient de l'Inde par les caravanes de la Perse. Le commerce européen ne les obtint directement du pays de production qu'à la fin du xve siècle, après la découverte du cap de Bonne-Espérance. Les Portugais, qui exploitèrent les premiers cette nouvelle branche de profits, se contentèrent d'importer les tissus fabriqués, mais les Hollandais, plus industrieux, importèrent un peu plus tard et ces mêmes tissus et les procédés de fabrication. Ces procédés ne commencèrent à être appliqués en Europe que vers le commencement du xviie siècle. Les premières manufactures furent fondées dans les Pays-Bas, mais ce furent celles de la Suisse qui donnèrent les premiers résultats satisfaisants. Anderson dit que les Anglais ne songèrent à faire des Toiles peintes qu'en 1676, et James Thomson ajoute que la première fabrique qu'ils possédèrent fut fondée à Richmond par un réfugié français, mais le fait est plus que douteux, car notre pays n'a véritablement connu l'art d'imiter les Indiennes, qu'en 1736 ou 1737, quand le capitaine Beaulieu, que Dufay, membre de l'Académie des Sciences, avait chargé d'étudier sur place les procédés indiens, eut publié la relation de son voyage. Ce n'est même qu'en 1744 ou 1745 que les plus anciennes fabriques françaises paraissent avoir été établies à Paris, Sèvres, Corbeil, Orange, Nantes et Marseille. En 1746, l'industrie des Toiles peintes fut introduite à Mulhouse, alors ville libre, par Samuel Kœchlin et ses deux associés, J.-J. Schmaltzer et J.-H. Dolfus. Quant à la Normandie, elle ne la posséda qu'en 1758, époque à laquelle le suisse Abraham Frey monta, dans la vallée de Bondeville, la première indiennerie qu'ait eue cette province. Enfin, l'année suivante, un autre suisse, Philippe Oberkampf, créa la célèbre manufacture de Jouy, près de Versailles. Dès ce moment, l'indiennerie française fit des pas de géant, et le génie de nos chimistes et de nos mécaniciens ne tarda pas à la faire sortir du rang secondaire où elle avait été jusqu'alors. A l'exemple des Indiens, les premiers indienneurs européens exécutèrent les dessins sur la toile par les procédés ordinaires de la peinture, c'est-à-dire au pinceau, et c'est pour ce motif que les Indiennes reçurent aussi le nom de *Toiles peintes*, que l'usage leur a conservé, quoique leur fabrication ait lieu aujourd'hui par des moyens tout à fait différents. L'application de ces moyens constitue l'*Impression des tissus*. Voyez IMPRESSION DES TISSUS.

TOITURE. — Le *Bois*, la *Paille*, l'*Ardoise* et les *Tuiles* ont probablement été employés, dès l'origine de l'art de bâtir, pour couvrir les édifices. Les anciens n'ignoraient pas cependant l'usage des *Toits métalliques* : il paraît du moins établi que les Grecs et les Romains remplaçaient quelquefois les tuiles ordinaires par des plaques de bronze. Les architectes du moyen âge se servirent souvent de feuilles de plomb. Ceux de nos jours donnent la préférence aux feuilles de cuivre ou de zinc, mais, en raison de sa combustibilité, ce dernier métal présente des dangers quand les monuments sont surmontés d'un comble de bois. Dans ces dernières années, on a aussi commencé à employer la tôle, notamment pour les bâtiments des Chemins de fer. Plusieurs inventeurs de notre époque, faisant revivre une idée vieille de plus d'un siècle, ont proposé de former la couverture des édifices avec des tissus grossiers enduits de substances imperméables. A ce système appartiennent les *Couvertures oropholithes* de M. Noël, de Paris, qui se construisent en clouant sur la charpente une toile revêtue d'un mélange de sable, d'huile de lin, de litharge et de blanc d'Espagne. La même idée a produit les *Toits en papier* et les *Toits en carton*, qui ne diffèrent des précédents qu'en ce que la toile est remplacée par des feuilles de papier ou de carton fabriquées avec des matières communes et trempées dans des compositions goudronneuses ou bitumineuses. Les couvertures de ces deux systèmes sont souvent employées pour les bâtiments agricoles et les hangars ; elles s'établissent à peu de frais, mais leur extrême inflammabilité les rend très-dangereuses en cas d'incendie.

TÔLE. — La fabrication de la *Tôle* date de l'invention du Laminoir, mais, pendant très-longtemps, l'emploi de ce produit a été limité par l'impossibilité de lui donner des dimensions un peu considérables. Ce n'est même que depuis une trentaine d'années que ses applications ont commencé à se multiplier. Dès le commencement de ce siècle, peut-être même avant, on se servait déjà de la Tôle en Angleterre pour les bouées de balisage. Une de ces bouées, qui avait été trouvée à la mer, ayant été apportée à Toulon, en 1816, on l'imita aussitôt dans tous nos ports. Cette innovation fut suivie d'une autre beaucoup plus importante. Les Anglais avaient déjà eu l'idée de faire en Tôle de légers bateaux pour le service des canaux, lorsque l'ingénieur Aaron Manby imagina d'employer cette matière pour les navires destinés au service maritime et à celui des grands fleuves. Le premier navire de cette espèce fut construit par cet ingénieur, dans les années 1820 et 1821, pour naviguer sur la Seine : il existait encore en 1855. C'est en voyant la grande résistance et la facilité de construction de ces navires, que d'autres ingénieurs eurent l'idée d'appliquer en grand le même produit aux travaux civils. Alors parurent les Ponts en tôle, dont les premiers furent établis peu avant 1827. Parmi les autres applications remarquables que l'on a faites de la Tôle, une des plus intéressantes est celle des *Tôles ondulées*, dont on se sert fréquemment aujourd'hui pour couvrir les grands édifices. Ces Tôles ont été imaginées en Angleterre, mais c'est un de nos compatriotes, l'ingénieur Eugène Flachat qui a le plus contribué à en répandre l'usage, en les adoptant pour la couverture des gares des marchandises du chemin de fer de l'Ouest, à Paris. Dans le principe, on a fait une grande objection à l'emploi de la Tôle : c'est le grand entretien qu'elle exige pour préserver les surfaces métalliques de l'oxy-

dation ; mais l'invention du zincage a permis de triompher de cet inconvénient. Un industriel parisien, M. Paris, est également parvenu à résoudre le problème d'une autre manière, en émaillant le fer avec un silicate économique : c'est aux tôles ainsi préparées que l'on donne le nom de *Tôles émaillées*.

TONDEUSE MÉCANIQUE. — Avant de livrer les étoffes drapées au commerce, on coupe à la même hauteur tous les filaments dont se compose l'espèce de fourrure qui recouvre leur surface. Pendant longtemps, cette opération s'est exécutée avec de longs ciseaux appelés *forces*, que l'on faisait fonctionner à la main. La manœuvre des forces, aussi difficile que pénible, exigeait des ouvriers très-robustes et rompus à ce genre de travail, et il était rare que ces hommes vécussent au delà d'un certain âge, toujours peu avancé, tant était fatigant le métier de tondeur. Aujourd'hui, la mécanique a remédié à cet état de choses, et les anciennes forces sont remplacées par des machines ingénieuses, nommées *Tondeuses*, qui font le tondage d'une manière automatique. La plus employée de ces machines, et probablement aussi la plus ancienne, paraît avoir été inventée, à la fin du dernier siècle, par le mécanicien Georges Bass, de Boston. Introduite presque aussitôt en Angleterre, elle fut importée en France, par l'anglais Ellis, en juillet 1812. Elle est généralement connue, dans nos manufactures, sous le nom de M. John Collier, parce que c'est ce constructeur qui, en la dotant, vers 1821, d'heureux perfectionnements, a le plus contribué à en répandre l'usage. Dans cette Tondeuse, un cylindre garni de lames tranchantes héliçoïdales tourne à grande vitesse sur le tissu, qu'elle rase à la surface ; et l'on peut à volonté rapprocher plus ou moins le drap du cylindre, afin de varier la quantité de matière enlevée.

TONNEAUX.—Depuis une cinquantaine d'années, plusieurs inventeurs ont essayé d'introduire des procédés mécaniques dans la fabrication des Fûts et des Tonneaux. M. Cl. David, de Paris, est celui qui, en France, a le mieux résolu le problème. Depuis au moins 1839, il livre journellement au commerce des Tonneaux faits à la mécanique, avec une grande perfection et à des prix remarquablement inférieurs aux prix habituels. Il obtient ce résultat au moyen de machines qui débitent le merrain, lui donnent la forme convenable, exécutent les rives des douves, montent ces dernières sur un moule tournant, et, enfin, terminent le Tonneau en le munissant de ses cercles.

TONNERRE. —Voyez FOUDRE.

TORPILLES. — Voyez au *Complément.*

TOPOSCOPE. — A diverses époques, on a inventé des appareils propres à indiquer, surtout pendant la nuit, le point précis d'où partent les lueurs qui annoncent les incendies. Un de ces appareils fut expérimenté avec succès, à Vesoul, en 1820 : il avait été construit par un officier du génie dont le nom n'a pas été conservé. Un autre instrument du même genre a été inventé, vers 1833, par M. Schwilgué père, mécanicien à Strasbourg, qui lui a donné le nom de *Toposcope*, et l'a fait placer sur la tour du guetteur de sa ville natale.

TORRÉFACTEURS. — Les appareils de ce nom sont tous destinés à soumettre certaines substances à une température plus ou moins élevée, et leurs dispositions varient suivant le goût ou le caprice de leurs constructeurs. L'invention la plus remarquable à laquelle ils ont donné lieu depuis très-longtemps, est celle qui a produit le *Torréfacteur mécanique* de M. Eugène Rolland, ingénieur des manufactures impériales de tabac. Cette machine date de 1840. Elle opère la torréfaction en vase clos, d'une manière continue, à une température constante, et avec une économie énorme. Elle a été d'abord spécialement construite pour torréfier le tabac, mais sa supériorité sur tous les autres procédés connus l'a fait appliquer depuis, moyennant des modifications appropriées, au grillage des matières végétales les plus diverses. En 1857, l'Académie des Sciences a décerné un prix Monthyon à M. Eugène Rolland, parce que, indépendamment de ses autres avantages, son Torréfacteur a supprimé des causes très-graves d'insalubrité.

TOUAGE. — Voyez REMORQUE.

TOUPIE MÉCANIQUE. — Voyez HYDRO-EXTRACTEURS.

TOUR. — Le *Tour* occupe incontestablement le premier rang parmi les ma-

chines-outils, et il existe une foule de professions où son usage est de première nécessité. Dans l'état de simplicité, où on le trouve encore dans certaines industries, il a dû être connu dès la plus haute antiquité, non-seulement pour exécuter les pièces de petites dimensions, mais encore pour arrondir les objets considérables, tels, par exemple, que les arbres des moulins et les fûts de certaines colonnes monolithes. Les potiers s'en servaient aussi pour donner à leurs vases la forme cylindrique. Cette dernière application existait en Égypte plus de dix-neuf cents ans avant notre ère. Chez les Grecs, les uns en attribuaient l'importation aux Pélasges, les autres à un petit-fils de Dédale, nommé Talos, et Pline rapporte que le scythe Anacharsis, qui vint à Athènes, vers l'an 592 avant Jésus-Christ, fit connaître aux ouvriers de cette ville un Tour plus parfait que celui dont ils s'étaient servis jusqu'alors. Les Tours des anciens n'étaient propres qu'à former des surfaces cylindriques. Quant aux Tours dits *figurés et à combinaisons*, au moyen desquels on peut exécuter les surfaces rampantes, excentriques, ovales, etc., ils ne paraissent pas remonter au delà du XVe siècle, où Léonard de Vinci, suivi à une centaine d'années de distance par le lyonnais Jacques Besson et l'ingénieur Salomon de Caus, y ajouta des perfectionnements auxquels le mathématicien Jérôme Cardan ne fut, dit-on, pas étranger. A partir de cette époque, les Tours, soit ordinaires, soit figurés, n'ont cessé de se modifier de mille manières, suivant les applications qu'on a voulu en faire, et se sont subdivisés en outils spéciaux qui, tout en découlant du même principe, sont plus ou moins spécialement destinés à reproduire telle ou telle forme particulière. Le *Tour à plateau* et le *Tour parallèle à chariot*, qui constituent une des plus importantes machines-outils des ateliers de construction, sont d'origine anglaise. Ce dernier paraît avoir été inventé, en 1794, par l'ingénieur Joseph Bramah : il était encore peu connu en France, il y a une trentaine d'années, et l'on cite le mécanicien Pihet, à Paris, comme un des premiers qui l'aient introduit dans notre pays. Parmi les Tours à combinaisons, un des plus intéressants est incontestablement celui qu'on appelle *Tour à portraits*. Il était déjà connu dans la première moitié du XVIIIe siècle, puisqu'il en est question dans un mémoire de l'académicien La Condamine, publié en 1733. Ce sont les instruments de cette classe qui, au moyen de modifications appropriées, ont donné naissance aux machines à graver, à sculpter et à guillocher.

TOUR. — Dès l'origine de l'architecture militaire, on imagina d'augmenter la force des murs d'enceinte en les flanquant, de distance en distance, de tours rondes ou carrées, qui dominaient plus ou moins le terrain environnant. L'usage de ces constructions fut général dans l'antiquité et pendant le moyen âge. Il a disparu à l'époque de l'invention de l'artillerie moderne. Dans notre siècle, on a donné le nom de *Tours maximiliennes*, parce que c'est l'archiduc d'Autriche, Maximilien de Modène, qui les a fait adopter, à des ouvrages murés et isolés établis en Allemagne aux approches de certaines places. Ces ouvrages se composent d'une tour basse séparée de la campagne par un fossé, et portant sur sa plate-forme des bouches à feu montées de telle sorte qu'on puisse en diriger plusieurs à la fois sur un même point. L'expérience n'a pas encore permis de constater la valeur réelle des Tours de ce genre.

TOUR ROULANTE. — Les anciens appelaient ainsi des Tours de bois, montées sur des roulettes ou sur des cylindres, qu'ils employaient pour l'attaque des places. Elles étaient toujours construites de manière que leur sommet dominât les défenses de l'assiégé. Quand on avait réussi à les conduire au point où elles devaient agir, des soldats, placés sur la plate-forme écartaient l'ennemi à coups de pierres ou de flèches, pendant que d'autres, réunis dans un des étages inférieurs, abattaient sur les murailles de la ville un pont volant qui leur servait de passage. C'est à une machine de ce genre, construite, 304 ans avant notre ère, par Démétrius Poliorcète, au siège de Rhodes, que l'on donna le nom d'*Hélépole*, c'est-à-dire preneuse de villes. Pendant le moyen âge, les Tours roulantes furent d'un aussi fréquent usage que dans l'antiquité : on s'en servait encore à la fin du XIVe siècle.

TOURBE. — Dans les pays où elle abonde, la *Tourbe* est employée, de temps immémorial, comme combustible. Toutefois, comme elle exhale une odeur désagréable, on ne s'en sert guère dans l'économie domestique, mais elle est très-propre à la cuisson de la brique et de la chaux, ainsi qu'aux évaporations. Depuis que le chimiste Hélot l'a conseillé, en 1749, on convertit aussi la Tourbe en un charbon d'excellente qualité ; il suffit pour cela de la calciner en vase clos. Cette matière ayant l'inconvénient d'être trop légère, et, par suite, de ne pouvoir produire que très-difficilement une haute température, à cause de l'espace énorme qu'elle occupe dans les foyers, on a eu l'idée de la débarrasser de cet inconvénient en la comprimant avec une Presse hydraulique, après l'avoir préalablement desséchée soit en plein air, soit dans des étuves. Les pains ainsi obtenus sont employés avec grand avantage pour plusieurs opérations métallurgiques. Quelquefois aussi, on broie la Tourbe avec des moulins, on la blute comme de la farine pour en extraire les matières terreuses, et on la moule en briques de dimensions convenables. D'autres fois encore, on la fait sécher, puis on y ajoute du poussier et du goudron de houille, et l'on forme avec ce mélange des blocs d'une grande dureté, qui ont toutes les qualités de la houille et ne se détériorent pas à l'air. Enfin, dans ces dernières années, on a eu l'idée, d'abord en Angleterre, puis en France, de soumettre la Tourbe à la distillation, et l'on est ainsi parvenu à créer une nouvelle industrie chimique qui a pris rapidement une assez grande importance, et qui fournit, outre des produits gazeux et du coke éminemment propres au chauffage, du goudron et un liquide huileux dont on tire un très-bon parti dans les arts. Les Anglais ont encore imaginé de former, avec de la Tourbe, du goudron de houille, du savon de résine et de l'oxyde de cuivre, un mastic adhérent et tenace dont ils se servent, sous le nom de *Percollane*, pour peindre l'extérieur des navires.

TOURNEBROCHE. — Dans son ouvrage *De Rerum Varietate*, publié en 1557, Jérôme Cardan décrit un Tournebroche mû par la fumée, comme une machine usitée de son temps à Milan. Les manuscrits de Léonard de Vinci contiennent le dessin et la description de la même machine, qui est encore employée aujourd'hui dans plusieurs de nos départements méridionaux et probablement ailleurs. Plus tard, on a eu l'idée de remplacer la force motrice de la fumée par celle de la vapeur d'eau. Cette innovation paraît dater. de la fin du xvie siècle. Il en est du moins question dans un livre publié à Leipzig, en 1597, et où, suivant Robert Stuart, on trouve un Tournebroche mû par le jet de vapeur d'un Éolipyle.

TOURNESOL. — Le *Tournesol* ou *Soleil* (*Helianthus annuus*) est originaire du Pérou, d'où il a été introduit en Espagne, au commencement du xvie siècle. Il existait déjà en France en 1557, et, moins de cent cinquante ans plus tard, on le cultivait en grand dans plusieurs parties de l'Europe. Le Tournesol ne fut d'abord regardé que comme une plante d'ornement. Dans les premières années du dernier siècle, on essaya de l'exploiter comme plante oléagineuse, mais on a aujourd'hui presque entièrement renoncé à cette exploitation, parce qu'elle exige des terres d'une très-grande richesse, et qu'il est très-difficile de garantir les graines de l'attaque des insectes, comme aussi d'extraire l'huile qu'elles contiennent.— La matière tinctoriale appelée *Tournesol* n'a rien de commun avec la plante qui précède. Il en existe deux variétés, le *Tournesol en pains*, que l'on prépare avec les lichens qui fournissent l'orseille, et le *Tournesol en drapeaux*, qui s'obtient avec le suc de la maurelle.

TRAGÉDIE. — On trouve des traces de cette branche de l'art dramatique chez tous les peuples, dès les premières lueurs de la civilisation. Comme la Comédie, la Tragédie grecque tira son origine du culte de Bacchus. D'après l'opinion vulgaire, elle devrait même son nom au bouc (*tragos*) que l'on sacrifiait aux fêtes de ce dieu ou que, suivant quelques-uns, on donnait en prix à l'auteur de la meilleure pièce tragique. Parmi les premiers poëtes grecs qui firent des tragédies, on cite Thespis, qui donna sa première représentation l'an 535 avant notre ère. Les œuvres des tragiques grecs ont disparu, à l'exception de celles d'Eschyle (525-456), de Sophocle (495-405) et d'Euripide (480-402). La Tragédie romaine ne fut qu'une imitation décolorée de la Tragédie grecque. Il ne nous est parvenu en entier que dix pièces que l'on attribue à Sénèque le Philosophe, mais qui ne sont probablement pas de lui. Les commencements de la Tragédie, chez les peuples modernes, sont entourés d'une obscurité à peu près complète. En ce qui concerne la France, c'est à l'école aventureuse de Ronsard, au xvie siècle, qu'appartiennent les premières tentatives entreprises pour la faire revivre.

TRAINS ARTICULÉS. — Le matériel roulant des Chemins de fer ne peut fonctionner que lorsque la voie est en ligne droite ou ne présente que des rayons de courbure de grande étendue. Cette obligation donne lieu à des dépenses si énormes qu'elle aurait été constamment un obstacle à la construction de certaines lignes, parce qu'elle aurait rendu les frais de premier établissement hors de proportion avec les produits de l'exploitation. On a donc dû chercher à diminuer ces dépenses en trouvant le moyen de parcourir sans danger les courbes à petit rayon. De tous les procédés proposés à cet effet, un seul a pu être employé : c'est celui qui a été imaginé, en 1838, par l'ingénieur français Claude Arnoux. Ce procédé n'apporte aucune modification à la voie, mais il exige l'emploi d'un matériel roulant tout à fait différent du matériel ordinaire. C'est aux trains du système Arnoux que l'on donne le nom de *Trains articulés*, parce que leurs différentes parties sont disposées de manière à pouvoir suivre toutes les inflexions de la voie. Toutefois, jusqu'à présent, il n'a été appliqué qu'au chemin de fer de Paris à Sceaux, où l'on trouve des courbes de 50 et même de 30 mètres de rayon. Quant aux autres voies ferrées, elles n'ont pas cru devoir l'adopter, parce qu'on lui reproche de ne pouvoir être employé avec des machines d'une très-grande puissance.

TRANSFIGURATEUR. — Voyez KALÉIDOSCOPE.

TRANSPLANTATION DES ARBRES.—Voyez ARBRES.

TRANSPORT DES ÉDIFICES. — A diverses époques, on est parvenu à déplacer des monuments sans en démolir aucune pièce. C'est ainsi que, dans le courant du xve siècle, les architectes italiens Gaspard Nadi et Aristote Fioravante enlevèrent à Bologne une tour, qui avait 21 mètres de hauteur et 3 mètres 50 de diamètre, et la transportèrent tout d'un bloc à 12 mètres environ du lieu où elle avait été construite. D'autres opérations du même genre eurent lieu plus tard en Italie, mais la plus remarquable fut probablement celle qu'un simple maçon piémontais, Joseph Cerra, exécuta, en 1776, sur la route de Casal à Turin : il transporta à plus de 20 mètres de son emplacement primitif un campanile carré qui était haut de 40 mètres et avait plus de 3 mètres de côté. Pendant le même siècle, au mois d'octobre 1727, le charpentier Guillaume Guérin l'aîné, chargé de réparer l'église de Saint-Leu, à Paris, réussit à transporter la charpente du clocher de l'horloge, de la tour sur laquelle elle était et qui menaçait ruine, sur une autre tour nouvellement bâtie et éloignée de la première d'environ 8 mètres. Plusieurs opérations semblables à celles qui précèdent ont eu lieu dans des temps plus rapprochés de nous. C'est ainsi, qu'aux États-Unis d'Amérique, on a souvent changé de place des maisons entières, les unes en bois, les autres en maçonnerie, et plusieurs fois sans déranger les meubles et les habitants. C'est ainsi encore qu'en 1841, l'ingénieur anglais John Murray a exécuté la translation du phare de Sunderland, dont le poids est de 313,000 kilogrammes, et lui a fait parcourir une longueur de 145 mètres, sans qu'il ait souffert et qu'on ait dû éteindre son feu. Enfin, en 1858, on a déplacé avec le même bonheur la fontaine du Palmier à Paris, mais ici la difficulté était beaucoup moins considérable, le monument ne pesant que 180,000 kilogrammes et la distance à franchir n'étant que de quelques mètres.

TRANSPORTS LITHOGRAPHIQUES. — L'idée de transporter sur pierre des écritures ou des dessins, soit imprimés, soit exécutés à la plume, pour les multiplier par la voie de l'impression, est généralement attribuée à Aloïs Senefelder, à la fin du dernier siècle, mais elle avait déjà été appliquée, vers 1682, par le gra-veur français Leblond. Toutefois, c'est Senefelder qui a indiqué la meilleure manière d'opérer, et c'est là le point important. C'est également cet inventeur qui a songé le premier à contre-épreuver d'anciennes estampes (1810). Enfin, on attribue à M. Marcel de Serres la première publication d'un procédé propre à produire ce résultat (1814). Depuis cette époque, les lithographes de tous les pays ont fait une multitude d'essais dans cette voie, mais le problème n'a pu recevoir une solution véritablement industrielle que par l'invention de la méthode litho-typographique de MM. Auguste et Paul Dupont, de Périgueux (1839), et de la méthode homœographique de M. Auguste Boyer, de Nîmes (1844).

TREMBLEMENT DE TERRE. — On a expliqué les *Tremblements de terre* de plusieurs manières. Ce phénomène est si intimement lié à celui des éruptions volcaniques, que l'on admet généralement aujourd'hui qu'ils sont l'un et l'autre les effets d'une même cause : une couche fluide placée sous la croûte solide du globe, et sur laquelle celle-ci s'affaisse de temps en temps et sur certains points, principalement dans les régions volcaniques, où cette croûte paraît moins épaisse que partout ailleurs.

TREMPE. — L'opération de la Trempe du fer remonte à l'origine même de l'Acier. Les Chinois et les Indiens la connaissaient plusieurs milliers d'années avant notre ère. Les Égyptiens la pratiquaient aussi avec beaucoup d'habileté, ainsi que le prouvent les nombreuses sculptures de leurs monuments, lesquelles n'ont pu être exécutées qu'avec des outils d'acier trempé avec soin. C'est à ce dernier peuple que les Grecs en durent probablement la connaissance : ils la possédaient déjà à l'époque d'Homère, et ils la transmirent plus tard aux Romains. Les peuples anciens savaient aussi durcir le bronze ou l'airain en les trempant : c'est même avec cet alliage qu'ils firent, pendant très-longtemps, la plupart de leurs armes et de leurs outils tranchants. V. au COMPL.

TRÉPANATION. — Opération chirurgicale qui a pour objet la perforation d'un os. Elle remonte à une très-haute antiquité, mais on ne l'a d'abord employée que pour prévenir ou combattre les accidents des plaies de la tête. Le foret paraît être le premier instrument ou *Trépan* dont on se soit servi pour l'exécuter. Les anciens faisaient aussi usage de vrilles ou de tarières que l'on mettait en mouvement avec un archet. Le chirurgien arabe Abul Cassis est probablement le premier qui ait supprimé l'archet. Plus tard, à une époque inconnue, on a adopté le vilebrequin, avec lequel les ouvriers percent le bois, la pierre et autres matières dures. De ces divers appareils, le foret et le vilebrequin sont restés comme deux types, et, en ajoutant à chacun d'eux une scie circulaire, appelée *couronne*, on a composé la *Tréphine*, et le *Trépan* proprement dit. La Tréphine, surtout usitée en Angleterre, est un foret dont la pointe se trouve au centre d'une scie circulaire. Le Trépan français, au contraire, est un vilebrequin dont la pointe ou mèche est également au centre d'une scie du même genre. En même temps qu'on a créé ces instruments, on a multiplié les applications de la Trépanation, et on en est venu à la pratiquer sur presque tout le squelette, ce qui a conduit à modifier les scies suivant la conformation des parties à opérer, et a donné lieu à l'invention des nombreuses variétés de couronnes qui existent aujourd'hui, et dont les principales ont été imaginées ou construites par Græfe et Maché, et, plus récemment, par MM. Heine, Thompson, Charrière, etc.

TREUIL. — La machine de ce nom n'est autre chose qu'un Cabestan dont le cylindre est horizontal, au lieu d'être vertical. Son histoire se confond avec celle de ce dernier.

TRIANGLE. — Cet instrument de musique date d'une très-haute antiquité. Suivant Athénée, on en devrait l'invention aux Syriens.

TRIANGLE ARITHMÉTIQUE. — Tableau composé de nombres disposés de manière à former un triangle. L'une des propriétés de ce tableau est que les nombres pris sur les lignes horizontales sont les coefficients des différentes puissances d'un binôme. Le Triangle arithmétique a été imaginé, au XVIIe siècle, par l'illustre Blaise Pascal.

TRICOT. — Les tissus à mailles appelés *Tricots* paraissent remonter très-loin dans l'antiquité; mais leur apparition dans l'Europe occidentale n'est pas antérieure à la seconde moitié du XVIe siècle. Les premiers furent fabriqués à l'aiguille, vers 1564, par l'anglais William Rider. Vers 1589, un autre anglais, William Lée ou Léa, créa le *Métier à bas* ou *Machine à tricoter*, qui fut beaucoup perfectionné, principalement en Angleterre, d'abord par le mécanicien Jédésiah, vers 1759, puis, un peu plus tard, par une foule d'autres inventeurs. Les métiers appelés *Tricoteurs* ou *Tricoteuses*, qui constituent le plus grand progrès moderne de la fabrication des tissus à mailles, paraissent avoir été imaginés en France, au commencement de ce siècle. Voyez BAS.

TRICTRAC. — Suivant une tradition orientale, le *Trictrac* aurait été inventé en Perse, sous le règne du roi Mihisravan, par un savant appelé Bourzoumgemhir; mais il est certain que les anciens connaissaient des jeux analogues: tels étaient, entre autres, le *Diagramismos* des Grecs et le *Duodena scripta* des Romains. Quant à l'origine du mot Trictrac, elle est due à une simple onomatopée : on a voulu, en le créant, rendre le bruit que font les dés en tombant sur la table quand ils sortent du cornet.

TRIEUR. — Voyez CRIBLE.

TRIPOLI. — Nom générique que l'on donne dans les arts à des poudres siliceuses qui servent à polir la surface des métaux et autres corps durs. Les unes sont des ponces broyées naturellement et transportées par les eaux ; les autres, des argiles schisteuses accompagnant les houilles et les lignites ; d'autres enfin, des dépôts de silice extrêmement divisée et composés presque entièrement d'enveloppes d'infusoires microscopiques. Le Tripoli qui a cette dernière origine est quelquefois désigné sous le nom de *farine fossile*. On fabrique du *Tripoli artificiel* en calcinant les schistes de Ménat, dans le département du Puy-de-Dôme.

TRIKOTE. — Petite voiture à l'usage des estropiés et des infirmes, qui, étant assis sur le siége, peuvent, par son moyen, parcourir un jardin et même circuler dans les rues sans le secours de personne. Pour les faire marcher, le malade n'a qu'à pousser un levier ou tourner une manivelle, qui, faisant agir un engrenage, transmet le mouvement aux roues. Ces véhicules paraissent dater d'une époque assez ancienne, mais on ignore leur origine. On les appelle *Trivotes* parce qu'ils ont trois roues, dont une, qui est sur le devant, a, outre son mouvement ordinaire de rotation verticale, un mouvement horizontal à l'aide duquel on dirige la machine. On a souvent construit, sur le même principe, des voitures de grandeur ordinaire, mais ces inventions n'ont servi qu'à étonner un instant la multitude, et n'ont jamais pu recevoir aucune application utile. Les véhicules de ce genre sont généralement désignés sous le nom de *Vélocipèdes*. Quelquefois, cependant, on leur applique celui de leur constructeur ; tel a été le cas de la *Draisienne* ou *Draisine*, qu'un baron Drais de Saverbrunn faisait circuler, en 1818 et 1819, sur les boulevards de Paris. Voyez BAROTROPE, et au COMPLÉM.

TROCHLÉON. — Instrument de musique inventé, en 1814, par Charles Dietz, facteur à Paris. C'était une sorte de clavi-harpe, que l'on faisait parler en attaquant des lames métalliques avec un archet circulaire mis en mouvement par une pédale.

TROMBE. — Instrument à vent et à embouchure inventé, en 1808, par L.-A. Frichot, professeur de musique à Lisieux. A l'époque de son apparition, on prétendit qu'il pourrait remplacer avec avantage le Serpent, le Trombone et la Trompette, dont il réunissait, disait-on, toutes les qualités, sans en avoir les défauts. Il est oublié depuis longtemps.

TROMBLON. — Voyez ESPINGOLE.

TROMBONE. — Cet instrument existait déjà, au XVIᵉ siècle, peut-être même un peu avant, tel à peu près qu'il est aujourd'hui, c'est-à-dire donnant toutes les notes en sons ouverts au moyen d'une coulisse que l'exécutant fait mouvoir pour allonger ou raccourcir le tube sonore. On l'appelait alors *Saquebute* ou *Sambute*. Au siècle dernier et au commencement de celui-ci, il formait une famille composée de l'alto, du ténor et de la basse. Plusieurs facteurs étrangers ont conservé cette famille en entier, tandis que ceux de notre pays n'en ont gardé que le ténor. On a imaginé, il y a quelques années, un *Trombone à pistons*, mais cette innovation n'a pas

eu un grand succès. On doit en dire autant du Trombone basse à cylindres envoyé, en 1855, sous le nom de *Bombardon*, à l'Exposition universelle de Paris.

TROMPE. — Curieuse machine soufflante que l'on emploie quelquefois dans les pays où l'on peut disposer de grandes chutes d'eau comme force motrice. Suivant un auteur du dernier siècle, appelé Grignon, les Trompes auraient été inventées, en 1640, par un ingénieur italien dont on n'a pas conservé le nom. D'autres écrivains leur attribuent une origine beaucoup plus ancienne, mais cette opinion est peu probable à cause des nombreuses connaissances de physique que suppose la construction de ces machines. Quoi qu'il en soit, on ne les rencontre guère que dans les usines des Alpes et des Pyrénées.

TROMPE DE CHASSE. — Voyez COR.

TROMPETTE. — La *Trompette* remonte à une époque immémoriale. Tous les peuples civilisés de l'antiquité l'ont connue. Mais sa forme et ses dimensions ont varié suivant les temps et les lieux. Suivant les annales chinoises, elle aurait été inventée sous le règne de Fo-Hi, près de 3000 ans avant notre ère. En Égypte, on en rapportait l'invention au dieu Osiris. C'est probablement à ce pays que les Hébreux l'empruntèrent. Quant aux Grecs, Athénée prétend qu'ils la durent aux Étrusques, tandis que d'autres écrivains assurent qu'elle leur fut donnée par Minerve ou par les Égyptiens. Ce qu'il y a cependant de certain, c'est qu'ils la connaissaient à l'époque d'Homère. Les Romains avaient trois variétés de Trompettes : une Trompette droite (*Tuba*) pour l'infanterie ; une Trompette légèrement recourbée (*Lituus*) pour la cavalerie ; et une Trompette presque circulaire (*Buccina*), qui servait pour les deux armes indistinctement. Pendant le moyen âge, la Trompette affecta, dans toute l'Europe, une multitude de formes plus ou moins bizarres, dont une donna naissance à la Trompette actuelle de cavalerie. Celle-ci figura seule dans la musique dramatique jusque vers le milieu du siècle dernier, où elle fut remplacée par des instruments plus parfaits inventés en Allemagne. Ces nouvelles Trompettes furent apportées en France, en 1770, par les frères Braun et adoptées aussitôt à l'Opéra. Un peu plus tard, on imagina de modifier leur intonation en y adaptant les tubes additionne.s usités pour le Cor. On essaya aussi d'augmenter leurs ressources, surtout de leur donner une échelle chromatique de sons ouverts et puissants, mais ce problème ne fut résolu qu'en 1803, quand les facteurs Weidinger, de Vienne, et Kellner, de La Haye, eurent presque simultanément l'idée de les munir de clefs, ce qui produisit le *Bugle* ou *Trompette à clefs*. Sept ans après, c'est-à-dire en 1810, Halliday, de Dublin, porta le nombre des clefs à sept, et créa ainsi le grand Clairon d'ordonnance appelé *Bugle-horn*. Parmi les autres améliorations apportées depuis dans la construction des Trompettes, les plus importantes sont probablement celles qui ont donné naissance à la *Trompette à coulisses*. Cet instrument a été inventé, vers 1820, par le facteur allemand Haltenhoff, de Hanau. Il fut imité, presque aussitôt, en France, par Legram, chef de musique de la garde royale, et employé, pour la première fois, par David Buhl, trompette major des gardes du corps de Louis XVIII.

TROTTOIRS. — L'usage des *Trottoirs* était général dans l'antiquité, du moins dans les villes romaines, sous l'Empire. Comme on le voit dans les rues de Pompéi, la file de grosses pierres qui servait à maintenir la construction du côté de la chaussée, était munie, de distance en distance, de pierres plus hautes que les autres qui servaient, en même temps, à la consolider et à empêcher les roues des chars de monter sur le Trottoir. D'autres pierres élevées étaient échelonnées au milieu de la chaussée, afin que l'on pût, quand les orages transformaient les rues en ruisseaux, passer d'un Trottoir sur l'autre, sans se mouiller les pieds. Dans les temps modernes, on n'a commencé à faire des Trottoirs que pendant le XVIIe siècle, et Londres est, dit-on, la première ville qui en ait été dotée. Ils étaient encore à peu près inconnus en France, lorsque, vers 1825, le préfet de la Seine décida qu'il en serait établi dans les rues de Paris. Depuis cette époque, la mode des Trottoirs a été introduite dans tous les pays, mais diverses circonstances n'ont pas encore permis de la généraliser partout.

TRUFFES. — De tout temps, les *Truffes* ont figuré sur la table des riches. On croit généralement que les anciens en variaient la préparation de mille manières, mais rien ne le prouve. Les auteurs qui ont traité de l'art culinaire disent seulement qu'ils se contentaient de les faire cuire sous la cendre ou dans l'eau, l'huile, le vin, ou le jus des viandes, et qu'ils y ajoutaient du sel, du poivre et des aromates. Quoi qu'il en soit, elles étaient si recherchées des gourmets, que les Athéniens accordèrent le droit de cité aux enfants d'un nommé Chærips qui avait inventé une nouvelle manière de les accommoder. Sous ce rapport, les modernes ont de beaucoup devancé les anciens, car on fait aujourd'hui entrer ces tubercules, sous toutes les formes, dans presque toutes les préparations alimentaires. On cherche, depuis longtemps, à cultiver les Truffes comme les champignons de couche, mais les milliers d'essais auxquels on s'est livré n'ont produit que des résultats insignifiants. Quelques expérimentateurs ont été cependant plus heureux, mais en dirigeant leurs efforts dans une autre voie, c'est-à-dire en créant des *Truffières artificielles* en plein air. Il leur a suffi pour cela de semer un terrain approprié en chênes verts ou blancs dont les glands avaient été choisis sur des sujets autour desquels les Truffes étaient abondantes. M. Rousseau, de Carpentras, est un de ceux qui ont le mieux réussi : il possède aujourd'hui des truffières qui sont en plein rapport.

TUBE DE SAUVETAGE. — Sous ce nom, l'ingénieur français Valosse a imaginé, en 1859, un appareil destiné à défendre les mineurs contre les éboulements. C'est un long tonneau en tôle, qui est assez solide pour résister à tous les chocs, et qui se compose de plusieurs tronçons s'emboîtant les uns dans les autres, ce qui permet de le raccourcir ou de l'allonger à volonté. Chacun de ces tronçons est muni d'une ouverture qui se ferme du dehors en dedans et qui est assez grande pour livrer passage à un homme. Le tube est monté sur des roues qui roulent sur des rails de chemin de fer. Quand on veut s'en servir, on l'allonge suffisamment pour que son extrémité antérieure occupe l'espace où le travail doit être fait, tandis que son extrémité opposée se trouve dans la partie de la galerie qui a déjà été voûtée ou boisée, et où, par conséquent, il n'existe aucun danger. Au moindre craquement, les ouvriers se glissent dans le tube, le parcourent dans toute sa longueur, et vont sortir par les ouvertures qui correspondent à l'endroit voûté où l'éboulement ne s'est pas fait sentir.

TUBE A TIR. — Sous ce nom, M. Delvigne, à qui l'arquebuserie moderne est redevable de tant de progrès, a inventé un appareil très-simple qui est destiné à faciliter l'école du tir en rendant moins bruyant et peu dispendieux l'emploi des petites armes à feu. Cet appareil, qui date du commencement de 1849, consiste en un tube rayé de 1 décimètre de longueur et de 6 millimètres de diamètre environ, lequel est fixé à un long tuyau en tôle mince. Quand on veut s'en servir, on l'introduit dans le canon de l'arme, et on le charge, à la manière ordinaire, avec un décigramme de poudre. On peut tirer un grand nombre de coups sans avoir besoin de le déplacer. Quand il est trop encrassé, on le retire de l'arme pour le nettoyer, après quoi, on le remet en place. L'emploi du tube Delvigne ne change en rien les conditions du tir, et, par l'économie qui en résulte, il permet, en multipliant les exercices, de former un plus grand nombre de tireurs habiles.

TUBES ACOUSTIQUES. — On sait depuis longtemps que, dans une colonne cylindrique, l'intensité du son ne diminue pas selon les distances. C'est ce que M. Biot a constaté dans les tuyaux des aqueducs de Paris, où les sons les plus faibles parvenaient à 951 mètres sans perdre sensiblement de leur intensité. On a essayé plusieurs fois de tirer parti de cette propriété pour établir un système particulier de Télégraphie, mais sans jamais pouvoir y réussir. On a été plus heureux quand on a voulu se borner à communiquer à de faibles distances. A bord des navires de guerre, on se sert, depuis longtemps, de tuyaux de métal ou de bois pour se faire entendre du pont supérieur dans les parties intérieures. Ce système de correspondance a été introduit, il y a une quarantaine d'années, dans les administrations publiques et les maisons de commerce, et il est aujourd'hui répandu dans toutes les parties du monde. Seu-

lement, on emploie, pour l'appliquer, des tubes en caoutchouc, dits *Tubes acoustiques*, en anglais *Speaking-tube*. Voyez TÉLÉGRAPHIE ACOUSTIQUE.

TUBES RESPIRATOIRES. — Les plongeurs se sont servis de très-bonne heure de *Tubes respiratoires*, c'est-à-dire de tuyaux flexibles destinés à leur permettre de respirer sous l'eau. Des appareils de ce genre sont décrits et figurés dans les œuvres de Léonard de Vinci, mort en 1519, et dans celles de plusieurs auteurs de la même époque et des temps postérieurs. En 1785, le physicien Pilâtre des Rosiers employa un Tube respiratoire pour pénétrer et séjourner dans des excavations remplies de gaz acide carbonique, et lui donna pour ce motif le nom de *Respirateur antiméphitique*. Comme ceux des anciens plongeurs, ce Respirateur se composait d'un tuyau unique dont une extrémité était en communication avec l'air extérieur, tandis que l'extrémité opposée se terminait par une sorte de masque qui s'appliquait sur la bouche et le nez. Cette prétendue invention a été reproduite, en 1856, avec quelques perfectionnements, et préconisée comme un excellent moyen de sauvetage, mais on possède des appareils dont l'emploi est beaucoup plus facile et l'efficacité plus assurée. Voyez SCAPHANDRE et BLOUSE DE SAUVETAGE.

TUBÉREUSE. — Cette plante, dont la fleur est si recherchée pour son odeur suave, est originaire de Java et de Ceylan, d'où elle parait s'être répandue de bonne heure dans les parties chaudes de l'Asie continentale. On attribue son introduction en Europe au médecin espagnol Simon de Tovar, qui, vers 1594, en envoya des graines au botaniste Bernard Paludanus. Elle était cependant encore très-peu connue en 1632, époque à laquelle il en fut porté plusieurs pieds à l'illustre Peiresc, à Aix, par le père Minuti, minime, que ce savant avait chargé d'une mission en Perse.

TUBULAIRE. — Voyez FONDATIONS TUBULAIRES et PONTS MÉTALLIQUES.

TUILES. — Au lieu des Tuiles ordinaires, on a essayé, dans les temps modernes, de se servir de *Tuiles de fonte*. Créée, dit-on, vers 1759, par l'architecte français Soufflot, cette innovation n'a eu de succès qu'en Angleterre. Les

Tuiles de faïence et les *Tuiles de verre*, proposées par plusieurs inventeurs, n'ont pu réussir à se répandre : on ne les a employées jusqu'à présent que dans un très-petit nombre de circonstances exceptionnelles.

TULIPE. — La *Tulipe des jardins* est originaire de l'Asie, où elle croît naturellement dans plusieurs contrées, surtout en Syrie, dans l'Anatolie et dans les cantons qui avoisinent la mer Noire. C'est vraisemblablement à Rusbecq que l'Europe est redevable de cette plante. Plusieurs écrivains assurent, en effet, qu'en 1555, au retour de son voyage au Levant, ce savant apporta à Prague, d'où ils se répandirent dans diverses parties de l'Allemagne, les premiers oignons qu'on ait vus en Occident. Toutefois, d'autres auteurs prétendent que le premier pied de Tulipe qui ait paru dans nos climats, fleurit, en 1559, à Augsbourg, dans le jardin d'un riche amateur, nommé Jean-Henri Herwart, qui l'avait tiré de Constantinople ou de l'ancienne Cappadoce. C'est en étudiant, à Augsbourg, les Tulipes du jardin de Fugger, que Conrad Gessner put, en 1565, publier la première description scientifique de ce végétal. Les Tulipes ne furent, dit-on, connues en France qu'en 1611, où Peiresc les introduisit dans son jardin d'Aix. Quelques années après, les Hollandais les recherchèrent avec une espèce de fureur, et firent de leur culture une branche d'industrie assez importante dont les centres principaux furent Amsterdam, Harlem, Utrecht, Alckmaer, Leyde, Rotterdam, Hoorn, Enckhuysen et Meedenblick. Ce ne fut cependant qu'entre 1634 et 1637, que la *Tulipomanie* atteignit son apogée. On vit alors certaines variétés atteindre le prix énorme de 4 et 5,000 florins, c'est-à-dire de 8,600 à 10,750 francs.

TULIPIER DE VIRGINIE. — Cet arbre est originaire de l'Amérique du Nord. Il a été introduit en Europe, en 1732, par l'amiral De la Galissonnière.

TULLE. — Ce tissu n'a pas été inventé, comme on le croit généralement, dans la ville de Tulle, d'où il aurait pris son nom. Il est, au contraire, d'origine anglaise, et s'il a reçu la dénomination sous laquelle il est désigné en France, c'est parce que les premiers qui l'ont fabriqué ont voulu imiter, par des pro-

cédés mécaniques, une espèce de dentelle à réseau clair, dite *point de tulle*, dont on se servait autrefois pour élargir la dentelle ordinaire, et que l'on tirait principalement de Toul, en Lorraine, en latin *Tulla*. Les premières tentatives pour créer le Tulle paraissent avoir été faites à Nottingham, en 1768, par un fabricant de bas au métier, appelé Hammond. Cet industriel se proposait simplement d'obtenir du point de tulle, mais le métier, qu'il avait imaginé, lui donna un tissu nouveau, une sorte de tricot à mailles courantes, qu'il nomma *Tricot de dentelles*. Dans les années qui suivirent, plusieurs mécaniciens de la même ville s'occupèrent de perfectionner la fabrication du nouveau produit. Le premier progrès remarquable fut réalisé, en 1775, par l'invention, due à Crane, du *Métier* dit *warp*, auquel Ingham, James Terratt, W. Dawson, Rolland et une foule d'autres, apportèrent successivement d'importantes améliorations. En 1799, John Lindley fit faire un grand pas à cette industrie en imaginant le *Métier à bobines*, qui, pour la première fois, permit d'obtenir mécaniquement le véritable réseau de la dentelle aux fuseaux. Enfin, en 1807, un ouvrier régleur de Teveston, appelé Heathcoat, modifia si heureusement la machine de Lindley, qu'il la porta presque à la perfection : aussi le regarde-t-on avec raison comme l'inventeur du premier Métier à tulle qui ait fonctionné d'une manière tout à fait satisfaisante. Dès ce moment, le Tulle, qui s'était d'abord appelé *Tissu à jours*, puis *Malines*, s'appela *Tulle bobin* ou *Dentelle à bobines*, des bobines sur lesquelles le fil est enroulé et qui remplacent les fuseaux de la dentelière. Ce tissu imitait si bien la dentelle aux fuseaux, que la mode s'en empara aussitôt, et que sa fabrication prit en peu de temps une extension énorme. Cette fabrication fut d'abord concentrée à Nottingham, mais elle finit par pénétrer sur le continent. Les premiers essais pour l'introduire en France furent faits au commencement de la Révolution par un ouvrier du nom de Rhumbolt, qui avait accompagné le duc de Liancourt dans un voyage exécuté, par ce dernier, en Angleterre, par ordre de Louis XVI, pour y étudier l'industrie de ce pays : ils échouèrent complétement. Les anglais

Corbit, Blackt et Cutt furent plus heureux en 1816 : ils importèrent un Métier qui fut monté aussitôt dans la manufacture de M. Thomassin, à Douai. Un deuxième Métier fut installé, l'année suivante, à Calais, par d'autres anglais, Webster, Clarck et Bonniton. C'est à ces industriels que notre pays est redevable de la fabrication du Tulle. Il est également à noter que, jusqu'en 1823, tous les Métiers à tulle employés dans nos fabriques furent d'origine anglaise : le premier qui ait été construit par nos mécaniciens fut monté alors à Calais, par MM. Mehaut et Delhaye, sous la direction de M. Dubout père. Dans le principe, le Tulle bobin fut tout uni. En 1833, les Anglais imaginèrent de rompre l'uniformité de ce tissu en le semant de mouchetures dites *point d'esprit*. Cette innovation fut introduite en France, en 1834, par MM. Champailler et Pearson. Elle fit concevoir l'idée de faire du Tulle à dessins variés, et, à la suite d'essais, qui eurent lieu à partir de 1836, ce problème fut complétement résolu, à Calais, en 1842, par l'application des procédés de Jacquard au Métier à tulle, et alors commença la fabrication du *Tulle brodé*.

TUMULUS. — Mot latin qui signifie « colline factice », et qui a été adopté par les archéologues pour désigner des amas coniques de terre ou de pierres, élevés par les peuples anciens sur la dépouille des morts. Des constructions de ce genre existent dans toutes les parties du monde. On les considère comme l'origine des tombeaux de forme pyramidale appelés *Topes* dans l'Inde, *Nuraghes* en Sardaigne, etc.

TUNGSTÈNE. — En 1781, le chimiste suédois Scheele découvrit, dans un minéral, appelé *Wolfram* ou *Tungstein* par les Allemands, un acide nouveau qui reçut d'abord le nom d'*Acide wolframique* ou *Acide de Scheele*, et que l'on appelle aujourd'hui *Acide tungstique*. Quelques années après, les frères d'Elhuyart réussirent à isoler le radical de cet acide, et ils le nommèrent *Tungstène*, pour rappeler son origine. Le Tungstène est un métal gris, très-dur et très-dense. Il n'avait encore reçu aucune application, lorsque, dans ces dernières années, on a remarqué, en Allemagne, que si on l'ajoute à l'Acier, on augmente, dans une proportion remarquable, la dureté et la ténacité de celui-ci. Cette observation a donné lieu à la fabrication de l'Acier dit *de tungstène*, que l'on préfère aujourd'hui, dans certaines circonstances, à l'Acier ordinaire. Dans ces derniers temps, on a eu aussi l'idée, en Angleterre, d'employer, comme matières colorantes, quelques-unes des combinaisons du Tungstène, mais les essais d'application de ces nouvelles couleurs minérales n'ont pas encore été faits avec assez de suite pour qu'on puisse apprécier leurs avantages pratiques. Les Anglais ont également imaginé d'utiliser une autre de ces combinaisons, le Tungstate de soude, pour prévenir l'inflammabilité des tissus.

TUNNEL. — Les *Tunnels* sont des ouvrages souterrains, construits pour faire passer un canal ou une route quelconque, dans les endroits qui nécessiteraient des travaux extérieurs d'une dépense énorme, souvent même inexécutables à cause de la configuration du terrain. Le plus ancien dont l'histoire fasse mention est celui que Sémiramis fit creuser à Babylone, sous le lit de l'Euphrate, pour mettre en communication deux palais situés sur les bords de ce fleuve. Il consistait en une longue galerie voûtée en briques cimentées avec du bitume, et ne comptait pas moins de cinq mètres de largeur intérieure sur quatre de hauteur. Les Romains établirent aussi des Tunnels. Celui qu'Agrippa, favori d'Auguste, fit exécuter sous le mont Pausilippe, pour abréger la route de Naples à Pouzzoles, existe encore et sert au même usage. Il est long de 700 mètres et large de 6 mètres 30 environ. Quant à sa hauteur, elle varie de 8 mètres, du côté de Pouzzoles, à 24 mètres du côté de Naples. Parmi les travaux du même genre que les Romains effectuèrent hors de l'Italie, il suffira de citer les deux passages souterrains au moyen desquels le palais des Thermes, à Paris, communiquait avec la Seine. Pendant le moyen âge, cette ville posséda une autre voie semblable qui, passant sous un bras de la Seine, allait de la rue du Fouarre à la rue Saint-Pierre aux Bœufs : on ignore à quel usage elle pouvait servir, mais on suppose qu'elle était un reste des précédentes. Les architectes de la même époque annexèrent souvent des Tunnels aux châteaux forts les plus considérables. Les Tunnels ne sont donc pas une chose moderne. Toutefois, ce n'est qu'à notre époque que leur construction est devenue un art véritable, et ce progrès a été provoqué par l'invention des Chemins de fer et des grands travaux de canalisation. Le plus célèbre, sinon par ses dimensions, du moins par les difficultés que son établissement a présentées, est celui qui passe sous la Tamise, à Londres. Il a été exécuté par l'illustre Marc-Isambert Brunel dans l'intervalle compris entre les années 1824 et 1843, et à coûté 634,000 livres sterling, environ 15,850,000 francs. Ses dimensions sont les suivantes : longueur, 410 mètres 67 ; hauteur, 6 mètres 96 ; épaisseur de la couche de terre entre l'extérieur de la voûte et le lit du fleuve, 4 mètres 57. Il est à remarquer qu'avant Brunel, l'ingénieur Ralph Dodd avait proposé, en 1799, de construire un Tunnel sous la Tamise, entre Gravesend et Tilbury, mais cette idée était restée à l'état de projet. En 1804, deux mineurs de Cornouailles, Vasey et Trevethick, avaient commencé un travail semblable à Londres même, mais la grandeur des obstacles les avait rebutés, après avoir poussé l'excavation jusqu'à près de 316 mètres. Le plus long Tunnel qui existe en France, et probablement dans le monde entier, est celui de la Nerthe, sur le chemin de fer d'Avignon à Marseille : il est long de 4,620 mètres. Celui que l'on creuse, depuis le 1er septembre 1857, sous le mont Cenis, entre Modane, en Savoie, et Bardonnèche en Piémont, pour réunir les chemins de fer français aux chemins italiens, n'aura pas moins de 12 kilomètres de longueur : c'est l'ouvrage le plus colossal que le génie moderne ait entrepris. Un tunnel non moins extraordinaire a été proposé, en 1857, par l'ingénieur français Thomé de Gamond, pour joindre l'Europe continentale à l'Angleterre, en passant sous le Pas-de-Calais, entre Douvres et le cap Grisnez, mais on ne doit pas oublier que la même idée avait déjà été mise plusieurs fois en avant, d'abord, en 1802, par l'ingénieur des mines Mathieu, et, plus tard, à partir de 1830, par MM. Fabre, Franchot, Tessier, etc.

TURBINE. — V. ROUES HYDRAULIQUES.

TURBINELLE. — Nom donné à un propulseur inventé, vers 1859, par le mécanicien français Busson, pour remplacer les Roues à aubes et l'Hélice des bateaux à vapeur. C'est une sorte de vis ou d'hélice en colimaçon, placée à l'avant du bateau et qui, en tournant, ouvre, pour ainsi dire, le sillon nécessaire au passage de ce dernier. La Turbinelle a été l'objet d'assez nombreuses expériences sur la Seine, à Paris, mais, jusqu'à présent, rien n'indique qu'elle ait obtenu un succès véritablement pratique.

TUYAUX. — De tout temps, on a employé dans les arts des Tuyaux de nature très-variée. Les *Tuyaux de plomb* et *de terre cuite*, entre autres, remontent à une époque très-reculée, et les spécimens qui existent dans les musées montrent que cette branche d'industrie était très-avancée chez les anciens. Les modernes n'ont guère fait qu'introduire des procédés mécaniques dans leur fabrication. Aujourd'hui, on obtient les uns et les autres au moyen de machines qui refoulent la matière première, plomb ou argile, à travers des lunettes de dimensions appropriées, et dont l'origine coïncide avec les premiers développements du Drainage. Ces tuyaux servent surtout pour les conduites d'eau. Les *Tuyaux de pierre* reçoivent généralement la même destination, mais leur poids considérable et, par suite, le prix élevé de leur transport, en restreignent beaucoup l'usage. Plusieurs machines ont été proposées pour les fabriquer. Une des plus ingénieuses est celle de M. Champonnois, architecte à Beaune, qui date de 1854. Les *Tuyaux en ciment* sont également employés pour les conduites d'eau, et leur application est d'autant plus facile, qu'on les fait sur place, en coulant dans un moule un mélange de ciment, de sable et de gravier. Leur fabrication a été une des conséquences des travaux de l'ingénieur Vicat sur les chaux hydrauliques. Elle est aujourd'hui très-développée dans certaines contrées, principalement dans le département de l'Isère. Vers 1840, M. Hutter, verrier à Rive-de-Gier, reprenant une idée émise en Belgique quelques années auparavant, a imaginé de former les conduites d'eau et de gaz avec des *Tuyaux de verre*, recouverts d'une couche épaisse de bitume ou de béton. Cette invention a eu d'abord un certain succès, sans celle des Tuyaux Chameroy, dont il sera parlé plus bas, paraît avoir arrêté son essor. Les *Tuyaux de fonte* sont employés partout, depuis longues années, pour les grandes conduites d'eau et de gaz. On remédie aux inconvénients qu'offre quelquefois leur porosité en les imprégnant, avant leur mise en place, d'une huile siccative, telle que celle de lin, que l'on fait pénétrer dans la masse avec une presse hydraulique : ce procédé a été indiqué par M. Juncker, ingénieur des mines de Huelgoat. Les *Tuyaux en tôle* ne sont pas moins répandus que les précédents. On les fabrique ordinairement en réunissant, par une soudure ou des rivets, les bords de la tôle cintrée. En 1843, M. Hector Ledru, de Paris, a inventé un procédé qui permet d'obtenir cette réunion sans rivets ni soudure : c'est aux produits de cette fabrication que l'on donne le nom de *Tuyaux en fer étirés à froid*. Les *Tuyaux Chameroy* sont aussi des Tuyaux en tôle, mais leur extérieur est recouvert d'une couche de bitume. Ils ont été proposés, dès 1838, par leur inventeur, M. Chameroy, de Paris. Depuis cette époque, les expériences auxquelles on les a soumis leur ont été tellement favorables, qu'on les préfère aujourd'hui à tous les autres, surtout pour les conduites d'eau et de gaz. C'est particulièrement pour établir des conduites d'eau que, dans ces dernières années, on a inventé les *Tuyaux en papier bitumé*, lesquels se composent de plusieurs feuilles de papier imprégnées de bitume, superposées et fortement comprimées, de manière à former un carton très-solide, mais cette innovation ne paraît pas avoir eu un très-grand succès. Une autre invention a été plus heureuse : c'est celle des *Tuyaux en ardoise*. Les tuyaux de ce genre se font par le moulage avec un mélange de brai et d'ardoise pulvérisée. Leur fabrication a été créée, vers 1859, par M. Charles Sébille, de Nantes. On les emploie aux mêmes usages que les précédents.

TYMPAN. — Les ingénieurs romains donnaient le nom de *Tympan* (*Tympanum*) à une machine hydraulique destinée à élever l'eau à une petite hauteur, et qui se composait d'un grand tambour de bois divisé intérieurement en plusieurs compartiments par des cloisons planes (*tabulæ*) dirigées suivant le rayon. Chaque compartiment était muni, sur le pourtour du tambour, d'une ouverture (*apertura*) qui permettait à l'eau de pénétrer dans l'intérieur quand cette ouverture était noyée. En tournant, la machine élevait le liquide à la hauteur de son axe, qui était creux, et l'eau se précipitait par des trous (*columbaria*) dans celui-ci, d'où elle allait se rendre dans un réservoir extérieur. Cette machine paraît n'avoir éprouvé aucun changement jusqu'au xviie siècle. En 1665, le père Jean François proposa de disposer les compartiments en spirale, et ne put réussir à faire adopter ses idées. L'académicien Lafaye fut plus heureux en 1717 : il imagina de courber les cloisons suivant les développantes du cercle extérieur de l'axe, ce qui lui permit de supprimer l'enveloppe convexe du tambour, et son invention passa dans la pratique. Le Tympan ne sert pas seulement aujourd'hui pour élever les eaux ; on l'emploie aussi comme machine soufflante. Cette dernière application date de 1840, et a été faite, pour la première fois, en Transylvanie, par l'ingénieur Debreczeny.

TYPOGRAPHIE. — La *Typographie* ou Imprimerie en caractères mobiles est née en Europe, vers le milieu du xve siècle, mais ses commencements sont entourés d'une très-grande obscurité. On sait seulement que deux villes, Strasbourg et Mayence, ont des droits incontestables à son invention, et que l'humanité est redevable de ce grand bienfait à Jean Genfleisch de Sulgeloch, dit Gudinberg, vulgairement connu sous le nom de Guttemberg. Cet homme de génie commença ses recherches à Strasbourg, en 1436, mais il exécuta ses premières impressions à Mayence, où il dirigea, dès 1450, en société avec le banquier Jean Faust, le premier atelier typographique qui ait existé. L'admission dans la société, à la fin de 1452 ou au commencement de 1453, du calligraphe Pierre Schœffer, fut une bonne fortune pour l'art nouveau, car ce dernier imagina des perfectionnements qui révolutionnèrent la fabrication des caractères, et permirent à l'Imprimerie de rendre tous les services qu'on pouvait en attendre. Quel est le premier livre qui a été reproduit par les procédés typographiques?

La Typographie n'ayant pas daté ses premiers produits, il est impossible de répondre d'une manière précise à cette question. On croit cependant que le premier livre exécuté en caractères mobiles qui soit parvenu jusqu'à nous est une *Bible latine*, sans date, dite de 42 lignes, dont l'impression paraît avoir eu lieu entre les années 1450 et 1456. Le plus ancien livre daté est un *Psautier*, qui fut entièrement imprimé, en 1457, par Faust et Schœffer, Guttemberg s'étant alors retiré de la société. Jusqu'en 1461 ou 1462, l'Imprimerie n'exista qu'à Mayence; mais, à partir de cette époque, elle se répandit avec rapidité dans toutes les contrées de l'Europe. Elle fut introduite en Italie par Conrad Swenheim et Arnold Pannartz, qui s'établirent d'abord à Subiaco, dans les États de l'Église (1465), puis à Rome même (1467); en France, par Ulrich Gering, Michel Friburger et Martin Crantz, qui furent attirés à Paris par Guillaume Fichet, un des plus savants hommes de son temps, et l'allemand de la Pierre, prieur de Sorbonne (1470); en Suisse, par Élie de Lauffen (1470); en Belgique, par Van Goes (1472); en Hollande, par Nicolas Ketelaer et Gérard de Leempt (1473); en Angleterre, par Guillaume Caxton (1474); en Danemark, par Jean Snell (1482), qui l'importa également en Suède (1483); en Portugal, par les juifs Samuel Zora et Raban Eliezer (1489); en Russie, par Ivan Fédor et Pierre Timofeet Vasilievitch (1563), etc. La Turquie a possédé une imprimerie dès 1488, mais cet art n'y a été définitivement établi qu'en 1728. Quant à la Grèce, son premier atelier typographique ne remonte pas au delà de 1820. La propagation de la Typographie hors d'Europe a nécessairement été très-lente. Les Portugais l'ont introduite dans l'Inde, par Goa, en 1563; les jésuites en Chine, en 1590; les Maronites en Syrie, en 1610. La Perse n'en a été dotée qu'en 1851. Les premières presses que l'Afrique ait possédées sont probablement celles que la commission attachée à l'armée d'Égypte monta au Caire et à Alexandrie, en 1798. Enfin, la Typographie a pénétré en Amérique par le Mexique, vers 1540, et dans l'Océanie, par les Philippines, vers 1595. Voyez CARACTÈRES, CLICHAGE, CHROMOTYPIE, LIVRE, PRESSES TYPOGRAPHIQUES, etc.

TYPOMÉTRIE. — C'est l'art de composer et de multiplier toute espèce de dessins avec des filets typographiques. Il doit sa dénomination au diacre Preuschen, de Carlsruhe, en 1778, mais il remonte à l'origine même de la Typographie. Jusqu'à présent, la Typométrie n'a pu être industriellement employée que pour reproduire des cartes de géographie. Toutes les autres applications qu'on en a faites n'ont été que des tours de force propres à constater la patience et le goût des artistes qui les ont exécutées.

U

URANIUM. — En 1789, Klaproth découvrit, dans un minerai nommé *Pechblende*, un corps inconnu jusqu'alors, que l'on regarda comme un corps simple, et que l'on appela *Urane*, de la planète Uranus, par imitation des anciens qui donnaient aux métaux le nom des astres de cette espèce. En 1841, M. Eugène Péligot a démontré que ce corps est un simple oxyde, résultant de la combinaison de l'oxygène et d'un métal, qu'il a isolé, et qu'il a nommé *Uranium*. Ce métal n'a encore reçu aucune application dans les arts, mais un de ses composés est employé dans la fabrication des verres de couleur, ainsi que dans la peinture sur porcelaine.

URANUS. — Cette planète a été découverte, le 13 mars 1781, par William Herschel. Toutefois, cet astronome n'y vit qu'une comète, et ce furent les calculs et les recherches des Français et des Allemands, principalement ceux de Saron, de Laplace et de Lexell, qui déterminèrent sa nature véritable. Ce dernier événement eut lieu en 1783. Une foule de savants s'empressèrent alors de nommer la nouvelle planète, mais, de toutes les diverses appellations qu'on imagina, celle d'*Uranus*, qui fut proposée par Bode, finit par l'emporter. C'est au mois de janvier 1787 qu'Herschel commença la découverte des *satellites* d'Uranus; il en découvrit deux le 11 janvier 1787, un troisième le 18 janvier 1790, un quatrième le 9 février de la même année, un cinquième le 28 février 1794 et un sixième le 26 mars suivant. Au mois d'octobre 1851, l'astronome Lassell a constaté l'existence de deux nouveaux satellites.

URIQUE (*Acide*). — Voyez MUREXIDE.

V

VACCINATION. — Vers 1780, comme la petite vérole faisait de grands ravages en Languedoc, Rabaut-Pommier, pasteur protestant à Masillargues, près de Lunel, remarqua que cette maladie, si redoutable pour les hommes, n'était autre chose que la *picote* ou vaccine des vaches. Poussant plus loin ses investigations, il apprit que les bergers qui, en trayant les vaches, gagnaient par hasard la picote, passaient pour être à l'abri de la petite vérole. L'inoculation du virus variolique était alors dans toute sa faveur, et Rabaut fut naturellement conduit à penser que si l'on remplaçait ce virus par celui de la picote, on obtiendrait des résultats tout aussi certains, et qui n'auraient pas les inconvénients que présentait parfois le procédé usité. Il fit part de ses idées à deux Anglais, qui étaient alors dans le pays, M. James Ireland, ancien négociant de Bristol, et M. Pugh, médecin de Londres, et celui-ci lui promit de les communiquer à un de ses amis, le docteur Édouard Jenner, qui se préoccupait beaucoup d'améliorations à introduire dans l'inoculation. A son retour en Angleterre, M. Pugh tint sa promesse, et Jenner, se rappelant que, dans plusieurs parties de son pays, les bergers avaient fait les mêmes observations que ceux du Languedoc, s'empressa de recourir à l'expérience pour apprécier la valeur de ce qu'on venait de lui apprendre. En conséquence, il inocula le vaccin des vaches sur des sujets de différents âges, et le succès le plus complet couronna ses efforts. La Vaccination fut dès lors acquise à l'art de guérir, et, dès 1802, elle se trouva généralement pratiquée par les principaux médecins de l'Angleterre et par ceux de notre pays. Des amis de l'humanité s'empressèrent ensuite de la répandre dans les autres parties de l'Europe, ainsi qu'en Amérique, où elle remplaça peu à peu la méthode de l'Inoculation. Voyez INOCULATION.

VACHES LAITIÈRES. — Vers 1835, un paysan des environs de Libourne, appelé Guenon, se fondant sur des signes extérieurs très-apparents chez tous les individus de la race bovine et situés sur la partie postérieure du corps de la bête, a trouvé le moyen de distinguer les bonnes vaches laitières des mauvaises, et d'évaluer la quantité de lait qu'une première vache venue peut donner, avec autant de précision et d'exactitude que si on l'avait nourrie et éprouvée soi-même pendant plusieurs années. Cette méthode est incontestablement toute moderne; néanmoins, on était, depuis longtemps, sur la voie de sa découverte. En effet, on avait déjà reconnu en Hollande, par une longue suite d'observations, que les vaches rouges sont moins fécondes que les vaches noires ou les vaches tachetées de noir et de blanc, et cette circonstance avait fait entièrement bannir les premières des pâturages de ce pays.

VADE-MECUM. — Mots latins qui signifient *viens* ou *va avec moi*. On les emploie pour désigner tout livre qui renferme, d'une manière très-succincte, les éléments principaux d'une science ou d'un art. Le premier ouvrage publié sous ce titre paraît être un traité ascétique, intitulé *Vade mecum piorum Christianorum*, qui a été imprimé à Cologne, en 1709.

VAISSEAUX CUIRASSÉS. — En 1530, on construisit à Nice une grosse galère, appelée *Santa-Anna*, que l'on arma d'une cuirasse de plomb afin de la garantir des effets du canon. Cette galère fit partie de l'expédition de Charles-Quint contre Tunis, et dut, dit-on, à la solidité de son blindage, de n'être pas endommagée par les projectiles ennemis. Il paraît que des navires plus ou moins analogues furent projetés par la suite dans divers pays, mais aucun ne fut exécuté. Les *Vaisseaux cuirassés* actuels dérivent des Batteries flottantes créées, en 1854, par l'empereur Napoléon III, pour attaquer les forteresses russes de la Baltique et de la mer Noire. Le premier qui ait été exécuté est la frégate *la Gloire*, construite à Toulon, en 1858-1859, sous la direction de M. Dorian, ingénieur de la marine impériale, d'après les plans et devis de M. Dupuy de Lôme, directeur des constructions navales. Depuis cette époque, toutes les grandes nations maritimes se sont empressées de suivre l'exemple de notre pays. Toutefois, la France, l'Angleterre et les États-Unis, sont encore les seules qui possèdent une flotte cuirassée véritablement importante. Les nouveaux bâtiments sont tous à vapeur et à hélice, mais ils diffèrent par des parties accessoires dont l'utilité est inconnue. Ainsi, plusieurs sont munis d'un avant saillant à la flottaison, que l'on appelle *Éperon*, et que l'on regarde comme devant produire de grands effets. D'autres portent sur leur pont des *Tourelles* ou *Coupoles*, tantôt fixes, tantôt tournantes, dont l'idée première appartient au capitaine anglais Cowper Coles, et qui sont destinées à renfermer les pièces et les artilleurs. Il en est, enfin, dont le pont est surmonté d'un petit fort, ou *Blockhaus*, crénelé pour la mousqueterie, et ayant pour objet d'abriter le commandant et les timoniers. La pratique seule fera un jour connaître la valeur réelle de ces dispositions, mais ce qui est acquis jusqu'à présent, c'est que l'invention des Navires cuirassés a complétement transformé la guerre maritime.

VALSE. — Voyez DANSE.

VANADIUM. — Corps simple métallique dont la découverte est due au métallurgiste espagnol Del Rio, qui le trouva, en 1801, dans un minerai de plomb de Zimapan, au Mexique, et l'appela *Erythronium*. Le chimiste français Descotils soutint que ce prétendu métal n'était que du Chrôme impur. Enfin, en 1830, le chimiste suédois Sefstroem le rencontra dans un minerai de fer de Taberg, en Suède, et prouva ainsi la réalité de son existence. C'est ce dernier qui lui a donné le nom sous lequel il est aujourd'hui connu, et qui n'est autre que celui de Vanadis, une des divinités de la mythologie scandinave. Le Vanadium est sans usages.

VAPEUR (*Machines à*). — La *Machine à vapeur* est incontestablement une des plus belles inventions de l'esprit humain, une de celles qui ont exercé le plus d'influence sur le développement de l'industrie et de la civilisation. Son invention date du XVIIe siècle et appartient au médecin français Denis Papin, à qui quelques écrivains prévenus ou superficiels ont vainement essayé d'en ravir l'honneur. Avant ce savant, beaucoup de physiciens avaient bien connu la force expansive de la vapeur, quelques-uns même avaient proposé ou essayé de l'employer pour faire mouvoir des jouets, mais il est le premier qui ait compris toute la valeur de cet agent et en ait clairement indiqué les applications industrielles. On doit donc reléguer au rang des fables ou des faits controuvés tout ce qu'on rapporte d'Héron d'Alexandrie, d'Anthémius de Byzance, de Jean-Baptiste Porta, de Giovanni Branca, surtout de Salomon de Caus et du marquis de Worcester. C'est en 1690 que Denis Papin publia la description de sa machine à vapeur ; il construisit même plus tard un modèle, mais, comme toutes les choses qui commencent, cet appareil était si défectueux qu'il eût été impossible d'en tirer un parti véritablement utile. Les travaux de notre illustre compatriote ne furent cependant pas perdus. En effet, le capitaine anglais Thomas Savery se les appropria, et réussit, en les modifiant, à exécuter une machine qui fonctionna, en 1698, à Hamptoncourt, devant le roi Guillaume, et, l'année suivante, à Londres, devant la Société royale. La machine de Savery était spécialement destinée à l'épuisement des mines, tandis que celle de Papin devait être employée comme moteur universel. De plus, indépendamment d'autres imperfections, elle devait au principe même de sa construction, le défaut de ne pouvoir élever l'eau à une grande hauteur, ce qui en restreignait beaucoup l'utilité. Deux hommes de talent, le serrurier Thomas Newcomen et le vitrier Jean Cawley, qui l'avaient vue fonctionner aux environs de

Dartmouth, entreprirent aussitôt de l'améliorer, et à la suite de nombreux essais, pendant lesquels ils furent aidés des conseils du docteur Robert Hooke, qui leur fit connaître les tentatives de Papin, et de ceux de Savery, avec lequel ils formèrent une société, ils construisirent la première machine qui ait pu être appliquée avec succès à l'épuisement des mines. Cette machine est connue sous le nom de *Machine de Newcomen* ou de *Machine atmosphérique*. Elle fut patentée dès 1705, et adoptée, en 1712, dans les houillères du comté de Warwick, d'où elle pénétra peu à peu dans les autres parties de l'Angleterre. A mesure qu'elle se répandit, des modifications heureuses furent apportées à sa partie mécanique par Humphry Potter (1713), Beighton (1718), Brindley (1760), et plusieurs autres. Enfin, arriva l'illustre James Watt, qui, à la suite de travaux commencés en 1763 et continués jusqu'à sa mort, en 1819, la transforma si complétement qu'il en fit une des plus merveilleuses créations du génie de l'homme. Ce grand inventeur dut ses principaux succès autant à son aptitude inouïe pour la mécanique qu'à la science profonde sur le calorique qu'il avait puisée aux leçons de Joseph Black, professeur de physique à Glascow. Entre autres choses, il imagina le *Condenseur isolé*, le *Parallélogramme articulé*, le *Régulateur à force centrifuge,* les *Tiroirs de distribution*, etc. De plus, il créa la *Machine à simple effet* et celle *à double effet*, et découvrit la *Détente de la vapeur*. Enfin, en transformant le mouvement vertical du piston en un mouvement circulaire et, en appliquant la manivelle à cette transformation, il rendit la Machine à vapeur propre à tous les usages de l'industrie, tandis qu'elle ne pouvait précédemment être employée que pour faire mouvoir des pompes. Presque toutes les grandes découvertes de Watt étaient faites en 1782. Depuis cette époque, les mécaniciens de tous les pays, surtout ceux de l'Angleterre, des États-Unis, de la France et de l'Allemagne, n'ont cessé de perfectionner la Machine à vapeur afin d'en obtenir tous les services dont elle est susceptible et de l'approprier le plus parfaitement possible aux divers usages spéciaux auxquels elle peut être des-

tinée. Les machines de Watt étaient *à basse pression*. Les *Machines à haute pression*, entrevues par Papin, en 1690, proposées par le mécanicien allemand Jacques Leupold, en 1725, ont été introduites dans l'industrie, vers 1795, par l'américain Olivier Évans. Les *Machines de Wolf*, ainsi appelées du nom du constructeur anglais qui les a inventées, ont paru en 1804. Les *Machines rotatives* sont venues ensuite : James Watt a eu la première idée de leur construction, mais c'est un de nos compatriotes, l'ingénieur parisien Pecqueur, qui est parvenu le premier à les faire marcher régulièrement, sans pouvoir pour cela les répandre, parce qu'elles ont le défaut de dépenser plus de vapeur, à égalité de puissance, que les machines ordinaires. Parmi les autres systèmes qu'on a imaginés, le plus intéressant est celui qui a produit les *Machines oscillantes*, lesquelles ont été ainsi nommées, parce que le cylindre dans lequel se meut le piston oscille autour de .tourillons fixés sur sa longueur : elles ont été créées en Angleterre par l'ingénieur Manby et importées en France par M. Cavé. Du reste, on ne s'est pas contenté d'améliorer ce qui existe, on a aussi cherché à remplacer la vapeur d'eau par d'autres agents plus économiques, ou à combiner son action avec celle de ces derniers. Ces recherches ont fait imaginer la *Machine à air chaud* ou à *air dilaté* de l'américain Éricsson, la *Machine à éther* ou *à vapeurs combinées*, de M. du Tremblay, la *Machine au chloroforme* du capitaine Lafont, et les nombreuses *Machines à explosion ;* mais deux seulement de ces machines sont devenues pratiques : nous voulons parler de la Machine Éricsson et de la ·Machine à gaz de Lenoir, qui sont aujourd'hui très-répandues, celle-ci en France, celle-là aux États-Unis, toutes les fois qu'il s'agit d'obtenir de petites forces. — La première Machine à vapeur introduite dans notre pays paraît avoir été montée à Fresnes, près de Condé, en 1732, par la compagnie des mines d'Anzin, pour l'épuisement des galeries. Une seconde, destinée au même usage, fut installée aux houillères de Littry, en 1749. Enfin, dans le courant de 1782, deux appareils semblables furent établis, par les frères Périer, à Chaillot et au Gros-Caillou, à

Paris, pour distribuer l'eau dans plusieurs quartiers de cette grande ville. Ces quatre Machines ou *Pompes à feu*, comme on les appelait alors, étaient probablement les seules qui existaient en France, à la fin du dernier siècle, tandis que l'Angleterre en comptait déjà plusieurs centaines. Ce n'est même qu'après 1815 qu'elles ont commencé à se multiplier dans nos usines. Voyez BATEAU A VAPEUR, DILIGENCES, EXPLOSION, LOCOMOBILE, LOCOMOTIVE, etc.

VARECHS. — Plantes cartilagineuses qui croissent en abondance dans certaines mers, et que les flots rejettent sur les bords, ou découvrent à marée basse. Depuis longtemps, on les recueille pour la fabrication de la Soude, et l'extraction de l'Iode et du Brôme. Leur exploitation est très-développée en Écosse, en Angleterre, et dans plusieurs parties de ños anciennes provinces de Bretagne et de Normandie, principalement à Cherbourg et au Conquet. Dans ces derniers temps, le chimiste anglais Henri Harben a prétendu qu'en soumettant à des préparations convenables, certaines variétés de Varechs, notamment la Zostère marine, on pourrait en obtenir une matière textile propre à remplacer le coton, mais une commission de manufacturiers réunis à Manchester a démontré l'impraticabilité de cette application.

VARIATION LUNAIRE. — Voyez LUNE.

VARIATIONS DE L'AIGUILLE AIMANTÉE. — Voyez DÉCLINAISON et INCLINAISON.

VARIOLE. — On suppose que la *Variole*, vulgairement appelée *petite vérole*, n'était pas connue des anciens. On ne trouve du moins ses caractères bien nettement déterminés que dans les ouvrages du médecin arabe Rhazès, qui vivait au Xe siècle de notre ère. Elle parut, dit-on, à Paris, pour la première fois, en 1494. Pendant longtemps, on n'a connu aucun moyen pour en prévenir les ravages. On a d'abord obtenu ce résultat au moyen de l'*Inoculation*, à laquelle on a ensuite substitué la *Vaccination*. Voyez INOCULATION et VACCINATION.

VASES COMMUNICANTS. — La théorie des *Vases communicants* est due à Galilée. Elle nous explique la tendance des liquides à prendre leur niveau, tendance dont on tire parti, depuis un grand nombre de siècles, pour la conduite et la distribution de l'eau dans les villes. On l'utilise également pour faire monter ou descendre les bateaux dans les écluses des canaux de navigation. L'instrument de géodésie appelé *Niveau d'eau* est aussi une application du même principe.

VASES PEINTS. — Les vases de ce nom constituent les produits les plus précieux que la Céramique antique nous ait transmis. Ils se recommandent par la grâce de leurs formes, qui sont très-variées, et l'extrême délicatesse de leur travail. Ils présentent ordinairement deux couleurs, une pour le fond et l'autre pour les dessins. Ils paraissent n'avoir été que des objets de décoration, que l'on donnait en présent aux personnes aimées, aux jeunes époux le jour de leur mariage, etc., et que l'on déposait dans les tombeaux avec les restes de ceux à qui ils avaient appartenu. Les Vases peints datent d'une époque antérieure à la période romaine. Ils étaient déjà recherchés du temps de César. Les modernes ne les ont connus qu'au XVIIe siècle, et les premiers qui aient été publiés paraissent être ceux que l'on voit dans le *Musæum romanum* de La Chausse, imprimé en 1690. On en a découvert depuis plus de 50,000. Les antiquaires les ont attribués, pendant longtemps, aux artistes de l'ancienne Étrurie, d'où le nom de *Vases étrusques* qu'on leur donne encore quelquefois par habitude, mais M. Raoul Rochette a surabondamment prouvé, en 1830, qu'ils sont un produit de la Céramique grecque. En effet, indépendamment de leur style, qui est exclusivement hellénique, on ne les rencontre en général que dans les parties de l'Italie et de la Sicile où les Grecs avaient établi des colonies, et, de plus, on n'y voit représentés que des sujets relatifs à l'histoire ou à la mythologie de la Grèce.

VAUDEVILLES. — Au XVe siècle, on appelait *Vaux de Vire* des chansons joyeuses composées par Olivier Basselin, maître foulon de Vire en Normandie. Par la suite, ce nom fut défiguré par l'ignorance où l'on était de son étymologie, et, en l'écrivant *Vaudeville* et même *Voix de ville*, on en fit un terme générique pour désigner, d'abord, toute espèce de chansons grivoises, satiriques ou politiques, puis des pièces de théâtre mêlées de couplets. Les premières pièces de ce genre parurent, vers 1700, aux foires Saint-Germain et Saint-Laurent, à Paris, mais ce ne fut qu'à partir de 1791, époque de la fondation, par MM. Barré, Monnier, Piis et Rosières, du *Théâtre du Vaudeville*, qu'elles reçurent leur caractère actuel.

VEILLEUSES. — Les *Veilleuses* ou *Lampes de nuit* se sont d'abord composées d'un vase quelconque rempli d'huile et dans lequel plongeait une mèche. Au xviie siècle, on les appelait *Mortiers*, à cause de leur forme, et, suivant M. le comte de la Borde, c'était une exception et comme un privilége réservé aux princesses de s'en servir. Plus tard, à une date inconnue, on a eu l'idée de faire flotter la mèche au moyen d'un petit appareil, dit *porte-mèche*, dont on a varié de mille manières la matière, la grandeur et la disposition. Les Veilleuses ont également été l'objet de plusieurs autres inventions plus ou moins ingénieuses, mais dont aucune n'est restée. Ainsi, en 1786, deux ferblantiers parisiens, nommés Mounoury et Disclet, construisirent des *Veilleuses à réveil*, qui mettaient en mouvement une sonnerie à l'heure que l'on voulait. En 1819, un autre industriel de la même ville, appelé Gabry, en imagina d'autres qui marquaient l'heure par la seule combustion de l'huile. Enfin, en 1826, on vit paraître des *Veilleuses sans mèche*, qui jouirent momentanément d'une certaine vogue. Elles consistaient en une petite capsule très-légère de cuivre argenté, garnie au centre d'un tube capillaire de verre. L'huile montait dans ce tube en vertu des lois de la capillarité, et il suffisait, pour l'enflammer, d'approcher une allumette de l'extrémité supérieure du tube.

VÉLOCIFÈRES. — Nom donné, au commencement de ce siècle, à des voitures publiques qui se prévalaient de leur rapidité. Il en fut inventé plusieurs variétés par les carrossiers parisiens Chabanne et Sabardin.

VÉLOCIMÈTRE. — Instrument destiné à mesurer le sillage des navires et déterminer la vitesse des courants d'air et d'eau. Le principe de sa construction repose sur la contraction de la veine liquide, dont le fait, constaté, il y a un siècle, par Bernouilli, a été appliqué depuis par Venturi. Le Vélocimètre a été inventé, en 1852, par M. F. Droinet, de Paris. Il a été adopté par un assez grand nombre de capitaines de la marine marchande. Sa disposition est telle qu'il indique à tout instant, sur un cadran placé à l'intérieur, la vitesse du navire.

VÉLOCIPÈDES. — V. au COMPLÉM.

VELOURS. — Comme toutes les étoffes de soie, le *Velours* est d'origine orientale. Sa fabrication n'a donc pas pris naissance, comme on l'a dit si souvent, dans la ville de Gênes, du temps de Louis XII. Des textes positifs prouvent d'ailleurs qu'il était déjà connu en France à l'époque de saint Louis, et il est probable qu'il avait été introduit en Europe à la suite des croisades. Pendant le moyen âge, les Orientaux faisaient, non-seulement le Velours uni, mais encore le Velours ciselé, à fond d'or, d'argent ou de couleur, et le Velours cannelé. C'est par l'Italie que l'industrie du Velours a pénétré dans le reste de l'Europe. Suivant Borgnis, la première fabrique française aurait été fondée à Lyon, en 1536, par deux ouvriers génois, nommés Étienne Turquetti et Barthélemy Narris. Le Velours fut fait exclusivement en soie jusque dans les vingt-cinq premières années du dernier siècle, où l'on imagina d'y employer le coton. Cette innovation, qui est d'origine anglaise, fut importée en France entre 1740 et 1747. A Utrecht, en Hollande, on avait déjà eu l'idée de fabriquer une étoffe veloutée pour meubles en formant le tissu proprement dit avec des fils de chanvre ou de lin, et la surface veloutée avec la laine ou le poil de chèvre. En 1805, le mécanicien Grégoire, de Nîmes, faisait, à Paris, des velours chinés qui imitaient la peinture avec une rare perfection.

VENT. — A diverses époques, on a imaginé d'employer l'action du vent pour faire marcher des véhicules, mais cette idée, qui a produit les *Brouettes* et les *Chars* ou *Chariots à voile*, n'a eu un succès pratique que dans l'empire chinois et dans quelques parties de l'Amérique du Sud. En Chine, les marchands de comestibles et les villageois des environs des grandes villes se servent fréquemment de véhicules de ce genre lorsqu'ils vont au marché. Ce sont de petites charrettes de bambou, portées sur une seule grande roue. Quand le vent est faible, un homme attelé en avant traîne la voiture, tandis qu'un autre la pousse par derrière. Quand le vent est assez fort, on déploie une voile de nattes attachée à deux bâtons, et cette voile rend inutile le travail de l'homme attelé.

VENTOUSES. — Les *Ventouses*, soit sèches, soit scarifiées, remontent à une époque très-reculée. Les chirurgiens grecs, chez les anciens, y avaient très-souvent recours. Elles avaient été un peu négligées par les modernes, lorsque, dans les premières années de ce siècle, l'illustre Larrey les remit en vogue. C'est pour appliquer les Ventouses scarifiées que l'on a inventé les appareils généralement appelés *Scarificateurs* ou *Sangsues artificielles.*

VENTRILOQUIE. — On a cru de très-bonne heure que certains individus possédaient la faculté de parler du ventre, et c'est de là qu'est venu le mot français *Ventriloquie*, du latin *venter*, ventre, et *loqui*, parler. Cette croyance ridicule existait chez les Juifs, comme le prouve un passage d'Isaïe. Elle était également répandue chez tous les autres peuples de l'antiquité, ainsi que chez ceux du moyen âge. Ce n'est même qu'au dernier siècle que l'on a cherché à détruire, en les démasquant, les illusions produites par les prétendus ventriloques, dont Roger Bacon, mort en 1294, avait cependant déjà reconnu la fourberie. Le premier livre publié sur ce sujet est *le Ventriloque* ou *l'Engastrymythe*, de l'abbé La Chapelle, qui parut, en 1772, sous la rubrique de Londres. On sait aujourd'hui que toute personne peut, avec de l'exercice, réussir à modifier sa voix naturelle de manière à obtenir les changements dans le ton et les inflexions qui constituent la Ventriloquie.

VÉNUS. — Cette planète a été connue de toute antiquité. Les anciens l'appelaient *Phosphorus* ou *Lucifer* et *Vesper* ou *Hesper*, à cause de son apparition le matin et le soir, à l'est et à l'ouest de l'horizon. Ses *Phases* ont été découvertes à la fin de novembre 1610, par l'illustre Galilée. D'autres astronomes ont reconnu à sa surface l'existence de montagnes très-élevées, dont les plus considérables auraient, suivant Schroeter, 44,000 mètres de hauteur. Quant à ses *Passages* sur le disque solaire, le premier a été observé, le 4 décembre 1639, près de Liverpool, par les astronomes Horrockes et Crabtree.

VER A SOIE. — *Bombyx* est un terme générique par lequel les naturalistes désignent un groupe d'insectes dont les nombreuses espèces fournissent une matière filamenteuse éminemment propre au tissage. Toutefois, l'espèce la plus célèbre est le Bombyx du mûrier (*Bombyx mori*), vulgairement appelé *Ver à soie domestique* ou simplement *Ver à soie*. On admet généralement que ce précieux insecte est originaire de la Chine, où, suivant M. Stanislas Julien, on l'élève depuis le vingt-sixième siècle avant notre ère. Aristote paraît être le seul écrivain de l'antiquité qui l'ait connu, mais seulement par ouï-dire, encore même d'une manière assez imparfaite. Quant aux Romains, bien qu'ils se servissent depuis longtemps de tissus de soie, ils ne surent jamais de quelle substance ils étaient faits. Toutes leurs recherches aboutirent à cette croyance, que la soie était une laine très-fine que les Sères, comme ils appelaient les peuples de l'Asie centrale, recueillaient sur certains arbres. Le Ver à soie ne parut en Europe qu'en 555, sous le règne de Justinien. Des œufs en furent alors apportés à Constantinople par deux moines de Saint-Basile, qui les avaient pris à Serinda, aujourd'hui Khotan, dans la Petite Boukharie. Ces religieux firent en même temps connaître l'art de les faire éclore et de les élever. L'éducation de cet insecte se répandit aussitôt dans tout l'empire grec, qui la monopolisa jusqu'au XIIe siècle, où Roger II, roi de Sicile, l'introduisit dans ses États. De Sicile, le Ver à soie pénétra dans l'Italie continentale. Enfin, à la fin du XIIIe siècle, le pape Grégoire X l'apporta dans le comtat d'Avignon, d'où il s'étendit peu à peu en Languedoc et en Provence. L'Espagne en avait déjà été dotée, au IXe siècle, par les Arabes, qui l'avaient également acclimaté sur les côtes d'Afrique. Dans les temps qui suivirent, le Ver à soie s'avança dans nos provinces du Nord. On essaya même de l'élever en Belgique, en Prusse, en Angleterre, dans toute l'Allemagne, jusqu'en Suède et en Russie, mais il ne put se fixer que dans les pays où le climat permet au Mûrier de se revêtir d'un double feuillage chaque année. Il est à remarquer que, dans le principe, on ne connaissait que les Vers à soie qui fournissent la soie jaune. Ceux qui produisent la soie blanche ou *soie sina*, paraissent avoir été introduits en France par Louis XVI, qui, en 1789, en fit, dit-on, venir des œufs de la Chine. Outre la soie du Ver domestique, les Chinois et les peuples de l'Asie méridionale emploient celle de plusieurs espèces rustiques qui vivent à l'état sauvage, sur d'autres arbres que le Mûrier. Ces espèces ont été plusieurs fois signalées par les anciens missionnaires à l'industrie de l'Europe, mais ce n'est que depuis une dizaine d'années que les ravages exercés, dans le Ver domestique, par de redoutables maladies, ont donné l'idée de les acclimater dans nos contrées. On a fait, avec le *Ver du ricin*, le *Ver de l'ailanthe* et le *Ver du chêne*, des essais qui ont généralement assez bien réussi, mais, malgré ce résultat, la question industrielle est encore bien loin d'être résolue. Il paraît même que la qualité inférieure de la soie fournie par ces races et la difficulté que présente son filage ne permettent pas d'espérer qu'elle puisse être d'un grand secours aux manufactures européennes.

VÉRA (*Machine de*). — Machine hydraulique destinée à élever l'eau. Elle a été inventée, au dernier siècle, par un sieur Véra, employé de la poste aux lettres à Paris, qui la soumit, en 1780, à l'Académie des Sciences. On n'a jamais pu l'appliquer utilement, parce qu'elle doit au principe même de sa construction des défauts dont il est impossible de la débarrasser. C'est d'ailleurs ce que Berthollet annonça aussitôt qu'elle parut.

VERMILLON. — Voyez CARTHAME et CINABRE.

VERNIER. — On appelle ainsi l'échelle qui sert à apprécier les parties de minute de degré sur les limbes des instruments à réflexion. Elle porte le nom de son inventeur, Pierre Vernier, châtelain de Dornans, en Franche-Comté, qui en décrivit lui-même la construction dans un livre intitulé : *La construction, l'usage et les propriétés du Cadran nouveau*, Bruxelles, 1631. On lui donne aussi quelquefois le nom de *Nonius*, parce que c'est le mathématicien Pedro Nuñez, vulgairement appelé Nonius, qui en a répandu l'usage. Le Vernier n'a guère été généralement usité qu'à partir de 1742. Hadley lui-même ne s'en servit pas, en 1731, quand il inventa l'Octant.

VERRE. — Pline l'Ancien raconte que des marchands de soude phéniciens étant descendus sur les bords du fleuve Bélus, en Syrie, voulurent préparer leurs aliments. Comme ils manquaient de pierres pour supporter leurs vases culinaires, ils se servirent de blocs de soude qu'ils allèrent chercher dans leur navire. Pendant la cuisson, ceux-ci, mêlés avec le sable du rivage, se fondirent et se transformèrent en une masse liquide. Telle est, dit l'historien latin, l'origine du verre, mais il a soin d'ajouter qu'il ne rapporte qu'un on-dit. Ce récit est, en effet, tout à fait invraisemblable, et les hommes sérieux n'ont jamais hésité à le reléguer au rang des fables. Une chose seule est certaine, c'est que la fabrication du Verre remonte à une époque très-reculée, et les nombreux spécimens que possèdent les musées prouvent que plusieurs peuples de l'antiquité, principalement les Égyptiens, avaient porté cette industrie à un degré de perfection que les modernes n'ont atteint que fort tard. Les verriers égyptiens, et, à leur imitation, ceux de la Grèce et de l'Italie, travaillaient le Verre de la même manière qu'on le fait aujourd'hui, c'est-à-dire par les procédés du soufflage, de la taille, du moulage et du tournage : ils n'ignoraient que celui de la gravure chimique, lequel ne date que de la découverte de l'acide fluorhydrique, en 1771. Ces artistes savaient également colorer artificiellement le Verre avec une extrême habileté, mais un passage de Pline donne à entendre qu'ils étaient moins heureux pour l'obtenir absolument incolore. Enfin, ils savaient faire les *Verres doublés*, *filigranés*, *mosaïques* et tous les autres objets de verrerie artistique qui ont fait, pendant le moyen âge, la réputation des verriers vénitiens. Si l'on en croit Pétrone et Dion Cassius, un verrier romain du temps de Tibère aurait même trouvé le moyen de rendre le *Verre malléable*, mais le fait est donné comme douteux par d'autres écrivains. Les plus célèbres verreries de l'antiquité furent celles de Sidon, en Phénicie, et d'Alexandrie, en Égypte. Celles de cette dernière ville conservèrent même leur renommée plusieurs siècles après la conquête de l'Égypte par les Romains, qui en tirèrent une grande partie de leur verre jusqu'au règne d'Aurélien. On ignore par quel auteur grec le verre a été mentionné pour la première fois, car le mot *hyalos*, qui servit plus tard à désigner ce produit, signifie aussi le cristal de roche et toute matière transparente. Toutefois, il est certain qu'Hérodote en parle, mais au moyen d'une périphrase, l'expression propre lui ayant manqué, quand il dit que les crocodiles sacrés des Égyptiens portaient des pendants d'oreilles faits d'une pierre fondue. Chez les Romains, c'est dans les œuvres de Lucrèce que le Verre (*Vitrum*) est nommé pour la première fois, bien qu'ils le connussent déjà depuis longtemps. Enfin, à l'époque de Pline, il y avait des verreries, non-seulement en Italie, mais encore en Gaule et en Espagne. Au v⁰ siècle, les invasions des barbares anéantirent la verrerie de luxe dans tout l'Occident, mais les Orientaux et les Grecs de Byzance continuèrent à l'exploiter. Cette branche d'industrie ne se releva que dans le courant du xiiiᵉ siècle, par les soins des Vénitiens, qui parvinrent à en connaître les procédés, à la suite de leurs relations de commerce avec le Levant. Dans cette longue période, les Européens occidentaux ne surent faire que du Verre commun et du Verre à vitres ; encore même, cette fabrication n'exista-t-elle d'abord qu'en France, d'où, au viiᵉ siècle, des évêques anglais l'introduisirent, dit-on, dans leur pays, et, un peu plus tard, en Allemagne. Les verriers de Venise firent revivre les Verres filigranés, mosaïques, doublés, etc., et conservèrent le monopole des objets de luxe jusqu'à la fin du xviiᵉ siècle, époque à laquelle la mode prit la verrerie de Bohème sous son patronage. D'un autre côté, la perturbation que les événements politiques amenèrent dans la constitution de leur pays, et les progrès que l'art du verrier fit dans toute l'Europe, les dépouillèrent peu à peu de leur ancienne supériorité, et l'industrie verrière se créa de nouveaux centres d'approvisionnement. En ce qui concerne particulièrement la France, la verrerie de luxe y était encore inconnue, lorsque, en 1551, Henri II fit venir d'Italie un ouvrier, appelé Theseo Mutio, et le chargea de monter à Saint-Germain-en-Laye, une fabrique semblable à celles de Venise. Cet essai ne réussit pas. Il en fut de même de quelques tentatives analogues qui eurent lieu sous Henri IV, à Paris et à Nevers, mais on fut plus heureux sous Louis XIV. Ce ne fut cependant qu'à partir de 1769, après les travaux de Bosc d'Antic, que notre verrerie commença véritablement à prendre son essor. L'industrie du Verre est aujourd'hui très-florissante dans presque toutes les parties de l'Europe et de l'Amérique, surtout en Autriche, en France, en Angleterre et aux États-Unis. Elle est redevable de la plupart de ses progrès contemporains à M. Bontemps, ancien directeur de la verrerie de Choisy-le-Roi, et à MM. Claës et Clémandot, propriétaires de la cristallerie de Clichy. Ces derniers sont les inventeurs des Verres dits *boraciques*, qui rivalisent avec les plus beaux cristaux. Voyez CRISTAL, HYALITHE, HYALOGRAPHIE, MIROIRS, PIERRES FAUSSES, STRASS, TISSUS DE VERRE, VERRES ARDENTS, VERRES D'OPTIQUE, VITRAUX, etc.

VERRE DÉVITRIFIÉ. — Voyez DÉVITRIFICATION.

VERRE FILÉ. — Voyez TISSUS DE VERRE.

VERRE SOLUBLE. — Variété de verre qui ressemble tout à fait au verre ordinaire, mais qui a la propriété de se dissoudre dans l'eau bouillante. Ce n'est, sous un nom particulier, que la *Liqueur des cailloux* des anciens chimistes chauffée jusqu'à siccité. En 1820, le chimiste bavarois Fuchs s'est servi du Verre soluble pour préserver les matières combustibles des atteintes du feu. Il suffit pour cela d'en former une dissolution un peu concentrée et de l'appliquer au pinceau sur le bois, la toile, le papier, etc. Il se produit alors, à la surface de ces substances, par la dessiccation, un enduit vitreux qui les rend ininflammables en les soustrayant au contact de l'air. Malheureusement, les tissus ainsi préparés deviennent tellement raides, qu'il est impossible de s'en servir. Cependant, malgré cet inconvénient, on applique quelquefois ce procédé aux décors de théâtre. Voyez SILEX.

VERRES ARDENTS. — Un *Verre ardent* n'est autre chose qu'une lentille de verre ou de toute autre substance diathermane, destinée à concentrer à son foyer les rayons parallèles du soleil, de manière à y produire une chaleur considérable. Cette propriété était parfaitement connue des anciens, qui en tiraient parti pour allumer du feu, ainsi que le prouve un passage des *Nuées* d'Aristophane, auteur comique grec. Avec des lentilles de 5 ou 6 centimètres, on peut brûler du bois, et, en leur donnant une grande ouverture et en même temps un grand rayon aux deux surfaces sphériques, on obtient au foyer des effets de beaucoup supérieurs à ceux que produisent les Miroirs ardents. Au dernier siècle, Buffon imagina de former des Verres ardents avec des liquides : pour cela, il prit deux lames de verre à faces parallèles et ayant une courbure sphérique ; il les réunit par leur contour, et remplit d'eau la capacité résultant de cette disposition. Vers la même époque, on fit en Angleterre des Verres ardents avec des plaques de glace : un de ces appareils, qui avait plus de 3 mètres de diamètre, ayant été expérimenté en 1763, on put enflammer à son foyer de la poudre, du papier et d'autres matières combustibles. On peut aussi obtenir les effets des Verres ardents avec des ballons de verre remplis d'eau. Les anciens l'avaient très-bien remarqué : aussi les Romains se servaient-ils de boules de ce genre, au lieu de la pierre infernale, pour cautériser les chairs malades.

VERRES FILIGRANÉS. — Objets de verre dans l'épaisseur desquels des filets blanc mat ou colorés et opaques, s'entre-croisent de manière à former des dessins plus ou moins symétriques. La fabrication de ces verres a été connue des verriers de l'antiquité, principalement de ceux de l'Égypte et de Rome. Délaissée en Europe, à l'époque de l'invasion des barbares, elle fut retrouvée à Venise, à la fin du XVe siècle ou au commencement du XVIe, mais les procédés en furent tenus secrets par les artistes de cette ville. Elle est répandue aujourd'hui dans tous les pays où la verrerie est florissante. C'est M. Bontemps, alors directeur de la cristallerie de Choisy-le-Roi,

près de Paris, dont les travaux datent de 1839, qui a le plus contribué à l'introduire dans l'industrie contemporaine.

VERRES MOSAÏQUES. — Objets de verre qui montrent dans l'épaisseur de la pâte des étoiles, des enroulements ou d'autres figures symétriques de plusieurs couleurs, dont l'ensemble forme une sorte de mosaïque : on les appelle aussi *millefiori*. C'est à cette classe de produits qu'appartiennent ces presse-papier semi-sphériques de verre dont l'usage était si répandu il y a quelques années. La fabrication des Verres mosaïques a la même origine que celle des Verres filigranés, dont elle n'est en réalité qu'une branche particulière, et en a eu toutes les vicissitudes.

VERRES D'OPTIQUE. — On emploie deux espèces de verre, de densités différentes, pour la construction des instruments d'optique : l'une, le *Crown-glass*, est tout simplement du Verre à vitres fait avec soin ; l'autre, le *Flint-glass*, est du cristal plus riche en plomb qu'à l'ordinaire. Les verriers de tous les pays ont su toujours produire le Crown, mais la fabrication du Flint est née en Angleterre, en 1552. Après la découverte de l'Achromatisme par Dollond, en 1757, cette variété de Verre fut exclusivement fournie par les Anglais aux opticiens du reste de l'Europe. On essaya bien dans plusieurs pays de leur arracher ce monopole, mais sans pouvoir y réussir. Le suisse Guinand, des Brenets, près de Neufchâtel, fut plus heureux au commencement de notre siècle, et, dès ce moment, le Flint anglais éprouva une concurrence qui devint, quelques années après, très-considérable par suite de la création, due à Frauenhofer et à Utzschneider, d'une seconde fabrique à Benedictburn, près de Munich. Enfin, en 1828, un des fils de Guinand introduisit l'industrie de son père en France, où l'opticien Noël-Jean Lerebours et M. Bontemps, directeur de la verrerie de Choisy-le-Roi, près de Paris, la portèrent presque aussitôt à un état de perfection si extraordinaire que, depuis cette époque, l'Angleterre s'est vue obligée de s'approvisionner dans nos usines.

VERT DE CHINE. — Substance tinctoriale fournie par l'écorce des branches de deux arbrisseaux de la famille des Nerpruns, qui sont originaires de la Chine. On l'appelle aussi *Indigo vert de Chine*. Elle est usitée, de temps immémorial, dans son pays de production, pour teindre immédiatement en vert les tissus de soie et de coton. Le Vert de Chine a été connu en Europe dès 1793, où le chimiste anglais Bancroft en fit l'objet d'une étude sommaire, mais ce sont les délégués commerciaux attachés à l'ambassade de M. de Lagrenée qui, en 1845, l'ont, pour la première fois, signalée à l'industrie de notre continent. En 1850, M. Daniel Kœchlin-Schouch, de Mulhouse, appela de nouveau l'attention publique sur ce produit, et, en 1851 et 1852, M. Persoz, de Rouen, le soumit à des expériences qui eurent un grand retentissement, et qui déterminèrent son introduction dans la pratique ordinaire des ateliers de teinture. Depuis cette époque, MM. Natalis Rondot et Robert Fortune ont naturalisé dans nos climats les végétaux qui le fournissent, et le père Hélyot a fait connaître les procédés de préparation employés par les Chinois. De plus, en 1856, le chimiste A.-F. Michel, de Lyon, l'a découvert dans l'écorce de nos nerpruns indigènes, et, peu de temps après, M. Charvin, fabricant de produits chimiques dans la même ville, est parvenu à l'extraire de ces derniers en quantité suffisante aux besoins de l'industrie.

VESPASIENNE. — A Rome, dès le temps de la République, il y avait, dans les principaux carrefours, des urinoirs publics, de grandes amphores (*gastra*), dont les teinturiers achetaient les produits pour préparer certaines couleurs. Sous l'empire, Vespasien établit un impôt sur ces appareils de propreté publique, et c'est de là que vient le nom de *Vespasiennes* donné aux colonnes creuses qui renferment les urinoirs modernes. A Paris, l'usage des Vespasiennes a été introduit, en 1776, par M. de Sartines, alors lieutenant général de police, mais elles n'ont reçu leur forme actuelle qu'après 1830.

VÉTIVER. — Racine d'une plante de la famille des Graminées, l'*Andropogon muricatus*, qui est très-commune dans l'Inde. On l'emploie, à cause de son odeur forte et tenace, dans le pays de production, pour parfumer les apparte-ments et préserver les tissus de l'attaque des insectes. Son introduction en Europe, où elle sert aux mêmes usages, ne remonte pas au delà d'une quarantaine d'années.

VIGNE. — On ne connaît pas d'une manière précise la patrie de cet arbuste. Cependant, la plupart des botanistes, suivant en cela les traditions conservées par les auteurs de l'antiquité, s'accordent à la placer dans l'Arabie Heureuse, près de l'ancienne Nysa. De là, ce végétal s'est répandu dans les parties de l'ancien monde qui bordent ou avoisinent la Méditerranée. Il a été introduit en Grèce, dans l'Archipel, en Italie et en Espagne, par les Phéniciens. Quant à la Gaule, on admet généralement qu'elle en est redevable aux Grecs de Phocée, fondateurs de Marseille, mais il paraît qu'elle le possédait déjà. Aujourd'hui, la culture de la Vigne existe sur une portion considérable de la surface du globe, mais elle ne prospère que dans les pays tempérés. Vers le nord, elle ne s'élève pas au delà des contrées où la température moyenne de l'été est au moins de 10° centigrades. Plus haut, elle ne mûrit pas ses fruits en pleine terre. Déjà même, à cette limite, ces derniers n'atteignent pas chaque année une maturité parfaite. Du côté du midi, elle ne s'étend pas aux régions tropicales. De plus, en approchant de ces lieux, elle cesse de pouvoir produire une récolte de vin, et ses fruits ne servent que comme aliment. La raison en est que, sous l'influence d'une température constamment élevée, la Vigne ne livre plus ses produits à une époque unique, et qu'elle cesse dès lors de donner matière à des vendanges, et, par suite, à la fabrication du vin. — L'opération, appelée *Incision annulaire de la Vigne* est connue depuis au moins le milieu du dernier siècle. Il est bien démontré que, lorsqu'elle a été faite en temps opportun, elle rend les grappes plus volumineuses et avance leur maturité de quinze jours environ. Voyez ÉCHALAS, OÏDIUM, VIN, etc.

VILLES. — I. Dans tous les temps, on a bâti les villes neuves sur des plans réguliers, mais jamais peut-être la régularité n'a été portée aussi loin que dans celles qui furent fondées, au XIIIᵉ siècle, en Guyenne et en Languedoc, par Alphonse de Poitiers, frère de saint Louis. Ces villes alphonsines se ressemblent toutes. Elles se composent d'une place centrale, qui est carrée et entourée d'arcades, et des angles de cette place partent des rues droites qui sont coupées perpendiculairement par d'autres rues transversales. Cette disposition fut plus tard adoptée par les rois d'Angleterre, pendant leur domination dans l'ancienne Aquitaine. La petite ville de Montpazier, dans le département de la Dordogne, fondée, en 1286, par Jean de Graïlly, au nom d'Édouard Ier, en offre le type le plus parfait.

II. A diverses époques, on a transporté ou exhaussé des édifices entiers tout d'une pièce, mais ce qu'on n'avait pas encore vu, c'est l'exhaussement de quartiers entiers d'une ville. C'est cependant ce qu'on a fait, il y a quelques années, à Chicago, aux États-Unis, et l'opération a été conduite de telle sorte que rien n'a été dérangé dans les maisons, et que, pendant l'exécution des travaux, les habitants ont pu vaquer à leurs occupations ordinaires.

VIN. — Il en est du *Vin*, comme du Pain, son usage remonte aux temps historiques les plus reculés. Suivant les livres saints, Noé en aurait, le premier, éprouvé les effets. Les Grecs en attribuaient l'introduction dans leur pays à Bacchus. Les Égyptiens en disaient autant d'Osiris. Des raisons d'hygiène ont fait, de bonne heure, proscrire le Vin dans les pays chauds. Dans l'Inde ancienne, les lois brahmaniques le permettaient aux laïques, mais elles punissaient de mort celui qui en aurait fait boire aux ministres du culte. Les Israélites buvaient du Vin, mais en très-petite quantité: de plus, leurs lévites ne pouvaient s'en servir, sous peine de mort, le jour où ils entraient au tabernacle pour y sacrifier. En Égypte, la loi religieuse déclarait le Vin abominable, et l'interdisait aux rois. Aujourd'hui même, le Coran le proscrit : il ne doit être permis aux fidèles que dans le paradis, parce qu'il ne troublera plus alors la raison. A Rome, pendant longtemps, il fut défendu aux femmes et aux jeunes gens de boire du Vin, mais à la fin, les mœurs se relâchèrent, et l'usage de la liqueur « qui réjouit le cœur de l'homme » devint universel.

Les anciens et, par là, on entend plus particulièrement les Grecs et les Romains, aimaient beaucoup les *Vins doux*. Ces derniers en tiraient de grandes quantités de la Gaule méridionale, dont les habitants passaient pour de très-habiles falsificateurs. Ils recherchaient aussi les *Vins de paille*, les *Vins cuits* et les *Vins de liqueur*. Ils connaissaient également les Vins secondaires généralement désignés sous le nom de *Piquette*, ainsi que les *Blanquettes*. La plupart des procédés usités de nos jours pour faire des *Vins factices* étaient parfaitement connus des anciens : les industriels de Rome les pratiquaient même sur une si grande échelle et avec tant d'habileté, que, suivant Pline le Naturaliste, ils avaient inventé plus de cent quatre-vingts sortes de ces boissons. Comme on le fait de nos jours, dans certains pays, les vignerons de l'antiquité adoucissaient les Vins aigres avec de la chaux éteinte, de la potasse ou du plâtre. Quant au *Sucrage des Vins*, il paraît avoir été indiqué, pour la première fois, en 1776, par le chimiste Macquer. Chaptal le préconisa en 1787, et c'est pour ce motif qu'on l'appelle aussi quelquefois *Chaptalisation*. Cette opération, tout le monde le sait, a pour objet de bonifier les Vins qui, lorsque les étés ne sont pas très-chauds, sont fabriqués avec des raisins sans maturité, et elle consiste à y introduire une certaine quantité de sucre. Chaque époque a eu ses Vins de prédilection. La réputation de ceux de Champagne remonte à plus de cinq cents ans ; mais ce n'est qu'au XVIIe siècle que leur fabrication a commencé à être régularisée. Les développements énormes que leur consommation a reçus depuis une soixantaine d'années ont donné l'idée de les imiter, et de là est née, vers 1820, l'industrie des *Vins mousseux*, façon de Champagne, qui est exploitée aujourd'hui, sur une grande échelle, dans la plupart des pays de vignobles.

VINIMÈTRE. — Appareil pour la conservation des vins, inventé, vers 1850, par M. Mayer, verrier à Pépinville (Moselle). C'est une espèce de bondon de verre que l'on adapte aux fûts, et au moyen duquel on peut se rendre compte, à chaque instant, du déchet qu'éprouve le liquide. Grâce au Vinimètre, les Pièces restent constamment pleines, et il ne se produit plus de fleurs sur le vin.

VIOLON. — Le *Violon* paraît dériver d'un instrument, appelé *Cruth* ou *Crwth*, qui était anciennement usité dans le pays de Galles, en Écosse et dans l'Armorique, et dont il est question, sous le nom latin de *Chrotta*, dans les œuvres du poëte Fortunat, mort vers l'an 609 de notre ère. Au XIIIᵉ siècle cet instrument formait une famille assez nombreuse qui se divisait en deux grandes sections, celle des *Rubbèbes* ou *Rebecs*, et celle des *Violes* ou *Vieles*. C'est au moyen de modifications apportées à la construction d'une de ces Violes qu'un facteur inconnu du XVᵉ siècle produisit le *Violon* moderne, ainsi que l'*Alto*. On ne sait pas dans quel pays ces instruments furent employés pour la première fois, mais plusieurs auteurs pensent que ce fut en France. Un peu plus tard, la *Contre-basse* et le *Violoncelle* parurent en Italie. La première fut introduite, à l'Opéra de Paris, en 1700. Le second figura aussi, dans nos orchestres, vers la même époque, mais son usage n'y devint général qu'à partir de 1720. Dans ces dernières années, plusieurs artistes ont fait diverses tentatives pour renforcer la famille du Violon. Parmi les nouveaux instruments qu'ils ont produits, il suffira de citer le *Violonet*, de M. Batanchon, luthier à Paris, qui tient le milieu entre le Violon et le Violoncelle; le *Violoneau*, de M. Vuillaume, également de Paris, qui est un contralto du Violon; et l'*Octo-basse*, du même artiste, qui est à la Contre-basse ordinaire ce que celle-ci est au Violoncelle.

VIS A BOIS. — Les Grecs attribuaient à Archytas, mécanicien de Tarente, l'invention du *Clou à vis* ou *Vis à bois*, appelé aussi simplement *Vis*. Cet instrument s'est fait à la main jusqu'à notre époque. On prenait une barre de fer, on forgeait à chaud chaque Vis, et on taraudait son pas au moyen d'une filière. On obtient aujourd'hui le même résultat par des procédés mécaniques, dont la première idée paraît due au mécanicien Phillix, en 1812, mais qui n'ont donné des résultats satisfaisants qu'à partir de 1845, grâce aux perfectionnements dont ils ont été dotés par MM. Japy, de Beaucourt. Une autre Machine à vis, qui fonctionne aussi avec le plus grand succès, a été inventée, en 1847, par M. James

Sloan, ingénieur à New-York. On a essayé, dans ces dernières années, de faire des Vis en fonte malléable, mais, jusqu'à présent, ces essais ont échoué, parce que ces Vis coûtent presque aussi cher que celles en fer, et leur sont inférieures en qualité.

VIS D'ARCHIMÈDE. — Cette machine doit son nom à sa forme et à son inventeur, l'illustre mécanicien syracusain Archimède, mort 212 ans avant notre ère. On l'appelle aussi quelquefois *Vis inclinée* ou *Pompe spirale*. Elle n'a d'abord servi que pour élever les eaux, mais, depuis le dernier siècle, on en fait également usage, dans certaines usines, pour transporter les matières pulvérulentes à de petites distances : on l'emploie aussi quelquefois comme machine soufflante. Cette dernière application a été faite, pour la première fois, en 1809, par M. Cagniard de la Tour, quand il a construit la machine dite *Cagniardelle*. La *Vis hollandaise* n'est qu'une variété de la Vis d'Archimède : elle est ainsi appelée parce qu'elle est très-usitée en Hollande pour rejeter les eaux pluviales et les eaux d'infiltration par-dessus les digues qui défendent ce pays.

VIS A TERRAIN. — Voyez PIEUX A VIS.

VIS-A-VIS. — Voyez CARROSSE.

VITRIOL. — Voyez CUIVRE, FER et ZINC.

VITRAUX PEINTS. — Il a été prouvé que les premières églises chrétiennes avaient leurs fenêtres garnies de Verres colorés; mais ces Verrières étaient de simples mosaïques formées de pièces teintes uniformément dans la masse, et disposées de manière à produire des dessins plus ou moins symétriques. La *Peinture sur verre* proprement dite est née beaucoup plus tard, lorsqu'on a trouvé le moyen de reproduire un sujet et son coloris, sur des plaques de verre, avec des couleurs susceptibles de se liquéfier et de s'incorporer avec le fond, sous l'action du feu. On ne sait quelle date assigner aux commencements de cet art. Il est seulement certain qu'il a pris naissance dans l'empire grec, et que ses plus anciens produits connus appartiennent au XIIᵉ siècle. Le XIIIᵉ et le XIVᵉ siècle furent l'âge d'or de la Peinture sur verre. Elle brilla encore d'un vif éclat au XVᵉ, mais elle déclina rapidement au XVIᵉ. Enfin, au commencement du XVIIᵉ, l'usage devenu général de placer des tableaux à l'huile dans les églises et la diffusion de l'instruction parmi les fidèles, firent substituer les Vitres blanches aux Vitraux peints, qui avaient le défaut de trop obscurcir l'intérieur des édifices. La Peinture sur verre ne fut donc pas abandonnée, comme on l'a dit si souvent, parce qu'on ne savait plus l'exécuter, mais uniquement parce qu'elle ne pouvait satisfaire aux besoins nouveaux de la société. Du reste, bien loin de se perdre, ses procédés furent, au contraire, conservés dans des traités spéciaux, où les modernes les ont retrouvés; ils furent même quelquefois appliqués, de loin en loin, tant en France qu'à l'étranger, dans un petit nombre de verreries. L'engouement dont on s'est épris, depuis 1815, pour le moyen âge, a fait revivre la Peinture sur verre, et l'on exécute aujourd'hui, en France, en Angleterre et en Allemagne, des Vitraux d'une très-grande beauté, qui font même plus d'effet que ceux d'autrefois. Les premiers produits remarquables obtenus, dans notre pays, depuis cette espèce de renaissance, ont été exécutés, en 1823, dans les manufactures de Sèvres et de Choisy-le-Roi. Parmi les artistes qui ont le plus contribué aux progrès actuels de la Peinture sur verre, il suffira de citer nos compatriotes Bontemps, Henri Gérente, Lusson, Thévenot, Émile Thibaut, Adolphe Didron, Oudinot, Nicod, Coffetier et Maréchal.

VITRES. — Les anciens paraissent avoir connu très-tard l'usage de garnir les croisées de matières transparentes. A la fin de la République, les Romains se servaient pour cela de lames de mica, d'albâtre translucide ou de cette variété de gypse que nos carriers appellent *Pierre à jésus* ou *Miroir d'âne*. Le Verre à vitres est mentionné, pour la première fois, par Lactance, mort en 325; mais on a découvert à Pompéi et à Herculanum des châssis vitrés encore en place et presque intacts, ce qui prouve qu'il était déjà employé sous les premiers empereurs. Toutefois, cette innovation ne fut adoptée que pour quelques établissements publics et pour un petit nombre de riches habitations particulières. Elle était même encore si peu répandue au second siècle que les pa-

lais impériaux de Rome avaient alors leurs fenêtres disposées suivant l'ancien système. Les choses changèrent au siècle suivant, époque à laquelle les chrétiens, ayant obtenu l'autorisation d'exercer librement leur culte, firent entrer les Vitres dans la construction de leurs églises. Cet usage naquit en Italie, d'où il pénétra peu à peu dans les autres parties de l'Europe. Il existait déjà en Gaule du temps de saint Grégoire de Tours, mort en 593. Il fut introduit en Angleterre, au VIIᵉ siècle, par saint Wilfrid, évêque d'York, et, quelques années plus tard, en Allemagne, par les missionnaires anglais saints Willefrod, Winfrid et Willchade. Des édifices religieux, l'usage des Vitres passa aux monuments civils, mais ce progrès s'opéra avec une si grande lenteur, qu'il n'était pas encore généralement accompli, à la fin du XVIIᵉ siècle, en France et en Angleterre, c'est-à-dire dans les deux pays les plus avancés de l'Europe. — Les premières Vitres qu'on ait employées paraissent avoir été de couleur, parce que, pendant longtemps, la fabrication du Verre coloré a été plus familière aux verriers que celle du Verre blanc. On ignore à quelle époque on a commencé à se servir de ce dernier, mais il est certain qu'il était encore très-rare au XIVᵉ siècle. Sous le rapport des dimensions, les Vitres furent d'abord très-petites: aussi en fallait-il un très-grand nombre pour garnir un châssis de médiocre grandeur, et, pour les assujettir entre elles, on était obligé de recourir à des armatures métalliques qui obscurcissaient beaucoup les appartements. Les Vitres d'un seul morceau datent du XVIᵉ siècle. Toutefois, elles n'ont été généralement adoptées qu'au XVIIᵉ. Deux procédés, aussi anciens peut-être l'un que l'autre, mais dont l'origine est inconnue, sont usités pour fabriquer les Vitres. Le procédé *des plateaux* a été longtemps en faveur partout: il n'existe aujourd'hui qu'en Angleterre, où, malgré ses défauts, on persiste à le conserver: ses produits constituent le Crown-glass ou Verre en couronne. Le procédé *des cylindres* ou *des manchons* était à peu près exclusivement employé à Venise, dès le XIIᵉ siècle. Son introduction en France paraît due à Drolenvaux, qui fonda, en 1730, la manufacture de

Saint-Quirin, pour l'exploiter. C'est celui qu'emploient nos verriers. Il donne des pièces beaucoup plus grandes que le précédent. Cependant, il ne peut fournir les Vitres énormes ou *Glaces* qui servent à garnir les devantures des magasins. Celles-ci s'obtiennent par le coulage, comme les Miroirs à glaces. — Les Verres à vitres cannelés que l'on emploie quelquefois pour les appartements situés au rez-de-chaussée, sont connus depuis au moins 1769. On en vendait alors à Paris, que l'on appelait *Glaces discrètes*, et dont on attribuait l'invention à M. de Bernières, contrôleur des ponts et chaussées.

Voie lactée. — C'est à l'invention des Lunettes que l'on doit de connaître la nature de cette bande blanchâtre et comme laiteuse qui porte le nom de *Voie lactée*, et que l'on aperçoit au ciel dans les nuits sereines. On sait aujourd'hui qu'elle provient d'une simple illusion d'optique due à l'éloignement d'astres innombrables, qui sont séparés les uns des autres et de nous par des espaces immenses, et dont la lumière, confondue, n'arrive à nos yeux qu'affaiblie et privée de tout son éclat. Plusieurs astronomes avaient déjà soupçonné la constitution de cette bande, lorsque, à la fin du dernier siècle, William Herschel, s'aidant de son puissant Télescope, la mit entièrement hors de doute. Ce savant alla même plus loin : il chercha à évaluer le nombre des étoiles qui la composent, et, après avoir compté jusqu'à trois mille fois de suite celles qui se présentaient ensemble dans le champ de son instrument, il crut pouvoir conclure qu'une portion de Voie lactée, longue de quinze degrés et large de deux, contient, en moyenne, cent cinquante mille astres, ce qui fait une vingtaine de millions pour la totalité. D'autres ont cru ne pas s'élever au delà de la vérité en triplant ce nombre d'étoiles, parmi lesquelles il n'y en a pas la dix-millième partie que l'on puisse apercevoir à l'œil nu.

Voile (*Char à*). — Voyez Vent.

Voitures. — Voyez Carrosses, Chars, Diligences, Fiacre, Omnibus, Trirote, etc.

Volcanisation. — Voyez Caoutchouc.

Volcans. — Il est assez généralement admis que les éruptions volcaniques sont produites par le grand phénomène général du refroidissement séculaire du globe, dont la croûte solide pèse sur la matière en fusion qui se trouve au-dessous d'elle, et la force à monter dans les évents ménagés par la nature pour lui livrer passage. Plusieurs causes accidentelles viennent ensuite aider à cette grande action : telles sont l'arrivée de l'eau de la mer dans les cavités où se trouve la lave, l'accumulation des gaz souterrains sur certains points, etc. Ceux qui ont étudié les phénomènes volcaniques ont fait plusieurs hypothèses sur la position des foyers; mais toutes les observations exécutées jusqu'à ce jour ont conduit à prouver qu'ils doivent être situés à d'énormes profondeurs, au-dessous de toutes les masses minérales connues.

Voluménomètres. — Instruments destinés à faire connaître le volume des corps en mesurant le volume d'air qu'ils déplacent. Le plus ancien Voluménomètre paraît avoir été inventé par M. Say. Celui que le colonel Mallet a imaginé, vers 1852, avec le concours du constructeur Bianchi, sert spécialement à déterminer les densités de la poudre de guerre.

Vouède. — Voyez Pastel.

Voutes. — Les plus anciennes *Voûtes* connues paraissent se trouver en Égypte. Elles se composent de pierres plates posées les unes sur les autres en encorbellement, c'est-à-dire de manière que l'extrémité de chacune d'elles dépasse celle sur laquelle elle est placée. Souvent ces pierres sont brutes. D'autres fois, au contraire, la partie en encorbellement est taillée, de sorte que l'ensemble de la construction est en plein cintre ou en ellipse, ou affecte toute autre forme circulaire. Des Voûtes du même genre existent en Grèce et en Italie, où elles datent de la plus haute antiquité, mais on conçoit qu'on ne pouvait jamais leur donner une portée un peu considérable. Ce sont les architectes romains qui ont doté l'art de bâtir des Voûtes, telles qu'on les exécute aujourd'hui. Ils les faisaient, tantôt de pierres ou voussoirs cunéiformes, tantôt de briques, quelquefois même de ciment. Pour établir ces dernières, ils montaient au-dessous une forme ou moule de bois, sur laquelle on versait un mélange de ciment et de fragments de pierres, et que l'on retirait quand le tout était sec. Quand ils voulaient donner une grande légèreté à la construction, ils la composaient de vases creux de terre cuite, engagés les uns dans les autres, et dont les rangs étaient liés entre eux avec du ciment. Ce sont les Voûtes de cette dernière espèce que l'on désigne sous le nom de *Voûtes en poterie*. Les Romains n'employèrent guère les Voûtes que pour couvrir les édifices en forme de rotonde. Les architectes chrétiens, au contraire, les appliquèrent, d'abord, à tous les édifices religieux indistinctement, puis aux monuments civils. Cependant, comme les artifices de la coupe des pierres leur étaient peu familiers, ils procédèrent, pendant longtemps, avec une extrême circonspection. Ils ne connurent d'abord que les *Voûtes en plein cintre* ou *en berceau*, mais, comme, pour la raison qui précède, ils ne pouvaient leur donner une certaine largeur, ils imaginèrent de tourner la difficulté en les partageant en compartiments carrés et dirigeant diagonalement la pression de ces compartiments sur les murs, sur des piliers ou sur des faisceaux de colonnes, de manière à obtenir quatre subdivisions triangulaires. Cette disposition produisit la *Voûte d'arête*. Les architectes romains l'avaient déjà employée par exception, notamment au

IV⁰ siècle, pour le palais des Thermes de l'empereur Julien, à Paris, mais ce furent les artistes chrétiens qui, en la faisant revivre, au commencement du XI⁰ siècle, l'introduisirent dans la pratique habituelle des constructions. Dans les premières années du XII⁰ siècle, la construction des Voûtes fit un nouveau progrès. On commença à les renforcer au moyen d'arcs doubleaux et de nervures d'une grande solidité, et, bientôt, la substitution de l'arc ogive à l'arc plein cintre, permit de leur donner une hauteur et une hardiesse inouïes. Les *Voûtes d'ogive* dominaient dans presque toute l'Europe au XIII⁰ siècle; mais, comme elles s'élancèrent au delà de toute proportion relative avec la force des murs, on fut obligé de consolider ces derniers à l'aide d'énormes contreforts extérieurs qui vinrent s'appliquer juste aux points où la poussée pouvait avoir lieu et où quelque écartement était à craindre. Les architectes de la Renaissance les abandonnèrent et firent revivre les Voûtes en berceau, qu'ils remplacèrent même souvent par de simples plafonds. Depuis cette époque, la construction des Voûtes n'a cessé de recevoir des perfectionnements, et l'étude approfondie que l'on a faite de la coupe des pierres a permis de triompher d'une foule de difficultés qui arrêtaient les architectes d'autrefois.

X

XYLOGRAPHIE. — C'est, à proprement parler, la Gravure sur bois, mais, par extension, on a donné le même nom à l'*Impression tabellaire*, c'est-à-dire à l'art de multiplier les livres au moyen de planches de bois sur lesquelles les pages sont gravées en relief. Ce système d'impression était connu des Chinois depuis au moins l'an 923 de notre ère, lorsque les Européens le découvrirent au commencement du XV⁰ siècle. On ignore dans quelle partie de l'Europe et dans quelle année précise cet événement eut lieu, mais il est probable que ce fut presque en même temps, en Belgique, en Hollande et en Allemagne, qui, toutes les trois, élèvent des prétentions à ce

sujet. Quoi qu'il en soit, c'est l'Impression tabellaire qui a conduit à l'Impression en caractères mobiles. Ses plus anciens produits connus paraissent avoir été exécutés vers 1420, et ses plus récents portent la date de 1482, ce qui prouve que, malgré ses imperfections, on continua à l'employer, pendant quelque temps, après la découverte des procédés typographiques. Voyez DONATS, GRAVURE et TYPOGRAPHIE.

XYLOÏDINE. — La substance de ce nom provient de la réaction de l'acide nitrique sur l'amidon, la cellulose, etc. Elle a été découverte, en 1833, par M. Braconnot et étudiée sommairement, en 1838, par M. Pelouze. Lorsque, en 1846, les journaux annoncèrent que M. Schœnbein avait trouvé le moyen de transformer le coton en une matière fulminante, on crut d'abord que cette matière n'était autre chose que de la Xyloïdine ou avait du moins une grande analogie avec elle, mais un examen attentif et impartial des deux produits fit connaître que le Coton-poudre était un composé particulier auquel on donna le nom de *Pyroxyle*. Voyez FULMICOTON.

XYLOPHOTOGRAPHIE. — Application de la Photographie à la Gravure sur bois.

La Xylophotographie a été imaginée pour éviter les frais, souvent énormes, du travail du dessinateur. Après avoir fait, par les procédés ordinaires, une épreuve négative de l'objet, on la transporte sur une tablette de bois convenablement préparée, et l'on obtient ainsi une reproduction positive de l'image absolument comme si l'on opérait sur papier. Le bois peut alors être livré au graveur, qui n'a d'autre précaution à prendre, pour le travailler, que de ne pas l'exposer aux rayons du soleil.

Y

YAK. — Le Yak, qu'on appelle aussi *Bœuf du Thibet* et *Bœuf à queue de cheval*, est originaire des montagnes du Thibet et appartient au genre Bœuf. Il fait la richesse de plusieurs peuples de l'Asie, qui l'élèvent comme bête de somme, et, de plus, pour sa viande, qui est excellente, et pour son lait, qui donne un beurre de bonne qualité. Enfin, il fournit une belle et longue laine dont on fait de chaudes et moelleuses étoffes. C'est de la queue de cet animal, et non de celle du cheval, comme on le croit généralement, que les Orientaux se servent en guise d'étendard. Le Yak a été signalé, pour la première fois, par le naturaliste grec Élien. Le voyageur vénitien Marco Polo l'a entrevu au XIᵉ siècle. Enfin, au siècle dernier, Théophile Gmelin et Pallas l'ont parfaitement connu. De nos jours le gouvernement français a fait, pour l'acclimater dans nos départements montagneux, des essais qui ont parfaitement réussi. Le premier troupeau qui ait paru en France a été envoyé par M. de Montigny, notre consul à Shang-Haï, et est arrivé à Paris au mois d'avril 1854.

YEUX ARTIFICIELS. — Les Yeux artificiels ont été imaginés pour faire disparaître la difformité qui résulte de la perte d'un des organes de la vue. On suppose que les chirurgiens égyptiens, grecs et romains les ont connus. Dans tous les cas, ce n'est guère que depuis une trentaine d'années qu'on les fabrique d'une manière satisfaisante. Un Œil artificiel se compose aujourd'hui d'une petite coque d'émail qui, par sa forme et sa couleur, donne l'image exacte de l'œil perdu, et, quand il est adapté convenablement, il reçoit du moignon oculaire des mouvements tellement en harmonie avec ceux de l'organe sain que l'illusion est des plus complètes. On fait même des Yeux artificiels qui permettent l'écoulement des larmes. M. Boissonneau, à Paris, est celui qui a le plus contribué aux progrès de cette branche industrielle.

YTTRIUM. — En 1791, le métallurgiste Gadolin trouva à Ytterbe, en Suède, une terre particulière qui, de son nom, fut appelée *Gadolinite*, et que l'on appela aussi *Yttérite* et *Terre d'Yttria*, du lieu où elle avait été rencontrée. En 1827, le chimiste Wœhler prouva que cette terre n'était qu'un oxyde, et il isola le radical de ce dernier. C'est ce radical que l'on désigne sous le nom d'*Yttrium*. Il est sans applications.

Z

ZINC. — On a cru, jusqu'à ces dernières années, que la connaissance du Zinc était une chose toute moderne. La vérité est que non-seulement les peuples civilisés de l'antiquité se servaient des minerais zincifères, plus particulièrement de la calamine, pour la fabrication du laiton, maisque, de plus, certains d'entre eux, surtout les Romains, savaient fort bien extraire et employer le métal contenu dans ces minerais. Seulement, ils ne regardaient pas ce métal comme un corps distinct; ils le prenaient pour une variété d'étain, erreur que les modernes ont d'ailleurs partagée pendant longtemps, puisque le mot *zinc* n'est autre chose que l'allemand *zinn*, nom germanique de l'étain. Le Zinc n'a même été signalé pour la première fois, comme un métal particulier, que par Paracelse, savant médecin du XVIᵉ siècle; mais, à cette époque, il constituait un simple objet de curiosité qu'on tirait le plus souvent de la Carinthie ou de la Vieille-Montagne, dont les mines de calamine donnaient déjà d'abondantes matières premières aux laitonniers. Les choses restèrent dans cet état pendant près de deux cents ans. En 1741, Jean-Frédéric Henkel, minéralogiste allemand, essaya sans succès de traiter la calamine sur une grande échelle pour en retirer le Zinc. D'autres tentatives faites par plusieurs savants, notamment en Angleterre, ne furent pas plus heureuses. Le Zinc continua donc à être très-rare, par conséquent sans emploi jusqu'aux premières années de notre siècle, époque à laquelle le problème du traitement industriel des minerais zincifères en vue d'en retirer le métal fut résolu, à peu de temps d'intervalle, à Liége d'abord, en 1805, par le chimiste Daniel Dony, qui, deux ans après, établit dans un des faubourgs de cette ville la première usine destinée à produire le Zinc; puis, presque aussitôt, dans la Silésie prussienne, où des travaux de recherches exécutés pour l'étude du bassin houiller de Tarnowitz, avaient révélé l'existence de riches gisements de calamine. Mais il ne suffisait pas d'avoir trouvé le moyen de se procurer le Zinc, il fallait lui créer des débouchés, et, pour cela, lui trouver des applications. Dony consacra huit années à obtenir ces résultats; mais, en 1815, ayant épuisé ses forces et ses ressources, il fut obligé de céder son établissement

à la compagnie Chaulet, qui elle-même, en 1818, vendit tous ses droits à M. Dominique Mosselmann. Ce dernier reprit avec une énergie sans égale l'œuvre inachevée de Dony, et, par vingt années d'efforts ininterrompus, consacrés tant au développement de la fabrication qu'à la vulgarisation des emplois du Zinc, réussit à faire prendre à ce métal la place que ses propriétés lui assignaient dans l'industrie. C'est à ses héritiers qu'est due la fondation de la célèbre Société de la Vieille-Montagne. Aujourd'hui, le Zinc figure parmi les métaux usuels les plus utiles, à côté du fer, du cuivre, du plomb et de l'étain. Il est consommé dans quatre états différents : 1° à *l'état fondu*, pour faire des ornements et des objets d'art, préparer le laiton et préserver le fer de l'action de l'air; 2° à *l'état laminé*, pour former la couverture des édifices, satiner les papiers et les étoffes, emballer les marchandises, doubler les navires, reproduire les cartes géographiques et les dessins, confectionner une multitude de vases et ustensiles domestiques ou industriels, etc.; 3° à *l'état étiré*, pour fabriquer des fils et des clous qui, dans certaines circonstances, sont préférables à ceux de cuivre et de fer; 4° à *l'état d'oxyde*, pour remplacer la céruse, dont il a tous les avantages, sans en avoir les inconvénients. Appliqué à la fabrication des vases culinaires, on lui reproche de se dissoudre au contact des substances acides, en formant des sels doués de propriétés purgatives; mais, comme le général D'Arlincourt l'a reconnu le premier, on peut remédier à ce défaut en ajoutant au Zinc une petite quantité d'étain. Enfin, un de ses composés salins, le sulfate, appelé vulgairement *Vitriol blanc* ou *Couperose blanche*, est utilisé par les vernisseurs pour rendre l'huile de lin siccative, et par les indienneurs pour préparer certaines couleurs. Voyez BLANC DE ZINC.

ZINCAGE. — Voyez ÉTAMAGE et GALVANISATION.

ZINCOGRAPHIE. — On appelle ainsi : 1° un procédé d'impression chimique, inventé, vers 1818, par Aloïs Senefelder, et dans lequel on remplace la pierre lithographique ordinaire par une plaque de Zinc. — 2° un genre de gravure en relief sur Zinc, imaginé, il y a une soixantaine d'années, par les frères André, éditeurs de musique à Offenbach-sur-Mein. Voyez GRAVURE et IMPRESSIONS.

ZIRCONIUM. — En 1789, comme il faisait l'analyse du Zircon, pierre de couleur variable que l'on rencontre dans le sable de quelques rivières de l'île de Ceylan, et, dans la gangue de beaucoup de minéraux, mais en très-petite proportion, Klaproth, chimiste prussien, y découvrit une matière terreuse qui reçut les noms de *Terre zirconienne, Terre de zircone* ou simplement *Zircone*. Beaucoup plus tard, en 1824, Berzélius, chimiste suédois, reconnut que cette terre était un oxyde métallique et réussit à en extraire le radical, auquel il donna le nom de *Zirconium*. Toutefois, le corps isolé par ce savant se présentait sous la forme d'une poudre semblable à de la poussière de charbon. C'est un de nos compatriotes qui, en 1865, l'a obtenu, pour la première fois, à l'état cristallisé, avec tous les caractères qui distinguent les métaux. Il n'a encore trouvé aucun emploi.

ZODIAQUE. — Il est aujourd'hui admis que l'idée du Zodiaque est originaire de la Chaldée, mais que les Grecs ont imaginé les noms et les figures des constellations dont il se compose. Plus tard, les progrès de l'astronomie alexandrine ayant été mis à profit par les astrologues égyptiens, le Zodiaque grec fut placé sur les tombeaux, sur les murs des temples et autres édifices publics, sur les médailles, etc., et il passa avec l'astrologie chez les peuples orientaux. A la fin du siècle dernier, lors de la campagne du général Bonaparte en Égypte, les savants qui faisaient partie de l'expédition découvrirent à Esneh, Dendérah et autres localités de ce pays, un certain nombre de Zodiaques, peints ou sculptés. L'imagination des premiers observateurs ne manqua pas d'attribuer à ces monuments une antiquité des plus fabuleuses ; mais, un peu plus tard, Champollion-Figeac et Letronne, examinant la question avec le sang-froid qu'exige la véritable science, n'eurent pas de peine à démontrer que toutes les représentations zodiacales trouvées en Égypte, et elles sont au nombre de douze, ont été exécutées du milieu du premier siècle après Jésus-Christ au milieu du second, et même plus tard.

ZOSTÈRE. — Au mois d'août 1861, quand la guerre qui bouleversait les États-Unis empêchait les cotonnières de ce pays d'envoyer leurs produits en Europe, un anglais, du nom de Harben, annonça par les mille voix de la presse, qu'il avait découvert une substance filamenteuse végétale capable de remplacer le coton américain dans toutes ses applications industrielles. L'Angleterre devait seule profiter de cette substance, car, disait-il, la plante qui la fournissait et qu'il appelait *zostera maritima*, ne se rencontrait que sur les côtes de la Grande-Bretagne, où la mer la rejetait, à chaque marée, par masses inépuisables. Une réunion de commerçants et de fabricants eut lieu à Manchester pour examiner la nouvelle matière textile, mais on n'eut pas de peine à reconnaître qu'on était victime d'une mystification. La plante merveilleuse n'était autre chose qu'un de ces humbles varechs, impropres à tout usage textile, dont se servent les cultivateurs des côtes de Bretagne, de Normandie et d'ailleurs pour fumer leurs champs, et qu'on emploie aussi pour les emballages et pour faire des couchettes.

FIN

DICTIONNAIRE

ORIGINES, INVENTIONS & DÉCOUVERTES

COMPLÉMENT

ABATTOIR. — Pour mettre à mort le gros bétail, c'est-à-dire les bœufs, les vaches et les taureaux, on se sert généralement des méthodes suivantes : — 1° l'*assommage*, immédiatement suivi de la saignée. L'animal est attaché par les cornes à une corde qu'on engage dans un anneau de fer scellé dans les dalles de l'atelier. En tirant sur cette corde, on l'oblige à baisser la tête et à présenter la base du crâne à l'exécuteur qui, se plaçant en face de lui, le frappe une ou plusieurs fois sur l'occiput avec un lourd merlin. La victime tombe anéantie, et l'on profite de ce moment pour la saigner. — 2° l'*énervation*, également suivie de la saignée. Avec la main gauche, le boucher saisit la corne de l'animal pour se donner un point d'appui ; puis, avec la main droite, il lui enfonce entre la première et la seconde vertèbre cervicale, un stylet à fer de lance qui pénètre dans le canal vertébral et tranche la moelle épinière. La saignée vient ensuite. — 3° l'*égorgement à la juive* ; il est exclusivement appliqué aux bêtes destinées à la nourriture des Israélites. L'animal étant renversé, puis soulevé, les quatre jambes en l'air et la tête pendante, l'opérateur lui coupe la trachée, les

artères carotides et les autres vaisseaux du cou, d'un seul trait d'un coutelas qu'il manœuvre comme une scie. — Quelle que soit la méthode qu'on emploie, la mort n'arrive souvent qu'après des convulsions assez longues. On a essayé de la *décapitation* dans l'espoir d'abréger les souffrances des victimes, mais ce remède s'est trouvé pire que le mal. Dans ces derniers temps, M. Bruneau, boucher à Paris, a proposé, pour obtenir le même effet, un appareil de son invention qui paraît avoir résolu la question. Cet appareil consiste en un *masque* de cuir qui immobilise l'animal en le privant de la vue, et qui est muni d'une cheville centrale taillée en forme de tranchant ; un faible coup d'un maillet de bois fait pénétrer cette cheville dans la tête du bœuf, qui expire instantanément.

AÉROPHORE. — Appareil inventé, vers 1873, par M. Denayrouse, ancien officier de marine, pour protéger la vie des personnes dans une atmosphère viciée. Il consiste en un réservoir en tôle d'acier, formé de trois cylindres juxtaposés, et que l'on charge d'air à la pression de 25 à 30 atmosphères, au moyen d'une pompe d'une construction spéciale. Il communique avec la

28

bouche par un tube de caoutchouc disposé de telle sorte que l'homme qui en est muni ne reçoit que la quantité d'air pur dont il a strictement besoin, et que sa respiration se fait aussi facilement et aussi régulièrement que dans les conditions ordinaires. Enfin, une lampe de sûreté, entretenue par l'air du réservoir, fournit, au besoin, une lumière suffisante pour qu'on puisse se diriger dans l'obscurité. L Aérophore a été soumis à de nombreuses expériences, soit dans des galeries de mines, soit sous l'eau, et toujours avec un plein succès. On a également reconnu qu'il peut être employé aussi bien dans les ascensions aéronautiques que dans les travaux souterrains de l'attaque et de la défense des places. Dans ces diverses circonstances, il a paru supérieur aux appareils respiratoires déjà connus.

ALCARAZAS. — Les Alcarazas en terre cuite sont bien connus (v. pag. 19-20). Ceux qu'on emploie en Australie présentent une disposition to te différente. « Ce sont, dit un voyageur, de vastes seaux en forte toile, à peu près semblables, pour la forme, à nos seaux du matériel des pompes à incendie, mais ayant 1m,20 de hauteur sur 0m,40 de diamètre. Au-dessus de ce sac une flanelle épaisse fait fonction de passoire. On retire l'eau dont on a besoin par un siphon, un robinet en bois, ou simplement par un tuyau en toile dont on abaisse l'orifice au-dessous du niveau de l'eau dans le sac quand cela est nécessaire. Ces réservoirs en toile sont suspendus aux branches d'un arbre, à l'ombre, et leur surface, toujours humide, donne lieu à une forte évaporation, activée par la brise, qui produit une température intérieure beaucoup plus basse que celle de l'air ambiant Ces appareils sont simples, et paraissent remplir les fonctions auxquelles ils sont destinés. Ils pourraient trouver des applications utiles en Algérie, dans le midi de la France, dans les campagnes, à l'armée et dans les ateliers où les ouvriers ne peuvent pas se procurer facilement de l'eau fraîche. »

ALIZARINE. — On sait qu'on appelle ainsi le principe rouge de la garance (v. page 24). En 1861, M. Roussin, chimiste français, crut avoir reproduit cette matière avec la Naphtaline, mais on ne tarda pas à reconnaître qu'il s'était trompé. MM. Graebe et Liebermann, de Berlin, ont été plus heureux en 1868. Ils ont si bien réussi à convertir l'Anthracène en Alizarine, que leur découverte est immédiatement entrée dans la pratique. Aujourd'hui donc, on fabrique l'Alizarine ar ificielle sur une très grande échelle, et l'industrie trouve si avantageux l'emploi du nouveau produit, que la culture de la garance en est singulièrement menacée.

ALLUVIONS (Age de). — Voy. ci-après GÉOLOGIE.

AMIANTE. — Cette substance n'avait encore eu aucune application sérieuse (v. page 28), quand, dans ces dernières années, les Américains du Nord lui en ont trouvé une d'une importance considérable en l'employant pour la garniture des presse-étoupes et des pistons, et en général pour tous les joints qui sont exposés à la fois au frottement et à une température élevée. Dans ces conditions, l'Amiante résiste parfaitement là où les matières végétales dont on se sert ordinairement sont détruites en peu de temps. Ainsi, des garnitures d'amiante fonctionnent pendant trois et quatre mois, sans usure sensible, sur une locomotive faisant moyennement 160 kilomètres par jour, tandis que des garnitures ordinaires devraient être remplacées tous les quinze ou vingt jours. L'usage de ces garnitures s'est rapidement répandu, et avec d'autant plus de raison qu'on a découvert dans plusieurs pays, surtout aux États-Unis et au Canada, des gîtes nombreux et très-abondants de la substance dont elles sont faites.

ANTHRACÈNE. — Matière découverte en 1857 dans le goudron de houille, par Fritzsche, chimiste allemand, mais qui n'a été bien caractérisée qu'en 1862, par Anderson, chimiste anglais, et en 1867, par Berthelot, chimiste français. Elle a été sans emploi jusqu'en 1868, époque à laquelle Graebe et Liebermann, de Berlin, sont parvenus à la convertir en alizarine identique a celle qui est contenue dans la garance. Dès ce moment, elle a pris une grande importance technique. On en retire deux magnifiques couleurs, l'alizarine à reflet jaune, ou purpurine, et l'alizarine à *reflet bleuâtre*, ou *alizarine artificielle poprement dite*, qui sont plus économiques et plus belles que les mêmes couleurs tirées de la garance.

ASPHALTE. — Des expériences exécutées à Paris, au commencement de 1859, par les ingénieurs Eugène Fla chat et Noisette, ont mis en évidence un fait tout nouveau et qui est en opposition avec les idées que l'on a généralement des matières bitumineuses. C'est que l'Asphalte est l'isolant le plus efficace d'un foyer d'incendie, que ce foyer se trouve au-dessus ou au-dessous d'un plancher asphalté. En conséquence, si dans la construction des édifices publics et des habitations particulières, les aires sous les planchers étaient recouvertes d'une couche de mastic d'asphalte, les incendies renfermés entre les étages où ils se produiraient, seraient, dans la plupart des cas, circonscrits à ces étages, au moins pendant le temps nécessaire pour opérer le sauvetage des autres parties.

BATHOMÈTRE. — Les sondes qu'on emploie pour relever la profondeur de la mer ne pouvant donner des indications exactes quand cette profondeur est très-grande, on a remédié à leur inefficacité par l'usage d'instruments nouveaux. L'un de ces instruments est le *bathomètre*, construit en 1872 par M. W. Siemens, ingénieur anglais. Il repose sur ces deux principes : 1° que l'attraction totale de la terre, mesurée à sa surface, est la somme des attractions individuelles, exercées par toutes ses parties ; 2° que l'attraction de chacune des parties de la terre varie en proportion directe de sa densité, et en proportion inverse du carré de la distance au lieu considéré. La description du Bathomètre nous entraînerait trop loin. Nous dirons seulement que les expériences auxquelles on l'a déjà soumis paraissent lui avoir été des plus favorables. Il est précieux en ce qu'il avertit des changements de profondeur longtemps avant qu'on ait atteint un fond dangereux. On peut encore s'en servir pour mesurer des hauteurs au-dessus du niveau de la mer, notamment dans les ascensions aérostatiques.

BEURRE ARTIFICIEL. — Vers 1871, en soumettant la graisse de bœuf à un traitement convenable, M. Mège-Mouriès, ancien boulanger à Paris, a obtenu un corps gras qui a toutes les apparences du beurre, peut servir aux mêmes usages et coûte beaucoup moins cher. Ce nouveau produit a reçu le nom de *Beurre artificiel*; on l'appelle également *Margarine*. D'après le rapport d'une Commission, chargée par le Conseil de salubrité de la Seine d'en faire l'examen, il est au moins égal aux beurres communs dont la consommation est si grande dans les ménages, et, comme il est d'un prix peu élevé, l'extension de sa fabrication serait un véritable service rendu à la partie la moins aisée de la population. Mais, pour une raison ou pour une autre, cette fabrication a fait peu de progrès aussi bien en France que dans le reste de l'Europe, tandis qu'aux États-Unis elle s'est, au contraire, extrêmement développée.

BOGHEAD. — Comme on l'a précédemment (V. page 571), on a d'abord considéré le Boghead comme un schiste bitumineux; mais aujourd'hui, les ingénieurs écossais les plus éminents et la presque unanimité des hommes les plus versés dans la pratique des mines affirment nettement qu'il est bien une variété de houille grasse, du genre *cannel coal*, dont il ne diffère que par un plus fort rendement en huiles grasses et en gaz, ainsi que par son inaltérabilité sous les influences atmosphériques. Dans tous les cas, c'est un combustible propre à l'Écosse. Comme il se rencontre généralement à la partie supérieure de la formation houillère, on a voulu faire dériver son nom des deux mots *bog* (marais, tourbière) et *head* (tête) : mais, en réalité, cette dénomination n'est autre que celle du lieu où ce produit se trouve en plus grande quantité, on pourrait même dire presque exclusivement. *Boghead* est un village d'Écosse, qui fait partie de la paroisse de Bathgate, sur les confins des comtés de Lanark et de Linlithgow.

BORAX. — Aux anciens emplois du Borax (soudure des métaux, opérations de docimasie, préparation des émaux, du strass, etc.), les Américains en ont récemment ajouté un autre, en appliquant cette substance à la conservation des viandes. Il suffit, en effet, de mettre tremper les quartiers de viande, pendant vingt-quatre à trente-six heures, dans un liquide contenant une certaine quantité de Borax, pour qu'ils soient à l'abri de toute altération. A Buenos-Ayres, le liquide qu'on préfère se compose, pour 100 parties en poids, de 8 de Borax, 2 d'acide borique, 3 de salpêtre et 1 de sel marin. — On a découvert en Californie des gisements de Borax d'une richesse incalculable, dont l'exploitation a complétement changé les conditions dans lesquelles se trouvait le commerce de cette utile substance.

BOUSSOLE. — Vers 1873, M. Emile Duchemin, physicien français, a eu l'idée de remplacer l'aiguille de la Boussole marine par un cercle d'acier aimanté selon une méthode de son invention. L'instrument ainsi modifié a reçu le nom de *Boussole circulaire*. Il a été expérimenté sur plusieurs bâtiment de l'État, et les résultats lui ont été favorables. Entre autres choses, on a reconnu que la nouvelle boussole est douée d'une plus grande énergie de direction que l'ancienne, qu'elle possède une stabilité supérieure, qu'enfin elle n'a que le minimum de ces oscillations qui sont si gênantes dans les observations. Notons, en terminant, qu'en 1875 M. Duchemin a apporté à son instrument une modification au moyen de laquelle il peut être utilisé sur la surface des liquides et donner l'heure par le soleil.

BRONZE ACIER. — Voyez CANON.

BRONZE PHOSPHORÉ. — Vers 1859, deux savants français, MM. Henri de Ruolz et Fontenay, ayant reconnu que lorsqu'on ajoute une certaine quantité de phosphore ou de manganèse au bronze des bouches à feu, on communique à cet alliage une dureté et une élasticité des plus remarquables, les ministres de la guerre et de la marine firent fondre et essayer, à Strasbourg, à Nevers et à Douai, des pièces fabriquées avec un métal ainsi préparé. Toutefois, ces faits ne furent pas livrés à la publicité, parce que MM. de Ruolz et Fontenay espéraient que la France pourrait garder le secret de leur invention et la tenir cachée aux nations ennemies. On sait qu'en 1872, deux ingénieurs étrangers, MM. Montéfiori Lévi et Kunzel,

ont communiqué à l'Académie des sciences de Paris des observations analogues à celles que nos compatriotes avaient faites treize ans auparavant. — V. ci-après CANON.

CABLES TÉLODYNAMIQUES.— V. ci-après TRANSMISSION DES FORCES A DISTANCE.

CANNEL-COAL. — Variété de houille grasse qui est éminemment riche en gaz d'éclairage. Elle doit son nom, qui signifie *houille à chandelle*, à la facilité avec laquelle elle s'allume et à la flamme longue et régulière qu'elle fournit. Ce combustible n'a encore été trouvé qu'en Angleterre et en Écosse. C'est également dans ces pays qu'il est presque entièrement consommé. Anciennement, les pauvres en faisaient des chandelles. Aujourd'hui, on l'emploie pour la production des huiles minérales et la fabrication du gaz, mais cette dernière application est de beaucoup la plus importante. Quand il a une texture très-compacte, on l'utilise aussi, sous le nom de *houille artistique*, pour faire des candélabres, des assiettes, des boîtes, des coupes, des presse-papiers, des écritoires et autres objets analogues.

CANON. — Depuis 1859, l'artillerie de toutes les nations militaires a subi une transformation complète. Aux trois bouches à feu, appelées *canons, obusiers, mortiers*, tirant sous divers angles et lançant des projectiles différents, on en a substitué une seule, le *canon-obusier*, pouvant tirer sous tous les angles, lancer toutes sortes de projectiles, et produire des effets destructeurs à des distances inconnues autrefois. En outre, le principe de la rayure et celui du chargement par l'arrière ont été universellement adoptés ; seulement, pour appliquer ce dernier, chaque armée a imaginé des systèmes particuliers de fermeture de culasse qu'elle regarde comme supérieurs à tous les autres. Ces innovations n'ont pu avoir lieu qu'au prix de dépenses énormes. De plus, elles ont fait naître un problème d'une importance capitale, qui n'est pas encore absolument résolu. Pour fabriquer des pièces à très-longue portée, il faut un métal à la fois très-résistant et très-durable. L'acier paraissait tout indiqué, mais on rencontre de grandes difficultés pour obtenir des aciers identiques; d'ailleurs, les matières premières les plus convenables ne sont pas faciles à se procurer partout, du moins en quantité suffisante. C'est pour cela que l'acier n'a pas été adopté par toutes les artilleries, et que, dans les pays qui ne sont pas entrés dans cette voie, on s'est livré et on se livre encore à des recherches en vue de trouver un métal plus facile à produire. En France, le chimiste Frémy a reconnu que le meilleur métal à employer doit être un alliage particulier qui, par sa composition et ses propriétés, tient le milieu entre le fer et l'acier, et qui s'obtient en fondant, dans certaines conditions, trois parties de fer et une partie de bon acier trempant. En Autriche, on a conservé le bronze, mais, pour remédier à son défaut d'homogénéité et, par suite, de dureté, le colonel Uchatius, directeur de l'arsenal de Vienne, a fait adopter une méthode de coulage dont les éléments avaient été appliqués dans d'autres pays. Ainsi, dès 1862, aux États-Unis, afin d'obtenir que les parois de l'âme des pièces fussent d'un métal plus dense et plus résistant, le major Rodman coulait à vide sur un noyau de fer creux, dans l'intérieur duquel on faisait circuler un courant d'eau froide. Ainsi encore, en 1865, sir William Whitworth, en Angleterre, disposait sur le métal en fusion, aussitôt après son introduction dans le moule, le piston d'une presse que des machines hydrauliques actionnaient fortement pendant la solidification. En combinant ces deux procédés, la coulée à vide sur un noyau plein et la compression hydraulique pendant le refroidissement, et en ajoutant au bronze un peu de phosphore, le colonel Uchatius a obtenu un métal plus dense et plus dur, qui a reçu le nom, fort impropre, de *bronze-acier*, et qu'on appelle aussi *métal* ou *bronze Uchatius*.

CELLULOÏD. — Matière plastique inventée aux États-Unis en 1869, par un industriel du nom de Hyatt, qui l'a ainsi appelée parce qu'elle est à base de *cellulose*. On l'obtient en traitant des feuilles de papier par l'acide sulfurique et l'acide azotique, puis les réduisant en pâte, y ajoutant du camphre, et soumettant la masse à une forte pression. C'est un produit très-solide, très-dur, incassable, élastique et fusible, éminemment propre à remplacer l'ivoire, la corne et l'écaille, dans toutes leurs applications. On l'emploie en Amérique, sur la plus grande échelle, pour faire des billes de billard, des peignes, des boîtes, des manches de parapluie, d'ombrelle, de couteau, etc., ainsi qu'un nombre infini d'autres objets de tabletterie et de marqueterie.

CÉRÉSINE. — Sous ce nom, a été envoyée à l'exposition universelle de Vienne (1873), par un établissement industriel voisin de cette ville, une matière ressemblant, à s'y tromper, à la cire d'abeilles, et pouvant la remplacer dans tous ses usages. Il y en avait de blanche et de noire. D'après les exposants, cette matière, qui supporterait une chaleur de 215° sans changer de couleur, serait préparée directement avec de l'ozokérite pure. D'après le rapport du docteur H. Schwartz, ce ne serait, au contraire, qu'un mélange de cire d'abeilles ordinaire avec de la paraffine plus ou moins molle.

CHALEUR SOLAIRE. — En Grèce et à Rome, dans les temples où l'on entretenait un feu perpétuel, quand, pour une cause quelconque, ce feu venait à s'éteindre, on ne pouvait le rallumer qu'en tirant du soleil « une flamme pure et sans tache. » A cet effet, raconte Plutarque, on employait « des vases concaves, dont les parois intérieures étaient taillées en triangles rectangles isocèles, et où toutes les lignes tirées de la circonférence aboutissaient à une même ligne droite qui était l'axe du cône engendré par la révolution du triangle isocèle. Ces vases étant exposés au soleil, les rayons réfléchis de tous les points de la circonférence se réunissaient dans ce centre commun, et enflammaient rapidement les matières sèches et légères qu'on leur présentait. » Les anciens savaient donc utiliser, quoique d'une manière fort rudimentaire, la chaleur de notre soleil. La même idée a été reprise de nos jours, en Amérique par le mécanicien Ericsson, en Italie par le physicien Donati, etc., mais sur une base plus large, car il ne s'agit de rien moins que d'obtenir de la chaleur solaire des applications industrielles. Toutefois c'est en France que les expériences les plus importantes ont été faites. Ainsi, à la suite de recherches qui remontent à plus de dix ans, M. Mouchot, professeur de physique au lycée de Tours, est parvenu à construire un appareil, qu'il appelle *récepteur* ou *générateur solaire*, au moyen duquel des miroirs coniques concentrent suffisamment les rayons solaires pour distiller de petites quantités de vin et faire cuire diverses préparations culinaires. Cet appareil a été présenté à l'Académie des sciences au mois d'octobre 1875, et l'on présume qu'en lui donnant des dimensions convenables, il serait possible de produire une force motrice capable de faire fonctionner des petites machines. Presque à la même époque, un autre de nos compatriotes, le physicien Dulaurier, a construit un appareil analogue, dont les effets sont peut-être supérieurs à ceux du générateur Mouchot. Quoi qu'il en soit, ces inventions, si l'on peut parvenir à les rendre pratiques, seront utiles surtout dans les pays chauds, où le ciel est serein, où l'on a plus de 200 jours de soleil utilisable, et rien n'empêche que, dans ces pays, on ne puisse en tirer, et pour ainsi dire sans aucune dépense, un parti au moins égal à celui que les Hollandais ont tiré de la force du vent.

CHEMINS DE FER. — Outre les systèmes de chemins de fer énumérés pages 153-154, il en a été proposé plusieurs autres, soit pour être appliqués d'une manière générale, soit seulement pour résoudre certaines difficultés locales ; mais plusieurs d'entre eux n'ont pu être soumis à des expériences véritablement sérieuses. Les plus importants sont les chemins à rail central, les *chemins à crémaillère*, les *chemins funiculaires* et les *chemins à rail unique*.

1° *Chemins à rail central*. Ils ont été inventés afin d'augmenter l'adhérence des roues sur les rails pour gravir les pentes très-inclinées. La voie se compose de trois rails, dont un est placé au milieu. Elle présente deux dispositions différentes, toutes les deux inventées en France en 1843, l'une par le marquis de Jouffroy d'Abbans, l'autre par le baron Séguier, membre de l'Académie des sciences. Dans le système Jouffroy, les roues latérales servent uniquement à porter la machine, et c'est la roue centrale qui, roulant sur le rail central, reçoit l'action du moteur. Pour qu'elle puisse plus fortement adhérer sur son rail, elle est munie de jantes en bois, et le dessus du rail est strié transversalement. Ce système a paru tellement vicieux, qu'aucune compagnie n'a voulu l'expérimenter. Dans le système Séguier, la machine a quatre roues, deux porteuses et deux motrices ; celles-ci sont placées horizontalement sous la machine et disposées de manière à presser énergiquement le rail central, l'une à droite, l'autre à gauche. Un chemin de ce système, modifié en 1863 par l'ingénieur anglais A. Fell, a été exploité pendant quelque temps, (juin 1868 - octobre 1871), en attendant le percement du mont Cenis, entre Suze (Piémont) et Saint-Michel (France).

2° *Chemins à crémaillère*. — Ces chemins ont été imaginés pour gravir les rampes très fortes, en quelque sorte exceptionnelles. Ils sont à trois rails comme les précédents, mais le rail du milieu, et c'est principalement là ce qui les caractérise, présente une modification due à l'ingénieur américain Marsh, et transportée en Europe par l'ingénieur suisse Riggenbach, qui en a fait une véritable crémaillère où viennent s'engrener les roues horizontales de la locomotive. Quelques tronçons seulement ont été construits sur ce type : 1° sur les rampes du mont Washington (États-Unis) ; 2° sur celles du Kalkenberg, près de Vienne (Autriche,) ; 3° sur les flancs du Righi (Suisse).

3° *Chemins funiculaires*. — Ce sont encore des chemins de montagnes. La voie, construite comme à l'ordinaire, est disposée en plan incliné. A la montée, les wagons sont entraînés par un câble qui s'enroule sur une bobine installée au haut de la pente et actionnée par une machine fixe. A la descente, ils sont entraînés par l'action de la gravité. On ne construit guère de chemins de ce genre que dans les mines ou pour le service des usines. Le système dit *Agudio*, du nom de son inventeur, en est une très-remarquable modification propre aux lignes importantes.

4° *Chemins à rail unique.* — Ils sont destinés à rendre possible l'établissement des chemins de fer à bon marché. La voie consiste en un seul rail, qui est placé sur l'accotement des routes ordinaires et en suit toutes les sinuosités. Deux systèmes principaux ont été proposés. Dans l'un, celui de M. Larmanjat, qui convient en terrain plat, la locomotive a quatre roues : deux latérales, qui reposent sur le sol et fonctionnent comme roues d'équilibre ; deux sur l'axe, l'une à l'avant, l'autre à l'arrière, qui communiquent avec le moteur et courent sur le rail Dans l'autre système, celui de MM. Saint-Pierre et Goudal, qui est plus spécialement destiné aux pays de montagnes, la locomotive a quatre roues porteuses, qui se meuvent sur des bandes en asphalte comprimé, et deux paires de roues presque horizontales placées dans le véhicule et qui, en tournant, serrent le rail comme dans le système Fell.

CHLORAL. — Substance résultant de l'action du chlore sur l'alcool, comme l'indique d'ailleurs son nom. Découverte par Liebig, en 1832, elle n'a été, pendant longtemps, qu'un simple produit de laboratoire. Depuis 1872, elle joue un rôle assez important dans l'art de guérir, à côté du chloroforme, de la morphine et des autres médicaments du même ordre, parce qu'elle possède, comme eux, mais à des degrés variables, la précieuse propriété de provoquer le sommeil et d'abolir passagèrement la douleur. C'est le docteur Oscar Liebreich qui a essayé, pour la première fois, le Chloral sur l'homme et les animaux. On l'emploie quelquefois pour dompter les chevaux fougueux.

COIR. — Voyez ci-après *Kair*.

COTON DES SAULES ET DES PEUPLIERS. — Beaucoup de plantes fournissent un duvet plus ou moins analogue à celui du cotonnier, et qui, s'il n'est pas propre à la filature, pourrait recevoir d'autres applications utiles. Ce serait peut-être le cas de celui qui provient de la floraison des chatons producteurs des saules et des peupliers. D'après une note communiquée, en 1864, par M. Deschiens, à une aca-

démie de province, ce coton indigène remplacerait, au grand avantage de l'hygiène, l'édredon, substance animale souvent mal préparée, et qui répand presque toujours une odeur désagréable. Il serait également possible d'en faire des matelas, des couvertures, du papier, de la ouate, et même des tissus, en le mélangeant, dans ce dernier cas, avec de la laine ou du coton exotique.

COTON DE VERRE. — Ce n'est autre chose que du verre filé ; mais à première vue, il ressemble si bien à du coton ou à de la soie frisée, qu'il est fort difficile de reconnaître sa nature minérale. Le verre de Bohême se prête seul, dit-on, à la fabrication de ce produit, qui est le monopole d'une ou deux verreries de cette contrée. Le coton de verre, appelé aussi *soie de verre*, est employé en Allemagne, surtout en Autriche, pour filtrer les liquides, particulièrement les solutions acides ou alcalines, emploi auquel son inaltérabilité paraît le rendre éminemment propre.

COULEURS ARTIFICIELLES. — Jusqu'à la fin du siècle dernier, l'industrie ne connaissait que les couleurs naturelles, c'est-à-dire celles que fournissent les plantes, les animaux et les minéraux. La production de toutes pièces de couleurs artificielles, c'est-à-dire de matières colorantes obtenues par des réactions chimiques exercées sur des principes immédiats non colorés, et l'application industrielle de ces nouvelles substances sont des conquêtes de la chimie moderne. La première découverte de ce genre remonte à 1788, époque à laquelle Hausmann, de Colmar, constata la formation de l'*acide picrique* (V. p. 510). En 1808, Braconnot, de Nancy, puis en 1840 et 1841, Boutin et Schunk reconnurent que le *suc d'aloès*, traité par l'acide azotique, fournit des acides nitrés colorés susceptibles d'être utilisés en teinture (V. page 25). En 1818, le docteur Prout constata que, sous l'influence de l'ammoniaque, l'alloxane se transforme en *murexide* (V. p. 447). En 1826, Unverdorben, chimiste suédois, étudiant les produits de la distillation sèche de l'indigo, y découvrit l'*aniline* (V. p. 34). En 1834, le docteur Runge, professeur de technologie à Oranienbourg, démontra l'existence de l'aniline dans l'huile de goudron de houille, et indiqua, en même temps, les couleurs rouge, rouge pourpre et violette qu'elle donne avec divers réactifs. Ces derniers faits passèrent alors inaperçus ; mais en 1843 Aug. Wilh. Hofmann, de Berlin, les confirma et ajouta des observations nouvelles à celles de Runge. Toutefois, il fallut encore treize ans pour que ces réactions de laboratoire pussent donner lieu à des applications industrielles. La gloire en appartient, d'une part, à un chimiste anglais, Henri Perkin, qui, au commencement de 1856, isola et employa le violet d'aniline ; d'autre part, à Emmanuel Verguin, chimiste-coloriste à Lyon, qui, en janvier 1859, parvint aux mêmes résultats pour la matière rouge, appelée bientôt après *fuchsine* (V. page 305). La découverte de ces nouvelles couleurs produisit une grande sensation dans toute l'Europe. Les savants et les praticiens en firent l'objet d'études et d'essais de tout genre. En même temps, ils s'empressèrent de rechercher si les autres composés fournis par la distillation du goudron de houille ne pourraient pas donner des substances analogues. La plupart de ces travaux furent couronnés de succès. Ils firent connaître une multitude de couleurs rouges, vertes, jaunes, bleues, violettes, brunes, grises et noires, chacune renfermant des nuances plus ou moins différentes de la teinte fondamentale, dont l'emploi transforma complétement l'art du teinturier, et dont la fabrication donna naissance à une industrie qui est aujourd'hui des plus florissantes. Ces couleurs sont appelées, d'une manière générale, *couleurs de la houille*, parce qu'elles proviennent du goudron de la houille. On les divise ensuite en *couleurs d'aniline, couleurs d'acide picrique, couleurs de toluidine, couleurs d'acide phénique, couleurs de naphtaline, couleurs d'anthracène*, suivant qu'elles dérivent de l'un ou de l'autre de ces principes (V. ces mots).

CRIN VÉGÉTAL. — Voyez ci-après GOMUTO et PALMIER NAIN.

DAVYUM. — Corps métallique découvert en 1877, dans les sables platinifères de l'Oural, par M. Serge Kern, chimiste russe, qui l'a dédié à l'éminent chimiste anglais, sir Humphry Davy, dont il lui a donné le nom. C'est un nouveau métal appartenant au groupe du platine, où l'on avait déjà trouvé l'Osmium, le Rhodium, l'Iridium, le Palladium et le Ruthénium.

DIDYMIUM ou DIDYME. — Ce métal a été découvert, entre 1839 et 1841, par Mosander, chimiste suédois. Il a été ainsi appelé, du grec *didymoï*, jumeaux, parce qu'il accompagne le Cérium et le Lanthane dans tous les minéraux cérifères. Ses usages sont nuls, tant à cause de sa rareté que de la difficulté de son extraction.

DORYPHORE. — Cet insecte, dont le nom, dérivé du grec, signifie *porte-lance*, est un coléoptère de petite taille (*Doryphora decemlineata*) qui vit sur les feuilles de diverses plantes. Il a été aperçu, pour la première fois, en 1823, dans les Montagnes rocheuses (Amérique du Nord), plus particulièrement dans le district de Colorado. Ne trouvant pas une nourriture suffisante dans les terrains incultes de ces contrées, il se dirigea vers les régions cultivées. En 1859, il dévastait le Nebraska ; en 1861, le Missouri et l'Iowa En 1866, il traversait le Mississipi et se répandait par millions dans le Wisconsin, l'Illinois, le Kentucky. En 1870, on constatait sa présence dans les États du Michigan et de l'Ohio et il franchissait le lac Michigan. En 1871, il envahissait le Canada, ainsi que la Pensylvanie et l'État de New-York. Enfin, en 1874, il passait l'Atlantique dans des caisses renfermant des pommes de terre : on l'aperçut dans la terre qui entourait ces tubercules, et sur les fanes sèches servant à l'emballage des végétaux tels que tomates, herbes potagères, etc. Jusqu'ici, les agriculteurs n'ont trouvé aucun procédé pour la destruction de ce parasite, que l'on appelle aussi *colorado*, pour indiquer son origine, et qui menace de devenir pour les pommes de terre ce que le phylloxera est pour la vigne.

DRAGAGE. — On sait combien est coûteux l'enlèvement des vases et des sables qui encombrent les ports, les rades, le lit des fleuves et des canaux. Cette opération se fait ordinairement, soit au moyen de dragues diversement disposées, soit au moyen de pompes spéciales qui aspirent directement les matières dont on veut se débarrasser. En 1875, M. Ernest Bazin, ingénieur civil d'Angers, a proposé, pour l'effectuer, une machine de son invention à laquelle il a donné le nom d'*extracteur*. La construction de cette machine repose sur le principe suivant. Soit un bateau traversé par un tuyau qui s'appuie sur la vase. En vertu de sa densité, celle-ci s'élève dans le tuyau jusqu'à la hauteur de 8 mètres, équilibre des liquides de densités diff rentes dans des vases communiquants. Mais si, au lieu de 8 mètres de longueur, le tuyau n'a que 6^m,50, la colonne vaseu-e qu'il contiendra ne sera plus en équilibre et se trouvera sous une pression de 1^m,50. Animée alors d'une vitesse de 5^m,50 par seconde, elle ne tarderait pas à remplir le navire si une machine élévatoire ne la rejetait à mesure au dehors.

DUALINE. — Préparation explosive inventée, en 1869 ou 1870, par le lieutenant prussien Dittmar, à Charlottembourg. Son nom indique qu'elle est formée de *deux* éléments. Elle se compose, en effet, de 30 à 50 p. 100 de nitroglycérine et de 70 à 50 p. 100 de sciure de bois saturée de salpêtre. Ce n'est donc que de la dynamite dans laquelle le corps absorbant est remplacé par de la sciure nitrée. Elle reçoit les mêmes applications que la dynamite proprement dite.

DYNAMITE. — Cette substance, dont le nom, dérivé du grec *dynamis*, force, indique le principal caractère, a été inventée, en 1866-1867, par M. Alfred Nobel, ingénieur suédois, afin de mettre la nitroglycérine au service de l'industrie, en la débarrassant de ses propriétés dangereuses. Elle est formée de nitroglycérine et d'une matière pulvérulente ou poreuse capable d'en retenir une forte proportion, comme la silice, le charbon, la craie. On la prépare par le brassage à la main ou au moyen d'appareils mécaniques qui produisent un renouvellement continu des surfaces. La dynamite possède la même puissance explosive que la nitroglycérine, et son maniement ne présente pas de dangers.

Ainsi, elle peut être emballée dans des caisses, enveloppée dans du papier, transportée, frappée, écrasée, projetée d'une grande hauteur, sans détoner. Ces diverses circonstances en ont rendu l'usage universel, et avec d'autant plus de raison qu'elle est infiniment plus économique et plus active que la poudre ordinaire, et qu'en outre, en modifiant convenablement le dosage de ses éléments, on peut modérer ou augmenter sa force à volonté, ce qui permet d'en multiplier les applications pour ainsi dire à l'infini, et de l'employer dans une foule de cas où la poudre usuelle, la poudre à canon, ne saurait être utilisée. Actuellement, c'est la substance explosive dont on se sert le plus souvent pour l'exploitation des mines et des carrières, l'extraction des roches sous-marines et autres, le percement des tunnels, etc. L'art militaire y a également recours pour charger les mines et les torpilles, renverser les maçonneries et les palissades, détruire le matériel d'artillerie, etc. L'industrie en tire encore parti pour le forage des puits artésiens. On commence même à l'employer en agriculture, pour faire des défoncements profonds. — L'invention de la Dynamite a pu seule rendre possible l'utilisation de la nitroglycérine. Presque aussitôt après que cette préparation a été connue, on a imaginé d'autres mélanges analogues Mais, sauf deux ou trois, aucun de ces derniers n'a eu un grand succès pratique. La plupart ne sont même que des dynamites dans lesquelles le corps absorbant est remplacé par des matières combustibles ou explosives. Voyez DUALINE, LITHOFRACTEUR, etc.

EAU OXYGÉNÉE. — Bioxyde d'hydrogène, c'est-à-dire corps résultant de la combinaison de l'hydrogène et de l'oxygène, comme l'eau, mais contenant deux fois plus d'oxygène que cette dernière. Ce corps a été découvert, en 1818, par le chimiste Thénard. C'est un oxydant très-énergique. On s'en est d'abord uniquement servi pour rétablir, dans les vieux tableaux, la nuance primitive des couleurs au plomb noircies par l'acide sulfhydrique. Plus tard, on l'a employé pour blanchir les plumes et l'ivoire. Deux inventeurs français, Tessié du Motay et Maréchal, de

Metz, ont même essayé de l'utiliser comme agent de blanchiment pour les tissus, qu'ils y faisaient passer après les avoir traités par le permanganate de potasse Enfin, on y a quelquefois recouru pour préparer des eaux de toilette destinées à la teinture des cheveux.

ÉBURINE. — Matière plastique imaginée, en 1875, par M. Latry, fabricant à Paris, qui l'a ainsi appelée parce qu'elle est formée, soit de poudre d'ivoire, en latin *ebur*, soit de poudre d'os. Ces poudres sont employées avec leur couleur naturelle, ou après avoir été diversement teintes. Soumises, dans des moules fermés, à une température convenable, elles se ramollissent, s'agglomèrent et se transforment en une masse extrêmement difficile à travailler, que la lime et le burin des tourneurs ont de la peine à entamer. On fait avec l'éburine, par le procédé du moulage, des manches de cachets, des broches, des pendants d'oreilles, des couvertures de porte-monnaie, des ornements de toute espèce.

ÉCLAIRAGES ÉBLOUISSANTS. — On désigne sous ce nom l'*éclairage électrique*, l'*éclairage oxyhydrique* et l'*éclairage au magnésium*, à cause de l'extrême intensité de la lumière qui les produit Ce dernier n'a aucune importance (V. page 666). Quant aux deux autres, on a cherché, à plusieurs reprises, à les employer pour éclairer les rues et les places des villes, ainsi que cert. ins édifices particuliers; mais la pratique a prouvé qu'à lumière égale ils sont beaucoup plus chers que le gaz usuel qui, quoi qu'on en dise, suffit à tous les besoins. et qu'en outre ils présentent des inconvénients très-graves, qui leur sont propres et dont il a été jusqu'à présent impossible de les débarrasser. Pour le moment, ils constituent de simples éclairages de luxe non susceptibles d'une application générale, mais pouvant être recherchés dans quelques cas peu communs où l'on n'est pas obligé de regarder à la dépense. Voyez LUMIÈRE ÉLECTRIQUE, page 403, et OXYHYDRIQUE, page 672.

ÉCRIRE (MACHINE A). — De même qu'on a voulu exécuter mécaniquement le travail du compositeur typographe, on a voulu aussi pouvoir tracer par des moyens mécaniques les signes de l'écriture. Les inventions dans cette dernière voie ont été faites presque exclusivement aux États-Unis, mais elles ne paraissent pas avoir eu un succès pratique bien marqué. Une cependant paraît devoir être plus heureuse ; c'est celle qui a produit, vers 1871, la machine, en anglais *type writer*, de M. Remington, l'auteur du fusil de ce nom. Cette machine a été importée en France au commencement de 1877. A peu près grande comme un gros accordéon, elle consiste en un clavier dont les touches, rangées sur quatre lignes de profondeur, font mouvoir des marteaux, et chacun de ces derniers porte à son extrémité libre une lettre de l'alphabet gravée en relief, ou un signe orthographique, ou l'un des neuf chiffres. Quand une touche est frappée, le marteau correspondant se lève aussitôt, et frappe un ruban constamment chargé d'encre qui se déroule au-dessus d'une feuille de papier blanc, et ce choc suffit pour reproduire sur ce papier la lettre ou le signe que porte le marteau. Des mécanismes appropriés assurent la régularité des diverses opérations : marche du ruban encré et du papier blanc après la production de chaque lettre, déplacement de l'un et de l'autre à la fin des lignes et des alinéas, etc. Avec un peu d'habitude, il est, dit-on, possible de tracer 40 à 50 mots à la minute, et, quand on est habile, on peut aller jusqu'à 90 mots, tandis que dans le même temps un expéditionnaire écrit rarement plus de 25 à 30 mots.

ERBIUM. — En 1843, Mosander, chimiste suédois, découvrit un nouveau corps métallique dont il tira le nom des dernières lettres du mot Ytterby, parce qu'il l'avait trouvé dans la Gadolinite de cette localité. L'Erbium paraît toujours accompagner l'Yttrium dans ses combinaisons naturelles. Il est encore peu connu, très-rare, par conséquent sans emploi.

ESPRIT DE BOIS. — L'un des produits de la distillation sèche du bois. Il a été découvert en 1812 par M. Philips Taylor, chimiste anglais. On l'appelle aussi *Alcool méthylique*, *éther pyroligneux*, etc. C'est un liquide incolore et très-fluide, qui est plus léger que l'eau, et qui, sous le rapport de ses propriétés et de sa composition, a la plus grande analogie avec l'alcool de vin. On l'emploie souvent, à la place de ce dernier, pour la fabrication des vernis ; mais il est surtout utilisé, et plus particulièrement en Angleterre, pour alimenter des lampes portatives à l'usage des petits ménages.

EUCALYPTUS. — Les arbres de ce nom appartiennent à la famille des Myrtacées et sont originaires de l'Australie et des îles voisines, où ils se font particulièrement remarquer par leur forme et leurs dimensions colossales, aussi bien que par la rapidité de leur croissance, l'influence hygiénique qu'ils exercent sur le terrain environnant et les produits utiles qu'ils peuvent fournir à l'industrie et à l'art de guérir. Ils ne comprennent pas moins de 160 espèces, plus rustiques les unes que les autres. La plus connue est celle qu'on appelle *Eucalyptus globulus*, en raison de la forme des capsules qui portent la graine. Elle a été observée, pour la première fois, en mai 1792, sur la terre de Van Diemen, par le botaniste Labillardière, l'un des compagnons de l'amiral d'Entrecasteaux, dans son voyage à la recherche de la Pérouse. Toutefois, ce n'est que soixante-huit ans plus tard qu'on a songé à l'acclimater sur notre sol En 1854, un Français, M. Ramel, se trouvant en Australie, y recueillit des graines d'*Eucalyptus globulus* et les apporta à Paris, où elles furent semées, au printemps de 1860, dans les serres de la Ville. A la fin de l'année, les sujets provenant de ces graines avaient atteint une hauteur de quatre mètres. Dans le courant de la même année, M. Thuret fit à Antibes les premiers semis en p'eine terre ; ils réussirent si bien que la culture de l'*Eucalyptus globulus* se propagea dans tous nos départements du sud-est. En 1861, cet arbre fut introduit, toujours par graines, au jardin d'acclimation d'Alger. Il y prospéra tellement qu'il se répandit avec rapidité dans toute la colonie. Aujourd'hui, c'est par millions que les plants de Globulus se comptent en Algérie, où ils ont complétement assaini de grands espaces de terrains marécageux. Les choses sont moins avancées en France,

à cause sans doute de la crainte où l'on est que cet arbre ne puisse se développer que sous le climat méditerranéen. Mais il existe de nombreuses espèces d'Eucalyptus qui sont beaucoup plus rustiques, et c'est à celles-là qu'il faut s'adresser pour les autres parties de notre territoire. Les ressources que présentent les Eucalyptus sont de plusieurs sortes. Suivant le degré de maturité auquel il est parvenu, le bois est propre au charronnage, à la menuiserie, à la charpente. L'écorce, très-riche en tannin, convient admirablement pour le tannage des peaux, auxquelles elle communique une odeur caractéristique qui en éloigne les insectes. Les feuilles et les ramilles donnent par la distillation une essence, que l'on regarde comme un des meilleurs dissolvants connus pour les résines, le camphre, le mastic ; tandis que, par la décoction dans l'alcool, elles fournissent un produit qui peut être substitué au quinquina pour le traitement des fièvres, et servir à préparer une liqueur destinée à remplacer l'absinthe et autres apéritifs malfaisants. Enfin, on ne saurait trop le répéter, les plantations d'Eucalyptus constituent un moyen d'assainissement des plus énergiques ; elles agissent, tantôt comme desséchant, tantôt comme désinfectant, enfin tantôt, tout à la fois, de l'une et de l'autre manière.

FER. — Par suite des changements introduits, surtout depuis 1850, dans la métallurgie du fer, les produits malléables de cette industrie, c'est-à-dire le *Fer proprement dit* et l'*Acier*, ont vu le nombre de leurs variétés augmenter à tel point qu'il est devenu impossible de les distinguer en se servant des dénominations actuelles. Une nouvelle nomenclature était donc devenue nécessaire. C'est à Philadelphie, pendant l'exposition universelle de 1876, qu'une réunion d'éminents métallurgistes anglais, français, allemands, américains, a entrepris de résoudre cette question. En conséquence, une Commission internationale, composée de MM. Lowthian Bell, P. Tunner, L. Gruner, H. Wedding, R. Akerman, A.-L. Holley et T. Egleston, a proposé au monde industriel d'adopter la classification suivante : — 1° « Tout composé ferreux

« malléable, comprenant les éléments
« ordinaires de ce métal, obtenu, soit
« par la réunion de masses pâteuses,
« soit par paquetage ou tout autre pro-
« cédé n'impliquant pas la fusion, et
« qui, d'ailleurs, ne durcit pas sensi-
« blement à la trempe (ce qu'on a dé-
« signé jusqu'à ce jour par le nom
« de *fer doux*) sera appelé à l'avenir
« *fer soudé* (*weld-iron* en anglais
« ou *schweiss-eisen* en allemand). —
« 2° Tout composé analogue qui, par
« une cause quelconque, durcit sous
« l'action de la trempe et qui fait par-
« tie de ce qu'on appelle aujourd'hui
« *acier naturel*, *acier de forge*, acier
« *puddlé*, sera appelé *acier soudé*
« (*weld-steel* en anglais ou *schweiss-*
« *stahl* en allemand). — 3° Tout com-
« posé ferreux malléable, comprenant
« les éléments ordinaires de ce métal,
« qui aura été obtenu à l'état fondu,
« mais qui ne durcit pas sensiblement
« sous l'action de la trempe, sera ap-
« pelé *fer fondu* (*ingot-iron* en anglais
« ou *flus eisen* en allemand). — 4° Tout
« composé pareil qui, par une cause
« quelconque, durcit sous l'action de
« la trempe, sera appelé *acier fondu*
« (*ingot-steel* en anglais ou *flus-stahl*
« en allemand). En établissant cette
« classification, la Commission inter-
« nationale ne s'est occupée que des
« types, c'est-à-dire de ce qui est du
« *fer doux* ou de l'*acier* proprement
« dit. Ce sont des noms de *genre* qui,
« loin de les exclure, appellent, au con-
« traire, les noms *spécifiques* relatifs
« aux usages, aux qualités spéciales,
« aux procédés de fabrication, aux al-
« liages, etc. »

FEU FÉNIAN, FEU LORRAIN. — Voyez
ci-après FEU GRÉGEOIS.

FEU GRÉGEOIS. — Il a été dit, page 289,
que la chimie contemporaine avait doté
l'art militaire de mélanges incendiaires infiniment plus redoutables que
ceux des anciens. C'est surtout depuis
une trentaine d'années qu'on s'est occupé de ces compositions. On les appelle *feux liquides*, quand elles sont à
l'état fluide, mais plus généralement
nouveaux feux grégeois; quelquefois
cependant, on leur donne des noms
particuliers afin de rappeler leur origine ou quelque circonstance de leur
emploi. Tel est, par exemple, le cas

du *feu fénian* et du *feu lorrain*. Le
premier est une dissolution de phosphore dans le sulfure de carbone,
liqueur connue depuis longtemps :
les Anglais l'ont ainsi baptisé parce
qu'en 1867 on en saisit, à Liverpool,
une certaine quantité qu'on supposa
avoir été préparée par les fénians irlandais. Le second est un mélange de
la dissolution précédente et de chlorure de soufre ; il ne prend feu que
lorsqu'on y fait tomber quelques gouttes d'ammoniaque. Son nom rappelle
le pays de naissance de M. Nicklès,
chimiste de Nancy, qui l'a inventé
en 1868. Quelques années auparavant,
en 1855, M. Niepce de Saint-Victor, officier de la garde de Paris, avait expérimenté un feu grégeois qui ne produisait son effet que dans l'eau. C'était une
bouteille à moitié pleine de benzine et
contenant un globule de potassium. Si,
après avoir jeté cette bouteille dans
une rivière, où elle surnageait, on en
cassait le goulot avec un bâton, le potassium s'enflammait au contact de
l'eau et communiquait le feu à la benzine. Plusieurs compositions analogues
ont été fabriquées pendant le siége de
Paris, mais aucune n'a été employée,
parce qu'on n'en a pas trouvé l'occasion. Les plus efficaces étaient d'ailleurs tellement dangereuses à manier
qu'elles auraient peut-être fait plus de
mal aux défenseurs qu'à l'ennemi.

FILS DE LA VIERGE. — On donne ce
nom, on ne sait trop pourquoi, à ces
légers flocons de fils argentés qu'on voit
de tous côtés, pendant l'automne, flottants dans l'air, posés à terre, accrochés
aux feuilles, aux branches, à la tige des
arbres. Ces fils sont faits par des araignées, et s'ils sont si abondants dans
cette partie de l'année, c'est probablement parce que ces insectes ont particulièrement besoin de filer de la soie pour
envelopper leurs œufs ou leurs petits,
afin de les défendre contre le froid de
l'hiver qui approche. Toutes les espèces d'Araignées semblent prendre part
à leur production. Néanmoins, celles
qu'on y rencontre le plus souvent appartiennent au genre Araignée-loup,
qui marche sur la terre, et au genre
Araignée-Diadème ou Araignée-à-croix
papale, qui tend ses toiles aux arbres
des jardins. Mais, comment sont-ils

arrachés des points où ils ont été fixés? Pourquoi les trouve-t-on seulement en abondance les jours où règne un beau soleil et par un ciel serein? Pourquoi ne descendent-ils pas sur la terre quand le jour est sombre et nébuleux? ce sont autant de questions auxquelles il n'a pas encore été répondu d'une manière bien satisfaisante. Ces fils sont grisâtres quand l'Araignée les tisse. Comment deviennent-ils d'un blanc éclatant lorsqu'ils s'élèvent dans les airs? l'entomologiste Blackwall donne de ce fait une explication qui a du moins le mérite d'être ingénieuse. « Le tissu de l'Araignée, dit il, mouillé par la rosée et les brumes de l'arrière-saison, puis séché par l'air et le soleil, acquiert sa blancheur de la même manière que les toiles écrues étendues par nos ménagères sur l'herbe pour les blanchir au soleil et à la rosée. »

FUMÉE CONTRE LA GELÉE (*Emploi de la*). — V. ci-après NUAGES ARTIFICIELS.

FUSIL. — 1. En combinant le principe du carabinage avec le chargement par la culasse, on a créé de nos jours les *fusils à tir rapide*, dont l'usage a été immédiatement adopté par toutes les nations militaires. Comme on l a vu précédemment (page 309), ce mode de chargement date du quinzième siècle, c'est-à-dire de l'origine même des armes à feu. Le manque de solidité des mécanismes destinés à opérer la fermeture lui a fait préférer jusqu'à ces dernières années le chargement par la bouche; mais, de tout temps, on lui a reconnu des avantages tels, qu'on en a repris l'étude chaque fois que l'invention d'un système nouveau paraissait donner l'espérance d'une solution acceptable. De tout temps aussi, les fusils se chargeant par l'arrière ont eu autant de détracteurs que de partisans. Les premiers prétendaient que la vitesse du chargement créerait plus de dangers qu'elle ne procurerait de bénéfices; que les soldats brûleraient mal à propos leurs cartouches et se trouveraient hors d'état de répondre au feu de l'ennemi au moment le plus critique. Les autres soutenaient qu'on ne pourrait, par l'instruction et la discipline, régler la consommation des munitions sur le champ de bataille et que, d'ailleurs, mieux valait accepter les in-

convénients signalés que de renoncer aux effets irrésistibles qu'on ne manquerait pas d'obtenir du tir rapide en l'employant à propos. Les enseignements de l'expérience pouvaient seuls mettre un terme à ces discussions. C'est en Prusse qu'ils eurent lieu pour la première fois. En 1841, après de nombreux tâtonnements, cette puissance adopta un fusil se chargeant par la culasse; ce fusil, inventé en 1827 par Jean-Nicolas Dreyse, armurier à Sœmmerda, en Saxe, n'avait reçu sa forme définitive qu'à partir de 1836. Cette arme fut appelée *fusil à aiguille*, parce que l'inflammation de la charge y était produite par une aiguille-ressort qui, traversant la poudre, allait frapper une pastille fulminante placée à la partie supérieure de la cartouche. Les Prussiens s'en servirent avec succès, d'abord contre les Badois en 1848, puis contre les Danois en 1864. Toutefois, ce furent les bons effets qu'ils en obtinrent en 1866, pendant la campagne de Sadowa, contre les Autrichiens, qui firent ouvrir les yeux aux plus incrédules. Dès ce moment, les avantages du chargement par l'arrière ne rencontrèrent plus de contradicteurs. En conséquence, toutes les nations militaires s'empressèrent de l'adopter, en s'efforçant d'en rendre les effets plus terribles encore. Dans le courant de cette même année 1866, le fusil Dreyse, amélioré par M. Chassepot, contrôleur d'armes à l'atelier de précision de Saint-Thomas d'Aquin, à Paris, et appelé, pour ce motif, *fusil Chassepot*, commença à être distribué aux troupes françaises. Il a été remplacé depuis par le fusil du capitaine d'artillerie Gras, dans lequel l'aiguille est remplacée par une *broche*. Actuellement, il n'y a plus partout que des fusils à chargement par l'arrière; mais ces armes forment deux groupes très distincts, chacun caractérisé par le mode de déplacement de la culasse, lequel s'opère tantôt par glissement, tantôt par rotation autour d'une charnière. Le groupe des armes à culasse glissante comprend : les fusils Dreyse et Mauzer (Prusse), le fusil Chassepot (France), le fusil Karl (Russie), le fusil Carcano (Italie), qui sont à aiguille; le fusil Berdan (Russie), le fusil

Beaumont (Hollande), le fusil Wetterlin (Russie), le fusil Gras (France), qui sont *à broche*, etc. Au groupe des armes à culasse tournante appartiennent : le fusil Enfield Snider (Angleterre), qui est *à tabatière;* le fusil Werndt (Autriche), qui est *à barillet;* le fusil Albini (Belgique), le fusil Springfield (États-Unis), le fusil Berdan transformé (Espagne), etc., qui sont *à pêne;* le fusil Peabody (Roumanie), le fusil Henry-Martini (Angleterre), le fusil Werder (Bavière), etc., qui sont *à culasse tombante;* le fusil Remington (États-Unis), qui est *à rotation rétrograde.*

II. Outre les fusils ordinaires, on a mis en service des *fusils à répétition,* c'est-à-dire munis d'un tube-magasin recevant plusieurs cartouches qui, au moyen d'un mécanisme spécial, viennent se placer d'elles-mêmes, l'une après l'autre, sous le choc du percuteur destiné à frapper l'amorce. Tels sont : le fusil Spencer (États-Unis), dont le tube, logé dans la crosse, contient sept cartouches; le fusil Henry Winchester (Angleterre) et le fusil Wetterlin (Suisse), dont le magasin est logé sous le canon et renferme 14 cartouches. On reconnaît que ces armes peuvent être très-utiles dans un moment donné, mais on leur reproche d'être lourdes, très-coûteuses, d'un entretien délicat et d'une sécurité douteuse.

Gallium. — Métal découvert en 1875 par M. Lecoq de Boisbaudran, de Cognac, dans la blende jaune des Asturies et dans plusieurs autres substances zincifères. C'est le cinquième corps simple métallique que l'on doit à l'analyse spectrale; les autres sont : le Cœsium, le Thallium, le Rubidium et l'Indium. Le nom de *Gallium* lui a été donné par M. de Boisbaudran, en l'honneur de la France, appelée anciennement *Gallia.*

Gelée (*Préservatif contre la*). — Voyez ci-après Nuages artificiels.

Gélose. — Voyez ci après Thao.

Géologie. — Au commencement de 1877, M. René Kerviler, ingénieur des ponts-et-chaussées, a fait une découverte qui peut avoir une influence décisive sur les études préhistoriques. Chargé de la construction du bassin à flot de Penhouet, près de Saint-Nazaire, à l'embouchure de la Loire, il trouva dans les fouilles faites pour l'établissement de ce bassin une nombreuse collection d'ossements humains, d'armes et d'objets appartenant à une époque fort reculée, et qu'il semblait très-difficile de préciser. Une médaille de l'empereur gallo-romain Tétricus (troisième siècle de l'ère chrétienne), trouvée dans les dépôts vaseux qui surmontaient le gisement de ces objets, vint cependant lui donner un premier jalon, et le conduisit à étudier avec soin le phénomène de l'envasement de la baie de Penhouet. Il reconnut alors que cet envasement se faisait avec une régularité en quelque sorte chronométrique. Une paroi de vase de 8 mètres de profondeur, exfoliée par les pluies, lui montra une succession de minces couches de 3 millimètres d'épaisseur en moyenne, et représentant, à n'en pas douter, chacune l'apport d'une année. Ces couches se composent, en effet, de trois parties superposées : une partie végétale, une partie glaiseuse, une partie sableuse, correspondant à la chute des feuilles en automne, aux dépôts de glaise et de sable qui ont lieu en hiver et pendant la belle saison. Restait donc à compter le nombre de couches surmontant chaque assise pour savoir à quelle date rapporter le moment de sa formation. C'est ce que fit M. Kerviler, et les résultats qu'il obtint confirmèrent pleinement son hypothèse. La médaille de Tétricus vint se placer dans les couches déposées entre 280 et 300 après Jésus-Christ, et les épées de bronze trouvées plus bas seraient enfouies depuis l'an 450 avant notre ère. C'est la première fois qu'on parvient ainsi à établir la chronologie exacte de la formation des terrains de sédiment. Ce premier pas sera probablement suivi d'autres plus importants, ce qui permettra de jeter une vive lumière sur une multitude de questions géologiques restées jusqu'à présent sans solution.

Gomuto — C'est l'un des noms que les Malais donnent à une matière fibreuse qui est fournie par le palmier à sucre (*Arenga saccharifera*). Dans les lieux de production, c'est-à-dire dans la Malaisie et dans toute l'Asie intertropicale, cette matière est d'un usage général pour la fabrication de câbles qui ont la propriété de résister admirablement à l'humidité. En Europe, où elle commence à être employée, on lui donne communément le nom de *crin végétal*, à cause de son aspect particulier.

GOUDRON DE HOUILLE. — De tous les goudrons, le plus important est celui de houille. On sait qu'il provient de deux sources bien distinctes : l'extraction du gaz d'éclairage (*goudron de gaz*) et la fabrication du coke métallurgique (*goudron de coke*); mais c'est la première qui le fournit en plus grande abondance. Pendant longtemps il a été à peu près sans usages. Les choses n'ont même changé que de nos jours, quand les chimistes Runge, Anderson, Gerhardt, Laurent, A. W Hofmann et autres, en ont fait connaître la nature. En le soumettant à des distillations fractionnées, on en retire aujourd'hui une cinquantaine de produits intéressants, dont plusieurs, tels que la *benzine*, le *toluène*, *l'aniline*, *l'acide phénique* ou *phénol*, la *naphtaline*, *l'anthracène*, la *nitro-benzine*, *l'acide picrique*, etc., sont devenus l'origine de découvertes et d'applications d'une extrême importance, notamment dans l'art de la teinture. Voyez COULEURS ARTIFICIELLES, pages 655-656.

GRAVURE AU SABLE. — En 1870. M. Tilghman, professeur de physique aux États-Unis, découvrit qu'un jet de sable, sous l'impulsion d'un fort courant d'air ou de vapeur d'eau, a la puissance de creuser une lame de verre ou de métal, et même de la traverser de part en part si elle est assez mince. Quelques mois après, un autre américain, M. Morse, de New-York, eut l'idée de baser sur cette découverte un nouveau procédé de gravure sur métal et sur verre. L'appareil employé pour cela se compose essentiellement d'une boîte terminée par un tube étroit et long de deux mètres, dans lequel on chasse, au moyen d'un ventilateur, un mélange d'émeri et de grès en poudre. La pièce à graver, ayant été préalablement recouverte d'un papier découpé de manière à ne laisser voir que les parties du verre ou du métal qui doi-

vent être creusées, on la place sous l'extrémité du tube et l'on fait agir la poudre. Au bout de quelques minutes, l'opération est terminée, et le dessin se trouve reproduit avec une très-grande exactitude et une pureté de lignes très-remarquable. Ce procédé est surtout employé pour remplacer la gravure sur verre à l'acide fluorhydrique. On s'en sert moins sur métal.

HALOXYLINE. — Poudre de mine inventée, en 1865, par M. Fehleisen, de Munich, pour remplacer la poudre ordinaire. C'est un mélange de charbon de bois, de sciure de bois et de nitrate de potasse. Elle possède la propriété de ne produire d'effet que lorsqu'elle est bien bourrée dans le trou de mine. A l'air libre, elle ne peut brûler complétement. En outre, elle ne fait explosion ni par le choc ni par le frottement, ce qui rend impossible tout danger dans la fabrication et le transport. Enfin, comme elle ne renferme pas de soufre, elle ne donne dans sa déflagration ni fumée, ni résidus dangereux. C'est une des meilleures poudres inexplosives qu'on ait inventées.

HANNETONS. — Les Hannetons, ce fléau de nos cultures, ne sont pas impropres à toute application utile. En Suisse, on en tire une huile bonne pour graisser les machines et qui, d'après M. Colardeau, serait également propre à l'éclairage. En Prusse, on en fait une farine qui sert à confectionner des galettes pour la nourriture des faisans, des perdrix et autres oiseaux. En France, un chimiste, M. Jouglet, en a extrait une matière colorante jaune qui, un jour peut-être, trouvera son emploi dans l'industrie. On sait encore que le Hanneton peut fournir un engrais très-puissant, puisqu'il renferme plus de 3 p. 100 d'azote. Au lieu donc de brûler ces insectes comme on le fait ordinairement, il serait préférable de chercher à les utiliser.

HÉLIOCHROMIE ou PHOTOCHROMIE.—On a déjà vu (p. 506) ce qu'on entend par ces mots. Cette branche de la photographie n'est guère plus avancée aujourd'hui qu'à l'époque où l'on a commencé à la cultiver. Les études de M. A. Poitevin (1868) et celles de M. de Saint-Florent (1874) prouvent bien qu'il est possible d'obtenir les couleurs directement sur papier sensibilisé au sous-chlorure d'argent, mais elles sont toujours fugitives, et jusqu'à présent, ces études, très-curieuses comme théorie, n'ont pu recevoir aucune application pratique. Deux autres chercheurs, MM. Ducos du Hauron et Ch. Cros, s'appuyant sur le même principe et opérant à l'insu l'un de l'autre, ont proposé en même temps (1869) une solution toute nouvelle du problème. Au lieu de chercher à reproduire directement toutes les couleurs que présente la nature, ils ont eu l'idée de les analyser de manière à les ramener aux trois couleurs primitives : rouge, jaune et bleu, puis faisant trois clichés négatifs, l'un de tous les rayons rouges, l'autre de tous les rayons bleus, le troisième de tous les rayons jaunes, ils superposent les positifs rouges, jaunes et bleus provenant de ces négatifs, et recomposent ainsi l'ensemble coloré. Un peu plus récemment, M. Léon Vidal, marchant dans une voie analogue, a inventé un procédé qu'il est parvenu à exploiter industriellement. On ne fait qu'un seul cliché, puis, par un travail de réserves habilement exécutées, on tire sur gélatine une série d'épreuves portant chacune une teinte particulière monochrome. Ces épreuves étant ensuite superposées, se fondent les unes dans les autres et donnent les teintes diverses de l'objet représenté.

HÉLIOGRAVURE. — Voyez ci-après PHOTOGRAPHIE.

HORLOGES MYSTÉRIEUSES. — On a construit, à diverses époques, des horloges sans mouvement apparent et qualifiées, pour ce motif, de *mystérieuses*. Telles sont celles que MM. Henri Robert et Cadot, horlogers à Paris, ont présentées, il y a peu de temps, à la Société d'encouragement pour l'industrie nationale. — L'horloge ou pendule de M. Robert se compose de deux aiguilles, l'une pour les minutes, l'autre pour les heures, qui sont munies d'un petit contre-poids et placées sur le point de centre d'une plaque de cristal circulaire autour de laquelle les heures et les minutes sont tracées. Ces aiguilles vont d'elles-mêmes se placer à l'heure réelle et parcourent le cadran en indiquant sans cesse l'heure et la minute, sans paraître mues par aucun mécanisme. Le secret de cette marche consiste dans un rouage de montre de petite dimension placé dans le contre-poids. Ce rouage a pour fonction de faire déplacer une pièce lourde en platine qui circule ainsi dans la boîte du contre-poids et y prend des positions diverses. Dans ces diverses positions, son poids, se combinant avec celui de l'aiguille elle-même, lui fait prendre toutes les différentes inclinaisons qui sont nécessaires pour qu'elle parcoure régulièrement le cadran pendant le temps convenable. — L'horloge de M. Cadot est également constituée par deux aiguilles libres, mais posées au milieu d'une double glace carrée, dont les deux feuilles sont maintenues juxtaposées par un cadre étroit ornementé. La marche des aiguilles est déterminée par une impulsion qu'un mécanisme, placé dans le socle de la pendule, donne, chaque minute, à l'une des deux glaces, d'où résulte le mouvement de l'aiguille des minutes actionnée par un petit déclic placé près du pivot des aiguilles. Une très-petite minuterie, dissimulée dans l'épaisseur de ce pivot, fait marcher l'aiguille des heures. Le mouvement d'une des glaces, relativement à l'autre, n'a rien d'apparent, et comme la dimension et la forme des aiguilles ne diffèrent en rien de celles des pendules ordinaires, il est difficile de ne pas être surpris de la marche de cette pendule.

HYDROGÉNIUM. — Le gaz hydrogène a toujours été considéré comme un métalloïde, et rangé à côté du chlore, du soufre, de l'oxygène, de l'azote, etc. Or, voici qu'en se fondant sur certaines propriétés chimiques de ce corps, M. Graham, chimiste anglais, a entrepris de le classer parmi les métaux, et l'a baptisé d'un nom nouveau, *hydrogénium*, qui rappellerait son caractère métallique. Il existerait ainsi un métal gazeux. Toutefois, jusqu'à présent, personne n'a pu montrer une parcelle d'hydrogénium pur, parfaitement isolé, c'est-à-dire dans le seul état qui puisse permettre de reconnaître positivement l'existence du nouveau métal. La question est donc loin d'être résolue.

INCENDIE. — Il a été question ailleurs (Voy. pag. 362-364) des divers moyens qu'on a proposés pour prévenir ou éteindre les incendies. Il a été également parlé de l'emploi de l'*asphalte* pour les circonscrire (Voy. page 651). Les *constructions en fer* ont aussi paru propres à produire le même résultat. Dans ce système, les fermes des combles, les planchers sont en fer et semblent devoir empêcher le feu parce que le fer est à peu près incombustible; mais, pendant l'incendie, les fers se dilatent et se tordent, et leur dilatation, poussant les murs au vide, en détermine la chute. On aurait donc bien tort de se fier à une pareille garantie. Le fer lui-même a besoin d'être préservé, il ne doit pas être soumis directement à une chaleur trop intense En Angleterre, on a atteint ce but d'une manière assez satisfaisante en enveloppant de béton les fermes et les poutres en fer. On a ainsi des combles et des poutres en maçonnerie qui sont incombustibles, et ne pourraient être détruits que par une chaleur très-intense, prolongée très-longtemps sans l'intervention d'aucun secours. Une observation fort importante, c'est que les incendies sont beaucoup moins désastreux et plus faciles à arrêter dans les villes où l'on fait un usage abondant du *plâtre* que dans celles où l'on ne construit qu'en mortier de chaux. La cause de ce fait, qui a été observé plusieurs fois à Paris, provient de ce que le plâtre contient environ 14 p 100 d'eau à l'état invisible, c'est-à-dire environ 200 litres par mètre cube, et cette eau latente apparaît à la température de la cuisson du plâtre, dès 150°. On a donc là une provision d'eau déposée à l'avance et toute prête à agir dès le début de l'incendie, pour enlever de la chaleur par la vaporisation de l'eau et pour diminuer la quantité d'oxygène qui peut être en contact avec les matières embrasées.

INCISION ANNULAIRE. — Cette opération était déjà appliquée aux vignes, au moins dès 1776, par un viticulteur bourguignon nommé Labry. Tombée plus tard dans l'oubli, elle a été remise en lumière en 1859 par M. Bourgeois, membre de la Société centrale d'agriculture de France. Elle a été appliquée en grand, pour la première

fois, d'abord en 1862 par M. de Tarrieux, à Saint-Bonnet (Puy-de-Dôme), puis en 1864 par MM. Baltet frères, à Troyes. Il semble actuellement établi que, lorsqu'elle est pratiquée au moment de la floraison, elle empêche la coulure, fait grossir le raisin, avance la maturité et donne de meilleur vin.

INDIUM. — Métal découvert en 1863 par Reich et Ritter, chimistes allemands, dans les blendes de Freiberg, en Saxe, mais qui paraît exister dans la plupart des minerais analogues des autres pays. C'est le quatrième corps simple dont on est redevable à la méthode spectrale de Kirchhoff et Bunsen; les autres sont le Cœsium, le Thallium et le Rubidium. Ce nom d'*Indium* lui a été donné à cause de son spectre, qui présente une raie indigo caractéristique, qui l'a fait découvrir. Il est sans application.

JARGONIUM. — En 1869, ayant soumis à l'analyse spectrale des échantillons du minéral appelé *jargon*, lequel est une variété du zircon de Ceylan, M. Sorby, chimiste anglais, crut y découvrir un nouveau métal, qu'il s'empressa de nommer *jargonium*, et qu'on reconnut plus tard n'être que de l'urane.

KAIR. — Nous appelons *Kair* et les Anglais nomment *Coir* des fibres filamenteuses qu'on extrait des noix du Cocotier (*Cocos nucifera*). Ces fibres sont grossières, mais extrêmement résistantes, qualité qui les rend éminemment propres à la fabrication des cordages. C'est, en effet, le principal usage qu'on en fait dans les lieux de production, c'est-à-dire dans l'Inde et dans la Malaisie, et qu'on a essayé d'introduire dans la corderie européenne.

KITOOL. — Nom indien d'une matière textile fournie par les feuilles d'un arbre de la famille des Palmiers (*Caryota urens*), qui pousse naturellement dans les jungles du Malabar, du Bengale, de l'Assam et autres contrées avoisinantes. Cette matière a été introduite en Angleterre, il y a une vingtaine d'années, par les frères Armitage, de Colombo (Ceylan). Elle a été proposée pour la fabrication de cordes, de tapis et de tissus, mais, jusqu'à présent, sans beaucoup de succès.

LAITIERS et SCORIES. — Les Laitiers

ou résidus des hauts fourneaux ont toujours été un grand embarras pour les usines. On en fait des tas dehors ; mais, quoiqu'on les utilise aux alentours pour bâtir des murs légers, les tas ne cessent pas d'augmenter de volume. A Seraing, ils n'occupent pas moins de 250 ares, sur une hauteur qui atteint parfois 30 mètres et plus. A diverses époques, on a essayé d'en débarrasser les usines en leur trouvant un emploi utile. C'est ainsi qu'il y a 7 ou 8 ans, on a eu l'idée d'en faire des pierres et des pavés. L'opération consiste à les diriger, au moment où ils sortent du fourneau, dans des fosses en forme de tronc de cône renversé, en ayant soin de les faire couler sous la couche vitreuse superficielle, qui s'est solidifiée dès le début de l'opération. Après le refroidissement, on trouve sous cette couche vitreuse une masse compacte et homogène présentant tous les caractères d'une pierre naturelle, et qu'on peut débiter en moellons et en pavés. On peut aussi, en prenant quelques précautions pendant la solidification, obtenir, par le moulage, des rouleaux pour l'agriculture, des bornes pour les routes, etc. En raison de ses propriétés, la matière ainsi produite, a reçu le nom de *porphyre artificiel*.

LIGNITE. — Charbon minéral dont la formation a précédé celle de la houille. Son nom, dérivé du latin *lignum*, bois, indique qu'il présente quelquefois l'aspect extérieur des troncs et des branches d'arbres qui, en se décomposant, lui ont donné naissance. Dans les pays où la lignite abonde, on l'emploie comme combustible. Depuis quelques années, on le soumet aussi à la distillation sèche pour en retirer un goudron particulier, dit *goudron de lignite*, qui, à l'aide d'un traitement convenable, donne des huiles d'éclairage, de la paraffine et des matières propres à la préparation de graisses pour voitures et machines et à la production d'un gaz d'éclairage très-éclatant Une variété très-compacte, qu'on appelle *jais, jayet, succin minéral*, est utilisée pour faire des bijoux de deuil.

LITHOFRACTEUR. — On a donné ce nom, qui signifie *briseur de pierres*, à une préparation explosive inventée en 1869 ou 1870, par M. Engels, professeur de chimie à Cologne. Sa composition, tenue cachée, paraît être la suivante : 52 p. 100 de nitroglycérine, 30 de silice, 12 de charbon, 4 de nitrate de soude, 2 de soufre. Ce n'est donc en réalité que de la dynamite additionnée d'environ 20 p. 100 de poudre noire très-riche en charbon. Elle est propre aux mêmes usages que la dynamite ; mais, à volume égal, sa puissance dynamique est inférieure à celle de cette dernière.

LOCOMOTIVES SANS FOYER. — Ces machines sont une invention américaine, due au docteur Lamm. Elles ont été employées pour la première fois, au printemps de 1874, sur un tramway de 5 kilomètres de longueur, situé entre la Nouvelle-Orléans et le bourg de Carrolton, puis, un peu plus tard, sur des chemins analogues, mais d'un parcours plus étendu, à Saint-Louis, à New-York, à Baltimore et à Chicago, où elles n'ont cessé depuis de faire un bon service. Ces locomotives diffèrent surtout des locomotives usuelles en ce que, comme leur nom l'indique, elles n'ont pas de foyer, par conséquent pas de chaudière Celle-ci est remplacée par un réservoir cylindrique en tôle d'acier, entouré d'une couche de matières non conductrices de la chaleur, pour qu'il ne puisse se refroidir trop vite. Au départ, on remplit ce réservoir aux trois quarts d'eau surchauffée, et c'est cette eau qui fournit la vapeur nécessaire à la mise en mouvement des différentes pièces du mécanisme moteur. La température et la pression diminuent nécessairement à mesure que le voyage se prolonge, en sorte qu'il arrive un moment où la machine doit forcément s'arrêter ; mais on y obvie en renouvelant la provision d'eau chaude en des points déterminés du parcours.

LOCOMOTIVES ROUTIÈRES. — On donne quelquefois ce nom aux *diligences à vapeur*. Voy. page 243.

MAGNÉSIUM. — Le Magnésium n'a été isolé de ses minerais qu'en 1829 (V. page 410) ; mais, pendant très-longtemps, on ne l'a considéré que comme une curiosité de laboratoire, tant les quantités extraites étaient petites. Les choses n'ont même changé sous ce rapport que depuis 1860, époque à laquelle M. Sonstadt, chimiste anglais, appliquant des procédés de préparation inventés trois ans auparavant par deux de nos compatriotes, MM. Sainte-Claire Deville et Caron, réussit à l'obtenir en masses assez considérables. C'est un métal d'un blanc d'argent qui, lorsqu'il est réduit en fils ou en lames minces, s'enflamme immédiatement à l'approche d'une bougie allumée et brûle avec une lumière infiniment plus intense que celle de tout autre combustible. A cause de cette propriété, on l'emploie pour faire des signaux, éclairer les lieux souterrains, rendre plus brillantes certaines compositions pyrotechniques, etc. Les physiciens le préfèrent même, pour les expériences d'optique, aux autres sources de lumière artificielle.

MAL DE MER. — Que n'a-t-on pas imaginé pour prévenir le mal de mer? Dans ce but, on a construit en Angleterre, il a trois ou quatre ans, un navire spécial, le *Bessemer*, où les passagers devaient se tenir dans un salon suspendu en équilibre. Il a fallu renoncer à ce salon d'assurance sanitaire, la manœuvre hydraulique n'en ayant jamais été d'une pratique possible; mais le navire est un bon marcheur, ayant réalisé une vitesse de 15 nœuds avec une pression peu élevée dans les chaudières. Il a conservé des quilles latérales qui n'ont pas moins de 76 centimètres de saillie et lui assurent une bonne stabilité.

MARGARINE.—Voyez page 651, BEURRE ARTIFICIEL.

MARMITE NORWÉGIENNE. — On appelle ainsi, du nom de son pays d'origine un appareil culinaire qui a figuré à l'exposition universelle de Paris, en 1867. C'est une marmite véritable, mais qui diffère de tous les autres ustensiles du même genre en ce qu'elle permet de faire cuire la viande presque sans feu. On prépare le pot-au-feu, comme à l'ordinaire, avec les légumes, les épices et le reste; puis, quand on a écumé le bouillon, on transporte la marmite, toute bouillante, dans une boîte de bois, dont les parois intérieures et le couvercle sont revêtus d'un matelas épais, formé de poil de vache appliqué sur une étoffe de laine très-

grossière. Cette enveloppe étant très-mauvaise conductrice de la chaleur, il en résulte que la marmite se refroidit avec une extrême lenteur. L'eau se maintient ainsi, pendant quatre ou cinq heures, à une température supérieure à 80°, et cela suffit pour que la cuisson de la viande s'achève d'elle-même.

MARS. — Parmi les planètes de notre système solaire, trois, Mercure, Vénus et Mars, semblaient n'avoir aucun satellite ou lune. Mars, si semblable à la planète que nous habitons, vient enfin d'en laisser voir deux qui circulent autour de lui. Les deux nouveaux astres ont été découverts au mois d'août 1877, par M. Asaph Hall, directeur de l'observatoire naval de Washington, l'un dans la nuit du 11, l'autre dans celle du 16, et la nouvelle en a été annoncée à l'Europe par une dépêche de la Smithsonian Institution, datée du 19 août, quatre heures du soir. Il ne reste donc plus que Vénus et Mercure sans satellite connu. A propos de cette nouvelle acquisition de la science, le passage suivant du *Micromégas* de Voltaire, chap. III, mérite d'être signalé : « En sortant de Jupiter, ils traversèrent un espace d'environ cent millions de lieues, et ils côtoyèrent la planète de Mars, qui, comme on sait, est cinq fois plus petite que notre petit globe. *Ils virent deux lunes qui servent à cette planète et qui ont échappé aux regards de nos astronomes.* Je sais bien que le P. Castel écrivit, et même assez plaisamment, contre l'existence de ces deux lunes; mais je m'en rapporte à ceux qui raisonnent par analogie. *Ces bons philosophes-là savent combien il serait difficile que Mars, qui est si loin du soleil, se passât aisément de deux lunes.* »

MASCARET. — A l'embouchure de certains fleuves, la mer, au moment du flux, au lieu de monter par lames successives, comme elle le fait sur les plages, se précipite en une immense vague roulante qui remonte le cours d'eau avec une vitesse effrayante, en renversant tout ce qu'elle rencontre sur son passage. Ce phénomène se nomme *mascaret* sur la Dordogne, *barre* sur la Seine, *bore* sur le Gange, *pororoca* sur l'Amazone, etc. Il a été observé de tout temps, mais, pendant des siècles la science a été impuissante à l'expliquer. C'est M. Babinet, qui, en 1850, a eu la gloire d'en découvrir la véritable cause. Après vingt-cinq ans de patientes observations, ce savant a reconnu que le mascaret se produit uniquement dans les parties d'un fleuve où le fond va en s'élevant graduellement. Les premières vagues, retardées dans leur marche par le manque de profondeur, sont devancées et, à la fin, recouvertes par les suivantes, qui marchent dans une eau plus profonde, et celles-ci, à leur tour, sont elles-mêmes rejointes par celles qui les suivent, de manière que les vagues antérieures étant dépassées en vitesse par toutes celles qui viennent après elles, celles-ci retombent en cascade et forment l'immense vague roulante qui produit le phénomène. Au contraire, si la profondeur est constante, les vagues ont toutes la même vitesse, et les premières ne sont ni atteintes ni dépassées par les suivantes. Pour détruire le mascaret, il suffirait donc de rendre uniforme la profondeur du lit du fleuve. C'est, en effet, ce que l'on a déjà constaté à l'embouchure de la Seine. La barre ne s'y fait sentir que beaucoup plus haut depuis que nos ingénieurs ont donné au fleuve une profondeur égale dans la partie basse de son cours : l'inégalité de profondeur absolue ayant disparu près de l'embouchure, l'élévation relative de chaque point augmente à mesure qu'il est plus éloigné de la mer, et ainsi le flot remonte avec une vitesse de moins en moins grande, et, partant, avec une force progressivement décroissante.

MITRAILLEUSES. — A diverses époques, depuis l'origine de l'artillerie, on a essayé de grouper plusieurs canons de fusil sur un même affût, de manière à pouvoir les faire partir ensemble ou séparément. Anciennement les armes de cette espèce se nommaient *Orgues*, parce que leurs éléments étaient rangés comme les tuyaux des orgues d'église. Aujourd'hui, on les appelle *mitrailleuses*, parce qu'elles produisent ou sont censées produire un effet analogue à celui du canon tirant à mitraille. Ces engins étaient oubliés depuis longtemps, quand les Américains, pendant la guerre de la sécession, ont eu l'idée de les remettre en lumière, en apportant à leur construction tous les perfectionnements réalisés de nos jours dans l'armurerie. Dès ce moment elles sont devenues, chez tous les peuples militaires, l'objet d'études et d'expériences sérieuses, à la suite desquelles elles ont été introduites dans les armées. A l'exception du chargement par l'arrière, qui leur est commun, elles varient beaucoup quant au nombre et à la disposition de leurs canons, ainsi que sous le rapport du mécanisme qui sert à mettre le feu aux charges. Dans les unes, les canons de fusil sont enfermés dans une gaîne commune, en bronze ou en fonte, ce qui donne à l'ensemble l'apparence d'une pièce d'artillerie, et les fait souvent appeler *canons à balles*. Dans les autres, les canons sont à découvert et disposés, tantôt circulairement autour d'un canon central, tantôt sur une ou plusieurs lignes horizontales comme dans les anciennes orgues.

NAPHTALINE. — Matière découverte en 1820 dans le goudron de houille, par Garden, chimiste anglais. L'année suivante, Kidd, autre chimiste de la même nation, en décrivit les principales propriétés et lui donna le nom sous lequel elle a toujours été désignée depuis. Les savants qui vinrent ensuite en retirèrent des couleurs bleues, jaunes, rouges et violettes, dont l'art de la teinture ne tarda pas à s'emparer.

NIOBIUM. — Entrevu en 1801 par Hatchett, chimiste anglais, qui l'appela *Columbium*, parce qu'il l'avait observé dans la Columbite, minéral de Massachusetts, ce métal n'a été positivement découvert qu'en 1846 par Henri Rose, chimiste allemand, qui le trouva dans la Tantalite de Bodenmais, en Bavière. Ce dernier savant crut que le Niobium était accompagné, dans les mêmes minerais, d'un autre corps métallique, qu'il appela *Pelopium*, mais il reconnut plus tard que celui-ci n'existait pas.

NITROGLYCÉRINE. — Cette substance, qui, comme son nom l'indique, n'est autre chose que de la glycérine nitrée, a été découverte en 1847, à Paris, par M. Ascanio Sobrero, alors attaché au laboratoire de M. Pelouze. Elle s'obtient en traitant la glycérine par un mélange d'acide sulfurique concentré et d'acide azotique fumant. A l'état de pureté, c'est un liquide huileux, incolore, inodore, d'une saveur d'abord sucrée, puis brûlante. Elle ne s'enflamme ni à 100 degrés, ni au contact de l'étincelle électrique, mais elle prend feu par le choc ou par le frottement, souvent même sans cause connue, et alors, si elle est enfermée dans une enveloppe quelconque, elle produit une détonation violente et une action destructive qu'on évalue à dix fois environ celle de la poudre ordinaire. Cette curieuse matière n'avait encore reçu aucun emploi, lorsqu'en 1864 M. Alfred Nobel, ingénieur suédois, découvrit un moyen certain et facile d'en provoquer à volonté l'explosion et de l'appliquer au sautage des mines. Ce moyen consistait à faire détoner au contact ou dans le voisinage immédiat de la charge, une capsule de fulminate de mercure. La Nitroglycérine fut accueillie aussitôt avec empressement par les mineurs de tous les pays ; mais plusieurs catastrophes successives, dues à des explosions pendant le transport de ce liquide difficile à contenir, ne tardèrent pas à paralyser le développement de son emploi, que la plupart des gouvernements finirent même par interdire. C'en était donc fait de cette précieuse conquête de la science, si, par un travail opiniâtre, M. Nobel n'était parvenu à retirer à la Nitroglycérine ses propriétés dangereuses, tout en lui conservant sa puissance considérable. Il fallut pour cela lui enlever sa liquidité, qui est la cause principale du danger qu'elle présente, et la transformer en ce composé pâteux qui a reçu le nom de *dynamite* (V. ce mot page 657).

NUAGES ARTIFICIELS. — En 1858, il a été beaucoup question du parti que les jardiniers et les vignerons pourraient tirer de la *fumée* pour préserver leurs vignes et leurs jardins de la désastreuse influence des gelées printanières. Le procédé est moins nouveau qu'on le suppose, puisqu'il se trouve clairement indiqué par Pline, et qu'au Pérou, sous le règne des Incas, l'*enfumage*, considéré comme une mesure d'intérêt public, était non facultatif,

mais obligatoire. Mais ni Pline, ni les fils du soleil ne savaient pourquoi une couche de fumée possède la propriété de protéger les plantes contre la gelée blanche. Il était réservé à la physique moderne de découvrir la raison de ce singulier phénomène. Pour se rendre compte de l'action protectrice qu'exerce la fumée, il suffit, par une belle nuit de printemps, lorsque le ciel est sans nuages, l'air parfaitement calme, de se munir de deux thermomètres, et de placer l'un à plat sur le sol dans un endroit bien découvert, et de suspendre l'autre, après l'avoir préalablement garni, à sa partie supérieure, d'un petit chaperon de papier large comme les deux mains. Au bout d'une heure, on remarquera entre la température accusée par les deux instruments, une différence de cinq à huit degrés. Le premier sera au-dessous de zéro, tandis que l'autre se maintiendra à quatre et cinq degrés au-dessus du point de congélation. Cependant, ils baignent dans le même milieu, ils ne sont qu'à un pas l'un de l'autre ; d'où provient cet écart ? de ce que le thermomètre placé à plat sur le sol envoie constamment dans les profondeurs du ciel son calorique, se refroidit de tout le calorique qu'il perd, tandis que le léger écran qui domine l'autre thermomètre l'empêche d'émettre dans l'espace le calorique qu'il reçoit de la terre. Le double fait qu'accusent les deux thermomètres est commun au sol, à tous les corps qui se trouvent à sa surface, et par conséquent aux plantes elles-mêmes. Il s'en suit donc que les jeunes bourgeons, les organes floraux se refroidissant par l'émission prolongée d'une quantité considérable de calorique peuvent geler, sans que la température de l'air ambiant descende à zéro. Pour les préserver de cet accident, que suffit-il de faire ? D'empêcher qu'ils ne se refroidissent par rayonnement, en interposant entre eux et les espaces célestes un écran quelconque. Eh bien, une simple couche de fumée, en troublant la transparence de l'air, remplit parfaitement le rôle de l'écran cherché. Dès que la couche de fumée s'est interposée entre les plantes et le ciel, l'échange de calorique qui refroidissait les premières jusqu'au gel n'a plus lieu, et elles conservent la température réelle du milieu où elles se trouvent. Ce qui rend l'emploi de la fumée très-facile, c'est que le rayonnement ne peut avoir lieu que lorsque l'air est parfaitement calme. La fumée reste alors comme stagnante, s'étend, se dissipe très-lentement, et trouble proportionnellement à l'intensité de son dégagement une énorme masse d'air. Comment, en présence des pertes incalculables qu'occasionne annuellement le fléau des gelées blanches, un moyen si simple, si à la portée de tous, si peu dispendieux, n'est-il pas plus habituellement employé? se demandera-t-on. D'abord, que de précautions ne néglige-t-on pas uniquement parce qu'elles ne sont pas entrées dans les habitudes courantes! Ensuite, il ne faut pas se le dissimuler, si le moyen est sûr, sans difficulté dans l'exécution, il exige que l'on soit toujours sur le qui-vive et en mesure d'agir pendant toute la période où les accidents sont à redouter. La gelée par radiation nocturne, comme on l'a très-judicieusement fait remarquer, est un phénomène instantané. Il n'est plus temps de songer au préservatif, si les foyers ne sont pas disposés à l'avance et prêts à fonctionner. De plus, la composition même de ces foyers n'est pas chose insignifiante; il ne s'agit pas d'obtenir de la chaleur, de la flamme, mais de la fumée, beaucoup de fumée, et plus elle est épaisse et lourde, plus on sera certain d'un bon résultat. Or la paille est trop chère, le fumier trop précieux : chacun n'a pas sous la main des bruyères, des ajoncs, etc. Les résines, les bitumes, les goudrons, etc., dont il serait facile de faire des lampions, des torches, pourraient probablement être employés avec succès. Parmi ces corps, il en est un d'une valeur presque insignifiante qui remplirait parfaitement le but proposé, puisque les défauts par lesquels il est impropre à tout service comme combustible, deviendraient une qualité. La naphtaline, dont on ne sait trop que faire à cause des torrents de fumée qu'elle dégage en brûlant, semble l'agent tout trouvé pour l'enfumage des vignes et des jardins fruitiers.

OXYHYDRIQUE (*Lumière.* — La possibilité d'employer l'oxygène comme source de lumière a été établie au commencement du siècle, par les expériences de Drummond, qui brûlait ce gaz, en mélange avec de l'hydrogène, au contact d'un bâton de chaux vive (V. page 476). Plus tard, on essaya, mais sans succès, d'appliquer le même mélange à l'éclairage des villes. En 1866 et années suivantes, M. Tessié du Motay, de Metz, a renouvelé ces essais avec une très-grande persévérance, et c'est à cette occasion qu'on a imaginé le nom de *Lumière ôxyhydrique.* Dans le système de cet inventeur, les bâtons de chaux étaient remplacés par des crayons de magnésie ou de zircone, et l'on mélangeait à l'oxygène, soit le gaz d'éclairage ordinaire, soit ce même gaz carburé par les huiles lourdes de pétrole, soit enfin de l'hydrogène pur ou un gaz préparé spécialement et l'un et l'autre très-riches en carbures. Des expériences faites avec beaucoup de soin, et sur une très-grande échelle, à Paris, à Vienne, à Bruxelles, ont prouvé que ce système d'éclairage n'est pas susceptible d'une application générale, parce que, d'une part, à lumière égale, il est plus cher que celui du gaz usuel, qui suffit largement à tous les besoins, et que, d'autre part, son éclat trop grand fatigue les yeux et peut occasionner des accidents.

OZOKÉRITE. — Matière minérale de la famille des hydrocarbures qui a la consistance et la translucidité de la cire d'abeille : de là le nom de *cire minérale* qu'elle porte dans le langage vulgaire. Vers 60 degrés, elle fond en un liquide huileux de couleur jaune clair. A une température un peu plus élevée, elle s'enflamme et brûle sans laisser de résidu. Cette substance se rencontre dans quelques parties de l'Angleterre, de la Trans-Caucasie et de la Roumanie, et dans presque tous les lieux à pétrole; mais, nulle part elle n'est aussi abondante que dans la région des Carpathes, particulièrement aux environs de Boryslow et de Drohobyez, en Gallicie. Sauf dans ce dernier pays, où on l'a employée, de très-bonne heure, pour faire des chandelles, elle n'était partout qu'un objet de curiosité, quand l'industrie contemporaire en a répandu, sous divers états, l'usage partout. Toutefois, dans le principe, on se bornait à la distiller pour en retirer des huiles d'éclairage et de la paraffine. Aujourd'hui, on la blanchit directement et l'on en fabrique des bougies excellentes qui, non-seulement brûlent avec une lumière très-vive, mais sont si difficilement fusibles qu'elles ne se courbent même pas dans les contrées situées sous les tropiques. Cette nouvelle branche de travail est surtout florissante en Autriche.

PALMIER NAIN. — Plante de très-petite taille, appartenant à la famille des Palmiers, qui croît dans les provinces méridionales de l'Espagne et de l'Italie, mais qu'on trouve surtout dans le nord de l'Afrique, où elle constitue, pour la culture, un des fléaux les plus redoutables. C'est le *Chamærops humilis* des botanistes. Ses feuilles fournissent des fibres résistantes que les Arabes emploient, concurremment avec le sparte, le diss et l'alfa, pour faire des cordes et des ouvrages de sparterie et de vannerie. Les colons français de l'Algérie sont parvenus à utiliser ces mêmes fibres pour en obtenir une filasse frisée et élastique, pouvant remplacer le crin, et qui a pris le nom de *Crin végétal* ou *Crin d'Afrique*. On en fait aussi une sorte de *Laine végétale*.

PANTOGRAPHE. — Il a été question, page 359, de l'emploi de la *gélatine* fait par Gonord, en 1818, pour obtenir, avec une seule planche, des épreuves de plusieurs dimensions. Plus tard, on remplaça la gélatine par le *caoutchouc* et, ainsi modifié, le procédé devint d'un usage général dans la plupart des ateliers de lithographie. Dans ce système, le dessin étant exécuté sur une feuille de caoutchouc tendue au moyen d'un châssis dont les côtés opposés sont mobiles, il suffit pour l'amplifier ou le diminuer, de produire l'allongement ou le raccourcissement du caoutchouc, c'est-à-dire d'écarter ou de rapprocher les côtés du châssis. Sur ce principe est construit le *pantographe circulaire pneumatique* imaginé par M. Guérin, de Paris, en 1874. C'est, en effet, une feuille de caoutchouc que cet inventeur emploie. Elle est placée sur un plateau circulaire, et ses bords sont pris dans un cadre, circulaire aussi, qu'une vis de tension peut abaisser plus ou moins, relativement au plateau de pose, ce qui donne à la partie centrale de la feuille une extension régulière, suivant le rayon, qui conserve rigoureusement la même proportion dans la dilatation de toutes ses parties. Si l'on applique sur le caoutchouc un dessin fait avec une encre grasse donnant un décalque, la tension qui résulte de l'action de la vis agrandira ou restreindra les proportions de ce décalque sans le déformer, et il sera facile, par les procédés ordinaires de l'impression, d'en tirer autant d'épreuves qu'on voudra pour faire des décalques.

PAPIER. — I. On sait que l'idée de remplacer le Chanvre, le Lin et le Coton par d'autres matières fibreuses remonte au moins au siècle dernier (V. page 481) ; mais ce qui n'était autrefois qu'une affaire de curiosité est devenu de nos jours une véritable nécessité. Depuis une quarantaine d'années, il n'est peut-être aucune plante qui n'ait été plusieurs fois proposée ; et les brevets pris dans ce but se comptent par centaines. Malgré tous ces efforts, trois pâtes nouvelles seulement ont pu jusqu'à présent prendre définitivement place dans la pratique industrielle. Ce sont celles de *bois*, de *sparte* et de *paille*. « On aurait lieu de s'en étonner, dit à ce propos le chimiste Aimé Girard, si l'on se contentait de la nature fibreuse des plantes. Mais, il ne faut jamais l'oublier, ce qui importe, ce n'est pas de savoir si une plante renferme dans ses tissus des fibres propres à la fabrication du papier, car elles en renferment toutes ; c'est de savoir, par-dessus tout, combien elle en contient et à quel prix ces fibres peuvent être dégagées des tissus à la constitution desquels elles participent. C'est pour avoir négligé ou méconnu ce point capital de la question que tant d'inventeurs ont échoué et que tant d'autres échoueront encore. »

II. Aux applications ordinaires du papier l'industrie contemporaine en a ajouté d'autres très-intéressantes, telles que la confection de *rouleaux* pour l'apprêt des étoffes, de *cols*, de *manchettes*, de *plastrons de chemise*, de *chapeaux*, etc. ; mais la plus importante est celle qui a eu pour objet d'employer pour *rideaux* et *tentures* un produit si peu propre en apparence à une pareille destination. Ces rideaux et tentures sont l'œuvre d'un de nos compatriotes, M. Pavy, qui exploite son invention dans une manufacture située à Chilworth, comté de Surrey (Angleterre). Très-remarqués à l'exposition de de Paris en 1867, ils ont été la grande attraction de celles de Londres en 1872 et de Vienne en 1873. Ils sont faits d'un papier blanc ou bulle, imprimé comme le papier peint. et gaufré, mais qui a des qualités toutes spéciales : il est aussi souple que les étoffes les plus moelleuses, et tellement solide qu'il peut subir, sans se rompre, le froissement le plus énergique. Les belles sortes s'obtiennent avec les longues fibres du Mûrier à papier, du Bananier, du Jute, etc. Pour les communes, on utilise le Chanvre, le Lin, le Coton. Dans tous les cas, on ajoute aux matières une certaine quantité de fibres animales (nerfs de bœuf, intestins, etc.) amenées à l'état de filaments très-minces et très-allongés, qui ont pour effet d'enlacer les fibres végétales dans une sorte de filet agglutinant Le Papier Pavy ayant les mêmes caractères que certains produits de l'industrie du Japon, est généralement désigné sous le nom de *Papier japonais*.

PELOPIUM. — V. NIOBIUM, page 668.

PENDULES MYSTÉRIEUSES. — Voyez HORLOGES MYSTÉRIEUSES, page 663.

PHOSPHATES AGRICOLES. — Au commencement de ce siècle, Théodore de Saussure constata que le phosphore existe dans toutes les plantes, et que des diverses parties des végétaux, ce sont les graines, notre principal aliment, qui en renferment le plus. Elles puisent ce corps dans le sol, à l'état de phosphates, et le transmettent à l'homme et aux animaux, dans tout l'organisme desquels il se répand, et dont il constitue la majeure partie de la charpente osseuse. Cette origine absolument terrestre du phosphore explique pourquoi il est nécessaire de restituer au sol celui que les récoltes lui enlèvent, et cette nécessité est d'autant plus impérieuse que la proportion des phosphates contenus dans les meilleurs sols est très-minime. Malgré son importance indiscutable, le fait signalé par M. de Saussure fut d'abord méconnu. On savait seulement que les os sont un puissant engrais, et, dès 1820, les Anglais les recueillaient à grands frais pour les broyer et les vendre aux agriculteurs. Cette nouvelle industrie se développa même à tel point que, pour l'alimenter de matière première, on alla jusqu'à fouiller les champs de bataille de la Belgique, de l'Allemagne et de l'Espagne. Un peu plus tard, vers 1822, le chimiste Payen signala les bons effets du noir animal, l'un des résidus principaux des raffineries de sucre. Mais à cette époque, on ignorait encore à quel élément des os il fallait attribuer l'influence heureuse qu'ils exerçaient sur la culture. On ne connut même la vérité qu'une dizaine d'années plus tard. Alors un agronome anglais, le duc de Richmond, démontra, par des expériences directes sur le sol, que le principe fertilisant des os n'était ni la graisse. ni la gélatine, comme on le croyait généralement, mais le phosphate de chaux. Il alla même plus loin, car il avança que la chaux n'était pas l'élément le plus actif des os, mais que cet élément était l'acide phosphorique, lequel cédait son phosphore aux céréales. La justesse de ces vues ayant été reconnue, on songea bientôt à utiliser les phosphates fossiles décrits par les géologues. La chaux phosphatée est, en effet, très-abondante dans l'écorce terrestre. Le plus ordinairement elle se rencontre en rognons ou en masses terreuses, qui ne présentent aucun caractère organique discernable. On la trouve aussi, mais par exception, admirablement conservée sous la forme de carapaces, de dents, d'écailles, d'ossements, de coprolithes ou excréments, qui dénotent, d'une manière incontestable, une origine animale. Dans le premier cas, on l'appelle *apatite* quand elle est cristallisée, et *phosphorite* quand elle ne l'est pas. C'est en Angleterre que les recherches des phosphates fossiles ont d'abord attiré l'attention. Dès 1843, les agriculteurs anglais, frappés de l'insuffisance des gisements de leur pays, envoyaient explorer ceux de l'Espagne. En ce qui concerne la France, les premières entreprises sérieuses du même genre ne remontent pas au delà de 1851. Elles furent faites dans le département du Nord et dans celui des Ardennes, par M. Meugy, ingénieur des mines. Le succès le plus complet les ayant couronnées, une foule d'autres chercheurs, entre autres, MM. Delanoue, Sens, de Molon, Rousseau, etc., en exécutèrent de semblables dans d'autres parties du territoire, où elles réussirent également, du moins pour la plupart. Les mêmes faits se passèrent à l'étranger, surtout en Belgique, en Portugal, en Allemagne, en Russie. Aujourd'hui, les phosphates minéraux sont exploités partout avec soin, et, après avoir reçu une préparation en général fort simple, livrés à l'agriculture, à laquelle ils apportent un élément fertilisateur de premier ordre.

PHOTOGRAPHIE. — Il a été question, pag. 505-507, des progrès réalisés par la photographie pendant les premières années de son invention. Depuis cette époque, les anciennes méthodes ont été profondément modifiées, de nouvelles ont été créées, ce qui a permis de donner aux opérations une régularité et une rapidité qu'elles n'avaient pas auparavant, et aux épreuves une beauté et une solidité dont elles étaient également dépourvues. Parmi les innovations qui ont amené ces divers résultats, la plus importante, celle d'ailleurs qui a conduit à toutes les autres, a eu pour objet de rendre possibles les impressions sans recourir aux sels d'argent. Les épreuves obtenues au moyen de ces sels, et l'on n'en connaissait pas d'autres dans l'origine, manquaient de solidité et, en outre, leur tirage était aussi lent que dispendieux. Le problème qui préoccupait les chercheurs consistait à trouver un moyen de faire des épreuves aussi inaltérables que celles que fournissent les diverses impressions aux encres grasses, c'est-à-dire la taille-douce, la lithographie et la typographie, et de les multiplier dans des conditions de rapidité et de bon marché qui permissent de les ap-

pliquer aux ouvrages de librairie. Il est aujourd'hui en grande partie résolu, grâce au parti qu'on a su tirer des propriétés spéciales qu'acquiert la *gélatine*, quand elle est additionnée de bichromate de potasse ou de quelque autre sel de chrôme. En 1838, Mungo Ponton avait déjà remarqué qu'en présence des matières organiques le bichromate de potasse était influencé par la lumière. En 1840, M. Edmond Becquerel montrait qu'on pouvait produire une image en trempant, dans une solution de ce même sel, une feuille de papier recouverte d'un encollage à l'amidon. A la même époque, l'Anglais Hunt se servait d'un procédé analogue pour former des images à l'aide des chromates métalliques. Douze ans après, c'est-à-dire en 1852, Fox Talbot reconnut le premier que la gélatine, mélangée de sels bichromatés, devient insoluble sous l'influence de la lumière; il chercha aussitôt à tirer parti de cette réaction pour faire de la gravure sur planche métallique, mais les résultats obtenus furent très-imparfaits. En 1855, M. Pretsch fit des essais semblables et ne fut guère plus heureux. Enfin, dans le courant de cette même année, M. Auguste Poitevin publia une étude complète des modifications que la gélatine bichromatée éprouve sous l'action des rayons lumineux, et indiqua les nombreuses applications que la Photographie pouvait en faire. Les révélations de cet artiste ne furent pas perdues. Bientôt, en effet, elles donnèrent naissance : d'une part, aux procédés dits *au charbon*, qui, à l'aide du charbon en poudre ou de substances colorées diverses, permettent de donner aux épreuves une durée de conservation permanente ; d'autre part, aux procédés dits *à l'encre grasse*, à l'aide desquels on est parvenu à multiplier, par la lithographie, la gravure en taille-douce et la gravure en relief, les produits de la Photographie avec presque autant de rapidité et d'économie que les œuvres ordinaires du dessinateur. Ces procédés à l'encre grasse sont très-nombreux, et des noms plus ou moins inexacts leur ont été appliqués, tels que ceux de *Phototypie, Autotypie, Albertypie, Collotypie, Héliotypie, Héliogravure,*

29

Photogravure, etc., qui souvent ne signifient rien ou ne signifient pas ce qu'ils devraient. On doit également aux recherches de M. Poitevin l'invention des *émaux photographiques* et autres épreuves vitrifiées.

PHOTOPHORE. — A diverses époques on s'est servi de ce mot, qui signifie *porte-lumière*, pour désigner des appareils ou des matières d'éclairage. Tout récemment, on en a fait le nom du phosphure de calcium. Ce produit, prenant feu quand on le met en contact avec l'eau, a été expérimenté à Paris, en 1857, par M. Sayferth, physicien anglais, pour produire, au sein de la mer, des signaux lumineux. L'année suivante, il fut mis en essai à bord d'un navire de l'État, et le conseil de l'École de pyrotechnie maritime le reconnut très-supérieur aux fusées et aux flammes de Bengale qu'on emploie ordinairement. Un peu plus tard, un autre Anglais, M. Holmes, a construit et fait adopter un fanal particulier pour l'usage de ce nouveau combustible, qui non-seulement brûle dans l'eau et est inextinguible par elle, mais encore fournit une lumière plus éclatante sous l'action du vent et de la pluie. L'intensité de cette lumière est telle que, placée au grand mât d'un vaisseau, elle s'aperçoit d'une distance de 24 kilomètres au moins.

PHYLLOXERA. — Grâce aux soufrages pratiqués depuis 1857, on était parvenu à arrêter l'Oïdium dans son développement (V. pag. 465-466), quand une nouvelle maladie, encore plus redoutable, est venue fondre sur les pays viticoles. Cette maladie a pour cause un insecte microscopique de l'ordre des Hémiptères, une espèce de puceron, que les entomologistes appellent *Phylloxera vastatrix*. Son invasion en France remonte à l'année 1863 ; elle fit sa première apparition dans les communes de Pujaut, Roquemaure et Villeneuve-lès-Avignon, sur la rive gauche du Rhône, dans le département du Gard. On soupçonna aussitôt que le mal avait été occasionné par la plantation de vignes exotiques qui avaient été importées des Etats-Unis, dix ans auparavant, dans la grande pépinière de Tarascon. En quelques mois, l'insecte destructeur se répandit dans tout le reste du département du Gard, ainsi que dans la Drôme, l'Hérault, le Var, la Vaucluse, les Bouches-du-Rhône. En 1866, il se montrait dans la Gironde, d'où il ne tardait pas à pénétrer dans les Charentes. Un peu plus tard, la Bourgogne n'en était pas exempte. Depuis cette époque, les choses n'ont fait que s'aggraver, tellement même qu'il n'existe presque plus de vignes dans les parties les plus importantes de la production viticole de la France. Les moyens de guérison n'ont cependant pas manqué. Ainsi, on a proposé les engrais salins, l'acide phénique, l'arsénite de soude, l'arsenic, le sulfure de calcium, l'huile lourde de gaz, le goudron de houille, la chaux en poudre, l'ammoniaque liquide, la fleur de soufre, le savon noir, l'huile de pétrole, une décoction de staphysaigre, le jus de tabac, l'acide carbonique, le sulfure de carbone, le sulfate de fer, le sulfate de cuivre, les sulfocarbonates, etc. Aucune de ces substances n'a produit des résultats avantageux, parce que, l'insecte destructeur passant presque toute sa vie sur les racines, à une profondeur d'environ un mètre, il faut que la substance préservatrice puisse pénétrer à cette profondeur, en conservant toutes ses propriétés délétères et sans nuire à la végétation de la vigne, c'est-à-dire dans des conditions qu'il a été jusqu'à présent impossible de réaliser. On n'a obtenu des succès réels qu'en inondant les vignes et les maintenant sous l'eau pendant un certain temps, mais ce procédé n'est susceptible que d'applications insignifiantes.

PIASSABA. — Fibre textile provenant des pétioles des feuilles de deux arbres, de la famille des Palmiers, qui croissent en abondance dans la vallée de l'Amazone, au Brésil. Elle a été introduite, il y a quelques années, en Angleterre, d'où elle s'est répandue dans les autres contrées de l'Europe. On en importe deux sortes, une brune et une noire. La première, qui vient de Bahia, est fournie par l'*Attalea funifera :* on en fait des balais. La seconde, qui vient de Para, est fournie par le *Leopoldina piassaba ;* on en confectionne des brosses à chevaux. Au Brésil, on emploie le Piassaba pour fabriquer des cables qui sont recommandables par leur ténacité et leur légèreté, et que l'on préfère à ceux de chanvre et de lin pour la navigation des rivières, parce qu'ils ont la propriété de flotter sur l'eau.

PILOTIS. — En parlant des pilotis (V. pag. 512-513), il a été question des moyens qu'on emploie généralement pour battre, c'est-à-dire enfoncer les pieux qui les constituent. La poudre à canon donne un moyen élégant d'obtenir le même résultat. Voici comment les choses se passent. « Le pieu est coiffé d'un tube dans lequel un piston très-pesant peut glisser à frottement doux. On place sur la tête du pieu une cartouche de poudre blanche, c'est-à-dire de poudre contenant du chlorate de potasse au lieu de salpêtre ; cette poudre détone sous le choc. On laisse tomber le piston sur la cartouche, qui prend feu ; les gaz produits relèvent aussitôt le piston au plus haut point de sa course. Un mécanisme particulier ramène en même temps une nouvelle cartouche sur la tête du pieu ; le piston, en retombant, la fait éclater, puis il est repoussé, et le mouvement se continue ainsi sans interruption. A chaque coup, le pieu s'enfonce d'une certaine quantité sous la pression des gaz de la poudre. Tout se passe comme dans un canon où l'on mettrait une faible charge : le piston remplace le boulet, et l'enfoncement du pieu correspond au recul de la pièce. Chose remarquable, la tête du pieu n'est pas endommagée par l'explosion, comme elle l'est par les chocs répétés du mouton dans le battage ordinaire ; cela tient à ce qu'elle subit simplement le contact d'une masse gazeuse qui n'a aucune raideur, et qui se modèle sans effort sur la forme du corps solide sur lequel elle agit. »

PINA. — Matière textile extraite des feuilles de la Bromélie ananas (*Bromelia ananas*), plante célèbre par la douceur de son fruit. Dans les pays de production, c'est-à-dire dans les contrées les plus chaudes de l'Asie et de l'Amérique, elle est employée, suivant la qualité, à la fabrication des cordages et des tissus. Parmi ces derniers, il y en a qui ne le cèdent en rien aux plus belles soieries. Il y a quelques années, on a fait en Angleterre, pour la reine Victoria, un mantelet de Pina qui ne coûtait pas moins de 5,400 francs.

PITTE. — On donne ce nom et celui de *Chanvre des Américains* à une matière textile qu'on extrait de divers Agaves, plantes de la famille des Amaryllidées, plus particulièrement des feuilles de l'Agave du Mexique (*Agave mexicana*). Cette plante, que dans le langage vulgaire on appelle improprement *Aloès*, est originaire de l'Amérique tropicale, mais elle s'est répandue à profusion dans l'Inde, en Afrique et dans le midi de l'Europe, où l'on rencontre, soit elle-même, soit ses diverses variétés. Les fibres de Pitte sont d'un blanc gris, soyeux et brillant. On en fait le plus souvent des cordons de sonnettes, des laisses de chiens, des cordes à étendre le linge, des bourses, des sacs de dame, des cabas, des pantoufles, des porte-cigares, des tapis, etc. — Voyez AGAVE.

PLANTAIN. — On donne ce nom à une matière filamenteuse qui est fournie par le Bananier de paradis (*Musa paradisiaca*). Elle est de même nature que l'Abaca ou Chanvre de Manille, et sert aux mêmes usages. Seulement, ce dernier provient du Bananier textile (*Musa textilis*).

PLATINE. — Il a été question (V. page 520) du procédé d'extraction du Platine inventé, en 1854, par les chimistes français Sainte-Claire Deville et Debray. Ce procédé, aujourd'hui répandu partout, permet, ce qu'on ne pouvait faire auparavant, de fondre le métal en masses assez considérables, et par suite d'en faire des applications auxquelles il eût été autrefois impossible de songer. L'opération a lieu au moyen d'un creuset en chaux, hermétiquement clos, et dans lequel on fait arriver la flamme d'un chalumeau alimenté par un mélange de gaz d'éclairage et d'oxygène. Avec cet appareil il faut moins d'une demi-heure pour liquéfier des masses de 15 à 20 kilogrammes, et environ deux heures pour amener au même état des blocs de 100 kilogrammes.

POSTE ATMOSPHÉRIQUE. — Ainsi qu'on l'a déjà vu (V. page 533), ce mode de transport a été inventé pour faciliter la circulation des dépêches d'un quartier à l'autre d'une même ville. Dès 1854, il existait à Londres ; onze ans plus tard, il était établi à Paris et à Berlin, où il devenait un auxiliaire indispensable de la Télégraphie électrique, circonstance qui lui fait donner aussi le nom de *Télégraphie pneumatique*. En général, c'est au moyen de l'air comprimé ou du vide que les boîtes renfermant les dépêches se meuvent dans les tubes, et, quand les localités le permettent, on emploie, au lieu de machines, pour faire le vide ou comprimer l'air, la force motrice produite par la pression de l'eau. Ce système de transmission n'a pu encore être utilisé que dans l'intérieur des grandes villes, c'est-à-dire pour opérer des transports dans un rayon très-restreint, parce que, tel qu'il est actuellement disposé, la pression de l'air diminue avec une telle rapidité qu'elle ne serait plus suffisante pour mettre en mouvement les boîtes, si le parcours dépassait certaines limites. En 1873, MM. Lapergue et Crespin, ingénieurs-constructeurs à Paris, ont proposé d'y introduire des modifications qui permettraient de donner aux tubes pneumatiques une longueur pour ainsi dire indéfinie. La partie caractéristique du système de ces inventeurs repose sur l'emploi de réservoirs d'air comprimé, qu'ils appellent *relais*, et qui seraient établis de distance en distance sur toute l'étendue du tube et dont chacun desservirait un tronçon de ce dernier.

POTASSE. — Pendant longtemps, la fabrication des composés potassiques n'a eu d'autre matière première que les cendres des plantes terrestres, grands végétaux ligneux et plantes herbacées (V. pag. 553). Aussi, la préparation de ces cendres se faisait-elle, sur une grande échelle, dans tous les pays riches en forêts. Brûler un arbre et recueillir dans ses cendres les quelques centièmes de potasse qu'une végétation séculaire y avait accumulés, telle était la méthode barbare par laquelle on se procurait le plus souvent un des alcalis indispensables à l'industrie. Mais la civilisation, en étendant les défrichements, l'a rendue peu à peu impraticable. D'ailleurs, l'amélioration des voies de transport a permis de tirer un meilleur parti du bois en l'em-

ployant en nature. La production de la potasse par l'incinération des grands végétaux n'a pu se maintenir qu'en Hongrie, en Russie et dans l'Amérique du Nord, d'où elle finira même par disparaître. Partout ailleurs il a fallu s'adresser à d'autres sources, qui heureusement n'ont pas manqué. Dès 1833, M. Tissier aîné, fabricant de soude à Cherbourg, isolait les divers sels que renferment les Varechs, par conséquent ceux de potasse. Vers 1840, le chimiste Dubrunfaut enseignait à extraire des vinasses de betteraves la potasse que ces racines ont puisée dans le sein de la terre (V. ci-après, page 686). Un peu plus tard, MM. Maumené et Rogelet, à Reims (Marne), retiraient celle que les bêtes à laine trouvent dans leurs aliments, et qui constitue la plus grande partie du suint. En 1860, M. Merle, à Salindres (Gard), séparait la potasse que contiennent les eaux de la mer. Enfin, à la même époque commençait l'exploitation du célèbre gisement de minerais potassiques de Stassfurt. Ce gisement, unique au monde, appartient au territoire de la Prusse et à celui du duché d'Anhalt. Découvert en 1838, il n'avait encore été travaillé que comme mine de sel gemme, quand, dans le courant de 1859, le chimiste Henry Rose en signala l'importance comme source de potasse. En 1869, la partie prussienne seule avait donné près de 110,000,000 de composés potassiques, et cette énorme production a toujours augmenté depuis.

POUDRE A CANON. — Ainsi qu'on l'a vu ailleurs (V. pages 534-535), la poudre à canon a été inventée dans l'unique but de fournir aux hommes un moyen de destruction plus prompt et plus efficace que les anciens. Aussi, pendant très-longtemps, a-t-elle été exclusivement employée pour les besoins de la guerre. Ce n'est même qu'assez tard qu'on lui a cherché des applications pacifiques. Ainsi, c'est au commencement du XVIIe siècle qu'on a commencé à l'utiliser pour l'exploitation des mines et des carrières, innovation capitale qui a rendu des services inappréciables à l'art de l'ingénieur. Un peu plus tard, Denis Papin, reprenant une idée déjà émise par Huyghens et l'abbé Hautefeuille, essaya de la convertir en force motrice, et l'on sait que, si ses expériences n'eurent pas de succès pratique, elles le conduisirent à l'invention de la machine à vapeur. A diverses époques, principalement à la nôtre, elle a été l'objet d'un grand nombre de recherches, soit pour remédier à certains inconvénients qu'elle présente, soit pour en rendre l'emploi plus commode, soit enfin pour la remplacer par des mélanges plus faciles à préparer ou à employer. Nous allons indiquer les principales.

1° *Poudres comprimées.* — L'invention consiste à préparer la poudre en morceaux ou cylindres compactes ayant le diamètre des différentes armes, ce qui supprime la confection des cartouches et des gargousses. Née dans l'Amérique du Nord, où elle fut faite en 1850 par le major Rodman, elle se répandit immédiatement en Europe. Un nommé Brown la fit connaître en France au mois de juin de la même année. Le gouvernement français la soumit à de nombreux essais, qui en firent reconnaître l'impraticabilité. Les mêmes effets se produisirent dans les autres pays. On entreprit alors de l'appliquer à la poudre de chasse, mais on ne fut pas plus heureux. On réussit mieux pour la poudre de mine. Néanmoins, les expériences furent peu à peu abandonnées. L'invention de la dynamite vint d'ailleurs en rendre la continuation inutile.

2° *Poudres prismatiques.* — Ce sont également des poudres comprimées, mais dont les grains, de forme prismatique, se raccordent exactement par leurs surfaces extérieures, et présentent plusieurs canaux intérieurs. Cette innovation a la même origine et le même auteur que la précédente. Elle a été expérimentée en France, en Russie, en Prusse, etc., et partout on a reconnu qu'elle n'avait aucune ou presque aucune utilité pratique.

3° *Poudres inexplosibles.* — Dans les magasins où on la conserve, la poudre étant sujette à une foule d'accidents dus à l'imprudence ou à la maladresse des personnes, ou bien aux cas fortuits d'incendie ou de feu du ciel, on a imaginé, pour ralentir les dangers d'explosion, de diminuer sa vitesse d'inflammation en y ajoutant des substances pulvérisées dont il serait facile de la débarrasser au moment de l'emploi. On a préconisé, à cet effet, soit l'emploi d'un mélange de charbon de bois et de salpêtre (Piobert, 1835) ou de graphite (Fadeieff, 1844), soit simplement celui du verre pilé (Gale, 1862), etc. Aucun des procédés proposés n'a pu soutenir l'épreuve de la pratique. On a également essayé de résoudre la question en changeant la composition de la poudre, mais sans plus de succès; il est question à l'article qui suit des principales inventions faites dans cette voie.

POUDRES NOUVELLES. — La poudre de guerre, telle qu'on la fabrique depuis qu'elle est connue, est loin d'être parfaite. Aussi, depuis la fin du siècle dernier, a-t-on très-souvent essayé de la remplacer par de nouveaux mélanges; mais, après une multitude de tentatives, on est arrivé à cette conclusion, que la poudre ordinaire, la *poudre noire*, comme on l'appelle à cause de sa couleur, inventée à une époque en quelque sorte étrangère à la science, est encore supérieure à toutes les compositions analogues que les progrès de la chimie ont fait imaginer. On n'a obtenu quelques résultats satisfaisants que pour des poudres destinées à l'exploitation des mines et des carrières; encore même les compositions reconnues propres à cet usage ont-elles été presque entièrement mises de côté depuis l'invention de la dynamite. Nous allons indiquer les plus importantes.

1° *Poudres au chlorate de potasse.* — En 1788, peu après la découverte du chlorate de potasse, Berthollet reconnut que ce corps formait avec le soufre et le salpêtre une poudre beaucoup plus énergique que la poudre ordinaire. Ces faits passèrent alors inaperçus, mais on se les rappela au commencement de la Révolution. En 1792, dans la crainte que le salpêtre ne vint à manquer pour l'approvisionnement des armées, le gouvernement français ordonna des expériences pour savoir s'il serait possible de remplacer cette substance par le chlorate de potasse, dans la fabrication de la poudre. Elles eurent lieu à la poudrerie d'Essonnes, près de Corbeil, mais elles furent interrompues par une explosion qui détruisit le bâtiment et fit périr quatre personnes. Reprises à Paris, quatre ans plus tard, elles occasionnèrent un accident analogue, ce qui les fit définitivement abandonner. Depuis cette époque, des essais exécutés par plusieurs savants, surtout par M. de Cossigny, ingénieur-chimiste à l'île de France, ont prouvé que non-seulement les poudres au chlorate de potasse sont inférieures, sous tous les rapports, à la poudre ordinaire, mais que, de plus, comme le choc les enflamme très-facilement, elles sont extrêmement dangereuses à fabriquer et d'un transport à peu près impossible. Malgré cela, on voit à chaque instant des inventeurs faire entrer le chlorate de potasse dans la composition de nouvelles poudres.

2° *Poudres picratées.* — L'idée de faire entrer les ou carbazotates dans la composition de la poudre remonte à l'année 1795, et appartient au chimiste Welter; mais elle n'a été réalisée qu'à notre époque, quand la production de l'acide picrique est devenue industrielle. Dès 1859, M. Bobœuf, chimiste à Paris, expérimenta une poudre dite *sans soufre*, qui était un simple mélange de picrate de potasse et de picrate de plomb. Toutefois, la question des préparations picratées ne prit une importance réelle que vers 1865 ou 1866 ; c'est de cette époque que datent les poudres de M. Désignolles, chimiste d'Auxerre, et celle de M. Fontaine, fabricant de produits chimiques à Paris, les premières, formées de charbon, de salpêtre et de picrate de potasse, la seconde, uniquement composée de chlorate de potasse et de picrate de potasse. Un peu plus tard a paru la poudre de M. Bergère, qui est obtenue en mélangeant le picrate d'ammoniaque au bichromate de potasse. Après de nombreux essais, les poudres au picrate ont été reconnues peu avantageuses pour les armes à feu, trop chères pour les usages industriels, mais pouvant être utilisées, en raison de leurs propriétés explosives tout à fait extraordinaires, pour le chargement des mines militaires, des projectiles creux et des torpilles.

3° *Poudres inexplosibles.* — N'ayant pu, par des moyens mécaniques, rendre la poudre ordinaire inexplosible, on a essayé de résoudre le problème en se servant de mélanges autrement composés. Mais, parmi les poudres inventées à cet effet, quelques-unes seulement ont paru posséder réellement les propriétés voulues, du moins pour les mines. Celles qui contiennent une assez forte proportion de nitrate de soude, ou salpêtre du Chili, sont généralement dans ce dernier cas. Telles sont, entre autres, la *poudre Martineddu* (1856, nitrate de soude et sciure de bois), le *pyronome* de l'ingénieur Reynaud (1861, nitrate de soude, tan et soufre), et la poudre *Schaeffer-Budenberg* (1864, nitrate de potasse, nitrate de soude, soufre, charbon de bois, charbon de terre, tartrates de potasse et de soude). Toutefois, à cause de la présence du nitrate de soude, ces composés sont très-hygrométriques et ne peuvent être conservés longtemps.

V. HALOXYLINE.

4° *Poudres blanches.* — Ce sont des poudres à base de chlorate de potasse dans lesquelles le charbon et le soufre sont remplacés par du sucre et du prussiate de potasse. L'absence du charbon leur communique une coloration plus ou moins blanchâtre, qui est l'origine de leur nom. On les appelle aussi *poudres allemandes* et *poudres américaines.* Augendre, essayeur à la Monnaie de Constantinople (1849), et Pohl, chimiste allemand, se sont particulièrement occupés de ces mélanges, auxquels s'applique ce qui a été dit ci-dessus des poudres chloratées ordinaires. D'autres poudres blanches (*poudre Uchatius, poudre Schultze,* etc.) ne sont que des pyroxyles.

PUITS DE GAZ. — On sait que, dans certains pays, des gaz combustibles, principalement composés d'hydrogène carboné, s'élèvent des profondeurs du sol, tantôt spontanément, tantôt à la suite de sondages exécutés en vue ou non de leur donner issue. En Chine, où ils sont très-communs, on les emploie, depuis une époque très-reculée, à chauffer et à éclairer les habitations. En Amérique, où ils jaillissent souvent des trous de sonde avec l'huile minérale, on en fait aussi d'utiles applications. On en a d'abord tiré parti pour chauffer les petites locomobiles qui mettent en mouvement les pompes à puiser le pétrole. Plus tard, on les a conduits au loin pour éclairer les villes et chauffer les foyers des usines. On est ainsi parvenu à chauffer non-seulement des chaudières à vapeur, mais encore des fours à puddler le fer. Les puits de gaz sont très-nombreux en Pensylvanie, où les gaz de plusieurs d'entre eux sont amenés à Pittsburgh, d'une distance de plus de 60 kilomètres, pour le service des ateliers de ce grand centre industriel.

Puits instantanés. — Vers 1866, un mécanicien américain, du nom de Norton, a fait connaître en France un moyen fort simple de creuser, dans certains terrains, des puits tubés qui permettent d'aller chercher l'eau, en peu de temps et très-économiquement, à une nappe souterraine. Ce moyen consiste à enfoncer verticalement dans le sol, à une profondeur suffisante, un tube métallique muni d'une pointe de fer et percé de trous à sa partie inférieure. On fixe ensuite sur ce tube une pompe aspirante, et il suffit, s'il traverse une nappe liquide, de faire agir cette pompe pour avoir de l'eau ; parfois même, si la configuration géologique du pays le permet, on obtient un puits artésien. Ce sont les ouvrages de ce genre qu'on appelle *puits instantanés*, à cause de la rapidité avec laquelle on les établit. Il est évident qu'ils sont impraticables dans les terrains composés de matières difficiles à percer ; ils le sont encore quand la nappe souterraine est à une profondeur supérieure à neuf mètres et demi, puisque les pompes aspirantes ne peuvent élever l'eau à plus de dix mètres. Mais, lorsque la profondeur ne dépasse pas sept à huit mètres, et que le terrain est argileux, sableux ou argilo-siliceux, ils sont, au contraire, d'une exécution si prompte et si facile, que l'opération ne dure jamais plus de quelques heures. Notons, en terminant, que le procédé dont il vient d'être question n'est pas une chose absolument nouvelle ; mais si M. Norton ne l'a pas réellement inventé, on ne peut lui disputer le mérite de la vulgarisation.

Puits moteur. — Sous ce nom, M. Hanriau, ingénieur au Mans, a imaginé une espèce de puits qui élève lui-même l'eau, et qui, au besoin, peut produire une force susceptible d'être transmise à distance. Pour obtenir cet effet, M. Hanriau se sert de la force motrice qui résulte de la chute, dans une couche inférieure absorbante, soit de l'eau inutilisable qui est à la surface du sol, soit du produit d'une source souterraine dont le niveau est supérieur à celui de la couche absorbante. Cet écoulement d'un niveau à un autre procure une chute qui produit une force motrice, laquelle peut être employée à faire mouvoir des pompes pour remonter à la surface l'eau de la couche supérieure, ou à mettre en action les machines d'une exploitation agricole. Cet emploi des chutes d'eau n'est pas absolument nouveau, il a même été plusieurs fois réalisé partiellement, mais M. Hanriau l'a généralisé et en a fait des applications inconnues avant lui.

Pyrites. — L'importance prise de nos jours par la fabrication de l'acide sulfurique est devenue telle que la Sicile, le principal producteur de soufre du monde entier, s'est trouvée impuissante à fournir les quantités nécessaires. Il a donc fallu puiser à une autre source. Déjà, en 1793, quand la France, séparée par la guerre du reste de l'Europe, s'efforçait de trouver dans son propre sol les ressources indispensables à son existence industrielle, un savant, le chimiste d'Artigues, avait essayé de remplacer le soufre de la Sicile par ces composés naturels de soufre et de fer, appelés *pyrites*, dont presque tous les pays, et en particulier le nôtre, possèdent de riches gisements ; mais il avait échoué. Plus tard, en 1818, la même substitution avait été tentée en Angleterre, où l'insuccès avait été le même. En 1830, la question fut reprise à Lyon par M. Michel Perret, et, en 1836, elle se trouva complétement résolue. Depuis cette époque, l'emploi des pyrites s'est tellement généralisé, à l'étranger aussi bien qu'en France, qu'aujourd'hui c'est à ces minerais et non plus au soufre de Sicile, devenu trop cher, que les industries chimiques demandent tout l'acide sulfurique dont elles ont besoin.

Pour se faire une idée de la rapidité avec laquelle cette innovation s'est développée, il suffira de savoir qu'en France, la consommation des pyrites, qui en 1861 ne dépassait pas 90,000 tonnes, avait doublé en 1874, et que, dans la même période, on l'a vue, en Angleterre, s'élever de 180,000 à 300,000 tonnes. Ce n'est pas tout: certaines pyrites renfermant, outre le fer, une certaine quantité de cuivre et d'argent, on est parvenu, après en avoir retiré le soufre, à isoler ces divers métaux dans un état de pureté qui permet de les appliquer à tous les usages auxquels ils sont propres.

PYROXYLES. — Ce sont des substances très-inflammables et éminemment explosibles qu'on obtient en soumettant une matière cellulosique quelconque à l'action de l'acide azotique concentré. Le plus important de ces composés, celui qui a conduit à la connaissance de tous les autres, se prépare avec le coton. Aussi l'appelle-t-on *coton-poudre*, *fulmi-coton*, *coton azotique* (voy. pages 305-306). Pour les autres, on emploie la fécule (*pyroxam*), le papier (*pyro-papier*, *papier fulminant*), la sciure de bois (*poudre Schultze*), etc. Pendant longtemps, on a fondé de grandes espérances sur les pyroxyles, surtout sur le fulmicoton, mais l'expérience les a fait presque complétement évanouir, du moins, quant à présent, aussi bien pour le service militaire que pour les usages de l'industrie.

RADIOMÈTRE. — En 1875, M. Crookes, physicien anglais, a construit une espèce de boussole lumineuse, à laquelle il a donné le nom de *Radiomètre*, pour indiquer qu'elle sert à mesurer l'intensité du rayonnement de la lumière. Deux bras rectangulaires en aluminium portent à leurs extrémités de petites lames minces de mica, noircies sur une de leurs faces. A leur point de jonction, ces bras sont soudés à un petit chapeau de verre, reposant sur une pointe d'acier, qui sert de pivot. Enfin, le tout est posé au milieu d'une boule de verre dans laquelle, au moyen d'une machine pneumatique, on a fait le vide aussi complétement que possible. Quand on approche cet instrument de la flamme d'une bougie, ou qu'on le porte à la simple lumière du jour, le

moulinet se met à tourner, et plus la lumière est intense, plus la rotation est rapide. On a donné une foule d'explications de ces phénomènes; mais, jusqu'à présent, aucune n'a paru suffisamment concluante. Toutefois, si l'on s'en rapporte aux expériences exécutées par MM. Frankland, Lippmann, Schuster, Devar, Tait, Kundt, Alvergnat, Stoney, Finkener et autres, le mouvement du Radiomètre serait en effet de la dilatation de l'air. Cet instrument ne démontrerait donc pas, comme on l'a d'abord prétendu, l'existence d'une force impulsive à la lumière.

RAMIE, RAMIÉ, RAMEH. — Plante textile de la famille des Orties. Originaire de Java, elle est aujourd'hui cultivée en Chine, dans l'Indo-Chine et dans l'Inde. Depuis quelques années, on l'a introduite au Texas, dans la Louisiane, en Algérie, dans plusieurs de nos départements méridionaux. C'est une variété de *China grass* ou *Ortie blanche*, mais sa fibre est plus brillante, plus fine et plus tenace. De là le nom d'*Urtica tenacissima* que lui ont donné les botanistes. On en fabrique des tissus qui rivalisent d'éclat avec les soieries.

RUTHÉNIUM. — Entrevu par Osann en 1828, ce métal n'a été réellement découvert qu'en 1846 par Claus, chimiste russe. On le rencontre surtout dans les minerais de platine de Sibérie et dans l'osmiure d'iridium naturel. Pendant longtemps, on n'a pu l'obtenir qu'à l'état d'une poudre grise ou de fragments spongieux d'un gris blanchâtre. Deville et Debray sont les premiers qui aient réussi à le fondre. En raison de sa rareté, on n'a pu lui trouver aucune application.

SALICYLIQUE (*acide*). — L'écorce des saules était employée depuis longtemps comme fébrifuge, dans plusieurs pays, lorsqu'en 1829, Leroux, pharmacien à Vitry-le-François, reconnut que son principe actif est une matière neutre, cristalline, qu'il appela *Salicine*, du latin *Salix*, saule, afin de rappeler son origine. En 1838, le chimiste italien Piria, alors attaché au laboratoire de M. Dumas, à Paris, réussit à la transformer en un acide, auquel on donna le nom d'*Acide salicylique*, et dont il écrivit l'histoire complète. A quelque temps de là, le hasard fit que Pagenstreher, pharmacien à Berne, ayant distillé des fleurs de la Reine-des-prés, en tira une essence qui fut immédiatement reconnue n'être autre chose que la substance que Piria venait de trouver. La découverte de l'acide salicylique appartient donc à Piria, et à lui seul. A cause de son extrême rareté, cet acide n'a d'abord été qu'une curiosité de laboratoire; mais la science ayant fini par donner le moyen de le produire artificiellement en masses considérables, on s'est mis à lui chercher des applications. On le considère aujourd'hui comme un antiseptique précieux, éminemment propre à préserver les substances organiques de toute altération. Il pourrait donc être employé pour conserver les viandes, les légumes, les gelées animales ou végétales, le vin, le lait, la bière, les sirops, etc., ainsi que les encres, les diverses colles, les extraits de bois et de plantes médicinales, etc. Enfin, depuis 1874, on l'utilise, en médecine, soit comme antiseptique, soit comme fébrifuge.

SABLE (*Gravure au*).— Voy. pag. 663.

SERVO-MOTEUR. — Sous ce nom, qui veut dire moteur asservi, M. Joseph Farcot, ingénieur civil à Saint-Ouen (Seine), a inventé, en 1872, un mécanisme permettant de produire instantanément, et de supprimer de même, en un point indiqué d'un système mécanique, une force quelconque, et de lui faire parcourir la course utile que le travail exige, sans que le conducteur chargé de la manœuvre ait autre chose à faire que d'exercer, sur un endroit déterminé, une action ou une réaction d'une très-faible intensité. De cette façon, un régulateur peut tenir complétement en bride les mécanismes les plus compliqués.

SIGNAUX DE FEU.— Voyez PHOTOPHORE, page 674.

SOLEIL MOTEUR.—V. CHALEUR SOLAIRE.

SOUDE. — On sait que, jusqu'aux premières années de ce siècle, la soude a été uniquement extraite des cendres de certaines plantes marines, mais que, depuis 1804, on l'obtient en soumettant le sel marin à un traitement découvert, en 1790, par le chimiste fran-çais Nicolas Leblanc (voy. p. 586-587). Ce nouveau mode de production s'est peu à peu introduit partout, en sorte que l'ancienne industrie des soudiers a presque entièrement disparu. Le procédé de Leblanc ne donne la soude que d'une manière indirecte. En effet, le sel marin est d'abord changé en sulfate de soude, puis on reprend ce dernier et on le transforme en soude brute. On a essayé bien des fois, sans arriver à un résultat pratique, de convertir directement le sel marin en soude. Néanmoins, si les recherches effectuées dans ce but n'ont pas réussi industriellement, elles ont fourni l'occasion de modifier suffisamment le mode d'opérer ordinaire pour lui faire donner des produits plus purs, le rendre plus économique et le débarrasser, à l'avantage de l'hygiène, de plusieurs inconvénients assez graves. Le nouveau procédé a reçu le nom de *procédé par l'ammoniaque*, parce qu'il exige l'emploi du bicarbonate d'ammoniaque. Appliqué en Angleterre, en 1838, par Harrison, Dyar et John Hemming, et presque aussitôt abandonné, il reparut en France, en 1854, et l'année suivante, MM. Schlœsing et Rolland, ingénieurs des manufactures de l'État, établirent à Puteaux, près de Paris, une usine que diverses circonstances firent disparaître en 1858. La question fut reprise quelque temps après, d'une part, en Ecosse, par M. James Young, de Limefield, d'autre part, en France, par MM. Margueritte et Sourdeval, de Paris, et les difficultés qui avaient empêché le développement des entreprises précédentes se trouvèrent annihilées. Aujourd'hui, le procédé par l'ammoniaque est en pleine exploitation en Angleterre, en Hongrie, en Suisse, en Allemagne, enfin, en France, où une fabrique, celle de M. Ernest Solway, à Couillet, produisait par jour, en 1873, de 12 à 14,000 kilogrammes de carbonate de soude.

SPARTE. — On désigne sous ce nom plusieurs plantes de la famille des Graminées qui croissent en Espagne, en Portugal et dans tout le nord de l'Afrique. Mais le *Sparte proprement dit* est l'*Albardin* des Espagnols, le *Senhra* des Arabes. Ces derniers savent très-bien le distinguer de l'*Alfa* et du *Diss*.

Toutes ces plantes fournissent des filaments textiles éminemment propres à faire des cordages, des chapeaux, des chaussures, des nattes, des tapis, des corbeilles, des paniers, et, en général, les ouvrages si divers dits *de sparterie*. Elles constituent également d'excellentes matières à papier. Toutefois, c'est l'Alfa qui a plus particulièrement reçu cette destination, en sorte que le *papier de sparte* n'est le plus souvent que du *papier d'alfa*.

SULFURE DE CARBONE. — Corps résultant de l'union du soufre et du carbone dans le rapport de 84,21 du premier et de 15,79 du second. C'est un liquide incolore, très-mobile et très-volatil, qui a été découvert à Freiberg (Saxe), en 1796, par le chimiste Lampadius. Jusqu'en 1850, il n'a été employé, du moins sur une échelle un peu importante, que pour vulcaniser le caoutchouc et la gutta-percha. Depuis cette époque, on lui a trouvé un grand nombre d'applications utiles ; mais c'est surtout comme dissolvant des corps gras qu'il joue un rôle considérable dans l'industrie. On utilise aussi les propriétés toxiques de sa vapeur pour détruire les insectes dans les greniers à blé, et les petits rongeurs dans les trous où ils se cachent.

. TAUPE MARINE. — Appareil de plongeur inventé, vers 1872, par M. Toselli, savant italien établi en France. C'est un cylindre vertical en fonte, qui est divisé, dans sa hauteur, en quatre compartiments d'inégale grandeur. Le compartiment le plus bas est rempli de plomb pour faire tenir l'appareil verticalement. Celui qui vient immédiatement après, est destiné à recevoir une certaine quantité d'eau, qu'on y introduit par un robinet et qu'on en expulse au moyen d'une pompe, ce qui permet d'augmenter ou de diminuer le poids de la machine, suivant qu'on veut descendre ou monter. Le troisième est la chambre de travail : c'est là que se .tient l'opérateur. Enfin, le quatrième, c'est-à-dire le supérieur, est un magasin d'air comprimé. On pénètre dans la taupe marine par un trou d'homme, qui est ensuite fermé hermétiquement. En manœuvrant des robinets, l'opérateur s'ap-provisionne d'air frais et envoie au dehors l'air vicié. Enfin, au moyen d'ouvertures garnies de verres épais, il voit distinctement ce qui l'entoure, et un fil électrique lui permet de communiquer à chaque instant avec les personnes placées dans le bateau ou sur le navire auquel l'appareil est suspendu. D'après les indications qu'elles reçoivent, ces mêmes personnes font descendre sur les points voulus des grappins qui, s'ouvrant et se fermant d'eux-mêmes, enlèvent les objets qu'on veut extraire du fond de la mer.

TÉLÉGRAPHE PARLANT. — Voyez TÉLÉPHONE, page 683.

TÉLÉGRAPHIE PNEUMATIQUE. — Voyez POSTE ATMOSPHÉRIQUE, p. 853 et 675.

TÉLÉGRAPHE SANS FIL. — On a donné ce nom à un moyen de communiquer à distance uniquement par les cours d'eau. Voici ce que disait à ce sujet l'un de nos physiciens, M. Bourbouze, dans une note déposée par lui, le 28 novembre 1870, sous pli cacheté, sur le bureau de l'Académie des sciences de Paris. « Quand on met les deux extrémités du fil d'un galvanomètre sensible en contact, l'une avec le tuyau qui amène le gaz dans les laboratoires, l'autre avec les conduites d'eau, on constate aisément de l'existence de courants énergiques dans le circuit ainsi formé. On arrive à des résultats analogues en mettant l'une des extrémités du fil en communication avec un cours d'eau, l'autre avec un morceau de métal enfoncé en terre, ou bien encore l'une avec un puits et l'autre avec la terre. En résumé, l'ensemble de mes expériences démontre que l'on peut communiquer télégraphiquement, sans fils, à des distances plus ou moins considérables : on peut substituer les courants telluriques à ceux des piles généralement employées, pourvu que l'on fasse varier les surfaces immergées ; enfin, ces courants peuvent décomposer les dissolutions des sels métalliques. » La note de M. Bourbouze a été ouverte le 27 mars 1876. Elle a donné lieu à des réclamations de priorité. On a dit que l'invention n'était pas nouvelle et qu'elle avait donné lieu à des expériences en Angleterre, longtemps avant 1870. C'est, dit-on, à Portsmouth, qu'on a fait le premier usage de ce télégraphe. On avait placé le manipulateur sur l'une des rives d'un bras de mer large de plusieurs kilomètres, tandis que le récepteur se trouvait sur l'autre bord, et l'on réussit à établir des communications télégraphiques entre ces deux points, sans avoir à les relier par des fils. Tout cela ne prouve qu'une chose, c'est que deux chercheurs peuvent, sans le savoir, se rencontrer dans leurs études, et le fait est très-fréquent par le temps où nous sommes.

TÉLÉPHONE. — On vient de faire revivre ce mot (V. pages 605-606) pour désigner un système de télégraphie électrique destiné à la transmission de la musique et de la parole humaine, en d'autres termes, un véritable *télégraphe parlant*. Des tentatives analogues avaient déjà été faites à diverses époques, notamment vers 1862, en Allemagne, par M. Reuss, professeur de physique à Friedrischdorf, et en 1874, aux États-Unis, par M. Élisah Gray, mais sans succès pratique. L'invention actuelle sera-t-elle plus heureuse, c'est ce que l'avenir apprendra. Dans tous les cas, elle est due à M. Graham Bell d'Edimbourg, professeur de sourds-muets, établi à New-York depuis sept ou huit ans, et elle a fait son apparition officielle à l'exposition universelle de 1876, à Philadelphie, dont elle a été, assure-t-on, une des principales merveilles. L'appareil se compose d'un transmetteur et d'un récepteur reliés par un fil télégraphique. Le premier consiste en une caisse sonore munie d'une membrane dont les vibrations produisent des courants, et à l'embouchure de laquelle on prononce les sons. Quant au récepteur, constitué par une sorte d'anche circulaire mise en mouvement par les courants transmis, il est enfermé dans une boîte pourvue d'un cornet acoustique. En approchant l'oreille de ce dernier, l'opérateur entend distinctement la voix de celui qui parle à l'autre extrémité de la ligne. Le Téléphone ayant été soumis à un certain nombre d'expériences qui ont généralement réussi, on se propose de le faire entrer dans l'usage industriel. Déjà même, d'après les journaux américains, on s'en servirait pour mettre en communication les bureaux de plusieurs grandes administrations, des galeries de mines avec l'extérieur, etc.

TERBIUM. — Ce métal a été découvert en 1843, en même temps que l'Erbium, par Mosander, chimiste suédois. Comme ce dernier, il semble toujours accompagner l'Yttrium. Son nom est également tiré de celui d'Ytterby, pour rappeler qu'il a été trouvé dans la gadolinite de cette ville. Il est rare, peu connu et sans usages.

THAO. — Nom cochinchinois d'une substance gélatineuse introduite en Europe depuis quelques années, et que les peuples de l'extrême Asie retirent de certaines Algues. C'est la *gélose* des chimistes français. Les Anglais l'appellent *Singlass vegetable*, c'est-à-dire succédané végétal de la colle de poisson. Ce produit trouvera probablement son emploi dans beaucoup d'industries; mais, pour le moment, il joue un rôle important dans l'apprêt des étoffes de coton, surtout des étoffes peintes, dont il ne dénature pas les couleurs, et auxquelles il communique plus de souplesse que les autres substances employées au même usage. On cherche actuellement à le retirer des Algues de nos côtes. On fait également des essais pour l'appliquer à l'apprêt des soieries et à celui des étoffes de laine.

THORIUM. — Ce métal a été découvert, en 1829, par Berzelius, qui lui donna le nom de *Thor*, le dieu du tonnerre des anciens Scandinaves, pour rappeler qu'il l'avait trouvé dans un minéral de Lovo, près de Brevig, en Norwége. C'est une substance très-rare, par conséquent sans emploi.

TOLUIDINE. — En 1838, Pelletier, chimiste français, et Walker, chimiste anglais, découvrirent, dans les produits huileux de la fabrication du gaz, un nouvel hydrocarbure, qu'ils appelèrent *rétinaphte*, et auquel on a donné depuis le nom de *Toluène*. La *Toluidine* est un dérivé de ce corps. On retire de cette dernière des couleurs rouges et bleues d'une grande beauté, dont une bleue, dite *indigo indigène* ou *bleu Coupier*, est d'une solidité incomparable.

TORPILLES. — Elles remontent au

commencement du XVIIe siècle, mais leur forme et leur mécanisme ont varié presque à l'infini. En outre, on les a d'abord appelées *pétards flottants*, *pétards sous-marins*, *mines sous-marines*. En 1607, Battista Crescenzi, architecte romain, proposa l'usage de ces engins pour la défense des ports. Les Anglais s'en servirent, en 1628, contre la flotte de Louis XIII, pendant le siége de la Rochelle. En 1634, le Hollandais Cornelius Drebbel en imagina un modèle que son gendre offrit à Charles II, roi d'Angleterre, qui ne voulut pas l'accepter. Plusieurs inventions analogues furent faites par la suite, notamment en 1650, par le Polonais Siemienowicz ; en 1777, par l'Américain David Bushnell ; en 1797, par l'officier français Reveroni ; en 1799, par le mécanicien Régnier, directeur de notre musée d'artillerie ; à la même époque, par Robert Fulton, qui poursuivit ses essais pendant plusieurs années en France, en Angleterre et aux États-Unis. C'est ce dernier qui a fait adopter le nom de *torpille*. En 1810 et 1811, deux officiers de notre artillerie, Parizot et Paixhans, s'occupèrent beaucoup de ces machines, que les Américains employèrent, et souvent avec succès, contre les Anglais, en 1814. Il en fut de même, quelques années après, du capitaine Montgéry. On sait qu'en 1855 les Russes en avaient semé les approches de leurs ports de la Baltique et du golfe de Finlande, où heureusement elles ne donnèrent lieu à aucun accident fâcheux. Les torpilles ne sont donc pas une chose nouvelle. Toutefois, c'est surtout depuis l'adoption du cuirassement des navires qu'elles sont devenues une nécessité pour mettre les rades et les ports à l'abri de l'attaque des navires ennemis. Sous ce rapport, elles ont rendu de grands services aux Autrichiens, devant Venise, en 1859 ; aux Américains, pendant la guerre de sécession ; aux Paraguayens, pendant leur lutte contre le Brésil et ses alliés. Enfin, en 1870-1871, elles ont suffi pour interdire aux escadres françaises l'accès des ports de la Prusse. Aussi, chez toutes les nations maritimes, se préoccupe-t-on d'en perfectionner la construction afin de pouvoir en tirer le meilleur parti possible dans les diverses circonstances où leur rôle sera nécessaire. Il y en a deux sortes principales, que l'on appelle *torpilles dormantes* et *torpilles flottantes*. Les premières sont des boîtes métalliques remplies d'une poudre très-énergique, et qui, reposant sur le fond, prennent feu, soit au moyen de l'étincelle électrique, soit par un mécanisme que le bâtiment ennemi fait jouer en le touchant. Les secondes en diffèrent en ce qu'elles sont tenues immergées à une petite distance de la surface ; mais les unes, fixées au bout d'un long mât plongé dans l'eau, sont portées contre l'ennemi par de petits bateaux à vapeur, tandis que les autres sont remorquées au moyen d'un câble, et que d'autres sont lancées par une espèce de tube-canon. Quant à leur inflammation, elle a lieu électriquement ou par une fusée à percussion.

TRANSMISSION DES FORCES A DISTANCE. — Pendant des siècles, la force motrice n'a pu parcourir que de très-faibles distances pour se rendre depuis sa source, c'est-à-dire depuis le moteur qui la produisait, jusqu'à l'usine qui réclamait son assistance. Aujourd'hui même, dans une foule de circonstances, les choses ne se passent pas autrement. Ainsi, le modeste moulin à eau va, comme par le passé, se placer sur le bord de la rivière qui doit faire tourner sa roue. Dans les grandes usines, les machines sont également peu éloignées des moteurs qui les font marcher, et l'arbre de transmission, appelé communément *arbre de couche*, qui leur sert de trait-d'union commun, ne peut avoir qu'une longueur très-restreinte ; autrement il absorberait en chemin la force qui lui aurait été confiée, et finalement il ne lui en resterait plus même assez pour se faire mouvoir lui-même. Il se présente cependant des cas dans lesquels il serait très-avantageux que la force motrice pût franchir, sans perte trop sensible, non des dizaines, mais des centaines de mètres, et après avoir parcouru de pareilles distances, mettre en mouvement, faire fonctionner les usines les plus considérables. C'est ce que la science moderne est parvenue à obtenir, soit par le système de transmission qu'on appelle *télodynamique,* soit au moyen de l'eau ou de l'air comprimé. La *transmission télodynamique* a été inventée en 1850, au Logelbach, près de Colmar, par M. C. F. Hirn. Elle consiste en deux poulies d'un grand diamètre et à gorges profondes, disposées aux deux extrémités du parcours, l'une près du moteur, l'autre sur l'arbre tournant de la machine qu'il s'agit de faire mouvoir. La première poulie reçoit du moteur un mouvement de rotation très-rapide, et le transmet à la seconde par l'intermédiaire d'un câble métallique sans fin, de quelques millimètres de diamètre, qui passe dans leurs gorges. A l'aide d'installations semblables, on utilise la force motrice prise à la roue d'un moulin ou développée par une machine à vapeur jusqu'à des distances de 1,200 mètres et plus, et la perte de travail est relativement insignifiante.

TRANSMISSION PNEUMATIQUE DES DÉPÊCHES. — Voyez POSTE ATMOSPHÉRIQUE, pages 533 et 675.

TRAMWAYS. — Les Tramvays se distinguent des chemins de fer ordinaires en ce que les rails, au lieu d'occuper un terrain qui leur soit spécialement réservé, sont établis sur les chaussées ou sur les accotements des routes et des rues, en laissant ces chaussées et ces accotements entièrement libres pour la circulation des animaux et des personnes. En conséquence, leurs rails ne font aucune saillie sur le sol; ils sont comme enterrés dans ce dernier, mais leur surface supérieure présente une gorge assez large pour que le boudin des roues de voitures spéciales s'y engage aisément, et trop étroite pour que les jantes des roues des voitures ordinaires puissent y entrer. Les Tramways ne sont donc autre chose que les *chemins à ornières* de l'origine des chemins de fer. En France, on les appelle *chemins de fer américains;* en Angleterre, *american tramways,* parce que c'est aux États-Unis qu'ils ont reçu le plus d'extension, comme aussi qu'ils ont été établis, pour la première fois, dans les rues des villes. En 1853, M. Loubat, ingénieur français, qui, pendant un long séjour en Amérique, avait eu l'occa-

sion d'apprécier l'utilité de ce genre de voie, demanda l'autorisation de l'expérimenter sur le quai de Billy, à Paris. Le 18 février de l'année suivante, il obtint l'autorisation de construire une ligne qui, partant du bourg de Vincennes, aboutirait à Sèvres, avec embranchement sur Boulogne. Toutefois, le gouvernement, craignant que la présence des rails sur les quais, dans la rue et le faubourg Saint-Antoine, ne donnât lieu à des accidents, ne voulut permettre la pose de la voie qu'entre la place de la Concorde, Sèvres et Boulogne. Ce Tramway paraît être le premier qu'il y ait eu en Europe. Quelques années après, surtout à partir de 1870, les Anglais sillonnèrent de chemins semblables les principaux quartiers de Londres et de leurs villes principales, et leur exemple fut presque aussitôt suivi par les autres pays du continent. Aujourd'hui, toutes les capitales, toutes les cités importantes de l'Europe sont pourvues de nombreux Tramways. Elles en sont, pour la plupart, redevables à l'initiative d'ingénieurs anglais. Paris lui-même est dans ce cas. En 1871, cette ville n'avait encore que la petite ligne de la Concorde à Sèvres et à Boulogne, qu'on s'était contenté de prolonger jusqu'à Versailles. En 1877, elle comptait 16 lignes d'une étendue de plus de 120 kilomètres; 11 nouvelles avaient été concédées ou étaient sur le point de l'être, et l'on suppose que, pendant l'été de 1878, son réseau aura un développement de 180 kilomètres. — La traction se fait généralement au moyen de chevaux. Mais on commence à se servir, soit de petites locomotives ordinaires, soit de locomotives sans foyer, soit de machines à air comprimé.

VERRE TREMPÉ OU DURCI. — On connaît depuis l'origine de la verrerie la dureté des larmes bataviques et des baguettes coulées dans l'eau froide, sur lesquelles on peut frapper avec un marteau sans les briser; mais on n'avait jamais songé à faire une application industrielle des propriétés que la trempe donne au verre. Cette application a été réalisée en 1875 par M. de la Bastie, au château de Richemont (Ain). Il chauffe les pièces de verre ou de cristal à une température voisine du ramollissement et il les plonge rouges dans un bain composé de corps gras, animaux ou végétaux, le plus souvent de graisse de boucherie épurée, qu'il a portée à une température déterminée par l'expérience et supérieure à celle de l'ébullition de l'eau. Le verre, ainsi traité, a perdu sa fragilité et il résiste à des chocs très-violents ; il a aussi la faculté de supporter très-bien les variations brusques de température, qui feraient briser infailliblement le verre ordinaire. Toutefois, à côté de ces avantages, il y a des inconvénients qui paraissent devoir limiter ce mode de travail. C'est que le procédé ne se prête qu'aux pièces entièrement finies, et qu'en outre tel objet qui résiste tout d'abord se brise souvent après quelques mois sans qu'on sache au juste à quoi attribuer cette rupture. Quoi qu'il en soit, M. de la Bastie n'en a pas moins rendu un grand service à l'industrie du verre, sauf à n'appliquer son invention que dans les circonstances qui s'y prêtent le mieux.

VINASSES DE BETTERAVES. — Dans le principe, les résidus ou vinasses que produit, en si grande quantité, la fabrication de l'alcool de betteraves, étaient jetés, comme matière encombrante et sans usage, dans les cours d'eau avoisinants, qu'ils empestaient par leur mauvaise odeur. En 1838, M. Dubrunfaut, notre compatriote, imagina d'extraire les sels alcalins qu'ils renferment. Ils devinrent ainsi une des sources les plus abondantes de potasse que possède la France. Mais, en les traitant dans ce but, on laissait perdre dans l'atmosphère une masse de produits gazeux ou gazéifiés. L'analyse de ces produits ayant fait reconnaître qu'ils contenaient des matières utiles qu'il serait possible de séparer, on essaya de les recueillir. Malheureusement, pour une cause ou pour une autre, on échoua complétement. La question a cependant été reprise, dans ces derniers temps, par M. C. Vincent, ingénieur chimiste, et cette fois avec un succès complet. A la distillerie de Courrières, près d'Arras (Pas-de-Calais), que dirige ce savant, et où l'on traite par jour 400 tonnes de vinasses, les eaux provenant de le condensation des produits gazeux ou gazéifiés, donnent, outre 10 tonnes de potasse brute : d'une part, 20 tonnes d'eaux ammoniacales, 4 tonnes de goudron, du sulfate d'ammoniaque, etc. ; d'autre part, 16 tonnes de carbonates, sulfhydrates et cyanhydrates d'ammoniaque, 100 kilogrammes d'alcool méthylique, de la triméthylamine, etc. On voit par ces quantités combien est importante la nouvelle exploitation des vinasses de betteraves créée par M. Vincent.

FIN

www.ingramcontent.com/pod-product-compliance
Lightning Source LLC
Chambersburg PA
CBHW031441210326
41599CB00016B/2079